ELEKTRO-WÄRMEVERWERTUNG

als ein Mittel zur Erhöhung des Stromverbrauches

*

Von

Ing. Robert Kratochwil

Direktor der Elektrizitäts- und Straßenbahn-Gesellschaft
Linz a. d. Donau

*

Zweite, umgearbeitete und erweiterte Auflage
mit 431 Textfiguren und zahlreichen Tabellen

*

MÜNCHEN und BERLIN 1927
VERLAG VON R. OLDENBOURG

WAGNER'SCHE UNIV.-BUCHDRUCKEREI, INNSBRUCK

Inhaltsübersicht.

Seite

Vorwort zur ersten Auflage.

Anläßlich des Verbandstages der österreichischen Elektrizitätswerke im September 1924 in Linz war das Thema über Elektrowärmeverwertung Gegenstand eines Vortrages seitens des Verfassers. Nachdem dieser Gegenstand für die Elektrizitätswirtschaft in der gegenwärtigen Zeit von besonderer Bedeutung für die intensivste Ausnützung unserer Stromwirtschaft geworden ist, so hat sich der Verfasser entschlossen, das Ziffernmaterial auch weiteren Kreisen zugänglich zu machen, bei welcher Gelegenheit der ursprüngliche Rahmen des Vortrages wesentlich erweitert worden ist. Wenn der Zweck des Inhalts, den Leitern von Elektrizitätswerken Anregungen zur restlosen Verwertung der zur Verfügung stehenden Strommengen zu bieten und gleichzeitig auf die Industrie und die Landwirtschaft einzuwirken, von dieser Segnung unserer Kultur den weitestgehenden Gebrauch zu machen, zum Nutzen des einzelnen, zum Wohle unserer Volkswirtschaft, erreicht wird, gereicht dies dem Verfasser zur größten Befriedigung.

Linz a. d. Donau, Dezember 1924.

Der Verfasser.

Vorwort zur zweiten Auflage.

Die vorliegende zweite Auflage erscheint in einer vollständig neuen, umgearbeiteten und wesentlich erweiterten Form. Die außerordentlich schnell fortschreitende Entwicklung der Elektro-Wärmeverwertung erfordert heute ein gründlichstes Studium der mannigfaltigen dabei auftretenden Fragen. Es erschien daher notwendig, den Stoff der ersten Auflage wesentlich zu erweitern und zu vertiefen.

Wenn zu Beginn der Elektrizitätswirtschaft die Glühlampe im Vordergrunde stand, so sehen wir heute abermals die Lichtwirtschaft im Vordergrund der Stromverwertung; und wie seinerzeit der Kraftstromverbrauch als Folge der Entwicklung der Elektrotechnik sich an die Lichtwirtschaft anschloß, so muß die derzeitige Stromwerbung sich als Ziel setzen, neben einer Werbung für „besseres und mehr Licht“, neben der Verwertung der elektrischen Energie für Kraft, einen Feldzug für die Verwertung des elektrischen Stromes in der Wärmewirtschaft sowohl im Haushalt als auch in der Industrie zu predigen und zu eröffnen, um einen möglichst intensiven Stromabsatz zu erzielen und gleichzeitig damit eine möglichst günstige Ausnützung der Elektrizitätszentralen und dadurch wieder eine leichter ertragbare Verbilligung der erzeugten Energie zu bewirken.

Über dieses Werbegebiet eine Übersicht zu geben und die hierüber gewonnenen Erfahrungen aufs Beste auzunützen und zu verbreiten und um dem Leiter eines Elektrizitätswerkes eine zusammenfassende Grundlage für eine industrielle Werbetätigkeit zu bieten, habe ich es unternommen, die Ausgestaltung des Stoffes auf möglichst viele Gebiete der Industrie auszudehnen und durch zahlreiche Abbildungen den Stoff anschaulicher zu gestalten.

Daß das Werk trotz seines Umfanges Lücken aufweisen wird, bin ich mir bewußt. Es ist indes kaum möglich, eine so weitgehende und erschöpfende Behandlung des Stoffes vorzunehmen, daß jede Frage aus der Praxis aus den einzelnen Kapiteln ihre Antwort erhält. Zudem befindet sich gerade dieses Gebiet in so fließender Entwicklungsbewegung, daß es schwer fällt, über einen gewissen Zeitabschnitt hinaus vollständig zu bleiben.

Manchen Anregungen zur Berücksichtigung habe ich entsprechen können und verfehle nicht, an diesr Stelle dafür zu danken, und um weitere Unterstützung, bezw. Mitteilungen zu bitten, da ich derartigen Anregungen und Kritiken ganz besonderen Wert beimesse.

Auch den großen Elektrizitätsfirmen sei für ihre Mitarbeit durch Überlassen von Abbildungen und der Druckerei für die große Sorgfalt bei der Drucklegung ebenfalls der Dank ausgesprochen.

Linz a. d. Donau, im März 1927.

Der Verfasser.

1. Allgemeines.

Im Jahre 1884 galt es als unmöglich, von ein- und derselben Maschine Bogenlampen und Glühlampen zu speisen, und es war ein großes technisches Ereignis, als in einem Laden in Berlin unter Benützung eines Vorschaltwiderstandes Bogenlampen und Glühlampen, von einer Maschine gespeist, in einem Stromkreise brannten. Die damalige Maximalleistung der Maschine betrug 150 PS.

Von diesem Zeitpunkte an kann man von einer Evolution in der Elektrizitäts-Erzeugung sprechen, welcher gegen Ende der 90er Jahre eine zweite folgte. Die gegen 1900 in den mit Dampf betriebenen Elektrizitätswerken breitspurig aufgestellten Kolben-Dampfmaschinen mußten den in den Abmessungen bescheidenen, dabei leistungsfähigeren Dampfturbinen weichen.

So zeigt ein Bericht über die geschäftliche Entwicklung der Berliner Elektrizitätswerke (1885—1914), daß in der frühesten Zeit je Stunde und Quadratmeter Kesselgrundfläche erzeugten Dampf mit Kolben-Dampfmaschine nur 9 Kilowattstunden gewonnen wurden, während bei einer neuen Maschine 52,5 Kilowattstunden gegenüberstanden. Derselbe Bericht sagt, daß mit den damals zur Verfügung stehenden Anlagen es nur möglich war, 325 Wattstunden im Jahresdurchschnitt aus 1 kg Kohle zu erzeugen, während man jetzt das 3½fache in den neuzeitlichen Anlagen erzielt. Es stehen hiernach also einem früheren Kohlenverbrauch von 3,1 kg pro Kilowattstunde, 0,88 kg pro Kilowattstunde (im Jahre 1914) gegenüber. Während in früheren Zeiten je nach Größe der Anlage an Kilowatt-Leistung auf 1 m² Maschinenhaus für eine Kolben-Maschinenanlage etwa 8 KW entfielen, kämen für ein Dampfturbinen-Werk 20—40 KW. Entfielen auf eine 10.000-PS-Kolben-Maschine samt Generator pro m² ca. 50 PS, so entfallen auf eine 10.000-PS-Dampf-Turbine samt Generator pro m² Maschinenfläche 600 PS, auf ein 60.000-PS-Turbo-Aggregat im Goldenbergwerk 1000 PS pro m², bei Hochdruck-Turbinen mit 50—60 Atm. 3000 PS pro m² Maschinenfläche.

Der Raumbedarf der neuen Kessel für 100 bis 120 at, System Löffler *), ist dadurch gekennzeichnet, daß z. B. bei der Anlage im Eisenwerk Witkowitz auf dem Platze, den heute ein Niederdruckkessel für 15 at und etwa 2000 kW beansprucht, ein Hochdruckkessel für 5000—6000 kW mit allen zugehörigen Hilfseinrichtungen untergebracht wird, obwohl die neuen Kessel Kohlenstaubfeuerungen mit ihren großen Feuerräumen erhalten, während die vorhandenen

*) Z. d. V. D. I. Nr. 36 ex 1925.

Niederdruckkessel Wanderrostfeuerung haben. Dabei ergibt der neue Hochdruckdampferzeuger, auf die Einheit der Heizfläche berechnet, ungefähr gleiches Dampfgewicht wie die Kessel bisheriger Bauart, weil hochgespannter Dampf, auch wenn er überhitzt ist, die Wärme vorzüglich leitet.

Selbstverständlich werden die Kosten der Kilowattstunde bei dieser Entwicklung herabgesenkt und gewährleistet z. B. die Erste Brünner Maschinenfabriks-Gesellschaft bei der zu einem für das Eisenwerk Witkowitz bestimmten Löffler-Hochdruckdampfkessel zugehörigen Dampfturbine von 18.000 kW einen Höchstdampfverbrauch von rund 3,4 kg/kWh ohne Berücksichtigung der Zwischenüberhitzung.

Aus diesen Verhältnisziffern ist die Entwicklungslinie der Dampf-Energie-Erzeuger zu ersehen.

In ähnlicher Weise gestaltete sich die Entwicklung der Wasserkraftmaschine. Während früher ein kleines Bächlein meist vom Müller dazu benützt wurde, um elektrische Kraft für seinen Betrieb und so nebstbei auch für die Stromversorgung einer Ortschaft zu erzeugen, so finden wir heute in den Groß-Wasserkraftwerken die Ausbildung und großartige Entwicklung des Gedankens, die Naturkräfte den Menschen, soweit erfaßlich, dienstbar zu machen. Wenn seinerzeit ein Mühlrad mit 4 m Durchmesser und 50 cm Breite eine Kraft von z. B. 15 PS zu erzeugen vermochte, so finden wir z. B. beim Groß-Kraftwerke Partenstein in Oberösterreich für 170 m Gefälle Turbinen von 1300 mm Laufraddurchmesser und 200 mm Breite, welche 15.000 PS erzeugen. Am Niagarafall sind in jüngster Zeit drei Hydro-Turbinen zu je 70.000 PS bei einem Gefälle von 64 m, einem Laufraddurchmesser von 4,6 m, in Betrieb genommen worden, welche bis zu 84.000 PS überlastet werden können. Sie wurden ohne Rücksicht auf die Kosten lediglich unter dem Gesichtspunkte erbaut, daß sie die zurzeit bestmöglichen Maschinen darstellen sollen. Die elektrischen Generatoren von je 65.000 kVA Leistung bei 12.000 Volt und 107 Umdrehungen pro Minute besitzen einen garantierten Wirkungsgrad von 98,1%, und über 88% der theoretisch errechneten Energie der Wasserkraft werden nutzbar an die Sammelschienen der Kraftstation abgegeben.

Mit der Größenordnung der Wasserkraftmaschinen ist auch gleichzeitig eine Verminderung der Gestehungskosten verbunden.

Dieser ständige Wettlauf zwischen Dampfkraft-Erzeugung und Wasserkraft-Erzeugung entspricht dem vor allem anzustrebenden Prinzip von der Ökonomisierung der Weltwirtschaft.

Dieser große Kampf zwischen schwarzer und weißer Kohle spielt sich in Österreich augenblicklich in einer Zeit volkswirtschaftlich ungünstigster Lage ab. Zu diesem Kampfe gegen die Ausnützung der Wasserkraft gesellt sich noch jener der anderen Erzeugungs-Energien, wie Rohöl und dergleichen.

Diesen Kampf gegen die Wasserkräfte können die Elektrizitätswerke nur dann gewinnen, wenn sie die meist im Sommer, zur Nachtzeit und vielfach auch ganzjährig tagsüber überschüssige Kraft entsprechend ausnützen und dadurch die Gestehungskosten der Kilowattstunde herabdrücken. Den Gestehungskosten an sich ist durch die Verzinsung der Anlagekosten, Erhaltung und Erneuerung des Werkes eine gewisse natürliche Grenze gegeben, unter welche herabzugehen schwer möglich ist. Es bleibt jedoch noch der Weg offen, eine **Vergrößerung der Einnahmen** herbeizuführen.

Dieser Weg kann beschritten werden, wenn die Ausnützung der zur Verfügung stehenden Strommengen auf das äußerste gesteigert wird.

In welch vorbildlicher und möglicher Weise die Ausnützung eines Wasserkraftwerkes erfolgen kann, dafür gibt nachstehende Belastungskurve des Elektrizitätswerkes Augst Wyhlen beredtes Zeugnis.

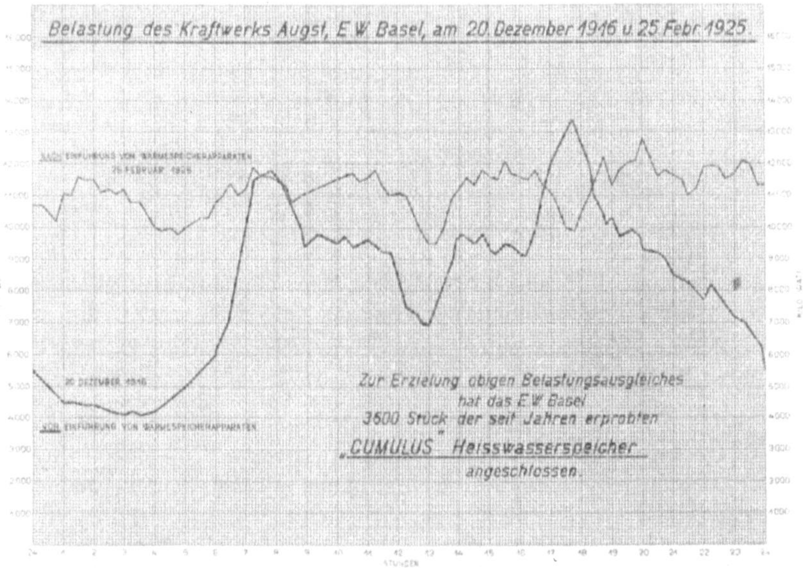

Abb. 1

Die Belastungskurven der Elektrizitätswerke zeigen im allgemeinen untereinander eine große Ähnlichkeit. Man benützt nun diese auftretende Gesetzmäßigkeit, um für eine elektrische Zentrale eine mittlere Belastung zu bestimmen. Das Verhältnis der mittleren Jahresbelastung zum möglichen Maximum der Zentrale ergibt den Belastungsfaktor derselben. Bezieht man den Belastungsfaktor auf die Stunde, dividiert diesen also durch die Stundenanzahl eines Jahres, d. h. 8760, so erhält man die Benützungsdauer des Werkes. Nach letzterem Werte stellt sich der Preis einer Kilowattstunde. Es ist daher das Trachten jeden Werkes, die Benützungsdauer möglichst hoch zu gestalten, denn die Ausgaben für Verzinsung, Tilgung, Abschreibung des Anlagekapitales, die Kosten für Erneuerung, Reparaturen, Personal usw. verteilen sich dann auf eine größere Anzahl von Kilowattstunden.

Der Strompreis eines Wasserkraft-Elektrizitätswerkes hängt im wesentlichen von den Anlagekosten und von der Ausnützung der Anlage ab. Ein beiläufiges Bild über die Größenordnung der hier in Frage kommenden Strompreise ist daraus zu gewinnen, daß die Anlagekosten eines Wasserkraft-Elektrizitätswerkes nach den gegenwärtigen Verhältnissen 800 bis 1600 Goldkronen pro Kilowatt betragen. Wenn man für Kapitalsdienst, Amortisation usw. mit dem für heutige Verhältnisse niedrigen Perzentsatz von nur 11%, für Erhaltung, Bedienung und Reparatur usw. mit 4% rechnet, so ergeben sich Jahreskosten für ein Kilowatt von 15% der oben angegebenen Anlagewerte. Es kostet also das Kilowatt 120 bis 240 Goldkronen pro Jahr bei 8600 Stunden, und würden die Kosten der Kilowattstunde rund 1,4 bis 2,8 Goldheller betragen. Nun wird aber wohl niemals ein erzeugtes Kilowatt vollständig, d. i. zu 100%, ausgenützt; die Ausnützung beträgt 2000 Stunden (250 Arbeitstage zu 8 Stunden), in einzelnen Fällen 4000 Stunden, seltener 6000 Stunden jährlich. Die hieraus resultierenden Stromkosten betragen bei Ausnützung von

2000 Stunden	(23%)	. . . . . . 6 bis 12	Goldheller
4000 „	(45%)	. . . . . . 3 „ 6	„
6000 „	(68%)	. . . . . . 2 „ 4	„

Vorstehende Durchschnittsziffern der Gestehungskosten der Wasserkraft-Elektrizitätswerke können natürlich nicht die absolute Norm für den Preis der Kilowattstunde bilden; es ist vielmehr in jedem einzelnen Falle Sache einer vernünftigen Preispolitik, den Strom der Art und Menge des Konsums so anzupassen, daß in Summe die vorangeführten Jahreskosten für das Kilowatt erreicht werden. Hierbei wird dann ein großer Teil der Jahreskosten durch Konsumenten, welche hohe Preise zahlen, gedeckt sein; die restliche Energiemenge wird zu niedrigeren Preisen, aber eben auch nur zu jenen Tages- und Nachtstunden, wenn sie von ersteren Konsumenten nicht mehr gebraucht werden, abgegeben werden.

Es muß daher, um die Wirtschaftlichkeit des Elektrizitätswerkes zu heben, der Weg beschritten werden, der eine Erhöhung der Benutzungsziffer ergibt.

Um hierüber ein Bild zu gewinnen, ist es zweckmäßig, sich zunächst klar zu werden, in welcher Form die Ausnützung der elektrischen Energie bewerkstelligt werden kann.

Die Beleuchtung erreicht des Morgens und des Abends ihre größte Spitze und fällt dann sehr flach ab. Die Kurve des Kraftverbrauches steigt früh bei Arbeitsbeginn an, erhält mittags einen nach abwärts gerichteten Knick und fällt abends nach Betriebsschluß der Industrie wieder ab. Die Leistung des Elektrizitätswerkes muß jedoch der Spitze, von Licht und Kraft zusammengenommen, gleich sein. Man erkennt demnach aus dem Diagramm

(Abb. 2), welche Zusatzbelastung das Werk noch vertragen würde, um eine auch nur annähernd gleichmäßige Belastung zu erreichen. Mit Kraft für chemische Zwecke allein lassen sich die leeren Flächen nicht ausfüllen. Es muß daher der elektrische Strom einer anderen Verwendungsform zugeführt werden. Diese andere Form bietet uns die

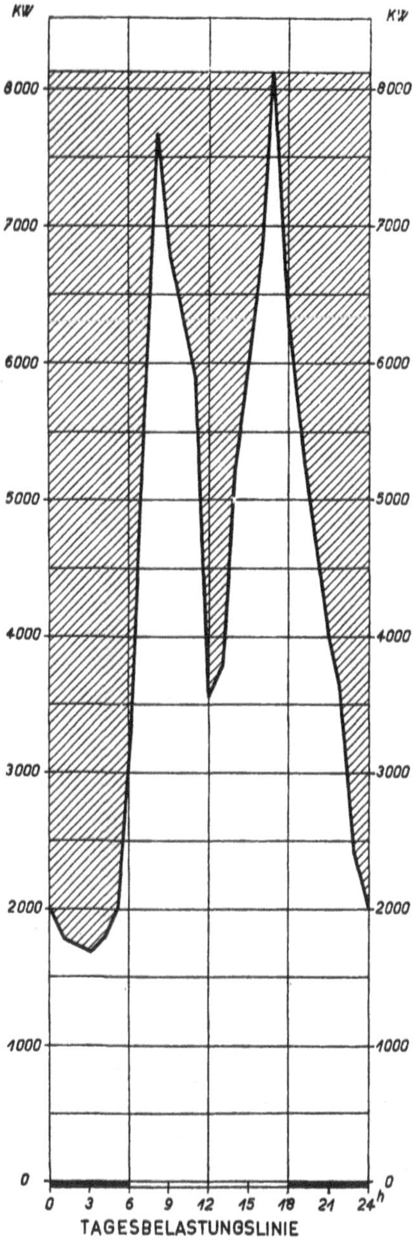

Abb. 2

Wärmeverwertung des elektrischen Stromes.

Wenn man in Zeitschriften liest, daß die Amerikaner Kraftwerke bauen, und zwar im ersten Anhieb mit Leistungen von 300.000 Kilowatt, so erscheint uns Europäern, besonders aber uns in Österreich, dies als eine erstaunliche Leistung. Wir verfügen allerdings auch nicht über wolkenhohe Geschäftshäuser bis zum Fassungsvermögen einer Stadt mit 11.000 Tagesbewohnern mit einem täglichen Durchgangsverkehr von 250.000 Füßen, wo für 60 Aufzüge, für Wärme, Kälte, Licht, Lift, Speisen, Getränke, zu allen Schächten und Zellen des belebten Gebäudes allein eine Leistung von 3000 Kilowatt erforderlich ist.

Wird jedoch bedacht, daß, wenn z. B. die Stadt Wien bei 534.000 Wohnungen und einer Bevölkerungsziffer von 1,8 Millionen, Strom für elektrisches Kochen zur Verfügung gestellt erhielte, so wäre bei einer Belastung von durchschnittlich 1½ Kilowatt pro Haushalt (angenommene Haushalteziffer 10 % der Wohnungsziffer) für das Kochen allein eine Gesamtbelastung von 80.100 Kilowatt notwendig oder, wenn pro Person und Tag mit 1 Kilowattstunde gerechnet wird, ergäbe dies einen Jahresverbrauch von 1,8 Millionen Personen × 1 Kilowattstunde × 365 Tage = 657 Millionen Kilowattstunden. Hiebei ist angenommen, daß die Kochperiode in die Zeit von etwa 11 Uhr bis ½2 Uhr mittags und von 6 Uhr abends bis 7 Uhr früh fällt. Das geht über die Verbrauchsziffer des Elektrizitätswerkes Wien für das Jahr 1923 mit 311 Millionen Kilowattstunden um mehr als das Doppelte der gesamten Stromversorgung hinaus.

Es kann aus diesem Beispiel entnommen werden, welche besondere Bedeutung der Elektro-Wärmeverwertung zukommt und daß für die Ausnützung der Wasserkräfte nach dieser Richtung immerhin ein noch bedeutender Spielraum erübrigt.

2. Wirtschaftliches über elektrische Wärmeverwertung.

Es gilt für alle Elektrizitätswerke das Bestreben und die dringende Notwendigkeit, den Stromabsatz zu vergrößern, tunlichst ohne die Erzeugungs- und Verteilungsanlagen erweitern zu müssen. War man früher der Auffassung, daß elektrische Arbeit für Wärmezwecke allgemein wegen zu hoher Betriebskosten kaum Verwendung finden könnte, so haben die Anschauungen hierüber eine gründliche Wandlung erfahren. Es erscheint daher durchaus nützlich, sich mit der wirtschaftlichen Seite der elektrischen Wärmeverwertung etwas eingehender zu befassen.

Zu diesem Behufe ist es zweckmäßig, Einblick in die Beziehungen zwischen mechanischen, thermischen und elektrischen Energien und Maßeinheiten zu gewinnen.

a) Energiebeziehungen.

Energie ist alles, was sich in Arbeit umwandeln läßt oder aus Arbeit entsteht. Beide Größen sind zwar gleichwertig, was sich durch die Gleichheit der Dimensionen ausdrückt. Die Energie bezieht sich auf einen Zustand, die Arbeit dagegen auf einen Vorgang oder eine Zustandsänderung. Hebt man z. B. 1 kg 1 m hoch, so leistet man dabei die Arbeit von 1 Kilogrammeter und nachher wohnt dem Kilo die Energie von 1 kgm inne. Fällt das Gewicht von 1 kg aber wieder um 1 m, so ist diese Zustandsänderung wiederum mit einer Arbeitsleistung seitens des fallenden Gewichtes verbunden. Die Einzelfaktoren, aus denen sich die Energie zusammensetzt, werden demnach gleichzeitig gemessen, während die Einzelfaktoren der Arbeit zu verschiedenen Zeiten innerhalb eines bestimmten Zeitabschnittes gemessen werden. In Kondensatoren ist elektrische Energie aufgespeichert, die erst dann in elektrische Arbeit übergeht, wenn man einen Stromausgleich herbeiführt, d. h. wenn ein Stromfluß stattfindet.

Die **Energie** kann, um sie mit anderen Größen, wie Kraft, zu vergleichen, als ein Produkt von Masse, Zeit und Weg ausgedrückt werden. Als Einheiten dieser drei Größen hat die Wissenschaft im sogenannten „cm-g-sec-System" die Masse eines Grammes (1 ccm Wasser bei 4° C, also bei der Temperatur der größten Dichte des Wassers), die Sekunde und das Zentimeter gewählt. Die Geschwindigkeit Eins besitzt ein Punkt, der in einer Sekunde ein Zentimeter zurücklegt (cm/sec). Die Beschleunigung ist die Geschwindigkeitszunahme je Sekunde, ihre Einheit diejenige, bei der in der Zeiteinheit die Geschwindigkeit eines Körpers um Eins erhöht wird (cm/sec^2). Die Fallbeschleunigung, die die Erde vermöge ihrer Anziehung einem fallenden Körper zuteil werden läßt, ist unter 45° geogr. Breite 980,60 cm/sec^2. Die Krafteinheit, die der Masse von 1 g in der Zeiteinheit die Beschleunigung Eins mitteilt (cm/sec^2) wird ein **Dyn** genannt Das Grammgewicht ist z. B. diejenige Kraft, mit der die Erde die Masse eines Grammes anzieht; ein g-Gewicht entspricht 980,60 Dynen. Die Arbeit, die die Kraft von 1 Dyn leistet, wenn sie ihren Angriffspunkt um 1 cm verschiebt, heißt ein **Erg**.

Die **mechanische Arbeit**, in der Wissenschaft als Erg gemessen, wird in der Praxis gewöhnlich in Kilogrammetern oder auch wohl in Pferdekraftstunden gemessen. 1 Kilogrammeter ist die Arbeit, die gegen die Erdanziehung geleistet werden muß, um 1000 g 100 cm zu heben oder die ein um 100 cm fallendes Kilogramm zu leisten vermag. Da die Kraft, in diesem Falle das Gewicht, gegen die man die Arbeit verrichtet, für 1000 g : 980,6 × 1000 = 980.600 Dynen beträgt und die Verschiebung des Angriffspunktes 100 cm, so ist 1 kgm = 980.600 × 100 = 98,060.000 oder abgerundet 98×10^6 Erg. Leistung nennt man die in der Zeiteinheit, 1 sec, geleistete Arbeit (cm^2g/sec^3), sie ist also Arbeit/Zeit. Die elektrischen und mechanischen Kraftquellen, Turbinen, Dynamomaschinen, Dampfmaschinen usw. schätzt man nach der Leistung ein.

Die **Wärmeenergie** mißt man in Kalorien. Als Normal-Wärmeeinheit, eine Kalorie, wird diejenige Wärmemenge bezeichnet, die einem Gramm Wasser von 14½° C zugeführt werden muß, um es auf 15½° C zu erwärmen. Neben der 15°-Wärmeeinheit ist noch die mittlere Wärmeeinheit, d. h. der hundertste Teil der Wärme, die 1 kg Wasser von 0° auf 100° C bringt, von Wichtigkeit, da sich viele kalorimetrische Untersuchungen auf diese beziehen. Sie ist nach den neuesten Bestimmungen von Belm der 10° Wärmeeinheit nahezu gleich; ferner die um zirka 1% größere „Nullpunktkalorie", die zur Erwärmung von 0° auf 1° C nötig ist. Eine Kilogramm-Kalorie ist das tausendfache der 15°-Kalorie. 1 BTU (British Thermal Unit) ist die Wärmemenge, die erforderlich ist, um 1 lbs (Pfund) Wasser um 1° Fahrenheit zu erwärmen. 1 BTU = 0,252 WE oder Kalorien.

Die Wärmemenge, die erforderlich ist, um einen Gegenstand um 1° C zu erwärmen, wird Wärmekapazität genannt.

Das **mechanische Wärmeäquivalent,** d. h. diejenige Zahl, die die Umrechnung von Wärmeenergie in mechanische Energieformen gibt, ist von mehreren Seiten gemessen worden; die neuesten Messungen gaben 42.670 an. Die Bedeutung dieser Zahl ist: Wenn man 1 g 42670 cm oder 1 kg 42,67 cm fallen läßt und die so gewonnene „lebendige Kraft" durch Aufschlagen auf seine Unterlage sich in Wärme umsetzen läßt, dann reicht diese gerade aus, um die Temperatur eines Grammes Wasser von 14½ ° auf 15½ ° C zu erhöhen; sie entspricht also einer Kalorie. Die lebendige Kraft des Grammgewichtes ist dann bei Berücksichtigung dessen, daß einem Grammgewicht 980,6 Dynen entsprechen: 42.700 cm mal 980,6 Dyn = 41,842.000 = 41,8. 10^6 Erg.

Die **elektrische Arbeit** spielt bei der Umrechnung in mechanische und in Wärmeenergie eine besonders große Rolle. Während man bei der Wirkung von Massen aufeinander bisher nur eine Anziehung kennt, gibt es bei der Elektrizität und dem Magnetismus sowohl Anziehung wie auch Abstoßung, d. h. sog. polare Verschiedenheiten. Es wurde dieser Tatsache durch die Annahme des Vorhandenseins zweier Arten von Elektrizität, positiver und negativer, Rechnung getragen, wobei man zu dem Erfahrungssatze gelangte: Gleichartige Elektrizitätsmengen stoßen sich gegenseitig ab, ungleichnamige ziehen sich an. Einfacher ist die Annahme, daß es nur eine Art von Elektrizität gibt, die aus kleinsten Elektrizitätsatomen, den „Elektronen", besteht, wie die Elemente aus Atomen. Enthält ein Körper mehr dieser negativen Elektronen als normal, so nennen wir ihn negativ-elektrisch, enthält er weniger, so ist er positiv-elektrisch. Diese Abstoßung oder Anziehung leistet als Kraft, wenn durch sie Elektrizität in Bewegung gesetzt wird, Arbeit, wie jede Kraft, die eine Zustandsänderung herbeiführt. Diese Arbeit bildet, indem sie an das cm-g-sec-System angeschlossen wurde, die Grundlage zu einem Vergleich der elektrischen Größen mit den Größen jenes Systems.

Wie bei der Masse, so hat man auch hier mit größeren oder kleineren Mengen von Elektrizität zu rechnen, die in verschiedener Dichte aufzutreten vermögen. Man nennt diejenige Elektrizitätsmenge die Menge Eins, die auf eine ihr gleiche Menge in der Entfernung von 1 cm die Kraft von 1 Dyn ausübt. Es gibt außer diesem „elektrostatischen System", zu dem obige Einheit gehört, noch ein „elektromagnetisches Einheitssystem", welches aus der Wechselwirkung von Magnet und elektrischem Strom abgeleitet wird. Ferner ein „chemisches System", worin die Stromeinheit diejenige ist, die 1 Äquivalent eines Stoffes, z. B. 1 g Wasserstoff, abscheidet. Es ist 1 Coulomb = 3,10^9 elektrostatische = 0,1 elektromagnetische = 1,036.10^2 chemische Einheiten. Im folgenden ist unter elektrischer Einheit stets die elektromagnetische gemeint.

In der praktischen Elektrotechnik wird ein Coulomb als der zehnte Teil der elektromagnetischen cm-g-sec-Einheit angenommen.

Ein Coulomb scheidet im Silbervoltameter 0,001118 g Silber aus; ein Coulomb ist ferner die elektrische Ladung von 0,01036 mg Äquivalenten eines jeden Ions und scheidet ebensoviel mg-Äquivalente eines jeden Stoffes an den Elektroden ab.

Potential. Wie bei der Massenanziehung, so hat auch bei der Anziehung und Abstoßung von Elektrizitätsmengen die Entfernung einen bestimmenden Einfluß. Für sehr viele magnetische und elektrische Probleme ist es von Vorteil, statt der Kraftfunktion $F = \frac{m}{r^2}$ welche die von einer Masse m auf eine in der Entfernung r befindliche Masse Eins ausgeübte Kraft darstellt, die Potentialfunktion $U = \frac{m}{r^2}$ einzuführen. Zwischen beiden besteht eine einfache mathematische Beziehung. Differentiert man die Potentialfunktion nach r, so erhält man

$$\frac{dU}{dr} = \frac{d}{dr}\left(\frac{m}{r}\right) = -\frac{m}{r^2} = -F \text{ oder } F = -\frac{dU}{dr} \qquad (1)$$

Man findet also die von einer Masse m aus irgend einer Richtung auf die Masseneinheit wirkende Kraft, wenn das Potential, nach dieser Richtung differentiert, nur negativ genommen wird. Hat man statt der Masse 1 eine Masse m', so ist mit m' zu multiplizieren.

Aus Abb. 3, wo die unendlich kleinen Größen dU und dr als Seiten eines rechtwinkeligen Dreiecks dargestellt sind, ersieht man ohne weiters, daß das Verhältnis $\frac{dU}{dr}$ nichts anderes ist als das Gefälle des Potentiales, d. h. die in irgend einem Punkte herrschende Kraft der Feldstärke ist gleich dem negativen Potentialgefälle an dieser Stelle in der Richtung der Kraft.

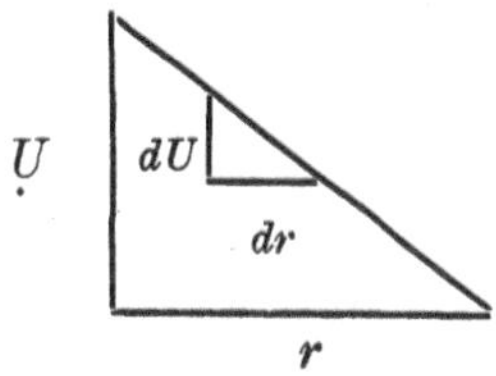

Abb. 3

Das Potential $\frac{m}{r}$ hat aber auch eine wichtige physikalische Bedeutung; es stellt nämlich eine Arbeit vor. Nach den Gesetzen der Mechanik ist die Arbeit, die eine konstante Kraft F längs eines mit der Richtung der Kraft zusammenfallenden Weges l leistet, ausgedrückt durch $A = F.\, l.$ Um die Arbeit bei der Bewegung einer Masse *1* unter dem Einflusse einer Masse m zu bestimmen, hat man zu bedenken, daß die zwischen beiden wirkende Kraft F nicht konstant ist, sondern mit dem Quadrate der Entfernung abnimmt. Man darf daher diese Definition der Arbeit nur auf ein unendlich kleines Wegstückchen dr, für das die Kraft als konstant angenommen werden kann, anwenden. (Abb. 4.)

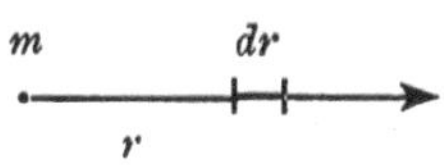

Abb. 4

Die auf diesem Wegstückchen geleistete Arbeit ist dann

$$dA = F \,.\, dr = \frac{m}{r^2}\, dr$$

Will man die Arbeit bestimmen, die durch diese Kraft geleistet wird bei der Bewegung der Masse *1* von *r* bis in unendliche Entfernung, so hat man das Differential der Arbeit von *r* bis ∞ zu integrieren. Also

$$A = \int_r^\infty dA = \int_r^\infty \frac{m}{r^2}\, dr = -\left[\frac{m}{r}\right]_r^\infty = -\left[\frac{m}{\infty} - \frac{m}{r}\right] = \frac{m}{r} = U$$

Das Potential der Masse *m*, bezogen auf einen Punkt in der Entfernung *r*, ist also gleich der Arbeit, die die von der Masse *m* ausgehende Kraft leistet, wenn sich eine gleichartige Masse 1 aus der Entfernung *r* bis ins Unendliche bewegt, oder jene Arbeit, die von äußeren Kräften aufgewendet werden muß, um eine gleichartige Masse 1 aus dem Unendlichen bis zum Abstand *r* von der Masse *m* heranzubringen. Dabei ist es gleichgültig, welchen Weg die Masse 1 einschlägt, ob den kürzesten oder auf Umwegen; es kommt nur auf den Anfangs- und Endpunkt an. Das Potential hat ebenso wie die Arbeit keine Richtung, welche zum Begriff der Kraft notwendig ist. Das ist der Hauptvorteil des Potentialausdruckes vor dem Kraftausdruck.

Hat man statt der Masse 1 eine Masse *m'*, so ist der Arbeitswert zwischen Masse *m* und *m'*

$$A = \frac{mm'}{r} = m' U \tag{2}$$

oder wenn man von der Masse *m'* und ihrem Potential $U' = \frac{m'}{r}$ ausgeht, so ist der Arbeitswert $A = mU'$.

Da bisher die Kraft und das Potential als positiv angenommen wurden, so haben wir es mit abstoßenden Kräften, also mit gleichnamigen Massen, zu tun. Die Bewegung einer freibeweglichen Masse 1 bis ins Unendliche erfolgt also von selbst und die Arbeit *U* ist von der Kraft geleistet worden und erscheint daher positiv. Wären die Massen ungleichnamig, so wären auch *F*, *U* und *A* negativ; wir hätten dann eine anziehende Kraft, und die Bewegung ins Unendliche hätte gegen die Kraft *F* von einer anderen äußeren Kraft geleistet, also Arbeit aufgewendet werden müssen.

Das Entfernen einer magnetischen oder elektrischen Masse bis ins Unendliche ist gleichbedeutend mit dem Verschwinden oder der Vernichtung derselben. Ihr Heranbringen aus unendlicher Entfernung ist gleichbedeutend mit der Erzeugung derselben durch Induktion oder Influenz.

Sehen wir von den wirkenden Elektrizitätsmengen ab und denken uns zwei Punkte mit den irgendwo herrührenden Potentialen v_1 und v_2, von denen v_1 das höhere sein mag. Die Arbeit, die nötig ist, ein Coulomb von einem zum anderen zu bringen, ist

$v_1 - v_2$, für Q Coulomb: $Q\ (v_1 - v_2)$. Diese Arbeit ist positiv, d. h. das System leistet sie von selbst, oder negativ, d. h. wir müssen sie leisten, indem wir die Energie des Systems überwinden, je nachdem das Kraftfeld von positiver oder negativer Elektrizität herrührt und die Elektrizitätsmenge Q negativ oder positiv ist. $v_1 - v_2$ ist die Potentialdifferenz, man mißt dieselbe in Volt.

Elektrische Maßeinheiten. Ändert also die Elektrizitätsmenge, 1 Coulomb, ihr Potential um 1 Volt, so ist damit eine Arbeitsleistung von 1 Volt-Coulomb verbunden. Denken wir uns nun zwei Punkte, zwischen denen eine Potentialdifferenz E Volt herrscht, derart, daß die Potentialdifferenz dauernd aufrechterhalten wird, z. B. durch ein Element, und verbinden wir die beiden Punkte durch einen die Elektrizität leitenden Draht, so wird dauernd von 1 nach 2 Elektrizität überfließen, und zwar umso schneller, d. h. es fließen umsomehr Coulomb in der Zeiteinheit, je weniger Widerstand der Draht dem Elektrizitätsfluß entgegensetzt. Den Widerstand zählt man in Ohm; die gesetzliche Einheit für den Widerstand ist das internationale Ohm, 1 Ω = 10^9 cgS-Einheiten, d. i. der elektrische Widerstand einer Quecksilbersäule von der Temperatur des schmelzenden Eises, von 1 qmm Querschnitt und 1,063 m Länge.

Die Anzahl Coulombs, die in der Zeiteinheit durch den Querschnitt eines Leiters fließen, nennt man **Ampere**, d. h. es herrscht die Stromstärke 1 Amp., wenn in der Sekunde 1 Coulomb durch den Leiter fließt. Ein **Volt** definiert man gesetzlich als diejenige Potentialdifferenz oder Spannung, die imstande ist, in einem Leiter von 1 Ohm (Ω) eine Stromstärke von 1 Ampere zu erzeugen. **Watt** ist = Volt × Ampere, ist also eine Leistung oder Arbeit pro Zeiteinheit, während Wattsekunde oder **Joule** eine Arbeitsgröße darstellt (Volt × Ampere × Sekunde), also die Arbeit, die ein durch einen Leiter von 1 Ohm fließendes Coulomb leistet.

Ohm'sches Gesetz. Werden zwei Punkte verschiedenen elektrischen Potentiales nacheinander durch Drähte verbunden, die nach Material, Länge und Querschnitt verschieden sind, so kann beobachtet werden, daß die Stromstärken unterschiedlich sind. Bei geringer Stromstärke schließen wir z. B. auf einen hohen Widerstand des Leiters, bei hoher Stromstärke auf einen geringen Widerstand. Die Stromstärke ist also umgekehrt proportional dem Widerstand des Leiters. Es fließt in der Zeiteinheit umsomehr Elektrizität durch einen Leiter, d. h., die Stromstärke ist umso größer, je größer der Querschnitt des Leiters und je kleiner dessen Länge und je kleiner die Reibung des Leitungsmateriales gegenüber der Elektrizität ist. Diese Gesetzmäßigkeit wird durch das Ohmsche Gesetz ausgedrückt:

$$i = \frac{e}{R}, \quad R = \rho \frac{l}{q} \tag{3}$$

wobei e die elektromotorische Kraft, gegeben durch den Potentialunterschied der Elektrizität an den Enden des Leiters,
i die Stromstärke in Ampere,
R den Widerstand des Leiters,
q den Querschnitt in qmm,
l die Länge in m,
ρ einen vom Material abhängigen konstanten Faktor bezeichnet.

Die Bedeutung von ρ ergibt sich, wenn in voriger Gleichung $l = 1$ und $q = 1$ gesetzt werden. Dann wird $R = \rho$, d. h., der Koeffizient ρ ist der Widerstand eines Leiters aus dem betreffenden Material von 1 m Länge und 1 qmm Querschnitt. Man nennt ihn den **spezifischen Widerstand.** Der reziproke Wert

$$\frac{1}{\rho} = w$$

ist die spezifische **Leitfähigkeit** oder das **Leitvermögen.**

Der spezifische Widerstand beträgt für

Kupfer bei 15° C	ρ = 0,017
Quecksilber	= 0,94
Cekas	= 1,9
Chromnickelstahl	= 0,88
Kruppin	= 0,85
Nikelin	= 0,2—0,4
Kohle	= 100—1000
Schwefelsäure 25—30%	= 14000
Siliciumkarbid oder Silit	= 200—20 000

und ist keine konstante Größe, sondern er wächst bei allen Metallen mit steigender Temperatur, und zwar ist die Widerstandszunahme proportional der Temperaturerhöhung. Man bezeichnet als den **Temperaturkoeffizienten** die Widerstandszunahme, die ein Ohm bei einem Grad Temperaturerhöhung erfährt. Bezeichnet also

R_1 den Anfangswiderstand bei der Temperatur t_1
R_2 „ Endwiderstand „ „ „ t_2
$\Delta\rho$ „ Temperaturkoeffizienten,

so folgt: $R_2 = R_1\,[1 + \Delta\rho\,(t_2 - t_1)]$ oder

$$\Delta\rho = \frac{R_2 - R_1}{R_1\,(t_2 - t_1)} \qquad (4)$$

Die Messungen ergaben für Kupfer im Durchschnitt einen Wert von $\Delta\rho = 0{,}004$, d. h. der Widerstand des Kupfers wächst bei einem Grad Temperaturerhöhung um 0,4 %. Da nun die Temperatur der Maschinen, z. B. im Laufe des Betriebes um etwa 50° C steigt, so bedeutet das eine Widerstandszunahme von etwa $0{,}4 \times 50 = 20\%$. Deshalb rechnet man den spez. Widerstand des warmen Kupfers zu rund 0,02, statt 0,017 oder das Leitvermögen zu $1/0{,}017 = 59$ oder rund 60. Allgemein ist das Leitvermögen eines Leiters, dessen Widerstand R ist, gleich $1/R$.

Mit Hilfe des bekannten Temperaturkoeffizienten 0,004 läßt sich z. B. die Temperaturerhöhung selbst in einem Teil der Maschine feststellen, der für ein Thermometer unzugänglich ist.

Die wichtigsten physikalischen Konstanten von Materialien zur Herstellung elektrischer Widerstände.

Material	Spez. Widerstand	Temperatur-Koeffizient	Max. zulässige Temperatur in °C	Schmelzpunkt in °C	Spez. Gewicht	Lieferant
Calido	1,03	0,00036	900	1530	8,15	E. A. C.
Cekas	1,0(±0,05)	0,000525 (0—200°) 0,00017 (200—900°)	900 (1100)	ca. 1450	8,25	C. K. S.
Ardor	1,0(±0,02)	0,00044	900 (1100)	ca. 1500		A. Ant.
Rayo	0,95	0,00018	900 (1100)	1530	8,05	E. A. C.
R L S	0,9	0,0007	500	1250		B. H.
Chromnickelstahl	0,88	0,0011	500	1410	8,10	V. D. N.
Comet	0,87	0,0007	600	1510	8,15	E. A. C.
Chronin	0,85	0,00027	900 (1100)	1425	8,50	V.D.N., R.&E.H
Kruppin	0,85	0,00070 (20—100°)	500			C. K. S.
Superior	0,85	0,00072			8,14	R. & E. H.
Phenix	0,83	0,0011	600	1510	8,10	E. A. C.
Achenrainer Widerstandsmaterial AW 66	0,66	−0,00001	Nur für Meßzwecke		7,85	M. Ach.
Achenrainer Widerstandsmaterial AW 50	0,49	0,00001			8,12	M. Ach.
Rheotan CN	0,50	0,00	500	1274	8,90	Dr. G.
Rheotan	0,50	0,00022	400	1135	8,60	Dr. G.
Konstantan	0,50—0,52	±0,0001			8,92	
Resistin	ca. 0,50	±0,000025	300		8,3	Js. H. D.
Ia Ia	0,48—0,50	±0,00004		1270	8,86	V. D. N.
Ideal	0,49	0,000005	600	1210	8,9	E. A. C.
Lucero	0,47	0,0007	600	1350	8,9	E. A. C.
Nickelin	0,40—0,43	0,00022	400	1143	8,7	Dr. G.
		0,00016				
Nickelin I	0,41—0,43	0,000067				
		0,000064		1230	8,86	V. D. N.
Achenrainer Widerstandsmaterial AW 40	0,40	0,000106				M. Ach
Neusilber	0,36—0,38	0,00022—0,0007			8,50	R. & E. H.
Neusilber II A weich	0,38	0,00019		1170	8,75	V. D. N.
„ „ hart	0,36	0,00020				
Extra prima Neusilber	0,30(±4%)	0,00025	350	1055	8,72	Dr. G.
Patentnickel	0,335	0,002				
B. 30	0,30	0,00023				M. Ach.
Nickelkomposit. weich	0,11	0,0041		1430	8,80	V. D. N.
„ hart	0,12	0,0039				
Rein Nickel weich	0,09	0,0042	900 (1000)	1440	8,85	V. D. N.
„ „ hart	0,10	0,0040				

Bedeutung der *Abkürzungen* unter Kolonne „Lieferant“:

E. A. C. = The Electrical Alloy Company (Import Sales Company, Bremer Arcade, St. Paul, Minn.).
C. K. S. = C. Kuhbier & Sohn, Dahlerbrück, Stahl- und Eisenwalzwerk (Vertreter für die Schweiz: W. Gürtler, Winterthur).
A. Ant. = A. Antognini & Co., Giubiasco.
V. D. N. = Vereinigte Deutsche Nickelwalzwerke.
R. & E. H. = R. & E. Huber A.-G., Pfäffikon.
Dr. G. = Dr. Geitners Argentanfabrik F. A. Lange, Auerhammer bei Auer im Erzgebirge.
Js. H. D. = Isabellenhütte, Dillenburg, Hessen-Nassau.
M. Ach. = Messingwerk Achenrain, C. Kulmiz, Kramsach-Achenrain.
B. H. = Baildonhütte.

Der Widerstand der Magnetwicklung sei z. B. bei 15° C gleich 50 Ohm und der Magnetstrom nach mehrstündigem Betriebe gleich 2 Ampère. Die Klemmenspannung an den Enden der Magnetwicklung sei 114 Volt, dann ergibt sich der Magnetwiderstand während des Betriebes zu 114/2 = 57 Ohm, und es wird:

$$R_1 = 50,\ R_2 = 57,\ t_1 = 15^\circ\ \text{C},\ \Delta\rho = 0{,}004.$$

Es ergibt sich aus Gleichung

$$0{,}004 = \frac{57-50}{50\,(t_2-15)},\quad t_2 = 50^\circ\ \text{C}.$$

Die Temperaturerhöhung beträgt also 35° C.

Der Temperaturkoeffizient der Metalle und der meisten Legierungen ist positiv, d. h. der Widerstand nimmt mit wachsender Temperatur zu; bei fast allen flüssigen Leitern, ferner bei Kohle, bei Silit jedoch negativ, d. h. der Widerstand nimmt bei steigender Temperatur ab.

Die für Elektrowärmezwecke verwendeten Materialien sollen im allgemeinen den Vorteil eines hohen spezifischen Widerstandes mit dem eines sehr niedrigen Temperaturkoeffizienten verbinden.

Man verwendet für solche Zwecke vorwiegend Chromnickel, das Neusilber oder Nikelin, das neben dem Vorteil eines hohen spezifischen Widerstandes noch den eines sehr niedrigen Temperaturkoeffizienten besitzt; dieser beträgt 0,0002—0,0004. Der Widerstand des Manganins, einer Legierung aus Kupfer und Mangan, ist so gut wie unabhängig von der Temperatur. (S. Tabelle S. 13.)

Wo dauernd Glühtemperaturen oder sogar Temperaturen von 1000° C und mehr nötig sind, werden Widerstandsmaterialien aus Metallkarbiden oder Mischungen solcher mit anderen Stoffen in Stab- oder Röhrenform verwendet. In diese Gruppe fällt das Quarzilit und das Siliciumcarbid. Ersteres hat sich namentlich dadurch Eingang verschafft, weil es einen Widerstand von fast beliebigem Ohmwert auf einen möglichst kleinen Raum zu konzentrieren vermag. Quarzilitwiderstände können bei denselben Abmessungen nur Bruchteile eines Ohm bis zu mehreren Millionen Ohm aufweisen. Der Widerstand ist außerdem bei den gebräuchlichen Stromfrequenzen induktionslos, daher findet er immer weitere Verbreitung auch auf dem Gebiete des Überspannungsschutzes: als Dämpfungswiderstände, als Schutzwiderstände für Stromwandler und Relais gegen Sprungwellen mit steiler Front, als Antennenwiderstände bei Radioempfangsanlagen, in der gewöhnlichen Telegraphie usw.

Das Quarzilit ist ein Metall-Karbid und verträgt im äußersten Falle 1700° C, dauernd etwa 1000—1200°. Es darf bis höchstens 1000° C ohne Metallvorschaltwiderstand belastet werden, da sonst ein „Überkippen" des Stromes eintritt, d. h. der Strom würde infolge abnehmenden Widerstandes bis zur Zerstörung des Stabes weiterwachsen. Die Stäbe lassen sich infolge ihres geringen Ausdehnungskoeffizienten rasch erhitzen und abkühlen, z. B. im glühenden Zustande mit Wasser übergießen. Mit der Herstellung in Stab- und Röhrenform befaßt sich die Firma Kummler & Matter, A-G., Aarau in der Schweiz.

Ebenfalls größtenteils aus einem Karbid, nämlich Siliciumkarbid, besteht das von Gebr. Siemens hergestellte **Silit,** das in drei Arten, nämlich als Silit I, II und III, in den Handel kommt. Infolge eines geeigneten Herstellungsverfahrens ist der Widerstand unabhängig von der Belastungsdauer nahezu konstant. Für Temperaturen unter Glut dient Silit I, bis 1400° C Silit II, in Längen bis max. 1200 mm. Der Temperaturkoeffizient ist namhaft, die Bruchfestigkeit 100—200 kg/cm², der lineare Ausdehnungskoeffizienten bei 400° C ca. 0,1%, bei 800° C ca. 0,38%, bei 1200° C 0.66 %. Die elektrische Belastungsfähigkeit von Silit-Heizrohren verschiedenen Durchmessers von 400—1200° C ist aus nachstehender Zahlentafel ersichtlich:

Durchmesser des Heizrohres	Belastung in Watt pro cm² Oberfläche bei Dauerbelastung und einer Temperatur in °C von:				
mm	400°	600°	800°	1000°	1200°
5	3,6	7,6	12,6	20,3	33,0
10	2,3	5,3	9,5	16,4	28,0
15	1,6	4,2	8,0	13,8	24,0
20	1,4	3,7	7,3	12,3	20,0
25	1,3	3,4	6,7	11,0	16,1

Bei den elektrischen Heizstäben mit großem spezifischen Widerstand, die auf hohe Temperatur erhitzt werden, ist die Art der Stromzuführung von größtem Einfluß auf die Lebensdauer. Die Kontaktenden müssen möglichst gut leiten, damit der Übergangswiderstand zwischen Heizkörper und Metallanschluß gering wird. Ferner ist der mechanischen Wärmedehnung wegen eine elastische Anspannung notwendig. Die Quarzilitstäbe werden zur Erfüllung der ersten Bedingung mit Enden kleineren spezifischen Widerstandes ausgerüstet, die Silitstäbe an den Enden versilbert und dann mit versilbertem Eisendraht fest umwickelt. Eine Glasur aus Borsäure oder Boraten über der Versilberung, die an die glühenden Teile angrenzt, bewirkt, daß die so präparierten Stäbe weit über den Schmelzpunkt des Silbers erhitzt werden können, ohne daß das Silber herausschmilzt.

Im Gegensatz zu den Metallen stehen die Kohle und die flüssigen Leiter, deren Widerstand mit zunehmender Temperatur abnimmt, deren Temperaturkoeffizient also negativ ist.

Die Anwendung der unter (3) und (4) entwickelten Formeln werde an einigen Beispielen gezeigt.

1. Beispiel. Eine Glühlampe braucht zum normalen Brennen $i = 0{,}45$ Ampere bei der Klammenspannung $e = 110$ Volt; wie groß ist der Widerstand in heißem Zustande?

$$R = \frac{e}{i} = \frac{110}{0{,}45} = 245\ \Omega\ \text{(Ohm)}$$

2. Beispiel. Auf einer Gleichstromleitung mit $e = 220$ Volt, 2,2 km lang, sollen 110 Lampen à 20 Watt = 2,2 KW mit einem Spannungsverlust e_v von 4% gespeist werden. Welches ist der Querschnitt der Kupferleitung?

$$e_v = 4\% \text{ von } 220 \text{ Volt} = 8{,}8 \text{ Volt}$$

$$e_v = i R,\ i = \frac{e\,i}{e} = \frac{2200 \text{ Watt}}{220} = 10 \text{ Ampere}$$

$$R = \rho \frac{2\,l}{q} = 0{,}018.\ \frac{2{,}2200\,m}{q} = \frac{79{,}2}{q} \text{ eingesetzt in } e_v$$

$$\text{gibt: } 8{,}8 = 10 \times \frac{79{,}2}{q} = \frac{792}{q}$$

$$q = \frac{792}{8{,}8} = 90\ mm^2$$

Das ist ein praktisch unmöglicher, weil viel zu großer Querschnitt und geht daraus hervor, daß für so lange Leitungen Gleichstrom nicht mehr ausreicht, oder es muß ein sehr bedeutender Spannungsabfall, sohin schlechte Beleuchtung, in Kauf genommen werden.

3. Beispiel. In einen Glühofen soll ein runder Heizdraht aus Eisen bezw. Kupfer eingebaut werden. Der mittlere Durchmesser der Heizspirale sei 800 mm, die Windungszahl 30, der Drahtdurchmesser 5,5 mm. Welches ist der Widerstand bei einer Endtemperatur von 900° C a) des Eisendrahtes, b) des Kupferdrahtes?

ad a) Länge der Heizspirale ist

$$\pi \times 800 \times 30 = 75384 \text{ mm} = 75{,}384 \text{ m.}$$

Der Querschnitt des Drahtes ist

$$q = \frac{\pi\,d^2}{4} = \frac{3{,}141}{4}\ .\ 5{,}5^2 = 24\ mm^2$$

Das Leitvermögen des Eisens ist im Mittel 0.11, demnach der Widerstand der Spirale

$$R_1 = \rho \frac{l}{q} = 0{,}11\,.\,\frac{75{,}384}{24} = 0{,}345 \text{ Ohm.}$$

Wenn der errechnete Widerstand bei 15° C angenommen wird, so ermittelt sich der Widerstand bei 900° C zu

$$R_2 = R_1\,[1 + \Delta\rho\,(t_2 - t_1)] = 0{,}345\,[1 + 0{,}0045\,(900 - 15)] = 1{,}718 \text{ Ohm.}$$

$$\text{ad b)} \quad R_1 = \rho \frac{l}{q} = 0{,}018\,.\,\frac{75{,}384}{24} = 0{,}0565 \text{ Ohm}$$

$$R_2 = 0{,}0565\,[1 + 0{,}0038\,(900 - 15)] = 0{,}246 \text{ Ohm.}$$

Joulesches Gesetz. Alle die genannten Einheiten, das Ohm, Ampere, Volt, Joule, sind bis zu einem gewissen Grade willkürlich gewählt. Sie wurden aber so gewählt, daß sie sich durch Multiplikation mit einer Potenz der Zahl 10 in die absoluten Einheiten umrechnen lassen. So ist das Coulomb der zehnte Teil der im cm-g-sek.-System gezählten Einheit der Elektrizitätsmenge, desgleichen ist das Ampere $^1/_{10}$ der absoluten Stromstärke. Das Volt ist 10^8mal so groß als die cm-g-sek.-Potentialdifferenz, das Ohm das 10^9fache der absoluten Widerstandseinheit, die Wattsekunde oder das Joule = 10^7 Erg. Wie groß ein Coulomb im Vergleich mit der elektrostatischen Einheit ist, geht daraus hervor, daß zwei um ein km voneinder entfernte Coulombs sich mit der Kraft 9.10^8 Dyn, also mit etwa 900 kg Gewicht anziehen.

Ferner sind gebräuchlich und im praktischen Betrieb üblich die Bezeichnung Kilovolt = KV = 1000 Volt, z. B. 220.000 Volt = 220 KV, für Meßspannungen Millivolt = 10^{-3} = 0,001 Volt, ebenso Megohm = $M\Omega$ = 10^6 Ohm, für sehr kleine Widerstände Mikroohm = $\mu\Omega$ = 10^{-6} Ohm. Der spezifische Widerstand von Metallen und deren Legierungen wird oft auch in Mikroohmzentimetern (Widerstand eines Würfels von 1 cm^3 in $\mu\Omega$), der Isolationswiderstand von elektrischen Kabeln und Freileitungen in $M\Omega$ pro Kilometer Kabel- bezw. Leitungslänge angegeben.

Da nun das Joule = 10^7 Erg oder Zentimeterdyn, d. h. durch die mechanischen Einheiten des Dyn und Zentimeter bestimmt ist, läßt sich seine Beziehung zu der praktischen Arbeitseinheit, dem Meterkilogramm, leicht ermitteln. Da namentlich das Gewicht von 1000 ccm Waser 1 kg ist, so ist 1 kg die von der Erde ausgeübte Kraft, die der Masse von 1000 ccm Wasser in 1 Sekunde die Geschwindigkeit 981 cm/sek. erteilt. Demnach ist

$$1 \text{ kg} = 1000 \times 981 \text{ Dyn.}$$

Daher ist 1 mkg = 981.000 Meter-Dyn. = 981.10^7 Zentimeterdyn. Nun sind 10^7 Zentimeterdyn oder Erg zu einem Joule zusammengefaßt. Demnach ist:

$$1 \text{ mkg} = 9{,}81 \text{ Joule oder}$$

$$1 \text{ Joule} = \frac{1}{9{,}81} = 0{,}102 \text{ mkg} \qquad (5)$$

Die Einheit der elektrischen Leistung ist gleich einem Joule in der Sekunde und heißt **Watt.** Dessen Beziehung zum Sekundenmeter-Kilogramm ergibt sich aus vorigem

$$1 \frac{\text{mkg}}{\text{sec}} = 9{,}81 \frac{\text{Joule}}{\text{sec}} = 9{,}81 \text{ Watt}$$

demnach

$$1 \text{ Ps} = 75 \frac{\text{mkg}}{\text{sec}} = 75.9{,}81 \text{ Watt} = 736 \text{ Watt} = 0{,}736 \text{ KW.}$$

Die Einheiten des Watt und Joule sind für die Praxis zu klein, man gebraucht daher größere Einheiten, und zwar:

$$1 \text{ Kilowatt} = 1000 \text{ Watt} = 1000 \text{ Joule/sec} = \frac{1000}{9{,}81} = 102 \text{ mkg/sec} \qquad (6)$$

$$\text{und } 1 \text{ Kilowatt} = \frac{1000}{9{,}81.75} = \frac{1}{0{,}736 \text{ PS}} = 1{,}36 \text{ PS.}$$

1 Kilowattstunde (KWh) = **$3{,}6.10^6$ Wattsekunden** oder **Joule.** (7)

Durch Satz IV des Ausschusses für Einheiten und Formelgrößen (AEF) ist die Einheit der Leistung im März 1914 folgendermaßen festgesetzt worden:

Die technische Einheit der Leistung heißt Kilowatt. Sie ist praktisch = 102 kg/m pro Sekunde und entspricht der absoluten Leistung von 10^{10} Erg. in der Sekunde, Einheitsbezeichnung kW.

Mit Rücksicht auf das in der Technik — mit Ausnahme der Elektrotechnik — übliche technische Maßsystem ist in dem genannten Satz ausdrücklich betont, daß das Kilowatt praktisch = 102 mkg pro Sekunde ist, genau 101,976 mkg pro Sekunde unter 45° geographischer Breite, oder 102,04 mgk pro Sekunde nach der etwas anderen Definition des neuen französischen Gesetzes über die Maßeinheiten. Die technisch belanglose Abweichung des genauen Wertes des Kilowatt von 101,976 mkg pro Sekunde schwankt zwischen Pol und Äquator um + 2,6 vT. Dies rührt bekanntlich daher, daß ein Grundmaß des technischen Maßsystems, das Gewicht, mit der geographischen Breite um den genannten Betrag veränderlich ist, was als einer der Haupteinwände gegen das technische Maßsystem geltend gemacht wird.

Aus vorstehenden Beziehungen läßt sich nun die in einem vom Strom i mit der Spannung e durchflossenen Leiter erzeugte Wärme Q in Grammkalorien berechnen:

1 gkal. = 0,427 mkg = 0,427 . 9,81 Joule oder

$$1 \text{ Wattsekunde} = 1 \text{ Joule} = \frac{1}{0{,}427 \cdot 9{,}81} = \frac{1}{4{,}188} = 0{,}24 \text{ gkal. oder}$$

$$1 \text{ gkal.} = \frac{1}{0{,}24} = 4{,}18 \text{ Wattsekunden.}$$

1 Kilowattstunde = $3{,}6 \cdot 10^6 \cdot 0{,}24$ gk = 864000 gkal oder

1 Kilowattstunde = 864 Kilogramm-Kalorien, in der Folge kurz — Kalorie genannt. $1 \text{ Kal.} = \frac{1}{864} = 0{,}00116 \text{ KWh} = 1{,}16$ Wattstunden. (8)

Wird also 1 Kilowattstunde vollständig in Wärme verwandelt, etwa durch Umsetzung in einem elektrischen Widerstand, so werden 864 Kalorien Wärme entwickelt. Man kann also, wenn man mittelst elektrischer Energie Dampf mit der Gesamtwärme λ erzeugen will, mit 1 Kwst höchstens $864/\lambda$ kg Dampf erhalten, also z. B. mit $\lambda = 632$ (Dampf von 1 at) 864/632 = 1,36 kg Dampf.

Zwischen Kilowattstunde und PS-Stunde besteht die gleiche Beziehung wie zwischen Kilowatt und PS, nämlich

1 kwh = 1,36 PS h

1 PS h = 0,736 kwh.

Die entwickelte Wärme Q ist dem Produkt aus Spannung e, Stromstärke i und der Zeit t proportional und beträgt

$$Q = 0{,}24 \cdot e\, i\, t \text{ Grammkalorien oder}$$

$$Q = 3{,}6 \cdot 10^6 \cdot 0{,}24\, e\, i\, t = 0{,}864\, e\, i\, t \text{ Kalorien.} \qquad (9)$$

Da die Spannung e = Stromstärke × Widerstand = iR ist, so läßt sich die Wärmemenge Q auch ausdrücken durch

$$Q = 0{,}864 \cdot i \cdot i \cdot R \cdot t \cdot = \mathbf{0{,}864}\, i^2 R t, \qquad (10)$$

welche Formel als **allgemeine elektrische** Heizformel bezeichnet werden kann.

Das in dieser Gleichung ausgesprochene Gesetz heißt das Joulesche Gesetz.

Die allgemeine elektrische Heizformel

$$Q \text{ in Kalorien} = 0{,}864\, e\, i\, t$$

wobei e in Volt, i in Ampere, $e\,i$ in Watt und t in Stunden einzusetzen sind, wird an einigen Beispielen erhärtet.

Doch ist es für die Folge zweckmäßig, einige physikalische Begriffe den Berechnungsbeispielen voranzustellen.

Unter Anschlußwert versteht man die größte Leistung, die ein Apparat, sei es ein Kochtopf, elektrischer Ofen u. dgl., aufnehmen kann; er wird in Kilowatt oder in Watt ausgedrückt, wobei bekanntlich 1 KW = 1000 Watt sind.

Ist der Energiebedarf für die Verrichtung einer bestimmten Arbeit zu ermitteln, so wird der Anschlußwert mit der aufgewendeten Zeit in Stunden multipliziert. Soll umgekehrt aus dem Energiebedarf der Anschlußwert errechnet werden, so muß die für die aufgewendete Arbeit benötigte Zeit in Stunden bekannt sein. Durch Division der aufgewendeten Kilowatt-, bezw. Wattstunden durch die verbrauchte Zeit in Stunden ergibt sich der Anschlußwert.

Gebundene Schmelzwärme ist jene Anzahl Wärmeeinheiten oder Kalorien, die verbraucht werden, um 1 kg des festen Körpers in die flüssige Form ohne Erhöhung der Temperatur überzuführen. Es genügt aber nicht, den festen Körper bis zum Schmelzpunkte zu erwärmen, es bedarf noch einer gewissen oft noch ganz beträchtlichen Wärmemenge, um den flüssigen Zustand zu erreichen. Die Schmelzwärmemenge ist im Schmelzgute für die Dauer des flüssigen Zustandes gebunden (latent) und wird bei Erstarrung mit der übrigen zugeführten Wärme wieder frei.

Die Verdampfungswärme einer Flüssigkeit ist die Anzahl der Wärmeeinheiten oder Kalorien, die verbraucht wird, um 1 kg der Flüssigkeit entgegen dem (unveränderlichen) äußeren Druck in Dampf von gleicher Temperatur zu verwandeln. Sie ist von der Temperatur, bei der die Verdampfung stattfindet, abhängig.

Unter Verbrennungswärme versteht man die bei der Verbrennung von 1 kg eines Stoffes, z. B. Kohle, entwickelte Wärmemenge in Kalorien.

Mit Wirkungsgrad oder Güteverhältnis bezeichnet man das Verhältnis der theoretischen (indizierten) Leistungsaufwandes einer Maschine oder eines Apparates zur tatsächlichen (effektiven) Leistung. Er wird mit η bezeichnet und meist in Prozenten ausgedrückt.

$$\eta \text{ in } \% = \frac{\text{theoretischer Verbrauch}}{\text{tatsächlicher Verbrauch}} \times 100.$$

Z. B. Ein Kessel in dem Dampf mit 14 at erzeugt wird, hat einen Wirkungsgrad von 50%, so will das sagen, daß von der zugeführten Wärmemenge nur 50% für die Erzeugung von Dampf verwendet wird, während die anderen 50% Verluste darstellen.

Abhängigkeit des Ohmschen Widerstandes von der Meßspannung. Es zeigt sich, daß der Ohmsche Widerstand umgekehrt proportional der aufgedrückten Spannung ist. Dieses Verhalten weisen alle Widerstandmaterialien auf, welche aus einem Gemisch von gut- und schlechtleitenden Bestandteilen aufgebaut sind. Je nach dem Mengenverhältnis, dem Bindemittel und der Nachbehandlung ändern sich allerdings die Verhältnisse; sie bleiben aber im Prinzip immer dieselben. Bei gleicher Qualität der Ausgangsmaterialien ist die Änderung des Widerstandes mit der Spannung in weiten Grenzen umso größer, je „hochohmiger" die Widerstandskörper sind. Dies geht deutlich aus den Kurventafeln hervor. In Abb. 5 sind zwei Widerstände *A* und *B* von 65 mm Länge und 30 mm Durchmesser in ihrer Abhängigkeit von der Meßspannung dargestellt. Gleichzeitig wurden auch die Kurven für Widerstände derselben Dimensionen, aber anderer Ausgangsmaterialien, eingetragen. Man sieht sogleich den großen Unterschied im Verhalten. Je nach dem Verwendungszweck kann eine große Änderung erwünscht sein oder nicht; in den meisten Fällen wird man darnach trachten, dieselbe gering zu halten.

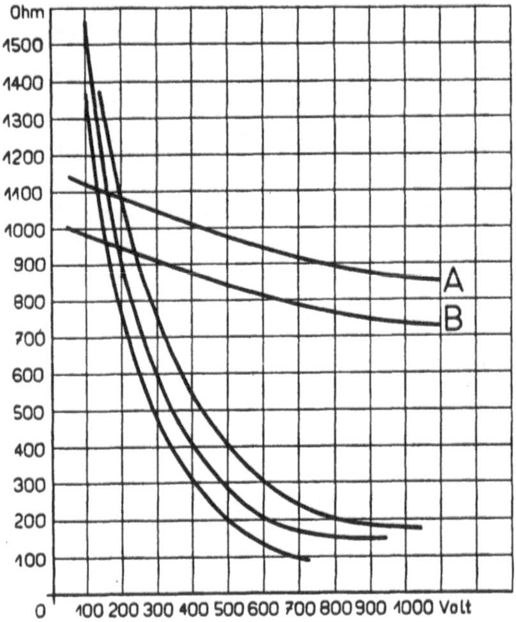

Abb. 5

Weitere Versuche ergaben Kurven, die das Gesetz der umgekehrten Proportionalität zwischen Spannung und Ohmschem Widerstand klar erkennen lassen. Die Abhängigkeit ist nicht linear; der Proportionalitätsfaktor ist selbst eine Funktion der Spannung. Mit wachsender Spannung nähert sich der Ohmsche Widerstand asymptotisch einem Grenzwert.

Wie sich die Widerstände bei sehr hohen Spannungen verhalten, ist nicht sehr einfach experimentell zu bestimmen; denn als große Fehlerquelle kommt die während der Messung entstehende Erwärmung in Betracht. Schon bei den in Abb. 6 und 7 dargestellten Untersuchungen wurde bis an die Grenze des Möglichen gegangen. Bei einer Spannung von 7000 Volt und einem Ohmschen Widerstand von 2300 Ω ist die aufgenommene Leistung bereits 21,3 Kilowatt. Diese ist imstande, den Widerstandskörper in 10 Sekunden um zirka 700° C zu erwärmen. Bei dieser Temperatur ist der Widerstandswert kleiner als im kalten Zustand.

Infolgedessen steigt der Strom, die Belastung nimmt weiter zu, die Erwärmung ebenfalls usf. Man muß daher für diese Messungen tadellos gedämpfte Instrumente verwenden, um in möglichst kurzer Zeit ablesen zu können. Erwärmung ist natürlich bei keiner Messung zu vermeiden. Den Einfluß derselben kann man bei bekannter Temperatur unter Zuhilfenahme des Temperaturkoeffizienten stets berechnen. Die Temperatur selbst muß auch zuerst rechnerisch ermittelt werden. Bei bekannter Leistungsaufnahme und bekannten Materialkonstanten ist dies ohne weiteres möglich.

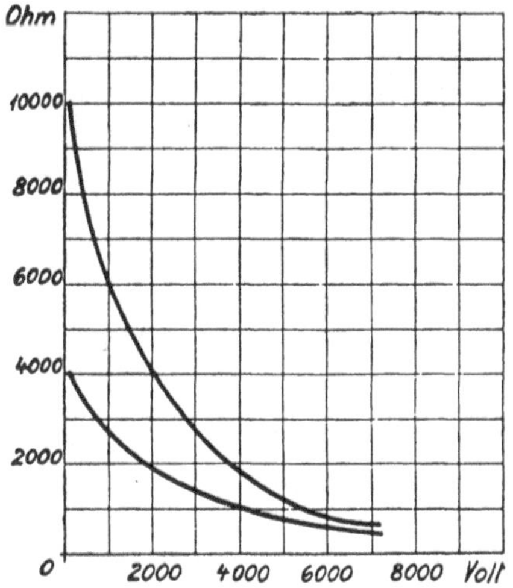

Abb. 6

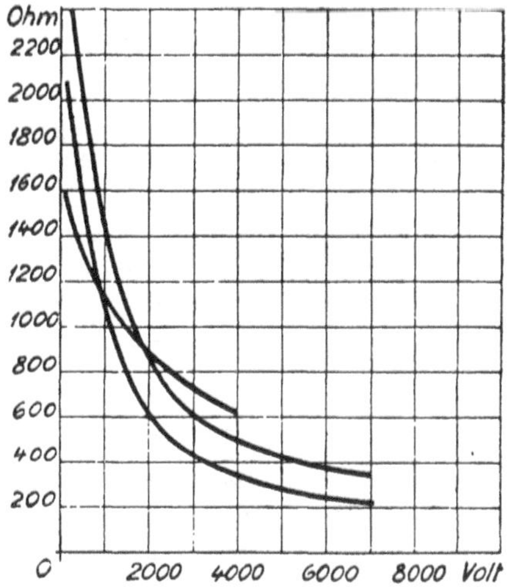

Abb. 7

Widerstand von Quarzilitstäben 250/30 mm in Funktion der Spannung.

Es gibt noch eine andere Möglichkeit, diesen Schwierigkeiten aus dem Wege zu gehen, indem man zu einer kalorimetrischen Methode greift, mittelst welcher ein guter Mittelwert des Ohmschen Widerstandes erhalten werden kann. Es sei nachfolgend das gleiche Beispiel kurz behandelt, welches bei der direkten Widerstandsmessung schon als Grenzfall der Ausführbarkeit bezeichnet wurde, nämlich der Widerstandskörper 250/30 mm, welcher bei 7000 Volt einen Widerstand von 2300 Ohm hat. Man soll dessen Widerstand bei 10.000 Volt Spannung experimentell bestimmen. Eine direkte Messung ist nicht möglich, denn bis die Meßinstrumente zur Ruhe gekommen wären, hätte sich der Körper bereits so stark erwärmt, daß man ein ganz unsicheres Schlußresultat zu erwarten hätte.

Die Methode ist folgende: Man schließt den Widerstand während t Sekunden an die bekannte Spannung E an und taucht ihn hierauf sofort in ein Kalorimeter. Dadurch läßt sich die in demselben enthaltene Wärmemenge Q messen. Da die spez. Wärme c des Materials bekannt ist, folgt daraus auch die Temperatur ϑ. War R der mittlere Ohmsche Widerstand des Körpers während der Zeit von t Sekunden, so ist die im Widerstand durch die elektrische Energie entwickelte Wärmemenge

$$Q = 2{,}24\ e\ i\ t = 0{,}24 \frac{e^2\ t}{R}\ \text{gkal} \quad (9)$$

$$\text{oder } R = \frac{0{,}24\ e^2\ t}{Q}\ \text{Ohm} \quad (10)$$

Beim Versuche ergab sich: $Q = 12{,}6$ Kal., $e = 10.000$ Volt, $t = 1$ Sekunde.

Daraus erhalten wir: $R = 1900$ Ohm.

Dieser Wert R muß noch in verschiedener Hinsicht etwas korrigiert werden.

a) Während der Zeit $\Delta\ t$, welche vom Ausschalten des Stromes bis zum Eintauchen ins Kalorimeter verstrich, ging eine gewisse Wärmemenge Q_v durch Strahlung und Leitung an die umgebende Luft verloren. Bekanntlich setzt man die von der Einheit der Körperoberfläche ausgestrahlte Wärmemenge pro Sekunde gleichzeitig einer Konstante λ mal dem Temperaturunterschied des Flächenelementes gegen die Umgebung. Wird ein Körper mit der Oberfläche O auf eine bestimmte Temperatur T_{max} gebracht, so kann man die Konstante λ aus der aufgenommenen Wärmemenge Q, sowie T_{max} und O bestimmen:

$$\lambda = \frac{Q\ /\ sek}{T_{\max}\ O} \qquad \text{bezw. } \lambda = \frac{N}{T_{\max}\ O} \quad (11)$$

wobei N die elektrisch aufgenommene Leistung bedeutet. Aus vielen Messungen ergibt sich für λ' ein Mittelwert z. B. für Quarzilit von $\lambda' = 0.008$ Watt/cm^2 ^{0} C. Der durch Strahlung entstehende Wärmeverlust ist daher

$$Q_v = \lambda' . O . t . \Delta t,$$

wobei für t die mit genügender Genauigkeit die aus der kalorimetrisch bestimmten Wärmemenge Q und der spez. Wärme c ausgerechnete Temperatur einzusetzen ist.

$$Q = g\ c\ t$$

Q .... kalorimetrisch bestimmte Wärmemenge.
g .... Gewicht des Kalorimeterwassers.
c .... spez. Wärme des Quarzilit.
d .... Temperaturunterschied zwischen Anfangs- und gemessener Endtemperatur.

Der Versuch ergab:
$Q = 12{,}6$ Kal.
$c = 0{,}20$ Kal./dm^3 ^{0} C.
$g = 0{,}37$ kg.
Zimmertemperatur $= 23^0$ C.

$$t = \frac{Q}{G c} = \frac{12{,}6}{0{,}37 . 0{,}2} = 171^0\,\text{C} \quad (12)$$

Das Kalorimeterwasser hatte nach dem Einlegen des Widerstandes die gleiche Temperatur wie die umgebende Luft. Infolgedessen stellt ϑ' zugleich auch die im Moment des Stromausschaltens vorhandene Übertemperatur ϑ des Widerstandskörpers gegen die umgebende Luft dar. Die durch Strahlung und Leitung verloren gegangene Wärmemenge beträgt demnach:

$$\left.\begin{array}{l} \lambda' = 0{,}008 \\ O = 236\ \text{cm}^2 \\ \vartheta = 171^\circ\ \text{C} \\ \Delta t = 5\ \text{Sek.} \end{array}\right\} Q_v = 0{,}008 \,.\, 236 \,.\, 171 \,.\, 5 \,.\, 0{,}00024 = 0{,}38\ \text{Kal.}$$

Dadurch korrigiert sich der Wert des mittleren Ohmschen Widerstandes R auf 1756 Ω, entsprechend dem um 0,38 Kal. vergrößerten Werte von Q in Formel (10).

b) Dieser Wert ist immer noch nicht der endgültige, denn bei der Angabe eines Ohmschen Widerstandes muß stets die Temperatur mitangegeben werden, d. h. bei Untersuchung des Widerstandes als Funktion der Spannung müssen alle Ohmzahlen auf ein und dieselbe Temperatur reduziert werden. Die Messungen erfolgten bisher bei 23° C Zimmertemperatur. Somit muß auch der Widerstand von 1756 Ohm auf 23° C bezogen werden. Weil 1756 Ohm der während der Zeit des Stromdurchganges vorhandene Mittelwert sind, so ist er bei Annahme eines linearen Verlaufes von Temperatur und Zeit auch der mittleren Temperatur zuzuordnen. Die Reduktion auf 23° C ergibt den endgültigen Wert von 1886 Ohm (Temperaturkoeffizient = 0,001).

4. Beispiel. In einem Lichtbogenofen beträgt die Spannung zwischen den Kohlenelektroden 105 Volt, die Stromstärke 3000 Ampere. Es soll der Widerstand, die in einer Stunde entwickelte Wärmemenge des elektrischen Lichtbogens und ferner die Leistung der Maschine zur Erzeugung der Lichtbogenleistung bestimmt werden.

Widerstand des Lichtbogens $R = \frac{e}{i} = \frac{105}{3.000} = 0{,}035$ Ohm

Der im Lichtbogen verbrauchte Effekt

$N = e\,i = 105 \times 3000 = 315{,}000$ Watt $= 315$ KW

Die stündliche Wärmemenge errechnet sich zu

$Q = 0{,}86\ e\,i\,t = 0{,}86 \times 105 \times 3000 \times 1 = 270{,}900$ Kal.

Der kalorische Wirkungsgrad η sei 0,76; demnach ist, um die errechnete stündliche Wärmemenge als wirkliche Nutzleistung zu erhalten, entsprechend eine größere Leistung aufzuwenden, als 315 KW, nämlich

$$\frac{315}{0{,}76} = 415\ \text{KW.}$$

Nimmt man für den Stromerzeuger einen Wirkungsgrad von $\eta = 0{,}9$ an, so ist für dessen Antrieb erforderlich

$$\frac{415}{0{,}9} = 461\ \text{KW.}$$

5. Beispiel. Sind 1000 l Wasser von 10° C auf 95° C zu erwärmen und ist hiefür eine Zeit von 8 Stunden zur Verfügung, so ergibt sich die Leistung aus $Q = 0{,}86\ e\,i\,t$ mit $e\,i = Q/0{,}86.\ t$. Für die Erwärmung von 1 l Wasser werden 95—10 = 85 Kal., somit von 100 l: 100 l × 85 = 8500 Kal. benötigt. Da 1 Kal. = 1,16 Wattstunden

entsprechen, so beträgt die Strommenge $8500 \times 1{,}16 = 9860$ Wattst. = 9,86 KWh. Da $t = 8$ h, so ist die Leistung oder der Anschlußwert $\frac{9{,}860}{8} = 1.23$ KW oder wenn die Heizformel der Berechnung zu Grunde gelegt wird:

$$e\,i = \frac{Q}{0{,}86\,.\,t} = \frac{8500}{0{,}86.8} = 1{,}23 \text{ KW}$$

6. Beispiel. Ein elektrischer Straßenbahnwagen von 30 m^3 Rauminhalt soll eine elektrische Heizung erhalten. Zu diesem Behufe werden auf 8 m^3 je ein Heizkörper mit einem Stromverbrauch von 200 Watt pro m^3 eingebaut. Die Betriebsspannung beträgt 500 Volt. Welchen Widerstand besitzen die Heizkörper und welche Strommenge pro Heizstunde ist erforderlich?

Anzahl der Heizkörper $= \frac{30}{8} = 3{,}75$ angenommen 4.

Effektverbrauch pro Heizkörper $8 \times 200 = 1600$ Watt.

Stromverbrauch pro Heizkörper $i = \frac{e\,i}{e} = \frac{1600}{500} = 3{,}2$ Ampere.

Für die Heizung demnach $4 \times 3{,}2 = 12{,}8$ Ampere.

Widerstand des Heizkörpers $R = \frac{e}{i} = \frac{500}{3{,}2} = 156\ \Omega$.

Strommenge pro Heizstunde $e\,i = 500 \times 12{,}8 = 6400$ Wattstunden oder 6,4 KWh.

7. Beispiel. Welche Zeit ist erforderlich, um mit einem Kocher von 500 Watt Anschlußwert 3 l Wasser von 8° C auf 100° C zu erhitzen?

$$Q = 0{,}86\ e\,i\,t, \quad t = \frac{Q}{0{,}86\ e\,i}, \quad e\,i = 500 \text{ Watt.}$$

Zur Erhitzung von 3 l Wasser um $100 - 8 = 92°$ C sind $3 \times 92 = 276$ Kal. erforderlich.

$$t = \frac{276}{0{,}86.500} = 0{,}64 \text{ Stunden} \times 60 = 38'\,24''.$$

8. Beispiel. Ein Durchlaufapparat von 5 Kw Anschlußwert ist durch 5 Minuten in Tätigkeit. Wie viel Liter Wasser kann er in dieser Zeit um 50° erhitzen?

$e\,i = 5000$ Watt

$t = 5$ Min. $= \frac{5}{60}$ Stunden

$Q = 0.86 \times 5000 \times \frac{5}{60} = 358{,}3$ Kal., d. h. man könnte mit dieser Wärmemenge 358,3 l Wasser um 1° C erhitzen. Da aber die Temperatur nur um 50° C gesteigert werden soll, so beträgt die gesuchte Wassermenge 358,3 : 50 = **7,16 Liter.**

9. Beispiel. Welchen Anschlußwert muß ein Schmelzofen für Zinn haben, um 50 kg stündlich zum Schmelzen zu bringen?

$ei = \frac{Q}{0{,}86\,.\,t}$, $t = 1\ h$ (Stunde)

Der Schmelzpunkt des Zinns ist 235° C, die spezifische Wärme 0,0548, die Schmelzwärme 13,31 Kal/kg. Der Wärmebedarf beträgt daher 50 kg $\times$ 235° C $\times$ 0,0548 = 645 Kal. für die Erwärmung auf den Schmelzpunkt. Um den flüssigen Zustand zu erhalten, ist eine weitere Wärmemenge von 50 kg $\times$ 13,31 Kal/kg = 665,5 Kal. notwendig, insgesamt daher eine Wärmemenge von 645 + 665,5 = 1310,5 Kal.; die Schmelzzeit ist 1 Stunde, somit $ei = \frac{1310,5}{0,86 . 1} =$ 1517 Watt = **1,52 KW.**

10. B e i s p i e l. In einem Elektroofen sollen 500 kg Messing geschmolzen werden; die Anfangstemperatur betrage 30° C, die Schmelztemperatur 910° C, die Spannung 95 Volt, die Stromaufnahme 225 KW, der kalorische Wirkungsgrad 0,7. Welche Zeit ist erforderlich, bis die Schmelztemperatur erreicht wird?

Spez. Wärme des Messings = 0,093.

Die erforderliche Wärmemenge ist

$$Q = 500\ (910-30) \times 0,093 = 40920 \text{ Kal.}$$

Bei Berücksichtigung des kalorischen Wirkungsgrades ist die demnach aufzuwendende Wärmemenge

$$Q = \frac{40920}{0,7} = 58457 \text{ Kal.}$$

Aus der Beziehung $Q = 0,86\ e\,i\,t$ (wobei $e\,i$ in Watt ausgedrückt wird) folgt

$$t = \frac{Q}{0,86\ e\,i} = \frac{58457}{0,86 \cdot 225000} = 0,3 \text{ Stunden} = \textbf{18 Minuten.}$$

11. B e i s p i e l. In der Darre einer Brauerei werden pro Tag 15.000 kg Braunkohle zu 2600 Kal. in 24 Stunden verheizt; welche elektrische Leistung müßte aufgewendet werden, um das gleiche Trockenergebnis zu erzielen, wobei der Wirkungsgrad der Dampftrocknung mit 0,4 angenommen wird, d. h. nur 40 % der aufgewendeten Brennstoffmenge wird nutzbringend verwertet, während die restlichen 60 % verloren gehen.

$$Q = 15.000 \times 2600 = 39,000.000 \text{ Kal.}$$

Hievon werden nutzbar verwertet

$$39.000.000 \times 0,4 = 15,600.000 \text{ Kal.}$$

Da 1 KWh 864 Kal. entsprechen, so wären bei Voraussetzung eines elektrischen Wirkungsgrades von 100%, d. h. wenn die gesamte aufgewendete elektrische Energie in Wärme umgewandelt würde, eine Strommenge von

$$15,600.000/864 = 18.056 \text{ KWh}$$

nötig. Durch Ausstrahlung, Erwärmung der Bestandteile, welche den zu trocknenden Stoff aufnehmen, wird nicht die gesamte zugeführte Energie für die Wärmezuführung an diesen verwendet, sondern nur etwa 0,9 hievon. Sollen daher demnach 18,056 KWh für die Trocknung zur Verfügung sein, so müssen

$$18,056/0,9 = 20.000 \text{ Kal. in 24 Stunden}$$

zur Verfügung stehen; was einer Stundenleistung von

$$\frac{20000}{24} = \textbf{833 KW} \text{ entspricht.}$$

12. Beispiel. Es sollen in einem Elektroofen 3000 kg Stahl geschmolzen werden. Die Anfangstemperatur betrage 30° C, die Schmelztemperatur 1350° C, die durchschnittliche Schmelzdauer bei dreimaligem Abschlacken 3 Stunden, der kalorische Wirkungsgrad 0,7, die Spannung in der Periode des Niederschmelzens 130 Volt. Welches ist die Ofenleistung?

Wenn die spez. Wärme des Stahles mit 0,115 angenommen wird, so ist die erforderliche Wärmemenge für die Erhitzung auf den Schmelzpunkt

$$Q = 3000\ (1350-30) \times 0{,}115 = 455.400 \text{ Kal.}$$

Bei Berücksichtigung des kalorischen Wirkungsgrades ist demnach die aufzuwendende Wärmemenge

$$Q = \frac{455.400}{0{,}7} = \qquad 650.570 \text{ Kal.}$$

zuzüglich 30 Kal./kg für die Schmelzwärme, daher

$$3000 \text{ kg} \times 30 = \qquad 90.000 \text{ „}$$

Dies gibt insgesamt 740.570 Kal.

Da diese Leistung in drei Stunden vollbracht werden soll, so ergibt sich der Anschlußwert aus der Beziehung

$$Q = 0{,}86\ e\,i\,t$$

$$e\,i = \frac{Q}{0{,}86\,.\,t} = \frac{740.575}{0{,}86\,.\,3} \sim 287.000 \text{ Watt oder } \mathbf{287\ KW.}$$

Da die Spannung $e = 130$ Volt gewählt wurde, errechnet sich die Stromstärke i aus

$$130\ i = 287000$$

$$i = \frac{287000}{130} = 2207 \text{ Ampere.}$$

Belastungsfähigkeit. Darunter wird jene Belastung verstanden in Watt pro cm³, welche ein Widerstand von bestimmter Größe eine gewisse Zeit bei einer bestimmten Spannung vertragen kann, ohne Schaden zu leiden. Beim Anschluß des Körpers an eine Spannung E stellt sich zunächst die dieser Spannung entsprechende Stromstärke I ein, gemäß der Beziehung $R = f\ (E)$. Die Leistung $\frac{E^2}{R}$ dient teilweise dazu, die Temperatur des Widerstandskörpers zu erhöhen, teilweise deckt sie die nach der Umgebung entweichende Wärmemenge (durch Strahlung und Leitung). In jedem Zeitmoment ist Gleichgewicht zwischen der produzierten und der verbrauchten Wärmemenge vorhanden.

Bezeichnet:

$d\,Q$ = entwickelte Wärmemenge in der Zeit $d\,t$,
G = Gewicht des Widerstandskörpers in kg,
c = spez. Wärme,
λ = Strahlungskonstante,
O = Oberfläche in cm²,
ϑ = Übertemperatur des Körpers gegen Zimmertemperatur,
α = Temperatur-Koeffizient, z. B. von Quarzilit $= -0.001 \frac{1}{C^0}$
N = Leistung (in Watt),

so wird:

$$\text{in kgCal: } dQ = G\,c\,d\vartheta + \lambda\,O\,dt = 0{,}00024\ N dt = \frac{N}{4188}\,dt. \qquad (13)$$

N ist nun aber in dieser Gleichung nicht konstant, sondern selbst wieder eine Funktion der Temperatur. $N = \frac{E^2}{R}$ ändert sich linear mit dem Widerstand, letzterer selbst annähernd linear mit der Temperatur. Es wird also

$$N = \frac{E^2}{R_0\,(1 + \alpha\,\vartheta)} = \frac{N_0}{1 + \alpha\,\vartheta}$$

Welches ist die der Zimmertemperatur entsprechende Leistung

$$\frac{E^2}{R_0}$$

Durch Einsetzen der Formel für N in die allgemeine Erwärmungsgleichung erhalten wir:

$$G\,c\,d\vartheta + \lambda\,O\,T\,dt = \frac{N_0\,dt}{4188\,(1 + \alpha\vartheta)} = \frac{N_0'}{(1 + \alpha\,\vartheta)}\,dt$$

$$\text{oder: } (Gc + \alpha\,G\,c\,\vartheta)\,d\vartheta + (\lambda\,O\,\vartheta + \lambda\,O\,\alpha\,\vartheta^2 - N_0)\,dt = O. \qquad (14)$$

Die Integration dieser Gleichung führt zu einem sehr komplizierten Zusammenhang zwischen der Temperatur und der Zeit. Erfahrungsgemäß kann aber die Sache bedeutend vereinfacht werden, wenn man die Leistungsaufnahme als konstant betrachtet. Dies trifft umso genauer zu, je kürzer die Belastungszeiten sind. In Überspannungsschutzanlagen, wo die Belastungsstöße heftig, aber sehr kurz sind, nähert sich die vereinfachte Berechnungsart sehr weitgehend dem richtigen Verfahren.

An einem Beispiel mögen die Verhältnisse dargestellt werden:

13. Beispiel. Ein zylindrischer Quarzilitwiderstand von 250 mm Länge und 30 mm Durchmesser hat bei 110 Volt einen Widerstand von 1600 Ohm. Auf welche Temperatur erwärmt er sich, wenn er 2 Sekunden lang an 4000 Volt angeschlossen wird? Zimmertemperatur 23° C.

Gemäß Abb. 7 sinkt der Ohmsche Widerstand bei einer Spannung von 4000 Volt auf 620 Ohm. Die Leistungsaufnahme beträgt somit $N = \frac{4000^2}{620} = 25.800$ Watt während zwei Sekunden. Dies entspricht $= 12{,}30$ Kal. Bei einer spez. Wärme von 0,2 erwärmt sich der Widerstandskörper, dessen Gewicht $= 0{,}37$ kg beträgt, um 166° C, so daß die Temperatur des Körpers 189° C betragen wird. Die Ausstrahlung während der kurzen Zeit von 2 Sekunden wurde vernachlässigt. Um über die Größe des Fehlers einen Anhaltspunkt zu besitzen, sei sie nachträglich berechnet:

Die mittlere Übertemperatur des Körpers beträgt $\frac{166}{2} = 83^0$ C. Strahlungskonstante $\lambda = 0{,}008$, Oberfläche $O = 248$ cm², Zeit $t =$ 2 Sek., Strahlungsverluste $N^v = \lambda' O \vartheta t = 330$ Watt/sec. $= 0{,}079$ Kal.

Der Fehler bei Berechnung der Temperaturerhöhung beträgt somit $\frac{0{,}079}{12{,}3} \cdot 100 = 0{,}6\,\%$, d. h. die Temperaturerhöhung ist 165° statt 166°, wie angenähert berechnet.

Da man im praktischen Betriebe nicht immer genau weiß, wie lange ein Widerstand unter Spannung steht (z. B. bei Überspannungsschutzapparaten), so ist ohne weiteres klar, daß der Fehler von 0,6 % nicht von Bedeutung ist. Bei längeren Einschaltzeiten vermindert sich naturgemäß die Genauigkeit der vereinfachten Berechnung. Man wäre dann gezwungen, die allgemeine Gleichung anzuwenden, was infolge der früher schon erwähnten Kompliziertheit unangenehm ist. In allen diesen Fällen ist es am besten, das Experiment zu Hilfe zu nehmen.

Es muß hier noch angeführt werden, daß die Beanspruchung nicht dieselbe ist, wenn anstatt Normallast während einer bestimmten Zeit z. B. die 10-fache Belastung während $^1/_{10}$ der Zeit wirkt. Dies führt meistens zu explosionsartigen Erscheinungen, davon herrührend, daß ein Teil des Silbers an den Enden des zylindrischen Widerstandskörpers verdampft und eine ionisierte Atmosphäre schafft, durch welche elektrische Entladungen mit Leichtigkeit passieren können. Die maximale Belastung nur in Wattsekunden anzugeben, wäre deshalb falsch, weil man im Grenzfall (sehr kleine Zeit) auf unmögliche Werte kommen müßte. In Ausnahmsfällen kann die Belastung bis auf das 4fache erhöht werden, ohne daß eine Zerstörung des Widerstandskörpers eintritt.

b) Beziehung der Wärmeeinheiten von elektrischer Energie zu Kohle und Gas.

Angenommen:

1 kg Steinkohle kostet am Verbrauchsorte . .	g 6	bei 6500	Kal.
1 m³ Leuchtgas *) „ „ „ . .	g 25	bei 5300	„
1 kWh elektrische Energie für Kraft	g 27	bei 860	„

1 kg Kohle = 6500 Kal. entsprechen	g 6,0
1 „ „ entsprechen 6500 : 5300 = 1,22 m³ Gas . . .	g 30,5
1 „ „ „ 6500 : 860 = 7,6 kWh	g 170,2

unter der Voraussetzung, daß sowohl die Kohle, das Gas und der Strom mit 100% Nutzeffekt zur Ausnutzung gelangen könnten. Das würde besagen, daß das Gas 5mal so teuer ist wie die Kohle, die elektrische Energie 5,6mal so teuer als Gas und 28,4mal so teuer wie die Kohle. Anders gestaltet sich jedoch das Verhältnis in Wirklichkeit, wenn man den Wirkungsgrad bei der Kohlen- und Gasfeuerung berücksichtigt. Man gelangt zu Ziffern, welche ein beredtes Zeugnis ablegen, wie Energie vergeudet wird.

Man rechnet für die Erzeugung einer Kilowattstunde bei modernen Kessel- und Turbo-Anlagen, je nach der Belastung,

*) Bei den Wärmeeinheiten für Leuchtgas ist zu berücksichtigen, daß sich die Angaben für 0° verstehen, während die durchschnittliche Temperatur des Gases, mit welcher dasselbe durch den Messer geht, mit 12° C angenommen werden darf, wodurch sich der Heizwert um 300 bis 400 Wärmeeinheiten vermindert. Der Wert von 5300 Kal. ist als sehr hoch anzusehen und bezieht sich im allgemeinen auf die Gaserzeugung in der Vorkriegszeit.

1,0 bis 0,85 kg Steinkohle mit 6500 Kal., d. h. es werden erzielt aus 6500 bis 5525 Kal. ein Nutzeffekt von 860 Kal. (Wärme-Äquivalent einer Kilowattstunde) oder von 13,2 bis 15,6%. Dabei ist zu bedenken, daß die Wärmeausnutzung in einem Dampfkessel erheblich günstiger ist als in einem Kochtopf, da auf dem Küchenherd der größte Teil des Heizwertes, auch der besten Kohle, durch den Schornstein und in den Küchenraum entweicht, gegenüber dem, daß in einem elektrischen K o c h t o p f nur sehr wenig Wärme sich zerstreut, zirka 20%, weil sie direkt am Orte der Wirkung erzeugt wird und gegen Abfluß nach außen viel besser geschützt werden kann.

Es ergibt sich aus dieser Preisgegenüberstellung unter der Annahme einer 20%igen Kohlenausnutzung das Verhältnis zwischen dem Preise der Kilowattstunde gegenüber Kohle:

$$\frac{\text{nutzbar gemachte Wärme der Kohle}}{\text{nutzbar abgegebene Wärme der kWh}} : \frac{6500 \text{ Kal.} \times 20\%}{860 \times 80\%} = \frac{1300}{688}$$

entspricht daher, da der Wirkungsgrad sich nicht gerade mit diesen abgerundeten Ziffern feststellen läßt, 1,5 kWh oder im Preise ausgedrückt:

6 (Kohlenpreis pro kg) : 27 (Preis pro Kilowattstunde Kraftstrom) $\times$ 1,5 = 1 : 6,7.

Die Preiskonkurrenzfähigkeit der Kilowattstunde allein liegt daher bei einem Preise der Kilowattstunde von $\frac{6}{1,5}$ = g 4 gegenüber g 6 Kohlenpreis.

In analoger Weise ergibt sich das Verhältnis zu Gas bei einem Nutzeffekt der Gasfeuerung zu 50%, und zwar:

$$\frac{5300 \text{ Kal.} \times 50\%}{860 \times 80\%} = \frac{2650}{688} = 3{,}85 \text{ kWh}$$

oder im Preise ausgedrückt:

$$25 : 27 \times 3{,}85 = 1 : 4{,}1.$$

Die Preiskonkurrenzfähigkeit der Kilowattstunde an sich liegt daher gegenüber Gas bei einem Preise von g 25 : 3,85 = g 6,5 pro Kilowattstunde.

Bestimmen wir das Verhältnis von Gas zu Kohle bei einem Nutzeffekt von 20, bezw. 50%, so ergibt sich das Verhältnis im Preise von Gas zur Kohle, wie folgt:

2650 Kal. : 1300 Kal. = 2,04, oder im Preise ausgedrückt:

$$6 \times 2{,}04 : 25 = 1 : 2{,}\text{—},$$

d. h. die Gasfeuerung ist 2,0mal so teuer wie die Kohlenfeuerung, und dennoch wird die Gasfeuerung bei gleichartiger Verwendung der Kohle vorgezogen. Ähnlich verhält es sich bei Verwendung der elektrischen Energie gegenüber der Verwendung von Gas, wobei noch zu bemerken ist, daß g 27 den Kleinkraftpreis der meisten Elektrizitätswerke Österreichs bedeutet (Graz hat zur

Zeit sogar g 38) und daß bei Verwendung von Wasserkraft der Preis auch zurückgehen kann, so daß sich das Preisverhältnis der Kilowattstunde sowohl zur Kohle als auch zum Gas wesentlich günstiger gestalten wird.

Ein Vergleich der zur Erzeugung von Wärme bisher verwendeten Brennstoffe und deren Kosten unter Berücksichtigung der Heizwerte muß natürlich von vorneherein fast immer zur Ablehnung der elektrischen Arbeit bei dem geringen Heizwerte von 860 Wärme-Einheiten für die Kilowattstunde führen. Die nachstehende Zusammenstellung gibt ein Bild über die Wärmewerte und Kosten von einigen Brennstoffen.

Brennstoff	Wärmeeinheiten 1 kg	Preis für 1 kg ins Haus		Preis für 10.000 Wärmeeinheiten		Preis für 860 Wärmeeinheiten im Brennstoff	
		g	Gh	g	Gh	g	Gh
Koks	6500	9,0	6,3	13,9	9,6	1,2	0,83
Steinkohle	6500	6,0	4,2	9,2	6,4	0,8	0,55
Böhmische Braunkohle	4500	3,6	2,5	8,0	5,5	0,7	0,47
Wolfsegg-Traunthaler-kohle	3000	3,2	2,2	9,4	6,4	0,8	0,55
Holz	2800	1,0	0,7	3,6	2,5	0,3	0,22
Leuchtgas 1 m³	5000	25,0	17,3	50,0	34,6	4,3	3,—

Wenn dem gegenübergestellt wird, daß die Kilowattstunde Kraft-Strom in Linz a. d. Donau 28 Groschen = 20 Goldheller kostet, so bedeutet dies, auf absolute Wärme-Einheiten bezogen, daß die Wärme aus elektrischer Arbeit im Vergleich zu Kohle und Koks 20 : 0,55 Goldheller = 36 mal so teuer, zu Holz etwa 20 : 0,22 Goldheller = 99mal so teuer, zu Gas etwa 20 : 3 Goldheller = 6mal so teuer wäre. Nun muß aber, abgesehen von den vielen Vorzügen, die eine elektrische Heizung gegenüber Heizungen mit festen Brennstoffen besitzt und die sich geldlich nicht genau beziffern lassen, auch noch der Wirkungsgrad der zur Anwendung kommenden Wärmespender beim Vergleiche mit berücksichtigt werden.

Elektrische Raumheizkörper können aber mit 100% Wirkungsgrad angenommen werden. Unter Berücksichtigung dieser Tatsache kann man durch Konstruktion einer Kurve sehr schnell ein übersichtliches Bild über die Grenzen gewinnen, bei welchen Preisen für die Kilowattstunde und bei welchen Wirkungsgraden eines mit anderen Heizstoffen betriebenen Wärmespenders elektrische Arbeit noch wirtschaftlich in Wärme umgewandelt werden kann.

Besitzt beispielsweise ein Brennstoff B an K_B Kalorien bei einem kg-Preis von P_B und beträgt der Wirkungsgrad der Wärmeausnützung dieses Brennstoffes im Heizapparat η_B, so wird bei Verbrennung von 1 kg dieses Brennstoffes eine nutzbare Wärmemenge von $K_B \cdot \eta_B$ erhalten. Die Kosten dafür betragen P_B.

Um nun dieselbe nutzbare Wärmemenge durch Elektrizität zu erhalten, wird man x kWh mit je 860 Kalorien bei einem elektrischen Wirkungsgrad η_e aufwenden müssen und es muß die Gleichung erfüllt sein:

$$K_B \cdot \eta_B = x \cdot 860 \cdot \eta_B \tag{15}$$

$$\text{daraus ist } x = \frac{K_B \cdot \eta_B}{860 \cdot \eta_e} \tag{16}$$

Sollen bei Verwendung der Elektrizität höchstens die gleichen Kosten erwachsen als beim Brennstoff B, dann darf die kWh maximal kosten:

$$\frac{P_B}{X} \text{ oder } \frac{P_B}{K_B} \times \frac{860 \cdot \eta_e}{\eta_B}$$

Die Ausrechnung des kWh-Preises nach dieser Gleichung kann bei bekannten Variablen P_B, K_B, η_B, η_e wohl keine Schwierigkeiten machen, sie ist aber umständlich und zeitraubend. Man wird sich daher mit Vorteil eines graphischen Behelfes bedienen, welcher gestattet, wenigstens den Faktor $f = \frac{860 \cdot \eta_e}{\eta_B}$ rasch abzulesen, wodurch die weitere Rechnung sich überaus vereinfacht, denn man hat dann nur den aus einem Diagramm entnommenen Faktor mit dem bei ein- und demselben Brennstoff konstanten Quotienten aus $\frac{\text{kg-Preis des Brennstoffes}}{\text{Kalorienanzahl des Brennstoffes}}$ zu multiplizieren, um den gesuchten kWh-Preis zu erhalten.

Graphische Ermittlung des Faktors f.

Der Faktor f stellt nichts anderes dar, als jene Zahl, mit welcher man den kg-Preis eines angenommenen Brennstoffes von 1 Kalorie Heizwert multiplizieren muß, um bei verschiedenen Wirkungsgraden des mit diesem Brennstoff betriebenen Apparates und bei Berücksichtigung des elektrischen Wirkungsgrades den entsprechenden kWh-Preis zu erhalten.

Angenommen, der elektrische Wirkungsgrad η_e sei 1, dann geht die Gleichung für den Faktor über in $f = \frac{860}{\eta_B}$. Es ist dies die Gleichung einer gleichseitigen Hyperbel, bezogen auf ihre zu einander rechtwinkeligen Asymptoten als Achsen des Koordinatensystems. Werden also als Abszisse verschiedene Werte des Wirkungsgrades η_B aufgetragen und als Ordinate Werte für den

Faktor f, so ergeben sich durch wahlweises Einsetzen der Abszissenwerte in die Gleichung sogleich die zugehörigen Ordinatenwerte und durch Übertragung dieser Ergebnisse ins Graphikon die Kurve für den Zusammenhang zwischen η_B und f (Abb. 8).

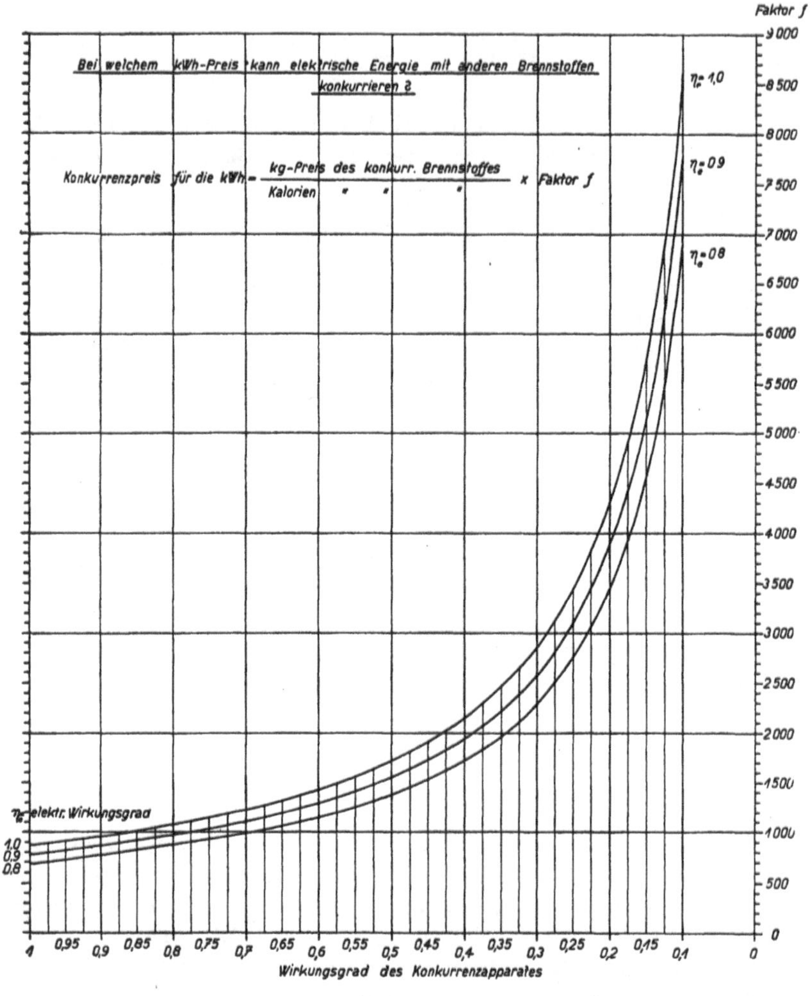

Abb. 8

Beträgt der elektrische Wirkungsgrad nicht 1, sondern 0,9, bezw. 0,8, dann geht die Gleichung für f über in $\frac{860 \times 0{,}9}{\eta_B}$, bezw. $\frac{860 \times 0{,}8}{\eta_B}$, wofür, wie oben, die entsprechenden Kurven zu ermitteln sind.

Es soll nun an einigen Beispielen die praktische Verwendung des Graphikons gezeigt werden:

a) Ein Zimmerofen verarbeitet Schlesische Steinkohle von 6500 Kalorien, bei einem kg-Preis loco Wohnung von 8½ g. Der Ofen arbeitet zur Übergangszeit mit einem Wirkungsgrad von 15% und es wird erwogen, ihn durch einen elektrischen Ofen zu ersetzen. Wie teuer kann die kWh sein, wenn die elektrische Heizung mit 95% Wirkungsgrad arbeitet?

L ö s u n g : Man sucht über der Abszisse 0,15 die zwischen der Kurve des elektrischen Wirkungsgrades 0,9 und 1,0 gelegene Ordinate und erhält damit den Faktor $f = 5450$. Der kWh-Preis beträgt daher:

$\frac{8{,}5}{6500} \times 5450$ . . . . **7,12 g oder 5 Goldheller.**

b) Leuchtgas von 4500 Kalorien/m³ und einem Preis von 38 g arbeitet mit einem Wirkungsgrad von 30, bezw. 50, bezw. 70 %. Welcher kWh-Preis kann in jedem Falle als konkurrenzfähig angesehen werden, wenn die elektrische Energie voll ausgenützt wird (100 %).

L ö s u n g : Über der Abszisse 0,3, 0,5, bezw. 0,7 ergeben die zugehörigen Ordinaten der oberen Kurve des Graphikons für f die Werte: 2850, 1750, 1250. Der entsprechende kWh-Preis nach der Formel:

$\frac{38}{4500} \times f$ ist dann:

24 g, 14,8 g, 10,5 g

oder **16,6, 10,2, 7,3 Goldheller.**

c) Eine Dampfkesselanlage arbeitet bei einem Brennstoff von 6500 Kalorien mit fünffacher Verdampfung, d. h. mit 1 kg Brennstoff werden 5 kg Dampf erzeugt. Wird der durchschnittliche Wärmeinhalt des Dampfes mit 650 Kalorien angenommen, so werden also aus 6500 Kalorien des Brennstoffes $5 \times 650 = 3250$ Kalorien im Dampf nutzbar erhalten. Die Kesselanlage arbeitet also mit 50 % Wirkungsgrad.

Wir fragen nun, bei welchem kWh-Preis Elektrodampfkessel mit den kalorisch beheizten in Konkurrenz treten könnten, wenn der elektrische Wirkungsgrad 0,95 beträgt und der kg-Preis des Brennstoffes mit 5,8 g angenommen wird.

L ö s u n g: Aus der Kurve ergibt sich für den Wirkungsgrad 0,5 der bestehenden Kesselanlage und den elektrischen Wirkungsgrad 0,95 ein Faktor f von 1650. Die kWh darf daher kosten:

$\frac{5{,}8}{6500} \times 1650 =$ **1,47 g oder 1 Goldheller.**

d) Ein Koksglühofen arbeitet mit 20% Wirkungsgrad mit einem Brennstoff von 7000 Kalorien bei einem kg-Preis von 12 g. Bei welchem Strompreis kann ein elektrischer Glühofen mit 80 % Wirkungsgrad damit in Wettbewerb treten?

L ö s u n g: Der Faktor f ist über der Abszisse 0,20 bei der unteren Kurve (0,8) mit 3450 zu ermitteln. Daher kWh-Preis:

Lösung: Der Faktor f ist über der Abszisse 0.20 bei der unteren Kurve (0,8) mit 3450 zu ermitteln. Daher kWh-Preis:

$$\frac{12}{7000} \times 3450 = \mathbf{5{,}9\ g} \text{ oder } \mathbf{4{,}1\ Goldheller.}$$

Für Kohlenöfen mit gutem Wirkungsgrad wird ein Ersatz durch elektrisch geheizte Öfen nicht in Betracht kommen; bei solchen mit schlechtem Wirkungsgrad, etwa 10—20%, wäre, wie aus der Kurve ersichtlich ist, bei Preisen von 4,8 bis 2,2 Goldheller für die Kilowattstunde ein Wettbewerb möglich. Ähnlich liegen die Verhältnisse bei den Zentralheizungs-Anlagen, bei welchen der Wirkungsgrad nur in den Übergangszeiten Herbst und Frühjahr so weit zurückgeht, daß nur für diese Zeit mit Erfolg elektrische Arbeit zur Beheizung Verwendung finden kann. Bei allen Beheizungsarten mit besten Brennstoffen dürfen aber die Kosten für Bedienung, wie Zubringen der Brennstoffe, Reinigen der Öfen, Beseitigen von Schlacken und Asche, nicht vernachlässigt werden, namentlich wenn es gilt, Personal zu ersparen. Es ist daher möglich, die als Grenzwerte festgestellten Kilowattstunden noch ein wenig zu erhöhen, um Abnehmer für elektrische Arbeit zu Wärmezwecken zu gewinnen.

Es ist mitunter zweckmäßig, eine Vergleichstabelle gegenüber Gas zur Hand zu haben und sind in dieser mittlere Verbrauchszahlen angeführt, wobei selbstverständlich der Güte des Gases eine besondere Bedeutung zukommt.

Kosten des Gasverbrauches bei Licht- und Kochanlagen.

Bezeichnung des Brenners	Gasverbrauch per Stunde in cbm ca.	Demnach Kosten einer Brennstunde in Groschen bei 28 g/cbm	1 cbm = 1000 l Gas reicht aus zirka Stunden	Leuchtkraft Hefnerkerzen zirka
Lichtanlagen:				
Gewöhnl. Gasglühlicht,				
stehend	0,200	28 . 0,200 = 5,6	5	100
hängend	0,150	28 . 0,150 = 6,—	$6^2/_3$	100
Mundus-Gasglühlicht,				
hängend	0,110	28 . 0,110 = 3,08	9	100
Liliput-Gasglühlicht,				
stehend oder hängend	0,100	28 . 0,100 = 2,8	10	70
Spargasglühlicht, hängend	0,060	28 . 0,060 = 1,68	$16^2/_3$	35
Koch- und Heizanlagen:				
Gewöhnliche Gaskocherflamme beim Ankochen (Kochen mit voller Flamme)	0,450	28 . 0,450 = 12,6	$2^1/_5$	—
beim Weiterkochen mit				
Sparbrenner	0,100	28 . 0,100 = 2,8	10	—
ohne Sparbrenner . . .	0,150	28 . 0,150 = 4,2	$6^2/_3$	—
Gewöhnliche Gasbratrohrflamme	0,750	28 . 0,750 = 21,0	$1^1/_3$	—
Bügeleisenerhitzerflamme	1.250	28 . 0,250 = 7,0	4	—

Größenordnung des Betriebsstoffe-Äquivalentes verschiedener Arten von Wärme-Anlagen *).

Wenn im nachstehenden einige Erfahrungszahlen zusammengestellt werden, so dürfen diese keineswegs als absolute Zahlen betrachtet werden. Sie sollen vielmehr die Unterschiede von Fall zu Fall noch deutlicher hervorheben.

a) Kochen im Vergleich mit Gas . .	ca.	3,0—4,0	kWh/m^3 Gas
Kochen im Vergleich mit Kohlenherd	„	1,0—2,0	kWh/kg Kohle
b) Zimmeröfen, Übergangszeit . . .	„	1,0—2,0	„ „
Zimmeröfen, Winterheizung . . .	„	1,0—3,0	„ „
c) Zentralheizung, Übergangszeit . .	„	2,0—4,0	„ „
Zentralheizung, Winterheizung .	„	4,0—5,0	„ „
d) Warmwasserbereitung im großen	„	4,3	„ „
e) Direkte Raumheizung in großen Werkstätten, Übergangszeit .	„	2,0—4,0	„ „
Winterheizung .	„	4,0—4,0	„ „
f) Industrielle Wärmeanwendungen, z. B. Walzenheizung, Trockenanlagen, Schlichtmaschinen, Destillieranlagen usw.	„	1,0—5,0	„ „
g) Kleiner Dampfkessel, Tagesbetrieb	„	3,0—5,0	„ „
h) Mittelgroßer Dampfbetrieb, Tagesbetrieb	„	5,0—5,5	„ „
k) Mittelgroßer Dampfkessel, Tagesbetrieb mit Speicherung von Nachtkraft für Winterheizung	„	5,7	„ „
l) Große Dampfkesselanlage für Tag- und Nachtbetrieb	„	5,8—6,2	„ „
m) Große Dampfkesselanlage mit gleichzeitiger Kohlenfeuerung und elektrischer Dampferzeugung	„	6,5	„ „
Spezialfälle:			
n) Direkte elektrische Heizung im Vergleich mit Großdampfkesselanlage bei 24stünd. Betrieb	„	4,0—5,5	„ „
o) Kleine Dampfkesselanlage mit nur drei Betriebstagen in der Woche	„	3,75	„ „
p) Kleiner Dampfbedarf bei großem Dampfkessel im Vergleich zu direkter elektrischer Heizung, Tagesbetrieb	„	1,0—3,0	„ „

Anmerkung: Die Angabe 4,0—5,0 usw. soll nicht bedeuten, daß der Wert zwischen 4 und 5 liegen müsse, sondern, daß schon Werte von 4 und solche von 5 beobachtet wurden.

*) Bulletin d. Schweiz. El.-Vereines, Nr. 8 ex 1924.

c) Tarifpolitik.

1. Allgemeines.

Die richtige Verwertung der elektrischen Energie hängt naturgemäß auch von einer guten Tarifpolitik ab. Es genügt nicht, in vielfach gewohnter Weise den Preis pro Kilowattstunde für Licht und Kraft oder das Pauschale festzusetzen, sondern es müssen die Verbrauchergruppen berücksichtigt werden. Es wird die Licht-Kilowattstunde für einen Haushalt anders zu behandeln sein, wie für ein großes Kaffeehaus; für ein Sägewerk, welches mit den Sägespänen nichts anzufangen weiß, anders, wie für eine Metall-Industrie; der Kochpreis wird niedriger gestellt sein müssen wie der Kraftpreis für die Industrie im allgemeinen, weil sonst niemand sich veranlaßt sehen wird, elektrisch zu kochen, und der Heizstrom wird noch niedriger sein müssen. In manchen Fällen wird es sich sogar empfehlen, zu erwägen, ob es nicht vertretbar ist, die Verkaufspreise unter die Selbstkosten zu erniedrigen und durch die erreichte Vergrößerung des Absatzes die zukünftigen Kosten herabzusetzen.

Es wird immer einen Preis geben, bei welchem der größte Gewinn erzielt wird, und dieser wird stets zwischen einem zu hohen und einem zu niedrigen Preise gelegen sein, da sowohl bei zu hohen als bei zu niedrigen Tarifen Verluste erlitten werden können.

Dieser allgemeine Grundsatz wird aus der Abbildung 9 anschaulich. Wird der Strompreis eines Elektrizitätswerkes als Abszisse aufgetragen, so ist es klar, daß die Einnahmen in Abhängigkeit vom Strompreise den angegebenen Verlauf haben müssen. Bei einem Strompreise von Null Pfennig, also wenn der Strom umsonst geliefert wird, sind die Einnahmen Null. Bei Wachsen des Preises werden die Einnahmen bis zu einem gewissen Maximum steigen; jenseits des Strompreises, welcher zu diesem Maximum gehört, gehen die Einnahmen wieder zurück. Dies muß offenbar so sein, denn bei einem übertrieben hohen Strompreise, z. B. 10 Mark pro kWh, wird niemand mehr Strom beziehen, so daß also die Einnahmen wieder Null werden.

Die Ausgabenlinie zeigt eine ganz andere Form: je teurer der Strom, desto geringer der Absatz, desto kleiner die Ausgaben, welche sich grundsätzlich aus veränderlichen und festen Kosten oder Betriebskosten und Kapitalslasten zusammensetzen. Bei einem Absatz = Null, infolge eines Strompreises, welcher keinen Verbrauch möglich macht, werden also nur die festen Kosten übrig bleiben. Die wachsende Senkung der Linie im Bereiche der praktisch möglichen Preise wird verursacht durch die stets höheren veränderlichen Kosten pro Kilowattstunde durch geringeren Umsatz. Mit diesen beiden Linien läßt sich die Gewinn- und Verlustlinie abhängig vom Verkaufspreise grundsätzlich festsetzen.

Wenn Strom für Wärmezwecke an die Industrie geliefert werden soll, so wird dies in vielen Fällen nur in einer solchen

Höhe möglich sein, welche bestimmt unter den Selbstkosten des Elektrizitätswerkes liegen. Es kann dann jener Fall eintreten, welcher bei dem Anschluß der Großindustrie in Amsterdam verzeichnet werden konnte, nämlich, daß diese nicht einmal zu einem unter den Selbstkosten liegenden Preise bereit war, Strom von den Elektrizitätswerken zu beziehen, so daß, wenn sie zu einem Anschluß veranlaßt werden sollte, unter dem Selbstkostenpreise geliefert werden mußte und, wie dem Anschein nach logisch hieraus folgte, Verluste mit in Kauf genommen werden mußten. Jedoch stellten jene fest, die dies zu tun wagten, daß die Lieferung unter den Selbstkosten einen nicht unbedeutenden Gewinn ergab; je größer die Anzahl der unter dem Selbstkostenpreise gelieferten Kilowattstunden war, desto größer ward der Gewinn. Die Erfahrung zeigte, daß der durchschnittliche Jahrespreis, den die Großindustrie zahlte, jedes Jahr wieder unter dem Selbstkostenpreise jenes Jahres liegt und daß trotzdem steigender Gewinn vorhanden ist.

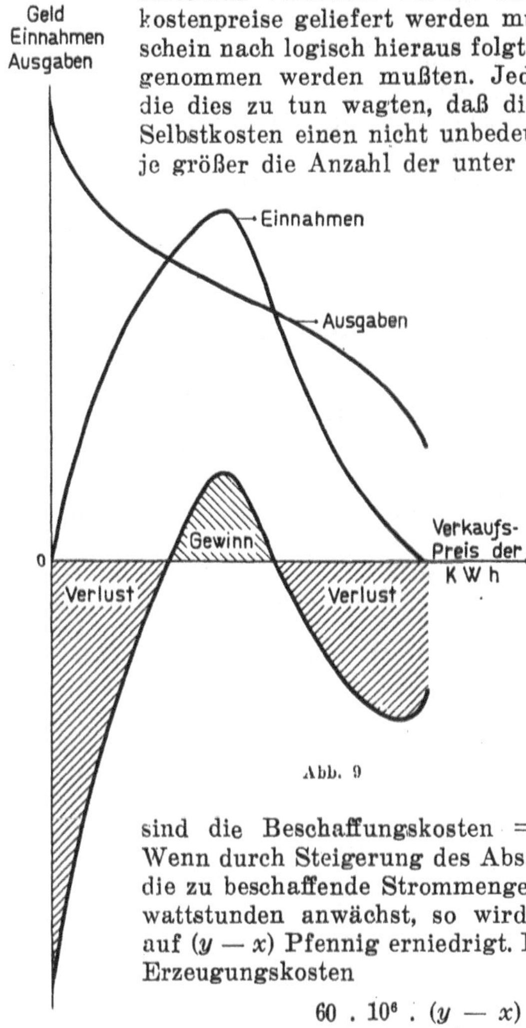

Abb. 9

Die Erklärung für diesen scheinbaren Gegensatz läßt sich auch mathematisch beweisen. Angenommen, die Erzeugung von 40 MillionenKilowattstunden kostet y Pfennig, so sind die Beschaffungskosten $= 40 \cdot 10^6 \cdot y$ Pfennig. Wenn durch Steigerung des Absatzes in neuen Gebieten die zu beschaffende Strommenge auf 60 Millionen Kilowattstunden anwächst, so wird der Einheitspreis bis auf $(y - x)$ Pfennig erniedrigt. Dann sind die gesamten Erzeugungskosten

$$60 \cdot 10^6 \cdot (y - x) \text{ Pfennig}$$

Dieser Fall wird immer eintreten, wenn die Ausnützung der vorhandenen Maschinenleistung günstiger wird, bezw. wenn abgeschlossene Pauschalstrombezugsverträge bestehen. Die Differenz ist also

$$20 \cdot 10^6 \cdot y - 60 \cdot 10^6 x = a \text{ Pfennig,}$$

so daß, wenn zu diesem Preise geliefert wird, das Elektrizitätswerk noch keinen Verlust erleidet. 20 Millionen Kilowattstunden können daher für

$$a = y - 3\ x \text{ Pfennig}$$

abgegeben werden, während doch der Durchschnittspreis $y - x$ Pfennig beträgt, also um 2 Pfennig mehr, das heißt, wird die Kilowattstunde zu $y - 2\ x$ verkauft, so liegt dieser Preis x Pfennig pro Kilowattstunde unter den durchschnittlichen Selbstkosten und der erzielte Gewinn beträgt x Pfennig.

Beispiel: $y = 10$ Pfennig, $x = 2$ Pfennig, $a = 4$ Pfennig.

Bei 40 Mill. kWh Stromerzeugungs-, bezw. Beschaffungskosten belaufen sich die Selbstkosten auf 40 Mill. $\times$ 10 Pf. . . . . 4,000.000 Mk.

Bei 60 Mill. kWh Stromerzeugungs-, bezw. Beschaffungskosten belaufen sich die Selbstkosten auf 60 Mill. $\times$ (10 — 2) Pf. . . . . . 4,800.000 Mk.

die Differenz ist also $20 \,.\, 10^6 \,.\, 10 - 60 \,.\, 10^6 \,.\, 2$
$= 20 \,.\, 10^6\ (10 - 3 \,.\, 2) = 20 \,.\, 10^6 \,.\, 4 =$ . . . . 800.000 Mk.

Der Durchschnittsverkaufspreis beträgt $y - x = 10 - 2 = 8$ Pf., also um $2\ x = 2.2 = 4$ Pfennig mehr. Wird daher die Kilowattstunde um $y - 2\ x = 10 - 2.2 = 6$ Pfennig verkauft, so liegt dieser Verkaufspreis 2 Pfennig unter den durchschnittlichen Selbstkosten und der erzielte Gewinn $x = 2$ Pfennig.

Die Erklärung dieser Tatsache beruht eigentlich nur darauf, daß die Kosten einer Mehrlieferung im allgemeinen unter den Durchschnittskosten liegen und dies gilt erst recht für die Stromlieferung für elektrische Wärmezwecke, wo in bestimmten Fällen in die Konkurrenz mit Kohle und Gas einzutreten ist und daher die Preishöhe von vornherein eine niedrige ist. Das gleiche gilt auch für die Stromlieferung für Haushalte, also in Wohnungen, wo ein sehr beträchtlicher Teil der Gesamtkosten unabhängig von dem Stromverbrauch ist, also zum größten Teil gar nicht durch eine Mehrlieferung vergrößert wird, während der relativ bedeutende Betrag an festen Kosten schon im Lichtpreise mitberechnet ist und hierdurch aufgebracht wird.

Das Haupterfordernis einer sachgemäßen Strompreispolitik ist somit die richtige Preisgestaltung. Die Preise müssen so gestaltet werden, daß sie einen größtmöglichen Absatz bewirken und einen größtmöglichen Ertrag erbringen, so daß dem Kapital Anreiz zur Anlage in elektrischen Unternehmungen gegeben wird. Die drei Hauptaufgaben wirtschaftlicher Natur, welche das Elektrizitätswesen aller Länder beherrschen: die Fragen der Kapitalsbeschaffung, der Absatzsteigerung und der Strompreise sind es, welche gänzlich behandelt und gelöst werden müssen. Der Ausgangspunkt muß stets die Kapitalsbeschaffung sein. Jedes Elektrizitätswerk ist als wirtschaftliches Unternehmen ein lebender Organismus, bei dem es aus wirtschaftlich-physiologischen Gründen einen Beharrungszustand nicht geben kann. Es gibt nur Zerfall oder Weiterentwicklung. Letztere ist durch die Vergrößerung des Stromverbrauches bedingt, jedoch ergibt sich naturgemäß die Notwendigkeit einer steten Vermehrung oder Vergrößerung der Energiequellen und damit Bereitstellung neuen Kapitales. Dieses Kapital kann aber nur beschafft werden, wenn es einen Ertrag bringt, ein Ertrag kann aber nur auf dem Wege des Umschlages, d. h. der Absatzsteigerung erzielt werden, letztere ist aber in hohem Maße eine Funktion des Strompreises.

Nun wird gerade in kommunalen Kreisen vielfach dem Einwand begegnet, daß ein über die unmittelbaren Unkosten hinausgehender Ertrag nicht erwirtschaftet zu werden braucht, wofür meist politische Beweggründe oder engherzige Lokalpolitik den Ausschlag geben. Eine solche Politik ist aber kurzsichtig und falsch, denn sie bedeutet letzten Endes eine Aufzehrung von Kapital, das schließlich von anderen Wirtschaftszweigen aufgebracht werden muß, was auf die Dauer unmöglich ist. Daraus folgt, daß der Ertrag eines Elektrizitätswerkes auf die Dauer niemals unter der landläufigen Verzinsung zurückbleiben darf, gleichgültig, ob es privat oder öffentlich betrieben wird.

Es entspricht der Natur der Sache, daß je nach der Wirtschaftslage der verschiedenen Zeiten und in verschiedenen Ländern der Einfluß der Strompreise auf die Kapitalsbeschaffung und auf Absatzsteigerung mehr oder weniger ausschlaggebend sein wird. So spielt in Amerika, einem Lande mit Geldüberfluß und wirtschaftlicher Hochkonjunktur die Frage der Strompreise in der Zeitschriften-Literatur gegenwärtig eine geringe Rolle, während sie in den Staaten Mitteleuropas einen außerordentlich breiten Raum einnimmt.

Neben der Feststellung der Gesamthöhe des Kapitalsdienstes, der aus dem Stromverkauf herausgewirtschaftet werden muß, ist zur Strompreisberechnung notwendig, auch denjenigen Betrag der Betriebskosten zu bestimmen, der unabhängig von der Höhe des Verbrauches ist. Hierfür sind bestimmte Methoden von Agthe, Klingenberg, Eisenmenger u. a. ausgearbeitet worden*). Man kommt am sichersten ans Ziel, wenn im einzelnen Falle jede Betriebsausgabe für sich auf Grund ihrer Abhängigkeit von der Höhe der beschafften Kilowattstunden untersucht und entsprechend unterteilt wird. Die richtige und zweckmäßige Verteilung der Betriebskosten auf die Abnehmer, kann nur annähernd bestimmt werden, am besten durch die Annahme, daß der feste Teil der Betriebskosten, insbesondere der Kapitalsdienst, in einem bestimmten Verhältnis zu der überhaupt möglichen höchsten Leistung der Betriebsmittel steht und daß die Abwälzung auf den einzelnen Abnehmer je nach seiner Teilnahme an dieser höchsten Belastung erfolgt. Dadurch, daß die höchste Beanspruchung der Betriebsmittel seitens des einzelnen Abnehmers keineswegs mit der absoluten Höchstbelastung der Werksanlagen übereinstimmt, gibt die Messung der beanspruchten Leistung des Abnehmers

*) Dr. Ing. Siegel, Der Verkauf elektrischer Arbeit.

durchaus kein einwandfreies Maß für seine Teilnahme an der Höchstleistung der Betriebsanlagen. Diesem Umstande sucht man durch die Einführung des Verschiedenheitsfaktors *) Rechnung zu tragen, einer Zahl, die gleich ist dem Verhältnis: Höchstbelastung des Kraftwerkes zur Summe der einzelnen Beanspruchungen. Die Feststellung dieser Zahl ist einwandfrei möglich, wenn die von jedem einzelnen Abnehmer beanspruchte Höchstleistung tatsächlich gemessen wird, was jedoch in den seltesten Fällen durchführbar ist, da die Großzahl der kleinen Abnehmer mit Höchstbelastungsmessern nicht ausgestattet werden kann.

2. *Großabnehmer.*

Leichter ist die annähernde Feststellung möglich, in welchem Umfange Großabnehmergruppen an der Höchstbelastung der Anlagen teilnehmen. Hierzu können Belastungskurven an verschiedenen Tagen dienen, an denen eine oder die andere Gruppe von Abnehmern mit ihrer Belastung ganz ausfällt. Wird z. B. an einem bestimmten Orte die Belastungskurve am Tage der Jahreshöchstbelastung, die gewöhnlich auf einen Werktag im Dezember fällt, mit der eines Geschäftssonntages vor Weihnachten, an dem alle Läden geöffnet sind und mit der an dem ersten oder zweiten Weihnachtsfeiertage verglichen, an dem alle Geschäftsbeleuchtung ausgeschaltet ist, so ist es durch Beurteilung der Differenz dieser Kurven sehr wohl möglich, zutreffende Rückschlüsse auf die von jeder Abnehmergruppe beanspruchte Höchstleistung zu machen. Bei einiger Kenntnis des Konsumgebietes kann es nicht schwer fallen, auf ähnliche Weise durch genaue Beachtung der Tagesbelastungskurven zu Zeiten, in denen bestimmte Abnehmergruppen ganz oder teilweise ausfallen, die ungefähre Höchstbelastung sämtlicher Abnehmergruppen festzustellen.

Die Umlegung der festen Kosten wird nun proportional nach der Beanspruchung der einzelnen Abnehmergruppen aufgeteilt. Wenn es sich z. B. herausgestellt hat, daß die Industrie an der Höchstbeanspruchung mit 60 %, die Geschäftsbeleuchtung mit 20 % und die Privatbeleuchtung mit 20 % beteiligt ist und die gesamten festen Kosten betragen 1,000.000 Mk., so würden auf die Industrie 600.000 Mk., die Geschäftsbeleuchtung 200.000 Mk. und für die Privatbeleuchtung ebenfalls 200.000 Mk. umzulegen sein. Dabei soll allerdings auf die Leistungsfähigkeit und Wertschätzung der einzelnen Abnehmergruppen Rücksicht genommen werden. Die Verteilung kann je nach dem Charakter der Bevölkerung derart geändert werden, daß dieselbe in einer Stadt mit reicher Privatbevölkerung die Geschäftsbeleuchtung nur mit 15 %, die Privatbeleuchtung hingegen mit 25 % belastet wird, während umgekehrt in Industriestädten mit großer Arbeiterbevölkerung die Geschäfts-

*) Dor. Ing. Dettmar, Verschiedenheitsfaktor.

beleuchtung mit 25 %, die Privatbeleuchtung nur mit 15 % umzulegen sein würde. Hierfür feste Regeln zu geben, ist ausgeschlossen.

Die Verteilung der Kosten auf die einzelnen Abnehmer erfolgt nun je nach der Kapazität des Werkes, je nach den geschlossenen Verträgen über Strombezug, in den verschiedenen Ländern in der verschiedensten Weise. So ziemlich als internationale Gepflogenheit hat sich bei Behandlung der Großindustrie herausgebildet, nämlich die Zuteilung der Kosten proportional nach dem vom industriellen Abnehmer beanspruchten Maximum vorzunehmen. Dies geschieht in der einfachsten Form derart, daß der Großabnehmer für jedes von ihm beanspruchte Kilowatt einen bestimmten festen Kostenbetrag, Grundgebühr genannt, und außerdem für jede entnommene Kilowattstunde, Arbeitsgebühr, einen geringen Einheitssatz, vielfach unter Hinzufügung einer Kohlenklausel, zu vergüten hat. Bei der Festsetzung der Grundgebühr ist der Gleichzeitigkeitsfaktor zu beachten. Weiterhin ist beim Abnehmer auch der Leistungsfaktor (cos φ) zu berücksichtigen. Diesem Gesichtspunkte entspricht es am meisten, die Grundgebühr für die beanspruchten Kilovoltampère (kVA) festzusetzen und nicht für die beanspruchten Kilowatt, und außerdem die Arbeitsgebühr für die Kilowattstunde, um die dem Leistungsfaktor umgekehrt proportionale Vergrößerung der Verluste zu erhöhen.

Leistungsfaktor.

Um späteren Erörterungen die Grundlage zu geben und bei der Wichtigkeit des Leistungsfaktors für die Tariferstellung, namentlich für Schmelzöfen, sei das Wesen desselben kurz erläutert, um daraus zu erkennen, welche Mittel an die Hand gegeben sind, um eine günstige Beeinflussung des Leistungsfaktors zu bewirken.

Bekanntlich sind in Wechselstromanlagen Ströme vorhanden, die zur Aufrechterhaltung des richtigen elektromagnetischen Zustandes notwendig sind, die sich aber nicht in nutzbare Leistung umsetzen lassen. Jeder Motor, jeder Transformator, jede Leitung besitzen pulsierende magnetische Felder, für deren Ladung und Entladung Energie aufgewendet werden muß, die in den Stromkreisen lediglich hin und her pulsiert, ohne nützliche Arbeit zu leisten. Die dieser sogenannten Blindleistung entsprechenden Wechselströme in den Leitungen bezeichnet man als Blindströme. Sie sind um 90 Grad in der Phase gegenüber den Arbeits- und Wirkströmen versetzt und setzen sich mit diesen nach dem Vektor-Diagramm in Abbildung 9 a zu einem gesamten Strom J zusammen, der dadurch eine Phasenverschiebung gegenüber der wirksamen Spannung E erhält. Das Verhältnis von Wirk-

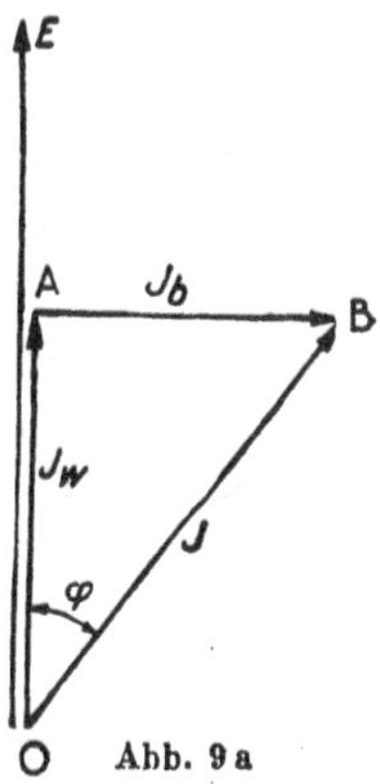

Abb. 9 a
Vektordiagramm von Strom und Spannung

strom Jw zu Gesamtstrom J bezeichnet man als Leistungsfaktor oder

$$\cos\varphi = \frac{J_w}{J} \tag{15}$$

Nur die dem Wirkstrom J_w entsprechende Wirkleistung

$$N_w = E\,J_w = E\,J\cos\varphi \tag{16}$$

kann dauernd in mechanische oder andere Energieform umgesetzt werden. Die dem Blindstrom J_b entsprechende Blindleistung

$$N_b = E\,J_b = E\,J\sin\varphi \tag{17}$$

pendelt dagegen in einem durch die Wechselstromfrequenz gegebenen Takte im Stromkreise hin und her.

Die elektrische Größenbemessung aller Teile einer Anlage richtet sich nun aber nach der Gesamtleistung

$$N = E\,J = E\sqrt{J_w^2 + J_b^2} = \sqrt{N_w^2 + N_b^2} \tag{18}$$

Man muß daher beim Auftreten von Blindströmen und der von ihnen verursachten Phasenverschiebung zwischen Strom und Spannung die elektrische Anlage wesentlich größer bemessen als es zur Übertragung der gewünschten Leistung eigentlich notwendig wäre. Der Überschuß stellt das Entgelt an die Natur dafür dar, daß es durch die Wirkung von Magnetfeldern erleichtert wird, elektrische Wechselstromenergie fortzuleiten, auf beliebige Spannungen zu übersetzen und in mechanische Kreiswirkung umzusetzen.

In jedem magnetischen Felde ist eine bestimmte Arbeitsmenge aufgespeichert, die in jedem Raumelement dv proportional der magnetisierenden Kreise H und der magnetischen Kreisliniendichte B ist.

$$A = \frac{1}{8\pi}\int B\,H\,dv \tag{19}$$

Durchsetzt das magnetische Feld nach Abbildung 10 einen Luftspalt mit dem Querschnitt q und der Weite d homogen, so ist daher in diesem die Energie

$$A = \frac{1}{8\pi}\,B^2\,d\,q \tag{20}$$

aufgespeichert; denn H und B sind in Luft einander gleich; im Eisen ist H außerordentlich viel kleiner als B, so daß der Anteil der im Eisen enthaltenen Energie im allgemeinen nur gering ist und durch einen Zuschlag zur Kreislinienlänge d in der Luft berücksichtigt werden kann.

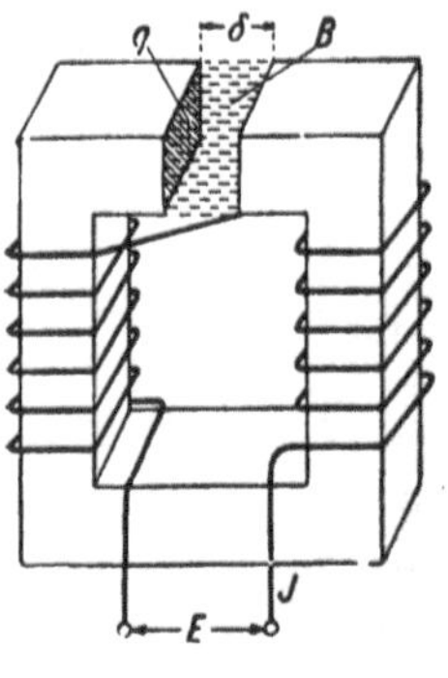

Abb. 10
Wechselstrom-Magnetfeld

Wird das Magnetfeld vom Wechselstrom erregt, so schwillt es im Takte dieses Stromes auf und ab, wobei es seine Energie abwechselnd in den Stromkreis entladet und wieder zurückgewinnt. Je schneller der Takt des Wechselstromes ist, um so größer ist die Leistung der hin- und herflutenden Energie, die Blindleistung. Sie ist im Mittel gleich dem Produkte der Kreisfrequenz des Wechselstromes mit der im Magnetfelde aufgespeicherten Arbeit, also:

$$W_b = 2 \pi f A \tag{21}$$

wenn f die Wechselstromfrequenz in Per/Sec, normal üblich 50, bedeutet. Wird A aus Gleichung (19) oder (20) eingesetzt, so ergibt sich als Ausdruck für die Blindleistung, die zur Unterhaltung eines einphasigen Wechselstromfeldes nach Abbildung 10 erforderlich ist,

$$W_b = \frac{f}{4} \int B\, H\, dv = \frac{1}{4} f\, B^2\, dq \tag{22}$$

Daraus ist zu erkennen, daß die Blindleistung abhängt von der Frequenz, dem Quadrat der Kreisliniendichte und dem Volumen des Magnetfeldes dq.

Diese wichtige Beziehung gilt für sämtliche Magnetfelder, die mit dem elektrischen Strom verkettet sind, seien es die Hauptarbeitsfelder der Transformatoren oder Motoren, seien es die Streufelder dieser Maschinen oder die Kreislinienfelder, welche die Fernleitung auf ihrer ganzen Erstreckung umgeben. Jedes dieser Magnetfelder erzeugt seinen Anteil an Blindleistung gemäß Gleichung (22). Ist dabei die Kreisliniendichte B in dem vom Magnetfeld durchsetzten Raum nicht konstant, so ist ihr quadratischer Mittelwert zu nehmen.

In mehrphasigen Anlagen muß man die Formel (22) natürlich auf die Felder aller Phasenleitungen anwenden, um die gesamte Blindleistung zu erhalten. Sind die Felder unabhängig von der Erregung, beispielsweise im dreischenkeligen Drehstromkerntransformator mit Luftspalten zwischen Kern und Joch, so ist die gesamte Blindleistung

$$W_b = 3\, W_b' \tag{23}$$

Überdecken sich die Magnetfelder zu einem Drehfeld, wie z. B. im Drehstrommotor, so kann dies stets aus Zweiphasen- senkrechten Wechselfeldern aufgebaut werden und enthält die gesamte Blindleistung

$$W_b = 2\, W_b' \tag{24}$$

ohne daß auf die Anteile der einzelnen Phasenwicklungen einzugehen notwendig ist.

Aus Gleichung (22) ergibt sich, daß eine niedrige Frequenz einen guten Leistungsfaktor ergeben würde. Diese Tatsache wird bei elektrischen Stahlschmelzöfen benützt, um mit Rücksicht auf die große Blindleistung und den dadurch bedingten ungünstigen Leistungsfaktor die Belastung des Elektrizitätswerkes günstiger zu gestalten; bei Induktionsöfen wird daher bis auf fünf Perioden pro Sekunde heruntergegangen, indem man langsam laufende Stromerzeuger wählt. Bei Lichtbogenöfen kann jede Periodenzahl angewendet werden. Bei hohen Frequenzen von 10.000 bis 12.000 Perioden pro Sekunde ist eine besondere induktive Wirkung ohne Verkettung des magnetischen Stromkreises möglich, somit ohne ungünstigen Einfluß auf den Leistungsfaktor. Es ist jedoch bisher noch nicht gelungen, einen brauchbaren rotierenden Stromerzeuger, der Strom von reiner Sinusform erzeugt, in jeder Größe herzustellen.

In der Formel (22) erscheint auch die Kreisliniendichte B, die die Größe der Blindleistung beeinflußt. Die Kreisliniendichte ist im Luftspalt des Motors (Abb. 11) durch die elektro-magnetische Kreiswirkung auf den Läufer gegeben und darf einen bestimmten Wert nicht unterschreiten, wenn ein ausreichendes Kapazitätenmoment bei Überlastungen vorhanden sein soll. Motoren mit besonders hohem Kapazitätenmoment haben daher stets große Blindleistung oder hohe Magnetisierungsströme.

Die Größe des Blindstromes ist weiters abhängig vom Magnetvolumen. Nun wird in allen Asynchronmotoren von dem Magnetfeld im Luftspalt zwischen Ständer und Läufer das mechanische Drehmoment durch seine Wirkung auf die stromführenden Leiter erzeugt, wobei der Querschnitt des Magnetfeldes q (Abb. 10) im wesentlichen durch die Leistung des Motors gegeben ist. Er ist dem Drehmoment direkt und der Drehzahl umgekehrt proportional. Geringe Drehzahl der Motoren führt daher stets zu hoher Blindleistung und schlechtem Leistungsfaktor. Zur Verringerung der Blindleistung besteht praktisch die Möglichkeit, den Luftspalt der Maschine sehr klein zu machen, doch ist auch hier eine Grenze in der mechanischen Betriebssicherheit des Läufers gegeben, der bei geringen Änderungen der Lager nicht zum Streifen kommen darf. Es wird daher für schwer beanspruchte Motoren ein vielfach größerer Luftspalt verlangt, der dann naturgemäß die Blindleistung erhöht (siehe Abb. 12 und 13).

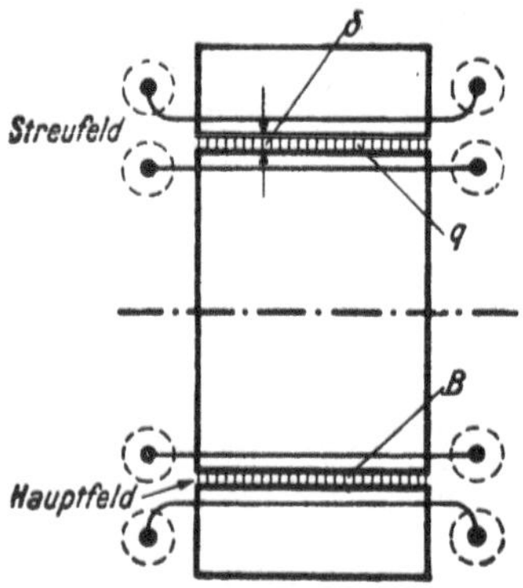

Abb. 11
Magnetfelder von Drehstrommotoren

Während bei Leerlauf des Motors nur im Luftspalt ein Magnetfeld besteht, erzeugen die bei Belastungen auftretenden Ströme magnetische Streufelder, welche die Wicklungskappe und die Nutenleiter von Ständer und Läufer unmittelbar umgeben. Die Blindleistung wird daher mit zunehmender Belastung vergrößert, sie erreicht bei Normallast im Mittel etwa den doppelten Leerlaufswert.

Der Leistungsfaktor, der nach Gleichung (15) das Verhältnis von umsetzbarer Wirkleistung zur elektrischen Gesamtleistung des Stromkreises darstellt, und daher mit Gleichung (18) durch

$$\cos\varphi = \frac{N_w}{N} = \frac{1}{\sqrt{1 + \frac{(N_b)^2}{(N_w)}}} \qquad (25)$$

ausgedrückt wird, ist bei Leerlauf des Motors fast Null und wird mit zunehmender Belastung besser, weil die gesamte Blindleistung N_b (siehe Abb. 14 und 15) von Haupt- und Streufeldern langsamer zunimmt als die der mechanischen Leistungsabgabe und den Energieverlusten entsprechende Wirkleistung N_w. Nur bei großen

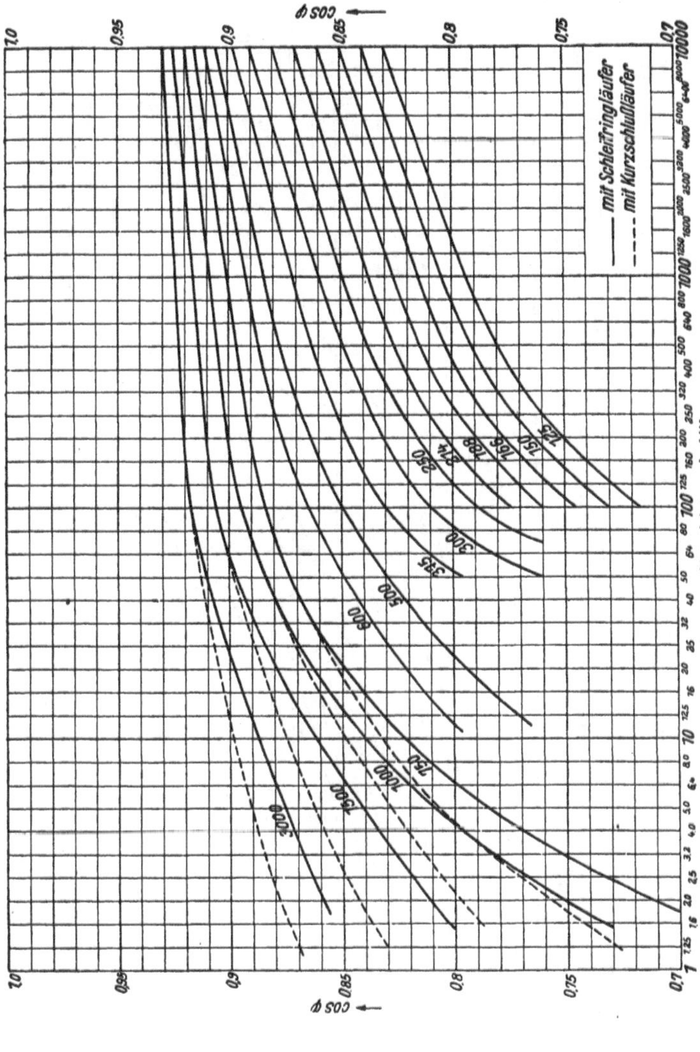

Abb. 12. Leistungsfaktor von Drehstrommotoren verschiedener Stärke

Überlastungen kann auch der Leistungsfaktor durch schnelles Ansteigen der Streufelder wieder abnehmen. Die Blindleistung üblicher Drehstrommotoren beträgt bei Leerlauf 20 bis 80%, bei Normallast 40 bis 100% der Wirkleistung bei Normallast, wobei die niedrigen Zahlen für große und schnellaufende, die hohen für kleine und langsamlaufende Einheiten gelten.

Ähnlich liegen die Verhältnisse bei Transformatoren (Abb. 16). Vielfach erfolgt der Bezug der Leistung über größere Transformatoreneinheiten für ein Versorgungsgebiet. Dies mag etwa durch einen Phasenschieber den Leistungsfaktor auf $\cos \varphi = 1$ gebracht haben, so wird sich dennoch ergeben, daß an der Strombezugsquelle,

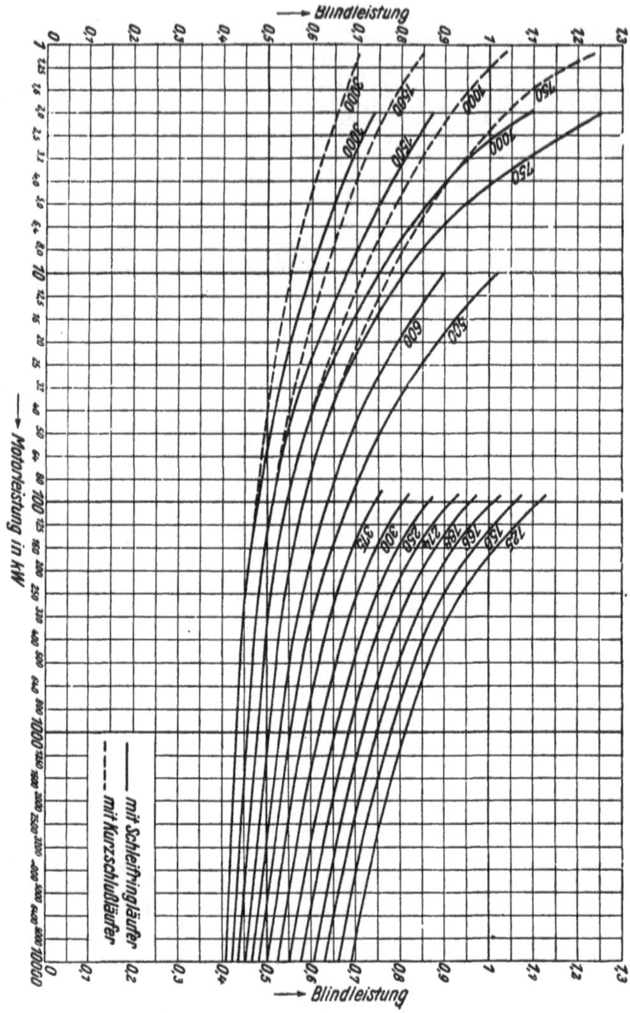

Abb. 13. Blindleistung von Drehstrommotoren verschiedener Stärke

die durch eine längere Hochspannungsleistung über Transformatoren mit dem Versorgungsgebiete verbunden ist, ein Leistungsfaktor von z. B. $\cos \varphi = 0.65$ herrscht. Wenn die Leerlaufverluste der Transformatoren genau berücksichtigt werden, so stimmt die errechnete Phasenverschiebung mit der gemessenen vollkommen überein. Auch bei Transformatoren ist der Querschnitt q und die

Kreisliniendichte B im Magnetkreise nach Gleichung (22) durch die Modellgröße, im wesentlichen also durch die Leistung des Transformators bestimmt, so daß man zur Verkleinerung der Blindleistung nur den Luftspalt im magnetischen Kreise klein halten kann. Man pflegt deshalb die Stoßfugen zwischen Kern und Joch durch Glätten der Berührungsflächen tunlichst zu vermeiden. Bei Belastung treten auch hier Streufelder zwischen den primären und sekundären Wicklungen auf, die man nicht vollständig vermeiden kann und die die Blindleistung vergrößern. Sie betragen für übliche Transformatoren bei Leerlauf 5 bis 15%, bei Normallast 10 bis 20% der normalen Leistung, wobei wieder die niedrigen Zahlen für große, die hohen für kleine Einheiten gelten.

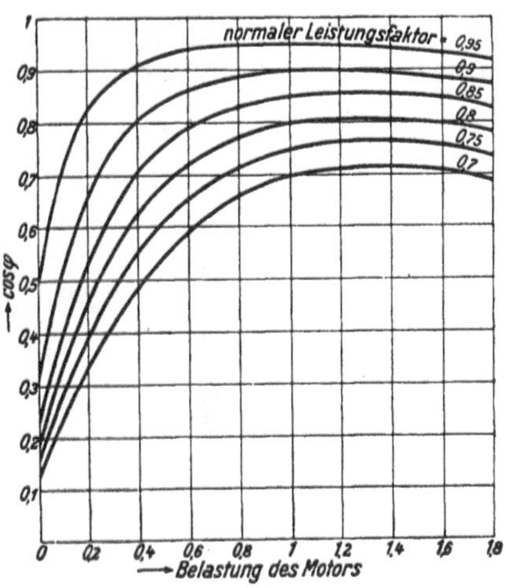

Abb. 14
Leistungsfaktor von Drehstrommotoren für veränderliche Belastung.

Ebenso führt die Verbindung vieler kleiner Transformatoren an Stelle von wenigen großen, besser belasteten notwendig zu

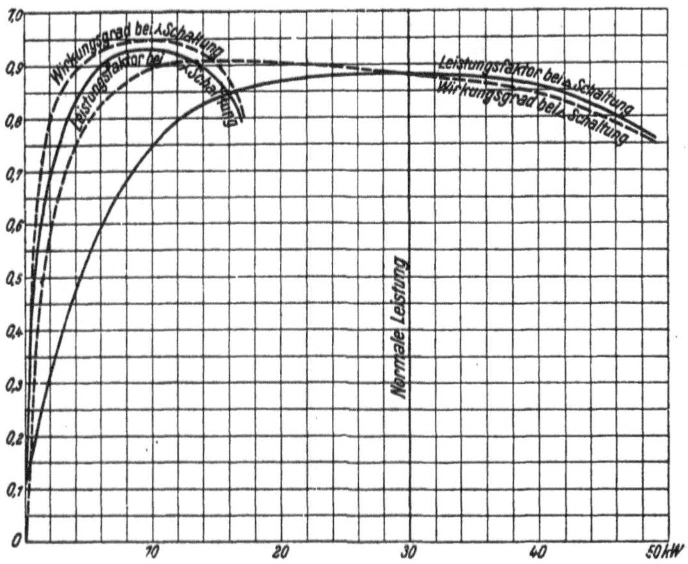

Abb. 15. Verbesserung des Leistungsfaktors bei Stern-Dreieck-Umschaltung.

erheblichen Leerlaufströmen, die in Zeiten schwacher Belastung den Leistungsfaktor der Anlage wesentlich verschlechtern.

Eine stark induktive Belastung, bezw. nacheilende Phasenverschiebung und damit eine erhebliche Verschlechterung des Leistungsfaktors wird durch die Hochvolt-Transformatoren, z. B. für 100 kV, herbeigeführt, die sich auch bei voller Belastung schon ungünstig auswirkt und Veranlassung gibt, ausgleichende Mittel vorzukehren, sei es Phasenschieber oder die Aufstellung von Kondensatoren.

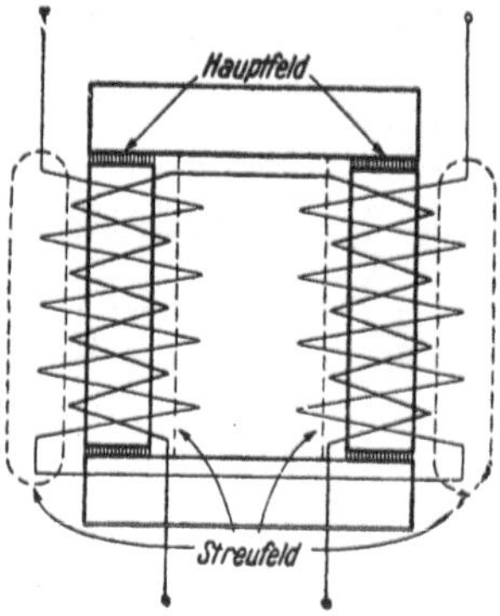

Abb. 16
Magnetfelder von Transformatoren

Auch Fernleitungen entwickeln ein magnetisches Feld (Abb. 17) in dem umgebenden Raume, das bei starken Strömen, großen Leiterabständen und langen Strecken durch Summation der Kreisliniendichte über alle Raumelemente nach Gleichung (22) zu erheblicher Blindleistung Anlaß gibt. Ihre Größe ist hier proportional dem Quadrat des durchfließenden Stromes, sie ist also bei Leerlauf Null und nimmt bei Überlastung stark zu.

Auch die in der Leitungsanlage entstehende Blindleistung kann unter Umständen fühlbar werden, allerdings im Gegensatz zu den Motoren und Transformatoren nur bei höherer Belastung. Die Übertragungsfähigkeit der Leitung bei starken Belastungen, besonders bei Überlastungen wird durch die dann rapide ansteigende Blindleistung begrenzt.

Dem Gedanken der Beseitigung des schlechten Leistungsfaktors und damit Herabdrückung der Verluste sowohl für das Werk als

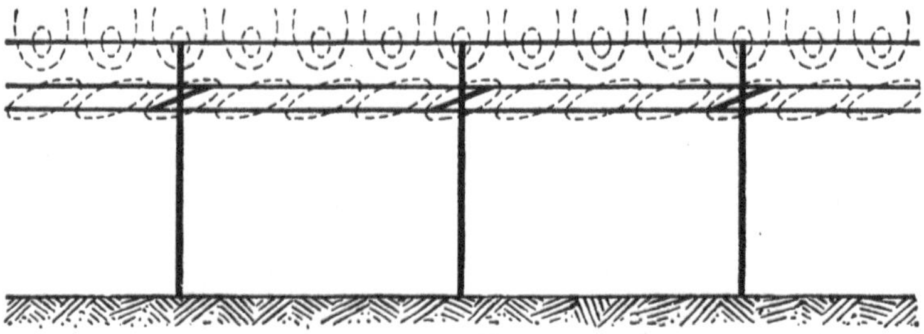

Abb. 17. Magnetisches Feld von Fernleitungen

auch für den Abnehmer dienen die in der letzten Zeit aufgetauchten Bestrebungen der Erzeugung von phasenkompensierten Asynchronmotoren. Doch kommt die Anwendung der letzteren, ganz abgesehen von um 25 bis 35% erhöhten Kosten gegenüber einem normal ausgeführten Asynchronmotor, für den Verbraucher wenig in Betracht und noch weniger für das Werk, denn bei einer angeschlossenen Zahl von z. B. 3000 Motoren in einem Werke wirkt sich ein einzelner kompensierter Motor wahrhaftig nicht aus. Doch begehren die

Werke bei Anschluß größerer Motoren die Einstellung von Synchronmotoren. Ebenso ist es gelungen, durch Ausbildung von kompensierten Drehstrommotoren als reine Blindleistungsmaschinen, Phasenschieber genannt, den Leistungfaktor der Werke wesentlich zu verbessern. Die Phasenschieber werden zur Erreichung eines Maximums an Wirkung in den Mittelspannungsnetzen im Schwerpunkt der Abnehmer aufgestellt. Heute ist diese Erkenntnis derart allgemein geworden, daß sogar Großindustrien, welche Strombezugsverträge abgeschlossen haben, die die Anrechnung einer Grundgebühr für das zur Verfügung stehende Kilovoltampere enthalten, sich einen eigenen Phasenschieber aufstellen und dadurch einen cos $\varphi = 1$ erreichen, womit sie gleichzeitig in der Lage sind, ihre in Kilovoltampere abgeschlossene vertragliche Bezugsleistung für ihr Unternehmen zu erhöhen, indem sie vorher z. B. bei einem cos $\varphi = 0{,}75$ und einer geschlossenen Leistung von 1000 kVA nur 750 kW beziehen konnten, während sie durch Verbesserung des Leistungsfaktors auf cos $\varphi = 0{,}95$ nunmehr 950 kW beziehen können, ohne ihren Vertrag abgeändert zu haben.

Das gleiche Ergebnis liefert der Anschluß von wärmeverbrauchenden Apparaten in einer Industrie, indem z. B. die Heizvorrichtungen in einer Brauerei, elektrische Darren, mit einem cos $\varphi = 1$ arbeiten und zufolge der nicht unbedeutenden Leistungen geeignet sind, den Leistungsfaktor erheblich zu verbessern. Das gleiche läßt sich durch allgemeine Hebung der Beleuchtung erzielen, wie aus dem nachstehenden Betriebs-Diagramm (Abb. 18) hervorgeht. Zur Zeit der Beleuchtungsspitzen entsprechen diesen auch gegen cos $\varphi = 1$ strebende cos φ = Spitzen, wozu natürlich auch die Vollbelastung der Transformatoren beiträgt.

Im allgemeinen ist, bedingt durch das Entstehen von Großkraftwerken und deren Hunderte von Kilometern langen, mit Spannungen von 110 bis 380 kV betriebenen Verbindungsleitungen, die hiedurch und an sich in den großen Transformatoren entstehenden induktiven Spannungsabfälle, die Frage der Verbesserung der Spannungsverhältnisse und gleichzeitig des Leistungsfaktors so in den Vordergrund getreten, daß das Phasenschieben und damit gleichzeitig die Erzeugung von Blindstrom im großen eine Selbstverständlichkeit geworden ist. So wurde für das 220-kV-Überlandnetz der Mount Shasta Power Co., Kalifornien, von der Westinghouse Electric & Manufacturing Co. ein Phasenausgleich-Kondensator von 40.000 kVA zum Ausgleich der nacheilenden, bezw. von 25.000 kVA zum Ausgleich der voreilenden Phasenverschiebung aufgestellt. Der Kondensator arbeitet bei 11.000 V mit 600 Uml./min. in einem Transformatorenwerk, in dem außerdem zwei andere Phasenausgleich-Kondensatoren von je 25.000 kVA zum Ausgleich der nacheilenden Phasenverschiebung in Betrieb stehen *).

*) „Power“, 1. Dezember 1925, S. 858.

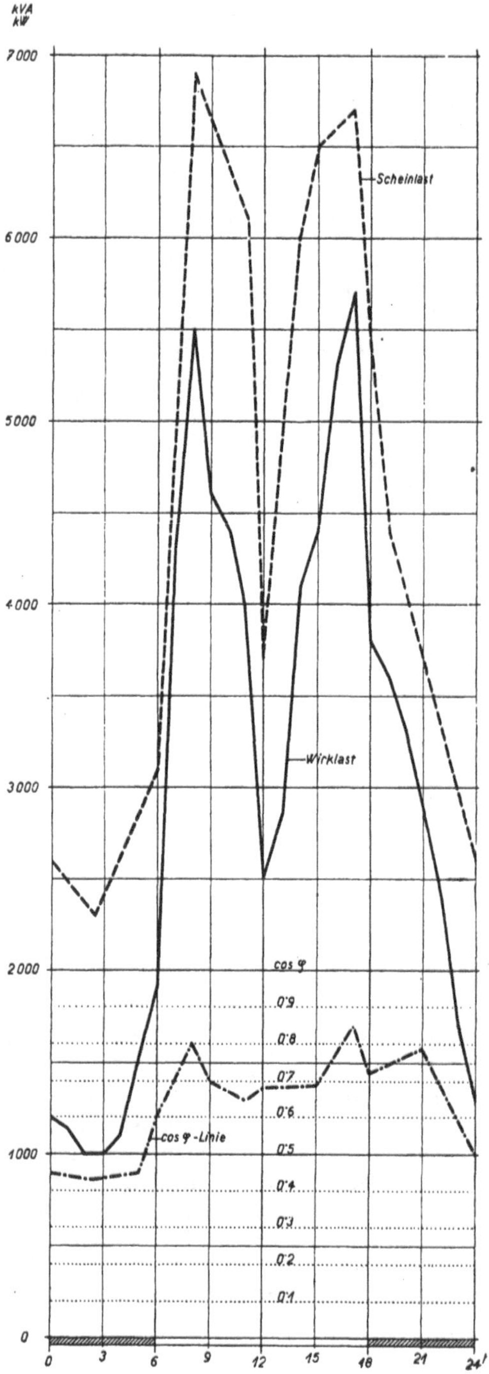

Abb. 18

Naturgemäß können diese Umstände auf die Tarifbildung bei Großabnehmern, seien es nun Elektrizitätswerke oder Großindustrien, nicht ohne Einfluß bleiben.

Über cos φ-Tarife *).

Die Elektrizitätswerke sind bei Anlegung ihrer Stromerzeugungs- und Verteilungsanlagen bestrebt, diese hinsichtlich Wirtschaftlichkeit dem neusten Stand der Technik anzupassen. Hierzu zwingt das Bestreben, konkurrenzfähig zu bleiben. Die Werke müssen also auch alle Maßnahmen treffen, welche die wirtschaftlichste Ausnutzung ihrer Anlagen ermöglichen.

Einwirkungen von außen, welche die Wirtschaftlichkeit beeinträchtigen können, müssen unter Aufwendung eines Mindestmaßes von Ausgaben korrigiert werden. Letztere werden dem Stromabnehmer, der solche Einwirkungen hervorruft, in Rechnung gestellt.

Hiermit sind auch die Richtlinien zur Festsetzung der Aufschläge der cos φ-Klausel für schlech-

*) Rolland, Der elektrische Betrieb, 4. Heft ex 1926.

teren cos φ als den Soll cos φ gegeben. — Manche Werke stellen sich hinsichtlich der Rückwirkung des schlechten cos φ auf ihre Anlagen auf den Standpunkt, es sei Sache des Abnehmers, die Verbesserungen seiner Stromabnahme vorzunehmen. Sie wälzen auf letzteren einfach die durch den schlechten Leistungsfaktor sich ergebenden höheren Gestehungskosten der Kilowattstunde, hauptsächlich höhere Kapitalskosten, voll ab. Der sich hierbei ergebende Aufschlag liegt weit über den Ausgaben, die das Werk hat, wenn es die Korrektur des schlechten Leistungsfaktors soweit als möglich selbst vornimmt. Die Mehrzahl der Stromabnehmer hat nicht die genügende technische Ausbildung, um die Verhältnisse übersehen und die Maßnahme treffen zu können, die vor zu hohen Strompreisen schützt.

Dieser von vielen Werken eingenommene Standpunkt ist somit auf die Dauer nicht haltbar. Er bringt auch volkswirtschaftlich nicht die erwünschte Lösung.

An der Verbesserung des Leistungsfaktors über den Soll-Leistungsfaktor hinaus, für den die Generatoren eines Werkes vorgesehen sind, hat letzteres ein geringes Interesse. Eine weitere Ausnutzung der Stromerzeugungsanlagen in der Zentrale wird durch die nicht entsprechend bemessenen Antriebmaschinen verhindert. Eine entlastende Wirkung würde nur noch Vorteile in bezug auf die Transformatoren- und Leitungsanlagen bringen. Der Rabatt, den das Werk für besseren Leistungsfaktor als den Soll-Leistungsfaktor geben kann, wird somit geringer sein als die Aufschläge, die für unter letzterem liegenden cos φ erhoben werden. Während der Einfluß dieses schlechteren Leistungsfaktors sich also auf die Gesamtanlage erstreckt und auch Mehrausgaben für erhöhten Maschinenleerlauf im Werk selbst bedingt, findet der über den Soll-Leistungsfaktor hinausgehende Leistungsfaktor des Abnehmers die Grenze seiner Auswirkung praktisch an den Klemmen der Generatoren.

Das Verlangen nach Einhaltung eines Leistungsfaktors gleich dem Soll-Leistungsfaktor seitens des Stromabnehmers bleibt dauerndes Erfordernis und wird in der Tarifbildung entsprechend zum Ausdruck kommen müssen. Abnehmer mit noch besserem Leistungsfaktor können aber nur so lange durch die Tarifgestaltung erheblich bevorzugt werden, als der Leistungsfaktor des Werkes wesentlich unter dem Soll-Leistungsfaktor bleibt. Im allgemeinen wird sich aus verwaltungstechnischen Gründen ein solches Zugeständnis nur auf Großabnehmer beschränken müssen mit Rücksicht auf den sich mit besser werdendem cos φ des Werkes notwendig erweisenden Abbau der Vergütung durch die cos φ-Klausel.

Die Größe der einzusetzenden Maschinen in Kilovoltampere hängt von dem vorhandenen Leistungsfaktor und dem Soll-Leistungsfaktor des Werkes ab. Die Jahresausgaben für diese Maschinenanlagen setzen sich aus ihrem Kapitaldienst und ihrem Energieverbrauch zusammen.

Bei Verwendung von Maschinen mit einem Eigenverbrauch in Kilowatt von 7 v. H. der Blindleistung in Kilovoltampere und einer Benutzungsstundenzahl von h errechnen sich die Jahresausgaben dieser Anlagen in Schilling für 1 kW Wirkleistung des Werkes zu:

$$P_1 = (\operatorname{tg} \varphi - \operatorname{tg} \varphi_g) \left(K \,.\, n + 0{,}07 \,.\, \frac{z}{100} \,.\, h \right) = (\operatorname{tg} \varphi - \operatorname{tg} \varphi_g) \,.\, \mathrm{R}$$

Es bedeuten:

φ den aus dem Charakter der Belastung sich einstellenden Phasenwinkel zwischen Strom und Spannung der Zentrale,
φ_g den Phasenwinkel zwischen Strom und Spannung, für den die Generatoren vorgesehen sind,
K das Anlagekapital pro 1 kVA Blindleistungsmaschine,
z den Strompreis der kWh bei cos φ_g in Groschen,
n die Verzinsung und Abschreibungsquote für K,
h Benutzungsstundenzahl.

Drückt man P_1 in v. H. des Strompreises aus, und setzt man den für Großkonsumenten bei einem Laufwerk in Frage kommenden Strompreis von etwa 5 g ein, so erhält man für K = S 50.— und n = 15.5 v. H. und bei einer Benützungszeit von 2000 Stunden

$$P_1 = (\operatorname{tg} \varphi - \operatorname{tg} \varphi_g) \,.\, 0{,}1275$$

d. h. für den Betrieb der Blindleistungsmaschine der Größe tg φ — tg φ_g pro 1 kW Zentralenbelastung sind für die Einheit der Blindleistung ca. 13 v. H. des Grundstrompreises, der bei cos φ_g Gültigkeit hat, aufzubringen.

Bei einem Strompreis von 3 g und 2000 Benützungsstunden ergibt sich

$$P_1 = (\operatorname{tg} \varphi - \operatorname{tg} \varphi_g) \,.\, 0{,}10$$

In diesem Fall sind für die Einheit der Blindleistung ca. R = 10 v. H. des Grundstrompreises zu rechnen.

Aus nachstehender Tabelle und dem Diagramm (Abb. 19) sind die ermittelten Daten ohne weiteres ersichtlich.

Werte von R in $P_1 = (\operatorname{tg} \varphi - \operatorname{tg} \varphi_g)$ R

Benützungs-Zeit in Stunden	z ... Preis der KWh bei cos φ_g in Groschen									
	2,5	3,0	4,0	4,5	5,0	6,0	7,0	8,0	9,0	10
2000	0,0925	0,0995	0,1135	0,1205	0,1275	0,1415	0,1555	0,1695	0,1835	0,1975
2500	0,10125	0,1100	0,1275	0,1362	0,1450	0,1625	0,1800	0,1975	0,2150	0,2325
3000	0,1100	0,1208	0,1415	0,1520	0,1625	0,1835	0,2045	0,2275	0,2465	0,2675
4000	0,1275	0,1415	0,1695	0,1835	0,1975	0,2255	0,2535	0,2815	0,3095	0,3375
5000	0,1450	0,1625	0,1975	0,2150	0,2325	0,2675	0,3025	0,3375	0,3625	0,4075
6000	0,1625	0,1835	0,2255	0,2465	0.2675	0,3095	0,3515	0,3935	0.4355	0,4775

Aus der Tabelle und in graphischer Darstellung aus dem Diagramm ist ersichtlich, wie viel für die Einheit der Blindleistung bei einem bestimmten Grundstrompreis und einer bestimmten Benützungsdauer in Prozenten zu rechnen ist.

Es ist noch zu beachten, daß Phasenschieber, die zur Korrektur des schlechten Leistungsfaktors eingesetzt werden, nur im Schwerpunkt größerer Abnahmezentren Aufstellung finden, so daß nicht alle Leitungen von Magnetisierungsströmen freigehalten werden können. Aus diesem Grund können die Aufschläge der cos φ-Klausel etwa über dem errechneten Satz von 12 bis 15 v. H. liegen. Anderseits ist aber zu bemerken, daß durch Einsatz besserer Blindleistungsmaschinen als der Errechnung dieser Werte zugrunde gelegt sind, ein geringerer Prozentsatz erreicht werden kann.

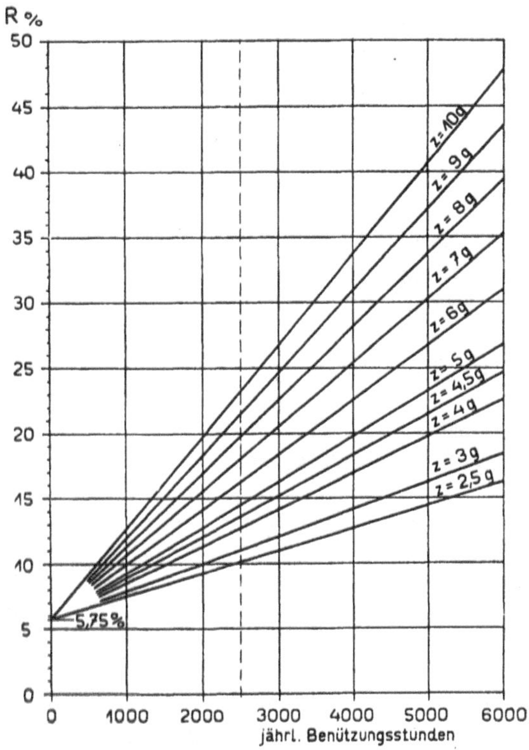

Abb. 19. Diagramm der Werte von R in P_1

Das Elektrizitätswerk hat ein Anrecht auf die Rückerstattung dieser Ausgaben und kann also verlangen, daß die Blindleistung, die über tg φ_g hinaus vom Stromabnehmer beansprucht wird, mit ca. 12 bis 15 v. H. des Grundstrompreises bezahlt wird.

Prüft man die Frage, welchen Rabatt das Elektrizitätswerk für weniger beanspruchte Blindleistung als dem Soll-Leistungsfaktor, etwa cos φ = 0,8 entspricht, geben kann, so ist zu beachten, daß die Bestimmung dieses Rabattes nicht in der bisher betrachteten Weise möglich ist. Die heute bekannten und erwähnten Mittel versagen nämlich im Bereich cos φ = 0,8 bis 1, da die Kosten, die für sie aufzuwenden sind, größer werden als ihre Erträgnisse. Prüft man, welche Vorteile das Elektrizitätswerk in diesem Fall durch den besseren Leistungsfaktor des Abnehmers hat, so ergibt sich folgendes:

Beträgt der Anteil des Kapitaldienstes an den Stromerzeugungkosten A v. H., an den Brennstoffkosten B v. H., machen die Anlagekosten der Leitungen und Transformatoren a v. H. der gesamten Anlagekosten, die Übertragungsverluste und Transformatoren-Leerlaufsverluste c resp. d v. H. der Brennstoffkosten aus, so ist der Einfluß des Leistungsfaktors auf den Strompreis:

$$P_z = \left(\frac{\cos \varphi_g}{\cos \varphi} - 1\right) [A \text{ vH} \,.\, a \text{ vH} + B \text{ vH} (c \text{ vH} + d \text{ vH})].$$

Für mittlere Verhältnisse bei Wärmekraftzentralen ist:

A	35 v. H.
B	50 v. H.
a	50 v. H.
c	10 v. H.
d	2 v. H.

Man erhält für diese Verhältnisse: $P_2 = \left(\frac{\cos \varphi_g}{\cos \varphi} - 1\right) 0{,}235$ und für verschiedene Werte des Leistungsfaktors $\cos \varphi$ ergeben sich folgende Zahlen für P_2:

$\cos \varphi$	0,8	0,85	0,9	0,95	1
$P_2 =$	0	0,013	0,0261	0,037	0,047
d. h.	0	1,3	2,61	3,7	4,7 v. H.

Bezieht man diese Rabatte auf die Blindleistung $\operatorname{tg} \varphi - \operatorname{tg} \varphi_g$ durch Gleichsetzung von

$$(\operatorname{tg} \varphi - \operatorname{tg} \varphi_g) \,.\, X = P_2,$$

und errechnet man den sich ergebenden Rabatt X, so erhält man, jeweils von $\cos \varphi$ 0,8 ausgehend, für die verschiedenen Werte von $\cos \varphi$ den Rabattsatz für minder beanspruchte Blindleistung:

$\cos \varphi$	0,8	0,85	0,9	0,95	1
$X =$	0	0,1	0,096	0,087	0,063
d. h.	0	10	9,6	8,7	6,3 v. H.

Der Rabattsatz, den das Elektrizitätswerk, dessen Anlagen für $\cos \varphi_g = 0{,}8$ eingerichtet sind, im günstigsten Fall geben kann, bewegt sich je nach dem Leistungsfaktor des Abnehmers zwischen 10 und 6,3 v. H. Er ist also niedriger als der Aufschlag, den es erheben muß für schlechten Leistungsfaktor.

Man muß aus den Überlegungen den Schluß ziehen, daß ein Aufschlag von zirka 12 bis 15 v. H. des Grundstrompreises für Blindleistung das Elektrizitätswerk schadlos hält und daß zirka 6 bis 10 v. H. Vergütung für geringere Blindleistungsentnahme als dem Soll $\cos \varphi$ entspricht, dem Abnehmer das gibt, was er beanspruchen kann.

Diese Überlegungen gelten aber nur für Abnehmer großer Leistung an der Peripherie der Höchstspannungsleitungen.

Ein Musterbeispiel der Tarifbildung, bei welcher der Größe des Leistungsfaktors Rechnung getragen wird, stellt der Tarif des Rheinisch-Westfälischen Elektrizitätswerkes (RWE) dar. Das RWE *) hat erstmalig bei den Verbrauchsmessungen den Leistungsfaktor, bezw. die Phasenverschiebung berücksichtigt, und zwar sowohl für Großabnehmer als reiner Abnehmer wie bei gegenseitiger Belieferung.

Die Frage der Phasenverschiebung war eine Frage des Meßgerätes **). Wie aus dem Vektor-Diagramm (Abb. 9) hervorgeht, müssen zwei Größen gemessen werden, um die richtige Größe der

*) Glückauf 1918.
**) Elektro-Journal, Heft 9 ex 1926.

Arbeitsleistung zu erhalten: Ein Messer zeigt das Produkt EJ_w, der zweite Messer das Produkt EJ_b wobei J_w und J_b die beiden Katheten in dem rechtwinkeligen Dreieck $O\ A\ B$ darstellen. Der resultierende Strom

$$J = \sqrt{J_w^2 + J_b^2} \tag{26}$$

Die beiden Komponenten sind die Wattkomponente oder Wirkleistung und die wattlose Komponente oder Blindleistung. Nun wird bekanntlich der Begriff „Arbeit" definiert als das Produkt aus der Kraft mal dem Weg mal cos des Winkels, welchen die Kraftrichtung mit der Bewegungsrichtung einschließt. Für die Wattkomponente oder Wirkleistung ergibt sich demnach

$$N_w = E\ J_w = E\ J \cos \varphi \tag{27}$$

wobei J die Größe des vorhandenen Stromes bedeutet. Diese Größe bleibt stets real, sie pendelt nur zwischen den Größen max $N_w = JE$ für $\cos \varphi = 1$ oder $\cos \varphi = 0$, und Null für $\cos \varphi = 0$ oder $\varphi = 90°$. Die Messung erfolgt mittels Leistungsmesser,

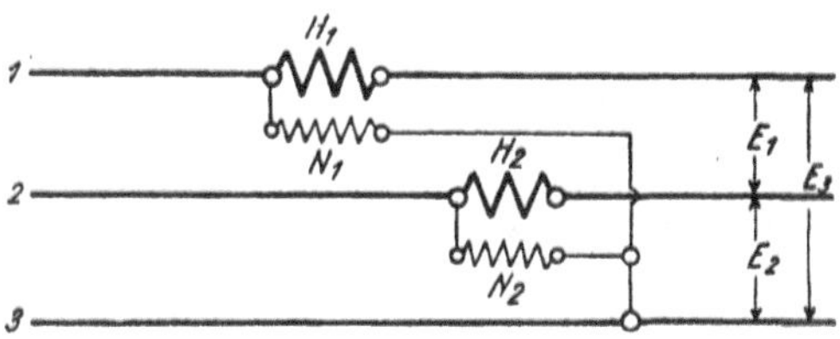

Abb. 20. Schaltbild eines Sinuszählers.

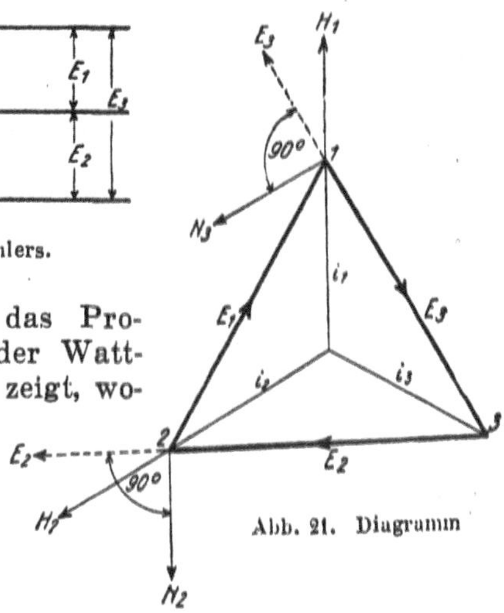

Abb. 21. Diagramm

(Abb. 20 und 21), der also das Produkt aus der Spannung und der Wattkomponente J_w des Stromes J zeigt, wobei $J_w = J \cos \varphi$ ist; für die wattlose Komponente oder Blindleistung ergibt sich eine Arbeitsgröße von Null, denn da die Kraft senkrecht steht zur Bewegungsrichtung, so ergibt sich nach dem allgemeinen Begriff der Arbeit $N\ s \cos \varphi$, da $\varphi = 90°$, $\cos \varphi\ 90°$ aber 0 ist, daß daher auch die Arbeitsgröße Null sein muß, daher auch der Name Blindleistung. (Abb. 22, 23.) Ihre Messung erfolgt mittelst Sinuszähler *) und stellt daher das Produkt aus der Netzspannung E und der wattlosen Komponente J des Stromes J, wobei $J_b = J \sin \varphi$ ist. Man sieht ohne weiteres, daß ohne Phasenverschiebung im Verbrauchsstromkreise die Wattkomponente des Stromes nach Größe und Richtung mit dem Gesamtstrom zu-

*) Siemens-Schuckert, Druckschrift, Bestell-Nr. 1615/4. S. S. Technische Abteilung V. Z. Nr. 14, Die Blindverbrauchsmessung.

sammenfällt, während die wattlose Komponente gleich Null ist. Tritt umgekehrt der Fall ein, daß eine Phasenverschiebung von 90° zwischen Netzspannung und dem Verbrauchsstrom vorhanden ist, so würde die Wattkomponente des Stromes gleich Null werden und der Strom mit dem wattlosen Strom J_b nach Größe und Richtung übereinstimmen. Das Drehmoment, bezw. die Drehzahl eines Leistungsmessers, bezw. -Zählers ist also stets proportional der Wattkomponente des Stromes, diejenige eines Sinuszählers proportional der wattlosen Komponente des Stromes. Wenn die Stromwicklungen zweier solcher Vorrichtungen hintereinander und ihre Spannungswicklungen parallel geschaltet werden, so wird bei induktionsfreier Belastung der Leistungszeiger aufzeichnen, der Sinuszähler dagegen stehen bleiben. Tritt induktive Belastung ein, so wird die Drehzahl des Leistungszählers zurückgehen und dafür der Sinuszähler anzuzeigen beginnen, bis bei einer Phasen-

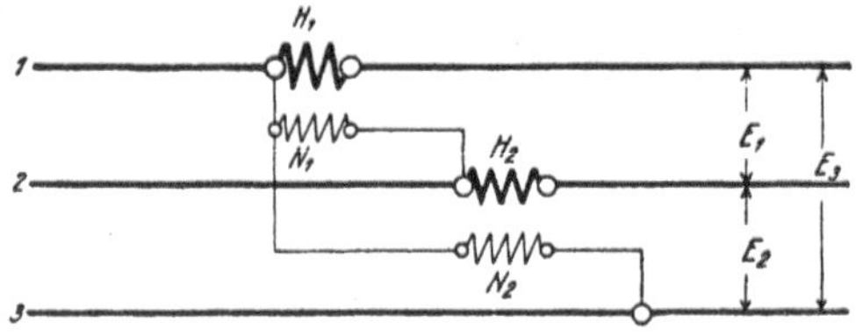

Abb. 22. Schaltblatt eines Wattstundenzählers

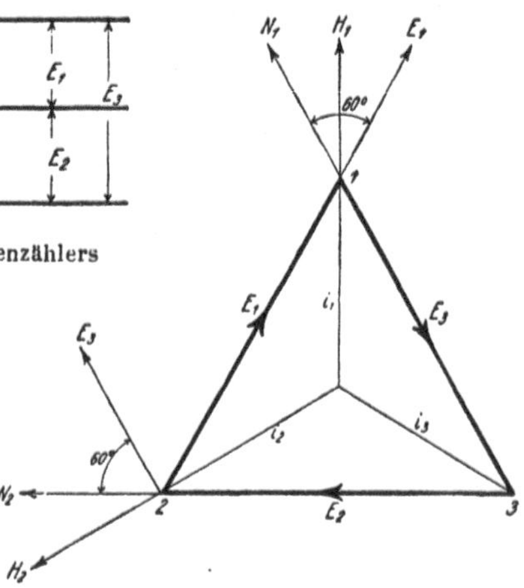

Abb. 23. Diagramm

verschiebung von 45° die Zugkräfte und damit die Drehzahlen der beiden Meßgeräte genau gleich sind. Bei weiter wachsender Phasenverschiebung wird schließlich bei 90° der Leistungsmesser stehen bleiben und der Sinuszähler mit der höchsten Drehzahl weiterarbeiten. Der Unterschied zwischen den Angaben eines gewöhnlichen Wattstundenzählers und eines solchen Sinus-(Leer-Kilowattstunden-)Zählers kann dann als Fehlmenge oder Überschuß während eines Ableseabschnittes mit einem entsprechenden Aufschlag oder Abzug in Rechnung gestellt werden.

Am einfachsten läßt sich ein Sinuszähler dadurch herstellen, daß ein gewöhnlicher Einphasenwechselstromzähler in der in Abb. 24 wiedergegebenen Schaltung angeschlossen wird. Wie das zugehörige Schema (Abb. 25) zeigt, ergeben die Zählerangaben mit $\sqrt{3}$ vervielfacht, bei gleichbelasteten Phasen: die gesamte Leer-kWh.

Die Wattkomponente $e\,i\,\cos\,\varphi$ gibt mit der wattlosen Komponente $e\,i\,\sin\,\varphi$ zusammen die Scheinleistung $e\,i$, ihre Größe wird in Voltampère ausgedrückt, während die Wirk- und Blindleistung in Kilowatt ausgedrückt wird. (Abb. 26.)

Erstmalig hat Professor Arno von der Technischen Hochschule in Mailand ein Meßverfahren vorgeschlagen, bei dem neben der Leistung in Kilowatt auch die scheinbare Leistung in Kilovoltampère bei der Messung berücksichtigt wird. Ihm folgte Nagel, doch ist es erst durch entsprechende Anwendung des nach dem Strelowschen Patente vom Jahre 1910 gebauten Sinuszählers (Leerzählers), der im Gegensatz zu dem gewöhnlichen Leistungsmesser den Wert $EJ \sin \varphi\, t$ anzeigt, möglich geworden, die Strompreise in einwandfreier Weise mit der Güte der Phasenverschiebung in Übereinstimmung zu bringen.

An sich ist der Sinuszähler ein normaler Ferraris-Wattstundenzähler (Abb. 20, 21), bei dem die Spannungszahlen an bestimmte Phasen des Netzes angeschlossen und durch vorgeschaltete induktionsfreie Widerstände so abgeglichen sind, daß der Phasenunterschied zwischen Spannungsfeld und Spannung statt 90° nur 60° beträgt.

Der Sinuszähler zeigt die gesamte Leerarbeit $e\,i \sin \varphi\, t$ bei beliebiger Belastung und jedem Leistungsfaktor sowie bei Vor-, bezw. Nacheilung des Hauptstromes richtig an und kann als Einfach-, Doppel-, Maximum-, Spitzen- oder sonstiger Tarifzähler für gleich und ungleich belastete Phasen ausgebildet werden. Es ist jedoch zu beachten, daß der Zähler bei Übergang des Stromes von Nach- in Voreilung oder umgekehrt seine Drehrichtung wechselt.

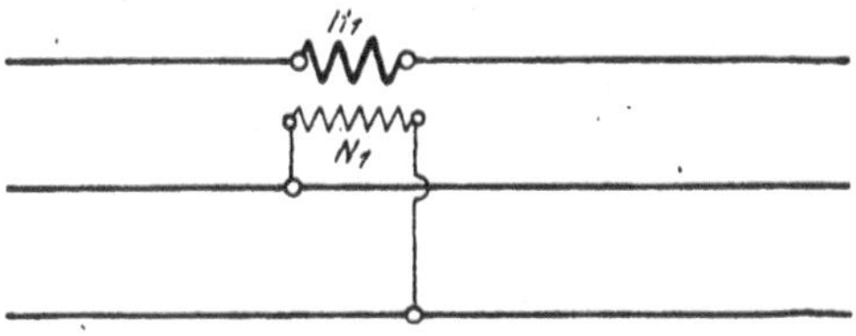

Abb. 24. Schaltbild eines Sinuszählers für gleichbelastete Phasen

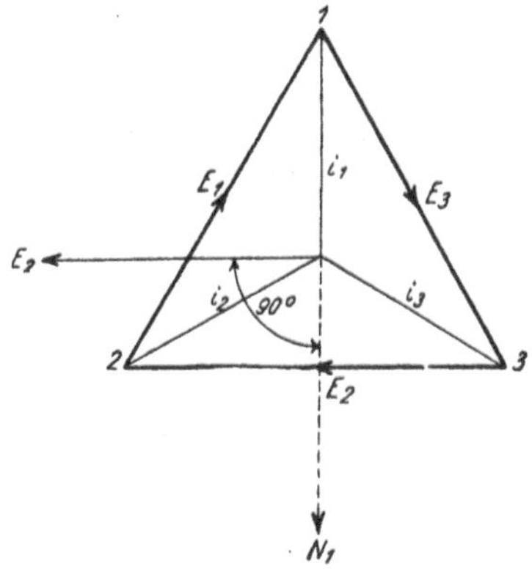

Abb. 25. Diagramm

Das RWE hat nun für reine Abnehmer auf Grund dieser Zähleranordnung folgende Ergänzung seiner Stromlieferungsbedingungen für Großabnehmer ohne eigene Stromerzeugungsanlagen vorgenommen:

„Der Abnehmer hat Vorkehrungen zu treffen, daß die elektrische Arbeit im Monatsmittel nicht mit einer ungünstigeren Phasenverschiebung als $\cos \varphi = 0{,}8$ entnommen wird. Es werden deshalb außer den Zählern für Wattstrom auch solche für wattlosen Strom (Sinuszähler) eingebaut, deren Monatsangaben 75% der Monatsangaben der Arbeitsstromzähler betragen müssen, wenn die elektrische Arbeit im Monatsmittel mit $\cos \varphi = 0{,}8$ entnommen wurde. Für die bis zu 75% der Arbeitskilowattstunden betragende Fehl-

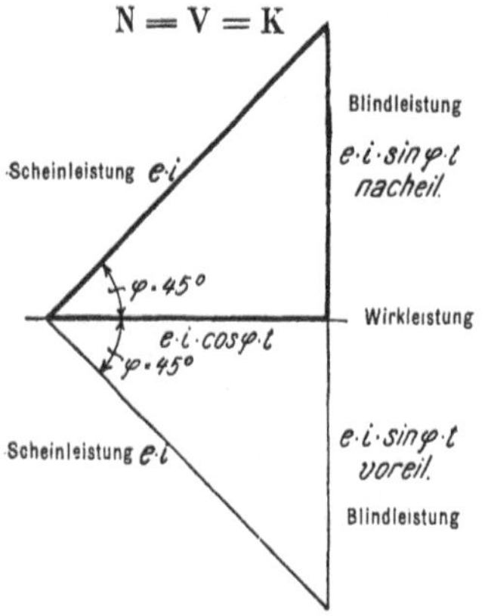

Abb. 26. Schaubild des Sinustarifes bei gegenseitiger Belieferung

menge von Leerkilowattstunden vergütet das RWE dem Abnehmer ¼ Pfennig für die Kilowattstunde. Für die 75% der Arbeitskilowattstunden übersteigende Menge von Leerkilowattstunden zahlt der Abnehmer dem RWE einen Zuschlag von ½ Pfennig für die Kilowattstunde.“ (Abb. 27.)

Die nachstehende Zahlentafel gibt eine Übersicht über die Einwirkung des aus Zählern für wattlosen Strom ermittelten Preiszuschlages oder -Nach lasses bei verschiedenen Phasenverschiebungen und einem angenommenen Monatsverbrauch von 100.000 kWh bei einem Durchschnittsgrundpreis von 4 Pfennig für die Kilowattstunde.

Zahlentafel.

cos φ	Angaben des Wattstunden-Zählers	Angaben des Sinus-Zählers	Zu berechnende Leer-Kwh	Rechnungsbetrag nach 2	Vergütung oder Zuschlag Mk.	Gesamtbetrag von 5 und 6	Vergütung oder Zuschlag %
		Vergütung von ¼ Pf./Leer-Kwh					
1,00	100.000	—	75.000	4000	187,50	3812,50	4,09
0,95	100.000	32.700	42.300	4000	105,75	3894,25	2,64
0,90	100.000	48.500	26.500	4000	66,25	3933,75	1,66
0,85	100 000	62.000	13.000	4000	32,50	3967,50	0,81
		Zuschlag von ½ Pf./Leer-Kwh					
0,80	100.000	75.000	—	4000	—	—	—
0,75	100.000	88.000	13.000	4000	65,—	4065	1,625
0,70	100.000	102.000	27.000	4000	135,—	4135	3,375
0,65	100.000	117.000	42.000	4000	210,—	4210	5,250
0,60	100.000	133.000	58.000	4000	290,—	4290	7,250
0,55	100.000	152.000	77.000	4000	385,—	4385	9,630
0,50	100.000	173.000	98.000	4000	490,—	4490	12,250

Die großen Zählerfabriken erzeugen Zähler, welche sowohl die Zuschläge als auch die Vergütungen selbsttätig registrieren. Es ist bloß notwendig, der Fabrik anzugeben, mit welchen Zuschlägen, bezw. Vergütungen entsprechend dem cos φ zu verrechnen gewünscht wird und die Zähler zeigen in einwandfreier Weise die vorgeschriebenen Angaben.

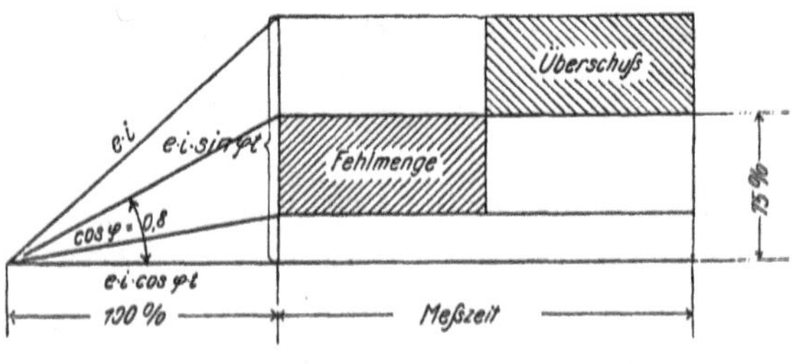

Abb. 27. Schaubild des Sinustarifes für reine Abnehmer.

Bei gegenseitiger Belieferung hat das RWE nachstehende Vertragsbestimmungen vorgesehen:

„Die Firma hat Vorkehrungen zu treffen, daß beim Parallelbetrieb die Lieferung der elektrischen Arbeit im Monatsmittel mit einer Phasenverschiebung zwischen Spannung und nacheilendem Strom von cos φ höchstens gleich 0,7 erfolgt. Es werden deshalb außer den Zählern für Wattstrom auch solche für wattlosen Strom (Sinuszähler), und zwar je einer für voreilenden und nacheilenden Strom, eingebaut. Die Monatsangaben des nacheilenden Sinuszählers, vermindert um die Monatsangaben des voreilenden Sinuszählers, müssen 100% des Arbeitsstromzählers betragen, wenn die elektrische Arbeit im Monatsmittel mit cos $\varphi = 0{,}7$ geliefert wurde.

Das RWE zahlt dem Lieferer für die 100% der Arbeits-Kilowattstunden übersteigende Mehrmenge an Leerkilowattstunden bis zu 200% der Arbeits-Kilowattstunden ¼ Pfennig für die Kilowattstunde, und umgekehrt hat der Lieferer für die bis zu 100% der Arbeits-Kilowattstunden übersteigende Fehlmenge an Leer-Kilowattstunden ½ Pfennig für die Kilowattstunde an das RWE zu zahlen.

Anderseits erhält der Abnehmer bei Bezug elektrischer Arbeit für die bis zu 100% der Arbeits-Kilowattstunden betragenden Fehlmengen an Leer-Kilowattstunden ¼ Pfennig für die Kilowattstunde, für die 100% der Arbeits-Kilowattstunden übersteigende Menge an Leer-Kilowattstunden zahlt der Abnehmer dagegen dem RWE einen Zuschlag von ½ Pfennig für die Kilowattstunde."

Diese etwas verwickelt erscheinenden Bestimmungen sind mathematisch auch einfach auszudrücken. Bezeichnet A die zu berechnende Überschuß- oder Fehlmenge an Leer-Kilowattstunden, K die Kilowattstunden, N die nacheilenden, V die voreilenden Leer-Kilowattstunden, so ist sowohl die Abgabe als auch der Bezug

$$A = N - V - K$$

Die Firma hat nun, wenn

A	bei Lieferung für 1 Leer-kWh	bei Bezug für 1 Leer-kWh
+	¼ Pfennig zu erhalten,	½ Pfennig zu zahlen,
—	½ Pfennig zu zahlen,	¼ Pfennig zu erhalten.

In den Abbildungen 26, 28, 29 ist dieser Tarif schaubildlich wiedergegeben.

Abweichend von dem Tarif für reine Abnehmer ist bei gegenseitiger Belieferung eine Phasenverschiebung von cos $\varphi = 0{,}7$ statt cos $\varphi = 0{,}8$ mit Rücksicht darauf zugrunde gelegt worden, daß von ersterem eine möglichst günstige Phasenverschiebung erreicht werden soll und bei letz-

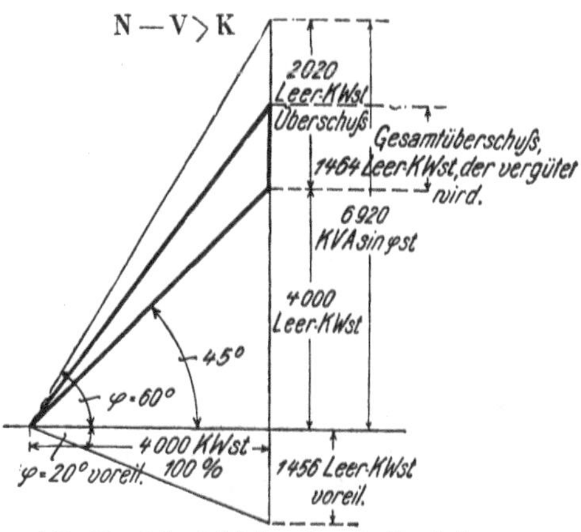

Abb. 28. Schaubild des Sinustarifes bei gegenseitiger Vertiefung.

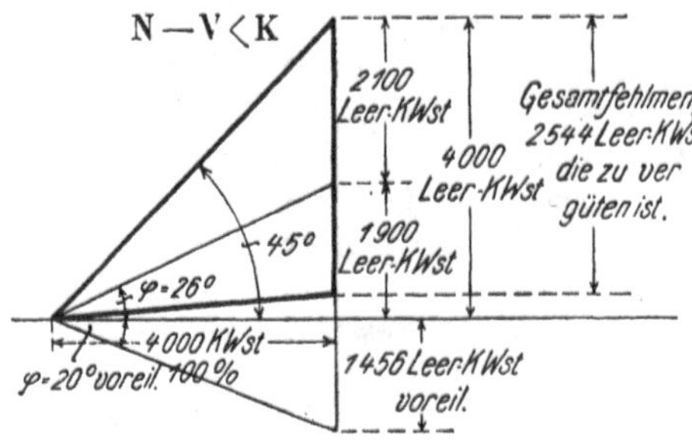

Abb. 29

terer stets umfangreichere Anlagen mit mittlerem cos φ von höchstens 0,7 in Betracht kommen.

Die verschiedene Preisfestsetzung für 1 Leer-kWh ist im Hinblick auf die allein vom Elektrizitätswerk zu tragenden Verluste berechtigt. Über die für 1 Leer-kWh zu berechnenden Preise werden die Meinungen naturgemäß ebensoweit auseinandergehen, wie über die Tarifbildung der Elektrizitätswerke im allgemeinen.

Der Preis von 1 Leer-kWh wird je nach Lage und Antrieb der Generatoren des Werkes sowie der Netzbelastung von Fall zu Fall besonders zu bestimmen sein, da es sehr wohl möglich ist, wie beispielsweise bei nicht voll belasteten Generatoren in Wasserkraftanlagen, daß die Abgabe möglichst vieler Leer-kWh dem Vorteil beider Werke entspricht.

Im allgemeinen darf jedoch nicht vergessen werden, daß auf möglichst geringe Verluste hinzuarbeiten ist, und daß dies erreicht wird, wenn bei einem Netzleistungsfaktor von 0,7 weder Überschuß- noch Fehlmengen vorhanden sind. Der Wert von 1 Leer-kWh kann, abgesehen von der besseren Ausnutzungsmöglichkeit der Anlage, beispielsweise aus folgender Überlegung bestimmt werden. Wie nachstehende Zahlentafel zeigt, beträgt die Mehrlieferung an

Zahlentafel.

cos φ	Winkel φ	Arbeits-kWh	Leer-kWh in % der Arbeits-kWh
1,0	0°	100	0
0,9	25° 50′	100	48
0,8	36° 50′	100	75
0,7	45° 34′	100	102
0,6	53° 10′	100	133
0,5	60° 00′	100	173
0,4	66° 25′	100	229
0,3	72° 30′	100	317
0,2	78° 25′	100	487
0,1	84° 15′	100	489

Leer-kWh, um die Phasenverschiebung von cos φ = 0,6 auf cos φ = 0,7 zu verbessern, 33% der gesamten Arbeits-kWh. Anderseits können bei entsprechender Lage der parallelarbeitenden Werke durch die Verbesserung der Phasenverschiebung die Verluste im gesamten Leitungsnetz um den gleichen Prozentsatz verringert werden. Bei einem Leitungsverlust von 10 bis 15% würden demgemäß auch die Leer-kWh einen Wert von 10 bis 15% der Arbeits-kWh besitzen.

Die Lieferung von Strom mit einer größeren Phasenverschiebung als cos φ = 0,7 ist zweckmäßigerweise zu begrenzen, da einerseits die Kupfer- und Erregerverluste in der höher erregten Maschine in ungleich stärkerem Maße ansteigen, als sie in der anderen Maschine abnehmen, sowie andererseits mit Rücksicht darauf, daß bei einer Phasenverschiebung von beispielsweise cos φ = 0,1, wie die Werte der Tangente zeigen, etwa die zehnfache Menge an Leer-kWh geliefert werden kann wie bei cos φ = 0,7 und somit für die fast keine Kraft verbrauchenden Leer-kWh ein höherer Preis als für die Kraft verzehrenden Arbeits-kWh in Anrechnung käme.

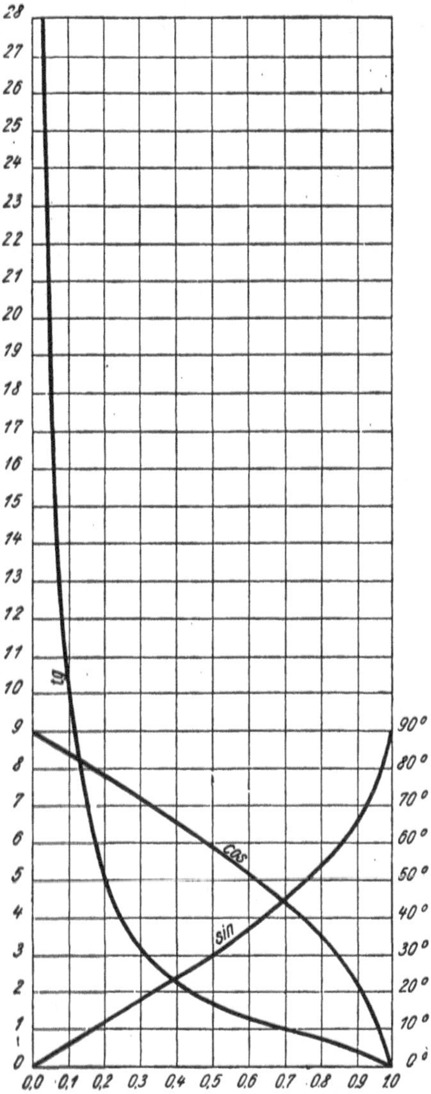

Abb. 30. Sinus-, Cosinus- und Tangentenlinie der Winkel von 0—90

Im allgemeinen wird daher wohl die Einschränkung gemacht werden müssen, daß Mehrlieferungen von Leer-kWh nur bis zu 100% über die festgesetzte Mindestmenge hinaus mit einem bestimmten Aufpreis vergütet werden, während für die darüber hinausgehenden Leer-kWh eine geringere oder überhaupt keine Vergütung erfolgt. Diese Einschränkung ist um so berechtigter, als bei kleineren Phasenverschiebungen, wie Abb. 30 zeigt, auch der Abnehmer meistens nur in der Lage ist, die Leer-kWh zwischen cos φ = 0,7 bis cos φ = 1,0, also bis zu 100% der Arbeits-kWh, zu verringern.

In manchen Fällen wird auch eine Staffelung des Preises zweckmäßig sein.

Beispiel: In einer Anlage sind für Arbeitsabgabe ein Kilowattstundenzähler und je ein Sinuszähler für Vor- und Nacheilung eingebaut und die nachstehenden Ablesungen vorgenommen worden:

Wattstundenzähler	100.000 Arbeits-kWh .	K
Sinuszähler, nacheilend	150.000 Leer-kWh . .	N
Sinuszähler, voreilend	10.000 Leer-kWh . .	V

Demnach ist $A = (N - V) - K = (150.000 - 10.000) - 100.000 =$ 40.000 Leer-Kilowattstunden, mithin, da A positiv, Überschuß vorhanden, für den eine Vergütung von

$$40.000 \,.\, 0{,}25 \text{ Mk.} = 100 \text{ Mk.}$$

erfolgt.

Ist anderseits abgelesen worden:

Wattstundenzähler	100.000 Arbeits-kWh .	K
Sinuszähler, nacheilend	90.000 Leer-kWh . .	N
Sinuszähler, voreilend	10.000 Leer-kWh . .	V

so ist A (90.000 — 10.000) — 100.000 = 20.000 Leer-kWh, also, da A negativ, Fehlmenge vorhanden, für die ein Betrag von

$$20.000 \,.\, 0{,}5 \text{ Mk.} = 100 \text{ Mk.}$$

zu zahlen ist.

Zeigen anderseits die für Arbeitsbezug eingebauten Zähler die gleichen Angaben, so sind im ersten Falle 40.000 Leer-kWh Überschußmenge vorhanden, für die ein Zuschlag von ½ Pfennig für die kWh = 200 Mk. vom Bezieher zu bezahlen wäre. Bei 20.000 Leer-kWh Fehlmenge im zweiten Falle würde der Bezieher eine Vergütung von ¼ Pfennig für die kWh oder 50 Mk. erhalten.

Die Messung bei parallel arbeitenden Werken mit Hin- und Rücklieferung erfolgt in nachstehender Weise: Es kann vorkommen, daß bei parallel arbeitenden Werken mit unrichtiger Erregung voreilender Strom auftritt, der entsprechend zu berücksichtigen ist. Daher sind besondere Meßgeräte, bezw. Schaltungen für reine induktive Abnahme einerseits und gegenseitige Belieferung andrerseits erforderlich. Der gelieferte voreilende Strom wirkt außerordentlich ungünstig auf die Phasenverschiebung des beziehenden Werkes ein. Es muß daher aus diesem Grunde der gelieferte voreilende Strom als Fehlmenge in Anrechnung gebracht werden, was durch den Sinuszähler ganz von selbst erfolgt, indem er seine Drehrichtung bei Voreilung umkehrt.

Soll jedoch die Messung von nach- und voreilendem Strom getrennt stattfinden, so ist entweder die Verwendung zweier Zähler in Gegenschaltung mit Rücklaufhemmungen oder eines Zählers mit zwei Zählwerken notwendig. Es sind daher die Sinuszähler bei Umkehr der Stromlieferung außer Tätigkeit zu setzen und besondere Zähler für die Rücklieferung zu verwenden. Die Abschaltung bei Umkehr der Stromrichtung kann durch ein Rückstromwattrelais, das die Ausschaltung der Spannungsspulen der Leerzähler bewirkt, vorgenommen werden.

Neben dem gewöhnlichen Wattstundenzähler sind bei Hin- und Rücklieferung und vor- und nacheilendem Strom insgesamt 4 Leerzähler und 2 Rückstromrelais erforderlich, so daß sich die in Abb. 31 dargestellte Schaltung ergibt. Die jeweils herrschende Phasenverschiebung läßt sich ebenfalls aus den Angaben des Wattstunden- und Sinuszählers errechnen. Bei gleicher Konstante der beiden Zähler ist die Teilzahl aus der Umdrehungszahl des Sinus- und Wattstundenzählers gleich der Tangente, so daß die Größe des Winkels aus der Tangententafel entnommen werden kann. Aus der Tangente des Winkels φ läßt sich auch vermitteln, wieviel Leer-kWh in Prozenten der Arbeits-kWh den verschiedenen Phasenverschiebungen entsprechen.

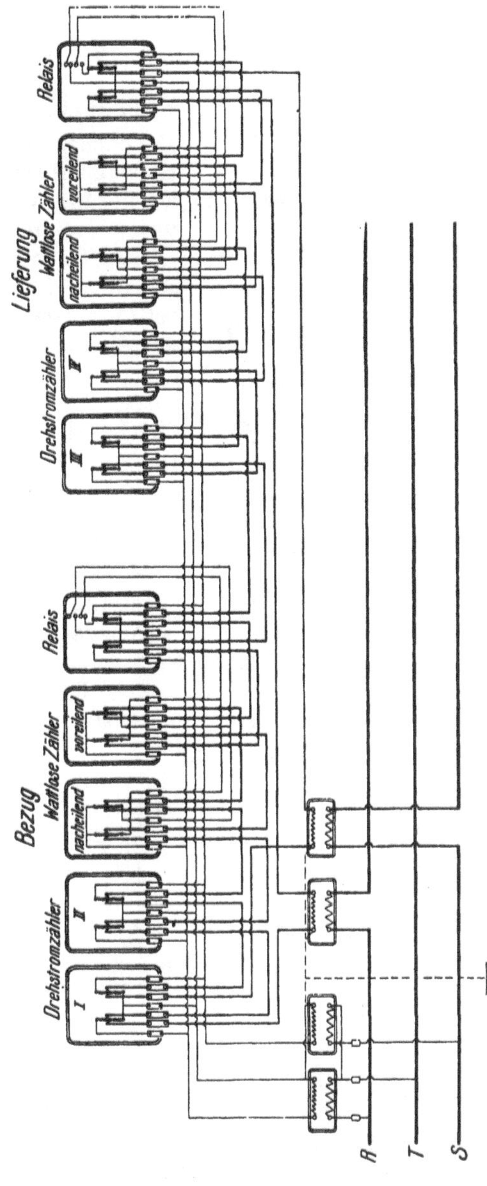

Abb. 31. Vollständiges Schaltbild für zwei Wattstunden- und vier Sinuszähler

Die Ausführungsformen der Sinuszähler sind gegenwärtig schon sehr gut durchgebildet. Die Aktiengesellschaft Dr. Paul Meyer, Berlin, hat folgende besonderen Bauarten für Messung nach dem Sinustarif entwickelt:

Sofern die Beträge für Fehlmenge und Überschuß an getrennten Zählwerken abgelesen werden sollen, erhält der Sinuszähler ein Zusatzmeßsystem proportional den Werten $e\,i \cos \varphi \,.\, t$ (Abb. 32). Beide Meßsysteme können mit gleicher Zugkraft gegeneinander geschaltet werden, und üben dann bei 45° Verschiebung oder $\cos \varphi = 0.7$ keine Drehmöglichkeit auf den Anker aus. Dieser betätigt bei anderer Phasenverschiebung als bei 45° im Netz je nach seiner Drehrichtung das eine oder andere Zählwerk. Mit Hilfe dieses Zählers ist auch eine verschiedene Preisbemessung für Überschuß und Fehlmenge während der gesamten Meßzeit einwandfrei möglich.

Dieses Zusatzsystem kann durch den für die Verbrauchsmessung notwendigen Wattstundenzähler ersetzt werden und mit dem Sinuszähler gemäß Abb. 33 in mechanischer Kupplung über ein Differentialzählwerk auf zwei Einzelzählwerke für Fehlmenge und Überschuß unter gleichzeitiger Zählung der gesamten Leerarbeit wirken. Die Anker selbst sind gegen eine Drehrichtung bei Rückstrom mit einer Hemmung versehen. Um auch voreilende Leerarbeit messen zu können, wird entweder die Hemmung des Sinuszählers durch ein Sinusrelais elektromagnetisch ausgelöst oder es kommen die in Abb. 31 dargestellten Wattrelais unter Fortfall der Hemmung des Sinuszählers und Hinzufügung eines zweiten Zählwerkes für voreilende Leer-kWh in Anwendung. Das Wattstundenzählwerk wird gegebenenfalls als Doppel-, Maximal- oder Subtraktionszählwerk ausgebildet. Die gesamte Messung erfolgt in jedem Falle mit einer Gesamtvorrichtung und 4 oder 5 Einzelzählwerken (siehe Abb. 33).

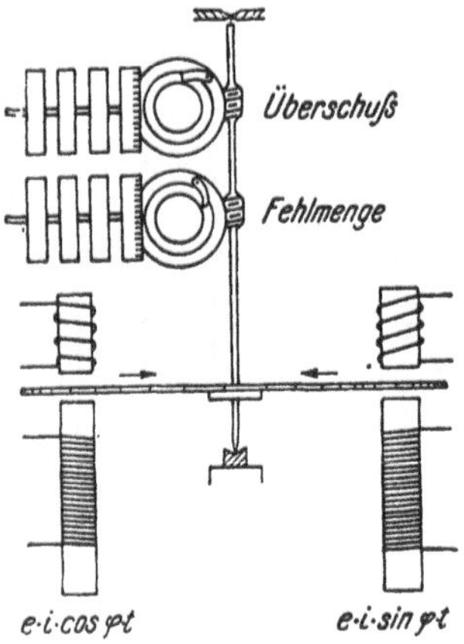

Abb. 32. Schaltbild eines Zählers mit Zusatzmeß-System

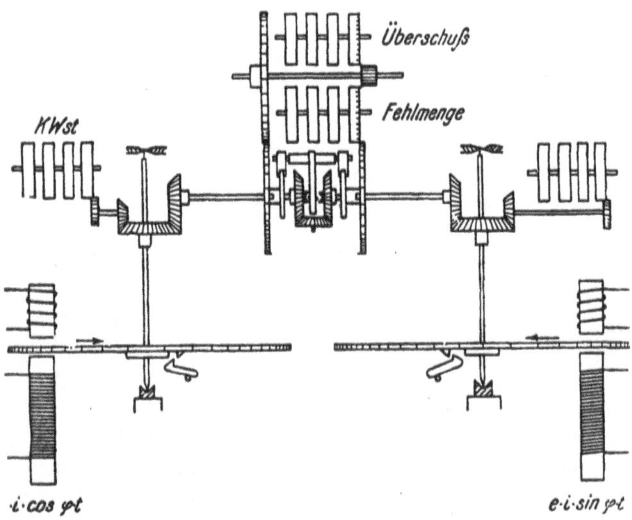

Abb. 33. Schaltbild eines Sinuszählers mit vier Einzelwerken

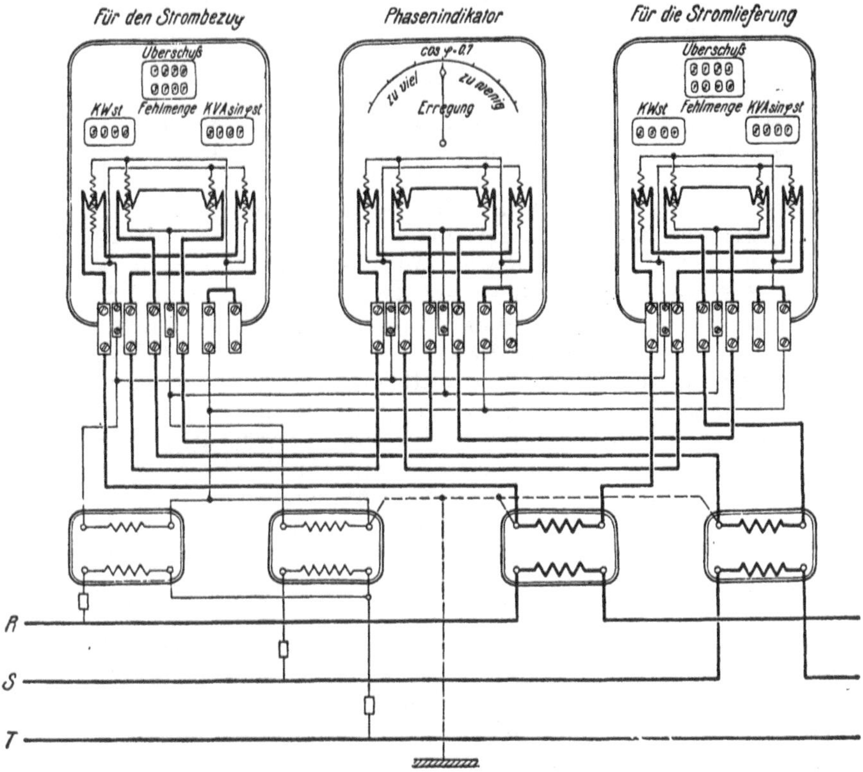

Abb. 34. Schaltbild einer vollständigen Linuszähler-Meßgruppe

In Abb. 34 ist noch die Anordnung Meßgruppe für die gegenseitige Belieferung mit hochgespanntem Strom nach dem Sinustarif mit einem Phasenanzeiger nach Abb. 33 wiedergegeben. Die notwendigen Relais, die im Phasenanzeiger untergebracht werden können, sind weggelassen. Der Indikator läßt jederzeit die Art der Phasenverschiebung der Generatoren erkennen und könnte in Verbindung mit entsprechenden Kontaktvorrichtungen unmittelbar auf optische oder akustische Signalvorrichtungen oder gar zur unmittelbaren Beeinflussung des Erregerwiderstandes oder Ölschalters benützt werden.

Mit Rücksicht auf die wachsenden Schwierigkeiten der wirtschaftlichen Lage, die zu einer immer schärferen Preisbestimmung zwingen, wird in Zukunft wohl allgemein neben der Verrechnung der Drehstrom-(Wirk-)Kilowattstunden auch eine Verrechnung der Leer-Kilowattstunden nach den dargelegten Gesichtspunkten vorgenommen werden müssen.

Endlich wird sich der im allgemein volkswirtschaftlichen Sinne angestrebte Zusammenschluß der verschiedensten elektrischen Stromerzeugungs-Anlagen zwecks gegenseitiger Unterstützung erst mit Hilfe dieser Einrichtungen, soweit es die Leistungsverhältnisse der Anlagen im übrigen erlauben, in einwandfreier Weise praktisch durchführen lassen.

3. *Kleinabnehmer.*

Schwieriger und umstrittener als bei den Großabnehmern ist die Weiterverteilung der Selbstkosten auf die einzelnen Abnehmer im kleinen Verbrauch. Wenn man von dem in Deutschland nur mehr vereinzelt, in Österreich noch sehr weitgehend angewendeten Pauschaltarife absieht, ist der gebräuchlichste Weg der, daß man eine durchschnittliche Benützungsdauer des Maximums für die betreffende Gruppe annimmt oder ermittelt und dann unter Hinzuzählung der laufenden Kosten zu verschiedenen Einheitspreisen für die einzelnen Verwendungsgebiete gelangt. Der große Vorzug dieser etwas rohen Verteilungsmethode liegt in der außerordentlichen Einfachheit und Verständlichkeit für den Abnehmer. Der Nachteil ist jedoch darin gelegen, daß mit dieser Tarifierung dem Abnehmer keinerlei Anreiz gegeben wird, die ihm zur Verfügung stehende Leistung auch entsprechend auszunützen.

Beim Wright'schen Tarif, der heute noch in England zahlreich, in Deutschland in vereinzelten Fällen, in Österreich insbesondere bei den Landwirtschafts-Genossenschaften in Anwendung kommt, wird die Dauer der Ausnützung in den Vordergrund gestellt, unabhängig von dem Zeitpunkte der Inanspruchnahme der Betriebsmittel. Als Maß für die Inanspruchnahme des Abnehmers wird die von ihm benötigte Höchstleistung zu irgendeinem Zeitpunkte des Jahres angenommen. Der Tatsache, daß die Summe dieser Einzelnbeanspruchungen wesentlich größer ist als die Höchstleistung der Betriebsmittel, sucht man durch Berücksichtigung des Gleichzeitigkeitsfaktors gerecht zu werden.

Auf ähnlicher Grundlage beruht der Agthe-Tarif, der seinerzeit von den Oberschlesischen Elektrizitätswerken eingeführt und noch heute in Benützung steht und bei dem der auf die ersten 400 Stunden entfallende Anteil des Verbrauches mit etwa 40 Pfennig und der darüber hinausgehende Anteil mit 4 Pfennig per kWh berechnet wird. Mit diesem Tarif konnte bei den Kleinabnehmern eine durchschnittliche Benützungsdauer von 1500 Stunden, bezogen auf die höchste Beanspruchung des Einzelabnehmers, erreicht werden, ein Ergebnis, das sicherlich wenig Werke aufzuweisen haben werden. Trotz des außerordentlich niedrigen Preises ist bei diesem Tarife die Verwendung der Elektrizität zu Haushaltungszwecken im großen Umfang ausgeschlossen, weil angesichts der verhältnismäßig geringen Benützungsdauer sich im ganzen ein zu hoher Preis ergibt.

Die erörterten Gebührentarife haben gänzlich mit dem Maximal- und Doppeltarif den Vorzug, daß sie für alle Zwecke der Elektrizitätsverwendung einen Einheitspreis vorsehen. Der Abnehmer kann Licht, Kraft und Wärme für Haushaltungszwecke zu dem verhältnismäßig niedrigen Einheitspreise beziehen, das Werk braucht nur einen Zähler zu stellen und eine Ablesung vorzunehmen. Sie gestatten ferner eine sehr bequeme Anpassung an ein gewisses Vorurteil des Kleinabnehmers, das auf die bisherige ausschließliche Verwendung von Beleuchtungsstrom zurückzuführen ist, und das ihn veranlaßt, gegen eine für alle Monate gleiche Bemessung der Grundgebühr Protest zu erheben. Es ist aber außerordentlich einfach, die Jahresgrundgebühr nicht in 12 gleichen Raten zu erheben, sondern sie ungefähr dem Beleuchtungsbedarf in den verschiedenen Monaten anzupassen.

Die Wirkung dieser Gebührentarife auf den Verbrauch ist in starkem Maße von der Höhe des Einheitstarifes für die Kilowattstunde abhängig. Es ist einleuchtend, daß Einfachpreise von 4 bis 5 Pfennig ganz anders auf den Verbrauch einwirken müssen, als solche von 20 bis 30 Pfennig, welche Preise als äußerste Extreme angesehen werden können. Mit dem ersten Preisansatz dürften kaum die unmittelbaren Betriebsausgaben gedeckt werden können und ist z. B. für ausschließliches elektrisches Heizen zu teuer, mit dem hohen Preisansatz wird jeder Verbraucher von vornherein abgeschreckt, mehr als unbedingt nötigen Strom zu beziehen. Den Interessen der Elektrizitätswerke, und doch mit einer gewissen Werbekraft ausgestattet, dürfte eine Preislage von 10 bis 15 Pfennig entsprechen. Allfällig kann unter Verwendung von Doppeltarifzählern für Wärmespeicher-Apparate noch eine weitere Ermäßigung zugestanden werden.

Eine Gefahr schließen die Gebührentarife in der zuletzt angeführten Form wohl in sich, nämlich die Möglichkeit, daß der Abnehmer die höchste Belastung, auf Grund deren die festen Gebühren berechnet sind, beträchtlich überschreitet und eine Überlastung der Betriebsmittel, insbesondere der Leitungsanlagen, herbeiführt, für deren Beseitigung dann entsprechende Einnahmen nicht vorhanden sind. Diese Gefahr wird allerdings durch die wirtschaftliche Lage in allen Ländern Europas gemildert, wozu noch der infolge der geringen Entwicklung und der dadurch teilweise auch bedingte verringerte Einzelverbrauch der stromverbrauchenden Apparate hinzukommt, so daß vermutlich nur eine allmähliche Verbreitung des Verbrauches an elektrischen Strom in Frage kommen dürfte.

Eine Einheitlichkeit in der Tarifbildung ist wohl für die nächste Zeit nicht zu erwarten, aber auch nicht durchführbar, weil in jeder Stadt eines Landes bestimmte, lokale, mit der Entstehungsgeschichte des Elektrizitätswerkes meist eng verbundene Verhältnisse bestehen; zudem sind auch die Anlagekosten der einzelnen Elektrizitätswerks-Anlagen und der wirtschaftliche Bedarf der verschiedenen Abnehmer sehr verschieden, so daß höchstens für bestimmte Bedarfsgruppen im Laufe der Zeit sich einheitliche Sätze vielleicht herausbilden werden können.

Der hemmenden Einfluß der Berechnung nach der Höchstbeanspruchung bei dem Kleinabnehmer wird bei Tarifen beseitigt, denen für die Berechnung des hohen Preises nicht die Benützungsdauer des Maximums, sondern die Fläche der Wohnräume zugrunde liegt. Man geht hierbei von der Annahme aus, daß im allgemeinen der Lichtverbrauch in einer regelmäßigen Beziehung zu der Grundfläche der Wohnräume steht, nimmt je nach der Größe einen normalen Verbrauch an Kilowattstunden an, der mit dem gewöhnlichen Lichtpreise berechnet wird, während aller darüber hinausgehende Verbrauch mit einem sehr niedrigen Preise bezahlt wird. Derartige Tarife sind vereinzelt in Gebrauch, z. B. in Holland, deren Prinzip mit Rücksicht auf deren Bedeutung des näheren ausgeführt wird.

*4. Der Vastrecht-Tarif in Amsterdam**).

Jeder Hausanschluß führt als solcher bestimmte, jährlich wiederkehrende feste Kosten mit sich, also Kosten, die unabhängig von dem Stromverbrauch sind. Diese Kosten sind an erster Stelle Kapitalskosten. Das Kabel muß in der Straße verlegt, die Abzweigung mit Hausanschlußkabel hergestellt werden, die Stromeinführung der Zähler usw. fordern Kapitalsausgaben, die jährlich eine entsprechende Summe für Zinsen und Abschreibungen erfordern. Dazu kommen die jährlich wiederkehrenden Kosten der Verrechnung der Zählerkontrolle, die Kosten der Einkassierung der Beträge, die Verrechnungskosten, die in den Büros verarbeitet werden usw., alles Kosten, die unabhängig von der Menge des gelieferten Stromes sind und in gleicher Höhe wiederkehren.

Ist nun dieser feste Betrag mit 20 Hfl pro Anschluß zuzüglich 3 Hfl für Risiko, Gewinn usw., insgesamt also mit 23 Hfl angenommen, während der durchschnittliche Lichtverbrauch pro Anschluß 130 kWh beträgt, so ergibt sich hieraus die Notwendigkeit, den Kilowattstundenpreis der ersten 130 kWh mit 17,5 Cents zu bemessen. Wenn weiters der Preis der ins Haus gelieferten Kilowattstunden 5 Cents sein muß, um einen genügenden Gewinn hiervon allein zu erzielen, so geht hieraus hervor, daß für die Lichtkilowattstunde zwar ein Preis von 17,5 + 5 = 22,5 Cents gefordert werden muß, daß jedoch für jeden Stromverbrauch darüber hinaus die 17,5 Cents fortfallen können.

Aus diesem Gedankengang folgert sich die grundsätzliche Unrichtigkeit des Einheits-Lichttarifes, bei dem dieser verhältnismäßig hohe Betrag von 23 Hfl. pro Anschluß einfach gleichmäßig über alle in dem Haushalte verbrauchten Kilowattstunden verteilt wird, d. h. also 17.5 Cents von den 22.5 Cents, die berechnet werden sollen.

Wo ein verhältnismäßig hoher fester Betrag an Kosten einem verhältnismäßig niedrigen Stromverbrauch gegenübersteht, ist das Verfahren, den hohen festen Betrag über die niedrige Anzahl der Kilowattstunden zu verteilen, das Verkehrteste von allen.

Es ist nun hauptsächlich der schwere Druck dieser mit Unrecht für diesen Verbrauch geforderten 17.5 Cents pro Kilowattstunde,

*) Aus dem Bericht über eine Studienreise von Mitgliedern der Vereinigung der Elektrizitätswerke Deutschlands nach Holland im Jahre 1924. Dr. Lulofs, Die Elektrizität im Haushalt.

der für den Stromverbraucher ein Hemmnis ist, die Elektrizität zu anderen Zwecken zu benützen, so daß der Einheitstarif automatisch den Stromverbrauch einschränkt.

Die 23 Hfl haben nichts mit den verbrauchten Kilowattstunden zu schaffen, also sollen sie auch nicht mit den Kilowattstunden bezahlt werden. Der Verbraucher soll pro Monat ein Zwölftel von 23 Hfl bezahlen und weiter 5 Cents pro verbrauchte Kilowattstunde und dies ist denn auch die Grundlage des von Dr. Lulofs, Amsterdam, mit großem Erfolg eingeführten „Vastrecht"-Tarifes, welcher als ein vom Verbraucher freiwillig zu wählender Tarif bewirkt hat: 1. ist in weitesten Kreisen die Möglichkeit einer viel allgemeineren Anwendung der Elektrizität, also für andere als für Licht- und Kraftzwecke geboten; 2. wird durch eine sehr bedeutende Vergrößerung der Erzeugung bezw. Ausnützung von Pauschalverträgen und durch die Eröffnung eines ganz neuen Absatzgebietes die Stabilität des Elektrizitätswerkes verstärkt und seine wirtschaftliche Bedeutung erhöht.

Da nun durch den Einheitstarif der Fehler gemacht worden war, die genannten Durchschnittskosten pro Anschluß von 23 Hfl in der Weise einzuheben, daß 17,5 Cents auf die Licht-Kilowattstunde gelegt werden, bezahlt jeder Stromverbraucher nicht die festen Kosten pro Jahr, die er wirklich verursacht und die durchschnittlich mit 23 Hfl zu zahlen sind, sondern es zahlt jeder individuell eine ganz willkürliche Summe. Es ist dies also ein zweiter Fehler des Einheitstarifes, weil er jedem die Gelegenheit gibt, für sich selbst in hohem Maße zu bestimmen, welchen Teil der festen, durch seine Installation verursachten Kosten er bezahlen wird. Das Mittel hiergegen liegt auf der Hand und geht aus nachstehendem hervor.

Um jedoch den Vastrecht-Tarif reibungslos neben dem bestehenden Einheitstarife einführen zu können, kann dieser zweite Fehler nicht ohne weiteres beseitigt werden. Es müßte vielmehr jeder Verbraucher individuell mit dem Betrage belastet werden, den er zu zahlen gewohnt war, also mit den N . 17,5 Cents, wobei N die Anzahl der Licht-Kilowattstunden bedeutet. Diese Zahl N wird nun durch Kurven für jeden Verbraucher berechnet und so wird für jeden ein fester Jahresbetrag y, bezw. ein fester Monatsbetrag von $^1/_{12}\ y$ festgesetzt. Diese Bestimmung birgt jedoch eine große Schwierigkeit und eine Gefahr in sich.

Die Schwierigkeit liegt darin, daß die Feststellung für jeden Verbraucher gesondert erfolgen muß. Falls es nun nicht gelingen sollte, dies genau zu tun, so besteht die Gefahr, daß diejenigen Abnehmer, für welche diese Berechnung zu günstig ist, dieselbe gern annehmen werden, daß dagegen die Verbraucher, denen auf Grund der Berechnung höhere Preise als zuvor in Rechnung zu stellen sind, auf diese Art der Stromlieferung verzichten werden. Die Folge davon wäre, daß man wohl die für das Betriebsergebnis ungünstigen Posten, nicht dagegen die vorteilhaften Posten zu buchen bekäme. Durchschnittlich würde also dadurch das neue

System einen Verlust ergeben und die allgemeine Durchführung desselben unmöglich machen.

Aus dieser Erwägung geht also klar das Bild hervor: diejenigen Faktoren, welche den Jahreskonsum für Beleuchtungszwecke für einen gewissen Anschluß bestimmen, in möglichst einfacher Weise im voraus feststellen zu können. Diese Faktoren sind die angewandte Lichtintensität und die Benützungsdauer, welche für Räume von verschiedener Bedeutung und Größe verschieden sind, während auch der Wohlstand des Konsumenten einen gewissen Einfluß auf den spezifischen Lichtverbrauch ausübt. So ist es klar, daß ein Schlafzimmer weniger intensiv beleuchtet und eine geringere Lichtbenützungsdauer aufweisen wird wie eine Küche oder ein Küchenzimmer, und daß ein weniger gut gestellter Verbraucher an die Lichtstärke andere Anforderungen stellen wird als ein besser situierter Konsument, der im allgemeinen in dieser Hinsicht nicht so sparsam sein wird.

Dr. Lulofs hat nun bereits im Jahre 1913, also zu einer Zeit, wo das Thema der Elektro-Wärmeverwertung im Haushalt wohl noch ziemlich unbekannt war, Verbrauchszahlen aus der Praxis für Wohnungen und Geschäftsräume, die damals noch ausschließlich Licht-Kilowattstunden bezogen, gesammelt.

Mit vier Gruppen von Lichtverbrauchern wurde angefangen, und zwar:

1. Gruppe: Lichtverbraucher unter 50 Hfl (85 Mk. oder 144,5 S) jährlich.
2. Gruppe: Lichtverbraucher zwischen 50 und 100 Hfl (85—170 Mk. oder 144,5—289 S) jährlich.
3. Gruppe: Lichtverbraucher zwischen 100 und 200 Hfl (170—340 Mk. oder 289—578 S) jährlich.
4. Gruppe: Lichtverbraucher über 200 Hfl (340 Mk. oder 578 S) jährlich.

Von jeder Gruppe wurden 50 Verbraucher ausgewählt, in deren Wohnungen die verschiedenen Räume nach Bestimmung und Größe aufgenommen wurden. Ferner wurde die Stundenzahl, während welcher ein gewisser Raum in Gebrauch ist, bestimmt und damit die Anzahl der Lichtbenützungsdauer festgestellt. Außerdem wurde die wahrscheinliche Lichtintensität pro Gemach und Raum ermittelt und darnach der Jahresverbrauch berechnet. Die so gefundenen Werte konnten wieder mit dem wirklich gemessenen Stromverbrauch verglichen werden.

So gelang es, die Kurven zu entwerfen, welche je nach Bestimmung des Raumes pro Quadratmeter Grundfläche direkt den Jahresverbrauch an Lichtstrom darstellen. Die Räume sind unterteilt in Wohnzimmer, Salon, Schlafzimmer, Küche, Korridor, Fremdenzimmer, Keller, Abort u. dgl. Abbildungen 35 und 36 zeigen die Kurven für Wohnzimmer und Küche.

Nach diesem System ist es gelungen, bei Kenntnis der Fläche und Bestimmung der Räume in einem Hause den monatlich zu

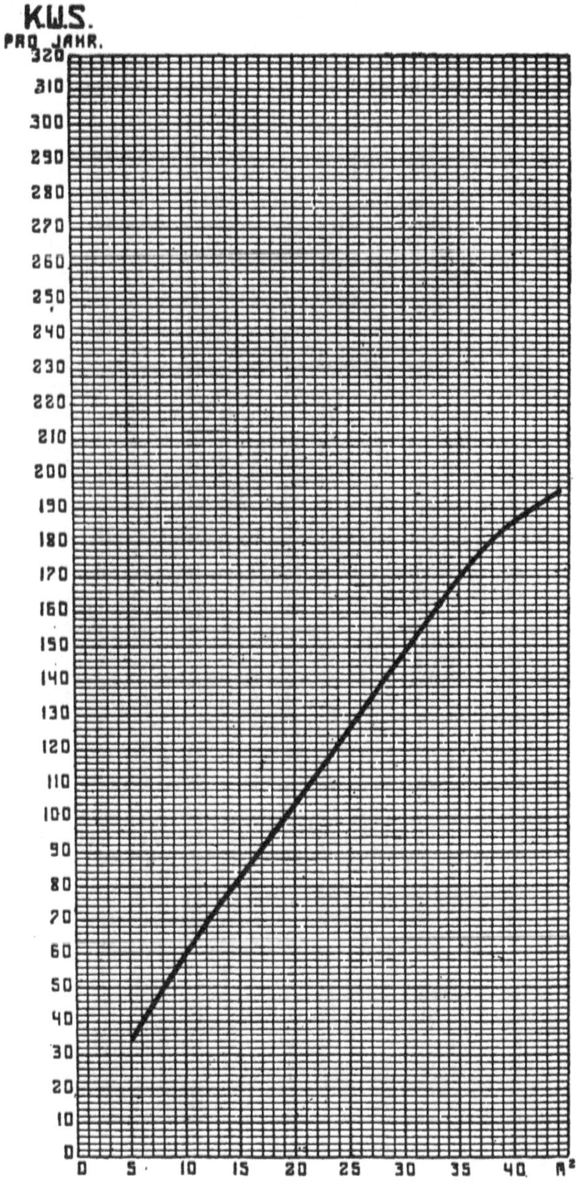

Abb. 35. Wohnzimmer

zahlenden Betrag festzusetzen, so daß es für den Verbraucher auf dasselbe hinauskommt, ob er seinen normalen Lichtverbrauch laut dem Einheitstarif oder laut dem Vastrecht-Tarif bezahlt. Wenn bekannt ist, daß der Konsument für Licht N Kilowattstunden braucht, so zahlt er $N \times 22{,}5$ Cents.

Laut dem in Amsterdam eingeführten Vastrecht-Tarife muß der Konsument nun $N \times 5$ Cents pro verbrauchte Kilowatt-

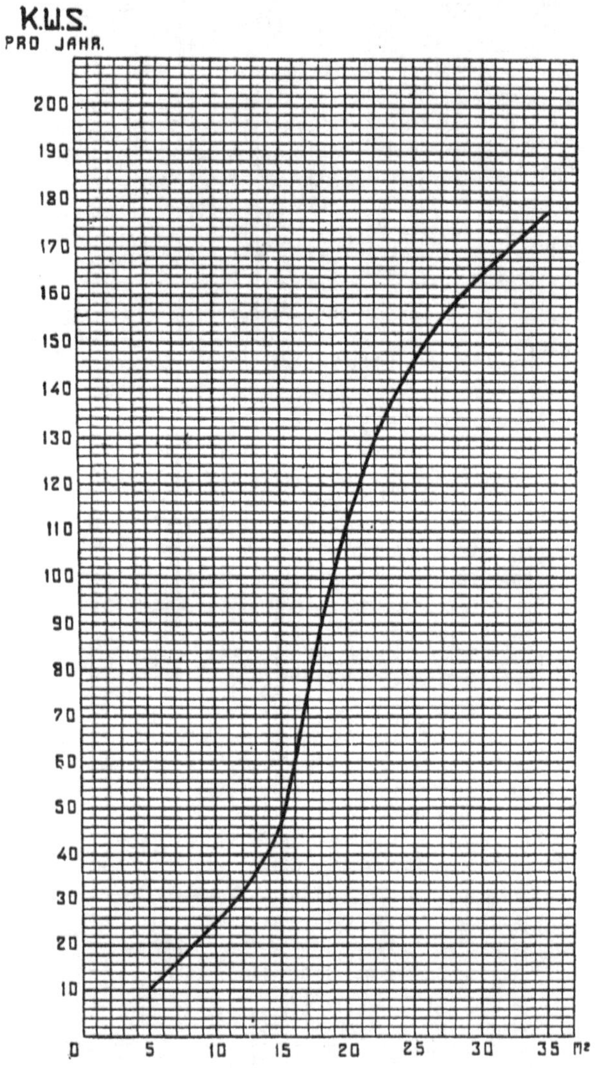

Abb. 36. Küche

stunde + einen festen Betrag zahlen. Dieser ist also offenbar $(N \times 22.5) - (N \times 5) = N \times 17.5$ Cents in einem Jahre. Monatlich wird dieser Betrag also $^1/_{12} \times N \times 17.5$ sein. Da der Kilowattstunden-Tarif bestehen bleibt, muß der Verbraucher für ein Jahr gebunden werden, weil ihm sonst Gelegenheit gegeben würde, in den Wintermonaten $1/12\ y + 5$ Cents pro Kilowattstunde zu zahlen und er dann in den Sommermonaten wieder den gewöhnlichen Lichttarif verlangen könnte.

Das Ergebnis des Tarifes ist ein sehr günstiges zu nennen. Über die verschiedenen Anwendungsgebiete siehe „Mitteilungen der V. D. E.“, ex 1924, Nr. 364, 369, 370.

Trotzdem zu Anfang des Jahres 1924 ein gewisser Rückgang in der perzentualen Zunahme der Verbraucher erfolgte, welcher zwar durch Konzessionen wieder wettgemacht werden konnte, ist dieser Zuwachs wieder geringer geworden. Unverkennbar ist also eine gewisse Müdigkeit eingetreten, obgleich nur 25.000 von 155.000 Angeschlossenen diesen Tarif angenommen haben. Es ist daher die Einführung eines

Minimallichttarifes

geplant, welcher in folgenden Grundlinien besteht:

Ebenso gut wie an der Hand von Daten und reichen Erfahrungen der Jahreslichtverbrauch einer gewissen Wohnung festgestellt werden kann, so kann dieser Verbrauch auch über die verschiedenen Monate verteilt werden. So wird für jeden Anschluß ein für allemal zuvor festgestellt, welcher monatliche Lichtverbrauch, abhängig vom Monat, hierfür nötig ist. Diesen Verbrauch ist laut dem Einheits-Lichttarife zu zahlen, jeder Verbrauch pro Monat über denselben hinaus zu dem Haushaltetarif, z. B. 5 Cents. In dieser Weise wird nun automatisch der Tarif für den Haushalt eingeführt werden, während es nicht länger nötig ist, daß eine vertragliche Bindung auf ein ganzes Jahr abgeschlossen werden muß. Die Erwartung erscheint gerechtfertigt, daß durch Einführung dieses Tarifes, die automatisch erfolgt, ohne daß ein grundsätzlicher Entschluß seitens des Verbrauchers nötig ist und der ihm keine Verpflichtungen auferlegt, die er durch Unterzeichnung einer Bereiterklärung zu bekräftigen hat, der Haushaltsverbrauch noch schneller Anklang finden wird als die Verrechnung nach dem Vastrecht-Tarife.

Eine andere Grundlage der Tarifbildung in Holland besteht darin, daß für je 10 qm der Wohnungsgesamtfläche

im Jänner und Dezember	2 kWh
im Februar, März, Oktober, November je	1,5 kWh
im April—Juni zusammen	1,5 kWh
im Juli—September zusammen	1,5 kWh

mit je 30 Cents, der darüber hinausgehende Verbrauch mit 10 Cents bezahlt werden müssen. Mindestens kommen 60 m² zur Berechnung; die Fläche über 250 m² wird nur zur Hälfte angerechnet. Die Tarifform ist zwar einfach, hängt aber zu sehr von Zufälligkeiten und Willkür ab.

Als Maß für die Grundgebühr wird neben der Grundfläche die Zimmerzahl, der Anschlußwert in Kilowatt, die Zahl der Brennstellen, die Zählergröße und der Mietewert der Wohnungen, in der Landwirtschaft außerdem die bearbeitete Bodenfläche, die Stückzahl des Viehes u. a. m. genommen.

5. *England.*

Eine besonders vorteilhafte Form des Grundgebührentarifes stellt die seit vielen Jahren in England gebräuchliche Abstellung auf den Mietwert der Wohnungen dar. Ermöglicht wird diese Art der Preisstellung dadurch, daß von seiten der Behörden auf den Mietwert der Häuser und Grundstücke eine Steuer erhoben wird, so daß der dem Gebührentarif zugrunde liegende Wert genau bekannt ist. Der Tarif wurde zum ersten Male im Jahre 1908 in der Stadt Norwich eingeführt, und zwar betrug dort die Grundgebühr 12 % des Besteuerungswertes zuzüglich 1 Penny für die Kilowattstunde. Vielfach wird der von dem Mietwert zu erhebende Perzentsatz nach der Höhe der Wohnungsmiete abgestuft und wächst mit dem Mietwert der Wohnungen. Der Tarif nimmt in dieser Form in geradezu idealer Weise auf die Leistungsfähigkeit und Wertschätzung der Abnehmer Rücksicht und verdient aus diesem Grunde und wegen seiner Einfachheit die ernsteste Aufmerksamkeit.

Die Stromversorgung Groß-Londons 1922/1923 *).

Der Lichtstrompreis bewegt sich zwischen 4 d (57,6 g) und 1 Schilling (S 1,73). In der Mehrzahl der Fälle hat gegenüber 1920/1921 eine Herabsetzung des Strompreises stattgefunden. Diese Preisreduktion bewegte sich zwischen 0,5 d (7,2 g) und 2 d (28,8 g). Der Strompreis für Licht bewegte sich zwischen 1 d (14,4 g) und 7 d (S 1,01) pro kWh, was im Mittel 3,2 d (46,08 g) (bei 76 Stromlieferanten) ergibt. Der Strom für Heiz- und Kochzwecke kostete 1 d (14,4 g) bis 6 d (36,4 g) pro kWh, was (bei 83 Unternehmungen) einem Mittelwerte von 2,42 d (34,85 g) entspricht. Die Westminster Electric Supply Corporation berechnete 5,50 d (79,2 g) für Licht, 1,25 d (18 g) für Kraft und 1,25 d (18 g) für Koch- und Heizstrom.

6. *Tarifbildung in Schweden.*

Die Anlagekosten pro Kilowatt sind sowohl für die Kraftstationen wie für die Verteilungsnetze in hohem Maße verschieden bei den verschiedenen Kraftwerken der Wasserfälleverwertung. Auch die Anlagekosten verschiedener Ausbaustufen desselben Kraftwerkes haben sich geändert je nach der Zeit, zu der die Bauten ausgeführt wurden. Deshalb sind auch die Tarife nicht gleich im Lande. Es sind daher auch die Kraftpreise von Fall zu Fall sehr verschieden. Eine Orientierung über die Kraftpreise geben nachstehende Tarifansätze:

---

*) Electric Rewiew, Nr. 2452 und 2454, 1924.

Industrielle Abnehmer der Größenordnung 100 bis 500 kW, wobei die Energie auf der 20-kV-Seite abgenommen wird, bezahlen etwa K *) 60,— (67 Mk. oder 114 S) pro Jahr und kW (Mittelwert der vier höchsten halbmonatlichen 15-Minuten-Werte); dazu 2 Öre (2,2 Pf. oder 3,8 g) per kWh bis auf 4000 kWh pro kW und 1 Öre **per kWh** für den übrigen Verbrauch, wenn eine Benützungsdauer von wenigstens 4000 Stunden garantiert wird.

Die größeren Holzschleifereien (im allgemeinen in Nordschweden) bezahlen etwa K 55,— (61,6 Mk. oder 93,72 S) bis K 75,— (84 Mk. oder 141,80 S) pro kW und Jahr.

Die Stadt Göteborg zahlt laut dem zuletzt abgeschlossenen Vertrage für eine Abnahme bis auf 7500 kW eine feste jährliche Gebühr von 60.000 K (67.000 Mk. oder 114.000 S), ferner pro kW und Jahr 57,50 K (64,26 Mk. oder 109,25 S) und per kWh 1,25 Öre (1,4 Pf. oder 2,4 g).

Die landwirtschaftlichen Abnehmervereine, die von der Wasserfälleverwertung die Energie bei 3000 Volt in dem Zentralpunkte ihres Verteilungsgebietes mit durchschnittlich 5 km Radius beziehen, bezahlen nur mehr die folgenden Preise:

Eine feste jährliche Gebühr von K 2,50 (2,80 Mk. oder S 4,75) pro ha bearbeiteten Bodens (Erniedrigung zu 2 K vorgeschlagen); dazu pro kW und Jahr K 350,— (390 Mk. oder 665 S) unterhalb einer festgelegten Pauschalgrenze (Erniedrigung zu K 250,— vorgeschlagen); dazu pro kWh 7 Öre (7,9 Pf. oder 13 g) oberhalb der Pauschalgrenze.

In Malmö sind für die Verteilung des Stromes folgende Tarife in Geltung:

Tarif I:

Für Beleuchtung (mit kWh-Zähler):
35 Öre (0,39 Mk. oder 0,67 S) per kWh.

Tarif II:

Für Motorenbetrieb (mit kWh-Zähler):
20 Öre (0,22 Mk. oder 0,38 S) per kWh.

Tarif III:

Für Beheizungszwecke (mit kWh-Zähler):
15 Öre (0,17 Mk. oder 0,29 S) per kWh.

Zählermiete in allen drei Fällen:
50 Öre (0,56 Mk. oder 0,95 S) per Zähler und Monat.

Tarif IV:

Für Beleuchtung (mit Strombegrenzer):
Akkordpreis . . . . . K 11,—
(12,32 Mk. oder 20,94 S) per 33 W und Jahr.
Zählermiete . . . . . K 2,—
(2,24 Mk. oder 3,81 S) per Strombegrenzer und Jahr.

*) 1 Schwed. Krone = Mk. 1,12 = S 1,904 bei einem Züricher Kurs von RMk. = 170,—, Schwed. Kr. = 190,—, Österr. S = 144,—.

Der Tarif beträgt somit einschließlich Zählermiete:

Für 33 Watt (1 Lampe mit 25 NK) K 13,—
(14,56 Mk. oder 24,75 S) per Jahr

Für 66 Watt (2 Lampen mit 25 NK) K 24,—
(26,88 Mk. oder 45,69 S) per Jahr

Für 100 Watt (3 Lampen mit 25 NK) K 35,—
(39,20 Mk. oder 66,64 S) per Jahr

Die Taxe wird berechnet für Räume mit normalem Tageslicht und für höchstens 100 Watt. Die Energie darf nur für Beleuchtung verwendet werden.

Tarif V:

Für Beleuchtung und Verwendung im Haushalte in Räumen, die ausschließlich zu Wohnzwecken benützt werden (mit Strombegrenzer und kWh-Zähler).

Strompreis: K 100,— (112 Mk. oder 190,4 S) pro maximal verbrauchtes kW und Jahr mit einem Zuschlag von 10 Öre (11,2 Pf. oder 19 g) pro kWh.

Je nach der totalen Bodenfläche des Wohnraumes muß doch der Grundpreis mindestens sein:

Für Wohnräume mit einer Bodenfläche in m²:	Grundpreis pro Jahr Kronor:	Dagegen maximal in kW:
Bis 70	22,— (24,64 Mk. oder 41,91 S)	0,22
70—100	33,— (36,96 Mk. „ 62,73 S)	0,33
100—135	44,— (49,28 Mk. „ 83,77 S)	0,44
135—165	55,— (61,60 Mk. „ 104,72 S)	0,55
165—200	66,— (73,92 Mk. „ 125,46 S)	0,66
200—235	77,— (86,24 Mk. „ 146,60 S)	0,77
235—265	88,— (98,56 Mk. „ 167,54 S)	0,88
265—300 . . . . . . usw.	99,— (110,88 Mk. „ 188,19 S)	0,99

Zählermiete: 50 Öre pro Zähler (mit Strombegrenzer) und Monat. Das Elektrizitätswerk ist berechtigt, die Abschaltung des Strombegrenzers unter einer gewissen Zeit im Jahre wie auch bei gewissen Gelegenheiten zu veranlassen.

Tarif VI:

Für Beleuchtung (mit Strombegrenzer samt kWh-Zähler, hauptsächlich bestimmt für Motorbetrieb laut Tarif II).

Strompreis: K 100,— (112 Mk. oder 190,4 S) pro maximal verbrauchtes kW und Jahr mit einem Zuschlag von 20 Öre (22,4 Pf. oder 38 g) pro kWh.

Zählermiete wird keine erlegt.

Konsumenten, die ihren Verbrauch an elektrischem Strom ausschließlich vom Städtischen Elektrizitätswerk laut Tarif I und II samt IV beziehen, erhalten einen Rabatt (doch nicht vom Grundpreis in Tarif VI) von 5 % für einen Verbrauch im Werte von K 500,— bis 1000,— (560—1120 Mk. oder 592—1904 S); von 10% für einen Verbrauch im Werte von K 1000,— bis 2000,— (2240 Mk. oder 3808 S), von 15% für einen Verbrauch im Werte von K 2000,— bis 3000,— (3360 Mk. oder 5712 S), von 20% für einen Verbrauch im Werte von K 3000 und darüber pro Jahr, doch so, daß ein Verbrauch für K 475,— bis 500,—, 950,— bis 1000,—, 1890,— bis 2000,—, 2825,— bis 3000,— bezahlt wird mit resp. K 475,—, 900,—, 1700,— und 2400,—.

Konsumenten, die nicht ausschließlich vom Städtischen Elektrizitätswerke Strom beziehen, können auch willkürlich einen Rabatt erhalten, der vom Elektrizitätswerke erst näher bestimmt werden muß.

Das Elektrizitätswerk besitzt das Recht der näheren Bestimmung betreffend das jeweilige Zugeständnis des Tarifes, wie auch das Recht, wo besondere Umstände vorliegen, die Verrechnung auch nach einem anderen Tarife zu veranlassen.

7. Tarife in Norwegen *).

Es seien nur einige der charakteristischesten Tarifformen herausgegriffen:

So gelten in Oslo nachstehende Tarife:

I. Für Beleuchtung:

a) Nach kWh-Zähler: 31,2 Öre (26,6 Pf. oder 46 g) per kWh.

Dieser Tarif ist obligatorisch für den Verkauf von elektrischer Energie zur Beleuchtung, mit Ausnahme von Beleuchtung für Privatwohnungen und gemeinschaftlicher Beleuchtung für die Bewohner eines Hofes, sowie Reklame-Beleuchtung.

b) Fixer Jahrespreis:

Bei Anwendung eines Strombegrenzers (Schaukel- oder Maximalschalter) K 180,— (154 Mk. oder 260,28 S) pro kVA.

Gültig für Privatwohnungen und gemeinsame Beleuchtung für Bewohner eines Hofes. Nach einem fixen Jahrespreise wird der Strom nur in Mengen geliefert von 50 Watt z. B. 250, 300, 350 Watt usw. — Die Tarife a) und b) können nicht gleichzeitig auf dieselbe Anlage benützt werden.

II. Für gewerbliche und industrielle Zwecke:

c) 1. Nach kWh-Zähler = 1 kWh kostet 24 Öre (20,5 Pf. oder 34,7 g).

Dieser Tarif kommt für gewerbliche Verbrauchszwecke: Antriebskraft, Kochen, Aufwärmen, Reklamebeleuchtung, Beheizung in Kinos, Kaufhäusern, Restaurants, Schulen, Krankenhäusern, Vergnügungsstätten, Vereinslokalen etc. in Anwendung.

---

*) 1 Norweg. Krone = 0,857 Mk. = 1,45 S.

2. Maximaler Kraftverbrauch mit einem Zuschlag für die verbrauchte kWh:

Grundgebühr = K 80,— (68,56 Mk. oder 116,55 S) pr. maximal verbrauchtes kW.

Arbeitsgebühr = 3 Öre (2,8 Pf. oder 4,8 g) pr. verbrauchte kWh.

Der Tarif kommt in Anwendung für industriellen Verbrauch, nicht für Privatwohnungen.

Es werden kWh-Zähler verwendet, die so eingerichtet sind, daß sie den bezogenen Strom in Kilowattstunden angeben und den höchsten mittleren Verbrauch in Perioden von 15 Minuten registrieren. Als Maximalverbrauchs-kWh wird das Mittel der vier höchsten monatlichen Ablesungen des Jahres gerechnet. Die Ablesung findet jeden zweiten Monat statt.

Bei Wechselstrom-Anlagen darf die durchschnittliche Phasenverschiebung nicht schlechter sein als $\cos\varphi = 0{,}8$. Bei $\cos\varphi = 0{,}7$ ist die Grundgebühr zu multiplizieren mit

$$\frac{0{,}80}{0{,}70} = 1{,}143.$$

Bei Beginn der Stromlieferung wird ein gewisser Verbrauch festgesetzt, nach welchem dann die Abgabe berechnet wird. Zeigen die späteren Betriebsverhältnisse, daß der wirkliche Kraftverbrauch um mehr als 10 % von dem Verbrauche abweicht, nach welchem die Abgabe vorläufig berechnet wurde, so wird bei weiterer vorläufiger Berechnung der Abgabe derselben der wirkliche Verbrauch zugrundegelegt. Am Schlusse des Kalenderjahres wird auf Grund der Zähleranzeigen der tatsächliche Konsum verrechnet. Was früher zu viel oder zu wenig bezahlt wurde, wird bei der letzten Monatsrechnung ausgeglichen.

3. Abfallstrom nach kWh-Zähler.

Im Falle das Elektrizitätswerk ohne besondere Anlagekosten Abfallstrom abgeben kann, wird dieser im Sommerhalbjahr mit 3 Öre (2,8 Pf. oder 4,8 g) per kWh bezahlt. Wird der Strom auch im Winterhalbjahr bezogen, so werden in dieser Zeit bei 12 Stunden Sperrzeit 6 Öre bezahlt, bei 14 Stunden Sperrzeit 4 Öre und bei 16 Stunden Sperrzeit 3 Öre per kWh.

Das Elektrizitätswerk setzt selbst die Zeit des Inkrafttretens des Sommer-, bezw. Wintertarifes fest, wie auch die Bestimmung der Aufteilung der Sperrzeit in 24 Stunden.

d) Fixer Jahrespreis.

Gültig für alle Zwecke und bis zu einem Verbrauch von 15 kW : K 175,— (150 Mk. oder 255 S) pro kVA und Jahr. Auf ein und dieselbe Anlage dürfen Tarifsätze c 2 und d nicht in Anwendung kommen.

T r o n d h j e m.

Bemerkenswert ist die Festsetzung von Preisen für Energie zu beliebigem Verbrauch:

1. *Fixpreis pro Monat pro bezogenes kVA, bestimmt mit Maximum-Zähler:*

Jänner bis März	K 25,—	(21,43 Mk. oder 36,43 S)
April	K 15,—	(12,86 Mk. oder 21,86 S)
Mai bis August	K 10,—	(8,57 Mk. oder 14,57 S)
September	K 15,—	(12,86 Mk. oder 21,86 S)
Oktober bis Dezember	K 25,—	(21,43 Mk. oder 36,43 S)

2. *Für das installierte kVA wird in den Monaten Oktober bis März*

eine Grundgebühr von K 12,— (10,28 Mk. oder 17,47 S) pro kVA und Monat und 6 Öre (5,14 Pf. oder 8,7 g) pro kWh

berechnet.

In der Zeit von April bis September gelten

K 6,— (5,14 Mk. oder 8,74 S) pro kVA und 1,5 Öre (1,28 Pf. oder 2,2 g) per kWh.

3. *Für Haushaltzwecke gelten folgende Sondertarif-Bestimmungen:*

K 50,— (42,85 Mk. oder 72,84 S) p. maxim. bezog. kVA und Jahr und 3 Öre (2,57 Pf. oder 4,4 g) per kWh.

Der Grundpreis von K 50,— per kVA wird bezahlt, je nachdem die Energie kurze oder lange Zeit benötigt wurde und wird, bevor das erste Jahr vergangen ist, nach der Belastung zu den Zahlungsterminen verrechnet. Somit wird der Grundpreis nach der größten Belastung des Vorjahres berechnet. Die Wahl des einen oder anderen Tarifes ist für ein Jahr bindend.

8. *Tarife in Deutschland.*

Wie bei allen anderen Bedarfsartikeln war in Deutschland auch bei den Preisen für elektrischen Strom am Ende der Inflationszeit eine Verwirrung eingetreten, die nur mit der Unmöglichkeit einer vernünftigen Kalkulation begründet werden konnte. Zwar hatte die Verordnung über die Preisgestaltung von elektrischem Strom, Gas und Wasser vom Februar 1919 den durch vielfach langfristige Verträge gebundenen Werken die Möglichkeit gegeben, durch schiedsgerichtliche Entscheidung sich einen angemessenen Strompreis zu sichern, der wohl in fast allen Fällen dadurch erreicht wurde, daß in den auf Pfennigen begründeten Kilowattstundenpreis eine Kohlenklausel eingefügt wurde, aber die recht verschiedenen Multiplikationsfaktoren hatten doch eine weitgehende Verschiedenheit der schließlich sich ergebenden Preise zur Folge. Dazu kam noch die Verschiedenheit der T a r i f f o r m e n. War vor dem Kriege der normale Kleinabnehmertarif der feste Kilowattstundentarif, bei dem die Kilowattstunde stets den gleichen Preis kostete, mochte man viel oder wenig Strom entnehmen (bei ganz großen Stromabnahmen gab es allenfalls Rabatte), so hat sich inzwischen der früher nur bei Großabnehmern angewendete Grundgebührentarif mehr und mehr auch im Kleinverkauf eingeführt. Bei diesem wird eine feste Gebühr, gestaffelt nach der Größe der Anlage, ein für allemal erhoben, gleichgültig wie viel Strom entnommen wird, die sogenannte Leistungsgebühr, die bestimmt ist, die festen Kosten des Elektrizitätswerkes zu decken. Dazu tritt dann eine gewöhnlich sehr mäßige Arbeitsgebühr je entnommene Kilowattstunde, die ihrem Wesen nach die beweglichen Kosten (Brennstoff und Bedienung) ausgleichen soll. Je mehr also verbraucht wird, um so billiger wird der Strom, da der Anteil der Leistungsgebühr immer kleiner wird. Dieses Prinzip ist unbedingt gesund und ihm gehört zweifellos die Zukunft, da es den Interessen von Verbrauchern und Erzeugern in gleicher Weise entspricht. Am weitesten sind hierin wohl die Berliner städtischen Elektrizitätswerke gegangen, die Arbeits- und Leistungsgebühr soweit herabgesetzt haben, daß schon bei relativ niedrigem Verbrauch der Kilowattstundenpreis auf 20 bis 25 Pf. sinkt (Berliner Tarif). Andere Werke sind diesem Beispiel gefolgt und die Buntscheckigkeit der Preisgestaltung auf dem Markte für elektrischen Strom ist hierdurch nur noch gesteigert worden, zumal ein regulierender Einfluß der Konkurrenz naturgemäß ausgeschlossen ist.

Die absolute Höhe der Preise ist im großen ganzen als sehr mäßig zu bezeichnen. Von den Lichttarifen ist zu sagen, daß sie nur etwa in der Hälfte aller Fälle über den Friedensstand erhöht worden sind. Aber die Erhöhungen halten sich fast samt und sonders in der Höhe von 10 bis 30 %, nur in vereinzelten Fällen sind sie darüber hinausgegangen, in ebensoviel Fällen aber unterhalb von 10 % geblieben. Eine Anzahl Werke ist sogar unter den Friedenspreis gegangen und etwa 25% aller Werke ist auf dem Friedensstande stehen geblieben. Das ist doch sehr bemerkenswert, angesichts der bedeutend erhöhten Unkosten und der heute eine große Rolle spielenden Steuern, die z. T. über 10 % der Gesamteinnahmen ausmachen. Erleichtert wird es natürlich durch die gewaltige Zunahme der Erzeugung von elektrischem Strom, die allein von 1924 auf 1925 im Durchschnitt 40 bis 50 % beträgt. Etwas anders liegen die Preise beim Kraftstrom für das Kleingewerbe. Hier hat fast durchgängig eine Erhöhung stattgefunden, wobei allerdings zu berücksichtigen ist, daß vor dem Kriege gerade diese Preise sehr niedrig waren und vielfach nur die nackten Selbstkosten deckten. Trotzdem haben etwa 20 % aller Werke die Friedenspreise wieder eingeführt und z. T. sogar ermäßigt, während ebensoviele Preiserhöhungen bis zu 30 %, der Rest solche über 30 % vorgenommen hat.

Beim Kraftstrom für Großabnehmer dürfte wohl in der Mehrzahl der Fälle eine Senkung unter den Friedenspreis eingetreten sein. Das liegt teilweise an dem gewaltig gestiegenen Stromabsatz und der Tatsache, daß in steigendem Umfange Anschlüsse auch solcher Industrien stattgefunden haben, die bisher ihren Strom selbst zu erzeugen pflegten. Aber natürlich ist auch die mißliche Lage der Industrie daran schuld, der die Elektrizitätswerke Rechnung tragen mußten. Auf die Dauer ist selbstverständlich der Zustand unhaltbar, daß der Strom an Großabnehmer zu Selbstkosten oder gar darunter geliefert und der Ausgleich im Lichtstrompreise gesucht wird.

Die Preise für Lichtstrom liegen fast sämtlich zwischen 40 und 54 Pf., und zwar fast genau in 33 % aller Fälle bei 40 bis 44 oder 50 bis 54 Pf., von den restlichen 33 % entfallen zwei Drittel auf die Zwischenstufe dieser beiden Tarife. Für Kleinkraft betragen die entsprechenden Zahlen 20 bis 34 Pf., mit Bevorzugung der Stufe von 20 bis 24 Pf. Unter 20 und über 34 Pf. verkaufen nur ganz wenige Werke. Diese Zahlen gelten für den Verkauf zu festem Kilowattstundenpreise, nicht für andere Tarifformen. Unter diesen nimmt, wie schon oben bemerkt, der Grundgebührentarif eine besonders bevorzugte Stellung ein. Die Leistungsgebühr wird meist nach der Höhe des Anschlußwertes berechnet, aber die Grundsätze, nach denen sie gestaffelt ist, sind höchst verschieden. Manche Werke lassen mit steigendem Anschlußwerte eine Ermäßigung, andere eine Erhöhung eintreten. Auch die Höhe der Gebühren schwankt außerordentlich. Die Leistungsgebühr liegt z. T. unter 2 Mk. monatlich je Kilowatt, in der Mehrzahl der Fälle zwischen 2 und 9 Mk., in einzelnen extremen Fällen aber zwischen 20 und 30 Mk. Die Arbeitsgebühr liegt zwischen 9 und 19 Pf., in wenigen Fällen überschreitet sie diesen Wert, nur in einem Falle beträgt sie 40 Pf. Infolge dieser Schwankungen liegt dann der resultierende Preis einerseits in der Gegend des normalen Kilowattstundentarifes, andererseits berührt er sich mit dem Pauschaltarif, der eine Arbeitsgebühr nicht kennt. Natürlich sind bei den Werken sowohl wie bei den Abnehmern Verschiedenheiten vorhanden, die Ungleichmäßigkeiten der Strompreise bedingen. Aber die angeführten Unterschiede gehen über das Maß des sachlich Gebotenen doch weit hinaus und lassen einen Mangel an Zielsicherheit in der Preisgestaltung erkennen, dessen Beseitigung aus privat- und volkswirtschaftlichen Gründen angestrebt werden muß.

Eine besondere Stellung nehmen die sog. Doppeltarife ein, bei denen der Strom in „Sperrstunden" (das sind die Stunden, in denen die Belastung des Elektrizitätswerkes normalerweise ihren Höchstwert erreicht) besonders teuer, außerhalb der Sperrstunden aber sehr billig verkauft wird, mit dem Ziel, die Entnahme gleichmäßiger auf den ganzen Tag zu verteilen. Hierbei betragen die Strompreise in den meisten Fällen zwischen 15 und 24 Pf. außerhalb der Sperrstunden, reizen also sehr stark zur Verlegung des Verbrauches in diese Zeit an. Das kommt selbstverständlich nur für den Kraftbedarf in Frage.

Neben diesen Tarifen gibt es noch eine Anzahl Sondertarife für bestimmte Zwecke, vornehmlich zur Förderung des Nachtstromverbrauches. Hier spielen namentlich die Warmwasserspeicher eine große Rolle, für die in letzter Zeit viel Propaganda gemacht worden ist. Bei billigen Strompreisen gestatten sie es, den Warmwasserbedarf einer Haushaltung wirtschaftlich herzustellen und bis zum Augenblick der Verwendung zu speichern. Die dafür berechneten Strompreise betragen durchgängig zwischen 5 und 10 Pf. die Kilowattstunde. Ähnliche Tarife zu gleichem Zweck gibt es für Schaufenster- und Reklamebeleuchtung, wofür die Preise aber durchschnittlich zwischen 15 und 25 Pf. betragen.

Ganz außerhalb der geschilderten Zustände stehen die Tarife für G r ö ß t a b n e h m e r, das sind im allgemeinen die Elektrizitätswerke selbst, die anstatt zu erweitern, ihren Strombedarf durch Bezug von einem Großerzeuger decken. Als solche kommen vornehmlich die großen süddeutschen Wasserkräfte, das Rheinisch-Westfälische Elektrizitätswerk, die Elektrowerke in Berlin, die Sächsischen Werke in Dresden und ähnlichen Unternehmungen in Frage. Die Preise für diese Strommengen sind recht einheitlich im ganzen Reiche, und zwar ist kaum ein Unterschied zwischen Dampf- und Wasserstrom. Ein kleineres, im Westen gelegenes Werk, das ausschließlich an Größtabnehmer liefert und mit verhältnismäßig teurer Kohle arbeitet, ist in der Lage, fast genau zum gleichen Preise zu verkaufen wie die größten süddeutschen Wasserkräfte, und zwar zwischen 3 und 4 Pf.

Die dargestellten Verhältnisse zeigen, daß auch in Deutschland sowohl der Verkaufspreis für den elektrischen Strom wie der Tarif, nach dem er verkauft wird, noch äußerst u n e i n h e i t l i c h ist, mehr als die örtliche Zersplitterung entschuldigen kann. Der Tarifbewegung fehlt die unbedingt notwendige Zielsetzung. Das Ziel, dem unbedingt zuzustreben ist, heißt: Bevorzugung einiger Haupttarifformen, Vermeidung unnötiger Eigenbrötelei und möglichst einheitliche Gestaltung der Strompreise.

9. Tarife in Österreich.

In Österreich finden sich in den verschiedensten Städten die verschiedensten Tarife. Vielfach sind die Werke kommunaler Art und es werden die Tarife daher weniger nach kaufmännischen als nach politischen Gesichtspunkten festgesetzt. Ferner stammen die Werke größtenteils aus der Friedenszeit, so daß diese Politik vom kaufmännischen Standpunkte aus wohl nicht zu rechtfertigen, aber ansonsten verständlich ist.

Das Elektrizitätswerk L i n z der Elektrizitäts- und Straßenbahngesellschaft Linz ist eine private Aktiengesellschaft und sind daher deren Tarife aus rein kaufmännischen Erwägungen und vom rein privatwirtschaftlichen Standpunkte aus erstellt worden. Die Ansätze sind folgender Art:

a) Licht nach Zählertarif.

Die Kilowattstunde *S —,72* einschließlich der Warenumsatzsteuer (W.-U.-St.), zuzüglich Landes- und Gemeindeabgabe für die Kilowattstunde von *3 g.*

b) Licht nach Pauschaltarif.

Für den zur gleichzeitigen Benützung vereinbarten Pauschalwert beträgt die Gebühr, die auf Grund eines jährlichen Stromverbrauches in 1000 bis 1200 Benützungsstunden errechnet wurde, für je 10 Watt und Monat *S —,68* einschließlich der Warenumsatzsteuer, Landes- und Gemeindeabgabe für je 10 Watt und Monat von *2,1 g.*

Leihgebühr für Beleuchtungsanlagen mit Beistellung der Installation für je 10 Watt und Monat 5 g.

c) Kraftstromtarif (einschließlich Warenumsatzsteuer).

1. Nach Einfachtarif die Kilowattstunde *S —.28.*

2. Nach Zweifachtarif: Für den Verbrauch außerhalb der Spitzenbelastungszeiten für Anlagen mit einem Anschlußwert von 5 bis 20 kW die Kilowattstunde *S —,27*, über 20 kW die Kilowattstunde *S —,26.* Innerhalb der Spitzenbelastungszeit vom 15. Oktober bis 15. März in der Zeit von 16½ bis 21 Uhr die Kilowattstunde *S —,45.* Landes- und Gemeindeabgabe für die Kilowattstunde *1,5 g.*

3. Mit Großabnehmern Sondervereinbarungen.

d) Verschiedenes:

Stromverbrauchs-Pauschalgebühr einschließlich Warenumsatzsteuer für ein Kalenderjahr im voraus zahlbar:

Für einen Klingeltransformator bis zu 5 Klingeln 40 g pro Monat, für einen Klingeltransformator bis zu 10 Klingeln 45 g pro Monat, für einen Klingeltransformator bis zu 20 Klingeln 50 g pro Monat, für eine Registrierkasse 90 g pro Monat.

Stromsondertarife für wasserverbrauchende Apparate.

1. Heißwasser-Speicherapparate.

a) Nach Pauschaltarif:

Einschaltungszeit von 22 Uhr bis 7 Uhr. Die Ein- und Ausschaltung erfolgt mittels automatischem Schalter.

Vom 1. April bis 30. September:

	Für einen Speicherapparat zu 30 Liter	50 Liter	100 Liter
Stromverbrauchspauschale . . .	S 6.—	S 10.—	S 16.50
Miete für den automatischen Schaltungsapparat	S 2.—	S 2.—	S 2.—
Landes- und Gemeindeabgabe, Warenumsatzsteuer und Rechnungsstempelgebühr	S —.50	S —.80	S 1.25
monatliche Kosten	S 8.50	S 12.80	S 19.75

Vom 1. Oktober bis 31. März:

	Für einen Speicherapparat zu		
	30 Liter	50 Liter	100 Liter
Stromverbrauchspauschale . . .	S 8,60	S 14,40	S 24,—
Miete für den automatischen Schaltungsapparat	S 2,—	S 2,—	S 2,—
Landes- und Gemeindeabgabe, Warenumsatzsteuer und Rechnungsstempelgebühr	S —,70	S 1,20	S 1,85
monatliche Kosten:	S 11,30	S 17,60	S 27,85

b) Nach Einfachtarif:

Zähler mit einem automatischen Schalter für eine tägliche Betriebszeit von 11 bis 13½ Uhr und von 22 bis 7 Uhr und Samstag von 11 Uhr bis Montag 7 Uhr

vom 1. April bis 30. September	S —,07 pro kWh,
vom 1. Oktober bis 31. März .	S —,10 pro kWh,
monatliche Mietegebühr für den Zähler und den automatischen Schaltapparat	S 3,—.

c) Nach Zweifachtarif, Zähler mit Umschaltuhr:

Dieser Tarif ist hauptsächlich dann zweckmäßig, wenn bei Tag große Wassermengen verbraucht werden (Gewerbetreibende), weil zu jeder Tageszeit die Heizung möglich ist.

Vom 1. April bis 30. September für den täglichen Verbrauch von 11 bis 13½ Uhr und von 22 bis 7 Uhr und Samstag von 11 Uhr bis Montag 7 Uhr	S —,07 pro kWh,
innerhalb der übrigen Zeit	S —,25 pro kWh,
Vom 1. Oktober bis 31. März für den täglichen Verbrauch von 11 bis 13½ Uhr und von 22 bis 7 Uhr und Samstag von 11 Uhr bis Montag 7 Uhr	S —,28 pro kWh,
innerhalb der übrigen Zeit	S —,28 pro kWh,
Monatliche Mietegebühr für den Zähler mit Umschaltuhr	S 5,—.

Diese Preise sind auf Grund der heute gültigen Goldparität ermittelt worden. Es hat demnach der Geldwert der von der Geschäftsleitung der Österreichischen Nationalbank festgesetzten Goldparität zu entsprechen. Veränderungen der jeweils gültigen Goldparität im Ausmaße bis zu 2% plus oder minus werden nicht berücksichtigt.

Die Landes- und Gemeindeabgabe beträgt 1,4 Groschen für die Kilowattstunde und die Warenumsatzsteuer 2% vom Rechnungsbetrage.

Änderungen der Gebühren für die Landes- und Gemeindeabgabe, der Warenumsatzsteuer, für den Rechnungsstempel nach den gesetzlichen Bestimmungen sowie dieser Sondertarife nach Maßgabe des Vorhandenseins von Überschuß- und Abfallenergie vorbehalten. Im übrigen gelten die allgemeinen Stromlieferungsbedingungen.

2. Für Kochapparate, Bügeleisen und dergleichen.

a) Für kleinere Anlagen nach Zweifachtarif:

Zähler ohne Uhrwerk, mit gewöhnlichem Umschalter für die Lichtleitung, allgemeiner Beleuchtungstarif derzeit S —,72 pro kWh, für die Kraftleitung S —,28 pro kWh; monatliche Mietegebühr für Zähler S 1,50.

b) Für größere Anlagen nach Zweifachtarif:

Zähler mit Umschaltuhr für den Verbrauch von 11 bis 13½ Uhr und von 5 bis 7 Uhr S —,12 pro kWh, für den Verbrauch innerhalb der übrigen Zeit S —,28 pro kWh; monatliche Mietegebühr für Zähler S 3,—.

3. Für Heizzwecke, Öfen u. dgl. Wärmespender.

Nach Zweifachtarif:

Zähler mit Umschaltuhr für den Verbrauch von 11 bis 13½ Uhr und von 20 bis 7 Uhr und Samstag von 11 Uhr bis Montag 7 Uhr S —,12 pro kWh, für den Verbrauch während der übrigen Zeit S —,28 pro kWh; monatliche Mietegebühr für Zähler S 3,—.

4. Für Backöfen.

a) Nach Einfachtarif.

Zähler mit automatischem Sperrschalter für eine Betriebszeit von 22 bis 7 Uhr S —,05 pro kWh; monatliche Mietegebühr für Zähler S 5,—.

b) Nach Doppeltarif.

Zähler mit Umschaltuhr für den Verbrauch von 22 bis 7 Uhr und Samstag von 11 Uhr bis Montag 7 Uhr S —,05 pro kWh; für den Verbrauch während der übrigen Zeit monatliche Mietegebühr für Zähler S 5,—.

5. Strom für Reklame-Beleuchtung.

a) Nach Pauschaltarif als Reklamebeleuchtungstarif.

Nach diesem Tarife, d. i. vom Beginne der Dunkelheit bis Tagesanbruch, sind die Kosten folgendermaßen festgesetzt:

Für die Zeit vom 1. Oktober bis 31. März: Für drei Stück Metalldrahtlampen zu je 16 NK, Stromverbrauchs-Pauschalgebühr einschließlich W. U. St. S 6,20; Landes- und Gemeindeabgabe S —,60; monatlich S 6,80.

Für die Zeit vom 1. April bis 30. September: In gleicher Weise S 3,10; Landes- und Gemeindeabgabe S —,40; monatlich S 3,50.

Diese Vergünstigung kann auch für bereits bestehende Anlagen beansprucht werden und sind die hiefür in Betracht kommenden Lampen von der Leitung, die an einen Zähler angeschlossen ist, abzutrennen, was in den meisten Fällen ohne besondere Kosten möglich ist.

b) Nach Pauschaltarif für Tafeln, Schilder u. dgl.

Für den Verbrauch von 22 bis 7 Uhr S —,25 pro kWh; für den Verbrauch von 18 bis 22 Uhr S —,40 pro kWh; während der übrigen Zeit allgemeiner Lichttarif, derzeit S 72,— pro kWh. Ein- und Ausschaltung erfolgt mittelst automatischem Zeitschalter. Anschlußwert × Beleuchtungsstunden ergibt kWh. Zur Errechnung der Pauschalgebühr dient der Beleuchtungsweiser. Monatliche Mietegebühr für Zähler S 2,—.

und Auslagen.

Zähler mit Umschaltuhr S —,40; für den Verbrauch von 18 bis 22 Uhr S —,40 pro kWh; für den Verbrauch von 22 bis 7 Uhr S —,25 pro kWh; während der übrigen Zeit allgemeiner Lichttarif, derzeit S —,72 pro kWh; monatliche Mietegebühr für Zähler S 5,—.

Das Elektrizitätswerk der Stadt Wien hat nachstehende Preise:

1. *Für Licht nach Zähler* 54 Groschen, einschließlich einer 4%-igen Wasserkraftsteuer.
2. *Für Licht nach Pauschale* wurde vollkommen eingestellt und sämtliche Strombezugsanlagen mit Zählern ausgerüstet.
3. *Für Kraft nach Zähler* für Kleingewerbe 23,4 Groschen; für Großindustrie vertragliche Vereinbarungen.
4. *Für Auslagen- und Außenbeleuchtung von Geschäften in den Abendstunden:*

   Hiefür sind zwei besondere Tarife, Reklamebeleuchtungs-Tarif I und II, aufgestellt. Beim Tarif I, bei welchem der Geschäftsinhaber an keine bestimmte Beleuchtungszeit gebunden ist, beträgt der Nachlaß für den von 6 Uhr abends bis 7 Uhr früh verbrauchten Strom je nach der Strommenge 5 bis 20 v. H. Der Tarif II verpflichtet die Geschäftsinhaber, die Auslagen- und Außenbeleuchtung durch ein volles Jahr täglich, somit auch an Sonn- und Feiertagen, vom Einbruch der Abenddämmerung bis mindestens 10 Uhr abends zu benützen. Der Nachlaß beträgt dann für den von 6 bis 8 Uhr abends verbrauchten Strom je nach Anschlußwert der Anlage 5 bis 35 v. H. und für den ab 8 Uhr abends verbrauchten Strom einheitlich 50 v. H. Die Einschaltung der Beleuchtung bei Einbruch der Abenddämmerung und das Ausschalten derselben zur vereinbarten Stunde, frühestens 10 Uhr abends, hat selbsttätig mittels durch eine Schaltuhr gesteuerter Schalter zu geschehen.

10. Tarife in der Schweiz.

Das Wesen der schweizerischen Tarifpolitik besteht darin, daß die Preise im allgemeinen so erstellt sind, daß in der

Spitzenzeit höhere, in der Zwischenzeit bei Tag niedrigere und in der Nachtzeit ein bestimmter Bruchteil der niedrigen Tarife in Geltung steht. Dadurch wird erzielt, daß die Spitzen sowohl des Morgens als auch des Abends abgebogen werden, aber doch keinerlei Einschränkungen der Stromlieferung seitens des Werkes vorgenommen werden, und für die Nacht wird ein Anreiz gegeben, Strom zu beziehen, weil der Strompreis ein sehr niedriger ist. Es besteht demnach ein sogenannter Dreifachtarif, der den Lebensgewohnheiten der Konsumenten Rechnung trägt und doch das Interesse des Werkes in weitgehendster Weise wahrt. Es ist — mit Ausnahme von Lausanne, welches sogar einen Fünffachtarif besitzt — so ziemlich in allen großen Städten der Dreifachtarif eingeführt und es lautet derselbe, z. B. für Zürich, wie folgt:

A. Einfachtarif für den Verbrauch während des ganzen Jahres: 55 Cts.*) = 68,6 g.

B. Doppeltarif:

a) Für den Verbrauch während der Hauptbeleuchtungszeit abends:

Hochtarif

Vom 1./10.—31./3. von 16 bis 22.30 Uhr
Vom 1./4.—30./9. von 18 bis 22.30 Uhr = Cts. 55 = 68,6 g.

Für Haushaltungen gilt der Höchsttarif im Sommer und Winter nur bis 21.30 Uhr.

b) Für den Verbrauch während der ganzen übrigen Tages- und Nachtzeit:

Niedertarif = 25 Cts. = 32,5 g.

C. Für Wärmezwecke des Haushaltes bis zum zugelassenen Anschlußwerte und außerhalb der Hochtarifzeit höchstens die Hälfte des Niedertarifes, demnach 12,5 Cts. = 16,25 g.

D. Für während der Hochtarifzeit gesperrte, sonst dauernd angeschlossene Heißwasser-Bereitungsanlagen ein Drittel des Niedertarifes, daher 8,3 Cts. = 10,8 g.

E. Für Treppenhaus-Beleuchtungen in Verbindung mit automatischen Schaltuhren und für die Beleuchtung besonderer Räume können besondere Preis-Pauschalien festgesetzt werden.

F. Für Gewerbe- und Industrie-Motoren im 500-Volt-Netz:

a) In der Zeit von 6.30 Uhr bis 20.30 Uhr bei einem Verbrauch von:

Pro Jahr Verbrauch:	Winter-Halbjahr 1./10.—31./3.:	Sommer-Halbjahr 1./4.—30./9.:
5.000 kWh	Cts. 27 = 35,1 g	Cts. 25 = 32,5 g
15.000 kWh	Cts. 25 = 32,5 g	Cts. 21 = 27,3 g
25.000 kWh	Cts. 22 = 28,6 g	Cts. 19 = 24,7 g
35.000 kWh	Cts. 19 = 24,7 g	Cts. 17 = 22,1 g
50.000 kWh	Cts. 17 = 22,1 g	Cts. 15 = 19,5 g
70.000 kWh	Cts. 15 = 19,5 g	Cts. 13 = 16,9 g
über 70.000 kWh	Cts. 13 = 16,9 g	Cts. 11 = 14,3 g

*) 1 Schw. Fr. = 100 Centimes = 1,3 S angenommen.

b) In der Zeit von 20.30 Uhr bis 6.30 Uhr:
Vom 1. Oktober bis 31. März . . . Cts. 8 = 10,4 g
Vom 1. April bis 30. September . . Cts. 6 = 7,8 g

Außerdem ist vorgesehen

c) ein Rabatt am Ende der Saison (Ende März, Ende September) oder bei Vertragsauflösung, nach Maßgabe der Betriebsstundenzahl gewählt, die wie folgt berechnet werden, wobei Ermäßigungen unter 5 % und Überschreitungen über 40 % nicht berücksichtigt werden:

$$\text{Rabatte in \%} = \frac{2 \times \text{angeschl. kWh} \times 300 \text{ Betriebstage}}{\text{Energieverbrauch} = (\text{Jahres-kWh})}$$

G. *Stromabgabe für gewerbliche Wärmezwecke* aus dem Wechselstromnetz 2 × 110 Volt.

Die gleichzeitig auftretende maximale Belastung darf in der Regel 2000 Watt nicht übersteigen.

Der Strompreis beträgt für allgemeine Wärmezwecke in beruflichen und gewerblichen Betrieben aller Art:

12 Cts. per kWh (15,6 g) im Winterhalbjahr (Oktober—März)
8 Cts. per kWh (10,4 g) im Sommerhalbjahr (April—Sept.).

Derselbe gilt nur außerhalb der Hauptbeleuchtungszeit. Die Verrechnung erfolgt monatlich mittels Doppeltarifzählers in der Weise, daß in erster Linie im niederen Tarif so viele Kilowattstunden zu 25 Cts. angerechnet werden, als im hohen Tarif Kilowattstunden verbraucht worden sind, mindestens aber 30 kWh. Der darüber hinausgehende Mehrverbrauch im niederen Tarif wird zu 12 Cts. im Winter und 8 Cts. im Sommer verrechnet.

Die Benützung der gewerblichen Wärmeapparate und Heizöfen ist zur Zeit des hohen Lichttarifes nur in beschränktem Maße bis maximal 1000 Watt zulässig. Das Elektrizitätswerk ist berechtigt, in Zeiten von Energiemangel die Abgabe von elektrischem Strom für gewerbliche Wärmezwecke überhaupt aufzuheben.

H. *Stromabgabe für Wärmezwecke des Haushalts* (Dörren, Kochen, Bügeln, Heizen exlusive Boiler) aus dem Wechselstromnetz 2 × 110 Volt.

Der Strompreis beträgt für allgemeine Wärmezwecke per Kilowattstunde:

12 Cts. per kWh (15,6 g) im Winterhalbjahr (Oktober—März)
8 Cts. per kWh (10,4 g) im Sommerhalbjahr (April—Sept.).

Er gilt nur außerhalb der Hauptbeleuchtungszeit. Die Verrechnung erfolgt monatlich mittels Doppeltarifzählers in der Weise, daß in erster Linie im niederen Tarif so viele Kilowattstunden zu 25 Cts. angerechnet werden, als im hohen Tarif Kilowattstunden verbraucht werden, mindestens aber 15 kWh. Der darüber hinausgehende Mehrverbrauch im niederen Tarif wird zu 12 Cts. im Winter und zu 8 Cts. im Sommer verrechnet.

J. *Pauschaltarif für Haushaltboiler* aus dem Wechselstromnetz 2 × 110 Volt.

Für normale Haushaltboiler von 20, 30 oder 50 Litern Inhalt, bis 500 Watt Stromaufnahme, mit Nacht- und Tagesbetrieb, und Sperrzeit während der Hauptbeleuchtungszeit erfolgt die Stromabgabe pauschal zu folgenden Monatsbeträgen:

	Im Sommer: April—September	Im Winter: Oktober—März
Für 20-l-Speicher, 200 Watt	Fr. 4,—	Fr. 5,—
Für 30-l-Speicher, 300 Watt	Fr. 6,—	Fr. 7,50
Für 50-l-Speicher, 500 Watt	Fr. 10,—	Fr. 12,50

K. *Sondertarif A für die Stromabgabe für kalorische Zwecke ab dem Drehstromnetz von 500 Volt.*

An das Drehstromnetz von 500 Volt können nach Maßgabe der Leistungsfähigkeit der vorhandenen Krafterzeugungs- und Verteilanlagen Stromverbrauchsobjekte für kalorische Zwecke angeschlossen werden, und zwar:

a) *Industrielle und gewerbliche Heizvorrichtungen* wie: Trockenschränke, Dörröfen, Emaillieröfen, Sterilisier- und Destillierapparate, Muffelöfen, Schmelzkessel, Warmwasserbereitungsanlagen, Backöfen, Waffelöfen usw.

b) *Koch- und Heizanlagen, Boilers für Wohnungen* unter nachstehenden Abonnementsbedingungen:

Art. 1. Im Bereiche des bestehenden Drehstromverteilnetzes erfolgt die Stromabgabe für kalorische Zwecke nach Maßgabe der Leistungsfähigkeit der vorhandenen Wasserkraft und Verteilanlagen.

Art. 2. Für Stromverbrauchsapparate aller Art, die elektrisch erwärmt werden und vorwiegend Tagesbetrieb aufweisen, beträgt der Strompreis

10 Cts. für die kWh während der Monate November bis und mit März;

7 Cts. für die kWh während der Monate April bis und mit Oktober.

Art. 3. Für Stromverbrauchsapparate, die ausschließlich während der Nachtzeit elektrische Energie für Wärmezwecke erfordern, beträgt der Strompreis

5 Cts. für die kWh während der Monate November bis und mit März;

3 Cts. für die kWh während der Monate April bis und mit Oktober.

Die Stromabgabe wird dabei auf 10 Nachtstunden, in der Regel von 20.30 Uhr abends mit 6.30 Uhr morgens, oder auf neun Nachtstunden und eine Stunde von 12 Uhr bis 13 Uhr mittags beschränkt.

Art. 4. Die erforderlichen Sperr- und Zeitschaltuhren werden vom Elektrizitätswerk gestellt. Die jährliche Mietgebühr beträgt:

a) Für eine Schaltuhr bis 10 kWh . . Fr. 18,— im Jahr
b) Für eine Schaltuhr von 11—30 kWh Fr. 24,— im Jahr
c) Für eine Schaltuhr über 30 kW . Fr. 30,— im Jahr

Art. 5. Vorübergehende Einschränkungen in der Stromabgabe für kalorische, insbesondere für Heizzwecke, bleiben während der Dauer der Niederwasserperiode vorbehalten, ebenso die Sperrung der Stromabgabe während der Beleuchtungsspitzen. Dem Elektrizitätswerk steht das Recht zu, elektrische Öfen, die für die Raumheizung dienen, bei eintretendem Kraftmangel ohne Voranzeige abzuschalten.

Art. 6. Für Anlagen, die keine regelmäßige Betriebszeit aufweisen, ist das Elektrizitätswerk berechtigt, einen Mindestbetrag für den Monats-, bezw. Jahresverbrauch zu verlangen.

Art. 7. In Mehrfamilienhäusern können die Zähler für elektrische Kochherde auf der Sekundärseite des gemeinsamen Kochstromtransformators angeordnet werden, unter der Bedingung, daß für den Leerlaufsverlust des Transformators eine monatliche Grundtaxe entrichtet wird.

Das Elektrizitätswerk wird den Anschluß von industriellen und gewerblichen Heizanlagen, welche elektrische Energie regelmäßig während des ganzen Jahres benötigen, begünstigen. Allfällig bestehende Heizeinrichtungen sollen womöglich als Reserve beibehalten werden.

Dagegen kann der Anschluß von elektrischen Zimmeröfen, welche nur im Winterhalbjahr Energie benötigen, mit Rücksicht auf die geringere Leistungsfähigkeit der Wasserkraftwerke im Winter nur in beschränktem Maße und hauptsächlich für die Übergangsheizung im Frühjahr und Herbst zugelassen werden. Die Kohlenheizung ist dabei stets als Reserve beizubehalten, damit dieselbe bei einem eintretenden Mangel hydro-elektrischer Kraft während der Niederwasserperiode in Funktion gesetzt werden kann.

Die Heizkörper von Heißwasserspeichern (Boiler) sollen so berechnet sein, daß die Aufheizung des Wassers von 5° auf ca. 85° C in 6 bis 7 Stunden erfolgt. Bei guter Wärmeisolation der Boiler sind hierfür erforderlich:

Für Boiler von 400 Liter . . . . 5 bis 6 kW
Für Boiler von 600 Liter . . . . 8 bis 9 kW
Für Boiler von 1000 Liter . . . . 13 bis 15 kW

Bei Boileranlagen mit indirekter Heizung durch Zirkulationsapparate ist stets der höhere Anschlußwert zu wählen.

Bei größeren Warmwasserbereitungsanlagen in Hotels, für gewerbliche Betriebe und bei größeren industriellen Heizanlagen bleiben besondere Vereinbarungen vorbehalten.

L. *Tarif für Ladung elektrischer Fahrzeuge.*

Die Ladung elektrischer Akkumulatorenwagen erfolgt hauptsächlich außerhalb der Hauptbeleuchtungszeiten, d. i. zur Zeit der Tageshelligkeit und nach 8 Uhr abends. Für solche Ladungen werden folgende Preise verrechnet:

1. Einzelladungen.

Ladestrom bis		Amp. 30	Amp. 31—60	Amp. 61—90
Halbe Ladung bis 4 Stunden . . .	Fr.	3,—	5,—	7,50
Volle Ladung bis 7 Stunden . . .	Fr.	4,50	7,—	10,—

2. Ladungen im Abonnement.

Ladestrom bis		Amp. 30	Amp. 31—60	Amp. 61—90
10 halbe Ladungen bis 4 Stunden . .	Fr.	25,—	45,—	65,—
10 volle Ladungen bis 7 Stunden . .	Fr.	40,—	65,—	85,—
Zuschlag für eine Ladung während der Hauptbeleuchtungszeit	Fr.	2,—	3,—	4,—

Die Hauptbeleuchtungszeiten im Winterhalbjahr sind folgende:

Vom 1. Oktober bis 1. April, abends von 16 bis 20 Uhr.

Vom 1. November bis 1. März, morgens von 7 bis 8.30 Uhr.

Der Tarif umfaßt die Abgabe von Gleichstrom und die Überwachung der Ladung. Das Nachfüllen der Akkumulatorenzellen wird extra verrechnet.

M. *Besondere Bestimmungen für Aufzugsmotoren und andere Stromverbrauchs-Objekte mit großem, wattlosem Stromkonsum, sog. „Blindverbrauch“.*

Bei Stromverbrauchs-Objekten, die einen verhältnismäßig großen Blindverbrauch aufweisen, erfolgt die Messung der Energie mittels Watt- und Blindverbrauchs-Zählern. Die Verrechnung erfolgt in der Weise, daß 4 Blind-kWh gleich 1 Tarif-kWh angenommen und so verrechnet werden.

Bei Aufzugsmotoren wird an Stelle des Blindverbrauchszählers eine Grundgebühr nach folgenden Ansätzen erhoben:

Für das erste PS der Motorleistung Fr. 3,— im Monat.

Für 27 weitere PS der Motorleistung Fr. 1,— im Monat.

Als Anschlußwert gilt die Stundenleistung des Motors.

Allgemein können für verschiedene Wärmeanwendungsgebiete die Preise bei einer wirtschaftlichen Konkurrenzfähigkeit elektrischer Wärmeerzeugung unter Zugrundelegung eines Kohlenpreises von 6 g pro kg wie folgt angesetzt werden:

Wärmezweck	Preis entsprechend der wirtschaftlichen Konkurrenzfähigkeit	Tatsächlich berechneter Preis
Backöfen	3— 5 Cts. per kWh	3,5 Cts.
Elektrische Küche	7—12 Cts. per kWh	7 Cts. mit Einschränkung während gewisser Stunden, 10 Cts. ohne Einschränkung mit einer Vorstufe von 20 Cts., die aber nur bei geringem Konsum nennenswert verteuernd in Betracht fällt.
Boiler und Speicherheizung	2— 4 Cts. per kWh	2—5 Cts., je nach der Jahreszeit, Menge und Spannung, wobei für Haushaltungen auch der ganze übrige Konsum (Licht, Küche usw.) von 21—6 Uhr und 12—13 Uhr zu 5 Cts. bezahlt wird.
Dampfkessel	1,4—2 Cts. per kWh	1,75—3 Cts. } Abfallkraft je nach besonderen Verhältnissen
Öfen für Eisen und Metallguß	2,0—3 Cts. per kWh	1,4—2 Cts. } Abfallkraft je nach besonderen Verhältnissen

Die Tarife für Wärmezwecke werden mit besonderen Schaltuhren oder Sperrschaltern eingestellt. Mit den Uhren ist auch eine astronomische Scheibe verbunden, so daß auch ab Samstag mittags und an Sonntagen der billige Strom zur Verfügung steht, da an diesen Tagen kein Industriestrom beansprucht wird. Die Uhren sind derart gut durchkonstruiert und erprobt, daß sie verläßlich funktionieren. Das Aufziehen erfolgt entweder elektrisch oder alle vier Wochen mit der Hand. In Norwegen befinden sich Uhren seit vier Jahren mit elektrischem Aufzug in Betrieb, ohne irgendeine Störung aufzuweisen. Gute und verläßliche Fabrikate erzeugen Sauter in Basel, Landys & Gyr u. a.

Der Société Genevoise d'Instruments de Physique in Genf ist es weiter gelungen, mit in großen Betrieben befindlichen Einfachtarif-Zählern und nur einem einzigen Umschaltdraht von einer natürlich eigens dafür konstruierten Uhr drei bis vier beliebige Tarife nicht nur zu registrieren, sondern auch direkt in einer einzigen Summe den Rechnungsbetrag angezeigt zu erhalten; dabei wird an der Konstruktion der Einfachtarif-Zähler nichts geändert.

Es kann auch von einer Zentralschaltuhr der Umschaltdraht abgezweigt werden und können praktisch oftmals im gleichen Hause oder Häuserkomplexen bis zu 15 Zähler gleichzeitig gesteuert werden.

Diese mit elektrischem Aufzug versehenen Vierfachtarif-Uhren besitzen einen sinnreich konstruierten Schaltmechanismus, der so eingerichtet ist, daß in kurzen Zeitintervallen der Zähler stillsteht, und zwar infolge einer in der Zeitdauer einstellbaren Unterbrechung der Nebenschlußwicklung des Zählers.

Es sollen zur leichteren Aufklärung die vier verschiedenen Tarife bezeichnet werden, wie folgt:

Tarif N_1 = 100 Cts./kWh, N_2 = 40 Cts./kWh, N_3 = 20 Cts./kWh und Tarif N_4 = 10 Cts./kWh. Dabei ist die längste Schaltperiode mit 100 Sec. angenommen, so daß der Zähler somit bei Tarif N_1 während 100 Sec. ohne Unterbrechung registrieren wird, dagegen Tarif N_2 nur für die Zeitdauer von 40 Sec., Tarif N_3 für 20 Sec. und Tarif N_4 für 10 Sec. registriert.

Das Zählwerk wird also registrierte Kilowattstunden anzeigen, die, mit dem maximalen Tarifsatz von 100 Cts. multipliziert, den zu zahlenden Betrag aller vier Tarife in einer einzigen Summe ergeben. Dies erlaubt kleinen Gemeinden, die oft nur über einen einzigen Mann für Standaufnahme und das Rechnungseinziehen verfügen, sehr einfach zu verfahren, indem der Standabnehmer jeden Monat durch eine einfache Subtraktion der Zählerstände das erhaltene Ergebnis mit dem Maximalpreis multipliziert und so die Rechnungen sofort aufstellen kann.

Dies ist die wirtschaftlichste und auch praktischeste Anwendung des Vierfachtarifes, bei welcher allerdings die Summe der tatsächlich verbrauchten Kilowattstunden nicht zum Ausdruck kommt; sie ist aber gleichwohl vollauf genügend für die Mehrzahl der Abnehmer, die vorwiegend aus kleinen Abnehmern besteht und wo die Anschaffung von teueren Apparaten sich nicht lohnt. Zu dieser Lösung hat sich mit sehr gutem, praktischen Erfolge die Stadt Neuenburg in der Schweiz bekannt. Mehrere angrenzende Gemeinden sind auch in letzter Zeit diesem Beispiel gefolgt.

Die Stadt Lausanne und andere Gemeinden am Genfersee haben ihre Zähler nach dem gleichen Prinzipe eingerichtet, jedoch nicht mit Unterbrechung der Nebenschlußwicklung, sondern in Kombination mit einem Zwischenzählwerk, das mittels Relais unterbrochen wird und unter dem dauernd registrierenden Zählwerk der verbrauchten Kilowattstunden montiert ist. Dieser Zähler registriert somit mit dem oberen Zählwerk die effektiv verbrauchten Kilowattstunden und mit dem unteren Zählwerk die im Verhältnis der verschiedenen Tarifsätze reduzierten Kilowattstunden, wobei dieses Zwischenzählwerk vorteilhaft derart eingerichtet ist, daß der Rechnungsbetrag in Franken direkt abgelesen werden kann.

Diese Anwendung des doppelten Zählwerkes hat den großen Vorteil, daß bei jeder Standablesung durch eine einfache Subtraktion der Stände der zu bezahlende Betrag in Franken ausgerechnet werden kann. Dabei erlaubt die gleichzeitige, getrennte Registrierung der effektiv verbrauchten Kilowattstunden die Ermittlung des mittleren jährlichen Preises für die Kilowattstunde. Ein solcher Zähler mit zweifachem Zählwerk kann dabei ohne weiteres gleichzeitig an den nämlichen Umschaltdraht angeschlossen werden wie der Einfachtarif-Zähler nach dem System der Nebenschlußwicklungs-Unterbrechung, indem der Unterschied zwischen beiden Systemen nur darin besteht, daß bei dem Einfachtarif-Zähler die Nebenschlußwicklung unterbrochen und beim Zähler mit zwei Zählwerken eine Zahnradkupplung zum Eingriffe gebracht wird.

Beide Systeme sind vom Amte für Maße und Gewichte in Bern anerkannt und zugelassen worden und stellen zweifellos die ideale Art der Mehrfach-Tarifikation dar.

Die Vierfachtarifuhr ermöglicht jedoch nicht nur die Erstellungen in Bezug auf den Preis der Kilowattstunde und bezüglich der Umschaltzeiten, sondern erlaubt auch ohne weiteres die gänzliche Aufhebung des Morgenspitzentarifes während der Sommermonate. Es kann also der Tarif im Tag sechsmal gewechselt werden, wobei sämtliche unveränderlichen Zeiteinstellungen nur durch eine Stufenscheibe bestimmt werden.

Hat ein Werk die Preise der Kilowattstunde für das Mehrfachtarifsystem festgelegt, so werden die Schaltuhren für die verlangte Tarifskala bereits in der Fabrik eingestellt. Sollte jedoch später aus irgendeinem Grunde die ganze Tarifskala oder auch nur einer der Preisansätze geändert werden müssen, so geschieht dies an Ort und Stelle auf die einfachste Weise durch Regulierung der entsprechenden Tarifscheiben. In der Regel wird je nach der Jahreszeit nur die Zeitdauer für den Beleuchtungstarif entsprechend geändert werden müssen, und zwar der Anfang des Abendspitzentarifes und das Ende des Morgenspitzentarifes, da diese beiden Zeiten sich mehr oder weniger nach dem Sonnenunter- und -aufgang richten.

11. Tarife in Italien.

Bei den Etschwerken — Elektrizitätswerke der Städte Bozen-Meran — sind ab 1. Jänner 1926 folgende Tarife eingeführt:

Lichtstromtarif I.

Für jeden, wie immer gearteten Lichtstromverbrauch:

90 Centesimi per Kilowattstunde,

mit nachstehend angeführten Benützungsdauer-Rabatten:

Benützungs-stunden	Rabatt	Per Kilowatt-stunde	Anmerkung
bis 2000	—	= 80 cts.*)	—
von 2001 „ 2500	10%	= 72 „	(bis 2000 Benützungsstunden 80 cts.)
„ 2501 „ 3000	20%	= 64 „	„ 2500 „ 72 „
„ 3001 „ 3500	30%	= 56 „	„ 3000 „ 64 „
„ 3501 „ 4000	40%	= 48 „	„ 3500 „ 56 „
über 4000	50%	= 40 „	„ 4000 „ 48 „

Ausnahmsbestimmungen zum Lichttarif:

a) Stromabnehmer mit einem Installationswert bis zu drei Lampen, nicht über 100 Watt Anschlußwert, *können von den Etschwerken von der Zählerstromverrechnung ausgeschlossen werden.* Solche Stromabnehmer werden zu dem nachstehend angeführten Pauschaltarif verrechnet.

b) Für die Beleuchtung entlegener Dachkammern, Holzlagen, Waschküchen im Dachraum oder Souterrain sowie für Treppenbeleuchtungen und Kellerräume von Privatparteien in Miethäusern, kann, wenn die Anbringung von Stromzählern auf größere Schwierigkeiten technischer oder wirtschaftlicher Natur stoßen sollte, die Pauschaleinschätzung zugestanden werden.

Alle Strompreise verstehen sich ohne Staats-, Landes- und Gemeindesteuern.

Pauschaltarif.

Basis 1620 Stunden.

Kategorie 1: Kellertreppen, Holzlagen, Waschküchen, Vorratsräume, Dachböden, Aborte außerhalb der Wohnung, entlegene Dienstboten- und Gastzimmer, Dachkammern, ferner sämtliche Privatwohnungen und außerdem Geschäfte in heller Lage mit drei Lampen bis 100 Watt, in Lire:

8 NK.	16 NK.	24 NK.	32 NK.	50 NK.	60 NK.
L 10,90	L 21,75	L 32,65	L 43,55	L 68,05	L 81,65

Basis 2000 Stunden.

Kategorie 2: Treppen, Vorplätze, entlegene Hofräume und entlegene Räume mit Brenndauer bis 10 Uhr abends, sowie alle jene Lampen der in Kategorie 1 genannten Räume, wenn sie auch tagsüber Licht benützen; ferner Geschäfte in dunkler Lage mit drei Lampen bis 100 Watt:

*) Gültig ab 1. Jänner 1926.

8 NK.	16 NK.	24 NK.	32 NK.	50 NK.	60 NK.
L 13,45	L 26,90	L 40,30	L 53,75	L 84,—	L 100,80

Basis 3600 Stunden.

Kategorie 3: Treppen, Vorplätze, Hofräume, entlegene Räume, bei ganznächtiger Brenndauer, ohne Tagesbenützung:

8 NK.	16 NK.	24 NK.	32 NK.	50 NK.	60 NK.
L 20,15	L 40,30	L 60,50	L 80,65	L 126,—	L 151,20

Basis 4300 Stunden.

Kategorie 4: Treppen, Vorplätze, Hofräume und entlegene Räume mit ganznächtiger Brenndauer und bei Benützung auch am Tage:

8 NK.	16 NK.	24 NK.	32 NK.	50 NK.	60 NK.
L 28,90	L 57,80	L 86,70	L 115,60	L 180,60	L 216,75

In den obgenannten Strompreisen sind die Staats-, Landes- und Gemeindesteuer nicht inbegriffen.

Kraftstromtarif II.

Motoren- und Wärmestrom, „unbeschränkte“ Benützung,

für Stromverbrauchsapparate von 300 Watt Stromaufnahme aufw.:

30 Centesimi per Kilowattstunde,

mit nachstehend angeführten Benützungsdauer-Rabatten:

Benützungs-stunden	Rabatt	Per Kilowatt-stunde	Anmerkung
bis 2000	—	= 30 cts.	—
von 2001 bis 2500	10%	= 27 „	(bis 2000 Benützungsstunden 30 cts.)
„ 2501 „ 3000	20%	= 24 „	„ 2500 „ 27 „
„ 3001 „ 4000	30%	= 21 „	„ 3000 „ 24 „
„ 4001 „ 5000	40%	= 18 „	„ 4000 „ 21 „
„ 5001 „ 6000	50%	= 15 „	„ 5000 „ 18 „
„ 6001 „ 7000	55%	= 13 „	„ 6000 „ 15 „
über 7000	60%	= 12 „	„ 7000 „ 13 „

Die Abrechnung auf Grund der vorstehend angeführten Rabattsätze erfolgt ausschließlich am Schlusse eines jeden Betriebsjahres.

Für die Bestimmung der Benützungsstunden wird immer die gesamte installierte Leistung in Rechnung gestellt.

Stromverbrauchsapparate unter 300 Watt Stromaufnahme werden ausschließlich nach dem Lichtstrom-Tarif verrechnet.

Motoren mit doppeltem Anzugsmoment, wie dieselben für den Betrieb von Aufzügen und für ähnliche Betriebe verwendet werden, müssen für den höheren Anlaufstrom, welcher vom Zähler nicht registriert werden kann, auf die Zählerangabe einen zehnprozentigen Zuschlag bezahlen.

Für jeden in Betrieb stehenden Kraftstromzähler ist außer der Zählermiete mindestens eine jährliche Stromgebühr von L 30,— zu bezahlen.

Wärmestromabgabe für Raumheizung, „unbeschränkte Benützung“, ist ausschließlich mit *30 Centesimi per Kilowattstunde* zu verrechnen und kann eine Rabattgewährung bei „unbeschränkter“ Raumbeheizung nicht erfolgen.

Hingegen muß für solche „unbeschränkte“ Raumheizungen, welche nur in den Wintermonaten — November bis Mai — in Benützung stehen, mindestens ein Betrag von L 600,— pro Heizsaison und Kilowatt der installierten Leistung bezahlt werden.

Kraftstromtarif III.

Motorenstrom und Wärmestrom, „beschränkter“ Betrieb.

Für Stromverbraucher von 1000 Watt Stromaufnahme aufwärts, Benützungsdauer mit Sperrschalter geregelt, von 8 Uhr früh bis 4 Uhr nachmittags und 10 Uhr abends bis 6 Uhr früh, ganzjährige Stromaufnahme vorausgesetzt:

20 Centesimi per Kilowattstunde,

mit nachstehend angeführten Benützungsdauer-Rabatten:

Benützungsstunden	Rabatt	Per Kilowattstunde	Anmerkung
bis 1000	—	= 20 cts.	—
von 1001 bis 1500	10%	= 18 „	(bis 1000 Benützungsstunden 20 cts.)
„ 1501 „ 2000	20%	= 16 „	„ 1500 „ 18 „
„ 2001 „ 2500	30%	= 14 „	„ 2000 „ 16 „
„ 2501 „ 3000	40%	= 12 „	„ 2500 „ 14 „
über 3000	40%	= 12 „	—

Für Wärmeapparate, welche nur in den Wintermonaten — November bis Mai — in Benützung stehen, ist eine Mindeststromgebühr von L 200,— pro Heizsaison und Kilowatt der installierten Leistung zu garantieren.

IV.

Stromabgabe ausschließlich in den Nachtstunden, von 10 Uhr abends bis 6 Uhr morgens, ganzjährig, für Bäckereien und ähnliche Betriebe:

7 Centesimi per Kilowattstunde.

V.

Sommerstrombenützung, in der Zeit vom 1. Mai bis 31. Oktober, für Entwässerungs- und Bewässerungspumpen, Meliorationen in der Landwirtschaft und für spezielle Zwecke:

10 Centesimi per Kilowattstunde.

VI.

Strombenützung vorübergehender Art:

Lichtstrom: Lire 1,20 per Kilowattstunde,

Kraftstrom: 50 Centesimi per Kilowattstunde.

VII.

Stromlieferung an Landgemeinden und öffentliche Körperschaften, welche den Strom hochspannungsseitig beziehen und die für die Verteilung des elektrischen Stromes erforderlichen Anlagen auf eigene Kosten herstellen, *nach Doppeltarifzähler*.

Hochtarif: 60 Centesimi per Kilowattstunde.

In den Monaten: November, Dezember, Jänner, Februar und März: Von 6 bis 9 Uhr vorm. und von 4½ bis 11 Uhr abends. — April und Oktober: Von 5 bis 11 Uhr abends. — Mai, Juni, Juli, August und September: Von 6 bis 11 Uhr abends.

Niedertarif: Außerhalb der vorangeführten Stunden:

30 Centesimi per Kilowattstunde.

11. Tarifbildung in der amerikanischen Landwirtschaft *)

Die Versorgung weiter Ländergebiete mit vorwiegend landwirtschaftlicher Bevölkerung mit elektrischer Energie bildet auch in den Vereinigten Staaten von Nordamerika ein Problem, an dessen Lösung die Elektrizitätsgesellschaften nur mit Zögern herantreten. Wenn schon die Verteilnetze über das Gebiet der großen Verbrauchszentren hinaus gediehen sind, so bleiben doch noch weite Gebiete ohne jede Möglichkeit, sich an ein Verteilnetz anzuschließen. Immerhin wurden von einigen Gesellschaften Versuchsleitungen erstellt, aber an eine Aktion großen Stils scheint man noch nirgends herangetreten zu sein. Wie verschieden

*) „Electrical World", 6. Februar 1926, Seite 291.

sich übrigens die Gesellschaften ihr weiteres Vorgehen vorstellen, mögen die folgenden Äußerungen einiger Vertreter amerikanischer Kraftwerksunternehmungen zeigen:

Die Wisconsin Power & Light Co. übernimmt in landwirtschaftlichen Distrikten die vollen Kosten des Verteilnetzes, der benötigten Transformatoren und Meßeinrichtungen, wenn die Durchschnittskosten pro Abonnent 400 Dollar nicht übersteigen. Der angewandte Tarif setzt sich aus Grund- und Konsumtaxe zusammen. Die Grundtaxe für einen 1,5 kVA-Transformator ist 5,5 Dollar im Monat, bei einem 5 kVA-Transformator 6,6 Dollar. Die ersten 30 kWh im Monat werden zu 5,5 Cents/kWh berechnet, alle weiteren zu 3,5 Cents/kWh. Eine Ermäßigung von ½ Cent/kWh wird gewährt, wenn die Rechnung innerhalb eines gewissen Termines bezahlt wird. Damit der Abonnent auf einen vernünftigen Durchschnittspreis der kWh kommt, sollte er im Monat zirka 200 kWh verbrauchen, wobei ihm dann die kWh auf zirka 6 Cents zu stehen käme. Die Gesellschaft legt nun Wert darauf, ihm zu zeigen, was mit dieser Energiemenge alles erreicht werden kann, und überläßt dem Abonnenten sodann die Entscheidung, ob die mit 200 kWh geleistete Arbeit dem geforderten Preise entspricht. Im Gebiete der Gesellschaft liegen 40.000 Farmen, wovon heute 2700 mit elektrischer Energie versorgt werden.

Weniger fortgeschritten ist die landwirtschaftliche Energieversorgung bei der Iowa Railway & Light Co., in deren Gebiet 69.000 Farmen liegen. Die Gesellschaft ist der Ansicht, daß erst einmal in der Landwirtschaft eine genaue Analyse der Selbstkosten gemacht werden müsse, um zu sehen, wie weit überhaupt die Elektrizität hier verbilligen könnte.

Die Milwaukee Electric Railway & Light Co. versorgt seit Jahren ein stetig zunehmendes Gebiet mit landwirtschaftlicher Bevölkerung. Der angewandte Tarif ist dem in England gebräuchlichen System nachgebildet und besteht aus einer Grundtaxe, welche sich nach der Zahl der bewohnten Räume richtet, und einer Konsumtaxe. Die Grundtaxe für die ersten vier Räume ist hier 2 Dollar monatlich und berechtigt zugleich zum Anschluß eines 3 PS-Motores. Jeder weitere Raum kostet monatlich 40 Cents Zuschlag, berechtigt aber auch zu 5 Gratis-kWh. Jede weitere Pferdekraft kostet 50 Cents monatlich. Die Durchschnittsfarm besitzt in jener Gegend 6 bis 7 bewohnte Räume. Mit 7 Räumen und einem 3 PS-Motor hat der Abonnent 3,2 Dollar im Monat zu bezahlen und 35 kWh frei. Jede weitere kWh kostet 3,5 Cents. Die Gesellschaft erstellt das Verteilnetz und liefert die Meßgeräte, investiert aber in diese Anlagen nur einen Betrag, der gleich ist der dreifachen von der Abonnentengruppe zu erwartenden jährlichen Brutto-Einnahme. Der Rest der aufgewendeten Kosten wird auf die Abonnenten verteilt und von ihnen à fond perdu einbezahlt. Bei diesen Bedingungen ging die Gesellschaft von der Überlegung aus, daß der Abonnent lieber einmal einen hohen Betrag ausgibt und dann mit billiger Energie versorgt wird, als daß er die Energie teuer bezahlt.

Die Illinois Public Service Co. hat in ihrem Gebiete 25.000 Farmen, von denen sie hofft, in den nächsten 5 Jahren etwa ein Viertel anschließen zu können. Von der Gesellschaft werden Transformatoren, Meßgeräte und eine Leitung von zwei Stangenabständen geliefert. Zusätzliche Kosten hat der Abonnent zu zahlen. Wird an der Leitung ein weiterer Abonnent angeschlossen, so wird dem ersten ein angemessener Teil seiner Kosten zurückvergütet. Die Gesellschaft gedenkt darin in Zukunft eine Änderung eintreten zu lassen, in der Weise, daß dem Abonnenten der doppelte Betrag, den sein Energiekonsum (Lichtenergie abgerechnet) in den ersten 12 Monaten ausmacht, zurückerstattet wird, wobei man selbstverständlich nicht über die ursprünglichen Auslagen des Abonnenten hinausgeht. Beispiel: Die Anschlußleitung koste 300 Dollar, davon gehen 50 Dollar ab, welche von der Gesellschaft für die Leitungslänge von 2 Stangenabständen bezahlt werden. Der Abonnent hat also 250 Dollar einzuzahlen. Konsumiert er nun in den ersten 12 Monaten für Kraft und Wärme für 100 Dollar Energie, so erstattet ihm die Gesellschaft 200 Dollar zurück und die Anschlußleitung kostet ihm 50 Dollar.

d) Werbetätigkeit.

Wenn auf dem Gebiete der elektrischen Wärmeverwertung infolge Strommangels und einer entsprechenden, möglichen Tarifpolitik noch verhältnismäßig sehr wenig unternommen werden konnte, so wird bei dem fortschreitenden Ausbau der Wasserkräfte eine intensive Werbetätigkeit einsetzen müssen, um eine Stromverbrauchs-Steigerung herbeizuführen.

Es ist nicht ausgeschlossen, daß das Verfahren der Verflüssigung der Kohle*) nach dem System von Dr. Bergius, Heidelberg, geeignet ist, im Laufe der nächsten Jahre einen umwälzenden Einfluß auf die Stromerzeugung und die Strompreispolitik der Elektrizitätswerke uns zu bringen. Gerade für Länder mit minderwertiger, aber sonst bitumenreicher Kohle könnten die Ergebnisse dieses Verfahrens von ausschlaggebender Bedeutung für die Elektrizitätswirtschaft werden. Konnte doch festgestellt werden, daß der Aschengehalt als solcher praktisch keinen Einfluß auf die Umwandlung der Kohlensubstanz hat, und ferner, daß die Kohlen, die für gewöhnliche Verwendungsarten als minderwertig angesehen werden, sich bei der Hydrierung als sehr günstig verhalten, daß im Gegensatz dazu aber Kohlen, die als hochwertig betrachtet werden, durchaus nicht die höchstmöglichen Mengen liefern. Die reinen Kokskohlen z. B. sind nicht die besten Hydrierkohlen und gehen die Ausbeuten mit steigendem Kohlenstoffgehalt etwas zurück.

---

*) Dr. Friedrich Bergius, Heidelberg, Die Verflüssigung der Kohle, Zeitschrift des Vereins Deutscher Ingenieure, Nr. 42 und 43 ex 1925.

Wohl die bedeutendste Einwirkung auf die Gestaltung der Stromerzeugungskosten ist von der Anwendung des hochgespannten Dampfes in Verbindung mit der Kohlenstaubfeuerung und in Verbindung mit der Verschwelung der Braunkohle *) zu erwarten.

Es ist einleuchtend, daß die Elektrizitätswerke dann in die Lage kommen könnten, den Strom billigst zu erzeugen, wodurch denselben ein weiteres, wenn auch für die Stromverteilung nicht ausschlaggebendes Mittel an die Hand gegeben ist, der Elektrizitätsverwertung auch solche Gebiete zuzubringen, die infolge der gegenwärtigen Stromerzeugungs- und Verteilungskosten gegenüber anderen Stromerzeugungsmitteln nicht zu gewinnen sind.

Von der Erkenntnis ausgehend, daß heute kein kaufmännisches Unternehmen sich kräftig entwickeln kann, ohne sein Produkt auf geeignete Weise anzupreisen, betreiben im besonderen die Elektrizitätswerke der Schweiz seit bald fünf Jahren eine besondere Werbetätigkeit. Auch die Elektrizitätswerke sind kaufmännische Betriebe, die mit technischen Mitteln (Werke und Verteilanlagen) ihr Produkt, die elektrische Energie, erzeugen, verteilen und zu möglichst angemessenen marktfähigen Preisen und Bedingungen verkaufen müssen. Vor und während des Krieges war das Anpreisen von elektrischer Energie wegen der großen Nachfrage nicht notwendig. Als aber nach Friedensschluß statt des erwarteten wirtschaftlichen Aufschwunges eine allgemeine wirtschaftliche Krise einsetzte, stieg der Energieverbrauch nicht mehr in dem erwarteten Umfange an. Zudem gingen einige neue Werke in der Schweiz der Vollendung entgegen, während bei anderen mit dem Bau begonnen worden war. Schließlich erhöhten niederschlagsreiche Jahre den Energie-Überschuß. Infolge der Krise war die Industrie für die elektrische Energie nicht mehr aufnahmefähig. Der Absatz mußte also beim Kleinbezieher im Haushalte und in der Landwirtschaft gesucht werden. Diese Konsumenten von den wirtschaftlichen Vorteilen der Elektrizität zu überzeugen und zur Anschaffung von Apparaten zu bewegen, erfordert eine umfangreiche Werbetätigkeit. Dabei kommt den Werken der Umstand zugute, daß in der Schweiz eine ausgezeichnet entwickelte elektrotechnische Industrie und leistungsfähige Installationsfirmen bestehen. Zur Durchführung der Werbetätigkeit haben die Elektrizitätswerke des Kantons Zürich sich verschiedener Werbemittel bedient. Gemeinsam mit den nordostschweizerischen Kraftwerken und den Kantonswerken Schaffhausen und Thurgau geben sie seit Jahren im Verlage von Gebrüder Fretz, A.-G., in Zürich, eine vierteljährliche Werbezeitschrift „Die Elektrizität, eine Zeitschrift für jedermann" heraus, die in Auflagen von 53.000 Exemplaren kostenlos an die Energie-Abnehmer verteilt wird. Die Redaktion liegt in bewährten Händen. Der Inhalt berücksichtigt sowohl die Industrie wie das Gewerbe, den Haushalt und die Landwirtschaft. Technische und andere mit der Elektrizitätsver-

*) Kurt Loebinger, Gewinn aus Kohle.

wertung zusammenhängende Fragen werden darin auf unterhaltende und leicht faßliche Art behandelt. Die Zeitschrift ist bereits ein vorzügliches Bindeglied zwischen den Werken und Abnehmern geworden.

Weiter haben die Elektrizitätswerke des Kantons Zürich eine Wanderausstellung von elektrischen Apparaten organisiert, mit der etwa zwanzig größere Ortschaften des Kantons Zürich besucht worden sind. Sie umfaßte einige Hundert Apparate, von denen viele im Betriebe vorgeführt wurden. Tausende von Besuchern haben auf diese Weise ein Bild davon erhalten, was mit der elektrischen Energie alles betrieben werden kann. Besondere Aufmerksamkeit wurde der Vorführung der elektrischen Küche für Haus- und Landwirtschaft geschenkt. Kochvorführungen zeigten, daß die elektrische Küche keine Luxuseinrichtung ist, sondern gerade dem kleinen Mann vorzügliche Dienste leisten kann. An Stelle der Wanderausstellung ist nun eine ständige Ausstellung im Geschäftshause der Elektrizitätswerke des Kantons Zürich in Zürich getreten.

Außer diesen beiden Hauptwerbemitteln werden noch viele andere angewendet, die aufzuzählen hier zu weit führen würde*). Auch wurde eine weitgehende Beratung der Abnehmer eingeführt, was insbesondere bei der elektrischen Küche von Bedeutung ist.

Der Umstand, daß die Elektrizitätswerke des Kantons Zürich eine eigene Installationsabteilung besitzen, erleichtert ihre Werbearbeit wesentlich, denn die Installationstätigkeit ermöglicht eine engere Fühlung mit den Abnehmern, so daß die Werke deren Bedürfnisse und die Zweckmäßigkeit der Apparate gut erkennen und beurteilen können. Daß auch die guten Installationsfirmen gerne gesehene Mitarbeiter der Werke für ihre Werbetätigkeit sind, ist selbstverständlich.

Die Grundlage jeder Werbearbeit muß eine gutgeführte Statistik bilden. Jeder Leiter eines Elektrizitätswerkes muß wissen, z. B. in einer Stadt, wie viele Häuser angeschlossen sind, weil er die nicht angeschlossenen anwerben muß. Es soll ihm bekannt sein, wie viel und wie groß die Wohnungen in jedem Hause sind und was installiert ist. Es müssen die einzelnen Kleingewerbe aufgezeichnet und jene besucht werden, die mit dem elektrischen Strom bislang aus irgendwelchen Gründen nicht arbeiten. Es darf kein Leimtopf bei einem Tischler z. B. mit einem anderen Wärmemittel als mit elektrischem Strom versehen werden, kein motorischer Antrieb soll anders denn elektrisch sein. Es müssen die Industrien aufgesucht werden und es wird sich, mit Ausnahme von sehr wenigen, immer eine finden, die den elektrischen Strom für kalorische Zwecke verwenden kann, z. B. Warmwasserbereitung für die Reinigung der die Fabrik verlassenden Arbeiter oder dergleichen.

---

*) Mataja, Die Reklame; Friedländer, Der Weg zum Käufer; v. Hanfstengel, Die Reklame des Maschinenbaues.

Es seien die allgemeinen Grundzüge der Werbetätigkeit, wie sie auf Österreich zugeschnitten sind und im besonderen in Linz a. d. Donau gehandhabt werden, angeführt. (Beilage A.)

Um die noch nicht installierten Häuser zu gewinnen, kann dem Hausbesitzer die Stiegenhausinstallation gratis eingerichtet werden unter der Voraussetzung, daß er die in seinem Hause wohnenden Mietparteien bewegt, die elektrische Installation sich einrichten zu lassen. Es können auch Ratenzahlungen für die verschiedenen Apparate, wie Bügeleisen, Kochplatten, Staubsauger, Waschmaschinen, Kochherde, Milchsieder usw. in Aussicht genommen werden, um das Zustandekommen der Installation zu ermöglichen. Der Erfolg des Stromabsatzes wird sich bestimmt erweisen.

In den landwirtschaftlichen Gebieten ist in ähnlicher Weise vorzugehen.

Es sollte bei jeglicher Werbearbeit darauf hingewiesen werden, daß, um die Errichtung der für die Ausbreitung der Elektrizität nötigen Anlagen zu ermöglichen, zahlreiche Industrien beschäftigt werden, ganz abgesehen davon, daß auch die unmittelbar beteiligten Gewerbebetriebe wieder Unterlieferanten heranziehen müssen. Bei der Vergebung des neuen Berliner Großkraftwerkes Rummelhard 1925 an der Oberspree wiesen die Zeitungen darauf hin, daß von dem Gesamtauftrage in Höhe von 60 Millionen Mark nur etwa 18 Millionen Mark für unmittelbar elektrotechnische Erzeugnisse zu errechnen sind, während der Rest auf das Baugewerbe und die übrigen Industrien entfällt. Ins größere übersetzt, und damit muß man bei intensiver Elektrowerbung rechnen, bedeutet dies, daß zahlreiche Steinbrüche, Ziegeleien, Zementfabriken, Sägewerke, Eisenwerke, Blechwalzwerke, Glasfabriken, Bautischlereien, Kesselfabriken, Röhrenwalzwerke, Messingwerke, Klempnereien usw. in Tätigkeit treten müssen, aber auch die unmittelbar beteiligten Gewerbebetriebe müssen zahlreiche Unterlieferanten heranziehen. Nur angedeutet soll in diesem Zusammenhange werden, daß selbst die Textil- und die Papierindustrie bei der Fabrikation von Kabeln, isolierten Leitungen und die Fabrikation von Umspannmaschinen in nicht unbeträchtlichem Maße herangezogen werden. Hierzu kommen noch die Fabriken für elektrische Heiz- und Wärmeapparate, von Wärmespeichern, Kühlschränken, Ventilatoren, elektrisch betriebenen Reinigungs-, Näh- und Küchenmaschinen usw.

Die General Electric Co. hat statistisch nachgewiesen, daß, um einen Lampenanschluß für 20 Watt zu installieren, 20 Watt Generatormaterial und 70 Watt Transformatorenmaterial notwendig sind, ferner, daß, wenn die Ausgaben für Installationskosten an Lampen 10 Dollar betragen, für den Kauf des übrigen Materials, wie Leitungsdrähte, Kabeln, Schalter — also für die Installation notwendiges Material — bis zum Material, welches in der Zentrale oder in Transformatoren zu installieren ist, 75 Dollar erforderlich sind*).

*) „E. u. M.“, „Lichttechnik“, Ing. Kratochwil, Die Lichtwirtschaft u. d. Elektrotechnik, Heft 10/1925.

In untenstehender Tabelle *) ist eine kurze Übersicht über den Erfolg der Werbearbeit auf verschiedenen wirtschaftlichen Anwendungsgebieten enthalten, wobei die Zahlen naturgemäß nur Richtlinien darstellen können.

Ungefährer Jahresertrag eines kW bei verschiedenen Aufwendungen der elektrischen Energie.

Anwendungsart der elektrischen Energie	Marktpreis in Cent./kWh	Jahres-Gebrauchsdauer Stunden	Jahresertrag pro kW Fr./kW
1. Beleuchtung im Haushalt . .	45—70	300—1500	210—575
2. Beleuchtung in Fabriken . .	45—80	100—300	80—135
3. Fabrikkraft	7—12	800—2300	96—161
4. Fabrikkraft als Ergänzung zur Wasserkraft	10—60	120—1500	72—150
5. Kleingewerbliche Motoren . .	12—50	200—2000	100—240
6. Küche im Haushalt	8—12	700—1100	84—88
7. Großküchen	6—8	300—500	24—30
8. Landwirtschaftliche Motoren .	26—80	30—250	24—65
9. Halbspeicheröfen und Schnellheizer	7—10	100—500	10—35
10. Heißwasserspeicher	4,5—10	2000—3000	135—200
11. Großheißwasser- und Dampfspeicher in Haushalt und Gewerbe	3,5—5,5	1600—3000	88—105
12. Landwirtschaftl. Kochkessel .	4,5—10	1880—3000	135—188
13. Backöfen	3—5	1500—3000	75—90
14. Speicherheizöfen	4—5,5	500 -1000	27—40
15. Kirchenheizungen	6—8	100—200	8—12
16. Abfallenergie	1,5—3,5	500—3000	17—45

e) Wärmespeicherung.

1. Allgemeines.

Das Prinzip der Wärmespeicherung ist bereits alt. Wir finden es bei jedem Kachelofen, bei dem Backofen, bei den Siemens-Ges.-Generatoren, bei den feuerlosen Lokomotiven usw. Es handelt sich in allen diesen Fällen darum, eine möglichst kleine strahlende Oberfläche zu erhalten. Jeder Stoff, der nicht zu teuer zu stehen kommt und der bei kleinerem Volumen große Wärmemengen aufzunehmen vermag, ist daher als Wärmespeicher geeignet. Neben hoher spezifischer Wärme, d. i. jener Wärmemenge in Kalorien ausgedrückt, die erforderlich ist, um 1 kg eines Körpers um 1° C zu erwärmen, ist hohes spezifisches Gewicht des verwendeten Materials für Wärmespeicherung von Bedeutung. Beide Größen sind von der Temperatur abhängig. Es müssen daher für die Auswahl eines geeigneten Stoffes für einen Wärmespeicher diese drei Faktoren berücksichtigt werden. Als solche Stoffe kommen nun Wasser, Öl, Steine und eventuell Metalle in Betracht.

*) Siehe Burri, Bulletin des Schweizer E.-T.-V., Nr. 5 ex 1925.

Während Metalle für die Speicherung großer Wärmemengen zu teuer kommen, sind Öle wegen ihres unsicheren Charakters, ihrer Feuers- und Explosionsgefahr für Speicherzwecke nur schwer zu verwenden.

Die Wärmeaufnahmsfähigkeit wird bei Flüssigkeiten mit wechselnder Temperatur immer kleiner; außerdem steigt mit der Temperaturzunahme auch der innere Druck. Dies bedingt, daß Wasser nur für Temperaturen bis 200 ° C entsprechend 15 Atm. Überdruck verwendet werden kann. Praktisch geht man aus wirtschaftlichen Gründen wegen der zu hohen Baukosten nur bis zirka 12 Atm. Sollen höhere Temperaturen aus dem Speicher entnommen werden, so müssen Steine als Material gewählt werden. Steine zeigen außerdem noch die angenehme Eigenschaft, daß ihre Wärmeaufnahmsfähigkeit mit steigender Temperatur immer größer wird. Die obere Temperatur dürfte bei Steinen bei zirka 500 ° C liegen, bis 600 ° C sind gebrannte Kieselguhrsteine in Verbindung mit einer äußeren Korkschicht verwendbar.

Für viele technische Zwecke kommen nur Temperaturen bis rund 100 ° C in Betracht. In solchen Fällen verwendet man Wasser in dem sogenannten Warmwasserspeicher als Speichermittel. Sie ermöglichen die Ausnützung von Nachtstrom und Abfall-Energie im kleinen. Für Wärmespeicherung zum Zwecke späterer Dampfgewinnung ist gleichfalls Wasser das verbreitetste Mittel, doch gibt es auch hiefür bereits Systeme, die Steine als Speichermaterial verwenden.

In der Schweiz hat man schon vor Jahren zahlreiche Apparate nach dem Wärmespeicherprinzip konstruiert und hergestellt und dadurch erreicht, daß ohne Verstärkung der Netze eine gute Ausnützung der Überschuß-Energie und hohe Belastungsziffern der Werke erreicht wurden. So hat z. B. Basel eine höhere Nacht- wie Tagesbelastung.

Auch in Amerika hat man vor Jahren das Prinzip der Wärmespeicherung beim Dauerkochen einführen wollen und es sei hier der Worte des Herrn Direktors Dr. Passavant auf der Jahresversammlung des Verbandes deutscher Elektrotechniker in München schon im Jahre 1911 gedacht. Herr Dr. Passavant führte damals aus:

„Ich gestatte mir, Sie auf die Methode des amerikanischen Kochens aufmerksam zu machen, welche neuerdings in Amerika an verschiedenen Stellen angewendet wird. Es ist dies die Methode des Dauerkochens, die mit Apparaten arbeitet, die man als Wärmespeicher bezeichnen kann. Diese Apparate werden mit 100 bis 150 Watt dauernd beheizt und halten dabei die Wärme, welche dauernd 200 ° C betragen soll. Bedingung ist allerdings, daß diese 150 Watt täglich 20 Stunden in dem Apparat aufgespeichert werden. Dieses Moment bedingt ohneweiters, daß die Benützung einer solchen Einrichtung eine Umwälzung in den bisherigen Methoden mit sich bringen würde. Für die Elektrizitätswerke sind solche Dauerkocher von der größten Bedeutung, denn die Einführung solcher Apparate würde die Benützungsdauer der Werke ganz besonders erhöhen. Ein solcher Dauerkocher von nur 150 Watt verbraucht bei täglich 20stündiger Benützung, also an zirka 7000 Stunden im Jahre, zirka 1000 kWh, ohne die Leistungsfähigkeit des Elektrizitätswerkes nennenswert in Anspruch zu nehmen."

Daß die Werke einer Kochstromabgabe, die sich nur auf einige kurze Vormittagstunden oder Abendstunden konzentriert, nicht sympathisch gegenüberstehen, ergibt sich aus folgender Überlegung. Angenommen, es sind in einer Stadt eine größere Anzahl von elektrischen Badeöfen aufgestellt, die nach dem Durchlaufprinzip arbeiten, d. h., es wird Gewicht nur auf rasche Erzeugung von Warmwasser gelegt, dann ist, um ein Bad mit 4500 Kalorien in der normalen Zeit von ¼ Stunde zu bereiten, ein Anschlußwert von 20 Kilowatt erforderlich. Würden im ungünstigsten Falle 100 solche Badeöfen gleichzeitig in Verwendung genommen, so ergäbe dies eine Stoßbelastung von 2000 Kilowatt, für deren Verteilung bei 220 Volt Drehstrom eine Dauerbelastung von 5200 Ampère erforderlich wäre. Die Zuleitungen beständen in diesem Falle aus 10 Kabeln von 3×310 mm² Querschnitt. Für die Erzeugung von Badewasser mit einer Anheizzeit von 24 Stunden, also durch einen elektrisch beheizten Warmwasserspeicher, der stets heißes Wasser auf Vorrat hält, ist ein Anschluß von nur 220 Watt pro Apparat erforderlich; der Gesamtanschlußwert von 100 solchen Speichern beträgt dann nur 20 Kilowatt und ist zur Stromzuführung für diese 100 Apparate ein einziges Kabel von 3×16 mm² notwendig. Daraus ist ersichtlich, welche großen Vorteile die Wärmespeicher bieten und mit welchem Nachdruck daher diesem Prinzip zum Durchbruch verholfen werden muß.

Wenn bereits eine Wasserkraft vorhanden ist, so bietet die Ausnützung derselben nach dem Speicherprinzip keinerlei große Schwierigkeiten. Wenn man bedenkt, daß ein einziges Kilowatt im Daueranschluß jährlich 7,396.000 Kalorien entwickelt, gleichbedeutend einem Kohlenverbrauch, bei Kohle mit 4000 Kal. und 20% Wirkungsgrad, von 9245 kg, so erhellt daraus, welche Kohlenmengen durch die kalorische Verwertung der Wasserkräfte gespart werden können.

Die zahlreichen, auch in Österreich jüngst in Betrieb genommenen Großwasserkraftwerke lassen erkennen, daß man auch in dieser Hinsicht die natürlichen Wasserkräfte in weitestem Ausmaße verwerten will. Nicht immer wird sich für dieselben eine Dauerbelastung finden lassen, welche eine vollständige Ausnützung gestattet. Zwar bietet die chemische Industrie in allerdings seltenen Fällen dazu Gelegenheit, doch ist die chemische Industrie meist nicht in der Lage, den Strom so gut zu bezahlen, wie es die Privatabnehmer für Koch- und Heizzwecke tun können. In der Schweiz hat man dies bereits erkannt und wertet die Energie-Abgabe nach national-ökonomischen Gesichtspunkten in folgender Reihenfolge: Lichtstrom, Kraftstrom, Kochstrom, Heizstrom, elektrochemische Anwendung.

2. *Grundgesetze der Wärmeleitung und Speicherung.*

Die Berechnung der Temperaturverteilung und des Wärmeflusses *) innerhalb fester Körper stützt sich auf die von dem französischen Mathematiker Fourier stammenden Untersuchungen. Weiters hat sich das Generalsekretariat des Schweizer Elektrotechnischen Vereines und der Vereinigten Schweizer Elektrizitätswerke **) in den Jahren 1918 und 1919 eingehend mit der Frage der Wärmespeicherung befaßt und hat unter anderem auch den zeitlichen und örtlichen Temperaturverlauf bei eindimensionaler Wärmeströmung in der Platte, und zwar ebenfalls unter Anwendung der erstmalig von Fourier angegebenen Rechnungsmethoden, untersucht, wobei ganz ähnliche Ergebnisse ermittelt wurden.

Die Fouriersche Grundgleichung.

Die Ableitung des Grundgedankens der Wärmeleitung fußt auf der Vorstellung des Wärmestoffes und geht von der Annahme aus, daß die Wärmemenge, welche in der Zeiteinheit durch ein senkrecht auf der Richtung des Wärmestromes stehendes Flächenelement des Querschnittes eines Körpers hindurchgeht, der Größe des Flächenelementes und dem an seinem Orte herrschenden Temperaturgefälle proportional sei. Die in dem Zeitelement dt hindurchgehende Wärmemenge ist daher

$$Q = -\lambda q \frac{\delta T}{\delta s} dt \tag{17}$$

λ ist ein von der Natur des Körpers abhängiger Koeffizient,
q die Größe des Querschnittselementes,
s die in der Richtung des Wärmestromes gemessene Entfernung des Querschnittselementes von einem willkürlich gewählten Fixpunkt,
T die Temperatur des Körpers im Querschnitt q,

Die Temperatur ist als eine Funktion des Ortes und der Zeit, somit der unabhängigen Variabeln s und t, anzusehen,

$$T = f(s, t)$$

$$dT = \frac{\delta T}{\delta s} ds + \frac{\delta T}{\delta t} dt$$

Bedeutet γ das spezifische Gewicht und c die spezifische Wärme des Körpers im Querschnitt q, d. h. jene Anzahl von Wärmeeinheiten, die gebraucht werden, um 1 kg des Körpers um 1° C zu erhöhen, solange nur mäßige Temperaturunterschiede untersucht werden, so ist die Dichte der Wärme an dieser Stelle

$$D = \gamma c T$$

*) Fritz Krauß, Grundgesetze der Wärmeleitung, Berlin 1917.
**) Bulletin des Schweizerischen E.-T.-V., Nr. 4 ex 1923.

und es ist ferner

$$\frac{\delta D}{\delta s} = \gamma c \frac{\delta T}{\delta s} \text{ und } \frac{\delta D}{\delta t} = \gamma c \frac{\delta T}{\delta t}.$$

Wenn v die Geschwindigkeit des Wärmestromes im Querschnitt q ist, so ermittelt sich die im Zeitelement dt durch den Querschnitt q gehende Wärmemenge mit

$$Q = q\, v\, D\, dt \tag{18}$$

Durch ein gleich großes Flächenelement eines zu dem eben betrachteten parallelen und um die Entfernung ds abstehenden Querschnittes geht während des gleichen Zeitelementes ds die Wärmemenge

$$Q_1 = q\, v_1\, D_1\, dt \tag{19}$$

über, worin $v_1 = v + \frac{\delta v}{\delta s} ds$ und $D_1 = D + \frac{\delta D}{\delta s} ds$ ist.

Besteht ein Unterschied zwischen den beiden Wärmemengen Q und Q_1, so bewirkt dieser eine Veränderung der Dichte der Wärme in dem zwischen den beiden Querschnitten befindlichen prismatischen Körperelement von Volumen $q\ ds$, weil durch die eine Grundfläche q mehr oder weniger Wärme in das Prisma gelangt, als durch die parallele Fläche abströmt. Er ist also

$$Q - Q_1 = q\, ds \frac{\delta D}{\delta t} dt \tag{20}$$

Setzt man die Werte für v_1, D_1 und $\frac{\delta D}{\delta t}$ in diese Gleichung ein, so erhält man nach einer kleinen Umbildung

$$-\frac{\delta (v\, D)}{\delta s} = \gamma c \frac{\delta T}{\delta t}.$$

Durch Gleichsetzung von Gleichung 17 und 18 ermittelt sich vD

$$-\lambda\, q \frac{\delta T}{\delta s} dt = q \,.\, vD \,.\, dt$$

$$vD = -\lambda \frac{\delta T}{\delta s} \tag{21}$$

$$\frac{\delta (vD)}{\delta s} = -\lambda \frac{\delta^2 T}{\delta s^2}$$

in voriger Gleichung eingesetzt:

$$\lambda \frac{\delta^2 T}{\delta s^2} = \gamma\, c \frac{\delta T}{\delta t}. \tag{22}$$

Dies ist die bekannte F o u r i e r s c h e F u n d a m e n t a l g l e i c h u n g für die Wärmeleitung. λ ist die sogenannte Wärmeleitungszahl, welche angibt, welche Wärmemenge in der Zeiteinheit durch die Flächeneinheit hindurchgeht, wenn das Temperaturgefälle = 1 ist. Der partielle Differentialquotient $\frac{\delta T}{\delta t}$ ist als Geschwindigkeit der Temperaturänderung anzusprechen. Der partielle Differentialquotient $\frac{\delta T}{\delta s}$ heißt das Temperaturgefälle und ist ein Maß des Unterschiedes der Temperatur eines Punktes von der Temperatur des in der Richtung s unmittelbar benachbarten Punktes. Ist daher für irgend eine als Funktion von s gegebene

Temperaturentwicklung der erste Differentialquotient eine konstante Größe, so bedeutet das, daß jeder Punkt die Mitteltemperatur seiner Umgebung besitzt. Diese kann beliebige, aber nach jeder Richtung gleich große Ausdehnung haben. In der theoretischen Physik ist es gebräuchlich, den Quotienten $\frac{\lambda}{\gamma c}$, welcher den Namen Temperaturleitungskoeffizient führt, mit a zu bezeichnen, so daß die Gleichung 22 die Form erhält

$$a = \frac{\delta^2 T}{\delta s^2} = \frac{\delta T}{\delta t} \tag{23}$$

Aus Gleichung 5) ermittelt sich die Strömungsgeschwindigkeit der Wärme im Innern des Körpers

$$v = -\lambda \frac{\delta T}{\delta s} \cdot \frac{1}{D} = -\lambda \frac{\delta T}{\delta s} \cdot \frac{I}{\gamma c} \frac{1}{T} = -\frac{\lambda}{\gamma c} \frac{1}{T} \frac{\delta T}{\delta s} \tag{24}$$

und ist der Temperatur verkehrt und dem Temperaturgefälle $\frac{\delta T}{\delta s}$ direkt proportional.

Die Stationäre Wärmeströmung.

Nachdem die Strömungsgeschwindigkeit bei konstantem Temperaturgefälle der Temperatur umgekehrt proportional ist, ergibt sich, daß die Wärme im stationären Strom bei hohen Temperaturen viel langsamer durch eine Platte geht und längere Zeit braucht, um den Weg von der einen Seite der Platte zur anderen zurückzulegen, wie bei niedrigen Temperaturen. Dies ist auch in vollkommener Übereinstimmung mit den Strömungsvorgängen elastischer Mittel.

Beispiel: In einer schmiedeisernen Platte von 25 mm Stärke herrscht ein lineares Temperaturgefälle von 400° pro Meter, wobei der Unterschied der Oberflächentemperaturen der Platte 10° beträgt und es strömen in der Stunde durch 1 m² Platte 10.000 Kal. Die kältere Seite der Platte hat eine Temperatur von 0° C oder 273° abs. Welches ist die Strömungsgeschwindigkeit der Wärme im Eisen an der Ein- und Austrittsstelle?

Angenommen:

$$\lambda = 50, \gamma c = 900$$

$$v = -\frac{\lambda}{\gamma c} \frac{1}{T} \cdot \frac{\delta T}{\delta s}; \; v_e = -\frac{50}{900} \cdot \frac{1}{273 + 0} \cdot 400 = 0{,}0785 \text{ m} = 78{,}5 \text{ mm}$$

$$v_a = -\frac{50}{900} \cdot \frac{1}{273 + 10} \cdot 400 = 0{,}081 \text{ m} = 81 \text{ mm}$$

Wenn das Temperaturgefälle $\frac{\delta T}{\delta s}$, die Plattenstärke und die absolute Temperatur T, der kälteren Oberfläche gegeben sind, so ist die für den Wärmedurchgang erforderliche Zeit in Stunden, wenn als Maßeinheiten das Kilogramm und Meter gelten:

$$t = \frac{\gamma c}{\lambda} \left(\frac{s}{2} + \frac{T_1}{\frac{\delta T}{\delta s}} \right)^s$$

Beispiel: Mit obigen Maßzahlen ergibt sich die Zeit mit

$$t = \frac{900}{50}\left(\frac{0{,}025}{2} + \frac{273 + 0\cdot}{400}\right) 0.025 = 0.312 \text{ Stunden} = 18.7 \text{ Minuten}$$

Es ist wichtig, zu bemerken, daß die Theorie der reinen Wärmeleitung auf thermodynamische Vorgänge*), welche mit den Temperaturen der Körper verknüpft sind, keine Rücksicht nimmt und die physikalische Beschaffenheit der wärmeleitenden Körper als unverändert voraussetzt. Tatsächlich finden bei jeder Temperaturänderung eines Körpers Verwandlungen von Wärmemengen in äquivalente innere und äußere Arbeiten oder umgekehrt statt, wodurch die Maßzahlen der Dichte, der spezifischen Wärme und des Wärmeleitungsvermögens verändert werden.

Bedeutet k irgend eine dieser Maßzahlen, so kann ihre Abhängigkeit von der Temperatur durch einen allgemeinen Ausdruck von der Form

$$k_t = k_o\,(1 + \alpha t + \beta + 2 + \ldots\ldots..) \tag{25}$$

dargestellt werden. Der Einfluß der Veränderlichkeit der Größe mit der Temperatur ist jedoch innerhalb nicht zu weit auseinanderliegender Grenzen sehr gering, sie ist für die Wärmeleitungszahl λ und Schmiedeeisen zwischen 0 und 300° $a = -0.0011$, für Gußeisen -0.00075, für Kupfer $+0.000.038.9$.

Geschwindigkeit der Temperaturänderung.

Die weitere rechnungsmäßige Verfolgung der Wärmeleitungsvorgänge auf Grundlage dieser Hypothese ist für den Gegenstand dieser Studie von keiner Bedeutung. Gehen wir zur Ausgangsgleichung (22) zurück

$$a^2 \frac{\delta^2 T}{\delta s} = \frac{\delta T}{\delta t}$$

so gilt für den stationären Zustand $\frac{\delta T}{\delta t} = 0$

$$\lambda \frac{\delta^2 T}{\delta s^2} = 0$$

Integriert über die totale Wanddicke s ergibt

$$\lambda\,(T_1 - T_2) = \varkappa s \tag{26}$$

Aus dieser Gleichung folgt also, daß die Temperatur in einer ebenen Wand im Beharrungszustand geradlinig verläuft.

Der zweite Differentialquotient $\frac{\delta^2 T}{\delta s^2}$ der als Funktion von s gegebenen Temperaturverteilung ist für jeden einzelnen Punkt ein Maß der Abweichung der Temperatur des Punktes von der **Mittel**temperatur seiner allernächsten Umgebung. Stellt in

*) Z. d. V. D. I. Nr. 13 ex 1926. Gebrüder Sulzer, Temperaturverlauf und Wärmespannungen in Verbrennungsmaschinen.

Abb. 37 die Kurve BAC ein Bild der als Funktion von s gegebenen Temperaturverteilung dar und ist NA die Temperatur eines Punktes an der Stelle s und ND die Mitteltemperatur zweier gleich weit davon entfernter Punkte, so ist AD die Größe der Abweichung der Temperatur des betrachteten Punktes von der Mitteltemperatur der Nachbarschaft,

$$AD = CE = \frac{\delta^2 T}{\delta s^2}\, \delta s.$$

Die Fouriersche Grundgleichung kann daher in der Form ausgesprochen werden: Die Geschwindigkeit der Temperaturänderung jedes Punktes ist der Größe der Abweichung seiner Temperatur von der Mitteltemperatur seiner allernächsten Umgebung proportional.

Die Temperaturverteilung ist linear.

Bei der linearen Temperaturverteilung ist $\frac{\delta^2 T}{\delta s^2} = 0$, somit $\frac{\delta T}{\delta t} = 0$, d. h. der Zustand ist stationär. Ferner erhält man $\frac{\delta T}{\delta t} = D$ und daraus durch Integration

$$T = Ds + C, \tag{27}$$

worin C und D konstante Größen sind. Da bei den folgenden Untersuchungen hauptsächlich nur mit Temperaturdifferenzen und Temperaturgefällen gerechnet wird, ist die Wahl des Nullpunktes irrelevant und man hat es daher nicht nötig, an den absoluten Temperaturen festzuhalten, sondern kann mit den gewöhnlichen Temperaturen des Celsiusthermometers rechnen.

Wenn in der Gleichung $T = Ds + C$, $D = 0$ ist, so wird $T = C$, also beispielsweise $T = 50$. Diese Lösung entspricht dem Zustand einer Platte, die sowohl an ihren Oberflächen wie in ihrem Innern in allen Punkten dieselbe Temperatur (50°) besitzt. Es muß daher angenommen werden, daß die Platte an ihren beiden Oberflächen von Mitteln berührt wird, die ebenfalls dieselbe Temperatur (50°) besitzen. Indessen läßt sich nicht denken, wie dieser Zustand, wenn er nicht seit jeher bestanden hat, aus einem andern Zustand hervorgegangen sein könnte. Immerhin darf man annehmen und die Erfahrung bestätigt es, daß bei dauernder Berührung der Oberflächen durch Mittel gleicher Temperatur nach endlicher Zeit die vorhandenen Temperaturunter-

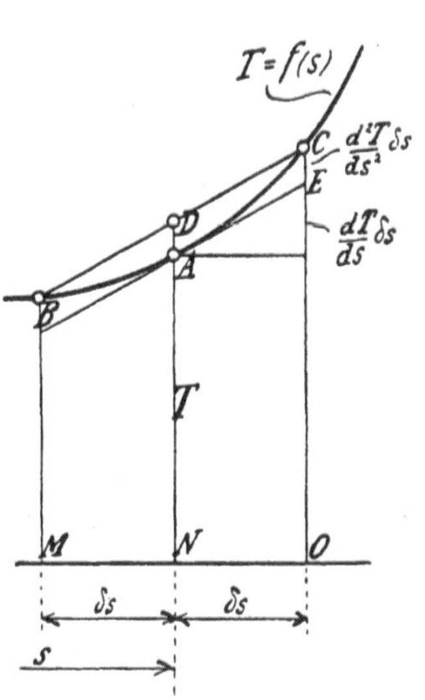

Abb. 37

schiede im Innern der Platte so gering werden, daß sie nicht mehr meßbar sind.

Beispiel. Ein Beispiel stationärer Temperaturverteilung, wenn D nicht gleich Null ist, wäre

$$T = 100-500\,s$$

Ist diese Temperaturverteilung etwa in einer Platte von 0,04 m Stärke vorhanden, so herrscht an der einen Oberfläche die Temperatur von 100° und an der anderen die Temperatur von 80°. Zwischen den beiden Oberflächen, im Innern der Platte, fallen die Temperaturen nach dem Gesetz einer geraden Linie ab.

Aus Abb. 38 ist das Beispiel eines solchen stationären Temperaturverlaufes in dem Zylinderdeckel eines Dieselmotors ersichtlich, der auf der einen Seite von den heißen Verbrennungsgasen, auf der anderen Seite vom Kühlwasser bespült wird.

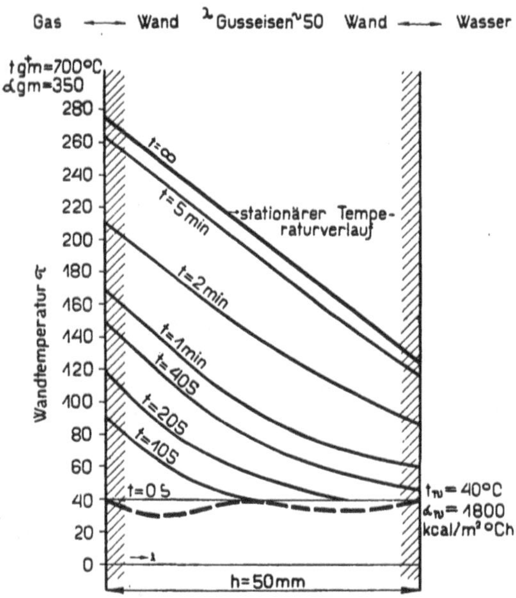

Abb. 38
Temperaturkurven beim Anwärmen

Das Temperaturgefälle beträgt in allen Punkten der Platte, somit auch an den Oberflächen, 500° auf den Meter*). Die Oberflächen müssen daher von Mitteln berührt werden, deren Temperaturen eine solche Höhe besitzen, daß sie den einseitig, nach dem Innern der Platte zu, wirkenden Temperaturgefällen das Gleichgewicht zu halten vermögen und keine Temperaturänderung der Oberflächen zulassen. An der wärmeren Seite der Platte muß daher die Temperatur des berührenden Mittels *höher* als die Temperatur der Oberfläche und an der kälteren Seite der Platte muß die Temperatur des berührenden Mittels *tiefer* als die Temperatur der Oberfläche sein, um den stationären Zustand aufrecht zu erhalten.

---

*) Wenn hier und in der Folge von Temperaturgefällen an den Oberflächen die Rede ist, so sind darunter die Temperaturgefälle in den unendlich dünnen Materialschichten verstanden, deren einseitige Grenzen die Oberflächen bilden.

Mit diesen beiden Fällen sind die Möglichkeiten stationärer Temperaturverteilung in einer Platte erschöpft.

Die Temperaturverteilung ist nicht linear, und daher nicht stationär.

Sie sei für einen bestimmten Zeitpunkt etwa durch den Ausdruck gegeben

$$\underset{t=0}{T} = A + B s^2 \tag{28}$$

Zählt man die Zeiten von dem Zeitpunkt an, zu welchem diese Temperaturverteilung herrscht, so gilt diese für $t = 0$. A und B sind für $t = 0$ konstante Größen.

Wenn beispielsweise die Temperaturverteilung in einer 40 mm starken Eisenplatte durch den Ausdruck.

$$\underset{t=0}{T} = 100 - 18750\, s^2, \text{ wobei } \begin{cases} A = 100 \\ B = 18750 \end{cases}$$

gegeben ist, so stellt die in Abb. 39 eingezeichnete Kurve ein Bild der an den verschiedenen Punkten herrschenden Temperaturen dar. Wie immer man nun unter diesen Umständen auf die beiden Oberflächen der Platte einwirken mag, es ist unmöglich, diese Temperaturen konstant zu erhalten. Denn ein Einfluß auf das Innere der Platte ist nur durch eine Temperaturänderung der Oberflächen zu gewinnen. Wenn daher irgend ein Punkt im Innern der Platte infolge der herrschenden Temperaturverteilung die Tendenz hat, seine Temperatur zu verändern, so kann dieser Tendenz durch die Einwirkung der Oberflächen nur mittels einer Änderung der gesamten Temperaturverteilung begegnet werden.

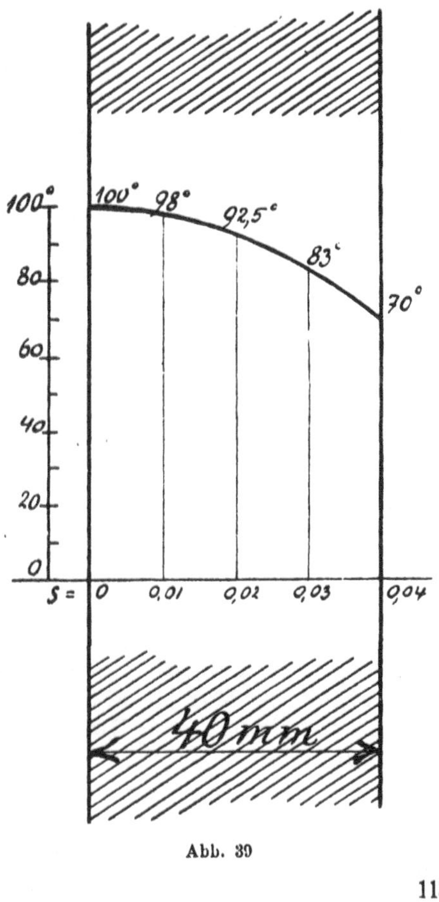

Abb. 39

Bei der früher betrachteten linearen Temperaturverteilung hat ein Punkt die Tendenz, seine Temperatur zu verändern, weil jeder Punkt die Mitteltemperatur seiner Umgebung besitzt. Man kann jenen Zustand etwa mit dem einer elastischen Membrane vergleichen, die in eine Ebene gespannt ist und sich in dieser fortbewegt, wobei kein Punkt der Membrane die Tendenz hat, sich aus der Ebene herauszubewegen.

Bei der jetzt betrachteten nicht linearen Temperaturverteilung weicht die Temperatur jedes Punktes von der Mitteltemperatur seiner Umgebung ab und die Größe der Abweichung, die durch den zweiten Differentialquotienten $\frac{\delta^2 T}{\delta s^2}$ angegeben wird, ist ein Maß der Tendenz des Punktes, seine Temperatur zu verändern.

Zum Zahlenbeispiel zurückkehrend, ist

$$\frac{\delta T}{\delta s} = -2 \cdot 18750 \cdot s = 73500 \cdot s$$

$$\frac{\delta^2 T}{\delta s^2}_{t=0} = -37500 = -2B$$

und damit in die Fouriersche Formel $a^2 \frac{\delta^2 T}{\delta s^2} = \frac{\delta T}{\delta t}$, die Werte eingesetzt: $0{,}0555 \,.\, -37500 = \frac{\delta T}{\delta t} = -2081$ eingehend, berechnet sich mit $a^2 = 0{,}0555$, d. h. jeder Punkt im Innern der Platte hat in dem Zeitpunkt $t = 0$, für den die angenommene Temperaturverteilung gilt, die Tendenz, seine Temperatur in der Stunde um 2081^0 oder in einer Minute um $34{,}7^0$ vermindern.

Diese rasche Abkühlung der Platte könnte aber nur dann vor sich gehen, wenn auch die Oberflächen in gleicher Weise daran beteiligt sein könnten. An der Oberfläche $s = 0$ herrscht zur Zeit $t = 0$ die Temperatur von 100^0, an der Oberfläche $s = 0{,}04$ die Temperatur von 70^0. Das Temperaturgefälle in der Platte ist

$$\frac{\delta T}{\delta s}_{t=0} = -73555\, s, = -2Bs$$

somit gleich Null an der Oberfläche $s = 0$. An dieser Oberfläche dürfte daher keinerlei Einwirkung durch das umgebende Mittel erfolgen, welches während der Abkühlung immer dieselbe Temperatur wie die Plattenoberfläche besitzen müßte. Man könnte sich diese etwa mit einem für Wärme vollkommen undurchlässigen, nichtleitenden Stoff überzogen denken, der keine Wärmekapazität besitzt. Ein vollkommeneres Gedankenbild entsteht jedoch, wenn man sich mit der Oberfläche der Platte eine zweite ebenso starke Platte innig und leitend verbunden denkt, in der eine genau symmetrische Temperaturverteilung herrscht (Abb. 40), wobei alsdann die beiden freien Oberflächen der nunmehr doppelt so starken Platte so behandelt werden, wie es für die Oberfläche $s = 0{,}04$ der einfachen Platte erforderlich ist. An dieser Oberfläche herrscht das Temperaturgefälle

$$\frac{\delta T}{\delta s}_{s=0{,}04} = -1500.$$

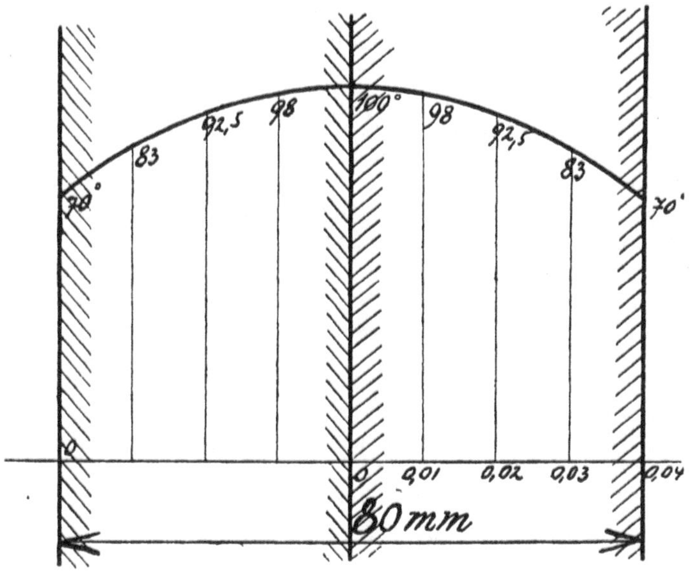

Abb. 40

Dies bedeutet, wenn man auf die Vorstellung des „Wärmestromes" zurückgreift, daß sich dieser mit einer Geschwindigkeit von

$$v = \frac{a}{T + 273} \cdot 1500 = 0{,}243 \text{ m/Stunden}$$

aus der Oberfläche herausbewegt und, da die *Dichte* der Wärme in der Oberfläche *308.700 Cal/cbm* beträgt, eine dauernde Wärmeabfuhr von 75.000 Cal auf den Quadratmeter stündlich erfordert. Da die Temperatur der Oberfläche mit konstanter Geschwindigkeit abnimmt, wäre es erforderlich, daß auch die Temperatur des die Wärmeabfuhr bewirkenden Mittels in dem gleichen Maße abnehme, so daß die zwischen der Oberfläche und dem sie berührenden Mittel vorhandene Temperaturdifferenz stets den gleichen Wert beibehält.

Da diese Forderung nur innerhalb der möglichen Temperaturgrenzen erfüllt werden kann, bleiben auch die für entsprechende kurze Zeiträume berechneten Abkühlungen innerhalb der möglichen Grenzen.

Für den zeitlichen Verlauf der Temperaturen erhält man die Beziehung

$$T = 100 - 18750\, s^2 - 2081\, t$$

$$\text{d. i. } T = A + B\, s^2 + 2\, a\, B\, t \tag{29}$$

Bei Einhaltung der ursprünglichen Oberflächenbedingungen verändern sich somit alle Temperaturen mit konstanter Geschwindigkeit und die Temperaturkurve behält ihre Gestalt bei, während sie mit konstanter Geschwindigkeit, je nach dem Vorzeichen von *B*, nach oben oder nach unten wandert.

Daß die Temperatur jedes Punktes im Innern der Platte ebenso rasch wie an der Oberfläche sinkt, von welcher die Wärme abgeführt wird, hat seinen Grund in der eigentümlichen Temperaturverteilung, welche den Spannungszuständen einer elastischen kugelförmig aufgeblasenen Membrane zu vergleichen ist, deren Punkte mit gleichen Kräften dem Mittelpunkt zustreben. Wenn unter dem Einfluß dieser Kräfte eine Veränderung stattfindet, so geht diese an allen Stellen der Membrane gleichzeitig und in gleichem Ausmaße vor sich.

Der hier bearbeitete Fall hätte der Aufgabe entsprochen, den zeitlichen Temperaturverlauf in einer Platte festzustellen, wenn die ursprüngliche Temperaturverteilung in der Form $\underset{t=o}{T} = A + B\,s^2$ gegeben und die Bedingung gesetzt gewesen wäre, daß die an den Oberflächen zur Zeit $t = 0$ stattfindenden Wärmezufuhren oder Wärmeabfuhren dauernd aufrecht zu erhalten sind. Als Lösung der Aufgabe hat sich ergeben:

$$T = A + B\,s^2 + 2\,a\,B\,t.$$

Die Aufgabe wäre unlösbar gewesen, wenn die ursprüngliche Temperaturverteilung anstatt in der Form einer kontinuierlichen Kurve nur durch einzelne Temperaturpunkte, etwa an den beiden Oberflächen und in verschiedenen Tiefen gegeben gewesen wäre. Denn für die an den beiden Oberflächen stattfindenden Wärmebewegungen sind nicht die Temperaturen dieser Oberflächen, sonder die Temperaturgefälle maßgebend.

Der zwischen den Oberflächenbedingungen und den Temperaturverteilungen bestehende Zusammenhang schließt die Kombination ungereimter Bedingungen einzelner Aufgaben vollkommen aus.

Wenn beispielsweise gefordert wird, daß eine Platte, deren Temperaturverteilung zur Zeit 0 durch den Ausdruck $T = 50$ ausgedrückt ist, wonach alle Punkte der Platte die Temperatur von 50^0 besitzen, so kann nicht zugleich gefordert sein, daß eine Oberfläche der Platte mit einem Körper, dessen Temperatur 500^0 betrage, in Berührung stehe.

Denn die zweite Forderung bedingt, daß zwischen zwei benachbarten Punkten der Platte, von denen der eine der Oberfläche angehört, ein Temperaturgefälle vorhanden sei, während die gegebene Temperaturverteilung $T = 50$ jedes Temperaturgefälle ausschließt.

Wenn man also etwa die Aufgabe zu lösen hätte, es sei der zeitliche Temperaturverlauf in einer Platte festzustellen, die zur Zeit $t = 0$ in allen ihren Punkten die Temperatur von 50^0 besitzt und plötzlich mit einem heißen Körper in Berührung gebracht wird, dessen Temperatur 500^0 beträgt, so wird man die Zeitbestimmung „plötzlich" folgendermaßen in ihre Elemente zu zerlegen haben. Zur Zeit $t = 0$ beträgt die Temperatur des die Oberfläche der Platte berührenden Mittels 50^0. Im Verlaufe des Zeitraumes δt steigt die Temperatur des die Platte berührenden Mittels von 50^0

auf 500 °, wobei diese Temperatursteigerung das Gesetz $T_a = f\ (t)$ befolgt, so zwar, daß für $t = 0$, $T_a = 50$ und für $t = \delta t$, $T_a = 500$ wird. Der Zeitraum δt kann alsdann beliebig klein, etwa mit ein Zehntausendstel-Sekunde, angesetzt werden. Diese Begriffsbestimmung von „plötzlich", als eines sehr kleinen, immerhin aber endlich begrenzten Zeitraumes ist in voller Übereinstimmung mit dem tatsächlich realisierbaren Vorgang, wobei der heiße Körper, bevor er mit der Oberfläche der Platte in Berührung gebracht werden kann, dieser genähert werden muß.

Die Temperaturverteilung in einer Platte kann auf mancherlei Art gegeben sein. Wenn an Stelle der früher betrachteten Verteilung

$$T = 100 - 18750\ s^2$$

nur die Temperaturen einzelner Punkte in verschiedenen Tiefen gegeben gewesen wären, etwa die an den beiden Oberflächen der 40 mm starken Platte mit 100 ° und 70 °, ferner in den Tiefen s = 0,01, 0,02 und 0,03 mit 98, bezw. 92 und 83 ° C, so hätte man durch diese Temperaturpunkte mit großer Annäherung auch die Kurve (Abb. 41)

$$\underset{t=0}{T} = 100 \cos\ (20\ s)$$

legen können, die geringen Abweichungen, welche die beiden Kurven a und b voneinander zeigen (in dem kleinen Maßstab unserer Figuren sind sie gar nicht darzustellen), haben indessen schon wesentliche Verschiedenheiten der Temperaturänderungen im Innern der Platte zur Folge. Es beträgt das Temperaturgefälle

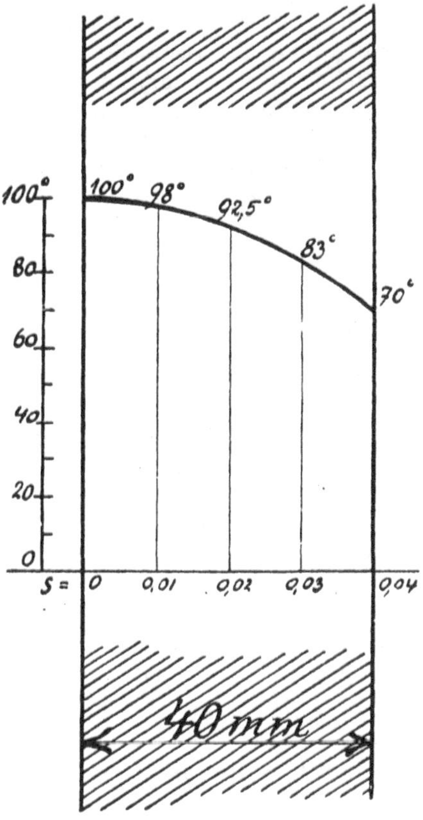

Abb. 41

$$\underset{t=0}{\frac{\delta T}{\delta s}} = -2000 \sin\ (20\ s)$$

Somit ist es zwar an der Oberfläche $s = 0$ wie früher $\underset{s=0}{\frac{\delta T}{\delta s}} = 0$,

an der Oberfläche s = 0.04 dagegen $\underset{s=0.04}{\frac{\delta T}{\delta s}} = -1418$ gegenüber -1500 früher.

Der zweite Differentialquotient berechnet sich zu $\frac{\delta^2 T}{\delta s^2}_{t=0} =$ $-40000 \cos(20\,s) = -400\,T$.

Die Größe der Abweichung der Temperatur jedes Punktes von der Mitteltemperatur seiner allernächsten Umgebung ist somit seiner eigenen augenblicklichen Temperatur proportional. Daher ist auch die Geschwindigkeit der Temperaturänderung jedes Punktes der Höhe seiner augenblicklichen Temperatur proportional, wenn an den Oberflächen das gleiche Gesetz eingehalten wird. Die Oberfläche $s = 0$ hätte man sich wie früher mit einem wärmedichten Isoliermittel überzogen zu denken und von der Oberfläche $s = 0{,}04$ müßte man zeitlich veränderliche Wärmemengen abführen. Die notwendigen Oberflächenverhältnisse und der zeitliche Temperaturverlauf kann zunächst in der allgemeinen Form der Gleichung besser als in dem Ziffernbeispiel verfolgt werden. Zur Zeit $t = 0$ herrscht die Temperaturverteilung

$$\begin{aligned} T_{t=0} &= A \cos(m\,s) \\ \frac{\delta^2 T}{\delta s}_{t=0} &= -A\,m \sin(ms) \\ \frac{\delta^2 T}{\delta s^2}_{t=0} &= -A\,m^2 \cos(ms) = -m^2\,T \end{aligned} \tag{30}$$

Nun setze man die Bedingung, die beiden Oberflächen der Platte so zu behandeln, daß auch dort die einzelnen Punkte ihre Temperaturen stets mit der ihrer jeweiligen Temperatur im gleichen Maße proportionalen Geschwindigkeit verändern. Es gelte daher für jeden Zeitpunkt

$$a \frac{\delta^2 T}{\delta s^2} = \frac{\delta T}{\delta t} = -a\,m^2\,T$$

für konstantes s ergibt sich somit

$$\frac{dT}{T} = -a\,m^2\,dt \text{ oder}$$

$$\log \text{nat}\, T = -a\,m^2\,t + C$$

und wenn $C = \log \text{nat}\, M$ gesetzt wird,

$$T = M\,e^{-a\,m^2\,t}$$

M ist nur für konstantes s eine konstante Größe. Um M als Funktion von s zu finden, setze man $t = 0$, wodurch man erhält:

$$T_{t=0} = M = A \cos(m\,s)$$

daher ist allgemein

$$T = A \cos(ms)\,e^{-a\,m^2\,t} \tag{31}$$

Der zeitliche Verlauf der Temperaturen kann hienach berechnet werden.

Zu dem letzten Beispiel zurückkehrend, erhält man für $a = 50/900$ die Lösung

$$T = 100 \cos(20\,s)\,e^{-22{,}22\,t}$$

Danach berechnet sich, daß die Temperatur an der Oberfläche $s = 0$ im Verlauf einer Minute von 100^0 auf 69^0, somit um 31^0 sinkt, während an der Oberfläche $s = 0{,}04$ in derselben Zeit die Temperatur von 70^0 auf 41^0, somit um 29^0 abnimmt. Das Temperaturgefälle hat den Wert

$$\frac{\delta T}{\delta s} = -2000 \sin (20\, s)\, e^{-22{,}22\, t}$$

ist somit an der Oberfläche $s = 0$ dauernd gleich Null, sinkt aber an der Oberfläche $s = 0{,}04$ von dem anfänglichen Wert -1418 im Verlauf einer Minute auf den Wert -978 herab. Sämtliche Punkte nähern sich immer langsamer und langsamer der Temperatur von 0^0, die sie im Zeitpunkt $t = \infty$ erreichen.

Unter den gleichen Voraussetzungen, welche bei der ursprünglichen Temperaturverteilung

$$\underset{t=0}{T} = A \cos (ms)$$

zu dem allgemeinen Ausdruck

$$T = A \cos (m\, s)\, e^{-a\, m^2 t} \tag{32}$$

geführt haben, ergibt sich aus der ursprünglichen Temperaturverteilung

$$\underset{t=0}{T} = B \sin (n\, s) \tag{33}$$

die allgemeine Beziehung

$$T = B \sin (ns)\, e^{-a\, n^2 t} \tag{34}$$

Partikularlösungen der Grundgleichung.

Die bisher gefundenen Ausdrücke, welche als Partikularlösungen alle der Fourierschen Grundgleichung entsprechen, sind folgende:

a) $T = C$
b) $T = C + D\, s$
c) $T = A + B\, s^2 + 2\, a\, B\, t$
d) $T = A \cos (ms)\, e^{-a\, m^2 t}$
e) $T = B \sin (ns)\, e^{-a\, n^2 t}$

Die zugehörigen ursprünglichen Temperaturverteilungen werden gefunden, wenn in den einzelnen Ausdrücken $t = 0$ gesetzt wird.

Die zugehörigen Oberflächenbedingungen ergeben sich, wenn in den partiellen Ableitungen $\frac{\delta T}{\delta s}$, einmal $s = 0$ für die eine Oberfläche und das anderemal $s = S$ für die andere Oberfläche gesetzt wird.

Auch die Summe beliebig vieler der rechts von den Gleichheitszeichen stehenden Ausdrücke ergibt Ausdrücke für T, welche der Fourierschen Gleichung genügen. Da für A, B, C, D, m und n beliebige ganze oder gebrochene, positive oder negative Zahlen eingesetzt werden können, ist die Anzahl der möglichen Lösungen ebenso unbegrenzt wie die Möglichkeiten verschiedener Temperaturverteilungen und Oberflächenbedingungen in der Praxis.

Immerhin muß eine aus den hier angeführten Partikularlösungen hergestellte Summe teils beschränkt, teils erweitert werden, um sie für die vorkommenden verschiedenen Bedingungen und Aufgaben gleich gebrauchsfähig einzurichten. Zunächst ist ersichtlich, daß die Lösung a) schon in der Lösung b) enthalten ist, da diese für $D = 0$ in a) übergeht. Die Lösung c) ergibt, ob sie nun für sich allein steht oder ein Glied der Summe bildet, für wachsende Zeiten, Temperaturen, die jenseits der Grenzen der Möglichkeiten liegen; die zugehörigen Oberflächenbedingungen können, wie dies an einem Beispiel schon früher erläutert wurde, dauernd nicht eingehalten werden, sie können somit tatsächlich niemals gestellt sein. Die Lösung c) ist daher auszuschalten. Hingegen können die Lösungen d) und e) zu den Summen

$$\sum_{m=p}^{m=q} A_m \cos(ms)\, e^{-a m^2 t} \quad \text{und} \quad \sum_{m=p}^{m=q} B_m \sin(ms)\, e^{-a m^2 t} \tag{35}$$

erweitert werden, wobei der Buchstabe n entfällt, wenn sich die dafür zu wählenden Werte innerhalb der Grenzen p und q finden.

Die Zahlenreihe von p bis q kann vorläufig aus beliebigen ganzen oder gebrochenen positiven oder negativen Zahlen bestehend gedacht werden. Wie sie gestaltet sein muß, um gegebenen Oberflächenbedingungen zu entsprechen und für $t = 0$ die als ursprünglich vorhanden gegebene Temperaturverteilung zu liefern, wird sich später zeigen. Der Wert $m = 0$ ergibt für d) die Lösung $T = A_0$, ist also identisch mit der Lösung a) und wie diese in der Lösung b) enthalten. Der Wert $m = 0$ ist somit aus der Zahlenreihe p bis q vorweg genommen.

Bildet man nun die Summe der verbleibenden Ausdrücke, so erhält man

$$T = C + Ds + \sum_{m=p}^{m=q} A_m \cos(ms)\, e^{-a m^2 t} + \\ + \sum_{m=p}^{m=q} B_m \sin(ms)\, e^{-a m^2 t} \tag{36}$$

Indem die Fouriersche Grundgleichung aussagt, daß die Geschwindigkeit der Temperaturänderung eines Punktes der Abweichung seiner Temperatur von der Mitteltemperatur proportional ist, wird damit zugleich ausgesprochen, daß der Übergang eines veränderlichen Temperaturzustandes in den stationären Zustand unendlich lange Zeit erfordert; denn in dem Maße, als die Abweichungen von den Mitteltemperaturen abnehmen, nehmen auch die Geschwindigkeiten ab, mit welcher die Temperaturen der einzelnen Punkte der Mitteltemperatur ihrer Umgebung zustreben.

Da der Exponent von e in obiger Gleichung immer negativ bleibt, nähert sich der Wert von T mit wachsender Zeit immer mehr dem Werte $T = C + D\,s$, mit dem er für $t = \infty$ zusammenfällt.

Die aufgestellte Formel wird daher nur für solche Fälle benützt werden können, welche schließlich den sogenannten stationären „Wärmestrom“ herbeiführen oder den vollständigen Temperaturausgleich mit der Umgebung bewirken.

Die Oberflächenbedingungen.

Die Wärmeeinwirkung auf die Oberflächen findet entweder durch Berührung und Leitung oder durch Strahlung oder durch eine Kombination der beiden Arten der Wärmemitteilung statt. Für die *Wärmeübertragung* durch *Berührung und Leitung* gilt an der Oberfläche $s = 0$ die Beziehung

$$\lambda_1 \left.\frac{\delta T_1}{\delta s}\right|_{s=0} = \lambda \left.\frac{\delta T}{\delta s}\right|_{s=0},$$

worin λ_1 die Wärmeleitungszahl für das die Oberfläche berührende Mittel und T_1 als Funktion von t und s die Temperaturverteilung im berührenden Mittel bedeuten. Die Gleichung bedeutet, daß die vom berührenden Mittel, ob dies nun fest, flüssig oder gasförmig sei, in der Zeiteinheit abgegebene Wärme gleich der von der Platte aufgenommenen Wärme ist. Wenn die Oberfläche der Platte von einem flüssigen oder gasförmigen Mittel berührt wird, so hat man sich eine an der Oberfläche der Platte haftende sehr dünne und unbewegliche Schicht zu denken, in welcher sich, wegen der sehr geringen Dicke dieser Schicht, in unendlich kurzer Zeit ein lineares Temperaturgefälle einstellt, so daß gesetzt werden kann:

$$\lambda_1 \frac{\delta T_1}{\delta s} = \lambda_1 \frac{T - T_a}{\delta s}$$

worin T_a die Temperatur des flüssigen oder gasförmigen Mittels bedeutet.

Die Dicke der Schicht δs hängt von der Natur des flüssigen oder gasförmigen Mittels und dessen jeweiligem Bewegungszustand ab. Der Quotient $\frac{\lambda_1}{\delta s} = h$ heißt in der Physik „äußere Leitungsfähigkeit“ und ist der reziproke Wert des sogenannten Wärmeübergangswiderstandes von einem Mittel in das andere. An der Oberfläche $s = 0$ besteht demnach für flüssige und gasförmige Mittel, die sie berühren, die Beziehung:

$$h\,(T - T_a) = \lambda \frac{\delta T}{\delta s} \tag{37}$$

Als beiläufige Mittelwerte von h können folgende Zahlen gelten $h = 20$ für die Berührung von Metall und Luft; $h = 1000$ für die Berührung von Metall und Wasser; $h = 6000$—10000 für die Berührung von Metall und siedendem Wasser, je nach dem Bewegungszustand. Kommt bei gasförmigen Mitteln noch Wärmemitteilung durch Strahlung hinzu, so ist dieser durch entsprechende Wahl des Wertes h Rechnung zu tragen.

Wenn die Zahl h gegenüber λ sehr groß ist, so fällt bei endlichem Temperaturgefälle in der Platte die Differenz $T - T_a$ sehr klein aus, so daß es tatsächlich gelingt, durch geeignete Mittel die

Temperatur einer Plattenoberfläche auch bei veränderlichem Temperaturgefälle in der Platte konstant zu erhalten. So kann man beispielsweise annehmen, daß die Oberfläche einer von siedendem Wasser berührten Metallplatte dauernd die Temperatur von 100° besitze, wenn das Sieden unter atmosphärischem Drucke stattfindet. Ist hingegen der Widerstand des Wärmeüberganges von der Plattenoberfläche zum berührenden Mittel oder umgekehrt sehr groß, die Zahl h somit klein, so ist die Temperatur der Plattenoberfläche, so lange der stationäre Zustand nicht erreicht ist, nach Maßgabe des Übergangswiderstandes, des Leitungsvermögens und der jeweilig bestehenden Temperaturdifferenz veränderlich. Die folgenden Ausführungen werden die beiden Fälle näher beleuchten.

Die Temperaturen beider Oberflächen werden konstant erhalten.

Mathematisch wird diese Bedingung dadurch ausgedrückt, daß der erste Differentialquotient nach der Zeit sowohl für die Oberfläche $s = 0$ wie für die Oberfläche $s = S$ gleich Null gesetzt wird:

$$\frac{\delta T}{\delta t}_{s=0} = 0 \text{ und } \frac{\delta T}{\delta t}_{s=S} = 0 \tag{38}$$

Aus der allgemeinen Gleichung ergibt sich, unter Hinweglassung der Summenzeichen

$$\frac{\delta T}{\delta t} = - a\, m^2 A_m \cos(ms)\, e^{-a m^2 t} - a\, m\, B_m \sin(ms)\, e^{-a m^2 t}$$

somit für $s = 0$

$$\frac{\delta T}{\delta t}_{s=0} = - a\, m^2 A_m e^{-a m^2 t} \tag{39}$$

Da der Wert $m = 0$ schon vorweggenommen ist, kann dieser Ausdruck nur dann gleich Null sein, wenn sämtliche Koeffizienten A_m der Summe gleich Null sind.

Es bleibt somit für $s = S$

$$\frac{\delta T}{\delta t}_{s=S} = - a\, m^2 B_m \sin(mS)\, e^{-a m^2 t} \tag{40}$$

Dieser Ausdruck kann auf zweierlei Art gleich Null werden. wovon die eine Art dem stationären Zustand, die andere Art dem veränderlichen Zustand entspricht.

1. Setzt man sämtliche Koeffizienten B_m der Summe gleich Null, so wird der Ausdruck für die Temperatur T von der Zeit unabhängig und lautet:

$$T = C + D s$$

Über den stationären Zustand ist nichts weiter zu bemerken.

2. Wenn B_m nicht gleich Null gesetzt wird, so wird der Ausdruck für $\frac{\delta T}{\delta t}_{s=S}$ gleichwohl gleich Null, wenn m folgende Werte erhält:

$$m = \frac{\pi}{S}, \frac{2\pi}{S}, \frac{3\pi}{S}, \frac{4\pi}{S} \ldots\ldots \text{usw.}$$

Bedeutet K irgend eine positive ganze Zahl, so kann man $m = \frac{K\pi}{S}$ setzen, wonach der allgemeine Ausdruck für T lautet:

$$T = C + Ds + \sum_{K=1}^{K=\infty} B_K \sin\left(\frac{K\pi}{S} s\right) e^{-\frac{a K^2 \pi^2}{S^2} t} \tag{41}$$

Für $t = 0$ erhält man den Ausdruck für die ursprüngliche Temperaturverteilung:

$$\underset{t=0}{T} = C + Ds + B_1 \sin\left(\frac{K\pi}{S} s\right) + B_2 \sin\left(\frac{2\pi}{S} s\right) + + B_3 \sin\left(\frac{3\pi}{S} s\right) + \ldots. \tag{42}$$

I. Beispiel: *Die Temperatur beider Oberflächen sei konstant 100° C.*

Setzt man $t = \infty$ und $s = 0$, dann erhält man aus dem allgemeinen Ausdruck für T:

$$100 = C, \text{ und für } s = S:$$
$$100 = 100 + DS, \text{ somit } D = 0$$

Die ursprüngliche Temperaturverteilung ist daher:

$$\underset{t=0}{T} = 10 + B_1 \sin\left(\frac{\pi}{S} s\right) + B_2 \sin\left(\frac{2\pi}{S} s\right) + + B_3 \sin\left(\frac{3\pi}{S} s\right) + \ldots. \tag{43}$$

Um weiter rechnen zu können, müssen irgendwelche ziffermäßigen Angaben über die ursprüngliche Temperaturverteilung vorliegen. Beispielsweise sei die Temperatur in der halben Dicke der Platte mit 50° festgestellt. Für $s = \frac{S}{2}$ und $T = 50$ erhält man:

$$T = 100 + B_1 \sin\frac{\pi}{2} + B_2 \sin\frac{2\pi}{2} + B_3 \sin\frac{3\pi}{2} + \ldots.. \text{ oder}$$
$$50 = 100 + B_1 - B_3 + B_5 - B_7 + \ldots..$$

Unter der Bedingung, daß diese Gleichung erfüllt ist, kann man die Koeffizienten B ganz beliebig wählen, man erhält immer einen Ausdruck für T, welcher für $s = 0$ und $s = S$ den Wert von 100 und für $s = S/2$ den Wert von 50 ergibt. Die einfachste Lösung erhält man, wenn alle Koeffizienten, mit Ausnahme von B_1 gleich Null gesetzt werden. Man erhält alsdann $B_1 = -50$ und

$$T = 100 - 50 \sin\left(\frac{\pi}{S} s\right) e^{-\frac{a\pi^2}{S^2} t}$$

Die Temperaturverteilung zur Zeit $t = 0$ ist in Abb. 42 gezeichnet.

Wenn die Platte aus Gußeisen besteht und 200 mm Stärke besitzt, so daß $\lambda = 40$, $\gamma c = 900$, somit $a = 0.044$ angesetzt werden kann, ergibt sich

$$T = 100 - 50 \sin(15{\cdot}71\, s)\, e^{-10.97\, t}$$

Die Temperaturverteilungen, wie sie sich, daraus berechnet, nach Ablauf der 1., 2., 3. usw. bis 10. Minute in der Platte finden, sind in Abb. 42 mit dünnen Linien eingezeichnet. Am Ende der 10. Minute beträgt die Temperatur der mittleren Plattenschicht 92 °, nach Ablauf von 25,2 Minuten 99,5 °.

Wäre die ursprüngliche Temperaturverteilung durch die Temperaturen mehrerer Schichten im Innern der Platte gegeben ge-

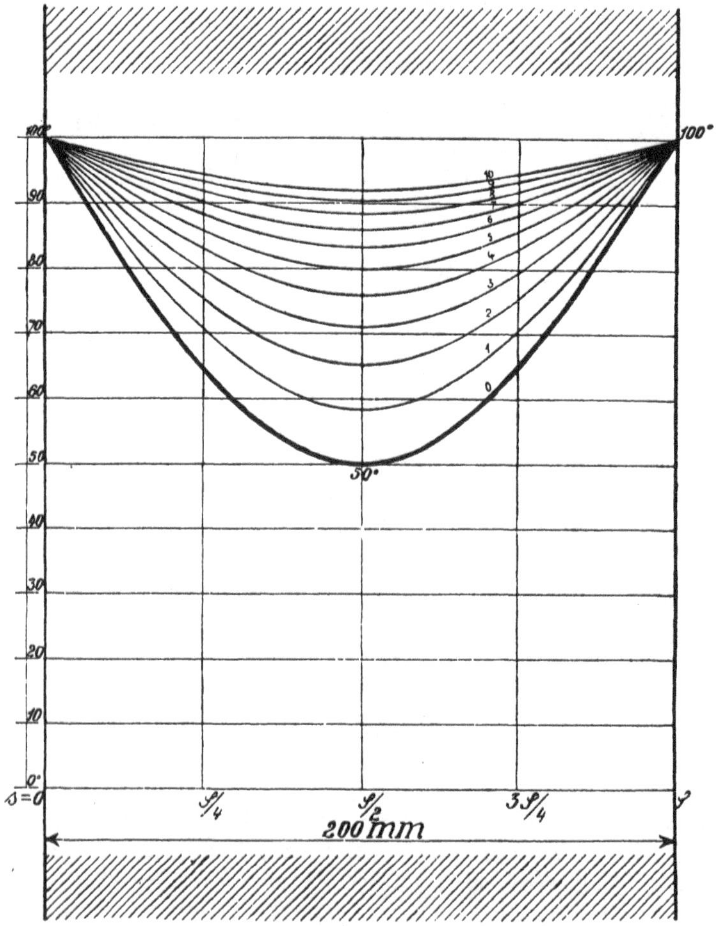

Abb. 42

wesen, anstatt nur der der mittelsten, wie hier angenommen war, so wäre das Resultat der Berechnung, wenn man ganz abnorme Temperaturverteilungen ausschließt, allerdings etwas, jedoch nicht wesentlich, anders ausgefallen.

Es sei beispielsweise angenommen, daß zur Zeit $t = 0$ die Temperatur von 50 ° nicht nur in der mittelsten Schicht, sondern auch in der Tiefe von $s = \frac{S}{4}$ vorhanden sei. Die allgemeine Bedingungsgleichung lautet dann:

$$T = 100 + B_1 \sin\frac{\pi}{4} + B_2 \sin\frac{\pi}{2} + B_3 \sin\frac{3\pi}{4} + B_4 \sin\frac{4\pi}{4} + \ldots$$

$$50 = 100 + \frac{B_1}{\sqrt{2}} + B_2 + \frac{B_3}{\sqrt{2}} - \frac{B_5}{\sqrt{2}} - B_6 - \frac{B_7}{\sqrt{2}} + \frac{B_9}{\sqrt{2}} + \ldots. \qquad (44)$$

Hier bietet sich die einfachste Lösung, wenn alle Koeffizienten von B_3 aufwärts gleich Null gesetzt werden. Man erhält $B_1 = -50$, $B_2 = -14{,}64$ und

$$T = 100 - 50 \sin (15{,}71\, s)\, e^{-10{,}97\, t} - 14{,}64 \sin (31{,}41\, s)\, e^{-43{,}86\, t} \quad (45)$$

Da der negative Exponent von e im letzten Gliede viermal so groß als im vorhergehenden ist, so ist der Einfluß des letzten Gliedes schon nach sehr kurzer Zeit verschwindend klein, obwohl die ursprüngliche Temperaturverteilung, wie Abb. 43 zeigt,

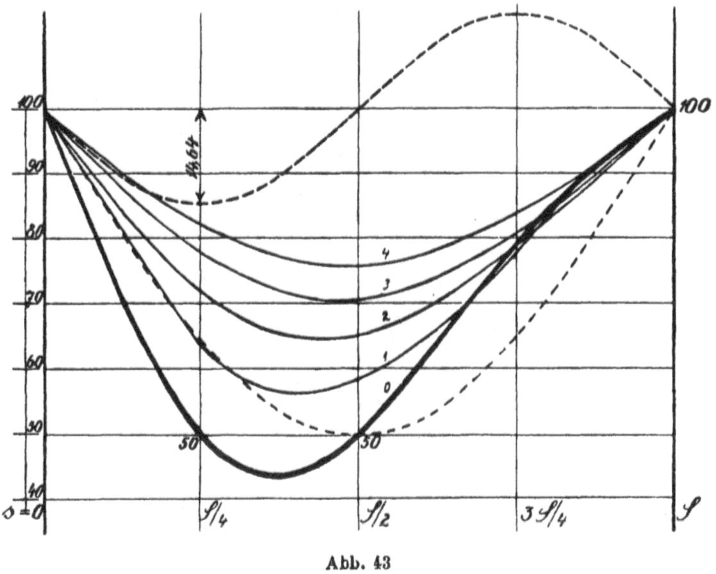

Abb. 43

sich von den früher betrachteten wesentlich unterscheidet. Die punktierten Linien zeigen die beiden Sinuslinien, deren Summe die ursprüngliche Temperaturverteilung darstellt.

Da der Sinus höchstens den Wert 1 erreichen kann, so ist leicht zu berechnen, wie lange der Einfluß des letzten Gliedes von Bedeutung ist. Vernachlässigt man etwa Beträge von weniger als ½ °, so erhält man aus

$$\frac{1}{2} = 16{,}64\, e^{-43{,}86\, t}$$

mit $t \doteq 0{,}0768$ Std. $= 4{,}6$ Min. die Zeit, nach welcher das letzte Glied wegfällt.

Die Temperaturverteilung ist alsdann:

$$\underset{t=0{,}077}{T} = 100 - 21{,}5 \sin (15{,}71\, s)$$

Nach 4,6 Minuten ist somit der Unterschied der Temperaturverteilung zwischen Abb. 42 und Abb. 43 vollständig verschwunden.

Für den Fall, als die Temperatur von 50° auch in der Schichte $s = \frac{3\,S}{4}$ zur Zeit $t = 0$ festgestellt sei, bietet Abb. 44 ein Bild der ursprünglichen Temperaturverteilung. Zu den früheren Bedingungsgleichungen kommt alsdann noch hinzu:

$$50 = 100 + \frac{B_1}{\sqrt{2}} - B_2 + \frac{B_3}{\sqrt{2}} - \frac{B_5}{\sqrt{2}} + \ldots.$$

wonach man erhält:

$$B_1 = -60{,}35;\ B_2 = 0;\ B_3 = -10{,}35$$

$$T = 100 - 60{,}35 \sin (15{,}71\, s)\, e^{-10{,}97\, t} - 10{,}35 \sin (47{,}12\, s)\, e^{-98{,}73\, t} \quad (46)$$

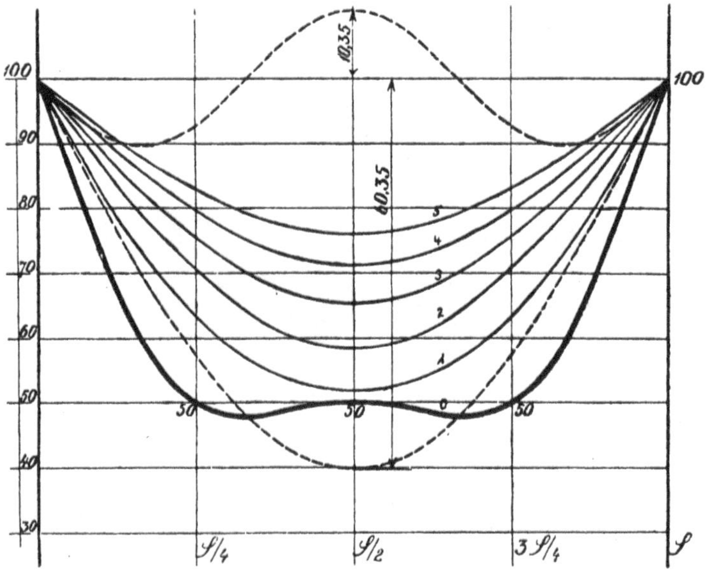

Abb. 44

Es berechnet sich leicht, daß nach 1,5 Minuten der Einfluß des letzten Gliedes nur mehr Bruchteile eines Grades beträgt.

Man kann nun sogar so weit gehen, anzunehmen, daß die Platte zur Zeit $t = 0$ in allen Schichten, mit Ausnahme der beiden Oberflächen, an welchen die Temperatur von 100° herrscht, die Temperatur von 50° besitze. Setzt man alle Koeffizienten B mit geradem Zeiger gleich Null und gibt den Koeffizienten B_1, B_3, B_5 usw. der Reihe nach die Werte:

$$-\frac{200}{\pi}, -\frac{200}{3\,\pi}, -\frac{200}{5\,\pi} \ldots \text{usw.},$$

so erhält man für $t = 0$:

$$\underset{t=0}{T} = 100 - \frac{200}{\pi}\left[\sin\left(\frac{\pi}{S}s\right) + \frac{1}{3}\sin\left(\frac{3\pi}{S}s\right) + \right.$$

$$\left. + \frac{1}{5}\sin\left(\frac{5\pi}{S}s\right) + \dots\right] \qquad (47)$$

Für alle Werte von s zwischen $s = 0$ und $s = S$ erhält man $T = 50$, nur für die beiden Werte $s = 0$ und $s = S$ ergibt sich $T = 100$. Ebenso ist für alle Werte von s zwischen $s = 0$ und $s = S$ das Temperaturgefälle $\frac{\delta T}{\delta s} = 0$, dagegen für den Wert $s = 0$:

$$\underset{s=0}{\frac{\delta T}{\delta s}} = -\infty \text{ und für } s = S \underset{s=S}{\frac{\delta T}{\delta s}} = +\infty.$$

Rechnet man die Koeffizienten aus und setzt sie in den allgemeinen Ausdruck für T ein, so erhält man:

$$T = 100 - 63{,}66 \sin(15{,}71\, s)\, e^{-10{,}97\, t} -$$

$$- 21{,}22 \sin(47{,}12\, s)\, e^{-98{,}73\, t} - 12{,}73 \sin(78{,}54\, s)\, e^{-274{,}3\, t} - \dots \quad (48)$$

Der Einfluß des vierten Gliedes beträgt schon nach Ablauf von 0,6 Min. nur mehr Bruchteile eines Grades. Abb. 45.

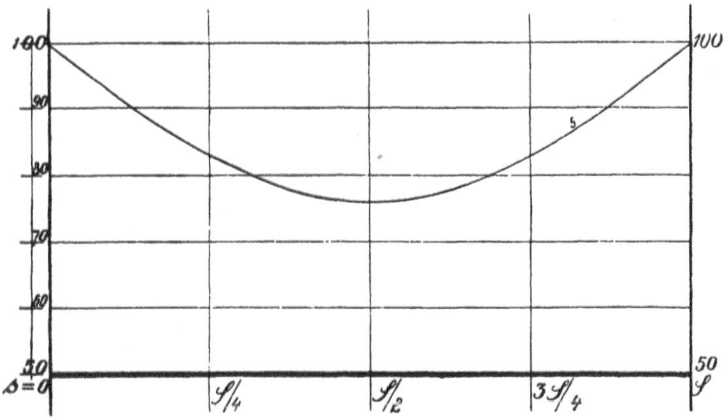

Abb. 45

Man kann den zuletzt gefundenen Ausdruck als die Lösung der Aufgabe ansehen, die zeitlichen Temperaturänderungen einer gußeisernen Platte von 200 mm Dicke festzustellen, die bei einer gleichmäßigen Temperatur von 50° „plötzlich" in siedendes Wasser von 100° eingetaucht wird.

Die in der eckigen Klammer in dem Ausdruck für $\underset{=0}{T}$ enthaltene Reihe (Gl. 47)

$$\sin\left(\frac{\pi}{S}s\right) + \frac{1}{3}\sin\left(\frac{3\pi}{S}s\right) + \frac{1}{5}\sin\left(\frac{5\pi}{S}s\right) + \dots$$

ist für alle Werte zwischen $s = 0$ und $s = S$ bedingt konvergent, d. h. sie konvergiert nicht von Glied zu Glied und kann daher auch nicht bei einem beliebigen Glied abgebrochen werden; immerhin hat die Summe der unendlichen Anzahl Glieder einen endlichen Wert, um welchen die Teilsummen abschnittsweise mit immer geringeren Ausschlägen oszillieren. Für $s = \frac{S}{2}$ erhält man die Reihe:

$$1 - \frac{1}{3} + \frac{1}{5} - \frac{1}{7} + \frac{1}{9} - \frac{1}{11} + \ldots. = \frac{\pi}{4} = 0{,}7854$$

Für $s = \frac{S}{4}$ erhält man die Reihe:

$$\frac{1}{\sqrt{2}}\left(1 + \frac{1}{3} - \frac{1}{5} - \frac{1}{7} + \frac{1}{9} + \frac{1}{11} - \ldots.\right) = \frac{\pi}{4} = 0{,}7854$$

Dagegen ist die in dem Ausdruck für T enthaltene Reihe, in welcher die Sinus mit den negativen e-Potenzen multipliziert auftreten, absolut konvergent.

Vergleicht man nun die bei diesem Beispiele betrachteten 4 Fälle verschiedener ursprünglicher Temperaturverteilung miteinander und legt sich die Frage vor, wie lange dauert es, bis die Wärme von den Oberflächen so tief in die Platte eingedrungen ist, daß der Unterschied zwischen der Temperatur der mittelsten Schicht und der der Oberflächen nur mehr ½ ° beträgt, so gilt sowohl für den ersten, durch Abb. 42 dargestellten Fall, wie für den zweiten, durch Abb. 43 dargestellten Fall:

$$\frac{1}{2} = 50\, e^{-10{,}97\, t}$$

$$t = \frac{\log \text{nat } 100}{10{,}97} = 0{,}42 \text{ St., d. i. } 25 \text{ Min.}$$

Für den dritten, durch Abb. 44 dargestellten Fall, gilt:

$$t = \frac{\log \text{nat } 120{,}7}{10{,}97} = 0{,}44 \text{ St., d. i. } 26 \text{ Min.}$$

Für den letzten Fall der ursprünglich gleichmäßig verteilten Temperatur von 50 °, ergibt sich:

$$t = \frac{\log \text{nat } 127{,}32}{10{,}97} = 0{,}44 \text{ St., d. i. } 26 \text{ Min.}$$

Die ursprüngliche Temperaturverteilung bewirkt in den hier betrachteten Fällen somit keine großen Unterschiede der Erwärmungszeiten.

Der schließliche Wärmeinhalt der Platte beträgt für 1 qm Oberfläche

$$0{,}2 \times 900 \times 100 = 18.000 \text{ Cal.}$$

Der ursprüngliche Wärmeinhalt in jedem einzelnen Fall berechnet sich aus $900 \int_0^S T_{t=0} \,.\, ds$ für den ersten und zweiten Fall zu 12.271 Cal., für den dritten Fall zu 11.484 Cal. und für den letzten Fall zu 9000 Cal. für je 1 qm Plattenoberfläche. In nahezu gleichen Zeiten strömen daher von den beiden Oberflächen zusammen 5729, 6516, bzw. 9000 Cal. in das Material der Platte.

Abkühlung.

Wenn die beiden Oberflächen ihre Rollen vertauschen, gelten die Spiegelbilder der Figuren und anstatt s ist in die zugehörige Gleichung $(S - s)$ einzusetzen.

Als ursprüngliche Temperaturverteilung kann jede beliebige der gezeichneten Kurven oder eine richtig dazwischen eingezeichnete Kurve gelten. Die den einzelnen Kurven beigesetzten Ziffern, welche die verflossenen Zeiten angeben, sind alsdann um den Betrag jener Ziffer zu vermindern, welcher der gewählten ursprünglichen Temperaturkurve beigesetzt ist. In der zugehörigen Gleichung ändert sich der Logarithmus der Koeffizienten A und B um das entsprechende Vielfache des Koeffizienten von t.

Die Figuren bleiben auch richtig, wenn sie umgedreht, d. h. auf den Kopf gestellt werden, sofern der zugehörige Temperaturmaßstab nicht umgedreht wird. An die Stelle von Erwärmung tritt alsdann Abkühlung.

So stellt Abb. 46 das umgekehrte Bild von Abb. 43 dar. Es entspricht der Abkühlung einer Platte, deren Oberflächen konstant auf der Temperatur von 0^0 gehalten werden, wenn zur Zeit $t = 0$ die Schichten

$$s = \frac{S}{2} \text{ und } s = \frac{3\,S}{4} \text{ die Temperaturen von } 50^0 \text{ aufweisen.}$$

Die entsprechende Temperaturgleichung lautet

$$T = 50 \sin (15{,}71\, s)\, e^{-10{,}97\, t} - 14{,}64 \sin (31{,}41\, s)\, e^{-83{,}86\, t} \quad (49)$$

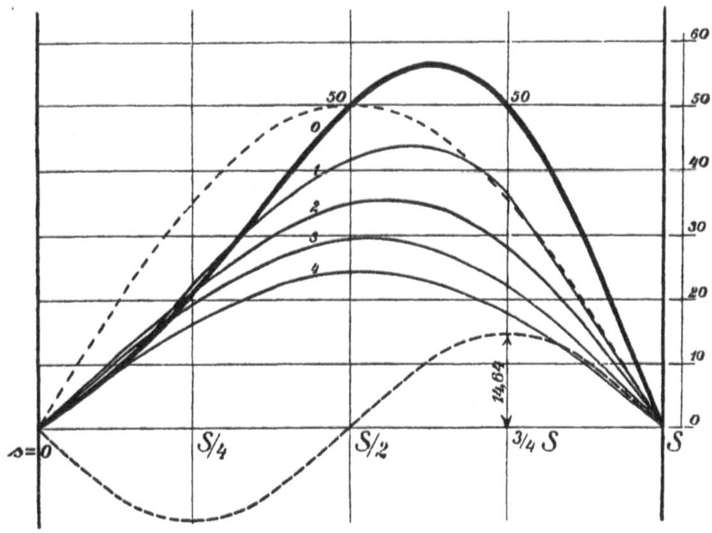

Abb. 46

Die Temperatur des berührenden Mittels ist eine periodische Funktion der Zeit.

Es ist leicht einzusehen, daß in diesem Falle nicht nur die Temperatur der Plattenoberfläche, sondern auch die Temperatur jeder beliebigen Schichte der Platte eine periodische Funktion der Zeit sein muß.

Für eine in der Entfernung s vom Koordinatenursprung befindliche Schichte gelte die allgemeine Gleichung

$$T = U \sin (nt + q) \tag{50}$$

Sie bedeutet, daß die Temperatur der Schichte zwischen den Grenzen $+U^0$ und $-U^0$ wechselt, daß somit U die Amplitude der Temperaturschwingung angibt. Die Temperatur von $+U^0$ herrscht in der Schichte in den Zeitpunkten, für welche $n\,t + q = \frac{\pi}{2}, \frac{5\pi}{2}, \frac{9\pi}{2} \ldots$ usw. ist.

Die Zahl n gibt die Frequenz der Schwingungen an, d. h. die Anzahl Schwingungen in 2π Stunden. Die Dauer einer Schwingung ist somit

$$T = \frac{2\pi}{n} \text{ Stunden.} \tag{51}$$

Zu allen Zeitpunkten, welche um die gleichen Zeiträume T oder ganze Vielfache derselben auseinanderliegen, befindet sich die Schichte in gleicher Phase der Temperaturschwingung und hat daher die gleiche Temperatur wie um T Stunden vorher.

Wenn die Temperaturschwingungen einer Plattenschichte, etwa die einer oberflächlichen Plattenschichte, die einzigen Ursachen der Temperaturänderungen in den übrigen Schichten sind, so ist die Schwingungsdauer für alle Schichten die gleiche. Die Zahl n in der allgemeinen Gleichung ist somit eine von s unabhängige Größe. Hingegen sind die Größen U und q, d. h. die Amplitude der Temperaturschwingung, in irgendeiner Schichte und die zu einer bestimmten Zeit in einer Schichte herrschende Schwingungsphase als Funktionen der Entfernung s dieser Schichte vom Koordinatenursprung anzusehen.

Der Zusammenhang der Temperaturen einer Schichte mit den Temperaturen der benachbarten Schichten ist durch die Fouriersche Fundamentalgleichung der Wärmeleitung bestimmt:

$$a \frac{\delta^2 T}{\delta s} = \frac{\delta T}{\delta t}$$

Aus der allgemeinen Gleichung ergibt sich:

$$\frac{\delta T}{\delta t} = U n \cos (nt + q) \tag{52}$$

$$\frac{\delta T}{\delta s} = \frac{dU}{ds} \sin (nt + q) + \frac{dq}{ds} U \cos (nt + q)$$

$$\frac{\delta^2 T}{\delta s^2} = \left[\frac{d^2 U}{ds^2} - U \left(\frac{dq}{ds}\right)^2\right] \sin (nt + q) +$$

$$+ \left(2 \frac{dU}{ds} \cdot \frac{dq}{ds} + \frac{d^2 q}{ds^2}\right) \cos (nt + q) \tag{53}$$

Die Fouriersche Gleichung ist erfüllt, wenn

$$\frac{d^2U}{ds^2} = U\left(\frac{dq}{ds}\right)^2 \text{ und}$$

$$2\,a\,\frac{dU}{ds}\cdot\frac{dq}{ds} + a\,\frac{d^2q}{ds^2} = Un \text{ ist.}$$

Führt man eine neue Konstante m ein und setzt

$$\left(\frac{dq}{ds}\right)^2 = m^2 = \frac{n}{2\,a}, \text{ so ist } \frac{d^2q}{ds^2} = 0 \text{ und}$$

$$\frac{d\,U}{d\,s} = U\,m, \text{ somit:}$$

$$\frac{d\,U}{U} = \frac{d\,U}{U} = mds$$

$$U = a\,e^{m\,s} \tag{55}$$

Ferner ergibt sich aus $\frac{dq}{d\,s} = m$

$$q = m\,s + p$$

worin p eine Konstante ist.

Man erhält daher den allgemeinen Ausdruck:

$$T = A \sin\,(2\,a\,m^2\,t + m\,s + p)\,e^{ms}$$

Die Amplitude der Schwingung ist demnach $A\,e^{ms}$ somit um so größer, je größer s ist. Die Temperaturwelle pflanzt sich daher, wenn man die positiven Entfernungen s von links nach rechts mißt, in der Richtung von rechts nach links fort. Setzt man $-m$ statt m, so fällt die Fortpflanzungsrichtung der Welle mit der Richtung der positiven s zusammen. Die Fortpflanzung der Schwingung darf nicht mit der Strömung der Wärme verwechselt werden. Soferne man mit den wechselnden Temperaturen der Schichten die Vorstellung eines Wärmestromes verknüpft, ist die Richtung desselben in verschiedenen Tiefen der Platte eine verschiedene, indem im Verlaufe einer ganzen Schwingung die Richtung des Stromes in den einzelnen Schichten zu verschiedenen Zeiten einmal wechselt.

Wenn man zwei Koeffizienten in die Gleichung einführt, so zwar, daß $A \cos p$ statt A und für B der Wert $A \sin p$ gesetzt wird, so erhält man die für die Berücksichtigung mancher Oberflächenbindungen geeignetere Form:

$$T = A \sin\,(2\,a\,m^2\,t + ms)\,e^{ms} + \\ + B \cos\,(2\,a\,m^2\,t + ms)\,e^{ms} \tag{56}$$

Nachdem Temperaturschwankungen in einer Platte ebensowohl von der einen wie von der anderen Oberfläche, auch von beiden zugleich ihren Ursprung nehmen können, erhält die Gleichung die erweiterte Form:

$$T = A \sin\,(2\,a\,m^2\,t + ms + p)\,e^{ms} + \\ + A_1 \sin\,(2\,a\,m_1^2\,t - m_1\,s + p_1)\,e^{-m_1 s} \tag{57}$$

Zieht man als Ursprung der Temperaturschwingungen vorläufig nur die Oberfläche $s = 0$ in Betracht, so lautet der hiefür gültige Ausdruck:

$$T = A \sin (2\, a\, m^2\, t - ms + p)\, e^{-ms} \tag{58}$$

An der Oberfläche $s = 0$ herrscht zurzeit $t = 0$ die Temperatur $T = A \sin p$. Die Temperatur 0^0 herrscht an der Oberfläche, so oft

$$2\, a\, m^2\, t + p = K\, \pi \text{ ist,}$$

worin K irgendeine ganze Zahl bedeutet. Die Temperatur 0^0 herrscht aber auch zur Zeit t in allen denjenigen Schichten, für welche

$$2\, a\, m^2\, t - ms + p = K\, \pi \text{ ist.}$$

Wenn also $K\, \pi + ms_1 = (K + 1)\, \pi$ ist, so ist die Temperatur in der Schichte s_4, immer dann 0^0, wenn auch in der Schichte $s = 0$ die Temperatur von 0^0 auftritt. Da im Verlaufe einer ganzen Schwingung die Temperatur von 0^0 zweimal durchschritten wird, ist die W e l l e n l ä n g e d e r T e m p e r a t u r s c h w i n g u n g

$$L = \frac{2\, \pi}{m} \text{ Meter.} \tag{59}$$

Die Fortpflanzungsgeschwindigkeit der Temperaturwelle ist daher $L/T = n/m$ Meter in der Stunde.

Die Größe m stellt den Dämpfungskoeffizienten der in der Platte stattfindenden Temperaturschwingung dar. Die Anzahl der in $2\, \pi$ Stunden stattfindenden Schwingungen ist $n = 2\, a\, m^2$; die Dämpfung ist daher um so geringer, je langsamer die Schwingungen erfolgen und je größer der Temperaturleitungskoeffizient des Plattenmateriales ist. Langsame Schwingungen dringen tiefer in das Material ein als schnelle, obwohl die Fortpflanzungsgeschwindigkeit für schnellere Schwingungen größer als für langsame ist. Dafür ist auch die Wellenlänge der rascheren Schwingungen kleiner als die der langsamen.

Wenn die Schwingung in der Oberfläche $s = 0$ nicht um die Mitteltemperatur von 0^0, sondern um eine Mitteltemperatur von $T_1{}^0$ erfolgt, hat man, da der Nullpunkt der Temperaturskala ganz arbiträr ist:

$$T = T_1 + A \sin (2\, a\, m^2\, t - m\, s + p)\, e^{-ms} \tag{60}$$

Das zweite Glied dieses Ausdruckes stellt demnach die durch die periodischen Temperaturschwankungen an der Oberfläche herbeigeführten Abweichungen der Temperaturen der Plattenschichten von dem Temperaturgleichgewicht in der Platte dar. Ein solches Temperaturgleichgewicht herrscht aber in einer ebenen Platte in allen Fällen des linearen Temperaturverlaufes, der durch den Ausdruck $T_1 = C + Ds$ dargestellt ist.

Da die Schwingung nicht notwendigerweise eine einfache Sinusfunktion der Zeit sein muß, sondern ganz beliebigen Verlauf haben kann, und da auch die Oberfläche $s = S$ als Ursprung einer

Temperaturschwingung gelten kann, gibt man dem allgemeinen Ausdruck für den Temperaturverlauf zweckmäßig folgende Form:

$$T = C + Ds +$$
$$+ \Sigma A_m \sin (2\, a\, m^2\, t + ms + p)\, e^{ms} \tag{61}$$

worin m und p alle möglichen positiven und negativen Werte haben können.

Der einfachste Fall der Herbeiführung periodischer Temperaturveränderungen in einer Platte liegt vor, wenn die Oberfläche der Platte von einem Mittel berührt wird, dessen Temperatur selbst eine periodische Funktion der Zeit ist:

$$T_a = B \sin (ct) + E \tag{62}$$

Also etwa beispielsweise:

$$T_a = 100 \sin (80\, \pi\, t) + 200$$

d. h. die Temperatur des die Platte berührenden Mittels durchläuft in der Stunde 80mal alle Temperaturen zwischen 100 und 300 ° C.

Die Dauer einer Schwingung beträgt daher 1½ Minuten. Bedeuten nun wie früher h die Wärmeübergangszahl zwischen Platte und berührendem Mittel, λ den Wärmeleitungskoeffizienten, a den Temperaturleitungskoeffizienten der Platte, so besteht für die Oberfläche $s = 0$ die Beziehung:

$$\lambda \frac{\delta T}{\delta s}_{s=0} = h\, (T_{s=0} - T_a)$$

Da die Wärmeübergangszahl h die Leitungsvorgänge in einer dünnen Schichte des berührenden Mittels umfaßt, ist die Frequenz der Schwingung in der Plattenoberfläche und in der ganzen Platte dieselbe wie in dem berührenden Mittel. Daher ist $2\, a\, m^2 = c$, somit

$$m = \sqrt{\frac{c}{2a}}$$

Hingegen ist vorauszusehen daß die Amplitude der Schwingung in der Plattenoberfläche kleiner als im berührenden Mittel sein wird, und daß die Phase der Schwingung in der Plattenoberfläche hinter jener des Mittels zurückbleibt.

Aus der allgemeinen Gleichung ergibt sich

$$T_{s=0} - \frac{\lambda}{h} \frac{\delta T}{\delta s}_{s=0} = A \left(1 + \frac{\lambda}{h} m\right) \sin (2\, a\, m^2\, t + p) +$$
$$+ A \frac{\lambda}{h} m \cos (2\, a\, m^2\, t + p) + C - \frac{\lambda}{h} D \tag{63}$$

Setzt man nun:

$$A \left(1 + \frac{\lambda}{h} m\right) = B \cos q \text{ und } A \frac{\lambda}{h} m = B \sin q,$$

so erhält man:

$$T_{s=0} - \frac{\lambda}{h} \frac{\delta T}{\delta s}_{s=0} = B \sin (2\, a\, m^2\, t + p + q) + C - \frac{\lambda}{h} D \tag{64}$$

Dieser Ausdruck muß gleich T_a sein

$$T_a = B \sin (2\, a\, m^2\, t) + E \tag{65}$$

Daraus bestimmt sich zunächst:

$$C - \frac{\lambda}{h} D = E \text{ und } p = -q$$

Durch Division von $B \sin q$ durch $B \cos q$ erhält man:

$$q = \operatorname{arc\,tang} \frac{\lambda m}{h + \lambda m} \tag{66}$$

$$A = \frac{h}{\lambda m} B \sin q \tag{67}$$

Beispiel. *Eine Betonplatte von 200 mm Stärke wird an der einen Oberfläche von Gasen berührt, deren Temperatur 200° beträgt, während die andere Oberfläche mit Gasen in Berührung steht, deren Temperatur zwischen 100 und 300° periodisch wechselt.*

Wenn zwischen den einzelnen Zeitpunkten, in denen die Temperatur der Gase 300° beträgt, 1½ Minuten verstreichen, so lautet die allgemeine Bedingungsgleichung:

$$T_a = B \sin (ct) + E, \text{ also z. B.}$$

$$T_a = 100 \sin (80\pi\, t) + 200$$

d. h. die Temperatur des die Platte berührenden Mittels durchläuft in der Stunde 80mal alle Temperaturen zwischen 100 und 300° C.

Ist die Wärmeübergangszahl zwischen Gasen und Platte $h = 20$ und gelten für Beton die Werte $\lambda = 1$ und $a = 0{,}0025$, so berechnet sich

$$m = 20 \sqrt{40\, \pi} = 224{,}14$$

$$q = \operatorname{arc\,tang} \frac{224{,}14}{244{,}14} = 0{,}742 = 42^\circ\, 30'$$

$$A = \frac{20}{224{,}14} \cdot 100 \sin q = 6{,}04$$

Der Temperaturverlauf in der Platte wird daher durch folgende Gleichung ausgedrückt:

$$T = 6{,}04 \sin (80\, \pi\, t - 224\, s - 0{,}742)\, e^{-224\, s} + 200$$

In der Plattenoberfläche ist daher die Amplitude nur 6°, die Temperatur schwankt dort nur innerhalb der Grenzen von 194 und 206°. Die Phase bleibt um 42° 30' hinter der Phase der Gastemperatur zurück. Die Mitteltemperatur von 200° wird daher um 11 Sekunden später durchschritten, als die Gase durch die Mitteltemperatur gehen. Mit zunehmender Entfernung von der Oberfläche nimmt die Amplitude der Temperaturschwankung rasch ab. Die Entfernung der Schichte, in welcher die Amplitude nur mehr ein Zehntel Grad beträgt, berechnet sich aus

$$224\, s = \log \text{nat } 60{,}4$$
$$s = 0{,}018$$

mit 18 mm. Nachdem also schon in 18 mm Tiefe die Temperaturschwingung nahezu erloschen ist, beeinflußt sie die andere Oberfläche der Platte gar nicht. Das Resultat wäre genau dasselbe, wenn an jener Oberfläche die sie berührenden Gase ähnliche Temperaturschwankungen gleicher Frequenz um dieselbe Mitteltemperatur aufwiesen. Die Temperaturwelle pflanzt sich mit einer Geschwindigkeit von 1,122 m in der Stunde in das Innere der Platte fort.

Wesentlich anders stellen sich aber die Verhältnisse dar, wenn die Schwankungen der Temperatur langsamer vor sich gehen. Wenn die Temperatur der Gase, welche die Platte berühren, etwa nur alle zwei Stunden ihre maximale Höhe von 300° erreicht, so dringt die Wirkung, wie dies leicht einzusehen ist, bedeutend tiefer in die Platte. Die entsprechende Gleichung lautet alsdann:

$$T_a = 100 \sin (\pi t) + 200$$

und man erhält:

$$m = 25{,}06$$

$$q = 0{,}507 = 29^\circ\, 5'$$

$$T = 38{,}8 \sin (\pi t - 25\, s - 0{,}507)\, e^{-25\, s} + 200$$

An der von den Gasen wechselnder Temperatur berührten Oberfläche schwankt die Temperatur der Platte zwischen 161 und 239° und in der Tiefe von 200 mm, d. i. an der anderen Oberfläche, beträgt die Amplitude der Temperaturschwingung noch 0,26 Grad. Wenn diese Oberfläche aber auf der konstanten Mitteltemperatur von 200° gehalten wird, macht sich eine allerdings sehr geringe weitere Dämpfung der Temperaturschwankungen der Platte geltend. Die Fortpflanzungsgeschwindigkeit in der Temperaturwelle beträgt 0,125 m in der Stunde. Das Bild von acht, je eine Viertelstunde auseinanderliegenden Phasen der Temperaturverteilung in der Platte ist in Abb. 47 dargestellt. Aus der Aufeinanderfolge ist deutlich zu erkennen, wie sich die Temperaturwelle in die Tiefe der Platte fortpflanzt.

Wenn die Amplitude der Schwingungen an der Oberfläche $s = 0$ so groß und der Dämpfungskoeffizient m so klein ist, daß die Temperaturschwankungen an der anderen Plattenoberfläche noch erheblich groß sind, so pflanzen sich die Schwingungen nach Maßgabe der Wärmeübergangszahl und der Leitfähigkeit des diese Oberfläche berührenden Mittels in diesem Mittel selbst fort.

Betrachtet man die in Abb. 47 dargestellte Platte von 200 mm Stärke durch den Schnitt XX in die zwei Teile 𝔄 und 𝔅 zerlegt, so kann jeder der beiden Teile für den anderen als berührendes Mittel gelten.

Die auf diese Art in dem berührenden Mittel hervorgerufenen Schwingungen, welche nun die Fortsetzung der in der Oberfläche $s = 0$ bestehenden Schwingungen sind, wirken auf diese nicht zurück. Hingegen kann das die Oberfläche $s = S$ berührende Mittel Einflüssen unterworfen sein, die dasselbe, ganz unabhängig von den durch die Platte übermittelten Schwingungen, in einer Temperaturschwingung erhält, die sich alsdann in einer der früheren entgegengesetzten Richtung durch die Platte bis zur Oberfläche $s = 0$ und weiter fortpflanzt. Die jeweilige Temperaturverteilung in der Platte stellt sich alsdann als die Summe der gleichen Zeitpunkten entsprechenden Phasen beider Schwingungen dar.

Abb. 48 zeigt den Verlauf der abklingenden Temperaturschwingungen im Innern der Zylinderwand einer Verbrennungsmaschine mit $n = 100$ Umdrehungen pro Minute *). Die Kurven sind für die ersten 5 mm Wandtiefe eingetragen. Obschon die Gastemperatur in den weiten Grenzen zwischen Spüllufttemperatur und höchster Verbrennungstemperatur schwankt, sind die Temperaturschwankungen in der Wand so gering, daß sie den stationären Temperaturverlauf praktisch nur bis zu einer Tiefe von 5 mm stören. Daß trotz der geringen Temperaturschwankungen

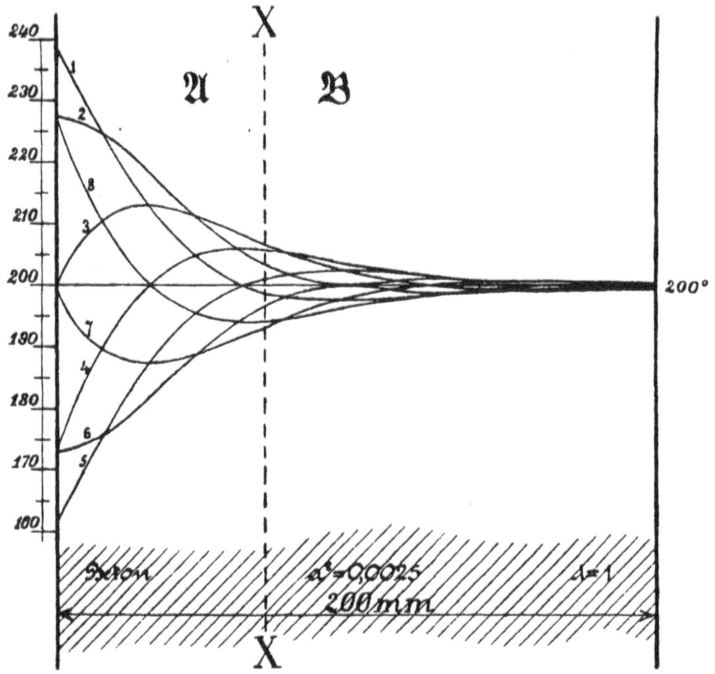

Abb. 47

die in die Wand eintretende Wärmemenge starke Schwankungen aufweist, läßt sich leicht einsehen, wenn man beachtet, daß diese Wärmemenge nicht durch die Temperatur selbst, sondern durch das Temperaturgefälle, d. h. durch die Neigung der Temperaturkurven beim Eintritt gegeben ist, welche Neigung aber ein Vielfaches der mittleren Neigung erreichen kann, d. h. die eintretende Wärmemenge schwankt stark und kann bis zu einem Mehrfachen des stationären Betrages steigen. Die Kurven gelten für die Drehzahl $n = 100$ und ändern sich umgekehrt proportional mit n;

*) Z. d. V. D. I., Gebr. Sulzer, Nr. 13/1926.

dieTemperaturschwankungen und die dadurch bedingten periodischen Wärmespannungen kommen daher vor allem bei langsam laufenden Maschinen in Betracht. Diese Spannungen erreichen trotz der Kleinheit der Temperaturschwankungen, durch die sie hervorgerufen werden, schon Beträge, die z. B. für Vollast und 100 Umdrehungen/min. während jeder Umdrehung zwischen + 120 und — 200 kg/cm² wechseln. Sie können daher, zumal als Zusatzspannungen, die sich über die mittleren, ständigen Wärmespannungen lagern, schon eine Rolle spielen. Aus diesem der Praxis entnommenen Beispiel geht zur Genüge die Bedeutung der Wärmeuntersuchungen bei periodischem Verlauf der Temperaturschwankung hervor, wobei gleichzeitig ein Einblick in das hiedurch bedingte Kräftespiel gewonnen wird.

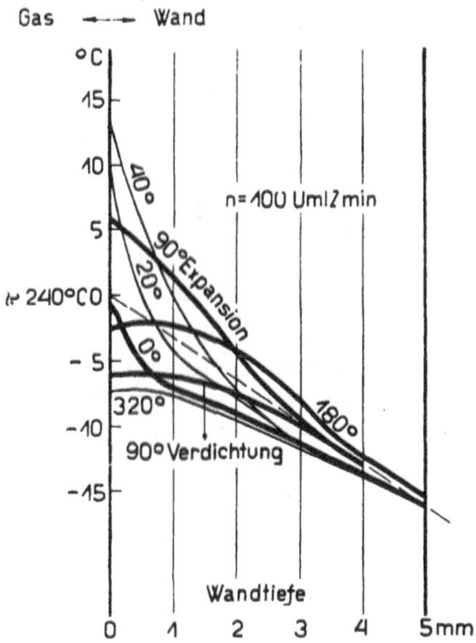

Abb. 48

Abklingende Temperaturschwingungen im Innern der Zylinderwand

Berechnung fester Wärmespeicher.

Grütter*) spezifiziert die zuletzt entwickelten allgemeinen Aufgaben der periodischen Temperaturschwingung, greift die Berechnung fester Wärmespeicher als Partialaufgabe heraus und untersucht den zeitlichen Wärmeverlauf unter der Annahme, daß sich die an der Innenwand des Speichers zugeführte Wärmemenge und die Umgebungstemperatur desselben periodisch ändert und ergänzt dadurch die Untersuchungen von ten Bosch und Zangger**), welche den Temperaturverlauf untersuchen für den Fall, als der Wärmespeicher sich in einem stationären Zustand befindet, die Temperatur daher im ganzen Speicher konstant ist, dann während einer bestimmten Zeit geheizt wird und der Speicher sich hierauf abkühlt.

---

*) Bulletin, Schweiz. El.-Verein, Nr. 10/1924.
**) Bulletin, Schweiz. El.-Verein, Nr. 4/1923.

Den Ausgangspunkt der mathematischen Untersuchung bildet die allgemeine Differentialgleichung in Raumkoordinaten (siehe „Hütte", 23. Auflage, Seite 123) für den Wärmefluß in einem festen homogenen Körper unter der Voraussetzung, daß das spezifische Gewicht, die spezifische Wärme und die Wärmeleitzahl von der Temperatur unabhängig sind:

$$\frac{\delta T}{\delta t} = a\left(\frac{\delta^2 T}{\delta x^2} + \frac{\delta^2 T}{\delta y^2} + \frac{\delta^2 T}{\delta z^2}\right) \tag{68}$$

wobei a wieder gleich ist: $\frac{\lambda}{c\gamma}$

Nachdem die elektrischen Speicheröfen in der Regel aus Platten zusammengesetzt sind und in diesen die Wärme senkrecht zu den Begrenzungsebenen verläuft, so kann die vereinfachende Annahme getroffen werden, daß man die X-Achse senkrecht zu diesen Ebenen annimmt; dann ändert sich die Temperatur nur in der Richtung der X-Achse, so daß die Glieder $\frac{\delta^2 T}{\delta y^2} + \frac{\delta^2 T}{\delta z^2}$ Null werden und es ändert sich die Gleichung in:

$$\frac{\delta T}{\delta t} = a\,\frac{\delta^2 T}{\delta x^2}$$

Diese Differentialgleichung ist die bekannte Fouriersche Wärmegleichung. Sie ist linear und homogen. Die allgemeine Lösung derselben besteht aus einer Summe partikulärer Lösungen, und zwar müssen so viele gesucht werden, daß die vorgeschriebenen Randbedingungen erfüllt werden können.

Setzt man beide Seiten der Gleichung (68) gleich Null, so erhält man ein erstes partikulares Integral:

$$\frac{\delta T}{\delta t} = o \text{ und } \frac{\delta^2 T}{\delta x^2} = o$$

deren Integration liefert:

$$T = T_x \text{ und}$$
$$T_x = C_1\,x + C_2$$

d. h. die Temperatur bleibt in jedem Punkte zeitlich konstant und ändert sich örtlich innerhalb der Platten linear. Diese Lösung entspricht dem stationären Zustand, der sich einstellt, wenn eine konstante Wärmemenge q_x die Platten von der Dicke S durchfließt. Dann nimmt die Außenwand die konstante Temperatur

$$T_{ax} = \frac{q_x}{a} + T_{ux} \tag{69}$$

und die Innenwand die konstante Temperatur

$$T_{ix} = q_x\left(\frac{1}{a} + \frac{S}{\lambda}\right) + T_{ux} \tag{70}$$

an. Hierin bedeutet a die Wärmeübergangszahl der Außenwand an die Luft und T_{ux} die konstante Übergangstemperatur.

Über diesen Zustand lagert sich die zeitlich veränderliche Temperaturverteilung, die von veränderlichen Anteilen der an der Innenwand zugeführten Wärmemenge q und der Umgebungstemperatur T_u herrührt.

Diese Temperaturverteilung wird als periodisch veränderlich vorausgesetzt und kann daher als Fouriersche Reihe, d. h. als Summe von Sinusgliedern, dargestellt werden:

$$\left.\begin{aligned} q &= \Sigma\, Q_n \sin\left(\frac{2\pi n t}{T_0} + \varphi_{qu}\right) \\ T_u &= \Sigma\, \varphi\, T_{un} \sin\left(\frac{2\pi n t}{T_0} + \varphi\, T_{un}\right) \end{aligned}\right\} \tag{71}$$

Hierin bedeutet T_0 die Dauer einer Periode, d. h. im allgemeinen 24 Stunden, n sind ganze positive Zahlen, φ_q und φ_T sind Phasenverschiebungswinkel.

Die allgemeine Lösung muß der Bedingung an der Innenwand

$$q = X \sin \frac{2\pi n t}{T_0} \tag{72 a}$$

und für die Umgebungstemperatur

$$T_u = \Theta_u \sin \frac{2\pi n t}{T_0} \tag{72 b}$$

genügen.

Der Anfangspunkt $t = 0$ kann bei der Ausrechnung für jedes Glied besonders festgesetzt werden, so daß die Phasenverschiebungswinkel φ für die allgemeine Lösung nicht in Betracht fallen.

Die allgemeine Lösung muß sich sowohl innen ($x = 0$) wie außen ($x = s$) nach Größe und Phase den Randbedingungen anpassen. Wir müssen deshalb über vier Integrationskonstanten verfügen können, d. h. die allgemeine Lösung muß sich aus vier partikulären Integralen zusammensetzen.

Diese Bedingungen werden erfüllt durch die Gleichung:

$$\left.\begin{aligned} T = &\left(A e^{\frac{x}{s} S} \sin \frac{x}{s} S + B e^{\frac{x}{s} S} \cos \frac{x}{s} S + C e^{\frac{-x}{s} S} \sin \frac{x}{s} S + D e^{\frac{-x}{s}} \cos \frac{x}{s} S\right) \\ &\cdot \sin \frac{2\pi t}{T} \\ + &\left(B e^{\frac{x}{s} S} \sin \frac{x}{s} S - A e^{\frac{x}{s} S} \cos \frac{x}{s} S - D e^{\frac{-x}{s} S} \sin \frac{x}{s} S + C e^{\frac{-x}{s} S} \cos \frac{x}{s} S\right) \\ &\cdot \cos \frac{2\pi t}{T_0} \end{aligned}\right\} \tag{73}$$

wobei e die Basis der natürlichen Logarithmen ist.

Durch Differentiation und Einsetzen in die Differentialgleichung

$$\frac{\delta T}{\delta t^2} = a \cdot \frac{\delta^2 T}{\delta x^2}$$

findet man, daß diese erfüllt ist, wenn:

$$S = s \sqrt{\frac{\pi}{a T_0}}\,. \tag{74}$$

Zur Berechnung der Integrationskonstanten A, B, C, D ist zu berücksichtigen, daß:

1. die der Innenwand ($x = 0$) zugeführte Wärmemenge q dem dort herrschenden Temperaturgefälle proportional sein muß:

$$q = Q \sin \frac{2\pi t}{T} = -\lambda \left| \frac{\delta T}{\delta x} \right|_{x=0} \tag{75}$$

2. die durch die Außenwand ($x = s$) tretende Wärme proportional ist einerseits dem dort herrschenden Temperaturgefälle, andererseits der Temperaturdifferenz zwischen Außenwand und Umgebung:

$$-\lambda \left| \frac{\delta T}{\delta x} \right|_{x=s} = \alpha (T_{x=s} - T_u),$$

woraus:
$$T_u = \Theta_u \sin \frac{2\pi t}{T_0} = \left| T + \frac{\lambda}{\alpha} \frac{\delta T}{\delta x} \right|_{x=s} \tag{76}$$

Schreiben wir zur Abkürzung $\frac{\alpha}{\lambda} = h$ und:

$$\left.\begin{aligned}
Fa &= e^s \left(\sin S + \frac{S}{sh} (\sin S + \cos S) \right) = e^s \frac{1}{sh} \sqrt{S^2 + (S+sh)^2} \\
&\qquad \sin\left(S + \operatorname{arctg} \frac{S}{S+sh}\right) \\
Fb &= e^s \left(\cos S + \frac{S}{sh} (\cos S - \sin S) \right) = e^s \frac{1}{sh} \sqrt{S^2 + (S+sh)^2} \\
&\qquad \cos\left(S + \operatorname{arctg} \frac{S}{S+sh}\right) \\
Fc &= e^{-s} \left(\sin S + \frac{S}{sh} (\cos S - \sin S) \right) = -e^{-s} \frac{1}{sh} \sqrt{S^2 + (S-sh)^2} \\
&\qquad \sin\left(S - \operatorname{arctg} \frac{S}{S-sh}\right) \\
Fd &= e^{-s} \left(\cos S - \frac{S}{sh} (\cos S + \sin S) \right) = -e^{-s} \frac{1}{sh} \sqrt{S^2 + (S-sh)^2} \\
&\qquad \cos\left(S - \operatorname{arctg} \frac{S}{S-sh}\right)
\end{aligned}\right\} \tag{77}$$

und setzen T und $\frac{\delta T}{\delta x}$ aus Gleichung (71) in (73) und (74) ein, so erhalten wir:

$$-\frac{\lambda S}{s} \left((A + B + C - D) \sin \frac{2\pi t}{T_0} + (-A + B - C - D) \cos \frac{2\pi t}{T_0} \right) = Q \sin \frac{2\pi t}{T_0}$$

$$(A\,Fa + B\,Fb + C\,Fc + D\,Fd) \sin \frac{2\pi t}{T_0} + (-A\,Fb + B\,Fa + C\,Fd - D\,Fe) \cos \frac{2t}{T} = \Theta_u \sin \frac{2\pi t}{T_0}$$

Diese Gleichungen sind nur dann für alle Werte von t erfüllt, wenn:

$$\left.\begin{aligned}
A + B + C - D &= -\frac{Q\,s}{\lambda\,S} \\
-A + B - C - D &= 0 \\
A\,Fa + B\,Fb + C\,Fc + D\,Fd &= \Theta_u \\
-A\,Fb + B\,Fa + C\,Fd - D\,Fe &= 0.
\end{aligned}\right\} \tag{78}$$

Aus diesen vier Gleichungen können die vier Integrationskonstanten berechnet werden, am besten durch Auflösen der aus den Koeffizienten von A, B, C und D in Verbindung mit den konstanten Gliedern gebildeten Determinanten. Wir erhalten damit die Konstanten in der Form:

$$A = \frac{Az}{N}; \qquad B = \frac{Bz}{N}; \qquad C = \frac{Cz}{N}; \qquad D = \frac{Dz}{N}.$$

Für den gemeinsamen Nenner N erhalten wir:

$$N = \{S^2 + (S + sh)^2\} e^{2S} + \{S^2 + (S - sh)^2\} e^{-2S} - 2\left(2S^2 - (sh)^2 \cos 2S - S\,sh \sin 2S\right) \tag{79}$$

Zur Berechnung der Zähler werden die betreffenden Determinanten in je zwei Unterdeterminanten zerlegt, von denen die eine den Faktor Q, die andere den Faktor Θ_u enthält. Es ist also:

$$Az = Aq + A\vartheta; \quad Bz = Bq + B\vartheta; \quad Cz = Cq + C\vartheta; \quad Dz = Dq + D\vartheta$$

und die Auflösung der Determinanten unter Berücksichtigung der Gleichungen ergibt:

$$\left.\begin{aligned}
Aq &= \frac{Qs}{2\lambda S}\{-e^{-2S}(S^2 + (S - sh)^2) + (2S^2 - 2S\,sh - sh^2)\cos 2S \\
&\qquad + (2S^2 + 2S\,sh - (sh)^2)\sin 2S\} \\
Bq &= \frac{Qs}{2\lambda S}\{-e^{-2S}(S^2 + (S - sh)^2) + (2S^2 + 2S\,sh - sh^2)\cos 2S \\
&\qquad - (2S^2 + 2S\,sh - (sh)^2)\sin 2S\} \\
Cq &= \frac{Qs}{2\lambda S}\{-e^{2S}(S^2 + (S + sh)^2) + (2S^2 + 2S\,sh - sh^2)\cos 2S \\
&\qquad - (2S^2 - 2S\,sh - (sh)^2)\sin 2S\} \\
Dq &= \frac{Qs}{2\lambda S}\{e^{2S}(S^2 + (S + sh)^2) - (2S^2 - 2S\,sh - sh^2)\cos 2S \\
&\qquad - (2S^2 + 2S\,sh - (sh)2)\sin 2S\} \\
A\tau &= -C\tau\,\Theta_u\,sh\left\{e^{S}\sqrt{S^2 + (S + sh)^2}\sin\left(S + \operatorname{arctg}\frac{S}{S + sh}\right)\right. \\
&\qquad \left. - e^{-S}\sqrt{S^2 + (S - sh)^2}\sin\left(S + \operatorname{arctg}\frac{S}{S - sh}\right)\right\} \\
B\tau = D\tau &= \Theta_q\,sh\left\{e^{S}\sqrt{S^2 + (S - sh)^2}\cos\left(S + \operatorname{arctg}\frac{S}{S + sh}\right)\right. \\
&\qquad \left. - e^{-S}\sqrt{S^2 + (S - sh)^2}\cos\left(S - \operatorname{arctg}\frac{S}{S - sh}\right)\right\}.
\end{aligned}\right\} \tag{80}$$

Man kann nun auch die Gleichung (73) in zwei Teile zerlegen:

$$T = T_q + T_t$$

wobei T_q nur von der an der Innenwand zugeführten Wärmemenge und T_t nur von der Umgebungstemperatur T_u abhängig ist. Der Einfluß dieser beiden Größen auf die Temperaturverteilung kann also ganz unabhängig voneinander untersucht werden.

Es interessieren im weiteren nur noch die an der Außenwand und an der Innenwand auftretenden Temperaturen. Man findet sie, in dem man in Gleichung (71) $x = s$ resp. $x = 0$, sowie die Konstanten gemäß Gleichung (76) und (77) einsetzt und erhält nach einigen Umformungen den von der Innenwandheizung abhängigen Teil der Außenwandtemperatur:

$$\left.\begin{aligned} T_{qa} = \frac{2\,Q\,s}{\lambda\,N}\Big\{ & e^{s}\sqrt{S^2 + (S + sh)^2}\,\sin\Big(\frac{2\,\pi\,t}{T_0} - \Big(S + \operatorname{arctg}\frac{S}{S + sh}\Big)\Big) \\ & - e^{-s}\sqrt{S^2 + (S - sh)^2}\,\sin\Big(\frac{2\,\pi\,t}{T_0} + \Big(S - \operatorname{arctg}\frac{S}{S - sh}\Big)\Big)\Big\}, \end{aligned}\right\} \quad (81)$$

den von der Umgebungstemperatur abhängigen Teil der Außenwandtemperatur T_{ia} :

$$\left.\begin{aligned} T_{ta} = \frac{\Theta_u\,sh}{N}\Big\{ & \sqrt{S^2 + (S + sh)^2}\,\Big[e^{2s}\sin\Big(\frac{2\,\pi\,t}{T_0} + \operatorname{arctg}\frac{S}{S + sh}\Big) \\ & + \sin\Big(\frac{2\,\pi\,t}{T_0} - \Big(2\,S + \operatorname{arctg}\frac{S}{S + sh}\Big)\Big)\Big] - \sqrt{S^2 + (S - sh)^2} \\ & \Big[\sin\Big(\frac{2\,\pi\,t}{T_0} + 2\,S - \operatorname{arctg}\frac{S}{S - sh}\Big) + e^{-2S}\sin\Big(\frac{2\,\pi\,t}{T_0} \\ & - \operatorname{arctg}\frac{S}{S - sh}\Big)\Big]\Big\}, \end{aligned}\right\} \quad (82)$$

den von der Innenwandheizung abhängigen Teil der Innenwandtemperatur T_{qi}:

$$\left.\begin{aligned} T_{qi} = \frac{Q\,s}{\sqrt{2}\,\lambda\,SN}\Big\{ & [e^{2s}(S^2 + (S + sh)^2) - e^{-2s}(S^2 + (S - sh)^2)]\,\sin \\ & \Big(\frac{2\,\pi\,t}{T_0} - \frac{\pi}{4}\Big) - 2\sqrt{4\,S^4 + (sh)^4}\,\sin\Big((2\,S - \operatorname{arctg}\frac{2\,S\,sh}{2\,S^2 - (sh)^2}\Big) \\ & \sin\Big(\frac{2\,\pi\,t}{T_0} + \frac{\pi}{4}\Big)\Big\} \end{aligned}\right\} \quad (83)$$

und endlich den von der Umgebungstemperatur abhängigen Teil der Innenwandtemperatur T_{ti}:

$$\left.\begin{aligned} T_{ti} = \frac{2\,\Theta_u\,sh}{N}\Big\{ & e^{s}\sqrt{S^2 + (S + sh)^2}\,\sin\Big(\frac{2\,\pi\,t}{T_0} - \Big(S + \operatorname{arctg}\frac{S}{S + sh}\Big)\Big) \\ & - e^{-s}\sqrt{S^2 + (S - sh)^2}\,\sin\Big(\frac{2\,\pi\,t}{T_0} + \Big(S - \operatorname{arctg}\frac{S}{S - sh}\Big)\Big)\Big\}. \end{aligned}\right\} \quad (84)$$

Diese Ausdrücke haben, wie die Randbedingung Gleichung (70), die allgemeine Form:

$$\overline{T} = \Theta\,\sin\Big(\frac{2\,\pi\,t}{T_0} - \varphi\Big),$$

sie können also ähnlich wie Wechselstromgrößen als zeitliche Vektoren*) dargestellt werden, von der absoluten Größe Θ und einer Phasenverschiebung φ gegenüber dem Vektor $\overline{q}$ für $\overline{T}_{qa}$ und $\overline{T}_{qi}$ resp. gegenüber dem Vektor $\overline{T}_u$ für $\overline{T}_a$ und $\overline{T}_{ti}$. Der resultierende Vektor $\overline{T}_a$ resp. $\overline{T}_i$ ist aus den Vektoren $\overline{T}_{qa}$ und $\overline{T}_{ta}$ resp. $\overline{T}_{qi}$ und $\overline{T}_{ti}$ geometrisch zusammenzusetzen. Die Vektoren der Randbedingungen $\overline{q}$ und $\overline{T}_u$ können daher einen beliebigen Winkel miteinander einschließen.

*) Zeitliche Vektoren werden im folgenden im Gegensatze zu den räumlichen Vektoren mit einem horizontalen Strich — bezeichnet z. B. $\overline{T}$.

Temperatur und Wärmeabgabe an der Außenwand.

Abb. 49 zeigt das Vektordiagramm der Temperaturen an der Außenwand für eine Platte, deren Material und Abmessungen unten (1. Zahlenbeispiel) angegeben sind. Der nur von der zugeführten Wärmemenge abhängige Vektor $\overline{T}_{qa}$ setzt sich gemäß Gleichung (81) aus zwei Vektoren $\overline{V}_1$ und $\overline{V}_c$ zusammen. Der Vektor $\overline{V}_1$ hat die absolute Größe $V_1 = \frac{2\,Q\,s}{\lambda N}\, e^{s} \sqrt{S^2 + (S + sh)^2}$ und läuft dem Vektor $\overline{q}$ um den Winkel φ_1 nach. $\varphi_1 = S + \operatorname{arctg} \frac{S}{S + sh}$. Der Vektor $\overline{V}_c$ hat die absolute Größe

$V_c = \frac{2\,Q\,s}{\lambda N}\, e^{-s} \sqrt{S^2 + (S - sh)^2}$ und läuft dem Vektor $\overline{q}$ um den Winkel $\varphi_c = \pi - \left(S - \operatorname{arctg} \frac{S}{S - sh}\right)$ nach.

Gleichung (82) zeigt, daß der nur von der Umgebungstemperatur abhängige Vektor $\overline{T}_{ta}$ sich aus vier Teilvektoren *I*, *II*, *III*, *IV* zusammensetzt *), deren absolute Beträge, sowie die Winkel, um die sie gegen den Vektor $\overline{T}_u$ verschoben sind, aus Gleichung (82) abgelesen werden können. Die Vektoren $\overline{T}_{qa}$ und $\overline{T}_{ta}$ sind in Abb. 49 zum resultierenden Vektor $\overline{T}_a$ zusammengesetzt, der den variablen Teil der Außenwandtemperatur darstellt. Die abgegebene Wärmemenge

$$\overline{q}_a = \alpha\,(\overline{T}_a - \overline{T}_u)$$

ist ebenfalls periodisch veränderlich und gegeben durch den Vektor $\frac{\overline{q}_a}{\alpha}$ der dritten Seite in dem von $\overline{T}_a$ und $\overline{T}_{tu}$ gebildeten Dreieck.

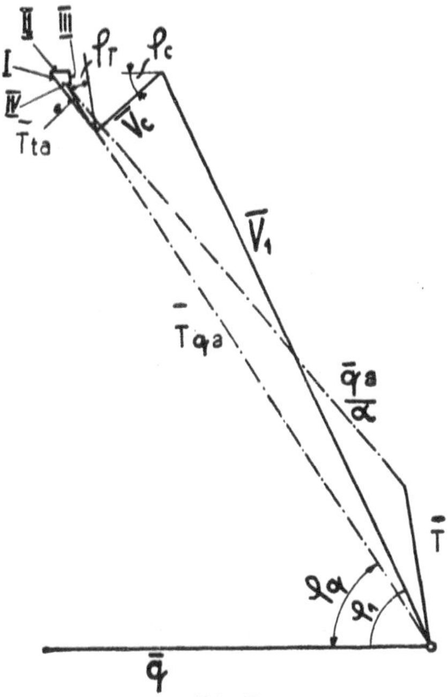

Abb. 49

Obschon Abb. 49 maßstäblich für extreme Verhältnisse, nämlich $Q = 10$ Watt/dm² und $\Theta_u = 5^0$ C gezeichnet ist, zeigt sich, daß der Einfluß der Umgebungstemperatur auf die Außenwandtemperatur klein ist gegenüber demjenigen der Heizung. Die folgenden Untersuchungen beschränken sich daher auf den Fall $T_u = 0$, d. h.

*) Da $\overline{T}_{qa}$ und $\overline{T}_{ta}$ zufälligerweise fast genau in dieselbe Richtung fallen, tritt der Vektor T_a in Abb. 49 nicht deutlich hervor.

konstante Umgebungstemperatur. Dann ist die an der Außenwand abgegebene Wärmemenge proportional der Außenwandtemperatur T_{qa}.

Der Vektor $\overline{V}_1$ ist stets größer als der Vektor $\overline{V}_c$. Er ist daher der Hauptvektor und $\overline{V}_c$ der Korrektionsvektor. Dieser kann bei großem S vernachlässigt werden und man erhält dann die Außenwandtemperatur angenähert:

$$T_a = \frac{2\,Q\,s}{\lambda\, e^S \sqrt{S^2 + (S + sh)^2}} \sin\left(\frac{2\,\pi\,t}{T_0} - \left(S + \operatorname{arctg}\frac{S}{S + sh}\right)\right).$$

Um den Einfluß der Materialkonstanten, der Wandstärke und der Periodendauer auf Größe und Phase der Außenwandtemperatur zu untersuchen, dividieren wir Zähler und Nenner von Gleichung (81) durch S^2 und schreiben zur Abkürzung:

$$\frac{sh}{S} = a \sqrt{\frac{T}{\pi\,\gamma\,e\,\pi}} = k, \tag{85}$$

dann wird:

$$\left.\begin{aligned} T_{qa} = \frac{Q}{a}\,\frac{2\,k}{N_*}\Big\{ & e^S \sqrt{1 + (1 + k)^2}\,\sin\left(\frac{2\,\pi\,t}{T} - \left(S + \operatorname{arctg}\frac{1}{1 + k}\right)\right) \\ & - e^{-S}\sqrt{1 + (1 - k)^2}\,\sin\left(\frac{2\,\pi\,t}{T} + \left(S - \operatorname{arctg}\frac{1}{1 - k}\right)\right)\Big\} = \frac{Q}{a}\,\overline{T}_{qa\,1}, \end{aligned}\right\} \tag{86}$$

worin:

$$N_* = \frac{N}{S^2} = 1 + (1 + k)^2)\, e^{2S} + (1 + (1 - k)^2)\, e^{-2S} - 2\,(2 - k^2)\cos 2\,S$$
$$- 4\,k \sin 2\,S. \tag{87}$$

$\frac{Q}{a}$ hat die Dimension einer Temperatur. $\overline{T}_{qa\,1}$ ist ein dimensionsloser Vektor, der nur von den zwei Größen k und S abhängig ist.

Bei der Zusammensetzung der beiden Vektoren $\overline{V}_1$ und $\overline{V}_c$ zu $\overline{T}_{qa\,1}$ ist das Vorzeichen von $\overline{V}_c$ zu berücksichtigen. Die Wurzel im zweiten Glied von Gleichung (86) kann nämlich positiv oder negativ sein, je nachdem $k \gtrless 1$. Bezüglich der um den Winkel S dem Heizvektor $\overline{q}$ vorlaufenden Achse liegt der Vektor $\overline{V}_c$ im zweiten Quadranten, wenn $k < 1$, d. h. $\frac{1}{1 - k}$ positiv ist. Ist $k = 1$, so ist $\frac{1}{1 - k} = \infty$ und $\operatorname{arctg}\frac{1}{1 - k} = \frac{\pi}{2}$, der Korrektionsvektor steht senkrecht auf der dem Heizvektor $\overline{q}$ und den Winkel S vorlaufenden Achse. Wird schließlich $k < 1$, d. h. $\frac{1}{1 - k}$ negativ, so liegt der Korrektionsvektor gegenüber der um S gegen den Heizvektor $\overline{q}$ gedrehten Achse im ersten Quadranten. Die Richtigkeit dieser Überlegung ergibt sich, wenn man $\overline{V}_c$ in die Vektoren $\overline{V}_{cs} \sin\left(\frac{2\,\pi\,t}{T} + S\right)$ und $\overline{V}_{cc} \cos\left(\frac{2\,\pi t}{T} + S\right)$ zerlegt.

Von den zwei Größen, die in Gleichung (86) auftreten, ist k nur von den Materialkonstanten und der Periodendauer abhängig. S ist der Wandstärke s proportional. Für ein bestimmtes Material und gegebene Periodendauer ist k konstant und Gleichung (86) ergibt $\overline{T}_{qu\,1}$ in Abhängigkeit von der Wandstärke.

Abb. 50 zeigt den Vektor $\overline{T}_{qu\,1}$ als Funktion von S für verschiedene k als Parameter, und zwar über der Abszissenachse den absoluten Wert Θ, unter der Abszissenachse die Phasenverschiebung φ gegenüber dem Heizvektor $\overline{q}$. Θ nimmt mit steigendem S ab. Bei einer bestimmten Heizleistung ist daher die Differenz zwischen höchster und tiefster Temperatur um so geringer, je dicker die Platte ist. Da S ferner der Wurzel aus der Periodendauer T_0 umgekehrt proportional ist, so wird Θ um so kleiner, je kürzer die Periodendauer. Ist die periodisch veränderliche Heizleistung durch eine Fouriersche Reihe gegeben, so wird das Verhältnis $\frac{\Theta}{Q}$ für die Glieder höherer Ordnung stets kleiner, d. h. die Fouriersche Reihe, welche die Außenwandtemperatur darstellt, konvergiert besser als diejenige der Heizleistung. Endlich wächst auch die Phasenverschiebung zwischen Außenwandtemperaturvektor und Heizvektor, d. h. mit zunehmendem S verschiebt sich die Wärmeabgabe gegenüber der Stromzufuhr um so mehr, je größer S ist.

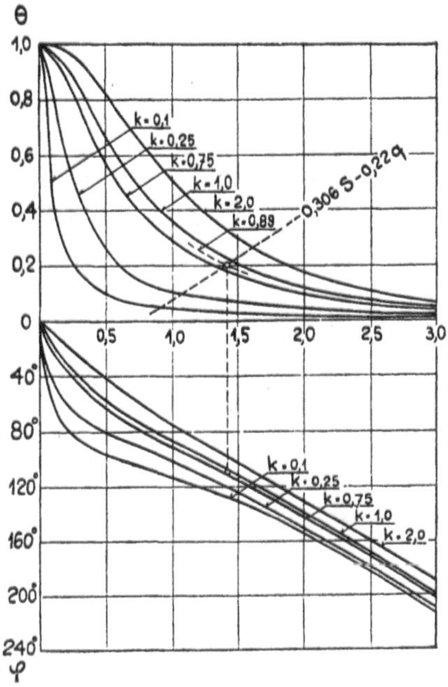

Abb. 50

Da S außer von der Wandstärke auch von den Materialkonstanten abhängt und die Wirkungsweise des Speichers im wesentlichen bestimmt, kann S als die charakteristische Größe der plattenförmigen Wärmespeicher angesprochen werden. Auswahl des Materials und Konstruktion des Speichers müssen ein möglichst großes S anstreben.

Die Außenwandtemperatur für eine gegebene Strombezugszeit.

Wird der Speicher täglich (T_0 = 24 Std.) während T_s Stunden mit der konstanten Leistung Q_s Watt/dm² geheizt, so ist zur Berechnung der Außenwandtemperatur vorerst das Strombezugsdiagramm

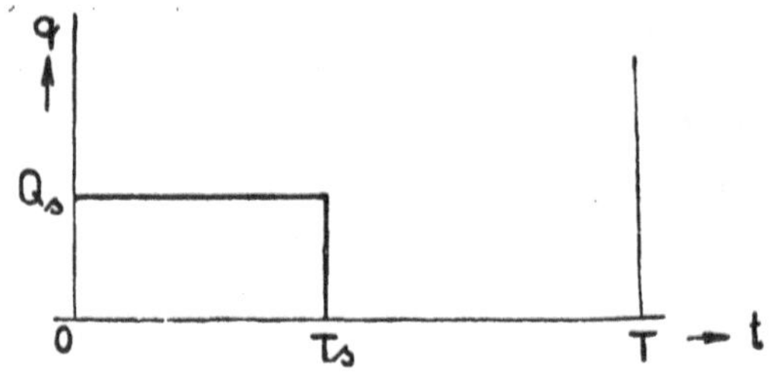

Abb. 51

Abb. 51 harmonisch zu analysieren, d. h. in Form einer Fourierschen Reihe darzustellen. Dabei ergibt sich zunächst ein konstantes Glied:

$$q_k = \frac{Q_s\, T_s}{T_o}.$$

Den Koeffizienten a_n des $n$ten Sinusgliedes erhält man in bekannter Weise (siehe z. B. „Hütte“, 23. Aufl., Seite 125):

$$a_n = \frac{2}{T_o}\int_0^T Q_s \sin\frac{2\,\pi\,nt}{T_o}\,dt = \frac{2\,Q_s}{T_o}\int_0^{T_s}\sin\frac{2\,\pi\,nt}{T_o}\,dt + 0 = \frac{Q_s}{\pi\,n}\left(1-\cos\frac{2\,\pi\,n\,T_s}{T_o}\right)$$

und analog den Koeffizienten b_n des $n$ten Cosinusgliedes:

$$b_n = \frac{2}{T_o}\int_0^T Q_s \cos\frac{2\,\pi\,nt}{T_o}\,dt = \frac{2\,Q_s}{T_o}\int_0^{T_s}\cos\frac{2\,\pi\,nt}{T_o}\,dt + 0 = \frac{Q_s}{\pi\,n}\sin\frac{2\,\pi\,n\,T_s}{T}.$$

Sinus- und Cosinusglied können zu einem resultierenden Sinusglied mit dem Koeffizienten c_n und der Phasenverschiebung φ_{qn} zusammengesetzt werden und es ist:

$$c_n = \frac{Q_s}{\pi\,n}\sqrt{\left(1-\frac{\cos 2\,\pi\,n\,T_s}{T_o}\right)^2+\left(\sin\frac{2\,\pi\,n\,T_s}{T_o}\right)^2} = \frac{2\,Q_s}{\pi\,n}\sin\frac{\pi\,n\,T_s}{T_o}$$

und: $$\operatorname{tg}\varphi_{qn} = \frac{\sin\frac{2\,\pi\,n\,T_s}{T}}{1-\cos\frac{2\,\pi\,n\,T_s}{T_o}} = \frac{1}{\operatorname{tg}\frac{\pi\,n\,T_s}{T_o}} = \cot\frac{\pi\,n\,T_s}{T_o},$$

somit: $$\varphi_{qn} = \frac{\pi}{2} - \frac{\pi\,n\,T_s}{T_o}.$$

Das Strombezugsdiagramm Abb. 51 für eine konstante Heizleistung Q_s während T_s Stunden innerhalb der Periodendauer von T_o Stunden kann also analytisch dargestellt werden durch die Fouriersche Reihe:

$$q = \frac{Q_s\,T_s}{T_o} + \frac{2\,Q_s}{\pi}\sum_{n=1}^{n=\infty}\frac{1}{n}\sin\frac{n\,\pi\,T_s}{T_o}\sin\left(\frac{2\,\pi\,nt}{T_o}+\frac{\pi}{2}-\frac{\pi\,n\,T_s}{T_o}\right). \quad (88)$$

Um nun den aus diesen Strombezugsbedingungen resultierenden zeitlichen Verlauf der Oberflächentemperatur zu berechnen, bestimmt man zu jedem Glied der Gleichung (88) den zugehörigen Vektor $\overline{T}_{qa\,1}$. Hierfür benützt man die Kurvenschar der Abb. 50 Zunächst berechnet man k nach Gleichung (85) und S nach Gleichung (74). Für das $n$te Glied ist dann:

$$k_n = \frac{k}{\sqrt{n}} \quad \text{und} \quad S_n = S\sqrt{n}.$$

Nun kann man in Abb. 48 auf den zu den Abszissen S_n gehörenden Ordinaten den absoluten Betrag Θ_n und die Phasenverschiebung φ_n

auf den zu den Parametern k_n (eventuell interpoliert) gehörenden Kurven abgreifen. Damit sind die Glieder der Fourierschen Reihe, die den variablen Teil der Außenwandtemperatur darstellt, bestimmt. Die einzelnen Glieder sind jedoch noch auf den gleichen Anfangspunkt zu beziehen. Zu diesem Zweck ist das Argument um den Phasenverschiebungswinkel φ_{qn} des betreffenden Gliedes der Reihe für q zu vermehren. Man erhält somit unter Berücksichtigung von Gleichung (88):

$$T_{qu} = \frac{2\,Q_s}{a\,\pi} \sum_{n=1}^{n=\infty} \frac{1}{n} \sin \frac{\pi\, n\, T_s}{T_o}\, \Theta_n \sin\left(\frac{2\,\pi\, nt}{T_o} + \frac{\pi}{2} - \frac{n\,\pi\, T_s}{T_o} - \varphi_{qn}\right). \quad (89)$$

Theoretisch sind zur Berechnung der Außenwandtemperatur unendlich viele Glieder nötig. Da jedoch, wie erwähnt, die Konvergenz von Gleichung (89) besser ist als von Gleichung (85), so genügen bei den üblichen Strombezugszeiten schon einige wenige Glieder. In dem nachfolgenden Zahlenbeispiel mußten allerdings für einstündige Strombezugszeit (T_s = 1 Std.) 15 Glieder berücksichtigt werden, um eine genügend genaue T_{qa}-Kurve zu erhalten.

Dem variablen Teil T_{qu} überlagert sich nun noch die konstante Mitteltemperatur T_{am}, die wir nach Gleichung (69) finden zu:

$$T_{am} = T_{uk} + \frac{q_k}{a} = T_{uk} = + \frac{Q_s\, T_s}{a\, T_o}. \quad (90)$$

1. Zahlenbeispiel. Zur Erläuterung dieser Untersuchung haben wir für die gleiche Platte den periodischen Verlauf der Außenwandtemperatur für verschiedene Strombezugszeiten berechnet. Um die Leistung in Watt einführen zu können, sind auch die Materialkonstanten so festgesetzt, daß die Wärmemengen in Wattstnnden (Wh) erscheinen. Die Platte ist s = 1 dm dick und besteht aus Speckstein mit einem spezifischen Gewicht γ = 2.9 kg/dm², einer spezifischen Wärme c = 0.29 Wh/kg° C und einer Wärmeleitfähigkeit λ = 0,29 W/dm° C. Damit ergibt sich eine Temperaturleitfähigkeit:

$$a = \frac{0{,}29}{0{,}29 \cdot 2{,}9} = 0{,}345 \text{ dm}^2/\text{h}\,.$$

Der Wärmeübergangskoeffizient der Oberfläche beträgt a = 0,134 W/dm²° C. Die Innenwand der Platte wird mit einer spezifischen Leistung Q_s = 17,4 W/dm² geheizt. Für eine Periodendauer von einem Tag, d. h. T_o = 24 Std. ist:

$$S = 1\sqrt{\frac{\pi}{0{,}345 \cdot 24}} = 0{,}618 \quad \text{und} \quad k = 0{,}314\sqrt{\frac{24}{2{,}9 \cdot 0{,}29 \cdot 0{,}29}} = 0{,}75\,.$$

Der in der angegebenen Weise mit diesen Zahlen berechnete Temperaturverlauf ist in den Abb. 54—56 für verschiedene Strombezugszeiten aufgetragen. Diese Kurven geben die Differenz zwischen Wand- und Umgebungstemperatur in ° C (Maßstab links) und gleichzeitig, da die Umgebungstemperatur als konstant vorausgesetzt ist, die pro dm² Oberfläche abgegebene Wärmemenge in W/dm² (Maßstab rechts).

Abb. 52 gilt für zwölfstündige Strombezugszeit $T_s = 12$ Std. pro Tag. Da hierfür das Strombezugsdiagramm aus zwei spiegelbildlich symmetrischen Hälften besteht, enthält die Fouriersche Reihe nur Sinusglieder ungerader Ordnung. Daher erhält man auch für die Reihe der Außenwandtemperatur nur Sinusglieder ungerader Ordnung, d. h. auch diese Kurve besteht aus zwei spiegelbildlich

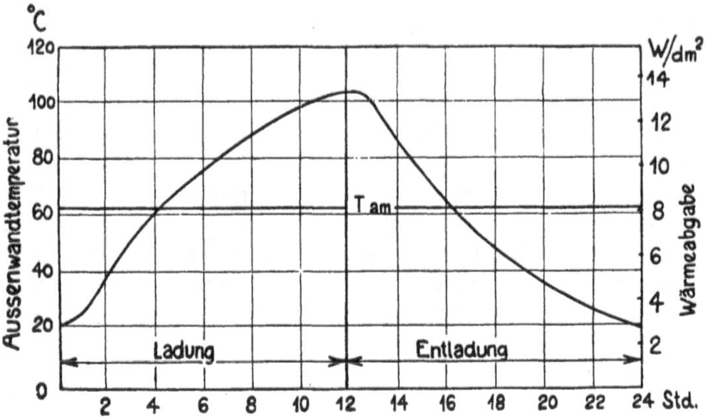

Abb. 52

symmetrischen Hälften. Abb. 53 gibt den Temperaturverlauf für achtstündige Strombezugszeit $T_s = 8$ Std. (ausgezogene Kurve) und Abb. 54 für einstündige Strombezugszeit $T_s = 1$ Std. Endlich sind in Abb. 53 (strichpunktierte Kurve) die Kurven für $T_s = 8$ Std. und $T_s = 1$ Std. zusammengelegt, jedoch so, daß der Beginn der

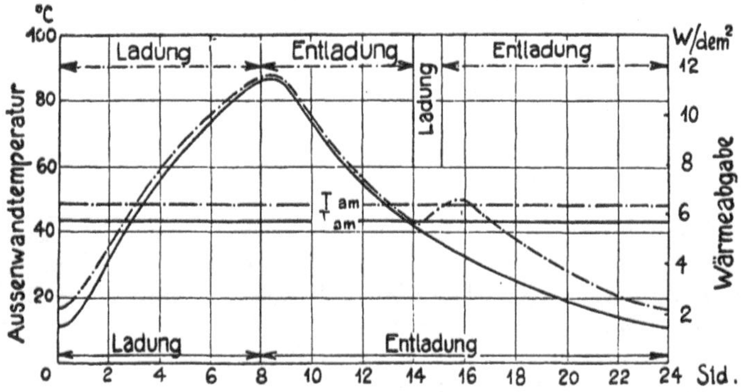

Abb. 53

beiden Strombezugszeiten 210 Winkelgrad = 14 Std. auseinanderliegt. Dieser Fall entspricht also dem praktisch wichtigen, daß der Strom für die Heizung während acht Nachtstunden, z. B. von 22 bis 6 Uhr, und einer Mittagsstunde, z. B. von 12 bis 13 Uhr, zur Verfügung steht. Diese Kurve zeigt, wie wertvoll gerade dieser Mittagsstrom für den Betrieb von Speicheröfen ist, weil die von ihm erzeugte Wärme die Heizung am Nachmittag sehr wesentlich verbessert. Spezialtarife für Heizzwecke sollten, wenn immer möglich, den Bezug von Mittagsstrom erlauben.

Endlich zeigen die berechneten Kurven deutlich, daß die Außenwandtemperatur und damit die Wärmeabgabe noch eine Zeitlang zunimmt, wenn der Strom bereits ausgeschaltet ist, eine Erscheinung, die bei jedem guten Speicherofen beobachtet werden kann.

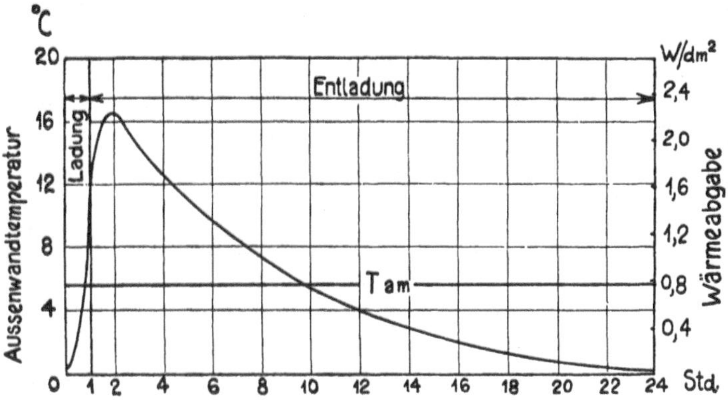

Abb. 54

Die Innenwandtemperatur.

Der von der Heizleistung herrührende variable Teil der Innenwandtemperatur gemäß Gleichung (83) kann durch einen Vektor $\overline{T}_{qi}$ dargestellt werden, der sich aus zwei Vektoren zusammensetzt, von denen der eine $\overline{T}_{qi\,1}$ dem Vektor der Heizleistung um $\frac{\pi}{4}$, der andere $\overline{T}_{qi\,2}$ um $\frac{3\,\pi}{4}$ nachläuft. Setzen wir den Vektor $\overline{T}_{qi\,1}$ mit dem absoluten Wert Θ_1:

$$\Theta_1 = e^{2s}\,(S^2 + (S + sh)^2) - e^{-2s}\,(S^2 + (S - sh)^2)$$

und den Vektor $\overline{T}_{qi\,2}$ mit dem absoluten Wert Θ_2:

$$\Theta_2 = \sqrt{4\,S^4 + (sh)^4}\,\sin\left(2\,S - \operatorname{arctg}\frac{2\,S\,sh}{2\,S^2 - (sh)^2}\right)$$

graphisch durch das rechtwinklige Dreieck Abb. 55 oder analytisch zusammen, so erhalten wir den Vektor $\overline{T}_{qi}$, dessen absoluter Wert Θ_i beträgt:

$$\Theta_i = \frac{Q\,s}{\sqrt{2\lambda\,S\,N}}\sqrt{\Theta_1^2 + \Theta_2^2}$$

und dessen Phase gegenüber dem Vektor $\overline{q}$ der Heizleistung um den Winkel φ_i verschoben ist:

$$\varphi_i = \frac{\pi}{4} + \operatorname{arctg}\frac{\Theta_2}{\Theta_1}.$$

Setzt man S nach Gleichung (73) ein, so geht Gleichung (83) über in:

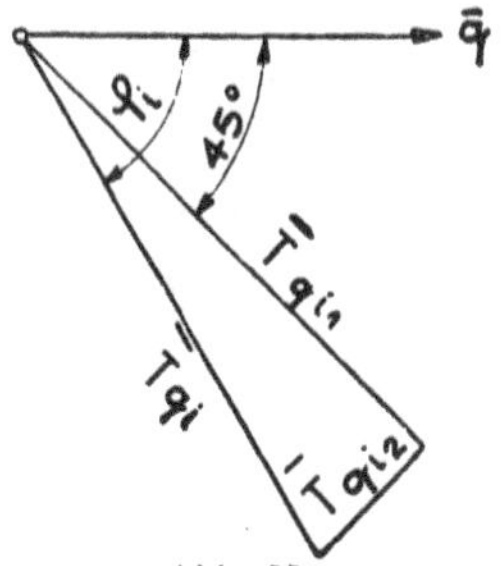

Abb. 55

$$T_{qi} = Q \sqrt{\frac{T_o}{2\pi\gamma\lambda c}} \frac{\Theta_i}{N} \left(\sin\frac{2\pi t}{T} - \left(\frac{\pi}{4} + \operatorname{arctg}\frac{\Theta_2}{\Theta_1}\right)\right). \tag{91}$$

Für große Werte von S kann sowohl e^{-2s} wie Θ_2 gegenüber e^{2s} vernachlässigt werden und man erhält angenähert:

$$T_{qi} \sim Q \sqrt{\frac{T_o}{2\pi\gamma\lambda c}} \left(\sin\frac{2\pi t}{T_o} - \frac{\pi}{4}\right). \tag{91a}$$

Der Wert $\frac{\Theta_i}{N}$ hat also den Charakter eines Korrektionsfaktors und der Winkel $\operatorname{arctg}\frac{\Theta_2}{\Theta_1}$, der sich mit zunehmender S Null nähert, eines Korrektionswinkels der Näherungsgleichung (91a).

Der Einfluß der Umgebungstemperatur auf die Innenwandtemperatur nach Gleichung (84) ist so gering, daß er nicht weiter untersucht werden soll.

Der zeitliche Verlauf der Innenwandtemperatur für ein bestimmtes periodisches Strombezugsdiagramm kann nun wieder ähnlich wie für die Außenwandtemperatur gefunden werden, indem man das Strombezugsdiagramm als Fouriersche Reihe darstellt und zu jedem Glied mit Gleichung (81) Koeffizient und Phase des zugehörigen Gliedes der Innenwandtemperatur bestimmt und schließlich die Glieder zusammensetzt.

Zu dem variablen kommt noch der konstante Teil der Innenwandtemperatur, für den wir mit Gleichung (70) erhalten:

$$T_{im} = Q_s \frac{T_s}{T_o} \left(\frac{S}{\lambda} + \frac{1}{a}\right). \tag{92}$$

Abb. 56 zeigt den Verlauf der Innenwandtemperatur in der in obigem Zahlenbeispiel beschriebenen Platte für ein Strombezugszeit $T_s = 12$ Stunden.

Würde die Platte dauernd mit der Leistung Q_s geheizt, so würde sich an der Innenwand die Temperatur nach langer Zeit der Endtemperatur T_{ik} nähern.

$$T_{ik} = Q_s \left(\frac{S}{\lambda} + \frac{1}{a}\right) \tag{93}$$

T_{ik} ist in Abb. 54 ebenfalls eingetragen. Beim periodischen Betrieb erreicht die Höchsttemperatur etwa 85% davon.

Entwurf von Wärmespeichern.

Die bisherigen Berechnungen zeigen, wie man den zeitlichen Verlauf der Wärmeabgabe und der Innenwandtemperatur angeben kann, wenn die Abmessungen der Speicherplatte gegeben sind. Soll jedoch ein Wärmespeicher für bestimmte Verhältnisse entworfen werden, so ist durch Rechnung festzustellen, wie dick die Platte gewählt werden soll und wie stark sie pro Flächeneinheit geheizt werden darf.

Da die Fouriersche Reihe für die üblichen Strombezugszeiten von 8 bis 12 Stunden pro Tag konvergent ist, und das Verhältnis zwischen den Amplituden der Heizleistung und der Außenwandtemperatur für höhere Glieder stets kleiner wird, überwiegt in der Fourierschen Reihe für die Außenwandtemperatur die erste Harmonische die übrigen bedeutend. So beträgt z. B. der Unterschied zwischen höchster und tiefster Außentemperatur für die im 1. Zahlenbeispiel berechnete Platte bei 12stündiger Strombezugszeit nur 9% und bei 8stündiger Strombezugszeit 19% mehr als die doppelte Amplitude der ersten Harmonischen.

Es genügt daher für den ersten Entwurf nur die erste Harmonische zu berücksichtigen. Man kann mit den gefundenen Plattendimensionen eine genaue Berechnung des Temperaturverlaufes durchführen, um dann auf Grund des Ergebnisses die gefundenen Daten, soweit nötig, zu ändern.

Als Voraussetzung der Berechnung wird festgesetzt, daß:

1. die höchste Außenwandtemperatur $T_{a\,max}$ den durch hygienische Anforderungen gegebenen Höchstwert von zirka 100 bis 120° C nicht überschreite;

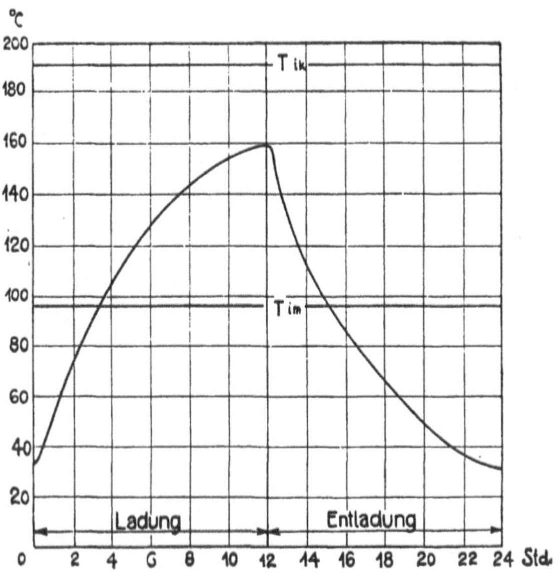

Abb. 56

2. die Innenwandtemperatur $T_{i\,max}$ selbst bei dauernder Belastung nicht höher werde, als für die Haltbarkeit der Heizwiderstände zulässig ist.

Die zulässige Höchsttemperatur $T_{i\,max}$ hängt wesentlich vom Material und der Konstruktion der Heizwiderstände ab, die hier nicht erörtert werden sollen. Das Generalsekretariat des S. E. V. hat hiefür in der Zeitschrift, Bulletin 1918, S. 125, 400 bis 600° C angegeben.

Die höchste Außenwandtemperatur ist die Summe aus der Mitteltemperatur T_{am} und der halben Differenz ΔT aus der höchsten und tiefsten Temperatur. Nach obigem darf die Amplitude der ersten Harmonischen betragen:

$$T_{qa} = \frac{\Delta T}{2} \eta,$$

worin $\eta = 0{,}8 - 0{,}9$ beträgt, je nach der Strombezugszeit. Ist $T_s < \frac{T_o}{2}$ so stellt allerdings die Mitteltemperatur T_{am}, wie die Abb. 53 und 54 zeigen, nicht das arithmetische Mittel zwischen höchster und tiefster Temperatur dar. Bei der Entwurfsberechnung, die nur die erste Harmonische berücksichtigt, braucht jedoch hierauf nicht Rücksicht genommen zu werden.

Ist Q_s die gesuchte Belastung pro Flächeneinheit für die gegebene Strombezugszeit T_s innerhalb der Periode T_o, so erhält man mit den Gleichungen (89) und (90) die höchste Außenwandtemperatur $T_{a\,max}$:

$$T_{a\,max} = T_{am} + \frac{\Delta T}{2} = T_{uk} + \frac{Q_s}{a}\left(\frac{T_s}{T_o} + \frac{2}{\pi \eta}\Theta \sin \frac{\pi T_s}{T_o}\right). \quad (94)$$

In dieser Gleichung ist Θ eine durch die Gleichung (86) resp. die Kurvenschar, Abb. 50, gegebene Funktion von k und S. k ist eine durch die Konstanten des Materials gemäß Gleichung (85) gegebene Größe, S ist außerdem von der gesuchten Plattenstärke abhängig.

Die maximale Innenwandtemperatur $T_{i\,max}$ bei Dauerbelastung erhält man, indem in Gleichung (74) s aus Gleichung (85) substituiert unter Berücksichtigung von Gleichung (85) ebenfalls als Funktion von k und S.

$$T_{i\,max} = T_{uk} + Q_s\left[\frac{S}{\lambda\sqrt{\frac{\pi}{a\,T_o}}} + \frac{1}{a}\right] = T_{uk} + \frac{Q_s}{a}(k\,S + 1). \quad (95)$$

Aus den Gleichungen (94) und (95) kann man durch Division $\frac{Q_s}{a}$ eliminieren und erhält:

$$\Theta = \frac{\pi \eta}{2 \sin \frac{T_s \pi}{T_o}}\left[\frac{T_{a\,max} - T_{uk}}{T_{i\,max} - T_{uk}}(k\,S + 1) - \frac{T_s}{T_o}\right]. \quad (96)$$

Aus dieser Gleichung sind die unbekannten Größen Θ und S mit Hilfe von Abb. 50 zu bestimmen. Die linke Seite wird als Funktion von S durch die zu dem bekannten k gehörende Kurve ausgedrückt. Die rechte Seite dagegen kann durch eine Gerade als Funktion von S dargestellt werden. Der Schnittpunkt dieser Geraden mit der zu k gehörenden Kurve hat die Ordinate S aus der sich die Plattenstärke s:

$$s = S\sqrt{\frac{a\,T}{\pi}} \quad (97)$$

und die Ordinate Θ, aus der sich die Amplitude ϑ_{qa} der ersten Harmonischen berechnen lassen.

$$T_{qa} = \frac{2\,Q_s}{\pi\,a}\Theta \sin \frac{\pi\,T_s}{T}. \quad (98)$$

Mit S erhalten wir ferner die Heizflächenbelastung Q durch Gleichung (95):

$$Q_s = \frac{a\,(T_{i\,max} - T_{uk})}{(k\,S + 1)}. \tag{99}$$

Auf der gleichen Ordinate unterhalb der Abszissenachse finden wir in Abb. 50 auf der zum Parameter k gehörenden φ-Kurve den Winkel φ, um den der Vektor der Außenwandtemperatur dem Heizvektor nacheilt. Die Funktion des festen Wärmespeichers besteht im Gegensatz zu andern Wärmespeichersystemen (Dampf- oder Flüssigkeitsspeicher) nicht darin, eine bestimmte Wärmemenge aufzunehmen und zu beliebiger Zeit wieder abzugeben. Vielmehr erfolgt die Wärmeabgabe um eine bestimmte, durch die Konstruktion des Speichers gegebene Zeit T_a später als der Strombezug. Die Verzögerungszeit T_a ist im wesentlichen gegeben durch den Winkel φ um den die erste Harmonische der Außenwandtemperatur dem Heizvektor nacheilt.

$$T_a = T\frac{\varphi}{360^0}. \tag{100}$$

Der Winkel φ ist daher diejenige Größe, welche die Wirkungsweise des Speicherofens im wesentlichen charakterisiert. Er ist von der Belastung der Heizfläche unabhängig und durch die Wandstärke sowie die Materialkonstanten bestimmt und beträgt nach Gleichung (86) im Winkelmaß angenähert:

$$\varphi = \frac{S}{2\pi}\,360^0 + \operatorname{arctg}\frac{1}{1+k}. \tag{101}$$

2. Zahlenbeispiel: Zur Erläuterung soll für eine Strombezugszeit von $T_s = 9$ St. täglich ein Wärmespeicher berechnet werden, dessen Material (z. B. Basalt) folgende Materialkonstanten habe:

spez. Gewicht $\gamma = 3$ kg/dm³; Wärmeleitfähigkeit $\lambda = 0{,}25$ W/dm ° C;
spez. Wärme $c = 0{,}23$ Wh/kg ° C,

womit sich eine Temperaturleitfähigkeit a ergibt.

$$a = \frac{0{,}25}{3 \cdot 0{,}23} = 0{,}362 \text{ dm}^2/\text{h}.$$

Die Wärmeübergangszahl der Oberfläche α sei:

$$\alpha = 0{,}134 \text{ W/dm}^2\,{}^0\text{C}.$$

Damit erhalten wir:

$$k = 0{,}134\sqrt{\frac{24}{3 \cdot 0{,}23 \cdot 0{,}25}} = 0{,}89$$

Bei einer konstanten Raumtemperatur von 15 ° C soll die höchste Außenwandtemperatur 105 ° C nicht überschreiten. Für die Innenwandtemperatur werde bei Dauerbelastung 415 ° C zugelassen. Mit:

$$\sin\frac{\pi\,T_s}{T} = \sin\left(\frac{\pi\,9}{24} = 67^0\,30'\right) = 0{,}924$$

wird Gleichung (33):

$$\Theta = \frac{\pi \cdot 0{,}9}{2 \cdot 0{,}924}\left(\frac{90}{400}(0{,}89\,S + 1) - \frac{9}{24}\right).$$

Die Gerade $\Theta = 0{,}306\ S - 0{,}229$ ist in Abb. 50 eingetragen. Ihr Schnittpunkt mit der Θ-Kurve für $k = 0{,}89$, zwischen den Kurven für $k = 0{,}75$ und $k = 1{,}0$ interpoliert hat die Abszisse $S = 1{,}41$ und die Ordinate $\Theta = 0{,}20$.

Damit erhält man die Wandstärke s:

$$s = 1{,}41 \sqrt{\frac{0{,}362 \cdot 24}{\pi}} = 2{,}34 \text{ dm}$$

und die Heizflächenbelastung Q_s:

$$Q_s = \frac{0{,}134 \cdot 400}{0{,}89 \cdot 1{,}41 + 1} = 23{,}8 \text{ W/dm}^2 .$$

Die Differenz zwischen höchster und tiefster Außenwandtemperatur ergibt sich angenähert zu:

$$\Delta T = \frac{4 \cdot 23{,}8 \cdot 0{,}924 \cdot 0{,}2}{\pi \cdot 0{,}134 \cdot 0{,}9} = 46^\circ \text{ C},$$

während die mittlere Temperaturdifferenz zwischen Außenwand- und Raumtemperatur T_{am} beträgt:

$$T_{am} = \frac{23{,}8}{0{,}134}\ \frac{9}{0{,}134} = 67^\circ \text{ C}.$$

Die Außenwandtemperatur variiert also zwischen:

$$15 + 67 \pm \frac{46}{2} = 105^\circ \text{ und } 59^\circ \text{ C}.$$

Die Phasenverschiebung kann der Abb. 50 entnommen werden zu $\varphi = 116^\circ$. Die Wärmeabgabe ist somit gegenüber dem Strombezug um T_s Std. verzögert:

$$T_a = 24 \frac{116}{360} = 7{,}7 \text{ Std.}$$

Mit Q_s und s sind die Abmessungen des Ofens bestimmt. Soll er einen Raum heizen, dessen Wärmeverluste W (Watt) betragen, so ist die erforderliche Heizfläche H_{fl}:

$$H_{fl} = \frac{W\, T_o}{Q_s\, T_s} \text{ dm}^2 \tag{102}$$

und das Speichervolumen Vol:

$$Vol = s\, H_{fl} = \frac{W s\, T_o}{Q_s\, T_s}. \tag{103}$$

Ein Teil des Speichervolumens wird allerdings als „Plattenrand“ anzusprechen sein, d. h. der Wärmefluß wird daselbst nicht senkrecht zu der Oberfläche verlaufen und daher die gegebene Berechnung dafür nur teilweise zutreffen. Es ist jedoch Aufgabe des Konstrukteurs, tote Winkel nach Möglichkeit zu vermeiden. Zu diesem Zwecke ist der Ofen so auszubilden, daß der Wärmestrom überall möglichst senkrecht zur Heizfläche austritt: dann wird das nach Gleichung (103) berechnete Speichervolumen genügen.

Schließlich soll noch einmal darauf hingewiesen werden, daß alle Berechnungen auf der Annahme beruhen, die Materialkonstanten seien von der Temperatur unabhängig. Das trifft jedoch nicht zu; namentlich die Leitfähigkeit ist für viele Speichermaterialien von der Temperatur ziemlich stark abhängig. Man muß daher mit Mittelwerten rechnen. Die Abhängigkeit der Materialkonstanten von der Temperatur in der Rechnung zu berücksichtigen, würde wohl sehr weit führen und kaum befriedigend gelingen, weil nur einfache Ansätze in Betracht kommen können, die der Wirklichkeit doch nur teilweise entsprechen. Wenn das Bedürfnis nach weiterer Erkenntnis besteht, so wird wohl nur der Laboratoriumsversuch genügend Aufschluß geben, wobei festzustellen wäre, wie weit die tatsächlich erreichten Temperaturen von den mit Mittelwerten für die Materialkonstanten berechneten abweichen. Bei diesen Versuchen müßte die der Berechnung zugrunde liegende Annahme periodischen Wärmeflusses verwirklicht werden, d. h. der Ofen mehrere Tage nacheinander geheizt und der Wärmeabgabe überlassen werden, um jede Unsicherheit über den Anfangszustand der Temperaturverteilung auszuschließen.

3. Wärmeverwertung für Kochzwecke.

Allgemeines.

Bei der am meisten ausgebauten Elektrowirtschaft der Schweiz empfiehlt es sich, deren Entwicklungslinie zu verfolgen und sie neben den Erfahrungen der Nordländer, d. i. Schweden und Norwegen, für die übrigen Länder als Richtlinien zu benützen.

Die elektrische Küche in der Schweiz.

Obschon die elektrische Küche eigentlich erst in den letzten acht und bis zehn Jahren so recht bekannt geworden ist, ist sie doch keine Errungenschaft der neuesten Zeit. Schon im Jahre 1893 hatte eine Schweizer Firma auf der Weltausstellung in Chicago eine elektrische Küche ausgestellt. Doch wurde damals die weitere Entwicklung aufgehalten, weil die wenigsten Elektrizitätswerke Tarife aufzustellen wagten, die die elektrische Küche hätten wirtschaftlich machen können. Dann waren auch die Brennstoffe, Kohle und Holz, vor dem Kriege so niedrig im Preise, daß es schwer hielt, mit elektrischer Energie den Wettbewerb aufzunehmen. Außerdem ließen die elektrischen Herde oft allerlei zu wünschen übrig. Allen diesen Vorurteilen und Schwierigkeiten zum Trotz gelang es aber schon vor dem Kriege, besonders in der Schweiz, die elektrische Küche einzuführen, und zwar zunächst in den Ortschaften, die keine Gasversorgung besaßen. Das ist begreiflich, denn jede Hausfrau, die auf Bequemlichkeit und Sauberkeit hielt, wünschte sich eine bequemere und sauberere Kochgelegenheit, als die Kohlen- und Holzherde ihr bieten konnten. Daraus erklärt sich die auf den ersten Blick nicht verständliche Erscheinung, daß die elektrische Küche auf dem Lande heute öfter zu finden ist als in den Städten. In der letzten Zeit findet die elektrische Küche aber auch in den Städten und in größeren Ortschaften mit Gasversorgung immer mehr Eingang. Dabei drängt sich von selbst die Frage auf, ob auch in der Stadt die Möglichkeit besteht, mit Elektrizität wirtschaftlich zu kochen.

Ein wesentlicher Grund, warum bis heute die elektrische Küche in den Städten nicht mehr gefördert wurde, liegt darin, daß den Städten sowohl das Gaswerk wie das Elektrizitätswerk gehört, und daß die Stadtverwaltung oft ohne Rücksicht auf die Wünsche und Bedürfnisse der Bürger dem Gaswerk das einzige Absatzgebiet, das ihm noch verblieben ist, die Küche, zu erhalten sucht. Dieses Bestreben zeitigt auch die ungesunde Erscheinung, daß die Elektrizitätswerke verhältnismäßig viel höhere Abgaben an die Stadtkasse liefern müssen als die Gaswerke. Mit anderen Worten: Die mit ausländischen Kohlen arbeitenden Gaswerke werden durch die mit einheimischen Wasserkräften arbeitenden Elektrizitätswerke sozusagen finanziell gestützt.

Eine weitere Ursache, warum von den städtischen Elektrizitätswerken die elektrische Küche nicht mehr gefördert wird, liegt darin, daß viele Werke sich nicht genau Rechenschaft darüber geben, welchen Einfluß das elektrische Kochen auf die Tagesbelastung hat. Ein Elektrizitätswerk wird natürlich während der verschiedenen Tagesstunden ganz verschieden beansprucht, denn der Energiebedarf für Kraftbetrieb, Beleuchtung, Wärme usw. schwankt zu den verschiedenen Tageszeiten sehr stark. Ein treffendes Beispiel in dieser Hinsicht bietet das Elektrizitätswerk der Stadt Zürich. Nach dem Geschäftsbericht dieses Werkes gestaltete sich die Abgabe aus den Verteilanlagen am 28. Dezember 1924, also am wahrscheinlich höchstbelasteten Tage des Jahres, ungefähr wie folgt: Von 0 bis 6 Uhr betrug die Belastung 12.000 Kilowatt (kW), kurz nach 7½ Uhr wurde die Morgenhöchstbelastung mit 31.000 kW erreicht, von 10 bis 16 Uhr blieb die Belastung unter 25.000 kW. Die Höchstbelastung des Tages trat abends um 17 Uhr mit 35.000 kW ein; um 18 Uhr war die Belastung wieder auf 25.000 kW zurückgegangen.

Behalten wir diese Verhältnisse im Auge und betrachten wir die Gewohnheiten der Menschen, so sehen wir sogleich, daß die Kochapparate während der Stunden der Höchstbelastung sozusagen nicht benützt werden. Die geringe Beanspruchung der Kochapparate für das Morgenessen fällt meistens in die Zeiten vor ½8 Uhr. Mit dem Kochen des Mittagessens wird gewöhnlich nach 10 Uhr begonnen, und das Nachtessen für das viel weniger Leistung notwendig ist, als für das Mittagessen, wird fast überall nach 18 Uhr bereitet. Daraus ergibt sich, daß das von den Werken gefürchtete sogenannte K o c h m a x i m u m beim elektrischen Kochen keine gefährlichen Dimensionen annimmt. Man könnte z. B. beim Elektrizitätswerk der Stadt Zürich ein Kochmaximum von 10.000 kW zulassen, ohne daß deswegen die installierte Maschinenleistung auch nur um eine einzige Pferdekraft erhöht werden müßte.

Die nächste Frage ist, an wieviele Einwohner der Stadt Zürich unter diesen Umständen ohne Erhöhung der Maschinenleistung Kochstrom abgegeben werden könnte. Denn das ist wesentlich für die Gestaltung der Strompreise beim elektrischen Kochen. Für die schweizerischen Verhältnisse liegen noch keine sicheren und allgemein gültigen Berechnungen über den Kochmaximum-Anteil pro Kopf der elektrisch kochenden Bevölkerung vor. Dagegen hat man in den Nordstaaten, wo die elektrische Küche viel größere Verbreitung aufweist als bei uns, festgestellt, daß dieser Anteil pro Kopf durchschnittlich etwa 150 Watt beträgt, wenn von den verschiedensten Bevölkerungskreisen in Stadt, Vorort und Land elektrisch gekocht wird. Treffen diese Feststellungen auch für unsere Verhältnisse zu, was allerdings nicht ohne weiteres behauptet werden kann, weil die Lebensgewohnheiten hierbei eine große Rolle spielen, so könnte in der Stadt Zürich mit den erwähnten 10.000 kW, d. h. ohne Erhöhung der Maschinenleistung, von etwa 70.000 Personen elektrisch gekocht werden. Allerdings müßten die Verteilanlagen dann verschiedenenorts ergänzt werden.

Der Krieg mit der gewaltigen Brennstoffverteuerung brachte der elektrischen Küche einen früher kaum erwarteten Aufschwung. Angesichts der gesteigerten Nachfrage gelang es der schweizerischen Elektroindustrie bald, elektrische Herde und Kochgeräte auf den Markt zu bringen, die nicht nur eine hohe Nutzwirkung aufwiesen, sondern auch haltbar und betriebssicher waren. Doch haftete den bis etwa zum Jahre 1920 gelieferten Einrichtungen immer noch ein Nachteil an: Die Leistung der Kochplatten (Abb. 57, 58) war ungenügend; es ging zu lange, bis das Kochgut siedete. Dieser Umstand ist daran schuld, daß man heute immer noch zu Unrecht sagen hört, mit dem elektrischen Kochen gehe es zu langsam, denn inzwischen ist dieser Übelstand längst behoben worden. Seit es einer Firma gelungen ist, elektrische Glühroste (Abb. 59) herzustellen, deren Wirkung der des Kohlenfeuers gleichkommt, bauen alle namhaften schweizerischen Fabriken elektrischer Koch- und Heizapparate sogenannte Hochwattplatten bis zu 2000 Watt Leistung. Damit ist die elektrische Küche sowohl in Bezug auf Bequemlichkeit als hinsichtlich des schnellen Kochens dem früher üblichen Küchenfeuer mindestens ebenbürtig geworden. Vor der Feuerung mit Holz, Kohle oder Gas hat die elektrische

Abb. 57. Einplattenherd (Rechaud)

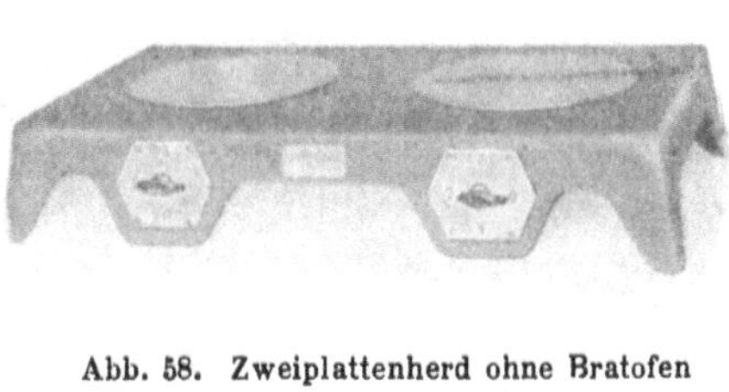

Abb. 58. Zweiplattenherd ohne Bratofen

Küche aber den sehr wichtigen Vorteil, daß keine Verbrennungsprodukte entstehen, die die Luft verschlechtern oder sich an den Wänden und in den Schränken, an den Geschirren und selbst auf den Speisen niederschlagen. Die elektrische Küche ist absolut sauber; das ist eine überaus schätzenswerte und wichtige Eigenschaft. Das wichtigste Ausrüstungsstück einer elektrischen Küche ist der Kochherd, der sich in der Form vom Gas- und Kohlenherd nicht wesentlich unterscheidet. Die Wärme wird durch Heizwiderstände in besonders hierfür gebauten Heizplatten erzeugt, die sie durch den Boden der Kochgefäße an das Kochgut abgeben. In der Regel werden Herde mit 2, 3 oder 4 Platten und einem Bratofen verwendet. Zweckmäßig ist es, mindestens eine Platte für eine Leistung von 2000 Watt vorzusehen. Für einfache Verhältnisse genügen Zweiplatten-Herde; da, wo es sich um die Ergänzung eines Kohlen- oder Holzherdes handelt, reicht man sogar mit Einplatten-Herden aus. Die Beheizung sämtlicher Kochplatten kann durch entsprechende Regelung der Stromzufuhr abgestuft werden; auf diese Weis ist eine weitgehende Wärmeregulierung möglich. Größere Herde rüstet man vielfach mit einem elektrischen Glührost aus, bei dem der Strom elektrische Quarzilitstäbe auf helle Rotglut erhitzt; auf einem über den Stäben aufgestellten Rost können infolgedessen Grillspezialitäten zubereitet werden, und zwar so vorteilhaft, wie auf keine andere Weise. Solche Glühroste kommen außer für Restaurants vor allem für größere Haushaltungen in Frage, denn die Grillspzialitäten bringen eine beliebige Abwechslung in den Speisezettel. Eine ebenso wichtige Frage, wie die Auswahl des richtigen Herdes, ist die Beschaffung von geeigneten Kochgeschirren. Da die Übertragung der Wärme von der Platte durch den Boden des Kochgefäßes erfolgt, so ist die Übertragung der Wärme um so besser, je vollkommener

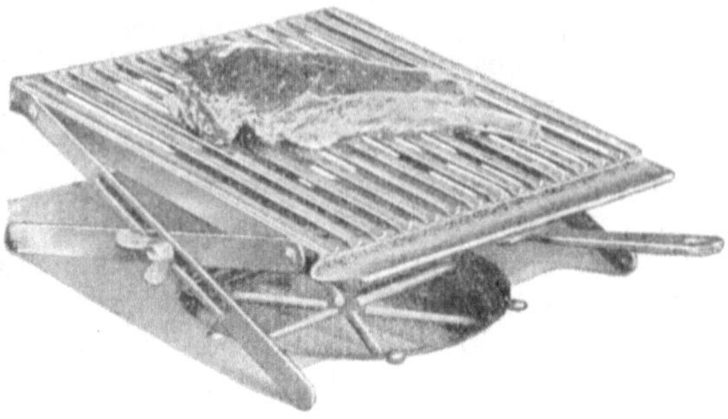

Abb. 59. Glührost mit Grillaufsatz

Abb. 60. Zweiplattenherd mit Back- und Bratrohr

die Berührung zwischen Platte und Kochgefäß ist. Kochgefäße mit verbogenen oder verbeulten Böden eignen sich nicht für die elektrische Küche. Empfehlenswert sind Aluminiumgefäße mit Böden von etwa 6 mm Dicke, für Bratzwecke außerdem die bekannten Diamantgußpfannen mit abgedrehten Böden.

Abb. 61. Dreiplattenherd mit Brat- und Backofen

Eine vorteilhafte Ergänzung der kleinbürgerlichen und der bäuerlichen Küche ist der Selbstkocher, eine elektrisch beheizte Kochkiste, die sich auch zur Vervollständigung von Küchen mit Gas-, Kohlen- oder Holzfeuerung eignet. Die durch einen solchen Selbstkocher bewirkte Ersparnis an Zeit, Mühe und Arbeit ist besonders im einfachen Haushalt sehr erheblich, weil man auf diese Weise die Möglichkeit erhält, zugleich mit der Zubereitung des Frühstückes die Speisen für das Mittagessen vorzubereiten, die der Selbstkocher dann im Laufe des Vormittags ohne Aufsicht garkocht.

Abb. 62 a. Grillrost für Großbetrieb

Ein anderer, für jede Hausfrau sehr nützlicher Bestandteil der elektrischen Küche ist der Heißwasserspeicher, auch Boiler genannt, der gleichfalls für sich verwendet werden kann und sich daher schon in vielen Holz- und Gasküchen findet. Diese Boiler sind zylinderförmige, doppelwandige, allseitig geschlossene Gefäße, die an die Wasserleitung angeschlossen und nachtsüber mit billigem Nachtstrom aufgeheizt werden, worauf sie zu jeder gewünschten Stunde heißes Wasser spenden. Das Wasser bleibt in den Speichern dank der guten Wärmeisolierung den ganzen Tag heiß, denn eine Vermischung des heißen Boilerinhalts mit dem bei der Heißwasserentnahme nachfließenden kalten Wasser tritt bei geeigneter Bauart nicht ein. Die Größe richtet sich nach dem Umfang des Haushalts. Für kleinere Verhältnisse genügen 30 Liter; der mittelgroße Haushalt kommt mit 50 Liter aus.

Durch die Verwendung von Heißwasserspeichern wird die elektrische Küche als solche bedeutend wirtschaftlicher, weil es dadurch möglich ist, den sonst für das Erwärmen von Wasser auf dem Herde erforderlichen Tagesstrom durch billige Nachtenergie zu ersetzen.

Eine bequeme Ergänzung zum elektrischen Herde sowie zu jeder anderen Kochgelegenheit stellen die sogenannten Schnellkocher (Abb. 57) dar, kleine elektrisch beheizte Kochtöpfe und

Abb. 62 b. Hotelgrill mit Revolverschluß, Rauchabzug und Rosteinsatz mit Hohlstäben und Fettsammler

Pfännchen, die ebenfalls in jeden Haushalt gehören. Sie sollten vor allem die feuergefährlichen Spiritus- und Petrolkocher ersetzen, denn sie können an jeden Steckkontakt und jede Lampenfassung angeschlossen werden. In einem solchen Schnellkocher kann man z. B. 1 Liter Wasser innerhalb 12 Minuten zum Sieden bringen.

Das neueste Gerät für die Küche der modernen Hausfrau ist der elektrische Kaffeeröster (Abb. 64). Es gibt ganz einfache und billige Röstapparate, die wie Bügeleisen an die Lichtleitung angeschlossen werden; ein halbes Pfund oder ein Viertel Kilogramm Kaffee läßt sich darin in 20 Minuten rösten, so daß sich jede Küche die Annehmlichkeit, nur frisch gerösteten Kaffee zu verwenden, verschaffen kann.

a) Kochen im Kleinhaushalt.

Bei vielen Verwendungen des elektrischen Stromes spielt die erste Rolle die Annehmlichkeit, die Bequemlichkeit, die Dienstbarkeit, Sauberkeit und Sicherheit, während die Kosten der Benützung nicht immer allein ausschlaggebend sind.

Abb. 63. Tellerwärmer

Beim elektrischen Kochen muß die Wirtschaftlichkeit allerdings in erster Linie berücksichtigt werden.

Wenn man früher die Kosten der elektrischen Beleuchtung in Vergleich setzte mit denen der Petroleum- und Gasbeleuchtung, so sind beim Kochen der Kohlen- und Gasherd die Konkurrenten.

Der Kohlenherd nützt nur etwa 8—15% der mit Kohle zugeführ- Energie aus; ein Großteil der Wärme entweicht ungenützt durch den Schornstein, ein anderer Teil heizt den Küchenraum und ein dritter wird verbraucht zur Erwärmung der Stein- und Eisenmassen des Herdes. Diese letztere Menge wird jedoch zum Teil noch ausgenützt, wenn der Herd sehr lange gebraucht wird, aber für eine kurze Benützungsdauer ist der kohlenbeheizte Küchenherd darum umso unwirtschaftlicher.

Abb. 64. Kochplattl mit aufmontiertem Kaffeeröster

Hierin hat der Gasherd ohne Zweifel den Vorzug. Sein Wirkungsgrad kann zu 20 bis 25% angenommen werden. Ob beim Gasherd mit geringeren Kosten gegenüber dem Kohlenherd gearbeitet werden kann, entscheidet der jeweilige Preisstand von Gas und Kohle. Beim Vergleiche müssen die vorangeführten Gesichtspunkte herangezogen werden.

Auch im Vergleich beim Kochen mit Gas oder elektrischem Strom sind die Preise für den Kubikmeter Gas und für die Kilowattstunde elektrischen Stromes wesentlich. Bisweilen werden die elektrischen Kochgeräte neben dem Gasherd benützt.

Nicht zuletzt ist auch die Verwendungsfähigkeit und die Dauer des elektrischen Kochapparates maßgebend, wobei es in der letzten Zeit gelungen ist, die Zeitdauer des elektrischen Kochens durch geeignete Konstruktionen herabzusetzen und dadurch der Konkurrenz des Gases zu begegnen.

Als Kochbedarf kann man im allgemeinen mit einem mittleren Werte von 0,60 kWh pro Kopf und Tag rechnen. Wenn an Stelle von Einzeltöpfen mit einem elektrischen Herde gekocht wird, so steigt die Anzahl der Kilowattstunden von 0,60 auf 0,67 pro Kopf und Tag. Hiezu kommt noch die Ziffer für die Bereitung des Warmwassers, welches zum Spülen und für andere Nebenzwecke nötig ist. Hiefür sind pro Kopf und Tag 0,36 kWh erforderlich.

Abb. 65. Blick in eine Küche mit elektrischem Herd (3 Platten und Backofen), Heißwasserspeicher und Kochapparaten

Es kann daher für Kochen und Warmwasserleitung zusammen rund 1 Kilowattstunde pro Kopf und Tag gerechnet werden, eine Zahl, die mehrfach statistisch festgestellt ist.

Gerade für solche Haushaltungen, die ohne Bedienung auskommen wollen, ist die elektrische Küche wie geschaffen, weil sie die Hausfrau sehr entlastet. In einem Haushalt von zwei Personen wird ein Herd mit drei Kochplatten von 2000, 1500 und 1000 Watt und einem Backofen von 2400 Watt benützt (vgl. Abb. 61). — Außerdem ist ein Schnellkocher von 1 Liter Inhalt (Abb. 66 a) und eine Bratkasserolle (Abb. 66 b) vorhanden; der Schnellkocher wird nur gelegentlich verwendet.

Der Herd wurde vor zwei Jahren angeschafft. Im ersten Jahre wurde während der Hochtarifzeit noch ein Gasherd benutzt, während im letzten Jahre ausschließlich die elektrischen Kocheinrichtungen zur Verwendung kamen, wobei man die angenehme Feststellung machte, daß die Küche nach der Außerbetriebsetzung des Gasherdes viel sauberer blieb. Um wirtschaftlich zu kochen, werden möglichst wenig Platten eingeschaltet; dafür wird deren Wärme gründlich ausgenützt. Für das Morgen- und Nachtessen heizt man nur die 2000-Watt-Platte an, die voll eingeschaltet wird; das Essen ist dann in 10 bis 18 Minuten fertig. Die Zubereitung des Mittagessens geschieht in der Regel auf zwei Kochplatten und in der Bratkasserolle, deren Energieverbrauch im Verhältnis sehr gering ist. Sie wird vor allem zum Rösten und Schweißen verwendet, wofür sich das übliche Aluminiumgeschirr nicht gut eignet. Mit Hilfe des Backofens (Bratrohr), der sehr befriedigt, wird der gesamte Bedarf an Backwerk gedeckt.

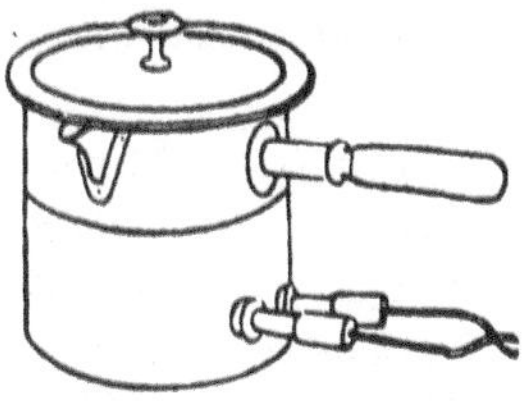

Abb. 66 a. Schnellkocher.

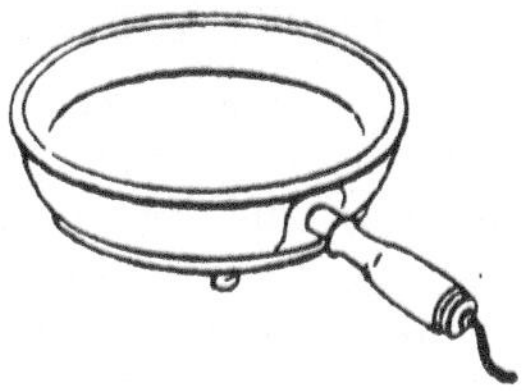

Abb. 66 b. Bratkasserolle.

Daß das elektrische Kochen nicht teurer ist als andere Kocheinrichtungen, beweisen die Energierechnungen des betreffenden Haushalts, die vierteljährlich durchschnittlich Fr. 28,— à 1,3 S = 36,4 S betragen. Die Summe setzt sich aus folgenden Posten zusammen:

Zählermiete	Fr. 4,50 =	S 5,85
Licht	Fr. 2,— =	S 2,60
Bügeleisen	Fr. —,50 =	S —,65
Strahlungsofen . . .	Fr. 1,— =	S 1,30
Küche	Fr. 20,— =	S 26,—

Die Küche verbraucht also im Monat für etwa Fr. 6,70 = 8,71 S Energie, d. h. im Tag für 22 Rp. = 28,6 g. Dabei ist zu berücksichtigen, daß der Backofen, dessen Energieverbrauch etwas größer ist als der der Kochplatten, sehr häufig benutzt wird.

Dieser allgemeinen Zusammenstellung mag noch eine Berechnung des Energieverbrauchs für einzelne Mahlzeiten folgen, die für die Hausfrau vielleicht noch lehrreicher ist:

1. M o r g e n e s s e n: Milchkaffee. Etwa ½ Liter Wasser für Kaffee, ½ Liter Milch, genügend Wasser zum Abwaschen. Hiefür wird die 2000-Watt-Platte etwa 10 Minuten lang voll ein- und hernach ganz ausgeschaltet. Der Energieverbrauch beträgt somit 10 Minuten oder $^1/_6$ Stunde $\times$ 2 Kilowatt = $^1/_3$ Kilowattstunde oder

0,33 kWh. Das macht bei einem Energiepreis von 10 Rp. = 13 g für die Kilowattstunde etwa 3 Rp. = 3,9 g.

2. Mittagessen. Besteht entweder aus Siedefleisch, Gemüse und Kartoffeln, oder aus Suppe, Fleisch und Bratkartoffeln. Der Energieverbrauch beträgt jeweils etwa 1,5 kWh, die etwa 12 Rp. = 26 g kosten. Bei der Zubereitung von Speisen, die geraume Zeit gekocht werden müssen, werden die Platten auf die kleinste Heizstufe geschaltet, sobald der Inhalt zum Sieden gekommen ist.

3. Backwerk. Es werden stets zwei Kuchen miteinander gebacken. Der Backofen bezw. das Bratrohr wird dazu 15 Minuten lang leer auf größte Hitze geschaltet; dann werden die beiden Kuchen eingesetzt und nach weiteren 20 Minuten miteinander vertauscht (oben und unten). Nach Ablauf von abermals 20 Minuten sind die Kuchen gebacken. Der Energieverbrauch dafür beträgt rund 1 Stunde × 2,4 Kilowatt = 2,4 Kilowattstunden, die im Mitteltarif etwa 20 Rp. = 26 g, im Niedertarif etwa 12 Rp. = 15,6 g kosten. Beim Gasbackofen werden für zwei Kuchen 0,8 bis 1 Kubikmeter Gas benötigt, was je nach dem Gaspreis 24 bis 40 Rp. oder 31,2 bis 52 g ausmacht. Die Erfahrung zeigt übrigens, daß der elektrische Backofen hinsichtlich der Qualität des Backproduktes und der Betriebskosten allen anderen Feuerungsarten überlegen ist.

4. Nachtessen. Etwa ½ Liter Wasser für Kaffee, 1 Liter Milch, Rösti für zwei bis drei Personen, genügend Wasser zum Abwaschen. Energieverbrauch: etwa 20 Minuten = ⅓ Stunde × 2 Kilowatt (1 Kochplatte) = 0,66 kWh, die etwa 5,3 Rp. = 6,9 g kosten.

Werden Gerichte wie Reis und Obst zum Nachtessen gekocht, so kommen zwei Kochplatten zur Verwendung. Reis, Haferflocken und dergleichen werden stets auf der schwächsten Platte (1000 Watt) zubereitet. Die Kochdauer für Milch, Kaffee, Reis und Obst auf zwei Platten beträgt etwa 30 Minuten; der Energieverbrauch beläuft sich auf etwa ¾ kWh, die etwa 6 Rp. = 7,8 g kosten.

Vergleicht man den Einzelverbrauch mit dem Monatsverbrauch oder dem Tagesdurchschnitt, so sieht man sogleich, daß bei diesem Haushalt das Backen eine ziemlich große Rolle spielt. Bei einfacheren Haushaltungen ist das natürlich nicht der Fall. Deshalb möchte ich noch ein Rechnungsbeispiel aus dem Haushalt eines kleineren Angestellten oder Arbeiters geben, um zu zeigen, daß die elektrische Küche auch für solche Verhältnisse schon in Frage kommt.

Eine vierköpfige, einfach lebende Familie verbraucht nach vorliegenden Erfahrungen zum Kochen mit Elektrizität pro Person im Jahre rund 350 Kilowattstunden, also im Mittel täglich rund 1 Kilowattstunde für jede Person, wovon auf

das Morgenessen etwa	0,15 kWh
das Mittagessen etwa	0,60 kWh
das Nachtessen etwa	0,25 kWh

entfallen. Der Kochtarif der Elektrizitätswerke des Kantons Zürich setzt für die Zeit von morgens 6 bis 11½ Uhr, sowie für die Zeit von nachmittags 1 bis 9 Uhr einen Kilowattstundenpreis von 10 Rp. = 13 g fest, der sich für die übrige Zeit (11½ bis 1 Uhr mittags und 9 Uhr abends bis 6 Uhr früh) auf 4½ Rp. = 5,9 g ermäßigt. Man kann annehmen, daß der Stromverbrauch für das Morgen- und das Nachtessen, ferner ⅓ des Stromverbrauchs für Mittagessen in die 10-Rp.-Stufe fällt, so daß die Ausgaben dafür 0,15 + 0,25 + 0,20 = 0,6 kWh à 10 Rp. = 6 Rp. = 7,8 g betragen Der Rest des Verbrauchs für das Mittagessen fällt in die 4½-Rp-Stufe. Diese 0,40 kWh sind also mit 0,4 × 4,5 = 1,8 Rp. = 2,34 g zu bezahlen, so daß die gesamten Stromkosten pro Person und Tag 7,8 Rp. = 10,14 g, pro Person und Monat rund 2,40 Fr. = 3,12 S betragen. Für eine vierköpfige Familie macht das im Monat rund 9,60 Fr. = 12,4 S, im Vierteljahr rund 39,— Fr. = 50,7 S aus. Das ist ein Betrag, der mit den vorher erwähnten Angaben durchaus im Einklange steht, wenn man den dort eingeschlossenen Stromverbrauch des Backofens berücksichtigt.

Evens, Arnheim in Holland, berichtet*) über eine Gegenüberstellung des Elektrizitäts- und Kohlenverbrauches für Kochzwecke. Die Versuche wurden in einem Haushalt von acht Personen angestellt, wo ein englischer Herd, Fabrikat Tricity, mit drei Heizplatten von 100, 1200 und 1750 W, sowie ein Ofen mit 1250 W für Unterhitze und 800 W für Oberhitze vorhanden war; außerdem besitzt der Herd einen Grillrost mit einem Verbrauch von 1000 W. Der Ofen mit den Innenmaßen 340×402×405 ist allseitig gut isoliert. Der tägliche Mittagstisch (6 Uhr abends) besteht meist aus Suppe, Fleisch, Kartoffeln und Gemüse, entweder Mehlspeisen oder Früchten. Der Verbrauch des Herdes wechselt zwischen 2,5 und 6 kWh und beträgt durchschnittlich 3,9 kWh je Tag. Hierzu kommt noch der Verbrauch eines Warmwasserspeichers von 6 Liter Inhalt, der (nachts und vormittags ausgeschaltet) im Durchschnitt 1,3 kWh je Tag beträgt, so daß der Gesamtverbrauch sich auf 5,2 kWh je Tag beläuft. Die Kosten stellen sich dann bei einem Strompreis von 6 Cents je kWh auf 31,2 Cents (52 Pf.) je Tag. Der mit einem Kohlenherd im selben Haushalt durchgeführte Versuch dauerte 33 Tage, hierbei hatte das Dienstmädchen Anweisung, sparsam zu heizen. Zur Verwendung kam magere Nußkohle, Nuß I, die 4,65 Cents je kg kostete. Als Durchschnittsverbrauch ergab sich 7,15 kg Kohle je Tag, so daß die Kohlenkosten 33,3 Cents oder einschließlich Holz und Torf 35 Cents (58,3 Pf.) je Tag betragen. Das Kochen mit Kohle stellte sich also um rund 12% teurer als das elektrische Kochen. Da ferner der Kohlenverbrauch des Elektrizitätswerkes 1,1 kg je verkaufte kWh beträgt, werden für das elektrische Kochen 5,72 kg Kohle benötigt, während der Kohlenherd 7,15 kg verbraucht, so daß im ersteren Falle rund 20% Kohlen für die Allgemeinheit gespart werden.

---

*) Mitteilungen V. E. W. 1925. S. 516.

Elektrische Küche des Zeppelin R. III.

Von historischem Interesse ist die elektrische Küche des Zeppelin R. III., welche auf der Fahrt des Amerika-Luftschiffes vom 16. bis 18. Oktober 1924 die Besatzung von 30 Personen mit ausgezeichnetem Essen versorgte. Den nötigen Heizstrom lieferte eine Dynamomaschine von 4,5 kW (6 PS), die von einer Windturbine angetrieben wurde. Der elektrische Teil der Küche wurde von den Siemens-Schuckert-Werken eingerichtet, deren Tochtergesellschaft, die Siemens-Elektrowärme-Gesellschaft in Sörnewitz bei Meißen, die Heizeinrichtung herstellte.

Der Aluminiumherd war mit zwei Kochplatten von je 300 mm Durchmesser und 1000 Watt Anschlußwert ausgerüstet. Eine funkenfreie Abschmelzsicherung verhinderte das Auftreten von Temperaturen über 300 ° C.

Das Brat- und Backrohr war mit getrennt regelbarer Ober- und Unterhitze ausgestattet. Für die Oberhitze wurden 1000 Watt aufgewendet, während die Unterhitze mit 1200 Watt arbeitete. Die Regelung konnte in Stufen 1 : 2 : 4 erfolgen.

Ein elektrisch geheizter Warmwasserbehälter von 10 Liter Inhalt versorgte die Küche und die Waschräume mit heißem Wasser. Er hatte einen Innenbehälter aus verzinntem Kupfer und einen Außenmantel aus Aluminium, zwischen denen sich eine Schicht aus wärmeisolierendem Material befand. Der Warmwasserbehälter wog in leerem Zustande 12 kg.

b) Kochen in Großbetrieben.

Für die Verwendung der Elektrizität zum Kochen in Großbetrieben sind die von J. Rutishauser, Heizungstechniker der Gemeinde Davos, Schweiz, durchgeführten vergleichenden Heiz- und Kochversuche *) geeignet, eine genügende Stütze zu geben. Die Versuche zeitigten nachstehende Erfahrungen und Ergebnisse:

I. Vergleichende Versuche an Warmwasserbereitungsanlagen.

Die in vielen Häusern beständig im Betriebe stehenden Warmwasserbereitungsanlagen eigneten sich für die Versuchszwecke besonders gut, da die nutzbar gemachte Wärmemenge durch Bestimmung des Wasserquantums und der Temperaturerhöhung leichter festgestellt werden kann als bei einer Zentralheizung.

Die elektrische Energie wird vom Elektrizitätswerke für Warmwasserbereitungsanlagen und für Zentralheizungen als Abfallstrom geliefert, derselbe steht während der Sommerszeit fast unbeschränkt zur Verfügung. Im Winter erfolgt die Stromlieferung vertraglich während acht Nachtstunden und soweit als möglich auch an einigen Nachmittagsstunden.

*) Elektro-Journal Nr. 10 ex 1925.

Insgesamt wurden an sechs verschiedenen Anlagen sowohl für den Koks-, als auch für den elektrischen Betrieb eingehende Versuche gemacht. Meistens bestanden die Koksanlagen aus einem Zentralheizungskessel und einem oder zwei etwas höher gelegenen Warmwasserspeichern (Boiler). Beim späteren Einbau der elektrischen Einrichtung mußte in der Regel ein weiterer Speicher, um wegen der Sperrzeiten eine größere Wärmemenge aufspeichern zu können, zugefügt werden. In den Boilern oder auch in einem besonderen Durchflußkessel sind in Röhren die elektrischen Heizwiderstände untergebracht, die mit Einphasenstrom von 220 Volt gespeist werden. Durch Einbau von Temperaturregulatoren an geeigneten Stellen der Speicher wird der elektrische Strom selbsttätig ausgeschaltet, sobald die vorher eingestellte Wassertemperatur erreicht ist, ferner verhütet ein eingebautes Sicherheitsventil unzulässige Drucksteigerungen. Die elektrisch betriebenen Apparate arbeiten also ganz selbsttätig und erfordern praktisch keine Bedienung. Wo die Platzverhältnisse es erlauben, wird der elektrisch geheizte Warmwasserspeicher meistens etwas tiefer gelegt als der Speicher mit Koksheizung. Diese Anordnung hat sich gut bewährt, weil der Speicherinhalt besser ausgenutzt werden kann, als wenn sie nebeneinander liegen. Damit nun beim Beginn und am Ende der Versuche etwaige Ungleichheiten auf das Endergebnis keinen nennenswerten Einfluß ausübten, wurden die Versuche über längere Zeit, zum Teil über eine volle Woche, ausgedehnt. Hierbei wurden tagsüber alle nötigen Ablesungen stündlich vorgenommen. Sämtliche Meßinstrumente, wie Thermometer, Elektrizitätszähler, Wagen usw., sind bei jedem Versuch genau kontrolliert und die Wassermesser bei verschiedenen Durchflußmengen geprüft worden.

Bei den Versuchen mit Koks wurden jeweils Durchschnittsproben entnommen, die in der eidgenössischen Prüfungsanstalt für Brennstoffe in Zürich auf Heizwert, Aschen- und Wassergehalt untersucht wurden.

Um wirklich nur praktische Versuchsresultate zu erhalten, durften auch die Heizer nicht beeinflußt werden; deshalb wurden während der Versuche absichtlich keine Rauchgasuntersuchungen gemacht. In den meisten Fällen wußte der Heizer zwar von früheren Untersuchungen her, bei welcher Belastung, Kaminschieberstellung usw. die Feuerungsanlage gut arbeitete.

Von den Warmwasserspeichern aus fließt das erwärmte Wasser zu den verschiedenen Zapfstellen im Hause, wo es als Gebrauchswasser zu Reinigungszwecken, zum Baden, Kochen usw. verwendet wird. Von den Zapfstellen führt in den meisten Fällen eine Rohrleitung wieder in den Speicher zurück. In dieser Zirkulationsleitung findet ein Temperaturausgleich zwischen Speicher und Leitungen statt; man kann also allen Auslaufhähnen jederzeit Warmwasser entnehmen. Wo die Zirkulationsleitungen fehlen oder abgeschlossen sind, kann es vorkommen, daß bei der Wasserentnahme zuerst kaltes und erst nach und nach warmes Wasser ausfließt.

Vergleichende Versuche an Warmwasseranlagen mit Koks- und elektrischer Heizung.

Versuchsdaten / Anlage Nr.	Dimension	1 Wasserzirkulation geschlossen		2 Wasserzirkulation geschlossen		3 Wasserzirkulation geschlossen		4 Wasserzirkulation offen		5 Wasserzirkulation offen		6 Wasserzirkulation offen	
Energiequelle		Ruhrkoks	elektrisch	Gaskoks	elektrisch	Gaskoks	elektrisch	Ruhrkoks	elektrisch	Ruhrkoks	elektrisch	Ruhrkoks	elektrisch
Dauer der Versuche	h	169,5	166	168	54	169,5	168	168	144	144	144	120	50
Heizfläche im Betrieb (bei Koksheizung)	m²	14	—	7	—	6	—	13,7	—	4.2	—	13 7	—
Zugeführte Wärme: pro kWh	WE	—	860	—	860	—	860	—	860	—	860	—	860
pro kg Koks	WE	6 607	—	5 937	—	6 134	—	6 033	—	6 710	—	6 853	—
pro kg Holz	WE	2 800	—	3 200	—	3 000	—	2 800	—	3 200	—	3 000	—
Zugeführte elektrische Energie	kWh	—	6 920	—	650	—	1 729	—	3 890	—	1 600	—	1 580
Zugeführter Koks	kg	1 163	—	454	—	323	—	905	—	235	—	1 015	—
Zugeführtes Holz	kg	455	—	35	—	191	—	130	—	145	—	363	—
Total zugeführte Wärmemenge	WE	8 957 941	5 951 200	2 807 400	559 000	2 554 482	1 486 940	5 823 860	3 345 400	2 040 850	1 376 000	8 044 775	1 358 800
Nutzbarer Speicherinhalt	l	4 000	7 500	2 500	3 500	1 100	2 100	1 900	4 900	650	3 000	3 000	4 100
Mittlere Kaltwassertemperatur	°C	7,5	7,5	7,5	7,5	7,5	7,5	7,5	7,5	7,0	7,0	7,0	7,0
Mittlere Warmwassertemperatur	°C	82,0	80,5	64,6	54,0	73,8	62,4	81.6	72,3	63,0	78,9	66,6	58,0
Totaler Warmwasserverbrauch	l	72 240	76 830	28 200	10 100	19 284	23 775	36 710	39 430	14 670	14 660	57 450	21 750
Täglicher Warmwasserverbrauch	l	10 320	10 980	4 029	4 050	2 755	3 396	5 244	6 572	2 445	2 443	11 490	10 150
Vom Wasser aufgenommene Wärme ca.	WE	5 324 270	5 674 814	1 645 780	484 500	1 268 074	1 341 109	2 588 150	2 479 030	815 365	1 065 705	3 319 649	1 070 340
Wirkungsgrad der Anlage	%	60	95	59	87	50	90	44	74	40	78	41	79
Mittlere Beanspruchung des m² Heizfläche bei Koksheizung	WE/m²	4 800	—	3 400	—	3 000	—	2 700	—	3 200	—	4 300	—
Pro kg Koks bezw. pro kWh nutzbar gemachte Wärmemenge	WE	3 964	817	3 503	748	3 067	774	2 655	636	2 684	671	2 810	679
Zur Ersetzung von 1 kg Koks durch elektrische Energie werden benötigt	kWh	4,85		4,70		3,96		4,17		4,0		4,14	
Der Mittelwert dieser Zahlen beträgt **4,30 kWh**													

Bei den Anlagen Nr. 1 bis 3 war die Wasserzirkulation (siehe Tabelle) geschlossen, hierbei schwankte der Wirkungsgrad der Koksheizung zwischen 50 und 60% und für die elektrische Heizung zwischen 87 und 95%. Bei den Anlagen Nr. 4 bis 6 dagegen war die Wasserzirkulation nicht unterbrochen; in dem ermittelten Wirkungsgrad sind also auch die Wärmeverluste der Rohrleitungen im ganzen Hause mit eingeschlossen. Je nach der Isolierung und der Ausdehnung des Rohrleitungsnetzes können diese Verluste bei jeder Anlage ziemlich verschieden sein. Selbstredend erhält man mit offener Zirkulation kleinere Wirkungsgrade, diese liegen für Koksheizungen zwischen 40 bis 44 und für elektrische Heizungen zwischen 74 bis 79 %. Alle diese Zahlen mögen auf den ersten Blick etwas niedrig erscheinen. Es ist aber zu beachten, daß hier nicht kurze Paradeversuche, sondern langandauernde p r a k t i s c h e Versuche zugrundeliegen.

Am Schlusse der Tabelle ist für jeden Versuch angegeben, wieviel Kilowattstunden elektrischer Energie zur Ersetzung von 1 kg Koks benötigt werden. Diese Zahlen schwanken zwischen 4,85

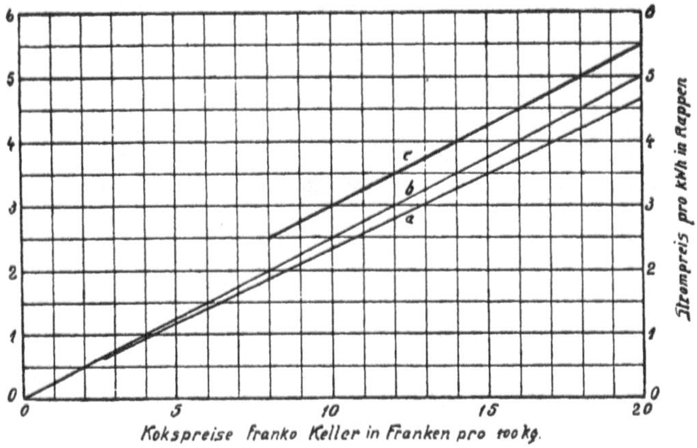

Abb. 67

und 3,96 und betragen im Mittel 4,30 kWh. Eine Kilowattstunde müßte also 4,3mal weniger kosten, als 1 kg Koks franko Behälter geliefert, wenn für elektrische und für Koksheizung gleiche Brennstoffkosten entstehen sollten. Dieser Äquivalenzpreis, der auch allgemein für Zentralheizungen anwendbar sein dürfte, ist in obenstehender Abb. 67 als Linie „*a*" graphisch dargestellt. Dieser Aufzeichnung sind also nur die während der Versuche verwendeten Verbrauchsmengen an Strom und Koks zugrundegelegt.

Bei dem ausgedehnten Betrieb elektrischer Einrichtungen wurde es mit der Zeit in Davos direkt notwendig, die Versuchsergebnisse auch praktisch anzuwenden, wobei die zahlreichen Vorteile des elektrischen Betriebes so gut als möglich zu berücksichtigen waren. Hierbei ging man von folgenden Erwägungen aus: Der zu den Versuchen benötigte Koks wurde kurz vor dem Verbrauch gewogen und in der Regel einem alten Vorrate entnommen, der mit der Zeit gut ausgetrocknet war. Um solche Lagerverluste infolge nachträglichen Austrocknens und Abfall an Grieß auszugleichen, hat man hier bei vorzüglich geführten und jahrelangen Betriebskontrollen die Erfahrung gemacht, daß zu der täglich verfeuerten Brennstoffmenge ein Zuschlag von 8 bis 10% nötig ist, wenn das Gesamtquantum des Verbrauchs am Schlusse des Betriebsjahres mit dem Lieferungsgewicht stimmen soll. Nimmt man bei Dauerbetrieb für die Lagerungsverluste nur einen Zuschlag von etwa 8% an, so sind zur Ersetzung von 1 kg Koks nicht mehr 4,30, sondern nur noch 4 kWh nötig. Eine Kilowattstunde müßte demnach viermal weniger kosten als 1 kg Koks, z. B. bei einem Kokspreise von 12 Franken pro 100 kg wäre der Strompreis pro Kilowattstunde 3 Rappen (1 Rappen = 0,01 Franken).

Mit elektrischem Betrieb ist die Wirtschaftlichkeit einer Anlage immer gleich gut und unabhängig von der Bedienung, beim Koksbetrieb hingegen wird die Ausnutzung des Brennstoffes sehr von der Bedienung der Feuerungsanlagen und von der Beanspruchung der Kesselheizfläche beeinflußt. Es darf als selbstverständlich angenommen werden, daß diese Bedingungen bei Koksanlagen nicht beständig so gut zutreffen, wie während der Versuchszeit. Der elektrische Betrieb weist aber unbestreitbar weitere große Vorteile und ideale Werte auf, die sich zwar nicht so gut zahlenmäßig ausdrücken lassen, da bei jeder Anlage die Verhältnisse wieder andere sind. Die beim Koks unvermeidlichen Lagerverluste, Wegfall der Bedienungskosten und Schlackenabfuhr, Verzinsung des Brennstofflagers, Sauberkeit im Heizraum und die für Davos sehr wichtige Beseitigung der Rauchentwicklung sind schließlich doch so bedeutende Faktoren, daß ein etwas höherer Strompreis ohne weiteres gerechtfertigt erscheint. Berücksichtigt man alle diese Vorteile sowie idealen Werte und schließt man auch noch eine bescheidene Amortisation und Verzinsung mit ein, so hat man für Davos zu den vorhin erwähnten Strompreisen einen Zuschlag von 0,5 Rappen pro Kilowattstunde zu machen, der in den angegebenen Grenzen, unabhängig vom Kokspreis, gedacht ist. Linie „c“, die parallel zu „b“ verläuft, zeigt die auf solche Weise ermittelten Strom- und Kokspreise an, welche der folgenden zahlenmäßigen Gegenüberstellung entsprechen:

Bei einem Kokspreise franko Behälter in Franken für 100 kg beträgt der Strompreis in Davos Rappen für die Kilowattstunde:

Fr./100 kg . .	8,—	9,—	10,—	11,—	12,—	13,—	14,—	15,—	16,—
Rp./kWh . .	2,50	2,75	3,—	3,25	3,50	3,75	4,—	4,25	4,50

Diese Preisaufstellung kommt hier seit längerer Zeit zur praktischen Anwendung und befriedigt sowohl den Lieferanten als auch den Konsumenten. Der Preis des elektrischen Stromes gemäß vorstehender Tabelle, bezw. nach der graphischen Aufzeichnung der Linie „c“, wird alle Vierteljahre von einer Kommission dem jeweiligen Kokspreise angepaßt. Zur Ermittlung von letzterem ist der waggonweise mittlere Preis von Zechenbrechkoks bei den lokalen Kohlenhandlungen maßgebend. Momentan beträgt der Strompreis 3,25 Rappen pro Kilowattstunde.

Bei Durchführung der Versuche mit elektrischer Heizung zeigte es sich, wie wichtig es ist, die Wärmespeicher und Rohrleitungen sehr gut zu isolieren und darauf zu achten, daß bei Widerstandsheizungen der Speicherinhalt für jeden einzelnen Fall genau dem Betriebe angepaßt wird. Ist der Speicher zu klein bemessen, so wird selbstredend die Wassertemperatur unzulässig tief sinken; ist der Speicher aber zu groß, so entstehen unnötige Wärmeverluste durch Abkühlung der Oberfläche. Bei stark wechselndem Wasserverbrauch zu verschiedenen Jahreszeiten, wie dies z. B. in Hotels mit Saisonbetrieb vorkommt, ist eine Unterteilung des Speicherinhaltes durch Aufstellung mehrerer Speicher zu empfehlen, damit man einen oder auch mehrere Speicher ausschalten kann.

II. Kochversuche mit Elektrizität und Gas.

Die Ansichten über die Wirtschaftlichkeit der verschiedenen Kochverfahren gingen von jeher weit auseinander; es ist dies auch verständlich, wenn man bedenkt, wie viele Umstände die Wirtschaftlichkeit beeinflussen können. Es ist deshalb auch schwerer, mit Kocheinrichtungen vergleichende Versuche durchzuführen, als mit Heizungsanlagen. In Reklameschriften werden oft sehr hohe Wirkungsgrade angegeben, die auch auf Grund von Versuchen bestimmt werden. Meistens hat man aber die Bestimmung des Wirkungsgrades so vorgenommen, daß man eine bestimmte Wassermenge auf Siedetemperatur erwärmte und eine Zeitlang weiterkochte. Mit Einrechnung des verdampften Wassers wurde dann der Wirkungsgrad errechnet, und man erhält so sehr hohe Zahlen, besonders wenn in kurzer Zeit viel Wasser verdampft wurde. Solche Versuche ergeben aber ein vollständiges Trugbild; denn in unseren häuslichen Kocheinrichtungen kommt es nicht darauf an, möglichst viel Wasser zu verdampfen, sondern nur, das Kochgut mit kleiner Wärmezufuhr auf Siedetemperatur zu erhalten.

Man muß sich bei solchen vergleichenden Versuchen an ein bestimmtes Verfahren halten. Für die vorliegenden Versuche wurden die gemeinsam vom Deutschen und Schweizerischen Verein von Gas- und Wasserfachmännern aufgestellten „Normen" zur Prüfung von Gaskochern zugrundegelegt, nach welchen der Wirkungsgrad für das Ankochen durch Erhöhung der Wassertemperatur um 75° C bestimmt wird. Für die Fortkochversuche wird die zugeführte Wärmemenge angegeben, die nötig ist, um die Wassertemperatur eine Stunde lang 5° C unter dem Siedepunkt zu halten. An den Versuchen nahmen jeweils Vertreter der Gas- und Elektrizitätswerke Davos teil.

A. *Versuche mit elektrischen Kochplatten und Gasapparaten.*

a) Ankochversuche. Für die Versuche standen elektrische Kochplatten von 22 und 18 cm Durchmesser zur

Verfügung. Bei allen Versuchen wurde die Stromzufuhr, je nach der Topfgröße, zwischen 82 und 84 ° C Wassertemperatur abgestellt, da diese dann auf 90 und 95 ° C anstieg. Es wurden dickwandige Aluminiumtöpfe mit 9 mm starken Böden benutzt; während der Versuche waren die Deckel auf den Kochtöpfen aufgesetzt. Für die Durchführung von Ankochversuchen mit elektrisch beheizten Kochplatten bestehen noch keine Normen; es wurden deshalb einige Versuchsreihen mit verschiedenen Kochplatten und wechselnder Topfgröße und Füllungen durchgeführt, aus welchen der Zusammenhang zwischen Wirkungsgrad und Topffüllung zu ersehen ist. Für die erste Versuchsserie wurde eine Kochplatte von 22 cm Durchmesser und ein Topf vom gleichen Durchmesser und 20 cm Höhe gewählt. (Es würde zu weit führen, das gesamte Zahlenmaterial aufzuführen.) Betrug z. B. die Füllung des größeren Aluminiumtopfes nur 1,0 kg, so war auch der Wirkungsgrad mit 40% sehr niedrig, weil hierbei der für dieses Quantum zu große Kochtopf viel Wärme in sich selbst aufnahm. Bei einer Füllung von 2 kg stieg der Wirkungsgrad auf 39%, um bei vollständiger Füllung mit 6 kg bis auf 74,3% anzuwachsen. Nach den oben erwähnten Normen würde die normale Füllung 3,5 kg betragen, was einen Wirkungsgrad von 63,9% ergab. Bei einer Kochplatte von 18 cm Durchmesser und einem Kochtopf von gleichem Durchmesser bei 16,4 cm Höhe schwankte der Wirkungsgrad mit Füllungen von 1 bis 3 kg zwischen 53,8 und 76,3%. Bei normaler Füllung dieses Topfes von 2 kg ergab sich ein Wirkungsgrad von 66,6%. Der Wirkungsgrad hängt also stark von der Füllung des Topfes ab, bei der Erwärmung kleiner Wassermengen in großen Töpfen wird die Wirtschaftlichkeit ungünstiger. Wird die Stromzufuhr erst bei Beginn des Siedens abgestellt, wie dies in der Praxis meistens geschieht, sinkt der Wirkungsgrad um 7 bis 8 %. Am billigsten kommt das Ankochen, wenn man einen Topf mittlerer Höhe wählt und das Wasser bei aufgesetztem Deckel mit voller Stromzufuhr nicht ganz zur Siedetemperatur erwärmt. Für die Ankochversuche mit Gas wurde ein Junkerscher Gasherd verwendet. Der Wirkungsgrad bei Füllungen von 1 bis 6 kg lag zwischen 50,7 und 56,7% und betrug im Mittel mit Füllungen nach den Normen 56,5%. Beim Gasherd sind demgemäß die Schwankungen im Wirkungsgrad kleiner als bei elektrischen Kochplatten mit den schweren Töpfen; um so notwendiger ist aber auch die Schaffung von Normen zur Prüfung von elektrischen Kochern. Die Betrachtung der Vorgänge beim Ankochen mit elektrischen Kochplatten und mit Gasapparaten zeigt, daß der Gaskocher hinsichtlich Regulierbarkeit der gewöhnlichen Kochplatte noch überlegen ist.

b) Fortkochversuche. Beim Fortkochen hingegen erzielte man mit den elektrischen Kochern günstigere Resultate als mit Gas, da die vom Ankochen her in der Kochplatte und im Kochtopf aufgespeicherte Wärme während der anschließenden einstündigen Fortkochversuche zum Teil wieder ausgenutzt wird. Um die

Wassertemperaturen in den Kochgefäßen eine Stunde lang auf 90 bis 91° halten zu können, mußten zugeführt werden: Bei der elektrischen Küche mit 22 cm Topfdurchmesser: 26 Wärmeeinheiten, bei 18 cm Topfdurchmesser: 43 Wärmeeinheiten; bei der Gasküche: 44 bis 74 Wärmeeinheiten.

Während bei diesen Fortkochversuchen die kleinste Stufe zeitweise ausgeschaltet werden mußte, wurde bei einem weiteren Versuch der kleinste Anschlußwert während einer ganzen Stunde eingeschaltet. Das Wasser erreichte bald die Siedetemperatur und verdampfte stark. Das gleiche wurde auch beobachtet bei den Gasapparaten; sobald der Sparbrenner vollständig geöffnet war, kam das Wasser selbst bei gefülltem Kochtopf bald zum Sieden. Sowohl die elektrischen Kochplatten als auch die Gasapparate waren zum Fortkochen auf zu große Leistungen konstruiert, wodurch die Betriebskosten wesentlich erhöht werden.

B. *Versuche mit einigen Hilfsapparaten.*

a) Schnellkocher. Diese Versuche wurden mit drei Apparaten von 1 bis 2 und 4 Liter Inhalt vorgenommen, und es wurde hierbei ein mittlerer Wirkungsgrad von 84,3 % erzielt. Die Schnellkocher haben den Vorteil, daß die Temperatur des Wassers nach Ausschaltung des Stromes, ähnlich wie beim Gas, nur noch um 1 bis 2% steigt, ferner sinkt der Wirkungsgrad bei nur wenig gefüllten Töpfen nicht so rasch wie bei den elektrischen Kochplatten. Bei den Schnellkochern kann also weniger Wärme verschwendet werden; diese arbeiten deshalb wirtschaftlicher als Kochplatten. Praktische Faktoren sprechen aber wieder mehr für die Anwendung der letzteren.

b) Elektrischer Glühherd. Bei praktischen Kochversuchen, die von einem Küchenchef durchgeführt wurden, befriedigte der Herd; besonders das sichtbare Glühen wurde gerühmt. Die Bestimmung des Wirkungsgrades bei der Verwendung des kalten Herdes ergab aber im besten Falle einen Wirkungsgrad von kaum 50%, war also bedeutend ungünstiger als bei den Kochplatten. Im praktischen Betrieb ist dies aber mitunter weniger wichtig, weil der Glühherd nur für einige wenige Kochprozesse benutzt werden soll.

C. *Versuche mit Kippkesseln.*

a) Elektrische Kippkessel. Die Kippkessel eignen sich für Großküchen vorzüglich. Sie erfordern verhältnismäßig den geringsten Energieverbrauch. Insgesamt wurden in Davos bis jetzt über dreißig Versuche durchgeführt und standen hierzu verschiedene Kesselkonstruktionen zur Verfügung. Die elektrisch geheizten Kippkessel, System A, kamen unisoliert zur Aufstellung. Diese Kessel besitzen meistens zwei Stufenschaltungen für die Seiten- und eine Stufe für die Bodenheizung.

Das Kippkesselsystem B ist in seinem unteren Teil sehr stark gebaut, während der obere, aus Kupfer bestehende Kesselteil nicht isoliert ist. Der Kesseltyp „Davos“, der durch Auswertung der bei diesen Versuchen erzielten Ergebnisse sowie auf Grund der praktischen Anforderungen nach Angaben von Rutishauser hergestellt wird, dürfte in seiner letzten Ausführung allen berechtigten Wünschen entsprechen. Diese Kessel samt Deckel sind vollständig isoliert, die Stromzuleitungen in die Ständer und in die Drehachse verlegt, die Kabel also unsichtbar und vor überkochendem Kochgut und Isolationsdefekten geschützt. Der eigentliche Kochkessel besteht aus Reinnickel. Die Heizkörper sind aus praktischen und wirtschaftlichen Gründen entsprechend regulierbar und unterteilt. Die Anschaffungskosten solcher Kippkessel sind wohl ziemlich hoch, machen sich aber infolge des geringen Stromverbrauches, großer Haltbarkeit und Wegfall der lästigen Verzinsung bald bezahlt.

Die Versuchsergebnisse bei den verschiedenen Konstruktionen sind folgende:

	Ankochverluste Wirkungsgrad %	Fortkochversuche Zugeführte Wärmemenge pro 10 l Inhalt und Stunde WE
Konstruktion A	82,7	87
„ B	75,5	75
„ A, isoliert . . .	86,2	39
„ Davos	89,0	29

Bei der Konstruktion A mußte die Bodenheizung beim Fortkochen zeitweise ausgeschaltet werden, weil das Wasser sonst zu rasch ins Sieden kam. Mit dem vorhandenen kleinsten Anschlußwert wurden pro 10 Liter Wasserfüllung und Stunde im Mittel 198 WE zugeführt, nach obiger Zusammenstellung waren aber nur 87 WE und für den Kesseltyp „Davos“ sogar nur 29 WE notwendig, um das Wasser auf 90° C zu halten. Man ersieht daraus, daß man mit gut konstruiertem Kessel beim Fortkochen große Stromersparnisse machen kann. Im allgemeinen kommt dem Fortkochen in einer Großküche, außer dem Milchsieden, die größere Bedeutung zu als dem Ankochen, da man für letzteres mit Vorteil Warmwasser aus einer billiger arbeitenden elektrischen zentralen Warmwasserbereitungsanlage verwendet.

b) Gaskippkessel. Für diese Versuche standen zwei Konstruktionen zur Verfügung, mit welchen bei den Ankochversuchen ein Wirkungsgrad von 57 bis 67% zu erzielen war. Um die Wassertemperatur bei den Fortkochversuchen eine Stunde lang auf etwa 90° C halten zu können, mußten 117 Wärmeeinheiten pro 10 Liter Wasser zugeführt werden. Beim Betrieb von Gaskippkesseln muß man darauf achten, daß der Kaminzug nicht zu stark ist, weil sonst bei der Verbrennung ein zu großer Luftüberschuß entsteht, der den Wirkungsgrad sehr beeinträchtigt.

c) Vergleiche zwischen elektrischen und Gaskippkesseln. Die durchgeführten Versuche ergaben für die elektrischen Kippkessel höhere Wirkungsgrade als mit den Gaskippkesseln; auch das Fortkochen war mit den elektrischen Kippkesseln vorteilhafter. Das Äquivalenzverhältnis berechnet sich zu 1 m³ Gas 3,7 kWh. Verwendet man aber nur die isolierten Kippkessel „Davos", so würde sich das Verhältnis noch mehr zu Gunsten der elektrischen Kippkessel verschieben, und zwar 1 m³ Gas = 3,2 kWh. Neue Versuche an Gaskippkesseln, die nach den Angaben von Rutishauser gebaut wurden, ergaben einen Wirkungsgrad bis 75%, zum Fortkochen benötigte man noch 35 WE pro 10 Liter Wasser. Durch diese Verbesserung der Gaskippkessel verschiebt sich das Verhältnis für Kippkessel zwischen Elektrizität und Gas auf 1 : 3,7.

III. Praktische Kochversuche.

A. *Vergleichende Kochversuche in Familienküchen mit Gas- und elektrischen Herden.*

Als Ergänzung der vorstehenden, mehr theoretischen Versuche wurden noch vergleichende praktische Kochversuche in zwei Haushaltungen durchgeführt, in denen je vierzehn Tage nach einem bestimmten Speisezettel mit einem Gasherd und nachher mit einem elektrischen Herd gekocht wurde. Solche vergleichende Untersuchungen müssen zuverlässig und mit Interesse durchgeführt werden. In der einen Familie wurde für vier Personen gekocht, und nach den täglichen Ablesungen verbrauchte man im Mittel pro Woche 24,8 kWh oder 6,69 m³ Gas, was pro Tag und Person, einschließlich der Warmwasserbereitung, einem Verbrauch von 0,89 kWh oder 239 Liter Gas entspricht. Zur Ersetzung von 1 m³ Gas waren also 3,7 kWh nötig. Während mehrerer Tage wurde nachträglich das Frühstück und auch das Abwaschwasser in einem elektrischen Schnellkocher zubereitet. Die Verhältniszahl zwischen Gas und Elektrizität verschob sich dadurch auf 1 m³ Gas = 3,57 kWh.

In einer anderen Familie, die aus fünf Personen bestand, wurde ohne Warmwasserbereitung pro Woche im Mittel 26,35 kWh oder 7,57 m³ Gas verbraucht, woraus sich die Äquivalenzzahl zwischen Gas und Elektrizität zu 1 m³ Gas = 3,48 kWh ergibt.

Während der Tage, an welchen die Backöfen nicht im Betrieb waren, ergaben sich bei der Gas- und elektrischen Küche ungefähr gleich hohe Brennstoffkosten. Sobald aber die Backöfen benutzt wurden, zeigte sich übereinstimmend die Überlegenheit der elektrisch geheizten Backöfen gegenüber den Gasbacköfen.

B. *Vergleich der Betriebskosten von elektrischen und Gasküchen.*

Die äußerst sorgfältig und gewissenhaft durchgeführten theoretischen und praktischen Versuche stimmen miteinander sehr gut überein und dürfen für viele Berechnungen als Richtlinien dienen. Immerhin können sich bei verschiedenen örtlichen Verhältnissen einige Abweichungen von den hier mitgeteilten Werten ergeben. Der mittlere Heizwert des Gases in Davos zum Beispiel betrug 5228 WE pro Kubikmeter, reduziert auf 0° C und 760 mm Barometerstand. Bei dem geringen Luftdruck auf 1560 m Höhe ü. M. war der Heizwert effektiv 4079 WE/m³. In tiefer gelegenen Orten wird dementsprechend das gleiche Gasvolumen einen größeren Heizwert aufweisen.

Nach den hier durchgeführten Versuchen sind zur Ersetzung von 1 m³ Gas nötig:

1. Versuche mit gewöhnlichen Kochtöpfen und elektrischen oder Gasherden . . . . 3,64 kWh
2. Versuche mit Kippkesseln . . . . 3,70 kWh
3. Praktische Kochversuche:
   I. Versuchsreihe . . . . 3,7 bezw. 3,57 kWh
   II. Versuchsreihe . . . . 3,48 kWh

Die Kosten für die Erwärmung von 1 Liter Wasser von 15° auf 90° betragen:

a) In der Küche bereitet bei einem Kochstrompreis von 12 Rp.:
   Mit Schnellkochern . . . . 1,24 Rp.
   Mit Kochtöpfen, 22 und 18 cm Durchmesser (Füllung nach den Gasnormen) . . . . . 1,60 Rp.
   Mit gewöhnlichen Kippkesseln . . . . 1,34 Rp.
   Mit den bestisolierten Kippkesseln „Davos" . . . 1,18 Rp.
b) Mit besonderen zentralen Warmwasser-Speicheranlagen mit Nachtstrom zu 5 Rp./kWh (nach den Versuchen unter I) . . . . 0,53 Rp.

Aus diesen Zahlen geht deutlich hervor, daß die Bereitung von Warmwasser in größeren Betrieben vorteilhafter in besonderen Warmwasserbereitungsanlagen erfolgt, wie sie im Abschnitt I beschrieben wurden. Das Fortkochen wird um so billiger, je besser die verwendeten Apparate isoliert sind und je günstiger die Energiezufuhr geregelt wird.

C. *Vergleichende Kochversuche mit einem Kohlenherd und elektrisch geheizten Kocheinrichtungen in der Zürcher Heilstätte in Davos-Clavadel.*

In dieser Anstalt wurden wiederholt eingehende Kochversuche durchgeführt. Der gemischte Betrieb mit Kohlen und mit Elektrizität befriedigte keineswegs und war auch nicht vorteilhaft. Diese Versuche seien kurz beschrieben.

Sie wurden auf sieben Tage ausgedehnt, wobei beständig für 180 Personen gekocht wurde; die Speisekarte wäre in ihrer Reichhaltigkeit auch manchem österreichischen Krankenhause zu wünschen.

I. Reiner Kohlenbetrieb.

Für die Kochversuche mit dem Kohlenbetrieb stand eine nutzbare Herdplatte von 205 : 86 cm und eine Rostfläche von 830 cm^2 zur Verfügung. Der Herd war für den großen Betrieb etwas zu klein, die Herdplatte konnte immer gut ausgenützt werden. Über dem Roste sind Rohrschlangen eingebaut, die mit einem an der Küchenwand befindlichen kleinen Warmwasserboiler verbunden sind, der das warme Wasser für Kochzwecke liefert, während das übrige Gebrauchswasser dem elektrischen Warmwasserspeicher der Zentralanlage entnommen wurde. Zwischen dem Herd und dem etwa zehn Meter entfernten Kamin ist ein Tellerwärmer eingebaut, der von den Rauchgasen geheizt wird. Die Bedienung der Feuerung war gut; auch der Kaminschieber wurde immer richtig reguliert. Für das Frühstück wurde das warme Wasser jeweils einem elektrischen Warmwasserspeicher entnommen. Das während des siebentägigen Versuches in den Herdschlangen erwärmte Wasserquantum von total 1339 Liter und einer mittleren Temperatur von 84.7 ° C reichte gerade aus als Kochwasser zu Mittag, Vesper und Nachtessen. Eine besondere Heizung der Küche war nicht notwendig, da diese durch den Kohlenherd gewärmt wurde.

Der Brennstoffverbrauch war folgendermaßen: Holländische Kohlen Ia, Grube „Laura", mit einem Heizwerte von zirka 7600 Wärme-Einheiten pro kg. Tagesverbrauch 97,5, 77, 81,5, 84, 100, 94, 86; insgesamt 620 kg. Ferner wurden 200 kg dürres Tannenholz verbraucht, was umgerechnet zirka 80 kg Kohle entspricht.

Die Brennstoffkosten betrugen:

In 7 Tagen 700 kg holländische Kohlen . . . . . Fr. 135,10
In 1 Tage 100 kg . . . . Fr. 19,30

II. Gemischter Betrieb.

In der elektrischen Küche standen fünf elektrische Kippkessel von 50, 80, 100, 150, 180 Liter Inhalt zur Verfügung. Die Kessel waren auf Grund früherer Versuche gegen Wärmeverluste gut isoliert. Die Bodenheizung wurde später noch weiter unterteilt, wodurch sich im Betriebe, besonders beim Fortkochen, wesentliche Ersparnisse erzielen ließen. Der Kohlenherd wurde im gemischten Betriebe täglich im Gebrauch gehalten; er wurde morgens etwa 1½ Stunden später angefeuert, da das Frühstück in den Kippkesseln zubereitet wurde. Die Brennstoffkosten beim gemischten Betriebe setzten sich folgendermaßen zusammen:

308 kg holländische Kohlen und 70 kg Tannenholz, entsprechend insgesamt 336 kg Kohlen . . . . Fr. 64,85
135 kWh für das vom elektrischen Wärmespeicher entnommene warme Kochwasser (s. Versuch III) . . . Fr. 6,75

Brennstoffkosten in sieben Tagen . . . . Fr. 129,20
Brennstoffkosten in einem Tage . . . . Fr. 16,46

III. Rein elektrischer Betrieb.

Für Versuche mit rein elektrischem Betriebe sowie für den seitherigen gesamten Betrieb wurden die fünf Kippkessel mit 40,8 kW Anschlußwert, ein großer Backofen mit drei Backräumen mit 12 kW, zwei Bratpfannen mit zusammen 15 kW und ein Glührost mit 3 kW mit zwei eingebauten kleineren Kochplatten von 2,4 kW Anschlußwert verwendet. Letztere waren aber während der Versuche nicht in Betrieb. Sperrzeiten für den Kochstrom bestehen in Davos nicht. Zur Erwärmung des Tellerwärmers und der Küche mitten im Winter wurden im Kohlenherd während der Versuchswoche 49 kg Kohle verfeuert; die Temperatur war hiebei angenehm und der Tellerwärmer genügend warm. Bei diesem Versuche wurde das Warmwasser nicht nur für das Frühstück, sondern auch für das Mittag-, Vesper- und Nachtessen dem vorerwähnten elektrischen Warmwasserspeicher entnommen. Das in Berechnung zu ziehende und gemessene Quantum betrug rund 1350 Liter bei einer Entnahmetemperatur von 81° C und einer Kaltwassertemperatur von 6° C. Nach einem früher ermittelten Nutzeffekt des elektrischen Warmwasserspeichers von 87% entspricht dies einem Energieverbrauche von 135 kWh, wofür der Strompreis für Warmwasserspeicher einzusetzen ist. Diese Ausgabe, sowie die Kosten für die Heizung der Küche sind beim Vergleich mit dem Kohlenherd mit einzuschließen, da bei Versuch I mit dem Kohlenwert das tagsüber verwendete Kochwasser erwärmt, sowie Küche und Tellerwärmer geheizt werden konnten. Die Brennstoffkosten für den Winterbetrieb mit Heizung der Küche setzen sich folgendermaßen zusammen:

763 kWh elektrische Energie	Fr.	91,68
49 kg Kohlen für die Heizung der Küche und des Tellerwärmers	Fr.	9,45
135 kg zu 5 Rp. für das dem elektrischen Wärmespeicher entnommene warme Kochwasser	Fr.	6,75
Brennstoffkosten in sieben Tagen	Fr.	107,88
Brennstoffkosten in einem Tag	Fr.	15,41

Im Sommerbetriebe wurde der sonst von den Abgasen umspülte Tellerwärmer ebenfalls mit direkter elektrischer Heizung versehen. Der Tellerwärmer ist täglich zwei Stunden in Betrieb; während der übrigen Zeit wird das Geschirr in der Regel in dem warmen Backofen erwärmt.

Die Brennstoffkosten im Sommerbetrieb, rein elektrisch, betragen:

764 kWh für Kochstrom	Fr.	91,68
26 kWh für den Tellerwärmer	Fr.	3,12
790 kWh in sieben Tagen	Fr.	94,80
135 kWh für Warmwasser, wie oben	Fr.	6,75
925 kWh in sieben Tagen	Fr.	101,55
132,1 kWh **in einem Tage**	Fr.	14,51

Zusammenfassung der Versuchsergebnisse.

Die Ausgaben für Brennstoffe pro Verpflegungstag, einschließlich Personal und einschließlich Kochwasser für Mittag-, Vesper- und Nachtessen, betrugen:

	Pro Tag und Person: g	Rp.	Pro Tag für 180 Personen: S	Fr.
I. Beim reinen Kohlenbetriebe . .	13,9 =	10,7	25,09 =	19,30
II. beim gemischten Betriebe . . .	13,3 =	10,2	25,— =	18,46
III. beim rein elektrischen Betriebe:				
a) Im Winter mit Heizung der Küche mittelst Kohlen . . .	11,2 =	8,6	20,03 =	15,41
b) Im Sommer	10,4 =	8,0	18,87 =	14,51

Das Warmwasser für das Frühstück, sowie sämtliches Putzwasser wurde bei allen Versuchen dem elektrisch geheizten Wärmespeicher der Zentralanlage entnommen.

Beim rein elektrischen Betriebe betrug der Stromverbrauch ohne Heizung der Küche und ohne Anrechnung des Warmwasserbezuges aus dem elektrischen Wärmespeicher 0,627 kWh pro Verpflegungstag und 0,9 kWh pro Patient und Tag.

Preisverhältnisse auf Grund der Energiepreise im Jänner 1922.

	Ersparnisse pro Tag: Fr.	S	pro Jahr: Fr.	S
Der gemischte Betrieb ist billiger als der reine Kohlenbetrieb um	0,84 =	1,09	306,50 =	398,45
der rein elektrische Betrieb ist billiger als der gemischte Betrieb um*)	3,50 =	4,55	1277,50 =	1660,75
der rein elektrische Betrieb ist billiger als der reine Kohlenbetrieb um	4,34 =	5,64	1584,— =	2059,20

In den genannten Zahlen sind nur die effektiven Auslagen für Brennstoffe und elektrischen Strom enthalten, sie berücksichtigen also Verzinsung, Amortisation und Unterhalt der elektrischen Einrichtungen nicht; anderseits sind aber auch ideelle Werte, wie Sauberkeit, Rauchlosigkeit nicht berücksichtigt.

Die Versuche ergaben, daß zur Ersetzung von 1 kg Kohle im Mittel 1,35 kWh notwendig waren.

Praktische Jahresergebnisse.

Seit der Durchführung vorstehend beschriebener Versuche wurde während eines ganzen Jahres rein elektrisch gekocht und der Stromverbrauch genau notiert. Nennenswerte Störungen sind

*) Wobei das Mittel aus dem Winter- und Sommerbetrieb zurückgelegt ist.

in dieser Zeit nicht vorgekommen. Da die Küche noch nicht mit Zentralheizung versehen ist, wurde im Winter der Kohlenherd als Heizung etwas in Betrieb genommen, wobei die Herdplatte zugleich als Tellerwärmer diente.

Der Gesamtanschluß der Kocheinrichtung betrug 75 kWh; es entspricht dies einer Benutzungsdauer von 595 Stunden im Jahre; der Jahresstromverbrauch 1922 betrug 44.635 kWh.

Bei 66.165 Verpflegungstagen, einschließlich Personal, ergibt dies einen Stromverbrauch von 0,674 kWh oder bei dem jetzigen Strompreise von 10 Rp. = 13 g pro kWh 6,74 Rp. = 8,8 g pro Kopf und Tag; bei 44.997 Patiententagen macht dies 0,991 kWh, oder rund 10 Rp. = 13 g pro Patient und Tag aus. Hiebei sind aber die Kosten für die Erwärmung der Küche und der Verbrauch an Koch- und Putzwasser nicht eingeschlossen. Das gesamte in der Küche benötigte Warmwasser, also auch das Kochwasser für die Kippkessel, wird der elektrischen Warmwasser-Bereitungsanlage (Speicheranlage mit Nachtstrombetrieb) entnommen. Dies ist beim Kippkesselbetrieb allgemein üblich und auch wirtschaftlicher, als wenn das Wasser mit Kochstrom erwärmt wird (Kochstrom 10 Rp. = 13 g, Nachtstrom für Warmwasserspeicher zur Zeit 4 Rp. = 5,2 g).

Diese sehr günstigen Ergebnisse des elektrischen Betriebes der Küche wurden erreicht durch zweckmäßige Wahl der elektrischen Apparate und durch richtige Unterteilung der Heizleistung und Isolierung der Kippkessel. Besonders hervorzuheben ist auch die tadellose Bedienung der elektrischen Einrichtung; die hier geschilderten Ergebnisse zeigen, wieviel Energie durch richtige Einteilung und durch nutzbringende Verwendung aller überschüssigen Wärme erspart werden kann.

In Abb. 68 ist eine Küche in einer Waisenanstalt für 100 bis 120 Personen, enthaltend einen elektrisch beheizten Kochherd, einen Warmwasserboiler, sowie vier ebenfalls elektrisch beheizte Kippkessel.

Betriebsergebnisse einer elektrischen Großküche.

Im folgenden sei das Ergebnis *) über die Erfahrungen, die mit einer von der Prometheus A.-G. für elektrische Heizeinrichtungen, Frankfurt a. M., gelieferten Großküche in der Provinzial-Heilanstalt Münster i. W. gemacht worden waren, wiedergegeben. Wenn auch in diesem Falle die Elektrizität in einer eigenen Maschinenanlage mit besonders günstiger Wärmeausnutzung erzeugt wurde, so sind doch die hier gewonnenen Erfahrungen für Anschlußanlagen an Elektrizitätswerke von großer Bedeutung.

*) Mitteilungen d. V. E. W. Nr. 378 ex 1925.

1. Allgemeines.

Die Heilanstalt Münster ist ausgebaut für etwa 700 Betten. Die technischen Anlagen sind im Laufe des letzten Jahrzehnts vollständig umgearbeitet, bezw. erneuert worden. Vorhanden sind in der Zentrale zwei Dampfkessel von 75 qm Heizfläche, von denen einer als Reservekessel dient. Für die Wintermonate wird noch ein Warmwasserkessel, der neben dem Dampfkessel steht und das Zusatzwasser für Warmwasserschnellumlaufheizung abgibt, in Betrieb genommen. Die Dampfmaschine hat eine Leistung von minimal 64 und maximal 96 PS. Die Dynamomaschine gibt jetzt, nachdem der Küchenherd und die Warmanrichte elektrisch geheizt werden, etwa 110.000 kWh für Licht und Kraft im Jahr im ganzen nutzbar ab. Es wird Drehstrom 220/380 Volt erzeugt. Die

Abb. 68

Anstalt ist an das Stadtnetz, das dieselbe Stromart mittels eines Transformators abgibt, angeschlossen. Dieser Anschluß bedeutet eine wichtige Reserve für den technischen Betrieb der Anstalt. Aus technischen und wirtschaftlichen Gründen ist in der Heilanstalt Münster der Versuch gemacht worden, auch die letzte Kohlenfeuerungsstelle in dem Kochherde der Kochküche zu entfernen und den Herd von der Betriebszentrale aus elektrisch zu beheizen; desgleichen die Warmanrichte. Der neue elektrische Großküchenherd sowie die Warmanrichte, die ungefähr dieselben Abmessungen hat wie der Herd, wurde von der Firma Prometheus

A.-G., Frankfurt a. M., geliefert*). Der Herd in der Heilanstalt Münster ist schon seit zwölf Monaten in Betrieb und hat ohne jede Störung gearbeitet. Die hinsichtlich des Herdes gehegten Hoffnungen sind noch übertroffen worden, so daß das Ergebnis in jeder Hinsicht zufriedenstellend ist. Kurz einige Einzelheiten über Bau und Betrieb des Herdes:

2. Einzelheiten betreffs des Herdes.

Der Herd besteht aus zwei Hauptteilen, und zwar einem elektrischen und einem gasbeheizten Teil; letzterer wird allerdings äußerst selten gebraucht. Die Platte ist 4 m lang, 1,2 m breit bei 0,75 m Höhe. Die Gesamtenergieaufnahme beträgt 65 kW, hiervon entfallen auf Heizplatten und Bratofen 41 kW und auf die direkt beheizten, auf die Herdplatte zu stellenden Gefäße (Bratpfannen usw.) 24 kW.

Die elektrische Abteilung enthält:

4 Kochplatten von je 40 cm Durchmesser mit je 3 kW regulierbarer Energieaufnahme,

2 Kochplatten von je 30 cm Durchmesser mit je 1,5 kW regulierbarer Energieaufnahme,

8 Kochplatten von je 25 cm Durchmesser mit je 1 kW regulierbarer Energieaufnahme.

Im Unterbau sind drei Bratöfen von je 50 cm Breite und 70 cm Tiefe mit je 6 kW getrennt für Ober- und Unterhitze und mit regulierbarer Energieaufnahme eingebaut. Links neben den Bratöfen sind zwei gegenüberliegende Schalttafeln zur Aufnahme der Regulierschalter; außerdem befinden sich an dem Herd noch vier Schaltnischen, welche durch Schiebetüren verschließbar sind. Diese Schaltnischen enthalten zusammen zwölf biegsame Anschlußschnüre von je 2 m Länge mit Stecker und sind für die auf die Herdplatte zu stellenden unmittelbar elektrisch zu beheizenden Gefäße bestimmt. Die elektrischen Zuleitungen liegen sämtlich innerhalb des Herdkörpers und sind nach Abnahme bestimmter Teile der Wandungen frei zugänglich. Die einzelnen Kochplatten — im ganzen 14 Stück — bestehen im wesentlichen aus der beiderseits plangedrehten Gußplatte mit den aufgelegten Reinglimmerheizelementen und den darüber gelegten Preßplatten. Über diese Heizeinrichtung ist zum Schutze ein Blechgehäuse gesetzt. Die Bratöfen sind gegen Wärmeausstrahlung mit Schlackenwolle gut isoliert und nach vorn herausnehmbar. Die Heizung erfolgt durch auf einem Flacheisenrahmen aufmontierte Panzerheizelemente. Der Betrieb der Kochplatte ist dreistufig regulierbar. Beim

*) Außerdem besteht in derselben Anstalt ein elektrisch betriebener Bügelsaal. Darin sind folgende Eisen installiert: 12 Nr. 1252, 0,45 kW, 3 kg; 2 Nr. 1251, 0,4 kW, 2,5 kg; 6 Nr. 237, 0,4 kW, 3 kg; 2 Nr. 254b, 0,5 kW, 4 kg; 1 Nr. 268s, 0,7 kW, 6 kg; 1 Nr. 269s, 0,75 kW, 8 kg; zusammen 24 Stück. Die Installation ist, soweit die beweglichen Leitungen in Frage kommen, mit Gummischlauchleitung ausgeführt. Die Eisen haben Hellux-Schalter.

Anheizen wird auf 3 eingeschaltet, zum Weiterkochen genügt gewöhnlich Schalterstellung 1 und 2. Als Kochgefäße eignen sich am besten Aluminiumgefäße mit ebenen Böden. Es ist zu beachten, daß die Kochplatten möglichst nicht trocken gehen. Die Kosten des Herdes einschließlich Warmanrichte, Zuleitungen und Montage betragen in Goldmark umgerechnet rund 15.000.

3. Wirtschaftlichkeit.

Die Wirtschaftlichkeitsberechnung des Herdes beruht darauf, daß der in den Gegenstromapparaten zur Erzeugung von warmem Wasser benötigte Frischdampf erst den Umweg vom Dampfkessel über die Dampfmaschine zum Gegenstromapparat macht, um an die Dampfmaschine die Kraft zum Antrieb der Dynamomaschine abzugeben. Da nun der Abdampf der Dampfmaschine vollständig für die Heizungs- und Warmwasserbereitungsanlage ausgenutzt wird, errechnet sich der Strompreis außerordentlich günstig; der elektrische Strom ist im vorliegenden Falle im großen und ganzen nur ein Abfallprodukt. Erfahrungsgemäß werden in der Heilanstalt täglich etwa 70 kWh für den Küchenherd und die Warmanrichte gebraucht. In dem Küchenherd der Heilanstalt Münster wurden früher durchschnittlich pro Tag 4 bis 5 Zentner Kohlen verfeuert. Die Erzeugung des elektrischen Stromes für den Großküchenherd kommt bei weitem nicht so hoch zu stehen, wie die Beschaffung der im Herd bisher täglich verbrannten Kohlen. Außer diesem Vorteil fallen noch andere wesentliche wirtschaftliche Vorteile ins Gewicht; so werden an Gas gespart jährlich rund 1100 Mk. bei einem Gaspreis von 16 Pf. für 1 cbm. Der Minderverbrauch an Fett, der weiter unten näher erläutert ist, bringt eine Ersparnis von mindestens 2100 Mk. Rechnet man noch hinzu, daß die Kosten für den Kaminfeger und die Kosten für Instandsetzungen, die beim Kohlenherd nicht unerheblich sind, beim elektrischen Herd fast vollständig wegfallen, so kann mit einer Gesamtersparnis von mindestens 6500 Mk. in einem Jahr gerechnet werden. Die vielen anderen Vorzüge der elektrischen Heizung sind später noch kurz angeführt. Eine auf den ersten Blick merkwürdig erscheinende Tatsache ist die große Fettersparnis beim elektrischen Kochen, bezw. Backen. Die Küchenschwester der Heilanstalt Münster stellte gemeinsam mit dem Betriebsführer der Anstalt fest, daß mindestens die Hälfte des früher benötigten Fettes beim elektrischen Kochen gespart wird. Dieser ganz überraschend niedrige Fettverbrauch ist in erster Linie darin begründet, daß beim Backen auf der glühenden Platte des Kohlenherdes die gestanzten Blechpfannen sich durch die Hitze deformieren, das Fett verbrieselt unnötig, und es muß viel mehr Fett, als das Backgut an sich zur Zubereitung nötig hat, in die Pfannen gebracht werden, um gleichmäßig über die Pfannen verteilte Speisen mit Fett zu versehen. Es konnte beobachtet werden, wie das Fett, namentlich an den Rändern, infolge der zu großen Unterhitze verdampfte; die elektrische Pfanne dagegen behält eine absolut ebene Bodenfläche, und das nicht allzu heiß werdende Fett kann sich gleichmäßig über die Bodenfläche der Pfanne verteilen. Die Fettersparnis geht somit nicht auf Kosten der Güte der Speisen.

4. Betriebserfahrungen.

(Vgl. Zahlentafel a.)

Es soll nicht unterlassen werden, einige Zahlen der Betriebserfahrungen, die die Küchenschwester gemeinsam mit dem Betriebsführer aufgestellt hat, anzufügen. An Back- und Bratgerichten werden in der Anstalt wöchentlich je einmal die nachstehenden Gerichte als Abendmahlzeit hergestellt:

1. Reibekuchen (Kartoffelplätzchen).

Hierzu werden drei Zentner Kartoffelmasse verarbeitet. Bei dem Kohlenherd waren unter Zuhilfenahme von 14 Pfannen vier Stunden Backzeit erforderlich. Der Herd mußte, um die Platte

Gericht	Rohstoff	Anheizzeit in h		Betriebszeit in h		Bedienungspersonal Kopfzahl		Bedienungszeit in h		Fettverbrauch in kg	
		K	el	K	el	K	el	K	el	K	el
1. Reibekuchen . .	150 kg Kartoffelmasse	2	0,25	4	2	9	4	40	9	35	16
2. Bratkartoffeln .	350 kg Pellkartoffeln	2	0,25	3	1,25	7	3	25	4,5	30	15
3. Mehlpfannkuchen . .	80 kg Mehl	2	0,25	5	2,25	9	5	50	12,5	50	23
Gesamt		6	0,75	12	5,5	25	12	115	26	115	54
Im Mittel		2	0,25	4	1,8	8,3	4	38	8,7	38	18
In % gegen Kohle . .			12½		45		48		23		48

K = Kohle

Zahlentafel a.

Betriebserfahrungen in der Küche der Provinzialheilanstalt „Marienthal", Münster i. W.

auf die nötige Glut zu bringen, vorher zwei Stunden angeheizt werden. Für die Zubereitung waren neun Personen tätig, und zwar drei Schwestern und sechs Küchenmädchen. Der Fettverbrauch für die Mahlzeit belief sich auf 30 bis 35 Pfund. Mit elektrischem Herd, bezw. elektrischen Pfannen läßt sich dieselbe Mahlzeit in zwei Stunden Backzeit, einer Viertelstunde Anwärmen der Pfannen, mit vier Personen Bedienung (einer Schwester und drei Küchenmädchen) mit acht Pfannen herstellen. Der Fettverbrauch beträgt nur 16 Pfund, also die Hälfte des beim Kohlenherd verwendeten Fettes.

2. Bratkartoffeln.

Für diese Mahlzeit werden 7 Zentner Pellkartoffeln verwendet. Beim Kohlenherd betrug die Backzeit drei Stunden plus zwei Stunden Anheizzeit, sieben Personen Bedienung. Fettverbrauch war 30 Pfund. Mit dem elektrischen Herd ist die Backzeit 1¼ Stunde bei drei Personen Bedienung, Fettverbrauch 15 Pfund.

3. Mehlpfannkuchen.

Hierfür werden 1,6 Zentner Mehl für eine Mahlzeit verbacken. Beim Kohlenherd beträgt die Backzeit 5 Stunden plus 2 Stunden Anheizzeit, bei neun Personen Bedienung, Fettverbrauch 50 Pfund; mit dem elektrischen Herd ist die Backzeit 2¼ Stunden, bei 5 Personen Bedienung, Fettverbrauch 23 Pfund.

Ähnlich verhalten sich die Zahlen beim Wurstbraten, bei Mehlwurst, beim Braten von Fisch usw.

Nachstehende Zahlentafel *b* gibt eine übersichtliche Zusammenstellung der Betriebsdaten.

Danach darf eine kWh kosten, wenn gleiche Betriebskosten entstehen sollen:

a) $\frac{9,-}{70} = 0,13$ M. ohne Berücksichtigung der Ersparnisse an Fett- und Bedienungskosten;

b) $\frac{23,-}{70} = 0,33$ M. mit Berücksichtigung der Ersparnisse an Fettkosten;

c) $\frac{31,80}{70} = 0,45$ M. mit Berücksichtigung der Ersparnisse an Fett- und Bedienungskosten.

1 Nach Beyer, Münster, erzeugt 0,1 kg Kohle = 1 kWh, wenn der Abdampf der Dampfmaschine zu Heizungszwecken, Warmwasserbereitung usw. ausgenutzt werden kann.

Der jährliche Kohlenverbrauch des alten Herdes betrug 80.000 kg; der Stromverbrauch des elektrischen Herdes beträgt 70 kWh täglich, das sind 70 .. 365 $\cong$ 26.000 kWh jährlich, bei 0,1 $\times$ 26.000 = 2600 kg Kohle, demnach jährliche Ersparnis **77.400 kg Kohle;**
oder wenn 1 kg Kohle = 0,04 M. kostet, = 77.400 $\times$ 0,04 = **3096 M.** jährliche Ersparnis.

Demnach **ersetzt 1 kWh** = $\frac{80.000}{26.000}$ = **3,1 kg Kohle** und darf die kWh kosten = 3,1 $\times$ 4 = 12,4 Pfg., wenn gleiche Betriebskosten entstehen sollen.

	Betriebsstoffverbrauch kg bezw. kWh		Betriebsstoffkosten (1 kg Kohle = 0,04 M, 1 kWh = 0,1 kg Kohle) in Mark		Fettkosten (1 kg = 0,70 M.) in Mark		Bedienungskosten (h = 0,30 M.) in Mark		Gesamtkosten in Mark	
	K	el	K	el	K	el	K	el	K	el
im Mittel	225	70	9,—	0,28	26,60	12,60	11,40	2,60	47,—	15,48
in % Kohle				3,1 %		48 %		23 %		33 %

Zahlentafel b.
Vergleichsdaten für Kohle- und elektrischen Kochbetrieb.

2. W ä r m e b e d a r f bei Kohlenbetrieb, wenn man für 1 kg Kohle = 7000 WE setzt = 80.000 kg × 7000 = 560,000.000 WE, beim elektrischen Betrieb = 26.000 kWh × 860 = 22,000.000 WE; nutzbare Wärmemenge

$$22{,}000.000 \times 0{,}7 = \mathbf{15{,}200.000\ WE}$$

3. Wirkungsgrad des Kohlenherdes

$$\eta = \frac{15{,}200.000 \,.\, 100}{560{,}000.000} = 2{,}75\%.$$

Wenn man bedenkt, daß in früheren Zeiten gerade die Speisen, wie Bratkartoffeln, Pfannkuchen und Reibekuchen nur mit großer Mühe und dann infolge des langen Warmhaltens nicht in dem wünschenswerten Zustande gegeben werden konnten, kommen jetzt die Speisen wohlschmeckend und nicht unansehnlich auf den Tisch. Der Anstalt mit ihren 650 Kranken und 130 Köpfen Personal ist die Möglichkeit gegeben, größere Abwechslung überhaupt in den Küchenzettel zu bringen. Die übrigen bekannten Vorzüge des elektrischen Herdes sind kurz folgende:

5. Weitere Vorzüge des elektrischen Herdes.

1. Sofortige Betriebsbereitschaft, sofortige Außerbetriebsetzung nach Herstellung der Speisen.
2. Bequemste Schaltbarkeit mit Reguliermöglichkeit.
3. Geringe Wärmeentwicklung, daher auch Schonung des Personals, namentlich im Sommer.
4. Leichte Instandsetzungsmöglichkeit. Der Herd braucht bei Schäden nicht außer Betrieb gesetzt zu werden.
5. Leichte Wartung, Behelfsweise können auch Kranke am Herd beschäftigt werden.
6. Höchste Sauberkeit, was bei einer Anstaltsküche von ganz besonderem Vorteil ist.
7. Keine Luftverschlechterung durch den Herd. Die Speisen brennen nur bei Nachlässigkeit des Personals an.
8. Keine Explosionsgefahr, wie beim Gasherd.
9. Große Haltbarkeit. Ersatzheizelemente verursachen keine großen Kosten und können leicht vom Maschinenpersonale eingesetzt werden.

Zusammenfassend kann nach zwölfmonatiger Inbetriebnahme dieses elektrischen Großküchenherdes in der Heilanstalt Münster gesagt werden, daß die Anlage in jeder Hinsicht glänzend und bis jetzt auch ohne die kleinste Störung gearbeitet hat; ganz besonders ist das wirtschaftliche Ergebnis hervorzuheben, das zeigt, daß die Beschaffung des Herdes in jeder Weise sich gelohnt hat.

Über die **Küchenanlage** des **Gefangenenhauses** in Basel kann folgendes berichtet werden:

Die Kessel der Küche sind von Bachmann & Kleiner in Örlikon geliefert. Sie enthalten 180, 150, 125 und 4 × 50 Liter. Der 180-Liter-Kessel benötigt 4 kW, der 150-Liter-Kessel 3 kW, der 50-Liter-

Kessel 4 kW und 3 kW, der 125-Liter-Kessel, welcher speziell für Kartoffelkochen dient, faßt 85 kg Kartoffel, und es sind hiefür 10 kWh à 8 Cts. = 10,4 g, im Winter zu 10 Cts. = 13 g erforderlich. Die Leistung beträgt gleichfalls 4 kW und 3 kW. Pro Mann und Tag für drei Speisen werden ½ kWh gerechnet; das ist nur für die Küche. Der Kessel für 300 Liter hat einen Durchmesser von 0,70 m und eine Länge von 0,75 m. Die Küche ist zirka 5 Jahre in Betrieb, ohne daß eine Störung vorgekommen wäre, nicht einmal eine Sicherung ist durchgegangen.

Zusammenstellung.

Bei einem Stande von:

100	Mann wurden benötigt im	Jänner 1923	1.400 kWh
94,7	„ „ „ „	Februar	1.410 „
90,8	„ „ „ „	März	1.400 „
90,2	„ „ „ „	April	1.260 „
91,1	„ „ „ „	Mai	1.130 „
89,1	„ „ „ „	Juni	1.500 „
81,8	„ „ „ „	Juli	1.270 „

für die Küche, wobei der Kochtarif für die Zeit von Oktober bis April 10 Cts., bezw. 8 Cts. betrug.

Für die Boiler wurden benötigt im Jahre 1923:

im Jänner	8.180 kWh	im Mai	6.360 kWh
im Februar	8.380 „	im Juni	7.960 „
im März	7.790 „	im Juli	5.510 „
im April	6.290 „		

In der Wäscherei:

im Jänner	220 kWh	im Mai	400 kWh
im Februar	250 „	im Juni	580 „
im März	260 „	im Juli	410 „
im April	350 „		

Gesamtverbrauch:

im Jänner	11.870 kWh	im Mai	9.603 kWh
im Februar	11.900 „	im Juni	11.950 „
im März	11.030 „	im Juli	8.990 „
im April	9.603 „		

Boiler für 400 Liter benötigen	4,4 kW
„ „ 300 „ „	3,4 „
„ „ 200 „ „	2,4 „

Infolge des Umstandes, daß die 200-Liter-Boiler nicht ständig gebraucht werden, z. B. nur an einem Tage, so daß die übrigen das Heizen nicht notwendig machen, wird die Schaltzeit auf 5½ Stunden herabgesetzt, z. B. von 22 bis 3½ Uhr und von 2½ bis 7½ Uhr, wobei die Überdeckung etwa eine Stunde beträgt.

Gefahren des elektrischen Kochens.

Nun noch zwei andere Fragen, die gleichfalls in vielen Anfragen auftauchen: Ob die elektrischen Herde ungefährlich sind und wie man sich in der elektrischen Küche bei Gewittern verhalten soll? Zur ersten Frage ist zu sagen, daß ein richig installierter elektrischer Herd völlig ungefährlich zu handhaben ist, weil die der Berührung ausgesetzten, normalerweise keine Spannung führenden Teile eine Erdverbindung haben; auf diese Weise ist es auch bei zufälligen Isolationsfehlern ausgeschlossen, daß der Strom durch den Körper der den Herd bedienenden Person fließt (Körperschluß); er geht vielmehr durch den Erddraht direkt zur Erde, weil der Strom stets den Weg des geringsten Widerstandes wählt. Die Erdverbindung besteht am besten aus einem mindestens 3 mm starken Kupferdraht, der gewöhnlich der Einfachheit halber mit der Wasserleitung gut leitend verbunden wird.

Der Antwort auf die zweite Frage ist vorauszuschicken, daß es nicht möglich ist, solide Kochplatten mit guter Nutzwirkung herzustellen, die bezüglich der elektrischen Isolationsfestigkeit den übrigen Anlageteilen (Hauseinführungen, Drahtleitungen usw.) überlegen sind. Bei heftigen Gewittern und starken atmosphärischen Entladungen kann es infolgedessen vorkommen, daß durch diese Entladungen hervorgerufene Überspannungen die Heizkörper beschädigen. Vor solchen Störungen kann man sich aber sehr leicht sichern, einfach dadurch, daß man bei starken Gewittern den elektrischen Herd von der Stromführung trennt. Dies kann durch Herausziehen des Steckers geschehen, doch ist das gelegentlich unbequem, wenn der Stecker sehr fest sitzt. Zweckmäßiger ist es daher, das Abschalten durch einen allpoligen Drehschalter zu bewirken, der an einer leicht zugänglichen Stelle in die Zuführungsleitung eingebaut wird. Die Kosten eines solchen Schalters, der jede Gewittergefahr sicher ausschließt, belaufen sich samt Einbau auf 20,— bis 30,— Fr. = 26,— bis 39,— S bei Kochherden bis zu einer Leistung von insgesamt 6 kWh, auf 40,— bis 50,— Fr. = 52,— bis 65,— S für größere Herde.

c) Der landwirtschaftliche Kessel.

Von den Elektrizitätswerken des Kantons Zürich hat auch eine wichtige Neuerung ihren Ausgang genommen. Der **landwirtschaftliche Kochkessel** (auch Schweinekessel genannt) aus Metall, der insbesondere der Zubereitung von warmem Schweinefutter dient, daneben aber auch für verschiedene andere in der Landwirtschaft vorkommende Kochzwecke (beispielsweise für die Ställe usw.) benützt werden kann.

Der Kessel wird am Abend, bei Beginn des billigen Nachttarifs, mit Rohfutter gefüllt, worauf man den Deckel schließt, den Strom einschaltet und schlafen geht. Der gefüllte 50-Liter-Kessel verbraucht in der Stunde 1 Kilowatt, und 1 Kilowattstunde (kWh) kostet, je nach Tarif, etwa 5—6 Rp. = 6,5—7,8 g. Um 50 Liter Futter gar zu kochen, sind 7 kWh, die 35 Rp. = 45,5 g kosten, nötig. 50 Liter Futter genügen reichlich als Tagesration für fünf Schweine. Auf ein Tier entfallen also täglich 7 Rp. = 9,1 g oder im Jahre 365 × 7 zirka 35 Fr. = 32,5 S. Die Zahl ist in Wirklichkeit noch zu hoch, denn man reicht ja den Schweinen nicht das ganze Jahr über w a r m e s Futter und man rechnet außerdem bei der heutigen intensiven Schweinemast auch in landwirtschaftlichen Betrieben für die fertige Ausmästung eines Schweines kaum mit mehr als acht Monaten. Also wird der Kessel nur während 4/5 des Jahres voll in Betrieb genommen, was die Betriebskosten pro Tier und pro Jahr um 1/5 des oben errechneten Betrages, also auf 20 Fr. = 26 S reduziert. Bei Holzfeuerung braucht man nach einwandfreien Feststellungen pro Jahr und Tier Holz im Verkaufswerte von 80 Fr. = 104 S. Also erspart man durch den elektrischen Kessel pro Jahr und Tier 60 Fr. = 78 S. Hat man fünf Tiere, so sind das 300 Fr. = 390 S jährlich, d. h. der Kessel ist samt dem Zins in weniger als zwei Jahren aus dem Mehrerlös für das Holz gegenüber dem Stromverbrauch abbezahlt.

Diesen finanziellen Vorteilen gesellen sich mehrere persönliche zu. Da keine Feuersgefahr besteht und kein Kamin notwendig ist, kann der Kessel an irgendeiner passenden Stelle des Hauses oder der Scheune placiert werden. Die Haushaltsküche hat also mit der Bereitung der Schweinetränke nichts mehr zu tun; man kann in gewissen Fällen sogar den großen Holzherd beseitigen und so Platz gewinnen, auch hat man nicht mehr unter dem oft nicht gerade angenehmen Duft der Schweinetränke zu leiden. Der Transport der Tränke von der Küche zum Stall entfällt ebenfalls, wenn man den Kessel in der Nähe des Stalles aufstellt. Eine große Annehmlichkeit ist weiterhin, daß das Futter angesichts der guten Wärmeisolierung des Kessels ohneweiters bis 48 Stunden

1 Leitungszuführung in Gummischlauch
2 Elektrischer Heizkörper
3 Wärmeisolation
4 Deckel mit Wärmeisolation
5 Ventil
6 Gestell
7 Drehzapfen
8 Kipphebel

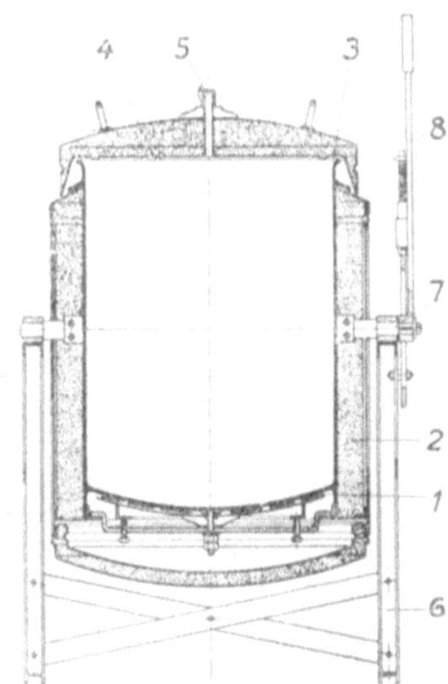

Abb. 69. Landwirtschaftlicher Kochkessel von Kummler u. Matter, Aarau

Abb. 70. Elektrisch beheizter Futterkocher von 100 Liter

warm bleibt. Wird also das Futter nicht an einem Tage verbraucht, so kann man den Rest am nächsten Tage verfüttern, ohne daß weitere Energiezufuhr nötig ist.

Die Apparate der Siemens - Elektrowärme-Ges. m. b. H. in Sörnewitz (Meißen) bestehen aus einem gut wärmeisolierten, verzinkten Eisenkessel, mit regulierbarem elektrischen Heizelement und angebautem gußeisernen Regulierschalter mit 2 m Gummischlauchleitung. Der wärmeisolierte Deckel ist mit Verschlußbügel und Sicherheitsventil versehen. Der Dampfeinsatz hat einen Schlammfang (vgl. Abb. 71). Die Größe des zu wählenden Kessels richtet sich nach Zahl und Art des Viehstandes. Für vier bis fünf Mittelschweine würde beispielsweise ein 50-Liter-Kessel ausreichen.

Zum Futterkochen und -dämpfen wird nur so viel Wasser in den Kessel geschüttet, daß es durch die Löcher der Platte des Dämpfeinsatzes hindurchtritt. Der Inhalt kocht dann ohne Strom in der eigenen Wärme selbsttätig gar. Das Ein- und Ausschalten kann auch durch eine Uhr geregelt werden und vollkommen selbsttätig erfolgen. Die Regulierstufen dienen für verschiedene Füllungen und verschieden lange Heizzeiten, ungefähr nach folgender Tabelle:

Inhalt etwa l	Leistung kW	Regulierstufen in Watt	Abmessungen in cm			Gewicht etwa kg
			Höhe	Breite	Tiefe	
50	1,2	1200—600—300	130	60	60	75
100	2,4	2400—1200	130	70	60	100
200	4,2	4200—2100	140	80	60	140

Füllung des Kessels	Heizzeiten bei		
	voller Leistung etwa Std.	halber Leistung etwa Std.	viertel Leistung etwa Std.
voll	8	16	—
halb	4	8	16

Die Einführung dieser Kessel, die sich bei den Landwirten großer Beliebtheit erfreuen, ist ein Schulbeispiel dafür, wie man Bedürfnisse erkennen und dann für seine eigene Entwicklung ausnutzen soll. Gerade die vorwiegend landwirtschaftlichen Gegenden waren früher für die Werke unwirtschaftliche Gebiete. Außer Beleuchtungsanschlüssen und wenig eintragenden Kraftanschlüssen glaubte man aus solchen Gebieten nichts erwarten zu können. Die Benützung der elektrischen landwirtschaftlichen Kochkessel ändert diesen Zustand einigermaßen, können doch auf diese Weise jährlich große Mengen Nachtenergie verkauft werden, ohne daß in den meisten Fällen Anlageverstärkungen notwendig sind. Diese Neuerung ist also sowohl für die Landwirtschaft wie für die Werke von großer wirtschaftlicher Bedeutung. Im Versorgungsgebiete der Elektrizitätswerke des Kantons Zürich allein sind gegen 10.000 solcher Kessel anschließbar, die alljährlich etwa 20,000.000 Kilowattstunden Nachtenergie verbrauchen würden.

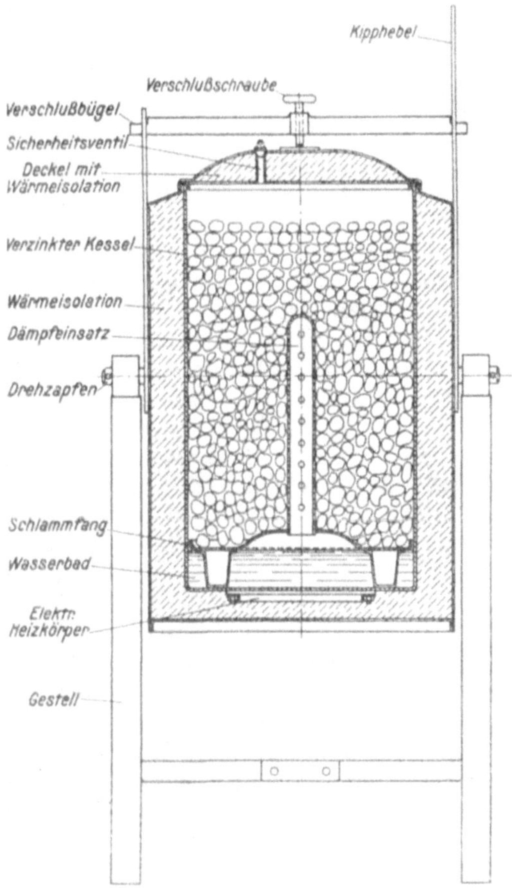

Abb. 71

4. Backöfen.

In erster Linie verdienen die Back- und Konditoreiöfen Erwähnung. Zu 95% wird heute in Europa das tägliche Brot und das damit zusammenhängende Klein- und Feingebäck mit Wärme aus fossilen Brennstoffen gebacken. Den üblichen Backofen stellt der moderne Dampfbackofen dar; nach ihm kommt der sogenannte Kanal- oder Holzofen. Um 100 kg Vollbrot in einem guten Dampfbackofen backen zu können, sind zirka 16 kg Kohle erforderlich. Der elektrische Klein- und Großbackofen ist noch wenig bekannt und heute vornehmlich dort verbreitet, wo billige Wasserkraftelektrizität zur Verfügung steht, wie in erster Linie in der Schweiz.

Um sich einerseits den Stromverhältnissen jederzeit anpassen zu können, anderseits einen billigeren Stromtarif zu erhalten, hat sich der Vollspeicher-Backofen in der Praxis herausgebildet. Dieser elektrische Backofen wird über die Nachtstunden mit ganz geringem Zusatz, eventuell über Mittag, namentlich für Konditoreiöfen, geladen, d. h. man gibt dem Speicherblock so viele Kilowatt in Kalorien, daß er in der Lage ist, andern Tags die erforderliche Menge Brot mit der aufgespeicherten Wärme zu backen. Die pyrometrische Raumtemperatur der Backräume beträgt 250 bis 280° C. Die innere Speichertemperatur ist entsprechend höher.

Die Betriebserfahrungen sind abgeschlossen und in jeder Hinsicht einwandfrei. Als Mittelwerte gelten beim Vollspeicherofen: 100 kg Vollbrot erfordern zirka 44 bis 38 Kilowattstunden. Öfen für Tagstrom sind bislang selten und nur bei kleineren Objekten angewendet worden, weil erstens der Tagstrom über Tag für ein größeres Objekt sehr selten zur Verfügung steht, zweitens auch die Kilowattstunde zu hoch zu stehen kommt.

Die Betriebstemperaturen sind für Kleinwaren nicht so hoch wie für Vollbrote. Aus diesem Umstande erhellt auch, daß bei großen Öfen nach dem Fertigbacken den ganzen Tag über eine Unmenge Kleinware herausgebacken werden kann und dadurch der Kilowärmepreis des Brotes von 0,34 bis 0,38 kWh/kg Brot herabgedrückt und der Geschäftsnutzen erhöht wird.

Die Einführung der elektrischen Backöfen ist von der Firma Werner & Pfleiderer, Wien, und den Volta-Werken in Bregenz in Aussicht genommen. In Linz sind zwei Öfen in Betrieb. Im allgemeinen kann auf die Erfahrungen in der Schweiz hingewiesen werden, jenem Lande, welches nebst Holland und den Nordstaaten auf dem Gebiete der Elektrizitätswärmewirtschaft in Europa am weitesten vorgeschritten ist.

Der erste große Backofen wurde 1911 in Zürich aufgestellt und ist seither ununterbrochen ohne Störungen in Betrieb. Allerdings standen der Entwicklung die großen Kosten entgegen, welche zirka 30% höher sind als bei Dampfbacköfen mit Kohlenfeuerung, wiewohl die wirtschaftlichen Ergebnisse sehr günstig genannt werden dürfen. Die Betriebskosten-Berechnung ergibt für eine mittlere Stadtbäckerei und Konditorei mit einem zwei-etagigen Backofen mit 10 m² Backfläche und mit Warmwasserreservoir:

a) Kohlenofen: Der Kohlenverbrauch beträgt im Mittel pro Tag 100 kg, also im Jahr 36 t à S 60,— S 2160,—
Holz zum Anfeuern, zur Kaminreinigung, Aschenabfuhr usw. . . . . S 240,—
Betriebskosten pro Jahr . . . . S 2400,—

b) Elektrischer Backofen: Der Jahres-Stromverbrauch für einen 10 m² Backofen beträgt nach verläßlichen Aufzeichnungen 95.000 bis 105.000 kWh bei zirka 30-kW-Leistung im Mittel, daher zirka 100.000 kWh. Es darf daher der Strompreis bei gleichen Betriebsanlagen wie bei Kohlenöfen betragen:

$$S\ 2400,\text{—} : 100.000 = 2{,}4\ g,$$

wie ersichtlich, ein sehr niedriger Preis. Nichtsdestoweniger verträgt der Bäckereibetrieb einen Strompreis von 3 gh = 4,32 g, der in Linz auch zur Verrechnung gelangt.

Die Baukosten werden derzeit in der Schweiz mit Fr. 1000,— pro Quadratmeter und die Schaltung usw. ebenso hoch gerechnet, so daß sich die Baukosten eines Quadratmeters elektrischen Ofens auf Fr. 2000,— stellen.

Daraus geht hervor, daß die Stromkosten derartig niedrig sein müssen, daß sie beinahe nur so viel ausmachen dürfen, was an Stromsteuer für Licht gegenwärtig von der oberösterreichischen Landesregierung verlangt wird, oder mit anderen Worten: Es muß Abfall- oder Überschußstrom vorhanden sein, um einen Backofen-Betrieb elektrisch führen zu können. Es wird hiebei allerdings ein teuerer Betrieb nicht abgelehnt, wenn sich die Betriebskosten nicht zu hoch stellen. Bei dem als Wärmespeicher ausgebildeten Backofen ist es möglich, nach erfolgter Abschaltung des Stromes ein bis zwei Schuß Großbrot und nachfolgend Kleinbrot und Konditoreiwaren während 7 bis 8 Stunden kontinuierlich herauszubacken, ohne daß die Ofentemperatur unter den zulässigen Wert sinkt. Ein solcher elektrischer Ofen übertrifft neben der nicht zu überbietenden Hygiene und Einfachheit in der Bedienung jedes System des Backwesens. Durch die Schaffung der Möglichkeit, billigen Nachtstrom zu verwenden, wird die Wirtschaftlichkeit der elektrischen Backöfen in besonderem Maße erhöht.

Der elektrische Backofen bietet gegenüber den älteren Ofensystemen nachstehende Vorteile:

1. Automatische Temperaturkontrolle.
2. Einheitlichkeit des Fertigproduktes. Gesteigerte Erzeugung.
3. Platz- und Kostenersparnis durch Wegfall des Feuerraumes, des Kohlenbehälters und des Kaminabzuges.
4. Wegfall der Rauch- und Rußbelästigung.
5. Geringe Wärmestrahlung, daher hygienischere Arbeitsräume.
6. Das Anfeuern und Bedienen des Feuers fällt weg.

7. Der elektrische Backofen mit Wärme-Akkumulierung arbeitet mit starkem Nachdruck, welcher gestattet, mehrere Stunden ohne Stromzufuhr zu backen.
8. Das elektrische Backofen-System eignet sich für große und kleine Brote und die Herstellung von Konditoreiwaren.
9. Die Lebensdauer ist sehr groß.
10. Brotmaterialersparnis.

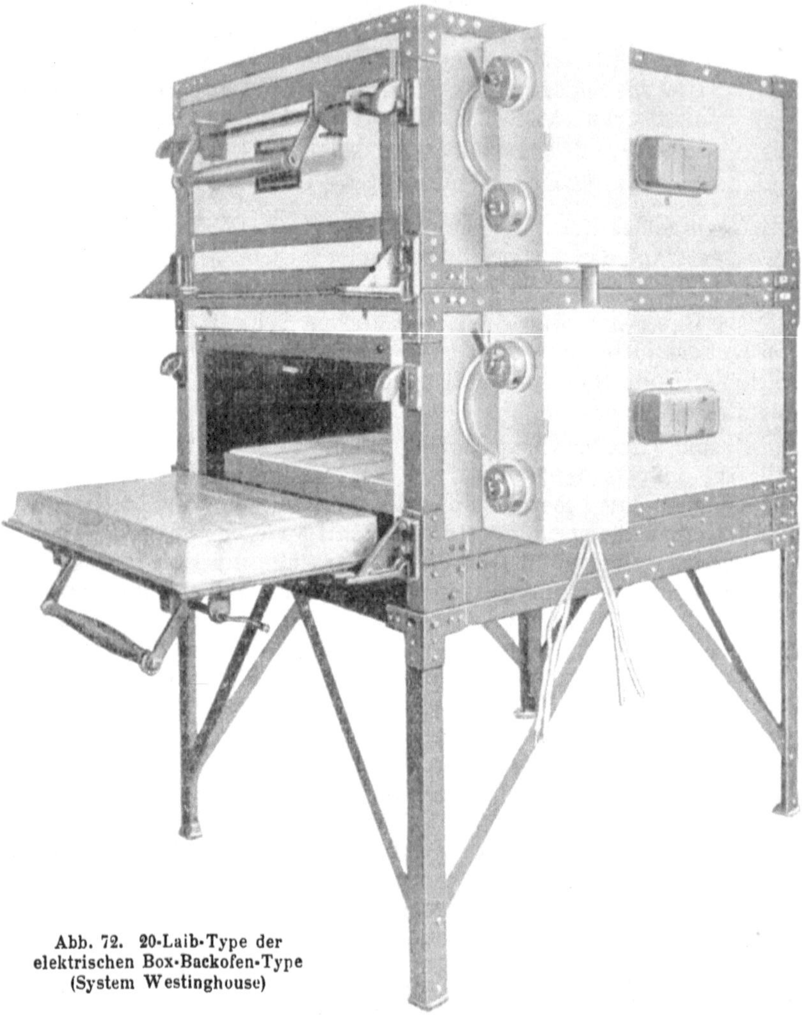

Abb. 72. 20-Laib-Type der elektrischen Box-Backofen-Type (System Westinghouse)

Die bisherigen mehrjährigen Erfahrungen zeigen, daß von einer eigentlichen Abnützung der elektrischen Heizkörper nicht gesprochen werden, also eine Lebensdauer von 30 Jahren und mehr angenommen werden kann. Gefährliche Explosionen, wie sie bei den Dampfbacköfen mit Kohlenfeuerung auftreten, sind bei den elektrischen Backöfen gänzlich ausgeschlossen.

Abgesehen von der raschen und sauberen Arbeit haben die elektrisch beheizten Backöfen den weiteren wissenschaftlich festgestellten Vorteil, daß das Schrumpfmaß pro Laib Brot geringer ist wie bei Kohlenöfen, und zwar um ca. 2—3%. Wenn eine Brotfabrik täglich 75.000 Laib Brot erzeugt, so sind dies in 300 Tagen = 75.000 × 300 = 22,500.000 Brote. Wird nur ein Perzent Schrumpfmaß gerechnet, so ergibt dies 22,500.000 × 1% = 225.000 Brote à 1 kg, d. s. 225.000 kg à S 0,85 = S 191.250,— Ersparnis pro Jahr. Ob diese Ersparnis, auf das Jahr umgerechnet, vielfach die Kosten des elektrischen Betriebes aufwiegt und auch höhere Betriebskosten rechtfertigt, muß von Fall zu Fall untersucht werden.

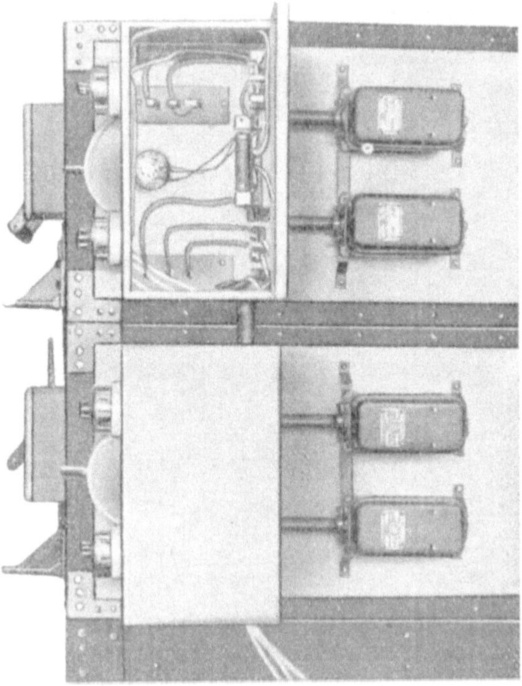

Abb. 73. Sicherungsgehäuse für einen 60-Laib-Box-Backofen

Daß dem elektrischen Backofenbetriebe gewisse Vorteile innewohnen müssen, beweist die Tatsache, daß die Zahl der elektrischen Backöfen in der Schweiz ständig steigt: In Zürich von 303 des Jahres 1921 auf 407 im Jahre 1922 mit einem Anschlußwerte von 3575 kW, in Basel von 22 des Jahres 1921 auf 26 im Jahre 1922 mit einem Anschlußwerte von 899 kW.

Die Westinghouse Electric & Manufacturing Cy in Pittsburgh baut Backöfen nach dem Sektionalsystem, d. h. der Ofen besteht, wie ein Schubladenkasten, aus übereinanderliegenden, selbständigen Ofeneinheiten, von denen einer für 20 oder 60 Brotlaibe reicht. Jede solche Einheit ist vollkommen für sich elektrisch eingerichtet. Diese Ofentype hat den Vorteil, daß sie, nur aus einem eisernen

Rahmengestell bestehend, in das die Isolierschichten mit den Heizkörpern eingelegt sind, an einem beliebigen Orte aufgestellt werden kann und weiters eine Erhöhung der Leistungsfähigkeit durch Übereinanderschichten mehrerer Ofeneinheiten in denkbar einfacher Weise gestattet. Speziell in größeren Orten auf dem Lande dürfte dieser Backofenart eine größere Bedeutung zukommen.

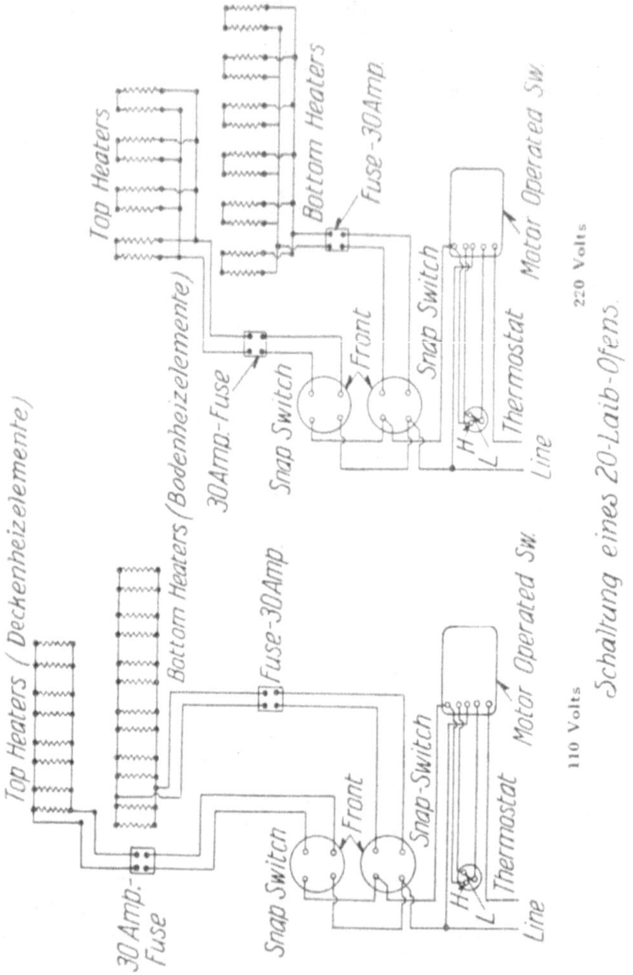

Abb. 74 Schaltung eines 20-Laib-Ofens

Die Fisher Brothers Company, Cleveland O., die täglich etwa 9000 kg Brot herstellt, hat ihren ursprünglich für Gasbetrieb eingerichteten selbsttätigen Backofen auf elektrischen Betrieb umgebaut. Wegen der für Gasfeuerung eingerichteten Bauart des Ofens war es allerdings nicht möglich, den Stromverbrauch so weit zu vermindern, wie man es bei einer Änderung der Ofenbauart hätte erzielen können, so daß der Stromverbrauch für je 1000 kg

Abb. 75. Automatischer und ununterbrochen betriebener elektrischer Backofen der Conveyor-Type (System Westinghouse)

fertige Brote statt 177 etwa 300 kWh beträgt. Durch den Ofen, der etwa 24,5 m lang, etwa 3 m breit und 2,5 m hoch ist, wandern die Brote auf einem endlosen Band durch verschieden stark beheizte Zonen, deren Temperaturen durch neun getrennte Stromkreise zwischen 215 und 270° C geregelt und mittels selbstschreibender Meßgeräte fortlaufend überwacht werden. Die zulässige Höchstbelastung des Ofens beträgt 450 kWh. Die von der General Electric Co. hergestellten Heizkörper liegen quer im Ofen in nahtlosen Kesselrohren über und unter dem Band, dessen Geschwindigkeit so eingestellt wird, daß die Gesamtdauer des Backens 42 Minuten beträgt. Zum Betrieb dient 220-V-Drehstrom von 60 Per/Sek.; an der Austrittsstelle des Förderbandes, wo die Brote abgenommen werden, ist die Maschine mit einem Tisch versehen, auf den man die fertigen Brote vorschiebt. Sie wandern dann selbsttätig auf einer geneigten Bahn weiter zur Verladestelle. Eine ähnliche Type zeigt Abb. 75.

Dieselbe besitzt eine Leistungsfähigkeit von 1200 $1\frac{1}{2}$-Pfund- oder $\frac{3}{4}$-kg-Brotlaiben pro Stunde. Die Öfen werden für eine Backleistungsfähigkeit für fünf verschiedene Größen hergestellt, und zwar:

Nr. 1 400 $1\frac{1}{2}$-Pfund-Brotlaibe pro Stunde,
Nr. 2 600 $1\frac{1}{2}$-Pfund-Brotlaibe pro Stunde,
Nr. 3 800 $1\frac{1}{2}$-Pfund-Brotlaibe pro Stunde,
Nr. 4 1000 $1\frac{1}{2}$-Pfund-Brotlaibe pro Stunde,
Nr. 5 1200 $1\frac{1}{2}$-Pfund-Brotlaibe pro Stunde.

Der maximale und durchschnittliche Stromverbrauch beträgt bei Größe

	Maximum kW:	Mittlerer Leistungsverbrauch kW:
Nr. 1	45	34
Nr. 2	75	60
Nr. 3	95	76
Nr. 4	135	108
Nr. 5	150	120

Der Ofen kann auf die Backtemperatur von 450° Fahrenheit = $\frac{4}{9}$ = (F 32°) = 186° C in 45 Minuten gebracht werden. Die Regelung der Temperatur erfolgt zwischen 300 und 500° F (149 bis 208° C). In der Abbildung ist der rechts befindliche Teil verkleinert aus dem Ofeninneren herausgegriffen. Die Heizkörper sind am Grunde des Ofens, wie ersichtlich, angebracht.

Einen Konditor-Backofen der *Electra Ges. m. b. H., Bregenz*, zeigt Abb. 76.

Elektrische kombinierte Konditorei-Backöfen.

Ausführung:

Profileisengestelle mit isolierten Füllungen. Nach vorn herausziehbare Backräume.

Stromverbrauch:

Durch Regulierschalter für Ober- und Unterhitze getrennt bei jedem Backraum, 4-fach regulierbar.

Anschluß:

Klemmkasten.

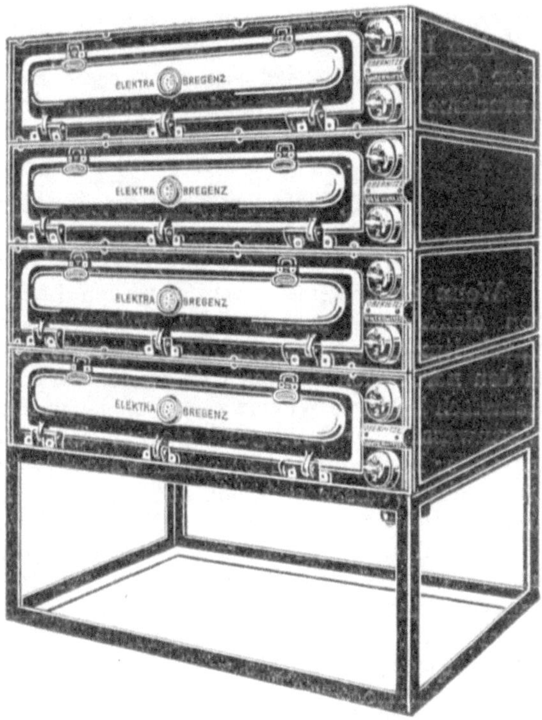

Abb. 76

Abmessungen mm					Zahl der		Gewich	Max. Stromverbrauch
Höhe			Breite	Tiefe	Backräume	Gärschrank	kg ca	KW
Backofen	Sockel	Total						
320	700	1020	1160	760	1	—	180	6,0
640		1340				1	300	7,5
640	500	1140	1160	760	2	—	310	12,0
960		1440				1	430	13,5
960	500	1460	1160	760	3	—	445	18,0
1280		1780				1	565	19,5
1280	500	1780	1160	760	4	—	580	24,0
1600		2100				1	700	25,5

Bei Bestellungen sind stets die Betriebsspannung (Volt) und Stromart (Gleich-, Wechsel- oder Drehstrom) anzugeben.

Wenn das stromliefernde Elektrizitätswerk nicht für das ganze Jahr den Nachtstrom garantieren kann, dann können mit Vorteil Öfen mit kombinierter Heizung Verwendung finden. Der Ofen wird als normaler Dampf-Backofen gebaut, erhält jedoch oberhalb und unterhalb der Backräume gleichzeitig elektrische Heizkörper, die von Speichermasse umgeben sind. Auch bei Neuaufstellung von Backöfen in solchen Orten, wo in absehbarer Zeit mit dem Bezuge von Nachtenergie zu rechnen ist, empfiehlt sich diese Ofenbauart, wobei vorerst nur die Hohlräume zur späteren Aufnahme der Heizkörper im Backofen vorgesehen werden.

5. Warmwasserbereitung.

a) Allgemeines.

Wenn im allgemeinen in manchen Ländern die Verwendung von elektrischer Energie für Wärmezwecke im Bereiche der Haushaltungen erst angestrebt wird, so ist es in der Schweiz und in den nordischen Ländern eine selbstverständliche Tatsache, daß elektrisch beheizte Warmwasserspeicher im Haushalte zu jeder Zeit Warmwasser zur Verfügung stellen, ohne daß irgend eine Wartung oder Bedienung erforderlich wäre. Sie bestehen in der Regel aus einem Wasserkessel mit elektrischen Heizkörpern sowie dem äußeren Schutzmantel und der Wärmeisoliermasse.

Der Wasserkessel ist aus Flußeisenblech, autogen oder elektrisch geschweißt und im Vollbade verzinkt. Er ist von dem äußeren Schutzmantel umgeben und der Zwischenraum mit wärmeisolierender Spezialmasse ausgefüllt. Sämtliche Wasserkessel werden einer Druckprobe von 10 bis 12 at ausgesetzt.

Die elektrische Heizeinrichtung besteht aus Flachrohrelementen, sogenannten Tauchelementen, die in Heiztaschen liegen und infolgedessen auch bei gefülltem Wasserbehälter ausgewechselt werden können. Der Einbau in die Heiztaschen hat auch den Vorteil, daß durch das Arbeiten (Ausdehnen durch Erwärmung und Zusammenziehen bei Abkühlung) der Heizkörper der Befestigungsflansche nicht gelockert und dadurch der Wasserbehälter undicht wird. Sowohl die Heizelemente, als auch der Temperaturregler sind so in den Heißwasserspeicher eingebaut, daß sie leicht zugänglich sind.

In der Nähe des Bodens tritt das kalte Wasser ein, während das warme Wasser von oben entnommen wird. Die elektrische Heizeinrichtung ist bei den meisten Konstruktionen ganz in die Flüssigkeit getaucht, oder in Heiztaschen in der Isoliermasse, also außerhalb des Wassers, untergebracht, so daß jederzeit dem Wasser Wärme zugeführt wird. Öffnet man den Hahn, so tritt kaltes Wasser von unten in den Speicherbehälter ein und drängt das heiße Wasser aus dem Auslaufstutzen heraus. Bei richtiger Konstruktion tritt keine Durchmischung des warmen mit dem kalten Wasser ein, so daß praktisch der ganze Inhalt des Speichers auf einmal oder nach und nach mit der vor Öffnung des Hahnes erhaltenen Temperatur entnommen werden kann.

Es muß Wert darauf gelegt werden, daß das einströmende kalte Wasser, das bekanntlich unter Druck eintritt, nicht in einem Strahl die erwärmte Wassermenge durchsetzt, weil in einem solchen Falle die Temperatur der Wassermischung sehr bald sinkt und bei der Entnahme dann nicht heißes, sondern abgekühltes Wasser herausfließt, sondern es empfiehlt sich, einen Teller gegenüber dem von unten einlaufenden Wasserstrahl einzustellen, so daß das kalte Wasser gezwungen wird, sich über dessen Flächen zu verteilen und am Rande des Tellers, also bei wesentlich vergrößerter Eintrittsfläche, daher in verminderter Geschwindigkeit, in den oberhalb des Tellers befindlichen, erwärmten Wasserzylinder einzutreten. Bekanntlich bleibt nach einem physikalischen Gesetz das kalte Wasser unten, während das erhitzte, also warme Wasser oben im Gefäß sich sammelt. Wenn nun nicht durch äußere Ursachen eine Störung des Beharrungszustandes erfolgt, so bleiben die zwei Wasserschichten auf natürliche Weise voneinander getrennt, wie wenn etwa ein Papierblatt zwischen der kalten und warmen Wasserschichte eingeschoben wäre. Die Höhe der Übergangszone beträgt knapp 3 cm. Es ist daher verständlich, daß bei Vorhandensein eines Tellers oberhalb desselben immer warmes Wasser wird entnommen werden können.

Es ist hierbei zu unterscheiden zwischen sogenannten Durchfluß-Warmwasserapparaten, welche sofort heißes Wasser liefern, und Warmwasserspeichern, welche das heiße Wasser erst nach einer bestimmten Zeitdauer liefern können.

Durchlauferhitzer.

Dieser in Abb. 77 a und 77 b in Ansicht und Schema dargestellte Apparat ist ein Schnellerhitzer, welcher die jeweils benötigte Wassermenge während des Durchlaufens sofort erwärmt. Er wird an einen gewöhnlichen Wasserauslauf hinter einem Ventil angeschlossen; in die elektrische Zuleitung wird nur ein Schalter eingebaut. Durch Öffnen des

Abb. 77a

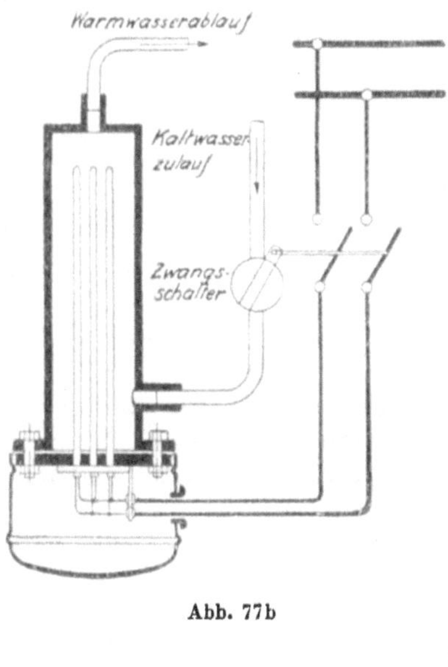

Abb. 77b

Ventils entströmt dem Apparat in eingeschaltetem Zustande heißes, in ausgeschaltetem Zustande kaltes Wasser. Der Schalter kann auch bei geschlossenem Ventil ständig eingeschaltet bleiben; der Apparat nimmt dann trotz der Einschaltung keinen Strom auf, sondern erst dann, bis wieder Wasser durchfließt, da derselbe keinen Drahtwiderstand zur Heizung besitzt, sondern das durchfließende Wasser selbst als Heizwiderstand benützt. Es sind daher keine verbrennbaren Teile vorhanden und der Apparat unterliegt praktisch keiner Abnützung. Die Verwendung dieser Apparate ist auf Wechselstrom beschränkt und müssen dieselben bei der Montage gut geerdet werden. Die Leistung ist aus folgender Tabelle zu entnehmen:

Drehstrom		Wechselstrom	
Volt	Watt	Volt	Watt
220—500	3000	300—500	3000
150	2000	220	2000

Die Apparate werden in gefälliger Form mit weißlackiertem Gehäuse und vernickelter Kappe geliefert.

Für größere Wassermengen, wie sie z. B. zur Bereitung eines Bades benötigt werden, erfordert die hierfür geeignete Type eine Leistung von 5 bis 10 kW. Das sind Leistungen, welche Starkstromanschlüsse erfordern, wie sie in Wohnungen nicht immer leicht herzustellen sind. Außerdem sind dann noch die entsprechend stärkeren Zähler anzubringen, für welche eine entsprechend höhere Miete zu entrichten ist. Hierzu gesellt sich ferner, daß sich in den hochbeheizten Durchlaufrohren Kesselstein ansetzt, welcher die Durchflußmenge des Wassers verringert.

Anders liegen die Verhältnisse beim

Warmwasserspeicher.

Diese Apparate können bei den kleinsten Typen an jede Lichtleitung, bei den mittleren an jede Bügeleisenleitung angeschlossen werden; nur für größere Typen ist eine eigene Kraftzuleitung erforderlich, aber bei weitem nicht in dem Ausmaße, wie für Durchlauferhitzer. Das Wesen der Apparate besteht darin, daß eine bestimmte Wassermenge während der Nachtzeit langsam auf zirka 90° C erhitzt, sodann ständig auf dieser Temperatur erhalten wird und zu jederzeitiger Verwendung bereit steht, wobei gerade nur so viel elektrischer Strom bezogen wird, als dem tatsächlichen Verbrauch an heißem Wasser entspricht. Diese Apparate werden ebenfalls direkt an die Wasserleitung angeschlossen

(Abb. 78) oder, wenn eine solche nicht besteht, mittelst Trichters nachgefüllt (Abb. 79). Es ist zweckmäßig, in die elektrische Zuleitung einen Schalter einzubauen, um den Apparat gänzlich ausschalten zu können.

Sobald das Wasser die Höchsttemperatur, 85 bis 90° C, erreicht hat, vermindert sich die Stromaufnahme selbsttätig soweit, als zur Aufrechterhaltung der Temperatur notwendig ist, welche infolge guter Wärmeisolierung des ganzen Apparates minimal ist.

In Abb. 80 sind die Versuchsergebnisse eines 400-Liter-Cumulus-Speichers der Elektra Ges. m. b. H., Bregenz, graphisch dargestellt.

Kurve A gibt die Temperaturabnahme während 12 Stunden, wobei dem Speicher kein Wasser entzogen wurde. Es ergab sich eine Abnahme der Temperatur von 90° auf 87° C, also um bloß 3° C. Die Temperaturen wurden oben am Boiler mittelst Thermo-

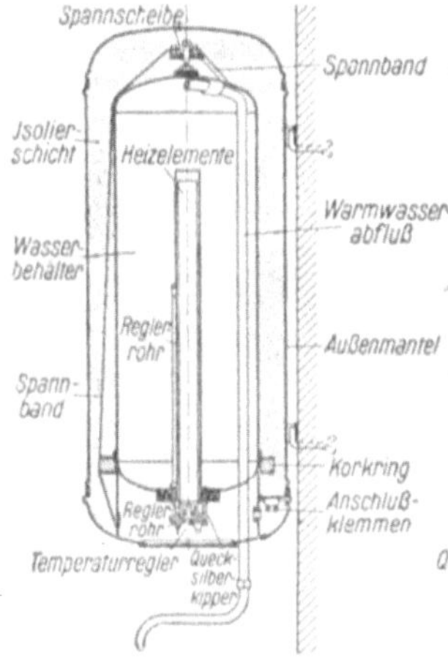

Abb. 78

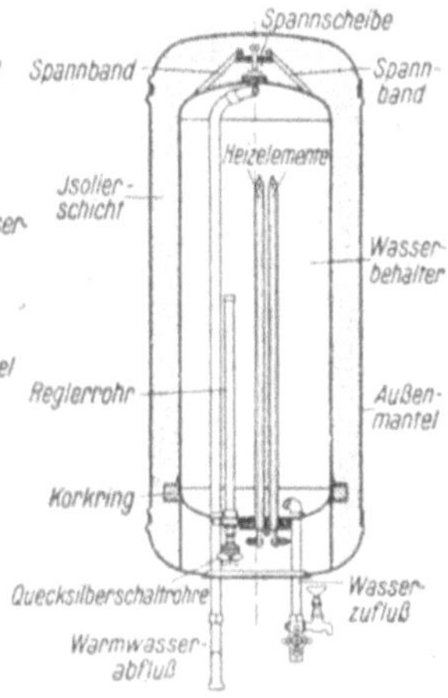

Abb. 79

meters gemessen. Kurve B zeigt den Temperaturverlauf des heißen Wassers, wenn dem Speicher stündlich 33⅓ Liter Wasser entzogen wird. Der Wasserverbrauch von 400 Litern ist also auf 12 Stunden verteilt. Wie aus dieser Kurve hervorgeht, mischt sich das nachfließende kalte Wasser nur wenig mit dem heißen und die Temperatur sinkt nach Entzug von 335 Liter Wasser nur auf 80° C. Nach Entzug von 400 Litern beträgt die Temperatur immer noch 56° C. Die Temperatur des Wassers wurde bei diesem Versuche direkt beim Austritt des heißen Wassers am Boiler gemessen. Es sind deshalb die Temperaturverluste in den Rohrleitungen vom Boiler bis zu den Zapfstellen nicht berücksichtigt. Kurve C veranschaulicht die Temperaturverhältnisse in der Höhenrichtung des Speichers; das Wasser wurde, nachdem der Speicher normal aufgeheizt war, unten am Speicher entzogen. Bei den ersten 66 Litern (unterste Schichte) stieg die Temperatur von 54° C auf

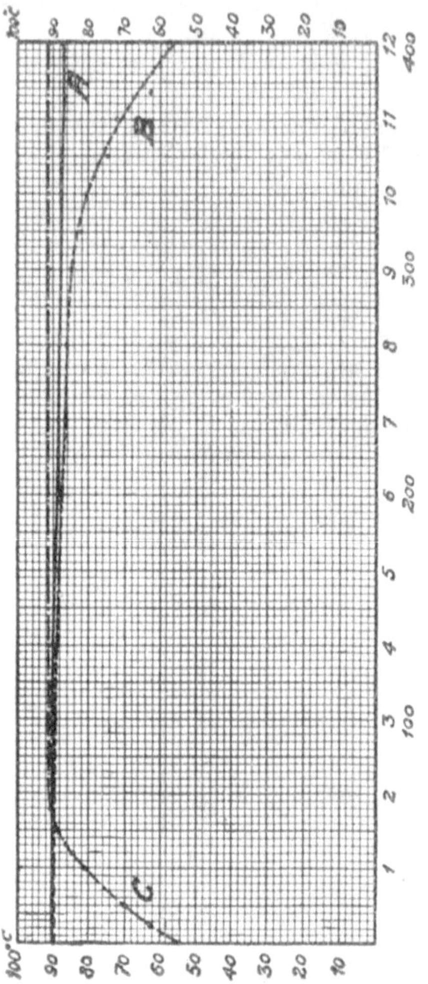

Abb. 80

90.5° C und die übrige Menge hatte die konstante Temperatur von 90° C. Durch diese Versuche wird die Vorzüglichkeit der Wärmeisolierung und derHeizkörperanordnung dargelegt.

In dem Maße, als somit heißes Wasser entnommen wird, tritt kaltes Wasser aus der Wasserleitung wieder in den Apparat ein. Damit steigt die Stromaufnahme wieder selbständig auf ihr volles Maß, bis das frische Wasser wieder voll aufgeheizt ist, worauf neuerlich die Verminderung der Stromaufnahme eintritt. Die Regulierung der Stromaufnahme erfolgt durch keinerlei Schalter oder andere bewegliche, der Abnützung ausgesetzte Teile, sondern nur durch das Wasser selbst, weshalb ein Versagen ausgeschlossen ist und der ganze Apparat praktisch keinerlei Abnützung unterliegt.

B e t r i e b s k o s t e n. Um 100 Liter Wasser von 10° auf 90° C zu erwärmen, sind zirka 10,4 kWh erforderlich. Bei einem Nachtstrompreis von z. B. 7 g (4,1 Pf.) pro kWh ergibt sich ein Kostenaufwand von 10,4 × 7 = 72,8 g. Ein Bad mittlerer Größe von zirka 180 Liter Inhalt und zirka 35° C Badetemperatur erfordert bei einer Temperatur des kalten Mischwassers von 10° C und unter Berücksichtigung der Temperaturverluste in der Badewanne zirka 75 Liter heißes Wasser von 90° C und kostet nach obiger Berechnung:

$$75 \times \frac{72{,}8}{100} = 54{,}6 \text{ g } (32{,}1 \text{ Pf.}).$$

Vielfach besteht noch die Auffassung, daß für einen Boiler die Betriebskosten täglich gleich hoch sein müssen, ob nun viel oder wenig Wasser gebraucht werde; dem ist aber nicht so. Die Temperaturregulierapparate besorgen die Ein- und Ausschaltung des

Stromes dem kleineren oder größeren Wasserverbrauch entsprechend selbsttätig, so daß der Boiler längere oder kürzere Zeit eingeschaltet wird. Nur die Wärmeverluste an der Oberfläche des Boilers sind konstant, d. h. ob viel oder wenig Wasser gebraucht wird, gleich groß. Wenn z. B. ein elektrischer Heißwasserspeicher

Abb. 81

von 150 Liter Inhalt wöchentlich ein- oder zweimal zu Badezwecken benützt wird, während an den übrigen Tagen nur zirka 50 Liter Wasser in der Küche gebraucht werden, so sind die Wärme- oder Kühlungsverluste an der Oberfläche des Boilers täglich gleich groß und entsprechen dem voll aufgeheizten Boiler von 150 Liter Inhalt.

Um diesen Nachteil zu beseitigen, werden z. B. von der Elektra, Bregenz, Sparboiler gebaut, die vermittelst einer einfachen Umgestaltung des Heizstromes gestatten, entweder den vollen Boilerinhalt oder nur das obere Drittel zu erhitzen, während es möglich wird, die Heißwasserbereitung dem Bade anzupassen und die Wärmeverluste abzustufen. Es ist einleuchtend, daß, wenn nur das obere Drittel des Boilers geheizt wird, die Wärmeverluste dann auch nur ein Drittel des voll aufgeheizten Boilers ausmachen.

Nach Abb. 81 ist dieser Boiler im unteren Teile mit einem Heizkörper ausgerüstet, dessen Energieaufnahme für die Aufheizung des ganzen Boilerinhaltes vorgesehen ist. Im oberen Teile des Boilers befindet sich ein zwar kleinerer Heizkörper, der Spar-Heizkörper, der auf die Aufheizung der über ihm liegenden Wasserschichte bemessen ist. Normalerweise wird der Sparheizkörper auf zwei Drittel der Boilerhöhe eingebaut und der Anschlußwert mit einem Drittel des unteren Heizkörpers bemessen. Der Temperaturregler, der das Ausschalten des Heizstromes veranlaßt, ist oberhalb des Sparheizkörpers eingebaut, so daß er für die Temperaturabgrenzung sowohl für den ganzen Boiler, als auch für die obere Stufe dient. Die Umschaltung des Heizstromes auf den unteren oder oberen Heizkörper erfolgt mittelst des rechts von der Schaltausrüstung sichtbaren Umschalters.

Vergleichende Versuche haben gezeigt, daß diese Sparboiler-Ausführung die Betriebskosten gegenüber dem gewöhnlichen Heißwasserspeicher wesentlich herabmindert. Bei dem Versuchsboiler von 150 Liter war entsprechend dem Totalinhalt unten ein Heizkörper von 2 kW eingebaut und oben auf zwei Drittel Höhe ein solcher von 0,66 kW entsprechend 50 Liter aufzuheizendem Inhalt.

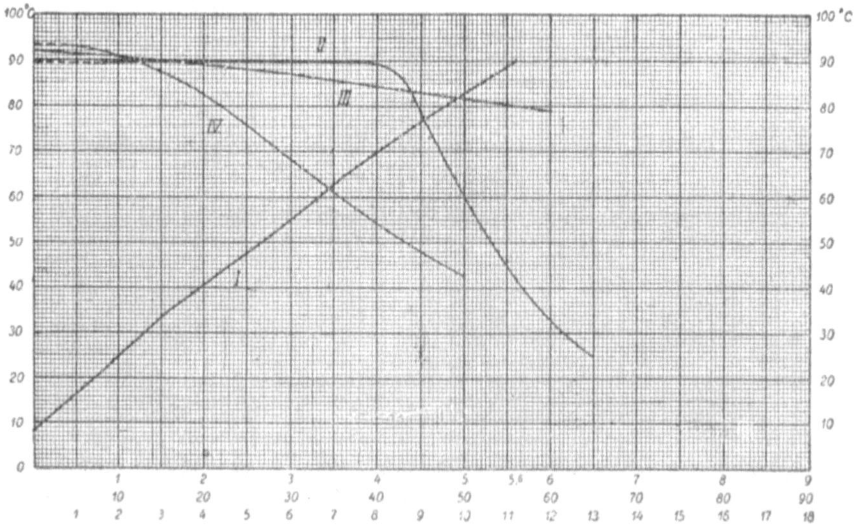

Abb. 82

Um über die Verhältnisse des Wassers im oberen Drittel genaue Rechenschaft zu erhalten, wurden die gleichen Versuche auch an einem gut isolierten 50-Liter-Boiler ausgeführt. In untenstehender Abb. 82 und 83 sind durch die Kurven die Versuchsergebnisse graphisch dargestellt.

In Abb. 82 ist die Charakteristik der 50-Liter-Stufe im oberen Teile des Sparboilers dargestellt. In Abb. 83 sind die Charakteristiken der 50-Liter-Stufe des Sparboilers eines gut isolierten 50-Liter-Wandboilers enthalten, an welchem zum Vergleich genau die gleichen Versuche ausgeführt worden sind. Es geht aus denselben hervor, daß bei ungefähr gleichem Energieverbrauch zur Aufheizung des kalten Wassers von 8,5° C auf 90° C die obere Stufe des 150-Liter-Sparboilers Wasser von höherer Temperatur zu liefern imstande ist als der 50-Liter-Wandboiler. In der oberen

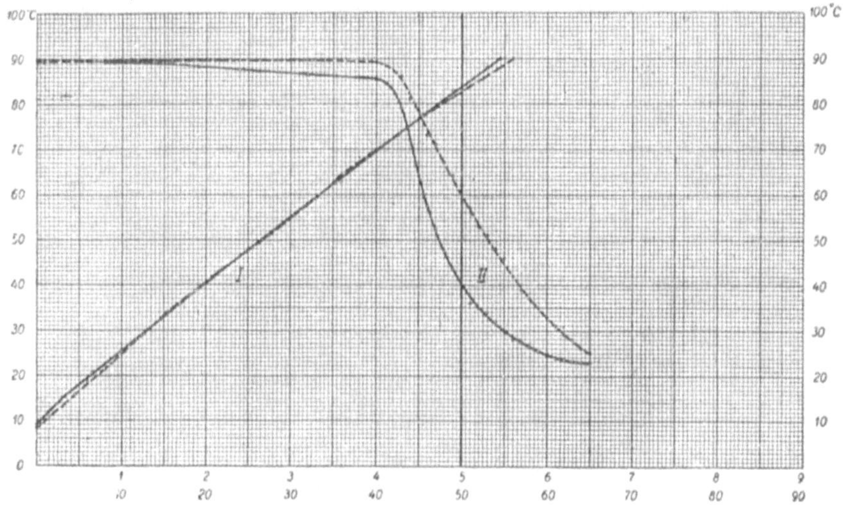

Abb. 83

Stufe des 150-Liter-Sparboilers ist z. B. die Wassertemperatur nach Entzug von 40 Liter Wasser 89° C, während beim 50-Liter-Wandboiler nur noch 85,5° C.

Weitere Versuche mit dem 150-Liter-Sparboiler haben gezeigt, daß bei nur einmaliger voller Ausnützung des Boilers in der Woche und bei einem Heißwasserkonsum von nur 50 Litern an den übrigen Wochentagen wöchentlich zirka 14 kWh an elektrischer Energie gespart werden können. Bei einem Strompreis von zirka 7 g betragen somit für die erwähnten Betriebsverhältnisse die jährlichen Ersparnisse allein durch verminderte Wärmeverluste zirka: 14 kWh $\times$ 52 Wochen $\times$ 7 g = 51 S (30 Mk.).

In folgender Tabelle sind Größen und Anschlußwerte für einfache oder Wandboiler (System Cumulus) angegeben, wie sie von der Elektra, Bregenz, erzeugt werden:

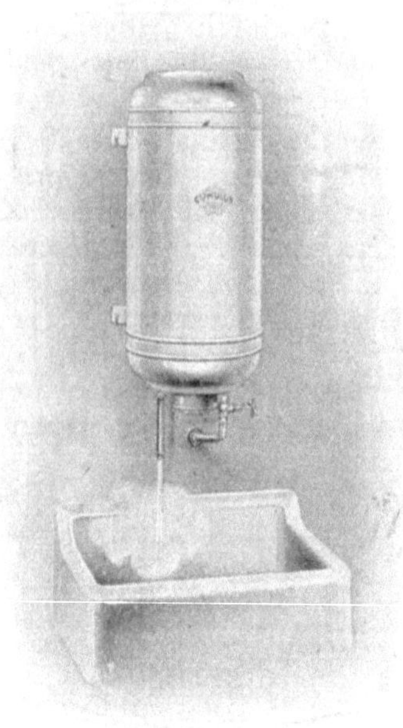

Abb. 84

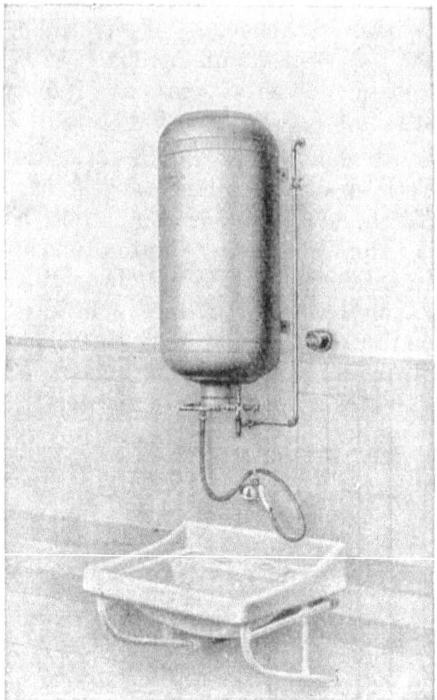

Abb. 85

Abb. 86

Inhalt Liter	Anschlußwert für 8 Stunden Aufheizzeit kW	Energie-aufnahme kWh	Dimensionen		Gewicht leer zirka kg
			Durch-messer mm	Höhe mm	
15	0,18	1,44	295	700	19
30	0,36	2,88	360	830	27
50	0,6	4,8	420	940	38
75	1,0	8,0	420	1365	58
100	1.3	10.4	550	1430	115
150	2,0	16,0	590	1620	135
200	2,4	19,2	660	1640	160
300	3,4	27,2	760	1650	210
400	4,4	35,2	820	1800	265
500	5,3	42,4	840	2020	315
600	6,0	48,0	900	2020	355
800	7,6	60,8	990	2300	450
1000	9,0	72,0	1050	2450	575
1200	11,0	88,0	1140	2450	645

Von diesen Typen gelangen die Dimensionen 15 bis 150 Liter als Wandboiler nach den Abb. 84, 85 und 86 zur Ausführung und sind die Stufen 100 bis 150 Liter etwas leichter wie die Standtype des gleichen Inhalts.

Tabelle über Sparboiler.

Inhalt Liter	Anschlußwert für 8 Stunden Aufheizzeit		Energieaufnahme		Gewicht kg
	für den		für den		
	unteren Heiz-körper kW	oberen Heiz-körper kW	unteren Heiz-körper kWh	oberen Heiz-körper kWh	
100	1,3	0,45	10,4	3,6	117
150	2,0	0,7	16.0	5,6	137
200	2,4	0,8	19,2	6,4	163
300	3,4	1,2	27,2	9,6	213
400	4,4	1,5	35,2	12,0	269
500	5,3	1,8	42,4	14,4	279
600	6,0	2,0	48,0	16,0	324
800	7,6	2,6	60,8	20,8	409
1000	9,0	3,0	72,0	24,0	495
1200	11,0	3,7	88,0	29,6	580

Der Verband Deutscher Elektrotechniker hat eine Normung der Dimensionen der Heißwasserspeicher und Badeöfen im September 1925 nachstehend in Vorschlag gebracht.

Wenn der Boiler einige hundert Liter Inhalt faßt, empfiehlt es sich, je nach dem Verwendungszwecke Sicherheits- und Druckreduzierventile einzubauen. Ersteres dient im Falle einer Dampfentwicklung dazu, eine Explosionsgefahr zu vermeiden, letzteres drosselt den hohen Druck der Wasserleitung und die für die Boiler schädlichen Wasserschläge des Wasserleitungsnetzes und besitzt gleichzeitig die wertvolle Eigenschaft, als Rückschlagsventil zu

Heißwasserspeicher für 6 kg/cm² Betriebsdruck Probedruck 10 kg/cm² Elektrotechnik	DIN Entwurf 1 VDE 4901

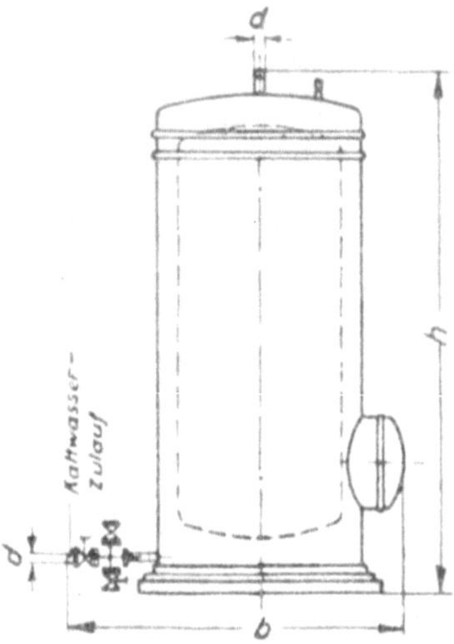

mm

Nenninhalt Liter [1])	Ausführung	Größter Raumbedarf		d Gewinde
		h	b	
100	mit und ohne Ummantelung	1300	850	R 3/4″
200		1900	950	
400		2200	1100	R 1″
640		2500	1250	R 1¼″
1000	ohne Ummantelung	2800	1400	R 1½″

Gewinde: Withworth-Rohrgewinde nach DIN 259
Die Ausführung muß den Vorschriften des VDE für elektrische Heizeinrichtungen entsprechen.

[1]) Nenninhalt ist die Wassermenge, die vom Gerät im betriebsmäßigen Zustande entnommen werden kann.

September 1925, Verband Deutscher Elektrotechniker E. V.

Heißwasserspeicher und Badeöfen für 1 kg/cm² Betriebsdruck Probedruck 2 kg/cm² Elektrotechnik	DIN Entwurf 1 VDE 4900

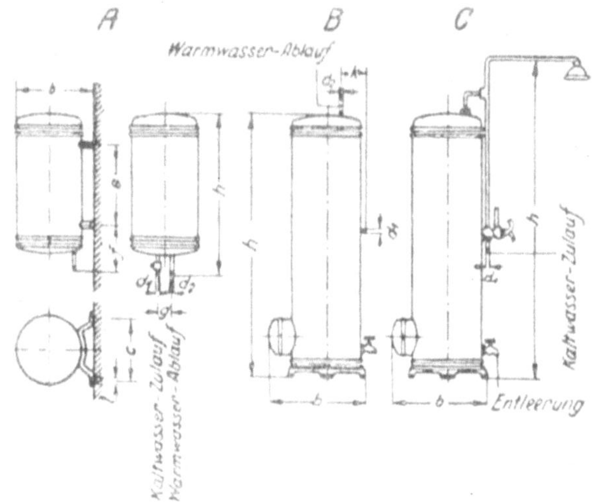

mm

Form	Nenninhalt Liter[1])	Größter Raumbedarf h	Größter Raumbedarf b	c Größtmaß	f Größtmaß	e	g Größtmaß	k Größtmaß	l	Gewinde d_1	Gewinde d_2
A	15 25	850 900	425 450	300	280	—	70	80	10.5	R 3/8"	R 3/8"
A	50 80	1100 1500	550	400	320	550	100	100	15	R 1/2"	R 1/2"
B C	120	1800 2200	650	—	—	—	—	—	—	R 1/2"	R 3/4"

Gewinde: Whitworth-Rohrgewinde nach DIN 259.

Die Ausführung muß den Vorschriften des VDE für elektrische Heizeinrichtungen entsprechen.

[1]) Nenninhalt ist die Wassermenge, die vom Gerät im betriebsmäßigen Zustande entnommen werden kann.

September 1925, Verband Deutscher Elektrotechniker E. V.

wirken, wodurch der Rückfluß des Boilerwassers in das Leitungsnetz verhindert wird. Aus den Abb. 87 und 88 ist eine Anordnung des Sicherheits- und Druckreduzierventils ersichtlich, welche die Elektra, Bregenz, für ihre Kessel ausgebildet hat.

Eine wichtige, wenn auch nicht die wichtigste Bedingung für die Weiterverbreitung und Anwendung der Heißwasserspeicher ist das sichere automatische und einwandfreie Funktionieren der T e m p e r a t u r r e g e l u n g. Ist der Regler nicht richtig eingestellt oder entspricht derselbe nicht, so kann der Propaganda dieses Elektro-Wirtschaftszweiges mehr Schaden zugefügt werden, als je Nutzen erwartet werden kann. Es sollte daher besonders zu Anfang nur das Beste vom Besten genommen werden. Als vielfach ausgeprobte und jahrelang im Betriebe bewährte selbsttätige Temperaturregler sind jene von der Firma Sauter in Basel, Schweiz, anzusehen. Sie sind im Anschaffungspreis etwas höher wie verschiedene deutsche Apparate, aber verläßlicher und einfacher im Betriebe.

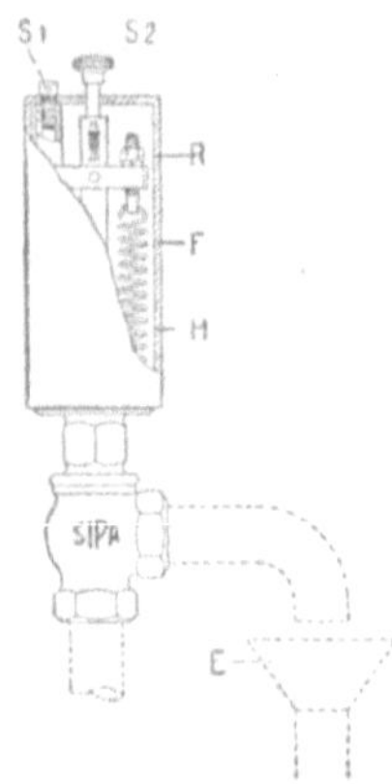

Abb. 87

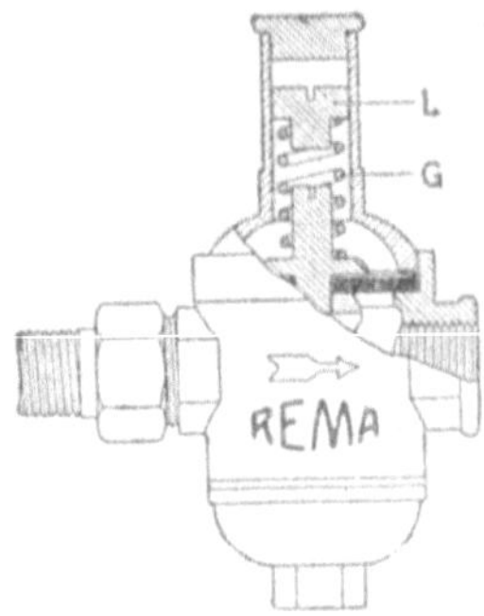

Abb. 88

In Abb. 89 ist der Thermoregler dargestellt, welcher im Heißwasserspeicher eingebaut ist.

Ein Futterrohr wird in den Wasserkessel eingedichtet und der Thermoregler leicht von Hand in dasselbe eingeschraubt. Er ist für beliebige Temperaturen einstellbar, die Empfindlichkeit, d. h. die Temperaturdifferenz zwischen Ein- und Ausschaltung ist eben-

Abb. 89

falls regulierbar, und zwar von 1 bis zirka 20 ° C. Die Höchsttemperatur des Boilers wird gewöhnlich mit 90 ° C gewählt, da mit dieser Temperatur noch kein Kochen und keine Dampfentwicklung stattfindet. Gewöhnlich wird der Temperaturregler in der Fabrik auf zirka 90 ° C Boilerwassertemperatur und eine Empfindlichkeit von zirka 5 ° C eingestellt und plombiert.

Während der Heizzeit beeinflußt der Temperaturregler den Fernschalter oder den Zeitschalter und veranlaßt die Ein- und Ausschaltung des elektrischen Stromes je nach dem Stande der Temperatur des Boilerwassers. Sobald die Temperatur von 90 ° C, bezw. die Höchsttemperatur erreicht ist, wird der elektrische

Strom ausgeschaltet und wieder eingeschaltet, wenn die Temperatur um zirka 5° C gesunken ist, d. h. bei zirka 85° C. In der Sperrzeit aber, d. h. nachdem das Uhrwerk der Schaltuhr oder des Zeitschalters die Ausschaltung des Heizstromes veranlaßt hat, hat der Temperaturregler keinen Einfluß mehr auf die Apparate. Mitunter wird der Temperaturregler auch mit einem Klingelwerk in Verbindung gebracht, welches in Betrieb gesetzt wird, wenn die höchste eingestellte Temperatur überschritten wird. In diesem Falle ist dann der Warmwasserapparat von Hand aus auszuschalten.

Abb. 90

Abb. 91

Die Ein- und Ausschaltung der Boiler erfolgt gewöhnlich durch Zeitschalter (Abb. 90 und 91) in Verbindung mit Schaltuhren (Abb. 92 und 93), um den Strombezug während der Nachtzeit zu gewährleisten.

Da diese Schaltuhren in der ganzen Wärmetechnik einen kleinen, aber wichtigen Anlagenbestandteil darstellen, so werden dieselben näher beschrieben: Im allgemeinen dienen die Zeitschalter zur automatischen Ein- und Ausschaltung von elektrischen Stromkreisen, z. B. Straßenbeleuchtungen, Heizanlagen, Backöfen, Heißwasserspeichern usw. Sie werden durch ein Uhrwerk überwacht, bei dem die Schaltzeiten beliebig vorausbestimmt werden können. Sie sind sowohl für Wechselstrom von beliebiger Periodenzahl, als auch für Gleichstrom verwendbar. Es kommen drei Uhrwerkstypen zur Verwendung, nämlich:

Abb. 92

Abb. 93

a) Uhrwerk mit Handaufzug für 18 Tage Gangdauer, mit Unruhehemmung, welches für kleine, einpolige Zeitschalter bis 10 Ampere verwendet wird.

b) Uhrwerk mit Handaufzug für 40 bis 42 Tage Gangdauer, mit Pendel oder Unruhehemmung, für ein- und zweipolige Schalter bis 10 Ampere.

c) Uhrwerk mit elektrischem Motoraufzug mit 3 bis 4 Tagen Gangdauer, Reservependel oder Unruhehemmung für ein- und mehrpolige Zeitschalter jeder Größe.

Die letzten beiden Uhrwerke kommen für ein- und zweipolige Zeitschalter bis 10 Ampere sowohl mit Pendel, als auch mit Unruhehemmung in Anwendung, während für dreipolige Zeitschalter bis 10 Ampere und größere Zeitschaltertypen nur das Uhrwerk mit elektrischem Motoraufzug und Unruhehemmung verwendet wird.

S t u n d e n s c h e i b e. Für die Zeitablesung und die Einstellung der Schaltzeiten sind die Uhrwerke in gewohnter Weise mit einer Stundenscheibe versehen, welche pro 24 Stunden eine

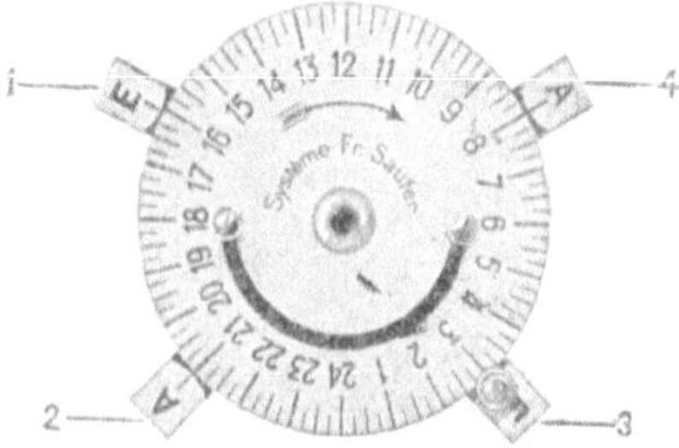

Abb. 94

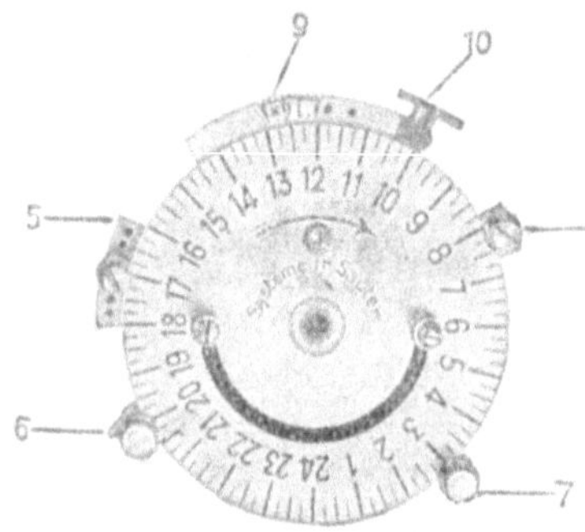

Abb. 95

Umdrehung ausführt. Sie trägt eine Skala mit Stundeneinteilung, an welcher ein oberhalb angebrachter feststehender Zeiger die Zeit angibt. Auf der Rückseite der Stundenscheibe befinden sich radiale, schwenkbare Schalthebel mit nach rückwärts vorspringenden Schaltstiften zur Betätigung eines oberhalb am Uhrwerk angebrachten Wippschalters. Dieser dient zur Steuerung des Aufzugmotors oder in stärkerer Ausführung zur direkten Schaltung von ein- und zweipoligen Stromkreisen bis 10 Ampere.

Die Stundenscheiben werden in zwei verschiedenen Ausführungen geliefert: Nach Abb. 94 mit von Hand verstellbaren Schalthebeln oder nach Abb. 95 mit astronomischer Selbstverstellung.

Bei der S t u n d e n s c h e i b e m i t H a n d v e r s t e l l u n g nach Abb. 94 bewirken die Schalthebel 1 und 3 die Einschaltung, 2 und 4 die Ausschaltung des elektrischen Stromes. Die Zeitschalter sind somit für 4 Schaltfunktionen pro 24 Stunden eingerichtet, d. h. für zwei Ein- und zwei Ausschaltungen. Für den Fall, daß aber nur 2 Schaltfunktionen pro 24 Stunden gewünscht werden, also nur eine Ein- und nur eine Ausschaltung, ist am Schalthebel 3 der Schaltstift herausschraubbar, wodurch das

Hebelpaar 3, 4 wirkungslos gemacht werden kann. Die Stundenscheibe mit Handverstellung kommt in der Regel zur Anwendung, wenn die Verstellung der Schaltzeiten nur in längeren Zeitabständen zu erfolgen hat, wie z. B. bei Heizanlagen und Motorstromkreisen.

Die Stundenscheibe mit astronomischer Selbstverstellung nach Abb. 95 ist sehr zu empfehlen für Beleuchtungsstromkreise, bei denen eine öftere Nachstellung der Schaltzeiten erforderlich ist. Sie hat sich seit Jahren in viel tausendfacher Ausführung im Betriebe bestens bewährt. Die Änderung der Schaltzeiten abends und morgens erfolgt rein automatisch, wodurch die Schaltungen immer zur richtigen Zeit erfolgen, d. h. entsprechend der Änderung der Tages- und der Nachtlängen das Jahr hindurch.

Die Stundenscheibe mit astronomischer Selbstverstellung trägt ebenso wie die Stundenscheibe mit Handverstellung auf der Rückseite vier schwenkbare Schalthebel 5, 6, 7, 8, von denen 5 und 8 automatisch verstellt werden, während 6 und 7 von Hand beliebig einstellbar sind. Der Schalthebel 5 bewirkt abends bei Einbruch der Nacht die Einschaltung der Beleuchtung, 6 die Ausschaltung nachts, 7 die Wiedereinschaltung früh morgens und 8 die Ausschaltung bei Tagesanbruch. Wenn statt Abend- und Morgenbeleuchtung ganznächtige Beleuchtung gewünscht wird, so ist am Hebel 6 durch Linksdrehen des Knopfes mit Zeigerspitze bis zum Anschlag, das Schalthebelpaar 6 und 7 wirkungslos zu machen. Durch die Linksdrehung des Knopfes wird der Schaltstift aus seinem Aktionskreis ausgeschwenkt.

Die automatische Verstellung der Schalthebel 5 und 8 erfolgt durch einen einfachen, nie versagenden Mechanismus, der auf der Rückseite der Stundenscheibe angebracht ist. Die Schalthebel werden mittelst Zwischenorganen durch die Monatsscheibe 9 angetrieben, welche pro Jahr eine Umdrehung macht und eine Skala mit den 12 Monaten (I—XII) trägt. Die Monatsscheibe ist als Schneckenrad ausgebildet und wird von einer Schnecke angetrieben, auf deren äußerem Ende ein Sternrädchen 10 sitzt. Dieses stößt bei jeder vollen Umdrehung der Stundenscheibe an einen Anschlagstift und wird um einen Zahn gedreht. Die Übersetzung ist nun so gewählt, daß die Monatsscheibe in 365 Tagen eine volle Umdrehung macht und die Schalthebel 5 und 8 entsprechend der Änderung der Tag- und Nachtzeiten verstellt werden.

In Abb. 96 ist der Verlauf der Schaltzeiten der astronomischen Selbstverstellung das Jahr hindurch graphisch durch die sinusähnlichen Kurven I und II dargestellt. Die punktiert gezeichneten Stufenlinien veranschaulichen die Sprünge der Schaltzeiten, wenn die Schalthebel statt durch die automatische Selbstverstellung, von Hand verstellt werden. Aus diesem Vergleiche ist ersichtlich, welch große Vorteile die astronomische Selbstverstellung bietet: Gleichmäßiger Verlauf der Schaltzeiten das ganze Jahr hindurch

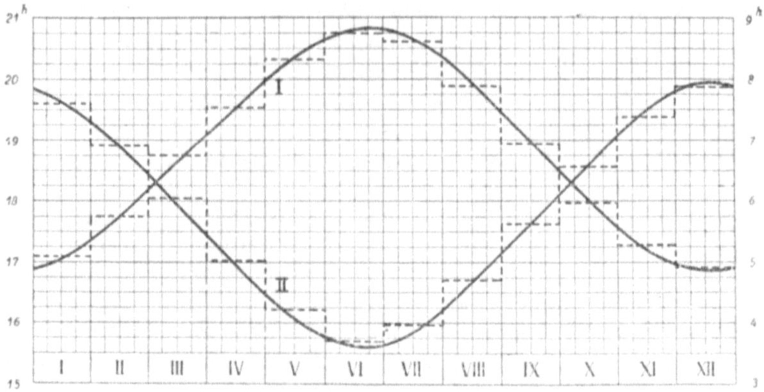

Abb. 96

und Wegfall der Bedienung. Die astronomische Selbstverstellung kann daher für Zeitschalter von Beleuchtungsstromkreisen sehr empfohlen werden; sie wird stets befriedigen.

Für die verschiedenen Breitegrade der Erde müssen die Schaltkurven I und II mehr oder weniger steil sein, den Erdpolen zu steiler, dem Äquator zu flacher. Der Charakter der Kurven bleibt aber stets gleich, weshalb die astronomische Selbstverstellung jeder Gegend angepaßt werden kann.

Bei Inbetriebsetzung der Zeitschalter mit astronomischer Selbstverstellung ist die Monatsscheibe einzustellen, indem das Sternrädchen mit dem Finger gedreht wird, bis die Skala mit dem richtigen Datum über der unterhalb befindlichen Zeigerspitze steht.

Die Stundenscheibe kann durch Drehung von Hand auf die richtige Zeit eingestellt werden. Man achte darauf, daß dies nur durch Rechtsdrehen, im Sinne des auf der Skala ersichtlichen Pfeiles erfolgt.

W o c h e n s c h e i b e. Diese dient dazu, an bestimmten Wochentagen die täglichen Schaltfunktionen des Zeitschalters auszusetzen oder zu ändern. Sie kann z. B. in einer Heizanlage mit Nachtstrombetrieb von Samstag mittags bis Montag früh die ununterbrochene Freigabe des elektrischen Stromes bewirken.

Abb. 97

In Abb. 97 ist ein Uhrwerk mit Wochenscheibe abgebildet. Diese befindet sich auf der linken Seite des Uhrwerkes hinter der Stundenscheibe (welche aber in der Abbildung abgenommen ist) und betätigt einen kleinen Hilfsschalter. Die Wochenscheibe trägt eine Skala mit den 7 Wochentagen und führt wöchentlich eine Umdrehung aus. Auf der Rückseite sind radial vorstehende und einstellbare Schaltsegmente angebracht. Je nach Einstellung derselben können die täglichen Schaltfunktionen der Stundenscheibe an bestimmten Wochentagen aufgehoben oder geändert werden. Durch Herausnehmen der Wochenscheibe kann ihre Tätigkeit gänzlich aufgehoben werden, wenn dies im Betriebe zu gewissen Jahreszeiten wünschbar sein sollte. — In Abb. 98 ist das Schaltungsschema eines Zeitschalters mit Wochenscheibe dargestellt.

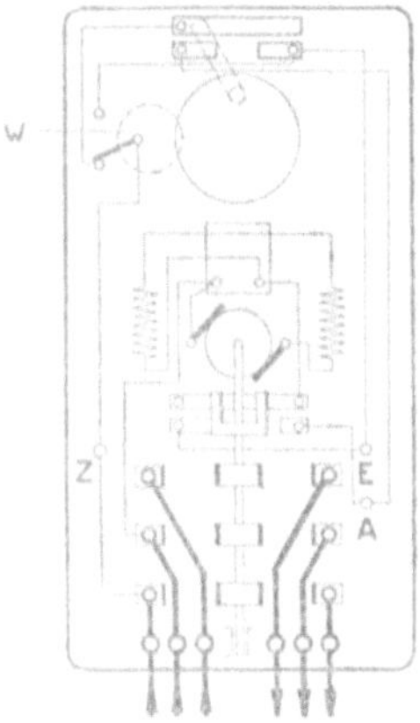

Abb. 98

Außenverstellung. Diese ermöglicht die Verstellung der Schaltzeiten an der Stundenscheibe von außen durch den Abonnenten selbst, ohne daß es notwendig ist, den Apparat zu öffnen. In der Mitte des Schauglases über der Stundenscheibe befindet sich ein drehbarer Knopf. Durch Hineindrücken und Drehen desselben kann ein Schalthebel aufgefangen und innerhalb bestimmten Grenzzeiten beliebig verstellt werden.

Anwendung: Bei Kippkesseln für Schweinefutterbereitung und Heizanlagen mit Nachtstrombetrieb (z. B. von nachts 22 Uhr bis morgens 6 Uhr) kann der Einschalthebel von 22 Uhr bis 4½ Uhr beliebig eingestellt werden. Der Abonnent hat es also in der Hand, die Heizdauer innert diesen Grenzen selbst zu verstellen. Die Verschiebung des Schalthebels in den Bereich der Sperrzeit ist aber durch diese Vorrichtung verunmöglicht, wie auch jede Beeinflussung der Uhr ausgeschlossen ist.

Wärmewiderstand für das Uhrwerk. Bei großer Kälte wird das Uhröl dick und dadurch der Gang der Uhren unsicher. In Fällen, wo die Zeitschalter großer Kälte, unter —15° C, ausgesetzt werden müssen, ist entweder zu empfehlen, diese mit einem Schutzgehäuse aus Holz oder Eisen zu umgeben und dasselbe im Winter mit einer Glühlampe zu erwärmen, oder es kann auch ein Wärmewiderstand von zirka 20 Watt direkt hinten am Uhrwerk angebracht werden. Für die In- und Außerbetriebsetzung des Wärmewiderstandes wird vorne, unterhalb dem Uhrwerk, ein kleiner Ausschalter angebracht.

Abb. 99

Handbetätigung der Zeitschalter. Die Zeitschalter können mit einem Hilfsschalter (Abb. 99) versehen werden, mit dem der Antriebsmotor auch durch Handbetätigung gesteuert werden kann.

Die Verbindung der Steuerdrähte kann so getroffen werden, daß die beliebige Ein- und Ausschaltung durch Handbetätigung möglich ist, entweder:

1. Während der Sperrzeit des Zeitschalters, Anwendung z. B. bei Zeitschaltern in Beleuchtungsstromkreisen zur Ein- und Auschaltung und Kontrolle der Lampen am Tage oder aber:
2. Während der Entsperrzeit des Zeitschalters, Anwendung z. B. bei Zeitschaltern in Motorstromkreisen zur Ein- und Ausschaltung der Motoren während der Betriebszeit.

Während der Sperrzeit im zweiten Fall, resp. der Entsperrzeit im ersten Fall dagegen ist die Beeinflussung der Zeitschalter durch Handbetätigung unmöglich.

In Spezialfällen kann auch eine Vorrichtung für Handbetätigung mittelst einer kleinen Kurbel angebracht werden. Die Kurbel wird am Uhrwerk aufgesteckt und durch einige Umdrehungen der elektrischen Schalter in Ein- und Ausschaltstellung gebracht.

Zweites Schauglas. Auf Wunsch werden die Zeitschalter mit einem zweiten Schauglas versehen, welches über der Schaltwalze angebracht wird, so daß deren Schaltstellung ersichtlich ist. (Abb. 99.)

Zeit- und Temperaturschalter. Die Zeitschalter können auch von einem Thermoregulator beeinflußt werden, der z. B. in einem Heißwasserspeicher eingebaut ist. In der Zeit der Freigabe des elektrischen Stromes durch den Zeitschalter veranlaßt der Thermoregulator die Ein- und Ausschaltung des elektrischen Heizstromes, je nach dem Stand der Temperatur. Sobald aber die Sperrzeit eintritt und also der Zeitschalter ausschaltet, kann der Thermoregulator auf letzteren keinen Einfluß mehr ausüben.

Für den Anschluß der Steuerdrähte des Thermoregulators an den Zeitschalter sind an diesem entsprechende Einführungen und und Anschlußklemmen vorgesehen. (Abb. 100.)

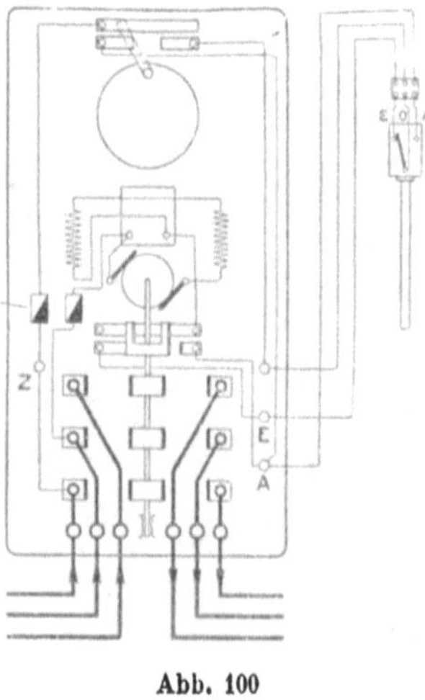

Abb. 100

Motoraufzug. Die Zeitschalter mit elektrischem Aufzug werden durch kräftige Kleinmotoren angetrieben. Diese besitzen reichlich dimensionierte Lager mit Fettreserve und sind auf das genaueste ausgeführt. Sie können sowohl mit Wechselstrom von beliebiger Periodenzahl als auch mit Gleichstrom betrieben werden.

Die Motoren sind gegen Spannungsänderungen in weiten Grenzen unempfindlich und können außerdem durch Parallel- oder Serieschaltung der Feldspulen zwei Spannungsstufen angepaßt werden. Z. B. kann ein und derselbe Motor mit parallel geschalteten Feldspulen für 110 Volt und mit in Serie geschalteten Feldspulen für 220 Volt Betriebsspannungen verwendet werden.

Für jede dieser beiden Spannungsstufen sind Spannungsänderungen bis zirka 30% nach oben oder unten zulässig.

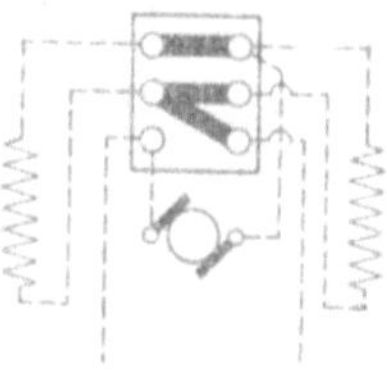

Abb. 101

Durch kleine Schienenverbindungen, die auf einer Isolierplatte auf der Vorderseite des Motors angeordnet sind, kann die Parallel- oder Serieschaltung auf einfache Weise ausgeführt werden, gemäß Schaltungsschema Abb. 101 und 102.

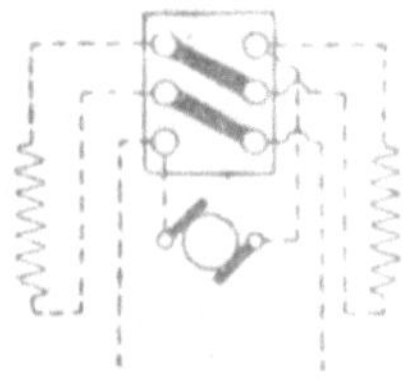

Abb. 102

Die Motoren werden aber auch für höhere Betriebsspannungen bis 500 Volt Wechsel- oder 440 Volt Gleichstrom ausgeführt. Durch die große Anpassungsfähigkeit ist die Verwendungsmöglichkeit unserer Zeitschalter universell, was einen ganz besonderen Vorteil unseres Systems darstellt. Auf Wunsch können die Aufzugsmotoren auch für drei oder vier verschiedene Betriebsspannungen eingerichtet werden, z. B. für 110, 220, 380 und 500 Volt. Die Umschaltung erfolgte ebenfalls mittelst Schienenverbindungen. Die Feldspulen auf jedem Magnetschenkel sind in zwei Hälften unterteilt; die gesamte Feldbewicklung besteht also aus vier halben Spulen, welche für 110 Volt nach Schema Abb. 103 geschaltet sind, für 220 Volt nach Schema Abb. 104, für 380 Volt nach Abb. 105 und für 500 Volt nach Abb. 106.

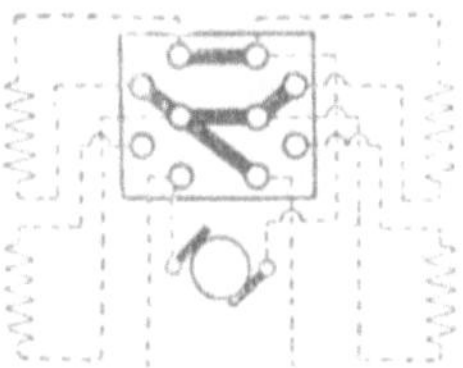

Abb. 103

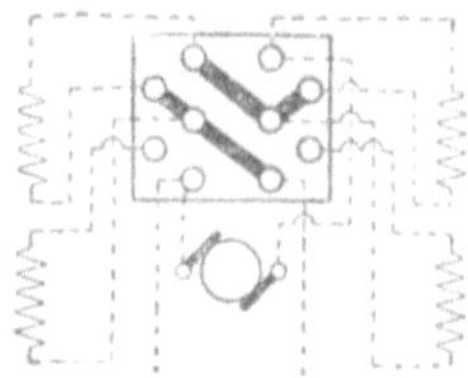

Abb. 104

Außerdem ist die Möglichkeit geboten, die Aufzugsmotoren durch rasche Auswechslung der Feldspulen auf jede beliebige Betriebsspannung einzurichten. Zu diesem Zwecke sind die Schenkel, wie Abb. 107 veranschaulicht, am Magnetfeld ausziehbar. Die Auswechslung der beiden Feldspulen kann innert wenigen Minuten selbst im Betriebe vollzogen werden, ohne daß irgendwelche sonstige Teile dabei entfernt werden müssen.

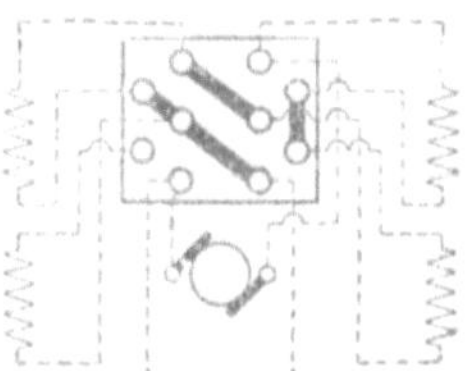

Abb. 105

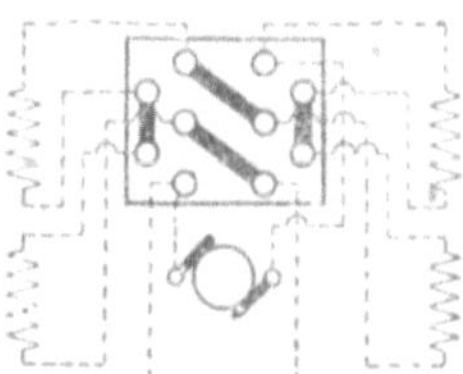

Abb. 106

Die Aufzugmotoren sind bezüglich Dauerhaftigkeit und Betriebssicherheit unübertroffen. Sie verursachen sehr wenig Geräusch und sind vibrationslos.

Die Laufzeit für den Aufzug, resp. zur Ausführung der Schaltungen variiert zwischen 15 und zirka 40 Sekunden je nach Größe der Zeitschalter und der Übersetzung des Antriebes. Bei großen Zeitschaltern in Öl von 200 Ampere und bei Hochspannungszeitschaltern beträgt die Laufdauer 1, resp. 2 Minuten.

Die Energieaufnahme der Aufzugmotoren beträgt 20 bis 40 Watt und die Stromstärke variiert zwischen zirka 0,1 und 0,3 Ampere, je nach Spannung und Schaltung der Feldspulen. (Parallel oder Serie.)

Der jährliche Verbrauch des Motors bei täglich vier Schaltfunktionen beträgt beispielsweise für einen dreipoligen Zeitschalter von 40 Ampere zirka 35 Watt × 15 Sekunden × 4 Schaltungen × 365 Tage = 210 Wattstunden. Hieraus ist ersichtlich, daß die Betriebskosten für die Zeitschalter sehr gering sind.

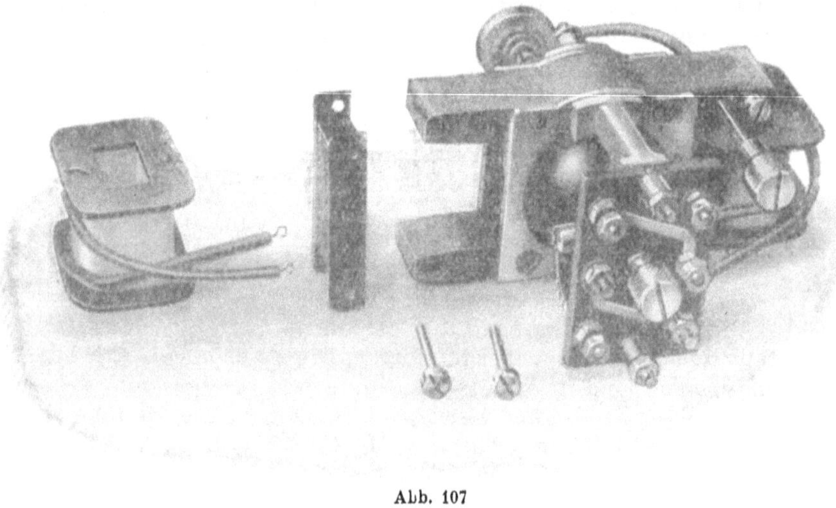

Abb. 107

Infolge des kleinen Betriebsstromes können die Zeitschalter von Thermoregulatoren und Druckregulatoren direkt ohne Zwischenrelais gesteuert werden.

Elektrische Schalter. Die Kontaktorgane der Zeitschalter sind reichlich dimensioniert und haben kräftigen Kontaktdruck, so daß sie bis 30% über die Nennstromstärke belastet werden können, ohne sich schädlich zu erwärmen. Bei allen Schaltertypen erfolgt das Ein- bezw. Ausschalten sprungweise, wodurch dem Abbrennen der Kontakte vorgebeugt wird. Die Zwischenräume stromführender Teile sowie die Funkenstrecken sind reichlich dimensioniert.

Anschluß der elektrischen Leitungen. Bei den Zeitschaltern erfolgt der Anschluß der elektrischen Leitungen unten (Abb. 108), soweit es die Platzverhältnisse gestatten. Dies trifft zu für alle Zeitschalter bis und mit Größe 40 Ampere, die nicht mehr als sechs Hauptklemmen besitzen. Für größere Stromstärken wie auch bei mehr als sechs Hauptklemmen dagegen erfolgt der Anschluß seitlich. (Abb. 109 und 110.)

G e h ä u s e. Für die meisten Zeitschaltertypen werden gepreßte Gehäuse aus starkem Eisenblech verwendet. Diese sind außerordentlich stabil und von gefälliger Form. Bezüglich Festigkeit sind sie Gußgehäusen überlegen und besitzen den großen Vorteil des kleineren Gewichtes. Die Gehäusedeckel sind mit Verschluß zum Plombieren eingerichtet, der auch mit Vorlegeschloß abschließbar ist. Die Abdichtung erfolgt mit Docht, der für feuchte Räume mit Öl oder Fett getränkt werden kann.

Für Montage im Freien oder für feuchte Klimas können die Blechgehäuse auf Wunsch im Vollbade verzinkt oder es können an deren Stelle auch Gußgehäuse geliefert werden.

In Form und Dimensionen stimmen die Gußgehäuse mit den Blechgehäusen überein. Namentlich die Befestigungspunkte sind bei

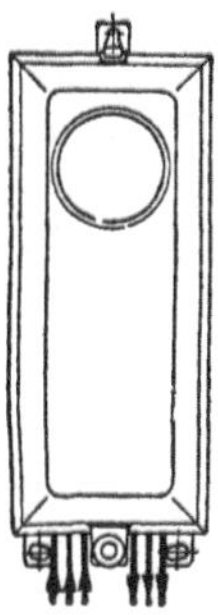

Abb. 108

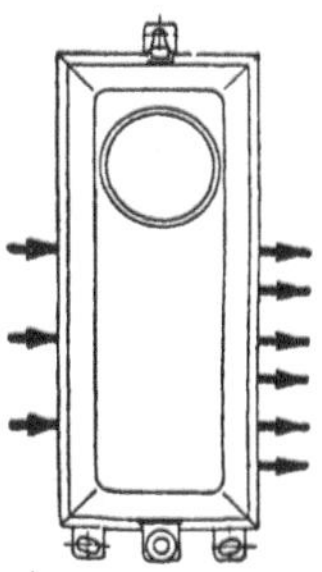

Abb. 109

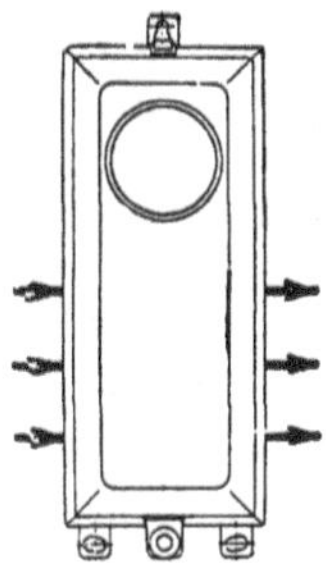

Abb. 110

beiden Gehäusearten genau gleich angeordnet und in gleichen Abständen zueinander.

Die Deckel der Blechgehäuse sind mit einem Schauglas über der Stundenscheibe versehen, während dies bei den Gußgehäusen nicht der Fall ist.

b) Im Haushalt.

Rechnet man den täglichen Bedarf einer fünfköpfigen Familie auf 25 Liter heißes Wasser von z. B. nur 80 Grad C, so sind zu dessen Bereitung etwa 2,6 kWh erforderlich; verteilt man diese Leistung, um noch eine Reserve zu haben, auf 16 Stunden täglich, so beträgt die Anschlußgröße nur 160 Watt, d. i. nur so viel, wie 4 bis 6 Glühlampen oder meist weniger als der Lichtanschluß. Die Leistung kann daher ohne Schwierigkeit vom Lichtnetze geliefert werden. Ist ein Badezimmer vorhanden, so kann ein solcher Speicher für 100 Liter aufgestellt werden. Hierbei kann im oberen Dritteil eine Heizung angebracht werden, um dieses obere Dritteil, d. s. 33 Liter, welche dem täglichen Bedarf entsprechen auf

80 Grad C Wärme zu bringen. Ist ein Bad herzurichten, so wird die untere Heizung eingeschaltet; dadurch wird die ganze Wassermenge von 100 Liter auf 80 Grad C gebracht und außer dem täglichen Bedarf kann auch noch das Wasser für das Bad entnommen werden. Man kann sich auch damit helfen, daß die Schaltzeit herabgesetzt wird, z. B. von 22 bis 3½ Uhr und von 2½ bis 7½ Uhr.

Auch für landwirtschaftliche Betriebe werden diese Heißwasserspeicher eine bedeutende Rolle spielen, weil das heiße Wasser zum Futterdämpfen verwendet werden kann und das Kochen in der Küche und damit auch die Dunstentwicklung entfällt, was für jede Hausfrau eine Wohltat bedeutet. Diese Boiler können für verschiedene Größen, angefangen von 30 Liter, mit 50, 75, 100, 150, 200 Liter usw. angerichtet werden. Die Einschaltung dieser Boiler erfolgt durch die vorgeschriebene Schaltuhr. Desgleichen erfolgt automatisch die Ausschaltung, wenn die eingestellte Temperatur überschritten werden sollte, und schaltet automatisch wieder ein, wenn die Temperatur herabsinkt.

Für kleinere Haushalte zu 2 Personen genügt ein Warmwasserspeicher zu 50 Liter, allfällig noch zu 30 Liter. Diese verbrauchen 600 Watt, bezw. 300 Watt. Es genügt daher, diese Werte für die Zeit von 8 Stunden pro Tag, d. i. jene Zeit, um den Wasserinhalt auf 95 Grad C. zu bringen, zu pauschalieren, die Strom-Ein- und Ausschaltung mittelst einfachen Sperrschalters besorgen zu lassen, wodurch irgendwelche Zähler entfallen können.

Beim Elektrizitätswerk Amsterdam sind kleine Heißwasserspeicher mit 6 Liter Inhalt und 500 Watt Anschlußwert für Küchengebrauch in Verwendung, Durchmesser 210 mm, Höhe 400 mm; die Wassertemperatur wird auf 85° C eingestellt. Die Verbrauchskosten belaufen sich auf zirka ½ ct. (1,45 g oder 0,8 Pf.) pro Liter warmen Wassers. Der Apparat kann an jede Bügeleisen- und Wasserleitung angeschlossen werden. Es steht heißes Wasser für alle Mahlzeiten für Küchenzwecke zur Verfügung. Der Apparat ist in Kleinabnehmerkreisen sehr beliebt.

Die Elektra, Bregenz, hat auch einen kleinen Apparat auf den Markt gebracht, den sogenannten „Piccolo", mit 5 Liter Wasserinhalt und 50 Watt Anschlußwert. Dieser Heißwasserspeicher entspricht im allgemeinen vollauf den Erwartungen, welche der Konsument in denselben zu setzen berechtigt ist, d. h., er erwärmt den Inhalt von ungefähr 5 Liter in durchschnittlich 6 Stunden auf eine Temperatur von zirka 80° C. Wird der Apparat abends gefüllt und erst morgens Wasser entnommen, so erreicht die Temperatur desselben auch bei einer Speicherzeit von 10 Stunden und darüber keine höhere Temperatur als ungefähr 85° C. Eine Erhöhung der Temperatur ist durch die Abstrahlungsmöglichkeit nicht gegeben, wodurch ein Sieden des Wassers und Dampfbildung vermieden wird. Der Apparat findet vorwiegend in kleineren Hotels, die sich den Luxus einer Zentralwarmwasseranlage nicht leisten können, sehr guten Anklang.

Als Temperaturregler sind nur verläßlich erprobte Apparate zu verwenden und werden solche von der Firma Sauter in Basel angefertigt. Landys & Gyr lieferte bisher auch die zuverlässigsten und billigsten Sparschalter und Schaltuhren.

Für größere Boiler oder Speicher wird empfohlen, eine Schaltuhr mit astronomischer Scheibe einzustellen, um auch Samstag ab 12 Uhr mittags, Sonntags bis Montag früh den Überschußstrom oder die Abfall-Energie abzusetzen. Ob für den Nachtstrom ebenfalls ein Winter- und Sommerpreis erstellt werden soll, muß den örtlichen Verhältnissen überlassen bleiben; in Linz ist dies der Fall.

Die Elektrizitätswerke erhalten in den elektrischen Wärmespeichern ideale Konsumapparate, da die Stromentnahme auf die Zeit geringer Belastung, z. B. auf die Mittagszeit und auf die Nachtstunden, verlegt und durch Sperruhren geregelt werden kann, wodurch es den Werken möglich ist, die Apparate zu einem billigen Ausnahmetarif anzuschließen und ihre Einnahmen zu steigern. Warmwasserspeicher können somit in vielen Fällen ohne Vergrößerung der elektrischen Anlagen angeschlossen werden.

Außer diesen Vorteilen besitzen diese Apparate auch alle übrigen mit der elektrischen Beheizung verbundenen Vorteile. Ihre Aufstellung kann an jedem beliebigen Ort, im Badezimmer, in der Küche, im Vorraum, am Dachboden, im Keller, in der Waschküche, kurz, an jedem passend erscheinenden Orte erfolgen. Die Apparate verursachen keine Verunreinigungen, keine Erhitzung des Raumes. Feuers- und Explosionsgefahr ist vollständig ausgeschlossen, da die Apparate auch drucksicher gebaut sind. Die Speicher für 30 und 50 Liter genügen für 3—4 Atm. Überdruck, jene ab 100 Liter meist für 8—10 Atm., dies auch schon deshalb, weil sie auch dem Druck der Wasserleitung entsprechen sollen, wenn sie nicht mit einem Sicherheitsventil ausgerüstet und mit einem Reduzierventil versehen werden, was jedoch den Apparat überflüssigerweise verteuert und wohl nur für größere Anlagen, 100 bis 1000 Liter und mehr, in Betracht kommt, vorausgesetzt, daß der Speicher nur mit einem automatischen Temperaturregler und sonst mit keinem Schalter versehen ist. Werden Ventile eingebaut, so verbilligt sich der Apparat dadurch, daß eine geringere Blechstärke erforderlich wird, Ruß und Rauch sowie Verbrennungsrückstände ergeben sich bei elektrischer Heizung sowieso nicht. Vergiftungserscheinungen, Verbrennungen, wie bei Gas, können ebenfalls nicht auftauchen.

Die Eigenschaft der Warmwasserspeicher, daß sie das eingeführte Wasser nur allmählich erwärmen, muß bei der Wahl der Größe der Apparate berücksichtigt werden. Der Inhalt muß so groß gewählt werden, daß derselbe für die größte vorkommende Entnahme genügt. Sollen die Apparate nicht im Daueranschluß betrieben werden, so ist der Inhalt so groß zu wählen, daß derselbe dem größten momentan vorkommenden Verbrauch oder dem Sperrzeitverbrauch zu entsprechen vermag. Bei Anlagen nur mit Nachtheizung muß der Inhalt für den ganzen Tagesverbrauch ausreichen.

Die Heißwasserspeicher sollten zur Vermeidung unnützer Wärmeverluste in den Leitungen möglichst nahe den Verbrauchsstellen aufgestellt werden. In erster Linie in der Nähe derjenigen Stellen, die andauernd gebraucht werden, während die seltener benützten weiter entfernt sein können. Die Heißwasserleitungen sind im Durchmesser nicht zu groß zu wählen und gut zu isolieren, damit die Wärmeverluste in denselben nicht zu groß sind.

Solche Heißwasserspeicher finden vielseitigste Anwendung in industriellen

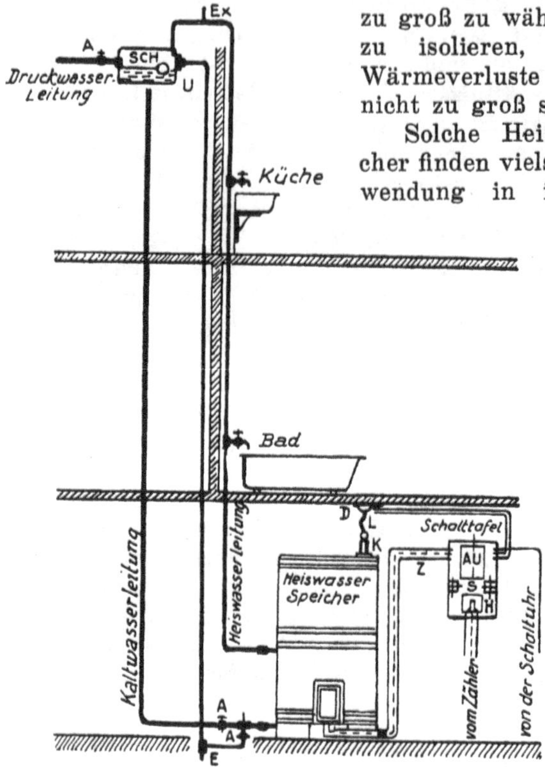

Speisung durch ein Schwimmergefäss

AU = Autom. Schalter
S = Sicherungen
H = Handschalter
K = Kontakt Thermometer
L = Leitungsschnur
D = Deckenrosette
U = Überlauf
A = Absperrhahn
E = Entleerungsrohr
Z = Zuleitung zum elektr. Heizkorper
EX = Expansionsleitung
SCH = Schwimmergefäß

Abb. 111

und gewerblichen Betrieben, wie Brauereien, Textilfabriken, Färbereien, Wäschereien, chemischen Fabriken, Fabrikskantinen, Brausebädern, Badeanstalten, Schulen, in Küchen für Koch- und Spülzwecke, Warmwasseranlagen in Wohnhäusern, Hotels, Krankenhäusern Kuranstalten, Friseurs usw. Sie können auch zur Beheizung, wie in Warmwasser-Heizungsanlagen, dienen. In solchen Apparaten kann auch Heißwasser zur Speisung von Lokomotiven, Dampfkesseln usw. bereitet werden, wodurch sich in diesen Fällen bedeutende Ersparnisse, vor allen Dingen aber kurze Anheizzeiten und Fabrikationszeiten, erreichen lassen.

Die verschiedenen Anschlußmöglichkeiten sind in den nachstehenden Montage-Beispielen aufgeführt.

In Abb. 111 ist eine Anlage zum direkten Anschluß an eine Druckwasserleitung dargestellt. Bei dieser Anordnung muß der eine Kessel des Apparates für den höchsten vorkommenden Wasserleitungsdruck bemessen sein.

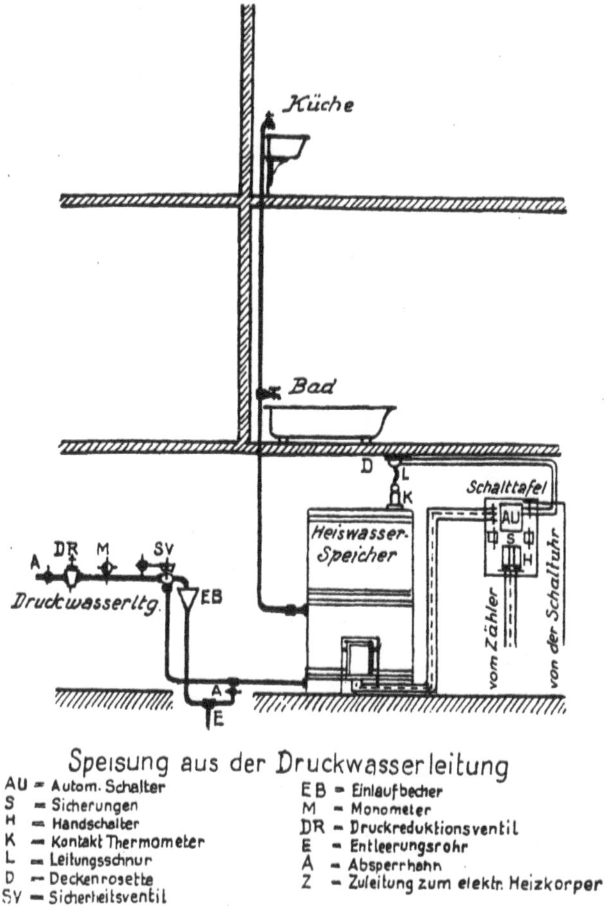

Abb. 112

Abb. 112 zeigt eine Anlage, bei welcher der Warmwasserspeicher im Kellergeschoß aufgestellt ist, während am Dachboden ein Schwimmergefäß vorhanden ist, welches von der Druckwasserleitung gespeist wird. Der Speicher hat in diesem Falle nur den Druck zu ertragen, der dem Höhenunterschiede von Kellerfußboden und Wasserniveau im Schwimmgefäß entspricht.

Abb. 113 und 113 a zeigen einen solchen Apparat zum Betrieb einer Zentralheizungsanlage. Dabei kann ein etwa vorhandener Kohlenkessel bestehen bleiben, sodaß je nach Wunsch einer der beiden Apparate oder beide gleichzeitig in Betrieb genommen werden können. Dadurch ist z. B. auch die Möglichkeit gegeben, die elektrische Beheizung in der Übergangszeit oder bei strenger Kälte als Zusatzheizung zu verwenden. Die Aufladung kann dabei zu einem billigen Tarif durch Nachtspeisung erfolgen.

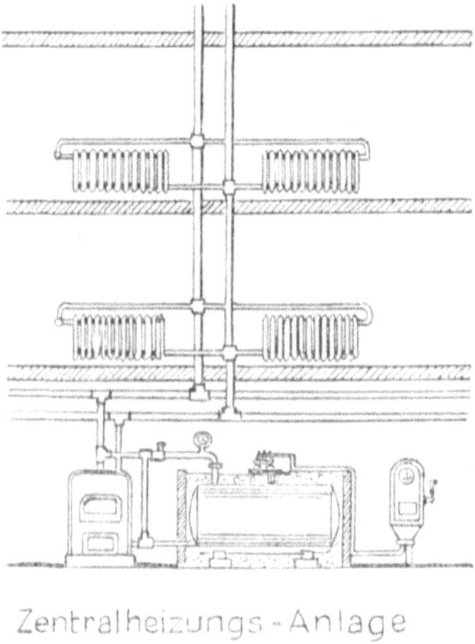

Abb. 113

Abb. 113 a

Abb. 114 zeigt die Verwendung der Warmwasserspeicher im bürgerlichen Haushalt.

Aus Abb. 115 und 115 a ist die besonders zweckmäßige Verwendung von Warmwasserspeichern zur Beheizung von Kirchen und Kinos ersichtlich; die Aufladung des Speichers erfolgt dabei von Samstag auf Sonntag, bei Kinos in der Nacht und zu Mittag, weil dann das Elektrizitätswerk an sich sehr niedrig belastet ist. Die vollständige Entladung kann auf einfachste Weise durch Zwangs-

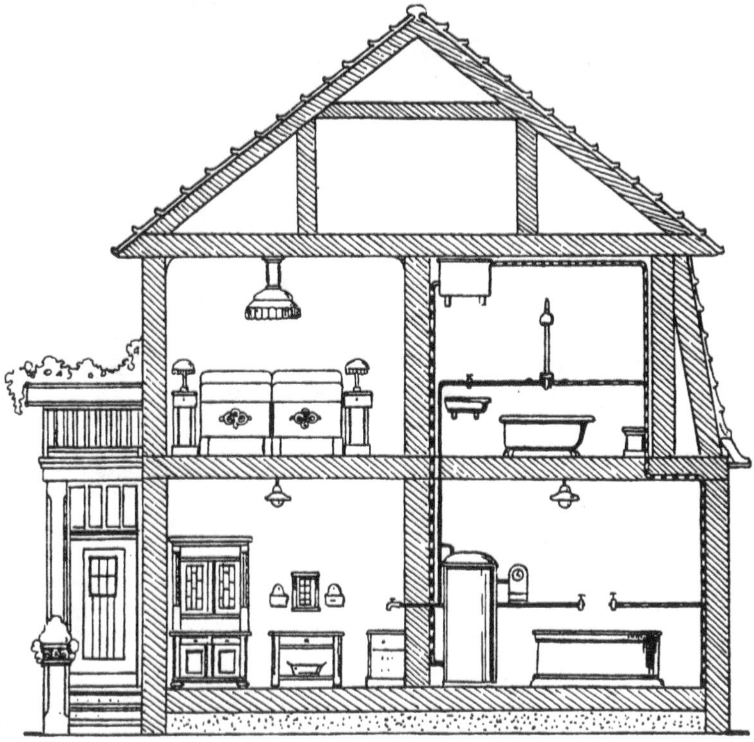

Abb. 114

zirkulation innerhalb der Besuchszeit erfolgen. Dabei wird das warme Wasser durch ein unter den Fußschemeln angeordnetes Röhrensystem hindurchgetrieben.

c) In Großbetrieben.

Interessante Ergebnisse konnten bei einem Besuch im Gefangenenhaus zu Basel festgestellt werden.

Für die Warmwassererzeugung ist ein Warmwasserspeicher aufgestellt mit 1500 Liter Wasserinhalt, in welchem das Wasser in acht Stunden auf 95° C erwärmt wird. Der Energiebedarf beträgt 18 Kilowatt. Es ist ein automatischer Ausschalter vorhanden, der bei einer höheren Temperatur den Strom ausschaltet und, wenn

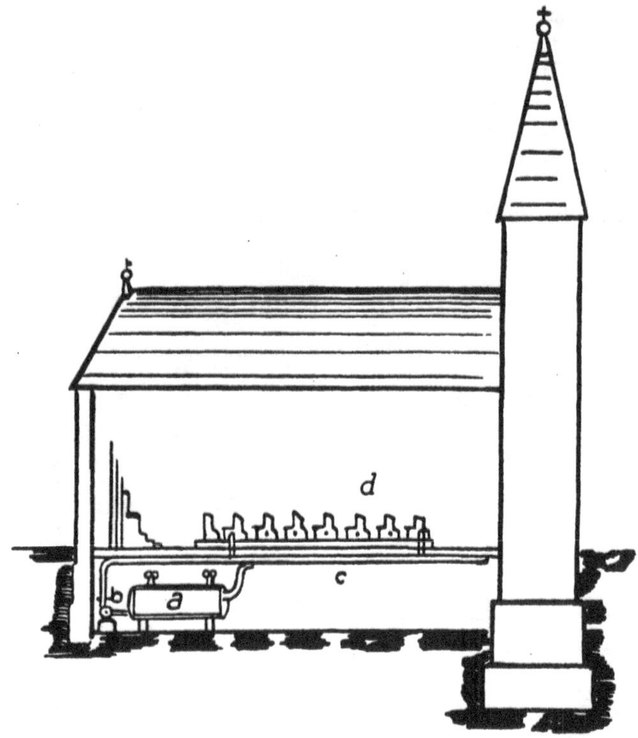

Abb. 115

Nachladung von Sonnabend zu Sonntag, vollständige Entladung durch Zwangszirkulation innerhalb der Kirchzeit pro Sitz und Gottesdienst 0,2 kWh Direkte Fußschemelheizung 0,3 kWh pro 1 m

a Warmwasser *c Rohrleitungen*
b Motorpumpe *d Heizleitungen*

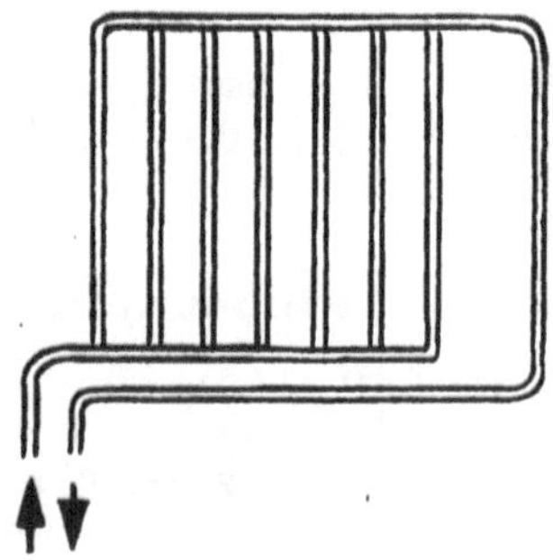

Rohrsystem der Heizung im Kirchengestühl verlegt.

Abb. 115 a

die Temperatur des Wassers wieder gesunken ist, den Strom wieder einschaltet. Der Bedarf reicht für 100 Personen, dann für die Leimkocherei, für Bäder und zum Waschen. Die Schaltuhr, welche den jeweils entsprechenden Tarif zu- und abschaltet, ist mit einer Wochenscheibe versehen, so daß die Samstag- und Sonntag-Schaltung Samstag ab 12 Uhr mittags schon eingestellt wird. Die Uhr muß alle Monate einmal aufgezogen werden, und zwar mit der Hand oder elektrisch, doch wird der Handaufzug vorgezogen, weil er gleichzeitig Anlaß gibt, nachzusehen, ob die Uhr richtig gestellt ist oder ob sonst etwas vorkommt. Der Leimkocherverbrauch beträgt 400 Watt bis 2 Kilowatt, je nach der Menge, die benötigt wird. Die Fournierplätte ist für 2 Kilowatt eingerichtet, außerdem sind 14 Bügeleisen zu je 615 Watt vorhanden. Der Strompreis für den Boiler beträgt ab 10 Uhr abends bis ½7 Uhr früh 4 Cts. = 5,2 g. Die Minimalgarantie beträgt pro Jahr 45 Fr. = 58,5 S pro Kilowatt und entspricht zirka 1080 Benützungsstunden.

Mit den Boilern wird durchschnittlich pro Mann und Tag eine Kilowattstunde verbraucht. Außer dem einen Boiler ist noch ein zweiter für gleichfalls 1500 Liter aufgestellt, der als Reserve dient für allfällige Mehrinanspruchnahme. Das Wasser für die Boiler wird direkt der Wasserleitung entnommen und es ist zu dem Behufe vor dem Kessel ein Reduzierventil eingebaut. Die Kessel sind ferner derartig eingerichtet, daß die Heizung zu unterst und im oberen Drittel angebracht ist, so daß im Bedarfsfalle nur das Erhitzen des oberen Drittels der Wassersäule erfolgen muß. Die unteren zwei Drittel Wassersäule bleiben kalt und ohne Einfluß auf das erwärmte obere Drittel. Die Übergangszone ist nur zirka 10 cm hoch, so daß man beinahe davon sprechen könnte, es ist die kalte und die warme Wasserschichte durch einen Deckel getrennt.

Die Waschmaschinen der Waschküche verbrauchen 10,3 Kilowatt, wobei 55 kg trockene Wäsche auf einmal in die Trommel gegeben werden können. 60 Kilowatt werden für das Waschen für drei Maschinen à 50 kg trockene Wäsche benötigt, oder pro Kilogramm trockener Wäsche 0,4 Kilowattstunden. Die Trommel ist 1,20 Meter lang und hat einen Durchmesser von 0,8 Meter. Mit dem Waschen wird um 7 Uhr früh begonnen und um 4 Uhr nachmittags geendet. Es werden nicht ganz 23,6 Kilowatt durch nicht ganz drei Stunden beansprucht. Es besteht die Möglichkeit, so zu schalten, daß 13,3 + 6,8 oder kombiniert geschaltet wird. Für das Wäschekochen beträgt der Preis 15 Cts. = 19,50 g, von 7 Uhr bis 9 Uhr 57 Cts. = 74,1 g, ab ½5 bis 7 Uhr nachmittags ebenfalls 57 Cts. = 74,1 g.

6. Der elektrische Selbstwascher.

Im Gegensatz zu den bekannten Waschmaschinen mit mechanischem Antrieb wird bei dem neuen elektrischen Selbstwascher „Protos“ der Siemens-Elektrowärme-Gesellschaft die Wäsche äußerst schonend behandelt. Die Reinigung der Wäsche beruht darauf, daß sie mit heißem Wasser mittels eines Dampfsprudlers stark durchflutet wird. Bei diesem Sprudelprozeß, der sich in etwa 8 Stunden Waschzeit unzählige Male wiederholt, werden alle Schmutzteilchen aus der Wäsche gelöst, wodurch eine schonende Reinigung der Wäsche erzielt wird. Der Selbstwascher besteht aus einem verzinkten Eisenkessel mit elektrischer Heizeinrichtung. Äußerlich unterscheidet er sich kaum von den im Haushalt üblichen Waschkesseln. Die innere Einrichtung veranschaulicht unsere Abb. 116. Der Inhalt beträgt 50, bezw. 100 Liter, je nach der Größe. Seine Bedienung ist leicht und mühelos. Sie beschränkt sich auf das Einschalten am Abend und Ausschalten am Morgen. Da keine Schwadenbildung auftritt, kann er nicht nur im Waschraum, sondern auch in der Küche oder im Wohnraum gebraucht werden. Die kleinere Größe hat einen Energieverbrauch von 650 Watt. Da er während der Nachtzeit angeschlossen wird, so sind besonders bei niedrigem Nachtstromtarif die Betriebskosten sehr gering. Die Wäsche kann frühmorgens getrocknet werden, da sie in der Nacht gewaschen wird. Vorher wird sie von morgens bis abends in einer kalten Bleichsodalösung eingeweicht.

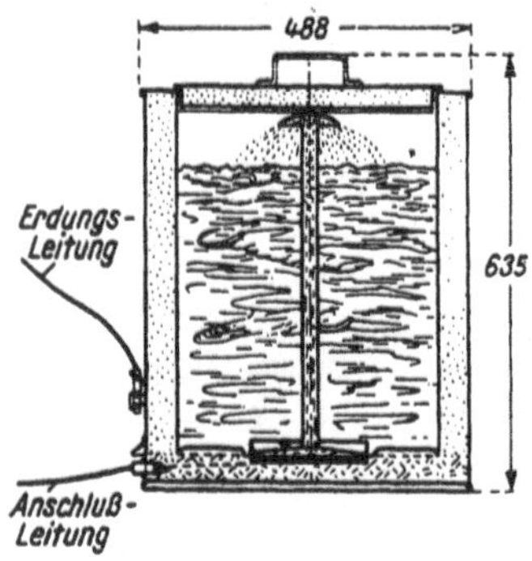

Abb. 116

Man löst im 50-Liter-Kessel ein halbes Pfund gutes Waschpulver in etwa 15 bis 20 Liter Wasser auf, im 100-Liter-Kessel ein Pfund auf etwa 30 bis 40 Liter Wasser. Die gut ausgeschleuderte und ausgewrungene Wäsche wird lose um den Sprudler herumgeschichtet. Sie darf aber nicht bis zum oberen Ende hinaufreichen, wie die Abb. 116 zeigt. Dann wird der Deckel geschlossen, der Strom eingeschaltet und die Wäsche während der Nacht mindestens 8 Stunden sich selbst überlassen. Früh wird die Wäsche in handwarmem Wasser so lange gut gespült, bis das Wasser vollkommen klar bleibt. Die Hauptwascharbeit verrichtet der „Elpur" also selbsttätig.

Vor dem Einschalten muß der Apparat geerdet werden. Dies geschieht auf einfachste Weise, indem man die beigegebene zweite Leitung an der Erdungsklemme des Selbstwaschers befestigt und das andere Ende mit der Zwinge beispielsweise am Wasserleitungshahn anschließt.

Nach einer von dem Bankhaus Hornblower & Weekes aufgemachten Statistik *) wurden 1914 in den V. S. Amerika etwa 50.000 elektrische Waschmaschinen benutzt, deren Wert ungefähr 5 Millionen Dollar betrug. Diese Zahl hat 1924 4 Millionen, bezw. bei einem Durchschnittswerte von 150 Dollar je

*) „El. World", Bd. 86, 1925, S. 390.

Maschine 600 Millionen Dollar überschritten. Unter Berücksichtigung des gegenwärtigen Bedarfes, der Abnutzung und von Bruch nimmt die Bank an, daß 1919 über 7,6 Millionen Waschmaschinen in 22,85 Millionen mit Leitungen versehenen Wohnungen gebraucht werden dürften, deren Wert über 1,1 Milliarde Dollar ausmachen würde. Das wären 33 solcher Vorrichtungen auf je 100 Wohnungen, oder, wenn man mit 40 rechnet, über 9 Millionen Waschmaschinen, die doppelte Anzahl der jetzt täglich benutzten (4,7 Millionen bei 14,85 Millionen Wohnungen). Die Lebensdauer einer Maschine zu 10 Jahren angenommen, erfordert allein der Ersatz nach 4 Jahren über 0,7 Millionen, d. h. mehr als die Industrie bisher in einem Jahre produziert hat. Diese umfaßt etwa 100 Gesellschaften, von denen z. Z. drei 46% aller jetzt auf dem Markt befindlichen elektrischen Waschmaschinen liefern.

7. Elektro-Kühlschrank.

Der Elektro-Kühlschrank besteht im Wesen aus dem Schrank und dem Kühlapparat. Er macht von dem lästigen Bezug von Eis frei, arbeitet völlig automatisch ohne Eis, ohne Motor und erzeugt 24 Stunden lang und länger einen gleichmäßig temperierten Kühlraum.

Die Bedienung besteht lediglich darin, daß einmal am Tag durch Drehung eines Hebels der Heizstrom eingeschaltet wird. Alles übrige besorgt der Kühlschrank selbsttätig. Er ist überall verwendbar, wo elektrischer Strom vorhanden und Anschluß an laufendes Wasser möglich ist. Seine Wirkung beruht auf der bekannten Erscheinung, daß beim Verdunsten von Flüssigkeiten Kälte erzeugt wird. Von diesem Vorgang wird im Elektro-Kühlschrank dadurch Gebrauch gemacht, daß in Wasser aufgelöstes Ammoniak im Kreislauf in einem Kocher durch elektrische Beheizung aus dem Wasser ausgetrieben, im Kondensator durch

Abb. 117

Kühlwasser kondensiert und im Verdampfer gesammelt und wieder zum Verdunsten gebracht wird. Das Auskochen geschieht nach dem Einschalten in der sogenannten Kochperiode täglich etwa 1½ Stunden lang. Sobald die Kochperiode beendigt ist, schaltet eine im Kühlapparat angebrachte automatische Vorrichtung den Heizstrom aus, zugleich wird das Kühlwasser vom Kondensator auf den Kocher umgeleitet. Es beginnt nunmehr die Kälteerzeugung, die den Schrank bis zur nächsten Kochperiode kühl hält. An kühleren Sommertagen genügt eventuell Heizung an jedem zweiten Tag, an sehr heißen Tagen ist eventuell eine Nachheizung erforderlich. In den Kühlapparat ist ein Eisbecher eingesetzt, der nebenbei täglich 1 kg Eis erzeugen kann. Die Luft im Schrank ist trocken und rein. Bei richtiger Behandlung beträgt die Temperatur des Schrankes dauernd 2—4° C, welche bei erfahrener Bedienung noch wesentlich unterschritten werden kann. Täglicher Strombedarf etwa 2,5 kWh. Täglicher Wasserbedarf etwa 500 Liter. — Der Elektro-Kühlschrank findet Verwendung in: Haushalt in Stadt und Land, Villen, Pensionen, Sanatorien, Hotels, Gaststätten, Lebensmittelgeschäften aller Art, chemischen Fabriken, Apotheken usw.

Der Schrank (Abb. 117, Form AEG) ist sehr gut ausgestattet, weiß lackiert und mit Glasplatten ausgelegt. Die auf Grund langjähriger Erfahrungen im Eisschrank ausgeführte Isolation ist vorzüglich.

8. Raumheizung.

a) Allgemeines.

Seit Jahr und Tag kämpft die elektrische Heizung einen schweren Kampf gegen die Behauptung, daß sie viel zu teuer sei. Dieses Vorurteil ist dadurch entstanden, daß man fälschlicherweise immer den Gestehungswert der aus Kohle und Elektrizität erzeugten Wärme-Einheit miteinander vergleicht. Es ist klar, daß die elektrische Wärme-Einheit teurer sein muß, als die durch direkte Verbrennung von Kohle erzeugte, weil der Wirkungsgrad der Feuerung, der Dampfmaschinen und der anderen Stationen dazwischen liegt. Das gleiche trifft jedoch auch auf andere Beheizungsarten, wie z. B. das Gas zu, und doch hat dasselbe zu Heiz- und Kochzwecken und in der industriellen Beheizung Anwendung gefunden. Eine teure Heizungsart braucht aber noch nicht unwirtschaftlich sein. Dadurch findet in den meisten Fällen ein Ausgleich statt, der bei weitem zu Gunsten der elektrischen Beheizung ausschlägt, so daß sich letzten Endes in vielen Fällen auch Ersparnisse an Heizungskosten ergeben. Es kommt somit nicht auf den Preis der Wärme-Einheit ausschließlich an, sondern lediglich auf die zweckmäßige Ausnützung der Wärme, und da bietet gerade die elektrische Beheizung, wie keine andere Heizungsart, die größten Vorteile.

Wie aus umfangreichen Schweizer Versuchen erhoben werden konnte, ergab die elektrische Warmwasserheizung Wirkungsgrade von 93% gegenüber 50% der Kohlenheizung, für elektrisches Kochen Wirkungsgrade bis 85% gegenüber 12% bei Kohlenherden.

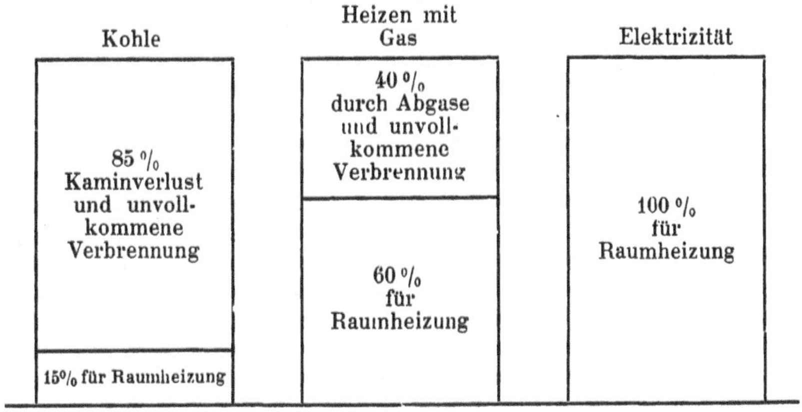

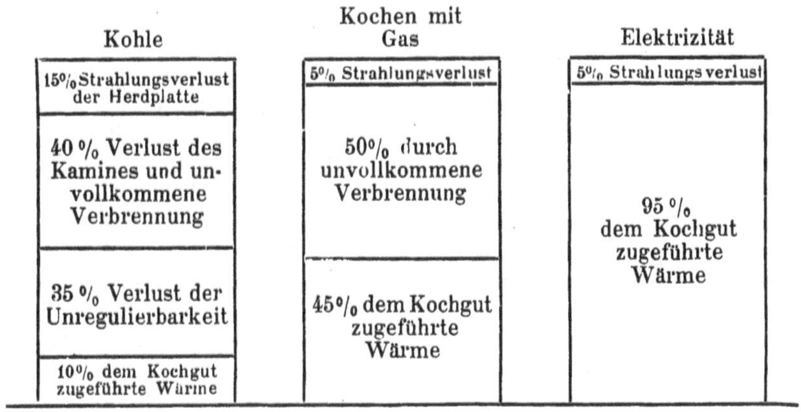

Die Vorzüge der elektrischen Heizung sind im allgemeinen folgende:

1. **Die stete und sofortige Betriebsbereitschaft.** Eine elektrische Beheizung wird durch einfaches Einschalten sofort in Betrieb gesetzt, während für Holz- und Kohlenfeuerung in den meisten Fällen eine größere Vorbereitungs- und Anheizzeit erforderlich ist.
2. **Die gleichmäßige, jedoch nach Bedarf veränderliche Wärmeentwicklung.** Während bei den mit Flamme arbeitenden Beheizungsarten die Wärme-Entwicklung von dem Verbrennungsvorgang selbst abhängig ist und sich durch Zug-Änderungen, Flackern der Flamme, Druckschwankungen, Änderung in der Zusammensetzung des Brennstoffes in weiten Grenzen verschiebt, ist die elektrische Wärme-Entwicklung lediglich von den Spannungsänderungen im Netz abhängig. Diese sind jedoch schon aus praktischen Gründen so gering, daß von einer Ungleichmäßigkeit der elektrischen Beheizung

überhaupt nicht zu reden ist. Welche Vorteile aber gerade die Gleichmäßigkeit der Wärme für viele technische Prozesse bietet, ist allgemein bekannt. Besonders die chemische Industrie und die verschiedenen Trockenprozesse bedürfen einer Wärme-Entwicklung, welche oft auf Bruchteile eines Grades genau eingestellt werden muß. Dies ist nur möglich durch

3. **die feinste Einstellbarkeit des Wärmegrades der elektrischen Beheizung,** die von keiner anderen Beheizungsart auch nur annähernd genau und gleichmäßig erreicht werden kann, z. B. die elektrischen Brutapparate.
4. **Die durch dieselbe erzielbare Zeit- und Arbeitsersparnis.** Eine Zeitersparnis ergibt sich daraus, daß man im allgemeinen die elektrische Beheizung dem zu beheizenden Gegenstande näherbringen kann, als irgend eine andere Wärmequelle. Sie kann unter Umständen direkt in das zu beheizende Objekt eingebaut werden. Ferner ergeben sich Zeitersparnisse durch die sofortige Betriebsbereitschaft. Als Folge davon tritt auch eine entsprechende Arbeitsersparnis ein, die am besten bei den Elektro-Dampfkesseln in Erscheinung tritt, in dem fast keinerlei Wartung benötigt wird.
5. **Die Sauberkeit der Beheizung** ist sprichwörtlich. Sie ergibt sich durch den Fortfall jeglicher Brennmaterialien und Verbrennungsabfälle, wie Asche, sowie durch den Fortfall von Verschwelungen und Verrußungen durch unvollkommene Flammenverbrennung.
6. **Die hygienischen Vorteile und die Ungefährlichkeit** der elektrischen Beheizung müssen ebenfalls gebührend hervorgehoben werden. Giftige Gase, Explosionen und Rauchschwaden sind bei derselben ausgeschlossen. Die Wärmeentwicklung findet nur an der zu beheizenden Stelle statt, so daß Belästigungen der Bedienung, welche besonders in den Sommermonaten zur Qual werden, vollständig vermieden werden. Man denke an die Tätigkeit der Heizer, der Köche in Hotelküchen und der Bäcker. Räume mit Flammenheizung bedürfen auch eines lebhaften Luftwechsels, um die Temperatur in denselben erträglich zu gestalten, womit unnütze Wärmeverluste verbunden sind.
7. **Die Sparsamkeit** ergibt sich durch die unmittelbare Erzeugung der Wärme an der Verbrauchstelle und durch die Anwendbarkeit einer guten Wärme-Isolation, die bei anderen Beheizungsarten durch das Abführen der hocherhitzten Verbrennungsgase und an sich durch das Prinzip der Flammenverbrennung unmöglich ist. Ein gutes Beispiel dafür bieten die Warmwasserspeicher und Elektro-Dampfkessel. Bei beiden Heizvorrichtungen wird die Wärme im Wasser selbst erzeugt, so daß der Wirkungsgrad lediglich von der umgebenden Isolation abhängig ist. Die sofortige Abstellbarkeit der elektrischen Heizung ist ebenfalls für viele Heizprozesse ein

großer Vorteil, denn sie bietet die größte Sicherheit gegen Überhitzungen und Brandgefahr. Dampfkesselexplosionen durch Siedeverzug oder durch Überhitzung der Kesselwände infolge Kesselsteinbildung, Wassermangels usw. sind ausgeschlossen. Durch die sofortige Abstellbarkeit ergibt sich auch die größte Wirtschaftlichkeit der Beheizung. Wird z. B. ein Betrieb mit Dampf beheizt, so ist dazu eine längere Anheizzeit erforderlich und die am Schlusse des Fabrikationsprozesses im Kessel, im Mauerwerk und den übrigen Teilen der Feuerstelle aufgespeicherte Wärme geht nutzlos verloren. Die elektrische Beheizung setzt dagegen im Moment des Ausschaltens aus. Es ist bekannt, daß bei Flammen- und Dampfbeheizung oft nur Bruchteile eines Prozentes der aufgewendeten Wärme zur Erzeugung des Fabrikates ausgenützt werden, wie z. B. bei Porzellanöfen usw.

8. An **Bequemlichkeit** ist die Elektrobeheizung allen anderen Beheizungsarten bei weitem überlegen, weil alle Arbeit mit dem Brennstoff, also das Einlagern, Zerkleinern, Heranschleppen und Nachlegen von Kohle, Holz, Torf, das Schüren des Feuers, das Herausschaffen von Schlacke und Asche, das Beseitigen von Staub und Ruß, entfällt. Wie wäre z. B. im Hotel Moserboden auf 2000 Meter Gebirgshöhe oder im Berghaus Jungfraujoch in 3450 Meter Höhe ein Hotelbetrieb ohne elektrische Küche und Beheizung denkbar? Welche beinahe unerschwinglich hohen Kosten, wachsend mit der Seehöhe, müßten die Führung eines solchen Betriebes belasten, wenn nicht die Vorteile der elektrischen Heizung zur Verfügung ständen?
9. **Bau-Ersparnisse** sind die Folge der im vorhergehenden angegebenen Vorteile. Man stelle sich die für die Dampfbereitung erforderlichen Bauten und deren Raumbedarf bei Kohlenbeheizung vor: das gewaltige Kesselhaus mit seinen riesigen Schornsteinen, die Kohlenbunker und Kohlentransportanlagen, die Entaschungsvorrichtungen und sonstigen maschinellen Anlagen, die zum Betriebe eines Kohlenkessels erforderlich sind, ganz abgesehen von der teuren Verfrachtung des Brennstoffes. Auf der anderen Seite die glatte Stromzuführung durch dünne Drähte, die einfache elektrische Schalteinrichtung und die übersichtliche elektrische Heizvorrichtung selbst.
10. **Die ständige Kontrollierbarkeit** ergibt sich durch die Meßinstrumente, welche unmittelbar den Verbrauch anzeigen, bezw. den Zähler, welcher in einwandfreiester und untrügbarster Weise die aufgewendete Energie kontrolliert. Entwendung oder Entwertung durch längere Lagerung des Brennstoffes ist bei Elektroheizung so gut wie ausgeschlossen.

An der Stelle der ökonomischen Verwertung der elektrischen Beheizung steht die allgemeine Raumheizung am Schlusse, denn sie bedarf immerhin bedeutender Energiemengen. Die Fälle, in denen der elektrische Strom zu niedrigem Preise in ausreichender Menge zur Verfügung steht, sind trotzdem so häufig, daß die elektrische Raumheizung, welche alle Vorzüge der übrigen Beheizungsarten in sich vereinigt und ihre Nachteile vermeidet, eine weitgehende Verbreitung gefunden hat und zum direkten Bedürfnisse geworden ist. Oft ist es durch die Anwendung derselben möglich, einen großen Teil der Betriebskosten der bisherigen Heizungsarten zu sparen, besonders wenn im Anschlusse an Wasserkraftzentralen der Strom billig erzeugt werden kann. Dadurch wird auch gleichzeitig die Rentabilität solcher Anlagen gesteigert, da dieselben während der Zeit, wo sie sonst nur schlecht oder gar nicht ausgenützt sind, den Strom für Heizzwecke zu einem billigen Tarife abgeben können.

In Ländern mit reichen Wasserkräften lohnt es sich zuweilen, zur Ermöglichung der elektrischen Beheizung eigene Zentralen zu errichten oder die vorhandenen auszubauen, da die Ersparnisse, welche durch die Einführung der elektrischen Beheizung erzielt werden, so bedeutend sind, daß die ganze Anlage oft in einem Bruchteil eines Jahres vollständig amortisiert ist. Diese Fälle stehen keineswegs vereinzelt da, denn die bisher unter diesen Verhältnissen ausgeführten elektrischen Großbeheizungen haben stets zu einem solchen Erfolge und zu außerordentlich großen Ersparnissen geführt.

Aber auch bei eigenen elektrischen Anlagen in Fabriken, Hotels und ähnlichen Betrieben kann für Heizzwecke meist ein geringerer Strompreis in Anrechnung gebracht werden.

Je nach den gegebenen Verhältnissen lassen sich elektrische Raumbeheizungen verschiedenartig ausführen, und kann man folgende Hauptarten unterscheiden:

1. Die direkte elektrische Beheizung durch einzelne, in den Räumen verteilte Warmluftöfen.
2. Die zentrale elektrische Warmluftheizung.
3. Die elektrisch betriebene Warmwasserheizung.
4. Die elektrisch betriebene Dampfheizung.
5. Die Heizung mit Hilfe der Wärmespeicherung.

Die Bemessung der elektrischen Beheizung ist an sich bekannt. Der Wärmebedarf eines zu beheizenden Raumes ist dem Heizungstechniker geläufig. Der Elektrotechniker hat damit weniger zu tun und daher ist es zweckmäßig, wenn der ungefähre Wärmebedarf zur überschlägigen Berechnung angegeben wird. Der Wärmebedarf wird in Kalorien ausgedrückt und es sei wiederholt bemerkt, daß eine Kilowattstunde = 860 Kalorien erzeugt. Dem Elektrotechniker ist jedoch die Angabe der notwendigen Watts lieber, da er aus derselben besser die erforderliche Anschlußleistung errechnen kann. Nach den eingehenden Untersuchungen, die besonders in der Schweiz vorgenommen sind, ergibt sich ein Anschlußwert aus der nachstehenden Tabelle.

b) Direkte Heizung.

Noch bis vor wenigen Jahren erfolgte die Umsetzung von Strom in Wärme ausschließlich in festen Widerständen verschiedener Art. Es wurden und werden auch heute noch verwendet: Drahtspiralen, Silit- und in Silundum getränkte Kohlenstäbe, mit Edelmetall bestrichene Isolierstoffe, z. B. Glimmerstreifen oder lockere Materialien, die einen großen Übergangswiderstand zwischen den einzelnen Teilen aufweisen, und leuchtende Glühkörper, weil man hierbei nicht nur die Wärme fühlt, sondern auch das Glühen sieht, was bei vielen Menschen allein schon imstande ist, ein behagliches Gefühl hervorzurufen. In neuerer Zeit sind auch verschiedene Arten von Strahlungsöfen auf den Markt gekommen, die so konstruiert sind, daß sie die Wärme in erster Linie dorthin abgeben, wo sie erwünscht ist, z. B. an die Füße. Es entspricht dies durchaus dem Prinzip der größten Wirtschaftlichkeit, die Wärme dorthin zu konzentrieren, wo sie gebraucht wird.

Wärmebedarf für Zimmerheizung.

Direkt heizende Öfen					
Jahreszeit	Zimmergröße				Watt pro m³
	40 m³	50 m³	60 m³	75 m³	
	Kilowatt	Kilowatt	Kilowatt	Kilowatt	W/m³
Übergangszeit	0,5—1,0	0,6—1,2	0,7—1,4	0,9—1,8	12—26
Gewöhnlicher Winter .	0,6—1,6	0,8—1,4	1,0—2,2	1,3—2,8	15—42
Strengster Winter . .	0,9—2,3	1,3—2,7	1,4—3,0	1,9—3,9	23—58

Bei der direkten Beheizung, oder auch Widerstandsheizung genannt, bei welcher den Öfen während der Heizzeit Strom von solcher Stärke zugeführt wird, daß die nach außen abgehende Wärme durch die erzeugte Wärme ersetzt wird, also die Temperatur auf gleicher Höhe bleibt, ist für Zimmerheizung der vorstehend angegebene Wattverbrauch erforderlich.

Die Siemens-Elektrowärme-Gesellschaft erzeugt Raumheizkörper,

Radiphor

genannt, die für bestimmte Heizverhältnisse zu bevorzugen sind.

Aufbau. Der Radiophor-Heizkörper setzt sich aus mehreren Einzelgliedern zusammen. Jedes Glied besteht aus zwei ineinandergeschobenen Röhren von elliptischem Querschnitt, die an den Enden miteinander luftdicht verbunden sind. Auf diese Weise entsteht ein Kamin mit je einer äußeren und inneren Mantelfläche, zwischen denen sich der Heizkörper in praktisch sauerstoffreier Atmosphäre befindet. Bei der Durchbildung der Heizeinrichtung ist besonderer Wert darauf gelegt worden, die Oberflächentemperatur der Radiophorglieder in den Grenzen zu halten, in denen eine Staubverbrennung (Auftreten der sogenannten trockenen Luft) ausgeschlossen ist. Die stromführenden Teile sind gegen die Metallwandungen vollständig isoliert. Das Radiophorglied besitzt einen schlagfesten Lacküberzug und weist vorwiegend senkrechte Flächen auf, an denen sich kein Staub ablagert. Flach an der Wand befestigte Einzelglieder (Abb. 118) haben den Vorteil geringen Raumbedarfes, so daß sie selbst in engen Gängen verwendet werden können.

Abb. 118

Die Radiophor-Heizkörper werden mit 4, 6, 8 oder 10 Gliedern geliefert und können an Gleich-, Wechsel- oder Drehstrom angeschlossen werden. Sie werden für Spannungen von 210 Volt aufwärts so eingerichtet, daß sich von Hand verschiedene Heizstufen einschalten lassen.

Die Heizkörper werden in zwei Ausführungen geliefert: Ausführung a mit einer Nennaufnahme von 180 Watt je Glied, und Ausführung b (hochbelastet) mit einer solchen von 300 Watt je Glied.

Bei den Heizkörpern ist eine einfache Ausführung mit vernickelten Handgriffen von einer reicher ausgestatteten zu unterscheiden, bei der die Glieder oben weitmaschige Messingzierkappen tragen (Abb. 119) und alle blanken Metallteile aus hochglänzend poliertem Messing bestehen. Wird Beweglichkeit gewünscht, so können die Radiophor-Heizkörper in fahrbarer Ausführung geliefert werden.

V e r w e n d u n g. Da der Widerstandsdraht von der Luft vollkommen abgeschlossen ist, alle stromführenden Teile verdeckt sind und nur milde Oberflächentemperaturen auftreten, eignet sich der Radiophor-Heizkörper — abgesehen von der Aufstellung in Wohnräumen — vorzüglich zur Verwendung in Betrieben, in denen Explosions- und Feuersgefahr besteht. Für diesen Fall kommt die Ausführung a (180 Watt/Glied) in Betracht, bei welcher der Heizkörper nur die Temperatur von etwa 70° C annimmt. Der Radiophor ist somit der gegebene Heizkörper für Automobil-Garagen und -Werkstätten. Weder umherspritzendes Benzin noch die

Abb. 119

besonders feuergefährlichen Benzindämpfe können sich an dem Heizkörper entzünden; durch eine Garagenheizung mit Radiophor-Heizkörper wird also keinerlei Explosionsgefahr verursacht. — Ebenso kommt die Verwendung des Radiophors dort in

Abb. 120

Betracht, wo Ablagerung von Metallstaub und daraus folgender Kurzschluß zu befürchten ist.

Von Dr. Lulofs, Amsterdam, wird insbesondere eine Radiator-Konstruktion empfohlen, welche dem

Strahlungsofensystem

entspricht*). Ein Beispiel eines solchen guten Radiators ist in Abb. 120 dargestellt. Die Reflektoren der Heizelemente, die meist ½-kW-

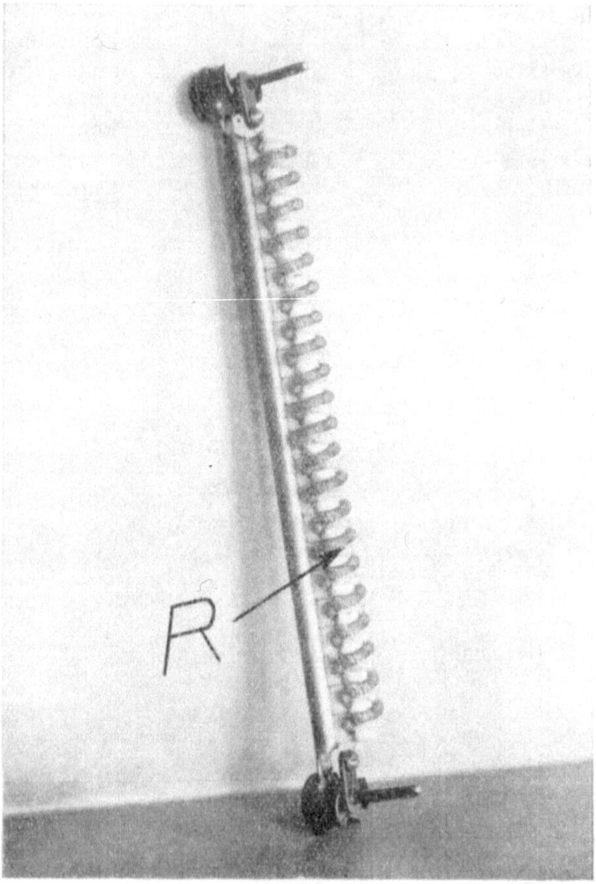

Abb. 121

Leistung verbrauchen, sind parallel und die Heizelemente selbst in der Weise angebracht, daß alle Strahlen in einem divergierenden Bündel reflektiert werden. Das Ergebnis ist, daß eine große Oberfläche von den Strahlen erreicht wird. Der Ofen hängt auch etwas nach hinten über, was gleichfalls zur Förderung einer zweckmäßigen Ausstrahlung dienlich ist. Um die Regelung der Heiz-

*) Mitteilungen der V. d. El.-W., Nr. 370 ex 1924.

wirkung des Ofens dem Bedarfe nach zu ermöglichen, ist jedes Element mit einem Schalter versehen. Außerdem sind die Elemente oder Brenner sehr leicht austauschbar, was bequem und sicher für die Reparatur und Reinigung ist. Eine weitere Sonderkonstruktion des Elementes besteht darin, daß die Porzellanteile so klein wie möglich gemacht sind, um Brüche auf ein Minimum zu beschränken. Mittelst eines Randes *R* auf jedem Isolator wird Durchhängen der Spiralen vermieden. Abb. 121, 121a und 122 zeigen, daß die Elemente und die elektrische Heizung im allgemeinen sich für besonders geschmackvoll aussehende Öfen eignen.

Diese Öfen werden von Inventum, Bilthoven in Holland, hergestellt.

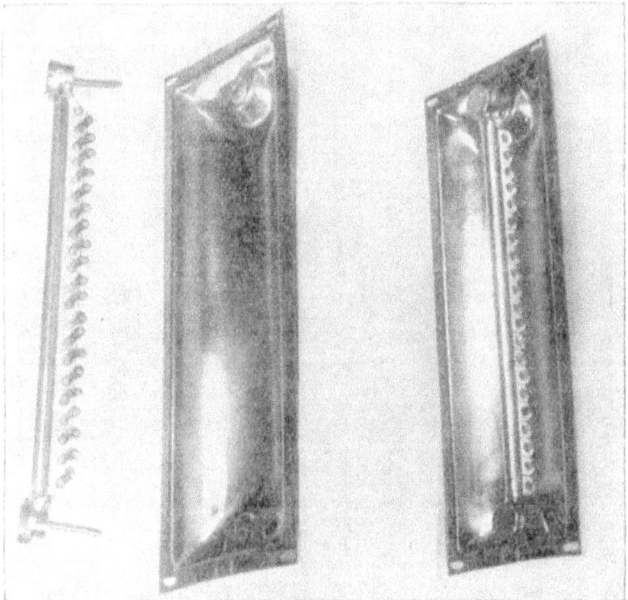

Abb. 121 a

Eine andere Art der Heizung ist die

Fußbodenheizung.

Sie läßt sich in zwei Formen einteilen: Die eine Art ist dadurch gekennzeichnet, daß die Heizung oberhalb des Fußbodens, als sogenannte Fußbankheizung, erfolgt, während die zweite Art unterhalb des Fußbodens verlegt ist. Die erstgenannte Heizungsart findet Verwendung für Schulen, Kirchen und Kinos, die zweite in alten Palästen und Häusern mit Steinfußböden und in Magazinen, kann demnach als eigentliche Fußbodenheizung angesehen werden.

Fußbankheizung.

Die Fußbankheizung wird unter den Bänken in Schulen, Kirchen, Kinos mit Heizelementen mit einer Heizkraft von

Abb. 122

100 Watt in jedem Sitz angebracht. In dieser Weise wird an erster Stelle der durch die Bank begrenzte Raum geheizt, wodurch die Sitze sich in einer wärmeren Umgebung befinden. Da die Wärmequelle sich am Fußboden befindet, sind an erster Stelle warme Füße gesichert. Feuchte Füße werden trocken, ein bedeutender hygienischer Vorteil. Die Kapazität des Heizelementes darf 100 Watt je Sitz nicht überschreiten, da, wenn dieselbe höher ist, sich zwei Schwierigkeiten ergeben:

1. Wenn die Temperatur des Heizelementes zu hoch ist, empfindet man dies als unangenehm.
2. Zuviel Hitze unter den Bänken verursacht ein Aufsteigen der umgebenden Luft.

Bis auf 100 Watt ist diese Steigerung von sehr geringer Bedeutung, da kein Luftzug wahrnehmbar ist, doch bei Überschreitung dieser Grenze würde dies nicht der Fall sein. Hieraus geht hervor, daß die Fußerwärmung auf eine gewisse Höhe beschränkt ist, während die Erfahrung zeigt, daß diese Grenze unterhalb der Heizung, die an sehr kalten Tagen notwendig ist, bleibt. Demzufolge ist es nötig, bei niedriger Temperatur eine zweite Heizvorrichtung zu benützen, welche Frostleitung genannt werden kann. Zu diesem Zwecke wird wieder Strahlung angewendet. Kleine Öfen sind so angebracht, daß sie die Wärme in die offenen Räume zwischen den Reihen der Sitze werfen (Abb. 123). Für den Lehrer sind zwei Radiatoren vor der Klasse einander gegenübergestellt. Die Ausführung der Heizelemente, welche unter den Fußbänken angebracht werden, ist nach den wiederholten Versuchen auf zwei Formen beschränkt. Die beste ist die Matte aus galvanisiertem Eisen, deren Draht aus Spiralen besteht, welche also ruhende Öffnungen frei lassen. Durch diese Öffnungen wird der Heizdraht, umgeben von einer biegsamen eisernen Röhre, hin-

Abb. 123

durchgezogen. Dieser Draht besteht aus Nichrome und ist mit Asbest isoliert. An jedem Pulte ist eine Matte befestigt. Der elektrische Anschluß ist in besonderer Weise ausgeführt. Um die Reinigung des Fußbodens zu erleichtern, ist es nötig, daß die Bänke verstellbar sind, während die elektrische Verbindung sehr stark und solid sein soll, da die Erfahrung gelehrt hat, wie leicht die Sachen von den Schülern zerstört werden. Für diese Schwierigkeit ist eine Lösung gefunden. Die Bänke sind an einer Seite mittelst Gelenken am Fußboden befestigt, so daß sie auf der Seite auf den Fußboden gelegt werden können, und der Platz unterhalb der Bänke gereinigt werden kann.

Die elektrische Leitung, welche an der Seite entlangläuft, wo die Gelenke angebracht sind, ist mit einer biegsamen Röhre versehen und kann also leicht um 90° gedreht werden. In dieser Weise ist es möglich, die Bänke fortdauernd mit der Leitung verbunden zu halten, so daß eine solide Konstruktion gesichert ist. Die elek-

Abb. 124

trische Verbindung für jede Matte erfolgt durch Befestigung einer Metallzweigdose an der Matte (Abb. 124).

Die Temperatur steigt unter der Matte, und zwar bei Abdeckung durch die Füße der Schüler gemessen, nicht höher als 20 ° C; diese Temperatur wird als sehr angenehm empfunden.

Abb. 125

Eine z w e i t e Konstruktion ist diejenige, bei welcher die Drahtmatte durch eine perforierte Metallplatte ersetzt wird; unter dieser wird der Heizapparat unter einer eisernen Kappe angebracht, die an der Unterseite an der Platte festgeschraubt ist, so daß das Element weder für Stahlfeder noch selbst für umgebogene Nägel u. dgl. zugänglich ist (Abb. 125). Der Vorzug dieser Ausführung ist der, daß sie technisch mehr vollendet und auch etwas billiger ist. Anderseits kann sie nicht so gut abgekühlt werden wie die Drahtmatte, so daß eine größere Gefahr für eine zu hohe örtliche Temperatur besteht, besonders wenn die Füße die Löcher in der Platte oberhalb des Heizelementes zu viel bedecken.

Der kleine Watt-Verbrauch der Fußerwärmungselemente für Schulen- und Kirchenheizung war Ursache, daß der Heizdraht sehr dünn und daher leicht zerbrechlich bleiben mußte. Um diesen Nachteil zu beseitigen, hat man mehrere Matten oder Öfen in Serie geschaltet und konnte dabei den Draht stärker halten. Indem man verschiedene Matten in Serie schaltet, wird der Durchmesser des Widerstandsdrahtes bedeutend größer, und bei den Kirchenöfen werden Heizdrähte bis zu $^1/_{16}''$ angewendet, weil im allgemeinen große Serien (bisweilen bis auf 20 Stück) verwendet werden können, wodurch die Klemmenspannung ungefähr 10 Volt für 1 Watt wird. Die Verbindungen dieser Serien werden im Gang angebracht.

Die größere Stromstärke pro Element, die Einpoligkeit der Verbindungsdrähte in eisernen Röhren und die Notwendigkeit, Spiralen zu benutzen, welche Eisen oder jedenfalls weniger oder mehr magnetisches Material enthalten, waren die Ursachen dafür, daß ein gewisses Brummen sich hören ließ. Dieses durch Induktion entstehende Brummen, das aber niemals so stark war, daß es während des Gottesdienstes störend wirkte, ist vollständig aus dem Wege geschafft worden. Zu diesem Zwecke wird ein ganz wenig magnetisches Widerstandsmaterial verwendet, und zwar das von der Firma Krupp in den Handel gebrachte „Cekas“-Material, das auch in anderen Hinsichten besser als Nichrome ist. Die Spirale aus „Cekas“-Draht wird auf Porzellanisolatoren befestigt, welche durch eine Kupferröhre festgehalten werden, und schließlich ist die Installation ausgeführt mit durch Blei geschütztem Draht, um Induktion in den eisernen Röhren zu vermeiden.

Ein guter Beweis der Solidität der Erwärmungsspirale aus dickem Draht ist, daß an Heizeinrichtungen in Kirchen, die seit sechs Jahren im Gebrauch sind, bis jetzt noch keine Störungen erfolgt sind.

Folgendes über das Schaltschema. Die Fußheizung unter den Bänken und die Radiatoren vor der Klasse für den Lehrer sind hintereinander geschaltet mit einem Hauptschalter, welcher in einem gußeisernen Schrank unmittelbar an der Tür untergebracht ist. Die Heizkörper können dann wieder in Gruppen verteilt werden. Abbildung 126 stellt zwei Gruppen, jede mit einem Schalter dar. Um die Temperatur gut zu regeln, kann jede Gruppe mit einem Sterndreieckschalter ausgestattet werden, so daß die hintereinander geschalteten Heizkörpersätze im Verhältnis von 1 : 3 reguliert werden können. Aus wirtschaftlichen Gründen sind die Radiatoren für Hilfsheizung speziell für kalte Tage gesondert geschaltet; dieselben haben ausnahmsweise keinen Schalter in jedem Schulraum, sondern werden alle von einem Punkt aus eingeschaltet, wenn die Temperatur niedrig ist. Diese Einrichtung wird die Frostleitung genannt, weil sie nur bei kaltem Wetter gebraucht wird (Abb. 127). Da es selten nötig sein wird, daß diese Leitung die ganze Zeit hindurch gebraucht wird, ist hier eine scharfe Kontrolle und Prüfung von besonderer Wichtigkeit. Im Hinblick hierauf ist es

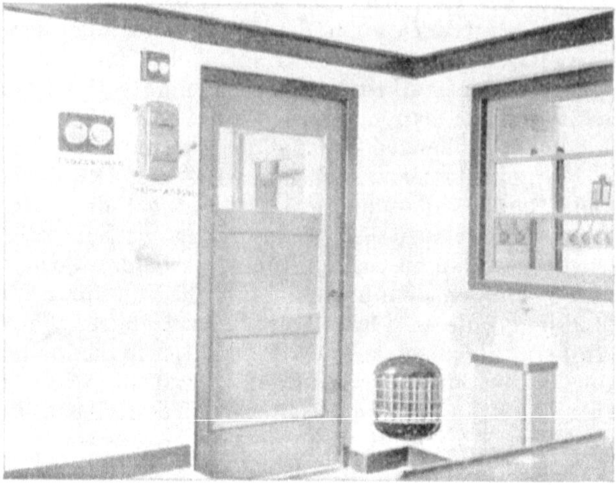

Abb. 126

möglich, an Stromverbrauch zu sparen, wenn man einen automatischen Thermoschalter anwendet. Versuche haben erwiesen, daß dies mit gutem Erfolg geschehen kann.

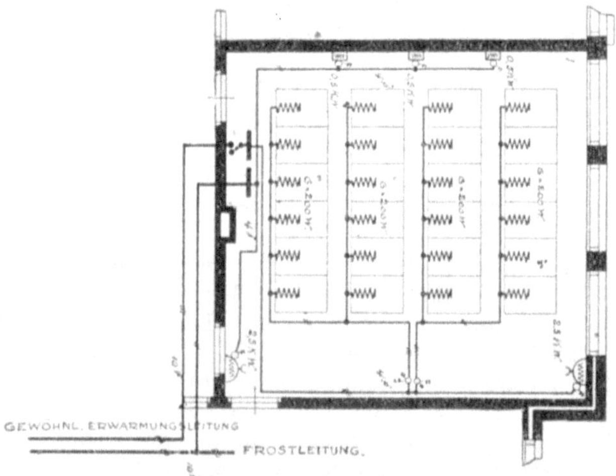

Abb. 127. Schaltungsschema der Heizungsinstallation in einem Schulraum

Was den Vergleich der Kostenzahlen für Heizung mit Kohlen, Gas und Elektrizität betrifft, so sei das Ergebnis einiger sehr sorgfältiger Versuche erwähnt, die Ingenieur B Wigersma in Haarlem, Holland, unternommen hat, und bei denen die Verwendung von Koks, Gas und Elektrizität in Schulräumen von gleicher Größe geprüft und verglichen wurde. Hier wurde als Vergleichsmaßstab für die Wärmemessung nicht hauptsächlich die Temperatur gewählt, sondern die Heizung war derartig abgestimmt, daß eine möglichst angenehme Atmosphäre erreicht wurde. Infolge der langen Dauer der Proben und der großen Zahl der Lehrer, deren Meinung erfragt wurde, wurden individuelle Differenzen hinsichtlich des Grades der Behaglichkeit ausgeschaltet. Von den Ergebnissen dieser Versuche, die in der Zeitschrift „Sterkstroom" Nr. 15, 1924, veröffentlicht wurden, ist von besonderer Bedeutung die nachstehende Tafel I, in der das genaue Verhältnis der verschiedenen Nutzeffekte der zugeführten Wärme gezeigt wird. Aus diesen Zahlen geht hervor, daß gegenüber einem Verbrauch von 100 Kalorien bei Heizung mit Koks 68,5 Kalorien bei Heizung mit Gas und nur 29,5 bei Heizung mit Elektrizität nötig sind. Diese Zahlen bezeichnen ganz klar den Raumeffekt. Sollte nur der Nutzeffekt der Öfen in Betracht genommen werden, welcher auf 80% für Gas und auf 100% für Elektrizität gestellt werden kann, so würde das Verhältnis zwischen die benötigten Quantitäten Kalorien aus Gas und aus Elektrizität als 68,5 zu 55 sein. Daß anstatt 55 nur 29,5 Kalorien in der Praxis wirklich nötig sind, findet seinen Grund hauptsächlich im Raumeffekt, welcher für Elektrizität auf Grund der Versuche zweimal so gut wie für Gas anzusetzen ist.

Tafel I.

Durchschnittsverbrauch von Wärme in Kalorien erzeugt durch Kohle (Koks), Gas und Elektrizität in drei gleichartigen Schulräumen während 85 Schultagen in der Heizperiode 1922/23.

Monat	Oktober 1922	November 1922	Dezember 1922	Januar 1923	Durchschnittlich in diesen 4 Monaten
Koks	57.100	69.000	75.400	79.600	70.300
Gas	36.600	49.600	50.700	65.100	48.200
Elektrizität	15.900	20.300	21.700	25.800	20.290

Die wirklichen Verbrauchszahlen sind in Tafel II dargestellt. Aus diesen Zahlen kann man die Folgerung ziehen, daß aus 1 kg Kohle gleichviel zu erhalten ist wie mit 1,06 cbm Gas und mit ungefähr 2,25 kWh.

Tafel II.

Durchschnittsverbrauch von Kohle (Koks), Gas und Elektrizität in drei gleichartigen Schulräumen während 85 Schultagen in der Heizperiode 1922/23.

Monat	Oktober 1922	November 1922	Dezember 1922	Januar 1923	Durchschnittlich in diesen 4 Monaten
Koks in kg	8,78	10,62	11,6	12,24	10,80
Gas in cbm	8,72	11,82	12,08	13,36	11,5
Elektrizität in kWS	18,4	23,53	25,11	29,83	24,2

Sind also die Ausnutzungs-, Unterhaltungs- und Abschreibungskosten der für die drei Heizverfahren nötigen Anlagen bekannt sowie der Preis pro kWh, so kann ermittelt werden, welche Methode die wirtschaftlichste ist.

Aus den Zahlen geht hervor, daß elektrische Heizung billiger als Heizung mit Gas ist, sobald die kWh weniger als die Hälfte des Gaspreises pro cbm ist. Die für Kohlenfeuer ermittelten Zahlen sind für praktische Zwecke nicht verwendbar, da die Feuerung zu sehr unter sachverständiger Aufsicht erfolgt ist, so daß ein viel geringerer Verbrauch erzielt wurde, als in der gewöhnlichen Praxis möglich ist.

In Amsterdam wurden interessante Versuche in zwei elektrisch geheizten Schulen veranstaltet, die Ergebnisse dieser Versuche wurden mit denen für mit Kohlen geheizten Schulen verglichen. Von den beiden mittels Elektrizität erwärmten Schulen ist eine, die „Marnix"-Schule, sehr günstig gelegen. Fast alle Schulräume, 11 von den 13, liegen nach Süden und die Schulräume im oberen Stockwerk bekommen die Wintersonne. Die zweite Schule, die „Kruseman"-Schule, hat beinahe alle ihre Schulräume nach Norden. Die erhaltenen Zahlen zeigen, welch einen Einfluß die Lage der Schule auf die Heizung hat. Die nach Süden gelegene Schule gebrauchte während der Heizsaison 1923—1924 64 kWh pro Sitz, während diese Zahl für die weniger günstig gelegene Schule 86,5 war. Aus diesen Zahlen geht hervor, wie wichtig es ist, daß man beim Entwurf eines Gebäudes die Lage derartig zu wählen versucht, daß die Sonne soviel wie möglich in die am meisten gebrauchten Räume hineinscheinen kann.

Zum Vergleichungszweck wurden die Zahlen der beiden Schulen zusammengenommen und in dieser Weise wurde die durch die Lage hervorgerufene Differenz ausgeschaltet. Die Marnixschule enthält 13 Schulräume, in denen 168 kW installiert sind; die Krusemanschule hat 7 Schulräume mit einer installierten Leistung von 88 kW. Die erstgenannte Schule hat 508 Sitze, die letztere 294, während der Elektrizitätsverbrauch der Marnixschule in der Heizsaison 1923—1924 32.571 kWh, der Verbrauch der anderen Schule 25.242 kWh war. Wenn der Verbrauch der Marnixschule für den Verbrauch einer Schule mit sieben Räumen umgerechnet wäre, so hätte diese Schule verbraucht

$$32{\cdot}571 \times \frac{7}{13} = 17{\cdot}500 \text{ kWh},$$

so daß der durchschnittliche Stromverbrauch der beiden Schulen gerechnet werden kann zu sein:

$$\frac{25{\cdot}242 + 17{\cdot}500}{2} = 21{\cdot}371 \text{ kWh}$$

also Hfl 1058,— (= 1802 Mk.), wenn der Preis zu 5 Cts. (= 8½ Pfg.) pro kWh gerechnet wird. Wenn wir nun Hfl 80,— (= 135 Mk.) oder 2% als Unterhaltungskosten annehmen, so werden die Jahreskosten Hfl 1148,— betragen.

Die Durchschnittskosten von vier siebenräumigen Schulen, die mit Koks geheizt wurden, waren folgende:

(zirka 22.000 kg Koks)

20.100 kg Koks	Hfl	540,10	(911,50 Mk.)
5.650 kg Torf	Hfl	99,—	(167,— Mk.)
8.450 Feuerzünder	Hfl	18,59	(31,40 Mk.)
Anzündungskosten (kleinere Reinigungskosten nicht mitgerechnet)	Hfl	230,45	(388,70 Mk.)
Unterhaltungskosten	Hfl	297,—	(501,— Mk.)
	Hfl	1185,—	(1909,— Mk.)

woraus hervorgeht, daß die Heizung von Schulen mit Elektrizität zu 5 Cts. pro kWh nicht teurer ist als die Heizung mit sparsam behandelten Kohlenfeuern. Es ist interessant, wenn man diese Ergebnisse aus der Praxis mit den Untersuchungen von Wigersma in Harlem vergleicht. Wo Wigersmas Versuche ergaben, daß ein Kilogramm Kohle denselben Effekt hat wie 2,25 kWh, zeigt die Erfahrung in Amsterdam, daß gegen 22.110 kg Koks *) ein Stromverbrauch von etwa 21.371 kWh stattfindet, also ein wesentlicher Unterschied zwischen wissenschaftlich ausgeführten Versuchen und Ergebnissen aus der Praxis. Diese Differenz ist tatsächlich vollständig zu erklären durch den verschiedenen Nutzeffekt eines Kohlenfeuers, wenn dasselbe gewissenhaft und in technischer Weise behandelt wird, und wenn es der Scheuerfrau überlassen bleibt, dasselbe im Frühmorgen anzuzünden, und dem Lehrer, bezw. Schüler — alles Leute, die etwas anderes zu tun

*) Die gebrauchten Torf- und Feuerzünder sind gleich 2010 kg Koks.

haben — es zu unterhalten. Die genannten Zahlen beweisen, daß der Nutzeffekt von Kohlenfeuern verdoppelt werden kann, wenn sie sorgfältig und technisch behandelt werden, was übereinstimmt mit der folgenden Erfahrung Wigersmas:

„Es stellte sich heraus, daß der Nutzeffekt des gewöhnlichen Ofens viel höher war als ursprünglich angenommen wurde. Aus in der Literatur genannten Daten geht hervor, daß der durchschnittliche Nutzeffekt 25 bis 30% war. Meine Versuche haben gezeigt, daß der Koksofen einen Nutzeffekt von ungefähr 55% hatte."

Es ist klar, daß bei elektrischer Heizung die Bedienung von weit geringerer Bedeutung ist. Die Frostleitung wird vom Leiter der Schule kontrolliert und für die ganze Schule durch einen leicht erreichbaren Schalter geregelt. Sobald der Schulraum während einer gewissen Zeit unbenutzt bleibt, kann der Strom leicht vollständig ausgeschaltet werden. Die Regelung während der Heizsaison für jeden einzelnen Schulraum ist gleichfalls ganz einfach und kann erfolgen, indem man einen oder zwei Schalter umdreht, so daß mit Hinsicht auf die Einfachheit erwartet werden kann, daß eine zufriedenstellende Regulierung stets beizubehalten ist.

Wenn also die theoretischen Vergleiche umgerechnet werden auf das praktisch Erreichbare, so müssen, da der Nutzeffekt des Ofens 25 anstatt 55 ist, in der Praxis $\frac{25}{55} = 2{,}2$ mal soviel Kohlen gebraucht werden, so daß 2,2 kg Kohle = 2,25 kWh, also rund 1 kWh = 1 kg Kohle, was übereinstimmt mit den praktischen Resultaten, welche in Amsterdam erzielt wurden.

Der Preis von 5 Cts. pro kWh ist für jede elektrische Zentrale mit durchschnittlich ökonomischem Nutzeffekt sehr annehmbar. Da der Verbrauch vollständig während des Tages stattfindet, werden die Sperrstunden durch denselben nicht beeinflußt. Aus den Verbrauchskurven (Abb. 128), welche aufs Geratewohl aus einer großen Anzahl genommen sind und alle einen ähnlichen Verlauf haben, ist ersichtlich, daß man um 4 Uhr anfängt, den Strom auszuschalten, und daß praktisch um ½5 Uhr alles ausgeschaltet ist; auch ist zu sehen, daß am Nachmittag der Wärmebedarf kleiner ist als morgens, und daß um ungefähr ½11 Uhr die Wärme gemäßigt werden muß, damit man eine angenehme Temperatur behält.

Es hat sich weiter herausgestellt, daß bei ziemlich niedriger Temperatur, $+1{,}3^{\circ}$ C und -1° C, Vorwärmung bloß während kurzer Zeit, beginnend, d. h. ½9 oder ¾9 Uhr für die Neunuhrschule, und ½2 oder ¾2 Uhr für die Zweiuhrschule, nötig ist.

Die „Electra", Wädenswil in der Schweiz, hat für eine Kirche in Bregenz (Österreich) eine dritte Form der Fußbankheizung ausgeführt, indem die Heizkörper, die mit Nikelin- oder Konstantan-Spiralen versehen sind, isoliert in glatte Rohre eingezogen sind. Über diesen Rohren werden Holzlatten befestigt. Abb. 129 zeigt das Innere der Kirche in A f f o l t e r n bei Zürich mit 1300 m³ lichtem Rauminhalt.

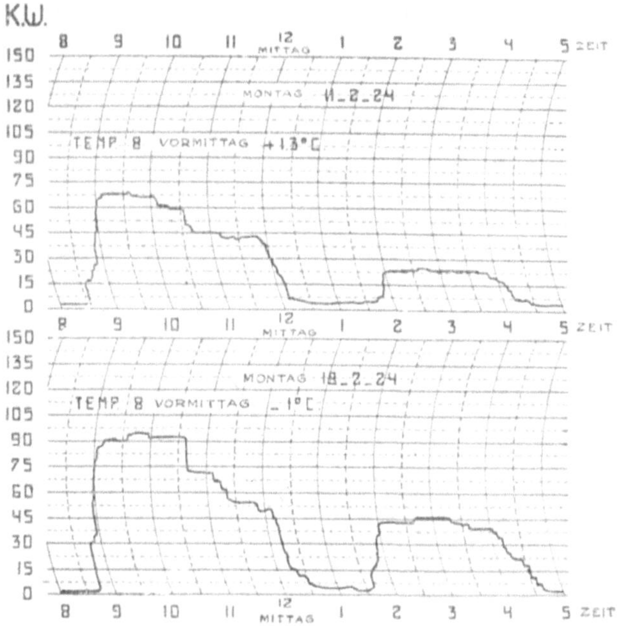

Abb. 128. Stromverbrauchkurve für elektrische Heizung einer Schule.

Abb. 129

Die Stromaufnahme beträgt bei den meisten Ausführungen etwa 300 Watt pro lfm., regelbar auf ein Drittel hinunter, so daß die Heizung während des Gottesdienstes etwa 100 Watt pro Meter Länge und einer entsprechenden Oberflächentemperatur von 35 bis 50° C je nach der Konstruktion des Heizkörpers als eigentliche Fußbankheizung betrieben werden kann, während bei Vollbelastung zum Aufheizen der Kirche vor dem Gottesdienste Oberflächentemperaturen von 80 bis 100° C gebräuchlich sind. Abb. 130 gibt eine Übersicht über die Oberflächentemperaturen der Therma-Fußbankheizkörper in Abhängigkeit von der Wattaufnahme. Die Umstellung von Voll- auf $1/3$-Betrieb kann bei Drehstrom in einfachster Weise durch Umschaltung von Dreieck- auf Sternschaltung erfolgen. Werden zwei Stromkreise vorgesehen, so ist eine Unterteilung in drei Stufen, z. B. $3/3$, $2/3$ und $1/3$ möglich.

Abb. 130. Automatischer Ein- u. Ausschalteapparat für Transformatoren

Bei protestantischen Kirchen rechnet man gewöhnlich mit 20 bis 25 Heiztagen pro Winter, und zwar Erreichung von 12° C Innentemperatur bei —10° Außentemperatur, normalerweise mit einer Anheizzeit von 5 bis 7 Stunden. Bei mildem Wetter genügen oft 2 bis 3 Stunden. Für überschlägige Rechnungen ist bei großen Kirchen mit etwa 5000 m³ Inhalt mit einem Anschlußwert von pro m³ etwa 0,019 kW und bei 25 Heiztagen mit einem jährlichen Stromverbrauch von zirka 10.000 kWh zu rechnen. Bei Kapellen mit einem Inhalt von 500 m³ hat der Anschlußwert zirka 0,034 kW pro m³ zu betragen und beläuft sich der Jahresverbrauch auf zirka 1700 kWh. Selbstverständlich ändern sich diese Zahlen mit der Lage des Ortes und der Bauausführung der Kirche. Sie können insbesondere höher sein, wenn die Kirche starkem Windanfall ausgesetzt ist und große, nicht dicht schließende Fenster hat; anderseits kann in geschützten Lagen mit erheblich weniger ausgekommen werden.

Die Gesamtleistung, die für Kirchen- und Schulenheizung in Gebrauch kommt, ist gewöhnlich zu groß, um sie an die Niederspannung anzuschließen. Es hat daher jede der Anlagen einen besonderen Anschluß an das Hochspannungsnetz, wozu ein Transformator nötig ist. Dieser wird gleichzeitig benützt, um das Niederspannungsnetz der Umgebung mit Strom zu versorgen. Aber gleichwohl würde der Leerlauf dieses Transformators zu groß sein, falls es nötig wäre, ihn während der Heizsaison Tag und Nacht in Betrieb zu halten, wodurch der Nutzeffekt, der durch diesen Abnehmer erzielt wird, sehr problematisch würde. Diese Transformatoren sind daher mit einem automatischen Schalter versehen,

Abb. 131. Elektrische Fußbodenheizung in Montage

der den Transformator einschaltet, wenn dieser zur Verwendung der Heizinstallation nötig ist und ihn, sobald der Gebrauch unnötig wird, ausschaltet. Der automatische Schaltapparat, „Ping-pong" genannt, wie er in Amsterdam verwendet wird, gibt zur vollen Zufriedenheit Veranlassung. Abb. 130 zeigt die Schalteinrichtung, welche von den Elektro-Apparaten-Fabriken „System Cog" in Utrecht hergestellt wird.

Eigentliche Fußbodenheizung.

Bei der eigentlichen Fußbodenheizung werden unter dem Steinboden Eisenröhren von je nach den Verhältnissen bis 8, ausnahmsweise bis 12 und mehr Meter Länge verlegt (Abb. 131), in

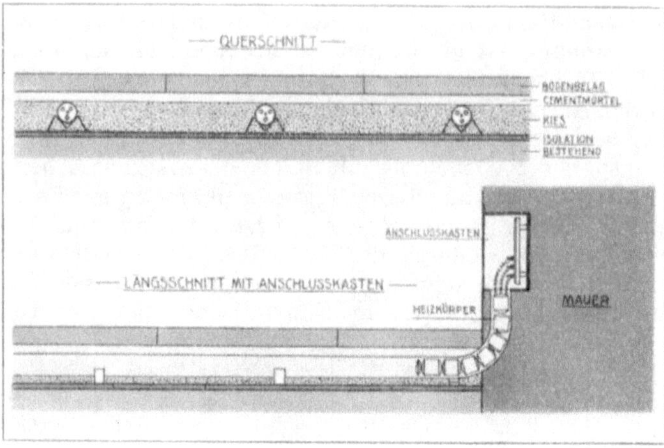

Abb. 132

die man, wie Abb. 132 zeigt, von einer Seite her aneinander gereihte Heizkörper, z. B. mit Nikelin- oder Konstantan-Drahtspiralen, einschiebt. Selbstverständlich sind auch andere Anordnungen möglich. So verwendet die Firma Baumann & Kölliker A.-G. in Zürich z. B. Ton- statt der Eisenröhren, die isolieren, weshalb die Widerstandsspiralen direkt in sie eingeschoben werden können. Mit den Fußbodenheizungen wird jedoch nur ausnahmsweise die eigentliche Heizung der Räume, sondern gewöhnlich nur eine Temperierung sonst kalter Steinfußböden bezweckt.

Die erste elektrische Fußbodenheizung dieser Art ist über Anregung der Architekten Müller und Freitag, Thalwil, im Wohnhause des Herrn Franz Bodener, Bärengasse 22, Zürich, von der Electra Wädenswil erstellt worden, wo nach einem derartigen Heizsystem gesucht werden mußte, weil es sich um einen Raum aus dem 17. Jahrhundert handelte, der unter Beibehaltung des mit antiken Tonplatten belegten Steinfußbodens als Gesellschaftsraum benützt werden sollte.

Anwendungsbeispiele sind Steinfußböden in Küchen, Bädern, Vestibülen von Wohnhäusern sowie in Sälen alter Schlösser, ferner in Tresors, Büros, Schalterhallen von Banken, Post- und Verwaltungsgebäuden. Die Fußbodenheizung in der Schweizer Volksbank in Zürich wird zurzeit mit einem Anschlußwert von 450 kW ausgebaut. Es ist auch beabsichtigt, bei Kinos und Kirchen nicht nur die Böden zu erwärmen, sondern solche Räume sowie auch die Bassins von Schwimmbädern auf diese Weise zu heizen. In einem größeren Geschäftshause an der Scheuchzerstraße in Zürich wurden zu Versuchzwecken zwölf verschiedene Ausführungsarten eingebaut, in denen im Winter 1923/24 Temperatur- und Stromverbrauchsversuche in Verbindung mit dem Schweizerischen Elektrotechnischen Verein durchgeführt worden sind.

Man kann zwei Bauarten dieser elektrischen Fußbodenheizung unterscheiden. Bei Verwendung von Tagstrom werden die Rohre nur wenig tief, bei Benützung von Nachtstrom und Aufspeicherung der Wärme dagegen etwa 20 cm unter dem Boden verlegt. Nach unten sind sie durch Schlackensteine gut gegen Wärmeabgabe geschützt. Als Speichermaterial können gewöhnliche Kieselsteine dienen. Der normale Abstand zwischen den einzelnen Heizsträngen ist 40 cm, bei Speicherheizungen bis 70 cm. Es ist jedoch zu bemerken, daß Tagstrom des hohen Preises wegen gewöhnlich nicht in Frage kommt und bei

Abb. 133

Verwendung von Nachtstrom eine gewisse Unsicherheit besteht, weil man nicht weiß, wie das Wetter am folgenden Tage ist, wie stark somit der Speicher aufgeladen werden soll. Beim bloßen Temperieren sehr kalter Steinfußböden hat dies weniger zu bedeuten, dagegen können sich, wenn die Fußbodenheizung zur eigentlichen Beheizung der Räume verwendet werden soll, unliebsame Zustände ergeben, wenn der Speicher über Nacht zu viel oder zu wenig hoch geheizt wird. Die Regelung der Wärmezufuhr erfolgt auf zwei Arten, entweder durch Spannungsregelung oder bei Heizkörpern mit $^1/_3$- und $^2/_3$-Wicklungen durch Gruppenschaltung. Wenn es sich um Warmhaltung des Bodens allein handelt, so sollen die Fußboden-Temperaturen bei Vollbelastung etwa 16° C, bei ⅔-Belastung 12° C, bei ⅓-Belastung 8° C nicht überschreiten. Soll der Raum geheizt werden, so muß auf 20 bis 25° C gegangen werden. Der sehr großen und an tiefster Stelle des Raumes gelegenen Heizfläche wegen sind höhere Temperaturen nicht erforderlich und auch nicht zulässig. Bei 30° C hat man z. B. in Spitälern, wo schon vor längerer Zeit Fußbodenheizung unter Einbau von Wasserheizschlangen erstellt worden ist, die Erfahrung gemacht, daß dabei die Krankenschwestern wunde Füße bekommen haben.

Abb. 134

Ein weiteres Beispiel der Anwendung dieses Heizsystems ist die Erstellung von temperierten Standorten auf öffentlichen Plätzen für die Verkehrspolizei in Amsterdam, ferner in den Ländern Schweden und Norwegen durch eine im Pflaster der Straße angebrachte elektrisch geheizte Fußplatte (Abb. 133). Mit 200 Watt ist hier zu erreichen, daß gerade an Tagen, wo starker Schneefall ist, der Polizist stets einen trockenen, warmen Platz zum Stehen hat. Die Abbildungen 134 und 135 zeigen derartige Plätze für Marktkaufleute. In einem Kasten sind Kabelanschlußzähler und Kontaktvorrichtung angebracht. Der betreffende Kaufmann hat einen Schlüssel zum Kasten und kann nun seinen Wagen für Licht- und Kochapparate elektrisch an-

schließen, während zwei am Pflaster angebrachte Fußplatten für trockene, warme Füße sorgen.

c) Die zentrale elektrische Warmluftheizung.

Vereinzelt kommen auch elektrisch betriebene gewöhnliche Luftheizungen vor, z. B. an Orten, wo von früher her Heißluftkanäle bestehen, in welche die elektrischen Heizbatterien eingebaut werden. Beispiele hierfür sind die Kirchen in Horgen (Schweiz), mit 1500 Sitzplätzen und einem zu beheizenden

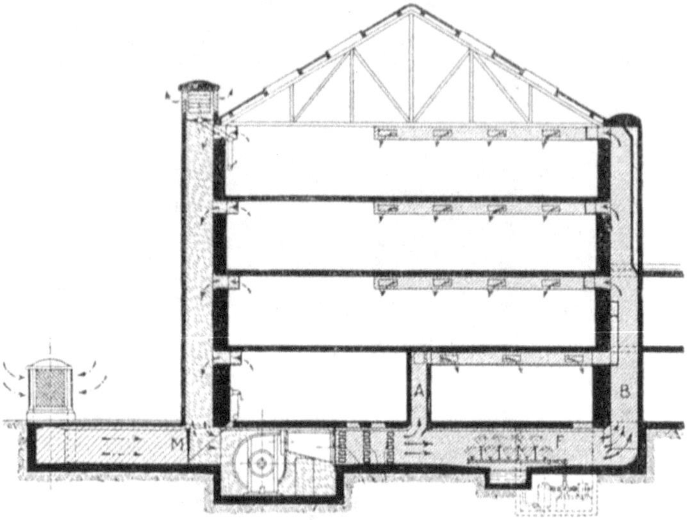

Abb. 136

Raume von 8000 m³. Die maximale Stromaufnahme der Heizbatterie beträgt 200 kW; ferner die protestantische Kirche St. Sulpice (Neuenburg) mit 1000 m³ Rauminhalt.

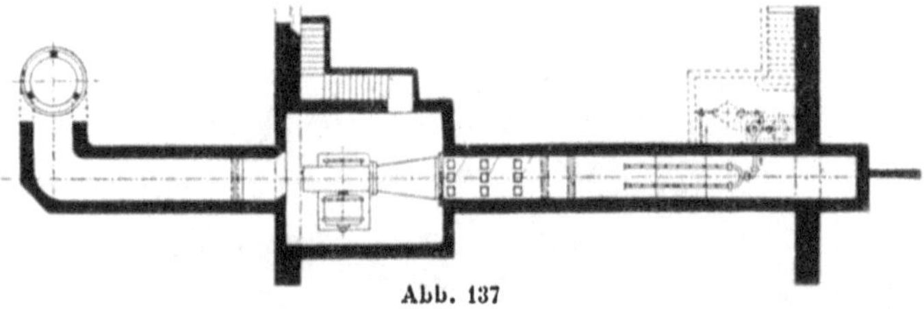

Abb. 137

Elektrische Pulsions-Luftheizungen werden auch zur Beheizung anderer Räume verwendet. Die Abb. 136 und 137 zeigen die Lüftungs- und Luftbefeuchtungs-Anlagen einer Spinnerei mit elektrischer Erwärmung der Luft. Dieser Fall, wo ausschließlich Erwärmung der Luft auf elektrischem Wege stattfindet, kommt allerdings nur in Ausnahmsfällen vor, etwa wenn die betreffende Fabrik über genügend auf hydraulischem Wege selbst erzeugten Strom verfügt. Dagegen werden Pulsations-Luftheizungen mit elektrischer Erwärmung der Luft, in neuer Zeit z. B. als Sommerheizung für

Tresorräume großer Banken, z. B. der Nationalbank, Zürich, und der Schweizer Volksbank, Zürich, angewendet.

Dabei werden zwei Gebläse-Heizkörper in den Luftweg eingebaut, einer für den Winter zum Betrieb mit Warmwasser oder Dampf von der Zentralheizung aus und ein zweiter mit elektrischen Heizwiderständen (meist auf Rahmen gespannte Wider-

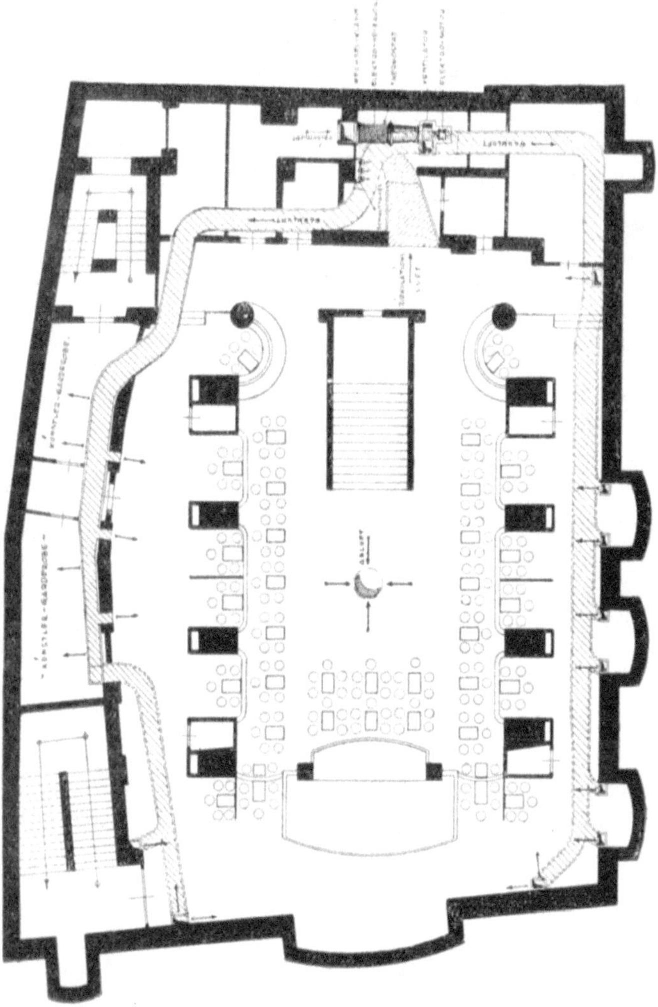

Abb. 138

standsdrähte) für die direkte Erwärmung der Luft. Dieses Prinzip wurde kürzlich auch im neuen Kirchengemeindehaus Enge (Zürich) durchgeführt, wo der große Saal bis etwa +5° C Außentemperatur durch die Lüftung zugleich auch geheizt werden kann. Hierzu wird die Luft durch einen elektrischen Heizkörper mit 40 kW Anschlußwert gewärmt, während bei großer Kälte die vorhandene Dampfheizung zum direkten Aufheizen des Saales sowohl als auch zum Betrieb der Lüftung verwendet wird. Auf diese Weise ist die Bedienung stark vereinfacht, weil der Dampfkessel, wenn der Saal benützt werden soll, nur während der eigentlichen

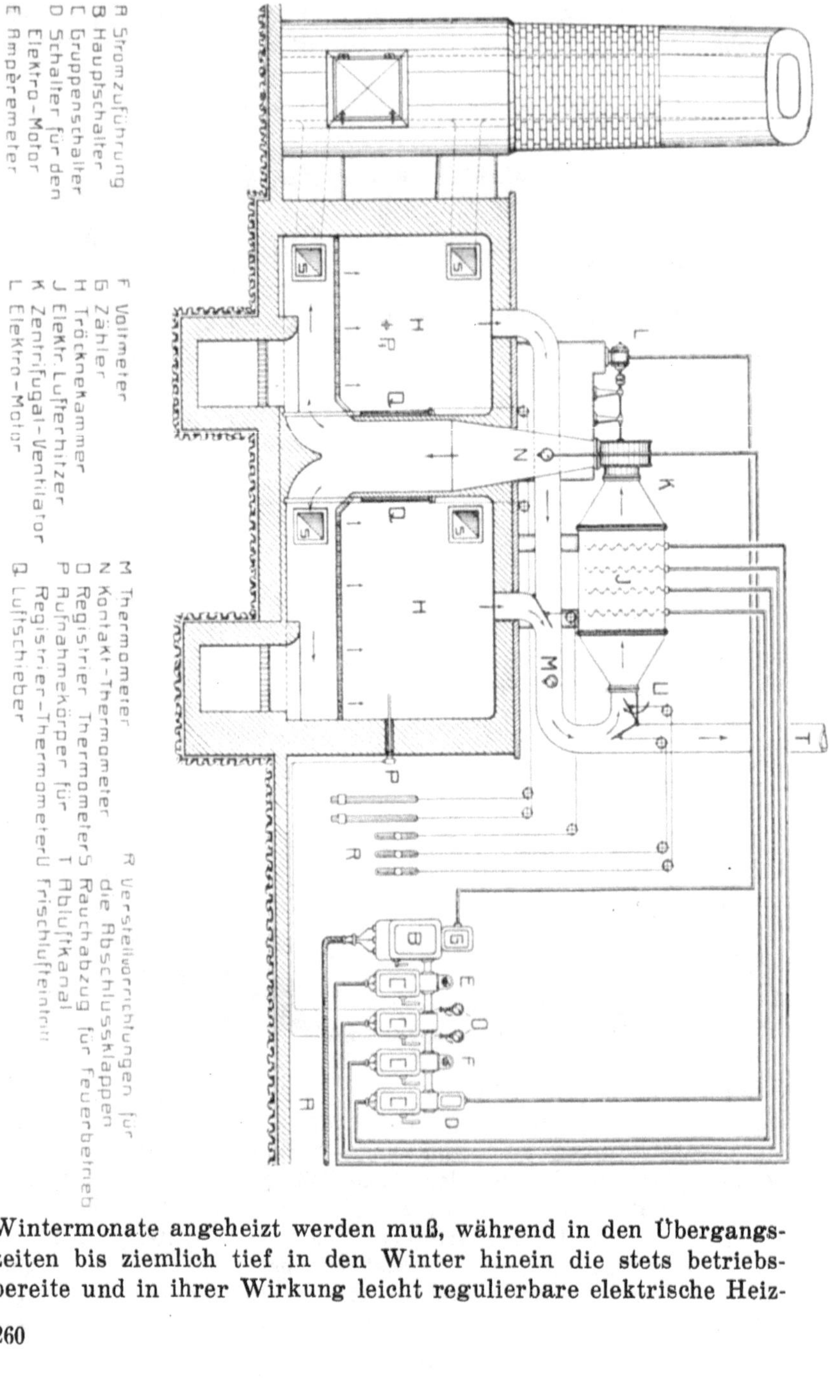

Abb. 139

Wintermonate angeheizt werden muß, während in den Übergangszeiten bis ziemlich tief in den Winter hinein die stets betriebsbereite und in ihrer Wirkung leicht regulierbare elektrische Heizbatterie mühelos eingeschaltet werden kann. Selbstverständlich ist durch diese Verbindung auch dem Elektrizitätswerk bestens gedient, weil nur Strom zu Zeiten benützt wird, wenn genügend Wasserkraft zur Verfügung steht. Zum Schutze der in den Luftweg eingebauten elektrischen Heizkörper gegen Übererwärmung bei stillstehendem Ventilator können leicht Sicherheitsvorrichtungen angebracht werden, die bei zu hoher Temperatur die Stromzufuhr selbsttätig unterbrechen, oder es wird eine Regulierung vorgesehen, die das Einschalten des Heizkörpers nur gestattet, wenn der Ventilator im Betriebe steht.

Eine schematische Darstellung der Zentral-Luftheizungsanlage im Vergnügungsetablissement „Moulin rouge", Wien, I., Weihburggasse 9, ausgeführt von der Gesellschaft für Elektro-Heizungstechnik m. b. H., Wien, V., mit Unterstützung der Fabrik für Zentralheizungsanlagen J. L. Bacon, Wien, V., zeigt Abb. 138.

Die zu beheizenden Räume haben zirka 3200 m^3 Inhalt. Die Heizung erfolgt nur ab 9 Uhr abends und muß sich dem außerordentlich stark und rasch wechselnden Besuch anpassen.

Der Elektro-Lufthitzer ist für 120 kW, 210 V gebaut. Die Luftverteilung wird durch einen elektrisch angetriebenen Mitteldruckventilator von 8000 m^3/Stunde bewirkt.

Das Aufheizen der Räume erfolgt durch Umluftbetrieb. Sobald eine Ventilation erforderlich ist, wird durch Umstellen eine Klappe auf Frischluftbetrieb übergegangen und gleichzeitig der an der Decke des Lokales befindliche Exhaustor eingeschaltet. Da die Förderung des Heizungsventilators etwas größer ist als jene des Exhaustors, werden Zugerscheinungen völlig vermieden.

In Abb. 139 und 140 ist die Anlage für die Bronzewarenfabrik A.-G. Turgi als Pulsionsluftheizung wiedergegeben.

d) Die elektrisch betriebene Warmwasserheizung.

Über diese Anlagen wurde im Kapitel unter „Warmwasserbereitung" das nähere ausgeführt. In Abb. 139 ist ein Schema einer Warmwasserversorgungs-Anlage mit elektrisch beheiztem Warmwasserspeicher dargestellt.

Abb. 140 zeigt das Kesselhaus in der Bronzewarenfabrik A.-G. Turgi, woselbst die 60 Jahre lang betriebene, nach heutigen Begriffen unwirtschaftlich und unhygienisch arbeitende Hochdruckdampfheizung vor mehreren Jahren in eine Pumpenwarmwasserheizung mit elektrisch geheiztem Wärmespeicher umgebaut worden ist. Er befindet sich neben einem der früheren Dampfkessel, der jetzt als Warmwasserkessel zur Unterstützung der elektrischen Heizung während der kalten Zeiten dient. Der Wasserinhalt des Speichers von 10 m^3 wird über Nacht auf eine Höchsttemperatur von 110° C gebracht. Die maximale Leistungsaufnahme beträgt 135 kW, es steht Drehstrom von 350 V zur Verfügung. Links im Bilde ist die Pumpe zu erkennen. Zur Erwärmung des Wassers dienen von Metallrohren umgebene Chromnickelwiderstände, die in vier Gruppen angeordnet sind und von dem 220 m entfernt

Abb. 140. Speicherraum der elektrischen Speicherheizung in der Bronzewarenfabrik A.-G. Turgi. Ausführung von Gebrüder Sulzer, Winterthur

liegenden Maschinenraum geschaltet werden können, so daß der Maschinist die Heizung in bequemer Weise bedienen kann.

e) Die elektrisch betriebene Dampfheizung.

Bisweilen werden die Elektrodenkessel auch mit besonderen, meist als Walzenkessel ausgebildeten Speichern oder, wie Abb. 141

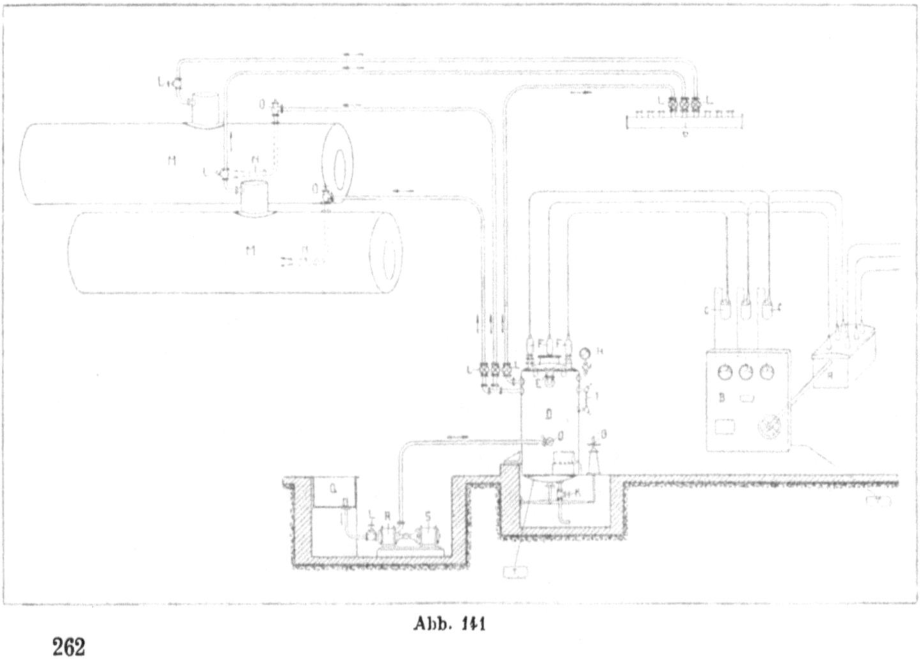

Abb. 141

zeigt, mit gewöhnlichen Großraumdampfkesseln durch Rohrleitungen in Verbindung gebracht. In letzterem Falle ist die Möglichkeit geboten, die Dampfkessel außer auf elektrischem Wege auch durch Kohlenfeuerung zu bedienen.

Elektrodenkessel zum Betriebe von Dampf-, Dampfluft- und Speicherheizungen sind zu finden in Fabriken, Kirchen, Schulen, Kranken- und Privathäusern. Bei Verwendung von Hochspannungsstrom unterstehen sie den Vorschriften für die Erstellung von Hochspannungsanlagen, doch steht ihrer Installation weder in Fabriken noch in bewohnten Gebäuden etwas entgegen, sofern die stromführenden Teile richtig abgeschlossen werden.

Die Verwendung von Hochspannungsstrom ist des niedrigen Strompreises wegen in betriebswirtschaftlicher Beziehung von Vorteil, aber auch bezüglich Anlagekosten weist die Elektrodenheizung gegenüber Widerstandsheizung mit festen Widerständen größere Billigkeit auf, was namentlich bei Anlagen etwa von 100 kW an aufwärts zum Ausdrucke kommt.

f) Die Heizung mit Hilfe der Wärmespeicherung.

a) Speicherheizung für Haushalte.

Dieselbe besteht aus einem Ofen, dessen Äußeres aus Kacheln oder in leicht transportabler Ausführung aus Metall besteht. Im Innern dieses Ofens sind die Heizwiderstände eingebaut, die von einer wärmespeichernden Masse umgeben sind. Diese Masse kann bei leicht transportablen Ausführungen auch aus trockenem Sand bestehen, der an Ort und Stelle in das Innere eingefüllt wird. Solche Öfen sind dann sehr leicht und ersparen bedeutende Transportkosten und sind nicht so sehr der Bruchgefahr ausgesetzt wie fertig zusammengesetzte Kachelöfen.

Eine sehr einfache Ausführung eines Kachelspeicherofens zeigt die Ausführung der „Wärmag“, Wärme-Akkumulatorengesellschaft m. b. H., Berlin W 9. Diese besteht aus glasierten Schamotteringen, die zu beliebigen Einheiten zusammengesetzt werden können. Dieselben Teile wiederholen sich und ist auch der eingebaute Speicherblock unterteilt, so daß nach Belieben an Ort und Stelle verschiedene Kombinationen getroffen und verschiedene Speichergrößen zusammengestellt werden können.

Speicheröfen werden in großen Mengen in der Schweiz verwendet und von der „Elektra“ in Wädenswil erzeugt. Von dort aus gelangen solche Öfen neuestens auch für Spanien zur Versendung. Die „Wärmag“-Ausführung besitzt den Vorteil, daß sie eine gleichmäßige Oberflächentemperatur hat, während das bei anderen Ausführungen nicht immer der Fall ist. Es liegt dies an der Außengestaltung. Die Ladung solcher Öfen erfolgt auf verschiedenartige Weise. Zum Beispiel während acht bis zehn Nachtstunden oder mit eventuell kurzer Nachladung während der

Mittagszeit. Der Anschluß richtet sich nach den jeweiligen Verhältnissen des Elektrizitätswerkes. Nimmt man eine achtstündige Ladezeit an, so ergeben sich die in der Tabelle angeführten Anschlußwerte. Diese liegen selbstverständlich höher als bei direkter Beheizung, da ja der Ofen in der kurzen Ladezeit von acht Stunden so aufgeladen werden muß, daß er während der übrigen 16 Stunden die Heizenergie abgibt. Der Anschlußwert muß also im Verhältnis 24 : 8 = 3mal so groß sein wie bei permanenter 24stündiger Leistung eines direkt heizenden Ofens. Trotzdem bieten diese Öfen durch Ausnutzung von Überschußenergie, in Kohle- und Wasserkraftzentralen ein wertvolles Mittel zur Elektrobeheizung.

Wärmebedarf für Zimmerheizung.

Wärmespeicheröfen mit 8stündiger Ladezeit					
Jahreszeit	Zimmergröße				Watt pro m³
	40 m³	50 m³	60 m³	75 m³	
	Kilowatt	Kilowatt	Kilowatt	Kilowatt	W/m³
Übergangszeit	1,5—3,0	1,8—3,6	2,1—4,2	2,7—5,4	35—75
Gewöhnlicher Winter .	1,8—4,8	2,4—4,2	3,0—6,6	3,9—8,4	45—125
Strengster Winter . .	2,7—6,9	3,0—5,1	4,2—9,0	5,7—11,7	70—170

Eine Herstellungsart zeigen die Abb. 142, 143 und 144, und zwar den von Siemens-Schuckert erzeugten Protos-Wärmespeicherofen.

Der Protos-Speicherofen der Siemens-Schuckertwerke besteht aus einer elektrischen Heizeinrichtung, der Speichermasse und einem doppelten Metallmantel, der mit einer hochwertigen Wärmeisolationsmasse gefüllt ist. Der Heizkörper unterteilt durch Scheidenheizelemente mit winklig gegeneinander versetzten Rippen die Speichermasse so, daß die in der Heizeinrichtung erzeugte Wärme durch die Heizrippen schnell und gleichmäßig der Speichermasse aus trockenem Sand zugeführt wird. Die Wärmeabgabe erfolgt durch einen Luftkanal, der durch eine Klappe verschlossen werden kann (Durchzugsofen); dabei findet die Entladung des Speichers ebenfalls durch die Rippenkonstruktion des Heizkörpers statt, die der Speichermasse die aufgenommene Wärme wieder vollkommen entzieht. Der Schutzmantel mit Wärmeisolation verhindert eine vorzeitige und unerwünschte Abgabe der gespeicherten Wärme während der Aufladung. Diese Konstruktion stellt gegenüber den älteren Speicheröfen einen bemerkenswerten Fortschritt dar.

Der elektrische Wärmespeicherofen wird nachts in 8 Stunden mit einem Stromverbrauch von 3 bis 5 kW bei geschlossener Luftklappe aufgeladen. Zum Beginn der Raumbeheizung wird der Ofen abgeschaltet und die Luftklappe geöffnet; die Luft streicht von unten durch den Kanal über die Speichermasse, erwärmt sich und strömt durch den mit Luftschlitzen versehenen Deckel des Ofens in den Raum. Sobald die gewünschte Raumtemperatur erreicht ist, kann durch Verstellen der Luftklappe die Wärmeabgabe des

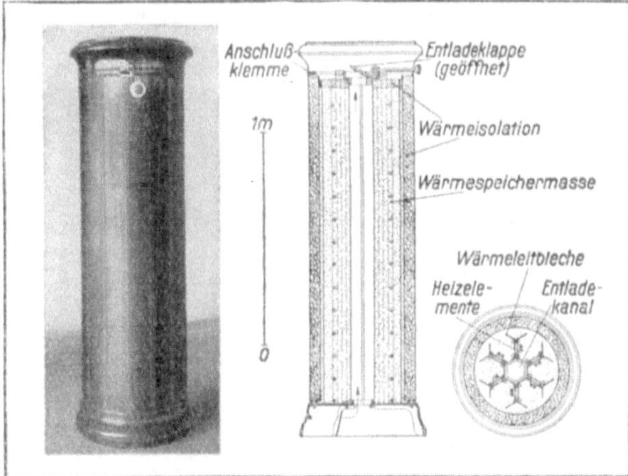

SSW 1925	Elektrischer Wärmespeicher Speicherofen 5 kW	Z 10336

Abb. 142

Speicherofens gedrosselt und beim Verlassen des Zimmers durch vollständiges Schließen der Klappe ganz unterbunden werden. In-

SEG 1925	Elektr. Wärmespeicher Kachelofen in der Diele	Z 10297

Abb. 143

folge der ausgezeichneten Wärmeisolation sind die Wärmeverluste der Speichermasse sehr gering und die aufgespeicherte Wärme kann je nach Bedarf entnommen werden.

Abb. 144

Wo besonders günstige Strompreise auch einen Betrieb tagsüber gestatten, kann der Ofen zur direkten Beheizung benutzt werden. Die Luftklappe wird gleichzeitig mit dem Einschalten des Stromes geöffnet und die in der Heizrichtung erzeugte Wärme geht von den eisernen Heizrippen unmittelbar in den aufsteigenden kalten Luftstrom über. Statt des doppelten Blechmantels können mit Rücksicht auf eine bessere Raumwirkung auch keramische Massen (Kacheln) verwendet werden.

Faustformel für direkte Beheizung zum Anheizen 5 Watt pro m^3 und 1 ° C Temperaturerhöhung. — Beispiel: 40 m^3 — 20 ° C gegen Außentemperatur = 40 × 20 × 5 = 4000 Watt, zum Weiterheizen zirka $^2/_3$ = 2500 Watt.

Man hat auch Öfen mit festem **Speicherkörper** in großem Maßstabe ausgeführt. Diese Speicher werden mit einem viele Kubikmeter großen Speicherblock ausgerüstet. Solche Großanlagen werden ebenfalls von der „Wärmag" ausgeführt und dienen entweder

Sicherungen für
Mansardenlampen

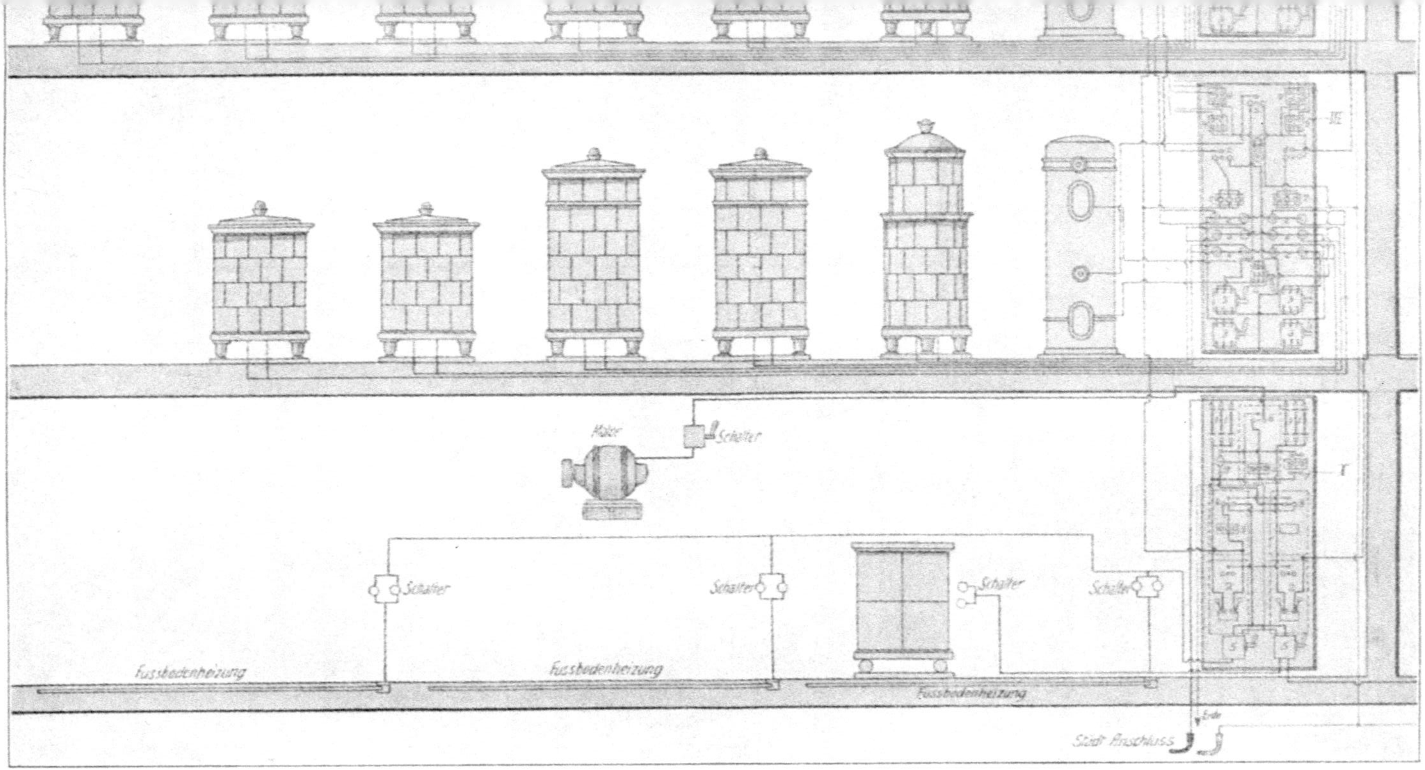

Motor
Schalter
Schalter
Schalter
Schalter
Schalter
Fussbodenheizung
Fussbodenheizung
Fussbodenheizung
Erde
Stadt Anschluss

Tafel I.

zur Warmwasserheizung oder auch zur Dampferzeugung; sie können ebenso wie die Dampfakkumulatoren zur Überwindung der Spitzenbelastung Anwendung finden. Gegenüber diesen haben sie voraus, daß sie während der Ladung keinem Überdruck ausgesetzt sind und daß nur während der Entladung Wasser in die dieselben durchziehenden Siederohre eingespritzt und verdampft wird, so daß nur während der Entladung Dampfdruck vorhanden ist.

In der Schweiz werden Speicheröfen von den Firmen Bachmann & Kleiner, Oerlikon, Kummler & Matter, Aarau, Baumann & Kölliker in Zürich u. a., in Deutschland und Österreich von Siemens-Schuckert, auch von der AEG. mit gutem Erfolg hergestellt. Das für die Speichermasse verwendete Material ist verschieden. Es ist im wesentlichen Speckstein, Quarz, Sand, Kieselgur, Schamottenmehl, Backsteinmehl. Die Heizkörper müssen möglichst im Innern und in gutem Kontakt mit dem Speicherkörper angebracht werden. Um die Heizkörper nicht zu überhitzen, soll die gespeicherte Wärmemenge die Grenze von 175 bis 215 Wh/dm³ nicht übersteigen für Speckstein und ähnliche Speichermassen, von 70 bis 80 Wh/dm³ bei Sand und ähnlichem Material. Die niedrigeren Zahlen gelten für die eisernen Heizdrähte, die höheren für Speziallegierungen, wie z. B. Chromnickel. Die angegebenen Zahlen ergeben unter Annahme täglich achtstündiger Ladung und Zimmergröße von 40 bis 75 m³ (3 bis 5 kW Ladeleistung) und Speicherkörper aus durchgehend demselben Material für Speckstein und Konstantendraht, bezw. 75 bis 360 dm³, 150 bis 155 dm³ für Sand mit Konstantendraht, resp. 180 bis 640 dm³ mit Eisendraht.

Eine neue Herstellungsart von Speicheröfen wird durch die Oberösterreichische Elektro-Bau-A.-G., Linz, ausgeführt. Es besteht das Widerstandsmaterial aus Cekas-Draht, die Speichermasse aus Kiesel, vermischt mit Bröckeleisen (Abfälle von Drahtstiftenflügeln). Die Öfen haben sich bisher sehr gut bewährt und wurden folgende Leistungen ausgeführt:

3 kW Anschlußwert für 36 m³
4,5 kW Anschlußwert für 60 m³
6 kW Anschlußwert für 80 m³, im Durchschnitt 1 kW pro 15 m³.

Die Aufladezeit beträgt 8 Stunden.

Wie weit man bezüglich Aufstellung von Speicheröfen in der Schweiz schon gegangen ist, zeigt z. B. Tafel 1, welche die Hälfte des Schemas der elektrischen Anlage im Wohnhause des Herrn Egli, Zürich, Scheuchzerstraße 46, gibt.

Das Gebäude, wie auch das danebenstehende Geschäftshaus sind so vollständig mit elektrischen Installationen versehen, daß kein einziger Kamin erstellt wurde. In der Wohnung sind sechs Speicheröfen mit Anschlußwerten von 1,8 bis 3,6 kW aufgestellt. Dazu kommt je ein von der Wohnung aus bedienbarer Ofen in einem Dienstzimmer am Dachboden mit 1,8 kW und ein Wasserboiler von 150 Liter Inhalt mit 1,6 kW Anschlußwert. Die Anlage hat sich im Winter 1923/24 gut bewährt. Während der kalten Periode im Dezember, Jänner mußten die Öfen nur zu zwei Drittel eingeschaltet werden. Die Kosten für Beheizung und Warmwasserversorgung einer 5-Zimmer-Wohnung werden in einem normalen Winter je nach Lage und Sorgfalt der Bedienung zwischen 400 Fr. und 600 Fr. und für eine 4-Zimmer-Wohnung im Parterre, wenn möglichst sparsam geheizt wird, zirka 300 Fr. bis 400 Fr. betragen. Außerdem sind die geheizten Räume im Souterrain mit zirka 65 m^2 Oberfläche mit Fußbodenheizung versehen. Die Stromrechnungen hierfür sollen pro Monat im Mittel 72 Fr. betragen, so daß sich die Gesamtauslagen für Heizung dieser Räume im Winter auf zirka 350 Fr. stellen.

b. Speicheranlagen für Großbetriebe.

Nicht nur für Haushaltungszwecke der bereits beschriebenen Art, sondern auch für größere Anlagen, z. B. Beheizung von Villen, Schulen, Krankenanstalten, wird die elektrische Energie herangezogen. So erhielt das städtische Krankenkaus Baden in der Schweiz im Jahre 1919 eine Warmwasser-Speicheranlage mit einer Leistung von 220 Kilowatt, wobei es sich um eine Anlage mit einer Spannung von 2100 Volt handelt, gegenüber 220 Volt im Schulhaus. Der hochgespannte Strom wird vom Kraftwerke direkt zur Erwärmung des Wassers benutzt, wodurch der Transformator wegfällt und die Anlagekosten sich billiger gestalten. Der Strom wird insbesondere von 18 Uhr bis 6 Uhr und von 12 Uhr bis 13¼ Uhr geliefert, also im ganzen während 13¼ Stunden. Der Fassungsraum des Kessels beträgt 21.000 Liter, bei Kesseldimensionen von 2,3 m Durchmesser und 5 m Länge, bei einem thermischen Wirkungsgrad von 0,97 und unter der Annahme, daß im Rohrsystem weitere 6600 Liter Wasser zu erwärmen sind, während die Aufwärmefähigkeit dieser Anlage bei einer Temperaturschwankung von maximal und minimal 40° C:

$$\frac{27.600 \text{ Liter} \times 70^{\circ} \text{ C}}{0{,}97} = 1{,}990.000 \text{ Kalorien}$$

beträgt, was einer Leistung von

$$\frac{13.25 \text{ Std.} \times 860 \text{ Kalorien}}{1{,}990.000 \text{ Kalorien}} = 175 \text{ Kilowatt}$$

entspricht. — Ausgeführt wurde die Anlage mit 220 Kilowatt.

Eine solche Beheizungsanlage in Österreich in vervielfältigtem Maße derzeit auszuführen, ist unmöglich, weil es uns an dem nötigen Strom gebricht.

Das Elektrizitätswerk Wels in Oberösterreich hat zwecks Ausnützung überschüssiger Energie aus eigener Wasserkraft im Herbst des Jahres 1923 in ihrem neuen Kanzleigebäude einen Elektro-Warmwasserspeicher (Abb. 145) durch die Gesellschaft für Elektro-Heizungstechnik, Wien, zum Betriebe der Zentralheizung aufgestellt. Derselbe wurde für zirka 12 m^3 Wasserinhalt und für direkten Hochspannungsanschluß, 3000 Volt, 130 kW gebaut und reicht aus, um den Wärmebedarf des ganzen Gebäudes bei täglich achtstündigem Fortheizen zu decken. Die elektrische Energie steht durch neun Stunden während der Nacht zur Verfügung. Die Aufladung des Speichers erfolgt in zirka sieben Stunden; während der restlichen zwei Stunden wird das Aufheizen der Räume bei vollgeladenem Speicher vorgenommen. Für eventuelle Nachheizung steht in der Mittagszeit noch durch zirka 1½ Stunden Energie zur Verfügung.

Abb. 145

Der Speicher selbst ist als liegender Kessel von 1,5 m Durchmesser und zirka 7 m Länge gebaut und auf festen und beweglichen Füßen gelagert. Der elektrische Heizeinbau ist nach dem Elektrodensystem konstruiert und in der Mitte des Speichers selbst eingebaut. Der wirksame Teil des Elektrodensystems befindet sich unterhalb des eigentlichen Kesselinhaltes in einem nach unten reichenden Dom des Kessels, so daß es gelingt, den ganzen Kesselinhalt voll zur Wärmeaufspeicherung nutzbar zu machen.

Die Konstruktion des Elektrodensystems ist so getroffen, daß es nach Lösen der Flanschenschrauben im ganzen aus dem Speicher herausgezogen werden kann, ohne den Wasserinhalt abzulassen.

Die Regulierung der Wärmeentnahme aus dem Speicher erfolgt durch einstellbare Klappen in der Vorlaufleitung und in einer Verbindung zwischen Vor- und Rücklaufleitung, um die Temperatur des Vorlaufwassers durch Mischen mit einem Teil des Rücklaufwassers auch unter der Temperatur im Speicher halten zu können.

Die Einführung des Rücklaufwassers in den Speicher erfolgt auf solche Weise, daß eine Mischung hintangehalten wird.

Der Speicher ist mit einem durch Zeiger einstellbaren Metallkontaktthermometer ausgerüstet, welches bei beendeter Ladung ein Läutewerk betätigt.

Gegen äußere Wärmeverluste ist der Speicher durch eine starke doppelte Schicht von Korksteinschalen bestens isoliert.

Bei einem durchschnittlichen stündlichen Wärmebedarf des Gebäudes von zirka 100.000 WE wären zur Beheizung jährlich zirka 40 Tonnen Koks im derzeitigen Werte von zirka S 4800,— erforderlich, welche durch die Verwertung der überschüssigen elektrischen Nachtenergie erspart werden. Die Anschaffungskosten machen sich demnach in zirka 1½ Jahren durch die Ersparnisse bezahlt.

Der Verbrauch an elektrischer Energie stellt sich auf zirka 207.000 kWh pro Jahr. —

Eine Zentralheizung, wie sie heute üblich zur Ausführung gelangt, wird nun auch sehr selten mit vollem Effekt auf elektrischem Wege ausgeführt, da die üblichen tiefsten Außentemperaturen von —20° C zu große Anschlußwerte liefern würden. Soll eine solche Heizung eine elektrische Wärmeanlage erhalten, so geht man selten weiter als bis zu +0° C, was ja auch der durchschnittlichen Jahrestemperatur entspricht. Tritt größere Kälte ein, so kann die Kesselanlage in Betrieb gesetzt werden, die parallel mit dem elektrischen Heizapparat arbeiten kann. Solche Dispositionen sind vielfach mit größtem Erfolge ausgeführt worden, und zwar bis zum größten Umfange. Auch hier wiederum kommt fast ausnahmslos die Speicheranlage zum Ausdruck. Die zentral angeordnete Speicheranlage für eine Warmwasserheizungsanlage besteht stets in der Form der sogenannten Naßspeicherung, d. h. es wird ein so großer Behälter oder deren mehrere aufgestellt, die an kubischem Inhalt so viele Wärmeeinheiten aufspeichern können, als die Tagesleistung ausmacht. Solche Anlagen sind sehr dankbare Objekte für ein Elektrizitätswerk, an denen bewiesen werden kann, wie schwarze und weiße Kohle in idealster Weise verschmolzen werden können,

Haben wir z. B. eine Heizungsanlage mit einem stündlichen Wärmebedarf von 1,000.000 WE bei -20° C Außen- und bloß 20° C Innentemperatur, sowie eine Vollheizzeit von 10 Stunden und einen sekundären Betrieb von 5 Stunden, so beträgt der totale tägliche Wärmebedarf:

$$Qm = 100.000 \times 10 + \frac{100.000 \times 5}{3} = 1,170.000 \text{ WE}$$

und bei einer mittleren Außentemperatur von $+0^{\circ}$ C

$$\frac{1,170.000 \times 20}{40} = 585.000 \text{ WE/Tag.}$$

Es sei also zur Aufgabe gestellt, daß dieses Wärmequantum mittels Elektrizität erzeugt wird. Wir können zwei Wege beschreiten, einmal das direkte, dann das indirekte System. In ersterem Falle steht Strom während der Nutzzeit, d. h. über Tag, zur Verfügung, und es bedarf also nur eines sogenannten elektrischen Durchflußkessels, während im zweiten Falle angenommen wird, daß nur Nachtstrom oder Abfallstrom zur Verfügung steht und die umgesetzte Wärmemenge aufgespeichert werden muß. Beim ersteren, einfacheren Falle sind an Kilowatt erforderlich, wenn $\eta = 0{,}9$ angesetzt wird:

$$N_1 = \frac{100.000 \times 20}{40 \times 864 \times 0{,}90} = 65 \text{ kW.}$$

Der Durchflußapparat muß demzufolge eine elektrische Heizbatterie von mindestens 65 kW eingebaut erhalten, um den Heizbetrieb bis zu einer Außentemperatur von $+0^{\circ}$ C aufrecht erhalten zu können. Im zweiten Falle beträgt der effektive Anschlußwert, wenn eine 10stündige Ladezeit angenommen werden kann:

$$\frac{864 \times 0{,}9 \times 10}{585.000} = 76 \text{ kW.}$$

Letzterrechneter Wert muß mindestens auf 80 kW gesetzt werden, da solche Speicheranlagen großen Ungenauigkeiten ausgesetzt werden. Da der Durchflußapparat nur so groß zu werden braucht, um eben den elektrischen Heizkörper aufnehmen zu können, muß anderseits der Naßspeicher folgenden Inhalt aufweisen, wenn die Höchst-Ladetemperatur zu 100° C und die tiefste Nutztemperatur zu 40° C angenommen wird:

$$\text{vol.} = \frac{585.000}{100 - 40} = 9750 \text{ l, rd. 10 cmb.}$$

Es ist also ein Boiler von 10 cbm Inhalt mit einer eingebauten elektrischen Heizbatterie von 80 kW notwendig. Die Ausführung dieser Anlagen lohnt sich nur dann, wenn wirtschaftliche Vorteile zu verzeichnen sind, weil die Amortisation dieser Anlagen einen erheblichen Posten ausmacht. Was die Bedienung anbelangt, sei erwähnt, daß selbst die größten, umfangreichsten Anlagen verblüffend einfach sind und keiner Wartung bedürfen.

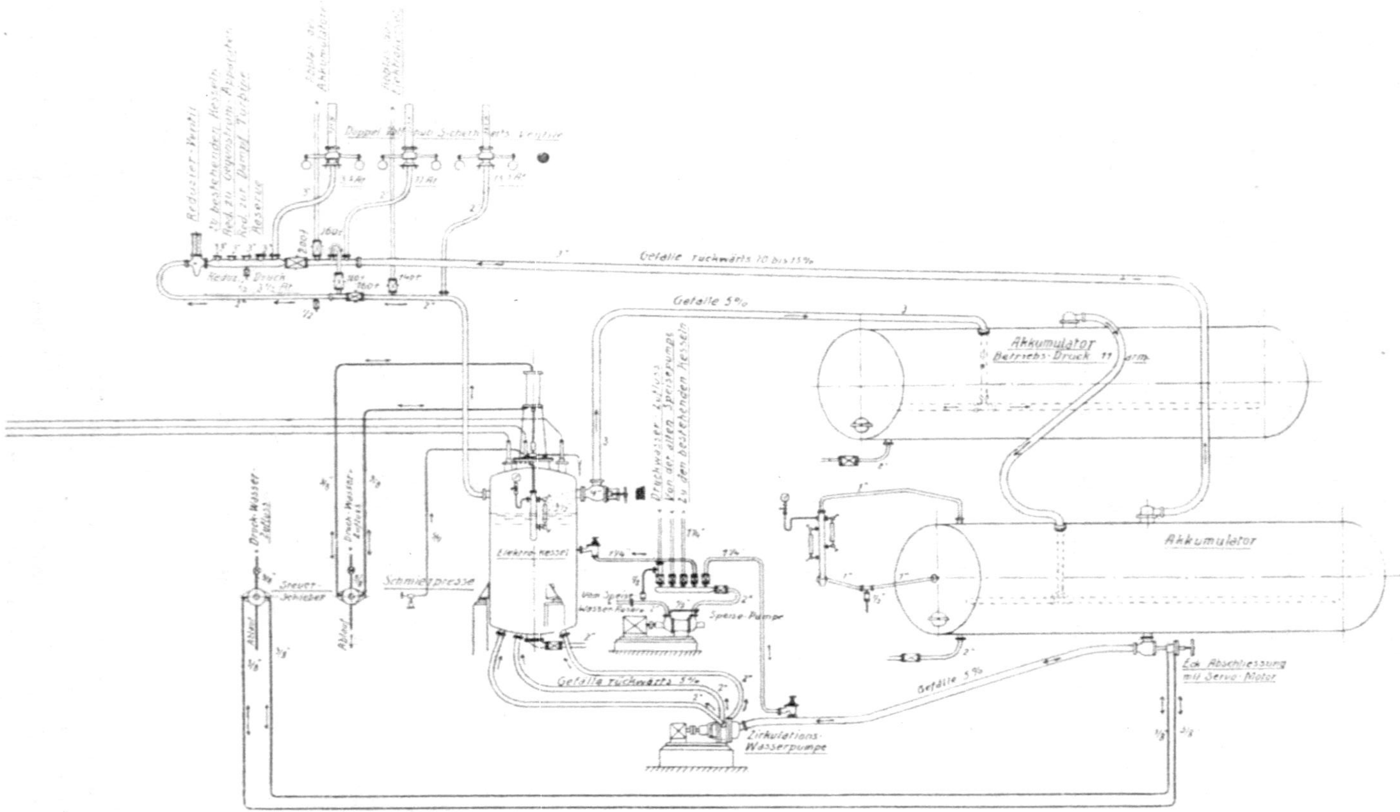

Abb. 146. Schema der Elektrospeicheranlage im Krankenhaus Aarau. Ausführung der Gebr. Sulzer, A.-G., Winterthur, in Verbindung mit Brown-Boveri & Co., Baden.

Bemerkenswert ist die Anlage im Krankenhaus Aarau in der Schweiz, wo in einem Elektrokessel Dampf von 11 at erzeugt und zwei in Abb. 146 rechts angedeuteten Speichern von je 52 m^3 Inhalt zugeleitet wird.

Die maximale Stromaufnahme des Elektrodenkessels beträgt 1200 kW, die Spannung 5000 Volt. Den Speichern wird der nötige Dampf tagsüber mit 3,8 at entnommen und dient in diesem Zustande zur Verwendung in der Wasch- und Kochküche, zur Desinfektion und Sterilisation. Die Hauptmenge des Dampfes wird jedoch auf 1 at weiter reduziert und in die auf Abb. 146 sichtbaren drei Gegenstromapparate mit zusammen 45 m^2 Heizfläche geleitet. Sie dient zur Erwärmung des Heizwassers, das von hier aus mittels Pumpenbetrieb 14 Gebäuden mit einem maximalen Heizwärmebedarf von 1,850.000 cal/h zugeführt wird. Es handelt sich hier also um eine elektrisch betriebene Dampfwasser-Fernheizung.

Im Sommer 1921 wurde die Montage einer elektrischen Heizanlage für die neue Werkstätte der Schweizerischen Bundesbahnen in Bellinzona beendigt. Dieselbe stellt wohl eine der größten und modernsten elektrischen Heizanlagen im Bahnbetriebe dar.

Der wärmetechnische Teil, wie auch die Gesamtdisposition stammen von der A.-G. Gebrüder Sulzer in Winterthur, während der gesamte elektrische Teil von der A.-G. Brown-Boveri & Cie. in Baden disponiert und ausgeführt wurde.

Es handelt sich um eine Zentralheizung, bestehend aus einer Putzgrubenheizung, welche neben der allgemeinen Lufterwärmung zum Auftauen der eingeführten, gefrorenen Lokomotiven dienen soll. Daneben ist eine Raumheizung vorgesehen mit längs den Wänden aufgestellten Heizkörpern, welche im Sommer zur Kühlung und Ventilation verwendet werden sollen, und endlich noch eine Heizung des Wasch- und Ankleideraumes, sowie der darüber liegenden Büros.

Aus den Ausführungsbestimmungen der SBB sei erwähnt, daß bei einer Außentemperatur von 5° C folgende Innentemperaturen erreicht werden müssen:

Wasch- und Ankleideraum	15° C
Büros	18° C.

Das Gebäude ist freistehend, meistens Nord- und Südwinden ausgesetzt und in Granitmauerwerk ausgeführt. Die Heizanlage mußte von Anfang an für den Anschluß eines längs der Westwand der Haupthalle vorgesehenen späteren Anbaues von zirka 15.000 m^3 Rauminhalt gleicher Bauart vorgesehen werden.

Für den Betrieb dieser Heizanlage kam nur Elektrizität in der Form von Bahnstrom in Frage, der als Einphasenwechselstrom von 15.000 Volt, Frequenz $16^2/_3$, zur Verfügung steht.

Nach sorgfältigen Studien und Versuchen über die Zweckmäßigkeit der direkten Verwendung (ohne Transformierung) des hochgespannten Bahnstromes wurde in diesem Falle doch zugunsten einer niederen Spannung entschieden und diese auf 1000 Volt festgesetzt.

Um Bahnstrom nicht während der Zeit starker Strombelastung verbrauchen zu müssen, wurde ein System mit Wärmeakkumulierung vorgesehen, welches gestattet, den Verbrauch von Bahnstrom auf die Stunden schwachen Verkehrs zu beschränken.

Um diesen Anforderungen zu genügen, wurden zwei Wärmespeicher von total 20.000 Liter Inhalt vorgesehen. Die beiden hierzu notwendigen Kessel von 1800 mm Durchmesser und zirka 4200 mm Länge, sowie die gesamte Schaltanlage, inklusive zweier Transformatoren, sind in den wasserdicht ausgeführten Kellerräumen, welche sich unter dem Wasch- und Ankleideraume befinden, aufgestellt. Das Speisewasser wird auf zirka 110 ° C erwärmt und kühlt sich während der darauffolgenden Heizperiode auf zirka 40 ° C ab, entsprechend einem totalen Temperaturgefälle von zirka 70 ° C. Hieraus ergibt sich der nutzbare Wärmeinhalt beider Speicher zu 20.000 $\times$ 70 = 1,400.000 kg Kal. Die für die Wärmeakkumulierung notwendige Zeit ergibt sich beispielsweise für eine Leistungsaufnahme von 600 kW, welche der normalen Maximalleistung eines Kessels entspricht, und unter Annahme eines thermischen Wirkungsgrades von 0,97, zu:

$$\frac{1{,}400.000}{860 \times 0{,}97 \times 600} = 2{,}8 \text{ Stunden,}$$

d. h. also, daß der Kesselinhalt in zirka 1,4 Stunden auf 110 ° C erwärmt werden kann. Diese kurze Ladezeit ermöglichte denn auch die Verwendung von verhältnismäßig kleinen Transformatoren mit einer Dauerleistung von nur je 240 kVA, also zusammen kaum 500 kVA. Immerhin kann bei eventueller späterer Anwendung von künstlicher Luftkühlung die Dauerleistung jedes Transformators auf 500 kVA erhöht werden. Die Elektrodensysteme sind denn auch für die unter Berücksichtigung von kurzzeitigen Überlastungen maximal mögliche Leistung von total 1600 kW konstruiert worden.

Bei der Disposition des elektrischen Teiles dieser Anlage wurde unter anderm auch die Frage des Überspannungs- und Blitzschutzes geprüft, wobei sich BBC auf den Standpunkt stellt, daß Maßnahmen zur Bekämpfung dieser Erscheinungen im vorliegenden Falle überhaupt überflüssig seien, und zwar aus folgenden Gründen:

1. Überspannungsschutz: Statische Ladungen werden durch die Transformatoren, infolge ihrer einpoligen Erdung, in ähnlicher Weise abgeführt, wie dies in einer Erdungsdrosselspule geschieht.

Überspannungen durch das Einschalten der Transformatoren sind nicht zu befürchten, da die letzteren nicht im Leerlaufe, sondern stets unter Belastung, und zwar eines rein Ohm'schen Widerstandes, eingeschaltet werden.

Gegen das Eindringen von Wanderwellen und atmosphärischen Entladungen bietet das Kabelstück innerhalb des Gebäudes einen besseren Schutz als der Einbau einer Drosselspule. Hörnerblitzableiter kommen weniger in Betracht, da deren Wirkung durch den bei der Spannung 15.000 Volt schon bedingten hohen Erdungswiderstand illusorisch wird. Der Erdungswiderstand ist zur Unterdrückung des Lichtbogens, der durch den nachfließenden Betriebsstrom unterhalten werden könnte, notwendig.

2. Erdschlußschutz: Ein solcher erübrigte sich ebenfalls, da ein Pol des Netzes geerdet ist.

3. Blitzschutz: Mit den heutigen Mitteln ist eine wirksame Bekämpfung der Folgen von direkten Blitzschlägen überhaupt nicht möglich und daher können Maßnahmen nach dieser Richtung als zwecklos bezeichnet werden.

Bei der normalen Betriebsspannung ist in dem vorliegenden Falle das Auftreten einer nennenswerten Potential-Differenz zwischen Kessel und Erde nicht zu erwarten. Bei Eintritt von Überspannungen jedoch kann diese Potential-Differenz Werte annehmen, welche die Bedienungsmannschaft gefährden könnten. Zu deren Schutz ist ein spezielles Sicherheitsrelais vorgesehen, das den Ölschalter des Elektrodensystems auslöst, sobald die Potential-Differenz zwischen Kessel und Erde 60 Volt erreicht.

Abb. 147 zeigt die Vorderansicht der Kesselanlage. Von den Kesseln erkennt man nur die Mannlochöffnung in der isolierenden Kesselhülle 1, da der übrige Teil durch die Wärmeisolation und den um diese herumgebauten Kasten verborgen wird. 2 ist die Schalt-

Abb. 147

Elektrische Heizanlage der neuen SBB-Werkstätten in Bellinzona.

Links: Schalttafel für die elektrische Speicheranlage und Elektroden-Regelvorrichtung.

Rechts: Schalttafel für die Speise- und Umwälzpumpen.

tafel mit je einem Volt- und Wattmeter, vier Amperemetern, zwei Temperaturschaltern, einem Zähler und den zwei Ölschalterantrieben. 3 sind Stöpselkontakte, durch die das Temperaturrelais des einen oder andern der beiden Kessel auf beide Temperaturschalter zugleich geschaltet werden kann. Dies ist deswegen nötig, weil im allgemeinen beide Transformatoren auf einen Kessel arbeiten, so daß es im Falle einer Überschreitung der maximal zulässigen Kesseltemperatur nicht genügen würde, nur einen der Transformatoren abzuschalten. 4 sind die Ölschalterantriebe. 5 der durch Kette betätigte Reguliermechanismus der Elektrodensysteme.

Abb. 148

Elektrische Heizanlagen der neuen SBB-Werkstätten in Bellinzona.

Links: Kessel mit Dom für die Elektroden.
Rechts: Transformatoren und Schaltzellen im Hintergrund.

6 ein Sekundärrelais. das als Sicherheitsrelais gegen Potential-Differenzen zwischen Erde und Kesselschale dient. Im Hintergrunde rechts sieht man die Schalttafel für die Betätigung der Speise- und Umwälzpumpen, sowie einen von Gebr. Sulzer gelieferten Boiler für die sanitären Anlagen.

Die elektrische Anordnung ergibt sich aus dem Schema Abb. 149.

Die Anlage besteht aus vier Elektrodensystemen, von denen je zwei in einem horizontalen Wärmespeicher eingebaut sind. Sie ist berechnet für eine totale Normalleistung von 1200 kW für alle vier Elektroden zusammen. Jede einzelne Elektrode ist bis auf 200 kW Leistungsaufnahme regulierbar. Die beiden Wärmespeicher werden elektrisch separat durch je einen Ölschalter bedient, während jedes der beiden Elektrodensysteme eines Kessels ebenfalls separat durch einen Trennmesser abschaltbar ist.

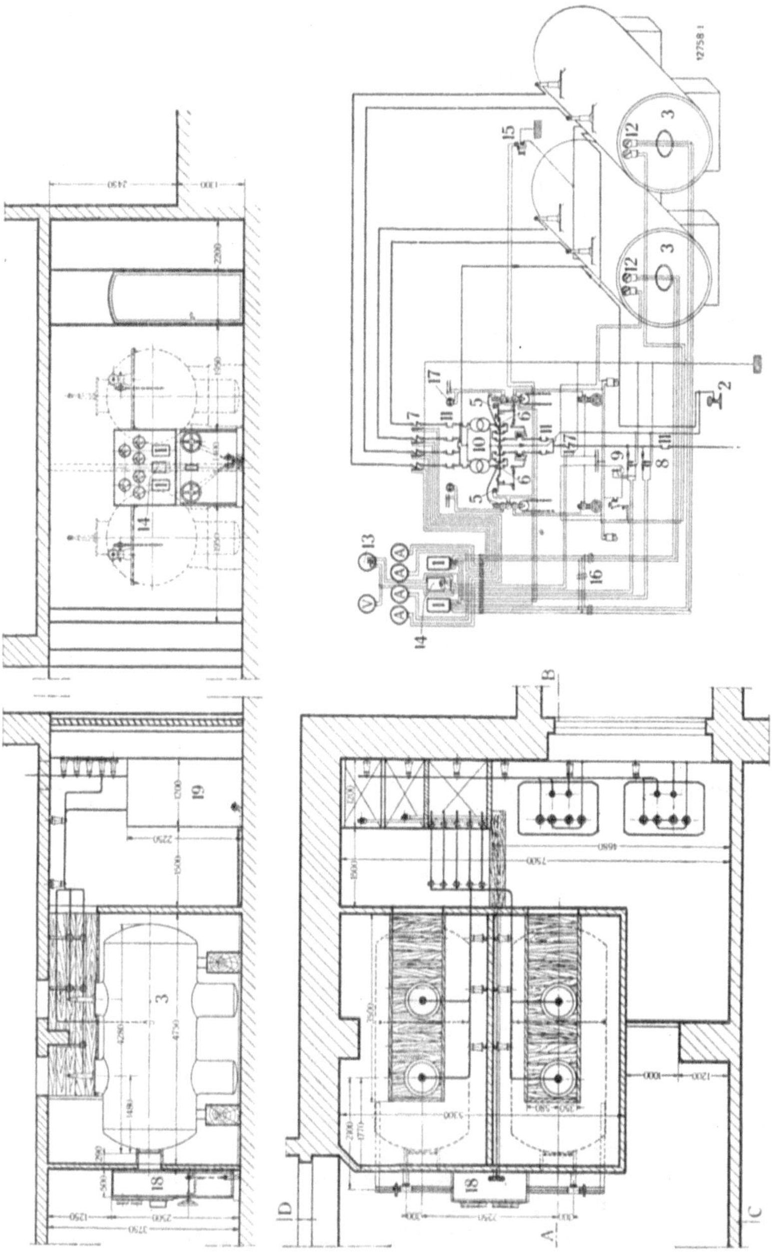

Abb. 149. Elektrische Heizanlage der neuen SBB-Werkstätten in Bellinzona.
Anordnung und Schaltplan. A = Amperemeter, V = Voltmeter.

1 = Ghielmetti-Apparat,
2 = Bahngeleise,
3 = Heißwasserkessel,
4 = Erdplatte,
5 = Nullspannungsauslösung,
6 = Ölschalter,
7 = Stromwandler,
8 = Spannungstransformator,
9 = Sicherungen,
10 = Transformator,
11 = Trennschalter,
12 = Temperaturrelais,
13 = Wattmeter,
14 = Zähler,
15 = Sekundärrelais.
16 = Steckumschalter für die Meßinstrumente,
17 = Signallampe,
18 = Schalttafel,
19 = Hochspannungszelle.

Die ankommende Leitung, sowie die Primärseite der beiden Transformatoren sind ebenfalls durch Trennmesser abschaltbar. Für den Anschluß des Zählers und die Betätigung der Nullspannungsauslösung sind primärseitig zwei Einphasen-Spannungstransformatoren vorgesehen, welche, wie bereits erwähnt, für die beiden in Betracht kommenden Primärspannungen von 7500 und 15.000 Volt umschaltbar sind.

Für die beiden Ölschalter wurde die dreipolige Type gewählt, wobei alle drei Pole in Serie geschaltet sind. Jeder Schalter ist mit einem Hauptstrom-Zeitrelais versehen, einstellbar zwischen 56 und 80 Ampere. Die Betätigung dieser Ölschalter, welche in Zellen hinter den Kesseln montiert sind, geschieht durch Drahtseiltransmission und Handantrieb von der Schalttafel aus. Der Handantrieb ist mit Nullspannungsauslösung versehen, welche durch das An-

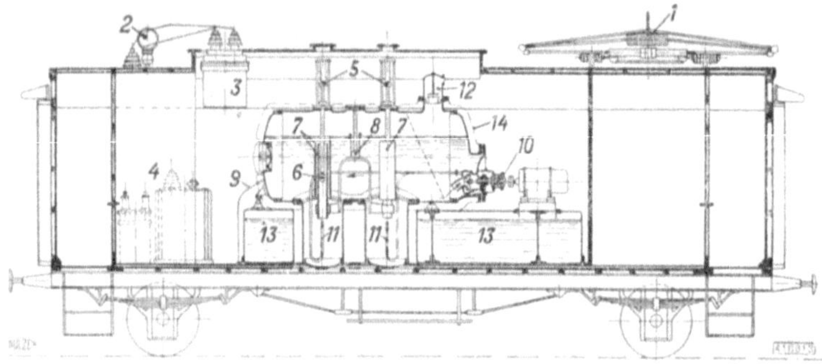

Abb. 150. Elektrischer Heizwagen der SBB für Einphasenwechselstrom von 15.000 Volt.

Ausführung der Firmen Brown-Boveri & Co., Baden, und Gebrüder Sulzer A.-G., Winterthur.

1. Stromabnehmer,
2. Drosselspule,
3. Hauptschalter,
4. Hochspannungs-Apparaturraum,
5. Stromdurchführungen,
6. Elektroden,
7. Isolierröhren,
8. Reguliermechanismus,
9. Erdung der Kesselschale,
10. Zirkulationspumpe,
11. Druckleitungen,
12. Armaturenkopf,
13. Speisewasserreservoir,
14. Wärmeschutzhülle.

sprechen des oben erwähnten Sicherheitsrelais in Funktion tritt. Da die Nullspannungsmagneten der beiden Ölschalter in Serie geschaltet sind, werden beim Auftreten von für die Bedienung gefährlichen Potential-Differenzen (60 Volt) zwischen Kesselschale und Erde beide Schalter gleichzeitig unterbrochen.

Ein unbetriebsmäßiges Unterbrechen der Ölschalter wird automatisch durch Licht- (und akustische) Signale angezeigt, welche beim Wiedereinschalten verlöschen (verstummen). Bei betriebsmäßigem Ausschalten treten diese Signale nicht in Funktion. Als Hilfsstromkreis wurden für die Licht- und Glockensignale bestehende Licht- und Schwachstromleitungen verwendet.

Sekundärseitig ist zur Speisung von vier Amperemetern in jeder Elektrodenzuleitung je ein Stromwandler vorgesehen.

An dieser Stelle muß der Vollständigkeit halber noch mitgeteilt werden, daß bis Ende Mai 1921 primärseitig nur 7500 Volt zur Verfügung standen, daß aber die Anlage von vornherein für die spätere Umschaltung auf 15.000 Volt eingerichtet werden mußte. Aus diesem Grunde waren die beiden Transformatoren, sowie die zur Speisung des Zählers und Wattmeters dienenden primärseitigen Stromwandler und Spannungstransformatoren umschaltbar vorzusehen.

Obwohl diese Anlage erst Ende 1924 fertig wurde, haben die Abnahmeversuche klar gezeigt, daß die Heizanlage den an sie gestellten Anforderungen vollauf genügt.

Beim Elektrodenkessel ohne Verdampferröhren wird mit der Spannung bis 3000 Volt bei Einbauten zur Verhinderung des direkten Stromdurchganges und Anwendung von Verdampferröhren bis 8000 Volt gegangen. Sollen noch höhere Spannungen zur Anwendung kommen, so müssen die von den Verdampferröhren umgebenen Elektroden zur Entfernung der Dampfblasen vom Wasser intensiv bespült werden, was in besonderen Fällen durch die natürliche Wasserzirkulation, in anderen, nach Patenten von Brown-Boveri und Sulzer, durch Einschaltung einer Zirkulationspumpe erzielt wird. Unter Anwendung dieses Systems sind die genannten Firmen bei einem den Schweizerischen Bundesbahnen gelieferten Heizwagen (Abb. 150), unter Verwendung von Einphasenwechselstrom immerhin auf die respektable Spannung von 15.000 Volt gegangen.

g) Linearheizung.

Ein System, welches sich wegen seiner Einfachheit ganz besonders für Raumheizzwecke eignet, ist die sogenannte Linearheizung, System Zweifel.

Das Wesen dieses Systems besteht darin, daß die Räume nach Abb. 151 von elektrisch geheizten Eisendrähten, Eisenbändern oder

Abb. 151

Röhren von beispielsweise 20 bis 30 und noch mehr Meter Länge durchzogen werden, so daß die Heizung nicht wie bei den Einzelöfen auf einige Punkte konzentriert, sondern besser über die Räume verteilt ist. Drähte und Bänder werden meist in Abständen von 2,50 bis 3,0 m in einer Höhe von zirka 2,20 m isoliert in einer gegenseitigen Entfernung von 15 cm aufgehängt. Während sie an einem Ende des Saales isoliert fest befestigt sind, wird, um die Drähte, bezw. Bänder gespannt zu erhalten, ein Spanngewicht angebracht. Bei größeren Leistungen ist ferner auf den Stromstoß beim Einschalten zu achten und empfiehlt es sich, eigene Anlasser vorzusehen. Erfolgt die Heizung mit Röhren, so sind diese stromlos. Die in ihnen befindlichen Leiter bestehen aus hochwertigem Chromnickel. Die Temperatur der Rohre beträgt nach Angabe der Maschinenfabrik Örlikon in der Schweiz je nach der Verwendungsart 35 bis 110 ° C, in den meisten Fällen 90 bis 110 ° C. Die Leistungsaufnahme pro Meter ist sehr verschieden. Bei 20 ° C Raumtemperatur beträgt sie bei 35 ° C Rohrtemperatur zirka 0,022 kW, bei 110 ° C Rohrtemperatur zirka 0,14 kWh. Die Anlagekosten sind nicht groß, so daß eine solche Heizung auch in Frage kommt, wenn nur in den Übergangszeiten Strom zur Verfügung steht. Die Rohre werden entweder den Wänden entlang verlegt oder frei im Raume aufgehängt. In letzterem Falle ist, so wie bei den Drähten und Bändern vom heiztechnischen Standpunkte aus, nachteilig, daß die Heizfläche nicht an tiefster Stelle, sondern oben im Raume untergebracht ist, ähnlich wie das früher in Fabriken bezüglich der Hochdruckdampfheizrohre der Fall war. In Spinnereien bringt dies allerdings auch in betriebstechnischer Beziehung gewisse Vorteile mit sich.

Für dieselbe eignen sich besonders Arbeitsräume, Textilfabriken, Trockenräume, Magazine, die der Frostgefahr ausgesetzt sind oder eine milde Wärme brauchen, z. B. Lagerräume für leicht verderbliche Waren, wie Bananen, Wein, Most usw. In solchen Fällen erfolgt die Einhaltung einer bestimmten Temperatur auch etwa automatisch. Der Heizeffekt ist ein denkbar günstiger und die Anlagen werden praktisch den Anforderungen hinsichtlich Feuersgefahr gerecht, indem der Versuch vorgenommen wurde, daß auf den Heizdraht mit einer Temperatur von 140 ° C Baumwollflocken gesetzt wurden, ohne daß sich die Baumwolle irgendwie entzündete; sie wurde nur etwas gebräunt. Das ist sicherlich der beste Beweis, daß für solche Räume die Linearheizung entschieden angebracht ist. Für Dauerheizungen kann bei den Temperatur-Differenzen von zirka 36 ° C bei einer Leistung von 5 Watt pro m^3 das Auslangen gefunden werden. 8 bis 11 Watt ist für ein Quadratmeter für gewöhnliche Hochbauten das normale, während bei Shedbauten der Bedarf 15 bis 25 Watt beträgt. Mit welchem Erfolge diese Heizung verwendet wurde, beweist die Tatsache, daß im Jahre 1922 zirka 350 Waggons Kohle in den österreichischen Spinnereien für Beheizungszwecke erspart worden sind. Das Regulativ-Komitee des Elektrotechnischen Vereines in Wien hat der Anwendung dieses Systems

Rechnung getragen, als es im 18. Anhange Sonder-Vorschriften für die Ausführung und den Betrieb elektrischer Raumheizung mittelst freigespannter Heizleiter (als Linearheizung) mit Gültigkeit vom 15. Dezember 1923 ausgegeben hat.

h) Gaswerkbetrieb.

Elektrische Beheizung der Retorten.

Nach dem „Teknisk Ukeblad" ist die im Gaswerk Kristiania aufgestellte Retorte bei stetigem Betrieb für die Vergasung von 4 Tonnen Kohle täglich bestimmt und mit 2 Lichtbogenpaaren (mit Acheson-Graphit-Elektroden) ausgerüstet. Die Wärme wird teils unmittelbar durch eine Verbindung von Heiz- und Retortenkammer, teils durch das Material des Retortenkörpers übertragen. Die erwähnte Verbindung ermöglicht bei Erhitzung von nur der Hälfte der Retortenlänge fast den gleichen Kohlendurchsatz wie bei Gasheizung. Der durchschnittliche Stromverbrauch war 749 Kilowattstunden je Tonne Kohle; durch Zusammenbau mehrerer Retorten und Verbesserungen der Konstruktion hofft man 350 Kilowattstunden je Tonne zu erreichen. Der Elektrodenverbrauch war 2,85 kg pro Tonne. Da aber die Zahl der Elektrodenpaare mit der Retortenzahl sinkt — für 6 Retorten sind nur 7 Paare nötig — würde man bei einem Sechser-Ofen auf 1,66 kg pro Tonne kommen, welcher Wert noch auf die Hälfte vermindert werden kann, wenn mit einer sauerstoffarmen Atmosphäre in der Retorte gearbeitet wird — Kohlenoxyd und Stickstoff mit höchstens 3% Wasserstoff — wobei auch der Stromverbrauch kleiner wird. Bei Sperrung der Stromzufuhr kann der Betrieb durch die im Mauerwerk aufgespeicherte Wärmemenge noch viele Stunden weitergeführt werden, was für die Anwendung von Abfallstrom günstig ist. Die vorläufigen Berechnungen sind zugunsten der elektrischen Beheizung ausgefallen, bei der man auch größere Ausbeuten und bessere Beschaffenheit des Erzeugnisses erwartet.

Warmwasser für Gasometer.

Bekanntlich bestehen die Gasometer aus teleskopartig miteinander verbundenen Zylindern, von denen der oberste mit einer gewölbeartigen Decke abgeschlossen wird. Die einzelnen Zylinder stehen nun mit ihrem unteren Rande in einem Wassertrog, der den Zweck hat, das Gas von der Außenluft gasdicht abzuschließen. Das in diesem Trog befindliche Wasser kann jedoch bei großer Kälte einfrieren und dadurch die unangenehmsten Folgen zeitigen. Deshalb wird derzeit von den meisten Gaswerken Dampf in das Trogwasser eingeblasen, um dessen Temperatur über Null zu erhalten. Die Erhaltungskosten der den ganzen Gasometer umspannenden, gut wärmeisolierten Leitung verursacht, da sie allen Witterungsunbilden ausgesetzt ist, bedeutende Kosten, ebenso die Dampferzeugung.

In Interlaken in der Schweiz wird das zu erwärmende Gasbehälterwasser durch einen elektrischen Heizkessel in ganz analoger Weise wie durch einen koksbeheizten Gliederkessel auf die erforderliche Temperatur gebracht, der bei zu großer Kälte zur Erwärmung mit herangezogen wird.

Die beste Lösung der elektrischen Beheizung von Gasbehältern besteht wohl nicht in der Verwendung von Tauchkörpern, sondern in der Aufstellung eines elektrisch beheizten Warmwasser- oder Dampfkessels von genügend großer Leistung, der in analoger Weise wie ein Warmwasser- oder Niederdruck-Dampfkessel dem Gasbehälter die Wärme zuführt. Eine derartige Anlage hat den Vorteil, daß jederzeit bei Versagen oder Ungenügen die elektrische Heizung durch die Koksheizung erfolgt oder mit derselben parallel geschaltet werden kann. Es genügt vollkommen, wenn die Temperatur des zuströmenden Wassers 12 bis 15° C beim Eintritt in den Trog des Gasbehälters besitzt; wesentlich ist, daß das Wasser sich in ständiger Bewegung befindet.

9. Elektro-Dampfkessel.

a) Allgemeines.

Bekanntlich kann Wärme aus elektrischer Energie auf verschiedene Weise erzeugt werden. Für die Dampfgewinnung in den hierfür gebauten Elektro-Dampfkesseln *) kommt jedoch derzeit nur die Widerstandsheizung in Betracht. Bei dieser können wieder verschiedene Prinzipien unterschieden werden, nach welchen sich die verschiedenen Systeme der Elektrokessel ausgebildet haben, und zwar:

1. die indirekte Widerstandsheizung,
2. die direkte Widerstandsheizung, und
3. die Elektrodenheizung.

Zu 1: Die indirekte Widerstandsheizung für Dampfkessel wurde von dem Bau elektrischer Heizvorrichtungen übernommen. Sie besteht darin, daß die durch den Stromdurchgang sich erhitzenden Widerstände des Heizkörpers ihre Wärme durch Strahlung oder vermittels eines anderen Stoffes (Eisen, Isolierschicht) durch Leitung an das Wasser abgeben. In der Zeitschrift des Vereines deutscher Ingenieure vom Jahre 1913 ist auf Seite 1095 bereits ein derartiger elektrischer Dampfkessel beschrieben. Zwischen einem oberen vertikalen, zylindrischen Dampfentwickler und einem unteren Schlammsack sind 8 Kupferrohre von je 100 mm Durchmesser und 600 mm Länge eingewalzt. Um diese Heizrohre sind schellenförmige Heizkörper von 100 mm lichter Weite und 32 mm Breite gelegt, die mit je rund 400 Watt belastet werden können. Der Kessel hat 120 Heizkörper mit insgesamt 48 kW-Leistung und liefert in der Stunde etwa 60 kg Dampf von 3 Atm.

*) Insp. Frenzel. Zeitschrift der Dampfkesseluntersuchungs- und Vers. Ges. Wien, Nr. 4—10 ex 1923.

Die während des Krieges auftretende Kohlennot bewirkte ein näheres Herantreten an die Frage, auf welche Weise der große Kohlenverbrauch der nur in Bereitschaft gehaltenen Dampfkessel von Elektrizitätswerken zum Teil oder ganz erspart werden könnte. Man verfiel da zunächst auf den Gedanken, auf den Rost eines gewöhnlichen Kessels an Stelle des zu unterhaltenden Feuers einen elektrischen Heizkörper zu schieben. So versah das Elektrizitätswerk Zürich zwei Wasserrohrkessel von je 270 qm Heizfläche und einen Flammrohrkessel von 180 qm Heizfläche, um diese Kessel für die Betriebsbereitschaft unter Dampf halten zu können, mit solchen elektrischen Heizvorrichtungen. Der Widerstand derselben bestand aus Gußeisen, das auf einen Walzeisenrahmen befestigt war. Die von der Maschinenfabrik Oerlikon hergestellten Gußheizkörper bestanden aus mehreren Heizzylindern, die aus schlangenförmig gebogenen, parallel zu einander liegenden Metallbändern mit und durch Kabel mit der Stromquelle unter Zwischenschaltung von verriegelbaren Ausschaltern und Ampèremetern verbunden sind. Muß mit Brennstoff weiter geheizt werden, so wird der elektrische Heizkörper aus dem Feuerraum einfach wieder herausgezogen. Eine Fabrik in Österreich, die ihren Pauschalstrom im Betriebe nicht zur Gänze ausnützen konnte, behalf sich auf die Weise, daß sie auf den Rost eines gewöhnlichen Kessels aus feuerfesten Ziegeln eine Mulde aufmauerte, die mit losen Graphitstücken in Nußgröße ausgefüllt wurde. An dem vorderen Ende der Mulde wurde der eine Pol, an dem hinteren Ende der andere Pol der Leitung angeschlossen. Durch den durchfließenden Strom wurden die Graphitstücke zum Glühen gebracht. Da der Feuerraum nicht luftdicht abgeschlossen werden konnte, verbrannte der Graphit langsam, so daß man tagsüber den Verlust an Graphit durch einige Schaufeln ersetzen mußte.

Allen diesen Einrichtungen haftete der Übelstand an, daß die Stromkosten sich meist bedeutend höher als die Brennstoffkosten stellten, die Dampferzeugung eine schwache und die Anheizperiode eine unverhältnismäßig lange war. Die Züricher Kessel benötigten 100 Stunden, um den Betriebsdruck von 7 Atm. zu erreichen. Ihr Vorteil bestand in dem leichten Unterdampfhalten und der Ausnützung von sonst überschüssiger Energie. Da der Wirkungsgrad dieser Kessel in Bezug auf die Stromwärme ein recht günstiger war, rund 90%, und die Verluste hauptsächlich aus den Abkühlungsverlusten des Kesselmauerwerkes und der elektrischen Einrichtungen bestanden, ging man daran, die Heizkörper selbst in den Kessel zu verlegen. Bei dieser sogenannten isolierten Widerstandsheizung werden die Widerstandsdrähte entweder in Siederöhren, die an beiden Enden in die Kesselböden eingewalzt sind, verlegt oder, wie in neuerer Zeit, eigene Heizeinsätze, Tauchröhren, angefertigt, die nur eine Preß- oder Walzstelle besitzen.

Ein Vorteil der Kessel mit indirekter Widerstandsheizung ist, daß sie außer mit Wechsel- oder Drehstrom auch mit Gleichstrom betrieben werden können, da der Stromleiter nicht in unmittelbare

Berührung mit dem Wasser kommt und keine elektrolytische Zersetzung des Wassers oder Knallgasbildung eintreten kann. Für größere Leistungen und höhere Spannungen ist dieses System aber ungeeignet, weil der Aufwand an Widerstandsmaterial zu groß und der Einbau einer zweckmäßigen Isolation unmöglich wird.

Zu 2: Ein Mittel, um größere Leistungen bei nicht gar zu hohen Spannungen, bis rund 1000 Volt, zu erreichen, besteht darin, daß man die stromdurchflossenen Heizdrähte direkt ins Wasser verlegt. Es ist dies das System der direkten Widerstandsheizung. Bei diesem System werden die Heizspiralen entweder in isolierenden Röhren untergebracht, durch die aber, im Gegensatze zu früher, Wasser zur Kühlung der Drähte zirkuliert, Bauart Brown, Boveri & Co., A.-G., oder sie werden auch ohne solche Isolationsrohre in Durchlaufrohre (Flüssigkeitserhitzer) eingebaut, die seitlich des Kessels angebracht, mit diesem verbunden sind, Bauart der Widerstand-A.-G. in Hannover. Die patentierten Heizkörper der letzteren Firma, auch Heizzapfen, Tannenzapfen, genannt, bestehen aus einem Gestell aus keramischem Spezialmaterial, in dessen Längsnuten die Heizdrähte aus Chromnickelstahl derart gewickelt sind, daß sie zusammen ein schraubenförmiges, gegen die Längsachse des Zapfens geneigtes Band bilden. Durch diese Anordnung werden zwischen dem Band und den Kammplatten des Gestelles Kanäle gebildet, die günstige Verhältnisse für die Wärmeabgabe schaffen und dem sich erwärmenden, aufsteigenden Wasser seinen Weg weisen sollen. Die Firma wählt Drähte, weil Bänder sich hochkantig schwer wickeln lassen, leicht durchhängen und durch Berühren untereinander zu Betriebsstörungen führen; auch läßt sich durch die Anzahl und den Durchmesser der Drahtsorten leichter der erforderliche Widerstand für verschiedene Querschnitte und Oberflächen herstellen. Die Stromzuführung erfolgt durch eine Stange, welche von einem Porzellanrohr umgeben ist. Am unteren Ende des Zapfens sind die Drähte durch eine Klemmvorrichtung mit der Stromzuführungsstange verbunden, während oben die Drähte in einen Kabelschuh eingelötet sind. Durch eine zweite Stromführungsstange findet der Strom seine Weiterleitung. Für Spannungen über 500 Volt umgibt aber auch diese Firma diese Heizzapfen mit Isolierröhren, um die Elektrodenwirkung der Heizdrähte und den damit entstehenden Nebenschluß des Wassers aufzuheben. In neuerer Zeit baut diese Firma diese Kessel nicht mehr mit separat angeordneten Flüssigkeitserhitzern, sondern setzt auf den Kessel Stutzen mit flachen, schmiedeeisernen, abnehmbaren Deckeln auf, die die eigentlichen Heizelemente tragen, deren Anzahl durch die gewünschte Gesamtleistung und Leistungsstufen bestimmt wird.

Da die Widerstände bei diesem System direkt in das Wasser verlegt sind, so kann dieses System ebenso wie das noch zu besprechende Elektrodensystem nur mit Wechselstrom oder Drehstrom betrieben werden. Gleichstrom bewirkt bekanntlich eine Zersetzung des Wassers in seine Elemente, Wasserstoff und Sauerstoff, die zusammen das hochexplosive Knallgas bilden. Die Gefahr ist aber bei Dampferzeugung nicht sehr groß. Nimmt man an, daß 1 kW stündlich 1,2 kg Dampf erzeugt, so nimmt dieser bei 100° C 760 mm n. B. einen Rauminhalt von rund 200 Liter ein. Gleichstrom liefert pro Amperestunden 0,336 g = 856 qcm = 0,856 Liter Knallgas, bei 100° und 760 mm n. B. Da nach Laboratoriumsversuchen ein Gemisch von 5 Teilen Dampf und 1 Teil Knallgas noch nicht explosibel ist, so spielt dieser geringe Prozentsatz sicherlich keine Rolle. Wechselstrom ergibt in Bezug auf Bildung von Knallgas bedeutend niedere Werte als Gleichstrom, die umso geringer werden, je höher die Periodenzahl ist. Nach Versuchen von Brown, Boveri & Co, A.-G., konnte eine Zersetzung des Wassers durch Wechselstrom nachgewiesen werden, wenn das Wasser angesäuert war, dagegen gelang es bei Großkesselanlagen nicht, irgendwelche Spuren von Knallgas nachzuweisen. Sollte sich daher dennoch durch hohe Oberflächenbelastung Knallgas bilden, so könnte dieses nur bei geschlossenen Kesseln gefährlich werden, wenn der Kessel einen zu kleinen oder, wie bei Warmwasserheizungen, gar keinen Dampfraum besitzt. Überdies läßt sich noch nachweisen *), daß der Sauerstoff größtenteils durch Oxydation der Leiter vernichtet wird. Während nämlich Prof. Farny von Zürich bei symmetrischem Wechselstrom und kleinen Platin-Elektroden an beiden Polen gleich viel Knallgas erhielt, bei unsymmetrischem Wechselstrom bei Frequenzen über 100 an der einen Elektrode reinen Sauerstoff, an der anderen reinen Wasserstoff gewann, war dies bei Eisen-Elektroden nicht mehr möglich. Nach der Meinung von Prof. Farny reicht bei hinlänglich kleinen Stromdichten und großen eisernen Elektroden-Oberflächen die Polarisation derselben hin, um eine Knallgasbildung zu verhindern **). Eine weitere Gefährdung durch Knallgas könnte unter Umständen auch dann eintreten, wenn der Dampf und das sich rückbildende Kondenswasser einen geschlossenen Kreislauf beschreibt, so daß dem Gase Gelegenheit geboten wird, sich an einer Stelle zu sammeln.

Zu 3: Das Anwendungsgebiet der bisher beschriebenen Systeme findet darin seine Grenze, daß mit zunehmender Temperatur der spezifische Leitungswiderstand, besonders des Eisens, wächst und damit die Leistung sich im umgekehrten Verhältnisse verringert. Hingegen nimmt der spezifische Leitungswiderstand des Wassers bei steigender Temperatur ab und damit zusammenhängend die Leistung zu, um erst bei 140° entsprechend 2,7 Atm. Überdruck langsam ins Gegenteil umzuschlagen. Diesen Umstand benützte Brown, Boveri & Co., um einen Elektrokessel zu konstruieren, bei welchem der Strom teilweise durch Heizdrähte und teilweise durch Wasser verläuft. Zu diesem Zwecke sind die Isolierrohre stellenweise offen gelassen, so daß der Strom durch das Wasser an andere Pole gelangen kann. Durch diese Anordnung soll die Summe der

---

*) B. B. C.-Mitteilungen, 1921, Seite 52.
**) Zeitschrift des Bayr. Rev.-Ver. 1920, Seite 52.

Leistungen der Heizdrähte und des Wassers ungefähr konstant bleiben. Dieses System bildet den Übergang zu den Elektrodenkesseln.

Wird Frischwasser zur Speisung aller dieser Kessel verwendet, so setzt sich an den Drähten Kesselstein ab, der die Widerstandsverhältnisse sehr ungünstig beeinflußt. Ob die Drähte durch automatisches Abspringen des Steines sich selbst reinigen, wird von der Zusammensetzung des Steines abhängen. Das System der direkten Widerstandsheizung wird sich daher mehr oder weniger dort eignen, wo stets dasselbe Wasser sich im Umlaufe befindet und starke Kesselstein-Bildungen nicht zu befürchten sind.

Die Regelung der Leistung der bisher besprochenen Systeme findet durch Stufenschaltung, durch Zu- und Abschaltung einzelner Gruppen statt. Beim letztgenannten System wurde auch eine teilweise selbständige Regulierung bei Drehstrom angestrebt, indem der sinkende Heizwiderstand des sich erwärmenden Wassers dazu ausgenützt wird, einen Teil des Stromes aufzunehmen und an die Kesselwand zu führen, so daß die Heizwiderstände dann nicht voll belastet werden.

Die Schaltung ist bei diesen Systemen bei Drehstrombetrieben für größere Leistungen die Sternschaltung. Um aber bei kleineren und mittleren Leistungen nicht zu viel Heizkörper zu erhalten und trotzdem genügend Schaltstufen zu erreichen, wendet man auch die Dreieckschaltung an.

Liegen nun in einer Anlage hohe Spannungen, über 1000 Volt, vor, so zwingen wirtschaftliche und andere Gründe, wie die Ersparnis eines teuren Transformators, die Vereinigung großer Leistungen an einem kleinen Platze, also die Gewinnung des Raumes für den Transformator und weitere Kessel, das Sinken des Nutzeffektes durch den Transformator, das Bestreben, den Wirkungsgrad des Kessels zu heben, die einfachere und übersichtlichere Bedienung, der schwer zu vermeidende Nebenschluß, den das Wasser mit der Heizdrahtwicklung bildet, die geringe mechanische Widerstandsfähigkeit des dünnen Drahtes usw., dazu, diesen Hochspannungsstrom direkt für die Dampferzeugung auszunützen. Die Lösung dieser Aufgabe brachte die Überlegung, den hohen Widerstand des Wassers selbst zu verwerten. Dadurch, daß das Wasser selbst als Stromweg benützt wird, wird es durch seinen Widerstand erwärmt und verdampft. Es ist ersichtlich, daß bei Elektrodenkesseln das Wasser daher nicht nur die Rolle eines Betriebsstoffes, sondern auch die eines Konstruktionsmaterials spielt.

Würden nun die elektrischen Eigenschaften des Wassers ganz bestimmte sein, so würden der Verwendung des Wassers als elektrisches Leitungsmaterial keine weiteren Schwierigkeiten gegenüberstehen. Allein bekanntlich ist das in der Natur vorkommende Wasser stets mehr oder weniger durch fremde Stoffe verunreinigt. Die Gesamtmenge dieser bestimmt aber die Leitfähigkeit des Wassers. Kleine Änderungen der im Wasser enthaltenen Bestandteile können schon Widerstandsveränderungen von mehreren hundert Prozent bedingen. Ist das Wasser chemisch rein, so findet überhaupt keine Stromleitung statt. Das Wasser kann verschiedene Widerstände annehmen. Die Zusammensetzung ein und desselben natürlich vorkommenden Wassers variiert außerdem nach Jahreszeiten, Witterungsverhältnissen usw. Eine vorhergehende Reinigung des Speisewassers ist nur schwer anwendbar, weil hiedurch die Widerstandsverhältnisse derart verändert werden, daß ein Teil der Regulierung illusorisch wird. Ein Zusatz von etwas Soda, welches vereinzelt zur Erhöhung der Leitfähigkeit angewendet wird, ist höchstens für niedrige Spannungen und mittlere Leistungen brauchbar, überdies für die Lebensdauer von Porzellan nachteilig. Der Wasserwiderstand verändert sich ferner, wie bereits erwähnt, mit der Temperatur. Ungeklärt ist noch die Frage, in welcher Weise die Höhe der Spannung den Widerstand des Wassers beeinflußt. Weiters erschwert der Umstand eine einwandfreie Lösung, daß bei der Erwärmung des Wassers ein Teil der in ihm gelösten Stoffe herausfällt und nur ein Teil der für die Leitfähigkeit ausschlaggebenden und die permanente Härte des Wassers bestimmenden Salze in ihm verbleibt. Dies alles deutet schon auf die Schwierigkeit der Ausbildung der Elektroden und der Wichtigkeit der Regulierfähigkeit des Elektrodenkessels hin. Um alle diese Schwierigkeiten zu umgehen, verlangen deshalb manche Firmen die Anwendung von Kondenswasser für den Betrieb von Elektrokesseln. Aber abgesehen davon, daß solches nicht immer zur Verfügung steht, muß doch als richtige allgemeine Lösung dieser Aufgabe gefordert werden, daß der Betrieb auch mit ungereinigtem Speisewasser leicht und sicher möglich ist. Zudem bedingt Kondenswasser, je reiner es ist, ebenso wie Frischwasser, je kälter es ist, eine um so längere Anheizdauer, da die Einschaltleistungen wegen der hohen Widerstände des reinen oder kalten Wassers nur Bruchteile der Höchstbelastungen ergeben, was schließlich auch die richtige Ausnützung der Überschußenergie in der elektrischen Zentrale in Frage stellen kann. Die aus dem Wasser beim Kochen herausfallenden Salze sind die Kesselsteinbildner. Während ein Kesselsteinbelag am Mantel ungefährlich und sogar nicht unerwünscht ist, weil er dort eine innere Isolierschichte bildet, wird eine Steinablagerung an den Elektroden zu unliebsamen Störungen führen, weil hiedurch die Übergangswiderstände zwischen Elektrode und Wasser geändert werden, die Elektrodenoberfläche in ihrer Wirksamkeit reduziert und infolgedessen überbeansprucht wird. Dies hat nicht nur eine Abnahme der Leistung zur Folge, sondern kann auch zu Zerstörungen der Elektroden durch Kurzschluß und zu Feuererscheinungen im Innern des Kessels führen. Die Kesselsteinbildung ist nun erfahrungsgemäß an der Stelle der stärksten Verdampfung am größten und der Stein ist dort auch in seinem Gefüge am härtesten. Sind nun nicht besondere Vorkehrungen getroffen, so ist die Stelle der stärksten Verdampfung die Elektrode. Die in der Literatur immer wiederkehrende Behauptung, eine Kesselsteinbildung im Elektrodenkessel ist nicht zu befürchten, weil der Stein durch den sich bildenden Dampf an den Elektroden immer wieder weggesprengt wird, ist unzutreffend. Wegen des häufiger verwendeten Kondenswassers oder des ständig durch den Kessel fließenden Speisewassers mag es ja vielleicht mehr Fälle wie beim gewöhnlichen Dampfkesselbetrieb geben, wo der Stein sich nicht in fester Form absetzt, sondern in Gestalt eines feinen Schlammes zu Boden fällt. Die Reinigung der Elektroden vom Kesselstein bereitet meist wegen der außerordentlichen Härte desselben ziemliche Schwierigkeiten und ist auf die Beseitigung desselben das größte Augenmerk zu lenken, worauf noch bei den Betriebs- und Bedienungsvorschriften zurückzukommen sein wird. Es soll übrigens Dr. Serbek an der Technischen Hochschule in Zürich in letzter Zeit gelungen sein, die Kesselsteinbildung vollkommen zu verhindern.

Ebenso wie eine unzulässig hohe Strombelastung ein Durchbrennen eines Drahtes herbeiführt oder eine unzulässig hohe Spannung ein Überschlagen eines Isolators verursacht, zeigt auch das Wasser im elektrischen Sinne eine Bruchgrenze. Nach dem Ohmschen Gesetz muß die maximale Stromdichte und das maximale Spannungsgefälle an den Elektroden liegen, da hier der stromführende Flüssigkeitsquerschnitt ein Minimum wird. Die an der Elektrode sich bildenden Dampfblasen bewirken eine weitere Querschnittsverminderung der Flüssigkeit, da der Dampf in hohem Maße isolierende Eigenschaften besitzt. Hiedurch wird die Stromdichte und das Spannungsgefälle erhöht. Wird diese Leistungserhöhung nicht durch Veränderung des Widerstandes reguliert, so wird die Verdampfung eine stürmische. Wächst die Spannung weiter an, so kann die Bruchgrenze des Wassers überschritten werden, d. h. die Wasserschichte an den Elektroden wird plötzlich verdampft und der Stromkreis hiedurch unterbrochen. Wird die Spannung derart hoch, daß auch die Dampfhülle durchschlagen wird, so treten Feuererscheinungen auf. Bei unrichtiger Dimensionierung und Gestalt der Elektroden kann sich dieser unvollkommene Kurzschluß zu einem vollkommenen auswachsen und die Zerstörung der Anlage herbeiführen.

α) Kesselsysteme für Niederspannung.

Für **niedrige Spannungen** und **geringe Leistungen** muß nach dem Ohmschen Gesetz der Widerstand des Wassers an sich möglichst gering gehalten werden. Man läßt deshalb den Strom auf dem kürzesten Wege, d. i. in radialer Richtung, bei stehenden Kesseln durchsetzen. Nach diesem Prinzip sind die Revelkessel und die Niederspannungskessel der Allgemeinen Elektrizitäts-Gesellschaft gebaut. Für Hochspannungen, wo hohe Wasserwiderstände erforderlich sind, wird man trachten, lange oder enge Stromwege zu erhalten.

Während der erste elektrische Elektrodenkessel mit einer Leistung von 1000 Kilowatt und einer Betriebsspannung von

12.000 Volt Drehstrom im Jahre 1911 von der Firma Brockdorff-Witzenmann in Schweden aufgestellt wurde, fing zu Kriegsbeginn die Firma Luigi Boselli in Mailand Elektrodenkessel nach den Plänen des italienischen Ingenieurs Revel zu bauen an. Da diese befriedigten und der Kohlenmangel sich immer deutlicher fühlbar machte, verbreitete sich dieses System nicht nur in Italien, sondern auch in der Schweiz, wo die Anfertigung dieser Kessel von der Firma Escher, Wyss & Co. in Zürich gemeinsam mit der Maschinenfabrik Oerlikon übernommen wurde.

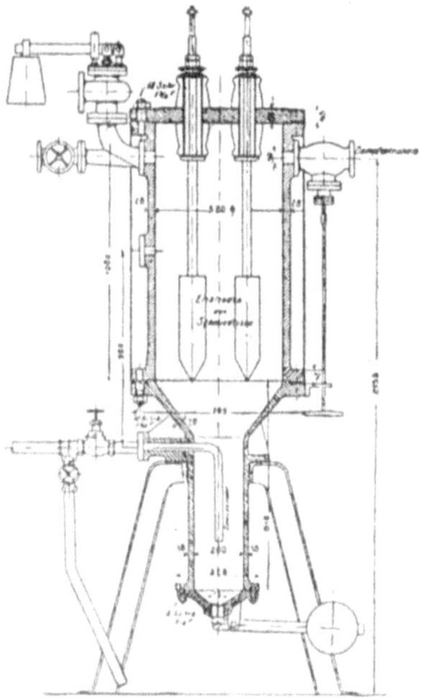

Abb. 152

Der **Revelkessel** (Abb. 152, 153) besteht aus einem aus Spezialgußeisen hergestellten und stehend angeordneten zylindrischen Gefäß, an welchem sich unten mit kegelförmig verjüngtem Übergang ein sackartiger Gefäßteil aus dem gleichen Baustoffe anschließt. Den abhebbaren Deckel durchdringen in Durchführungen feststehende Elektroden aus Schmiedeeisen, die, je nach dem Wasserstande, mehr oder weniger tief mit ihren abgestumpften Spitzen ins Kesselwasser ragen. Die Regelung der Dampferzeugung erfolgt durch Heben und Senken des Wasserspiegels, der entweder durch die Speiseorgane richtig eingestellt wird oder auch selbsttätig durch den Dampfdruck mittels eines Speisewasser-Überlaufventiles sich in der entsprechenden Höhe einstellt. Treten die Spitzen der Elektroden aus dem Wasser, so schaltet sich der Strom selbsttätig aus; steigt hingegen

Abb. 153.

der Spiegel, so unterbricht ein Maximalausschalter den Strom. Eine Gefährdung durch zu niedrigen Wasserstand kann bei allen Elektrodenkesseln nicht eintreten. Der Revelkessel wird in drei Typen ausgeführt, und zwar als Klein-Revelkessel von 10 bis 80 Kilowatt bei 100 bis 500 Volt, als Niederspannungstype von 50 bis 430 Kilowatt bei 150 bis 500 Volt und als Hochspannungstype von 50 bis 650 Kilowatt bei 500 bis 3000 Volt. Die gedrängte Bauart, der kleine Wasserinhalt machen diesen Kessel sehr rasch betriebsbereit.

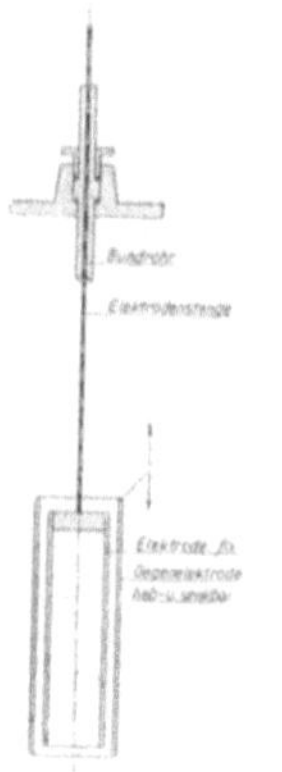

Abb. 154

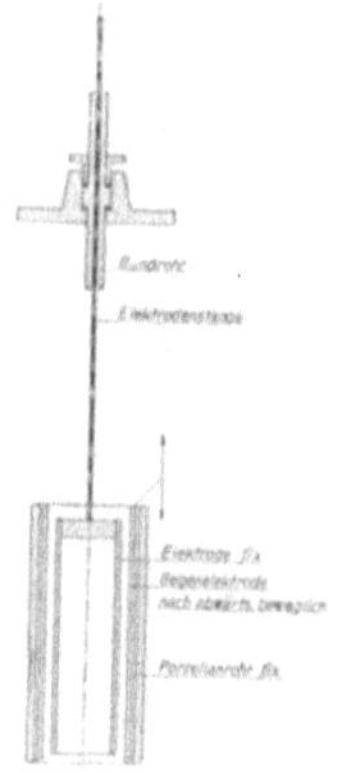

Abb. 155

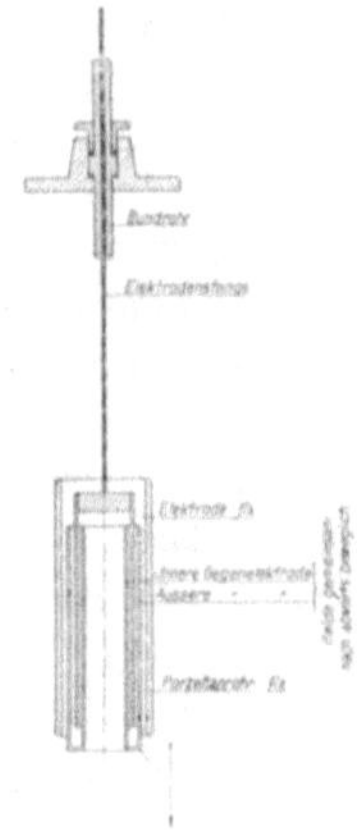

Abb. 156

Der **Niederspannungskessel** der **Allgemeinen Elektrizitäts-Gesellschaft** hat Tauchelektroden, die von Metallkörpern umgeben sind, die als Gegenelektroden dienen (Abb. 153). Durch diese soll eine Wasserzirkulation im Kessel bewirkt werden. Im übrigen ist er dem Revelkessel ähnlich, doch hat er einen bedeutend größeren Wasserinhalt, was für einen ruhigen Betrieb sehr von Vorteil ist, jedoch eine längere Anheizdauer erfordert. Er wird für Leistungen von 20 bis 250 Kilowatt bei Netzspannungen bis zu 1000 Volt gebaut.

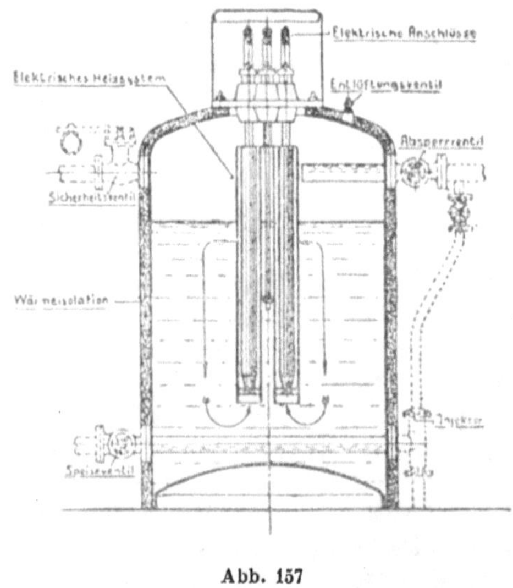

Abb. 157

Die Leistungsregulierung, die bei diesen Systemen durch Heben und Senken des Wassers erfolgte, bestand in einer Veränderung der wirksamen Oberfläche der Elektroden, mithin in einer Veränderung des Übergangswiderstandes von der Elektrode zum Wasser. Derselbe Erfolg würde auch durch Heben und Senken der Elektroden bei konstant gehaltenem Wasserstand erreicht werden. Eine derartige Ausführung zeigt Abb. 154 und 155, bei größeren Leistungen wird eine doppelte Gegenelektrode verwendet (Abb. 156). Die **Gesellschaft für**

Elektro-Heizungstechnik in Wien stellt ein Kesselsystem für Niederspannung her, bei welchem die Leistungsregulierung auch durch Veränderung der wirksamen Elektrodenoberfläche erzielt wird, aber nicht durch die Tauchtiefe der Elektroden, sondern dadurch, daß zwischen einer konzentrischen Elektrode und Gegenelektrode ein verschiebbares Isolierrohr angeordnet ist. Auch der Elektrokessel der **Widerstand-A.-G. in Hannover,** System Penzold, der aber für größere Leistungen und höhere Spannungen gebaut wird, benützt dieses Regulierungsprinzip.

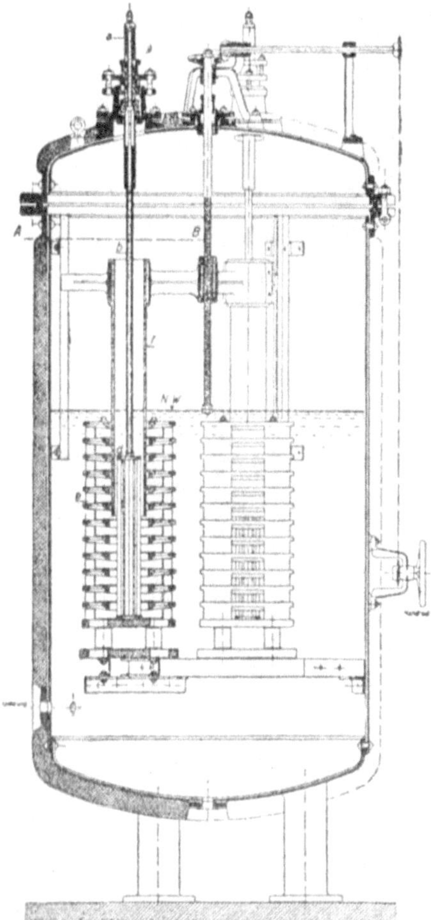

Abb 158.

Letzterer Kessel (Abb. 158) hat eine Heizvorrichtung, die aus einer Anzahl von Scheiben aus Isolationsmaterial besteht, die um eine zylinderförmige Elektrode aufgeschichtet sind. Zwischen den einzelnen Scheiben sind Distanzstücke angebracht, so daß Kanäle entstehen, in welchen die Verdampfung des Wassers stattfinden soll. Der Zutritt des Wassers erfolgt durch Bohrungen in den Tellern; die sich bildenden Dampfblasen entweichen seitlich. Durch diese Anordnung wird die Umsetzung der elektrischen Energie in Wärme von den Elektroden in die Kanäle verlegt, in welchen der stromdurchflossene Flüssigkeitsquerschnitt auch noch wesentlich größer als an der Elektrode ist. Der Strom tritt radial von der inneren Elektrode durch die von den einzelnen Scheiben gebildeten Kanäle zu dem Kesselmantel über. Die Regulierung erfolgt entweder durch Änderung des Wasserspiegels oder dadurch, daß die Innenelektrode von einem verschiebbaren Isolierrohr mehr oder minder abgedeckt wird.

Die verschiebbaren Isolierrohre der letzteren Kessel legen eine weitere Möglichkeit der Leistungsregulierung nahe, nämlich die Regulierung nicht auf den Übergangswiderstand der Elektroden zum Wasser zu verlegen, sondern dieselbe durch Veränderung des Wasserwiderstandes selbst zu erzielen. Durch Verwendung von künstlichen Hilfsmitteln, wie Zusatz von Kondenswasser oder Rohwasser, Einbau von Isolationen, beweglichen Gegenelektroden usw., sucht man dies zu erreichen. Die künstliche Veränderung der Beschaffenheit des Kesselspeisewassers zur Leistungsregulierung ist nur ein unvollkommenes Hilfsmittel, da die Wirkung erst nach einer längeren Zeit sich geltend macht, wenn man nicht Wasser zu diesem Zweck aus dem Kessel auslassen will, was jedoch wieder Wärmeverluste bedingt. Eine andere Art der Regulierung ist, die Elektroden in einzelne Stufen zu unterteilen, Systemgruppen von Elektroden zu schaffen, die vom Schaltbrette aus ein- und ausgeschaltet werden können. Neben dieser äußeren Regulierung vom Schaltbrette aus ist jedoch wegen des veränderlichen Wasserwiderstandes und der leicht eintretenden schiefen Belastung stets auch eine innere Feinregulierung nötig. Durch bewegliche innere Teile, die entweder die Länge oder den Querschnitt der stromführenden Wasserschichte verändern, wird dies erreicht. Auf der Veränderung der Länge des Stromweges im Wasser beruhen die Systeme der A.E.G. und von Brown-Boveri & Co.

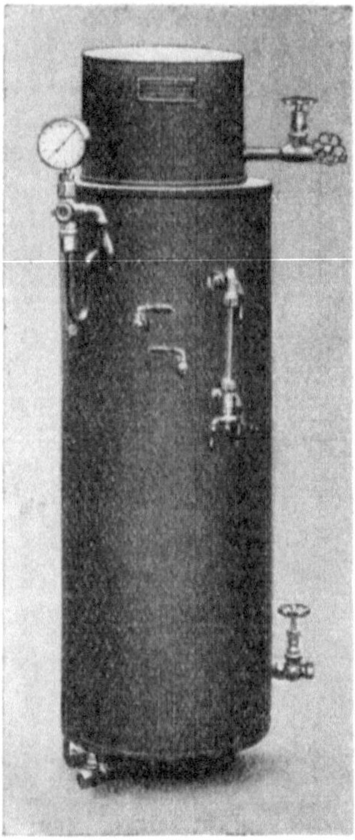

Abb. 159
Elektrodampfkesselautomat

Es gibt vielerlei Verrichtungen, für welche kleine Mengen Dampf benötigt werden, die durch direkte elektrische Heizung entweder überhaupt nicht, z. B. gewisse Konfektions-Bügelmaschinen, oder nur unter ungünstigen Bedingungen ersetzt werden können, z. B. für mit Dampfheizung bereits eingerichtete Trikotagenpressen. Bei solchen kleinen elektrischen Dampfkesseln besteht dann ein erhöhtes Bedürfnis nach vollständig automatischem Betrieb und hiefür hat die Gesellschaft für Elektroheizungstechnik einen Elektrodampfkesselautomaten für 100 kW (Abb. 159) entwickelt. Die Automatik besteht im wesentlichen aus drei Funktionen.

1. Die selbsttätige Wasserstandsregelung. Sie wird durch einen in geeigneter Weise eingebauten Schwimmer bewirkt, der entsprechend ausbalanciert, ein einfaches, nur minimale Verstellungskräfte erforderndes Schaltorgan betätigt. Hiedurch wird eine über ein Reduktionsgetriebe elektrisch angetriebene kleine Kolbenpumpe selbsttätig ein- und ausgeschaltet. Hiebei ist auch die

Möglichkeit vorgesehen, die Speisepumpe im Bedarfsfalle von Hand zu bedienen.

2. Die selbsttätige Druck-, bezw. Leistungsregelung. Das Manometer ist mit einer Kontaktvorrichtung mit magnetischer Momentschaltung versehen und schaltet hiedurch über Schütze den Heizstrom. Die Schaltung ist so getroffen, daß die selbstätige Leistungsregelung wahlweise entweder nur auf einen Teil oder auf die volle Leistung wirksam wird.

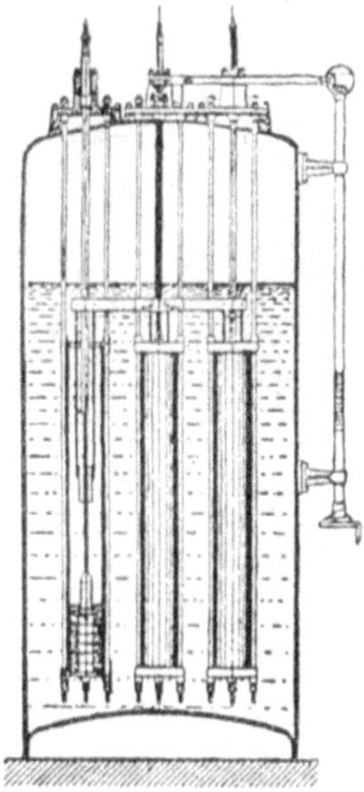

Abb. 160

3. Die Sicherheitsschaltung. Die Wasserstandsregelung besitzt noch ein zweites Schaltorgan, welches die Schütze im Heizstromkreis zum Ausschalten bringt, sobald der Wasserstand unter das vom Regler zu haltende Maß gesunken ist.

β) Kesselsysteme für Hochspannung.

Der **Hochspannungskessel** der **A. E. G.** (Abb. 160), der nach den ersten Patenten von R. v. Brockdorff mit verschiedenen wesentlichen Abänderungen gebaut wird, ist dadurch gekennzeichnet, daß er noch eine verstellbare Gegenelektrode besitzt (Abb. 161). Beide Elektroden sind von einer Porzellanröhre umgeben, die aus dem Kesselwasser eine Flüssigkeitssäule abtrennt, die jedoch mit dem übrigen Inhalt kommuniziert. Hiedurch wird die Dampferzeugung auf die Strecke, welche zwischen den beiden Elektroden liegt, lokalisiert. Da bei diesem System die Dampfbildung hauptsächlich an den Elektroden stattfindet, ist die Formgebung derselben von besonderer Bedeutung, damit der sich bildende Dampf schnell abströmen kann. Bei Drehstrom bilden je drei Rohre (Abb. 162) ein an die drei Phasen in Sternschaltung angeschlossenes System. Außer der groben, äußeren Regulierung durch Zu-

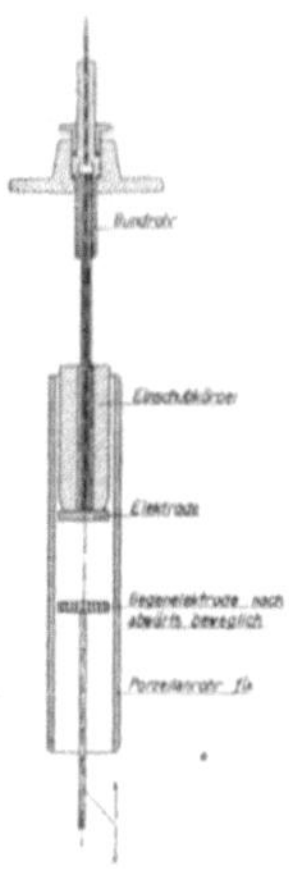

Abb. 161

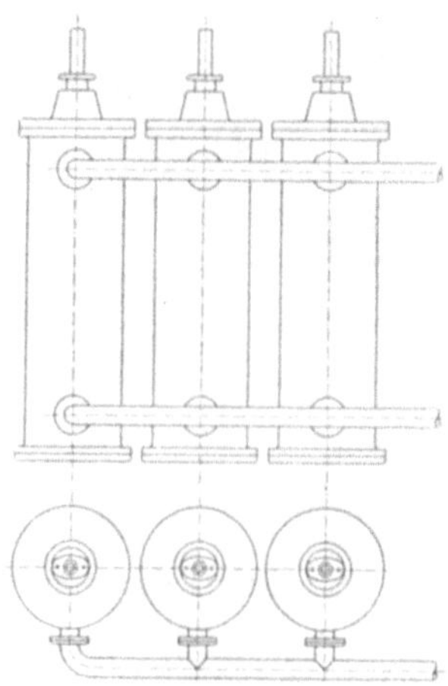

Abb. 162

und Abschalten solcher Elektrodensysteme kann durch Verstellung der Gegenelektrode mittels Handrad und Kegelräder, also durch Veränderung der Länge des Wasserweges noch eine

Abb. 163

feine Regulierung um etwa 30% für jedes System erreicht werden.

Mit in stehenden Isolierrohren eingebauten, feststehenden Elektroden und achsial verschiebbaren Gegenelektroden fertigt auch die **Gesellschaft für Elektro-Heizungstechnik** in Wien Hochspannungskessel bis inklusive 3000 Volt an.

Abb. 164

Abb. 163 zeigt einen elektrisch beheizten Kessel für 600 kW-Leistung und 5000 Volt Spannung, Abb. 164 einen solchen für 2250 kW und 15.000 Volt.

Die **Brown-Boveri & Co., Aktiengesellschaft**, bewirkt die Veränderung der Länge des Stromweges im Wasser und mit-

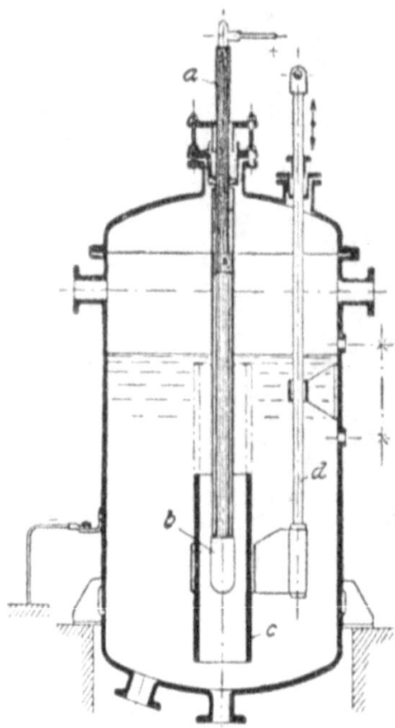

Abb. 165

hin die des Widerstandes dadurch, daß sie ein um eine feststehende Elektrode befindliches Isolationsrohr (Verdampferrohr) beweglich anordnet (Abb. 165).

Als Gegenelektrode dient die Kesselwand. Der höchsten Lage des Rohres entspricht die maximale Energie-Aufnahme. Die Verstellung des Rohres erfolgt vermittels eines Gestänges, kann aber auch selbsttätig derart geschehen, daß das Verdampferrohr an einem Schwimmer aufgehängt wird. Durch eine Speisepumpe mit konstanter Fördermenge, die größer ist als die vom Kessel zu verdampfende Wassermenge, und ein Speisewasser-Überlaufventil erfolgt die Einstellung der der Leistungsaufnahme und dem Dampfdruck entsprechenden Wasserstandshöhe im Kessel (Abb. 166). Für große Leistungen bei niedrigen Spannungen und größerem Wasserraum ordnet diese Firma eine besondere Zwischenelektrode an, die auf dem verstellbaren Isolationsrohr oben angebracht ist (Abb. 167), so daß der Stromübergang einerseits von der feststehenden Elektrode durch die obere Öffnung des Verdampferrohres nach der Zwischenelektrode, anderseits durch die untere Öffnung dieses Rohres nach der geerdeten Kesselwand erfolgen kann. Die Leistungsregelung geschieht bei dieser Anordnung gleichfalls selbsttätig durch ein wärmeempfindliches Organ, durch einen sogenannten Thermostaten. In der Zeitschrift des Bayerischen Revisions-Vereines vom Jahre 1920, S. 35, beschreibt Oberingenieur Höhn einen eigenartigen Wasser-

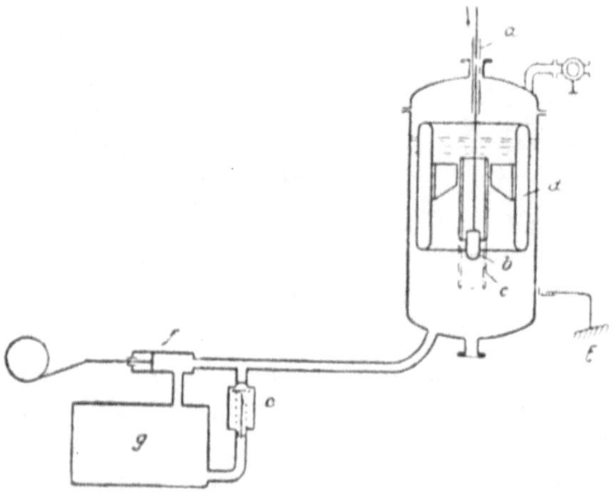

Abb. 166

strahl - Elektrodenkessel von Brown, Boveri & Co., dessen Leistung durch Veränderung der Länge des Wasserstrahles, der als Stromweg dient, reguliert wird. In einem Kessel sind übereinander zwei Trichter angeordnet, von denen der eine an den einen Pol, der andere an den anderen Pol angeschlossen ist, aber beide gegen den Kesselmantel isoliert sind. Durch eine Pumpe wird das unten im Kessel befindliche Kesselwasser samt dem dazukommenden Speisewasser in den oberen Trichter gepumpt. Der Wasserstrahl zwischen dem oberen und unteren Trichter wird vom elektrischen Strom durchflossen. Der Höhenunterschied zwischen dem Spiegel in beiden Trichtern bestimmt den Widerstand und damit die Verdampfung.

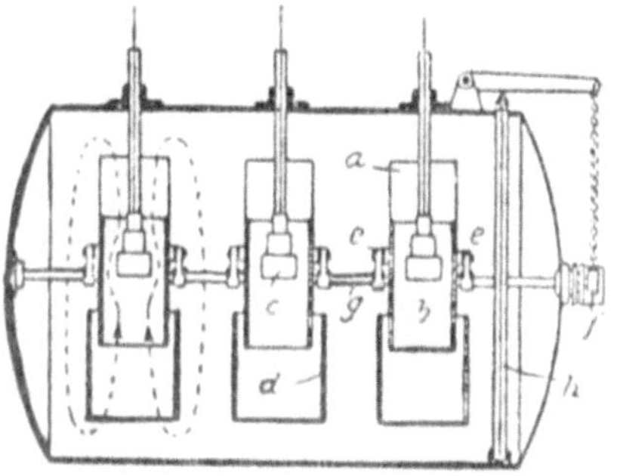

Abb. 167

Für kleinere Leistungen bei sehr hohen Spannungen (über 10.000 Volt) baut die **Widerstand-A.-G. in Hannover** elektrische Dampfkessel, die sich dadurch hervorheben, daß bei ihnen bei kleinen räumlichen Abmessungen die nötigen hohen Widerstände durch konzentrische Anordnung von mehreren Isolierrohren geschaffen werden (Abb. 168). Der Strom verläuft von der Innenelektrode a durch den Schlitz c, des Isolierrohres b_1, teilt sich in zwei Zweige, fließt längs des Umfanges von b_1 zum Schlitz c_2, dann längs des Rohres b_2 zum Schlitz c_3 und schließlich zum Kesselmantel. Die Regulierung erfolgt durch Veränderung des Wasserstandes.

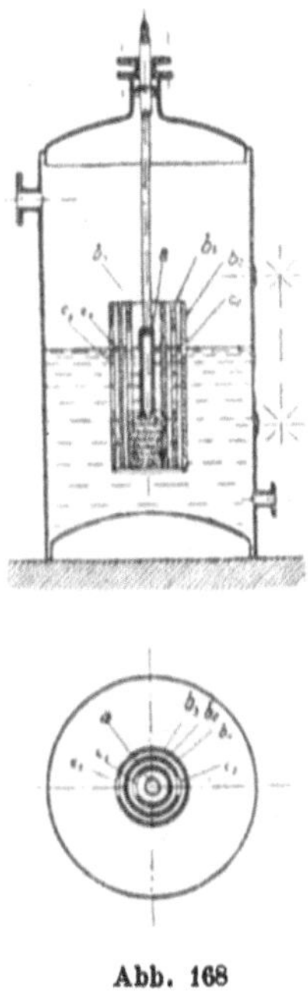
Abb. 168

Von dem Gedanken ausgehend, daß man bei jedem elektrischen Leiter den Querschnitt entsprechend der Belastung wählt, fertigt die **„Wärmag", Wärme-Akkumulatoren-Gesellschaft m. b. H. in Berlin,** Elektrokessel an, bei welchen die Regelung durch Querschnittsveränderungen des stromführenden Wasserweges bewirkt wird. Um eine konische Elektrode ist ein gleichfalls konisches Isolationsrohr gelegt. Durch Senken des Konusrohres wird der aktive Wasserquerschnitt und damit die Leistung vergrößert und umgekehrt.

Denselben Gedanken verfolgt auch jetzt R. von Brockdorff, dessen neues, vollständig umgeändertes System die **Ottowerke, G. m. b. H. in München,** bauen (Abb. 169). Bei diesem System bleibt die Länge des Stromweges bei

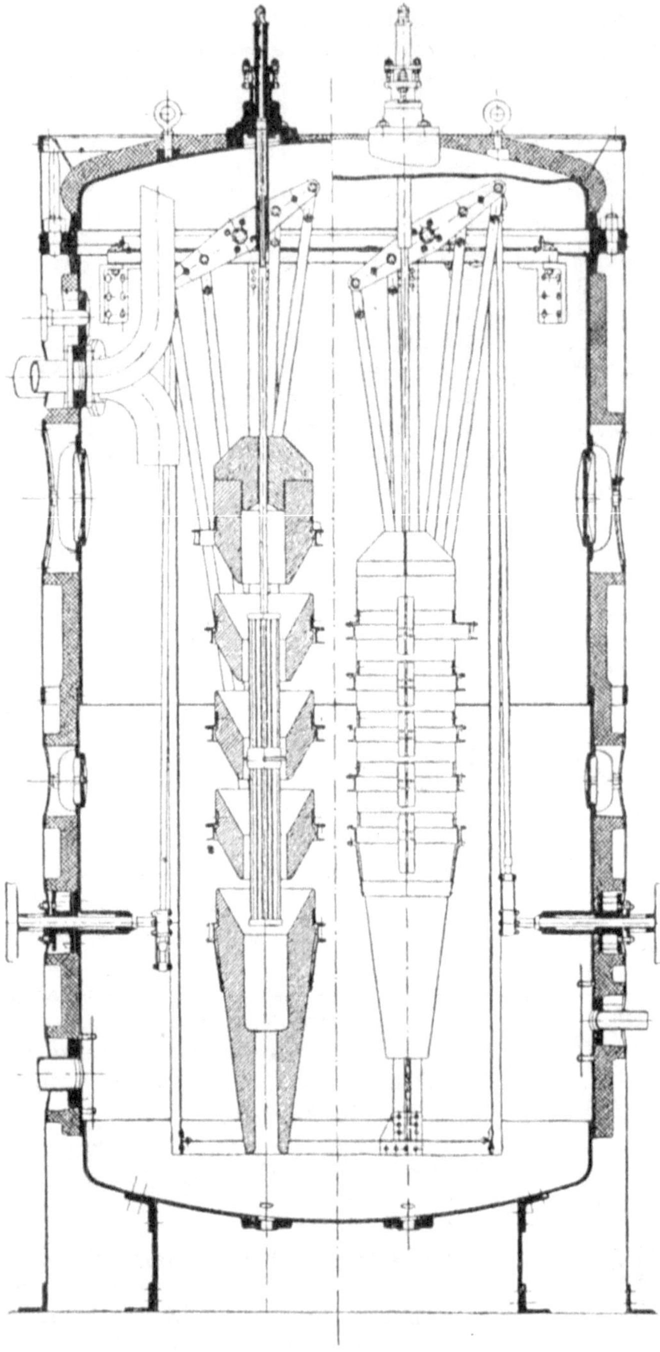

Abb. 169

allen Belastungen unverändert. Die Veränderung der Leistung wird nur durch die Veränderung des Querschnittes und der dem Stromdurchgange unterworfenen Wassermenge erzielt. Die eigentliche Elektrode besteht aus einer Anzahl kreisförmig angeordneter Eisenstäbe, zwischen denen das Wasser frei aufsteigen kann. Die Elektrode ist von mehreren isolierenden kegelförmigen Verdrängungskörpern umgeben. Der mittlere Verdrängungskörper steht

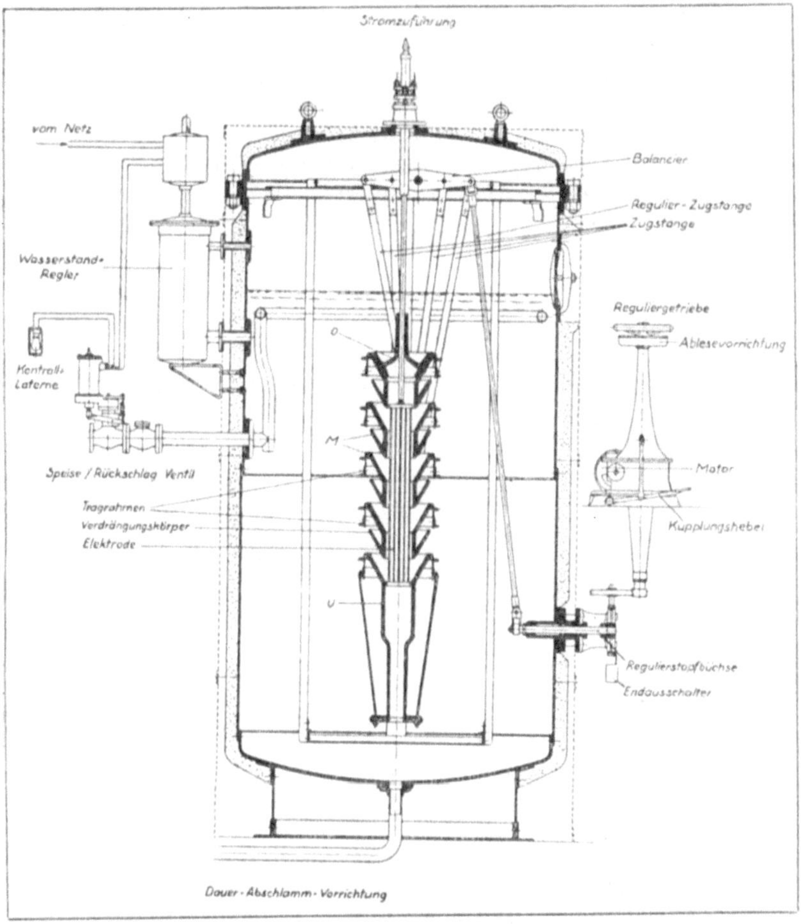

Abb. 170. Schematische Darstellung der Reguliervorrichtung und Nebenapparate

fest und dient gleichzeitig der Elektrode als Abstützung. Die übrigen Verdrängungskörper sind axial verschiebbar und hängen zu diesem Zweck an einem Rahmen, der durch ein Gestänge von einem Wagebalken verstellt werden kann. Die Isolierkörper halten sich gegenseitig das Gleichgewicht und lassen zwischeneinander konische Leitkanäle frei. Um den Kanalquerschnitt zu verändern, werden die über der feststehenden Isoliertasse liegenden Körper gehoben, die darunter befindlichen gesenkt und umgekehrt. Der Betrieb der Wagebalken erfolgt von außen durch Schraubenräder (Abb. 170), die entweder von Hand oder durch eine elektrische Fernsteuerung vom Schaltbrett aus betätigt werden können. Die Zuführung des Wassers zu den Elektroden erfolgt durch ein verengtes Isolierrohr, in dem sich nur eine ganz geringe Leistung in Wärme umsetzt. Die konischen Leitkanäle, die sich nach außen erweitern, tragen der Dampfbildung, die von innen nach außen zunimmt, Rechnung. Durch diese Anordnung soll nicht nur eine ruhigere Verdampfung erzielt werden, indem bei steigender Leistung der Verdampfungsraum nicht verkleinert wird, sondern die zwangsläufige Führung des Wassers in den Kanälen soll auch bewirken, daß sich keine Wasserschichten mit verschiedenen Temperaturen und Schlieren bilden, die die Leitfähigkeit ändern und im wirksamen Teil des Kessels eine verschiedene Widerstandsver-

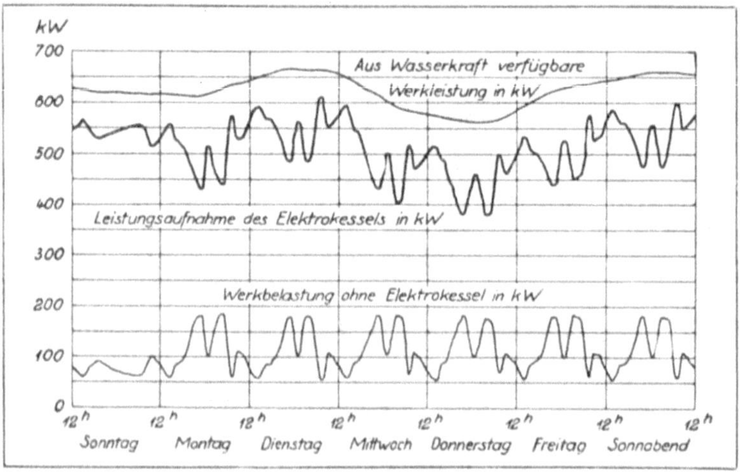

Abb. 171. Wochenbilanz eines Wasserkraftwerkes während der Hochwasserperiode

teilung und ein verschiedenes Potentialgefälle hervorrufen. Außerdem soll die Energieumsetzung von der Elektrode weg in die Leitkanäle verlegt werden, um Kesselsteinbildungen an der Elektrode möglichst zu vermeiden. Der Kessel ist überlastbar. Sein Leistungsumfang beträgt nach Angabe der Firma im allgemeinen zwischen 5 und 150% der Normalleistung.

Aus Abb. 171 ist ersichtlich, was die Regulierung eines Kessels auf Grund der Strombelieferung leisten muß, welche Spitzen der Kessel aufzunehmen hat und wie weit die Möglichkeit gegeben sein muß, herunter zu regulieren, um den zur Verfügung stehenden Strom voll aufzunehmen, ist daraus klar zu erkennen.

Auf Querschnittsveränderungen der stromführenden Wasserschichten beruht auch die Regulierung der Kessel der Gesellschaft für Elektro-Heizungstechnik in Wien, die für Spannungen von 5000 bis 15.000 Volt gebaut werden und bei welchen um eine feste

Elektrode ein feststehendes und ein zwischen beiden bewegliches Isolierrohr angebracht sind.

Nun kann aber auch der Widerstand der Wasserschichten sowohl durch Veränderung der Länge als auch durch Veränderung des Querschnittes des Stromweges geregelt werden. Auf diesem Prinzip beruht die Leistungsregulierung des Elektrodenkessels der **Siemens-Schuckert-Werke.** Dieser Kessel ist liegend angeordnet und besitzt abnehmbare Deckelflanschen, an welchen als einziger Isolierkörper die Durchführungen mit dem gesamten elektrischen Einbau montiert sind. Mit Hilfe eines verstellbaren Wasserstandsreglers wird die Größe der eingetauchten Elektrodenfläche der zu erzeugenden Dampfmenge entsprechend von Hand aus eingestellt. Die einmal eingestellte Höhe des Wasserspiegels im Kessel wird durch einen automatisch wirkenden Wasserstandsregler konstant auf gleicher Höhe erhalten. Die Leistungsregulierung erfolgt durch Schwenken der Elektrodenplatten gegen die mit der Kesselwandung, die geerdet ist, verbundene Sternpunktplatte. Durch dieses Schwenken der Elektrodenplatte wird nun sowohl die Länge als auch der Querschnitt der stromführenden Wasserschicht im gleichen Sinne verändert. Die Größe des Widerstandes R ist durch den Ausdruck $R = c \frac{l}{q}$ gegeben, worin c der Widerstandskoeffizient, l die Länge und q der Querschnitt des Leiters ist. Ein gutes Bild der Widerstandsveränderungen durch dieses Schwenken erhält man aus der in Abb. 172 gezeichneten Kurve. Die vom Kreismittelpunkt gezogenen Sektoren zeigen die Größe des Widerstandes und die Neigung der Platten an. Beachtet man, daß die Länge l des Stromweges um die Hälfte des Lotes A_1, A_2, mithin um $\frac{l_1}{2}$ sin φ abnimmt, wenn φ den Drehungswinkel und l_1 die Länge der Platte bezeichnet, während der Querschnitt nach der Drehung nur mehr das cos x-fache beträgt, so ergibt sich für den Widerstand die Formel

$$R = c \frac{1 - \frac{l_1}{2} \sin \varphi}{q \cos \varphi}.$$

Für $l_1 = l$ erhält man die gezeichnete Kurve, die die Gestalt einer Tangentenlinie besitzt. Aus

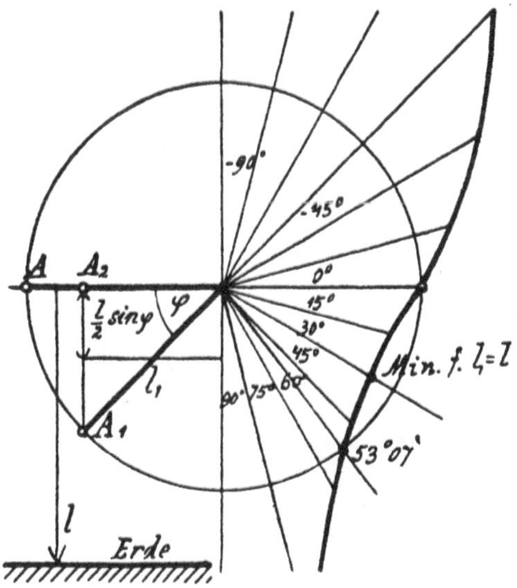

Abb. 172

ihr ist ersichtlich, daß eine Drehung aus der Nullage nach der einen Seite eine Widerstandszunahme bedingt, während ein Schwenken nach der anderen Seite zunächst eine Widerstandsabnahme und nach Überschreitung eines bestimmten Minimums aber wieder eine Zunahme bewirkt. Hiedurch ist es möglich, eine Regulierung zwischen 40 und 110 % der normalen Leistung zu erreichen. Bei größeren Elektrodenkesseln — die Kessel werden nach Angabe der Firma von 50 bis 1500 Kilowatt gebaut — mit mehreren Elektrodensystemen erfolgt die Regulierung auch noch durch Zu- und Abschalten der Systeme, so daß z. B. ein Kessel mit zwei Systemen einen Regelbereich in den Grenzen zwischen 110 % und 20 % zuläßt. Die Regulierung kann von der Hand oder automatisch erfolgen.

γ) Betriebsverhältnisse.

Aus dem allgemeinen Dampfkesselbau ist bekannt, welche **Bedeutung** eine **gute Wasserzirkulation** innerhalb des Kessels hat. Beim Elektrodenkessel kommt noch der Umstand hinzu, daß, wie erwähnt, verschieden erwärmte Flüssigkeitsschichten die Belastung ändern, die verfügbare Energie nicht voll ausnützen und störend auf andere Teile des Stromnetzes einwirken können. Eine ungleichmäßige Verdampfung wird deshalb ein Schwanken des Leitungswiderstandes und ein Pendeln der Belastung zur Folge haben. Wenn beim Elektrodenkessel ein zu niederer Wasserstand im Kessel auch keine Gefahr für die Sicherheit des Kessels bildet, so muß doch aus elektrischen und anderen Gründen auf eine möglichst genaue Einhaltung des Wasserstandes und gleichmäßige Dampfbildung gesehen werden. Fehlt nämlich bei einem Elektrodenkessel eine Wasserzirkulation oder ist sie mangelhaft, so bleiben die unteren Wasserpartien im Kessel kühl, sie werden nicht einmal handwarm. Neben der geringeren Verdampfung kann dieser Mangel aber auch zu ungleichmäßigen Dehnungen und Spannungen im Kesselblech und zu Brüchen von Einführungsisolatoren usw. führen. Es ist daher auch fast jedes System auf eine gute Wasserzirkulation im Kesselinnern bedacht, die vielfach selbsttätig erfolgen soll. Durch Anordnung verschieden geformter Isolierkörper, durch Kanäle, durch besonders geformte Elektroden usw. trachtet man Dampfpelze zu vermeiden und die Elektroden als den wichtigsten Bestandteil möglichst kühl zu erhalten.

Immerhin kann es vorkommen, daß der natürliche Umlauf des Wassers nicht genügt. Um diesem Übelstand abzuhelfen, bauen Brown, Boveri & Co. in den elektrischen Dampfkessel für einen Heizwagen, der für die elektrisch betriebenen Strecken der Schweizer Bundesbahnen bestimmt ist, im Innern eine **Wasserumwälzpumpe** ein, deren Welle durch den Kesselboden hindurchgeführt und durch einen außerhalb des Kessels befindlichen Elektromotor angetrieben ist. Die Mündungen der Druckrohre dieser Pumpe sind unter die Verdampferrohre dieses Systems

Liste der in Betrieb in Österreich befindlichen Elektro-Dampfkesselanlagen

hergestellt von der A. E. G.-Union Elektrizitäts-Gesellschaft.

Jahr der Lieferg.	Anzahl der Kessel	Name der Anlage resp. Firma	Ort	Kessel-überdruck in atm.	Spannung und Stromart	Leistung in kW pro Kessel	Leistung in kW total	max. Dampf-leistung in kg/St.	Verwendung des Dampfes	Verfügbares Speicher-gewicht in kg Wasser	Druck-grenze des Speichers
1920	2	Papierfabrik Steyrermühl A. G.	Steyrermühl O.-Ö.	8	10.000 DS	800	1600	2000	Beheizung von Papiermaschinen	—	—
1920	1	Mitterberger Kupfer A. G.	Außenfelden Salzburg	4	5000 DS	800	800	1000	Beheizung von Kupfersulfatbädern	—	—
1920	1	Missionshaus St. Rupert	St. Rupert Salzburg	0,45	380 DS	150	150	200	Beheizung der Kochapparate und Wäscherei	—	—
1921	1	Leykam-Josefstal A. G., Papierfabrik	Gratwein	8	5000 DS	600	600	750	Beheizung der Papiermaschinen	—	—
1921	1	Spinnerei und Weberei Kaufing-Johannistal G. m. b. H.	Kaufing O.-Ö.	6	1700 DS	500	500	625	Heizdampf für Bleicherei, Schlichterei	9100	2—6 atm.
1921	1	Spinnerei und Weberei Kaufing-Johannistal G. m. b. H.	Johannistal O.-Ö.	6	1700 DS	100	100	125	Heizdampf für Bleicherei, Schlichterei	4400	2—6 atm.
1921	1	Harlander Baumwoll-Spinnerei	Harland	10	5000 DS	550	550	700	Heizdampf für Bleicherei, Schlichterei	23.000	3—10 atm.
1921	1	Ges. für elektrometallurg. u. chem. Produktion, G. Paukert	Marchtrenk O.-Ö.	6	220 DS	20	20	25	Beheizung von elektro-chem. Bädern	—	—
1921	1	Lodenfabrik Mössmer u. Co.	Bruneck	7	220 DS	300	300	375	Beheizung von Textilmaschinen	10.000	2—6 atm.
1922	1	Lederfabrik Pöschl	Rohrbach O.-Ö.	8	220 DS	110	110	140	Fabrikationsdampf für Gerberei	—	—
1922	1	The Kellner Partington Paper Pulp Co. Ltd.	Seebach Kärnten	8	15.000 DS	2250	2250	2800	Zellulosekocher	—	—
1922	3	Textil-Firma Ganahl u. Co.	Frastanz Vorarlberg	8	500 DS	400+400 +200	1000	1250	Heizdampf für Textilmaschinen	15.000	2—8 atm.
1922	1	Zündwarenfabrik „Orion“	St. Pölten	7	380 DS	70	70	90	Raumheizung	15.000	2—6 atm.
1923	1	Baumwollspinnerei Glanzmann u. Gassner	Neumarktl Krain	12,5	6000 DS	1200	1200	1500	Heizdampf für Garnkocher, Bleicherei, Schlichterei	55.000	3-12·5 atm.
1923	1	Mitterberger Kupfer A. G.	Mühlbach	0,3	5000 DS	300	300	380	Raumheizung	—	—
1923	1	Brückenbauanstalt Janisch	Parsch bei Salzburg	0,5	120 DS	100	100	125	Raumheizung	—	—
1924	1	Öst. Alpine Montangesellschaft	Fohnsdorf		2000 DS	100	100	125			—

gesetzt, so daß ein kräftiger Wasserstrom die Elektroden bestreicht. Der Kessel ist sonst nach dem früher beschriebenen System dieser Firma gebaut, nur ist er horizontal gelagert, um eine möglichst große Verdampfungsoberfläche zu erhalten. Um Gewähr für trockenen Dampf zu haben, ist auf den Kessel ein Wasserabscheider aufgesetzt. Der Kessel besitzt zwei unabhängige Elektrodensysteme, die normalerweise nur einzeln arbeiten und nur beim Anheizen und bei großer Kälte zusammen eingeschaltet werden. Im Unterschiede zu dem früher genannten Kessel besitzt jede Elektrode zwei konzentrische Isolierrohre, von denen das innere verschiebbar, das äußere hingegen fest ist. Letzteres soll die Isolation des Systems erhöhen, dem inneren mechanischen Schutz bieten und die Stetigkeit der Leistungsregulierung gewährleisten. Es mag noch erwähnt werden, daß der Heizkessel mittels zweier Durchführungsisolatoren Strom von der Fahrdrahtspannung von 15.000 Volt bei $16^2/_3$ Perioden erhält. Die Heizleistung kann zwischen 30 und 1200 Kilowatt geregelt werden; sie reicht zur Beheizung von etwa 10 Personenwagen aus.

Die **Schaltung** ist bei den Elektrodenkesseln bei Drehstrom im allgemeinen die Sternschaltung. Der Sternpunkt liegt entweder im Wasser, im Kesselmantel oder im Rahmen der Reguliervorrichtung. Nur in vereinzelten Fällen, bei kleineren Leistungen und niederen Spannungen, wird Dreieckschaltung verwendet. Ein Beispiel eines solchen Kessels findet sich in der Chemischen Fabrik Weißenstein in Kärnten. Die Elektroden bestehen aus Eisenblechen, die im Kreise einander gegenübergestellt sind. Die Regulierung erfolgt durch Heben und Senken des Wasserspiegels.

Als **Isolationsmaterial** wird Ton, Porzellan und Quarz verwendet. Für niedrige Spannungen und niedere Kesseldrücke genügt Ton, für Hochspannungen wird jetzt allgemein Porzellan genommen. Quarz hat sich trotz seiner günstigen Ausdehnungsziffer und Unempfindlichkeit gegen Temperaturschwankungen nicht so gut bewährt, weil er ziemlich spröde ist und vom Kesselwasser stark angegriffen wird. Die Anforderungen, die an diese Baustoffe gestellt werden, sind bedeutende. Die Isolierrohre im Innern des Kessels sind mechanischen, elektrischen und chemischen Einflüssen ausgesetzt.

Dazu kommt, daß der Kesselstein eine andere Wärmeausdehnung als Porzellan besitzt, weshalb bei mit Kesselstein belegten Rohren leicht ein Bruch eintritt. Der Verschleiß der Rohre ist daher ein ziemlich großer. Zerspringt ein solches Rohr, so tritt Nebenschluß oder Kurzschluß ein, der bei niederen Spannungen zwar durch den Widerstand des Wassers verhindert wird, bei höheren Spannungen aber leicht das Auftreten von Feuererscheinungen zur Folge haben kann, die wieder schwere Schädigungen der Anlage und sonstige Unannehmlichkeiten, wie Durchschmelzen der Stromzuführungsstange usw., hervorbringen können. Die die Elektrodenstange umgebende Isolierung besteht gewöhnlich aus zwei ineinandergeschobenen Rohren, um eine erhöhte Sicherheit bei Bruch eines Rohres zu haben. Um diese Rohre leicht auswechseln zu können, legt Brown, Boveri & Co. um die Metallstange zwei konzentrische Isolationsrohre, die aus kurzen Stücken bestehen und einander überdecken.

Die Einführungen bereiten deshalb große Schwierigkeiten, weil sie nicht nur isolierend, sondern auch dampfdicht sein müssen. Da sie auch verhältnismäßig große Öffnungen im Kesselbleche verlangen, besteht die Gefahr, daß beim Bruch der Isolation des Einführungsstückes explosionsartige Vorgänge stattfinden. Die außerhalb des Kessels gelegenen Teile des Durchführungsisolators werden deshalb gern mit Schutzkappen umgeben. Ferner müssen Stromübergänge vom Durchführungsisolator zum Kesselmantel vermieden werden. Solche können leicht beim Anheizen eintreten, wenn an dem außenliegenden, noch verhältnismäßig kühlen Teil des Isolators sich Feuchtigkeit niederschlägt, die dann die Stromleitung zum Kesselmantel vermittelt. Brown, Boveri & Co. suchte diesem Übelstand dadurch abzuhelfen, daß die Dichtung zwischen dem Durchführungsisolator und dem stromführenden Teil an das Ende des hohln Isolators außerhalb der Kesselwand gelegt wird, so daß sich beim Anheizen der Hohlraum mit Dampf füllt und der ganze Isolator gleichmäßig erwärmt wird.

Die **Elektroden** bestehen normal aus Flußeisen, Stahl oder aus Grauguß. Als Belastung wird 1 Kilowattstunde, aber auch bedeutend mehr auf 1 Quadratzentimeter angenommen. Die Lebensdauer der Elektroden hängt einerseits vom Kesselwasser, anderseits vom System und von der Belastung ab. Bei Konstruktionen, bei welchen sie nicht vollständig im Wasser liegen, werden sie an der Wasseroberfläche leicht angefressen. Es kann nun vorkommen, daß der Verschleiß der Elektroden in einem Kessel ein ungleichmäßiger ist, indem beispielsweise die eine Elektrode früher als die andere zerfressen wird. Dies hat zur Folge, daß die Belastung eine schiefe wird, d. h. daß die Phasen ungleich belastet sind, wodurch wieder Stöße in den Stromleitungen auftreten können.

Die **elektrische Ausrüstung** solcher Anlagen besteht aus einer meist ziemlich großen Schalttafel mit den erforderlichen Apparaten, Instrumenten, Schaltern und Schutzvorrichtungen. In Bezug auf Sicherheit und Betriebsüberwachung sollte hier nicht gespart werden.

In elektrischer Hinsicht können bei einem elektrischen Kessel Unfälle durch Überspannungen, Erdschluß und Blitzschlag eintreten. Da der Mantel der Elektrokessel in der Regel geerdet ist, so ist eine Überspannung infolge statischer Ladungen oder Schaltvorgänge nicht zu befürchten. Der Anschluß eines großen Elektrokessels stellt für ein Hochspannungsnetz selbst einen Überspannungsschutz dar. Gegen direkten Blitzschlag gibt es keinen wirksamen Schutz. Um das Auftreten von nennenswerten Potentialdifferenzen zwischen Kessel und Erde zu verhindern und die Bedienungsmannschaft zu schützen, müssen die Kessel geerdet werden. Brown, Boveri & Co. ordnet außerdem hiefür ein spezielles Sicherheitsrelais an, welches den Ölschalter des Elektrodensystems auslöst, sobald die Potentialdifferenz zwischen Kessel und Erde 60 Volt erreicht.

Bezüglich des **Betriebes von Elektrodampfkesseln** ist im allgemeinen zu sagen, daß bei Defekten Kessel und Schaltanlagen sofort auszuschalten sind. Müssen irgendwelche Arbeiten an Kessel oder Schaltanlage, ein Nachziehen der Stopfbüchsen auf den Elektrodenflanschen und Regulierantrieben, Arbeiten an den Zuleitungen oder im Innern des Kessels usw. vorgenommen werden, so müssen nicht nur sämtliche Systeme mit Hilfe der Ölschalter ausgeschaltet, sondern auch der Trennschalter gezogen werden. Die Reguliervorrichtungen müssen mindestens täglich einmal durchreguliert werden, um sich von ihrem sicheren Arbeiten zu überzeugen und den an den beweglichen Teilen des Systems sich ansetzenden Kesselstein zu entfernen.

Der leere Kessel darf natürlich nur in stromlosem Zustande gefüllt werden. Das Zu- und Abschalten einzelner Systeme hat so zu geschehen, daß vorerst das System auf kleinste Leistung eingestellt wird, da sonst leicht Störungen in der Anlage, bezw. in der Kraftzentrale erfolgen. Um die Anheizdauer abzukürzen, kann Dampf mit dem entsprechenden Druck von fremden Kesseln dem Elektrokessel vorher zugebracht und erst dann elektrisch beheizt werden. Auf gute Entschlammung, welche Arbeit nur bei ausgeschaltetem Strom vorzunehmen ist, muß stets geachtet werden. Die Entschlammung wird auch dann immer vorgenommen werden müssen, wenn die Belastungsaufnahme trotz Regulierung den vorgesehenen Wert übersteigt, d. h. wenn das Wasser im Kessel bereits zu gut leitend geworden ist.

Die Elektrokessel müssen im allgemeinen viel öfter revidiert und gereinigt werden als feuerbeheizte Dampfkessel, da diese Kessel für Kesselstein viel empfindlicher und kleine Schäden an den inneren Teilen des Kessels sich sofort in der unangenehmsten Weise fühlbar machen. Wird der Kesselstein nicht rechtzeitig von den Elektroden, von den Isolationen und von den beweglichen Teilen entfernt, so ändern sich nicht nur die Widerstandsverhältnisse, sondern ein Demontieren wird oft dadurch auch zur Unmöglichkeit gemacht. Die Kesselsteinablagerungen werden im allgemeinen durch Abschaben entfernt, wobei vorher meist das ganze System aus dem Kessel herausgezogen wird. Manchmal hilft man sich auch dadurch, daß man das ganze System mit den Porzellanrohren in verdünnte Salzsäure eintaucht und hierauf die Salzsäure sorgfältig mit reinem Wasser abwäscht. Dieses Verfahren wird jedoch von der Zusammensetzung des Kesselsteines abhängen und nicht in allen Fällen anwendbar sein. Selbstverständlich muß ein zu befahrender Kessel von sämtlichen Strom- und Dampfleitungen sichtbar abgetrennt werden. Ein Ausschlämmen des heißen leeren Kessels mit kaltem Wasser darf wegen des Zerspringens der Isolierungen, Verziehungen der beweglichen Teile und auftretenden schädlichen Spannungen in den Materialien nicht durchgeführt werden. Wie man sieht, ist die Aufsicht eines Elektrokessels nicht einfacher als die eines feuerbeheizten Kessels, nur erstreckt sie sich auf vielfach andere Gebiete.

Elektrodenkessel werden derzeit für Leistungen bis zu 5000 Kilowatt und Spannungen bis über 20.000 Volt gebaut. Die höchsten Dampfspannungen, die in diesen Kesseln bisher erzeugt wurden, betragen an 20 Atm., doch sucht man meist unter diesen Drücken zu bleiben, in der Nähe von 8 Atm., weil mit dem wachsenden Druck und damit zusammenhängend mit der steigenden Wassertemperatur die Widerstände des Wassers wieder stärker zunehmen und hiedurch ein sicheres Arbeiten erschwert wird. Da für Wärmeverluste eigentlich nur die Ausstrahlung des Kesselmantels, der durch geeignete Wärme-Isolationsmittel dagegen gut geschützt werden kann, maßgebend ist, ist der thermische Wirkungsgrad der elektrischen Kessel ein sehr hoher. Er beträgt rund 95%. Weil 1 kWh = 860 WE äquivalent ist, so kann theoretisch durch 1 kWh höchstens 1343 kg Wasser von 0^{0} in Dampf von 1 Atm. abs., also 100^{0} C verwandelt werden. Mit steigendem Überdruck nimmt die Gesamtwärme des Dampfes an, folglich die pro 1 kWh erzeugte Dampfmenge ab. Sie beträgt beispielsweise für 8 Atm. Überdruck nur mehr 1292 kg, für 15 Atm. Überdruck 1279 kg. Die die Kessel erzeugenden Firmen garantieren im allgemeinen 1.3 kg Dampf pro 1 kWh, d. h. die durch Versuche festgestellte Dampfmenge wird rechnungsmäßig auf Speisewasser von 0^{0} C und Dampf von 100^{0} C reduziert, um Vergleichszahlen zu gewinnen. Die so errechnete Zahl wird der Erfüllung der Garantiebedingung zugrunde gelegt. Die Garantie von 1.3 kg Dampf pro 1 kWh entspricht einem theoretischen Wirkungsgrad von 96.8%.

b) Speicheranlagen.

Für Wärmespeicherung zum Zwecke späterer Dampfgewinnung ist gleichfalls Wasser das verbreitetste Mittel. In vielen Fällen deckt sich der Anfall der Überschußenergie und der Dampfverbrauch eines Unternehmens nicht. Um nun trotzdem diese Überschußenergie ausnützen zu können, werden die Elektro-Dampfkessel mit Speichern ausgerüstet.

Gut gespeichert wird die elektrische Energie in Form von Flüssigkeitswärme in einem Kessel von großem Wasserraume. Hiezu können die Elektrodensysteme direkt in den Speichern eingebaut werden. Die in Abb. 173 dargestellte Speicherung mit natürlicher Zirkulation entspricht recht gut, doch hat sie den Nachteil, daß keine Ventile in den Verbindungsstutzen zwischen Kessel und Speicher angebracht werden können und demnach bei Durchführung kleiner Arbeiten am Elektrokessel oder Speicher immer der ganze Wasserinhalt entleert werden muß. Es kann auch der in dem Elektrokessel erzeugte Dampf in den Wasserraum des Speicherkessels durch geeignete Düsen eingeblasen werden (Abb. 174).

Letztere Anordnung wird dann gewählt, wenn besonders große zu speichernde Energiemengen in Betracht kommen. Der eingeblasene Dampf kondensiert im Wasserinhalt und erhöht dadurch dessen

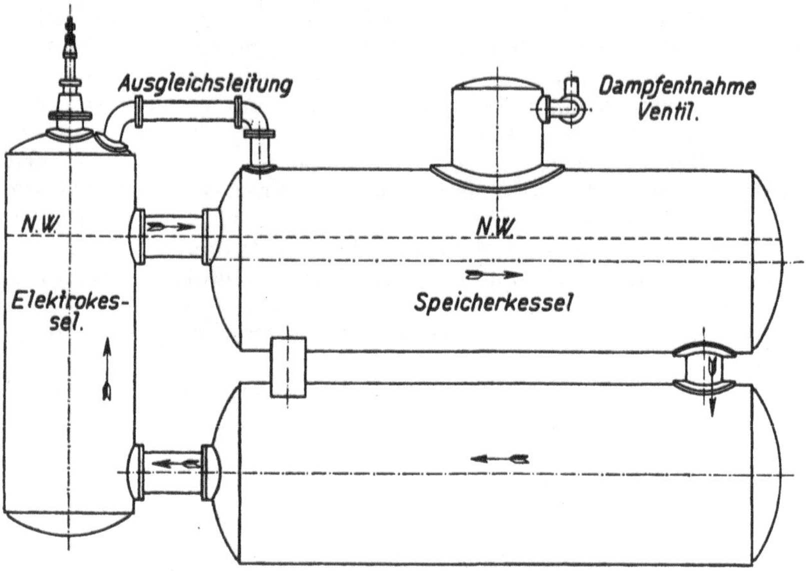

Abb. 173. Speicherung mit natürlicher Wasserzirkulation

Temperatur. Dementsprechend steigt auch der Druck, da bekanntlich jedem Dampfdruck eine bestimmte Temperatur des Wassers zugeordnet ist.

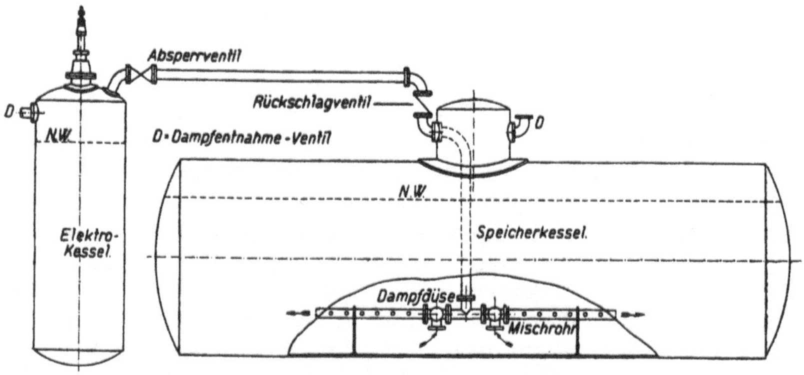

Abb. 174. Speicherung mittels Damfdüse

Bei der in Abb. 175 dargestellten Speicherung mit Umwälzungen ist eine eigene Pumpe erforderlich, wodurch sich die Anlage in Bau und Betrieb relativ teurer stellt.

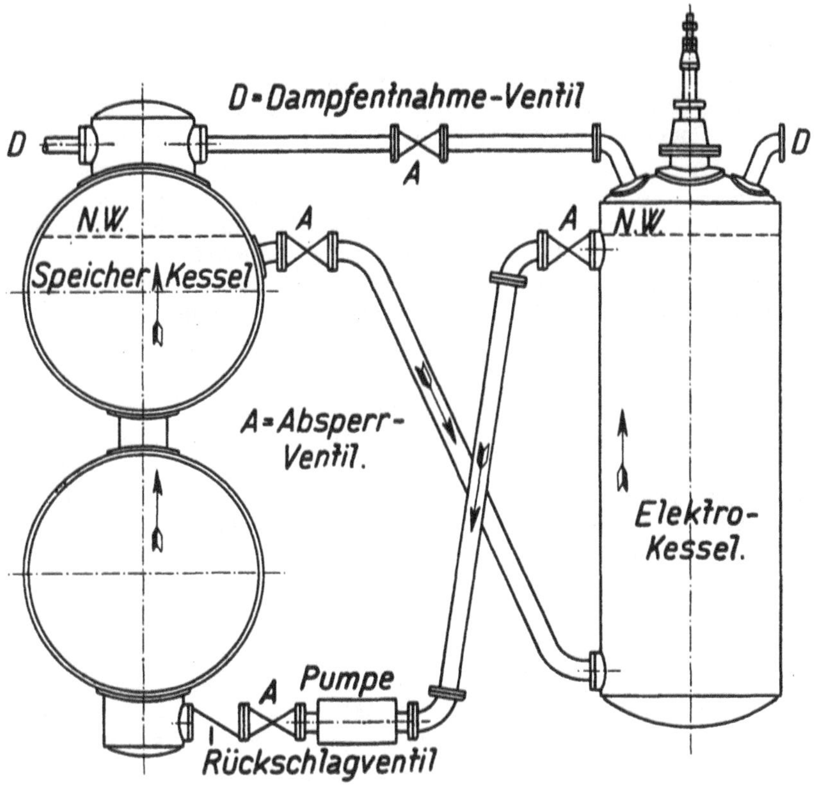

Abb. 175. Speicherung mit Umwälzpumpe

Bei Beginn der Dampfverbrauchszeit (Entladeperiode) wird das Dampfentnahmeventil am Speicher geöffnet. Es stellt sich demnach sofort eine kleine Druckentlastung des Speicherinhaltes ein, so daß die Temperatur des Speicherwassers nicht mehr dem darüber lastenden Druck entspricht, sondern nur mehr überhitzt ist und sehr stark zu verdampfen beginnt.

Zur Deckung der Verdampfungswärme wird die überschüssige Flüssigkeitswärme des Speichers herangezogen. Bei allmählich absinkendem Druck wird nunmehr der Speicher entladen bis zu jenem tiefsten Druck, mit welchem der Dampf für fabrikatorische Heizzwecke zur Verwendung gelangt. Der höchste Druck, für welchen der Speicher auszulegen ist, wird jeweils bestimmt.

Im allgemeinen ist bei größeren Speicherkesseln ein Überdruck von 6 bis 8 Atmosphären — mit Rücksicht auf die Anlagekosten — am wirtschaftlichsten, da mit höheren Drücken die Zunahme der Speicherfähigkeit des Wassers relativ geringer ist, anderseits aber das Eisengewicht und damit die Anschaffungskosten des Speichers sehr rasch zunehmen. Der Speicherwirkungsgrad ist zufolge der Ausrüstung der Kessel mit einer vorzüglichen Wärmeisolierung sehr hoch und haben die Messungen, die an einer in der Schweiz ausgeführten Anlage vorgenommen wurden, ergeben. daß ein Speicher mit einer mittleren Temperatur von 115 ° C arbeitete. Der Temperaturabfall während 16 Stunden war nur 3 ° C.

Ein Speicher hat außerdem noch den Vorteil, daß Stöße, welche im Dampfverbrauch auftreten, ohneweiters vom Speicher aufgenommen werden. Hiedurch werden auch in den meisten Fällen auf das Dampfverteilungsnetz parallel arbeitende, kohlenbeheizte Kessel geschont und diese gleichmäßiger belastet.

Die vereinte Anordnung von Dampferzeugern und Speichern hat den Vorteil der Billigkeit und der geringeren Abkühlungs-Verluste. Sie wird dort am Platze sein, wo Spitzenbelastungen kleinerer Wasserzentralen zu überwinden sind, wo vorhandene feuerbeheizte Kessel auf elektrische umgebaut werden sollen und wo beschränkte räumliche Verhältnisse herrschen. Hingegen hat sie den Nachteil, daß die Dampfentnahme nicht zu allen Tageszeiten in gewünschter Weise wird erfolgen können und daß bei großen Belastungsschwankungen sich unangenehme Druckänderungen ergeben werden. Diesen Nachteil vermeidet die getrennte Aufstellung von Kessel und Speicher.

In Abb. 176 ist die Anlage in der Baumwollspinnerei und Weberei Wettingen wiedergegeben. Der Speicher hat einen Inhalt von 32 m³, der in ihm herrschende Höchstdruck beträgt 14 Atm. Der daneben stehende Elektrodenkessel weist eine Leistung von 300 kW auf und wird mit Drehstrom von 2100 Volt gespeist. Die aus der nächtlichen Abfallkraft erzeugte Wärmemenge wechselt mit dem Wasserstand. Sie wird aufgespeichert und während des Tages zum Beheizen eines Teiles oder aller Werkstätten verwendet.

Gesondert aufgestellte Dampfspeicher sind in der Praxis ebenfalls bereits seit längerer Zeit bekannt (Rateau-Speicher); allein diese Speicher sammelten nur Abdampf, um diesen in Niederdruckturbinen oder sonstwie zu verwerten. Die Wirtschaftlichkeit einer Dampfanlage verlangt nun aber, daß nicht nur diese Abfallenergie ausgenützt werde, sondern auch, daß die Schwankungen im Dampfverbrauch möglichst ausgeglichen werden, mit anderen Worten, daß eine möglichst gleichmäßige Beanspruchung der Kessel erfolgt. Dr. Ruths verwirklichte diesen Gedanken, indem er sich sagte, daß für eine richtige Ausnützung des Dampfes nicht das Konstanthalten des Druckes, wie es bisher im Kesselbetriebe gebräuchlich war, sondern vielmehr der Wärme-Inhalt des Dampfes der ausschlaggebende Faktor ist. Als Mittel verwendet er Wasser, in das Dampf unter Drucksteigerung aufgespeichert wird und das wieder Dampf unter Druckverminderung abgibt. Natürlich muß der Dampf den Bedarfsstellen mit der jeweils erforderlichen Spannung zuströmen. Soll diese Forderung erfüllt werden, so muß der Speicher mit einem viel höheren Druck aufgeladen und die Kessel für einen höheren Druck als den normalen Betriebsdruck gebaut werden. Diesen Übelstand löst Dr. Ruths derart, daß er den Verwendungsbereich des Speichers für viel größere Druckabfälle ausführt, 5 bis 6 Atm., gegenüber 0,2 Atm. beim Rateau-Speicher, und daß er die Dampfverbrauchsstellen in Gruppen für Hochdruck und Niederdruck teilt und die erstere an

Abb. 176

die Dampfkessel, die letztere an den Speicher schaltet. Durch eine Verbindungsleitung zwischen den beiden Gruppen mit eingeschaltetem, selbsttätig wirkendem Regulierventil kann entweder der Speicher geladen, der Niederdruckgruppe Dampf von den Kesseln direkt zugeführt oder bei gesteigertem Dampfverbrauch im Niederdrucknetz Dampf dem Speicher entnommen werden (Abb. 177). Die Ruths-Speicher werden als große, zylindrische Behälter mit kugelförmigen Enden ausgebildet, die zu 90—95% mit Wasser gefüllt sind. Ihre Größe richtet sich nach der Differenz zwischen Lade- und Entladedruck und nach der Menge des aufzuspeichernden Dampfes. Solche Speicher, als welche auch ältere, nicht gebrauchte Dampfkessel verwendet werden können, eignen sich in Verbindung mit elektrischen Kesseln sehr gut dazu, um einerseits elektrische Überschuß-Energie aufzuspeichern, anderseits aber auch, um Schwankungen im elektrischen Netze aufzunehmen.

Es ist selbstverständlich, daß bei einer Speicherung der Gesamtwirkungsgrad der Anlage durch die Abkühlungsverluste schlechter ausfällt als ohne Speicher, doch braucht bei guter Isolierung, als welche Kork, Kieselgur und andere Materialien

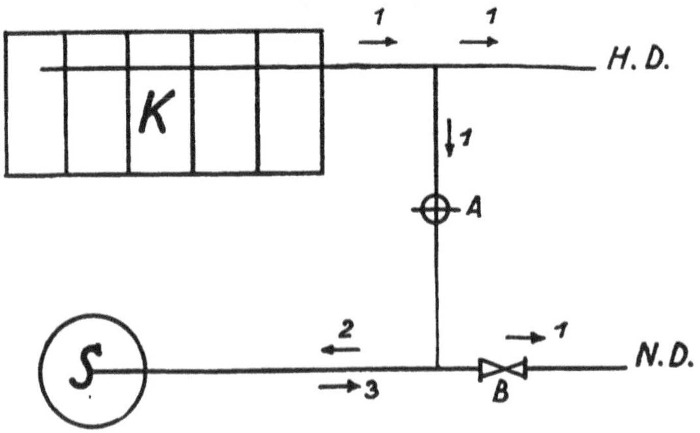

Abb. 177

verwendet werden, dieser Verlust nicht allzu hoch zu sein. Nach Dr. Ruths beträgt der Abkühlungsverlust an den ausgeführten Anlagen 0,5 bis 0,1 % der Kesselleistung, ist also nicht von Belang, weshalb diese Speicher auch im Freien aufgestellt werden.

Einen Übergang zwischen zusammengebauten und getrennt aufgestellten Dampferzeugern und Speichern bildet der elektrisch beheizte Zusatz-Dampfkessel. Ein gewöhnlicher mit Feuer beheizter Dampfkessel wird in Dampfverbindung mit einem elektrischen Kessel gebracht. Hierdurch ist die Möglichkeit gegeben, entweder mit dem feuerbeheizten oder mit dem elektrischen Kessel allein zu arbeiten, wobei der andere Kessel jeweils als Wärmespeicher benützt werden kann, oder beide gleichzeitig zusammen in Betrieb zu nehmen. Beim Parallelarbeiten eines feuerbeheizten Kessels mit einem Elektro-Kessel trachtet man gewöhnlich, den feuerbeheizten Kessel auf konstanter Spannung zu erhalten, während man den Elektro-Kessel auf Ampere reguliert. Ist eine direkte Verbindung des Elektro-Kessels mit anderen Kesseln nicht möglich, so läßt sich eine Aufheizung der letzteren auch dadurch erreichen, daß durch eine Umwälzpumpe eine Wasserzirkulation zwischen den Kesseln bewirkt wird. Man erzielt durch diese Anordnungen nicht nur eine Vergrößerung der gesamten Dampfproduktion, sondern auch einen Ausgleich der Druck- und Belastungsschwankungen, eine günstigere Benützungsdauer des Elektrizitätswerkes und eine größere und leichtere Betriebsbereitschaft.

Häufig finden sich in Anlagen alte, ausgebaute Großwasserraumkessel, welche in vielen Fällen als Speicher verwendet werden können. Aber auch im Betriebe befindliche, kohlenbeheizte Kessel, soferne sie während der Nachtzeit nicht feuerbeheizt werden, können zur Speicherung herangezogen werden, jedoch sei darauf aufmerksam gemacht, daß der Wirkungsgrad einer solchen Speicherung ziemlich schlecht ist, daß die Heizfläche des kohlebeheizten Kessels nur mehr als Abkühlungsfläche fungiert. Während der Aufladungsperiode solcher Kessel sind selbstverständlich die Rauchschieber zu schließen.

c) Thermisches.

Für die Energie-Umsetzung gilt das Gesetz, daß sich mit 1 Kilowattstunde 860 Kalorien erzeugen lassen. Praktisch wird diese Zahl selbstverständlich nicht erreicht, doch hat man es in der Hand, durch gute Wärme-Isolation und geringe strahlende Kesseloberfläche ihr sehr nahe zu kommen. Unter Berücksichtigung des Wirkungsgrades können daher mit einer Kilowattstunde 1,25 bis 1,3 kg Dampf erzeugt werden. Selbstverständlich ist dieser Wert von der Höhe des gewünschten Dampfdruckes abhängig. Da jedoch der Wärme-Inhalt des Dampfes mit steigendem Druck nur sehr wenig zunimmt, kann für die erste Berechnung ohneweiters der angegebene Wert zugrundegelegt werden. Im Vergleiche zu einer kohlegefeuerten Anlage ergibt sich bei fünffacher Verdampfung für eine Kilowattstunde eine äquivalente Kohlenmenge von 0,25 kg. An Hand dieser Zahlen läßt sich sehr leicht die Rentabilität einer Anlage überblicken. So besitzen die Dampfkessel-Anlagen des Elektrizitätswerkes in München im Muffatwerk, die von den Ottowerken in München und der Widerstands-Gesellschaft Hannover zur Zufriedenheit ausgeführt wurden, eine Aufnahmefähigkeit von 2500 Kilowatt bei unmittelbarem Anschluß an eine 5000-Volt-Drehstromleitung. Das entspricht, wenn diese Überschußleistung etwa 6 Stunden zur Verfügung steht: 2500 kW × 6 × 0,25 = 3700 kg Kohlenersparnis à 5 g = S 185,—. Die Kilowattstunde darf daher kosten: S 185,— : 2500 × 6 = 1 g, oder 0,7 Goldheller, wenn nur die Konkurrenz des Preises ausschlaggebend wäre. Mitberücksichtigt werden müssen der Wegfall von Wartung, der Kohlenzutransportkosten und Flugaschenentfernung. Der Preis kann daher auch höher sein und die Elektroanlage wird sich daher noch immer rentabler gestalten wie die Kohlenfeuerung. Als Energiequelle dient in diesem Falle die Abfallkraft der Leitzachwerke während der Nachtstunden.

Der Wirkungsgrad der Elektrokessel beträgt 96,5 bis 98% und ist lediglich eine Funktion des Wärme-Isoliermaterials für den Kesselmantel, da die Umsetzung der elektrischen Energie in Wärme mit 100% Wirkungsgraden erfolgt. Der maximale Dampfdruck, für welchen noch Elektro-Kessel ausgeführt werden, beträgt zirka 18 Atmosphären.

d) Rentabilität.

In dieser Hinsicht sind folgende typische Fälle zu unterscheiden:

Erster Fall: Der Idealfall ist dann gegeben, wenn aus einer Anlage **Überschußenergie aus eigenen Wasserkräften,** zeitlich gedeckt mit dem Dampfverbrauch, zur Verfügung steht. Der Energie-Anfall kann als kostenlos angesehen werden, da die volle Ausnützung der bisher nur teilweise belasteten Zentrale keine Mehrkosten verursacht, vorausgesetzt, daß die Anlagekosten niedrig sind oder abgeschrieben zu Buch stehen.

Die der erzeugten Dampfmenge äquivalenten Kohlenkosten können vollständig für Amortisation und Verzinsung der Elektrokesselanlage aufgeteilt werden.

Ein Beispiel soll zeigen, in welcher Zeit eine solche Anlage getilgt werden kann.

Angenommen, es stehen durch 8 Stunden 200 kW, 5000 Volt Drehstrom zur Verfügung. Die Anlagekosten des Elektro-Kessels werden zirka auf 12.000 Goldkronen geschätzt. Bei 300 Arbeitsstunden im Jahre kann eine Dampfmenge von 300 × 8 × 200 × 1,3 = 126.000 kg erzeugt werden.

Dies entspricht bei Verwendung einer Kohle mit 6facher Verdampfung einem Kohlenverbrauch von 104.000 kg pro Jahr oder bei einem Kilogrammpreise von rund 6 g

einer Jahresersparnis von . . . . S 6240,—
oder zirka . . . . G.-K 4368,—

Demnach kann also eine Elektrokesselanlage in ungefähr 3 Jahren abgeschrieben werden, wobei mit einer 20%igen Verzinsung gerechnet ist.

Diese Verhältnisse werden umso günstiger, je größer die zur Verfügung stehende Leistung ist, da die Anlagekosten mit steigender Leistung viel weniger rasch zunehmen, als die Ersparnis.

Zweiter Fall: Weit ungünstiger sind jene Fälle, bei denen die **Energie** aus **fremden Netzen** bezogen wird. Für den Fall, daß für das betreffende Netz für lange Zeit eine volle Ausnützung nicht zu erwarten ist, wird sich ein günstiger Preisüberschuß erzielen lassen.

Allgemein angenommen, ein Überlandwerk liefert an einen Betrieb n kWh zu Wärmezwecken innerhalb eines Jahres, so werden damit n . 1,3 kg Dampf erzeugt. Hat die betreffende Fabrik in ihrem kohlebeheizten Kessel die Verdampfungsziffer d, so entsprechen obigen Werten $\frac{n \,.\, 1{,}3}{d}$ kg Kohle oder $\frac{n \,.\, 1{,}3}{d \,.\, 1000}$ Tonnen

Kohle. Dies ist die Einsparung an Kohle, wenn mit den *n* kWh Dampf erzeugt wird.

Verlangt das Überlandwerk nun für eine kWh, in kg Kohle ausgedrückt, *b* kg Kohle, so kosten die *n* kWh $n \,.\, b$ kg Kohle, oder $\frac{n \,.\, b}{1000}$ t Kohle. Das ist, in Kohle ausgedrückt, der Aufwand der Fabrik für die *n* kWh. Setzt man nun den früheren Wert der Einsparung gleich dem Aufwand, so ist dies der noch äußerst mögliche wirtschaftliche Fall, bei dem die Verwendung des Stromes für Elektrowärme noch wirtschaftlich ist, da seine Verwendung im Betriebe durch Einsparung an Bedienung, Abfuhr der Schlacke usw. noch bestimmt feststellbare Vorteile bietet. Aus vorstehender Gegenüberstellung ergibt sich damit nach Kürzung als äußerster Wert für den Strompreis *b* gleich $\frac{1{,}3}{d}$, in Worten ausgedrückt: 1,3 geteilt durch Verdampfungsziffer. In nachfolgender Tabelle sind nun für die verschiedenen Verdampfungsziffern die entsprechenden Grenzwerte in kg Kohle ausgerechnet.

Verdampfung:	3	3,5	4	4,5	5	6	7	8
kWh-Preis in kg Kohle:	0,433	0,372	0,325	0,289	0,26	0,217	0,186	0,163

Der vorstehend angegebene Wert, daß mit einem kWh 1,3 kg Dampf erzeugt wird, ergibt sich daraus, daß eine kWh 860 Wärmeeinheiten entspricht. Der Wirkungsgrad des Kessels seinerseits beträgt je nach Größe zwischen 95 und 98%, so daß im Durchschnitt für die Erzeugung von gesättigtem Dampf innerhalb der üblichen Werte sich für 1 kWh zirka 1,3 kg Dampf ergeben.

Auf Abb. 178 ist vorstehender Gedankengang weiter entwickelt, um die Amortisationszeit einer Elektrokesselanlage bei gegebenem Strompreis, Verdampfungsziffer und Kesselpreis (in t Kohle umgerechnet) ohne weiteres angeben zu können.

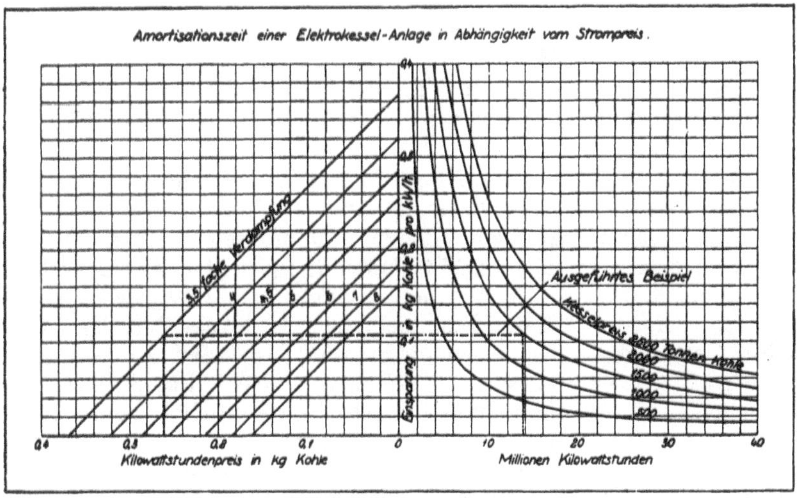

Abb. 178

B e i s p i e l: Die Verdampfungsziffer bei der Anlage beträgt 3,5, somit der Grenzpreis für die kWh in kg Kohle 0,372. Der Stromlieferant ginge auf einen Überschußstrompreis von 0,26 kg Kohle ein, was bei Verwendung von Wolfsegg-Traunthaler Kohle bei 3 g/kg einem Strompreis von 0,78 g entsprechen würde. Errichtet man über dem Wert 0,26, wie eingezeichnet, eine Senkrechte bis zum Schnittpunkt mit der Verdampfungslinie 3,5, so ergibt sich auf die Mittelsenkrechte herübergelotet eine Einsparung pro kWh von 0,11 kg Kohle. Die letztgenannte Linie bis zum Schnittpunkt Kesselpreis 1500 t Kohle verlängert, zeigt durch Herunterloten auf die Abszisse eine Armortisationszeit von 13,7 Millionen kWh. Bei einer Kesselleistung von mehreren 1000 kW hat naturgemäß der Kessel diese Leistung in einigen Jahren leicht umgesetzt, womit seine Wirtschaftlichkeit einwandfrei gegeben ist.

Anderseits nimmt der Elektrokessel die ganze Überschußenergie des stromliefernden Werkes auf, so daß dessen Ausnützungsfaktor praktisch gleich 1 ist.

Gleichzeitig besteht aber dadurch, daß der Elektrokessel $\cos \varphi = 1$ hat, die Möglichkeit, den Leistungsfaktor des Netzes wesentlich zu verbessern und damit nochmals die Ausnützung des Werkes zu steigern.

Bei Annahme der Anlagekosten des **ersten** Falles ergibt sich folgendes Bild:

Für 20% Amortisation und 7% Verzinsung sind jährlich 3240 G.-K.
aufzuwenden; anderseits werden jährlich . . . . 4368 G.-K.
an Kohle erspart.

Es verbleibt demnach eine Differenz von . . . . . 1128 G.-K.

mit welcher bei Gleichwertigkeit von Kohle und Elektrokesselbetrieb die fremden bezogenen Kilowattstunden bezahlt werden können. Auf 1 Kilowattstunde entfallen demnach:

$$\frac{1128 \times 100}{300 \times 8 \times 200} = 0{,}23 \text{ Goldheller oder ca. } 0{,}33 \text{ g}$$

also ein Betrag, der bei den derzeitigen Kohlenpreisen für Fremdstrombezug wohl kaum mehr in Frage kommt, da ein Elektrizitätswerk damit nur mit Verlust arbeiten könnte.

Der **dritte** und häufigste Fall ist jener, bei welchem zwar aus eigenem Werk Überschußenergie zur Verfügung steht, jedoch nicht in Deckung mit dem zeitlichen Dampfbedarf. Hier ist vor allem zu untersuchen, ob nicht Fabrikationseinrichtungen, welche viel Heizdampf benötigen und anderseits wenig Bedienungspersonal erfordern, in der Nachtschicht, also in der Zeit der Überschußenergie, betrieben werden können. Dies wird bei Zellulosekochern, bei Spinnereien und Webereien, bei Garnkochern in verschiedenen Bleichapparaten ohneweiters möglich sein. Falls aber dieser Weg nicht gangbar ist oder darüber hinaus noch Energie zur Verfügung steht, wird ein Speicherkessel erforderlich. Auch hier fällt die Energie wieder kostenlos an, in selteneren Fällen ist sie mit den Zentralenwärterkosten zu belasten, da ja in den meisten Zentralen auch in der Nacht für den Lichtbedarf Betrieb gehalten wird. Unter der Annahme, daß, wie vor, 200 Kilowatt, jedoch durch 16 Stunden zur Verfügung stehen, lassen sich demnach 3200 Kilowattstunden oder zirka 4100 Kilogramm Dampf pro Tag speichern. Der Dampf wäre beispielsweise mit einer Atmosphäre Überdruck gebraucht. Bei Wahl des maximalen Speicherdruckes mit 8 Atmosphären Überdruck sind zur Speicherung der angegebenen Dampfmenge in Intervallen von 8 auf 1 Atmosphäre Überdruck zirka 45 Kubikmeter Wasserinhalt, demnach ein Speicher von 50 Kubikmeter Gesamtinhalt, erforderlich.

Die Anlagekosten können mit zirka 25.000 Goldkronen geschätzt werden. Die jährliche Dampferzeugung errechnet sich, wie vorher, überschlägig mit $200 \times 16 \times 300 \times 1{,}3 = 1{,}250.000$ Kilogramm entsprechend zirka 210.000 Kilogramm Kohle, bezw. einer Kohlenersparnis von 13.100 Goldkronen. — Die Anlage erscheint wie vorher in 2½ Jahren abgeschrieben.

Die gleich günstige Amortisation wie bei Fall 1 erklärt sich daraus, daß bei Beispiel 3 eine Energie-Lieferzeit von 16 Stunden angenommen wurde.

Schließlich ergibt sich ein **vierter** Fall, bei Bezug von **Nachtenergie** aus **fremden Werken** und Speicherung einer eigenen Elektrokessel-Speicheranlage.

Obzwar hier die Kilowattstundenpreise, welche bezahlt werden können, zufolge der höheren Amortisationsquote noch unter dem Werte von Fall 2 heruntergehen, wird es in der Praxis doch eher möglich sein, billigen Nachtstrom zu bekommen, als Überschußstrom am Tag.

Das Vorhergesagte gilt sinngemäß angewendet auch für Niederdruck-Kesselanlagen in Verbindung mit Dampfkessel mit und ohne Wärmespeicherung, doch ist darauf Rücksicht zu nehmen, daß der Ausnützungsfaktor der elektro-thermischen Anlage schlechter ist, da die Heizung nur während der kalten Jahreszeit in Betrieb ist.

Es kann mit zirka 4½ bis 5 Monate Vollheizung während eines Jahres gerechnet werden. In jenen vereinzelten Fällen, wo es möglich ist, den gesamten Dampfbedarf eines Betriebes aus elektrischer Energie zu decken, sprechen noch verschiedene Umstände zu Gunsten des Elektrokessels. So ist z. B. die Wartung eines Elektrokessels äußerst einfach und gefahrlos; der bei Kohlenkessel so sehr gefürchtete Wassermangel hat beim Elektrokessel nur zur Folge, daß die Dampferzeugung allmählich aufhört.

Der Elektrokessel samt Schaltanlage erfordert wenig Platz, daher bei Neuanlagen geringe bauliche Kosten, und das Kesselhaus kann äußerst sauber gehalten werden.

e) Betriebserfahrung.

Wie in der Anschaffung und im Betriebe die Wirtschaftlichkeit und damit die Verwendungsmöglichkeit erwiesen ist, dürfte aus den nachfolgenden Schilderungen einiger ausgeführter Anlagen hervorgehen:

Es seien die Erfahrungen des Ing. Pietsch, Betriebsleiter der Harlander Spinnereien bei St. Pölten, Österreich, bekanntgegeben:

An Hand eines typischen Einzelfalles wird uns Klarheit darüber gegeben, welche ausschlaggebende Rolle einem Elektrokessel unter Umständen zukommen kann, bezw. welcher Art die mit einem Elektrokessel in einem mehr als dreijährigen Betriebe gewonnenen Erfahrungen sowohl in technischer als auch in wirtschaftlicher Hinsicht sind.

Die Frage der **Abfallenergieverwertung** ist in den umfangreichen Betrieben der Harlander Baumwollspinnerei und Zwirnfabrik ziemlich restlos gelöst und der Elektrokesselbetrieb war nur mehr der letzte Behelf, auch die noch in den sechs Sommermonaten nachts, sowie die während des ganzen Jahres fallweise sich auch tagsüber ergebenden Überschußenergien für den eigenen Betrieb nutzbar zu verwerten.

Eine kleine Zusammenstellung jüngsten Datums mag zeigen, welches Verhältnis hinsichtlich des Verbrauches an elektrischer Energie im Jahre 1923 geherrscht hat. Von den nutzbar erzeugten rund 6,654.000 Kilowattstunden entfallen auf die eigentlichen motorischen Betriebe also

auf die direkte Produktion	27,5%
auf Trocken-Prozesse	19,4%
auf die Lokalheizung	26,0%
auf die Beleuchtung einschließlich der Abgaben an die umliegenden Gemeinden	9,7%
auf die Dampferzeugung durch den Elektrokessel . .	17,4%

Das hier zutage tretende krasse Mißverhältnis zwischen der Produktionsquote und den übrigen Quoten für die mehr oder minder unproduktiven Erfordernisse ist wohl in erster Linie auf die stagnierenden Verhältnisse in der Produktion zurückzuführen, zeigt aber umso deutlicher die Vorteile der Auswertungsmöglichkeit im eigenen Betriebe sich ergebender Abfallenergien. Die Betriebe sind nahezu vollkommen elektrifiziert, und zwar ausschließlich mit durch Wasserkraft erzeugter elektrischer Energie. Dampf wird nur für Zwecke der Bleicherei und Färberei benötigt.

Die in der Nachkriegszeit eingetretene Reduzierung der Arbeitszeit von zehn auf acht Stunden (tatsächlich neun Stunden, weil Samstag nachmittags nicht gearbeitet wird) hat es immerhin mit sich gebracht, daß nicht nur ein Großteil der Arbeitsprozesse in der Bleicherei und Färberei zeitlich zusammengedrängt wird, sondern auch gewisse Spitzen verursachende Kochprozesse sich jetzt übergreifen und daher gegen früher spezifisch wesentlich höhere Anforderungen an den Kesselhausbetrieb gestellt werden.

Eine radikale Abhilfe war also nur durch zeitliche Verschiebung der Kochprozesse zu erreichen. Sorgfältig angestellte

Berechnungen ergaben hierbei für den Elektrokessel eine Leistung, die über dem durchschnittlichen zeitlichen Maximum der Abfallenergie-Leistung lag und es mußte daher von vornherein auch eine Speichermöglichkeit in Erwägung gezogen werden. Hiezu ergaben sich zwei Möglichkeiten, und zwar:

1. Eine direkte konstruktive Verbindung des Elektrovertikalkessels mit zwei übereinanderliegenden Horizontalspeicherkesseln durch am Elektrokessel seitlich angeordnete und entsprechend reichlich bemessene Verbindungsstutzen, und

2. die im vorliegenden Falle durch das Vorhandensein eines Tischbeinkessels mit Doppeldampfraum bereits gegebene Anordnung, bei der jedoch kostspielige Rohrleitungen und eine Umwälzpumpe erforderlich sind. Eingemauerte Kessel haben als Speicher im allgemeinen keinen so günstigen Wirkungsgrad, weil die Züge nicht immer vollkommen dicht zu halten sind, anderseits aber wieder den Vorteil, daß sie ununterbrochen in Verwendung stehen können und daher keine Anheizverluste verursachen. Es wurde die Alternative 2 gewählt, weil hiebei auch die räumlichen Verhältnisse des vorhandenen Kesselhauses mitbestimmend waren; es wurde jedoch bei dieser Gelegenheit aus dem Tischbeinkessel ein Eindampfraumkessel gemacht und dadurch der Wasserinhalt und demzufolge die Akkumulierungsfähigkeit von zirka 20.000 auf 25.000 Liter erhöht.

Eine dritte Möglichkeit, die nur der Vollständigkeit halber zu erwähnen ist, wäre die Verbindung mit einem Ruths-Speicher gewesen, dessen Wirkungsweise als allgemein bekannt vorausgesetzt werden darf, für den jedoch zur Zeit unseres Baues in Österreich erst mit der Propagandatätigkeit begonnen wurde, so daß mit einer langen Lieferfrist und entsprechend hohen Kosten hätte gerechnet werden müssen.

Im Tischbeinkessel stehen, wie vorhin bemerkt, zirka 25.000 Liter Speicherflüssigkeit zur Verfügung, womit es möglich ist, innerhalb einer Drucksteigerung von 3 auf 6 Atmosphären zirka 1000 Kilogramm und innerhalb einer Drucksteigerung von 3 auf 10 Atmosphären zirka 2000 Kilogramm Dampf zu speichern.

Die Forderungen, die an den Elektrokessel gestellt werden mußten, waren nebst einer ausreichenden Betriebssicherheit:

1. hoher Wirkungsgrad,
2. stoßfreier Betrieb,
3. in sehr weiten Grenzen mögliche Regulierfähigkeit, und
4. eine entsprechende Rentabilität.

Diesen Forderungen kam damals der A.-E.-G.-Hochspannungs-Elektrodenkessel am nächsten, und zwar aus Gründen, die gleich näher angeführt werden sollen.

Ein nach dem Elektroden-System gebauter Elektrokessel ist im Prinzip nichts anderes als ein Belastungswiderstand, wie solche bei Übernahmsversuchen an Ort und Stelle häufig Verwendung finden, bezw. im Widerstandsregulator der Firma J. M. Voith nach den Patenten von Wolf bereits konstruktiv ausgebildet sind. Das Wasser bildet also hier nicht nur die Rolle des Betriebsstoffes, sondern auch zum Teil das Konstruktionsmittel für die Elektroden. Der Unterschied besteht nur darin, daß beim Belastungswiderstand das im Bottich befindliche, zumeist angesäuerte Wasser bei Drehstrom den Sternpunkt, also den Stromschluß, bildet, beim Elektrokessel dagegen die Stromwege in geordneten Bahnen verlaufen, d. h., daß die spezifische Belastung der Elektroden entsprechend berücksichtigt wird.

Dieser Umstand bedarf noch einer näheren Ausführung. Wenn man sich nämlich als Elektroden bloß mehr oder minder ins Wasser getauchte Metallstäbe denkt, dann werden die Stromwege nicht nur seitlich, sondern auch büschelförmig von den Spitzen aus gegen die ebenfalls als Stromschluß wirkenden Kesselwandungen verlaufen. Wird nun, wie dies bei einigen Kesselsystemen der Fall ist, die Belastung durch Heben und Senken des Wasserspiegels eingestellt, so wird naturgemäß beim Senken des Spiegels gegen die Spitzen der Stäbe zu die spezifische Belastung progressiv wachsen und daher in den meisten Fällen auch einen Verschleiß der Elektroden herbeiführen. Aber auch die durch Wallungen hervorgerufene Bewegung der Wasseroberfläche wird nicht ohne Einfluß bleiben, d. h. es werden mehr oder minder große Belastungsschwankungen eintreten.

Bei den A.-E.-G.-Kesseln sitzen an den Enden der eisernen Elektrodenstäbe gelochte Metallscheiben, über die gleiche Scheiben regulierbar angeordnet sind (Abb. 179). Je ein solches Scheibenpaar befindet sich innerhalb eines Rohres aus hochwertigem Porzellan. Es werden also vom üblichen Kesselinhalt abgetrennte, jedoch kommunizierende Flüssigkeitssäulen gebildet und die Dampferzeugung lediglich in die Strecke zwischen die Elektrodenscheiben gelegt. Die unteren Öffnungen der Porzellanrohre wurden anfänglich durch sogenannte Bremsringe verschlossen und damit eine gewisse fixe Einstellung der Grundbelastung erreicht. Diese Ringe haben sich jedoch in Harland, wo sehr hartes Kesselspeicherwasser benützt werden muß, nicht bewährt, worauf noch später eingegangen werden soll.

Zunächst wäre noch zu bemerken, daß es sehr wichtig ist, für das Porzellanmaterial einfache geometrische Formen zu wählen, weil nicht nur die Isolierungsfähigkeit, sondern auch das Verhalten des Materials bei Temperaturänderungen eine ausschlaggebende Rolle spielt. Solche Temperaturänderungen sind aber nicht nur durch die variablen Drucke im Kessel, sondern auch schon durch die Speisung gegeben. Die Zuführung des Speisewassers darf also nicht einseitig, etwa, von unten, gegen die Elektroden stattfinden, sondern es muß, wie dies auch im besprochenen Falle nachträglich geändert werden mußte, das Speiserohr hochgeführt und durch einen Verteilungsring die Strahlrichtung gegen die Kesselwandung ausgebildet werden.

Weiter muß der irrigen Ansicht entgegengetreten werden, die auch gelegentlich in einer in „E. u. M." veröffentlichten Abhandlung zu lesen war, daß nämlich im Elektrodenkessel eine Kesselsteinbildung nicht zu befürchten ist. Dieses Ideal werden wir wahrscheinlich nicht erleben, und wir müssen uns daher sehr eingehend damit beschäftigen, welche Vorkehrungen zu treffen sind, den sich auch im Elektrokessel bildenden Kesselstein ohne Gefährdung des heiklen Elektroden-Einbaues sicher und rasch zu entfernen. Soweit sich nämlich die Kesselwandungen mit Stein überziehen, haben wir nichts zu befürchten, weil ja Kesselstein bekanntlich isoliert und hiedurch die Strahlungsverluste verringert werden. Gefährlich dagegen ist die Kesselsteinbildung an den Elektrodenscheiben, bezw. innen in den Porzellanrohren, weil an diesen Stellen der Belag besonders hart und zähe ist, und sich nicht ohneweiters auf mechanischem Wege entfernen läßt.

Aus diesem Grunde haben sich auch die vorhin erwähnten fixen Bremsringe nicht bewährt, d. h. es wurden bei nicht rechtzeitiger Herausnahme derselben die Porzellanrohre gesprengt.

Damit gelangt ein Punkt von besonderer Wichtigkeit, d. i. die Instandhaltung der Elektrokessel, zur Behandlung. Es ist logisch, daß bei der Notwendigkeit, hartes Speisewasser verwenden zu müssen, eine leichte Demontierbarkeit des ganzen Elektrodeneinbaues gewährleistet sein muß, die nach meinen Erfahrungen so weit gehen muß, daß auch die mehrere Elektroden oder Systeme verbindenden Bügel und dergleichen nicht aus einem Stücke hergestellt sein dürfen. Weiters dürfen keine offenen Gewindebolzen, also Schrauben u. dgl., verbleiben. In dieser Hinsicht wurde durch nachträgliche Anbringung von geschlossenen Muttern geholfen. Den üblichen kesselsteinverhindernden Anstrichen wird zwar vielfach nur ein problematischer Wert zuerkannt; es wurden jedoch nicht nur die Eisenteile der Elektrodensysteme, sondern selbst das Porzellan mit Antirost gestrichen und damit die besten Erfahrungen gemacht. Die turnusmäßige Revision dauert seit jener Zeit höchstens einen Tag und es genügt zur Entfernung des Kesselsteines eine Bürste. Die eingangs erwähnten Bremsringe wurden nachträglich durch sogenannte Einschubkörper, deren oberer Teil halbkugelförmig ausgebildet ist und die ebenfalls aus Porzellan bestehen, ersetzt. Diese Einschubkörper lassen sich jetzt sehr leicht entfernen und es ist mir bekannt, daß diese Einschubkörper in der Zwischenzeit durch die A. E. G. auch betriebsmäßig verstellbar durchgebildet wurden und dadurch eine wesentliche Erhöhung der Regulierfähigkeit erzielbar war (Abb. 179 c).

Was nun die Erfüllung der eingangs aufgestellten vier Forderungen anbelangt, so wäre folgendes zu erwähnen:

1. **Wirkungsgrad.** Es ist ohneweiters verständlich, daß das der elektrischen Energie innewohnende Wärmeäquivalent, d. i. für eine Kilowattstunde rund 860 Kalorien, fast restlos gewonnen werden muß und es ist daher nur eine Frage der Isolierung des Kesselmantels, wie viele Prozente durch Strahlung verloren gehen.

Bei guter Isolierung mit einer doppelten Lage Thermalit wird ungefähr mit einem Wirkungsgrad von 95 % zu rechnen sein. Dies ergibt unter der Annahme einer mittelhohen Speisewassertemperatur die Erzeugung von 1,2 Kilogramm Dampf aus 1 Kilowattstunde.

2. **Stoßfreier Betrieb.** In dieser Hinsicht arbeitet der Elektrokessel einwandfrei und es tritt bei Parallelbetrieb während des Tages sogar noch eine Verbesserung des Leistungsfaktors ein, nachdem die Belastung des Kessels nahezu induktionsfrei ist. Die Belastungsstöße beim Einschalten sind durch die Minimalleistungen der einzelnen Elektroden-Systeme gegeben.

3. **Regulierfähigkeit.** Diese ist einerseits durch die Unterteilung der Kesselleistung auf ein oder mehrere Elektroden-Systeme und anderseits durch die Regulierfähigkeit der Systeme selbst in ziemlich weiten Grenzen erreichbar (Abb. 179 a, b, c). In unserem Falle betragen die Elektrodenleistungen 400 und 150 Kilowatt, regulierbar um je zirka 30% nach abwärts, so daß die jeweilige Leistung des Kessels zwischen 100 bis 150 Kilowatt, 280 bis 400 Kilowatt und 380 bis 550 Kilowatt eingestellt werden kann. Durch die vorhin erwähnte Verstellung der Einschubkörper soll die Regulierfähigkeit angeblich bis auf 70% erhöhbar sein.

4. **Rentabilität.** Wenn wir nach dem unter Punkt 1 Gesagten die pro Kilowattstunde erzeugte Dampfmenge mit zirka 1,2 kg ansetzen und dem gleichzeitig die Erzeugungskosten im mit Kohle beheizten Kessel bei einem Kohlenpreise von zirka 8 g pro Kilogramm und sechsfacher Verdampfung mit 1,35 g einstellen, gegenüberstellen, dann sehen wir sofort, daß der Elektrokesselbetrieb nur dort wirtschaftlich ist, wo sehr billige elektrische Energie zur Verfügung steht, was aber nur im eigenen Betriebe und bei Vorhandensein noch in der Vorkriegszeit gebauter Werke der Fall sein kann, denn die Tarifpolitik der großen Elektrowerke ist derzeit noch immer auf den ausschließlichen Verkauf von Edelenergie eingestellt und mir ist nur ein einziger Fall bekannt, wo einem neu projektierten Unternehmen ein Ausnahmstarif bei kontinuierlicher Abnahme von Tag- und Nachtenergie von 2700 Kilowatt von 7,70 g zugestanden wurde. Wir

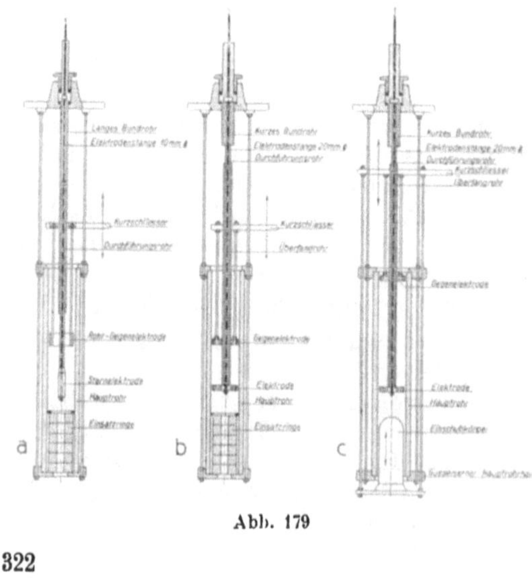

Abb. 179

dürfen aber auch selbst nicht in den Fehler verfallen, die gesamte erzeugte Energie nach demselben Schlüssel zu kalkulieren. Wir müssen vielmehr die einem industriellen Betriebe anfallende Abfallenergie als das nehmen, was sie wirklich ist, nämlich während der Betriebszeit als ein wertvolles Geschenk, das uns kostenlos in den Schoß fällt, und außerhalb der Betriebszeit als ein Produkt, das nur mit effektiven Lohnkosten und höchstens mit einer etwas höheren Amortisationsquote für das oder die betreffenden Elektrowerke zu bewerten ist.

Die für Harland in Betracht kommenden sechs Elektrizitätswerke sind zum Teil bereits vollkommen abgeschrieben, so daß fast nur allein die Lohnkosten ausschlaggebend sind, und können diese nach den Berechnungen pro 1922 pro Kilowattstunde mit zirka 0,5 angesetzt werden.

Bei einem Anlagekapital von zirka S 8000,— für den Elektrokessel und dessen Zubehör ergibt sich für dieses Jahr weiter pro Kilogramm Dampf:

Für die Amortisations- und Verzinsungsquote	g 0,08
„ „ Instandhaltung	g 0,02
„ „ Wartung, wobei nur die dritte Schicht berücksichtigt erscheint, nachdem während der übrigen Zeit ein separater Heizer nicht erforderlich ist . .	g 0,10
„ „ Energie	g 0,42
somit zusammen . . .	g 0,62

Der Anteil des Elektrokessels an der Dampferzeugung im Jahre 1922 betrug zirka 14%, im Jahre 1923 zirka 18%, 1 Kilogramm Dampf hat an reinen Brennstoffkosten verursacht zirka 1,35 g. Ein Kilogramm Dampf, im Elektrodenkessel erzeugt, kostet einschließlich Amortisation zirka 0,62 g, somit resultiert eine Ersparnis von 0,73 g oder Minderkosten von zirka 54%.

Es erübrigt sich schließlich auch bei dieser Gelegenheit, nochmals auf die Instandhaltungsarbeiten zurückzukommen; daß dieselben keine wesentlichen sind, geht aus den hiefür angegebenen Kosten hervor.

Ein Elektrokessel muß naturgemäß infolge der Verwendung von verhältnismäßig leicht zerbrechlichem Material für die Elektroden sorgfältig behandelt werden und es werden daher die Reinigungsarbeiten vorteilhaft nicht dem Heizer, sondern einem speziell für diesen Zweck geschulten Elektriker übertragen werden. Diese Reinigungsarbeiten werden ein Minimum erreichen, wenn für die Speisung Kondensat zur Verfügung steht.

Der ständigen Kontrolle in Bezug auf das elektrische Verhalten ist besonderes Augenmerk zuzuwenden und es empfiehlt sich daher, für Isolationsprüfung ein umschaltbares statisches Voltmeter, sowie für jedes Elektrodensystem, und hier auch wieder für jede einzelne Phase, ein Ampèremeter vorzusehen.

Spannungsungleichheiten und während des Betriebes auftretende Belastungsverschiebungen in den einzelnen Phasen sind in der

Regel ein Hinweis auf Isolationsschäden und es können durch rechtzeitige Behebung derselben größere Schäden leicht hintangehalten werden. Ein kritischer Ausblick für die Zukunft des Elektrokesselbetriebes sagt uns, daß hier der Tarifpolitik der großen Elektrizitätswerke eine wesentliche Rolle zukommen wird. Der Industrielle wird naturgemäß die Wirtschaftlichkeit eines solchen Kessels immer nur von seinem eigenen Standpunkte aus betrachten müssen, so daß speziell auf dem Gebiete der Textilindustrie verhältnismäßig nur kleine Einheiten Verwendung finden werden können und die österreichische Kohlenbilanz hievon nicht ausschlaggebend beeinflußt werden kann.

Im Muffat-Elektrizitätswerk der Stadt München sind zwei Elektrokessel, System R. v. Brockdorff, mit einer Leistung von jeweils 2000 kW normal, 5000 Volt Drehstrom und 6 at Druck, aufgestellt. Der erste Kessel wurde 1922 in Betrieb gesetzt, der zweite 1924. Die Anlage versorgt das in der Nähe liegende Müllersche Volksbad mit Dampf und Heißwasser und den Neubau des Deutschen Museums mit Heizdampf. Die Heißwasserbereitung für das Bad erfolgt in der Weise, daß nachts drei Boiler durch ein Heizschlangensystem aufgeladen werden; das Kondensat wird dann durch einen Vorwärmer mittels Speisepumpe dem Elektrokessel wieder zugeführt. Die jährliche Ersparnis durch den Betrieb eines Kessels beträgt ungefähr 3000 Tonnen Kohle.

Im Stadtbad Ulm wird in ähnlicher Weise der Überschußstrom der Nacht dazu verwandt, die Anlage mit Wärme zu versorgen und dadurch den Betrieb nach Möglichkeit zu verbilligen. Unter dem Schwimmbad befindet sich ein Betonbehälter mit zirka 90 m³ Inhalt, der nachts vom Elektrokessel durch Rohrschlangen Dampf erhält und so den Inhalt auf 80° vorwärmt. Eine Umwälzpumpe sorgt dafür, daß der ganze Inhalt auf gleichmäßige Temperatur kommt. Durch Mischung mit Kaltwasser wird dann in geeigneter Weise die gewünschte Temperatur für die einzelnen Bäder erzielt. Aus der Heizschlange wird das Kondensat durch eine Speisepumpe dem Kessel wieder zugeführt. Der Elektrokessel gibt ferner noch Heizdampf für verschiedene Stellen ab. Die Anlage Ulm hat 1500 kW bei 5000 Volt Drehstrom und 6 at Druck.

Die Stadtgemeinde Fürstenfeldbruck besitzt eine Elektrokesselanlage System R. v. Brockendorff, mit einer Leistung von 250 kW bei 2000 Volt Drehstrom und 6 at. Der erzeugte Dampf strömt durch ein Reduzierventil und heizt mittels eines Rohrschlangensystems zwei wassergefüllte Boiler auf. Das Kondensat wird durch eine Pumpe dem Kessel wieder zugeführt. Das gewonnene Heißwasser dient zum Betrieb der Badeanstalt und des Schlachthofes. Seitdem der Kessel im November 1922 in Betrieb kam, braucht die Gemeinde für genannte Zwecke überhaupt kein Heizmaterial mehr.

Bei den drei vorgenannten Anlagen dient somit der Dampf dazu, Badeanlagen zu speisen, wodurch eine wesentliche Verbilligung und damit Erweiterung des ganzen Betriebes im Interesse breiter Volksschichten erreicht wird; deshalb dürfte hier gerade die Verwendung von Elektrokesseln die Lösung dieser Frage bedeuten.

Bei den Chemischen Werken Dr. Alexander Wacker in Burghausen steht eine Anlage mit zwei Elektrokesseln, System R. v. Brockdorff, von zusammen 8000 kW bei 10.000 Volt Drehstrom und 8 at. Die beiden Kessel liegen unmittelbar am Netz und beziehen ihren Strom sowohl vom Alzwerk, wie auch von dem zirka 120 km entfernten Saalach-, bezw. Wiestalwerk. Der erzeugte Dampf speist in diesem Werke die chemischen Apparate und die Heizleitung, wobei das Kondensat nur zum Teil zurückgewonnen wird. Die Speisung erfolgt durch Vorwärmer. Dadurch, daß der Elektrokessel mit $\cos \varphi = 1$ arbeitet, ist die Möglichkeit gegeben, die Turbinen voll auszunützen, bezw. den Leistungsfaktor des ganzen Netzes erheblich zu verbessern. Bei dieser Anlage wurde mittels der Kessel eine 100%ige Ausnützung der Wasserkraft tatsächlich erzielt. Sobald in dem Werke ein elektro-chemischer Apparat, zum Beispiel ein Karbidofen, ausgeschaltet werden soll, wird rechtzeitig die Elektrokesselanlage eingesetzt, so daß die freiwerdende Energie sofort Verwendung findet. Auf diese Weise erreicht man, daß überhaupt kein Wasser mehr durch den Leerschuß läuft. Im Jahre 1923 wurden mit dieser Anlage zirka 19.000 Tonnen Dampf erzeugt, was, auf Kohle umgerechnet, 4000 bis 5000 Tonnen Kohle entspricht.

Ganz andere Aufgaben hat der Kessel in der Spinnerei und Weberei Kottern zu erfüllen, der bei einer Spannung von 3000 Volt Drehstrom und einem Dampfdruck von 15 at eine Leistung von 2500 kW besitzt. Dieser Kessel ladet nachts die vorhandenen Kohlekessel auf, so daß bei Betriebsbeginn in der Früh das Anheizen in Wegfall kommt. Anderseits heizt er noch die Gebäude und gibt Dampf an die Schlichterei ab. Wie bei der Anlage Wacker soll auch hier durch den Elektrokessel eine volle Ausnützung der vorhandenen Wasserkraft ermöglicht werden. Von den größeren Anlagen, die zurzeit in Bau, bezw. in Fertigstellung sind, sei noch die Anlage für die Lonza-Werke in Visp in der Schweiz mit 5000 kW bei 16.000 Volt Drehstrom und 12 at erwähnt. Bei dem Probebetrieb wurde eine Einschaltleistung von nur 200 kW erzielt. Ferner die Anlage in der Papierfabrik Hegge bei Kempten mit 3000 kW, 3000 Volt Drehstrom und 20 at. Diese Anlage ist dadurch bemerkenswert, daß das stromliefernde Werk durch Zusammenarbeit mit der Elektrokesselanlage der Papierfabrik die Möglichkeit hat, den ganzen Überschußstrom abzusetzen und eine Strom- und damit Wasserkraftausnutzung von 100% zu erzielen. Bei dem großen Wärmeverbrauch einer Papierfabrik ist dazu die Möglichkeit ohne weiteres gegeben, da bei ihr der Elektrokessel die ganze Überschußenergie in Wärme umsetzt und den Papiermaschinen zuführt. So ergänzen sich hier Erzeuger und Verbraucher des Stromes in geeigneter Weise, ohne daß bisher zwischen beiden eine Verbindung bestanden hatte.

Die Zellulosefabrik Attisholz A.-G. und die Gesellschaft des Aare- und Emmenkanals in Solothurn haben sich zur Aufstellung eines großen Elektrokessels zwecks Verwertung von Sommerabfallenergie entschlossen *). Nachdem ein günstiger Vertrag auf Lieferung von 4000 bis 5000 kW Sommerabfallenergie geschlossen worden war, wurde ein 4000-kW-Kessel, System Sulzer, B. B. C., in Auftrag gegeben **). Die Zellulosefabrik benötigt dauernd (Tag und Nacht einschließlich der Samstage und Sonntage) große Quantitäten Dampf, so daß die Abfallenergie sicher immerfort ausgenützt werden kann. Der übrige notwendige Dampf wird aus Kohlen erzeugt. Die Voraussetzungen sind somit für die Anlage eines Elektrokessels äußerst günstig. Von einem in der Nähe gelegenen Netzspeisepunkte wird durch eine Zuleitung von 3 × 100 mm² Dreiphasenstrom mit einer verketteten Spannung von 10.000 V und 50 Per/s zugeführt. Im Kesselhaus befindet sich eine äußerst einfache Schaltanlage, die unmittelbar an den Elektrokessel anschließt. Der Sulzer-B. B. C.-Elektrokessel ist ein Elektrodenkessel, die drei stromführenden Elektroden sind im Kessel fest eingebaut und werden von verschiebbaren Isolierröhren, den sogenannten Verdampferröhren, zur Regulierung des Stromes, also der Dampferzeugung umgeben. Der hier aufgestellte Kessel arbeitet direkt mit 10.000 V und kann bei normaler Dauerleistung von 4000 kW kurzzeitig ohne weiteres bis 5000 kW überlastet werden. Der Konstruktionsdruck des Kessels beträgt 15 at Überdruck, der mittlere Dampfdruck zirka 12 at. Der Kessel nimmt in Vergleich zu Dampfkesseln gleicher Dampfleistung nur zirka ein Fünftel an Raum ein. Die Dampfproduktion beträgt 5000 kg/h. Der Elektrokessel läuft durchgehend mit Vollast im Parallelbetrieb mit der Kohlenkesselanlage. Das Zu- und Abschalten von Energiemengen im Betrage von über 300 kW erfolgt durch stufenweise Zuschaltung von Leitungen unter 300 kW. Ein komplettes Reserveelektrodensystem wurde mitgeliefert.

Die ganze Anlage kam anfangs Juli 1923 in Betrieb und arbeitet, nach Überwindung einiger anfänglicher Betriebsschwierigkeiten, die sich insbesondere in der etwas zu starken Abnützung der Elektroden und Verdampferrohre äußerten, ausgezeichnet, die Belastungsaufnahme des Kessels erfolgt vollkommen gleichmäßig, der Wirkungsgrad einschließlich der Pumpenverluste beträgt 95 v. H. Den Preisverhältnissen nach entspricht 1 kg Kohle ungefähr 6 kWh. Bei Kesselanlagen ohne Vorwärmer und Ekonomiser kann dieses Äquivalentverhältnis zugunsten des Strompreises bis auf 3,5 sinken. Der Preis für die Abfallenergie ist sehr gering, für das Kraftwerk besteht jedoch eine Lieferungsverpflichtung nur zeitlich begrenzt, das heißt, es liefert, was ihm frei zur Verfügung steht, und der Abonnent garantiert für alle im Rahmen bis zu 4000 kW zur Verfügung gestellte Energie eine durchgehende 24stündige vollständige Ausnützung. In 5½ Monaten für das

*) Vgl. E. u. M. 1921, S. 523.
**) Vgl. E. u. M. 1920, S. 173.

Jahr 1923 wurden ungefähr 12,1 Mill. kWh konsumiert, was einer Ersparnis von zirka 2000 Tonnen Kohle gleichkommt. Je nach den Verhältnissen wurde die Energie tagsüber reduziert oder ganz eingeschränkt, so daß die Abgabe nur nachtsüber erfolgte, wodurch der Charakter von Abfallkraft noch in erhöhtem Maße zur Geltung gelangte. Dank dem Parallelarbeiten mit den Kohlendampfkesseln konnte die Zellulosefabrik den Wünschen des Kraftwerks jederzeit sogleich gerecht werden.

Es ist mir jedoch ein Fall bekannt, wo auch bereits für unseren kleinen Staat ein Kessel mit der immerhin respektablen Leistung von 2250 Kilowatt bei 15.000 Volt Drehstrom und 8 Atmosphären Kesselüberdruck gebaut wurde, und zwar ebenfalls von der A. E. G. für die Anlage Seebach in Kärnten.

Der Wert solcher Kessel wird umso höher sein, je elastischer sich dieselben dem Betriebe anpassen können, in je weiteren Grenzen also eine Regulierung erzielbar ist. Die verbesserten Kessel der A. E. G. sollen, wie bereits erwähnt, eine Regulierung bis zu 70% zulassen, was dadurch erreicht wird, daß die Einschubkörper durch ein scherenartiges Gestänge zwangsläufig mit dem Verstellungsmechanismus für die Elektrodenscheiben verbunden sind. Eine automatische Regulierung dürfte wohl auch beim A.-E.-G.-Kessel möglich sein, doch halte ich die Kosten hiefür nicht gerechtfertigt, nachdem solche Kessel meist in vorhandenen Kesselhäusern Aufstellung finden und daher ohnedies ein Wärter vorhanden ist, der die Regulierung viel sicherer und auch in nicht viel längerer Zeit durchzuführen vermag.

Zusammenfassend kann festgestellt werden, daß der Elektrokessel, abgesehen von anfänglichen Kinderkrankheiten, die seinerzeit gehegten Erwartungen im allgemeinen erfüllt und somit im Rahmen unserer Abfallenergiewirtschaft mit seiner Indienststellung ein wertvoller Behelf gewonnen wurde.

Die einzelnen auf Wärmeerzeugung angewiesenen Betriebe fassen den Begriff der Wärmewirtschaft nicht mehr allein als den Wirkungsgrad der Kesselanlage auf, sondern dehnen ihn über die Wärmebilanz des ganzen Betriebes aus. Die Verbindung nun zwischen der Wasserkraft, bezw. der dabei gewonnenen elektrischen Energie und dem wärmeverbrauchenden Betrieb kann der Elektrokessel in technisch richtiger Weise übernehmen, so daß daraus ein wirtschaftlicher Betrieb resultiert. Als Energieumformer und Speicher, indem er den wechselnden Stromanfall aufnimmt und, in Wärme umgewandelt, weitergibt, teilweise speichert oder mit besonderem Speicher für späteren Verbrauch aufnimmt, vervollständigt der Elektrokessel den Energiekreislauf in den verschiedenen Betrieben. Volkswirtschaftlich bedeutet diese Verwendung eine Ausnutzung der Wasserkräfte bis zu 100%, eine günstige Energieausnutzung durch die Art der Verwendung und eine Unterstützung in der Energieverteilung. Der Stromproduzent erhält einen günstigen Wirkungsgrad seiner Maschinen durch die größtmögliche gleichmäßige Belastung, ferner einen günstigen Leistungs-

und Ausnützungsfaktor. Der Betrieb, der den Strom in Wärmeform verarbeitet, verbilligt die Wärmekosten, und zwar in einer Weise, daß er durch Regulierung, Speicherung und Bedienung den besten Wirkungsgrad erzielt.

Zur Ausarbeitung eines genauen Angebotes auf eine Elektrokesselanlage sind nachfolgende Unterlagen erforderlich: Stromart (Dreh-, Einphasen- und Zweiphasenstrom), Spannung, Periodenzahl, Leistungsbereich, Betriebszeit des Kessels und Betriebsdruck; ferner Angaben über Speisewasser (Härte), ob Kondensat dem Kessel zufließt, Wärme desselben, ferner die zur Aufstellung erforderlichen Angaben des Kesselhauses und der Art des Betriebes.

f) Schutzmaßnahmen beim Befahren von Elektrokesseln.

Die Reinigung, sowie die Untersuchung elektrisch beheizter Dampfkessel ist mit Lebensgefahr für den mit der Arbeit betrauten Mann verbunden, wenn der ganze Apparat nicht stromlos gemacht wurde. Der bayerische Revisionsverein empfiehlt daher folgende Schutzmaßnahmen:

1. Es ist notwendig, sich zu vergewissern, daß der spannungslose Zustand der Anlage tatsächlich vorhanden ist.
2. Es muß Sicherheit geschaffen werden, daß irgendwie schädliche Spannungen während der Befahrung nicht an die Elektroden kommen können.

Die Sicherung, daß die Elektroden vom Netz getrennt sind, ist in zweifacher Weise vorzunehmen:

a) Der Ölschalter oder Hauptschalter der Kesselanlage ist in die „Aus“-Stellung zu bringen. Die Stromzeiger dürfen keinen Strom mehr anzeigen; ein zwischen dem Schalter und dem Kessel angeschlossener Spannungszeiger darf keine Spannung mehr anzeigen. Der Ölschalter ist mit einer Tafel zu versehen: „Nicht schalten! Gefahr vorhanden!“

b) Außer diesem Abschalten der Hauptschalter ist bei Hochspannung nach dem Abschalten des Ölschalters die vorgeschriebene sichtbare Trennstelle, z. B. die Trennschalter, zu unterbrechen.

   Bei Niederspannungsanlagen sind der Sicherheit halber die Schmelzeinsätze aus den Sicherungen zu entfernen.

   Nach diesen Maßnahmen erfolgt die Sicherung gegen ein ungewolltes Unterspannungsetzen des Kessels. Dazu dient Kurzschließen und Erden der unmittelbaren Zuleitungen an den Elektroden des Elektrokessels.

   Der Vorgang ist folgender:

c) Es wird an die Speiseleitung (Wasser) oder eine andere zuverlässige geerdete Leitung, z. B. die Erdleitung des Kessels selbst, ein Kupferleiter von mindestens 16 qmm Querschnitt (rund 6 mm Durchmesser) angeschlossen.

d) Durch diesen geerdeten Kupferleiter werden die sämtlichen vorhandenen Elektroden unter sich zuverlässig verbunden.

Dabei ist besonders auf eine gute metallische Verbindung zwischen den Leitungen zu achten, dazu sind die in Verbindung kommenden Leitungsteile blank zu machen und es sind Klemmen zu verwenden.

Der Kurzschluß der Elektroden und die Erdung sind in umgekehrter Reihenfolge, wie sie angebracht wurden, also zuerst der Kurzschluß, dann die Erdung vor Wiederinbetriebnahme des Kessels zu entfernen.

g) Gesetzliche Regelung des Elektrokesselwesens.

Die Elektrokessel unterliegen, wie jeder andere Dampfkessel, den bestehenden diesbezüglichen Gesetzen, Verordnungen und Vorschriften. Sie müssen periodisch (nach Wahl der Partei entweder durch einen von der Staatsbehörde bestellten Prüfungskommissär oder durch ein amtlich hiezu autorisiertes Organ der D. U. V. G.) nach den bestehenden Verordnungen und Vorschriften erprobt und untersucht werden und bezüglich Konstruktion, Aufstellung, sowie allen übrigen die Sicherheitsvorkehrungen betreffenden Bestimmungen genügen. Die Bedienung und Überwachung eines elektrischen Kessels darf nur durch einen geprüften Kesselwärter erfolgen. Zur Bestimmung der Heizfläche von elektrisch beheizten Kesseln erließ das zuständige österreichische Bundesministerium folgende Verfügung vom 11. Jänner 1922:

„Unter der Annahme, daß ein Kilowatt stündlich eine Dampfmenge von 1,2 Kilogramm mittlerer Spannung zu erzeugen vermag und die stündliche Dampfleistung von Elektrokesseln gleichzuwerten ist mit derjenigen von feuerbeheizten Kesseln bei etwa 30 Kilogramm Dampfentwicklung pro 1 Quadratmeter Heizfläche und Stunde, ergibt sich folgende Formel:

$$\text{Heizfläche} = \frac{\text{kW} \times 1{,}2}{30} = \text{kW} \times 0{,}04 = \frac{\text{kW}}{25}$$

Das Resultat ergibt die diesem Kessel als gleichwertig anzusehende Heizflächengröße eines feuerbeheizten Dampfkessels, wonach die Untersuchungsgebühr sodann zu bestimmen ist. Ist hingegen die maximale stündliche Dampfleistung des Kessels bekannt, so ist diese zur Ermittlung der gleichwertigen Heizfläche lediglich durch 30 zu dividieren."

Die Revelkessel dürfen laut behördlicher Bewilligung aus Gußeisen verfertigt sein. Bezüglich der Armaturen besteht bei ihnen gegenüber anderen Kesseln eine Abweichung, indem bei dem Klein-Revelkessel ein Sicherheitsventil genügt (alle anderen Revelkessel müssen jedoch ebenfalls zwei Sicherheitsventile besitzen) und daß diese Kessel nur mindestens eine brauchbare Vorrichtung zur Erkennung des Kesselwasserstandes, und zwar ein Wasserstandsglas, besitzen müssen.

Über den elektrischen Wärmespeicher mit Dampferzeuger, Bauart Tütsch, eröffnet ein Ministerialerlaß vom 15. März 1922, daß dieser Dampferzeuger wohl als Dampfkessel anzusehen ist, daß aber für ihn jene Erleichterungen zu gelten haben, welche für Dampfkessel von weniger als 80 Liter Inhalt vorgesehen sind, d. h. er braucht an Armaturen nur Sicherheitsventile zu besitzen und unterliegt nicht der Erprobung, wohl aber der periodischen Revision. Zu seiner Bedienung bedarf es keines geprüften Wärters.

h) Gebührenbemessung bei Elektrodampfkesseln.

Da die Bemessung von Probe- und Revisionsgebühren von Dampfkesseln nach der Heizfläche erfolgt, Elektrodampfkessel aber in diesem Sinne keine Heizfläche haben, so hat das Bundesministerium für Handel und Gewerbe, Industrie und Bauten in einer Verfügung vom 11. Februar 1922, Z. 21.350-XII., Arb., den Vorgang bei der Gebührenbemessung für Elektrodampfkessel nach Maßgabe der Dampfleistung festgelegt. Unter der Annahme, daß 1 kW stündlich eine Dampfmenge von 1,2 kg mittlere Spannung zu erzeugen vermag und die stündliche Dampfleistung von Elektrokesseln gleichzuwerten ist mit derjenigen von feuerbeheizten Kesseln bei etwa 30 kg Dampfentwicklung pro 1 m² Heizfläche und Stunde, ergibt sich folgende Formel:

$$\text{Heizfläche} = \frac{\text{kW} \times 1{,}2}{30} = \text{kW} \times 0{,}04 = \frac{\text{kW}}{25},$$

d. h. der Dampfkessel-Prüfungskommissär hat bloß die maximale kW-Leistung des Kessels, für welche er gebaut ist, zu erheben und mit dem Faktor 0,04 zu multiplizieren. Das Resultat ergibt die diesem Kessel als gleichwertig anzusehende Heizflächengröße eines feuerbeheizten Dampfkessels, wonach die Untersuchungsgebühr sodann zu bestimmen ist. Die maximale kW-Leistung dürfte in der Regel auf dem Kesselschilde abzulesen oder aus den Angaben des Leistungsschildes zu errechnen sein; andernfalls müßte sie beim Verfertiger des Kessels erhoben werden. Ist hingegen die maximale stündliche Dampfleistung des Kessels bekannt, so ist diese zur Ermittlung der gleichwertigen Heizfläche lediglich durch 30 zu dividieren.

i) Bedeutung des Elektrokessels.

Das **Anwendungsgebiet** der elektrischen Kessel ist ja ein sehr weites. Alle Industrien, die Bedarf an Dampf zu den verschiedensten technischen Zwecken oder an Warmwasser haben, können mit Vorteil Elektrokessel benützen, wenn sie in ihrem Betriebe über Wasserkräfte verfügen, die während der 24 Stunden des Tages nicht voll ausgenützt sind, oder wenn sie billigen Strom von öffentlichen Werken zu bestimmten Tages- oder Jahreszeiten beziehen können. Insbesondere wird es sich da um Zellulose- und Papierfabriken, Textilfabriken, Färbereien, chemische Werke, Gummifabriken, Brauereien, Schlachthäuser, Badeanstalten, Beheizung elektrischer Bahnwagen usw. handeln. Für mechanische Zwecke hingegen wird der elektrisch erzeugte Dampf wohl nur selten zu verwenden sein. An Orten, wo die Wasserkräfte besonders billig sind und Brennstoffe wegen hoher Frachtkosten oder anderen Gründen hoch im Preise stehen, wird selbst die Verwendung erstklassiger elektrischer Energie, d. i. solcher, welche während des ganzen Jahres, also durch 8760 Stunden im Jahre, lieferbar ist, überlegen sein.

Die größte bisher ausgeführte Anlage ist für eine Maximalleistung von 4000 Kilowatt angelegt, die größte Spannung 15.000 Volt, welche aber nicht den Grenzwert darstellt. Vorläufig können Anlagen bis 20.000 Volt ohneweiters aufgestellt werden.

Von **sanitärer Seite** wäre als Vorzug die Reinlichkeit und die Bequemlichkeit der Bedienung des elektrischen Dampfkessels zu erwähnen. Rauch, Ruß, Kohlenstaub und Flugasche belästigen den Heizer weder bei der Bedienung, noch bei der Reinigung des Kessels. Auch hat er nicht unter der vom Roste des feuerbeheizten Kessels ausgehenden strahlenden Wärme zu leiden. Aber auch die Umgebung und damit die Allgemeinheit wird durch den Wegfall der qualmenden Schornsteine nur gewinnen.

Schließlich muß auch noch die **soziale Bedeutung** dieser Sache hervorgehoben werden. Der Achtstundentag ist gesetzlich eingeführt. Eine der Hauptschwierigkeiten bei Einführung dieser sozialen Neuerung liegt für die Industrie und Technik darin, die Fabrikationsmethoden, die bisher für eine längere Arbeitsschicht eingestellt waren, auf die kürzere Arbeitszeit umzuändern, wobei die gleiche Produktion bei der gleichen Ökonomie erreicht werden soll. Daß dieses Problem nicht im Handumdrehen zu lösen ist, ist naheliegend, und wir alle fühlen in dem geringeren Einkommen den Rückgang der allgemeinen Wirtschaftlichkeit. Besonders in der Wärmewirtschaft zeigt sich ein erschreckender Rückschritt, der nicht allein in der minderen Qualität der Brennstoffe oder in der Schwierigkeit der Erlangung zu suchen ist. Produkte, die einen Wärmeprozeß durchlaufen müssen, erfordern derzeit oft einen Mehrverbrauch von mehr als 50 bis 60% an Brennmaterialien derselben Beschaffenheit gegenüber früher. Gelingt es jedoch, die Wärmewirtschaft von der Arbeitszeit möglichst unabhängig zu machen, so werden Achtstundentag, Kurzarbeit und Pausen die Betriebe wenigstens in diesem Punkte nicht mehr so empfindlich treffen. Bei Dampf ist dies nun erreichbar. Durch Aufstellung elektrischer Kessel und elektrischer Warmwasserspeicher kann jeder Überschuß an Energie nutzbar gemacht, durch Ansammlung des erzeugten Dampfes in Speichern der spätere Bedarf reguliert und der sonst schwankende Dampfverbrauch der Kessel möglichst gleichmäßig gehalten werden. Es wird hiedurch erreicht, daß zu jeder Zeit Dampf in der erforderlichen Menge und in der gewünschten Beschaffenheit zur Verfügung steht. Dies bewirkt aber einerseits wieder, daß durch die ständige Betriebsbereitschaft die Dauer der meisten Dampfprozesse verkürzt wird. Die Anheizdauer, während der eine bestimmte Dampfmenge dem dampfverbrauchenden Apparat zugeführt werden muß, um die gewünschte Temperatur oder Druck zu erreichen, wird nämlich bedeutend kleiner. In gleichem Maße, als sich die Dauer des Prozesses verringert, steigert sich jedoch die Höhe der Produktion. Anderseits kann die Qualität der hergestellten Ware durch die Regelmäßigkeit der Dampflieferung erhöht und gleichmäßig gestaltet werden. Endlich wirken diese Anordnungen auch auf die gesamte Kesselanlage zurück, die, da Überbeanspruchungen wegfallen, im allgemeinen kleiner gehalten werden kann. Elektrokessel in Verbindung mit Dampfspeichern sind demnach ein Mittel, auch den heutigen sozialen Anforderungen zu genügen, ohne hiebei eine Schädigung der Privat- und Volkswirtschaft herbeizuführen.

Viele Vorzüge vereinigt der elektrische Dampfkessel, doch wäre es falsch, ihn für gefahrlos hinzustellen. Als neue Sache steckt er auch noch mitten in den Kinderkrankheiten. Sicherlich hat er aber für die Deckung des Dampfverbrauches in unseren Alpenländern eine große Zukunft, zumal, wenn einst unsere Wasserkräfte ausgebaut und zum größten Teil abgeschrieben sein werden.

10. Wärmeverwertung in der Industrie.

In England und Amerika zeigt sich ein rapides Wachstum des Stromverbrauches für industrielle Zwecke, bei denen der elektrische Strom als Wärmequelle benützt wird; besonders während des Krieges stieg der Stromverbrauch in allen Industriegebieten ungewöhnlich rasch an. Darüber berichtet A. E. White im „Electrician" nach einer Veröffentlichung der American Electrochemical Society das Folgende: „Ein großes Werk, das im Jahre 1914 keinen Strom für obige Zwecke abgegeben hatte, lieferte im Jahre 1918 bereits 30 Mill., im Jahre 1922 60 Mill. kWh. Für das Jahr 1924 ist eine Leistung von 110 Mill., für das Jahr 1926 eine solche von 150 Mill. kWh zu erwarten. Der Strom wird als Wärmequelle gebraucht beim Schmelzen und der Herstellung von Eisen und Stahl, beim Einschmelzen von Messing, Bronze, beim Emaillieren, Lackieren, Glasieren; ferner zur Entfernung der Feuchtigkeit aus Nahrungs- und Futtermitteln sowie Holz, beim Schweißen, bei der Kohlung, beim Ausglühen, Abschrecken und Ziehen von Metallen und anderem. Die Wärmebehandlung ist weniger als 28 Jahre alt und stellt heute eine exakte Wissenschaft dar. Mit den gewonnenen Erkenntnissen, der Kenntnis der Abkühlungskurven und Konstitutionsdiagramme können bestimmte gewünschte Eigenschaften der Metalle durch ihre Wärmebehandlung mit Sicherheit erzielt und vorausgesagt werden. Immerhin bleibt der wissenschaftlichen Forschung dieses wichtigen Gebietes noch ein großes Arbeitsfeld. Bestimmte Daten über die Menge der auf elektrischem Wege warmbehandelten Metalle sind schwer anzugeben. Auf dem Gebiete der Eisenhüttentechnik, bezw. Eisenverarbeitung wurden wenigstens 2 Millionen Tonnen von 35 Millionen

Tonnen Produktion im Jahre 1923 unter Mithilfe des elektrischen Stromes einer Wärmebehandlung unterzogen." — Weiter wurde Strom zur Kalziumkarbid- und Stickstoffgewinnung, Aluminiumerzeugung sowie zum Schmelzen von Elektrostahl und Grauguß, Messing verwendet. Zahllose bisher durch Feuer oder Dampf betriebene technische Einrichtungen in industriellen Betrieben wurden umgebaut. Die wesentlichen Bedingungen für diesen Erfolg der elektrischen Wärmebehandlung sind die zweckmäßige Konstruktion der elektrischen Öfen, ihre leichte Kontrolle und automatische Handhabung. Besonders hervorstechende Vorteile sind: Die Erzielung beliebiger und gleichmäßiger Temperaturen, die Möglichkeit der genauesten Temperaturkontrolle, Abwesenheit von Gasen und daher Vermeidung unerwünschter Beeinflussungen, insbesondere einer Oxydation des behandelten Materials, Verhinderung eines Überschusses an Hammerschlag und Walzensinter, Erhitzung durch die gleichmäßige Strahlung einer genau regelbaren Wärmequelle, jedenfalls viel besser und gleichmäßiger als durch Gebläseluft, weniger Abfall und die Möglichkeit, den elektrischen Ofen in der zweckmäßigsten Verbindung mit den vorhergehenden und nachfolgenden Operationen anzuordnen. Der Nutzeffekt von Öfen mit Ölfeuerungen beträgt selten mehr als 16 v. H. und in einigen Fällen nur 5 bis 10 v. H. Mit elektrischen Öfen kann er jedoch bis 80 v. H. gesteigert werden.

a) Formentrocknung in Gießereien.

In einzelnen Gießereien werden die Gußformen in elektrischen Trockenkammern getrocknet. So hat die A.-E.-G. einen elektrischen Trockenofen für die Kerntrockenkammern der Steyr-A.-G. in Steyr geliefert, welcher bei einer Innentemperatur von 200° C die Trocknung der in Betracht kommenden Formen auf elektrischem Wege mit Hilfe verfügbarer Nachtenergie seit Jahren anstandslos durchführt, wobei für diesen Zweck Patentheizschläuche in Verwendung kamen.

Eine andere Gußformentrocknungsanlage mit elektrisch beheiztem Lufterhitzer wurde von Gebrüder Sulzer in Winterthur für die Bronzewarenfabrik A.-G. Turgi (Schweiz) ausgeführt. Die vorhandene Anlage mit Koksheizung, die aus zwei Trockenkammern besteht, wurde unverändert belassen, so daß im Notfalle die Kohlenfeuerung noch verwendbar ist. Für die Neuinstallation, die den überschüssigen Wasserkraftstrom während der Nachtstunden verwerten soll, wurde über den Kammern der Lufterhitzer aufgestellt, der aus zwölf mit Nickelchromdrähten bewickelten Eternitrahmen innerhalb eines Blechrohres besteht. Die für 120 kW Drehstrom von 350 V berechnete Heizvorrichtung ist in drei Gruppen zu 27 kW und eine Gruppe zu 29 kW unterteilt, von denen jede einzeln abgeschaltet werden kann. Der Hauptschalter für den Heizstrom mit Höchst- und Nullspannungsauslösung ist mit der Anlaßvorrichtung für den Motor des die Heißluft durch die Kammern treibenden Ventilators derart gekuppelt, daß nur bei bereits laufendem Motor die Heizspulen Strom erhalten. Durch ein im Heißluftkanal angeordnetes Kontaktthermo-

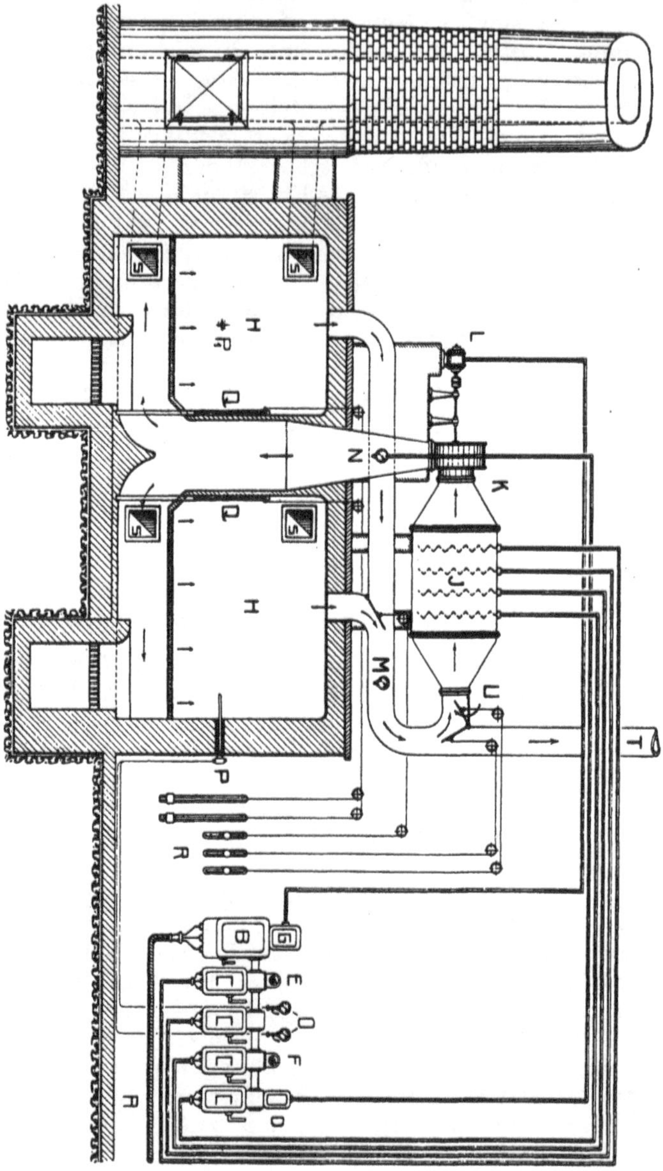

A Stromzuführung
B Hauptschalter
C Gruppenschalter
D Schalter für den Elektro-Motor
E Ampèremeter
F Voltmeter
G Zähler
H Tröcknekammer
J Elektr. Lufterhitzer
K Zentrifugal-Ventilator
L Elektro-Motor
M Thermometer
N Kontakt-Thermometer
O Registrier Thermometer
P Aufnahmekörper für Registrier-Thermometer
Q Luftschieber
R Verstellvorrichtungen für die Abschlussklappen
S Rauchabzug für Feuerbetrieb
T Abluftkanal
U Frischlufteintritt

Abb. 180. Schema der elektrisch betriebenen Trocknungsanlage in der Bronzewarenfabrik A.-G. Turgi

meter wird außerdem die Stromzufuhr unterbrochen, wenn die Lufttemperatur 400° erreicht hat. Die Heißluft wird aus den Kammern ins Freie oder in den Erhitzer zurückgeleitet. Bei dem ersten Versuche mit der elektrisch betriebenen Anlage wurden Formen von zusammen 4900 kg Gewicht im feuchten Zustande von 18 bis 1 Uhr mit 81 kW, sodann noch etwa 1 Stunde mit 120 kW Energieaufwand getrocknet, worauf festgestellt wurde, daß die Abluft frei von Feuchtigkeit war. Bis dahin waren 650 kWh verbraucht worden. Die Kammertemperatur war zu dieser Zeit 125 und 131°, die Temperatur der Heißluft beim Eintritt 290°, beim Austritt 135°. Die Trocknung wurde noch bis ½7 Uhr fortgesetzt. Dabei stieg die Kammertemperatur auf 160 und 175°, die Lufttemperaturen waren 302 und 175°. Der gesamte Stromverbrauch war 1020 kWh, die Gewichtsabnahme der Formen 320 kg.

Die Abb. 180 zeigt schematisch die Anlage, wie die Pulsionsluftheizung gebaut ist. Der durch den elektrischen Motor *L* angetriebene Ventilator saugt die Luft durch den in Gruppen ein- und ausschaltbaren elektrischen Heizkörper *J* ein und bläst sie durch den Heißluftkanal von unten her in die Trockenkammer *H* ein. Nach Durchströmen derselben geht sie durch den Kanal *M* teilweise durch *U* nach dem Heizapparat zurück, teilweise durch den Ablaufkanal *T* ins Freie. Das Mengenverhältnis von Frisch-, Umluft und Abluft wird durch Klappen geregelt, auch ist es durch Scheibe *Q* möglich, nach Belieben die eine oder andere der beiden Kammern in Betrieb zu nehmen. Hinter dem Ventilator ist ein Kontaktthermometer *N* angebracht, das dazu dient, die Zulufttemperatur konstant zu halten und zu diesem Zwecke die vierte Heizgruppe des elektrischen Heizkörpers automatisch ein- und auszuschalten. Die drei übrigen Gruppen sind durch die Gruppenschalter *C* von Hand zu bedienen. Damit am Schaltbrett sofort festgestellt werden kann, ob ihre Inbetriebnahme erfolgt ist oder nicht, sind Registrierthermometer *O* angebracht, die von in die Trockenkammern eingebauten Aufnahmekörpern *P* und P_1 aus betätigt werden. Die Anlage ist erst nachträglich auf elektrischen Betrieb umgebaut worden. Früher wurden die Kammern durch direkte Feuerung von am Boden liegenden Rosten, auf denen man Koksfeuer entzündete, beheizt. Die Feuergase durchstrichen den Raum und zogen durch Abzugsöffnungen *S* in den Hochkamin ab. Die elektrische Einrichtung ist selbstverständlich nicht nur billiger, sondern ihr Betrieb stellt sich auch wesentlich billiger.

Die Brown-Boveri-Werke in Baden (Schweiz) trocknen auch die im Boden der Gießerei liegenden Formen und die Oberteile derselben mit durch Heizgitter erzeugter heißer Luft, zu deren Erzeugung zirka 26 Kilowatt erforderlich sind. Motore, Ventilatoren und Heizgitter werden automatisch ausgeschaltet, wenn die Lufttemperatur zirka 80 bis 100° C erreicht hat, je nachdem, auf welche Temperatur eingestellt ist.

In Abb. 181 ist eine Ausführungsform der von der Maschinenfabrik Örlikon in der Schweiz hergestellten fahrbaren Lufterhitzungsapparate dargestellt. Der Ventilator saugt die Luft durch das auf dem Bilde sichtbare Drahtsieb ein und bläst sie

Abb. 181

durch die drei Etagen des Apparates, worauf sie ihn oben hoch erhitzt verläßt.

Jedenfalls ist diese Art der Trocknung rascher, bequemer, einfacher und billiger als mit Koks zu bewirken.

b) Elektrische Nietung.

In allen Zweigen des Eisenbaues kommen Nietungen in überaus großer Zahl vor. Von den bedeutenden Mengen, um die es sich dabei handelt, erhält man einen Begriff, wenn man beachtet, daß eine einzige eiserne Brücke von 100 m Länge häufig bis zu 50.000 Nieten, oft noch weit mehr, aufweist; ähnliche Nietmengen erfordern die anderen Arten von Eisenkonstruktionen und noch weit mehr die eisernen Schiffe; schon ein eiserner Kessel von 1 m Durchmesser erfordert für jede einzelne Ringnaht etwa 60 Nieten. Alle diese Nietverbindungen erfolgen, indem die Nieten in glühendem Zustand in das Nietloch eingeführt und durch Handarbeit oder durch hydraulische oder elektrische Nietmaschinen mit dem Schließkopf versehen werden. Das Anwärmen der Nieten ist demnach bei den in Betracht kommenden Nietmengen eine Aufgabe, für welche die besten Hilfsmittel stets gerade gut genug sind.

Das Anwärmen der Nieten erfolgte bis in die jüngste Zeit hinein fast ausnahmslos im offenen Kohlenfeuer, gewöhnlich auf leicht transportablen Feldessen, die möglichst in der Nähe der

Verwendungsstellen der Nieten Platz finden konnten. Man konnte dabei mit einem Verbrauch von durchschnittlich 150 kg Schmiedekohle für das Anwärmen von 100 kg Nieten rechnen, und die großen Werke zeigten demgemäß einen Jahresbedarf von oft einer halben Million Mark und mehr zur Deckung des Schmiedekohlenbedarfs ihrer Nietfeuer.

Heute steht überall die Forderung nach sparsamer Wärmewirtschaft und auch nach geringen Betriebskosten mehr denn je im Mittelpunkte des Interesses. Alle Betriebe sehen sich veranlaßt, ihre Modernisierung nach jeder Richtung hin zu vervollkommnen, um dieser Forderung nach Möglichkeit gerecht zu werden. Das hohe Jahresbudget für den Schmiedekohlenbedarf der Nietfeuer und die ungünstige Ausnutzung der Schmiedekohle in der Feldesse mußten bei der heutigen Kenntnis der Vorteile der elektrischen Widerstandserwärmung folgerichtig dazu führen, letztere auch für die Erwärmung der Nieten heranzuziehen, nachdem sie schon seit langen Jahren in Form von elektrischen Widerstandsschweißmaschinen mit großem Erfolg zur Vornahme von Schweißungen der verschiedensten Art Verwendung fand.

Die Wirkungsweise von elektrischen Widerstandsschweißmaschinen wird in einem gesonderten Abschnitt behandelt und sei daher hier nur mit einigen Worten gekennzeichnet. In einem verhältnismäßig einfach gehaltenen Maschinengestell ist ein Transformator eingebaut, welcher den einem Leitungsnetz entnommenen Wechselstrom von normaler Betriebsspannung auf Niederspannung von 1 bis 3 Volt und entsprechend hohe Stromstärke transformiert. Die Enden der den Niederspannungsstrom führenden Spulen sind durch entsprechende Armaturen an die Elektroden der Schweißmaschine angeschlossen, welch letztere durch entsprechende Formgebung und mechanische Betätigung zur Vornahme von elektrischen Punkt-, Naht- oder Stumpfschweißungen Verwendung finden. Der niedrig gespannte Strom wird von den Elektroden an der Schweißstelle durch das Werkstück geleitet. An den Übergangsstellen zwischen Elektroden und Werkstück, sowie zwischen den zu verschweißenden Berührungsstellen der Werkstücke tritt durch den Übergangswiderstand des niedrig gespannten Stromes von hoher Intensität sofort eine Erhitzung ein, die rasch bis auf Schweißhitze steigt; durch gleichzeitige Druckgebung wird dann eine feste Verschweißung hervorgerufen. Da in einer solchen elektrischen Widerstands-Schweißmaschine die elektrische Energie fast verlustlos in Wärme umgewandelt wird, die Kohle aber zur Erzeugung von elektrischer Energie mit einem unvergleichlich besseren Wirkungsgrad ausgenutzt wird als in einem offenen Schmiedefeuer, und da vielfach zur Erzeugung von elektrischer Energie Steinkohle überhaupt nicht verbraucht wird, sondern minderwertige Braunkohle oder gar Wasserkraft, so ergibt sich als Folge, daß das elektrische Widerstandsschweißverfahren an Billigkeit weit vor jedem anderen Verfahren steht.

Jede normale elektrische Schweißmaschine läßt sich als elektrische Erwärmungsmaschine verwenden. Als Nietwärmer aber muß eine solche Maschine noch ganz besonderen Anforderungen entsprechen, die von der elektrischen Schweißmaschine in ihrer normalen Bauart nicht erfüllt werden. Die Schweißmaschine ist immer eine mehr oder weniger ortsfeste, schwere Maschine, die dort bestens am Platze ist, wo die Verwendungsstelle nicht wechselt. Diese Eigenheit der Schweißmaschine wird noch dadurch unterstrichen, daß die Maschine mittels Schlauchleitungen an eine Wasserleitung angeschlossen sein muß, um die Kühlung der Elektroden und Armaturen, die infolge des steten Kontaktes mit den auf Schweißhitze gebrachten Schweiß- oder Erwärmungsstellen einer sehr starken Erwärmung ausgesetzt sind, zu bewirken. Dieser Schlauchanschluß hindert in erhöhtem Maße die freie Beweglichkeit der Maschine. Die Elektroden von Schweißmaschinen üben ferner bei ihrer Betätigung einen gewissen Druck auf das Werkstück aus, und diese Druckgebung muß bei der Erwärmung von Nieten zu Anstauchungen und Verbiegungen führen, die eine Weiterverwendung der elektrisch erwärmten Nieten ausschließen würden.

Erst durch eine sehr sorgfältige Anpassung gelang es, die elektrische Widerstandserwärmung auch für das Anwärmen der Nieten richtig ausnutzen zu können, und die abgebildete Maschine zeigt einen derartigen modernen elektrischen Nietwärmer, dessen charakteristische Einzelheiten vielfach durch Patente geschützt sind. Der elektrische Nietwärmer ist, um einen raschen Ortswechsel zu ermöglichen, auf einem Rädergestell montiert und besitzt einen Tragring, an welchem er von einem Kran erfaßt, auf ein erhöhtes Arbeitsgerüst gestellt, in hängender Lage verwendet oder über die auf der Arbeitsstätte etwa vorhandenen Hindernisse hinweg an einen anderen Ort gebracht werden kann. Das Gestell ist in Blechkonstruktion robust, aber so leicht als zulässig gehalten. Es enthält den üblichen Niederspannungstransformator, dessen Sekundärstrom von den Enden der Sekundärspule durch entsprechende Armaturen bis zu den Elektroden geführt wird. Die Formgebung der letzteren nimmt auf leichte Austauschmöglichkeit Bedacht, da dieselben einem gewissen Verschleiß unterliegen; sie haben daher die Form von einfachen Konussen mit sechskantigem Kopf und die Oberflächen der Bolzenköpfe bilden die Arbeitsflächen der Elektroden.

Abb. 182

Es sind in kurzer Zeit verschiedene Bauarten solcher Nietwärmer auf den Markt gebracht worden. Abb. 182

zeigt einen zweiteiligen Nietwärmer für Drehstromanschluß, Abb. 183 einen dreiteiligen, beide mit Wasserkühlung

Ein wichtiges Unterscheidungsmerkmal dieser Bauarten ist die Art der Elektrodenkühlung. Die Elektroden eines Nietwärmers sind während des ganzen Erwärmungsvorgangs in unmittelbarer Berührung mit dem zu erwärmenden Werkstücke. Es gehen also hierbei durch Wärmeleitung an die Elektroden verhältnismäßig bedeutende Wärmemengen über, die zum Teil durch Strahlung unmittelbar an die Umgebung, zum Teil an die Transformatorwicklung weitergegeben werden und von dort, nachdem sie die ganze Wicklung erwärmt haben, an die Umgebung gelangen. Aus der Art der Erwärmung ergibt sich, daß die an die Elektroden abgegebene Wärmemenge um so größer ist, je länger die Erwärmung dauert. Deshalb gehen bei mehrstelligen Nietwärmern, die mehrere Nieten zugleich, aber jede langsamer, erwärmen, größere Wärmemengen durch Ableitung verloren. Ebenso bedingt ein durch ungünstige Transformatorwahl verursachtes langsames Anspringen der Niete größere Wärmeverluste. Es soll also ein guter Nietwärmer so schnell angehen, daß er mit möglichst wenig Wärmestellen eine gute Leistung erreicht.

Abb. 183

Ein guter Nietwärmer muß mit zwei, höchstens in Sonderfällen mit drei Wärmestellen arbeiten. Beim zweistelligen Nietwärmer beträgt die an die Elektroden abgegebene Wärmemenge etwa 15 bis 30 v. H. des gesamten, dem Stromaufwand entsprechenden Wärmemengewerts, je nach Größe der Niete. Beim dreistelligen Nietwärmer ist diese Menge etwa 25 bis 30 v. H. höher. Natürlich ist auch bei drei gleichzeitig glühenden Nieten der Strahlungsverlust der Niete größer. Deshalb sind Verbrauchsziffern, wie sie der zweistellige Nietwärmer erreichen kann, 28 bis

38 kWh auf 100 kg Niete, gleich günstig mit dem dreistelligen nicht erreichbar.

Die an die Elektroden abgegebene Wärmemenge muß nun so abgeführt werden, daß sie nicht die Transformatorwicklung durch Übergang an sie gefährdet. Die Wärmeabfuhr kann auf folgende Arten geschehen:

1. Übergang an den große Stoffmassen (große Wärmekapazität) enthaltenden Sekundärweg;
2. Kühlung der mit großen Flächen ausgeführten Elektrodenhalter und des Transformators durch bewegte Luft;
3. Kühlung mittels der Kühlkanäle der Elektroden durch strömendes Wasser:
   a) durch Anschluß an die Wasserleitung,
   b) durch eine Zirkulationspumpe;
4. Kühlung durch in gefäßartig ausgebildeten Elektrodenhaltern verdampfendes Wasser (Verdampfungskühlung).

Von den genannten Kühlarten ist die erste, obgleich scheinbar am einfachsten, die schlechteste. Sie bedingt einen außerordentlich großen Stoffaufwand, und doch ist die Erwärmung des Sekundärwegs so groß, daß die Primärwindungen durch Einbetten in wärmefeste Umhüllung (Asbest) gegen die Folgen der Erwärmung gesichert werden müssen. Durch den großen Stoffaufwand wirkt diese Kühlart verteuernd auf den Bau, und deshalb ist ihre Ausführung bisher nur in Amerika in Gebrauch gewesen; denn da der Hauptstoff Kupfer ist, würde diese Ausführungsform für ein auf die Kupfereinfuhr angewiesenes Land wie Deutschland und Österreich in volkswirtschaftlicher Hinsicht unerwünscht sein.

Die Kühlung nach 2 ist hinsichtlich des Stoffaufwandes besser als die erste. Aber die erfolgreiche Anwendung der Luftkühlung bedingt die Entfaltung großer Kühlflächen, die auch nur unter Aufwand genügender Stoffmengen zu erreichen sind. Dann aber erfordert jeder Nietwärmer, um genügend beweglich zu bleiben, den Einbau eines eigenen Motors mit Ventilator, also eine Betriebsstörungen unterworfene Zutat, welche die sonst so einfache, ohne bewegte Teile arbeitende Vorrichtung vielteilig und empfindlich macht. Auch wird dauernd in der ganzen Betriebszeit Strom verbraucht, der dem Stromverbrauch des Nietwärmers hinzuzurechnen ist. Verstaubung durch unreine Luft kann zudem die Kühlung erheblich verschlechtern.

Die Kühlung nach 3 a ist für die meisten Nietwärmer geradezu ungeeignet; denn Nietwärmer sollen, der Nietkolonne folgend, beweglich sein. Ein Nietwärmer, der durch Rohr- und Schlauchleitung an eine Wasserleitung gebunden ist, ist nicht beweglich genug. Da das Kühlwasser nicht bis zum Siedepunkt erhitzt werden darf, wenn die Ableitung, die überdies oft noch ein besonderes Schmerzenskind ist, betriebsfähig bleiben soll, ist die Wärmeaufnahme des Kühlwassers klein, der Verbrauch an Kühlwasser groß (auf 100 kg Niete bis 500 l und bei unachtsamem Gebrauche noch viel mehr). Die Förderung der großen Kühlwassermengen bedingt wieder Kraftverbrauch, der meist als Geldaufwand für das Kühlwasser erscheint. Dieser Verbrauch oder sein Gegenwert in Kilowattstunden ist indes dem Verbrauch des Nietwärmers hinzuzurechnen.

Die Kühlung nach 3 b ist auch nicht besser als die vorige. Sie soll die durch den Anschluß an die Wasserleitung bei jener Kühlung verlorene Beweglichkeit des Nietwärmers dadurch erreichen, daß dem Nietwärmer ein eigenes Kühlwasserwerk mitgegeben wird. Dieses besteht aus Motor, Pumpe und Kühler. Es sind also gleich zwei Maschinen, Motor und Pumpe, vorhanden. Natürlich verbraucht dieser Maschinensatz Wartung und Strom, welcher den Stromverbrauch des Nietwärmers erhöht.

Bei Frost frieren Leitungen, Kühlkanäle, Pumpe und Kühler bei 3 a und bei 3 b ein, und der Nietwärmer wird betriebsunfähig, unter Umständen durch Aufreißen der Rohre ausbesserungsbedürftig. Bei kurzen Betriebspausen, auch wenn sie häufig vorkommen, wird ferner die Kühlung nach 2 oder nach 3 a und 3 b gewöhnlich nicht abgestellt und verursacht mithin unnötigen Kraft- und Wasserverbrauch. Wird es schließlich noch versäumt, bei Schluß der Arbeitszeit das Kühlwasser der Kühlung nach 3 a abzustellen, so läuft das Wasser die vielen Stunden bis zum Schichtbeginn am nächsten Tage nutzlos durch die Vorrichtung, was einer Vergeudung von 2 bis 3 cbm Wasser gleichkommt.

Das Kühlverfahren nach 4, die Verdampfungskühlung, bewirkt die Wärmeabfuhr von den Elektroden durch Abgabe der Wärme an das in Gefäßen befindliche Wasser, wobei die Gefäße mit den Elektroden in möglichst unmittelbarer Verbindung stehen. Je nach Größe der Gefäße kommt das Wasser früher oder später nach Inbetriebnahme des Nietenwärmers zum Sieden. Es bindet also 1 kg Wasser hierbei über 500 Wärmeeinheiten durch Verdampfung. Bei der unter 3 genannten Kühlart kann bei sorgfältiger Wartung eine Überwärmung des überlaufenden Wassers bis zu 50° erreicht werden; 1 kg bindet somit im besten Falle nur 50 Wärmeeinheiten. Bei der Siedekühlung nach 4, bei der über 500 Wärmeeinheiten gebunden werden, ist demgemäß der Wasserverbrauch nur gleich $^1/_{10}$ der Durchlaufkühlung nach 3. Da die Kühlgefäße aber auch eine größere Fläche besitzen, wird außerdem noch ein größerer Wärmebetrag an die Umgebung durch Strahlung und Leitung abgegeben, so daß der Verbrauch der Siedekühlung nur etwa 5 bis 7 v. H. der Durchlaufkühlung beträgt. Das Kühlwasser siedet bei der Siedekühlung in offenen Gefäßen, der Wärmezustand der Elektrodenhalter kann also nie höher als 100° werden. Bei der Durchlaufkühlung mit Kühlkanälen nach 3 bilden dagegen die Kühlkanäle mehr oder weniger geschlossene Räume, in denen bei Unachtsamkeit beim Einstellen der Kühlung natürlich Dampfblasen und Dampfsäcke unter Überdruck und hohen Wärmegraden entstehen können.

Da bei der Siedekühlung die oberen Elektroden den beweglichen Teil bilden, so ist es ohne weiteres möglich, diesen Teil so auszubilden, daß der Nietwärmer ohne ein genügende Belastung dieses Teiles durch Kühlwasser gar nicht in Betrieb genommen werden kann. Dadurch wird ein Heißfahren verhindert, obgleich solches bei der offenen Siedekühlung ungefährlich ist, während bei Kanalkühlung nach 3 bei zu spätem Anstellen der Kühlung durch die zunächst stürmische Dampfentwicklung manchmal die Kühlanschlüsse entweder abgesprengt oder undicht werden.

Die Siedekühlung (Verdampfungskühlung) ist also die, welche auch an die Wartung die geringsten Ansprüche stellt. Die Kühlgefäße der Siedekühlung bedingen auch keinen unnötigen Stoffaufwand. Sie können ohne weiteres solche Formen erhalten, daß sie selbst durch vollkommenes Einfrieren nicht beschädigt werden, ein derartiger Nietwärmer mithin auch in diesem Falle voll betriebsfähig bleibt. Arbeitspausen verringern im Verhältnis ihrer Größe und Zahl selbsttätig den Wasserverbrauch. Es kommt dann vor, daß die Füllung überhaupt nicht zum Sieden kommt, so daß der Wasserverbrauch verschwindend klein wird.

Die Siedekühlung ist sowohl in bezug auf Stoffverbrauch als auch auf Energiebedarf das wirtschaftlichste und dabei sicherste Kühlverfahren.

Wird ein mit Siedekühlung (Verdampfungskühlung) versehener Nietwärmer an eine Wasserleitung angeschlossen, was ohne weiteres möglich, jedoch nicht notwendig ist, so kann dies auf zwei Arten geschehen:

a) Der Zulauf wird so geregelt, daß er gerade das verdampfte Wasser ersetzt;
b) der Zulauf wird so angestellt, daß das Wasser mit einer bestimmten Überwärme ausläuft.

Dann bilden die großen Kühlräume eine Aushilfe beim Versagen der Leitung. Dabei ist ein zeitweises Nachfüllen der Gefäße bei dem geringen Verbrauche nur in größeren Zeitabständen nötig, so daß hier von einer nennenswerten Wartung keine Rede ist. Der Anschluß nach a und b ist also eine recht überflüssige Bequemlichkeitsmaßnahme. Nur beim Anschluß nach b kann sich dadurch ein Vorteil ergeben, daß die großen, mit kaltem Wasser gefüllten Kühlräume es gestatten, den Nietwärmer kurze Zeit hindurch erheblich zu überlasten. Wo größere Leistungen kurzzeitig und ausnahmsweise verlangt werden, braucht der Nietwärmer in seiner Größe infolgedessen nur nach der meist vorkommenden Mittelleistung bemessen zu sein. Also auch in diesem Sinne (Anschaffungskosten) wirkt die Siedekühlung sparend.

Die offene Siedekühlung ist demnach die in jeder Hinsicht beste Kühlart für elektrische Nietwärmer, und wachsende Erkenntnis über die wirtschaftlichen und betrieblichen Eigenschaften dieser heute noch — weil noch verhältnismäßig neu — nicht immer klar beurteilten Einrichtungen muß zwangläufig dazu führen, daß die Siedekühlung sich als das ausschließlich verwendete Kühlverfahren durchsetzt.

Ein Stromverbrauch erfolgt beim elektrischen Nietwärmer nur während der Erwärmungsdauer; ein Leerlaufverlust in den Arbeitspausen usw. ist nicht vorhanden. Die Anpassung an Verschiedenheiten in der Nietlänge erfolgt beim dargestellten Nietwärmer bei Differenzen bis zu etwa 40 mm selbsttätig; bei größeren Längendifferenzen ist die Stellung des oberen Elektrodengefäßes zu verändern; dasselbe ist längst einer Vertikalnut leicht verstellbar. Da der Nietwärmer stets zwei, ausnahmsweise drei, obere Elektrodengefäße, also zwei oder drei Wärmestellen, erhält, können die Gefäßstellungen den verschiedenen Nietlängen von Anbeginn angepaßt werden.

Die Wärmeverteilung in den zu erwärmenden Nieten wird durch die Formgebung und das Material der Elektroden beeinflußt. Dieselbe ermöglicht die Erwärmung entweder so, daß die größte Hitze an der Nietspitze eintritt, welche bei der Weiterverarbeitung zum Schließkopf geformt wird, oder mit gleichmäßiger Verteilung auf die ganze Nietlänge. Eine Druckwirkung durch die Elektroden findet nicht statt; dieselben lasten vielmehr nur mit dem Gewicht des wassergefüllten Kühlgefäßes auf den Nieten, und die leichte Schlagwirkung, mit welcher sie sich auf die Nietspitze aufsetzen, unterstützt die schon durch die Siedetemperatur der Elektroden bedingte, vorhin hervorgehobene günstige Kontaktwirkung bei verzunderter Nietoberfläche. Das Fehlen jeder Druckwirkung beim elektrischen Nietwärmer hat aber auch zur Folge, daß bei demselben keine Anstauchungen oder Verbiegungen der Nieten während der Erwärmung vorkommen. Auch ein Verbrennen durch übermäßiges Erhitzen ist so gut wie ausgeschlossen, weil die Nieten hier der dauernden Beobachtung in keinem Moment entzogen sind. Die elektrische Nietenerwärmung vermeidet daher jede Ausschußbildung, während in der Feldesse der Ausschuß durch Verbrennung allein mit 3—5% anzusetzen ist. Diese Mengen fallen bei einer vergleichenden Kostenberechnung sehr ins Gewicht; dazu kommt, daß ein einziger elektrischer Nietwärmer die Leistung von mindestens zwei Feldessen ersetzen kann, während die Bedienung weniger Arbeit erfordert, als diejenige einer einzigen Feldesse. Der elektrische Nietwärmer braucht nicht angezündet zu werden, er erfordert keinen Kohlen- und Schlackentransport, arbeitet ohne Flammen- und Rauchbildung und ist stets arbeitsbereit. Die stündliche Erwärmungsleistung erreicht wenigstens 500 Erwärmungen bei Nieten von 10 mm Durchmesser und 50 mm Länge, 200 bis 250 Erwärmungen bei Nieten von 16 mm Durchmesser und 70 mm Länge und 100 bis 120 Erwärmungen bei Nieten von 22 bis 25 mm Durchmesser und 70 bis 80 mm Länge.

Der Energieverbrauch für die elektrische Erwärmung von 100 kg Nietmaterial erreicht etwa 40 kWh. Die Feldesse dagegen verbraucht, wie eingangs erwähnt, für dieselbe Erwärmungsleistung durchschnittlich 150 kg beste Schmiedekohle, also ein Kohlenquantum, aus welchem in einem modernen Elektrizitätswerk 100 bis 150 kWh elektrische Energie erzeugt werden können; dies ist durchschnittlich die dreifache Energiemenge, die zur elektrischen Erwärmung derselben Nietmenge erforderlich ist. Die Volkswirtschaft hat daher ein wesentliches Interesse daran, bei der großen Zahl der in Verwendung stehenden Nietfeuer die elektrische Nieterwärmung mit allen Mitteln zu begünstigen. Auch für die Elektrizitätswerke bedeutet der elektrische Nietwärmer einen sehr günstigen und erstrebenswerten neuen Stromabnehmer, weil er mit einer sehr geringen Phasenverschiebung arbeitet, deren cos φ durchschnittlich nicht kleiner ist als 0,9, also wesentlich günstiger als bei den meisten Elektromotoren.

Der moderne elektrische Nietwärmer vereinigt somit alle Eigenschaften, welche die Eisenbau- und verwandte Industrie als wertvoll schätzt. Er gibt ihr die Möglichkeit, das offene Nietfeuer aus den Werkstatträumen und von der Baustelle vollständig zu verbannen und dadurch sehr bemerkenswerte gesundheitliche Vorteile auch für diese Räume zu schaffen, sowie die Feuersgefahr ganz wesentlich einzuschränken.

Beispiel: Bei der Anwärmung von Nieten mittels der elektrischen Nietenanwärme-Maschine wurde ein Strom zum Preise von 22 g (13 Pf.) die Kilowattstunde, bei der Anwärmung durch Schmiedekohle solche zum Preise von 8,5 g (5 Pf.) pro kg verwendet.

1. Anwärmung mittels Elektrizität. Die Mulden von zwei Schlackenwagen wurden mit neuen Blechen und Nieten von 10 × 22 mm genietet.

In 104 Minuten wurden 226 Nieten mit der elektrischen Nietenwärmemaschine warm gemacht und von Hand genietet.

$$\frac{104}{226} = \mathbf{0{,}46} \text{ Minute pro Niete.}$$

Bei einem Lohn von 1,2 S (70 Pf.) pro Gesellenstunde, 31 g (18 Pf.) pro Lehrlingsstunde kostet die Minute Arbeitslohn

$$\frac{120 + 31}{60} = 2{,}5 \text{ g}$$

Arbeitslohn im ganzen 104 × 2,5	S 2,60
Stromverbrauch 3 kWh je 22 g	S 0,66
zusammen	S 3,26

$$\text{oder rund pro Niete } \frac{3.26}{226} = 1{,}44 \text{ g } (0{,}85 \text{ Pf.}).$$

Mit Kohlenfeuer.

In 55 Minuten wurden 70 Nieten 10×22 mm bei einem Kohlenverbrauch von 2,8 kg warm gemacht:

$$\frac{55}{70} = 0{,}79 \text{ Minute pro Niete.}$$

Arbeitslohn 55 × 2,5	S 1,375
Schmiedekohle 2,8 kg × 8,50 g	S 0,238
zusammen	S 1,613

$$\text{oder pro Niete } \frac{1.613}{70} = 2{,}3 \text{ g } (1{,}35 \text{ Pf.}).$$

Mit der elektrischen Nietenwärmemaschine wurde nach obigem Versuche zirka 40% billiger gearbeitet, trotzdem hierbei noch zu berücksichtigen ist, daß bei richtiger Einstellung der Maschine der Hilfsarbeiter in vielen Fällen erspart werden kann, was bei den heutigen Löhnen von ausschlaggebender Bedeutung ist. Dazu kommt aber noch der große Vorteil bei der elektrischen Anwärmung, daß der Nietschaft durch und durch gleichmäßig erwärmt ist, während der Nietkopf kalt bleibt, was für die Verarbeitung der Nieten von Wert ist und eine bessere Nietarbeit gewährleistet.

Die Hitze der Niete kann durch Regulierung der Erhitzungsdauer auf Schaft und Kopf verschieden stark verteilt werden. Eine schnell erhitzte Niete ergibt einen hell erwärmten Schaft mit dunklem Kopf. Eine langsam erwärmte Niete zeigt einen gleichmäßig erwärmten Schaft mit hellrotem Kopf. Diese Erwärmungsart eignet sich ganz besonders für Eisenkonstruktionen. Für Nieten, die jedoch vollkommen gleichmäßig erhitzt werden müssen, wie z. B. Dichtigkeitsnieten (Dampfkesselnieten usw.), ist die elektrische Erwärmung ungeeignet.

Ein Nietwärmer mit natürlicher Luftkühlung mit einer Einspannstelle wird z. B. von der AEG. gebaut. Er besitzt eine Leistung von 6 kVA, gestattet das Erhitzen von Nieten bis 100 mm Länge bei 20 mm Stärke. Der Apparat arbeitet mit natürlicher Luftkühlung und hat sich in Eisenkonstruktionswerkstätten und Waggonfabriken mit Erfolg bewährt. Im Mittel benötigt man zum Erhitzen von 1 kg Eisenkonstruktionsnieten 0,45 kWh.

Die elektrische Nietenanwärmung ist ganz besonders auch an Montagestellen, wo elektrische Kraft zur Verfügung steht, von ganz besonderem Vorteil. Die Anwärmung mit Koks führte z. B. beim Spullerseewerk, dem Kraftwerk der österreichischen Bundesbahnen, wo in einem zirka 90 m langen Stollen genietete, eiserne Rohre verlegt wurden, mangels Ventilation dazu, daß die bei der Arbeit beschäftigten Arbeiter an Vergiftungserscheinungen litten, die Tobsuchtsanfälle im Gefolge hatten, so daß die Nietarbeiten mit schwerer Mühe zu Ende geführt wurden.

c) Elektrisches Schweißen.

Geschichtliches. Die Kenntnis des Schmiedens und Schweißens von Metallen *) geht bis in die fernsten Zeiten der Geschichte zurück. Jahrtausende vor unserer Zeitrechnung hat der Mensch aus den in der Natur vorhandenen Metallverbindungen, den Erzen, schmiedbare und schweißbare Metalle erschmolzen. Es sei hier z. B. nur daran erinnert, daß es wahrscheinlich schon 2000 Jahre vor Christi Geburt den Indern gelang, das sogenannte Wootz-Eisen zu verarbeiten, und die Inder als „eisengewandte Leute" galten.

---

*) H. Jüptner v. Jonstorff, Das Eisenhüttenwesen. 2. Auflage.

Besonders merkwürdig ist eine in Delhi stehende massive Eisensäule (Lâht von Delhi, d. i. Pfeiler von Delhi, genannt), die schon seit uralter Zeit als Heiligtum verehrt wird. Sie besteht aus geschmiedetem Metall, hat über dem Boden eine Höhe von 22 Fuß, während ihr unteres Ende bei einer 26 Fuß tief gehenden Grabung nicht gefunden werden konnte. Ihr Gewicht beträgt mindestens 17.000 kg. Sie scheint aus einzelnen Luppen von etwa 25 kg Gewicht zusammengeschweißt zu sein. Nach einer auf der Säule angebrachten Sanskritinschrift soll sie von Raja Dhawa etwa 900 v. Chr. errichtet worden sein.

Die Anfänge der elektrischen Schweißverfahren reichen bis etwa 1865 zurück. Das englische Patent Wildes Nr. 1412 vom Jahre 1865 erwähnt schon ausdrücklich die Eignung der von ihm beschriebenen elektrischen Maschinen zu Schmelzzwecken. Benardos hatte im Jahre 1881 die elektrische Lichtbogenschweißung schon so weit durchgebildet, daß es ihm gelang, im Laboratorium Kabaths Akkumulatoren auf elektrischem Wege zu schweißen. Bald nach dieser Zeit, im Jahre 1886, gelang es auch dem Professor Elihu Thomson, die Elektrizität der Schweißtechnik in Form des Widerstandschweißverfahrens dienstbar zu machen. Die diesbezüglichen Patente fallen zumeist in die Jahre 1889 bis 1890. So führte in einem Vortrag im Iron- and Steel-Institut in Newyork im Jahre 1890 Prof. Elihu Thomson schon aus, daß mittels des elektrischen Widerstandsschweißverfahrens praktisch alle Metalle schweißbar seien. Trotzdem die elektrische Lichtbogenschweißung ein älteres Geburtsdatum besitzt, wurde diese Schweißmethode zunächst in der praktischen Anwendung von der elektrischen Widerstandsschweißung überflügelt. In großzügiger Weise wurde das elektrische Widerstandsschweißverfahren im Jahre 1907 in den Blechwaren- und Kleineisenindustrien aufgenommen, während die elektrische Lichtbogenschweißung in größerem Maße erst in den Kriegsjahren 1914 bis 1918 ihre Vorzüge praktisch erwiesen hat.

Die elektrischen Schweißverfahren.

Bestimmend für die Art und die Wirtschaftlichkeit einer jeden Schweißung ist das Erwärmungsverfahren. Metallurgisch und thermisch, sowie wirtschaftlich am günstigsten ist dasjenige Schweißverfahren, bei dem die Stoßflächen eng umgrenzt so schnell wie möglich auf die verlangte Schweißtemperatur kommen. Jede weitere Wärmeausdehnung über die eigentliche Schweißzone hinaus ist schädlich, da unnütze Spannungen in das Schweißstück getragen und die Massen für das Schweißen selbst zwecklos erwärmt werden. Von allen Schweißungsarten genügen diesen Bedingungen die elektrischen Schweißverfahren am besten. Man unterscheidet zwei große Gruppen von elektrischen Schweißungen, die elektrische Widerstandsschweißung und die elektrische Lichtbogenschweißung.

Die Bezeichnungen und Begriffsbestimmungen der Schweißtechnik sind bereits vom Fachausschuß für Schweißtechnik im V. D. I. einheitlich festgelegt worden *). Demnach werden unterschieden:

A. Preßschweißung (Widerstandsschweißung);
B. Schmelzschweißung (Lichtbogenschweißung);
C. Aluminium- (thermische) Schweißung.

A. Die Preßschweißung zerfällt in folgende Untergruppen:
   a) Stumpf- und Abschmelzschweißung (gegenüber Feuerschweißung);
   b) Punkt- und Nahtschweißung (gegenüber Nietung und Schmelzschweißung);
   c) Wassergasschweißung.

B. Die Schmelzschweißung zerfällt wieder in
   a) Flußeisenschweißung;
   b) Gußeisenschweißung; Warm- und Kaltbehandlung;
   c) Kupfer-, Aluminium- und Rotgußschweißung.

Die Metallurgie der Schweiße.

Die Benennungen „Schweiße" und „schweißen" sind irreführend; die Verbindung gleichartiger Metallteile in teigartigem Zustand unter Druckanwendung ohne Hinzufügen eines Fremdstoffes oder Zusatzstoffes ist das eigentliche Schweißen, das Feuerschweißen. Bei der Lichtbogenschweißung und bei der autogenen Schweißung kann man eher von einer Lötung sprechen, wenn man sich von der Vorstellung freimacht, daß zur Lötung zinn- oder kupferhaltige Zusätze nötig sind. Bei den genannten Verfahren, die man unter der gutgewählten Sammelbezeichnung „Schmelzschweißung" zusammenfaßt, lötet, gießt oder schmelzt man zwei gleich- oder verschiedenartige Metallteile aneinander, meist unter Hinzufügung eines gleichartigen Zusatzstoffes in Drahtform. Aus dieser Überlegung geht hervor, daß der bei der Blechschweißung eingeschmolzene Zusatzdraht (Schweißdraht) ein überaus wesentlicher Bestandteil des fertigen Stückes ist und es auf ihn, auf die Art des Einschmelzens und das Gefüge, das er nach dem Einschmelzen aufweist, in stärkstem Maße ankommt. In beiden Fällen, bei der Widerstandsschweißung und bei der Lichtbogenschweißung, wird im Gegensatz zu allen anderen Schweißverfahren die Wärme nicht von außen nach innen übertragen, wobei erhebliche Wärmeverluste auftreten, sondern der elektrische Strom wird unmittelbar zur Schweißstelle geleitet und erzeugt gewissermaßen von innen heraus die Schweißwärme. Bei der Widerstandsschweißung wird der innere und der Übergangswiderstand des Schweißgutes selbst zur Umwandlung der elektrischen Energie in Wärme benützt. Die Stromstärken sind hiebei außerordentlich hoch und gehen oft in die Größenordnung von

---

*) Maschinenbau, Bd. 20, ex 1925, V. D. I.-Verlag, Berlin.

100.000 Ampere, die Spannungen sind dabei aber niedrig und schwanken zwischen 0,5 und 20 Volt, je nach Größe und Art des Schweißstückes.

Verhalten der Metalle.

Jede Schweißarbeit setzt zu ihrer sachgemäßen Ausführung eine entsprechende Materialkenntnis *) der zu verbindenden Teile voraus. Man wird nie ein gutes Ergebnis bei der Ausführung irgendeiner Schweißarbeit erzielen, wenn nicht die nötigen Kenntnisse der Metalleigenschaften vorhanden sind. Roheisen, dessen Kohlenstoffgehalt mindestens 2% beträgt, ist nur nach dem Lichtbogen- oder Schmelzschweißverfahren schweißbar, während schmiedbares Eisen, d. i. ein solches, welches weniger als 1,7% Kohlenstoff enthält, sowohl nach dem Widerstandsverfahren, als nach dem Schmelzverfahren schweißbar ist.

Kupfer wird sich mittels Preßschweißung leicht verbinden, dagegen ist die punkt- und nahtweise Schmelzung nicht möglich. Mittels des Lichtbogen- oder Schmelzverfahrens ist es ebenfalls schweißbar, doch wäre in diesem Falle der kleine Lichtbogen zu verwenden. Die Schweißung an einer senkrechten Wand oder die sogenannte Überkopfschweißung ist jedoch mit dem Lichtbogen vorläufig praktisch nicht durchführbar.

Messing läßt sich sowohl nach dem Preß-, als auch nach dem Schmelzschweißverfahren schweißen. In letzterem Falle wird wieder der kleine Lichtbogen verwendet.

Dasselbe gilt auch für Bronze, d. i. eine Legierung von Kupfer und Zinn.

Wärme- und elektrische Verhältnisse.

Hierfür gelten die in den vorigen Kapiteln entwickelten Grundbegriffe und Formeln:

$$Q = 0{,}864\; e\, i\, t = 0{,}864\; i^2\, R\, T \text{ in kg Kalorien.} \qquad (104)$$

Nachdem die Wärme durch das Maß der Stromstärke i bestimmt wird, so geht daraus hervor, daß die Spannung sehr klein, die Stromstärke jedoch ganz erheblich sein muß, um einen Schweißeffekt zu erzielen. Die erstere beträgt je nach der Größe des Schweißstückes 0,5 — 8 Volt, während die Stromstärke bis zu 20.000 Ampere und mehr beträgt. Derartig niedergespannt hohe Stromstärken lassen sich am einfachsten mittels eines Wechselstrom-Transformators erzeugen und kommt daher für die Preß- oder elektrische Widerstandsschweißung in erster Linie nur Einphasenstrom oder einphasiger Anschluß an Drehstrom in Frage. Die marktgängige Maschinenleistung beträgt 40 und 100 kVA. Letztere vermag bei einer Spannung von 8 Volt immerhin eine Stromstärke von

$$i = \frac{N}{e \cos \varphi} = \frac{100.000}{8 \times 0{,}6} = \text{ca. } 20.000 \text{ Ampere}$$

*) Z. d. V. D. I. Nr. 12 ex 1926.

zu erzeugen. Der Leistungsfaktor von kleinen Maschinen beträgt zirka 0,95, von mittleren zirka 0,8 und selbst bei den allergrößten Maschinen noch 0,6.

Eine Untersuchung des Jouleschen Gesetzes in Anwendung auf die elektrische Widerstands-Stumpfschweißung zeigt, daß die einzelnen Faktoren in der Größenordnung ganz beträchtliche Unterschiede aufweisen.

1. Das Stumpfschweißverfahren.

Die beiden Faktoren *e* und *R* sind bestimmend für die wirtschaftlichste Durchführung der einzelnen Verfahren (reine Stumpfschweißung und Abschmelzschweißung). Bei Aufstellung der nachfolgenden Diagramme sind die Wärmeausstrahlung und die schädlichen Widerstände zwischen den Einspannbacken und der Oberfläche des Arbeitsstückes, sowie die Widerstände in den stromführenden Leitern (Selbstinduktion) nicht berücksichtigt *). In der Gleichung 104 richten sich die drei Faktoren i^2, R und t, beziehungsweise i, e und t als maßgebliche Größen zur Erzielung der Wärme nach dem Querschnitt des zu schweißenden Objektes. Die Schweißzeit t muß, um die Wärmeausstrahlungen von der Oberfläche so gering wie möglich zu halten, auf das praktisch niedrigste Maß herabgesetzt werden. Der Widerstand R ist infolge des großen Querschnittes der Schweißobjekte außerordentlich gering, infolgedessen auch die Schweißspannung (Sekundärspannung) e_2. Es erhellt sofort, daß der Schweißstrom i_2 den Faktor für die Erhitzung des Schweißobjektes darstellt. Für die Erhitzung des Schweißgutes ist aber auch der Faktor R nicht unwesentlich. Er bewirkt während der Hitzentwicklung gleichzeitig eine Veränderung des Schweißstromes und der Schweißspannung.

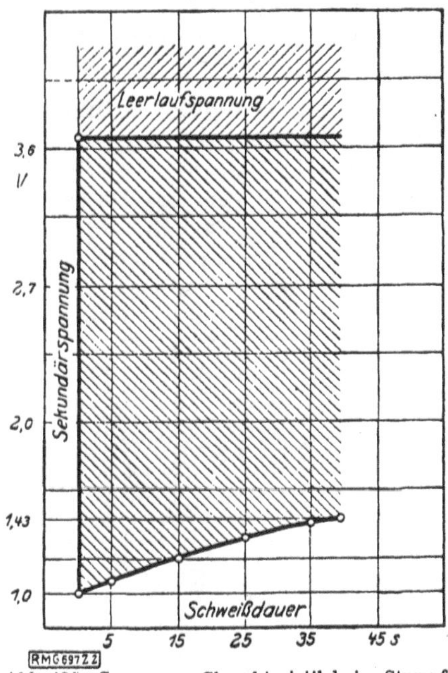

Abb. 184. Spannungs-Charakteristik beim Stumpfschweißverfahren

In den Diagrammen Abb. 184, 185, 186 und 187 sind die einzelnen Faktoren des Jouleschen Gesetzes in Abhängigkeit voneinander

---

*) Siehe Schmatz: „Elektrisches Schweißen und Erhitzen", Deutscher Maschinenbau Würzburg, Bd. 40 (1925), S. 457.

graphisch dargestellt. Um für beide Fälle, also das normale Stumpfschweißverfahren und das Abschmelzverfahren, genaue Vergleichswerte für Widerstand, Schweißspannung und Schweißstrom zu erhalten, wurden die Schweißungen unter gleichen Material- und Einspannverhältnissen durchgeführt. Im Diagramm Abb. 184 ist die Schweißspannung e_2 in Abhängigkeit von der Schweißzeit t aufgetragen. Die Leerlaufspannung von 3,65 Volt fällt sofort bei Belastung des Transformators, d. h. Kurzschließen des Stromkreises auf 1 Volt, ab, um alsdann bei zunehmender Erhitzung des Schweißgutes wieder langsam anzusteigen, und zwar bis auf 1,43 Volt bei Sprühhitze. Der Spannungsanstieg während der Erhitzung beruht darauf, daß mit zunehmender Erhitzung der spezifische elektrische Widerstand wächst (siehe Silit, Abb. 6 u. 7, S. 21), der Schweißstrom dadurch abfällt und diesem eine größere Spannung aufgedrückt wird. Zu dem spezifischen elektrischen Widerstand des Schweißgutes und dem aus der Temperaturzunahme hervorgehenden tritt noch der Übergangswiderstand an der Stoßstelle des Schweißgutes. Bezeichnet man den spezifischen elektrischen Widerstand mit R_{sp}, den aus der Temperaturzunahme hervorgehenden mit R_t und den Übergangswiderstand mit $R_ü$, so kann der Gesamtwiderstand R_g im Schweißgut in folgender Gleichung ausgedrückt werden:

$$R_g = (R_{sp} + R_ü + R_t) \tag{105}$$

Wie oben behauptet, beeinflußt der Widerstand R_g alle elektrischen Größen der Gleichung 104. Der Beweis dieser Behauptung für e_2 ist durch das Diagramm in Abb. 184 erbracht, für i_2 liefert den Beweis das Diagramm in Abb. 185. Zunächst soll in dem Koordinatensystem die Widerstandskurve bei reiner Erhitzung eines Stabes **ohne Trennfuge** Beachtung finden. Einspannverhältnisse des Erhitzstabes, sowie Materialbeschaffenheit waren bei diesem Versuch die gleichen wie bei den beiden Versuchen der Stumpf- und Abschmelzschweißung. Für den Gesamtwiderstand gilt hier:

$$R_g = (R_{sp} + R_t) \tag{106}$$

Eine bestimmte Einspannlänge (zwischen den beiden Einspannbacken gemessen) ergab den spezifischen elektrischen Widerstand von $1{,}25 \times 10^{-5}\,\Omega$ bei einer Temperatur von 15°. Bei steigender Temperatur nimmt der Wider-

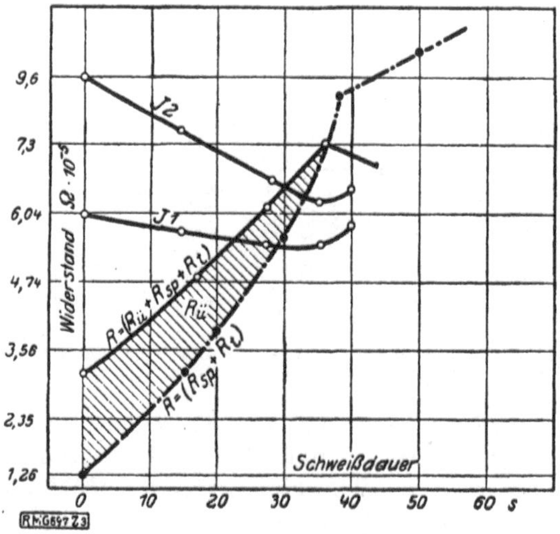

Abb. 185. Widerstandszunahme bei Steigerung der Temperatur beim Stumpfschweißverfahren

stand stetig zu und er betrug bei dem Versuchsstab zwischen 800 und 900°: $8{,}33 \times 10^{-5}\,\Omega$, um dann weiter linear bis zu einem Widerstand von $9{,}54 \times 10^{-5}\,\Omega$ bei Sprühhitze anzuwachsen. Es sei hier ganz besonders auf den charakteristischen Knick der Widerstandskurve aufmerksam gemacht, der auf die magnetische Umwandlung im Metallgefüge zwischen den Temperaturgrenzen von 800 bis 900° zurückzuführen ist. Die strichpunktierte Linie des Widerstandes $R_{sp} + R_t$ ist in Abb. 186 übernommen, um ein genaues graphisches Bild von der Größe des Übergangswiderstandes während des Schweißvorganges zu erhalten.

Der spezifische elektrische Widerstand R_{sp} ist bei 15° bekannt, ebenso die Spannung e_2 und durch die Energieaufnahme auch i_2. Aus der Energieaufnahme muß sich daher sofort bei Beginn der Schweißung die Größe des Widerstandes $R_ü$ bestimmen lassen, da hier der Widerstand R_t vernachlässigt werden kann. Die Messung von $R_{sp} + R_ü$ ergab $3{,}33 \times 10^{-5}\,\Omega$, und durch Subtraktion von R_{sp} erhält man für

$$R_ü = (3{,}33 - 1{,}25)\,10^{-5} = 2{,}08 \times 10^{-5}\,\Omega$$

Der Druck des Schweißgutes wurde bei dem Versuche bis zur Beendigung der Schweißung nicht geändert und die beiden Stoßstellen nur durch die Ausdehnung der Hitze stetig fester aneinander gepreßt. Nun muß logischerweise der Übergangswiderstand bei fortschreitender Schweißung abnehmen und beim Zusammenfließen des Materials vollständig verschwinden. Die angestellten Messungen ergaben die Richtigkeit dieser Annahme. In Abb. 185 stellt die ausgezogene Linie $R = (R_ü + R_{sp} + R_t)$ den Widerstand während der Schweißung dar, und die schraffierte Fläche zeigt die jeweilige Größe des Übergangswiderstandes. In dem gleichen Bild sind auch noch die Kurven des Primärstromes und des Schweißstromes i_2 ersichtlich. i_2 fällt sofort nach Beginn der Schweißung stetig ab und steigt kurz am Schlusse derselben wieder etwas an. Das Anwachsen des Schweißstromes am Schlusse der Schweißung ist auf den Wegfall von $R_ü$ und den dadurch bedingten geringeren Gesamtwiderstand zurückzuführen. Dieses Charakteristikum ist auch in der Stromkurve i_1 zu erkennen, da sich eine Veränderung von i_2 proportional der ersten Potenz auf i_1 überträgt.

Die reine Erhitzung des Stabes benötigte eine Gesamtenergie von 0,375 kWh; die Stumpfschweißung hingegen nur 0,281 kWh. Daraus ist ohne weiteres zu schließen, daß im letzteren Falle der auftretende Übergangswiderstand den wirtschaftlichen Erfolg herbeiführt. Das im nachfolgenden behandelte Abschmelzschweißverfahren erhärtet diese Schlußfolgerung und zeigt ferner, daß hier der Übergangswiderstand einen noch weit größeren Einfluß auf den Energieverbrauch hat.

Das Abschmelzschweißverfahren.

In der Praxis ist es üblich, das Schweißstück vor dem eigentlichen Abschmelzen etwas vorzuwärmen. Die beiden Stoßflächen werden auch hierbei zunächst innig miteinander in Berührung gebracht, wodurch sich die Hitzentwicklung unter den gleichen Bedingungen wie beim Stumpfschweißen vollzieht. Die Schweißspannung e_2 fällt im Augenblick der Belastung des Transformators wieder auf 1 Volt ab. Das Vorwärmen des Schweißobjektes dauerte im vorliegenden Fall rund 28 Sekunden, wobei die Spannung bis auf 1,2 Volt anstieg. In diesem Zeitpunkt erfolgte ohne Ausschaltung des Schweißstromes das Trennen der Schweißflächen und Ziehen des Lichtbogens. Dieses erfordert aber eine Spannung, die wesentlich höher liegt als bei der Stumpfschweißung, da dort keine Luftstrecke zwischen beiden Schweißenden gebildet wird, sondern sie in dauernder Berührung bleiben. Die Spannung e_2 kann aber nicht sofort einen Höchstwert annehmen, weil der beim Abschmelzverfahren auftretende Lichtbogen am Anfang nicht ruhig steht, sondern erst bei Erreichung gleicher Stromdichte, also bei vollständiger Durchwärmung der gesamten Schweißflächen, zum völligen Stillstand kommt. In Abb. 186 ist die Spannungskurve ersichtlich und es geht deutlich daraus hervor, daß bei Beginn des Abschmelzens zunächst ein stetiges Anwachsen der Schweißspannung eintritt, um bei Beginn des Gleichgewichtszustandes im Lichtbogen scharf abzubiegen. Bei 3,6 Volt läuft e_2 in seinen Höchstwert aus, fällt aber im Augenblick der Stauchung wieder bis auf 1,42 Volt ab.

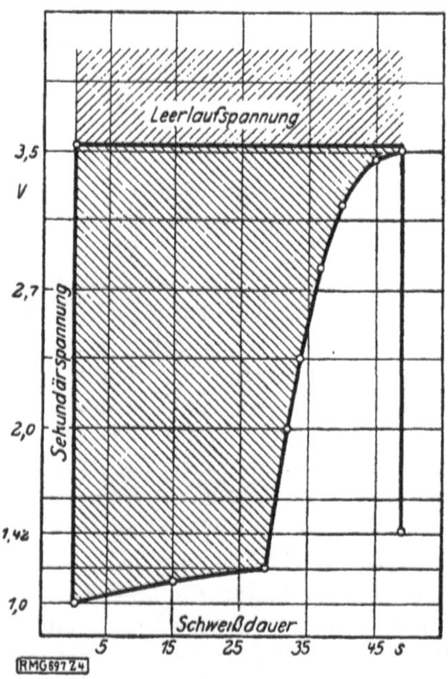

Abb. 186. Spannungs-Charakteristik beim Abschmelzschweißverfahren

Daß die Spannung des Lichtbogens erst kurz vor Beendigung der Schweißung ihren Höchstwert erreicht, wird durch die Widerstandskurve bewiesen; sie ist in Abb. 187 für das Abschmelzverfahren eingezeichnet. Die punktierte Linie stellt auch hier wieder den Widerstand für die reine Erhitzung, also $R_g = (R_{sp} + R_t)$ dar, ist aber hier in Bezug auf die Widerstandseinheiten, gegenüber dem Diagramm Abb. 186, im Maßstab 1 : 10 dargestellt. Bis zur Beendigung der Vorwärmezeit steigt der Widerstand im gleichen Verhältnis wie bei der Stumpfschweißung an und nimmt im Moment der Lichtbogenbildung einen fast steilen Verlauf. Seinen Höchstwert erreicht er bei eingetretener Schweißhitze mit $7{,}55 \times 10^{-4}\,\Omega$ und fällt während des Stauchdruckes auf $6{,}5 \times 10^{-5}\,\Omega$ steil ab. Der Vergleich beider

Widerstandsendwerte zeigt, daß der Widerstand beim Abschmelzverfahren geringer ist als der des Stumpfschweißverfahrens. Die Erklärung hierfür gibt die Beobachtung der Erhitzzone. Bei dem Abschmelzverfahren hat die entwickelte Wärme keine Gelegenheit, sich auszudehnen, da hierbei der Schweißstrom durch den bestehenden Luftspalt auf die Stoßflächen des Schweißgutes konzentriert wird. Die Erhitzzone ist daher bedeutend kleiner als beim Stumpfschweißverfahren *). Die schraffierte Fläche gibt auch hier wieder ein Bild über die Größenverhältnisse des Übergangswiderstandes. Die Kurven des Schweißstromes i_1 und des Primärstromes i_2 zeigen den Verlauf während der Abschmelzschweißung. Der stetige Abfall von i_2 ist hier auf das Anwachsen des Widerstandes R bis zur Beendigung der Schweißung zurückzuführen.

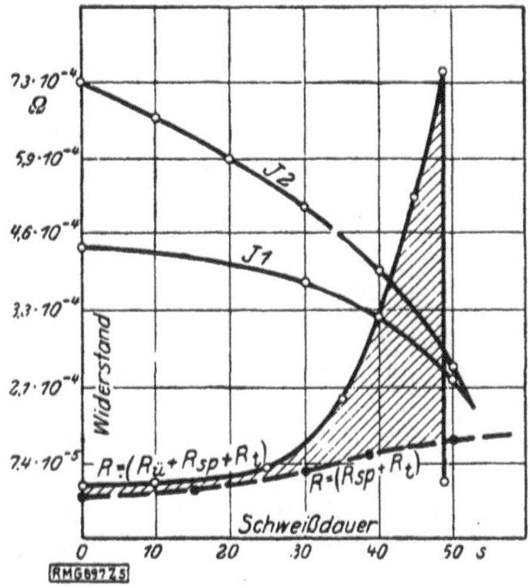

Abb. 187. Widerstandszunahme bei Steigerung der Temperatur beim Abschmelzschweißverfahren

Die Messung des Energieverbrauches beim Abschmelzverfahren ergab 0,208 kWh; dieser Wert ist also wesentlich niedriger als beim Stumpfschweißverfahren. Damit ist der Beweis erbracht, daß der Übergangswiderstand $R_ü$ den Energieverbrauch außerordentlich günstig beeinflußt. Die zur Aufrechterhaltung des Lichtbogens notwendige höhere Schweißspannung erreicht man bei den älteren Stumpfschweißmaschinen durch Anzapfung des Reguliertransformators, wodurch aber in bezug auf den größten mit der Maschine schweißbaren Querschnitt ein merklicher Leistungsverlust herbeigeführt wird. Der Anforderung, die Schweißspannung zur Aufrechterhaltung des Lichtbogens zu erhöhen, wird der in Abb. 189 schematisch dargestellte Schweißtransformator gerecht. Man war früher der Meinung, daß beim Abschmelzverfahren mehr Energie notwendig sei, als bei dem Stumpfschweißverfahren; sie ist aber mit den obigen Ausführungen rein zahlenmäßig und bildlich widerlegt. Mit dem Reguliertransformator ist hier ein Spannungstransformator in Serie geschaltet, der durch einen einpoligen Hebelschalter abgetrennt ist, sofern nach dem Stumpfschweißverfahren gearbeitet wird. Schweißt man hingegen nach dem Abschmelzverfahren, so sinkt der Schweißstrom i_2 infolge des größeren Übergangswiderstandes $R_ü$, wie durch obige Darlegungen

*) Maschinenbau, Nr. 20 ex 1925, Bock, Mechanische und metallographische Prüfung von elektrischen Widerstandsschweißungen.

nachgewiesen ist. Da aber i_2 die gebildete Luftstrecke nur durch eine höhere Spannung überbrücken kann, wird der Spannungstransformator mit dem Regeltransformator durch den Hebelumschalter in Serie geschaltet und auf diese Weise der Sekundärspule eine höhere Spannung aufgedrückt.

A. Preßschweißung.

a) Stumpf- und Abschmelzschweißung.

Stellt man Feuerschweißung und Stumpfschweißung zunächst gegenüber, so ergibt sich bezüglich der Güte und Sicherheit des Schweißens, vorausgesetzt, daß die Feuerschweißung sachgemäß ausgeführt wird, wenig Unterschied. Beide Verfahren gewähren im allgemeinen eine gute Sicherheit. Dabei ist aber doch zu berücksichtigen, daß die elektrische Widerstands - Schweißmaschine weniger Versager gibt, da sich der Schweißvorgang besser beobachten läßt. Außerdem findet bei ihr eine sehr gleichmäßige Erwärmung des Schweißgutes statt, die nur an der Stelle auftritt, wo sie während des Schweißprozesses benötigt wird, ohne daß größere Teile unnütz erwärmt werden. Besonders bewährt haben sich hierbei die Stumpfschweißmaschinen, bei denen der Schweißstrom diagonal geführt wird (siehe Abb. 189), weil sich der Strom hierbei ganz gleichmäßig auf die Schweißflächeneinheit verteilt. Abb. 188.

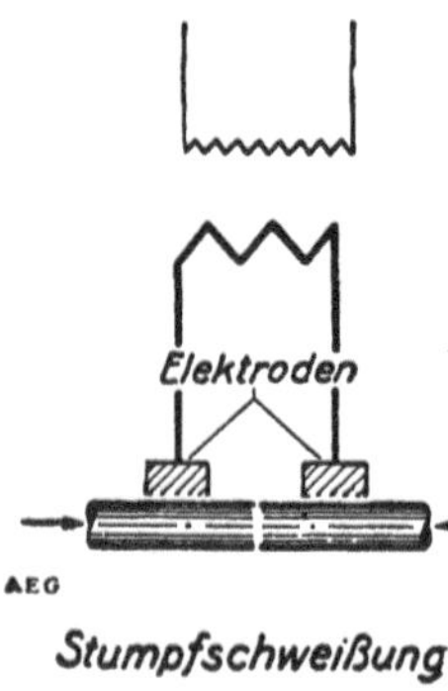

Abb. 188

Die Anwendungsgebiete der Stumpfschweißung sind im wesentlichen dieselben wie bei der Feuerschweißung, liegen also hauptsächlich auf dem Gebiete des Maschinenbaues und des Fahrzeugbaues der Eisenbahnen.

1. Stumpfschweißmaschine. Die elektrische Stumpfschweißmaschine, deren Schema Abb. 189 zeigt, besteht in der Hauptsache aus dem Schweißtransformator, dem sekundären Verbindungskabel zwischen Transformator und den Schweißbacken, der Einspannvorrichtung, der Stauchvorrichtung, einem Primärschalter und einem Regulator. Gewöhnlich sind alle elektrischen Teile im Unterbau und die mechanischen Teile zum Festhalten und Stauchen des Schweißgutes im Oberteil untergebracht.

Schweißtransformator. Diesem, der für Primärspannungen bis 500 Volt gebaut wird, fällt die Aufgabe zu, die übliche Netzspannung auf die für das Schweißen verlangte niedrige Schweißspannung umzuwandeln. Die Transformatoren besitzen natürliche Luftkühlung. Jeder Schweißtransformator erhält mehrere Anzapfungen, die es ermöglichen, durch einfaches Umschalten am Regulierschalter verlustlos die Schweißspannung, damit die Stromstärke und so die Schweißhitze feinfühlig zu

1 = Einspannvorrichtung

2 = Schweißbacken

3 = Stauchvorrichtung

4 = Schweißtransformator

5 = Regulierschalter

6 = Sicherungen

7 = Fußschalter

8 = Netz

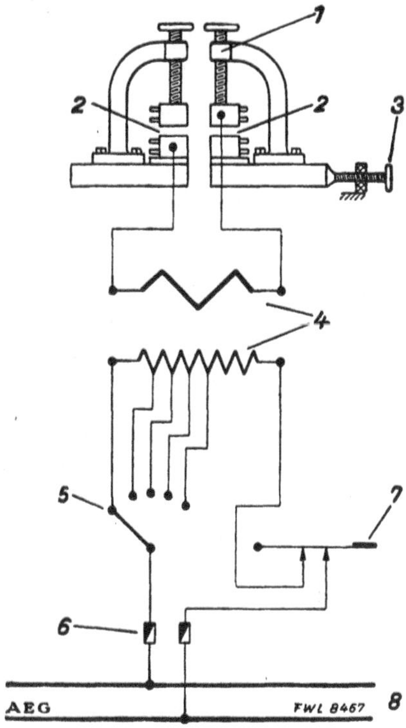

Abb. 189

regulieren, so daß ein Verbrennen des Schweißgutes ausgeschlossen ist. Die Schweißtische müssen derart eingerichtet sein, daß sich die Schweißgüter bequem zwischen den Kupferschweißbacken festspannen lassen. Nach eingetretener Schweißhitze werden sie mittels einer mechanischen Stauchvorrichtung zusammengedrückt, um die Moleküle der Schweißstücke genügend ineinander zu pressen.

Wasserkühlung. Die Schweißbacken müssen mit Wasserkühlung (Abb. 190) versehen sein, um die Abnutzung in kleinsten Grenzen zu halten und um zu vermeiden, daß sich die Wärme rückwärts vom Schweißstück auf den Schweißtransformator überträgt.

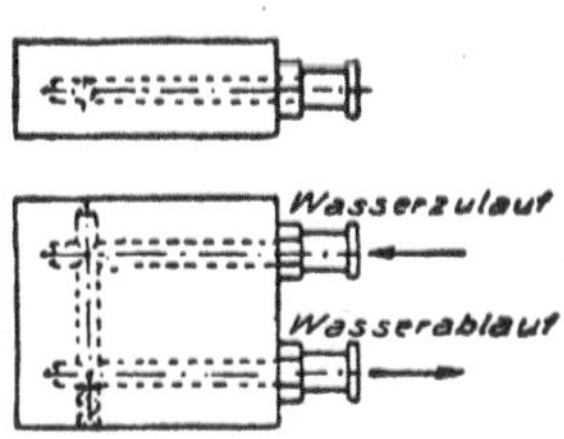

Abb. 190. Kühlwasserführung der Schweißbacken

Anordnung der Schweißbacken. Auf die günstigste Anordnung der Schweißbacken ist besonderer Wert zu legen. Ältere Maschinen waren derart ausgeführt, daß die Stromzuführung zu den unteren Schweißbackenhälften erfolgte, während die oberen Schweißbacken stromlos waren (Abb. 191). Bei derartigen Ausführungen erfolgt der Stromausgleich in dem Schweißgut, d. h. die Erwärmung ist nicht ganz

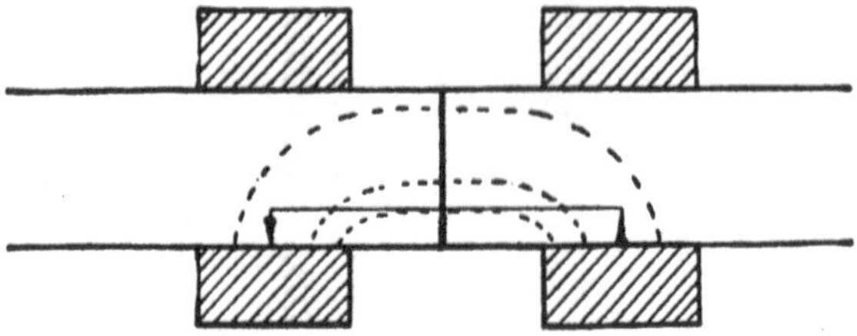

Abb. 191. Alte Art der Stromführung

gleichmäßig, sondern die unteren Teile werden früher warm als die oberen, da der Strom den kürzesten Weg wählt. Um diesem Übelstande entgegenzutreten, hat z. B. die AEG. die Schweißbacken neuartig (D. R. P.) angeordnet (Abb. 192). Der Strom wird dadurch von der unteren linken zur oberen rechten Kupferschweißbacke diagonal geführt, so daß er gezwungen ist, sich ganz gleichmäßig auf die Schweißflächeneinheit zu verteilen. Die den Kupferbacken gegenüberliegenden stromlosen Backen werden als Stahlbacken ausgeführt. Mittels dieser Anordnung lassen sich die größten Querschnitte einwandfrei gleichmäßig erwärmen. Selbstverständlich ist es erforderlich, die Formgebung der Schweißbacken im übrigen den zu verschweißenden Teilen anzupassen (Abb. 193).

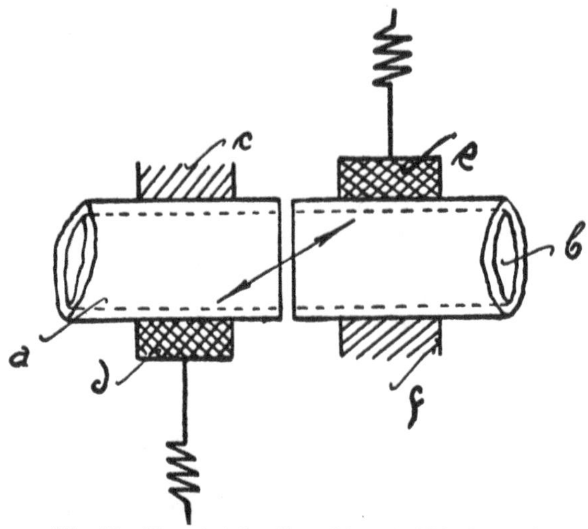

Abb. 192. Neue Art der Stromführung (DRP der AEG)

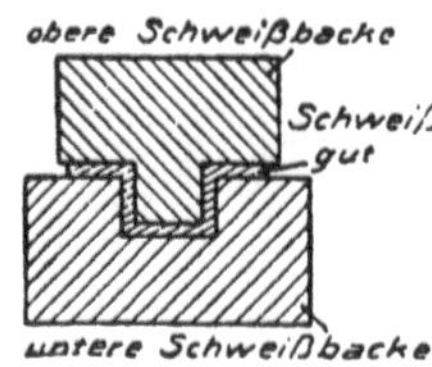

Abb. 193

Sonderausführung von Schweißbacken

Ausführung einer normalen Stumpfschweißung. Zwecks Ausführung einer normalen Stumpfschweißung werden die zu vereinigenden Stücke mit einer Exzentereinspannvorrichtung zwischen den Backen festgeklemmt. Die Schweißquerschnitte werden leicht mittels des rechts sichtbaren Handsternes gegeneinandergedrückt und mit einem Fußschalter der Strom eingeschaltet. Der Stromausgleich erfolgt dann diagonal durch den Schweißquerschnitt zwischen der unteren linken und oberen rechten Backe. Die elektrische Energie setzt sich von innen nach außen im Schweißquerschnitt in Wärme um. Nach erreichter Schweißtemperatur

Abb. 194

erfolgt durch stärkere Druckgebung am Handrad die Vereinigung der Metallmoleküle im teigigen Zustand, worauf der Strom ausgeschaltet wird und die Schweißung beendet ist.

Abb. 194 zeigt einen kleinen Typ der Stumpfschweißmaschinenklasse der AEG.

S c h w e i ß w u l s t. Beim Zusammenstauchen der Schweißquerschnitte entsteht naturgemäß ein Schweißwulst.

Dieses Verfahren ist das von Elihu Thomson eingeführte, normale Stumpfschweißverfahren, nach dem bis vor kurzem fast ausschließlich gearbeitet wurde. Es war hiermit möglich, normales Eisen, nicht hochwertigen Stahl, Kupfer, Messing und Aluminium stumpf zu schweißen. Die Verschweißung von hochwertigen Stählen und großen Schweißquerschnitten konnte jedoch mit diesem Verfahren nicht mehr durchgeführt werden.

Es wurde daher versucht, den alten, vorbeschriebenen Schweißprozeß für die Stahlschweißung und komplizierte Stücke dadurch weiter auszugestalten, daß man die Reihenfolge der Betätigung geändert hat: Die Schweißstücke werden bei dem neuen, dem sogenannten

A b s c h m e l z v e r f a h r e n

in die Schweißbacken gespannt. Das Zusammenpressen der Schweißstöße unterbleibt aber zunächst, indem man im Schweißquerschnitt einen Luftspalt läßt. Erst nachdem der Strom eingeschaltet ist, nähert man die zu verbindenden Stücke ganz langsam, bis der Strom in Form von Funken überspringt. Durch feinfühliges Gegeneinanderschieben der Schweißquerschnitte verursacht man einen regen Stromausgleich durch Funkensprühen und schmelzt die Flächen solange gegeneinander ab, bis der ganze Schweißquerschnitt gleichmäßig schweißwarm ist. In diesem Moment taucht man schlagartig die Schweißquerschnitte ineinander und schaltet den Primärstrom aus. Durch das schlagartige Gegeneinanderstauchen werden etwa noch im Schweißquerschnitt vorhandene flüssige und überhitzte Metallteilchen herausgequetscht. Dabei entsteht kein Wulst, wie beim alten Stumpfschweißverfahren, sondern ein perliger Stauchgrat (Abb. 195 und 196). Bei der Ausübung dieses Verfahrens legt man die Wärmeerzeugung noch mehr als bei dem normalen Stumpfschweißverfahren in die Stoßfläche des Querschnittes. Die anstoßenden rechten und linken Teile werden nur auf einige Millimeter miterwärmt. Die Wärmezone wird denkbar klein. Ein Vergleich der so ausgeführten Schweißungen mit normalen Stumpfschweißungen hat ergeben, daß die Schweißstellen bezüglich der metallurgischen Reinheit und die Beschaffenheit noch besser sind.

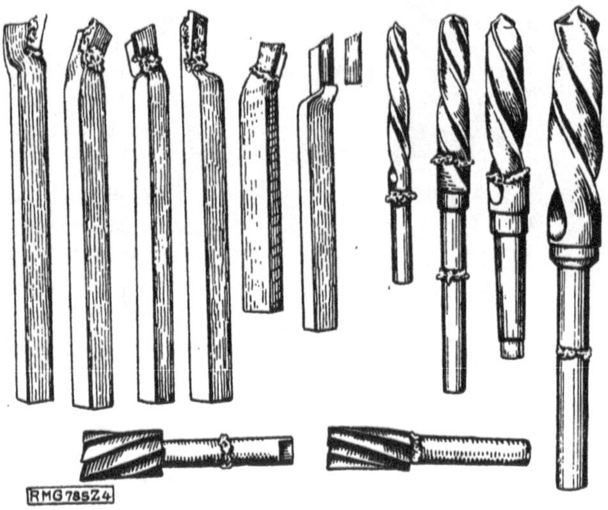

Abb. 195. Nach dem Schmelzverfahren stumpfgeschweißte Schneidewerkzeuge

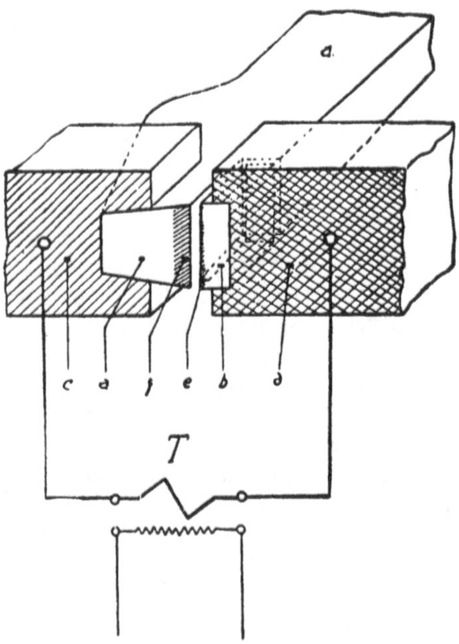

Abb. 196. Aufschweißen von Plättchen auf Drehstähle (DRP der AEG)

Schweißen hochwertiger Stähle. Es gelingt mit Hilfe dieses Verfahrens, die hochwertigsten Stähle einwandfrei zu verbinden. Das Abschmelzverfahren hat daher erhöhte Bedeutung bei der Herstellung von Schneidewerkzeugen (Abb. 195) sowie zum Verschweißen von schwierigen Querschnitten, wie z. B. von Rohren. Erst durch dieses Verfahren war es möglich, den Gedanken zu verwirklichen, nur da hochwertiges Material zu verwenden, wo es gebraucht wird, während weniger beanspruchte Teile aus minderwertigem Material ausgeführt werden. Besonders wichtig ist hier

Abb. 197. Aufschweißen von Stahlplättchen in der Zentralwerkzeugmacherei der AEG-Lokomotivfabrik in Henningsdorf

das Aufschweißen der Schnelldrehstahlplättchen auf Drehstähle (Abb. 196). Zum Ausgleich der verschiedenen elektrischen Widerstände des hochwertigen Stahles und der Unterlage benützt man eine Spezial-Einspannvorrichtung. Der höhere Widerstand der Stahlplättchen wird durch Fassen in Kupferbacken abgeglichen gegen den geringen Widerstand auf der Seite des Werkzeugschaftes, der durch Stahleinspannbacken erhöht wird (Abb. 197).

Auch im Bergbau hat das Verfahren hohe Bedeutung zum Schweißen von gebrochenen Gesteinsbohrern. Nach dem Schweißen läßt man die Bohrer langsam abkühlen. Abb. 197 a zeigt, wie unbrauchbar gewordene Gesteinsbohrer in den Goldminen von Südafrika von Negern mittelst einer Abschmelzschweißmaschine wieder brauchbar gemacht werden.

Abb. 197a. Stumpfschweißen von Gesteinsbohrern in Südafrika

Abb. 198. Anschuhen von Siede- und Rauchrohren in einer Lokomotivfabrik

Um Rißbildungen bei hochwertigen Stählen zu vermeiden, empfiehlt es sich, folgenden Arbeitsgang einzuhalten: Zuerst glühen, dann schweißen, in glühender Lösche abkühlen lassen, dann wieder glühen und zuletzt härten.

Stumpfschweißen von Rohren. Das Problem der Stumpfschweißung von Rohren mit Durchmessern bis 200 mm ist durch das Abschmelzverfahren einwandfrei gelöst. Siede- und Rauchrohre (Abb. 198) und ähnliche Konstruktionsteile lassen sich unter Verwendung der diagonalen Stromzuführung bei dem Abschmelzverfahren mit genau denselben Gütezahlen herstellen, wie sie das gesunde Rohrmaterial aufweist. Der hiebei entstehende Stauchgrat läßt sich in der Schweißhitze innen vermittels Spezialausstoßdornes und außen mit Hilfe eines Abgratringes durch schnelles Ausstoßen leicht beseitigen. Die Abschmelzschweißung erleichtert und verbilligt in der Rohrwerkstatt viele Arbeiten und übertrifft hierin sogar die bei Siederohren früher mit vielem Erfolg angewandte Pikalschweißung, eine Schweißung, bei der die im Feuer vorgewärmten Rohre durch Rollen auf einem Dorn geschweißt wurden. Das umständliche Aufweiten und Einziehen von Rohren kann ganz vermieden werden. Die Herstellung von Flanschrohren auf einfachstem Wege zeigt denselben Vorgang.

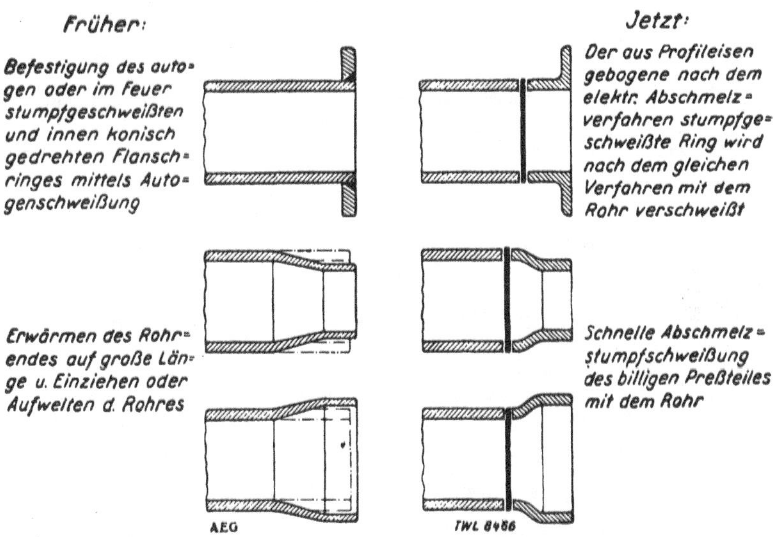

Abb. 198a. Das Abschmelzverfahren ersetzt das Aufweiten bezw. Einziehen von Rohren.

Besonders sei darauf hingewiesen, daß der beim Abschmelzverfahren entstehende perlige Stauchgrat auf keinen Fall in die Schweißstelle eingehämmert werden darf. Die mechanische Entfernung durch Abmeißeln oder Durchstoßen in warmem Zustand, auch durch Abschmiergeln im kalten Zustand, ist hier allein zulässig. Um den Innengrat bei Rohren mit ganz engen Öffnungen zu vermeiden, läßt man während des Abschmelzens Preßluft durch die zu verbindenden Rohre.

Gestaltung der Schweißquerschnitte zur Stumpfschweißung. Für das normale Stumpfschweiß- und Abschmelzverfahren gilt als Hauptregel zur Herstellung einwandfreier Schweißungen der Satz, daß die zu verbindenden Teile an

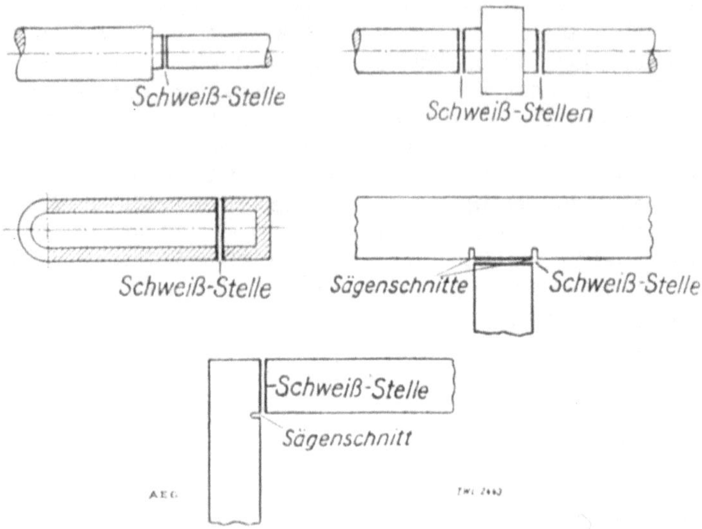

Abb. 199. Vorbereitung verschieden großer Schweißstücke zur Stumpfschweißung

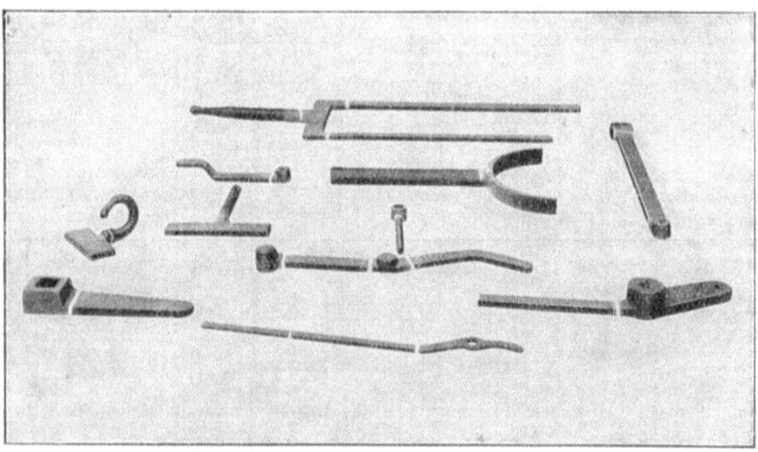

Abb. 200. Elektrisch stumpfgeschweißte Maschinenteile

der Stoßstelle gleichen Querschnitt besitzen sollen, eine Bedingung, die sich vom Konstrukteur fast immer rechtzeitig und mit einfachen Mitteln durchführen läßt (Abb. 199 und 200). Das Verschweißen von zwei Wellen mit ungleichen Durchmessern ist sofort möglich, wenn wir an der stärkeren Welle einen Ansatz vom Durchmesser der kleineren Welle andrehen. Der Ansatz braucht hierbei nur eine Länge von etwa 8 bis 10 mm zu haben. Bei Eckverbindungen von Flacheisen u. dgl. genügt ein kleiner Sägeeinschnitt von ½ bis 1 mm, um der besprochenen Bedingung zu genügen.

Stumpfschweißung mit Vorwärmung. In Fällen, wo aus irgend einem Grunde das Gleichmachen der Querschnitte an der Schweißstelle nicht möglich ist, kann man sich durch Vorwärmen des Stückes mit größerer Schweißfläche helfen. Das Vorwärmen des größeren Stückes kann auf der Schweißmaschine selbst vor der Schweißung erfolgen. Es sei noch hervorgehoben, daß bei der Anwendung des elektrischen Abschmelzschweißverfahrens das Gleichmachen des Querschnittes an der Schweißstelle nicht so scharf beobachtet zu werden braucht, wie beim normalen Stumpfschweißverfahren. Das Abschmelzverfahren ist auch in dieser Hinsicht dem alten Stumpfschweißverfahren überlegen.

Anwendungsgebiet.

Kabel- und Drahtindustrien. Die kleinste Drahtstärke, die noch praktisch mittels elektrischer Stumpfschweißung zu erfassen ist, ist 1 mm Durchmesser. Für diese Stärken werden halbautomatisch arbeitende Maschinen verwendet, da die Schweißzeit außerordentlich kurz ist. Eine solche Maschine zeigt Abb. 201. Sie ist tragbar. Sie ist bestimmt für das Stumpfschweißen von Kupfer- und Eisendrähten von 1 bis 5 mm Durchmesser in Kabelfabriken, Drahtziehereien, zum Verschweißen von Wickeldrähten in den elektrischen Maschinenindustrien u. dgl. Mit Rücksicht auf ihren Verwendungszweck ist sie als tragbare Type ausgebildet und besitzt eine Leistung von 1,5 KVA. — Sie ist intermittierend stark überlastbar.

Abb. 201

Für die Kleineisenindustrie erfolgte die Entwicklung nach der Type Abb. 202. Diese Maschinen sind mit Exzenterhebel (Schnelleinspannung) ausgerüstet und dienen der Massenfabrikation. Für kleinere Querschnitte werden auch diese Maschinen als Halbautomaten gebaut, bei denen der Strom nach vollendeter Schweißung selbsttätig unterbrochen wird. Diese Maschinentype kommt in Verwendung beim Verschweißen von kleineren Ringen aller Art, wie Gardinenstangenringen, Drahteinlagen in Gummireifen, sowie zum Verschweißen von Schnallen und Spielbeschlägen, für Pferdegeschirre u. dgl.

Für mittlere Maschinenbauanstalten, wie landwirtschaftliche Maschinenfabriken, Waggonfabriken, Eisenbahnrepara-

Abb. 202

turwerkstätten u. dgl. kommt die Type nach Abb. 203 in Ausführung, die zum Verschweißen von Querschnitten bis 5000 mm² gebaut wird. Diese Maschinen sind mit Spindelhandradeinspannung versehen und die Stauchung erfolgt durch Handstern.

Zum Verschweißen größter Querschnitte, wie gebrochener Pufferstangen, schwerster Lastwagenreifen, Kurbelwellen (Abb. 203 a) u. dgl. werden die Stumpfschweißmaschinen mit moto-

Abb. 203

Abb. 204

Abb. 203a. Kurbelwelle mit stumpf angeschweißten Ausgleichstücken

rischer Einspannung ausgerüstet. — Die Bewegungen während des Abschmelzprozesses werden mittels eines Handrades und die eigentliche Stauchung mittels hydraulicher Presse ausgeführt. Eine solche Type zeigt Abb. 204 beim Verschweißen eines Lokomotivführerbox-Bodenringes mit einem Querschnitt von zirka 10.000 mm². — Die Ausführung einer Schweißstelle bei einem solchen Bodenring erfordert eine Schweißzeit von 10 Minuten, bei einem Energieverbrauch von 15 kWh, wobei die Maschine durch einen Mann und einen Hilfsarbeiter bedient wird.

Das Feuerschweißen würde bei drei- bis viermänniger Bedienung etwa einen halben Tag erfordern.

Es gibt noch eine Reihe von Typen für Sonderzwecke, unter denen die Kettenschweißmaschinen eine Sonderstellung einnehmen. Das Verschweißen eines Kettengliedes erfolgt nach Abb. 205. Für das Verschweißen von langgliedrigen Ketten, wie sie für die Landwirtschaft in Frage kommen, werden Typen mit Handbiegung nach Abb. 206 verwendet. Die zu verschweißenden Ketten schiebt man zweimal durch die Schweißmaschine. Zuerst wird jedes Kettenglied in einer Richtung durchgeschweißt, hierauf die

Abb. 205

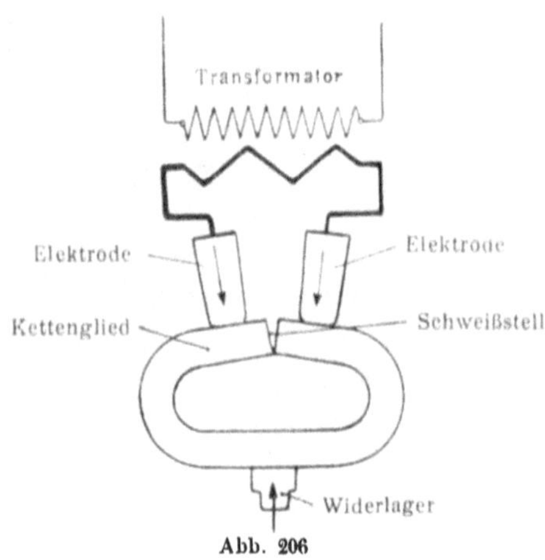

Abb. 206

Kette um 90° gedreht und die restlichen Glieder werden verbunden. Zum Verschweißen von kurzgliedrigen Ketten kommen automatisch und halbautomatisch arbeitende Maschinen in Frage. Einen Überblick über die Erzeugungsmöglichkeit elektrischer Kettenschweißmaschinen gibt nachstehende Zahlentafel:

Bauart	Leistung kW	Drahtstärke mm	Anzahl der Glieder i. d. Minute	Mechanischer Kraftbedarf etwa in PS
Handschweißmaschine .	5—6	3—6	10—12	—
"	8—9	5—8	10—12	—
"	12—14	8—12	6—10	—
Halbautomatische . . .	5—6	3—5	12—25	1/4
"	8	5—8	10—15	1
"	12	7—12	6—10	2

Vorzüge elektrischer Stumpfschweißung.

a) Technischer Art: Infolge der örtlichen Erwärmung können schädliche Spannungen nicht in die Schweißgüter hineingetragen werden, wodurch Verziehungsgefahren fast ausscheiden. Die Hitze entwickelt sich von innen nach außen, so daß beim Erscheinen der Schweißhitze an der Oberfläche die Gewähr geboten ist, daß das Schweißstück unbedingt voll durchhitzt ist. Die Hitzeentwicklung läßt sich einwandfrei verfolgen. Das bei der Erwärmung überhitzte Material wird beim Abschmelzverfahren in Form des Funkenregens sofort aus der Schweißstelle herausgeschleudert und bei dem schlagartigen Zusammenstauchen restlos herausgepreßt. Die Schweißhitze ist bequem und infolge der

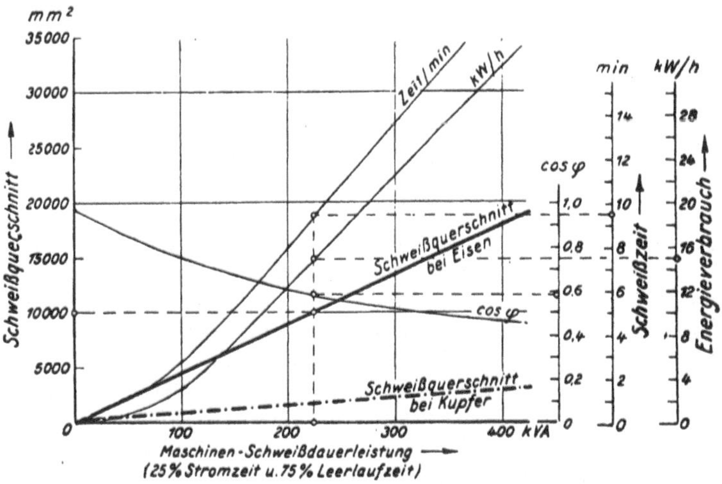

Abb. 207. Energie- und Zeitverbrauch beim Stumpfschweißen in Kupfer- und Eisenquerschnitten

hohen Regulierfähigkeit der Schweißtransformatoren feinfühlig einzustellen. Während der Schweißung kommt in die Schweißstelle kein Fremdmaterial hinein, so daß Verunreinigungen des Schweißquerschnittes absolut vermieden sind. Die Schweißung selbst geht so schnell vor sich, daß der Sauerstoff der Luft kaum Gelegenheit hat, einzuwirken, so daß auch in metallurgischer Hinsicht die elektrische Stumpfschweißung das einwandfreieste Resultat ergibt.

Für die Größenwahl der zu verwendenden Schweißmaschinen gibt Abb. 207 weitgehende Anhaltspunkte über die in Frage kommende Leistung in kW für die verschiedenen Querschnitte in Eisen, bezw. Kupfer. Diese Angaben sind Mittelwerte. Aus der Abbildung geht weiters hervor, daß elektrisch gut leitende Materialien, wie Kupfer, Messing u. dgl. trotz der niedrigen Schweißtemperatur verhältnismäßig höhere Energien fordern als Eisen, was hauptsächlich in der größeren Wärmeabziehung in den Schweißstücken und den erforderlichen größeren Einspannlängen zu suchen ist.

b) W i r t s c h a f t l i c h e r A r t: Handelt es sich nur um das Schweißen kleiner, seltener anfallender Mengen oder von einzelnen Teilen, so machen sich die Verzinsungs- und Tilgungskosten der immerhin teuren Schweißmaschinen stark bemerkbar, wodurch die Ersparnisse der Schweißung selbst nicht nur aufgehoben, sondern sogar in das Gegenteil verwandelt werden können. Die elektrische Widerstandsschweißung wird also vor allem in Betrieben mit größeren Anfällen an geeigneten Schweißstücken am Platze sein, auch in Ausbesserungsbetrieben, wie bei Hauptbahnverwaltungen, Straßenbahnen, wo viele Puffer, Rohre u. dgl. wieder neu vorgeschweißt werden müssen.

Aber auch dann, wenn ein Zweifel besteht, ob eine erhöhte Wirtschaftlichkeit zu erzielen ist, wird man immer berücksichtigen müssen, daß bei der elektrischen Schweißung so gut wie kein Ausschuß durch Überhitzung des Schweißstoffes entsteht, daß die Ausführung einfach, zuverlässig, bequem und schnell ist, die auch ungelernten Arbeitern anvertraut werden darf, da der Schweißvorgang gut beobachtet werden kann, daß die Schweißmaschine jederzeit betriebsbereit ist, während bei der Feuerschweißung erst das Schmiedefeuer oder der Glühofen angeheizt werden muß, daß die elektrische Schweißmaschine einen wesentlich geringeren Raumbedarf hat und die Luft nicht durch Kohlenoxydgase verschlechtert, alles Vorzüge, die sehr für das elektrische Schweißverfahren der Stumpf- und Abschmelzschweißung sprechen.

Schließlich sei noch eine W i r t s c h a f t l i c h k e i t s b e r e c h n u n g zwischen elektrischer und Feuerschweißung angeführt. Um die noch zum großen Teil bestehenden Bedenken hinsichtlich Wirtschaftlichkeit beim elektrischen Schweißen größerer Querschnitte zu beseitigen, ist die Berechnung an einem 75 mm dicken Rundeisen, entsprechend einem Querschnitt von rund 4420 mm², durchgeführt. Die eingesetzten Verbrauchs- und Leistungsziffern entsprechen den Mittelwerten von drei Schweißungen.

a) Elektrische Schweißung.

Durchmesser d. Schweißgutes	= 75 mm
Gesamtarbeitszeit	= 4,15 Min.
Reine Schweißzeit	= 2,10 Min.
Energieverbrauch	= 120 kW
Strompreis	= 0,15 Mk. für 1 kWh
Stundenlohn	= 0,75 Mk. für den Schweißer
Stundenlohn	= 0,60 Mk. für den Helfer
Allgemeine Unkosten	= 150 v. H.
Kosten der Schweißanlage	= 9400 Mk.
Abschreibung	= 15 v. H.
Stromkosten	$= \frac{120 \,.\, 0{,}15 \,.\, 2{,}10}{60} = 0{,}63$ Mk.
Arbeitslohn	$= \left(\frac{4{,}15}{60} \cdot 0{,}75\right) + \left(\frac{4{,}15}{60} = 0{,}60\right) = 0{,}0965$ M.
Unkosten	= 0,094 + 150 v. H. = 0,14 Mk.
Abschreibung	$= \left(\frac{9400 \cdot 15}{300 \cdot 100}\right)\left(\frac{4{,}15}{480}\right) = 0{,}041$ Mk.

Zusammenstellung:

Lohn	0,09 Mk.
Unkosten	0,14 Mk.
Stromkosten	0,63 Mk.
Abschreibung	0,04 Mk.
Gesamtkosten	0,90 Mk. für ein Stück.

b) Feuerschweißung.

Reine Schweißzeit	= 20 Min. bei drei Arbeitern
Stundenlohn	= 0,75 Mk. für den Schweißer
Stundenlohn	= 0,60 Mk. für die beiden Helfer
Kohleverbrauch	= 10 kg 25 M/t
Stromverbrauch für den Preßluftmotor	= 1 kWh
Allgemeine Unkosten	= 150 v. H.
Arbeitslohn	$= \left(\frac{20}{60} \cdot 0{,}75\right) + 2\left(\frac{20}{60} \cdot 0{,}60\right) = 0{,}65$ Mk.
Kosten für Preßluft	= 1 . 0,15 = 0,15 Mk.
Kohlekosten	$= \frac{10 \,.\, 25}{1000} = 2{,}25$ Mk.
Unkosten	= 0,65 + 150 v. H. = 0,98 Mk.

Zusammenstellung:

Lohn	0,65 Mk.
Unkosten	0,98 Mk.
Preßluft	0,15 Mk.
Kohle	0,25 Mk.
Gesamtkosten	2,03 Mk. für ein Stück.

Außer den günstigeren Gestehungskosten der elektrischen Schweißung der Feuerschweißung gegenüber, ist die bei dem ersten Verfahren zu erzielende höhere Leistung zu beachten. Nicht mit berücksichtigt bei der Berechnung wurde der Kühlwasserverbrauch der elektrischen Schweißanlage. Als Ausgleich dafür könnten die bei der Feuerschweißung nicht mit angeführten Anlage- und Tilgungsunkosten dienen. Das Zuschneiden der Stücke, Transport von und zur Schweißanlage sind in den Berechnungen ebenfalls nicht aufgeführt, da die Unkosten in beiden Fällen gleich sind.

Einen guten Überblick der Wirtschaftlichkeit elektrischer Stumpf- gegenüber Feuerschweißung geben die Kurven der Abb. 208.

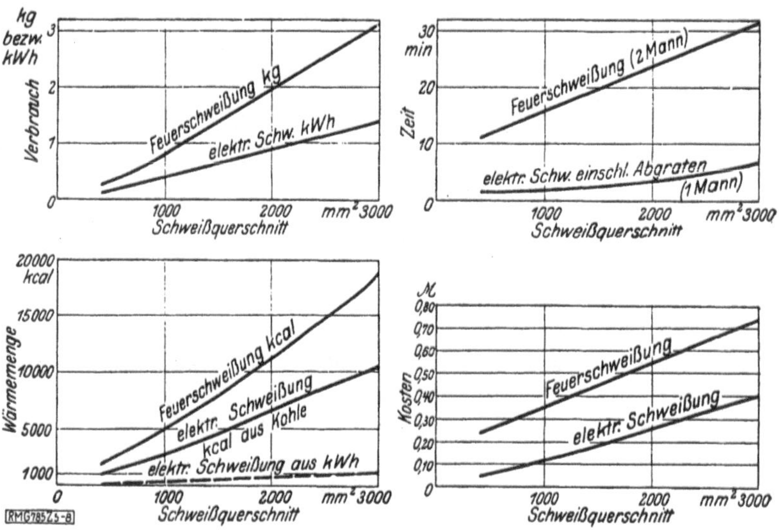

Abb. 208. Vergleichskurven für Feuer- und elektrische Schweißung

b. Punktschweißung.

Punktschweißmaschine. Diese wurde aus der elektrischen Stumpfschweißmaschine herausgebildet, die als Ersatz für das frühere Nieten Verwendung findet. Der elektrische Punktschweißapparat besteht aus dem Schweißtransformator ähnlicher Bauart, wie bei den Stumpfschweißmaschinen, den sekundären Zuleitungen, die als Elektrodenarme und Elektrodenstützen enden, dem Gestänge nebst Primärtrenn- und Regulierschalter. Zwecks leichten Zusammenbaues wird das Gehäuse der Punkt-, bezw. Nahtschweißmaschinen schräg geteilt. Abb. 209 zeigt das Schema der Punktschweißung.

Ausführung einer Punktschweißung. Zur Durchführung einer Punktschweißung werden die zu verbindenden Bleche u. dgl. zwischen die Schweißelektrodenspitzen gebracht, durch Druck auf den Fußhebel zunächst zusammengepreßt und unter Kontakt-

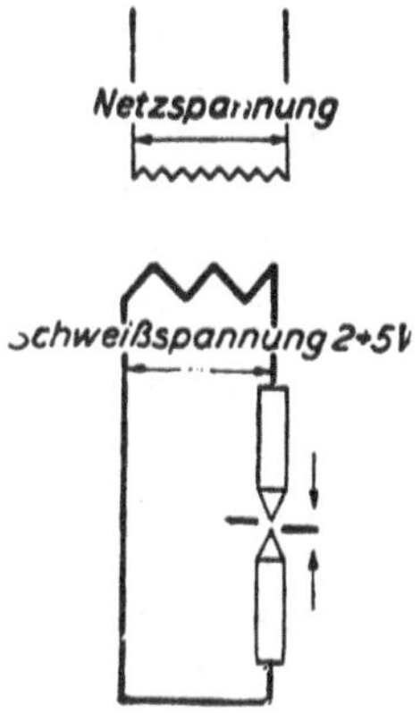

Punktschweißung

Abb. 209

druck gesetzt. Beim Weitertreten des Fußhebels wird der Primärstromschalter betätigt. Der Durchgang der hohen Schweißstromstärken erhitzt die zu verbindenden Bleche auf Schweißhitze, worauf ein kräftiger Nachdruck auf den Fußhebel den Schweißvorgang abschließt. Beim Loslassen des Fußhebels wird der Strom ausgeschaltet, dann das Schweißgut freigegeben, worauf ein neuer Schweißprozeß beginnen kann. Der ganze Arbeitsvorgang spielt sich unverhältnismäßig rasch ab, er dauert bei vielen Blechen oft nur den Bruchteil einer Sekunde. Die Elektrodenarme und Schweißelektroden werden wiederum mit Wasser gefüllt, um sie vor Abnutzung infolge übermäßiger Erwärmung zu schützen und Übertragung der Schweißwärme auf den Schweißtransformator auszuschließen.

Größte und kleinste schweißbare Blechstärke. Infolge der feinen Regulierfähigkeit des Schweißtransformators ist die schweißbare Blechstärke nach unten in keiner Beziehung begrenzt. Das Verschweißen von dünnsten Blechen ist ohne jede Verbrennungsgefahr möglich. Die maximal schweißbare Blechstärke beträgt ungefähr 25 mm Gesamtstärke. Sie wird durch die Druckfestigkeit des als Elektrodenmaterial zur Verwendung kommenden Kupfers bestimmt, das beim Verschweißen von stärkeren Blechen nicht die nötige Härte und Dauerhaftigkeit im praktischen Betrieb hat. Auch ist beim Verschweißen von stärkeren Blechen auf die hierbei entstehenden Spannungs- und Verziehungsgefahren zu achten.

Kruppsche Punktschweißmaschine. Die Fabrikation von Gebißplatten aus dem Kruppschen nichtrostenden Stahl stellte die Kruppsche Gebißplattenwerkstatt vor die Aufgabe, gekrümmte Blechstücke in Stärken von 1 mm bis $^1/_{10}$ mm unlösbar miteinander zu verbinden. Weder Weich- noch Hartlöten kommt dafür in Frage, sondern nur die elektrische Punktschweißung. Um der Gefahr zu begegnen, daß hochwertige Halbfabrikate unbrauchbar werden dadurch, daß der Schweißstrom infolge Unaufmerksamkeit des die Maschine bedienenden Arbeiters nicht schnell genug unterbrochen wird, ist eine Maschine mit automatischer Momentschaltung (D. R. P.) entwickelt worden, die für die Schweißung verschiedener Materialstärken einreguliert werden kann.

Eine elektrische Punktschweißmaschine *für feinste Drähte* und von eigenartigem Aufbau wird von der Elektrischen Schweißmaschinen-Gesellschaft m. b. H., Charlottenburg, hergestellt. Sie ist besonders zur rationellen Schweißung leichter Metallwaren, wie sie in der Elektrotechnik häufig gebraucht werden, z. B. Sicherungen, Glühlampendrähte, Gitter für Radiolampen, Wolframkontakte u. dgl. bestimmt. Ihr Gehäuse bildet die sekundäre Windung, und darin ist die primäre Windung eingebaut. Infolge dieser Anordnung wird der innere Widerstand der Maschine verringert, und das Verhältnis des Widerstandes der Arbeitsstücke zu dem Gesamtwiderstand wird ein besonders günstiges. Die Schweißspannung kann nun besonders niedrig gehalten werden, wodurch es möglich ist, auch schwer schweißbare Metalle einwandfrei zu verbinden. Bei Wahl von sechs Abstufungen beträgt die Schweißspannung:

1 Volt	0,9 Volt	0,8 Volt
0,72 Volt	0,65 Volt	0,6 Volt

Die Arbeitsweise der Maschine ist folgende: Das Arbeitsstück wird zwischen die kupfernen Elektroden gelegt, welche von durch Wasser gekühlten Armen gehalten werden. Durch Bewegen eines Fußhebels werden die Elektroden einander genähert, so daß sie die zu verschweißenden Teile aneinanderpressen. Durch den gleichzeitig automatisch eingeschalteten, über die Elektroden durch die Teile geleiteten Strom werden die letzteren auf Schweißhitze gebracht. Unter der gemeinsamen Wirkung der elektrisch erzeugten, also sehr gleichmäßigen Schweißhitze und des mechanischen Elektrodendruckes wird eine sehr hochwertige Schweißung erzielt. Der ganze Schweißvorgang beansprucht etwa nur eine halbe Sekunde.

Abb. 210
Punktgeschweißte Speziallaternen für Bühnenbeleuchtung

S c h w e i ß e i n d r ü c k e. Jede Punktschweißung hinterläßt an der Schweißstelle Eindrücke, die je nach der Blechstärke und Elektrodengröße mehr oder weniger tief sind (Abb. 210). Wo aus Schönheitsrücksichten die Schweißeindrücke stören, ist es auch möglich, sie auf eine Seite zu legen. Zu diesem Zwecke wählt man die Auflagefläche der Punktelektrode an der Seite, wo ein Schweißeindruck vermieden werden soll, sehr groß, während man die Gegenelektrode entsprechend spitzer ausführt.

S p e z i a l a u s f ü h r u n g v o n S c h w e i ß e l e k t r o d e n s p i t z e n. Beim normalen Punktschweißen werden die Elektrodenspitzen im allgemeinen mit schwach gewölbter Fläche verwendet. Für eine größere Reihe von Punktschweißarbeiten ist es erforderlich, die Elektrodenspitzen besonders zu gestalten. So z. B. ist die Verschweißung auf ein Blech nur möglich, wenn man die Elektrodenanordnung so wählt, daß der Stift in die untere Elektrode bis auf etwa 1 mm eingelassen wird, während die obere Elektrodenspitze normal ausgefüllt ist. Diese

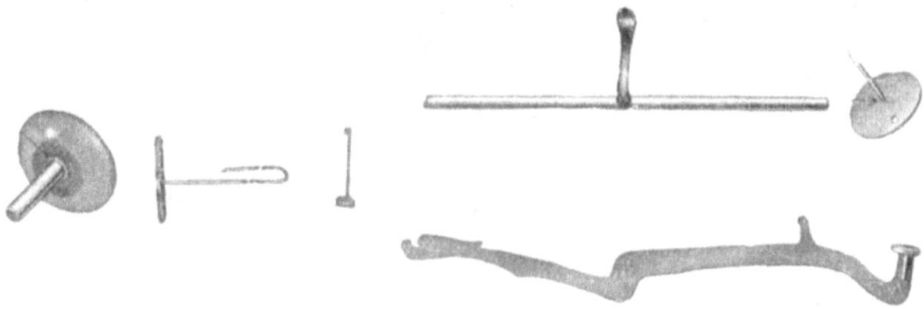

Abb. 211

Methode verwendet man auch zum Aufschweißen von Blechbutzen zur Verstärkung von Blechkonstruktionen, um an bestimmten Stellen das Einschneiden von Gewinden zu ermöglichen.

Abb. 211, 212, 213 enthält eine größere Reihe von Konstruktionselementen, wie sie in der Nähmaschinen-, Schreibmaschinen-, Gewehrfabrikation usw. massenhaft auftreten.

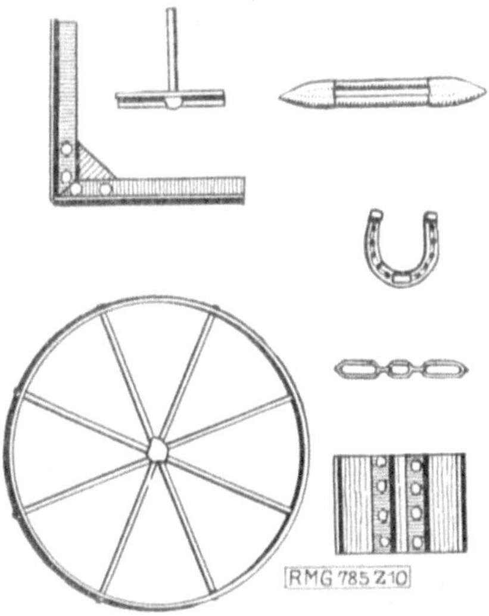

Abb. 212

S c h w e i ß e n v e r s c h i e d e n s t a r k e r o d e r m e h r e r e r B l e c h e. Auch das Verschweißen verschieden starker oder mehrerer Bleche bietet keine Schwierigkeiten. Das Verschweißen von beispielsweise drei Blechen von je 2 mm Stärke erfordert

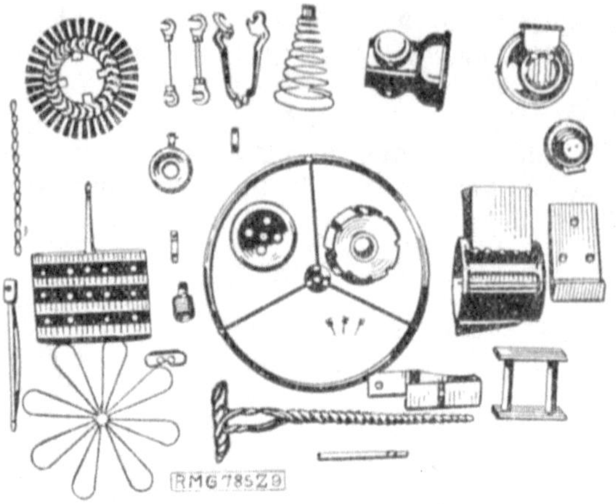

Abb. 213

ungefähr dieselbe Schweißmaschinengröße wie das Verschweißen von zwei Blechen von je 3 mm Stärke. Auch verschieden starke Bleche können verschweißt werden. So ist es z. B. möglich, ein ganz dünnes Blech auf ein 10 mm Quadrateisen zu schweißen. *Größte Ausladung der Schweißarme und Verstellbarkeit der Elektrodenarme.* Um die verschiedenen Schweißgüter behandeln zu können, werden die Elektrodenarme des Punktschweißapparates verstellbar und verschiebbar ausgeführt. Der obere Elektrodenarm kann sowohl in der Längsrichtung verschoben, als auch in der Mittelachse gedreht werden. Für die Verstellung der unteren Elektrodenarme sind Nutenplatten angeordnet, wie sie die normale Type einer Punktschweißmaschine zeigt. Die Ausladung der Elektrodenarme bei den Punktschweißmaschinen ist beschränkt, da die Arme starken mechanischen Beanspruchungen unterliegen und sehr hohe Schweißstromstärken führen. Die Ausladung der Elektrodenarme soll bei kleinen Maschinen 500 mm und bei größeren Maschinen 1200 mm nicht übersteigen.

Drosselwirkung größerer Eisenmassen zwischen den Schweißarmen. Bei zunehmender Ausladung geht die Schweißleistung entsprechend zurück. Desgleichen erfor-

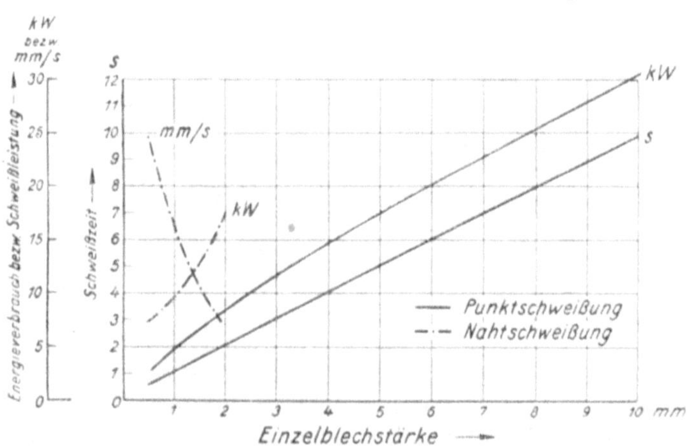

Abb. 214. Energie- und Zeitverbrauch beim Punkt- bezw. Nahtschweißen

dert eine Schweißung, bei der größere Eisenmassen zwischen die Elektroden zu liegen kommen, mehr Energie als eine entsprechende Schweißung mit kleinen Eisenmassen. Die größte Drosselwirkung haben geschlossene Eisenmassen, wie Blechzylinder u. dgl. Einen Überblick über die Wirkung von zunehmender Ausladung der Arme und von größeren Eisenmassen zwischen den Punktarmen kann man sich mittels eines kleinen Schemas verschaffen.

Zeit- und Energieverbrauch bei der Punktschweißung. Der ungefähre Zeit- und Energieverbrauch beim Verschweißen von Eisenblechen ist sehr verschieden. Es beanspruchen fast alle elektrischen Punktschweißungen außerordentlich kurze Schweißzeiten. Es sei hier bemerkt, daß es z. B. in der Blechwarenindustrie einer Frau möglich ist, bis zu 15.000 Schweißpunkte bei achtstündiger Arbeitszeit herzustellen. Die Kurven gelten für Schweißarbeiten, die eine mittlere Ausladung der Elektrodenarme verlangen, und bei denen keine großen Eisenmassen zwischen den Elektrodenarmen liegen.

Messingschweißung. Neben der Möglichkeit der Punktschweißverbindung von Eisenblechen und nicht zu hochwertigen Stahlblechen kann die elektrische Punktschweißung auch zum Verbinden von Messing- und Zinkblechen vorteilhaft Verwendung finden. Beim Verschweißen von Messingblech ist der Elektrodendruck viel geringer zu wählen als beim Verschweißen von Eisenblech, da der Übergangswiderstand bei der Messingschweißung möglichst groß gehalten werden muß. In der Beleuchtungskörperindustrie hat das Verfahren erhöhte Bedeutung, da an den Schweißstellen keine Farbenänderung auftritt. Es ist auch möglich, Eisen mit Messing zu verschweißen.

Wirtschaftlichkeit der Punktschweißung.

a) Vorteile. Sowohl die Punkt- als auch die später angeführte Nahtschweißung sind mit der Feuerschweißung nicht zu vergleichen. Der große Vorteil der Punktschweißung besteht darin, daß infolge der feinen Regulierfähigkeit der Transformatoren das Verschweißen, selbst der dünnsten Bleche ohne jede Verbrennungsgefahr möglich ist. Überdies ist sie bei dünnen Blechen erheblich wirtschaftlicher als die Gußschmelzschweißung.

Für stärkere Bleche dagegen ist, obgleich durch Punktschweißung Bleche von ziemlicher Gesamtstärke verschweißt werden können, die Schmelzgußschweißung vorzuziehen. Hier spielen wieder die Kosten der für diese Fälle ziemlich großen Schweißmaschinen eine große Rolle.

Gegenüber der Nietung besteht der Vorteil darin, daß die Festigkeit punktgeschweißter Teile stets größer ist, als die genieteter, da die Schwächung des Querschnittes durch die Nietung leichter wegfällt. — Die Schweißung ist ihr auch darin überlegen, daß die Kosten für das Anreißen, das Stanzen, bezw. Bohren und Verpassen der Löcher, das Anziehen der Niete, der Wegfall des

Nietenverbrauchs, Unterhaltung der Nietwerkzeuge u. dgl. fortfallen. Der Stromverbrauch der elektrischen Punktschweißung ist praktisch so gering, daß er in der Kalkulation vernachlässigt werden kann.

Weiter fällt ins Gewicht die ständige Betriebsbereitschaft der Maschine, ihre saubere und einfache Bedienung, das gefällige, nicht durch Nietenköpfe verunzierte Äußere der Schweißnaht. Besonders bei Bekleidungsblechen spielt das eine Rolle, das Lackieren solcher Bleche ist einfacher.

b) Nachteile. Sowohl die Punkt- als auch die Nahtschweißung, insbesondere die letztere, verlangt gleichmäßig starke, gut gerichtete und metallisch reine Bleche. Sind die Bleche auch nur unbedeutend verbogen, ungleichmäßig oder gar verostet oder durch Farbreste verunreinigt, so findet bei der Schweißung keine gleichmäßige Bindung mehr statt. Die Punkt- und Nahtschweißung sind deshalb im Ausbesserungswesen, z. B. bei den Bekleidungsblechen von Fahrzeugen der Eisenbahnen weniger geeignet und mehr auf die neue Fertigung angewiesen.

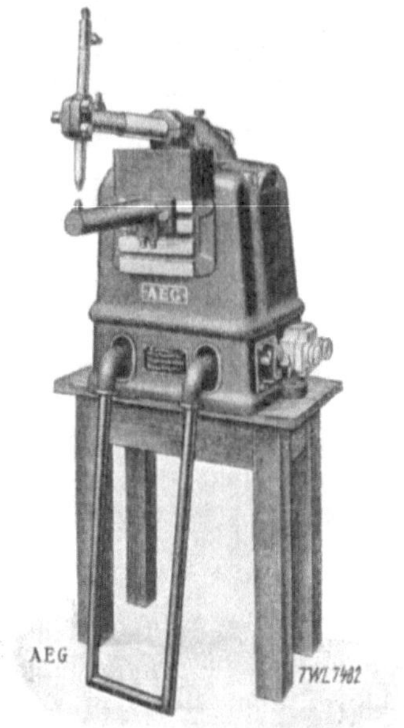

Abb. 215

Ihr ausschließliches Gebiet ist das Schweißen von Blechen, und zwar dünner Bleche, sie ersetzen also die Nietung.

Anwendungsgebiet. Die Punktschweißmaschinen werden zum Beispiel von der A. E. G. in den Größen von 1, 1.5, 3, 4, 8, 15 und 39 kVA Transformatordauerleistung ausgeführt. Die Type von 4 kVA, Abb. 215, die zum Aufstellen auf einer Werkbank vorgesehen ist, kommt hauptsächlich für Blech- und Emailwaren in Frage. Die damit maximal schweißbare einfache Blechstärke beträgt 2 mm. Für mittlere Punktschweißungen (einfache Blechstärken bis 3 mm) wird die Schweißmaschine von 8 kVA verwendet. Sie dient zum Aufschweißen von stärkeren Beschlägen an Blechwaren, zum Verschweißen von Faßreifen, Sicherungen, zur Herstellung von Einzelteilen für Schreibmaschinen, Gewehr-, Schloß- und Drahtwaren- und Spezialzweigfabrikationen (Abb. 211, 212, 213). Die 15-kVA-Type mit einer schweißtechnischen Leistung bis zu 6 mm Eisen-Einzelblechstärke bewährt sich in der Ofentüren-, Jalousien-, Blechmöbel-, Eisenbetten- und Karosserie-Fabrikation u. dgl. Die schwerste Punktschweißmaschinentype für eine Leistung von 30 kVA und eine Schweißleistung von 25 mm Gesamtblechstärke ist aus Abb. 216

Abb. 219

Punktschweißwerkstatt zur Herstellung von Drahtschutzkörben

Abb. 216

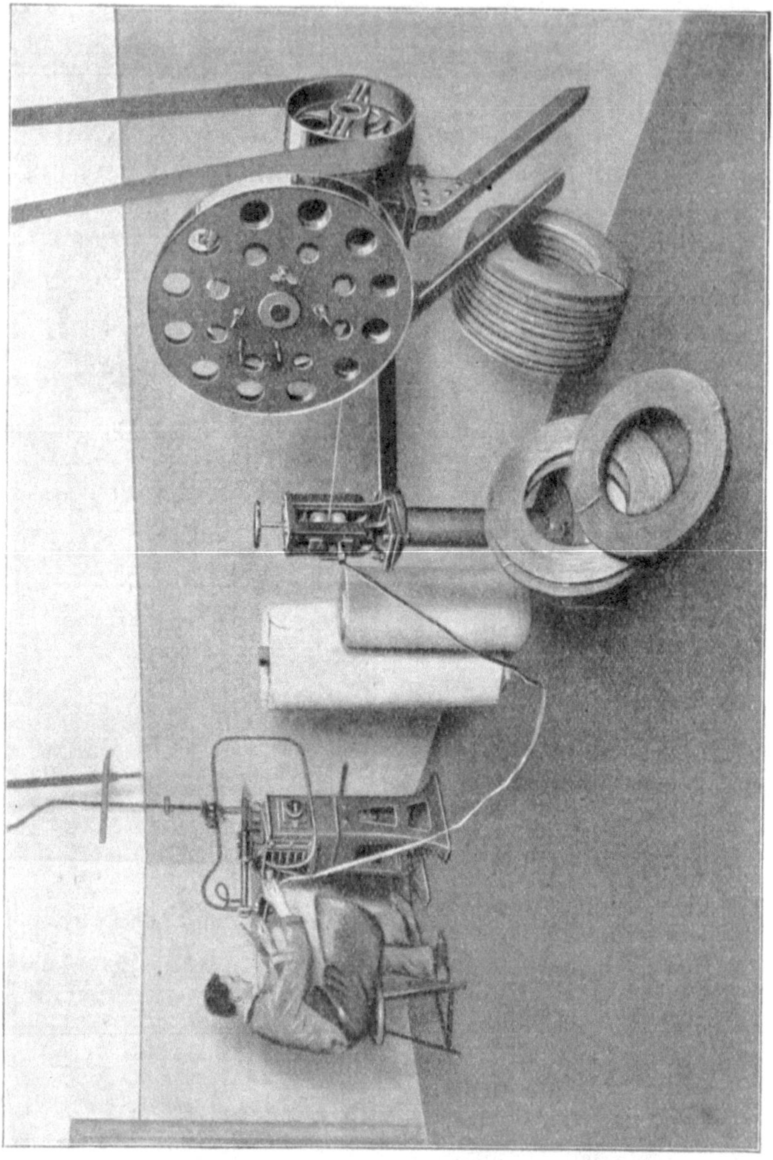

Abb. 217. Wiederinstandsetzung gebrauchter Bandeisen und Bandeisenabfälle durch Punktschweißen in einer Papierfabrik (Fußstell)

ersichtlich. Sie gestattet das Verschweißen von leichteren Eisenkonstruktionen, Blechschornsteinen, Radiatoren, u. dgl. Abb. 217 zeigt einen Einblick in das Verwendungsgebiet in einer Papierfabrik, Abb. 218 gibt einen solchen in eine große Punktschweißwerkstatt bei der Herstellung von Sicherungen, Abb. 219 zeigt eine Punktschweißwerkstätte zur Erzeugung von Drahtschutzkurven und Einzelteilen elektrischer Armaturen in der Elektroindustrie.

Abb. 218. Herstellung von Sicherungen in der Punktschweißwerkstätte der AEG-Apparatefabrik

c) Nahtschweißung.

Abb. 220 zeigt das Schema der Nahtschweißung. Durch enges Aneinanderreihen von Schweißpunkten lassen sich ohne weiteres fortlaufende Schweißnähte herstellen. Sollen diese wasser- oder öldicht sein, müssen sich die Schweißpunkte gemäß Abb. 221 überschneiden. Dieses Verfahren eignet sich zum Herstellen von

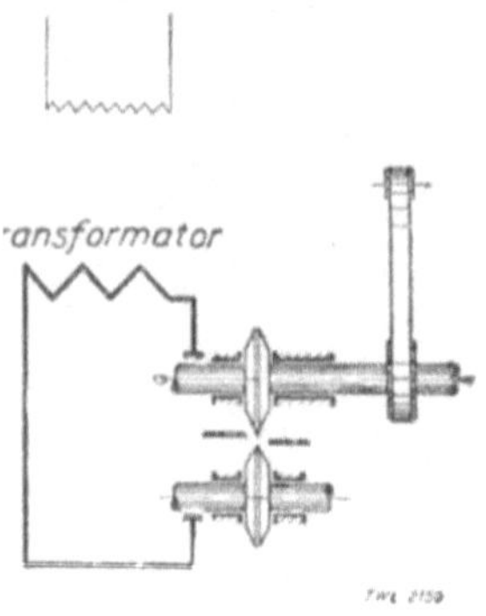

Abb. 220

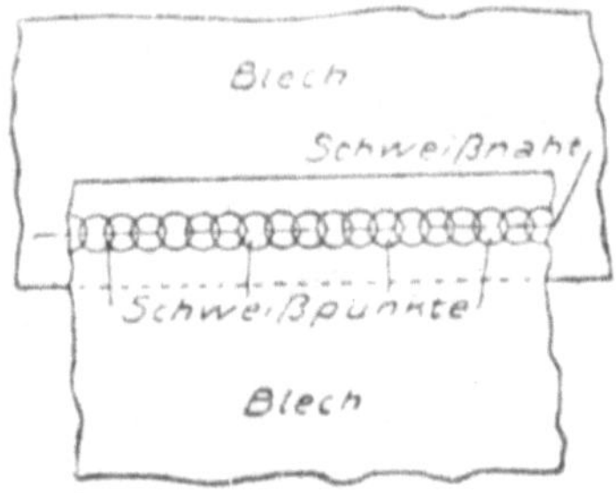

Abb. 221
Herstellung einer Schweißnaht durch dichtes Aneinanderreihen von Schweißpunkten

kürzeren Schweißnähten. Für längere Schweißnähte ersetzt man die Punktelektroden durch Schweißelektroden. Derartige Rollenelektroden lassen sich gegen die Punktelektroden jeder Punktschweißmaschine ohne weiteres auswechseln (Abb. 222 und 223). Für kürzere Schweißnähte können die Rollenelektroden mittels Handhebels betätigt werden.

Für ausgesprochene Massenfabrikation empfiehlt sich der motorische Antrieb.

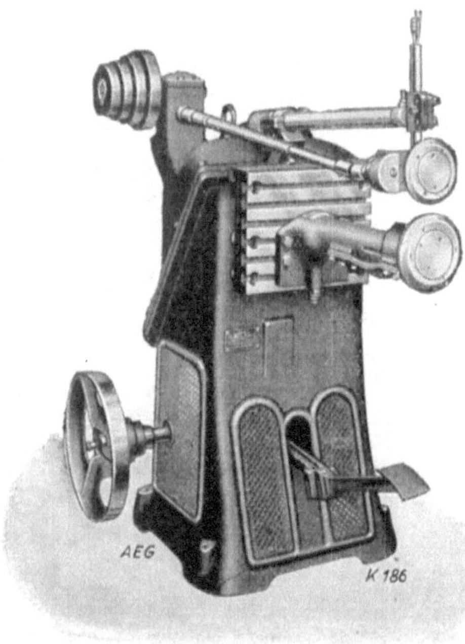

Abb. 222. Punktnahtschweißmaschine

Die zu verschweißenden Bleche werden zwischen den Schweißelektroden unter Kontaktdruck und Schweißdruck gesetzt. Eine der Schweißrollen wird angetrieben, die zweite Rolle bei genügendem Durchmesser durch Reibung mitgenommen, bei kleinsten Durchmessern ebenfalls angetrieben.

M a x i m a l u n d m i n i m a l s c h w e i ß b a r e B l e c h s t ä r k e n. Nahtweise lassen sich wiederum wie bei der Punktschweißung infolge der feinen Regulierfähigkeit der Schweißhitze selbst die dünnsten Bleche ohne jede Verbrennungsgefahr verschweißen. Die maximal schweißbare Blechstärke beträgt etwa 2,5 mm einfach. Das Hauptanwendungsgebiet liegt in dem Verschweißen von dünnen Blechen bis zu 1½ mm Dicke.

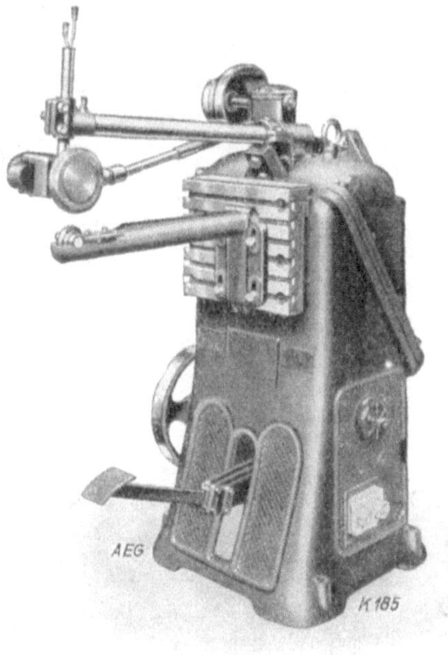

Abb. 223

S c h w e i ß g e s c h w i n d i g k e i t e n. Die Schweißgeschwindigkeit ist bei allen Nahtschweißungen außerordentlich groß. So lassen sich beispielsweise Bleche von 0,3 mm Stärke mit 30 mm Geschwindigkeit je Sekunde einwandfrei verschweißen.

R e i n i g e n d e r B l e c h e. Während es mit der Punktschweißung möglich ist, alle handelsüblichen Materialien ohne besondere Reinigung zu verschweißen, muß für die Nahtschweißung vorgeschrieben werden, daß die zu verschweißenden Blechkanten metallisch rein sind, um zu vermeiden, daß die Rollen zu schnell

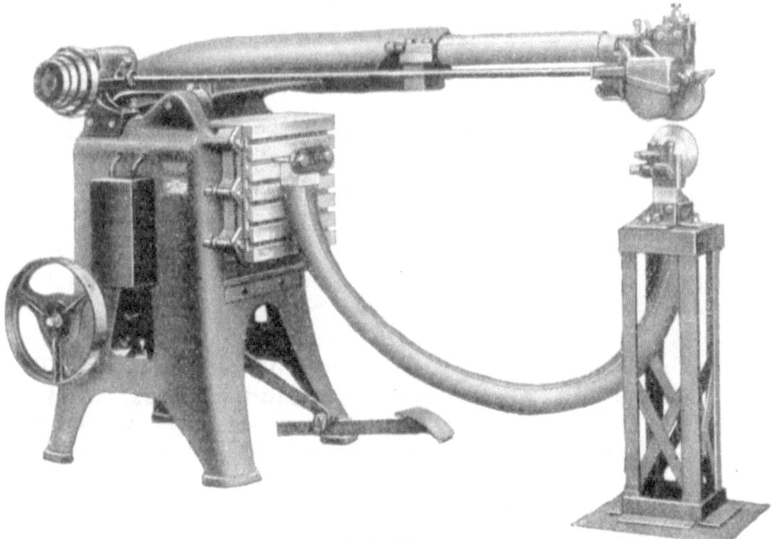

Abb. 224

verschmutzen. Das Reinigen der Bleche kann durch Schmirgeln, Beizen, Sandstrahlgebläse u. dgl. erfolgen. Die Rollenelektroden werden je nach der Art der Arbeit senkrecht oder gleichlaufend zur Nutenplatte angeordnet.

Zum Verschweißen von Kotschutzflügeln, Karosseriebekleidungen dient eine Maschine mit größtmöglicher Ausladung. (Abb. 224, Dauerleistung 30 kW.) Zum Verschweißen von Hohlkörpern, wie Feldflaschen, Hohlgriffen, Ausgußtüllen u. dgl. wird eine Hohlkörper-Nahtschweißmaschine (Abb. 225) verwendet.

Hohlkörperschweißung. Eine besondere Art der Nahtschweißung stellt das sogenannte Hohlkörpernahtschweißverfahren dar. Es findet Verwendung beim Verschweißen von Hohlkörpern, wie Feldflaschen, Hohlgriffen, Ausgußtüllen u. dgl. Die zu verbindenden Teile werden in zwei Elektrodenfutter gelegt.

Abb. 225

Die Elektrodenfutter sind in einem Werkzeug so gehalten, daß die Schnittfächen genau aufeinander passen. Beim Stanzen der zu verschweißenden Hälften sieht man einen Grat von ½ mm bis ⅓ mm vor. Das Einspannwerkzeug wird auf der stromführenden Platte, durch die der Gegenpol in Form eines rotierenden Stiftes hervorragt, unter gleichzeitiger Anpressung der Schweißnaht an der rotierenden Elektrode entlang geführt. Der Schweißstrom fließt von dem einen Pol des Transformators in den Schweißtisch, von diesem in das Elektrodenfutter, von da zur rotierenden Elektrode durch den so verschweißten Querschnittsrand und dann zum Gegenpol des Transformators zurück. Eine solche Schweißung hat keinen Anspruch auf besondere Festigkeit. Es kann sich hier lediglich um Schönheitsschweißungen handeln.

Kombinierte Schweißapparate. Für kleinere Betriebe, in denen Punkt-, Stumpf- und Nahtschweißungen vorkommen, sind kombinierte Schweißmaschinen entwickelt. Bei allen Punktschweißmaschinen können die Elektroden ohne weiteres gegen entsprechende Längs- und Rundnahtelektroden ausgewechselt werden. Zu den elektrischen Punktschweißmaschinen werden auch Sondervorrichtungen zum Schmelzen von Metallen geliefert.

Festigkeit der Nahtschweißung. Die Festigkeit nahtgeschweißter Teile ist stets größer als die des normalen Materials, da infolge der Überlappung an der Schweißstelle eine Verdichtung des Materials eintritt. Es ist ohne weiteres möglich, nahtgeschweißte Zylinder nachträglich zu börteln, zu drücken und zu ziehen.

B. Die Schmelzschweißung.

Allgemeines.

Für die elektrische Schmelz- oder Lichtbogenschweißung werden die Eigenschaften des elektrischen Lichtbogens zur Umwandlung von elektrischer Energie in Wärme benutzt. Während die vorbeschriebenen Widerstandsschweißmaschinen in erster Linie für Massengüter in Frage kommen, eignet sich die elektrische Schmelzschweißung insbesondere zum Schweißen von Blechen, Zusammenbau von schweren Teilen, wie Schiffen, Eisenkonstruktionen, Geleisen u. dgl., Schweißen von Gußeisen mit Kalt- oder Warmbehandlung, Auftragen von Material auf abgenützte Flächen und Schweißreparaturen aller Art, Schweißen von Nichteisenmetallen, wie Kupfer, Aluminium, Rotguß.

Für die elektrischen Lichtbogenschweißarbeiten verwendet man sowohl den elektrischen Lichtbogen zwischen Kohle und Kohle (Zerener-Verfahren), zwischen Metall und Kohle (Benardos-Verfahren) als auch zwischen Metall und Metall (Slawianoff-Verfahren).

Der elektrische Lichtbogen. Der Sitz der Wärmeerzeugung bei der Schmelz- oder Lichtbogenschweißung liegt im Lichtbogen *), den der elektrische Strom beim Überbrücken einer Luftstrecke bildet. Praktisch ist jede Unterbrechung eines in einem Leiter fließenden Stromes mit Licht- und Wärmeentwicklung verbunden. Kurz dauernde und häufig unterbrochene Lichterscheinungen beim Luftübergang des Stromes nennt man elektrische „Funken“, länger dauernde und stetigere elektrische Licht-, bezw. Flammenbogen.

Der Lichtbogen besitzt eine Temperatur von etwa 3750°. Bei einem Gleichstromlichtbogen ist ein Temperaturgefälle von Plus und Minus von etwa 400° festgestellt. Ganz im Anfang des 19. Jahrhunderts machte der englische Chemiker Davy die Beobachtung, daß Holzkohlenstäbe, die er an die Pole einer kräftigen elektrischen Batterie angeschlossen hatte und die er zwecks Strom-

*) Hort, Technische Schwingslehre, 2. Auflage, §§ 112, 124.

durchfluß miteinander in Berührung brachte, beim Entfernen voneinander jene aufsehenerregende Lichterscheinung zeigten, auf welche die Bogenlampentechnik der vergangenen Jahrzehnte sich aufbaute. Es wurde schon damals bemerkt, daß die beiden Kohlen durch die Glüherscheinung allmählich abbrannten, und zwar die an den positiven Batteriepol angeschlossene Kohle schneller als die negative, und daß auch die Enden eigenartige Abbrandformen annahmen (Abb. 226). Spätere Untersuchungen ergaben dann, daß der elektrische Leitungswiderstand im Lichtbogen*) die Veranlassung zu Wärme und Licht war, daß aber dieser Widerstand sich nicht gleichmäßig über die Ausdehnung des Lichtbogens erstreckte, wie die Untersuchung der Spannungsverteilung ergab. An der positiven Kohlenelektrode, der sogenannten Anode, wo der Lichtbogen an eine kraterförmige, weiß glühende Vertiefung angrenzt, findet ein ganz bedeutender Spannungsabfall statt. Da, wo der Lichtbogen von der anderen, negativen Elektrode, der zugespitzten Kathode, begrenzt wird, findet wieder ein gleichbleibender Spannungsabfall von viel kleinerem Ausmaße statt. Der im Lichtbogen selbst stattfindende Spannungsverbrauch ist abhängig von Stromstärke und Lichtbogenlänge. Das Verhältnis der einzelnen Spannungsabfälle hat man durch Formeln und Gesetze zu bestimmen gesucht**). Beispielsweise verteilt sich die Spannung bei einem Lichtbogen (Abb. 226) von 8 Ampere bei 47 Volt in obiger Annäherung etwa wie folgt:

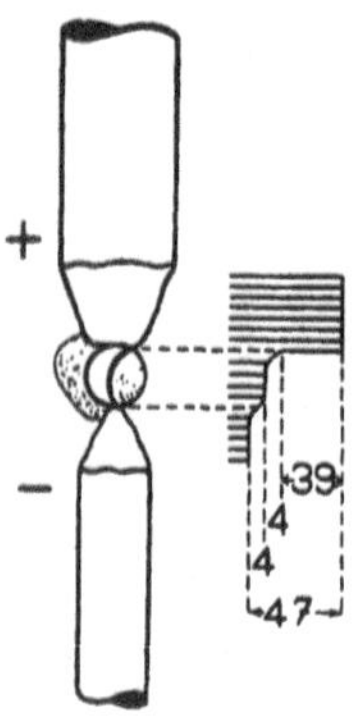

Abb. 226
Spannungsverhältnis am Lichtbogen

Übergangsspannung an der positiven Kohle (Anodenfall . . . . 39 Volt
Lichtbogenspannung . . . . 4 Volt
Übergangsspannung an der negativen Kohle . . . 4 Volt

Durchschnittlich ist zwischen Kohlenelektroden der Anodenfall vier- bis zehnmal so groß als der Kathodenfall. Da der durchfließende Strom von 8 Ampere am positiven Elektrodenübergang die größte Leistung vollbringt, nämlich 8 × 39 = 312 Watt gegenüber 32 Watt im Lichtbogen und an der negativen Elektrode, so wird auch an der positiven Kohle die größte Arbeit, in diesem Falle in Wärme und Licht umgewandelt, d. h. ein Gleichstromlichtbogen entwickelt an der positiven Elektrode die größte Hitze.

Das Gesagte gilt für Gleichstrom, während bei Wechselstrom, der sekundlich viele Male seine Pole wechselt, ebenso oft Kathode und Anode mit ihrer unterschiedlichen Wärmerzeugung vertauscht werden, wodurch an beiden Elektroden eine durchschnittliche gleichmäßige Wärme erzeugt wird. Der gesamte, im Lichtbogen erzeugte Spannungsabfall besteht aus dem Spannungsabfall in der

*) E. T. Z., 1887, S. 463.

**) Mrs. H. Ayrton: The electric arc. London 1903.

Luft- oder Gassäule und aus dem Kathoden- und Anodenabfall. Die beiden sind bei gleichem Elektrodenstoff stets konstant, während der Abfall im Lichtbogen abhängig von der Stromstärke und der Länge der Luftsäule ist. Der Sitz der hellsten Weißglut eines Lichtbogens sind die Elektrodenenden, während man in der Luftstrecke des Lichtbogens drei Zonen unterscheidet. Im Inneren einen violett leuchtenden Kern, darum einen dunkleren Saum, das sogenannte schwarze Band. Beide Zonen sind eingehüllt von einer hellgelb leuchtenden, leicht wallenden Gasmasse, der sogenannten Aureole, in der die ausgestoßenen Elektrodenteilchen an der Luft verbrennen. Der Lichtbogen ist von magnetischen Kraftlinien umgeben und daher von magnetischen Feldern beeinflußbar. Er wird von magnetischen Feldern stark abgelenkt und kann sogar ausgeblasen werden. Die eben geschilderten Erscheinungsformen des Lichtbogens zwischen zwei Kohlenelektroden gelten im großen und ganzen auch für den Metallichtbogen. Der Übergangswiderstand zwischen Metallelektrode und Lichtbogen ist jedoch geringer als bei einer Kohlenelektrode. Auch ist der Unterschied zwischen Anodenfall und Kathodenfall nicht so groß wie beim reinen Kohlenlichtbogen. Während dieser etwa minimal 30 Volt Spannung zur Aufrechterhaltung des Lichtbogens verlangt, begnügt sich der Metallichtbogen schon mit ungefähr 15 Volt. In jedem Falle ist aber auch beim Metallichtbogen die größere Wärmentwicklung auf die Anode angewiesen. Dies ist beim Lichtbogenschweißen zu begrüßen, da die massigeren Werkstücke die Wärme viel mehr abziehen als der dünne Schweißstab. Aus diesem Grunde legt man den Minuspol einer Gleichstromschweißquelle meistens an den Handgriff mit Schweißstab und den Pluspol an das schwere Schweißgut. Folgerichtig müßte man glauben, daß der Wechselstrom für das Lichtbogenschweißen nicht verwendbar ist. Dies Vorurteil hat sich auch lange Zeit erhalten, bis Versuche, die besonders von Amerika und England ausgegangen sind, ergaben, daß trotz der vorerwähnten Tatsache auch Wechselstrom unter bestimmten Bedingungen zum Lichtbogenschweißen herangezogen werden kann.

Die Lichtbogenerscheinungen des Kohlenlichtbogens sind stets stärker als die des reinen Metallichtbogens. Dagegen ist auch der Metallichtbogen reich an kurzwelligen, nicht sichtbaren, den sogenannten ultravioletten Strahlen, die auf organische Zellengewebe stark einwirken und vor denen Haut und Augen sorgfältig geschützt werden müssen (Abb. 246).

Bei dem Zerener- und Benardos-Verfahren wird das Zusatzmetall für die Schweißung in Form von Metallstäben in den Lichtbogen gehalten und niedergeschmolzen. Nach dem Slawianoff-Verfahren zieht man den Lichtbogen zwischen dem Schweißgut und einem Eisenstab, der gleichzeitig das Schweißmetall abgibt. Der Transport des Schweißmetalls erfolgt bei diesem Verfahren nicht einfach durch Abtropfen des Schweißstabes selbst, was dadurch bestätigt wird, daß das Schweißmetall auch von unten nach oben, also entgegen dem Schwergewicht des Schweißtropfens bewegt werden kann (Überkopfschweißung). Hierbei muß das Metall in feinster Verteilung in Form von Dampf- oder Sprühregen durch die hohe Temperatur des Lichtbogens an das Schweißstück gebracht werden. Die Elektronenrichtung scheint keinen Einfluß auf die Metallbewegung zu haben, denn es läßt sich auch mit positiven Metallelektroden und mit Wechselstrom schweißen. Magnetische Kräfte können hierbei auch keine Rolle spielen, da glühendes Eisen unmagnetisch ist. Bei der senkrechten, sowie „Überkopfschweißung" ist das Überwiegen der Oberflächenspannung am Werkstück gegenüber den Elektrodenenden eine gute Unterstützung für den Metallversatz. Das Schweißgut saugt gewissermaßen das verflüssigte und verdampfte Schweißmetall auf. Für das Ziehen eines jeden Lichtbogens muß eine größere Spannung vorhanden sein als zum Halten des Lichtbogens selbst. Die Zündspannung des Gleichstromlichtbogens kann etwas geringer sein als die Zündspannung beim Wechselstromlichtbogen. Ein Schweißlichtbogen, gleichgültig ob zwischen Kohle und Kohle, Metall und Metall oder Metall und Kohle, entsteht also derart, daß die beiden Elektroden, das ist das Schweißstück und der Schweißstab, kurzzeitig berührt werden, die Zündspannung den Lichtbogen einleitet und dann die Belastungspannung beim Kohlenlichtbogen sich auf etwa 45 bis 65 Volt und beim Metallichtbogen auf etwa 15 bis 25 Volt einstellt. Die Schweißstromstärken richten sich nach der vorzunehmenden Schweißung. Die Schweißstromstärken bewegen sich in der Größenordnung zwischen 80 und 1000 A.

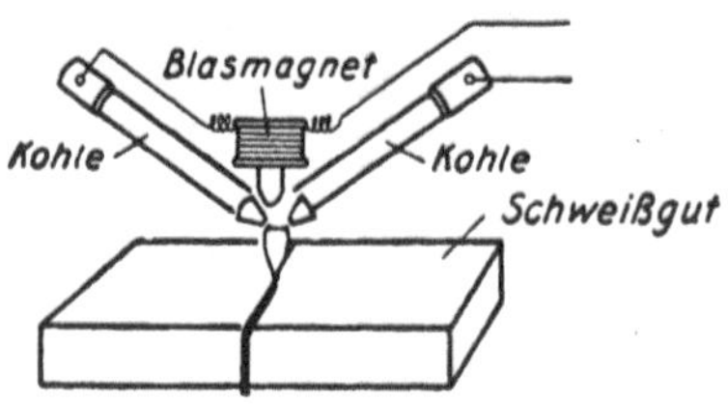

Zerener-Verfahren

Abb. 227

Zerener-Verfahren. Das Zerener-Lichtbogenschweißverfahren, bei dem der Lichtbogen zwischen zwei schräg zueinanderstehenden Kohlen gezogen wird (Abb. 227), ist praktisch nur brauchbar, wenn man gleichzeitig zwischen die beiden Elektroden einen Blasmagnet einbaut, der den Lichtbogen scharf nach unten richtet. Das Verfahren hat heute nur noch Bedeutung für Hartlötzwecke.

Benardos-Verfahren. Das Benardos-Verfahren, bei dem der Kohlenlichtbogen zwischen Schweißstück und einer Kohlenelektrode gezogen wird (Abb. 228), finden wir heute hauptsächlich beim Verschweißen von Straßenbahnschienen und zum Verschweißen von Schienenlaschen an Profilschienen. Auch für die Herstellung von dünneren Blechgefäßen, wie Transformatorkästen, Petroleumfässer u. gl. hat das Verfahren noch praktische Bedeutung. Das Verschweißen einer Rundnaht von einem 200-Liter-Petroleumfaß läßt sich bei einem Schweißstrom von 460 A in vier Minuten durchführen. Es werden hier gleichzeitig der Faßboden, der Faßmantel und die Versteifungsringe in einem Schweißzug verschmolzen. Der Lichtbogen darf beim Benardos-Verfahren nicht zu kurz gehalten werden, da sonst Kohlenstoffteilchen von der Schweißkohle in die Schweißnaht gelangen und dieselbe härten. Eine Lichtbogenlänge von etwa 25 mm genügt, um dem Sauerstoff der Luft Gelegenheit zu geben, etwa im Lichtbogen vorhandene Kohlenstoffteilchen aufzuzehren. Der Kohlenlichtbogen hat ferner Bedeutung beim Verschweißen von Kupfer, Bronze, Aluminium, Blei u. dgl.

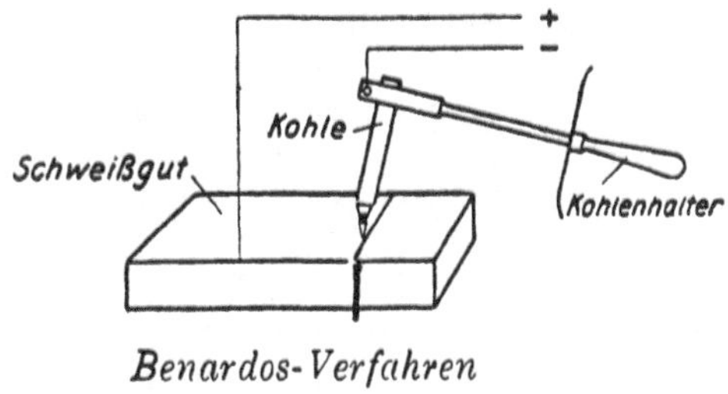

Abb. 228

S l a w i a n o f f - V e r f a h r e n. Das Metallichtbogenschweißverfahren (ähnlich Abb. 228) beherrscht das größte Anwendungsgebiet. Nach diesem Verfahren lassen sich praktisch alle Schweißungen durchführen. Der eine Pol der Schweißstromquelle wird an das Schweißstück, der Gegenpol an eine Metallelektrode gelegt. Der Lichtbogen wird zwischen Metall und Metall gezogen, wobei die Metallelektrode in die Schweißstelle eingeschmolzen wird.

Nach dem

Metallichtbogenschweißverfahren

werden

1. alle Blechschweißungen über 3 mm Stärke ausgeführt,
2. alle Gußschweißungen durchgeführt und
3. Material auf abgenutzte Flächen aufgetragen.

Die Gußschweißungen sind wieder zu unterteilen in Kaltschweißungen, Halbwarm- und Warmschweißungen. Bei den letztgenannten wärmt man die Gußstücke für die Schweißungen vor. Für Blechschweißungen, Auftragarbeiten und Gußkaltschweißungen kommen im allgemeinen Stromstärken von 100 bis 200 A in Frage. Die Schweißspannung beträgt etwa 18 bis 25 Volt. Für die Halbwarm- und Warmschweißung kommen die höchsten Stromstärken von 400 bis 1000 A und Schweißspannungen von 45 bis 65 Volt in Betracht.

E l e k t r o d e n m a t e r i a l. Als Zusatzmaterial für die Warm- und Halbwarmschweißung verwendet man hochsilizierte Gußeisenstäbe in den Stärken von 8 bis 12 mm Durchmesser. Für Blechschweißungen, Auftragarbeiten und Gußkaltschweißungen benutzt man gewalzten, bezw. gezogenen Schweißdraht in den Stärken von 2 bis 6 mm Durchmesser.

Ein bewährter Schweißdraht soll ungefähr 0,04% C, 0,50% Mn, 0,04% P, 0,03% S und Spuren von Si enthalten. Der Schweißdraht soll frei von Oxyden jeder Art, Seigerungen, Lunkern, Schlackeneinschlüssen, Gasblasen, Ölen und Rost sein. Ein Glühen des Drahtes ist nicht empfehlenswert. Beim Schweißen darf der Draht nicht spritzen oder sich aufrollen. Der Schweißdraht findet in der Praxis im blanken und ummantelten Zustand Verwendung. Für die Ummantelung hat man die verschiedensten Arten der Zusammensetzung durchgeprüft, mit dem Erfolg, daß die Ummantelung keine wesentliche Verbesserung der Schweiße erzielen läßt. Dagegen ist es augenscheinlich, daß die Ummantelung des Schweißdrahtes den Lichtbogen örtlich sehr scharf richtet. Der Lichtbogen mit ummantelten Elektroden läßt sich viel leichter halten als bei Verwendung von blanken Elektroden. Die präparierten Elektroden sind daher bei Neueinführung der Elektroschweißung, wo noch ungeübtes Personal zur Verfügung steht, zu empfehlen. Die Ummantelung der Elektroden ist weiter erforderlich bei der Durchführung von „Überkopfschweißungen", wie beispielsweise bei Dampfkesselreparaturen und Vertikalschweißungen. Auch für Gußkaltschweißungen zeigt sich der ummantelte dem blanken Draht teilweise überlegen. Sofern für die Durchführung der Lichtbogenschweißung Wechselstromtransformatoren Verwendung finden, sind nur ummantelte Elektroden zu benutzen. Für die Ausführung von Kupferschweißungen haben sich Kupferstäbe mit 2,5% bis 3% Silizium und 1,5 bis 2% Mangan bewährt. Auch der handelsübliche Canzlerdraht gibt gute Kupferschweißresultate.

1. Blechschweißung.

Der Fachausschuß für Schweißtechnik des Vereines Deutscher Ingenieure hat gewisse Normen und Bezeichnungen in der Schweißtechnik eingeführt, welche aus den Abb. 229, 230 und 231 ersichtlich sind und dadurch einheitliche Richtlinien für das weitere Forschen auf diesem Gebiete aufgestellt *)

Alle Blechschweißungen fallen in das Gebiet der Kaltschweißung. Die Bleche können sowohl als Überlappung oder Verlaschung als auch durch stumpfen Stoß geschweißt werden. Bei Flußeisenstücken größerer Materialstärke kommt im allgemeinen nur die Verbindung durch stumpfen Stoß in Frage.

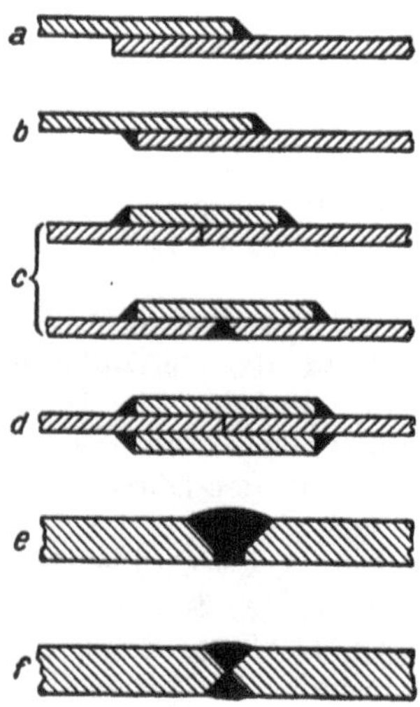

Abb. 232

Bei der Überlappung werden die Ränder der Bleche übereinandergelegt und verschweißt. Hierbei unterscheidet man überlappte, einfache (Abb. 232 a) und überlappte, doppelte Schweißung (Abb. 232 b). Bei der Verlaschung hingegen werden die Bleche durch eine (Abb. 232 c), bezw. zwei (Abb. 232 d) darüber geschweißte Laschen verbunden. Abgesehen von einer gründlichen Reinigung der Bleche sind bei diesem Verfahren besondere Vorarbeiten nicht erforderlich. Dagegen müssen bei der Stumpfschweißung von Flußeisenstücken und -blechen die zu ver-

*) Maschinenbau, Heft 20 aus 1925.

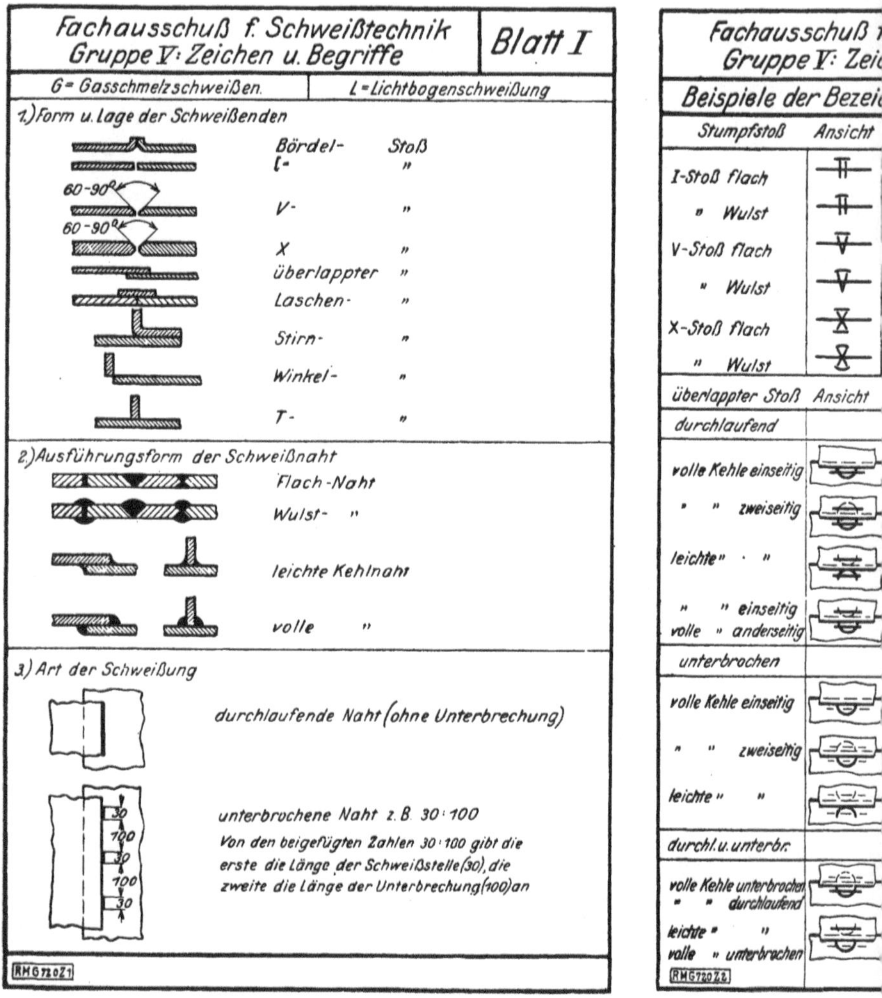
Fachausschuß f. Schweißtechnik
Gruppe V: Zeichen u. Begriffe
Blatt I
G = Gasschmelzschweißen.
L = Lichtbogenschweißung
1.) Form u. Lage der Schweißenden
Bördel- Stoß
I- "
60-90°
V- "
60-90°
X "
überlappter "
Laschen- "
Stirn- "
Winkel- "
T- "
2.) Ausführungsform der Schweißnaht
Flach-Naht
Wulst- "
leichte Kehlnaht
volle "
3.) Art der Schweißung
durchlaufende Naht (ohne Unterbrechung)
30
100
30
100
30
unterbrochene Naht z.B. 30 : 100
Von den beigefügten Zahlen 30 : 100 gibt die erste die Länge der Schweißstelle (30), die zweite die Länge der Unterbrechung (100) an
RMG 720 Z1
Fachausschuß
Gruppe V: Zei
Beispiele der Bezei
Stumpfstoß Ansicht
I-Stoß flach
" Wulst
V-Stoß flach
" Wulst
X-Stoß flach
" Wulst
überlappter Stoß Ansicht
durchlaufend
volle Kehle einseitig
" " zweiseitig
leichte " "
" " einseitig
volle " anderseitig
unterbrochen
volle Kehle einseitig
" " zweiseitig
leichte " "
durchl. u. unterbr.
volle Kehle unterbrochen
" " durchlaufend
leichte " "
volle " unterbrochen
RMG 720 Z2

Abb. 229

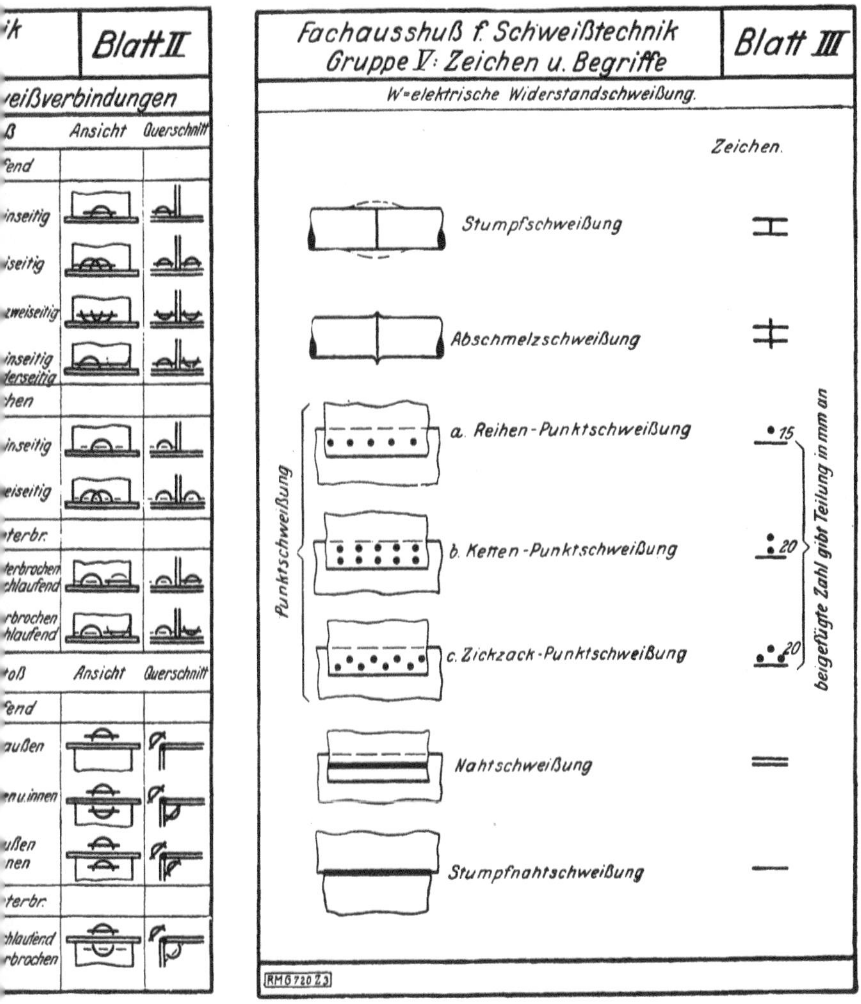
Blatt II
Ansicht
Querschnitt
Ansicht
Querschnitt
Fachausschuß f. Schweißtechnik
Gruppe V: Zeichen u. Begriffe
Blatt III
W=elektrische Widerstandschweißung.
Zeichen.
Stumpfschweißung
Abschmelzschweißung
Punktschweißung
a. Reihen-Punktschweißung
b. Ketten-Punktschweißung
c. Zickzack-Punktschweißung
15
20
20
beigefügte Zahl gibt Teilung in mm an
Nahtschweißung
Stumpfnahtschweißung
RM 6 720 2 3

Abb. 231

schweißenden Kanten je nach Stärke des Materials vorbereitet werden. Dies geschieht durch Abschrägen der Kanten, so daß die Schweißfuge eine V-förmige oder X-förmige Gestalt annimmt, wie aus den Abb. 232 e und 232 f hervorgeht. Dünnere Bleche bis zu 5 mm legt man mit geringem Abstand zwischen der Schweißnaht stumpf zusammen; mittlere Bleche bis zu 16 mm werden V-förmig und ganz starke Bleche über 16 mm X-förmig vorgerichtet.

Bei X-Stoß tropft das Material, wenn von einer Seite geschweißt wird, durch die Scheitelfugen hindurch, erhärtet und verschlackt. Schweißt man jetzt die andere Seite, so werden die erhärteten Tropfen meist nicht aufgeschmolzen, es wird auch die durch sie stark verengte Fuge nicht voll ausgefüllt. Folgen sind: Schlackeneinschlüsse, Hohlstellen und schlechte Bindungen. Man sollte deshalb so weit wie möglich den V-Stoß verwenden. Bei starken Blechen wird X-Stoß nicht zu vermeiden sein, man sollte dann aber, wenn es irgend möglich ist, von beiden Seiten gleichzeitig schweißen.

Die Vorarbeiten lassen sich gut mit Hammer und Meißel ausführen, besser jedoch an einer Schleifmaschine, bei größeren Werkstücken mit einer Handschleifmaschine.

Die Überlapptschweißung oder das winkelige Anschweißen von Blechen läßt sich vorteilhafter in nachstehender Weise ausführen.

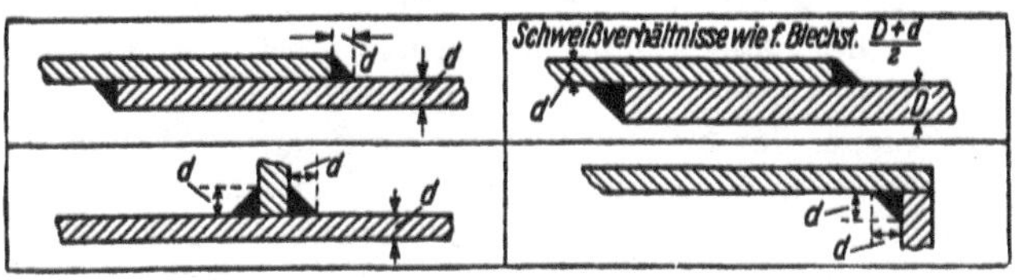

Aus nachstehender Aufstellung ist zu ersehen, wie die Ausarbeitung der Schweißfugen bei den verschiedenen Blechstärken bei der Stumpfschweißung zweckmäßig vorzunehmen ist.

Blechstärke in m/mm	1,5—3	4—6	8—10	12 und darüber
Ausführung		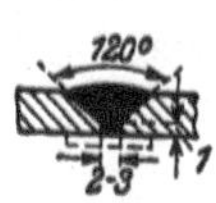		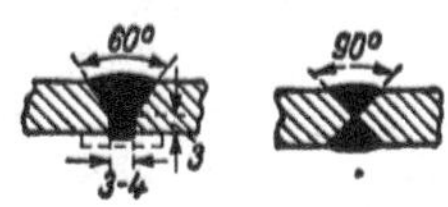

Die im allgemeinen zur Verwendung kommenden Schweißstromstärken, Schweißspannungen und Schweißelektrodenstärken können aus folgender Tabelle entnommen werden:

Blechstärke in m/m	1,5—3	4—5	6—8	8—10	10—12	über 12
Schweißstrom Amp.	40—60	80—100	120-140	140—180	180—200	200
Schweißspannung Volt	16—18	18	20—22	22—25	25	25
Schweißdraht, Durchm. m/m	2—3	3	3—4	4	4—5	5

Für V-Schweißungen sollen für die ersten Schweißlagen etwas dünnere Elektroden als für die folgenden Lagen Verwendung finden. Füllt man Schweißfugen durch mehrere Schweißlagen aus, so is darauf zu achten, daß vor dem Auftragen weiterer Schweißlagen eine Zwischenreinigung mittels Drahtbürste, Abklopfen o. dgl. erfolgt, um Schlacken- und Oxydationseinschlüsse zu vermeiden.

Bei stumpfen Stößen wird mit rund 15% Gewichtsersparnis gegenüber Vernietung und mit etwa gleicher Gesamtkostenersparnis gerechnet. Hierbei gilt als mittlere Leistung eines Schweißers in der Massenanfertigung, daß er in der Werkstatt 0,8 kg/h Schweißstabeisen und auf dem Bauplatz 0,64 kg/h niederschweißt, vorausgesetzt, daß die Arbeitsstücke an den Nähten vorbereitet und zum Schweißen geeignet gelagert sind. Die hiernach erforderliche Schweißstabmenge wird mit einem Zuschlag von 30% für Abbrand und Verlust an kurzen Enden berechnet. Das Zuschärfen der Schweißkanten erfolgt zumeist nach der X-Form. Man errechnet gegenüber der V-Form Vorteile im Elektrodenverbrauch und Arbeitslohn. Die Lage des Arbeitsstückes wählt man so, daß das sogenannte Überkopfschweißen vermieden wird.

Den Minuspol der Schweißgeneratoren legt man normalerweise an den Handgriff, resp. Schweißdraht und den Pluspol an das Schweißstück. Für dünnere Blechschweißungen schließt man umgekehrt an, um ein Durchbrennen der dünnen Bleche zu vermeiden. (Temperaturdifferenz im Lichtbogen etwa 400° C.) Die Stumpf- und Überlapptschweißung von Blechen kommt im Behälter- und Schiffbau in der verschiedendsten Form vor. Schiffsnähte können je nach der Konstruktion direkt stumpfgeschweißt oder als Überlapptschweißung ausgeführt werden. Sowohl beim Stumpf- wie beim Überlapptschweißen werden gegenüber der bisherigen Nietung wesentliche Gewichtsersparnisse dadurch erzielt, daß die Überlappung ganz oder teilweise wegfällt. Die Gesamtkonstruktion wird nicht geschwächt, da Nietlöcher nicht in Frage kommen. Das Anreißen, Bohren und Verpassen der Nietlöcher und die Nieten selbst kommen in Wegfall. Weitere Anwendungsgebiete *) sind: Hütten- und Bergwerke, chemische Fabriken, Faß-, Tank- und Kesselfabriken, Apparatebauanstalten.

Es sei ein Ausführungsbeispiel über elektrisches Schweißen von Großtanks angeführt.

*) Westinghouse El. and M. Cy, East Pittsburgh, P. A. Special Publication 1659.

Auf der Versammlung des „American Institute of Mining and Metallurgical Engineers“ im Frühjahr 1925 berichtete u. a. Harold C. Price über elektrisches Schweißen von Großtanks:

In Amerika sind im Laufe des letzten Jahres über 50 Tanks von mehr als 3000 m³ Inhalt mit elektrisch geschweißtem Dach und Boden hergestellt worden. Als Vorteile, die sich beim elektrischen Schweißen von Tanks ergeben, werden folgende angeführt:

1. Es sind keine Nietlöcher zu bohren; die Bleche brauchen daher nicht erst die Werkstatt zu durchlaufen, sondern können unmittelbar vom Walzwerk zur Baustelle geschafft werden.

2. Die Bodenbleche können unmittelbar auf den Baugrund verlegt werden; die beim Nieten erforderlichen Unterlagen und die Kosten für deren Aufstellung fallen weg.

3. Die Bleche sind einfacher in die richtige Lage zu bringen, denn auf Bohrlöcher braucht keine Rücksicht genommen zu werden.

4. Nach Anschweißen der Bodenwinkel kann sofort mit dem Zusammenbau und dem Aufrichten der Seitenwände begonnen werden, während gleichzeitig die Schweißung des Bodens zu Ende geführt wird; man spart also Zeit.

5. Das aus einem Stück bestehende Dach dehnt sich aus oder zieht sich zusammen bei Temperaturänderung; dies Verziehen des Daches bewirkt bei Vernietung an den Stemmkanten unter Umständen Undichtigkeiten. Diese Gefahr fällt bei geschweißten Tanks weg, was besonders bei feuergefährlichen Gasen oder Flüssigkeiten wichtig ist.

6. Boden und Dach sind bei geschweißter Bauart gerader als bei genieteter.

7. Eine Schweißnaht dürfte eine längere Lebensdauer haben.

8. Der geschweißte Boden ist völlig dicht. Das beim Schweißen entbehrliche Baugerüst schließt eine Absturzgefahr aus und ermöglicht bei heißem Wetter ein bequemeres Arbeiten.

Bezüglich der Ausführung wird folgendes angegeben: Beim Zusammenbau der Bodenbleche, die in der unter 2. angegebenen Art erfolgt, ist eine Überprüfung der Bleche von 25 mm ausreichend. Die verlegten Bleche werden sofort nach der Verlegung mittels kurzer Schweißen geheftet und nach dem Verlegen sämtlicher Bleche fertig geschweißt. Der Boden ist mit voller Kehlschweißung versehen; am Dach hingegen begnügt man sich mit leichter Kehlschweißung. Die Schweißnähte wurden täglich genau geprüft und jede unsicher aussehende Stelle weggemeißelt und nachgeschweißt. Bei den vorgenommenen Öldruckproben der Böden sind nur selten Leckstellen gefunden.

Festigkeit: Zerreißproben, die einem fertig geschweißten Dach entnommen waren, zeigten sehr gute Festigkeiten. Die Festigkeit der geschweißten Naht betrug im Mittel 72,5%, der des nicht geschweißten Bleches. Die Festigkeit einer Nietnaht bei Verwendung von 4,8 mm Blech und 11 mm Nieten hingegen betrug nur etwa 40,1 % der des Bleches.

Abb. 233

Schweißleistungen (Mittelwerte): am Dach 4,85 m je Stunde, am Boden 4,25 m je Stunde, Bodenwinkel am Boden 1,37 m je Stunde, Heften 70 Stunden je Boden oder Dach.

Boden- und Dachbleche waren 4,8 mm stark; der Bodenwinkel war 16 mm dick und mit einer 9 mm starken Schweißnaht angeschweißt. Einige Schweißer leisteten 9 m in der Stunde. An einem 3000-m³-Tank sind etwa 870 m Dachnähte zu schweißen, wenn eine Blechgröße von 1,8 × 5,4 m gewählt wird.

Vergleich von Gleich- und Wechselstromschweißung: Zwei Gleichstrommaschinen, elektrisch angetrieben, und zwei Transformatoren arbeiteten an derselben Tankanlage und führten unter denselben Bedingungen die gleiche Art der Arbeit aus. Die Versuche, die zwei Monate dauerten, ergaben, daß die Kosten für den Stromverbrauch der Transformatoren zweimal so hoch waren wie die der Gleichstrommaschinen, obwohl die Gleichstrommaschinen 50% mehr leisteten. Die Gleichstrommaschinen verbrauchten 4150 kWh zum Schweißen von etwa 4410 m, die Transformatoren hingegen 9948 kWh für 3000 m.

Schweißstäbe: Von allen zur Verwendung gebrachten Schweißdrähten erwies sich eine Elektrode (umhüllt) von 4 mm Durchmesser als die geeignetste.

Abb. 233 zeigt den geschweißten Ölkessel eines Großtransformators.

2. Das Schweißen von Gußeisen.

Schmelzschweißen von Gußeisen.

Während früher die Instandsetzung fehlerhafter Gußstücke oder beschädigter Maschinenteile aus Gußeisen (Grauguß) mit beträchtlichen Schwierigkeiten verbunden und häufig überhaupt nicht möglich war, besitzt die heutige Technik in der elektrischen Schmelzschweißung ein einfaches, zuverlässiges und sehr wirtschaftliches Verfahren, um schadhafte Teile aus Gußeisen in kurzer Zeit wieder herzustellen. Diese Möglichkeit, neben Flußeisen, Stahl und Stahlguß auch Gußeisen einwandfrei schweißen zu können, bedeutet einen gewaltigen Fortschritt gegenüber den übrigen bekannten Schweißverfahren, denn erst mit der Einführung der Schmelzschweißung ist es möglich geworden, die beträchtlichen Werte, die tagtäglich in zerbrochenen Maschinenteilen und mißlungenen Gußstücken verloren gehen, der Wirtschaft zu erhalten.

Für die Ausführung von Gußeisenschweißungen haben sich je nach Form und Verwendungszweck der Werkstücke zwei Verfahren herausgebildet: die Kaltschweißung, die bei normalem Temperaturzustande des Schweißstückes ausgeführt wird, und die Warmschweißung, bei der ein vorheriges Einformen und Anwärmen des zu schweißenden Teiles durch Koks- oder Holzkohlenfeuer erforderlich ist. Letztere wird vor allem dann angewendet, wenn die Schweißstellen nachträglich bearbeitet werden sollen, oder wenn sie im Betrieb infolge dauernder Temperaturschwankungen besonderen Beanspruchungen unterworfen sind. Ebenso ist die Warmschweißung da am Platze, wo größere Mengen Füllmaterial eingeschweißt werden müssen, die mit dem betreffenden Werkstück ein homogenes Ganzes bilden sollen, wie es bei größeren

Abb. 234. Bruchstelle

Abb. 235. Zur Schweißung vorbereitet

Fehlgüssen häufig der Fall ist. In der Mehrzahl aller Fälle genügt jedoch die Kaltschweißung. In der Hauptsache handelt es sich hierbei um die Schweißung von Rissen und Brüchen an Gehäusen und Maschinenständern aller Art, Lagerböcken, Fundamentrahmen, Zahn-, Schwungrädern und Seilscheiben.

Kaltschweißung. Die Kaltschweißung von Gußeisen wird vorteilhaft mit Stromstärken von etwa 120 bis 200 A bei etwa 22 bis 35 Volt Spannung ausgeführt. Die Anwendung höherer Stromstärken ist schädlich und gefährdet den Erfolg der Schweißung, da infolge der außerordentlich hohen Erwärmung Spannungen im Gußstück auftreten würden, die eine Rißbildung zur Folge haben könnten. Bei Einhaltung der vorerwähnten Stromgrenzen treten Materialspannungen und Rißbildungen nicht auf, so daß feste und völlig einwandfreie Schweißungen erzielt werden.

Bei der Kaltschweißung kommen ausschließlich ummantelte schmiedeeiserne Schweißstäbe zur Verwendung. Dadurch wird eine weiche Schweißnaht von guter Dehnungsfähigkeit erreicht, allerdings bildet sich zwischen dem ursprünglichen und eingeschweißten Material meist eine harte, dünne Übergangsschicht, deren Bearbeitung dann nur durch Schleifen möglich ist.

Einige Beispiele von Gußeisenkaltschweißungen, wie sie in großer Zahl bereits ausgeführt wurden, zeigen die Abb. 234—243. Abb. 234—237 stellen das aus hochwertigem Grauguß bestehende einer Schmiedepresse dar, das infolge Überlastung gebrochen war. Abgesehen von dem durch den Produktionsausfall entstandenen Schaden hätte eine Neubeschaffung beträchtliche Kosten verursacht. Aus diesem Grunde entschloß man sich, die Wiederherstellung nach dem Lichtbogenschweißverfahren auszuführen. Die Schweißung erfolgte mit einem Schweißstrom von 200 A bei 30 Volt. Eingeschweißt wurden insgesamt 27 kg Füllmaterial. Wie aus Abb. 237 ersichtlich ist, wurde zur Verstärkung der Schweißstelle eine Lasche darüber geschweißt. Innerhalb sechs Tagen war die Schmiedepresse wieder betriebsfähig während die Neubeschaffung mehrere Monate beansprucht hätte. Seit 3½ Jahren ist die Presse wieder voll in Betrieb, ohne daß sich irgendwelche Anstände gezeigt haben.

Abb. 236. Fertig geschweißt, Innenansicht

Abb. 237. Fertig geschweißt und verlascht

Abb. 238 und 239 zeigen die Schweißung der gebrochenen Kreuzkopfführung einer Förderdampfmaschine. Die Schweißung der etwa 2 m langen Bruchstelle dauerte 3 × 24 Stunden. Geschweißt wurde mit einer Schweißleistung entsprechend 200 A und 30 Volt. Im ganzen wurden etwa 15 kg Elektrodenmaterial eingeschweißt. Dieser Fall zeigt deutlich, wie wertvoll bei Betriebsstörungen der Besitz eines Schweißumformers ist. Ohne Zuhilfenahme der Lichtbogenschweißung hätte die ganze Förderanlage, der Lebensnerv eines jeden Bergwerkes, für längere Zeit stillgelegt werden müssen, während die Störung so innerhalb weniger Tage beseitigt wurde. Die Werksleitung hat dadurch bedeutende Neuanschaffungskosten erspart, und, was bei den gegenwärtigen Verhältnissen ganz besonders ins Gewicht fällt, einen bedeutenden Förderausfall vermieden.

Abb. 240 und 241 stellen ein geschweißtes, gußeisernes Zahnsegment dar, das zu einer Blechbiegemaschine gehört und infolge eines Einstellungsfehlers in der Nabe gebrochen war. Im ganzen wurden

Abb. 238. Bruchstelle

Abb. 239. Fertig geschweißt

etwa 12 kg Elektrodenmaterial eingeschweißt. Die eigentliche Schweißarbeit dauerte hierbei nur etwa 5 Stunden, so daß die Biegemaschine in kurzer Zeit wieder betriebsfähig war.

Bild 242 und 243 zeigen die Schweißung einer großen Exzenterpresse für 170 t Druck, an der infolge Überlastung die Führung des Pressestempels gebrochen war. Um eine einwandfreie, feste Schweißverbindung zu erzielen, wurde, wie Bild 242 zeigt, die Bruchstelle, die eine Länge von etwa 600 mm besaß, künstlich erweitert. Auf demselben Bild erkennt man ferner, daß mit der Schweißung im unteren Teile des Risses bereits begonnen ist. Abb. 244 und 245 zeigen schwierige durch Lichtbogenschweißung ausgebesserte Fehlstellen.

Geschweißt wurde bei 180 A und 25 Volt mit dem auf Bild 242 sichtbaren fahrbaren Eingehäuseschweißumformer der Siemens-Schuckert-Werke, der sich durch einfachen, wirtschaftlichen Betrieb, leichte Beweglichkeit und gefälliges Äußere auszeichnet. Im ganzen wurden etwa 45 kg Elektrodenmaterial eingeschweißt. Die reine Schweißzeit betrug hierbei rund 120 Stunden, während die Vorarbeiten etwa 40 Stunden beanspruchten. Die fertige

Schweißung ist in Bild 243 dargestellt. Die rauhe Oberfläche der Schweißnaht wurde durch nachträgliche Bearbeitung geglättet.

Die Kosten für die Instandsetzung sind im Vergleich zu dem Neubeschaffungspreis des Ständers sehr gering. Setzt man den Herstellungspreis des Ständers, wobei es sich um 70.000 kg bearbeitetes Gußeisen handelt, nach Abzug des Altmaterialwertes = 100%, so kostet die Schweißung einschließlich aller Nebenarbeiten nur etwa 13%, d. h. es wurde durch die Lichtbogenschweißung eine Ersparnis von etwa 87% erzielt. Schließlich ist noch zu berücksichtigen, daß so die Presse innerhalb einer Woche wieder betriebsfähig war, während die Neulieferung mehrere Monate in Anspruch nehmen sollte.

Abb. 240. Bruchstelle

Die schnelle Instandsetzung mit der elektrischen Lichtbogen-Schweißung bringt in allen Fällen einen bedeutenden Nutzen. Bei umfangreichen Schweißarbeiten erreichen die ersparten Beträge eine beträchtliche Höhe. So hätte beispielsweise im letztgenannten Falle die Ersparnis ohne weiteres zum Kauf von 5 Schweißanlagen ausgereicht.

Abb. 241. Bruchstelle geschweißt

Die elektrische Kaltschweißung ist zweifellos die billigste. Man braucht bei ihr die zu schweißenden Teile nicht auszubauen, einzuformen und anzuwärmen. Aber die elektrische Kaltschweißung gibt nie eine gleichmäßige Schweiße, weil man bei ihr als Schweißstoff nicht Gußeisen, das fortfließen würde, sondern Flußeisen verwenden muß. Deshalb findet nicht nur eine schlechte Bindung statt, sondern die Übergangsstellen von der Schweiße zum Werkstück werden, wenn das flüssige Elektrodeneisen auf das kalte Werkstück trifft, glashart und lassen sich nur durch Schleifen bearbeiten. Für Ausbesserungen an Schleifflächen ist die Kaltschweißung deshalb durchaus unbrauchbar. Man wird aber trotzdem zu ihr greifen müssen, wenn das zu schweißende Stück nicht, oder mit zu großen Kosten auszubauen und in das Schweißwerk zu be-

Abb. 242. Während der Schweißung

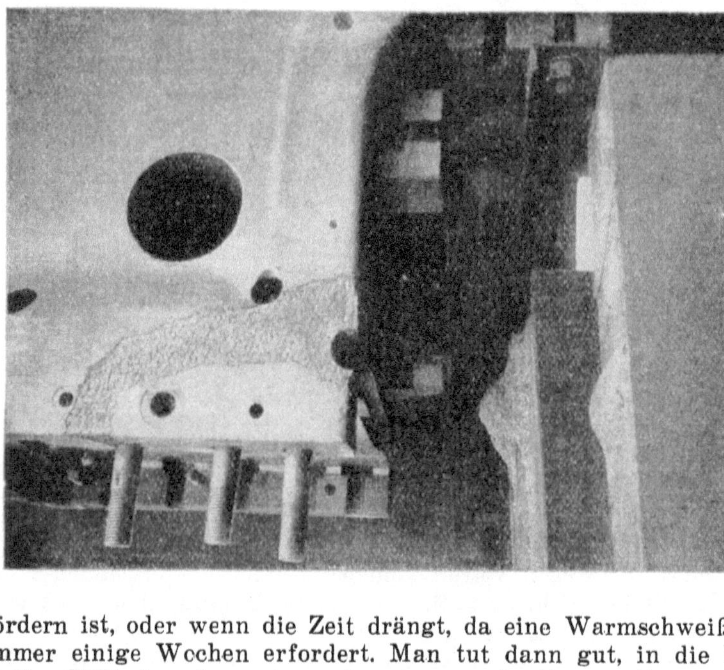

Abb. 243. Bruchstelle fertig geschweißt

fördern ist, oder wenn die Zeit drängt, da eine Warmschweißung immer einige Wochen erfordert. Man tut dann gut, in die Rißstelle Stiftschrauben einzuschrauben und diese mit zu verschweißen, um eine bessere Bindung zu erzielen.

W a r m s c h w e i ß u n g. Die Verschiedenheit der Temperaturausdehnungskoeffizienten von Guß- und Flußeisen machen ein Einschweißen von Flußeisen in Gußeisenstücke, die im Betriebe größeren Temperaturschwankungen unterworfen sind, unmöglich. Dies gilt vor allem für Schweißungen an Zylindern von Dampfmaschinen, Kompressoren und Eismaschinen, weil bei diesen wegen der ständigen Temperaturschwankungen das Material dauernd arbeitet und die Schweißnähte außerordentlich hoch beansprucht werden. In diesen Fällen ist die Warmschweißung am Platze.

Für Gußeisen kannte man früher schon ein als Schweißen bezeichnetes Verfahren, das Zu- und Ablaufgießverfahren. Man stellte damit Fehlgüsse oder beschädigte Gußteile wieder her, indem man um den fehlenden Teil eine Form mit Ablauf bildete, der man so lange geschmolzenes Eisen zuführte und ablaufen ließ, bis das Werkstück an der Fehlstelle selbst in flüssigen Zustand überging, worauf man den Ablauf verstopfte und das Eisen in der Form erkalten ließ.

Diesem Verfahren entspricht heute das elektrische Warmschmelzverfahren, bei dem man ebenfalls eine Form, u. zw. aus einem den Strom leitenden Stoff bildet, in die man das Eisen einer Elektrode durch den elektrischen Strom ausschmilzt. Beide Verfahren sind, was Güte anlangt, einander gleichartig, da eine durchaus gleichmäßige Schweiße, die dem Stoff des Werkstoffes nicht nachgibt, erzielt werden kann. Wirtschaftlich ist aber das Zu- und Abgießverfahren unterlegen, weil das ablaufende Eisen unnötigerweise geschmolzen und vergossen wird. Außerdem lassen sich mit ihm nur einfachere, leicht erreichbare Fehlstellen ausbessern, während mit der Schmelzschweißung, selbst die schwierigsten Schäden, behoben werden können, wie Abb. 244 und 245 erkennen lassen. Hierbei ist zu erwähnen, daß Gleichstrom und Wechselstromschweißung in diesem Falle einander, was Güte der Ausführung anbelangt, nichts nachgeben, wäh-

Abb. 244

Abb. 245

rend bei der Flußeisenschweißung ein Unterschied zwischen beiden Verfahren gemacht werden muß. Wirtschaftlich ist Wechselstrom etwas überlegen. Die Kosten stellen sich um etwa 15 bis 20% geringer als bei Gleichstrom.

Sie kommt auch dort in Frage, wo die Schweißstellen nachträglich bearbeitet werden müssen, was bei kaltgeschweißten Nähten wegen der harten Randschichten Schwierigkeiten macht.

Auch für das Zuschweißen großer Löcher ist die Kaltschweißung nicht geeignet, da das Gewicht des abgeschmolzenen Elektrodenmaterials mit der Schweißstromstärke wächst, diese jedoch bei der Kaltschweißung an bestimmte Grenzen (120—200 A) gebunden ist und daher das Zuschweißen dieser Löcher zuviel Zeit beanspruchen würde.

In allen diesen Fällen führt nur die Warmschweißung zum Ziele. Das Wesen der Warmschweißung besteht darin, daß das zu schweißende Gußstück vor der Schweißung auf Dunkelrotglut vorgewärmt wird und dann unter Verwendung hoher Schweißleistungen (etwa 500 A, 60 V) Gußeisen eingeschweißt wird. Zu diesem Zwecke wird das Gußstück in Sand eingeformt und dann durch ein Holzkohlen- oder Koksfeuer vorgewärmt. Hierbei wird die zu schweißende Stelle vorher mit Formkohlen umgeben, um ein Wegfließen des Materials zu verhindern. Für ein gutes Gelingen der Schweißung ist es sehr wichtig, daß die Erkaltung des Schweißstückes nur allmählich erfolgt. Die Abkühlungsgeschwindigkeit

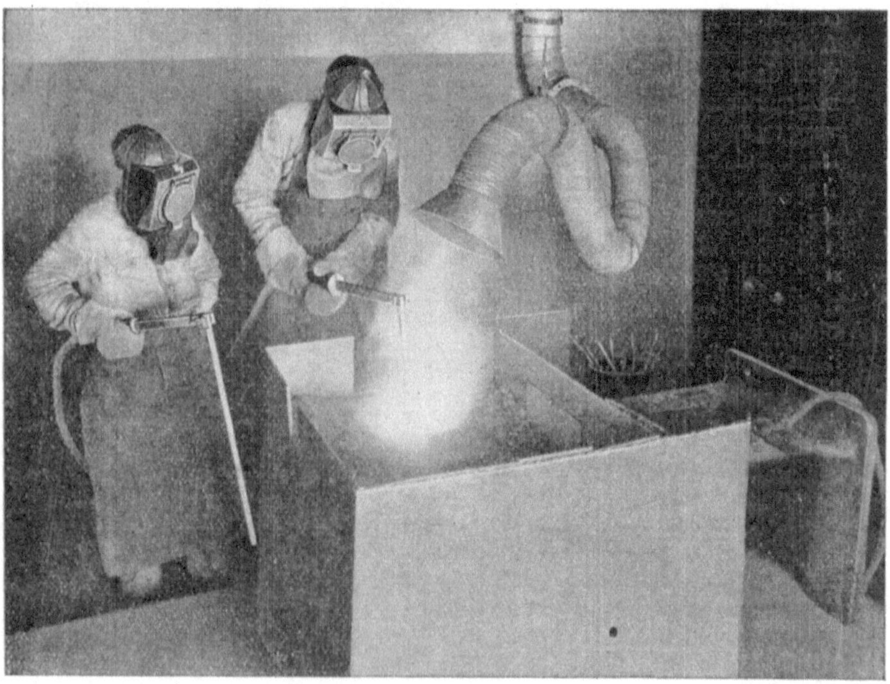

Abb. 246

läßt sich dabei durch das Holzkohlen- oder Koksfeuer in einfacher Weise regeln. Bei Warmschweißungen großer Gußstücke dauert die Abkühlungszeit bis zu 8 Tagen und noch länger.

Geschweißt wird mit nackten gußeisernen Schweißstäben. Dabei wird dem niedergeschmolzenen Material ein Schweißpulver unmittelbar zugesetzt. Dieses Pulver besteht aus schlackenbildenden Bestandteilen, die sich infolge ihres geringen spezifischen Gewichtes an der Oberfläche der Schweißmasse sammeln und eine weitere Oxydation während der Abkühlung verhindern.

Die Abb. 246 zeigt einen solchen Schweißvorgang. Das zu schweißende Stück ist in einem mit Sand gefüllten Blechkasten eingeformt. Die Arbeit wird von zwei Schweißern ausgeführt, damit eine Unterbrechung nicht stattfindet und die Schweißmasse dauernd flüssig bleibt. Die Schweißer sind gegen die Einwirkungen der großen Hitze durch Asbesthandschuhe und Schürzen sowie durch Schweißerkappen geschützt. Um eine Belästigung durch die beim Schweißen auftretenden Gase zu vermeiden, ist über der Schweißstelle in Absaugrohr vorgesehen, das mit einem Ventilator in Verbindung steht.

Einige Beispiele von ausgeführten Warmschweißungen sollen nachstehend durch Wort und Bild erläutert werden:

Abb. 247 und 248 stellen die Warmschweißung eines größeren Pressentisches dar. Abb. 247 läßt deutlich die Eindrücke der Kohleplatten erkennen, die zur Einformung der Schweißstelle dienen. Die Schweißstelle nach erfolgter Bearbeitung zeigt Abb. 248. Der Übergang vom ursprünglichen zum eingeschweißten Material ist nur schwach sichtbar. Bei der Bearbeitung konnte festgestellt werden, daß das Gefüge des eingeschweißten Materials gleichmäßiger war als das des Gusses selbst.

Abb. 247. Fertig geschweißt

Abb. 249 und 250 stellen die Warmschweißung des Ständers einer Spindelpresse dar. Der gußeiserne Ständer, der bei einer Höhe von rund 2,9 m und einer

Abb. 248. Fertig geschweißt und bearbeitet

Breite von rund 1,5 m etwa 60.000 kg wiegt, war infolge Überlastung an beiden Säulen gebrochen. Der Querschnitt der beiden Bruchstellen betrug je etwa 2000 cm^2. Um eine feste innige Verbindung der Bruchstellen zu erreichen, wurden die Risse zunächst durch Ausbrennen mit dem elektrischen Lichtbogen erweitert, wie Abb. 249 deutlich zeigt. Abb. 250 stellt den fertig geschweißten Ständer dar und läßt erkennen, wie die Schweißnaht vorn verstärkt ist und auf das gesunde Material übergreift. Die Schweißzeit dauerte einschließlich aller Nebenarbeiten und Pausen nur drei Tage; hierzu kommen noch vier Tage für das Einformen und Anwärmen, sowie weitere zehn Tage für die allmähliche Abkühlung. Die ganze Instandsetzung dauerte also rund 17 Tage, während die Neubeschaffung eines derartig großen Gußstückes mehrere Monate beansprucht hätte. Durch die schnelle Wiederherstellung wurde ein größerer Produktionsausfall vermieden und die bedeutenden Kosten, die aus einer Neubeschaffung entstanden wären, erspart.

Abb. 249
Bruchstellen zur Schweißung vorbereitet

Das Schmelzschweißverfahren, dessen hauptsächlichste Vorteile in der bequemen Bedienung, dem zuverlässigen und gefahrlosen Betrieb, der großen Wirtschaftlichkeit und der erreichten hohen Schweißfestigkeit bestehen, wird gerade für die Ausführung von Gußeisenschweißungen bereits in vielen Betrieben mit Erfolg angewendet. Da Gußeisen fast in sämtlichen Zweigen der metallverarbeitenden Industrie als Baustoff eine wichtige Rolle spielt, so sind damit die Anwendungsmöglichkeiten der elektrischen Schmelzschweißung äußerst zahlreich.

Abb. 250. Fertig geschweißt

H a l b w a r m s c h w e i ß u n g. Die Halbwarmschweißung ist eine vereinfachte Warmschweißung und kann in den Fällen angewendet werden, wo die Spannungsgefahr in den Gußstücken gering ist und große Eisenmassen ausgegossen werden sollen. Ausgebrochene Zähne, Zahnradkreuzstücke u. dgl. lassen sich nach diesem Verfahren wieder herstellen. Die Vorarbeiten für die Halbwarmschweißung sind dieselben wie für die Warmschweißung. Das Anwärmen bei der Halbwarmschweißung wird jedoch nur so weit getrieben, daß die Formen genügend ausgetrocknet sind (etwa 150 bis 200 °). Die geschweißten Stellen

Abb. 251. Elektrisch warm geschweißte Bruchstelle

werden wie bei der Warmschweißung mit Holzkohle oder Sand abgedeckt, und ein aufgesetztes Holzkohlenfeuer sorgt für eine

Abb. 252. Kaltgeschweißte Bruchstelle

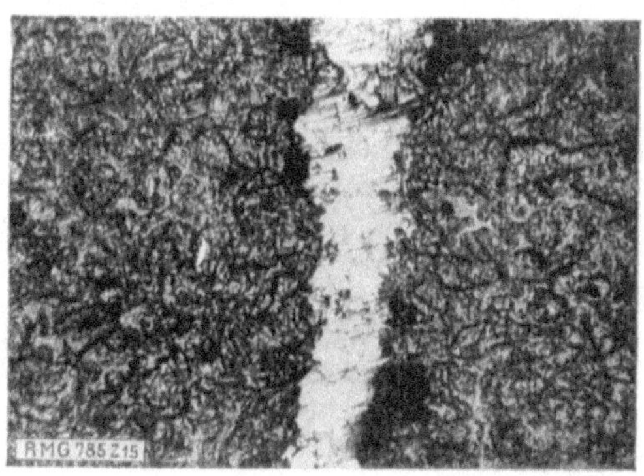

Abb. 253. Gelötete Bruchstelle (Gußeisen)

langsame Abkühlung des Schweißgutes. Stromstärken und Zusatzmaterial sind wie bei der Warmschweißung zu wählen. Bei sinngemäßer Verwendung der Warmschweißung kann auch der Gießereiingenieur schwierig zu gießende Gußstücke in einfache Gußstücke zerlegen und sie nach der Warmschweißmethode vereinigen. Wenn man die in Abb. 251, 252, 253 wiedergegebenen Schliffbilder einer elektrisch warm-, einer kaltgeschweißten und einer gelöteten Bruchstelle vergleicht, erkennt man ohne weiters, daß die Warmschweißung das einzig einwandfreie Verfahren darstellt, gebrochene Gußstücke wieder herzustellen.

3. Schmelz-, bezw. Lichtbogenschweißung von Flußeisen.

Allgemeines.

Der Gedanke, die bisherige Nietung durch Schmelzschweißung zu ersetzen, wie er in amerikanischen und englischen Eisenbauwerkstätten und Werften schon allgemein in die Praxis umgesetzt ist *), dürfte auch in die übrigen Eisenkonstruktionswerkstätten umwälzend eingreifen. Z. B. werden bisher übliche Nietverbindungen in einfacher Weise mittels des Lichtbogens durch Kehlschweißungen ersetzt werden können, wobei sofort die einfache Konstruktion, der Wegfall von Zwischenlaschen, Hilfswinkeln, Nietmaterial u. dgl. ins Auge fällt. Da eine doppelte Überlapptschweißung etwa 100% Festigkeit des vollen Materials ergibt und vor allem eine Querschnittschwächung infolge Wegfalles der früheren Nietlöcher vermieden wird, kann die Gesamtkonstruktion im Gewicht bedeutend leichter gehalten sein. Die Möglichkeit der Schweißung von unten nach oben (Überkopfschweißung) ist besonders für die Ausbesserung von schweren Stücken, wie Schiffen, Brücken, Eisenkonstruktionen, Dampfkesseln u. dgl., wichtig, da die zu behandelnden Teile sehr oft nicht in ihrer Lage verändert werden können.

Ein elektrisch geschweißtes Gebäude ist versuchsweise in Canton (Ohio) gebaut worden. Es handelt sich um ein zweistöckiges Gebäude mit Stahlgerippe, dessen Grundfläche 30 × 45 m beträgt. Alle Verbindungen wurden elektrisch geschweißt. Die Ersparnis dieser nietenfreien Bauweise betrug 23%.

Das Hochbauamt der Stadt Newyork hat Belastungsprüfungen von geschweißten Dachkonstruktionen in der Weise vorgenommen, daß die Prüflast das doppelte der zugelassenen Tragkraft betrug. Die ermittelte Durchbiegung lag innerhalb weniger Millimeter. Andere Formveränderungen oder Schäden der Schweißverbindungen traten nicht zutage. Eine dem Bericht angeschlossene Übersicht ausgeführter größerer Arbeiten enthält u. a. das Schweißen eines Walzwerkdaches, eines Kanal- und eines Küstenschiffes, eines Antennenmastes von 35 m Höhe, eines Gasbehälters und verschiedener Tanks. Es wird bemerkt, daß das Abdichten im Behälterbau viel leichter durch Schweißen als durch Nieten aus-

*) The Iron Age, Bd. 115 ex 1925.

zuführen ist. Der Gesamteindruck des Berichtes ist, daß die Anwendung der neueren Schweißverfahren im Eisenhochbau erst in den Anfängen steht. Die Amerikaner versprechen sich weitere Fortschritte, wenn die einschlägigen Fragen zwischen den beteiligten Kreisen der auftraggebenden Konstrukteure, Eisenhüttenleute und ausführenden Schweißindustrie sorgsam in einer Art Arbeitsgemeinschaft behandelt werden.

Für erfolgreiche Werkstattarbeit ist Voraussetzung, daß alle Faktoren der Schweißarbeit, d. h. geeignetes Elektrodenmaterial, richtiges Vorbereiten der Arbeitsstücke und gute Ausbildung der Schweißer, unter dauernder Überwachung stehen. Es wird weiter angestrebt, die Sicherheit der Konstruktion nicht von einer einzigen Naht abhängig zu machen, sondern die Kraftübertragung möglichst auf mehrere Schweißnähte zu verteilen. Auch wird empfohlen, die für die Nietarbeit übliche Form der Konstruktion nicht ohne weiteres für die geschweißte Ausführung zu übernehmen, sondern zu prüfen, welche Profilarten und Abmessungen für das Schweißen am geeignetsten sind.

Auftrage- und sonstige Reparaturarbeiten.

Eines der wichtigsten Anwendungsgebiete der Schmelzschweißung ist das Auftragen von Material auf abgenutzte Flächen. Ausgelaufene Wellen, abgenutzte Radteile, verschlissene Kreuzköpfe u. dgl. können unter Aufwendung geringer Kosten mittels des Metallichtbogens wieder instandgesetzt werden. Zum Auftragen von Material kommen Stromstärken von 150 bis 300 A in Frage. Auftragearbeiten führt man meistens nach dem Kaltschweißverfahren durch. Für größere Auftragearbeiten empfiehlt sich zwecks schnelleren Fortganges der aufzutragenden Massen ein Vorwärmen der Stücke. Die Bereithaltung von Reserveteilen in schwer beanspruchten Betrieben, wie Baggerbetrieben (Braunkohlengruben), Textil- und Zellulosefabriken, kann unter Anwendung des Auftrageschweißverfahrens auf ein Geringstmaß beschränkt werden.

Eisenbahnbetrieb. Es ist jedem Gleistechniker bekannt, daß die Lebensdauer einer Gleisanlage hauptsächlich durch die Haltbarkeit der Schienenstoßverbindungen bestimmt wird. Alle mit Schrauben oder Keilen hergestellten Laschenverbindungen an Schienenstößen unterliegen der Lockerung. Hat sich aber die Verbindung erst einmal gelöst, so geht die Zerstörung des Schienenstoßes schnell vor sich. Diesen Nachteil vermeidet man bei Anwendung der elektrischen Laschenschweißung. Sie besteht darin, daß an beiden Seiten des Schienenstoßes Laschen angelegt werden, die in ihrer ganzen Länge mit dem Fuß und dem Kopfe der Schienen verschweißt werden. Bei der Laschenschweißung ist es ausgeschlossen, daß der Schienenkopf ausgeglüht wird oder daß sich das Gleismaterial unter dem Einfluß der Erwärmung verändert, da die hohen Lichtbogentemperaturen nur an den Laschen auftreten.

Die Laschenschweißung eignet sich für die Ausführung vieler anderer Arbeiten, wie sie im Gleisbau vorkommen, z. B. bei einem aus mehreren Teilen bestehenden Herzstück. Dieses wird durch Laschen zusammengehalten, die in ihrer ganzen Länge mit dem Schienenkopf und -fuß verschweißt sind. Das unter dem Fuß sichtbare Bodenblech ist mit diesem durch eine fortlaufende Schweißnaht fest verbunden.

Ein besonderer Vorteil besteht darin, daß die elektrische Schienenschweißung nicht nur für Neuanlagen, sondern vor allem auch für die bei den gegenwärtig hohen Materialpreisen und Löhnen überwiegenden Ausbesserungsarbeiten Verwendung findet. Sind die Schienen an den Stößen stark abgefahren, so kann man die zerstörten Enden abschneiden und ein neues Schienenstück einsetzen, das an beiden Enden mit je zwei Laschen verschweißt wird. Am rechten Stoß sind die Laschen angelegt und durch Bolzen befestigt, während links die Schweißung bereits beendet ist und die Bolzen entfernt sind.

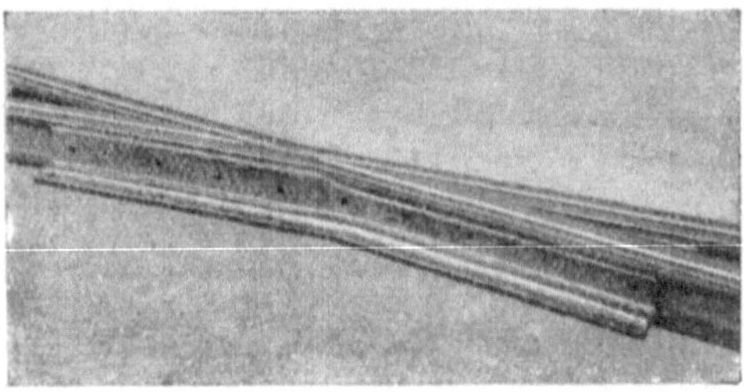

Abb. 254. Laschenschweißung eines Herzstückes

Abb. 255. Einschweißen eines Schienenstückes

Eine neue Methode, defekte Schienenverbindungen durch Schmelzschweißung ohne Anwendung von Laschen instandzusetzen, wird von E. W. Jennison, Streckeningenieur der Bangor Railway & Electric Company, angegeben. Wenn eine Verbindung erneuert werden soll, so wird das Pflaster aufgerissen und die alten Verbindungslaschen werden entfernt. Ein kleines Stahlstück wird an der Verbindungsstelle der Schienen auf deren Unterseite geschweißt und hierauf die Fuge zwischen den Schienenenden zickzackartig quer zur Schienenlängsrichtung mit Material aufgefüllt bis zum Schienenkopf. Es werden also keine besonderen Laschen verwendet. Praktische Versuche ergaben als Arbeitszeit für eine derartige Verbindung etwa eine Stunde; die elektrische Schweißung war schneller und leichter als eine Thermitschweißung ausgeführt.

Bei Stromzuführungsschienen hat es sich bewährt, auf abgenützte Stellen ein keilförmig zugearbeitetes Flacheisen aufzulegen und lediglich die Übergänge an den Enden und Längskanten des Flacheisens zu verschweißen. Das Flacheisen wird so zugerichtet, daß es die Vertiefung möglichst gleichmäßig ausfüllt. Die in dieser Art ausgebesserte Schiene ist somit wie neu und für viele Jahre wieder verwendungsfähig. Die Wiederinstandsetzung einer stark abgenützten Stromschiene zeigen die Abb. 256 und 257.

Abb. 256. Stromschiene vor der Schweißung

Abb. 257. Stromschiene nach der Schweißung

Ferner können Gleisschienenverbinder aus Kupfer an nicht eingebettetem Geleise angeschweißt werden. Dieses Verfahren hat gegenüber den sonstigen Befestigungsarten den Vorzug größerer Einfachheit, Haltbarkeit und besserer Leitfähigkeit.

Früher war es häufig notwendig, Kurvenstücke auszuwechseln, weil die in der Kurve nach außen liegenden Schienenkanten durch das Schleudern der fahrenden Wagen besonders schnell abgenützt wurden. Dieser kostspielige Ersatz durch eine neue Schiene läßt sich seit Einführung der Schmelzschweißung ganz vermeiden. Wie die Abb. 258 zeigt, kann man das fehlende Material an den beschädigten Stellen in einfacher Weise neu aufschweißen. Derartig ausgebesserte Schienen sind dann für lange Zeit wieder betriebsfähig.

Aber auch ausgefahrene Kreuzungen lassen sich mit der Schmelzschweißung in einfacher Weise ausbessern. Man verwendet hierfür ein besonders geformtes Einsatzstück, einen sogenannten Rillenkeil, der an der Kreuzungsstelle in die vorgearbeitete Rille eingepaßt und dann verschweißt wird. Soweit sich der Rillenkeil erstreckt, laufen die Räder auf dem Spurkranz, sie durchfahren

Abb. 258. Ausbesserung einer Straßenbahnkurve

daher die Kreuzung völlig stoßfrei. Infolgedessen wird ein sehr schonender Betrieb erreicht und die Lebensdauer der Kreuzung um viele Jahre verlängert. Auch an Weichen werden Reparaturschweißungen mit gutem Erfolg ausgeführt. So zeigt Abb. 259 die eine Hälfte einer Auflaufweiche, bei der die unmittelbar vor der Zunge befindlichen, der Abnützung besonders unterworfenen Stellen neu geschweißt wurden. Das Bild zeigt das Aussehen der Schweißstelle kurz nach der Schweißung, ehe sie mit einer Handschleifmaschine geglättet wurde.

Abb. 259. Ausbesserung einer Auflaufweiche

Bei den Schienenschweißungen im Freien wird meist ein Schweißerzelt verwendet (Abb. 260), welches die Arbeitsstätte vollkommen abschließt und dem Schweißer ein ungestörtes Arbeiten ermöglicht. Zum Anschluß des Motors an die Oberleitung dient ein tragbarer Stromabnehmer. — Abb. 261 zeigt den Eingehäuse-

Abb. 260. Schweißerzelt, daneben Eingehäuse-Schweißumformer

Schweißumformer der Siemens-Schuckertwerke für Gleichstromantrieb in fahrbarer Ausführung.

D a s A u f s c h w e i ß e n a b g e l a u f e n e r S p u r k r ä n z e bürgert sich bei den elektrischen Bahnen in Amerika immer mehr ein. Eine nahezu automatisch arbeitende Anlage dazu hat jetzt

Abb. 261

die Straßenbahn in Detroit aufgestellt. Auf dem Schweißstand wird das Rad, bezw. die Achse, langsam gedreht, währenddem das Aufschweißen ununterbrochen vor sich geht. Der Schweißdraht von 3 mm Stärke wird in ständiger Berührung mit der Schweißstelle selbsttätig zugeführt. Die Umdrehungszeit des Rades schwankt zwischen 10 und 15 Minuten, je nach dem Durchmesser des Rades. Stark abgefahrene Räder benötigen sechs Umläufe, im Durchschnitt reichen vier oder fünf aus.

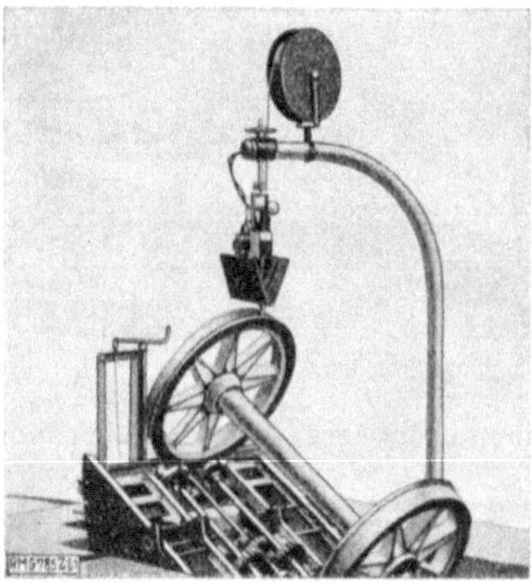
Abb. 262. Wiederaufschweißen von Radbandagen

Nach dem Aufschweißen kommen die Achsen auf die Schleifmaschine. Es werden stets beide Räder einer Achse abgeschliffen, um ganz gleiche Abmessungen auf beiden Rädern zu bekommen. Auch das Schweißen wird selbsttätig, elektrisch gesteuert, so daß alles Nachmessen wegfällt und die Arbeitszeit und die Handarbeit beträchtlich vermindert werden. Die Meßeinrichtungen sind in dauernder Berührung mit dem Werkstück und lassen Lichter aufleuchten, sobald die richtigen Abmessungen erreicht sind, die dem Arbeiter anzeigen, daß das Schleifen beendet sei. Diese elektrische Meßeinrichtung ist eine Erfindung der dortigen Werkstatt. Ein einziger Mann genügt, um den gesamten Arbeitsgang zu überwachen. Zur Bewegung der Achsen von und zum Arbeitsstand steht ihm ein Aufzug zur Verfügung *).

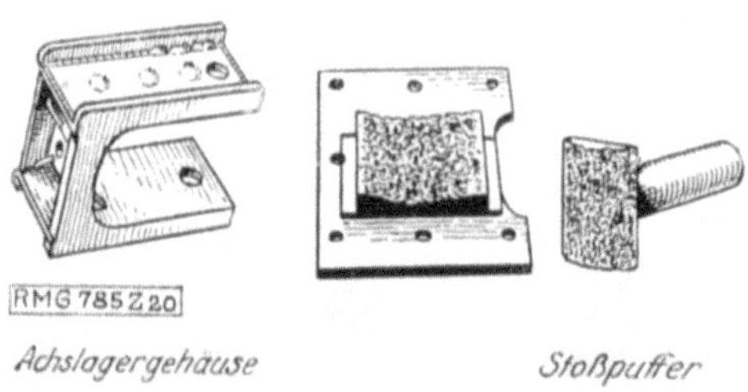

Neubeschaffungspreis	28,63 Mk	26,26 Mk	Ersparnis in vH d Neubeschaffungspreises	
Wiederherstellungkosten: a) bei Lichtbogen-Schweißung	7,40 Mk	12,65 Mk	74 vH	52 vH
b) bei Autogen-Schweißung		15,70 Mk		40 vH
Ersparnis a gegen b				24 vH

Abb. 263
Durch Lichtbogenschweißung ausgebesserte Lokomotivteile

Man schweißt beispielsweise Kolbenkonusse wieder auf, abgenutzte Achsstummel, wodurch die ganze Achse bezw. der Radsatz erhalten werden kann, während bisher die Achse wegen der abgenützten Achs-

*) El. Tract. März 1925.

stummel ins Altmaterial wandern mußte, ausgeschlagene Achsbüchsen, Stoßpuffer (Abb. 263 a), ausgelaufene Radbandagen und spart dafür sehr viel an Ersatzstücken.

Man kann hierfür die Auftragschweißung besonders wirksam gestalten, indem man als Schweißstoff Stahldraht verwendet und

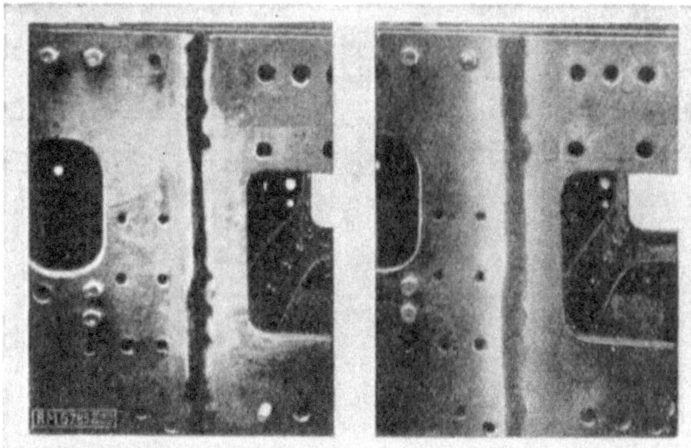

a Abb. 264 b

Lichtbogenschweißung eines Lokomotivrahmens

so eine äußerst harte Oberfläche erzielt, die gegen weiteren Verschleiß besondere Haltbarkeit gewährleistet.

Bei Kesseln kann man Rostnarben und Anfressungen einfach und billig durch Auftragschweißungen beseitigen; schadhafte Bleche ersetzt man durch Anschweißen neuer Kesselschüsse.

Weiters werden gebrochene und gerissene Teile zusammengeschweißt, z. B. gebrochene Achshalter, Pufferkörbe, Längsträger, Rahmen von Lokomotiven (Abb. 264), Treibstangen usw. Ferner bieten Flanschverbindungen, Verstärkungsaugen, Wasserkammern

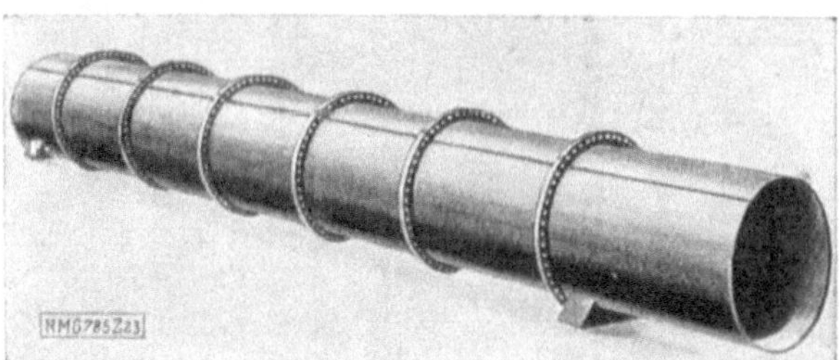

Abb. 265

Lichtbogenschweißung eines Flammrohres. Längsnaht geschweißt und gebörtelt

gute Gelegenheit hierzu. Doch auch größere Teile lassen sich wirtschaftlich und durchaus sicher schweißen. Abb. 265 gibt mit der Schweißung eines Flammenrohres ein gutes Beispiel hiefür.

Der Einbau der Dabeg-Pumpen bei den Lokomotiven der österreichischen Bundesbahnen war überhaupt nur dadurch in einfachster Weise ermöglicht, daß auf die Triebstange so viel Material aufgetragen wurde, daß man in dem Auftrag ein kleines Zapfenlager unterbringen und dadurch bequem einen Hebeldrehpunkt schaffen konnte.

Abb. 266. Schweißung eines Separators

Maschinenbau. Vielseitig ist die Verwendung der Schmelzschweißung im Maschinenbau. Man schweißt heute Förder-

Abb. 267. Schweißung einer Rauchhaube

schnecken, Gehäuse, Schornsteine, Rohrleitungen, Fundamentrahmen, Wagenkasten und vieles andere mehr. Als Beispiel einer Schweißung auf diesem Gebiete zeigt Abb. 266 einen geschweißten

Separator für die heimische Industrie. Abb. 267 eine geschweißte Rauchhaube.

G e s c h w e i ß t e D a m p f k e s s e l. Die vielfache Verwendung der Schweißung zur Reparatur und zur Herstellung kleiner Kessel hat zu einer neuen vielversprechenden Anwendung geführt, die durch die im Oktober 1925 in Winterthur einer Versammlung von Fachmännern vorgeführte Erprobung eines großen Einflammrohrkessels gezeigt wurde. Ing. H ö h n ist dabei zur Verwendung von Sicherheitslaschen bei geschweißten Blechverbindungen gekommen, deren Einfluß auf die Festigkeit der Verbindung die Unsicherheit durch die kleinere oder größere Geschicklichkeit der Schweißer in hohem Maße vermindert. Die vielen hundert Probestücke erwiesen die fast absolute Sicherheit geschweißter Verbindungen mit Sicherheitslaschen. Aber auch mit naturgroßen Ausführungen konnten Versuche bis zur Zerstörung durchgeführt werden und das in jahrelanger Arbeit gesammelte Material ist in Druckschriften *) bekannt geworden. Das von Höhn patentierte Verfahren bezweckt:

Verstärkung der Nähte von Gegenständen aus Metall, insbesondere von Hohlkörpern (Kesseln, Gefäßen, Behältern). Als Mittel zum Zweck dienen e l e k t r i s c h a n g e s c h w e i ß t e L a s c h e n. Die zu verstärkenden Nähte können im Feuer, vermittels Wassergas, autogen oder elektrisch geschweißt sein. Daß Laschen, die Gegenstand dieses Patentes bilden, eine verstärkende Wirkung besitzen, gründet sich auf die Beobachtung, daß eine an Blech e l e k t r i s c h angeschweißte Lasche von länglicher Form, auf Zug beansprucht, in der Mitte entzwei bricht, bevor sie vom Blech, mit dem ihr Rand zusammengeschweißt ist, abgerissen wird. Damit ist der Technik ein neues Konstruktionsmittel an die Hand gegeben, welches erlaubt, das Festigkeitsverhältnis einer geschweißten Naht zum vollen Blech ü b e r 100% z u s t e i g e r n. Der Nachweis hierüber ist durch Versuche geleistet und in der erwähnten Druckschrift veröffentlicht. Mit genieteten Sicherheitslaschen wird dies nicht erreicht.

Abb. 268 und 269 zeigen zwei Behälter, bezeichnet mit V und VI. Ihre Abmessungen sind genau gleich, ihre Nähte sind autogen geschweißt in übereinstimmender Ausführung; dagegen ist die Längsnaht von VI gemäß Vorschlag Höhn innen und außen mit Laschen verstärkt. Behälter V barst bei 50 Atmosphären Überdruck in der Längsnaht, Behälter VI bei 66 Atmosphären in einer

Abb. 268 und 269

*) Höhn, Festigkeit elektrisch geschweißter Hohlkörper, Nieten und Schweißen der Dampfkessel.

(nicht verstärkten) Rundnaht. Die verstärkte Längsnaht blieb völlig unversehrt.

Abb. 270 zeigt, wie eine Naht durch quergestellte Laschenstücke, einseitig (I) oder zweiseitig (II) angeordnet, verstärkt werden kann. Bei zweiseitiger Anordnung wird die Naht symmetrisch verstärkt, was sehr wichtig ist. Große Massen-

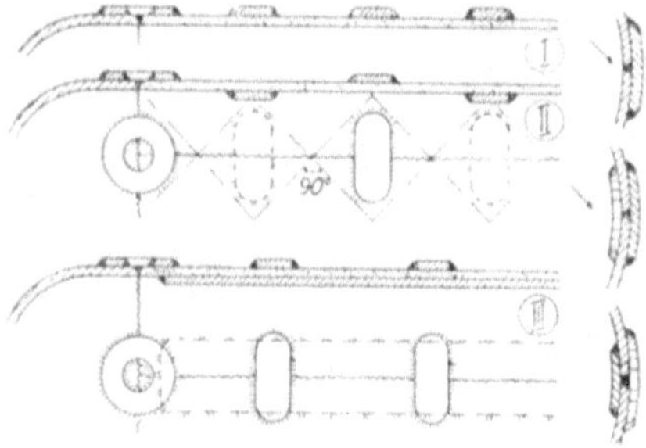

Abb. 270

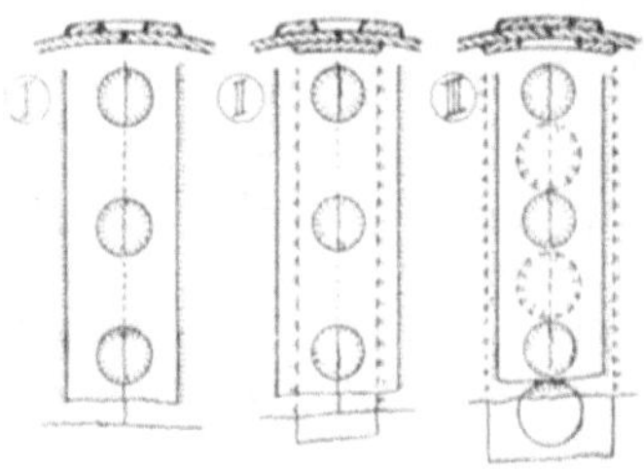

Abb. 271

anhäufung findet nicht statt; dies ist zweckmäßig bei Wärmeübertragung. Solche Laschenstücke können auch mit einer Parallellasche kombiniert werden (III), wodurch der Verband sehr fest wird. Die ringförmigen Laschenstücke eignen sich vorzüglich zur Sicherung von Kreuzungspunkten.

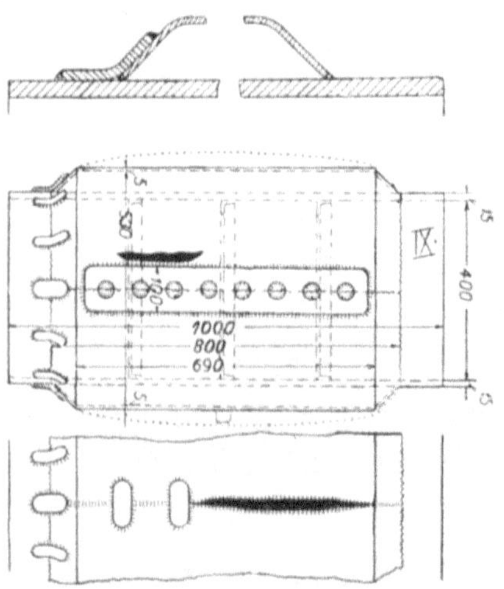

Abb. 272

Abb. 273

In Abb. 271 sind Parallellaschen dargestellt. Nicht nur ihre parallellaufenden Kanten werden an die Wand des Hohlkörpers, dessen Längsnaht die Lasche verstärken soll, angeschweißt, sondern auch die Ränder der runden Fenster. Die parallelen Kanten geben der Verbindung zu wenig Festigkeit; ein gehöriger

Verband von Lasche mit Blech entsteht erst durch das Anschweißen dieser Fensterränder.

Sowohl die Laschen gemäß Abb. 270 als auch diejenigen gemäß Abb. 271 lassen die zu verstärkende Naht ganz oder teilweise sichtbar, was für die Überwachung sehr zweckmäßig ist. Diese zwei Laschenarten sind nacheinander angewandt worden bei Probebehälter IX (Abb. 272). Die Längsnaht des Dampfmantels war zuerst bewehrt durch zwei quergestellte Laschenstücke, links angebracht und nur einseitig angeschweißt. Die Längsnaht barst rechts davon bei 48 at Druck. Eine der Laschen hielt den Bruch auf (siehe unterste Figur), sodaß die Naht nicht auf die ganze Länge klaffte. Nachher wurden die beiden Laschen entfernt und über die ausgebesserte Naht eine mit Fenstern versehene Parallellasche geschweißt (mittlere Figur). Der Dampfmantel barst im Vollen bei 102 at Druck.

Die eine Rundnaht (links, obere Figur) war mit Laschenstücken bewehrt. An der so verstärkten Stelle wurde das Blech viel weniger aufgebogen als an der nicht verstärkten (rechts).

Abb. 273 zeigt einen kleinen Lokomotivkessel, fast gänzlich elektrisch geschweißt. Die Feuerbüchsnähte, die Nähte des Feuerbüchsmantels und die Mantellängsnaht sind gemäß diesem Patent verstärkt. Die (im Bild nicht sichtbare) Rauchkammer-Rohrwand ist auf äußerst einfache Art und doch solid an den Mantel angeschweißt. Dieser, sowie ähnliche Kessel stehen im Betrieb.

Nun ist die Erkenntnis so vollständig geworden, daß in der Schweiz bereits zahlreiche Ausführungen geschweißter Dampfkessel und Dampfapparate vorliegen und die Wasserdruckprobe eines Einflammrohrkessels von 40 qm Heizfläche für 13 Atm. Betriebsspannung mit bestem Erfolg durchgeführt werden konnte. Der Kessel, welcher in Abb. 272 dargestellt ist, hat 1,57 m Durchmesser und 6,5 m Länge. Die Wandstärke beträgt 16 mm und das Wellrohr hat 850/950 mm Durchmesser. Alle Verbindungen an dem Kessel sind geschweißt, es ist keine einzige Niete vorhanden. Die Nähte sind mit Sicherheitslaschen versehen und mit Gleichstrom unter Verwendung bewickelter englischer Elektroden (quasi arc) geschweißt. Beim Probedruck von 19,5 Atm. beträgt die Beanspruchung des Materials 9,6 kg pro Quadratmillimeter

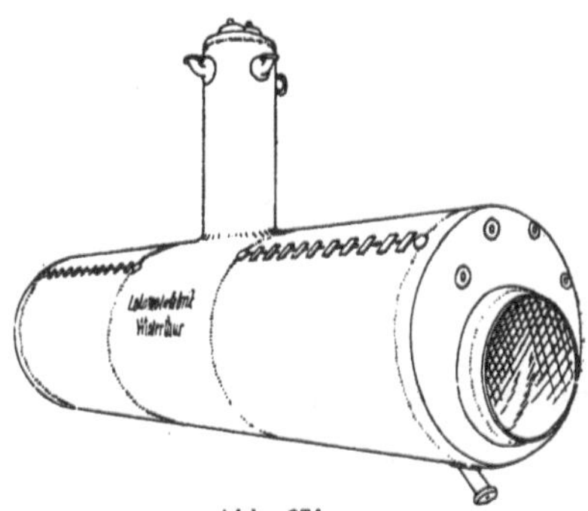

Abb. 274

Die geringere Arbeitszeit für die Herstellung von Dampfkesseln und Apparaten und vor allem die geringeren Kosten durch die Ersparung der Nietung läßt die neue Methode als sehr aussichtsreich erscheinen.

R o h r l e i t u n g e n. Die Druckrohrleitung des Tiroler Großwasserkraftwerkes Achensee mit zirka 100.000 PS Leistung wurde geschweißt, wodurch eine erhebliche Verbilligung der Kosten gegenüber genieteten Rohren erreicht werden konnte.

Bei der Verbindung und Verlegung schmiedeeiserner Rohre hat man in den letzten Jahren insofern neue Wege beschritten, als die Anwendung der Gas- und elektrischen Schweißverfahren zum Schweißen ganzer Rohrleitungsstränge immer größeren Umfang genommen hat. Man ist auch in Deutschland und Österreich dazu übergegangen, Rohrstränge von gewaltigen Längen zu verlegen, bei denen die Rohrenden an Ort und Stelle durch Rundnahtschweißung verbunden werden und es findet dieses Verschweißen — insbesondere auch bei Turbinenleitungen — in ständig wachsendem Maße Aufnahme, da das Schweißverfahren gegenüber den bisher üblichen Verbindungsarten erhebliche Vorteile aufweist.

Rohrleitungen mit gut verschweißten Verbindungen bedürfen, einmal verlegt, keiner Wartung mehr. Hanfpackungen, Gummi-

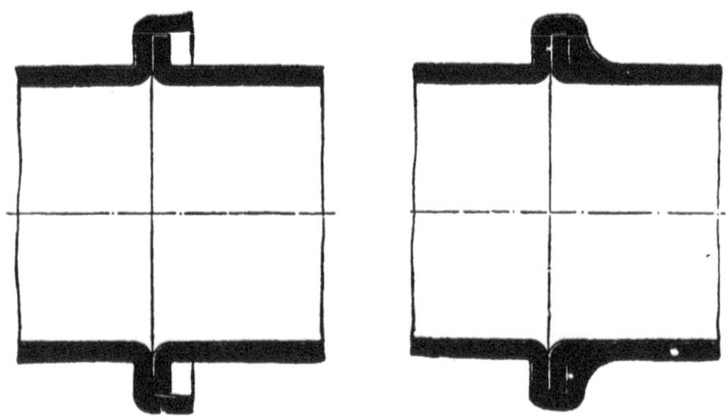

Abb. 275

vorgerichtet fertig geschweißt

dichtungen u. dgl., die mit der Zeit brüchig werden, ihr Dichtungsvermögen verlieren und dann schon bei geringen Geländesenkungen zu Undichtheiten und Leitungsverlusten Anlaß geben, fallen fort. Natürlich muß man bei Anwendung der vielen schon bekanntgewordenen Schweißverbindungen nicht schematisch verfahren, sondern die Verbindungen dem Verwendungszweck anpassen und die Zuverlässigkeit der Verbindung in den Vordergrund stellen. Vornehmlich ist es notwendig, zu untersuchen, ob die zu verlegenden Leitungen auf Zug, Druck und Biegung beansprucht werden, was bei den meisten Turbinenleitungen der Fall sein wird. Am wenigsten zuverlässig sind stumpfgeschweißte Nähte; sie sollten bei Rohrleitungen, die nennenswerten Beanspruchungen unterliegen, nicht zugelassen werden. Andere Schweißverbindungen sind wieder unsicher bei auftretenden Zugsbeanspruchungen.

Die Abb. 275 bis 277 zeigen eine Reihe von eigenartigen Verbindungen, wie solche von dem R o h r l e i t u n g s b a u P h o e n i x,

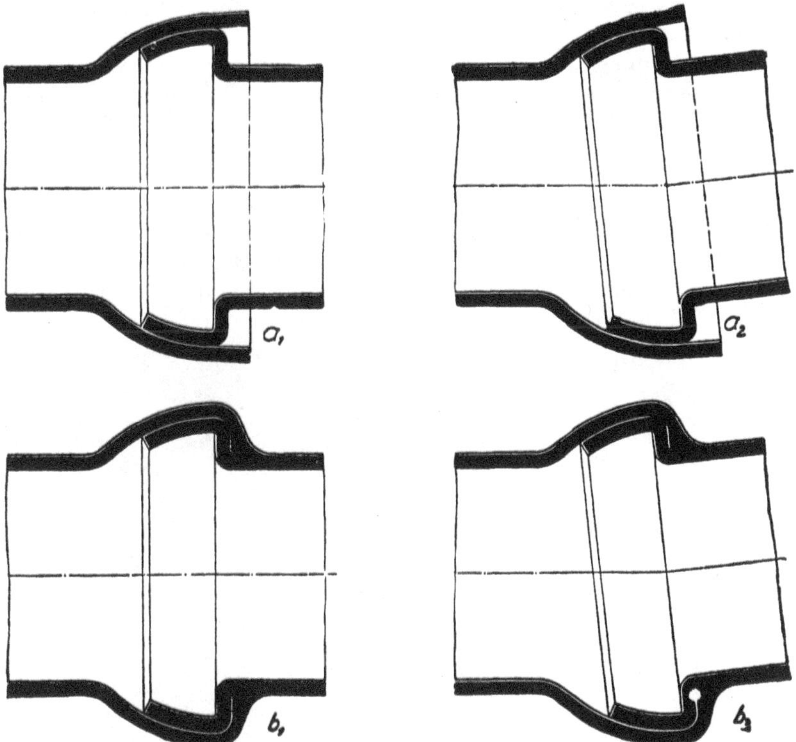

Abb. 276

a_1 b_1 gerade verlegt, a_2 b_2 winkelig verlegt, a_1 a_2 vorgerichtet, b_1 b_2 fertig geschweißt

G. m. b. H., Berlin-Mariendorf, verlegt werden. Diese Verbindungen bewirken eine völlige Entlastung der Schweißnähte.

Wie ersichtlich, ist das wesentliche Merkmal der Verbindungen, daß die im Anlieferungszustand freien Rohrenden über die Bördel (Abb. 275), beziehungsweise die Aufmuffungen (Abb. 276 und 277) der Gegenrohre, abgekantet, die Rohre somit ineinander verhakt und unmittelbar darauf die Schweißnähte gelegt werden.

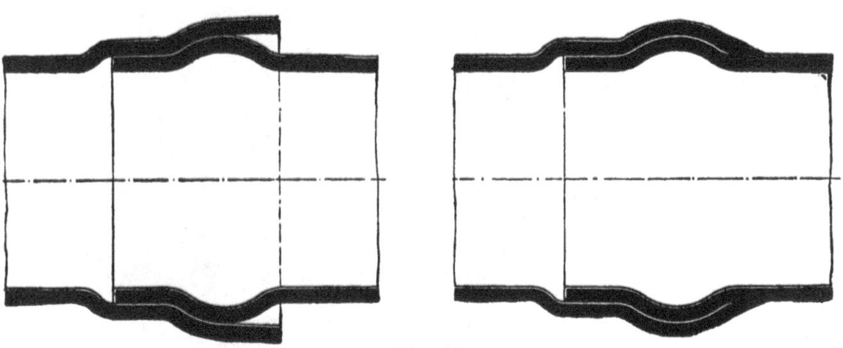

Abb. 277

vorgerichtet — fertig geschweißt

Hiedurch werden die Schweißnähte entlastet, sie dienen fast ausschließlich zur sicheren Dichtung, die Verbindungen sind allen Beanspruchungen auf Zug, Druck und Biegung gewachsen und es wird eine nahezu vollkommene Zuverlässigkeit und Dichtheit erreicht. Die Verbindungen haben noch den Vorteil, daß sie die Rohrleitungen wirksam in der Querrichtung versteifen. Einen besonderen Vorzug hat die Anordnung nach Abb. 276 insofern, als die Rohrenden kugelig aufgewalzt sind. Infolgedessen können die Rohre bei der Verlegung in Abweichung von der Geraden verschwenkt werden, wobei jedoch die Kugelpaßflächen immer satt aufeinander liegen. Es ist damit möglich, schlanke Bogen durch

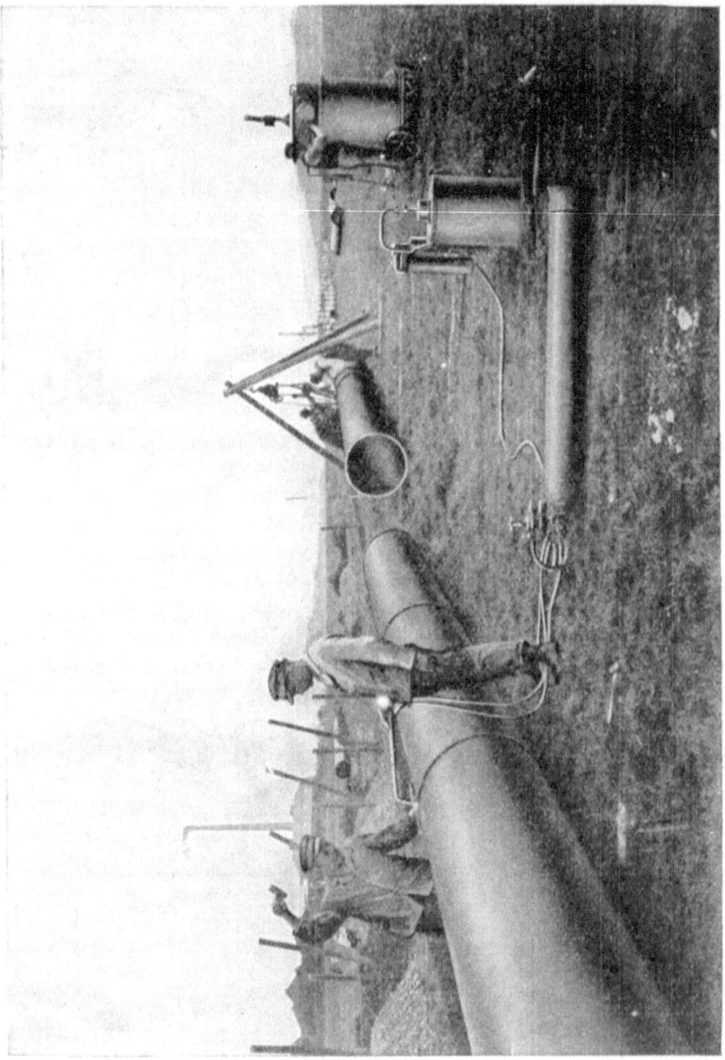

Abb. 278. Herstellung von Schweißmuffenverbindungen einer Wasserleitung, 750 mm Durchmesser

die Verbindung auszugleichen, ohne daß es notwendig wäre, Krümmer einzuschalten. Dieser besondere Vorteil versetzt den Monteur in die Lage, sich jederzeit auf der Baustelle in vielen Fällen schnell über kleine Ungenauigkeiten, die vielleicht bei der Trassenfestlegung oder dergleichen entstanden sind, hinwegzuhelfen, ohne daß langwierige Montageunterbrechungen hiedurch bedingt werden. Man kann also in derartigen Fällen ganz bedeutende wirtschaftliche Vorteile erzielen.

Abb. 279. Turbinendruckrohrleitung mit Schweißmuffen ausgerüstet in Montage

Wie die Verlegung erfolgt, läßt sich aus den Abb. 278 und 279 ersehen.

Die Schweißarbeiten werden, wenn es die Geländebeschaffenheit gestattet, größtenteils außerhalb des Rohrgrabens ausgeführt. Abb. 278 zeigt das Erwärmen des vorstehenden Rohrrandes mit dem Schweißbrenner und das gleichzeitige Umhämmern. Durch Weiterrollen des auf Holzschwellen gelagerten Rohres kann das Umbördeln, ebenso das Schweißen ringsherum ausgeführt werden. Die in dieser Weise hergestellten, etwa 50 m langen Stränge werden an den Grabenrand gerollt und mit Hilfe von Dreifüßen und Kettenzügen in den Graben abgelassen. Die in dem Graben herzustellenden Verbindungen zwischen den Einzelsträngen werden zuverlässig ausgeführt, indem durch entsprechendes Ausschachten dem Schweißer genügend Raum zur Verfügung gestellt wird. Zum Schutz gegen Rostbildung können die Rohre asphaltiert und mit asphaltgetränkter Jutebandage bewehrt werden.

Bei den allerdings fast stets an steilen Hängen zu montierenden Turbinenleitungen, läßt es sich natürlich nicht durchführen, längere Rohrstränge vorzubereiten, sondern es wird meistens nur möglich sein, Rohr für Rohr an den bereits fertiggestellten Strang anzuschließen.

Die vorbeschriebenen Schweißverbindungen, die vorläufig für Rohre bis zu 1500 mm Lichtweite angefertigt werden, sind für Rohrleitungen geeignet, bei denen Festigkeit und absolute Dichtheit erstes Erfordernis sind, also insbesondere auch für Turbinenrohrleitungen. Aus der Abb. 279 ist eine Turbinendruckrohrleitung zu ersehen, die von der Firma Rohrleitungsbau Phoenix, G. m. b. H., Berlin-Mariendorf, mit Schweißmuffen ausgerüstet, montiert worden ist.

Die Praxis hat gezeigt, daß zum Beispiel auch in dieser Weise ausgeführte Vakuumleitungen, bei denen also die Dichtheit eine außerordentlich große Rolle spielt, den allerhöchsten Anforderungen entsprechen. Die überaus große Widerstandskraft der Verbindungen ist im Betriebe und durch Versuche einwandfrei festgestellt. Druckversuche an Rohren von 450 mm Durchmesser mußten zum Beispiel bei 100 Atmosphären abgebrochen werden, weil die schweren Flanschverbindungen undicht wurden, während die Schweißverbindungen dicht blieben. Ebenfalls wurden schwerste Biegungsbeanspruchungen in Rohrsträngen großer Lichtweiten von den Verbindungen glatt aufgenommen. Ein weiterer Vorteil ist ferner der sehr niedrige Preis im Vergleich zu den Kosten für Flanschverbindungen. Die Wirtschaftlichkeit der neuen Konstruktion wird noch dadurch gesteigert, daß sie nach der Montage keiner Wartung bedarf.

Zum Schluß sei noch kurz darauf hingewiesen, daß auch die etwa erforderlichen Ausdehnungsstücke, die die Bewegung der Temperaturdifferenzen aufzunehmen haben, mit Schweißmuffenverbindungen ausgerüstet und eingebaut werden.

Für die W a s s e r v e r s o r g u n g der Stadt Oakland in Kalifornien wurden elektrisch geschweißte Rohre in Verwendung genommen. Die geschweißte Rohrleitung ist 136 km (= 85 Meilen) lang, der Rohrdurchmesser schwankt zwischen 1500 mm (= 60″) und 1625 mm (= 65″). Die Stahlrohre haben eine Materialstärke von 9 mm (= 3/8″) bis 15 mm (= 5/8″). Der Unternehmer, welcher die elektrisch geschweißten Rohre anbot, erhielt den Auftrag auf Basis von bestimmten, durchgeführten Probemaßnahmen zuerkannt und weil gegenüber genieteten Rohrverbindungen eine Ersparnis von vier Millionen Dollar erzielt wurde. Wenn das Rohr gewissen spezifizierten Erprobungen nicht widerstehen würde, ist es dem Unternehmer gestattet, genietete Rohre an Stelle der geschweißten zu setzen und wird ihm hierfür ein Preiszuschlag von 40% gewährt.

Abb. 280 zeigt die Instandsetzung eines gußeisernen Krümmers durch elektrische Lichtbogenschweißung.

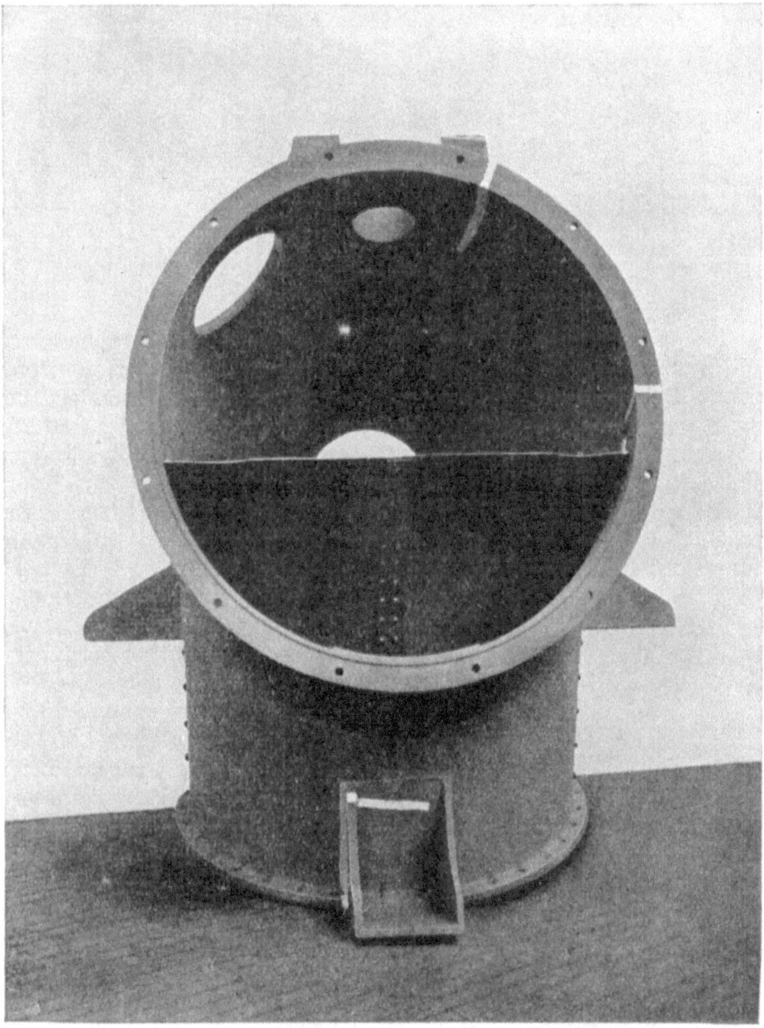

Abb. 280

Schiffsbau. Nur zögernd ist man im Schiffsneubau an die Anwendung der Schmelzschweißung herangegangen, während Instandsetzungsarbeiten schon frühzeitig Eingang gefunden hatten. So wurden im Jahre 1904 die Schrauben eines norwegischen Dampfers durch Anschweißen wieder hergestellt. Instandsetzungen

Abb. 281. Angeschweißte Lümmellager

von Propellern und Wellen an Vorder- und Hintersteven, an Rudern sind mit gutem Erfolg ausgeführt worden. Neuerdings ist man im Schiffsbau auch an einigen Stellen, insbesondere der Deutschen Werft in Hamburg-Finkenwärder, mit der Schweißung im Neubau vorgegangen. Abb. 281 zeigt angeschweißte Lümmellager, Abb. 282 eine geschweißte Schiffsschraube. Eine vollständig geschweißte Barkasse bezeigte bei einem heftigen Zusammenstoß mit einem 800-Tonnen-Küstendampfer eine große Widerstandsfähigkeit.

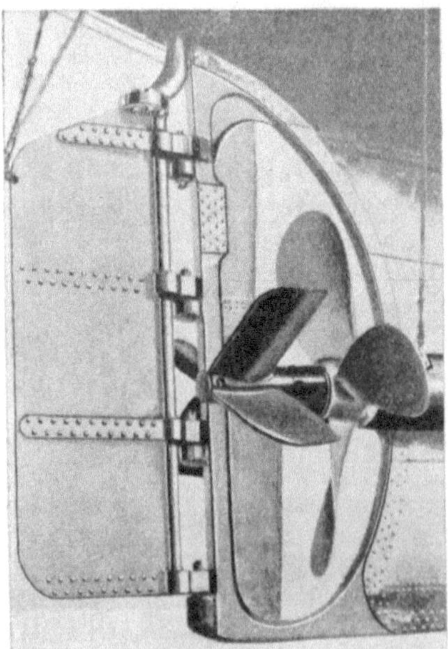

Abb. 282. Geschweißte Schiffsschraube

Weitere Anwendungsbeispiele zeigen Abb. 283, Schweißen von Ventilationsschächten, Abb. 284, Schweißen von Deckstützen an Bord eines Schiffes. In ähnlicher Weise können Geländer und Blechverkleidungen geschweißt werden.

Im Innern der Schiffskörper hat sich die elektrische Schweißung ganz besonders für das Aufschweißen von Ölkammern und Schiffsböden wie auch für das Aufschweißen von Rohrflanschen aller Art bewährt (Abb. 285, 286). Die Schweißung eines Schiffsmastes zeigt Abb. 287.

Für Arbeiten im Schiffsinnern ist die Lichtbogenschweißung besonders geeignet, weil die zur Erzeugung des Schweißstromes dienenden Schweißmaschinen oder Appa-

Abb. 283. Schweißen von Ventilationsschächten für Schiffe

rate infolge ihrer gedrängten Bauart einen mühelosen und schnellen Platzwechsel gestatten. Langjährige Erfahrungen auf

Abb. 244. Schweißen von Deckstützen an Bord

Abb. 285. Lichtbogenschweißen von Nieten an Ölkammern

einer Reihe von Schiffswerften haben gezeigt, daß beim Arbeiten mit der Lichtbogenschweißung gegenüber der Nietung ganz bedeutende Ersparnisse erzielt werden, weil die Stromkosten nur einen

Abb. 286. Aufschweißen von Flauschen an Rohrleitungen

Bruchteil der Ausgaben für Nietmaterial, Herstellung der Nietlöcher und Erzeugung des Nietdruckes ausmachen. Ganz besonders spricht noch zugunsten der Lichtbogenschweißung, daß sich hiebei völlig öl- und gasdichte Nähte wesentlich einfacher und billiger herstellen lassen, als es beim Nieten durch nachträgliches Verstemmen möglich ist. Abb. 288 zeigt einen elektrisch geschweißten Küstendampfer, gebaut bei Cammelt, Laird & Co., Birkenhead in England.

Abb. 287. Schweißen eines Schiffsmastes

E i s e n k o n s t r u k t i o n e n. Auf diesem Gebiete sind die Anwendungen in Europa noch recht zaghaft. Die Schwierigkeiten sind gegeben durch die geltenden behördlichen Bestimmungen, welche heute noch keine Berücksichtigung der Schmelzschweißung enthalten. Die Abb. 289 zeigt, wie einfach sich Schweißverbindun-

Abb. 288

gen beim Bau von Eisenkonstruktionen gegenüber der Nietung gestalten. Prüfversuche mit solchen Verbindungen haben wesentlich höhere Festigkeit einer Schweißung gegenüber einer Nietung ergeben. So rissen beispielsweise die in Abb. 290 dargestellten Schweißverbindungen erst bei einer Zugkraft von 10.200 kg, während die Nietung bereits bei 8350 kg zu Bruch ging. Gegen Biegung hält die Schweißung, ohne Einrisse zu bekommen, Stand, während die Nietung im Nietloch ausriß. Gerade der Bau von Eisenkonstruktionen würde der Schmelzschweißung ein weiteres großes Arbeitsgebiet verschaffen können. Geschweißt könnten werden: Gittermaste, Vordertürme, Krangerüste, Dachgerüste, Hallenkonstruktionen, Brücken u. v. a. m.

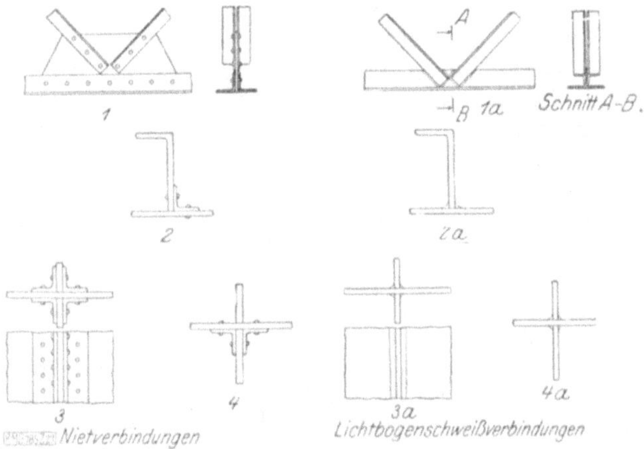

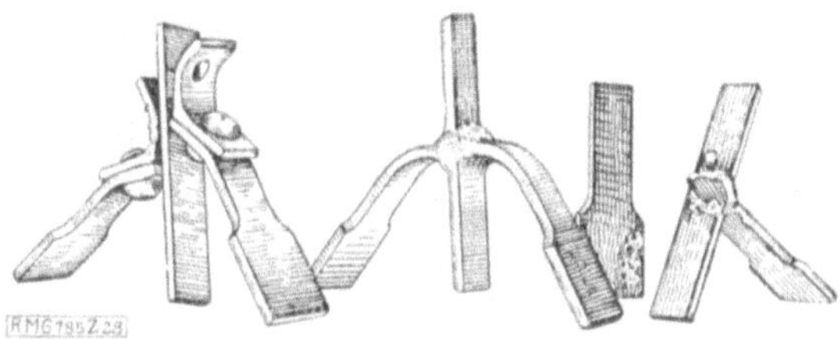

Abb. 289 und 290

Schweißen von Nichteisenmetallen.

Die elektrische Schmelzschweißung von Nichteisenmetallen ist noch nicht endgültig durchgebildet. Praktisch in Frage kommen einstweilen nur die Metalle: Kupfer nebst seinen Legierungen Messing und Bronze, Aluminium und Blei. Es können diese Metalle nach dem Verfahren der Gasschmelzschweißung einwandfrei verschweißt werden. Da ihre Schmelzpunkte aber niedriger als beim Eisen liegen, so gefährdet sie die Lichtbogentemperatur in Bezug auf Verbrennen (Sauerstoffaufnahme) noch mehr. Wenn auch Kupfer selbst verhältnismäßig sauerstoffeindlich ist, so hat es doch die angenehme Eigenschaft, die flüssige Oxydschlacke im flüssigen Zustande aufzunehmen. In der Reichsbahnwerkstätte zu Wittenberge ist es zwar bereits gelungen, einige Betriebsschweißungen, die gut ausgefallen sind, auszuführen; das Schweißen mußte jedoch in wagrechter Lage erfolgen.

Am besten gerät noch die Schweißung von Kupfer und seinen Legierungen mit Hilfe des Kohlenlichtbogens (Benardos- oder Zerener-Verfahren). Als Zusatzmaterial wird dabei ein legiertes Kupfer (Kanzlerdraht oder ein verzinnter Kupferdraht mit einer reduzierenden und flußfördernden Ummantelung benützt. Weil Kupfer außerordentlich gut wärmeleitend ist, so wird dem Krater dauernd viel Wärme entzogen, was man vor der Wärmung und für die Bemessung der Schweißstromstärke wohl beachten muß. Es werden zurzeit Versuche unternommen, um auch das Schweißen mit Metallelektroden (Slavianoff-Verfahren) für die angeführten Metalle brauchbar zu gestalten. Mit Gleichstrom erscheint das auch wegen seiner hohen Wärmeentwicklung am Werkstück besonders mit stark umhüllten Elektroden sehr aussichtsreich.

Aus folgenden Gründen mißlingt die Wechselstromschweißung bei Kupfer, usw.:

Die Werkstückwärme ist nicht genügend und beim Durchgang des Stromes durch Null kühlt das Werkstück noch weiter ab, so daß der Lichtbogen nicht aufrecht erhalten werden kann. Im übrigen ist das Gebiet der Schmelzschweißung noch zu wenig erprobt, um schon jetzt einschneidende Urteile darüber zu fällen.

Ebenso werden Aluminiumschweißungen bisher in einwandfreier Weise nur durch Gasschmelzschweißungen ausgeführt. Hierzu ist ein besonderes Schweißpulver erforderlich, das sich die Firma Griesheim-Elektron durch Patent schützen ließ. Geschweißt werden sowohl dünne Bleche, wie beispielsweise die Gehäuse der Preßluftbohrmaschinen, als auch starke Bleche, wie sie im Automobilbau vielfach vorkommen. Aluminium zeigt sich deshalb der Schmelzschweißung sehr schwer zugänglich, da es in der Hitze sofort zu schlecht leitender Tonerde oxydiert.

Rotgußschweißungen werden in ähnlicher Weise wie Gußeisenschweißungen durchgeführt, bei denen ein Vorwärmen des Arbeitsstückes nötig ist. Man schweißt nach dem Benardos-Verfahren mit Kohlenelektroden und bringt den Zusatzrotguß zum Schmelzen in den Lichtbogen.

Strombeschaffung für die Schmelz- (Lichtbogen-) Schweißung.

Bei der Wahl der Schweißstromerzeuger tritt die Frage auf, welche Stromart zu verwenden ist, Gleich- oder Wechselstrom. Das Arbeitsgebiet der beiden Stromarten ergibt sich jedoch zwangsläufig bei der Betrachtung der Vor- und Nachteile beider Methoden. Mittels Gleichstrom lassen sich alle Schweißarbeiten ausführen. Der Nachteil der Gleichstromschweißanlagen liegt lediglich darin, daß verhältnismäßig teure Maschinen erforderlich werden, die naturgemäß auch eine entsprechende Bedienung und Wartung verlangen. Für die Aufrechterhaltung eines Wechselstromlichtbogens ist ausschlaggebend, daß der Leistungsfaktor des Wechselstromlichtbogenschweißtransformators niedrig ist. (Je schlechter der Leistungsfaktor, desto besser das Ziehen und Halten des Lichtbogens.) Mit der Wechselstromlichtbogenschweißung lassen sich keine Vertikal- und „Überkopf"-schweißungen ausführen. Desgleichen ist es nicht ratsam, Wechselstrom für schwierige Blechschweißungen heranzuziehen. Für alle Wechselstromlichtbogenschweißungen werden teure präparierte Schweißstäbe benötigt. Entsprechend dem schlechten Leistungsfaktor der Lichtbogenschweißtransformatoren ergeben sich hohe primäre Anschlußwerte und teure Zuleitungen. Dagegen besitzt der Wechselstromlichtbogenschweißtransformator den Vorteil der Billigkeit in der Anschaffung, des geringen Raumbedarfes und geringer Wartung. Einen solchen Wechselstromtransformator mit einer Leistung von 5,5 kW, Leistungsfaktor 0,3, einem Wirkungsgrad von 70% und einer Schweißstromstärke von 200 A, wie er für Blech- und Gußkaltschweißungen, sowie Auftragearbeiten zur Verwendung kommt, zeigt Abb. 291. Die Wechselstromspannung beträgt die Belastung 18 bis 25 Volt. Im Leerlauf haben alle Schweißtransformatoren über 50 Volt. Mit Rücksicht darauf, daß Spannungen über 50 Volt bei Wechselstrom gefährlich werden können, muß man von einer guten Wechselstromschweißanlage verlangen, daß der Schweißer gegen seinen Willen niemals Leerlaufspannungen an der Schweißelektrode hat. Bei dem abgebildeten Transformator ist dies durch Relaisschaltung und Verlegung eines Druckknopfes in den Handgriff praktisch nach dem Schaltschema, Abb. 292, Bauart A. E. G., gelöst. Diese Wechselstromschweißtransformatoren lassen sich ohne weiteres für größere Stromstärken parallel schalten.

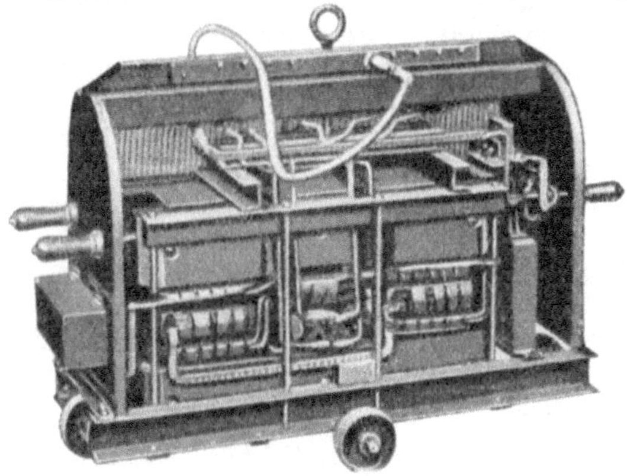

Abb. 291. Schweißtransformator, geöffnet

Zum Halten eines Kohlenlichtbogens sind 45 bis 65 Volt erforderlich, zum Halten eines Metallichtbogens eine Spannung zwischen 18 bis 25 Volt. Die Stromstärken schwanken, je nach der Art der Schweißung, zwischen 50 und 1000 A. Die Stromversorgungsanlage für elektrische Lichtbogenschweißungen bedingt daher im allgemeinen die Aufstellung besonderer Maschinen. Es ist wohl möglich, Gleichstromnetze mit

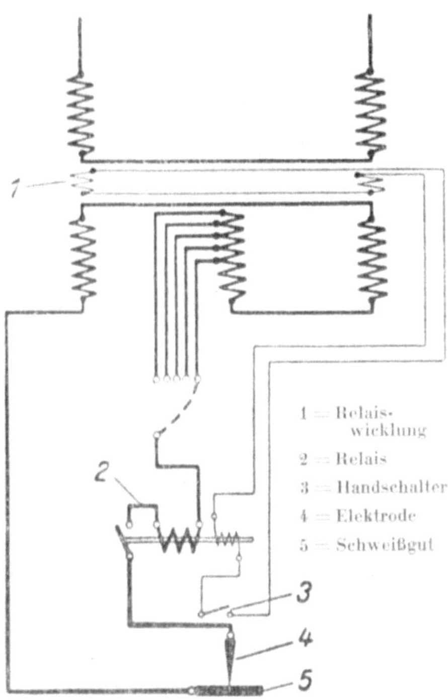

Abb. 292. Schaltschema eines Wechselstromlichtbogenschweißtransformators

üblicher Netzspannung zur Lichtbogenschweißung heranzuziehen, wenn ein Vorschaltwiderstand dafür sorgt, daß die jeweils vorhandene Netzspannung auf die gewünschte Schweißspannung heruntergedrückt wird. In diesen Fällen wird jedoch prozentual so viel Energie vernichtet, wie eine Vernichtung der Spannung in Frage kommt. Will man beispielsweise von einem 110-Volt-Gleichstromnetz eine Lichtbogenschweißstelle speisen, ist es erforderlich, von den vorhandenen 110 Volt etwa 9 Volt zu vernichten, so daß dementsprechend etwa 80% der gesamten aufgewendeten Energie nutzlos vergeudet werden. Derartige Vorschaltwiderstände haben weiter die Unannehmlichkeit, daß sie mit der Temperaturzunahme ihren inneren Widerstand verändern und der Schweißer dementsprechend während der Schweißung öfters ein Nachregulieren am Vorschaltwiderstand vornehmen muß. Wo im Jahre nur wenige Schweißungen vorkommen, können solche Anlagen verwendet werden. Für die laufende Ausführung von Schweißarbeiten ist es jedoch erforderlich, Primäranlagen zu schaffen, die ohne derartige Verluste arbeiten.

Für den Bau von G l e i c h s t r o m l i c h t b o g e n s c h w e i ß g e n e r a t o r e n war daher von ausschlaggebender Bedeutung, daß diese Maschinen die erzeugte Energie ohne besondere Verluste auf die Schweißstelle übertragen lassen, dabei absolut kurzschlußsicher sind und ein funkenfreies Laufen garantieren. Die Schweißdynamos sollen während der Schweißung konstanten Strom liefern, so daß der Schweißer nach einmaliger Einstellung der Maschinen die Sicherheit hat, während seiner laufenden Arbeit die Maschine nicht nachstellen zu müssen. Diesen Bedingungen genügen in hervorragendem Maße die Konstantstrommaschinen nach dem Schaltschema Abb. 293. Diese Maschinen in der sogenannten Krämer-Schaltung (D. R. P.) besitzen drei Wicklungen, eine Nebenschluß-, eine fremderregte und eine Gegenkompound-

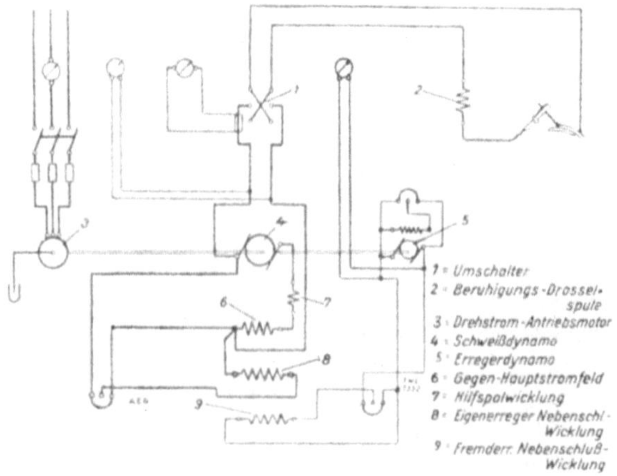

Abb. 293. Lichtbogenschweißanlage in Krämer-Schaltung (D. R. P.)

wicklung, die sich gegenseitig derartig beeinflussen, daß der maximale Kurzschlußstrom nach Belieben eingestellt werden kann. In der Praxis beträgt er ungefähr das 1,5fache des Nennstromes. Beim Kurzschließen der Maschine sinkt die Spannung praktisch auf Null und steigt dann entsprechend der Lichtbogenlänge auf 18 bis 65 Volt je nach Wahl und Einstellung der Maschine. Durch diese Tatsache, daß die Spannung beim Lichtbogenziehen auf Null sinkt, ist es auch begründet, daß man mit derartigen Spezialschweißgeneratoren nur jeweils eine Lichtbogenschweißstelle speisen kann. Die Fremderregung der Krämer-Dynamo kann bei vorhandenem Gleichstrom bis 550 Volt direkt dem Netz entnommen werden. Wo kein Gleichstrom vorhanden ist, erhalten die Schweißdynamos eine direkt angebaute Erregermaschine. Die Schweißgeneratoren der A. E. G. werden in vier Normalgrößen für 150, 200, 460 und 800 A ausgeführt, Richtlinien für die Größenwahl derselben sind in nachstehender Tafel enthalten:

Schweißdynamo, bestimmt für	Schweißstromstärke in A	Spannung in Volt etwa
Blech- u. Gußkaltschweißungen	150—200	20—35
Blech-, Gußkalt- u. leichte Gußwarmschweißungen	200	65
Starke Bleche u. schwere Gußwarmschweißungen	460 *)	65
Ganz schwere Gußwarmschweißungen	800 *)	65

Als Antriebsmotoren für die Schweißdynamos kommen im allgemeinen normale Gleich- oder Drehstrommaschinen in Frage.

Schweißdynamos in Krämer-Schaltung lassen sich auch untereinander parallel schalten, wie dies in Skizze 294 veranschaulicht ist. In diesen Fällen legt man ein Ausgleichsleitung zwischen beide Maschinen vor die Gegenkompoundwicklungen. Die Parallelschaltung der Schweißdynamos ist besonders da angebracht, wo im allgemeinen Blechschweißungen, oder Gußkaltschweißungen ausgeführt werden sollen, ab und zu aber auch größere Stromstärken für Gußwarmschweißungen verlangt werden, die dann durch Parallelschaltung von zwei oder mehreren Schweißdynamos leicht erhältlich sind. Die charakteristischen Kurven einer Schweißdynamo in Krämer-Schaltung für eine Leistung von 13 kW, 200 A, 65 Volt, sind in Abb. 295 festgehalten. Bei der Wahl von Drehstromantriebsmotoren für Schweißdynamos sei noch darauf aufmerksam gemacht, daß sich der Schweißbetrieb im allgemeinen auch sehr gut dazu eignet, kompensierte Antriebsmotore zu verwenden.

*) Auch Parallelschalten von Maschinen mit 200 A, 65 Volt zu empfehlen.

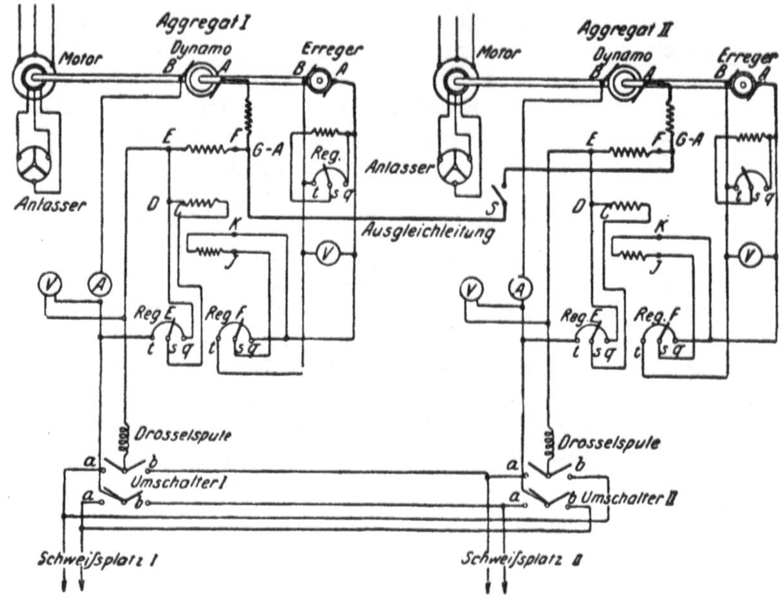

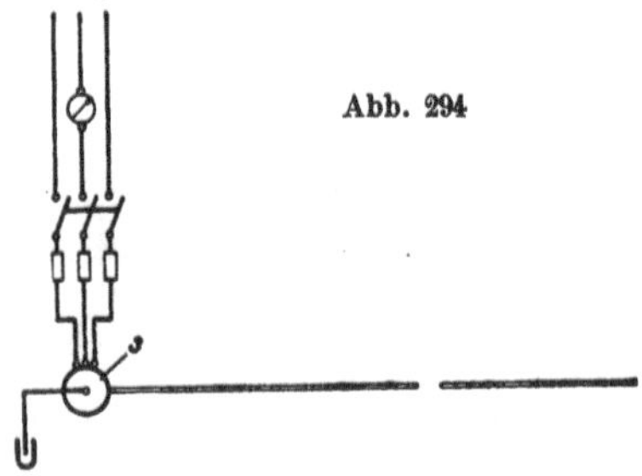

Abb. 294

Für Schweißdynamos, besonders kleinerer Leistung, empfiehlt es sich, eine Beruhigungsdrosselspule in den Schweißstromkreis zu legen, der jedoch nicht etwa die Aufgabe der Stromvernichtung zufällt, sondern die elektromagnetisch dämpfend auf den momentanen Kurzschlußstrom wirkt — und so das Ziehen und Halten des Lichtbogens erleichtert. — Die Siemens-Schuckertwerke bringen einen Schweißumformer für 500 Ampere, bei 65 Volt, auf

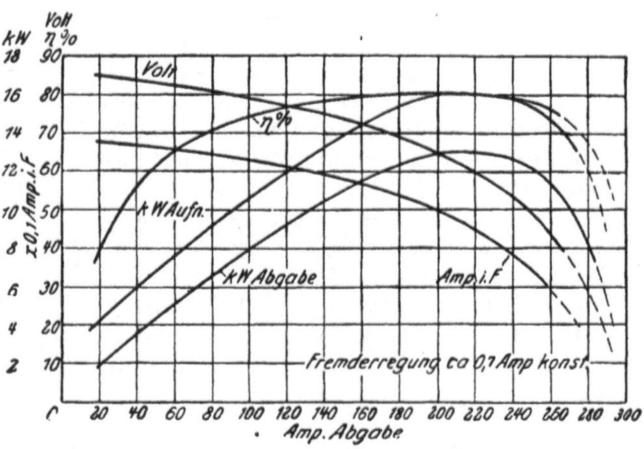

Abb. 295

den Markt (Abb. 296), der den üblichen Aufbau zeigt; die Nebenschlußwicklung der Schweißdynamos wird von Fremderregerstrom durchflossen wie bei allen Typen der Siemens-Lichtbogenschweißmaschinen. Ist Gleichstrom zum Antrieb des Umformers vorhanden, so wird von diesem vorhandenen Strom auch die Fremderregung abgenommen (Abb. 297), die sonst mit besonderen Erregerdynamos erzeugt werden müßte. Die Charakteristik der Siemens-Schweißmaschinen erübrigt das Vorschalten von Widerständen oder Drosselspulen vor den Lichtbogen.

Abb. 296

Die Heemaf in Hengelo, Holland, hat einen neuen Drehstromschweißtransformator, auch Heemaf-Schweißrad genannt, auf den Markt gebracht. Er ist für eine Leistung von 10 kW, für 8 verschiedene Stromstärken von 16—200 Ampere, für eine Schweißspannung von höchstens 35 Volt, für eine Primärspannung von 380 Volt, Drehstrom 50 Perioden, $\cos \varphi = 0{,}7$ bis 0,85, Wirkungsgrad 94%, gebaut. Sein besonderer Vorzug besteht darin, daß das Gerät an ein normales Drehstromnetz angeschlossen werden kann; es wird demnach mit allen drei Phasen geschweißt; ferners bleibt bei Gleichheit der Belastungen der drei Phasen die Lichtbogenlänge ebenso wie beim Gleichstromlichtbogen konstant, der Drehstromlichtbogen kann also leichter aufrecht erhalten bleiben. Während das Arbeitsstück an eine der drei Sekundärphasen gelegt wird, werden die zwei anderen Sekundärphasen mit je einem Schweißstab verbunden, wobei diese zwei Stäbe eng nebeneinander, aber doch voneinander isoliert, angeordnet sind. Infolge dieser An-

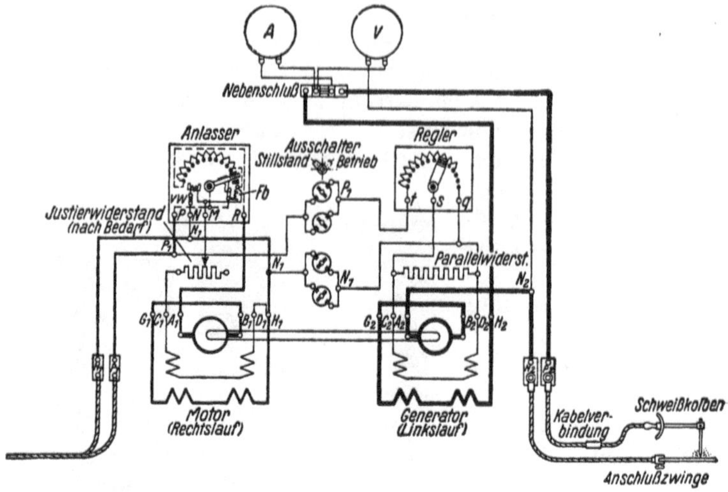

Abb. 297. Schaltbild des SSW-Schweißumformers

ordnung entstehen, abgesehen von dem zwischen den beiden Metallelektrodenenden sich bildenden Lichtbogen, praktisch nicht zwei besondere Einphasenlichtbogen, sondern nur ein einziger Drehstrombogen. Dieser bleibt ununterbrochen bestehen und die Energiezufuhr ist bei unveränderter Bogenlänge gleich groß, ebenso wie beim Gleichstrombogen. Man kann sagen, daß bei Verwendung stark umhüllter Stäbe die Schweißung ebensogut mit Wechselstrom wie mit Gleichstrom gelingt. Als Grund wird hierfür die Jonisierungsfähigkeit der Umhüllungsmasse angegeben, wodurch ein ruhiger Lichtbogen mit konzentrierter Wärme erzielt wird, der keine höhere Spannung als bei Gleichstrom erfordert. Während aber bei letzterem und auch besonders bei Wechselstrom die Elektroden während des Schweißens an dem Arbeitsstück unter Umständen leicht festkleben — festfrieren — dürfte beim Drehstromschweißen dieses Festkleben nicht vorkommen, denn wenn auch eine der Elektroden das Arbeitsstück berührt, so bleibt der Bogen der zweiten Elektrode bestehen und hält das Eisen geschmolzen.

Um das Schweißen jeden Augenblick unterbrechen zu können, ist an dem Elektrodenhalter ein einpoliger Schalter eingebaut, der durch eine leichte Fingerbewegung betätigt werden kann. Auch bei diesem Schweißungsverfahren sind gewisse Erfahrungen notwendig, um eine richtige Schweißung auszuführen. Ist aber die richtige Arbeitsweise für eine bestimmte Schweißung gefunden, so geht die Arbeit sehr rasch vonstatten und können nach Angabe der Firma Leistungen von 30 cm Schweißnaht und mehr in der Stunde erreicht werden.

Abb. 298 zeigt die Verwendung des Schweißtransformators bei der Reparatur eines großen Gußeisenzahnrades.

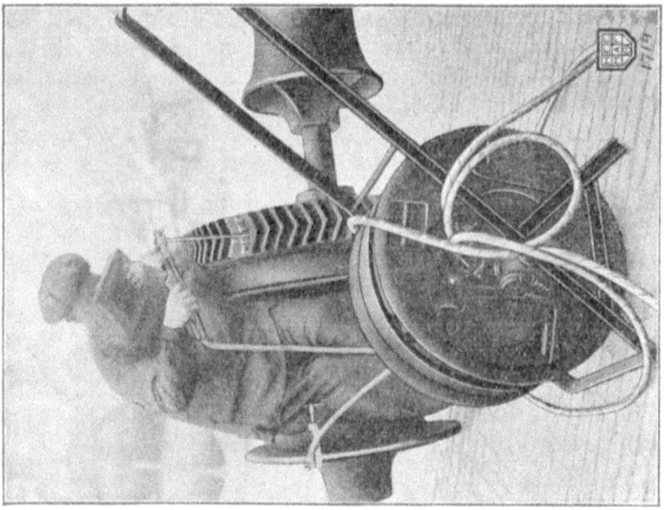

Abb. 298

Abb. 299 zeigt das Aufschweißen der Gußstahlunterstücke von Baggereimern, wovon die Tragflächen vollständig eingelaufen sind und so stark abgenützt waren, daß sie bald gänzlich unbrauchbar geworden wären, hätte man diese Arbeit nicht rechtzeitig genug vorgenommen. Nachdem solche Gußstahlstücke ohne den eigentlichen schmiedeisernen Schöpfer zirka 800 kg wiegten, so läßt sich die Ersparnis durch das Aufschweißen von Material leicht ermessen.

Auch von der S. A. des Ateliers de Sécheron in Genf wird ein tragbarer und fahrbarer Apparat hergestellt, der im Wesen

Abb. 299
Aufschweißen der Gußstahlunterstücke von Baggereimern

ein Transformator ist und sich wesentlich billiger stellt als die üblichen Maschinensätze für Gleichstrom. Eine Vergleichsberechnung der Kosten für Schweißumformer und Wechselstromapparat gibt folgende Ziffern:

a) Schweißumformer:

Wirkungsgrad des Motors = 83 %, des Generators = 75%. (Spezialgenerator mit Leerspannung 45—65 V und 25—30 V Lastspannung, Wirkungsgrad des Aggregats = 62%. Dazu Verluste durch Drosselspule und Beruhigungswiderstand.)

An der Schweißstelle werden verbraucht (150 A 25 V)	3,75 kW
Im Vorschalterwiderstand und Drosselspule werden vernichtet etwa 5 V.	
Von der Maschine werden also entnommen $150 \times 30 = 4{,}5$	4,5 kW
Bei Wirkungsgrad = 62% werden aus dem Netz entnommen $\frac{4{,}5}{0{,}62}$	7,3 kW
Verbrauch während 20 Min. $7{,}3 \times \frac{20}{60}$	2,43 kWh
Dazu kommen 40 Min. Leerlauf mit 20% der Vollast (8 kW): $8 \times 0{,}2 \times \frac{40}{60}$	1,07 kWh
Gesamtverbrauch pro Stunde	3,5 kWh

b) Wechselstromschweißapparat:

Wirkungsgrad bei 150 A und 25 V = 86%.

Leistung am Lichtbogen	3,75 kW
Stromentnahme aus dem Netz $\frac{3{,}75}{0{,}86}$.	4,37 kW
Stromverbrauch während 20 Min. $= 4{,}37 \times \frac{20}{60}$ . . .	1,46 kWh
Dazu der Leerlaufverbrauch von 200 W. während 40 Min. = $0{,}2 \times \frac{40}{60}$	0,13 kWh
Verbrauch während einer Stunde	1,6 kWh

Rechnet man weiter die Lebensdauer des Umformeraggregates mit 10 Jahren und den Anschaffungspreis mit 4000 Fr., so ergibt sich:

Für Verzinsung und Abschreibung jährlich 15%	600 Schw. Fr.
Unterhaltungskosten 10% (Schmierung, Wartung)	400 Schw. Fr.
Stromkosten (3,5 kWh pro Stunde) bei 8 Stunden pro Tag und 26 Arbeitstagen im Monat ergibt pro Jahr bei 0,12 Fr. pro kWh	1050 Schw. Fr.
	2050 Schw. Fr. = 2767,5 S

Für den Wechselstromschweißapparat bei einer Lebensdauer von 15 Jahren und einem Anschaffungspreis von 1400 Fr.:

Verzinsung und Abschreibung jährlich 12,5%	175 Schw. Fr.
Unterhaltungskosten etwa 5%	70 Schw. Fr.
Stromkosten (1,6 kWh pro Stunde) im Jahr bei 0,12 Fr. pro kWh	480 Schw. Fr.
	725 Schw. Fr. = 978,8 S

Daraus ergibt sich die gewaltige wirtschaftliche Überlegenheit des Schweißens mit Wechselstrom.

Die Oberösterreichische Elektro-Bau-Aktiengesellschaft Linz a. d. Donau, hat einen Einankerdrehfeldumformer mit variabler Sekundärspannung für konstante Leistungsabgabe hergestellt, der eine kompendiöse Zusammenfassung der bisher in Einzelmaschinen aufgelösten Schweißmaschinen in ein einziges Maschinenaggregat erzielt. Das Charakteristische der Maschine besteht darin, daß, ähnlich wie beim Drehstromschweißtransformator der Heemaf, die Maschine an ein Drehstromnetz angeschlossen werden kann, wobei die Phasen ebenfalls gleich belastet sind und im Einankerumformer der Drehstrom in Gleichstrom umgewandelt wird, der dann zum Schweißen verwendet wird; ferner, daß durch Anbringen einer Querfeldwicklung am Ständer der synchrone Hilfsantrieb des Drehfeldumformerankers entfallen kann, wodurch die Herstellungs- und Betriebskosten wesentlich verbilligt werden. Die Feldachse dieser Querfeldwicklung fällt mit der auf die Ankerwicklung bezogenen Bürstenachse zusammen, erscheint also gegenüber der üblichen Umformerfeldwicklung um 90° verschoben. Es ist klar, daß eine solche Wicklung zur sekundären Gleichstromspannungserzeugung gar nichts beiträgt und daß das sekundäre Gleichstromankerfeld mit diesem Außenfelde auch kein Drehmoment entwickeln kann. Es ist mit dieser Maschine möglich, die Sekundärspannung in wei-

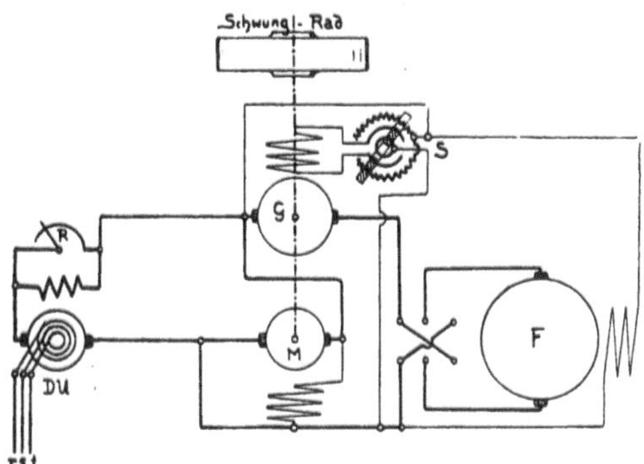

Abb. 300

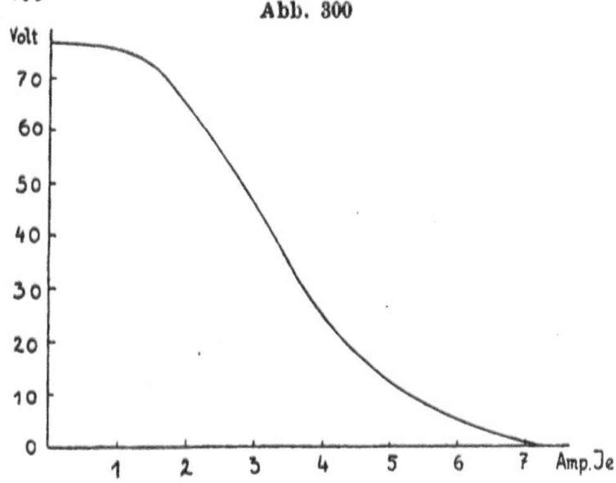

Abb. 301

testen Grenzen zu regeln. Die Schaltung ist aus Abb. 300, die Stromspannungscharakteristik aus Abb. 301 ersichtlich.

Die steil abfallende Stromspannungscharakteristik macht diesen Drehfeldumformer zur Erzielung eines ruhigen Lichtbogens besonders geeignet. Durch den Entfall von Beruhigungswiderständen können weitere Stromersparnisse erzielt werden. Die bisher für Schweißzwecke verwendeten Spezialdynamos haben alle eine entgegengesetzt gekrümmte Stromspannungscharakteristik, welche nur in einem sehr kleinen Bereiche der Bedingung entspricht, die abzugebende Sekundärleistung konstant zu halten. Es muß nämlich die Tangente an der Stromspannungscharakteristik im Betriebspunkte annähernd mit der Tangente der durch denselben Punkt gleichseitigen Hyperbel zusammenfallen.

Zwei neue Schweißverfahren der General-Electric-Comp.

In den Laboratorien der G.-E.-C. sind zwei neue Schweißverfahren *) entwickelt worden, die beide darauf abzielen, gut bearbeitbare und biegsame Schweißteller herzustellen. Beide Methoden, die im Wesen sehr einfach sind, stellen einen entscheidenden Fortschritt in der Nutzbarmachung des Lichtbogens dar, um Metallteile zu verbinden oder metallische Strukturen aufzubauen. Der Erfinder des einen Verfahrens, das in Schenectady entwickelt wurde, ist der bekannte Physiker Langmuir, der Erfinder des anderen, das im Laboratorium in Lynn entwickelt wurde, ist Peter Alexander. Beide Verfahren haben das gemeinsam, daß die Luft von dem Metall durch ein Bad von neutralem Gas ausgeschlossen wird. Dadurch wird die Bildung von Oxyden und Nitriden vollkommen verhindert, und das geschweißte Metall hat die gleichen Festigkeits- und Zähigkeitseigenschaften wie das ursprüngliche.

Die Langmuir-Methode besteht darin, daß ein Wasserstoffstrom zwischen den Elektroden eines Lichtbogens hindurch geht. Durch die Hitze des Lichtbogens werden die Wasserstoffmoleküle in Atome zerlegt. Diese vereinigen sich nach kurzer Entfernung wieder zu Molekülen, wobei eine sehr große Wärmemenge frei wird. Dadurch können viel höhere Temperaturen erzielt werden, als nach den bisherigen Schweißverfahren. Da atomarer Wasserstoff ein sehr kräftiges Reduktionsmittel ist, werden alle Oxyde, die etwa noch auf der Metallfläche vorhanden sind, reduziert. Legierungen, die Chrom, Aluminium, Silizium oder Mangan enthalten, sollen auf diese Weise ohne Flußmittel unter Vermeidung aller Oxydation geschweißt werden können.

Das im Lynn-Laboratorium von Peter Alexander entwickelte Verfahren beruht auf der Nutzbarmachung der chemischen und physikalischen Eigenschaft von Wasserstoff und anderen Gasen in ihrem molekularen Zustande. Das Verfahren zielt vor allen Dingen darauf ab, die Bildung von Nitriden und Oxyden in dem durch

*) General Electric Review, Bd. 29, Nr. 3 aus 1926.

den Lichtbogen abgetragenen Metall zu vermeiden, die die Elastizität immer sehr begrenzen. Das Verfahren besteht darin, daß der Lichtbogen zwischen Metalldraht oder Kohle als einer Elektrode und der Platte oder dem Werkstück, das geschmiedet werden soll, als anderer Elektrode gezogen wird. Der Krater befindet sich stets an dem zu schweißenden Werkstück. Die Gasatmosphäre wird als eine Art Strömung rund um den Lichtbogen hergestellt. Reiner Wasserstoff, Wassergas, Wasserstoff-Stickstoff-Mischungen, Ammoniak, Alkoholdämpfe und andere passende Gase können gebraucht werden je nach der Art der Arbeit. Die Kohlenwasserstoffe waren von Prof. Elihu Thomson vorgeschlagen worden und haben sich gut bewährt. Dieses Verfahren soll das Lichtbogenschweißverfahren wirksamer machen und sein Anwendungsgebiet erheblich erweitern. Niedrig gekohlter Stahl, Stahllegierungen und die meisten der Nichteisenmetalle und Legierungen können nach Angabe unserer Quelle danach in passenden Gasmischungen ohne weiters geschweißt werden.

In Angelegenheit der Gleichstrombeschaffung für Schweißzwecke aus Drehstrom wird öfters die Frage aufgeworfen, ob hierzu nicht Gleichrichter verwendbar sind. Die Aufstellung von Gleichrichtern für Schweißzwecke kommt jedoch nicht in Frage, da bekanntlich bei den Gleichrichtern der Lichtbogenverlust für alle Spannungen konstant ist, dementsprechend die Gleichrichter umso günstiger arbeiten, je höher die Betriebsspannung ist. Für die niedrigen Schweißspannungen von 20 bis 30 Volt würden die Gleichrichter einen schlechteren Wirkungsgrad aufweisen als rotierende Umformer oder Schweißtransformatoren.

Wirtschaftlichkeit des Verfahrens *).

Über die Wirtschaftlichkeit der elektrischen Abschmelzschweißung gegenüber der Gasschweißung geben die Diagramme, (Abb. 302 und 303) Aufschluß. Bei schwachen Blechen ist die Gasschmelzschweißung etwas günstiger, dagegen nimmt bei stärkeren Blechen die Wirtschaftlichkeit der elektrischen Schweißung mit dem Blechquerschnitt stark zu.

Die immer zahlreicher ausgeführten größeren Arbeiten geben eine Grundlage für die Beurteilung der Wirtschaftlichkeit der elektrischen Schweißung.

So wurden bemerkenswerte Schweißarbeiten beim Bau einer Halle von 15 × 10 m in diesem Jahre in Amerika **) geleistet. Ein Vergleich mit einem genau gleichen Gebäude, das in der üblichen Weise durch Nietung statt durch Schweißung hergestellt wurde, ergab, daß allein die Werkstattkosten des genieteten Gebäudes 95 v. H. der Gesamtkosten des geschweißten Gebäudes betrugen. Die Gesamkosten beim genieteten Gebäude waren 70 v. H. größer als bei der geschweißten Halle.

---

*) Maschinenbau, Nr. 20 ex 1925.

**) „American Machinist", 26. Dez. 1925, S. 819.

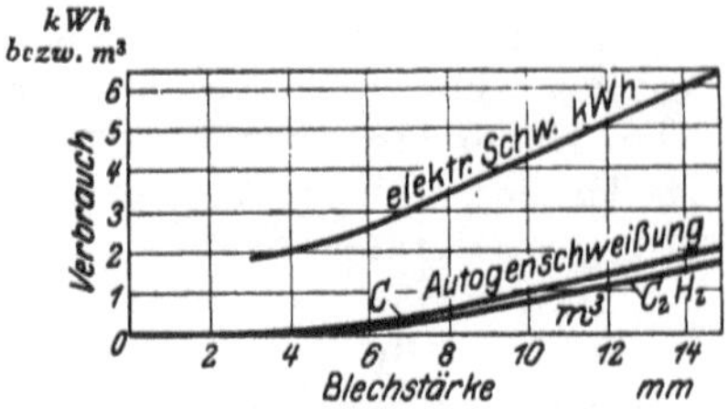

kWh bezw. m³ Gasverbrauch pro m Blechschweißung

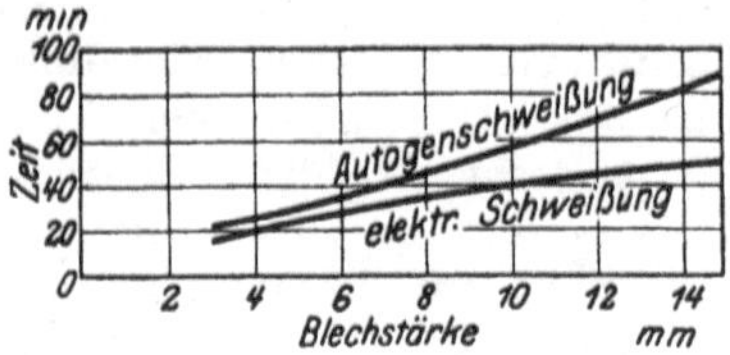

Zeit pro m Blechschweißung

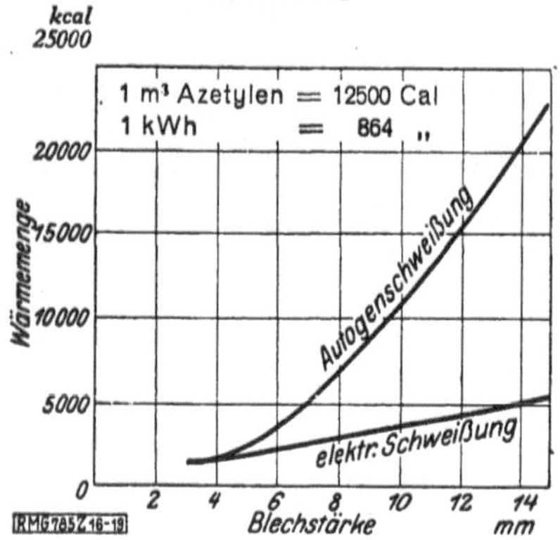

Verbrauch an kcal pro m Blechschweißung

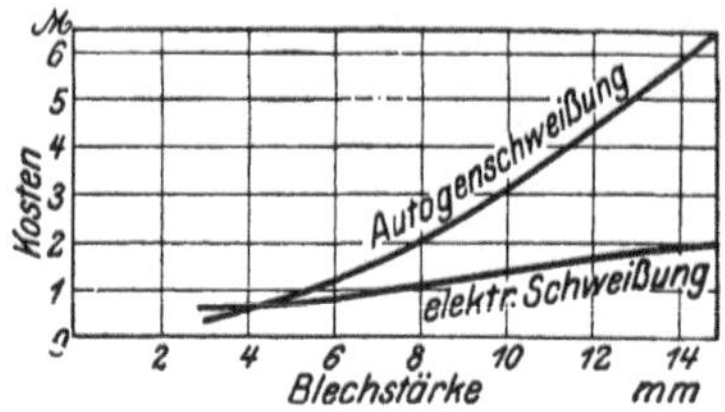

Kosten pro m Blechschweißung

Abb. 302

Berechnungsgrundlagen:

Arbeitslohn	S 1.- pro Stunde
100 Liter Gasgemisch	S 0·36
Schweissdraht autogen	S 1·- /kg
" " elektr. leicht getaucht	S 1·7/kg
" " " umhüllt	S 10·-/kg
Stromkosten	S 0·25/kWh
Schweissnaht mit 60 gradigem V-Profil	

Schweissdauer pro 1m Naht bei verschiedenen Blechstärken

Schweisskosten pro 1m Naht bei verschiedenen Blechstärken.

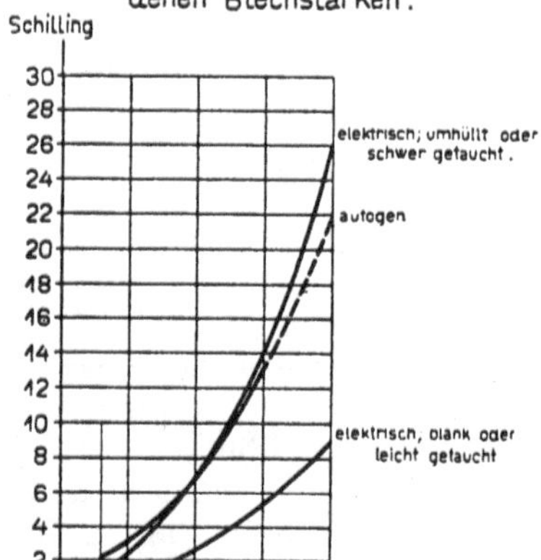

Abb. 303

Die Wirtschaftlichkeit des Verfahrens hängt auch von den Kosten der Anlage ab. Eine ortsfeste Azetylenerzeugungsanlage mit einem mehr oder weniger ausgebreiteten Rohrnetz ist natürlich wesentlich teurer, als ein Schweißumformer oder gar ein Schmelzschweißtransformator. Die Verzinsungs- und Abschreibungskosten fallen sehr ins Gewicht. Trotzdem ist eine solche Gasschmelzanlage wohlfeiler, wenn an einem Orte gleichzeitig an mehreren Stellen geschweißt wird, weil dann für jede dieser Stellen bei elektrischer Schweißung ein besonderes Schweißaggregat nötig wird.

Anderseits ist die elektrische Anlage beweglicher und weniger gefährlich; zwei Punkte, die sehr zu ihrem Vorteil sprechen. Beim Schweißen von großen Eisenkonstruktionen, Schiffen u. dgl., sind die Schweißstellen von fahrbaren Schweißaggregaten leicht mit Stromzuführungskabeln oder elektrischen Schweißmaschinen zu erreichen, während das Verlegen von Rohrleitungen oder Schläuchen für Schweißgas bei Gasschmelzschweißung geradezu unmöglich ist.

Schweißung mit Gleich- und Wechselstrom.

Die Ansichten über die Vor- und Nachteile von Schweißen mit Gleichstrom oder Wechselstrom sind bisher noch nicht vollkommen geklärt. Bisher vorgenommene Versuche ergaben, daß der Wechselstromschweißung nicht unbedingt der Vorzug der Billigkeit nachgerühmt werden darf. Anderseits scheint es, als ob mit Wechselstrom nicht die gleich günstigen Festigkeitsergebnisse erzielt werden könnten wie mit Gleichstrom.

Vergleichsversuche mit Gleich- und Wechselstrom.

Stromquelle	Verbrauchter Schweißdraht	Versuchsdauer	Primär verbr. elektr. Arbeit	Sekundär			Verbrauchter Draht			Zeitverbrauch pro 1 kg Draht	KWh-Verbrauch		Verbrauchter Draht nach sekund. Arbeit	Wirkungsgrad
				Schweißstromstärke	Schweißspannung	Leistung					nach Zeit	nach Drahtgewicht		
	g	Min.	KWh	A	V	KW	kg/h	cm³/h	kg/KWh	h/kg	KWh/h	KWh/g	kg/KWh	η
1	1813	114	14,0	167,5	22,75	3,96	0,955	120	0,129	1h 3 Min.	7,4	7,78	0,241	0,532
2	1892	182	12,1	108,0	22,0	2,38	0,624	78	0,153	1h 37 „	4,0	6,30	0,266	0,590
3	2320	142	8,33	192,0	22,7	4,36	0,980	122	0,280	1h 2 „	3,52	3,60	0,224	0,833

1 und 2: Gleichstrom-Schweißdynamo, mit Drehstrom-Motor gekuppelt,
3: Wechselstrom-Schweißtransformator.

Allen Proben mit Wechselstrom war gemeinsam, daß sie im polierten Schliff mehr Poren und Blasen zeigten als Gleichstromschweißungen, die von demselben Schweißer mit denselben Elektroden hergestellt worden waren. Außerdem ist stets der Scheitel des Winkels, den eine Schweißnaht bildet, bei Schweißung mit Wechselstrom schlecht oder gar nicht verschweißt. Der Wechselstromlichtbogen ist unruhiger, er läßt sich nicht so genau führen und auf eine bestimmte Stelle hinzwingen, wie der Gleichstromlichtbogen. Darauf ist anscheinend das weniger gute Verschweißen des Scheitels des Schweißwinkels zurückzuführen. Das Halten des Lichtbogens während des Schweißens ist schwieriger als bei Verwendung von Gleichstrom; selbst nach wochenlangem Schweißen mit Wechselstrom benutzt ein geübter Schweißer lieber den Gleichstromlichtbogen.

Man kann bei Gleichstrom-Leerlaufspannung von 40 Volt einwandfrei Schweißungen ausführen; der Lichtbogen reißt nicht ab. Bei 60 Volt Wechselstrom-Leerlaufspannung ist das Ziehen und Halten eines Lichtbogens kaum möglich. Man geht daher bis auf 70 und 80 Volt Leerlaufspannung und darüber hinaus. Das bedeutet eine gewisse Gefahr für den Schweißer; ferner lassen sich nur mit kurzem Lichtbogen (d. h. niedriger Schweißspannung) gute Schweißen ausführen. Je höher die Leerlaufspannung ist, desto leichter kann der Schweißer das Gesetz verletzen, einen möglichst kurzen Lichtbogen zu halten. Je niedriger die Spannung am Lichtbogen ist, desto kürzer ist er und desto kürzer ist auch der Weg des Eisens von der Elektrode zum Blech. Ein kurzer Lichtbogen ergibt daher auch stets die besten Schweißen, da durch den kurzen Weg des Eisens durch die Luft eine geringe Sauerstoff- und Stickstoffaufnahme bedingt ist. Die Steigerung der Leerlaufspannung des Transformators hat daher Grenzen; man muß sie niedriger halten mit Rücksicht auf obige Erwägungen, als man es tun möchte im Hinblick darauf, daß das Herabsetzen der Spannung die Schweißarbeit erschwert. Das öftere Abreißen des Lichtbogens setzt natürlich die Leistung des Schweißers herab; er kann in der Stunde nicht das Gleiche leisten wie mit Gleichstrom. Durch Verwendung umhüllter Elektroden, die jedoch teurer sind als nicht umhüllte Elektroden, läßt sich das Schweißen mit Wechselstrom erleichtern, während es mit nicht umhüllten Elektroden sehr schwierig und bei einigen Maschinen ganz unmöglich ist.

Leistungen.

Über die Leistungen von Gleich- und Wechselstrom-Schweißstromquellen geben die nachstehenden Versuche Auskunft. Erprobt wurden zwei Gleichstrom-Schweißmaschinen verschiedener Bauart und ein Wechselstrom-Schweißtransformator. Die Gleichstrommaschinen sollten 200, bezw. 150 Ampère, der Wechselstrom-Transformator sollte 300 Ampère Schweißstrom liefern. Sämtliche Stromquellen wurden nicht dauernd mit ihrer Höchstleistung beansprucht.

Es wurden gemessen: Zeit, Stromverbrauch primär in Kilowattstunden, Schweißdrahtverbrauch in Kilogramm, sowie Stromstärke und -spannung sekundär.

Daraus kann alles Wissenswerte berechnet werden. Es wurden sowohl einstündige Versuche angestellt, bei denen minutlich Stromstärke und Spannung sekundär abgelesen wurden, als auch mehrstündige werkstattmäßige Versuche, bei denen auf Ablesungen in diesen kurzen Zwischenräumen verzichtet wurde. Die Durchschnittswerte von etwa 60 Versuchen wurden festgestellt.

Zu den Kosten für den Stromverbrauch kommen noch Kosten für Schweißdraht, Lohn, Unterhaltung und Abschreibung der Maschine.

Der Stromverbrauch zum Abschmelzen von 1 kg Eisen beträgt nach obigen Versuchen bei Gleichstrom 7,04 kWh, bei Wechselstrom 3,60 kWh. Schweißdraht ohne Umhüllung wird z. Z. im Durchschnitt mit etwa 0,4 Gm pro kg bezahlt, Draht mit Umhüllung kostet z. Z. mindestens 0,80 Gm pro kg. (Eine Goldmark = 1,70 S.) Dieser letztere ist, wie oben angeführt, zur Schweißung mit Wechselstrom unentbehrlich.

Die Abschmelzleistung bei annähernd gleichem sekundärem Energieverbrauch ist gleich für Gleich- und Wechselstrom und kann mit 1 kg/h angenommen werden. Eine höhere Abschmelzleistung des Wechselstroms gegenüber dem Gleichstrom besteht nach obigen Versuchen nicht.

Die Kosten für Lohn sind in beiden Fällen gleich und mögen mit 0,60 Gm/h in Anrechnung gebracht werden. Nimmt man die Preise der Gleichstrommaschinen, bezw. Wechselstromtransformatoren zu 2500 und 1500 Gm an und schreibt sie in 10 Jahren ab, so entfallen auf die Betriebsstunde etwa 0,10, bezw. 0,06 Gm. Da die Gleichstrommaschine als umlaufende Maschine erhöhte Instandsetzungskosten erfordert, so ist ein Zuschlag von 100 v. H. zu den Abschreibungsbeträgen berechtigt. Für den Wechselstromtransformator dürfte ein weiterer Zuschlag von 0,03 Gm genügen.

Es kostet dann eine Stunde Gleichstromschweißung:

an Strom 7,04 kWh zu 0,10 (0,20) Gm/kWh . . .	0,704	(1,408) Gm
an Draht 1 kg zu 0,40 Gm	0,40	(0,40) Gm
an Lohn 0,60 Gm/h	0,60	(0,60) Gm
an Abschreibung und Instandhaltung	0,20	(0,20) Gm
	1,904	**(2,608) Gm**

Es kostet dagegen die Wechselstromschweißstunde:

an Strom 3,60 kWh zu 0,10 (0,20) Gm/kWh . . .	0,36	(0,72) Gm
an Draht 1 kg zu 0,80 Gm	0,80	(0,80) Gm
an Lohn 0,60 Gm/h	0,60	(0,60) Gm
an Abschreibung u. Instandhaltung 0,06 u. 0,03 Gm	0,09	(0,09) Gm
	1,85	**(2,21) Gm**

Es zeigt sich, daß nur dann ein wesentlicher Vorteil in wirtschaftlicher Beziehung vorhanden ist, wenn nicht mit hohen Strompreisen zu rechnen ist.

Nun hat aber der Wechselstrom-Schweißtransformator einen überaus schlechten $\cos \varphi$ von 0,25 bis 0,45. Es ist daher fraglich, ob jedes Elektrizitätswerk den Anschluß eines derartigen Transformators gestattet; des ferneren erscheint es möglich, daß durch den schlechten $\cos \varphi$ eine Rabattgewährung für großen Stromverbrauch versagt bleibt, mit anderen Worten, ob nicht eine kleine Ersparnis an Stromverbrauch der Schweißstromquelle andere, größere Nachteile mit sich bringt. Man kann keine allgemein gültige Entscheidung für oder gegen Wechselstrom treffen, es muß dies dem Einzelfall überlassen bleiben. Zu beachten ist ferner die hohe primäre Stromaufnahme des Schweißtransformators, die bis zu 50 v. H. größer sein kann als die eines Schweißumformers von gleicher Leistung. Dementsprechend müssen die Zuleitungskabel stärker gewählt werden.

Vor allem kommt es darauf an, welche Stücke geschweißt werden sollen und ob an senkrechten Wänden und auch von unten geschweißt wird. In diesem Falle ist die Gleichstromschweißung der Wechselstromschweißung weit überlegen.

Bei der Beurteilung dieser Frage muß beachtet werden, daß die Gleichstromschweißung eine lange Entwicklung hinter sich hat, die Wechselstromschweißung noch jung ist; es ist also zu erwarten, daß Verbesserungen der verschiedensten Art die z. Zt. vorhandenen Mängel der Wechselstromschweißung beseitigen werden.

Hinsichtlich der Gleichstrom-Schweißmaschine selbst ist festzustellen, daß sie trotz des schlechten Wirkungsgrades von 0,5 bis 0,6 eine Verbilligung des Schweißens darstellt gegenüber dem stellenweise noch üblichen Schweißen vom Gleichstromnetz unter Vorschaltung eines Widerstandes. Selbst wenn man den für die Schweißung vom Netz günstigsten Fall annimmt und mit einer Netzspannung von 120 Volt rechnet, so werden große Strommengen unnötig vernichtet. Man kann annehmen, daß man durchschnittlich mit 65 Volt Leerlaufspannung schweißt. Man muß also bei Netzschweißung 120 — 65 = 55 Volt vernichten. Bei einem Schweißstrom von 150 Ampere bedeutet das eine Vernichtung von 8,25 kW bei einer Gesamtentnahme von 18 kW. Bei einem Strompreise von 0,15 Gm/kWh bringt diese Vernichtung einen Verlust von 1,24 Gm/h, d. h. im Jahre bei nur 200 monatlichen Arbeitsstunden 2976 Gm Verlust, etwa die gleiche Summe, die für die Beschaffung einer Schweißmaschine aufzuwenden ist. Außerdem ist, wie oben ausgeführt, die Schweißung mit einer Maschine hochwertiger, da die Maschine nicht gestattet, mit einem langen Lichtbogen, der eine höhere Sauerstoff- und Stickstoff-Aufnahme bewirkt, zu schweißen. Den großen Einfluß der Länge des Lichtbogens zeigen die beiden nachstehenden Versuchsreihen:

Schweißung mit kurzem Lichtbogen: 35,8 kg/mm² Festigkeit,
Schweißung mit langem Lichtbogen: 23,5 kg/mm² Festigkeit.

Anwendungsmöglichkeiten obiger Versuchswerte und Kosten.

Die Kehlschweißung wird am vielseitigsten anwendbar sein im Behälter-, Schiff- und Eisenbau. Aus den mitgeteilten Versuchsergebnissen geht hervor, daß man die Nietung in vielen Fällen, was die Festigkeit betrifft, durch Schweißung ersetzen kann.

Die Kostenfrage ist nicht mit allgemeiner Gültigkeit zu beantworten, da die Werkstattverhältnisse dabei eine große Rolle spielen. Man kann folgende Kosten für die Nietung von 10 m 8-mm-Blechen ohne Berücksichtigung der Transportkosten innerhalb der Werkstatt annehmen:

Ankörnen, Bohren	1,12 Gm
Nieten	2,80 Gm
Niete	4,50 Gm
Verstemmen	1,50 Gm
Stromverbrauch für Bohren, Nieten, Nietfeuer, Verstemmen = 13 kWh bei 0,15 Gm/kWh	1,95 Gm
	11,87 Gm

Die Kosten für die Schweißung stellen sich, wie folgt:

Zeit: 200 mm bei 0,60 Gm Stundenlohn	2,— Gm
Drahtverbrauch, 3,5 kg	1,54 Gm
Stromverbrauch 15,5 kWh	2,32 Gm
	5,86 Gm

gegen 11,87 Gm für Nietung. Dabei ist nicht berücksichtigt, daß vor Ausführung der Schweißung einige wenige Heftniete oder sonstige Hilfen in den meisten Fällen angebracht werden müssen.

Es zeigt sich, daß eine sachgemäß ausgeführte Schweißung sowohl hinsichtlich der zu erzielenden Festigkeit, als auch hinsichtlich der Kosten mit der Nietung in Einzelfällen in erfolgreichen Wettbewerb treten kann. Voraussetzung ist allerdings die Berücksichtigung aller technischen Notwendigkeiten der Schweißung, die zum Teil in weiten Kreisen noch unbekannt ist, und eine erstklassige Schulung der Schweißer. Dann wird die Schweißung noch mehr als bisher als vollwertiges Konstruktionselement auch in der Fertigung angewendet werden können und nicht nur als willkommener Helfer bei Ausbesserungen.

Über die Festigkeitsprüfung von Schweißungen *).

Bei der Schmelzschweißung ist man auch heute noch sehr von der Geschicklichkeit des Schweißens abhängig. Umsomehr ist es von Wichtigkeit, Prüfverfahren zu finden, die uns Gewähr für die Sicherheit der Schweißen geben. Die bei einheitlichen Stoffen bewährten Verfahren lassen sich nicht ohne weiteres auf Proben aus verschiedenartigen Stoffen anwenden, wie dies geschweißte Proben sind.

Dr. Ing. Mies **) hat nun eingehende Versuche an Probestücken gemacht, die in der bei einheitlichen Stoffen üblichen Weise aus Blechen geschnitten und mittels Nahtschweißung verbunden waren, und gibt nun Anregungen zur Durchführung von Zerreißversuchen quer und längs der Schweißnaht, ferner für Dehnungsmessungen und Kaltbiegeversuche.

Bezüglich der Zerreißversuche quer zur Naht wird gezeigt, daß man ganz verschieden vorgehen muß, je nach dem Zweck, den man verfolgt. Will man die eigentliche Festigkeit der Verbin-

*) „Mechanical Engineering", Oktober 1925, S. 794.

**) „Die Schmelzschweißung", VDI, Heft 21/22 u. 23/24 1923, Heft 2 ex 1924. Bd. 4 ex 1925, vgl. auch Bd. 69 ex 1925.

dungskonstruktion ermitteln, so wird man die Naht unbearbeitet, gegebenenfalls mit Wulst bestehen lassen; will man dagegen zu Vergleichszwecken das Nahtmaterial selbst untersuchen, so muß der Nahtwulst auf Blechdicke bearbeitet werden. Man wird sogar gut tun, den Probestab an der Nahtstelle zu verjüngen, um beim Zerreißversuch den Bruch in der Naht selbst und nicht im Ursprungsmaterial zu erhalten. Der Verfasser gibt dann auch Wege an, wie diese Versuche zweckmäßig auszuwerten sind, insbesondere um festzustellen, in welchem Verhältnis die Festigkeit der Naht zu der des Blechmaterials steht.

Große Schwierigkeiten bieten die Dehnungsmessungen beim Zerreißversuch quer zur Schweißnaht. Beim Zerreißstab aus einheitlichem Baustoff mißt man die mittlere Dehnung über die ganze Meßlänge. Bei einem zusammengeschweißten Zerreißstab hat dies so gut wie gar keinen Wert, da sich die aufeinanderfolgenden Zonen, das ist Ursprungsblech, Übergang vom Blech zur Schweiße, Schweiße, Übergang von Schweiße zum Blech und schließlich wieder Ursprungsblech ganz verschieden verhalten, zumal wenn der Bruch einmal in das Ursprungsblech, ein andermal in die Schweiße oder in die Übergangszone fällt.

Die von Mies in dieser Hinsicht angestellten Versuche, sowie die Art und Weise ihrer Auswertung geben wertvolle Anregungen, auf denen zur endgültigen Lösung dieser außerordentlich schwierigen Frage weiter gearbeitet werden kann. Der Zerreißversuch längs der Naht ist mehr eine Güteprüfung für die Schweißung und wird nicht die Bedeutung der Zerreißversuche quer zur Naht bekommen.

Beachtenswert ist beim Kaltbiegeversuch die Feststellung, daß der Biegeversuch, der heute vielfach Abnahmebedingungen zugrundegelegt wird, nur dann Zweck hat, wenn die Schweißung zäh ist, da nur dann die Naht sich um den Dorn biegt, während der übrige Stabteil gerade bleibt. In allen Fällen, wo das Stabmaterial dehnbarer als die Naht ist, wird sich dieses biegen, während die Naht mehr oder weniger gerade bleibt. Man muß dann zur Feststellung der Biegegröße greifen. Auch hierfür gibt der Verfasser wertvolle Richtlinien.

Die Versuche am fertigen Stück ohne dessen Zerstörung sind sehr vielseitig und müssen dem jeweiligen Zweck angepaßt werden. Auch die Prüfung durch Schliffe und Ätzversuche wird die Metallographen noch beschäftigen *).

Ermüdung von Schweißstellen bei Schwingungen.

Von der Ingenieurabteilung des amerikanischen Luftdienstes ist das Verhalten geschweißter Rohrverbindungen gegen Schwingungsdauerfestigkeit untersucht worden. In einer besonderen Prüfmaschine wurden die geschweißten Rohre beiderseits in Laufstellen gelagert, quer belastet und um ihre Achse gedreht. Bei jeder Drehung mit 360° durchlaufen die Schweißstelle wellenförmig

*) Iron Age, Bd. 118 (1926), S. 409, Die Prüfung von Schweißnähten durch Röntgenstrahlen.

Zug- und Druckbeanspruchungen. Die bisherigen Versuche ergaben für die Schweißstellen eine wesentlich geringere Festigkeit als für das ungeschwächte Rohr. Die Festigkeit eines vollen Rohres beträgt etwa 2300 kg/cm², die der Schweißstelle nur 1100 kg/cm², also nur 50% davon. Ebenso bedeutungsvoll ist das Ergebnis der Versuche bezüglich der Bruchstelle. Beim statischen Zerreißversuch brach das gasgeschweißte Rohr zumeist neben der Schweißstelle, beim Schwingungsversuch dagegen in der Schweißstelle. Bei Lichtbogenschweißungen erfolgte der Bruch in beiden Fällen in der Schweißstelle, da bei diesem Verfahren das Rohr örtlich erwärmt wird. Die Versuche werden fortgesetzt, um den Einfluß der Wärmebehandlung, des Werkstoffes und von Konstruktionsänderungen zu klären.

Elektrisches Schneiden mit dem Lichtbogen.

Eine bemerkenswerte neue Anwendung des elektrischen Lichtbogens zur Bearbeitung von technischen Werkstoffen stellt das Lichtbogenschneiden mit der Elektrotrennmaschine dar. Es handelt sich bei diesem Verfahren um eine Vereinigung des bekannten Metalltrennens nach Art der Schnellreibsägen mit einer elektrothermischen Vorbereitung des Werkstückes durch einen Lichtbogen, der mittels eines Transformators zwischen Werkstück und die isoliert gelagerte Schneidscheibe gelegt wird.

Von Einzelheiten abgesehen, bewirkt der Lichtbogen eine Erhitzung des Werkstückes in der Schnittfuge, so daß der Schneidvorgang der Trennmaschine dem einer Heißeisensäge ähnlich erscheint. Die Erhitzung des Werkstückes bleibt bei dem Lichtbogenschneiden lediglich auf die Schnittfuge beschränkt, worin ein Fortschritt gegenüber der Anwärmung des ganzen Werkstückes liegt. Dazu kommt noch die eigenartige Wirkungsweise des Schneidlichtbogens, die unter dem Einfluß der rasch bewegten Scheibenelektrode zustandekommt. Während der bekannte Schweißlichtbogen den Werkstoff der Elektrode möglichst unverändert zum Werkstück hinüberleitet, bewirkt hier der Schneidlichtbogen eine Verflüssigung und Verbrennung des örtlich begrenzten Materialstreifens vor der Schneidscheibe. Diese Wirkung wird durch Anordnung einer geeigneten Verzahnung am Scheibenrande erreicht, die einen ununterbrochenen Luftstrom auf den Lichtbogenkrater im Werkstück schleudert. Die Rücksicht auf die Erhaltung der Werkstoffeigenschaften erfordert es, den Verbrennungsvorgang auf die innere Zone der Trennfuge zu beschränken, die allein Schmelztemperaturen überschreiten darf. In dem äußeren Teil der Fuge und dem angrenzenden Materialstreifen werden nur mäßige Glühtemperaturen erreicht, die die saubere mechanische Begrenzung des Schnittes erleichtern, Wärmeschädigungen des Materials jedcch ausschließen. Soweit also das Material nicht vor der Berührung mit der Scheibe im Lichtbogen verbrannt und fortgeschleudert wird, wird es im glühenden Zustande mit verringertem Kraftaufwand herausgeschnitten, wodurch ein sauberer Schnitt gewährleistet wird.

Nachdem längere Vorversuche mit Elektrotrennmaschinen die überraschende Leistungsfähigkeit dieses Lichtbogenschneidens erkennen ließen, mußten mechanischer und elektrothermischer Anteil an der Schneidarbeit so gegeneinander abgegrenzt werden, daß einerseits die Leistungsfähigkeit der Trennmaschine auf das Höchstmaß gesteigert werden konnte, anderseits die von Fall zu Fall gegebenen Werkstoffeigenschaften durch die Erwärmung nicht unzulässig beeinträchtigt wurden. Außerdem waren auch Vorkehrungen für das Trennen mit der Maschine im Dauerbetrieb zu treffen. Durch geeignete Bemessung der Schneidescheibe wurde eine ausreichende Selbstkühlung im Luftstrom erzielt, die die Scheibe vor vorzeitiger Abnutzung bewahrt und das anfänglich störende Verschmutzen der Scheibenzähne durch Abbrände des Werkstücks durch ein leichtes Bespritzen der Zähne mit Wasser verhütet. Da ein gewisses Spannungsgefälle zum Stromdurchgang zwischen der mit 120 m/S Umfangsgeschwindigkeit umlaufenden Scheibe und dem festen Werkstück und zur Unterhaltung des Lichtbogens gegeben ist, so kommt es darauf an, die Stärke des Schneidstromes auf das günstigste Maß zu bringen. Ist die Schneidstromstärke im Verhältnis zur Schnittgeschwindigkeit zu gering, so nähert sich die Wirkungsweise der Trennmaschine der einer gewöhnlichen Kaltsäge, wobei die Leistungsfähigkeit trotz starker Inanspruchnahme der Sägeblätter beschränkt bleibt. Überschreitet die Schneidstromstärke dagegen ein gewisses Maß, bezogen auf die Einheit des Eingriffquerschnittes im Werkstück, so treten ein unsauberer, durch Verbrennung hervorgerufener Schnitt und eine Schädigung der Materialeigenschaften ein. Je schneller der Schnitt verläuft, desto kürzer ist die Einwirkung der Hitze auf das Material, und desto geringer bleiben die Veränderungen im Gefüge. Ferner ist noch die Eingriffsfläche der Scheibe im Werkstück für die Wahl der günstigsten Schneidstromstärke und Schnittgeschwindigkeit maßgebend. Die Stromquelle der Trennmaschine muß also je nach Größe und Form der zu schneidenden Teile bemessen werden, wenn die größtmögliche Leistungsfähigkeit unter Schonung der Schnittfläche erreicht werden soll.

Ein einwandfreies Urteil über die Leistungsfähigkeit und Verwendbarkeit des neuen Verfahrens gewinnt man somit durch eine Gegenüberstellung von Kraftaufwand und Schnittdauer mit der dadurch erreichten Beschaffenheit der Schnitte im Vergleich zu andern Schneidverfahren. Die im folgenden mitgeteilten Schnittergebnisse sind Mittelwerte aus einer größeren Anzahl von Schnitten an verschiedenen Werkstoffen. Die Schnittfläche wurde auf ihre äußere Beschaffenheit und den Gefügezustand untersucht, da die metallographische Prüfung am schärfsten etwaige mechanische und Wärmeeinwirkungen erkennen läßt. Die Untersuchung erstreckte sich auf Proben aus Flußstahl (Kesselblech, Profile, Schmiedestücke), Stahlformguß, höher gekohlte Stähle, (Werkzeugstähle, Schienen), Gußeisen, Bronze, Rotguß, Weißmetall und Aluminium, die sich sämtlich ohne

Schwierigkeiten mit der Elektrotrennmaschine schneiden lassen. Unter den Proben befinden sich auch größere Stücke, für die die verfügbare Schneidstromkraft im Sinne größter Leistungen nicht ausreicht. Diese Beispiele sollen zeigen, daß betriebstechnisch derartige Schnitte mit verringertem Wirkungsgrad sehr wohl möglich sind. Die Angaben des Stromverbrauches sind mit Präzisions-Wattmetern gemessen, die auch die Schnittdauer für die einzelnen Proben aufzeichnen. In jedem Fall ist der Gesamtstromverbrauch für den die Schneidscheibe antreibenden Drehstrommotor und den Schneidtransformator primärseitig bestimmt.

Sämtliche Proben zeigen äußerlich einen fast gleichartigen Zustand der Schnittfläche. Die Schnitte werden von äußerst flachen Kreisfurchen durchzogen, die von schwachen Schwingungen der Schneidscheibe herrühren, sie sind jedoch in sich vollkommen eben. An Flußstahlschnitten bildet sich ein dünner, etwa 2 mm hoher poröser Quetschgrad, der sich leicht entfernen läßt. Gußeisen, Bronze und andere Werkstoffe lassen sich an den Rändern scharf und sauber schneiden.

Weiches Kesselblech. Schnittdauer und Stromverbrauch sind in Zahlentafel 1 zusammengestellt:

Zahlentafel 1.

Schnittdauer und Stromverbrauch für weiches Kesselblech.

Werkstück	Schnittdauer in s für 1 m Länge	Gesamtstromverbrauch kWh	Schnittfläche in cm² für 1 kWh
12 mm Blech	20	0,48	250
20 „ „	47	0,9	220
40 „ „	120	2,7	150

Eine Blechdicke von 40 mm läßt sich danach mit dem zur Verfügung stehenden Schneidstromtransformator nur mit verringertem Wirkungsgrad schneiden. Der äußere Zustand der Schnittfläche ist für alle Blechdicken übereinstimmend glatt und sauber. Aus Schliffen, die senkrecht zur Schnittfläche entnommen wurden, sind bis 0,4 mm Tiefe die Gefügezeilen mechanisch umgelenkt und, wie die feinkörnige Auflösung der Ferrit- und Perlitelemente *) erkennen läßt, bis auf Umwandlungstemperatur erhitzt. Da die Tiefenbereiche mechanischer und thermischer Wärmeeinflüsse gleich groß sind, liegt keine schädliche Kaltreckung und Quetschung der Randzone, sondern eine Warmbearbeitung vor, die die Werkstoffeigenschaften nicht ungünstig beeinflussen kann. Verbrennungs-, Überhitzungs- oder Härtungserscheinungen sind nicht nachzuweisen. Die gleichmäßige Verteilung des Kohlenstoffgehaltes in der Randzone dürfte immerhin eine schwache Härtesteigerung, aber wie eine Vergütung auch größere Zähigkeit des Werkstoffes bewirken.

Kohlenstoffreichere Stangen. Die Schnittdaten sind aus Zahlentafel 2 zu entnehmen:

*) Ledebur, Eisenhüttenkunde.

Zahlentafel 2.

Schnittdauer und Stromverbrauch für kohlenstoffreichere Stangen.

Werkstück	Schnittdauer in s für Querschnitt	Gesamtstromverbrauch kWh	Schnittfläche in cm² für 1 kWh
⊏-Profil *NP* 20	7	0,13	250
„ „ „ 26	12	0,2	240
I „ Nr. 26	15	0,3	178
Rundeisen 75 mm Durchmesser .	21	0,4	110
Vierkanteisen 75 mm	30	0,62	90

Auch diese Zahlen lassen erkennen, daß die verfügbare Schneidstromstärke zum Trennen dickerer Stangen mit höchster Wirtschaftlichkeit nicht ausreicht. Auch beim verhältnismäßig größten Kraftaufwand treten in der Stange noch keinerlei Schädigungen des Werkstoffes durch Überhitzung ein. Das Gefüge weist die oben erwähnten Merkmale mit einem sehr feinen Korn auf, das sich bei Erreichung der Umwandlungstemperatur gebildet hat und für eine Vergütung spricht. In den anderen Stücken herrscht ein ähnlicher Gefügezustand.

Stahlformguß. Schnittdauer und Kraftaufwand entsprechen etwa den in Zahlentafel 2 angegebenen Werten. Das recht grobe Gußgefüge des Werkstückes ist im Bereiche der Schnittzone zu feinstem regelmäßigem Korn umkristallisiert. Die Materialeigenschaften sind hierdurch entschieden verbessert.

Werkzeugstahl. Es wurden folgende Zahlen ermittelt:

Zahlentafel 3.

Schnittdauer und Stromverbrauch für Werkzeugstahl und Schienenwerkstoff.

Werkstück	Schnittdauer in s für Querschnitt	Gesamtstromverbrauch kWh	Schnittfläche in cm² für 1 kWh
Übereutektoider Werkzeugstahl,			
Rundstangen 70 mm	12	0,3	128
Reichsbahnschiene 140 mm hoch	9	0,21	120

Der Kraftaufwand zum Schneiden hochgekohlter Stähle liegt nur wenig über dem für entsprechend großen kohlenstoffarmen Flußstahl. Im Schnittgefüge des Werkzeugstahls prägen sich ebenfalls eine Umlenkung der Kristallite in der Schnittrichtung und eine schwache Glühwirkung aus, die zur Auflösung der Karbideinschlüsse nicht gereicht hat. Die perlitische Grundmasse zeigt unmittelbar am Rande in einer etwa 0,05 mm tiefen Schicht Neigung zu sorbitischer Entwicklung. In dieser Zone dürfte die

Härte etwas gesteigert, die Zähigkeit des Materials nicht beeinträchtigt sein. In Schienen liegt ein ähnlicher Gefügezustand vor.

G r a u e s   G u ß e i s e n. Die Versuche wurden an einem Maschinengrauguß mit grobblättrigen Graphitablagerungen und perlitischem Grundgefüge vorgenommen. Das Schneiden dieses Werkstoffes in Plattenform erfordert, wie infolge der geringen Wärmeleitfähigkeit des Graugusses zu erwarten ist, einen verhältnismäßig größeren Zeit- und Kraftaufwand. Nach den bisherigen Versuchen sind zu einem 1 m langen Schnitt an einer 25 mm dicken Graugußplatte 130 s bei 2,5 kWh Kraftverbrauch nötig oder für eine Schnittfläche von 100 cm² ein Stromverbrauch von 1 kWh. Die Schnittwärme hat weder die Graphit- noch die zementitischen oder ledeburitischen Gefügebestandteile verändert. In der perlitischen Masse ist eine dünnschichtige Umwandlung in Sorbit festzustellen, die im vorliegenden zementitreichen Guß kaum eine Härtesteigerung in der Schnittfläche verursachen wird. Erfolgt dagegen der Schnitt so langsam, daß Schmelzungen in der Schnittfläche eintreten, so können sich dünne, zementitische Krusten bilden, die einen hohen Härtegrad erzeugen. Bei geeigneter Schnittgeschwindigkeit lassen sich derartige ungünstige Veränderungen verhüten.

B r o n z e. Das Aussehen von Bronzeschnitten gleicht dem der Schnittflächen von Stahl. Ein Gußstück von 150 mm Dmr. wird mit 1,9 kWh n 90 s durchschnitten, was einer Schnittfläche von 100 cm² für 1 kWh entspricht. Daß der Schneidstrom für Stücke dieser Abmessungen aus wirtschaftlichen Gründen größer zu wählen wäre, ist wiederholt erwähnt. Im Gefüge des Werkstoffes zeigen sich Umlenkungen der Kristallkörner ohne sonstige Veränderungen der Gefügeelemente. An Rotgußschnitten treten die gleichen Gefügemerkmale auf; es werden jedoch wesentlich höhere Schnittleistungen erzielt.

W e i ß m e t a l l   und   A l u m i n i u m. Beim Schneiden dieser Metalle treten außerordentlich hohe Schnittleistungen auf, ohne daß die von Kaltsägenschnitten bekannten Störungen durch Verschmieren der Scheibenzähne bemerkbar würden. Auf das Gefüge dieser Werkstoffe wirkt der Lichtbogenschnitt in keiner Weise verändernd.

Zur Bewertung der erzielten Ergebnisse empfiehlt sich die Gegenüberstellung eines auf ähnlicher Grundlage wirkenden Verfahrens. Außer Betracht bleiben Schnellreibsägen und die Hochleistungssägen, die teils unsaubere und im Gefüge stark veränderte Schnitte liefern, teils einen besonderen Aufwand an teuren Sägeblättern erfordern. Als vergleichbar erscheint das (autogene) Brennschneiden, obwohl dieses mit einem leicht beweglichen Handwerkzeug ausgeübt wird, das Lichtbogenschneiden dagegen an eine ortsfeste Maschine gebunden ist. Unter Einsetzung der gegenwärtigen Strom- und Gaskosten und der für das Brennschneiden allgemein gültigen Verbrauchszahlen ergeben sich für zwei herausgegriffene Konstruktionsteile folgende Werte:

Zahlentafel 4.

Vergleichswerte für Lichtbogenschneiden und (autogenes) Brennschneiden.

Werkstück	Lichtbogenschneiden	(Autogenes) Brennschneiden
20 mm Blech, Schnittlänge 1 m	Stromkosten 4 bis 13 ₰ Schnittdauer 47 s	Gaskosten 21 bis 31 ₰ Schnittdauer 300 s
⊏-Eisen *NP* 26 . .	Stromkosten 1 bis 3 ₰ Schnittdauer 12 s	Gaskosten 10 bis 14 ₰ Schnittdauer 150 s

Hiernach liegt in der Vereinigung elektrothermischer und mechanischer Wirkungen zum Schneiden von Metallen ein bedeutender wirtschaftlicher und technischer Fortschritt. Die Betriebskosten werden stark verringert, die Schnittgeschwindigkeit wird um ein Vielfaches erhöht. Trotz Steigerung der Schnittleistungen wird ein sauberer, glatter, fast gratfreier Schnitt unter Schonung der Werkstoffeigenschaften erzielt. Bei geeigneter Schneidstromstärke und entsprechender Schnittgeschwindigkeit findet eine Wärmebearbeitung der Schnittränder statt, die eine vergütende Wirkung durch Umkristallisation hinterläßt. Im Flußstahl wird die Härte nur unbedeutend gesteigert und die Zähigkeit des Werkstücks zweifellos günstig beeinflußt. In höher gekohlten Stählen und Gußeisen liegt unter der Schnittfläche eine dünne Schicht sorbitischen Gefüges, die die Oberflächenhärte etwas erhöht. Das Schneiden mit der Elektrotrennmaschine ist daher auch dort zu empfehlen, wo auf eine bestmögliche Erhaltung der Werkstoffeigenschaften Wert gelegt wird.

Schließlich sei noch erwähnt, daß die günstigen Ergebnisse mit dem Lichtbogenschneiden auch nach der Richtung verwertet werden, die Bearbeitung der Metalle, besonders das Vorschruppen schwerer Stücke, durch Vereinigung rasch laufender Werkstücke mit dem Schneidlichtbogen durchzuführen. Die bisherigen Versuche lassen auch dieses Arbeitsverfahren als hochwirtschaftlich erscheinen.

Wichtig erscheint es, die Beziehung der Schweißtechnik zum Kunstgewerbe hervorzuheben. In Wittenberge wurde kürzlich der Fachausschuß bei seiner erweiterten Sitzung durch ein Türschild „Willkommen“ erfreut. Die Buchstaben sowie die Umrahmung waren auf der Tafel aufgeschweißt, wie es bei Ausführung von Auftragschweißungen auf abgenutzten Werkstücken durch Ziehen von dicken und dünnen Raupen üblich ist. Wir haben hier ein Arbeitsverfahren vor uns, mit dem wir dem Kunstgewerbe ein neues Gebiet von individueller Tätigkeit eröffnen können. Wenn wir den Künstlern den Weg zeigen, werden sie gern mit dem Ingenieur zusammen schaffen.

Abb. 304 veranschaulicht das elektrische Schneiden einer größeren Eisenkonstruktion. Es gelangen hier 600 Ampere bei 65 Volt zur Verwendung.

Abb. 304

d. Der Elektro-Schmelzofen.

Allgemeines.

Die Idee des elektrischen Ofens ist nicht neu, da schon im Jahre 1800 Humphrey Davy mit einem Miniatur-Ofen der Lichtbogentype experimentierte, der seinen Strom aus einer elektrischen Batterie, die kurz zuvor erfunden worden war, erhielt. Die verschiedenerlei Experimente wurden in den folgenden Jahren von verschiedenen Ingenieuren mit Öfen für verschiedene Zwecke ausgeführt, aber erst ein Jahrhundert später gelangte der elektrische Ofen in den Handelsverkehr. Seither jedoch war sein Wachstum von geradezu phänomenaler Bedeutung. Im Jahre 1908 gab es in den Vereinigten Staaten zwei elektrische Öfen im Betrieb mit einem jährlichen Ausstoß von 60 Tonnen. Im folgenden Jahre waren drei Öfen im Betrieb und der Ausstoß war auf 13.762 Tonnen im Jahre angewachsen und am 31. Dezember 1918 waren 287 elektrische Öfen mit einem jährlichen Ausstoß von 511.364 Tonnen in Stahl-Ingots und Gußwaren und 290.961 Tonnen legiertem Stahl. Als die Erforschung der Öfen begann, wurden in der Stahlproduktion viele Vorteile erst aufgezeigt. Es wurde bald augenscheinlich, daß der elektrische Ofen die Anwendung von Hitze gestatte, frei von jeder Beeinflussung der oxydierenden Atmosphäre, und gewisse chemische Reaktionen und Kombinationen, auf eine andere Weise nicht erhältlich, konnten erzielt werden. Nicht nur, daß die Betriebsergebnisse des Schmelztiegels erreicht wurden, sondern es wurde festgestellt, daß der Stahl, auf chemischem Wege erzeugt, gleich war jener Qualität, die im Schmelztiegel erzeugt wurde und zu niedrigeren Kosten.

α. Der Elektroofen in der Metallindustrie *).

In der Metallindustrie hat der Elektroofen seit 1914, zunächst in den Vereinigten Staaten von Amerika, als Schmelzgerät für Nichteisenmetalle eine große Verbreitung gefunden. In erster Linie zum Schmelzen von Messing, in geringerem Umfange von Nickel-Legierungen, Bronze, Neusilber und Aluminium, für Walz-, Zieh- und Formgußzwecke. Es sind dort insgesamt über 600 Öfen verschiedenster Bauart im Betrieb und im Bau. Davon sind etwa 340 Induktionsöfen, 110 Widerstandsöfen und 150 Lichtbogenöfen. In Europa sind insgesamt 50 Lichtbogenöfen und 130 Induktionsöfen, hiervon allein in Deutschland 71 Ajax-Watt-Öfen, in Betrieb und im Bau.

Das Wesen des Elektroofens besteht darin, daß die Umwandlung der elektrischen Energie in Wärme allein auf dem bestehenden Mangel an vollkommen widerstandlosen elektrischen Leitern beruht. Ähnlich wie ein Körper, der bei seiner Bewegung Reibung zu überwinden hat, muß auch der elektrische Strom beim Durchfließen eines Leiters Widerstandsarbeit leisten, die sich in Wärme auswirkt. Auf der Nutzbarmachung dieser Wärme beruht die Verwendung sämtlicher Elektroöfen.

Ihre wesentlichen Vorzüge gegenüber anderen, rein thermischen Wärmequellen bestehen in der Möglichkeit, große Wärmemengen auf einen verhältnismäßig kleinen Raum zu vereinigen, in der hohen chemischen und mechanischen Reinheit der Wärmequelle, in der sicheren Einhaltung der gewünschten Temperaturen und in der Unabhängigkeit von Feuergasen. Diese Vorzüge haben alle Elektroöfen, gleichgültig in welcher Weise darin die elektrische Arbeit in Wärme umgewandelt wird.

Bauarten von Elektroöfen.

Von den vielen versuchten Elektroofen-Bauarten für das Schmelzen von Nichteisenmetallen haben sich bis heute nur der Induktionsofen, besonders für die Kupfer-Zink-Legierungen, und der umlaufende oder pendelnde Lichtbogen-Strahlungsofen, besonders für die Kupfer-Zinn-Legierungen verwendbar gezeigt. Außerdem tritt nun für besonders schwer schmelzende Legierungen auch der Hochfrequenzofen in Wettbewerb.

Der Induktionsofen ist ein unmittelbarer Widerstandsofen, bei dem das Schmelzgut selbst als Heizwiderstand dient und die

*) Z. d. V. D. I., Bd. 70, Nr. 11, S. 349.

kurzgeschlossene Sekundärwicklung eines Transformators bildet (Abb. 305). Induktionsöfen werden mit wagrechten oder senkrechten

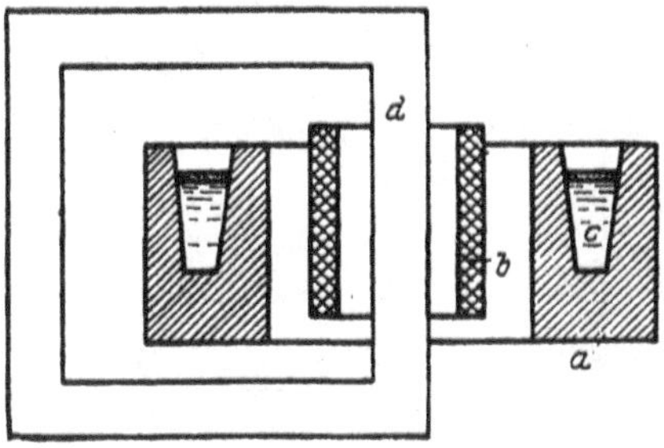

a Feuerfeste Auskleidung
b Primärwicklung
c Schmelze
d Eisenkörper des Transformators

Abb. 305. Plan des Induktionsofens

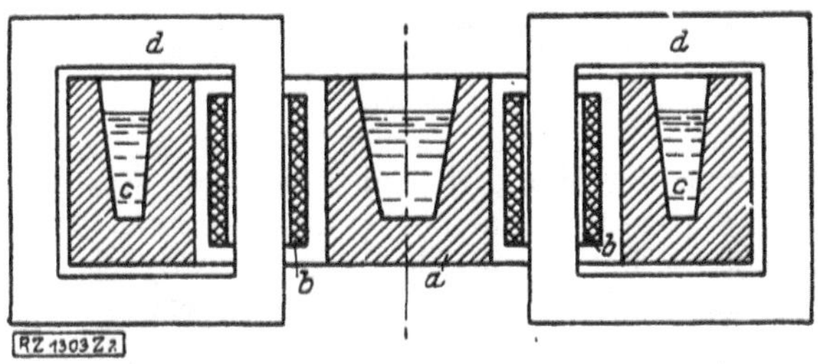

Abb. 306. Unmittelbare Widerstanderhitzung. Zweirinnen-Induktionsofen, Bauart Röchling-Rodenhauser. Spulenanordnung nach Kjellin. Wagrechte Schmelzrinne

a Feuerfeste Auskleidung c Schmelze
b Primärwicklung d Eisenkörper des Transformators

Schmelzrinnen gebaut: die mit wagrechten Schmelzrinnen als Zweirinnen-Zweiphasenöfen (Abb. 306), nach dem Verfahren von Kjellin innerhalb des Schmelzbades mit konzentrisch angeordneter Primärspule, und die mit senkrechten Rinnen als Einrinnen-Einphasenöfen oder auch als Zweirinnen-Zweiphasenöfen mit Kjellinscher Spulenanordnung, Bauart Ajax-Wyatt und General Electric Company (Abb. 307).

Die L i c h t b o g e n ö f e n, die sich in der Praxis zum Schmelzen von Nichteisenmetallen verwendbar zeigten, sind Lichtbogen-Strahlöfen mit Mischbewegung um die wagrechte Ofenachse (Abb. 308 und 309). Das Schmelzgut wird erhitzt durch die Strahlung des oberhalb des Schmelzgutes zwischen Graphitelektroden brennenden Lichtbogens, wie auch durch das vorher vom Lichtbogen erwärmte Mauer-

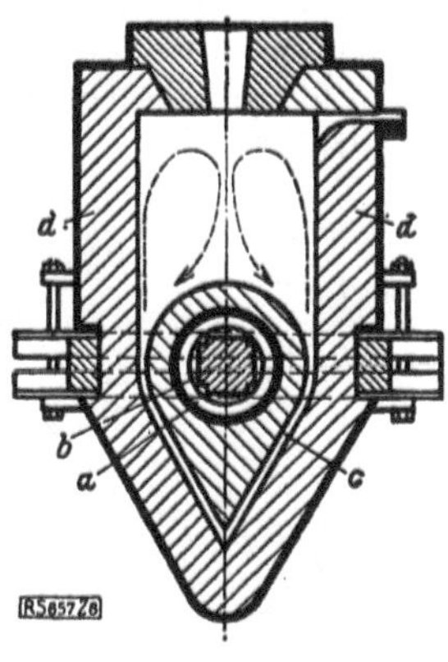

Abb. 307. Unmittelbare Widerstanderhitzung. Einrinnen-Induktionsofen. Bauart Ajax-Wyatt. Senkrechte Schmelzrinne. Spulenanordnung nach Kjellin.

a Primärspule
b Eisenkörper des Transformators
c Schmelze
d Feuerfeste Auskleidung

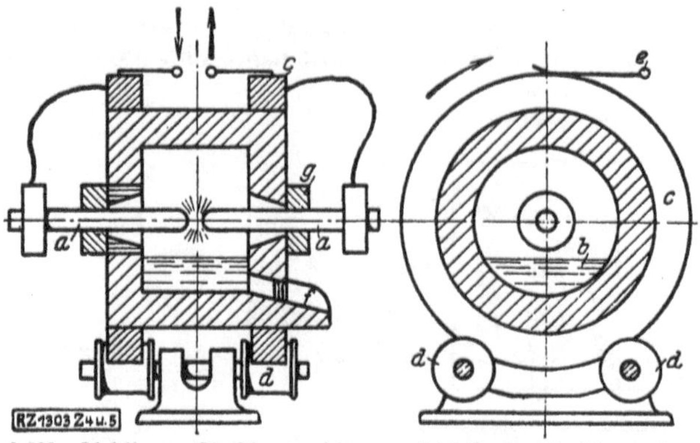

Abb. 308 und 309. Lichtbogen-Strahlungserhitzung. Lichtbogen-Strahlungsofen. Mit Mischbewegung für Einphasenwechselstrom. Roll- und Schaukelöfen nach Booth, Rheinmetall, Detroit, Humboldt.

a Kohlen- oder Graphitelektroden
b Schmelzherd
c Lauf- und Stromzuführringe
d Laufrollen
e Stromzuführungen
f Abstich
g Einsatztür

werk, das infolge der umlaufenden Bewegung des Ofens immer wieder mit der Schmelze in Berührung kommt. Zu den Lichtbogenöfen gehören der Booth-Ofen, der Detroit-Schaukelofen und der von den Hirsch, Kupfer- und Messingwerken A.-G., gebaute Rheinmetall-Ofen.

Die Mittel, die man bei elektrischen Öfen zur zuverlässigen Mischung des flüssigen Metalles anwenden muß, um eine gleichmäßige Legierung zu erzeugen, sind: rein mechanische, wie Drehen oder Schaukeln des Ofens, elektrodynamische, wie der Pinch-Repulsions-Motoreffekt, und Strömung des flüssigen Metalles infolge der durch Temperaturunterschiede bedingten Unterschiede der spezifischen Gewichte.

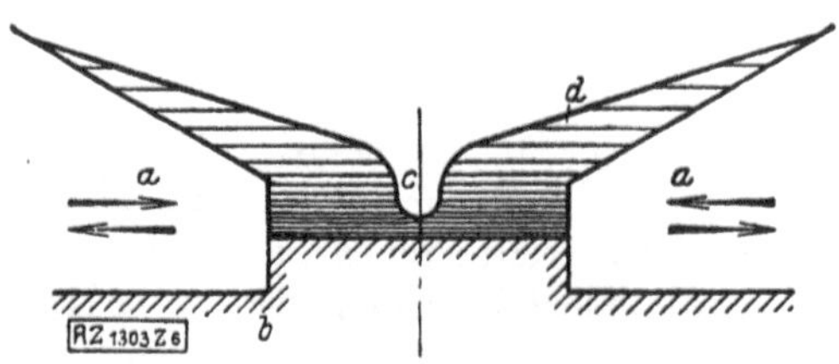

Abb. 310. Pinch-Effekt

a Elektroden *b* Feuerfeste Ausmauerung *c* Einschnürung der Schmelze *d* Schmelze

Unter P i n c h - Effekt (Abb. 310) versteht man eine von Dr. Hering zuerst beobachtete Erscheinung des Einschnürens des flüssigen Leiters. Denkt man sich diesen in unendlich viele von elektrischen Strömen gleicher Richtung durchflossene Einzelleiter zerlegt, so werden die einzelnen flüssigen Leiterelemente infolge der bekannten elektrodynamischen Wirkung angezogen. Diese Erscheinung tritt stärker

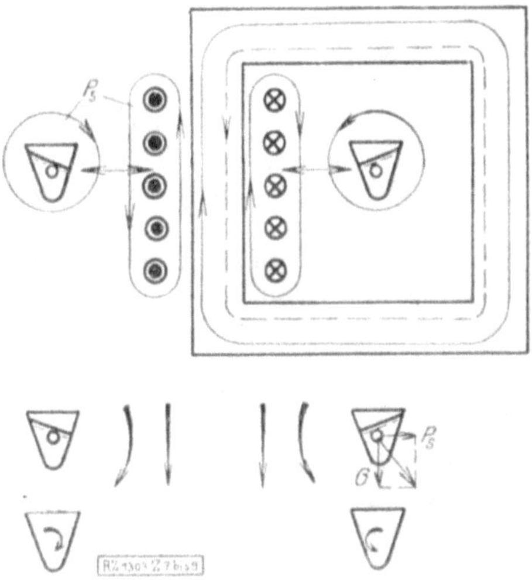

Abb. 311 bis 313. Motoreffekt. Rollbewegung des Metalls im Induktionsofen.

G Gewicht des Motorbades *Ps* elektrodynamische Kraft

auf und kann bis zur Unterbrechung des Stromweges führen, wenn sich die Schmelze in offenen Rinnen befindet und die Stromdichte sehr hoch gesteigert wird. Dem Pinch-Effekt wirkt die Schwerkraft entgegen.

Der Motoreffekt ist ebenfalls eine auf elektrodynamischer Wirkung beruhende Eigenschaft des schmelzflüssigen Leiters, die sich bei Induktionsöfen mit wagrechten Schmelzrinnen durch Schiefstellen der Badoberfläche zeigt (Abb. 311 bis 313).

A. Induktionsöfen.

Im Einrinnen-Induktionsofen mit senkrechter Schmelzrinne benutzt man den Pinch- und Motoreffekt wie auch die thermische Strömung zur Mischung des Metallbades; in der Erkenntnis dieser Erscheinung hat sowohl James Wyatt seinen Ajax-Wyatt-Ofen, als auch Hering seinen Widerstand-Pinch-Ofen aufgebaut.

1. Elektroofen, Bauart Röchling-Rodenhausen.

In Deutschland wurde der erste Induktionsofen zum Schmelzen von Kupfer und seinen Legierungen von der Gesellschaft für Elektroanlagen m. b. H., Berlin-Siemensstadt, bei der Firma

Abb. 314. Induktionsofen, Bauart Röchling-Rodenhauser

Hundt & Weber in Geisweid, Kreis Siegen, nach der Bauart Röchling-Rodenhauser gebaut und im Sommer 1918 in Betrieb genommen, Abb. 314. Dieser Ofen ist ein Zweiphasen-Induktionsofen mit wagrechter Doppelrinne für 1000 kg Höchstfassung, mit unmittelbarem Anschluß an das Drehstromnetz des Elektrizitätswerkes Siegen von 10.000 V und 50 Perioden/s. Der Ofen nimmt 250 kVA bei $\cos \varphi = 0{,}5$ bis 0,25 auf. Der Aufbau des Zweiphasen-Zweirinnen-Induktionsofens Bauart Röchling-Rodenhausen für Nichteisenmetalle ist im wesentlichen der gleiche, wie er aus den vielen Veröffentlichungen für die elektrische Stahlveredlung bekannt ist.

Abb. 315 zeigt die Anordnung der Primärspulen zum Bad im Längsschnitt. Aus dem Schaltbilde der Gesamtanordnung des Schmelzofens bei Hundt & Weber, Abb. 316, ist der Anschluß des Ofentransformators mittels Regeltransformators und aller für die Messung und Schaltung erforderlichen Vorrichtungen zu ersehen.

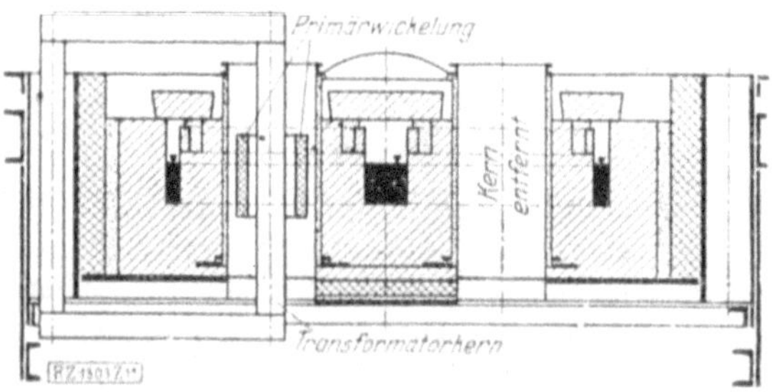

Abb. 315. Schema eines Zweirinnen-Induktionsofens, Längsschnitt

Die Primärwicklungen der Ofentransformatoren sind vollkommen staubdicht gekapselt und werden zum Abführen der eigenen Stromwärme sowie der vom Mauerwerk ausgestrahlten Wärme durch Druckluft gekühlt. Diese Druckluft wird durch einen elektrisch angetriebenen Lüfter erzeugt und den Kühlstellen mit Hilfe von Teleskoprohr, Windverteilkasten und Rohrleitung zugeführt. Die Kühlung beansprucht, je nach der Größe des Ofens, 3½ bis 5½% der Kraftaufnahme. Um ein Verschmutzen der Transformatorenwicklungen zu vermeiden, reinigt man die Kühlluft in stofflosen Filtern.

Die Gesamtanordnung der Schmelzofenanlage bei Hundt & Weber sowie auch die Hochspannungs-Schaltanlage zeigen Abb. 317 bis 320. Die Temperatur des Schmelzbades wird durch Veränderung der dem Ofen zugeführten Spannung und dadurch bedingte Änderung der Energieaufnahme geregelt. Die Badtemperatur kann in ganz engen Grenzen eingestellt werden. Beim Schmelzen von Kupfer-Zink-Legierungen konnte z. B. die Temperatur von 1040° C auf 1035° C verstellt und ebenso beliebig die Temperatur gesteigert werden.

Der Ofen ist mit Spezial-Schamottesteinen feuerfest ausgekleidet; bei dieser Ausmauerung können 500 bis 800 Schmelzen durchgeführt werden. Auf einen praktisch luftdichten Abschluß des Schmelzraumes wurde besonderer Wert gelegt. Diesem Umstand, wie der Möglichkeit, die Schmelztemperatur genau regeln und überwachen zu können, ist es zuzuschreiben, daß bei den Induktionsöfen der Zinkabbrand beim Messingschmelzen nicht mehr als 1% beträgt.

Die Inbetriebnahme dieses Induktionsofens erfordert jeweilig nach Anheizen des leeren Ofens mit Heizringen ein Einfüllen von flüssigem Metall zum Erreichen des Stromschlusses zur Einleitung der ersten Schmelze. Für jede folgende Schmelze muß aus dem gleichen Grunde ein Metallrest zur Einleitung der nächsten Schmelze zurückbleiben.

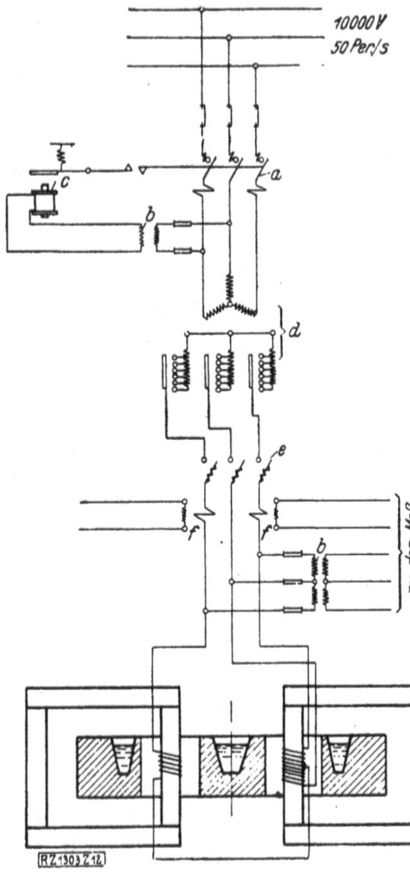

Abb. 316. Schaltbild der Induktionsofenanlage bei Hundt & Weber. Geisweid i. W.

a Höchspannungsölschalter mit Vorstufe
b Spannungswandler
c Nullspannungsauslösung
d Transformator mit Stufenschalter 10000 : 530|500/450/400/350/300 V
e Höchststromausschalter
f Stromwandler

Der Induktionsofen, Bauart Röchling-Rodenhauser, eignet sich deshalb am besten zur Herstellung von großen Mengen gleicher Metallegierungen in ununterbrochenem Betriebe. Der niedrige Leistungsfaktor $\cos \varphi = 0{,}5$ bis 0,25 erschwert den Anschluß an ein fremdes Elektrizitätswerk. Der Kraftverbrauch des Induktionsofens von Hundt & Weber betrug beim Schmelzen einer 1000 kg schweren Messingmenge, je nachdem der Einsatz aus Blockmetall, Gußbruch oder Spänen in reinem, trockenem, feuchtem oder verschmutztem Zustande bestand, 280 bis 350 kWh für 1 Tonne geschmolzenen Metalls. Bei Bronze unter gleichen Bedingungen wie zuvor angeführt, je nach Kupfergehalt der Legierung, 380 bis 550 kWh/t. Die Schmelzdauer schwankte hierbei zwischen 1½ und 2½ Stunden. Die Belastung der drei Phasen des Drehstromnetzes war praktisch gleich.

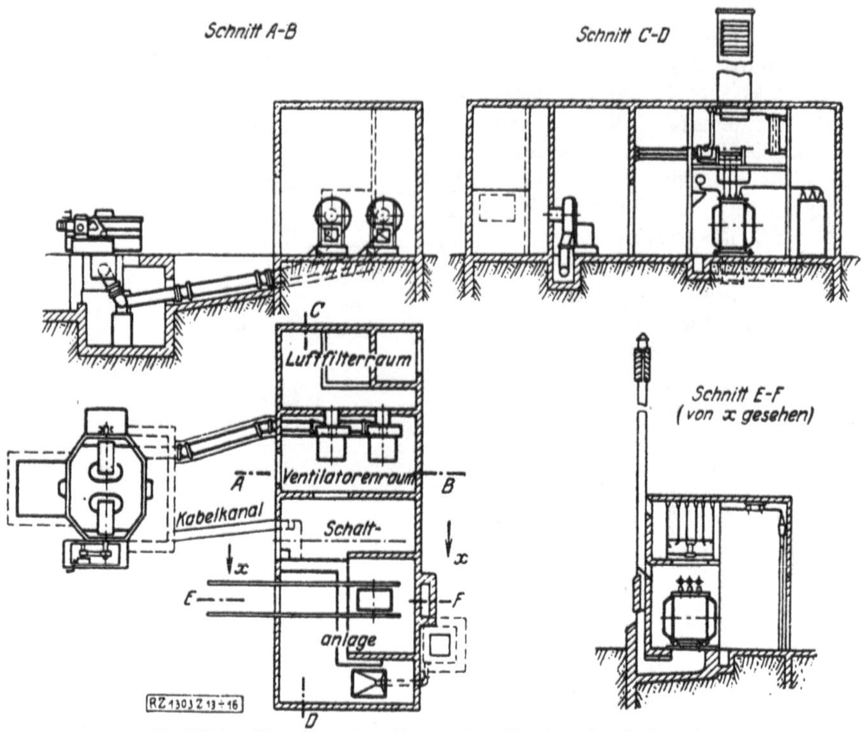

Abb. 317 bis 320. Gesamtanordnung einer Messingschmelzofenanlage Bauart Röchling-Rodenhauser

Die Firma Siemens & Halske, A.-G., Berlin-Siemensstadt, hat bis jetzt von Induktionsöfen, Bauart Röchling-Rodenhauser, zum Schmelzen von Nichteisenmetallen in Deutschland vier und in Luxemburg etwa drei gebaut.

2. Ajax-Wyatt-Ofen*).

Während neuerdings in der Elektrostahlindustrie fast allgemein wegen der hohen Anlagekosten der elektrischen Ausrüstung (umlaufende Umformer) und der Schwierigkeit bei der Zustellung der Induktionsöfen (Durchbruchsgefahr) ein Abschwenken zu den Lichtbogenöfen zu beobachten ist, scheint der Induktionsofen bei den Metallgießereien eher Anerkennung zu finden. Allerdings ist das Anwendungsgebiet der Induktionsöfen für Metallschmelzungen begrenzt, was auch die Erbauer und Erfinder des Ajax-Wyatt-Ofens, C. H. Clamer und J. R. Wyatt von der Ajax Metal Co., freimütig anerkennen. H. W. Gillet und E. L. Mark**) vom Bureau of Mines der Vereinigten Staaten begründen diese Einschränkung der Anwendung des Ajax-Wyatt-Ofens etwa wie folgt:

*) „Die Elektrostahlöfen" von E. Fr. Ruß, München und Berlin 1924, R. Oldenburg, S. 355.

**) „Electric Brass Furnace Practice" by M. W. Gillet and E. L. Mark, Departement of the Interior, Bureau of Mines, Washington, Government Printing Office 1922, S. 263.

Im Induktionsofen herrscht nicht selbsttätig eine reduzierende Atmosphäre wie im Lichtbogenofen, der Kohlen- oder Graphitelektroden benutzt. Daher ist hier normalerweise eine oxydierende Atmosphäre vorhanden, was bedingt, daß man das Metallbad mit einer Schicht Holzkohle bedecken muß.

Durch die Anwesenheit von Sauerstoff bildet sich an den inneren Wänden des Induktionsofens leicht eine Kruste von Zinkoxyd, wodurch allmählich der Schmelzraum zuwachsen würde, wenn man nicht alle zwei oder drei Tage die Kruste mittels Lufthammers beseitigen würde.

Da der Kraftbedarf des Induktionsofens von dem Widerstand des Metallbad-Stromkreises abhängt und der Widerstand von Messing (60 : 40) und reinem Kupfer z. B. sehr verschieden ist, muß, wenn man einen und denselben Induktionsofen für solche verschiedene Legierungen anwenden will, ein Mittel vorgesehen werden, um die Primärspannung zu verändern, etwa durch einen Spar-Anzapftransformator o. ä. Man kann dann die Primärspannung von etwa 2300 bis 6600 Volt auf die Ofenspannung von etwa 220 Volt umsetzen. Dabei könnten Legierungen von 90 v. H. Kupfer und 10 v. H. Zink oder 60 v. H. Kupfer und 40 v. H. Zink im gleichen Ofen behandelt werden. Legierungen von über 90 v. H. Kupfer haben jedoch einen so niedrigen Widerstand, daß eine Widerstandschleife von geringerem Querschnitt angewendet werden müßte, als es für Legierungen mit höherem Zinkgehalt erforderlich ist. Es ist infolgedessen in diesen Fällen sehr schwierig, einen guten Leistungsfaktor zu erzielen, wenn man Legierungen mit hohem Kupfergehalt einschmelzen will. Im allgemeinen ist deshalb der Induktionsofen hierfür weniger geeignet.

Eine weitere, sehr wichtige Einschränkung des Anwendungsbereiches der Induktionsöfen liegt in der Tatsache, daß irgendein Kurzschluß der Widerstandschleife verhängnisvoll werden muß. Ebenso würde irgendein Durchbruch, der sich auf die Primärwindung oder den Kern ergießt, nicht nur den Ofen außer Betrieb setzen, sondern auch zerstörend auf einzelne Ofenteile einwirken.

Aus diesen Gründen muß das feuerfeste Futter der Widerstandschleife vollkommen frei von Rissen und Metalldurchsetzungen gehalten werden. In Amerika wird das Futter aus Asbestzement und andern kostspieligen Stoffen eingestampft. Der Ofen muß langsam an der Luft, dann einige Tage in einem Trockenofen getrocknet werden. Erst dann darf durch langsames Erhitzen die Feuchtigkeit aus dem Ofen getrieben werden, damit der Asbestzement abbindet. Das Einstampfen und Trocknen muß außerordentlich vorsichtig geschehen und erfordert sehr viel Geschicklichkeit und Erfahrung, wenn nicht die Zustellung in kurzer Zeit erneuert werden soll.

Das Asbestzementfutter widersteht gut dem Messing. Die durchschnittliche Haltbarkeit einer solchen Zustellung reicht aus für 75 Tonnen bei einem 30-kW-Ofen oder für 500 Einsätze von 150 kg.

Hingegen verträgt solches Futter nicht die Behandlung von Legierungen, die hohen Bleigehalt haben. Es ist allgemein bekannt, daß das Blei die Fähigkeit hat, in die feinsten Poren jeder Zustellung einzudringen. Aus diesem Grunde raten die Erbauer des Ajax-Wyatt-Ofens nicht zur Verwendung dieses Ofens für Legierungen, die über 3 bis 3,5 v. H. Blei enthalten. Der Ajax-Wyatt-Ofen ist deshalb auch mehr geeignet für Walzwerke, die selten Legierungen auswalzen, die mehr als 3 v. H. Blei enthalten, hingegen weniger geeignet für Metallgießereien, die oft Legierungen mit ziemlich hohem Bleigehalt erschmelzen müssen.

Einen Einphasen-Einrinnen-Induktionsofen mit senkrechter Schmelzrinne hat James Wyatt unter Benutzung des bereits vorher beschriebenen Pinch- und Motoreffektes sowie der Strömungen durch Temperaturunterschiede in den einzelnen Badquerschnitten, zwecks guter Durchmischung des Metallbades gebaut. Dieser Ofen wird von der Ajax Metal Company, Philadelphia U. S. A., für Amerika, von Hirsch, Kupfer- und Messingwerke, A.-G., für Deutschland, Österreich und die Nachfolgestaaten sowie Italien, Schweiz und Rußland ausgeführt.

Die Anordnung des Schmelzofens im Ajax-Wyatt-Ofen mit der in einem spitzen Winkel an der tiefsten Stelle endenden Schmelzrinne, wie auch der Einbau des Transformatoreneisens und der nach Kjellin angeordneten Primärspule ist aus Abb. 307 zu ersehen.

In Deutschland haben die Hirsch, Kupfer- und Messingwerke, A.-G., den Ajax-Wyatt-Ofen mehr nach den Gesichtspunkten der deutschen Metallindustrie ausgebildet, so daß der Ofen in der gleichen Weise wie bei den mit Koks oder Öl geheizten Tiegelöfen beschickt wird. Diese Firma hat in ihrem Neuwerk bei Eberswalde 23 solcher Öfen mit 160 Tonnen Messing Tagesschmelzleistung in Betrieb.

Um möglichst geringe Löhne für die Bedienung der Kokillen aufzuwenden, andrerseits eine Kokille von großer Lebensdauer benutzen zu können und möglichst bei der Bedienung das Fördern großer Gewichte zu vermeiden, haben die Hirsch, Kupfer- und Messingwerke wassergekühlte Kokillen nach der Bauart von Otto Junker, G. m. b. H., für das Gießen von Walzplatten für ihre Ajax-Öfen aufgestellt. Zur Bedienung der Kokillen zweier Öfen ist nur ein Mann erforderlich, ebenso bedient ein Mann auch zwei Ajax-Öfen. Abb. 321 zeigt die Anordnung von Ofen und Kokillen und Abb. 322 eine von den Hirsch, Kupfer- und Messingwerken, A.-G., gebaute normale Ajax-Ofenanlage, mit dem in einer fahrbaren eisernen Bühne eingebauten Ajax-Ofen, der fertig zusammengebaut geliefert wird *).

*) Über weitere ausgeführte Anlagen vergl. Z. f. Metallk., Bd. 18 (1926), Heft 1.

Abb. 323 zeigt die Stromaufnahme eines 60 kW Ajax-Wyatt-Ofens beim Schmelzen einer Legierung mit 60 v. H. Kupfer und 40 v. H. Zink. Man sieht genau das Ansteigen der Leitfähigkeit der Schmelze beim Kupferschmelzen, die Abnahme der Leitfähigkeit während des Einschmelzens von Messingabfall und die

Abb. 321. Ajax-Ofen mit davorstehenden Kokillen

Abb. 322. Fahrbare Bühne mit zwei Ajax-Öfen, gebaut von den Hirsch. Kupfer- und Messingwerken. A.-G.

weitere starke Abnahme der elektrischen Leitfähigkeit beim Einschmelzen von Zink. Ebenso erkennt man am Ende der Einschmelzdauer die Gießfertigkeit der Schmelze aus dem starken häufigen Sinken der Stromstärke, das durch das „Pinchen“, oder durch die Stromunterbrechungen bewirkt wird, hervorgerufen durch in den engen Kanälen auftretende Zink-Gasbildungen.

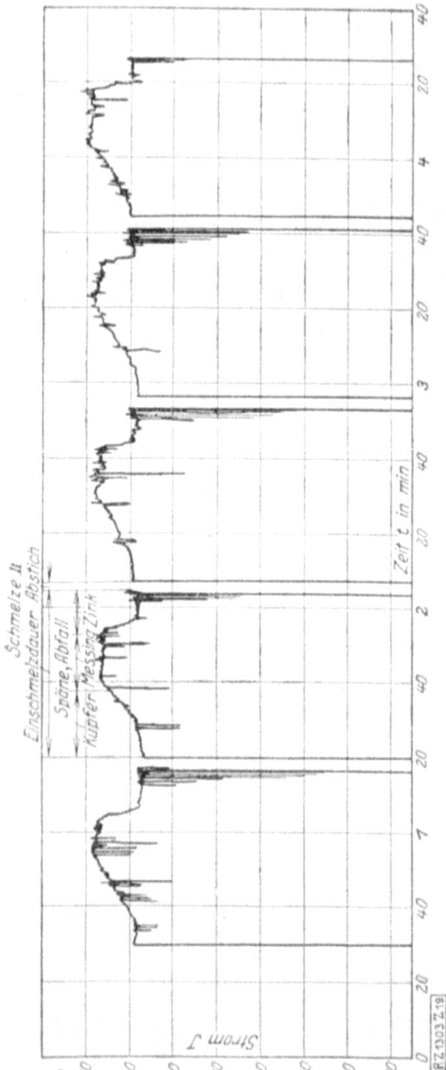

Abb. 323. Stromaufnahme eines 60 kW-Induktionsofens. Bauart Ajax-Wyatt

An der Hand der Schaubilder kann man also dem Schmelzer genau nachweisen, ob er in der angegebenen Reihenfolge die einzuschmelzenden Metalle und Legierungen in den Ofen eingesetzt und ob er auch die Charge rechtzeitig vergossen und nicht überhitzt hat. In einer deutschen Anlage wurden vor Anbringung der Stromschreiber 24 Schmelzen in 24 Stunden ausgeführt. Nach Einführung der Stromschreiber werden laufend 30 Schmelzen in 24 Stunden erreicht.

Die Bridgesport Brass Company hat in ihrem Werk 24 Ajax-Wyatt-Öfen aufgestellt und bereits bis März 1920 rund 45.350 Tonnen Messing geschmolzen. Weitere Anlagen in Messingwerken mit 24, 30 und 41 Ajax-Wyatt-Öfen von 60 kW Kraftaufnahme sind in den Vereinigten Staaten in Betrieb, die Gesamtschmelzleistung aller heute dort im Betrieb befindlichen Öfen beträgt rund 2500 Tonnen Messing täglich. In Deutschland könnten die heute eingebauten Ajax-Öfen rund 500 Tonnen Messing täglich schmelzen.

Die Vorzüge des Ajax-Wyatt-Ofens bestehen außer in der hohen, kaum mehr zu steigernden Wirtschaftlichkeit (der Wirkungsgrad beträgt 90 v. H.) darin, daß ihn jeder ungelernte Arbeiter bedienen und zusammenbauen kann. Diese Eigenschaft hat eine große Verbreitung bedingt. Bei einer Zahl von nahezu 500 Öfen ist er der meist verbreitete elektrische Ofen der Welt. Er wird ausschließlich zum Schmelzen von Kupfer-Zink-Legierungen mit 58 bis 79 v. H. Kupfer für Walz- und Ziehwerke, sowie für Formguß verwendet.

Eine wichtige und wertvolle Eigentümlichkeit des Ajax-Wyatt-Ofens ist, daß beim Messingschmelzen die Gießbereitschaft der Schmelze durch starkes Schwanken des Zeigers angezeigt wird. Dieser Vorgang erklärt sich daraus, daß das Zink in den engen Kanälen des Ajax-Wyatt-Ofens schneller verdampft als das oberhalb der Kanäle befindliche eigentliche Schmelzbad von wesentlich größerem Querschnitt. Die sich ausdehnenden Zinkdämpfe unterbrechen in den engen Kanälen das flüssige Metall und damit die Stromverbindung auf kurze Zeit. Durch diese Art Warnungssignal ist es bei einiger Aufmerksamkeit des Schmelzers möglich, jede Überhitzung des Messings zu vermeiden und praktisch mit dem geringsten Abbrand zu schmelzen. Er beträgt unter diesen Umständen weniger als 1 v. H.

Bei einer Anlage im Rheinland wird beim Schmelzen von Messing für Bleche mit einer Legierung von 61 v. H. Kupfer, 39 v. H. Zink, unter Verwendung eines Einsatzes aus 20 v. H. zylindrisch aufgewickelten Stanzblechabfällen, 20 v. H. Messingplattenabschnitten und dem Rest in Wirebars und Plattenzink, ein Abbrand von 0,6 v. H., auf Zink bezogen, erzielt. Der Kraftbedarf beträgt bei 30 bis 31 Abgüssen von je 250 kg in 24 Stunden 182 kWh/t; bei Abstichen von 480 kg werden 17 bis 18 Schmelzen in 24 Stunden bei gleichem Kraftverbrauch erreicht. Dieses Ergebnis liefert die Anlage seit Monaten im Dauerbetrieb.

Der Ajax-Wyatt-Ofen wird nur in einer Größe mit einer Fassung von 250 bis 360 kg gebaut. Die Kraftaufnahme beträgt 60 kW, höchstens 80 kW, bei $\cos \varphi = 0{,}8$ und 50 Per./s. Die Öfen werden auch für 25 Per./s ausgeführt. Die jährlichen Ausbesserkosten eines Induktionsofens für Messing sind niedriger als bei einem mit Anthrazit gefeuerten Tiegel-Schachtofen. Dagegen wird beim Ajax-Ofen außer der Ersparnis an Tiegelkosten und Löhnen ein wesentlich geringerer Abbrand erreicht und durch die leichtere Nachprüfung und Regelung der Schmelztemperatur ein besserer Guß gewonnen. Durch Vermeidung von Ausschuß wird eine 5 bis 10 v. H. höhere Leistung erreicht. Die feuerfeste Auskleidung hält im Mittel 2000 Schmelzen; Hüttenreisen von 5000 bis 7000 Schmelzen sind keine Ausnahme *). Bei Fingspongs Metallurgiska Aktielskab in Fingspongs erreichte die Auskleidung eines Ajax-Ofens 20.000 Schmelzen, wobei rund 6000 Tonnen Messing geschmolzen wurden.

---

*) Die von Dr. Nathusius in Z. d. V. D. I., Bd. 69 (1925) S. 1471, mitgeteilten Zahlen sind der Veröffentlichung „Electric Brass Furnace Practice“ (1922) S. 263 entnommen.

Der Ajax-Wyatt-Ofen wird nicht nur für den Kokillenguß, sondern auch mit großem Erfolg für Formguß verwendet. Heute schmilzt mit solchen Öfen eine der größten amerikanischen Armaturenfabriken in 24 Stunden rund 80 Tonnen dünnwandigen Armaturenguß. Alle Versuche mit Öfen mit Koks- oder Ölfeuerung sowie mit Lichtbogenöfen führten nicht zu einwandfreien Ergebnissen wie der Versuch mit dem Ajax-Wyatt-Ofen mit seinem vollkommen porenfreien Guß.

Für das Warmhalten des Ofens werden nicht mehr als 5 bis 8 kWh, beim Ausbringen von 6 bis 8¼ Tonnen in 24 Stunden benötigt. Es stehen also dem Ajax-Wyatt-Ofen infolge seines niedrigen Kraftverbrauches auch jene Werkstätten offen, wo nur 8 bis 10 Stunden an einem Tage gearbeitet wird. In Betrieben, wo der Strom nicht mehr als 5 bis 8 Pf./kWh kostet und 8 Stunden täglich gearbeitet wird, ist der Ajax-Wyatt-Ofen jedem Koks-Tiegelofen wirtschaftlich überlegen.

Der Ajax-Ofen wird mit e i n p h a s i g e m Wechselstrom von normaler Periodenzahl und Spannungen zwischen 200 und 500 Volt betrieben. Bei Drehstromanlagen schließt man jeden Ofen an eine Phase des Netzes an; da jedoch meistens mehrere Öfen gleichzeitig in Betrieb sind, kann man die Drehstromnetze auf allen Phasen gleichmäßig belasten. Ferner ist wichtig, die Schalteinrichtungen so einfach und zuverlässig wie möglich auszustatten, denn sie müssen Tag und Nacht arbeiten und werden dabei von ungelernten Leuten bedient. Falsche Schaltungen müssen durch elektrische oder mechanische Sperrungen unmöglich gemacht werden.

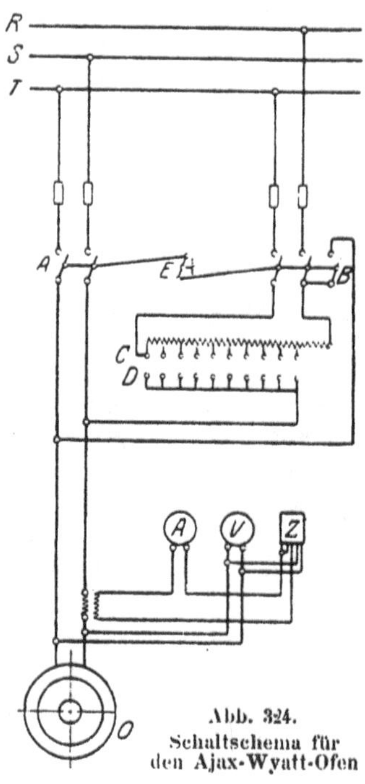

Abb. 324. Schaltschema für den Ajax-Wyatt-Ofen

Eine Schaltung, die sich in der Praxis gut bewährt hat, ist in Abb. 324 veranschaulicht. Der Ofen O wird durch den Schalter A an die Hauptspannung oder durch den Schalter B über Autotransformator C und Stöpselbrett D an eine niedrigere Spannung angeschlossen. Eine mechanische Sperrung E verhindert das gleichzeitige Einlegen der beiden Schalter, außerdem ist dafür gesorgt, daß bei falscher Stöpselung am Brett D der Transformator C niemals rückwärts unter Spannung gesetzt werden kann.

Was die Aufstellung des Ofens betrifft, so richtet sich diese nach den Formen der Gießerei. Man kann entweder den Ofen fest einrichten und die Formen bewegen oder umgekehrt. In beiden Fällen benutzt man zweckmäßig elektrisch betriebene Kippvorrichtungen, die eine sehr genaue Regulierung des ausfließenden Metallstrahles gestatten.

Die wirtschaftliche Seite des Ofens mag an Hand der folgenden Zahlen beurteilt werden. Der Stromverbrauch zum Schmelzen von Messing zwischen 58 und 70 v. H. Kupfergehalt beträgt im Dauerbetrieb 200 bis 210 kWh/t. Der Leistungsfaktor cos φ bleibt über 0,70. An Löhnen kann man bei gut geführten Betrieben und bei zweckentsprechenden Formen rechnen, daß ein Mann einen Ofen bedienen kann, d. h. daß 6000 kg mit 24 Arbeiterstunden geleistet werden können. Die Metallverluste betragen je nach Einsatz zwischen 0,5 und 1 v. H. Die Öfen werden nur für eine Leistung von 60 kW gebaut, eine Größe, die für die Messingwerke sich vorzüglich eignet. Der beschriebene Induktionsofen wird von der *Hirsch, Kupfer- und Messingwerke A.-G.*, Eberswalde, hergestellt.

Betriebskosten.

Bei einer Leistungsaufnahme von 60 bis 70 kW können in 8 Stunden 2000 kg geschmolzen werden, wobei als Einsatzstoffe Gußbruch, Steiger, Angüsse, Plattenzink und bis zu 15 v. H. reine trockene Späne in Betracht kommen. Bei 280 Arbeitstagen ergibt sich ein Jahresausbringen von 560 Tonnen.

Stromkosten für 1 Tonne:

für das Schmelzen 210 kWh zu 0,08 Mk. . . . . 16,80 Mk.

für das Warmhalten während der Arbeitspausen in einer Woche: an 6 Tagen zu 16 Stunden = 96 Stunden, am Sonntag 24 Stunden, zusammen 120 Stunden je 8 kW = 960 kWh zu 0,08 Mk. = 76,80 Mk. In einer Woche werden 12 Tonnen geschmolzen, daher für 1 Tonne $\frac{76{,}80}{12}$ = . . 6,40 Mk.

für die Kühlung des Ofens: 24 Stunden × 7 Tage × 0,3 kW = $\frac{50{,}8 \text{ kWh}}{12 \text{ Tonnen}}$ = 4,5 kWh/t zu 0,08 Mk. = 0,36 Mk.

Zustellungskosten:

die feuerfeste Auskleidung eines Ofens kostet 200 Mk.; damit können 1500 Schmelzen zu je 250 kg erschmolzen werden, daher betragen die Kosten für 1 Tonne: $\frac{200}{1500 \times 0{,}25}$ = ... 0,54 Mk.

Löhne:

Bedienung des Ofens und Heranschaffen des Einsatzes: 1 Hilfsarbeiter zu 0,75 Mk./Stunde $\frac{9 \text{ Stunden} \times 0{,}75 \text{ Mk.}}{2 \text{ Tonnen}}$ = ... 3,38 Mk.

Abbrand:

der Abbrand, auf den Metallgehalt des Einsatzes bezogen, beträgt 2 v. H., also 20 kg zu 1 Mk. 20,— Mk.

Abschreibung und Verzinsung:

Gesamtanlagekosten: 17.000 Mk.

10 v. H. Abschreibung	1700 Mk.
15 v. H. Verzinsung	2550 Mk.
	4250 Mk.

Übertrag . . . 47,48 Mk.

im Jahre werden 560 Tonnen geschmolzen, daher

für 1 Tonne: $\frac{4250}{560}$ = ... 7,60 Mk.

Werkzeug und Gezähe für 1 Tonne . . . . . . 0,42 Mk.

Umschmelzkosten beim Ajax-Wyatt-Ofen für 1 Tonne Messing . . . . 55,50 Mk.

Die Umschmelzkosten betragen dagegen bei Tiegelzugöfen mit Koksfeuerung:

Brennstoffkosten:

für 1 Tonne Messing 500 kg Koks zu 2,50 Mk. . . 12,50 Mk.
(d. h. für 80 kg Metall 40 kg Koks = kg Koks für 1 kg Metall, Anheizkoks unberücksichtigt).

Tiegelkosten:

1 Tiegel faßt 80 kg, hält 25 Schmelzen aus, also 2000 kg, und kostet 15 Mk.; Kosten für 1 Tonne: $\frac{15}{2}$ = ... 7,50 Mk.

Ofeninstandhaltung:

Erneuerung der Ausmauerung . . . . . . 0,50 Mk.

Löhne:

Bedienung des Koksofens durch 1 Schmelzer zu 0,75 Mk./Stunde während 9 Stunden und 1 Helfer 4½ Stunden für Koksförderung und Anheizen des Ofens; also 13½ Stunden zu 0,75 Mk. = 10,12 Mk.; erforderlich sind 3 Tiegelöfen für je 80 kg, die in 8 Stunden (1 Stunde anheizen) 1920 kg erschmelzen; daher für 1 Tonne $\frac{10.12}{1,92}$ = 5,28 Mk.

Abbrand:

der Abbrand beträgt 5 v. H., d. h. 50 kg Metall zu je 1 Mk. . . . . 50,— Mk.

Werkzeug und Gezähe . . . . 0,72 Mk.

Umschmelzkosten für 1 Tonne . . . . . . 76,50 Mk.

B. Lichtbogenöfen.

Von den Lichtbogen-Strahlungsöfen, deren Mischbewegung um die wagrechte Ofenachse umläuft, sind bisher der Detroit-Schaukelofen der Electric Furnace Company, Detroit, und der Rheinmetall-Ofen der Hirsch, Kupfer- und Messingwerke, A.-G., in der Metallindustrie verbreitet. Beide enthalten einen trommelartigen Ofenkörper, der mit feuerfestem Stoff ausgekleidet ist und durch dessen Grundflächen die Elektroden in das Ofeninnere geführt werden.

1. Booth-Ofen.

Abb. 325 zeigt die Bauart des Booth-Ofens für eine Fassung von 125 und 250 kg. Das Wesentliche ist, daß eine der Elektroden durch die Ladetür geführt wird. Abgestochen wird an der gegenüberliegenden Grundfläche der zylindrischen Trommel. Der Ofen wird mittels eines durch Elektromotor und Schneckengetriebe angetriebenen Laufrollenpaares, das den Ofenkörper nur durch Reibung mitnimmt, gedreht. Bei dem größten Booth-Ofen für 500 und 100 kg Fassung wird die Ausgußöffnung durch einen gesteuerten Stopfen abgeschlossen oder geöffnet und noch mit einem feuerfest ausgekleideten Lenkrohr versehen. Das Rohr hat den Zweck, das Verspritzen von Metall beim Gießen in Kokillen oder Formen zu vermeiden. Booth baut diese Öfen in vier Größen, für 125 bis 160 kg mit 75 kVA, für 250 bis 300 kg mit 125 kVA, für 500 bis 630 kg mit 180 kVA und für 1000 bis 1270 kg mit 300 kVA.

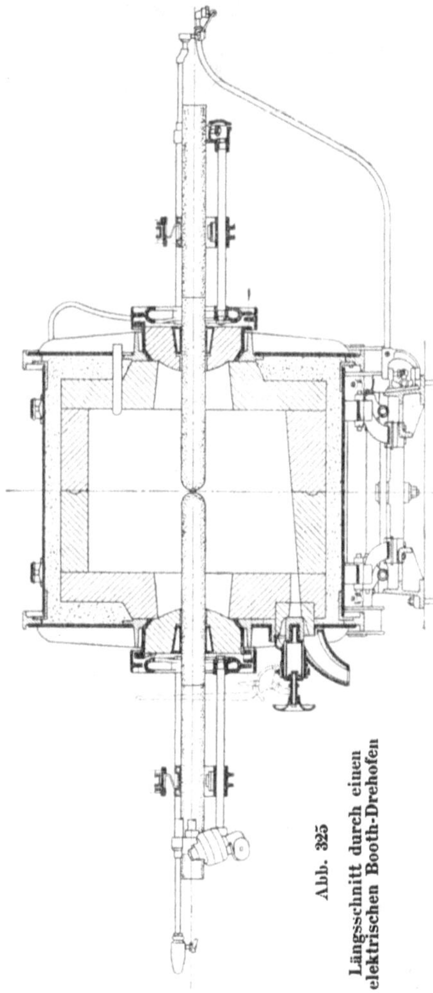

Abb. 325
Längsschnitt durch einen elektrischen Booth-Drehofen

Die Ausmauerung des Booth-Ofens (Abb. 326) besteht aus vier Teilen einer Sonder-Schamotte und wird gegen den eisernen Ofenmantel durch Kieselgur isoliert. Eine Zustellung, von letzter Schmelze bis Wiederbeginn einer neuen Schmelze gerechnet, kann in 24 Stunden erneuert werden. Die Lebensdauer einer Zustellung beträgt 500 bis 1000 Schmelzen und der Elektrodenverbrauch bei Verwendung von Graphit 1,1 bis 2,68 kg für 1 Tonne geschmolzenen Messings.

Laut Angaben der die Öfen benützenden Firmen stellt sich der Kraftverbrauch je nach Ofengröße und Art des Einsatzstoffes, ob Messing oder Rotguß, ob Dreh- oder Bohrspäne, ob Fräs-, Feil oder Schleifspäne, ob Gußbruch oder Blockmetall, ob

Abb. 326
Ausmauerung eines Booth-Ofens

in reinem Zustande oder durch Öl, Seifenwasser oder Werkstättenkehricht usw. verunreinigt, bei einem täglichen Betrieb von 8 bis 10 Stunden auf 395 bis 280 kW/t; bei 24stündigem Betrieb ermäßigen sich diese Werte auf 258 bis 235 kWh/t. Als Schmelzdauer einer Messingschmelze werden 30 bis 40 Min. genannt, als Zeit von Abstich zu Abstich 45 bis 65 Min.; bei halbtägigem Betrieb konnten 8 bis 10 Einsätze, bei durchgehendem Betrieb 16 bis 20 Einsätze geschmolzen werden. Die Dauer einer Kupferschmelze beträgt 1 Stunde. Durch den guten Abschluß und das Umlaufen des Ofens, das immer neue Teile der Schmelze mit der heißen Zustellung in Berührung bringt und so Schmelze wie Zustellung durch Temperaturausgleich vor Überhitzung schützt, außerdem für starke Mischung sorgt, beträgt der Abbrand bei Messingschmelzen, je nach der Art des Einsatzes, 1,4 bis 2 v. H., bei Rotguß 0,75 v. H.

Nach Herausziehen der Elektroden und Öffnen der Beschicktür wird in den noch von der vorhergehenden Schmelze warmen Ofen das Schmelzgut eingebracht. Handelt es sich hierbei um ölige oder verschmutzte Späne oder Gußbruch, so läßt man, um Explosionen zu vermeiden, den Ofen bei ausgezogenen Elektroden und geöffnetem Abstich oder nicht ganz geschlossener Ladetür so lange umlaufen, bis das Öl abgebrannt ist. Erst dann werden Abstich- und Ladeöffnung geschlossen, die Elektroden eingefahren und der Strom eingeschaltet. Je nach Art des eingebrachten Metalles wird bei sperrigem Messingblechschrot, Blockmetall oder Gußbruch der Ofen so lange geheizt, ohne umzulaufen, bis das Metall geschmolzen ist; erst dann setzt man den Ofen in Umdrehung. Der Schmelzer erreicht bald die Fertigkeit, nach der Schmelzzeit zu beurteilen, ob der Einsatz gießfertig ist, ohne daß er genötigt wäre, durch Öffnen der Tür die Schmelze zu prüfen. Vor dem Abstich wird der Strom ausgeschaltet und die Umlaufbewegung des Ofens abgestellt, so daß sich das Abstichloch an der tiefsten Stelle befindet. Das Metall fließt nach Öffnen des Abstiches in die Gießpfanne. Ist die Pfanne voll oder will man den Abfluß unterbrechen, so wird der Ofen so weit zurückgedreht, bis sich die Abstichschnauze oberhalb des Metallspiegels befindet. Bei der nächsten Pfanne dreht man den Ofen wieder nach unten, so daß der Ofen ganz entleert werden kann.

2. Rheinmetall-Ofen.

Die Booth-Öfen werden ausschließlich für Einphasen-Wechselstrom gebaut und mit einer Lichtbogenspannung von 110 Volt betrieben. In Amerika scheinen die Elektrizitätswerke keine Schwierigkeiten bei der einphasigen Belastung des Drehstromnetzes zu machen. In Deutschland stößt der einphasige Anschluß bei größeren Leistungen an die vorhandenen Drehstromnetze mitunter auf Schwierigkeiten. Aus diesem Grunde hat der Ingenieur Metzger, Eberswalde, den Rheinmetall-Ofen als Lichtbogen-Strahlungsofen mit umlaufender Trommel für unmittelbaren Anschluß an Drehstrom gebaut. Ein besonderes Kennzeichen dieses Ofens ist die Anordnung der Elektroden, die, nur durch eine Stirnseite des Ofens geführt, gegenseitig um 120° versetzt sind und sich in einem bestimmten Winkel zur Wagrechten im Ofeninnern treffen (Abb. 327). Durch die eigentümliche Winkelstellung der Elektroden zueinander entsteht ein Lichtbogen, ähnlich der Stichflamme der Ölöfen, ohne daß die Elektroden gegenüber dem Schmelzgute abgeschalltet werden. Hier sei auch besonders bemerkt, daß man beim Rheinmetall-Ofen gegenüber anderen

Abb. 327. Rheinmetall-Drehstrom-Rollofen, gebaut von den Hirsch, Kupfer- und Messingwerken, A.-G.

Rollöfen, wie dem Booth-Ofen, Detroit- und Humboldt-Ofen, die Ofentrommel innerhalb 1 bis 2 Stunden gegen eine andere ausgemauerte Trommel auswechseln kann, ohne die übrigen Ofenteile, wie Rollkränze, Elektroden-Bewegungsvorrichtungen, Strom- und Kühlwasserleitungen abbauen zu müssen. Das kommt dort wirksam zur Geltung, wo man nach Kupfer-Zinn-Legierungen zinnfreies Metall oder Grauguß usw. schmelzen will. Die Trommel ist in den beiden Rollkränzen mittels Druckschrauben zentriert, ähnlich wie das Arbeitsstück in einem Spannfutter auf der Drehbank. Durch Lösen der Druckschrauben auf der unteren Hälfte der beiden Rollkränze senkt sich die Ofentrommel auf zwei an den Rollkränzen befestigte Leitrollenpaare und kann mittels zweier Hand-Spindelgetriebe aus den Rollkränzen herausgeschoben oder wieder hineingezogen werden. Für die Strom- und

Kühlwasserführung dient ein eigener Schleifringkörper, der mittels eines Mitnehmerrohres mit dem rückwärtigen Rollkranz gekuppelt ist.

Bei dem Rheinmetall-Ofen sind Beschicktür und Abstichöffnung an der den Elektroden gegenüberliegenden Stirnwand angeordnet, so daß der Ofen auf der gleichen Seite beschickt und entleert werden kann, ohne daß diese Arbeitsvorgänge durch Elektroden oder elektrische Leitungen behindert werden. Dadurch wird eine vollkommene räumliche Trennung zwischen dem elektrischen und metallurgischen Teil des Ofens erreicht.

Die Auskleidung besteht aus einer hochfeuerfesten basischen Schamotte, die 300 bis 800 Schmelzen aushält. Besonders beachtenswert ist die Wärmeisolierung des Rheinmetall-Ofens, der bei vorhergegangenem Dauerbetrieb nach einer Arbeitspause von 12 Stunden immer noch eine Innentemperatur von 650 bis 700° C aufwies.

Abb. 328. 200 kg-Einphasen-Rollofen, Bauart Rheinmetall

Die Rheinmetall-Rollöfen, die heute in einer ganzen Reihe von Betrieben in Tätigkeit sind, werden in zwei Größen gebaut: die größere Bauart hat 1000 kg, die kleinere Bauart 500 bis 750 kg Fassung, bei 250 kW Kraftaufnahme und cos φ = 0,9 bis 0,8. Die Lichtbogenspannung beträgt nach Art des Schmelzgutes und der örtlichen elektrischen Verhältnisse 90, 100 oder 110 Volt. Die Temperatur wird durch Verlängerung der Lichtbogenlänge geregelt, indem man die Elektroden in ihrer Längsrichtung verstellt. Durch Beeinflussung des die Elektroden-Verstellvorrichtung treibenden Elektromotores von einem selbsttätigen Eilregler wird der Schmelzer der Sorge um ständige Überwachung der Elektrodenregelung enthoben.

In einem deutschen Werke wurden Rotgußspäne mit der von der Reichsbahn vorgeschriebenen Legierung im Rheinmetall-Ofen geschmolzen. Hierbei betrug der Rohabbrand, einschließlich der Verunreinigungen 2 v. H. Der Kraftverbrauch war 400 kWh/t, die Chargendauer 55 Minuten. Der Elektrodenverbrauch schwankte zwischen 1,9 und 2,4 kg/t. Der Rheinmetall-Ofen wird in ähnlicher Weise wie der Booth-Ofen gedreht. Die Hirsch, Kupfer- und Messingwerke A.-G., baut diese Rheinmetall-Öfen auch für kleinere Einsatzgewichte, und zwar für 100 und 200 kg Fassung, Abb. 328, jedoch nur für Einphasen-Wechselstrom, ähnlich wie die Öfen der Booth Elektric Furnace Company.

3. Detroit-Schaukelofen*).

Der Detroit-Schaukelofen der Detroit Electric Furnace Company, Detroit, unterscheidet sich von dem vorher beschriebenen Booth-Rollofen dadurch, daß er nicht eine volle Umdrehung macht, sondern nur eine Pendelbewegung von 200° ausführt. Die Beschicköffnung ist beim Detroit-Schaukelofen an der Mantelfläche der Ofentrommel und die Ausgußschanze etwas unterhalb der Beschickgrenze angeordnet. Er ist allgemein verwendbar und zeichnet sich durch Einfachheit, Sicherheit und Sparsamkeit des Betriebes aus. Er ist auch bezüglich des Futters nicht den Beschränkungen unterworfen wie der Ajax-Ofen.

Der Detroitofen, Abb. 329, zeichnet sich durch sehr einfache und gedrängte Bauart aus. Er ist trommelförmig und hat zwei in der Drehachse der Trommel gelagerte wagrechte Elektroden. Die Trommel ist mit starkem zylindrischen Stahlblech bewehrt; hieran sind zwei Spurkränze, die in vier Rollen gelagert sind, und Zahnkränze angebracht, auf die ein Zahnradgetriebe wirkt, das mit dem Kipp- und Schaukelmotor gekuppelt ist. Die Trommel kann so leicht gekippt, geschaukelt und um ihre Achse gedreht werden. Das Eisenblech ist innen zunächst mit Isoliersteinen aus Sil-o-cel (Infusorienerde), dann dahinter mit hochfeuerfesten Korunditsteinen mit hohem Tonerdegehalt ausgemauert, die den eigentlichen Schmelzherd bilden.

In dem Stahlblechzylinder der Trommel ist an einer Stelle ein Ausschnitt gemacht, an dem eine während der Schmelzzeit dicht verschließbare Ladetür angebracht wird. Unter dieser Ladetür ist eine kleine Abstichrinne angeordnet, die ebenfalls während der Schmelzdauer durch einen Tonfleck verschlossen werden kann.

Die elektrische, selbständige Schaukelvorrichtung sieht einen Anschlag vor, so daß beim Schaukeln der Trommel nach dem Einschmelzen des Schrots zwecks besserer Durchmischung der Legierung das flüssige Bad niemals bis an die Tür herankommt. Zum Abstich wird der Tonfleck aus der Abstichrinne entfernt und die Trommel so weit gekippt, daß das Metallbad durch diese Rinne restlos aus dem Schmelzraum ausfließen kann. Die Zusammensetzung der Legierung jedes neuen Einsatzes ist also durch die vorhergehenden Einsätze unbeeinflußt und kann beliebig oft geändert werden.

Die Abstichpfanne oder der Abstichtiegel werden hierbei, sofern es sich um Öfen größerer Fassung (z. B. von 1000 kg)

*) Z. d. V. D. I. Bd. 69 (1925) S. 1470.

handelt, durch einen kleinen Schwenkkran gehalten, der neben dem Ofen angeordnet ist. Die seitlichen Elektrodenhalter, die sich ebenfalls durch einfache Konstruktion auszeichnen, sind an den Stahlblechböden der Stirnseiten der Trommel angebracht. Sie machen also die Kipp- und Schaukelbewegung des Ofens mit. Die Elektrodenklemmbacken wie die Abdichtung der Elektroden beim Eintritt in die Stirnwände der Trommel werden mit Wasser gekühlt.

Die Stromzuleitungen zu den Klemmbacken der Elektroden sind aus biegsamen Kabeln hergestellt. Dies bedeutet einen großen Vorteil gegenüber den Öfen, die, wie der Booth-, Ruß- und Rheinmetallofen, umlaufen und mit empfindlichen und verwickelten Schleifkontakten ausgerüstet sein müssen. Die Elektrodenhalter sind auch so lang, daß die Elektroden während des Ladens voll-

Abb. 329. Elektroschaukelofen, dessen Trommel abgehoben und unmittelbar über die Gußform gebracht werden kann

kommen aus dem Schmelzraum herausgezogen werden können, wodurch Elektrodenbruch hierbei vermieden wird.

Neuerdings werden auf Wunsch die Detroitöfen auch so eingerichtet, daß die Trommel zum Gießen abgehoben und unmittelbar über die Gußform gebracht werden kann, wodurch Wärme- und Gießverluste infolge Einschaltens eines Zwischengliedes, der Gießpfanne oder des Gießtiegels, während der Gießens vermieden werden. Abb. 329.

Nachdem die Erfinder des Detroitofens erkannt hatten, daß zum Schmelzen von Metallen der Ofen mit mittelbarem Lichtbogen, bei dem also die Lichtbögen über der Beschickung überspringen und nicht auf die Beschickung gerichtet sind, der geeignetste ist, mußten sie auch Mittel und Wege angeben, um dessen Nachteile möglichst zu beseitigen. Sie kamen deshalb darauf, diesen Ofen während und nach dem Einschmelzen des festen Einsatzes in verschiedenen Stufen einstellbar elektrisch und selbsttätig zu schaukeln.

Diese Maßnahme soll folgendes bewirken:

1. Unter den Lichtbögen an der Oberfläche der Einsätze darf keine Überhitzung eintreten, da durch das Schaukeln die Lichtbögen immer wieder über neuen Stellen des Einsatzes zu liegen kommen; deshalb geringe Metallverluste.
2. Die Ausmauerung darf nicht thermisch überbeansprucht werden, da auch hier die Lichtbögen während des Schaukelns ihre Wärme nicht nach einer und derselben Stelle hin ausstrahlen, und weil etwaige im Mauerwerk aufgespeicherte übermäßige Wärme mit dem Bade fortgespült wird, wodurch die Haltbarkeit der feuerfesten Zustellung erhöht und der thermische Wirkungsgrad des Ofens gesteigert wird.

   Nach Angaben der Lieferfirma soll der Detroitofen einen thermischen Wirkungsgrad von 75 v. H. gegenüber 10 bis 15 v. H. der alten, mit Brennstoff gefeuerten Öfen haben.
2. Das Bad soll eine mäßige Rührbewegung erhalten, wodurch das Enderzeugnis eine vollständig homogene Legierung ergibt, die frei von allen Gas- und Schlackeneinschlüssen, d. h. außerordentlich dicht ist. Selbst bei Legierungen mit 30 v. H. Bleigehalt sollen keine Seigerungen eintreten.

   Da durch das verschieden einstellbare Schaukeln nur eine Rührbewegung in gewünschten Grenzen (entgegen der sehr heftigen bei den Induktionsöfen) veranlaßt wird, können Teile aus der Zustellung nicht ins Bad gespült werden.
4. Das Einschmelzen soll rasch vor sich gehen, wodurch die Tageserzeugung erhöht und der Lohnanteil an den Gestehungskosten und die unproduktiven Ausgaben für Krane, Maschinen usw. herabgesetzt werden.

Bei der Cadillak Motor Car Co., Detroit, waren drei Detroitöfen von 110 kg und zwei solcher Öfen von 340 kg Fassung in Betrieb. Die kleineren Öfen nahmen 75 und die größeren 150 kVA an Leistung auf.

Nach dem Einsetzen des Schrotes und dem Einschalten des Stromes beginnen die Öfen die Schmelzperiode in Ruhestellung. Nach etwa 5 bis 10 Minuten, d. h. wenn der Ofen rund 10 kWh (bei den größeren Öfen rund 20 kWh) aufgenommen hat, wird die selbsttätige elektrische Schaukelvorrichtung zunächst in geringem Ausmaß angestellt. Sobald der Einsatz ganz geschmolzen ist, wird im größten Ausmaß geschaukelt.

Die Einstellung der verschiedenen Stufen der Schaukelvorrichtung richtet sich nach der Art der Legierungen und ist eine Erfahrungssache.

Ein einziger Mann genügt, um alle Arbeiten am Ofen zu verrichten. Bei den kleineren Öfen dauert die Einschmelzzeit rund 20 bis 40 und bei den größeren Öfen rund 55 Min. So können 8 bis 25 Einsätze in 8 Stunden abgegossen werden. Der Stromverbrauch schwankt je nach Ofengröße für 1000 kg Fertigerzeugnis zwischen 330 und 360 kWh, eingearbeiteten und ununterbrochenen Betrieb vorausgesetzt.

Die verwendeten Einphasentransformatoren haben zwei hochspannungsseitige Zuführungen und zwei niederspannungsseitige Ableitungen, die sich aber nachher zur Vermeidung der Selbstinduktion wieder teilen. Sie transformieren den Strom von der jeweiligen Netzspannung auf die Ofenspannung, die bei den kleineren Öfen 125 Volt betrug. In diese Transformatoren ist eine Drosselspule mit eingebaut, um die Stromstöße abzudämpfen und das stromliefernde Kraftwerk vor Überlastung zu schützen. Bei den größeren Öfen beträgt die Reaktanz 28 v. H., bei den kleineren 40 v. H.

Bei der im Betrieb Hayes Mfg. Co. in Erie waren vier Detroitöfen: 2 Öfen von 340 kg Fassung bei 150 kVA Transformatorleistung, 1 Ofen von 225 kg Fassung bei 125 kVA Transformatorleistung, 1 Ofen von 110 kg Fassung bei 75 kVA Transformatorleistung. Hier handelte es sich um eine reine Elektrometallgießerei, d. h. sie hatte alle ihre alten Ölfeuerungsöfen abgerissen und arbeitete nur noch mit Detroitöfen. Es wurden Messingrohre und Fittings hergestellt.

Zahlentafel 1.

Herstellung von Rotguß in einem 1-Tonnen-Detroitofen
(short ton = 907 kg).

In den Zahlentafeln metrische Gewichte; Preise und Lohnkosten beziehen sich auf amerikanische Verhältnisse.

Legierung: 85 v. H. Kupfer, 5 v. H. Zinn, 5 v. H. Blei, 5 v. H. Zink.
Gegossen in Sandform.
Gießtemperatur 1180 bis 1210 ° C.
Schichteneinteilung 9½ Stunden am Tage.
Durchschnittliches Einsatzgewicht rund 0,9 Tonnen.
Durchschnittliche Schmelzdauer 60 Min.
Erzeugung 7 Einsätze = 6,35 Tonnen in 9½ Stunden.

Schmelzkosten für 1000 kg:	
Stromverbrauch 315 kWh/t zu 8,4 Pf./kWh	26,40 Mk.
Feuerfeste Stoffe (vollständige Zustellung für 1000 Einsätze insgesamt 945 Mk.)	0,95 Mk.
Elektrodenverbrauch 1,62 kg/t zu 2,20 Mk./kg . . .	3,55 Mk.
Löhne für 1 Arbeiter und die halbe Zeit von 1 Helfer je 2,10 2,10 Mk./Stunde	4,70 Mk.
Ausbesserungen und Schlosserarbeiten	1,10 Mk.
Metallverlust 0,5 v. H. = 5 kg zu 1,12 Mk./kg . . .	5,60 Mk.
Gesamte Schmelzkosten für 1 Tonne Rotguß	42,30 Mk.

Zahlentafel 2.

Herstellung von Kraftwagenteilen in einer Automobilfabrik in Detroit in einem 340-kg-Detroitofen.

Legierung: 84 v. H. Kupfer, 5 v. H. Zinn, 8 v. H. Blei, 3 v. H. Zink.
Gußstücke: Hochwertiger Guß für Kraftwagen.
Schichteneinteilung 9½ Stunden am Tage. Der Ofen wurde von Hüttenflur von Hand beschickt.
Durchschnittliches Einsatzgewicht 340 kg.
Durchschnitliche Schmelzdauer 55 Min.
Gießtemperatur 1190 bis 1230° C.
Erzeugung 8 Einsätze = 2,7 Tonnen in 9½ Stunden.

Schmelzkosten für 1000 kg:

Stromverbrauch 320 kWh/t zu 8,4 Pf./kWh	26,90 Mk.
Feuerfeste Stoffe (vollständige Zustellung für 1800 Einsätze kostet 1200 Mk.)	1,95 Mk.
Elektrodenverbrauch 1,62 kg/t zu 2,20 Mk./kg	3,55 Mk.
Löhne für 1 Arbeiter zu 2,40 Mk./Stunde	8,45 Mk.
Ausbesserungen und Schlosserarbeiten	1,10 Mk.
Metallverlust 0,5 v H. = 5 kg/t zu 1,10 Mk./kg . . .	5,50 Mk.
Gesamte Schmelzkosten für 1 Tonne hochwertigen Automobilguß	47,45 Mk.

Zahlentafel 3.

Herstellung von Rotguß in einer Metallgießerei in einem 100-kg-Detroitofen.

Legierung 80 v. H. Kupfer, 1 v. H. Zinn, 11 v. H. Blei, 8 v. H. Zink.
Gußstücke: Kleine Rohransätze, Luftventile und Gas- und Wasserleitungsverbindungsstücke.

Gießtemperatur: 1150° C.
Schichteinteilung 9½ Stunden am Tage. Der Ofen wurde von Hand beschickt.
Durchschnittliches Einsatzgewicht 100 kg.
Durchschnittliche Schmelzdauer 20 bis 25 Min.
Erzeugung im Mittel 18 Einsätze = 1,8 Tonnen in 9½ Stunden.

Schmelzkosten für 1000 kg:

Stromverbrauch 305 kWh/t zu 9,5 Pf.	29,— Mk.
Feuerfeste Stoffe (vollständige Zustellung für 1500 Einsätze kostet insgesamt 315 Mk.)	2,10 Mk.
Elektrodenverbrauch 2,55 kg/t zu 2,10 Mk./kg	4,75 Mk.
Löhne für 1 Arbeiter zu 2,40 Mk./Stunde	12,65 Mk.
Ausbesserungen und Schlosserarbeiten	1,10 Mk.
Metallverlust 0,6 v. H. = 6 kg/t zu 1,10 Mk./kg . . .	6,60 Mk.
Gesamte Schmelzkosten für 1 Tonne Rotguß	56,20 Mk.

Zahlentafel 4. Betriebsbericht über den Detroit-Elektroschaukelofen der Kennedy Valve Mfg. Co., Elmira, N. Y., 3. Nov. 1924.

Einsatznummer	1	2	3	4	5	6	7	8	9	10	11
Die Zustellung hielt Einsätze	10	11	12	13	14	15	16	17	18	19	20
Beginn des Ladens	7^{10}	7^{38}	8^{03}	8^{28}	8^{53}	9^{19}	9^{42}	10^{05}	10^{27}	10^{47}	11^{10}
Zeit des Stromeinschaltens	7^{15}	7^{41}	8^{06}	8^{30}	8^{58}	9^{22}	9^{45}	10^{07}	10^{29}	10^{50}	11^{13}
Zeit des Stromausschaltens	7^{36}	8^{01}	8^{23}	8^{48}	9^{16}	9^{39}	10^{02}	10^{24}	10^{45}	11^{07}	11^{28}
kWh-Aufnahme vor d. Schaukeln	15	12	10	10	10	10	10	10	10	10	10
Gesamtverbrauch kWh	35	30	29	28	27	26	25	26	24	24	27
Metalltemperatur °C	1240	1240	1240	1240	1240	1240	1200	1240	1240	1240	1200
Gewichte des Einsatzes kg	90	90	90	90	90	90	90	90	90	90	90
Zusammensetzung und Analyse des Einsatzes	Steiger Blöcke Dreh-späne 85 5 5 5	desgl.	desgl.	desgl.	Hoch-wertige Ringe Steiger Blöcke Dreh-späne	Steiger Blöcke Dreh-späne 85 5 5 5	desgl.	desgl.	desgl.	desgl.	desgl.
Betriebspause Min.	—	—	—	—	—	—	—	—	—	—	—
Betriebspause Ursache	—	—	—	—	—	—	—	—	—	—	—

Einsatznummer	12	13	14	15	16	17	18	19	20	21	22
Die Zustellung hielt Einsätze	21	22	23	24	25	26	27	28	29	30	31
Beginn des Ladens	11^{30}	11^{58}	1^{03}	1^{27}	1^{52}	2^{15}	2^{35}	3^{03}	3^{24}	3^{45}	4^{06}
Zeit des Stromeinschaltens	11^{33}	12^{40}	1^{06}	1^{30}	1^{55}	2^{17}	2^{42}	3^{05}	3^{26}	3^{48}	4^{11}
Zeit des Stromausschaltens	11^{49}	12^{57}	1^{24}	1^{47}	2^{12}	2^{33}	2^{58}	3^{21}	3^{42}	4^{03}	4^{26}
kWh-Aufnahme vor d. Schaukeln	10	10	10	10	10	10	10	10	10	10	10
Gesamtverbrauch kWh	24	27	24	26	25	24	24	25	25	24	25
Metalltemperatur °C	1240	1260	1200	1240	1240	1240	1240	1240	1240	1240	1240
Gewichte des Einsatzes kg	90	90	90	90	90	90	90	90	90	90	90
Zusammensetzung und Analyse des Einsatzes	Ringe Steiger Blöcke Dreh-späne	Steiger Blöcke Dreh-späne 85 5 5 5	desgl.	desgl.	desgl.	desgl.	desgl.	desgl.	desgl.	desgl.	desgl.
Betriebspause Min.	40	—	—	—	—	—	—	—	—	—	—
Betriebspause Ursache	Mittag	—	—	—	—	—	—	—	—	—	—

Der Stromverbrauch betrug für 1 Tonne Fertigerzeugnis rund 350 kWh. Der Abbrand an Metallen wurde mit 0,89 bis 1 v. H. angegeben. Auch hier war das Ofenblech zuerst mit Isoliersteinen gegen Wärmeableitung isoliert, dann war nach innen eine Schicht Korrundsteine gemauert. Solche Zustellung soll 1168 Einsätze von je rund 360 kg aushalten. Andere Firmen sollen Haltbarkeiten bis zu 2000 Einsätzen mit einer Zustellung erzielt haben. Der Elektrodenverbrauch wurde für 1 Tonne Fertigerzeugnis mit 1,8 kg Graphitelektroden angegeben. Die Einphasentransformatoren für die Öfen von 150 bezw. 125 bezw. 75 kVA Leistung transformierten den Strom auf die Ofenspannungen von 90 bis 140 V. Die Stromstärken schwankten hierbei zwischen 3400 und 3800 A.

Auch bei der Lumen Bearing Co., Buffalo, war neben Ölfeuerungsöfen und den weniger verbreiteten elektrischen Widerstandsöfen von Baily ein Detroitofen von 450 kg Fassung.

Einzelne Betriebszahlen seien angeführt, s. Zahlentafel 1 bis 3.

Zahltentafel 4 ist aus dem Betriebsbuch eines amerikanischen Werkes, der Kennedy Valve Mfg. Co., Elmira N. Y., entnommen.

Aus obigen Ausführungen ist klar ersichtlich, daß auch für deutsche Verhältnisse drei Vorteile der elektrischen Schmelzverfahren sicher sind:

die Verringerung der Metallverluste, die bei unserer Armut an Erzlagerstätten besonders wichtig ist;

die Erhöhung der Tageserzeugung;

gesündere Arbeitsbedingungen durch Fortfall von Rauch und Staub.

Die Frage der Schmelzkosten wird von einem genauen Vergleich der örtlichen Strompreise und der Preise der sonst angewendeten Brennstoffe abhängen.

Die Vermeidung der teuren Tiegel beim elektrischen Schmelzverfahren wird hier schwer in die Wagschale fallen. Auch die Lohnfrage wird bei der steten Steigerung unserer Löhne zu berücksichtigen sein.

Allen Kennern des elektrischen Schmelzverfahrens wird es ohne weiters einleuchten, daß das Fertigerzeugnis besser und gleichmäßiger sein muß.

Berücksichtigt man ferner, daß auch in Amerika das elektrische Schmelzen von Metallen erst seit etwa einem halben Jahrzehnt praktisch durchgeführt wird, und daß deshalb noch mancher Fortschritt, sei es in dem mechanischen Aufbau der Öfen und in ihrer feuerfesten Auskleidung (Elektrodenregelung usw.) in der nächsten Zukunft zu erwarten ist, so wird man um so mehr ermutigt werden, auch der deutschen Metallindustrie diese Fortschritte dienstbar zu machen.

Zusammenfassung.

Die umlaufenden Lichtbogen-Strahlungsöfen haben folgende besonderen Vorzüge:

gute Mischfähigkeit;

vorzügliche Ausnutzung der Wärme, damit verbunden niedrigen Kraftverbrauch;

geringen Abbrand und die Möglichkeit, ohne Zuhilfenahme eines flüssigen Einsatzes die nächste Charge einleiten zu können;

Unabhängigkeit von der elektrischen Leitfähigkeit der Schmelze;

Unabhängigkeit in der Wahl und Reihenfolge der zu schmelzenden Legierungen.

C. Hochfrequenzöfen.

Die Rollöfen werden in Amerika wie in Europa heute fast ausschließlich zum Schmelzen von Rotguß und Bronzen verwendet, da sie für das Messingschmelzen von dem wesentlich einfacheren Ajax-Wyatt-Ofen verdrängt wurden. In der neuesten Zeit beginnt der Hochfrequenzofen, Bauart Ajax-Northrup, dessen Grundlagen E. F. Northrup 1916 schuf und 1919 in einem Vortrage vor der American Electrochemial Society veröffentlichte, in der Metallindustrie, insbesondere zum Schmelzen von Nickellegierungen (Neusilber usw.) in Amerika und Europa Fuß zu fassen. Bei der American Brass Co. sind zur Zeit für diesen Zweck 12 Öfen in Bau oder im Betrieb. In England sind in einem Werk 42 Öfen für Stahllegierungen im Betrieb. In Deutschland wird ein solcher Ofen bei den Hirsch, Kupfer- und Messingwerken, A.-G., aufgestellt. Außerdem sind kleine Hochfrequenzöfen in vielen Untersuchungsanstalten im Betrieb.

Bekanntlich beruht der Vorteil der Beheizung mit Hochfrequenzstrom darauf, daß bei der Induktion keine physische magnetische Verkettung erforderlich ist, so daß durch eine Spule ein innen befindlicher leitender Tiegel mit nichtleitendem Material oder leitendes Material in nichtleitendem Tiegel erhitzt werden kann. Die zugehörigen ruhenden Hochfrequenz-Erzeuger werden derzeit für 25 kW Einphasen- oder 60 kW Drehstrom gebaut und umfassen einen Öltransformator mit Reaktanz, einen Satz Kondensatoren und eine Funkenstrecke mit zweipoligem Alkoholtropfer. Der Einphasenwandler enthält zwölf Kondensatoreinheiten und bildet einen mit gelochtem Blech bekleideten Kasten von 73×103 cm Grundfläche und 168 cm Höhe. Der Drehstromwandler 60 kW mit 36 Kondensatoreinheiten hat 2×1 m Grundfläche und die gleiche Höhe. Die Hochfrequenzwandler sind teuer und machen 80 bis 90 v. H. der Kosten der ganzen Schmelzeinrichtung aus. Bei einem Energieerfordernis über 60 kW reichen ruhende Wandler nicht aus und es muß zu rotierenden Umformern gegriffen werden. Sieben Arten von Schmelzöfen für die verschiedensten Metalle wurden bisher gebaut:

1. Hochtemperatur- und Vakuumöfen;
2. Tiegelöfen;
3. Münzöfen;
4. Wärmebehandlungsöfen;

5. Graphitierungsöfen;
6. Mischheizungs- und Muffelöfen;
7. große kippbare Gießöfen.

Ist die verfügbare Hochfrequenzenergie beschränkt, so ist eine Temperaturerhöhung leicht durch Verkleinerung der Schmelzmasse erreichbar.

Der Hochtemperatur und Vakuumofen ist feststehend und besitzt eine Induktionsspule aus isolierten, flachen Kupferröhren mit 42 Windungen, durch welche das Kühlwasser läuft. Der Inhalt wird durch den Boden durch Abziehen einer Asbestscheibe entleert. Der Ofen wird zum Schmelzen von Molybdän, elektrolytischem Eisen und Platin verwendet und hat einen Kohlen- oder Graphittiegel von 5,6 cm lichtem Durchmesser und 17,5 cm Höhe. Die Schmelztemperatur wird in 15 bis 20 Min. erreicht. Für Schmelzen im Vakuum wird eine Quarzröhre mit gekühltem Deckel benützt.

Der elektrische Tiegelofen, in vier Größen gebaut, ist kippbar, ruht auf einem Tisch und erhält den Strom durch seine Metallfüße. Der Ofen eignet sich besonders zum Schmelzen von Gold und Platin, hat 15 cm Durchmesser und schmilzt 4,5 bis 6,8 kg Kupfer oder 3,4 bis 4,5 kg Stahl. Eine andere Type zeigt einen Tiegel mit 25 cm oberem Durchmesser, welcher 22,7 kg Kupfer oder 11,4 kg Stahl aufnimmt. Stahlspäne wurden mit 15 kW in 35 Min. geschmolzen. Ein anderer Tiegel ist zur Erschmelzung reinen Platins und Iridiums gebaut, besteht aus Silicammaterial und ist von einem Quarztiegel umgeben. Die Zu- und Abfuhr des Kühlwassers zur Spule erfolgt durch 10 m lange Gummischläuche, wodurch genügend Isolation erreicht ist. Northrup baute auch für Versuche mit keramischen Materialien und für die Bestimmung des Schmelzpunktes von Gasen einen Ofen mit großem Hitzeraum, dessen zylindrischer Tiegel 150 mm lichten Durchmesser und 300 mm Höhe hat und durch Lampenruß wärmeisoliert ist. Die Temperatur kann bis 2500° C gesteigert werden.

Der Münzofen wurde für die Münze der V. St. A. in Philadelphia gebaut. Ein Versuch mit Silberbarren ergab eine Schmelzdauer von 7 Stunden, einen Verbrauch von 12,5 kW für jede Phase, bezw. von insgesamt 156,5 kW, entsprechend einem Ausbringen von 2,68 kg Silber auf die kWh. Für eisenhältige Metalle und solche hohen Widerstandes werden nichtleitende Tiegel, für Gold, Silber, Kupfer besser Graphit- und Kohletiegel verwendet. Die rasche Oxydation der letzteren wird durch eine Auskleidung gehindert, deren Zusammensetzung wohl nicht bekanntgegeben wird, deren Eigenschaft jedoch ist, bis 2000° C auszuhalten, gegen Licht undurchdringlich zu sein, sich mit der Kohle chemisch zu verbinden und zu gestatten, daß andere Auskleidungen über sie gelagert werden können. Über die Dauerhaftigkeit lassen sich noch keine Angaben machen.

Wärmebehandlungsöfen dienen dazu, Stahlgegenstände, wie Messerklingen, schnell und gleichmäßig zur erforderlichen Temperatur zu erhitzen.

Graphitierungsöfen werden mit einer Schicht Kohlenböcken beschickt, welche in Lampenruß gebettet werden. Durch Induktionsheizung wird die Kohle schnell auf die Graphitierungstemperatur gebracht. Dieses Verfahren dürfte für die Erzeugung von Kohlenbürsten Bedeutung erhalten.

Zu den gemischten Ofenarten gehört ein Glühofen für 1000° C, welcher dem elektrischen Ofen von Heraeus ähnlich gebaut ist, ferner ein 60 kW-Schmelzofen, welcher kippbar ist und mit Drehstrom betrieben wird. Der Wirkungsgrad des ruhenden Hochfrequenz-Umformers ist 60 bis 70 v. H., so daß mit der Energie von 35 bis 40 kW 273 kg Silber oder andere Metalle bei 1200° C eingeschmolzen werden können. Der im Betrieb stehende Ofen zeigt einen Eisenkasten von 8 mm Wandstärke, 1140 mm Höhe, 690 mm Tiefe und 780 mm Breite. Die Höhlung hat 250 mm Durchmesser. Die Stromzufuhr geschieht durch feste Kontakte, welche sich beim Kippen lösen.

Der große kippbare Hochfrequenzofen, Abb. 330, besteht aus einer um einen Graphittiegel konzentrisch angeordneten Primärspule, deren Kraftlinienfeld das im Innern des Tiegels befindliche Schmelzgut durch die Wirbelströme zum Schmelzen bringt. Die Öfen werden mit einer Frequenz von 500 bis 20.000 Perioden/s gebaut, und zwar die Öfen mit 3000 kg Fassung mit der niedrigen, die kleinen bis 10 kg Fassung mit der hohen Frequenz. Außerdem ist die Frequenz auch abhängig von der Art und Menge des Schmelzgutes. Magnetisches Metall kann mit niedrigerer Frequenz geschmolzen werden als unmagnetisches. Der Wirkungsgrad dieser Öfen ist infolge der erforderlichen Periodenumformer-Anlage verhältnismäßig niedrig und beträgt bei einem 300 kg-Ofen rund 65 v. H. gegenüber dem Wirkungsgrad des Ajax-Ofens von nahezu 88 bis 90 v. H. Der Hochfrequenzofen kann deshalb für das Messingschmelzen diesen nicht verdrängen. Aber überall dort, wo hohe Anforderungen infolge der hohen Schmelztemperatur an die Ausmauerung gestellt werden, und wo kein Sumpf für die Einleitung der nächsten Schmelze erwünscht ist, wird sich der Hochfrequenzofen sein Feld erobern.

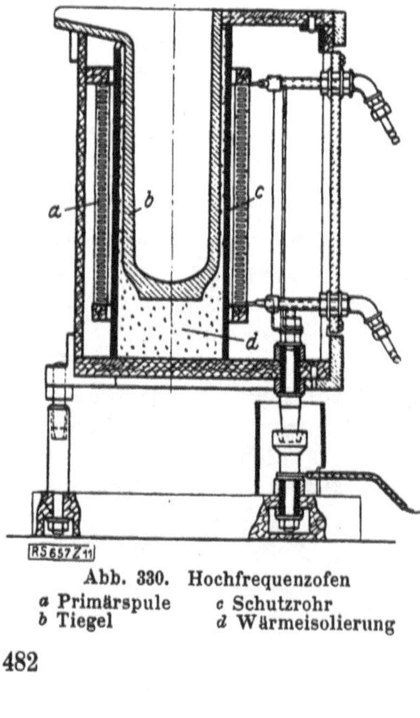

Abb. 330. Hochfrequenzofen
a Primärspule c Schutzrohr
b Tiegel d Wärmeisolierung

Wie beim Ajax-Wyatt-Ofen wird auch beim Hochfrequenzofen die Schmelze durch den

Motoreffekt vorzüglich durchgemischt (Abb. 331).

Abb. 332 zeigt eine Hochfrequenz-Ofenanlage in England. Zwecks Verbesserung des Leistungsfaktors ist der Ofenspule eine Kapazität parallel geschaltet; der cos beträgt bei einem 300-kg-Ofen mit 100/kW Leistung und 500 Perioden/s rund 0,9.

Bei einem solchen Ofen muß der hochfrequente Wechselstrom mittels Periodenumformer, bestehend aus einem normalen Ein- und Mehrphasenmotor von 50 Perioden/s und einem Hochfrequenz-Einphasen-Stromerzeuger und Erregerdynamo, erzeugt werden. Bei Hochfrequenzöfen bis zu 10 kg Fassung und 35 kVA Leistung, wird für die Umwandlung der Frequenz von 50 auf 20.000 Perioden/s ein Quecksilberunterbrecher in Verbindung mit einem Kondensator verwendet; Abb. 333 ist das Schaltbild einer solchen Anlage.

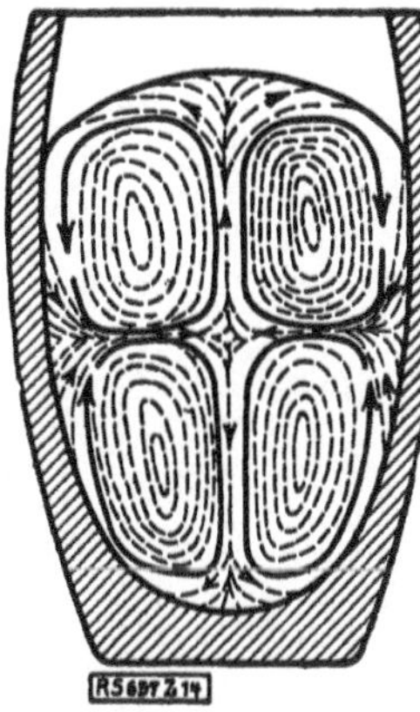

Abb. 331. Bewegung des Schmelzgutes im Tiegel eines Hochfrequenz-Induktionsofens

Elektrischer Ofen für hohe Temperaturen.

G. Ribaud *) hat einen elektrischen Ofen für sehr hohe Temperaturen, über 3000° C, entworfen; dieser besteht aus einem Graphitzylinder, der mit Hochfrequenzstrom beheizt wird, und an

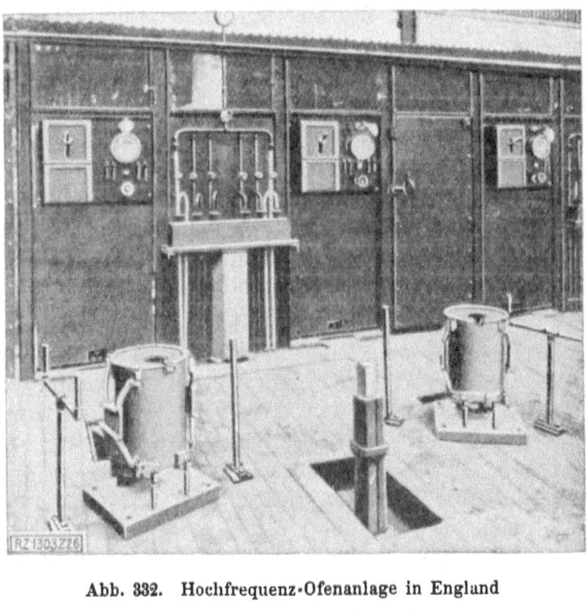

Abb. 332. Hochfrequenz-Ofenanlage in England

*) Comptes rendus hebdomadaires des Séances de l'Académie des Sciences, 8. Juni 1925, S. 1733/38.

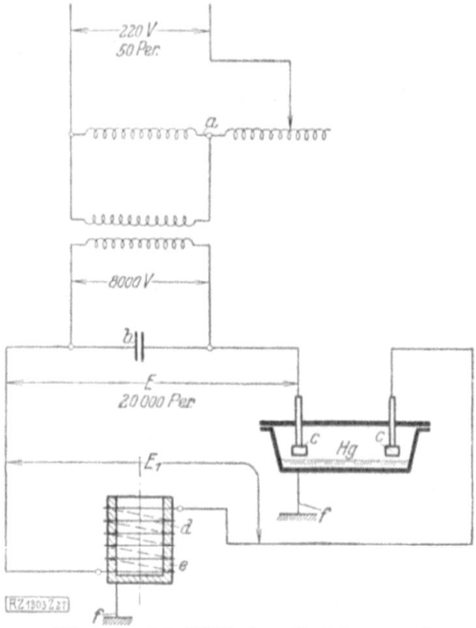

Abb. 333. Schaltbild eines Hochfrequenzofens, Bauart Ajax-Northrup mit 10 kg Fassung und 35 kVA Leistung

a Regeltransformator
b Kondensator
c Quecksilber-Funkenstrecke
d Ofenspule
e Tiegel
f Erdleitung

diesen schließt sich ein zweiter Zylinder aus poröser, gekrönter Kohle an, der mit einem Einsatzstück aus dem gleichen Stoff verschlossen wird und weder wärme- noch stromleitend ist. Wenn der Kohlenzylinder rund 8 cm lang ist, kann man ihn ohne Schaden berühren, selbst wenn im Innern Temperaturen von 3000° C herrschen. In England hat Rosenhain im National Physical Laboratory in Teddington mit einem elektrischen Ofen aus aneinandergesetzten Graphitringen von 500 cm³ Inhalt, bei 10 kW Stromverbrauch rund 1700° erreicht, während der Ofen von Ribaud bei gleichem Stromaufwand 1800° C mit 3000 cm³, 2500° C mit 500 cm³ und über 3000° C mit 100 cm³ Ofeninhalt ergibt.

In den Versuchsanstalten der General Electric Co. in Schenectady und der Western Electric Co. in New-York werden Vakuumröhren von hoher Leistung hergestellt, unter anderem eine Röhre mit einer Wolframstange von ¼ Zoll im Durchmesser, die einen Primärstrom von 300 Ampere führt; eine solche Röhre ist imstande, 1000 kW zu entsenden. Mittels solcher Röhren ist es möglich, Hochfrequenzöfen zu speisen ohne Kondensatoren, Funkenstrecken und Schwingungskreise benützen zu müssen.

Wenn man auch die rasche Verbreitung des elektrischen Ofens zum Schmelzen von Nichteisenmetallen in den Vereinigten Staaten zum großen Teil der Blütezeit im Kriege zuschreiben kann, so war es doch mehr dem gesunden Sinn des Amerikaners für die Bewertung der wirtschaftlichen und technischen Vorzüge des elektrischen Ofens zuzuschreiben, wenn diesem der Vorzug gegenüber den bisher üblichen Schmelzverfahren gegeben wurde. Auch die deutsche Metallindustrie hat in den letzten drei Jahren den Elektroofen zum Schmelzen von Nichteisenmetallen im wesentlichen zum Schmelzen von Kupfer-Zink-Legierungen eingeführt (allein über 71 Ajax-Öfen) oder steht unmittelbar vor dessen Anwendung.

1. Spezial-Schmelzöfen für Metalle von BBC.

Brown, Boveri & Co. hat im Jahre 1918 einen ihr patentierten Lichtbogenofen in ihren Werkstätten aufgestellt, dessen Betriebsresultate so günstig ausgefallen sind, daß die Firma die Fabrikation und den Verkauf dieser Öfen aufnahm. Inzwischen ist die Entwicklung der elektrischen Metallschmelzöfen so weit fortgeschritten, daß im Anschluß an die Graugußgießerei der Badener Werkstätten im Jahre 1919 eine neue Elektro-Metallgießerei errichtet wurde, bestehend aus drei Schmelzöfen, die den ganzen Bedarf der Werkstätte decken. Von den von auswärts bestellten und bereits im Betriebe befindlichen Anlagen sind zu erwähnen: Die der Schweizerischen Metallwerke Selve & Cie. in Thun, mit drei kompletten Öfen; die der Schweizerischen Lokomotiv- und Maschinenfabrik Winterthur und die der Eidgenössischen Münzstätte in Bern, mit je einem und die von Roll'schen Eisenwerke Clus mit zwei Öfen; ferner ein 300-kg-Metallschmelzofen bei den Messingwerken C. Kulmitz in Achenrain (Tirol). In Linz ist ein 100-kW-Ofen der Firma Rheinmetall bei der Firma Gugg im Betriebe.

Beschreibung des BBC.-Metallschmelzofens.

Brown-Boveri hat zwei Normaltypen entwickelt. Die kleinere von beiden ist für ein Fassungsvermögen von 200 bis 300 kg gebaut und wird entweder mit Handregulierung oder mit der in einem anderen Kapitel ausführlich behandelten automatisch-hydraulischen Elektrodenregulierung ausgerüstet. Die Type für maximal 600 kg Einsatzgewicht wird nur mit automatischer Regulierung gebaut. Diese Öfen eignen sich besonders zum Schmelzen von Metall und Legierungen, wie Kupfer, Nickel, Silber, Bronze, Messing, Kupfernickel usw., jedoch können auch Grauguß, Ferromangan und hochwertige Qualitätsstähle geschmolzen werden.

Zum Unterschied von den meisten Lichtbogen-Stahlöfen ist hier der kleine zylindrische Ofenkörper liegend angeordnet. Zwei bewegliche Elektroden ragen, mit einer Gasdichtung und einem Kühlring versehen, durch den Deckel in die Ofenwanne. Die dritte Elektrode ist fix in den Boden eingebaut und naturgemäß entsprechend gekühlt. Der eigentliche Ofenkörper kann in kürzester Zeit aus seiner Lagerung herausgenommen und durch eine Reservewanne ersetzt werden, so daß sich dieser Ofen vorzüglich für kleinere Metallgießereien eignet, bei welchen nacheinander verschiedene Metalle oder Legierungen in einem Ofen geschmolzen werden sollen.

Die elektrische Anlage eines Brown-Boveri-Ofens.

In der Regel ist bei vorhandenen elektrischen Kraftanlagen die Spannung zu hoch, um sie ohne weiteres zum Betriebe von elektrischen Öfen benützen zu können. Der Anschluß des elektrischen Ofens geschieht deshalb meistens an eine Dreiphasen-Hochspannungsleitung unter Zwischenschaltung eines Dreiphasen-Ofentransformators, der den hochgespannten Strom auf die für den Ofenbetrieb geeignete Spannung herabsetzt.

Die Dauerleistung des Ofentransformators für den normalen Ofen von 200 bis 300 kg Charge schwankt je nach dem Material, das geschmolzen werden soll, zwischen 80 und 140 KVA. Der Transformator selbst wird gewöhnlich als ölgekühlter Transformator mit natürlicher Kühlung ausgeführt und, entsprechend den besonderen Ansprüchen des Betriebes, mit kurzschlußsicheren Wicklungsabstützungen (Patent Brown-Boveri) versehen.

Zum Dämpfen der Stromstöße, die bei Beginn der Schmelzperiode bei kaltem Einsatz auftreten können, ist normalerweise in der Oberspannungsleitung eine dreiphasige Drosselspule eingebaut. Diese kann, wenn speziell gewünscht, so vorgesehen werden, daß sie nach Belieben mit Hilfe eines dreipoligen Schalters überbrückt werden kann. Die Größe der Stromstöße auf das Netz hängt hauptsächlich von der Zusammensetzung und Art des Einsatzes ab, des weiteren von der Art der Beschickung, ob aus schweren Blöcken oder aus leichterem Material bestehend, ferner vom Zustande des Ofens (ob kalt oder warm), sowie von der Geschicklichkeit des den Ofen bedienenden Arbeiters.

Der Leistungsfaktor der elektrischen Metallofenanlage variiert, je nachdem die Drosselspule eingeschaltet oder überbrückt ist und zwar in folgenden Grenzen:

Bei überbrückter Drosselspule: $\cos \varphi = 0{,}97-0{,}93$.
Bei eingeschalteter Drosselspule: $\cos \varphi = 0{,}92-0{,}88$.

Die gleiche stoßdämpfende Wirkung kann durch eine höhere Kurzschlußspannung des Transformators erzielt werden.

Der Ofen in metallurgischer Beziehung.

Der elektrische Ofen wird in der Eisen- und Stahlindustrie seit zirka 1900 verwendet und findet dort immer weitere Verbreitung. Doch erst während der Kriegsjahre hat er Eingang in die Metallgießerei gefunden.

Die größten Hindernisse, welche sich der Einführung der elektrischen Schmelzverfahren in die Metallgießerei entgegenstellten, waren:

Vorurteile und ganz falsche Vorstellungen von enorm hohen Temperaturen, die unter den Elektroden herrschen sollten, Temperaturen, durch welche das zu schmelzende Metall überhitzt, „verbrannt" und unbedingt verdampft werden müsse. Durch die mit den Öfen im Gießereibetriebe gemachten Erfahrungen hat sich die Grundlosigkeit solcher Befürchtungen vollständig erwiesen.

Die Schmelzung von Messing ergab anfänglich einige Schwierigkeiten hinsichtlich Abbrand, jedoch läßt sich durch entsprechende Maßnahmen bei der Beschickung des Ofens der hier hauptsächlich in Betracht kommende Zinnabbrand auf ein zulässiges Maß reduzieren. Das Zinn wird zu diesem Zwecke nach vollständiger Niederschmelzung der Charge kurz vor dem Ausgießen aufgegeben. Während des Niederschmelzens ist darauf zu achten, daß die Bedienungsmannschaft nicht unnütz die Chargiertüre offen läßt, ferner hat die bei den neueren Brown-Boveri-Öfen vorgesehene gasdichte Elektrodendurchführung sehr günstig gewirkt.

Auch Aluminium kann im BBC-Ofen geschmolzen werden. Das Bad wird hierbei durch eine besonders dicke Schlackenschichte entsprechender Zusammensetzung geschützt. Bei Aluminiumschmelzung empfiehlt sich die Einführung des 24stündigen Betriebes, da bei nur achtstündiger Schmelzarbeit des Ofens der Prozeß durch die Schmelzung der großen aufgegebenen Schlackenmenge unwirtschaftlich wird.

Schmelzleistung des Ofens.

Die Schmelzleistung des Ofens ist eine Funktion der dem Ofen zugeführten elektrischen Energie, der spezifischen Wärme und der Gießtemperatur des zu schmelzenden Metalls. Ebenso übt (in gewissen Grenzen) die Geschicklichkeit des Arbeiters im Chargieren und Regulieren einen Einfluß auf die Leistung des Ofens aus. Entsprechend den Schmelzpunkten der verschiedenen Metalle bestimmt sich die Leistung des Transformators. So wird ein Ofen, in welchem vorwiegend Weichmetalle, wie Zinn, Blei, oder deren Legierungen geschmolzen werden sollen, mit einem kleineren Transformator ausgestattet als ein Ofen, der zum Schmelzen von Stahl oder Nickel usw. dienen soll.

In Kolonne 6 und 7 der Tafel 1 sind die Schmelzleistungen des Ofens für verschiedene Metalle für 8- und 24stündige Arbeitsschicht zusammengestellt. Die angeführten Leistungen entsprechen den in gut organisierten Gießereibetrieben erhaltenen Resultaten; Chargier- und Ausgießzeiten sowie die Anheizcharge sind in den 8, resp. 24 Betriebsstunden berücksichtigt. So wird z. B. das für Münzsilber pro 8 Stunden angegebene Schmelzquantum von 1600 kg in 5 Stunden geschmolzen, während die übrige Zeit für das Chargieren und Gießen der kleinen Kokillenformen verwendet wird.

Die Möglichkeit, den elektrischen Ofen kontinuierlich in Betrieb zu erhalten, erlaubt den Gießereien, durch Einschalten von Tag- und Nachtschichten auch die größten Arbeitsanhäufungen innerhalb kürzester Zeit zu bewältigen, ohne die Schmelzanlagen erweitern und neue Mittel dafür anlegen zu müssen. Da der Ofen sowohl wie der elektrische Teil der Schmelzofenanlagen für kontinuierlichen Betrieb konstruiert sind, so bleibt eine in obigem Sinne vorgenommene Verlängerung der täglichen Betriebsdauer ohne schädigenden Einfluß auf die einzelnen Anlageteile. Die Amortisationsquote pro 100 kg Fertigerzeugnis verringert sich infolge der besseren Ausnützung der angelegten Kapitalien ganz bedeutend. Öfen in Hüttenwerken, welche Walzbarren zu erzeugen haben, werden in der Regel durchgehend betrieben. Es hat sich gezeigt, daß eine elektrische Schmelzofenanlage für die gleiche 24stündige Produktion kaum ein Drittel soviel Platz benötigt, als eine Anlage, welche mit Koks- oder Ölöfen arbeitet. Die enorme Ersparnis bei Neuanlagen oder Vergrößerungen solcher Betriebe durch die Verringerung der Gebäudekosten amortisiert das Anlagekapital der elektrischen Schmelzofenanlage schon im ersten Jahre.

Energieverbrauch.

Aus der Tafel 1 sind in den Kolonnen 2 und 3 die Energieverbrauchszahlen für das Schmelzen einiger Metalle pro 100-kg-Einsatz bei 8-, resp. 24stündigem Ofenbetrieb zusammengestellt. Auch diese Daten sind Durchschnittswerte aus Betriebsrapporten und schließen alle Verluste des Transformators und der Leitungen mit ein. Es sei an dieser Stelle darauf hingewiesen, daß in der Literatur oft Energieverbrauchszahlen angegeben werden, die kaum die theoretischen Werte erreichen. Solche Angaben sind irreführend und erweisen sich sofort als falsch durch die Tatsache, daß die von den Ofenbaufirmen abgegebenen Garantiezahlen weit über solchen Werten stehen.

Betriebskosten des elektrischen Ofens.

Wie bei anderen Apparaten, bei denen die elektrische Energie in Wärme umgesetzt wird, bestimmt sich die Konkurrenzfähigkeit gegenüber mit Brennstoff beheizten Öfen nur zum kleineren Teil aus dem Preise der elektrisch oder mit Brennstoff erzeugten Wärme-Einheit. Der Betrieb der Öfen, Bauart Brown-Boveri, hat besonders gezeigt, daß andere Faktoren, wie Ausnützungsfaktor der erzeugten Wärme, Materialverbrauch (Schmelztiegel und Ausmauerung), Arbeitslöhne und Metallverluste, eine weit größere Rolle spielen als der Preis der elektrischen Energie selbst. Dies ist der Grund, weshalb die elektrischen Öfen ihr Feld auch in der Nachkriegszeit behaupten und je nach den örtlichen Verhältnissen die öl- und koksbeheizten Öfen nach und nach verdrängen werden. Die nachstehende Kurventafel gibt Aufschluß über den Ausnützungsfaktor der erzeugten Wärme von elektrischen Öfen der Bauart Brown-Boveri und von Koksöfen. Der Verlauf der Kurven zeigt ohneweiters, daß für das Schmelzen von Materialien mit hohen Schmelzpunkten, wie Stahl, Nickel und Nickellegierungen, der elektrische Ofen unter allen Umständen dem koks- oder ölbeheizten Ofen wirtschaftlich überlegen sein wird.

In den Tafeln 2 und 3 sind die Betriebskosten eines Lunkenheimer-Ölofens und eines Baumann-Koksofens dem elektrischen

Tafel 1.

Übersichtstabelle zum elektrischen Metallschmelzofen, Bauart Brown-Boweri.

Material [1]	KWh=Verbrauch pro 100 kg Einsatz bei kontin. Betriebe von		Elektrodenabbrand in kg pro 100 kg Einsatz [4]	Materialabbrand in % [5]	Schmelzleistung inkl. Chargieren und Ausgießen pro Tag		Pro Ausmauerung geschmolzenes Material in ca. kg [8]	Bemerkungen [9]
	8 Std. KWh [2]	24 Std. KWh [3]			bei 8 stdg. Betriebe kg [6]	bei 24 stdg. Betriebe kg [7]		
Kupfer, rein	42	39	0,06—01,	0,4	1350	4300	130.000	Die Angaben in der letzten Kolonne haben nur Gültigkeit, falls der Ofen kontinuierlich im Betrieb ist.
Messing, 72/28 a) aus den Einzelbestandteilen legiert	40	37		1,0	1500	4700	130.000	
b) aus schweren Abfällen, untermischt mit groben Spänen	43	40		2,0	1450	4600	130.000	
c) aus leichten Spänen (z. B. aus der Uhrenfabrikation)	55	52		10,0	900	2500	130.000	Für Späne mit ca. 3% Ölgehalt.
Bronze, 85 15 a) aus den Einzelbestandteilen legiert	39	36		0,5	1500	4800	130.000	
b) aus Abfällen	40	37		1—1,5	1400	4500	130.000	
Nickel, rein	140	100	0,1—0,3	sehr gering	500	2000	20.000	
Kupfernickel a) ca. 60% Cu und 40% Ni	80	65		sehr gering	700	2500	80.000	
b) ca. 75% Cu und 25% Ni	71,3	60	0,06—01,	sehr gering	800	2800	80.000	Der Elektrodenabbrand (Graphitelektroden) variiert je nach der Qualität innerhalb weiter Grenzen, wie Rubrik 4 angibt.
Münzsilber	21,3	19		01,2	1600	5500	200.000	
Komposition a) mit ca. 78% Zinn (Rest Cu und Sb)	8—10	7—9	0,05—0,08	0,4	3600	11.000	400.000	
b) mit ca. 86% Blei (Rest Cu und Sb)	6—8	5—7		0,4	4500	14.500	400.000	
Grauguß aus Gußspänen mit entsprech. Zusätzen	85	78	0,15—0,4	2,0	720	2040	80.000	Speziell f. Maschinenformguß geeignet.

Metallschmelzofen, Bauart Brown-Boveri, gegenübergestellt. Die Daten sind als Durchschnittswerte. den Betriebsrapporten entnommen.

Vorteile des elektrischen Metallschmelzofens.

Die großen Vorteile des elektrischen Schmelzverfahrens gegenüber den mit Koks-, Gas- oder Ölheizung arbeitenden sind in den verschiedenen Abschnitten eingehend erläutert worden.

Zusammenfassend seien sie hier noch einmal erwähnt:

Allgemein:

1. Vollständige Unabhängigkeit von der Güte des Brennmaterials, deshalb stets gutes, reines Schmelzprodukt.
2. Mit dem elektrischen Ofen kann jede gewünschte Gießtemperatur erreicht und beliebig lange konstant gehalten werden.
3. Das Schmelzgut kann in einer vollständig neutralen Atmosphäre niedergeschmolzen werden, wodurch die Aufnahme schädlicher Gase ausgeschlossen wird.

Ausnützungsfaktor
der erzeugten Wärme in Abhängigkeit der Gießtemperatur

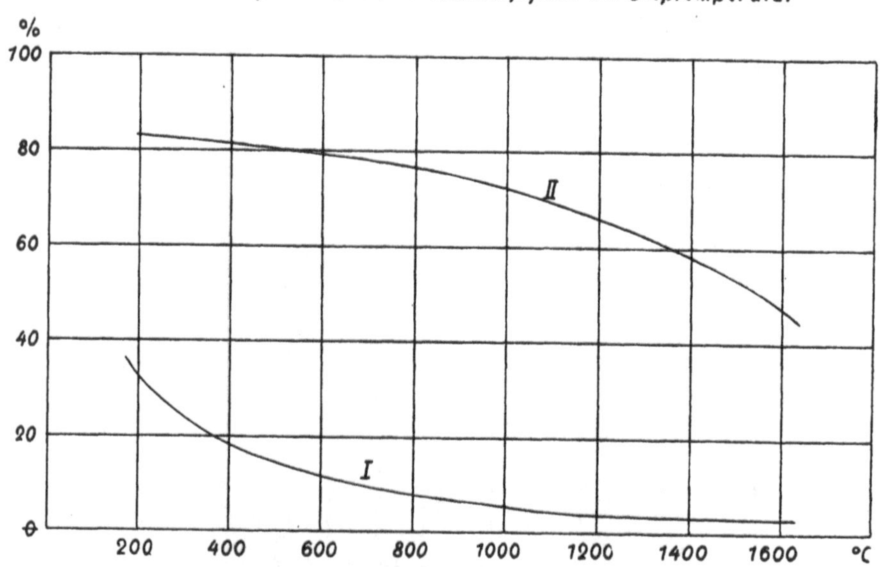

Kurve I gilt für Koksöfen
Kurve II gilt für elektrische Schmelzöfen, Bauart Brown Boweri.
Ordinate: Ausgenützte Wärme in %
Abszisse: Gießtemperatur in °C

4. Die Möglichkeit, das Metall mit einer Schlacke in jeder gewünschten Weise zu behandeln, erlaubt, auch aus minderwertigen und billigen Einsatzmaterialien ein vorzügliches Endprodukt zu erhalten.

5. Jede Belästigung der Arbeiter durch Rauch und Hitze ist ausgeschlossen, weshalb der Schmelzer seine Aufmerksamkeit in weit höherem Maße dem Schmelzprozesse widmen kann.

Weitere Vorteile:

6. Der Ofen kann sowohl mit festem als auch mit flüssigem Einsatze beschickt werden und ist stets betriebsbereit.

7. Die Ofenanlagen sind elektrisch und mechanisch so dimensioniert, daß sie sowohl 8-, wie auch 24stündig, d. i. kontinuierlich, während der ganzen Woche in Betrieb stehen können. Sie lassen sich deshalb allen Betriebsverhältnissen vollständig anpassen.

Besondere Vorteile der BBC-Öfen:

1. Durch die Anordnung der Elektroden wird der Stromdurchgang durch das Bad so geleitet, daß im Schmelzgut starke Wirbelströme und infolgedessen starke Zirkulation des Schmelzgutes zustande kommen. Das Metall wird dadurch vorzüglich durchmischt und der ganze Ofeninhalt gleichmäßig erwärmt.

2. Durch die beiden Lichtbogen der Deckelektroden wird jede Reaktionsschlacke äußerst dünnflüssig gemacht. Solche Schlacken wirken sehr rasch und gründlich auf das Metallbad ein, was in einer kurzen Reaktionsdauer und vorzüglichen Qualität des Endproduktes zum Ausdrucke kommt.

3. Die Auswechselbarkeit des Ofenkörpers erlaubt kleineren Gießereien mit einer einzigen Ofenanlage ihre ganze Produktion, welche aus den verschiedensten Metallegierungen bestehen kann, zu bewältigen.

4. Der elektrische Metallschmelzofen hat gegenüber allen anderen Systemen den Vorteil äußerst geringen Platzbedarfes. Er bedarf auch keiner besonderen Fundamente.

5. Der Ofen kann sowohl an Einphasen-, Zweiphasen-, wie auch an Dreiphasennetze jeder beliebigen Periodenzahl und Spannung angeschlossen werden.

6. Des guten Leistungsfaktors wegen ($\cos \varphi = 0{,}88$—$0{,}97$) sind die Schmelzofenanlagen als Stromverbraucher von den Elektrizitätswerken sehr geschätzt und es werden ihnen für den Strombezug deshalb meistens Spezialtarife eingeräumt.

Der Ofen kann auch in kleineren Betrieben abends eingeschaltet werden und ist das Schmelzprodukt früh fertig. Ein Verbrennen

Tafel 2.

Prüfresultate der im elektrischen Schmelzofen, Bauart Brown-Boweri, geschmolzenen Metalle.

Material	Mindestabmessung des Probestabes				Festigkeit an der		*) Längen-dehnung %	Querschnitt-verminderung %	Bemerkungen
	vor dem Versuche		nach dem Versuche		Fließ-	Bruch-			
					Grenze				
[1]	Quer-schnitt mm² [2]	Marken-entfernung [3]	Quer-schnitt mm² [4]	Marken-entfernung [5]	kg/mm² [6]	kg/mm² [7]	[8]	[9]	[10]
Münzbronze aus der Schweizer Münzstätte	250	180	168	230	9,6	28,1	28	33	Kokillenguß ungewalzt
Neusilber	78,5	100	52	148	12,7	28,8	48	34	„ „
Kanonenbronze	172	150	141	185	12,8	29,2	23,4	19	Sandguß
Kanonenbronze	8,5	100	6,9	129	17,9	40,3	9	19	Kokillenguß
Bronze 88 Cu, 12 Sn	174	150	134	174	14,0	27,0	16,0	22	Sandguß
Bronze 88 Cu, 12 Sn	200	160	·165	177	14,1	28,9	10	10	Kokillenguß
Bronze aus Spänen	173	150	147	170	13,0	25,4	13,3	15	Sandguß
Messing 72/28	50	80	42,5	104	13,2	30,0	25	15	Kokillenguß
Messing 72/28	78	100	57	124	26,5	43,7	24	27	gewalzt und gezogen
Kupfer elektrolyt.	84	100	32,4	147	5,36	21,5	47	62	„ „ „ weich
Kupfer elektrolyt.	96	110	39,1	114	22,4	27,6	3,6	59	„ „ „ hart
Siliciumbronze	192	160	151	193	11,4	33,3	20,5	21	Sandguß
Siliciumbronze	50,3	80	31	98	28,4	44,5	22	38	Sandguß u. geschmiedet

*) Meßlänge = 10 × Probestab ⌀

Tafel 3.

Vergleichende Betriebsdaten für das Schmelzen von 100 kg Bronze im elektrischen Metallschmelzofen, Bauart Brown-Boweri, und im ölbeheizten Ofen (Lunkenheimer-Ofen).

[1]) a) Elektrischer Metallschmelzofen, Bauart Brown-Boweri		[2]) b) Ölofen, System Lunkenheimer	
1. Energieverbrauch (inkl. Anheizen und Verluste im Transformator und Schaltanlage) 39 kWh pro 100 kg Einsatz, 1 kWh = 4 Cts, pro 100 kg	Fr. 1,56	1. Ölverbrauch: 11 kg pro 100 kg Einsatz, 1 kg = 15 Cts.	Fr. 1,65
2. Elektrodenverbrauch: 0,13 kg pro 100 kg geschmolzenes Metall, 1 kg Graphitelektrode amerikan. Qualität = Fr. 2,80, pro 100 kg .	„ 0,37	2. Ausmauerung: 100 Chargen à 300 kg pro Ausmauerung, 1 Ausmauerung = Fr. 200,—, pro 100 kg	„ 0,66
3. Ausmauerung: 300 Chargen pro Ausmauerung à 300 kg = 90.000 kg. Kosten einer ganzen Ausmauerung = Fr. 300,—, ergibt pro 100 kg $\frac{300 \times 100}{90.000}$	„ 0,33	3. Metallabbrand: 4% vom Einsatz, 1 kg = Fr. 2,—, pro 100 kg	„ 8,—
4. Metallbrand: 0,5 kg pro 100 kg Einsatz, 1 kg = Fr. 2,—	„ 1,—	4. Löhne (reine Schmelzerlöhne ohne Gießen) Fr. 12,— pro Tag und 1200 kg Produktion, pro 100 kg	„ 1,—
5. Löhne (reine Schmelzerlöhne ohne Gießen) Fr. 12,— pro Tag und 1200 kg Produktion, pro 100 kg	„ 1,—	5. Amortisation und Verzinsung: 15% des Anlagekapitals von Fr. 5000,—, jährliche Produktion = 240 t, ergibt pro 100 kg . .	„ 0,30
6. Amortisation und Verzinsung: 15% des Anlage-Kapitals von Fr. 30.000,— = Fr. 4500,—, jährliche Produktion = 240 t, ergibt für 100 kg	„ 1,87	6. Motorgebläse: pro 100 kg	„ 0,05
Total-Schmelzkosten per 100 kg:	Fr. 6,13	Total-Schmelzkosten pro 100 kg	Fr. 11,66

Mai 1922.

ist nicht gut möglich, weil die Temperatur und die Zeit, während welcher der Strom eingeschaltet bleibt, nach Wunsch geregelt werden kann.

Siehe Tafel 1, 2 und 3.

2. Elektrostahl- und Graugußöfen.

Allgemeines.

Die ersten elektrischen Öfen, die sich für die Eisen- und Stahlindustrie als brauchbar erwiesen, entstanden um das Jahr 1900. Seitdem sind sie in ständig wachsendem Maße in der Praxis verwendet worden, und zwar in erster Linie zur Herstellung von Edelstahl. Die Folge ist, daß die Elektrostahlerzeugung in erfolgreichem Wettbewerb mit der Tiegelstahlerzeugung steht, und daß sie in verschiedenen großen Eisenindustrieländern der letztgenannten bereits gleich kommt.

Die direkte Erzeugung von Roheisen und Stahl aus Erz auf elektrischem Wege hat auf der ganzen Welt nur für einige Gebiete Bedeutung, die gleichzeitig über große Erzlager und günstig gelegene Wasserkräfte verfügen.

Im Elektrostahlofen sind im wesentlichen folgende Arbeitsvorgänge durchführbar:

1. Das Einschmelzen von Schrot oder anderem kalten Einsatz.
2. Die Oxydationsperiode, durch die aus dem flüssigen Schmelzgut alle jene Verunreinigungen entfernt werden, die sich durch Oxydation beseitigen lassen.
3. Die Desoxydationsperiode, durch die nach der Beseitigung der im Eisen gelösten Oxyde auch die Entschwefelung vorgenommen wird.
4. Das Aufkohlen, Legieren und Fertigmachen des Stahles.

Je nach der Art des Werkes, wo der Elektrostahlofen aufgestellt wird, je nach den bereits vorhandenen Einrichtungen, vor allem aber auch je nach Reinheit des für den Arbeitsgang zu verwendenden Einsatzes und des herzustellenden Endmaterials werden alle oder nur ein mehr oder weniger großer Teil der soeben genannten Arbeitsvorgänge im Elektroofen durchgeführt.

In kleinen Tiegelstahl- und Tempergießereien kann der Elektrostahlofen unter Beibehaltung des bisher benutzten Einschmelzgutes bei annehmbaren Strompreisen mit wirtschaftlichem Vorteil an die Stelle des Tiegelofens treten. Der Elektroofen wird in diesem Falle, genau wie der Tiegelofen, nur zum Einschmelzen benutzt, ohne daß sich dabei Raffinationsvorgänge abspielen.

Häufig wird es sich als vorteilhaft erweisen, an Stelle des teuren, reinen Einsatzgutes, wie es für das Schmelzen im Tiegel erforderlich ist, einen weniger reinen und billigeren Einsatz im Elektroofen zu verwenden. In diesem Falle würden im Elektroofen alle vorstehend aufgezählten Arbeitsvorgänge durchgeführt werden müssen.

Oft wird ein kleiner Elektrostahlofen für Maschinenfabriken oder Werften von besonderem Vorteil sein. Denn der Elektroofen ermöglicht es, eilige Stücke aus Stahl oder Grauguß in kürzester Zeit und in der eigenen Werkstätte zu gießen. Gleichzeitig gestattet er auch die Geheimhaltung besonders wichtiger Modelle. Der Elektroofen wird dann in erster Linie als Einschmelzofen benutzt, wobei je nach der Reinheit des gerade gewählten Einschmelzgutes auf die Einschmelzarbeit eine mehr oder weniger umfassende Veredlungsarbeit folgen kann.

Handelt es sich aber darum, größere Mengen an Elektrostahl zu erzeugen, so wird es bei billiger Kohle in den weitaus meisten Fällen ratsam sein, dem Elektroofen die grobe Einschmelzarbeit und gegebenenfalls auch noch einen mehr oder weniger großen Teil der Raffinationsarbeit abzunehmen und diese Arbeiten in den alten hüttenmännischen Schmelzeinrichtungen durchzuführen. Dem elektrischen Ofen bleibt dann nur die Nachraffination und die Schlußbehandlung des Stahles überlassen.

So arbeitend, finden wir den Elektrostahlofen häufig in großen Edelstahlwerken zur Ergänzung des Martinofens. In diesen Fällen wird der Einsatz im Martinofen geschmolzen, weitgehend entkohlt und entphosphort und dann im oxydierten Zustande flüssig dem Elektroofen zugeführt. Hier finden dann zunächst die Desoxydation und Entschwefelung statt, worauf die Kohlung, das Legieren und Ausgarenlassen folgen.

In verschiedenen Qualitätsstahlwerken hat man die Arbeit des Elektroofens noch weiter verringert, indem man den Ofen mit bereits fertigem, jedoch flüssigem Martinstahl beschickt und diesen im Elektroofen nur ausgaren und abstehen läßt, um ihm so die Eigenschaften hochwertigsten Edelstahles zu verleihen.

Auch im Anschluß an Kleinbessemereien hat sich der Elektrostahlofen bewährt. Allerdings wird hierbei wegen der Unreinheiten im Bessemereisen häufig eine Oxydationsperiode nicht zu vermeiden sein.

Mit einer Oxydationsperiode wird die Behandlung des flüssigen Stahles im elektrischen Ofen meistens auch dann beginnen, wenn dieser mit einem Thomasstahlwerk zusammen arbeiten muß. Es wird dann im elektrischen Ofen zunächst fertig gefrischt, und darauf folgen nach einem Schlackenwechsel die Desoxydationsperiode, die Entschwefelung, das Legieren und das Fertigmachen des Stahles.

Immer steigert die Behandlung im elektrischen Ofen die Güte des Stahles um ein bedeutendes gegenüber der des handelsüblichen Martinstahles oder gar Thomasstahles, ganz einerlei, an welcher Stelle die Behandlung des Stahles in den althergebrachten hüttenmännischen Schmelzeinrichtungen abgebrochen wird, und an welcher Stelle die Durchführung der Veredelung des Stahles im Elektroofen einsetzt.

Es sind deshalb immer Erwägungen wirtschaftlicher Art unter genauer Beobachtung aller örtlichen Verhältnisse, namentlich der vorhandenen Einrichtungen und der Strompreise, anzustellen, wenn man bestimmen will, an welcher Stelle die Weiterbehandlung des Stahles im elektrischen Ofen am vorteilhaftesten beginnt.

Da sich der elektrische Ofen sowohl für das Einschmelzen als auch namentlich für jedes reduzierende Arbeiten vorzüglich eignet, wird er neuerdings auch gern zum Umschmelzen von Ferrolegierungen benutzt. Diesen würden z. B. im Kupolofen oder im Herdofen unter den dort unvermeidlichen oxydierenden Einflüssen beträchtliche Mengen des Legierungsmetalles entzogen, und dadurch das Umschmelzen in den oxydierend schmelzenden hüttenmännischen Einrichtungen wesentlich teurer als im Elektroofen, wenn nicht gar unmöglich werden. Aus diesen Gründen werden heute an verschiedenen Stellen Ferromangan, Ferrosilizium und hochprozentiges Spiegeleisen *) mit bedeutenden wirtschaftlichen Vorteilen im elektrischen Ofen geschmolzen. Daneben haben sich in der Eisen- und Stahlindustrie auch noch mancherlei andere besondere Anwendungsgebiete für den elektrischen Ofen ergeben, von denen hier nur noch das Schmelzen säurefesten Gusses erwähnt sei. Auch zum Schmelzen von Kupferlegierungen, wie Messing, Bronze usw., wird der elektrische Ofen in der letzten Zeit mit Erfolg verwendet.

Wenn der elektrische Ofen heute, d. h. rund 25 Jahre nach seiner Entstehung, in praktisch brauchbarer Form bereits eine sehr weitgehende Anwendung und große Verbreitung gefunden hat, so verdankt er das den folgenden Vorteilen, die er gegenüber allen älteren hüttenmännischen Schmelzvorrichtungen besitzt:

1. Die Benutzung der Elektrizität als Heizkraft ermöglicht ein außerordentlich schnelles und starkes Heizen, wie es mit Hilfe von Heizgasen ausgeschlossen ist. Dabei ist zu beachten, daß die Feuerungstechnik vor Einführung des elektrischen Ofens der Eisenindustrie nur Temperaturen bis etwa 2000° C liefern konnte, während im elektrischen Ofen jede beliebige, also auch die höchste Temperatur, die der Betrieb gerade als wünschenswert erscheinen läßt, mühelos erreicht werden kann.
2. Die Heizung kann mit Hilfe elektrischer Einrichtungen sehr genau geregelt werden, so daß das Schmelzgut auf jede beliebige Temperatur gebracht und auf dieser beliebig lange gehalten werden kann, je nach den Erfordernissen des gerade durchzuführenden metallurgischen Arbeitsvorganges.
3. Die Elektrizität bietet das denkbar reinste Heizmittel, so daß es möglich ist, jeden ungünstigen Einfluß der Heizkraft zu beseitigen, d. h. der Elektroofen gestattet, in beliebiger Atmosphäre zu arbeiten, so daß Reaktionen durch Bestandteile der Luft, der Brennstoffe oder der Verbrennungsprodukte ausgeschlossen sind.

---

*) Ledebur, Eisenhüttenkunde.

4. Die unter 1—3 erwähnten, in der Anwendung der Elektrizität als Heizkraft begründeten, kennzeichnenden Merkmale elektrischer Öfen ermöglichen es, die Raffination von Eisenbädern beliebig weit zu treiben und namentlich auch die Entfernung des Schwefels praktisch vollkommen zu bewirken, so daß auch aus verhältnismäßig unreinem und billigem Einschmelzgut ein hochwertiges Enderzeugnis gewonnen werden kann.
5. Der Elektroofen gestattet, Edelstahlsorten in großen Mengen aus billigem Ausgangsmaterial mit wenigen Leuten auf einmal und vollkommen gleichmäßig herzustellen, wie sie bisher nur im Tiegelofen aus vielen einzelnen Tiegeln unter Verwendung reinsten und teuersten Ausgangsmaterials mit vielen Arbeitern gewonnen werden konnten.
6. Da die elektrische Heizkraft die Beschickung des Ofens unbeeinflußt läßt, kann man den Stahl zur Ausscheidung von Gasen und zur vollständigen Desoxydation bei jeder gerade für vorteilhaft gehaltenen Temperatur beliebig lange im elektrischen Ofen abstehen lassen. Die Folge ist, daß der aus dem elektrischen Ofen gewonnene Stahl trotz Verwendung billigeren Ausgangsmaterials Eigenschaften zeigt, die bisher nur bei bestem Tiegelstahl zu finden waren.
7. Die elektrischen Öfen können sowohl basisch als auch sauer zusammengestellt werden. Dadurch wird es möglich, einen vorher basisch behandelten Stahl auf sauer Zustellung im elektrischen Ofen fertig zu machen und dem Stahl sauren Charakter zu geben, oder umgekehrt, auf saurer Zustellung vorbehandelten Stahl im elektrischen Ofen auf basischer Zustellung fertig zu machen.

Für die Erzeugung von Eisen und Stahl kommen im allgemeinen zwei Hauptprozesse in Betracht:

A) Gewinnung des Roheisens und Rohstahles aus Erz (Hochofenprozeß).

B) Verarbeitung des Roheisens auf höherwertige Produkte, wie Gußeisen, Flußeisen, Flußstahl, Spezialstahl und Stahllegierungen (Kupolofen, Puddelofen, Konverter, Martinofen, Tiegelschmelzverfahren).

A. Gewinnung von Eisen aus Erz.

1. Roheisen.

Dem Direktor Kerpely gelang es, im Elektroofen hochwertiges Gußeisen nach dem sogenannten Duplexverfahren (eine Verbindung des Kuppelofens mit dem Elektroofen) herzustellen. Die Erfolge sind besonders deshalb bemerkenswert, weil man aus wirtschaftlichen Gründen mit hoch phosphorhaltigem Einsatz arbeiten mußte und als Enderzeugnis Gußeisen mit niedrigem Phosphorgehalt erhalten wollte. Es konnte dies erreicht werden durch Überhitzung des flüssigen Eisens auf 1500 bis 1700° C. Das so erschmolzene Gußeisen hatte einen Kohlenstoffgehalt von mehr als ç3 v. H. und einen Phosphorgehalt von 0,8 v. H.; es wies eine Zerreißfestigkeit von mehr als 30 kg/qmm und eine Biegefestigkeit von 40 bis 50 kg/qmm auf. Dabei war das Eisen ohne jeden Roheisenzusatz aus minderwertigstem Bruch erzeugt worden. Die hohen Festigkeitswerte wurden einzig durch die der Zusammensetzung entsprechende Überhitzung erzielt. Der Einfluß des Kohlenstoffes auf die physikalischen Werte ist am günstigsten bei Kohlenstoffgehalten, die zwischen 2,95 und 3,05% liegen. Der Phosphor kann 0,8% und darüber betragen, ohne daß die Festigkeitswerte des Gusses dadurch beeinflußt werden, und nur der Siliziumgehalt wirkt in geringem Maße mit zunehmendem Gehalt erniedrigend auf die Festigkeit. Verwendet wurde ein Elektroofen von 4 bis 6 Tonnen Inhalt mit 1000 kVA Transformatorenleistung, der Stromverbrauch pro Charge betrug 150 bis 180 kWh.

2. Direkte Gewinnung von Stahl*).

In den letzten Jahren hörte man wiederholt von Bestrebungen, Stahl direkt aus dem Eisenerz, also durch Umgehung des Zwischenerzeugnisses Roheisen, herzustellen. Zum größten Teil handelte es sich hier um theoretische Erwägungen, die aber zu einem praktischen Ergebnis infolge Verkennung der inneren chemischen Vorgänge nicht führten. Vor allem waren es die recht ansehnlichen Schlackenmengen, dann aber auch die Schlackenbildung selbst, die der Durchführung der Berechnungen und Pläne Schwierigkeiten boten, so daß diese Gedanken sich schließlich als unausführbar erwiesen. Es sei dabei an das sogenannte Basset-Verfahren erinnert, von dem man sich namentlich in Frankreich vieles versprach, dessen Unmöglichkeit aber von dem bekannten deutschen Metallurgen Wüst nachgewiesen wurde. Berichten über angebliche direkte Gewinnung von Stahl aus Erzen wird man daher mit einer gewissen Skepsis gegenüberstehen. Auch das neue Fledin-Verfahren vermochte erst nachdem der Schwede Gustav Fledin im September 1925 mit seiner Erfindung an die Öffentlichkeit getreten ist und vor dem Iron and Steel-Institut einen Vortrag über sein neues Verfahren gehalten hat, Interesse an der Angelegenheit zu erwecken.

Die ersten Versuche über das neue Stahlerzeugungsverfahren fanden in der Elektrochemischen Abteilung der Technischen Hochschule in Stockholm statt und bezweckten, festzustellen, ob sich weicher Stahl unmittelbar und im Dauerbetrieb aus dem Eisenerz gewinnen läßt unter gleichzeitiger Verminderung des Phosphor- und Schwefelanteils. Für diese Arbeiten war ein elektrischer Sonderofen von 30 kW gebaut worden.

Bereits einige Versuche genügten, um zu zeigen, daß ein Stahl mit 0,02% Kohlenstoff und mehr ohne Schwierigkeiten erzeugt

*) Von Dr. Ing. H. Kalpers, Partenkirchen (Oberbayern).

werden kann. Der Beweis, daß hier kein Zufallsergebnis einiger weniger Schmelzungen vorlag, wurde durch 65 Reduktionsversuche an dem genannten Ofen geliefert, die alle die Richtigkeit des eingeschlagenen Weges darlegten. Der Laboratoriumserfolg war dabei so ermutigend, daß man beschloß, dies Verfahren auf einer industriellen Basis in den Hüttenwerken zu Hagfors (Schweden) zu versuchen, zu welchem Zweck ein elektrischer Ofen von 250 bis 300 kW Leistung Verwendung fand. Im chemischen Laboratorium zu Hagfors ausgeführte Analysen ergaben folgende Zusammensetzung des Stahls:

Kohlenstoff	0,02 bis 1,32 %
Phosphor	0,003 bis 0,017%
Schwefel	0,009 bis 0,077%

während an Festigkeitsergebnissen erzielt wurden:

Nummer der Schmelze	Elastizitätsgrenze in kg/mm²	Zerreißfestigkeit in kg/mm²	Dehnung in %
19	24,3	32,4	34
26	22,2	32,5	30
27	25,4	35,3	28,5
41	—	40,8	28,5
42	—	45,7	12
42,1	—	37,7	29
56	31,8	55,8	25
16	36,2	47,2	34,7
60	45,8	89,8	8,5

Während der Betriebsperiode wurde der Kohlenstoffgehalt in aufeinanderfolgenden Schmelzungen gewechselt mit dem Ergebnis:

angefordert:	erhalten:
0,40%	0,42%
0,20%	0,23%
0,80%	0,78%

Demnach ergab sich, daß keine Schwierigkeit bestand, Eisen und Stahl mit gewünschtem Kohlenstoffgehalt in aufeinanderfolgenden Schmelzungen zu erzeugen, ohne den Betrieb unterbrechen zu müssen, der so überwacht werden kann, wie der Martinofen. Dasselbe gilt für den Mangan- und Siliziumgehalt.

Die gesamte Strahlungsfläche des Versuchsofens zu Hagfors betrug 30 m², der Ofen selbst faßte im Leergang ungefähr 100 kW, so daß er bei einer Charge von 300 kW effektiv mit 200 kW arbeitete. Ein Ofen von 300 kW besitzt eine 2½mal so große Strahlung wie der Versuchsofen, also 70 m², so daß der Verlust $2{,}33 \times 100 = 233$ kW ausmacht. In einem solchen Ofen beträgt also die effektive Charge $3000 - 233 = 2767$ kW. Die Verluste infolge Abkühlung der Formen, der Berührungsringe usw. erreichen bis zu 163, der Gesamtverlust demnach bis zu 500 kW. In dem Versuchsofen von 300 kW wurde ein Stromverlust von 33,3%, in dem Ofen von 3000 kW ein solcher von 16,65% festgestellt, wobei der Verlust in den Transformatoren und den Leitungen unberücksichtigt geblieben ist, da die Messungen in der Nähe des Ofens vorgenommen wurden. In Anbetracht dieser mäßigen Energieausgabe stellt der Preis nicht einen so bedeutenden Faktor dar, wie es zuerst scheinen sollte.

Bei einer Charge von 300 kW wurde eine Tonne Stahl im Versuchsofen mit einem Verbrauch von 2700 kWh erzeugt; nach Abzug von 100 kWh für den Leergang beziffert sich die Erzeugung also auf 11 kg/h. Der 3000-kg-Ofen soll mit einem Betrag von 2500 kW (3000 — 500) arbeiten und die Erzeugung wird sein:

$$\frac{200 \text{ kWh}}{2500 \text{ kWh} \times 11 \text{ kg/h}} = 1{,}388 \text{ kg/h}.$$

Der Bruttokraftverbrauch im Ofen beträgt $\frac{3000}{1388} = 2162$ kWh je Tonne Eisen. Wenn die elektrische Wasserkraft in Skandinavien 50 bis 60 Kronen je Kilowatt und je Jahr kostet, so ist sie zweifelsohne billiger als der Dampf.

Was nun das eigentliche Verfahren anbetrifft, so ist es selbstverständlich, daß das sonst übliche Zwischenerzeugnis Roheisen hier in Fortfall kommt. Das Verfahren sieht die unmittelbare Bearbeitung eines Gemisches von Erz und Kohle in einem einfachen Ofen vor, und das Erzeugnis ist ein schmiedbares Eisen oder ein schmiedbarer Stahl, die in Formen oder Kokillen gegossen werden können. Es wird im Dauerbetrieb gearbeitet und Unterbrechungen finden nur im Augenblick des Gießens statt, wenn das Aufgeben des Erz- und Kohlengemisches aufhört, um nach dem Gießen weiter fortgesetzt zu werden. Die einzelnen Arbeitsvorgänge müssen selbstverständlich so ausgeführt werden, daß die Gichten in Mengen, entsprechend der für die Reduktion und Schmelzung gelieferten Leistung an elektrischer Energie, aufgegeben werden.

Die Reduktion des Eisens erfolgt ununterbrochen im Dauerbetrieb. Die aus dem Eisenerz reduzierten Metallpartikeln lassen sich mit einem feinen Regen vergleichen, der fortwährend durch das Schlackenbad auf den Ofenboden fällt, wo das geschmolzene Eisen sich ansammelt.

Als Rohstoffe werden in Hagfors schwedische Hämatite mit gewöhnlicher englischer Kohle und schwedischer Holzkohle verwendet. Eine Feinerung des Erzeugnisses in einem Sonderofen zur Erniederung von Phosphor und Schwefel auf einen genügend niedrigen Punkt ist nicht erforderlich. Ein an Kohlenstoff besonders armes, nach diesem direkten Verfahren gewonnenes Metall könnte gewissen Ansprüchen für magnetische und elektrische Zwecke genügen. Das Erzeugnis soll sich im allgemeinen für alle Fälle, die einen niedrigen Kohlenstoffanteil erfordern, eignen. Auf Grund der Versuche zu Hagfors ist Fledin zu der Ansicht gekommen, daß dieser aus den Erzen direkt gewonnene Stahl dem Bessemer- und Martinstahl überlegen ist. Auf der anderen Seite darf aber nicht unerwähnt bleiben, daß die wissenschaftliche Erforschung der Ursachen, die derartige Ergebnisse möglich machen, bisher noch nicht erfolgt ist. Zunächst ist anzunehmen, daß der Vorteil dieses elektrischen Verfahrens auf die verhältnismäßige Abwesenheit von Gas und auf die geringe Schlackenmenge zurückzuführen ist. Das Verfahren arbeitet ständig unter Luftabschluß und mit einem leichten Überdruck im Ofen.

Sollten diese vor dem Iron and Steel-Institut seitens Fledins gemachten Angaben den wirklichen Verhältnissen entsprechen, so wäre es nicht ausgeschlossen, daß die schwedische Eisenhüttenindustrie versuchen würde, sich umzustellen, um gegebenenfalls auch die nordschwedischen Phosphorisenerze in gesteigertem Maße zu verhütten. Ob es dann zu einem Ausfuhrverbot dieser Erze kommen wird, bleibt abzuwarten. Ein Wettbewerb zwischen dem Fledin-Eisen und dem deutschen Eisen und Stahl erscheint angesichts der bedeutend kleineren Erzeugungsmengen im elektrischen Ofen im Vergleich zum Hochofen-Stahlwerksverfahren vorläufig nicht möglich, während der Anwendung des Fledin-Verfahrens in Deutschland selbst die hohen Stromkosten einen entscheidenden Widerstand entgegenstellen dürfte.

B. Verarbeitung des Roheisens.

1. **Erzeugung von Edelstahlsorten aller Art,** welche früher im Tiegelverfahren aus teueren ausländischen Rohstoffen erschmolzen wurden. Im Elektro-Ofen können diese Edelstahlsorten ausschließlich aus heimischen Rohstoffen, Schrot, mannigfachen Eisenabfällen und Roheisen erzeugt werden, wobei die Kosten des Elektrostahlverfahrens billiger zu stehen kommen, als die Kosten des Tiegelverfahrens. Dieses Verfahren hat sich schon vervollkommnet, so daß es das Tiegelverfahren fast vollkommen verdrängt hat.

2. **Die Veredelung des in dem gewöhnlichen Ofen in hüttenmännischen Großbetrieben erzeugten Handelseisens im Elektrostahlofen auf Stahlguß.** Hier kommt der Vergleich mit dem Martinofen in Frage. Zu Friedenszeiten war dieses Verwendungsgebiet des Elektro-Ofens nur dann ökonomisch, wenn billige elektrische Energie, etwa aus Wasserkräften, Braunkohlenbergwerken oder aus überschüssiger Energie der Hoch- und Koksöfen, zur Verfügung stand. Eine Gegenüberstellung der Selbstkosten für flüssiges Material pro Tonne Stahlguß im Martinofen und Elektroofen ergibt jedoch, daß bei den heutigen Verhältnissen, wo die Kosten für die Einsatzstoffe viel stärker gestiegen sind als die Herstellungskosten der Elektro-Öfen, auch bei durch Dampfkraft erzeugter elektrischer Energie dieser dem Martinofen zumindest gleichkommt.

3. **Verwendung des Elektro-Ofens in Ergänzung des Martinofens** in der Weise, daß das im Martinofen geschmolzene, vorgearbeitete Material im Elektrostahlofen raffiniert und fertig gemacht wird. Letztgenanntes Verfahren ermöglicht die Herstellung von hochwertigen Spezialstählen, bezw. Stahllegierungen.

4. **Die Erzeugung von Stahl für Sonderzwecke in kleineren Anlagen,** die von den Kohlengewinnungszentren weiter entfernt liegen und die bei elektrometallurgischen Betrieben den Strom für den Elektro-Ofen aus größeren Überlandzentralen beziehen können. Diese Art der Stahlerzeugung kommt hauptsächlich für die Stahlformgießerei in Betracht. Es ist mittleren und kleineren Maschinenfabriken möglich, durch Aufstellung kleinerer Elektro-Stahlöfen sich in der Beschaffung kleinerer und mittlerer Stahlgußstücke, wie sie laufend für die Fabrikation gebraucht werden, unabhängig zu machen von den langen Lieferterminen großer Stahlgießereien. Sollte eine Rentabilitätsberechnung in einem solchen Fall zu Ungunsten des Elektrostahlverfahrens ausfallen, wird dennoch mit Rücksicht auf die genannten Vorteile die Gesamtfabrikation der Maschinen verbilligt werden.

5. **Bedeutung des Elektro-Ofens für die Grau- und Tempergießerei.** Für die Graugießerei hat der Elektro-Ofen seine besonderen Vorzüge und macht derselbe durch die Möglichkeit, ganz ohne Roheisen, d. i. auf synthetischem Wege, aus Stahldrehspänen mit einem geeigneten Kohlungsmittel Qualitätsguß zu erzeugen, dem koksverbrauchenden Kupolofen bereits scharfe Konkurrenz. Speziell dort, wo die Herstellung von besonders widerstandsfähigen Maschinenteilen in Frage kommt, wird der Elektro-Ofen zur Erzeugung von synthetischem Guß vielfach mit Erfolg verwendet.

In der Tempergießerei kann der Ofen auch vorteilhaft verwendet werden, indem man mit ihm Qualitätstemperguß ohne Sonderroheisen, aus Stahlgußspänen, die mit Koks im Ofen geschmolzen werden, erzeugen kann. Die Zusammensetzung kann immer in gleichen Grenzen gehalten werden. Der Kohlenstoff-, Mangan- und Schwefelgehalt kann entsprechend niedrig gehalten werden. Die Kosten des elektrischen Tempers sind geringer als die des auf einem anderen Wege erfolgten. In Österreich erzeugen schon einige Stahlgießereien seit Jahren ihren Temperguß auf elektrischem Wege.

Außer den bereits genannten Vorteilen des Elektrostahlverfahrens gegenüber den gebräuchlichen, bis jetzt üblichen Arbeitsmethoden ergeben sich noch folgende Vorteile: Wo billige Wasserkräfte vorhanden sind, wird das elektrische Verfahren gegenüber der Verwendung von Kohle natürlich bedeutend billiger kommen. Auch in Braunkohlenwerken wird sehr oft das Elektrostahlverfahren billiger arbeiten, wenn die direkte Verwendung von Braunkohle, bezw. Braunkohlegasen für die metallurgischen Prozesse Schwierigkeiten bietet. In solchen Gebieten wird also die Großfabrikation von Eisen und Stahl sich des Elektrostahlverfahrens mit Vorteil bedienen. Schließlich wird ganz allgemein das Elektrostahlverfahren wegen seiner technischen Vorteile überall dort den Vorzug erhalten, wo es sich um die Herstellung von hochwertigem Spezialstahl, Edelstahl und Stahllegierungen handelt. Der elektrische Ofen erreicht Temperaturen bis 3500 ° C und ermöglicht eine leichte Einstellung verschiedener Temperaturen. Im elektrischen Ofen findet keine Beeinflussung des Schmelzbades durch darüberstreichende Heizgase statt. Alle diese Umstände erlauben es, die Reinigung des Schmelzgutes beliebig weit zu treiben, so daß sich auch aus verhältnismäßig minderwertigen Ausgangsmaterialien ein hochwertiges Endprodukt erzielen läßt. Man ist nicht mehr genötigt, zur Erzeugung von Qualitätsware ausländisches Rohmaterial in dem Maße zu beziehen, wie bei den anderen Arbeitsverfahren. Daß die Legierung des Stahles mit verschiedenen Stoffen, Nickel, Wolfram, Mangan usw. im Elektrostahlofen leicht und mit Sicherheit zur Erreichung eines bestimmten Endproduktes vorgenommen werden kann, muß nach dem Vorgesagten nicht weiter ausgeführt werden. Es sei jedoch an dieser Stelle ausdrücklich darauf hingewiesen, daß der Elektro-Ofen nur als Werkzeug anzusehen ist und daß das Werkzeug allein nicht genügt, um eine gute Arbeit zu leisten. Es gehört vor allen Dingen ein tüchtiger Fachmann dazu, um mit diesem guten Werkzeug ein gutes Material hervorzubringen.

In der Folge sei nun eine kurze Beschreibung der wichtigsten Elektrostahl-Ofenkonstruktionen angeführt.

Man unterscheidet:

1. Reine Strahlungsöfen.

Abb. 334.

Stassano, Bonn, Rennerfeld.

Bei diesen spielt der Lichtbogen zwischen den Kohlen über dem Bade und wirkt nur durch seine strahlende Wärme. Der Stassano-Ofen besteht als Grundform aus einem stehenden Zylinder, durch dessen Seitenwände 33 horizontale, bezw. etwas schräg nach oben gestellte Kohlen, die um 120 ° versetzt sind, in den Ofenraum ragen.

Der Rennerfelt-Ofen hat als Grundform einen liegenden, um zwei hohle Zapfen drehbaren Zylinder. Durch jeden der Tragzapfen ragt eine Elektrode in horizontaler Lage in das Ofeninnere, die dritte Elektrode ist vertikal gestellt. Zur Speisung des Rennerfelt-Ofens wird gewöhnlich verketteter Zweiphasenstrom in Scott'scher Schaltung verwendet. Nebst diesen beiden Typen ist noch eine Reihe von anderen Systemen entstanden, die sich aber im wesentlichen nur durch konstruktive Einzelheiten vom System Stassano unterscheiden.

Abb. 334

Als V o r t e i l e der reinen Strahlungsöfen sind zu nennen:

Keine Berührung vom Lichtbogen mit dem Bade, sehr ruhiger Betrieb, daher leichter Anschluß an öffentliche Zentralen, Entfall von automatischen Reguliervorrichtungen.

N a c h t e i l e:

Lange schräge Kohlen, welche leicht brechen, sehr konzentrierte Wärmequelle, daher ungleichmäßige Erwärmung des Bades bei größeren Öfen. Durch die horizontale Anordnung der Elektroden wirkt nur die Hälfte der Strahlungsenergie direkt auf das Bad ein, während die andere Hälfte erst vom Deckel unter Verlust reflektiert wird, daher starker Verschleiß des Deckelmauerwerkes und etwas geringere Ökonomie.

Diese Nachteile spielen bei kleineren Leistungen, wo die Badoberfläche beschränkt ist und die Länge und Stärke der Kohlen noch nicht zu groß werden, keine Rolle. Daher eignet sich der Ofen besonders für Leistungen bis zu einer Stunde sehr gut und ist speziell für kleinere und mittlere Betriebe im Anschluß an fremde Netze zu wählen. Der Leistungsfaktor ist gut, da die durch den Strom erzeugten Kraftlinien wenig Gelegenheit haben, sich durch Eisen zu schließen.

2. Direkte Lichtbogenöfen.

Abb. 335 und 336.

Girod, Heroult, von Baur, Ludlum, Moore, Fiat, Webb.

Bei diesen sind die vorstehenden Nachteile vermieden: Der Lichtbogen spielt von den Elektroden zum Bade. Die Elektroden stehen senkrecht, können daher nicht leicht brechen, und der Deckel wird geschont, da die Wärmestrahlung nur nach unten direkt auf das Bad wirkt. Bei Anordnung von mehreren Elektroden wird eine große Oberfläche beherrscht und eine gleichmäßige Badewärmung erzielt. Der Energieverbrauch ist günstig, dafür geht der Vorteil der ruhigen Belastung teilweise verloren, was die Anwendung einer automatischen Reguliervorrichtung bedingt. Der Leistungsfaktor ist je nach Konstruktion verschieden. Beim Girod-Ofen (der in seiner ursprünglichen Form nicht mehr gebaut wird) ist er schlecht, da die magnetischen Kraftlinien einen geschlossenen Eisenweg im Bade vorfinden. Bei den neun Typen nach dem System Heroult ist dieser Übelstand vermieden und der Leistungsfaktor bedeutend besser. Siehe Abb. 337. Die Erreichung eines guten Leistungsfaktors liegt natürlich, wie bei jeder elektrischen Anlage, im Interesse der speisenden Zentrale. Doch muß bei Elektrostahlbetrieben mit ihrer stark schwankenden und stoßweißen Belastung auf eine möglichste

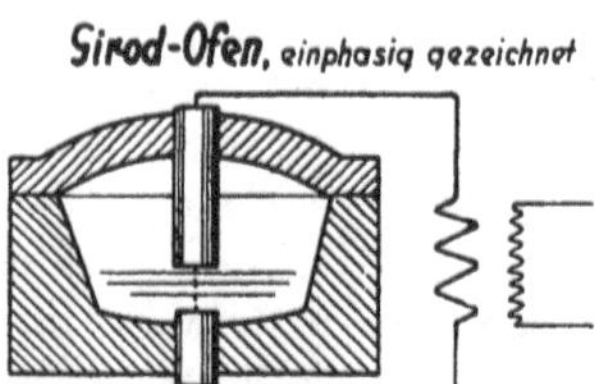

Abb. 335

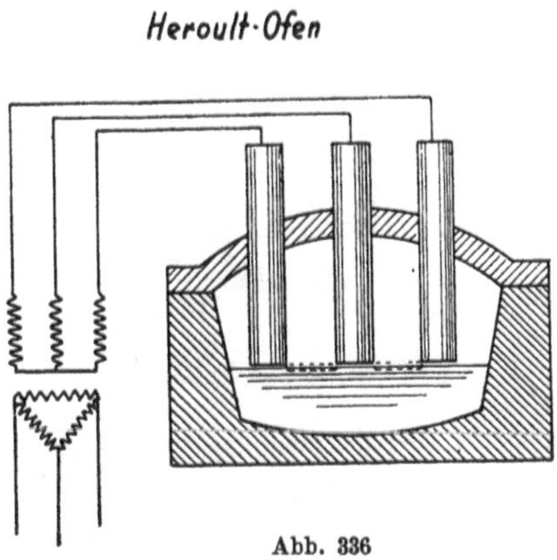

Abb. 336

Abdämpfung der Belastungsstöße gesehen werden. Die automatischen Reguliervorrichtungen sind zwar, je nach ihrer Konstruktion, mehr oder weniger geeignet, die Dauer der Stromstöße zu begrenzen, doch können alle diese mechanischen Reguliereinrichtungen infolge ihrer Massenträgheit die Höhe der Stromstöße sehr wenig beeinflussen. Die Höhe der Stromstöße hängt vielmehr wesentlich vom Leistungsfaktor der Ofenanlage ab. Den Zusammenhang zeigt beiliegendes Diagramm, Abb. 338, das für $\cos\varphi = 0{,}8$ gezeichnet ist. Bezeichnet OA = 1 den scheinbaren Gesamtwiderstand des Ofens, OB den Ohmschen Widerstand (= Leistungs-Lichtbogenwiderstand), AB den induktiven Widerstand des Ofens, so ist bei $\cos\varphi = 0{,}8$. OB = $^4/_5$, BA = $^3/_5$. Bei einem Kurzschluß zwischen den Elektroden verschwindet der Ohmsche Widerstand OA. Die Stromstärke (stationäre Kurzschlußstromstärke) ist begrenzt durch den bleibenden induktiven Widerstand und beträgt in diesem Falle $1 : {}^3/_5 =$ 1,66fache des Normalstromes. Bei $\cos\varphi = 0{,}864$ ergibt sich analog die stationäre Kurzschlußstromstärke mit dem zweifachen des Normalstromes.

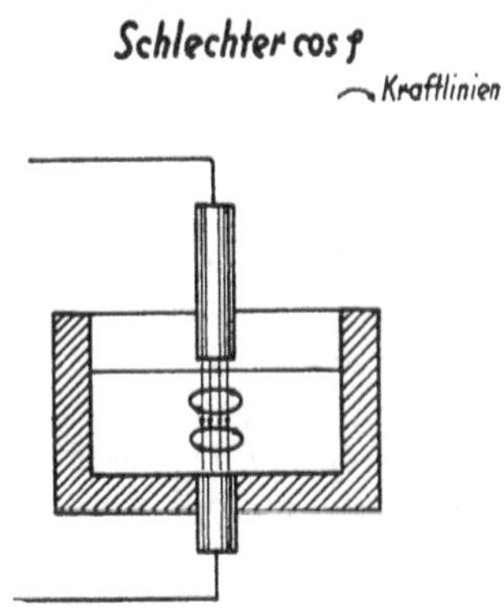

Abb. 337

Es liegt also im Interesse eines ruhigen Betriebes, den Leistungsfaktor auch nicht allzuhoch zu erhalten. Bei 50 Perioden liegt bei einem Heroultofen moderner Konstruktion der Leistungsfaktor zwischen 0,70 und 0,80. Die Anwendung von Drosselspulen zur Vergrößerung des induktiven Widerstandes entfällt somit. Bei niedriger Periodenzahl z. B. ist es aber in den meisten Fällen nötig, zum Schutze der Zentrale Drosselspulen vorzuschalten.

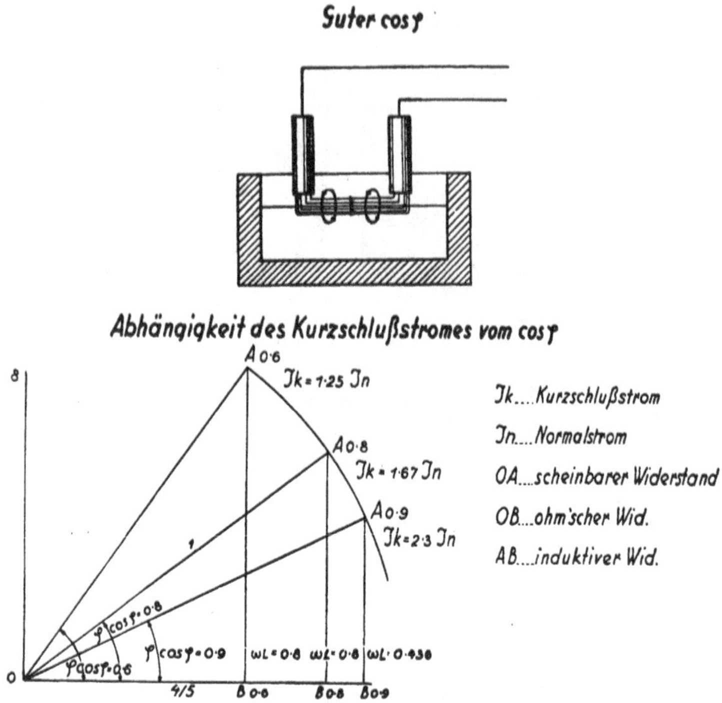

Abb. 338

3. Reine Widerstandsöfen.

Bonn, Gin.

Das flüssige Rohmaterial wird in einer Rinne zwischen Stahlelektroden durch direkten Stromdurchgang erhitzt. Diese Type wird wegen der großen Nachteile nicht ausgeführt. Schon bei kleinen Leistungen macht der Bau des Transformators, der Leitungen und der Elektroden für die außerordentlich hohen Stromstärken Schwierigkeiten und verteuert die Anlage sehr.

4. Induktionsöfen.

Abb. 339.

Kjellin, Frick, Röchling-Rodenhauser, Hiorth, Gassie-Jerame, Ajax-Wyatt.

Diese basieren auf demselben Prinzip, wie unter 3 ausgeführt, jedoch wird die Widerstandsheizung des Bades dadurch erreicht, daß dasselbe als Sekundärwicklung eines Tranformators wirkt, dessen Primärwicklung hochgespannter Strom zugeführt werden kann. Die Verbesserung liegt also darin, daß die Sekundärwicklung des Transformators, die Zuleitungen und Elektroden entfallen, bezw. vom Metallbade gebildet werden. Nachteile bilden die Umstände, daß der Ofen nur für warmen Einsatz verwendet werden kann, der Transformator konstruktiv mit dem Ofen vereinigt sein muß, daher schlecht gekühlt wird und unzulänglich ist, ferner der schlechte Leistungsfaktor (0,15 bei 50 Perioden). Es sind daher Phasenverbesserer, bezw. Periodenumformer notwendig. Aus dem Gesagten erklärt sich die geringe Verbreitung dieser Type. Als Vorteil wäre ein sehr ruhiger Betrieb und eine sehr gleichmäßige Erhitzung des Ofengutes sowie gute Ökonomie zu erwähnen.

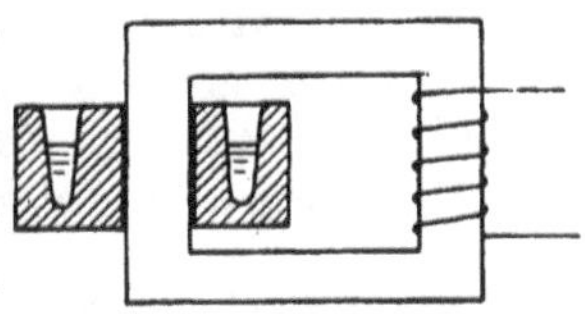

Abb. 339

V o r t e i l e.

Das Ausgangsprodukt beim Induktionsofen ist teils Roheisen, teils flüssiger Einsatz aus dem Konverter- oder Martinofen und teils Schrot. Trotz dieser verschiedenen Ausgangsmaterialien zeigen die Endprodukte keinen Unterschied bezüglich Qualität. Einzig und allein verdankt der Induktionsofen seine Daseinsberechtigung und die Berechtigung seines Fortbestehens dem, daß er die gegebene Schmelzeinrichtung ist, welche die denkbar besten Stahlqualitäten herzustellen vermag, die selbst dem Tiegelstahl überlegen sind. Denn der Induktionsofen besitzt die reinste elektrische Heizung und insbesondere das idealste aller anderen Heizverfahren. Jede Verunreinigung des Schmelzgutes, die durch die Wärmequelle hervorgerufen werden könnte, schließt die Induktionsheizung aus, so daß sie noch die Lichtbogenheizung übertrifft, bei welcher bekanntlich das Auftreten kohlenstoffhältiger Dämpfe durch die Lichtbogenbildung unvermeidlich ist. Ferner tritt beim Induktionsofen der vollständige Abschluß des Herdraumes hervor, der jede Beeinflussung der Schmelze durch die atmosphärische Luft ausschließt. Also auch in dieser Beziehung übertrifft der Induktionsofen den Lichtbogenofen, bei dem das Auftreten von Zugluft infolge der Deckelöffnungen zwecks Einführung der Lichtbogenelektroden kaum zu verhindern ist.

Die auf Induktionswirkungen beruhende Durchmischung des Bades gewährleistet eine unbedingte Gleichmäßiqkeit des Enderzeugnisses.

Auch liegt eine Verbilligung des Betriebes dadurch vor, daß der Induktionsofen ohne Elektroden arbeitet, und da die Elektroden-Öffnungen wegfallen, werden nicht unbedeutende Wärme- und Energieverluste vermieden. Sodann ist der Lichtbogenofen ein schlechterer Oxydationsofen als der Induktionsofen; diese machen sich bei der Erzeugung von sehr weichen Stahlsorten besonders geltend.

N a c h t e i l e.

Die Heizung durch Induktion ist nur möglich, wenn der Herd mit genügenden Eisenmengen gefüllt ist, um die Bildung des sekundären Stromkreises und sehr starker Heizströme zu gestatten, da diese zum weiteren Schmelzen ausreichen.

Der Induktionsofen ist insbesondere dann im Nachteil, wenn man mit den Qualitäten oft wechselt, wenn man beispielsweise von einem legierten Stahl, der Chrom, Wolfram oder Nickel enthält, auf einen reinen Kohlenstoffstahl übergehen will und umgekehrt.

Als unüberbrückbare Schwierigkeiten gelten jedoch die außerordentlich hohen Beschaffungs- und Unterhaltungskosten, zumal für die erforderlichen Maschinensätze (den langsam laufenden Generator von niedriger Periodenzahl), wohingegen beim direkten Anschluß des Ofens an ein Leitungsnetz der schlechte Leistungsfaktor mit in Kauf genommen werden muß.

5. Lichtbogen-Widerstandsofen.

Abb. 340.

Girod, Keller, Chaplet, Nathusius, Greaves-Etschells, Grönwall-Dixon, Booth-Hall, Ruß.

Außer den über dem Bad stehenden Haupt-Elektroden sind noch Boden-Elektroden angebracht, die in Gegenphase zu den jeweils gegenüberstehenden Haupt-Elektroden geschaltet sind. Durch einen Zusatz-Transformator kann ihnen nach Bedarf eine regelbare Spannung zugeführt werden, so daß durch direkten Stromübergang im Bade auch eine Heizung des Bades von unten her stattfindet.

Als Vorteile werden angeführt:

Bessere Anpassungsfähigkeit an den metallurgischen Prozeß. Es ist nämlich, je nachdem, ob eine sehr heiße, reaktionsfähige Schlacke an der Oberfläche nötig ist oder eine möglichst gleichmäßige Erwärmung des Bades im Innern, möglich, in gewissem Maße die Energiezufuhr zu regeln und entweder nur mit dem

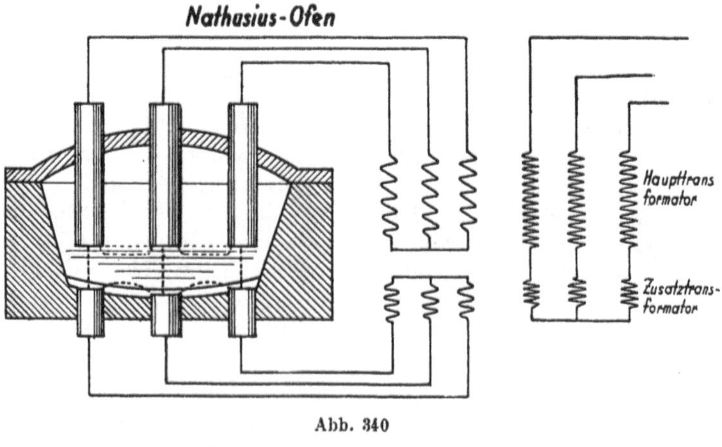

Abb. 340

Lichtbogen an der Oberfläche des Bades zu arbeiten ohne Bodenbeheizung, oder die Bodenbeheizung auf Kosten der Lichtbogenenergie zu verstärken, und zwar läßt sich dies ohne Unterbrechung während jeder Charge ausführen. Außerdem läßt sich die Schaltung so einrichten, daß die Anlage eine große Nachgiebigkeit bei Belastungsstößen aufweist, derart, daß die Verringerung des Lichtbogenwiderstandes automatisch einen Abfall der Lichtbogenspannung und eine Zunahme der Spannung der Boden-Elektroden bewirkt. Durch diese Energieverschiebung bei Belastungsstößen sollen die Belastungsschwankungen von der Zentrale möglichst ferngehalten werden.

Nachteile.

Bedeutend kompliziertere und teurere Anlage als beim Heroultofen. Schwächung des Bodens durch die Boden-Elektroden und geringere Haltbarkeit desselben. Der Vorteil der Bodenbeheizung scheint mehr theoretischer Natur zu sein. Deren Energieanteil beträgt nur zirka 20 Prozent der Gesamtenergie und dürfte die bedeutend größeren Anschaffungskosten nicht rechtfertigen. Die erwähnte Eigenregulierung macht die Anordnung mechanischer Reguliervorrichtungen nicht überflüssig. Die Dämpfung der Stromstöße findet nur bei nennenswerter Bodenbeheizung statt. Doch ist die Bodenbeheizung am Anfang der Charge, wo die größten Belastungsstöße auftreten, sehr gering, infolge des hohen Widerstandes des ungeschmolzenen Einsatzes. Versuche haben gezeigt, daß die Stromschwankungen, bei gleichen cos φ nicht geringer sind, wie beim reinen Lichtbogenofen.

6. Lichtbogenwiderstandsofen.

Der Lichtbogen-Widerstandsofen nach dem System Heroult wird von der AEG. und BBC. gebaut und zeichnet sich durch Einfachheit, Betriebssicherheit und günstige elektrische Verhältnisse aus.

Die Öfen lassen sich für einen Chargeninhalt von einigen Kilo bis zu 40 Tonnen bauen. Die Öfen unter einer Tonne Inhalt besitzen normalerweise zwei Elektroden und sind demnach nur zum Anschluß an Einphasenwechselstrom bestimmt. Von einer Tonne Inhalt an werden die Öfen mit drei Elektroden ausgeführt und können daher direkt an ein Drehstromnetz angeschlossen werden. Der Kraftbedarf eines

1-Tonnen-Ofens	beträgt	zirka	375 kVA	bei einem cos φ zirka 0,75 bis 0,8
2 „	„	„	450 kVA	
3 „	„	„	650 kVA	
5 „	„	„	900 kVA	
6 „	„	„	1000 kVA	
8 „	„	„	1200 kVA	
10 „	„	„	1500 kVA	
15 „	„	„	2200 kVA	
30 „	„	„	4000 kVA	

Der Stromverbrauch pro Tonne Fertigprodukt beträgt

	kalter Einsatz	warmer Einsatz
bei einem 1-Tonnen-Ofen	1000 KWh	500 KWh
„ „ 2 „	950 KWh	450 KWh
„ „ 3 „	850 KWh	400 KWh
„ „ 5 „	800 KWh	375 KWh
„ „ 6 „	775 KWh	375 KWh
„ „ 8 „	700 KWh	325 KWh
„ „ 10 „	675 KWh	300 KWh
„ „ 15 „	600 KWh	250 KWh
„ „ 30 „	575 KWh	225 KWh

Die Stromverbrauchszahlen beziehen sich sowohl bei kaltem als auch bei warmem Einsatz auf einmaliges Abschlacken und sind nur als Annäherungswerte aufzufassen.

Neuerdings wird durch Erhöhung der angeführten Leistung, d. h. Verwendung größerer Transformatoren mit erhöhten Sekundärspannungen, die Schmelzdauer herabgesetzt. Hiedurch wird zunächst in einem Ofen bestimmter Größe eine erhöhte Tagesleistung erzielt und ferner der Kilowatt-Stundenverbrauch pro Tonne Fertigprodukt gegenüber dem Energieverbrauch bei Verwendung eines Transformators normaler Größe herabgesetzt. Beide Umstände erhöhen die Ökonomie des Betriebes.

Elektrisches und Thermisches.

Das Bestreben, die zur Verfügung stehende elektrische Energie im Schmelzofen mit möglichst gutem Wirkungsgrad auszunützen, hat dazu geführt, der elektrischen Ausrüstung einer Ofenanlage ein besonderes Augenmerk zu schenken. Tatsächlich findet sich auch hier ein einfaches Mittel, den Wirkungsgrad der Wärmeausnützung zu erhöhen. Die Ausstrahlungsverluste des Elektro-Ofens während einer Charge sind vor allem eine Funktion der Chargendauer, wenn man von den verhältnismäßig geringen Temperaturschwankungen der Außenwand eines in Dauerbetrieb stehenden Ofens absieht; gelingt es nun, die Dauer einer Charge abzukürzen, so verringern sich ungefähr im gleichen Maße die Ausstrahlungsverluste, d. h. pro Tonne Fertigprodukt kann mit einer geringeren Kilowattstundenzahl das Auslangen gefunden werden. Ein Mittel hiezu ist die Wahl eines entsprechend großen Ofen-Transformators mit verhältnismäßig hoher Sekundärspannung. Es wäre z. B. ohneweiters möglich, einen 3-t-Ofen mit einem 500-kVA-Transformator bei entsprechend langer Chargendauer zu betreiben. Falls genügende Leistung zur Verfügung steht, wird man für einen 3-t-Ofen möglichst einen 1000-kVA-Transformator wählen. Die entsprechenden Werte für 1 t, 6 t und 10 t sind: 600 kVA, 1700 kVA und 2500 kVA. — Als Sekundärspannung des Transformators werden meist 173 Volt gewählt. Diese für Ofenbetrieb verhältnismäßig hohe Spannung ermöglicht es, während des Einschmelzens möglichst rasch große Energiemengen in Wärme umzusetzen. Während des anschließenden Feinungsprozesses braucht nur mehr so viel Wärme zugeführt werden, als durch Ausstrahlung und Wärmeleitung verloren geht, eventuell noch die Wärmemenge für eine geringe Überhitzung des Bades. Die beim Niederschmelzen angewandte hohe Spannung würde nun eine weitgehende Leistungsregulierung nach abwärts nicht zulassen, ohne daß sehr lange, unruhig brennende Lichtbogen über dem Bade entstünden. Dies hätte auch ein rasches Abbrennen des Deckelgewölbes zur Folge. Man führt daher den Transformator primär derart aus, daß er von der ursprünglichen Dreieckschaltung auf Stern umgeschaltet werden kann; dadurch ergibt sich sekundär eine Spannung von zirka 100 Volt, die nun einen kurzen, knapp über dem Bade brennenden Lichtbogen ergibt. Außerdem kann trotz reduzierter Belastung mit hohen Stromstärken gearbeitet werden, wodurch sich ein guter Widerstandsheizeffekt in der Schlacke, resp. im Bade selbst ergibt. Für Öfen von 3 Tonnen nach abwärts wird, um auch noch eine etwas kleinere Spannung zur Verfügung zu haben, gewöhnlich eine hochspannungsseitige, nicht betriebsmäßig schaltbare Anzapfung am Transformator vorgesehen, so daß auch 160, resp. $\frac{160}{\sqrt{3}}$ = zirka 92 Volt erhalten werden können. Bei Inbetriebsetzung der Anlage wird ausprobiert, welche von den beiden Spannungsgruppen den besseren Betrieb ergibt.

Für Graugußöfen werden Spannungen zwischen 70 und 90 Volt verwendet.

Bei Graugußöfen wäre es vollkommen unrichtig, für die Wahl der Transformatorspannung und -Leistung nach demselben Prinzipe vorzugehen, wie bei den Stahlöfen. Bei der synthetischen Graugußerzeugung handelt es sich in der Regel darum, den Kohlenstoffgehalt des Bades auf einen vorgeschriebenen Wert zu erhöhen. Dieser Prozeß erfordert Zeit. Versucht man, wie bei der Stahlerzeugung, den Einsatz mit hoher Transformatorenleistung und -spannung rasch niederzuschmelzen, dann gelingt es nur mit sehr viel Mühe und unter Aufwand von sehr viel Zeit, das Bad auf den gewünschten Wert aufzukohlen. Die günstigen Betriebsresultate erhält man dann, wenn das Aufkohlen gleichzeitig mit dem Niederschmelzen erfolgt. Der chemische Prozeß der Aufkohlung des Bades erfordert ein gewisses Ausmaß an Zeit, über das hinaus eine Beschleunigung des Niederschmelzens keine Vorteile und auch keine Energieersparnis bringt.

Die Ofentransformatoren werden mit einer patentierten Wicklungsabstützung versehen, so daß die Transformatorenwicklung gegen die bei Schmelzbetrieb vorkommenden hohen Kurzschlußstromstärken, resp. deren dynamischen Wirkungen vorzüglich geschützt erscheint.

Die primärseitige Umschaltung des Transformators von Dreieck auf Stern erfolgt mit einem Trenn-Umschalter, welcher mit dem Hauptölschalter derart elektrisch verriegelt ist, daß er erst betätigt werden kann, wenn der Ölschalter ausgelöst wurde.

Zwischen Hauptölschalter und Trenn-Umschalter wird meist eine Öl-Drosselspule vorgesehen, zum Zwecke, die speziell während des Niederschmelzens von kaltem Einsatz auftretenden Stromstöße zu dämpfen. Über Wunsch kann zur Überbrückung der Drosselspule nach dem Einschmelzen ein Ölschalter vorgesehen werden.

Automatische Elektroden-Regulierung.

Allgemeines.

Soweit es sich um größere Öfen handelt, werden die Elektroden meist nicht mehr von Hand gesteuert, sondern von einer automatischen Regulierung betätigt. Zweck einer solchen Regulierung ist, die im Ofen umgesetzte Leistung möglichst ohne Eingriff von Hand aus konstant halten zu können, bezw. auf ein bestimmtes, einstellbares Ausmaß festzulegen.

Die meisten der auf dem Markt befindlichen Elektrodenregulierungen arbeiten mit Elektromotoren am Ofen und sind demnach, da nicht nur der Impuls, sondern auch die Regulierkraft elektrischer Natur ist, als rein elektrische Regulierungen zu bezeichnen. Nach diesem Prinzipe arbeiten z. B. die Regler von Fuß, Thury, AEG. und andere. Der Ofenstrom betätigt dabei im Prinzipe verschieden durchgebildete Relais-Umschalter für die Drehrichtung der Reguliermotoren, so daß, je nachdem die Stromstärke erhöht oder erniedrigt werden soll, die Reguliermotoren im Senk- ode Hubsinne laufen. Charakteristisch für die elektromotorische Regulierung ist, daß alle Bewegungen der Elektroden mit konstanter Geschwindigkeit erfolgen. Es werden Kurzschlüsse nicht rascher ausreguliert, als kleine Abweichungen von der gewünschten Stromstärke.

BBC. baut eine immer weitere Verbreitung findende automatische Elektrodenregulierung, bei welcher der Impuls naturgemäß ebenfalls elektrischer Natur ist, die Regulierkraft jedoch von hydraulischen Zylindern herrührt. Es ist nicht zu leugnen, daß mit dieser Art der Regulierung verschiedene Vorteile gegenüber rein elektrischer Regulierung verbunden sind. Schon der Umstand, daß an Stelle der Elektromotoren die robusten hydraulischen Zylinder am Ofen angeordnet werden, erhöht die Betriebssicherheit bedeutend. Bei der BBC.-Regulierung betätigt ein Drehmagnet, der über Stromwandler vom Ofenstrom beeinflußt wird, den Kolben eines hydraulischen Regulierventils, welches den Wasserzu- und -abfluß aus den Regulierventilen steuert. Da zwischen Kraftimpuls und Regulierkraft keinerlei elastische Übertragungsmittel eingeschaltet sind, erfolgt die Regulierung ohne jedes Pendeln.

Ferner hat diese Regulierung auch nicht den bereits besprochenen Nachteil der konstanten Reguliergeschwindigkeit. Kurzschlüsse werden äußerst rasch, kleine Abweichungen langsam ausreguliert. Wenn es also auch nicht möglich ist, die Höhe der Stromstöße herabzudrücken (dies bringt keine Elektrodenregulierung zustande), so werden doch die Kurzschlußzeiten bedeutend herabgemindert und damit die ganze Anlage geschont. Es ist ferner erwähnenswert, daß bei dieser Art der Regulierung das Abwärtsregulieren der Elektroden nur durch die zum Teil noch ausgeglichene Schwere der Elektroden erfolgt. Ein gewaltsames Aufsetzen der Elektroden auf den Einsatz, wie dies bei Motorregulierungen möglich ist, kann also hier nicht eintreten.

BBC. hat in letzter Zeit dieses Reguliersystem weiter ausgebildet, so daß es als vollkommen automatisch bezeichnet werden kann. Während z. B. bei den älteren Anlagen bei Ausbleiben der Spannung die stromsuchende Elektrode ins Bad eingetaucht wurde, wird jetzt eine Hilfsstromquelle vorgesehen, welche bei aufgeschaltetem Ölschalter über Kontaktvorrichtungen an der Ölschalterwelle die Drehmagnete derart beeinflußt, daß die Elektroden bis zu einem einstellbaren Anschlag gehoben werden. Der Betrieb mit einer derart ausgerüsteten Elektrodenregulierung gestaltet sich nun folgendermaßen: Nach dem Chargieren wird der Ölschalter eingelegt. Die Drehmagnete werden von der Hilfsstromquelle abgetrennt und an die Stromwandler gelegt. Die Elektroden beginnen zu sinken bis zum Kontakt mit der Charge. In diesem Augenblick beginnt das Spiel der automatischen Regulierung. Vor dem Aufgießen der Charge wird mit dem Ausschalten des Ölschalters die Hilfsstromquelle wieder an die Drehmagnete gelegt, die Elektroden steigen bis zum Anschlag und nun kann das Abgießen beginnen.

Die automatisch-hydraulische Elektroden-Reguliervorrichtung ist in der BBC.-Broschüre 742 D vom 22. März 1922 ausführlich beschrieben. Es seien hier einige besonders wichtige Vorteile dieser Regulierung gegenüber einer rein elektrischen Regulierung bei den Konkurrenzöfen hervorgehoben und näher ausgeführt:

1. Keine der Ofenhitze ausgesetzten Regulier-Motoren am Ofen.

2. Äußerste Betriebssicherheit, da hier die bei elektrischer Regulierung erforderlichen Motor-Umschalter und Hilfsrelais mit ihren zahlreichen, der Verschmutzung und Abnützung ausgesetzten Kontakten in Fortfall kommen. Bei der BBC.-Regulierung ist nur ein einziger, äußerst robust durchgebildeter elektrischer Apparat, der Ventil-Schnellregler, notwendig. Bei der AEG.-Regulierung sind pro Elektrode ein Stromrelais, zwei Zwischenrelais und zwei relaisartig durchgebildete Hubmotoren-Umschalter notwendig, also insgesamt 15 Apparate für einen Dreiphasen-Ofen, resp. 16 bei Berücksichtigung des Nullspannungsschalters der Elektroden-Regulierung.

3. Während die elektrische Regulierung im allgemeinen nur eine Hub-, resp. Senkgeschwindigkeit zuläßt, paßt sich die hydrau-

lische Regulierung in dieser Hinsicht vollständig den Stromschwankungen an.

Ein Kurzschluß der Elektroden durch das Bad wird zum Beispiel sehr rasch ausreguliert, während kleine Abweichungen von der eingestellten Stromstärke nur allmählich beseitigt werden. Überregulierungen und Pendelungen werden vermieden, ein ruhigeres Arbeiten erzielt.

4. Während bei elektrischen Regulierungen auch die Abwärtsbewegungen der Elektroden durch motorischen Antrieb erfolgt, sinkt die Elektrode bei der BBC.-Regulierung durch ihr nur zum Teil ausbalanziertes Gewicht langsam nach abwärts. Es kommt z. B. häufig vor, daß sich zwischen Schrot und Elektrode schlecht leitende Schlacke befindet. In einem solchen Falle wird die elektrische Regulierung die Elektrode gewaltsam abwärts zu treiben suchen, bis der eingestellte Stromwert erreicht ist, meistens kommt es aber vorher zu einem Elektrodenbruch. Bei der BBC.-Regulierung setzt sich die Elektrode sanft auf die Schlacke auf. Ein weiterer Vortrieb ist nicht möglich, bis die Schlacke entfernt ist. Brüche sind dadurch sicher vermieden.

5. Während für die elektrische Regulierung meist verhältnismäßig viel Raum benötigt wird (meist eine dreifeldige Schalttafel und ein Schaltpult) läßt sich die gesamte Apparatur der hydraulischen Regulierung in übersichtlicher Anordnung auf einem Schaltpult oder in einem Schaltschrank unterbringen.

Anwendungsgebiet für Elektro-Stahlöfen.

Die Anwendung des Elektro-Stahlofens setzt das Vorhandensein genügender Energiemengen voraus, wobei jedoch nicht nur Wasserkraftanlagen in Betracht kommen, sondern auch manchmal kalorische Kraftwerke herangezogen werden.

Im BBC.- und AEG.-Ofen kann sowohl von kaltem Einsatz (Schrot) als auch von bereits flüssigem Material (z. B. aus dem Martin-Ofen) ausgegangen werden. Je nach der metallurgischen Behandlung können aus kaltem Einsatz Stahl gewöhnlicher Handelsqualität oder durch längeres Feinen (Raffinieren und Legieren) Werkzeugstahl, resp. legierte Stähle erzeugt werden. Anderseits läßt sich aber auch, von Schrot ausgehend, Grauguß erzeugen (synthetischer Grauguß), wobei nach dem Niederschmelzen durch Aufkohlen des Bades und nachträgliches Aufgeben verschiedener Zusätze die gewünschte Qualität erreicht werden kann. Der Heroult-Ofen kann also auch, falls der Strompreis dies zuläßt, in erfolgreiche Konkurrenz mit dem Kupol-Ofen treten, wobei noch zu bemerken wäre, daß durch entsprechende Schlackenbehandlung beim elektrisch erschmolzenen Grauguß Phosphor und Schwefel nahezu gänzlich entfernt werden können, ein Vorteil, den der Kupol-Ofen nicht aufzuweisen hat. Auch läßt sich im Elektro-Ofen ein höherer Flüssigkeitsgrad des Gusses wie in einem anderen Ofen erreichen. Für Qualitätsguß steht demnach der Elektro-Ofen konkurrenzlos da. Ähnliches gilt von der Stahlerzeugung, da sich die Qualitäten raffinierten Elektrostahles höchstens im Tiegelstahlprozeß erzielen lassen. Daraus ergibt sich auch das Anwendungsgebiet vor allem in Grauguß und Stahlgießereien und Qualitäts-Stahlwerken.

Wirtschaftliches.

Der Strompreis ist für die Wirtschaftlichkeit einer Stahlofenanlage allein nicht maßgebend, da, wie bereits erwähnt, der elektrische Ofen verschiedene Vorzüge mit sich bringt, die anders geheizte Öfen nicht aufweisen können. Eine allgemein gültige Berechnung eines äquivalenten Strompreises läßt sich daher nicht durchführen, sondern kann nur auf Grund genauer Darlegung der Betriebsverhältnisse eines Werkes, der erzeugten Qualitäten usw. vorgenommen werden. Nur um einen Anhaltspunkt über die Größenordnung des noch bezahlbaren wirtschaftlichen Strompreises zu geben, sei nachstehend ein Beispiel durchgerechnet.

Es soll Elektrostahl normaler Handelsqualität, bei dessen Erzeugung von kaltem Schrot ausgegangen wird, mit einmaligem Abschlacken nach dem Niederschmelzen hergestellt werden. Dieser Prozeß läßt sich am besten mit dem Martin-Ofen-Prozeß vergleichen. Zugrundegelegt sei ein 3-t-Heroult-Ofen: Es soll errechnet werden, bei welchem Strompreis sich Gleichwertigkeit mit einem Martin-Ofen ergibt, unter der Voraussetzung, daß die Errichtung des einen oder anderen Ofens zur Wahl steht. Amortisation sei mit 6%, Verzinsung mit 24% in Rechnung gestellt, wozu zu bemerken wäre, daß sich die letztere Zahl in absehbarer Zeit wieder erniedrigen dürfte. Die Anschaffungskosten für eine komplette Stahlofenanlage, inkl. Aufstellung, kann mit zirka 100.000 Fr. (1 Schweizer Franken = S 1,30), für einen Martin-Ofen gleicher Leistung mit ca. 60.000 Fr. in Rechnung gestellt werden. daher entfallen für Verzinsung und Amortisation pro Jahr ca. 30.000, resp. 16.000 Fr. In einer modernen Anlage mit gut geschulter Mannschaft können mit einem 3-t-Ofen 10 Chargen pro 24 Stunden erzielt werden. Durch Einsetzen von nur 250 Arbeitstagen pro Jahr sei die Zeit für Neuausmauerung usw. berücksichtigt. Daraus ergibt sich eine Jahresproduktion von $10 \times 3 \times 250 = 7500$ Tonnen. Auf eine Tonne entfällt daher ein Betrag für Amortisation und Verzinsung von: 30.000 : 7500 = Fr. 4,— (S 5,20).

Nachstehend der Vergleich:	Elektroofen	Martinofen
Einsatz pro Tonne	120,—	120,—
Abbrand	6,—	9,60
Zuschläge	5,—	5,—
Elektroden-Verbrauch	5,—	—,—
Stromkosten 700 kWst/t zu errechn.	Hilfsstromkosten	1,—
Kohlekosten à g 9/kg	—,—	27,—
Ofenerhaltung	4,—	9,—
Löhne	4,—	5,—
Amortisation und Verzinsung	5,20	3,—
	S 149,20	**S 179,60**

Die Differenz beider Zahlen ergibt den Betrag, welcher für den Stromverbrauch bezahlt werden kann.

$$\begin{array}{r} S\ 179{,}60 \\ S\ 149{,}20 \\ \hline S\ \ 30{,}40 \end{array}$$

pro Kilowattstunde bedeutet dies einen Betrag von

$$30{,}40 : 700 = \text{ca. } 0{,}435 \text{ S.}$$

Eingehende Selbstkostenberechnungen im Elektrostahlschmelzen lieferten für den Elektrostahl sehr günstige Ergebnisse. Die Selbstkosten betrugen 10,54 Mk. für 100 kg, während sie im Siemens-Martin-Ofen 10,43 Mk., in der Kleinbessemerei 10,08 Mk. und beim Tiegelstahlverfahren etwa 27,09 Mk. betragen. Das Elektroschmelzverfahren steht also hinsichtlich der Selbstkosten in weitem Abstand vom Tiegelverfahren und in sehr großer Nähe zu dem Verfahren des Siemens-Martin-Ofens und der Kleinbessemerbirne. Da der Elektrostahl qualitativ dem durch andere Verfahren (abgesehen vom Tiegelstahlverfahren) hergestellten Stahl sehr überlegen ist, fallen die unwesentlichen Mehrkosten beim Elektroverfahren nicht ins Gewicht.

Wie schon erwähnt, kann dieser Strompreis eine bedeutende Steigerung mit der Qualität des erzeugten Materials erfahren. Es sei noch erwähnt, daß die Wirtschaftlichkeit mit der Größe des Stahlofens steigt, da der Kilowatt-Stundenverbrauch pro Tonne Fertigprodukt mit der Größe des Ofens abnimmt. Von Bedeutung hiefür ist, daß auch die zur Verfügung stehende elektrische Energie im richtigen Verhältnis zur Ofengröße steht. Es lassen sich Grenzwerte von 600 Kilowattstunden pro Tonne bei kaltem Einsatz und einmaligem Abschlacken erreichen.

Vorteile des BBC.-Heroultofens.

1. Die einfache Bedienung der Elektroden von einer beweglichen Bedienungsbrücke aus.
2. Die auf Wunsch auswechselbar zu gestaltende Ofenwanne, bei Öfen bis zu 3 Tonnen.
3. Der gasdichte Abschluß der Elektroden-Durchführung.
4. Die Möglichkeit, Söderberg-Elektroden zu verwenden.
5. Die Ausrüstung mit einem Transformator großer Dauerleistung mit verhältnismäßig hoher Sekundärspannung, welche durch Umschalten des Transformators auf der Hochspannungsseite von Dreieck auf Stern auf einen für den Feinungsprozeß brauchbaren Wert erniedrigt werden kann und die damit verbundene Verbesserung des thermischen Wirkungsgrades.
6. Die Anordnung einer Drosselspule zur Dämpfung der Stromstöße.
7. Die hydraulische Elektroden-Regulierung mit ihren bekannten Vorzügen gegenüber einer rein elektrischen Regulierung.

Übersicht
über die von der A. E. G. ausgeführten Elektro-Stahlanlagen in Österreich, Ungarn und Tschechoslowakei.

In Österreich

Laufende Nr.	Aufstellung		Firma	Ausführung der Anlage	Fertig	Im Bau
	Land	Ort				
1.	Kärnten	Ferlach	Kärntn. Eisen- und Stahlwerks-Gesellschaft	1 Einphasen-Ofen, 6 t Fassungsvermögen, System Heroult Lindenberg. Elektr. Anlage: Umformer 850 kVA, 25 Per., 105 Volt Einphasenleistung.		
2.	Steiermark	Rottenmann	Brüder Lapp	1 Einphasen-Ofen, 6 t Fassungsvermögen, System Heroult Lindenberg. Elektr. Anlage: Umformer, 850 kVA., 25 Per. 105 Volt Einphasenleistung.	1910	
3.	Steiermark	Kapfenberg	Gebrüder Böhler	1 Einphasen-Ofen, 4 t Fassungsvermögen, System Heroult Lindenberg. Elektr. Anlage: Umformer 800 kVA, 50 Pers., 105 Volt Einphasenleistung. Der Ofen wurde auf 4,5 t Fassungsvermögen umgeändert.	1910	
4.	Steiermark	Kapfenberg	Gebrüder Böhler	1 Dreiphasen-Ofen, 6 t Fassungsvermögen, System Girod-Böhler mit Bodenelektroden. Elektr. Anlage: 3 Einphasen-Transformatoren à 350 kVA., 2000/65 Volt, 50 Perioden	1919	
5.	Nieder-Österr.	Traisen	Fischer'sche Weicheisen- und Stahlgießerei	1 Dreiphasen-Ofen, 4 t Fassungsvermögen System Heroult Lindenberg. Elektr. Anlage: 1 Drehstromtransformator 750 kVA, 5000/115 Volt, 25 Perioden.	1912	
6.	Nieder-Österr.	Wien-Stadlau	R. Ph. Waagner, L. & J. Biro & A. Kurz A.-G.	2 Dreiphasen-Öfen, 1,2 t Fassungsvermögen, System ähnlich Stassano. Elektr. Anlage: 1 Drehstromtransformator 450 kVA., 5000/125 Volt, 48 Perioden.	1916	

Laufende Nr.	Aufstellung		Firma	Ausführung der Anlage	Fertig	Im Bau
	Land	Ort				
7.	Kärnten	Treibach-Althofen	Treibacher chem. Werk	1 Dreiphasen-Ofen, 6 t Fassungsvermögen, System Heroult-Humboldt. Elektr. Anlage: 1 Drehstromtransformator 650 kVA., 6000/127 Volt, 50 Perioden.	1917	
8.	Nieder-Österr.	Wien-Stadlau	R. Ph. Waagner	1 Dreiphasen-Ofen, 1,2 t Fassungsvermögen (wie Pos. 6.)	1917	
9.	Nieder-Österr.	Traisen	Fischer'sche Weicheisen- und Stahlgießerei	1 Dreiphasen-Ofen, 4 t Fassungsvermögen (wie Pos. 5).	1918	
10.	Kärnten	Dienlach	Felten & Guilleaume A.-G.	1 Dreiphasen-Ofen, 6 t Fassungsvermögen, System Heroult-Humboldt. Elektr. Anlage: 1 Drehstromtransformator 1000 kVA., 5000/110 Volt, 50 Perioden.	1918	
11.	Nieder-Österr.	Berndorf	Berndorfer Metallwarenfabrik A.-G.	1 Drehstrom-Ofen für ein Fassungsvermögen von 1,2 t, zum Schmelzen von Metallen, System ähnlich Stassano. Elektrische Anlage: 1 Drehstromtransformator 300 kVA., 3000/110 Volt, 50 Perioden.	1920	
12.	Nieder-Österr.	Öd	Metallwarenfabrik Stein	1 Dreiphasen-Ofen für 500—800 kg Einsatz, System ähnlich Stassano, gebaut von Waagner, Biro & Kurz [1]) in Stadlau. Elektr. Anlage: 1 Drehstromtransformator 200 kVA., 500/95—120 Volt, 50 Perioden.	1922	
13.	Tirol	Jenbach	S. u. Th. Reitlinger, Jenbacher Berg- und Hüttenwerke	1 Dreiphasen-Ofen für 4 t, System „Heroult“, gebaut von WBK. Elektr. Anlage: 1 Drehstromtransformator, 900 kVA., 5000/160—145 Volt. 50 Perioden.	1923 1924	

[1]) Im folgenden mit WBK gekürzt.

Laufende Nr.	Aufstellung Land	Ort	Firma	Ausführung der Anlage	Fertig	Im Bau
14.	Steiermark	Kapfenberg	Gebr. Böhler	1 Dreiphasen-Ofen für 6 t, System „Heroult", mechan. Teil gebaut v. Gebr. Böhler. Elektr. Anlage: 1 Drehstromtransformator, 1500 kVA., 2000/130—120—110—90—80 Volt, 50 Perioden.	1924	
15.	Kärnten	Ferlach	Kärntnerische Eisen- und Stahlwerks-Gesellsch.	1 Dreiphasen-Ofen für 7.5 t, System „Fiat", gebaut nach den Entwürfen der Deutsch. Maschinenbaufabriks-A.G.[1]) von WBK. Elektr. Anlage: 1 Drehstromtransformator, 2000 kVA., 3000/190—173/156—140 Volt, 50 Perioden.		1924 1925
16.	Steiermark	Kapfenberg	Gebrüder Böhler	Zu einem: Dreiphasen-Ofen für 6 t, System „Nathusius". Elektrische Anlage: 1 Drehstrom-Transformator, 1500 kVA, 2000/154—149—140—128—118—109 Volt, 50 Per.		1925
17.	Steiermark	Mürzzuschlag	Bleckmann-Werke	1 Dreiphasen-Ofen für 10 t, System „Heroult", geliefert 1922 von WBK. Elektrische Anlage: 1 Drehstrom-Transformator 2700 kVA, 6000/190—173—167—138 Volt, 50 Per.		1925
18.	Wien	Wien XXI.	Waagner Biro A.-G.	1 Dreiphasen-Ofen für 3 t, Syst. „Fiat", gebaut von WBK. nach den Entwürfen der „Demag". Elektrische Anlage: 1 Drehstrom-Transformator 1000 kVA, 5000/180—160 Volt, 50 Perioden.		1925
			In Ungarn und Tschechoslowakei.			
1.	Tschechoslowakei	Pilsen	Skodawerke	1 Dreiphasen-Ofen, 6 t Fassungsraum, Syst. Heroult-Lindenberg, Elektrische Anlage: 1 Drehstrom-Transformator 900 kVA, 5000,8,65—112. 5 Volt, 50 Perioden.	1921	

[1]) Im folgenden mit Demag gekürzt.

Laufende Nr.	Aufstellung		Firma	Ausführung der Anlage	Fertig	im Bau
	Land	Ort				
2.	Ungarn	Prakendorf	Eisen- und Stahlwerk A.-G. Graf Ladislaus Czaky	1 Dreiphasen-Ofen, 2 t Einsatz, System „Heroult", geliefert von WBK. Elektr. Anlage: 1 Drehstrom-Transformator 500 kVA, 500/110 Volt, 50 Perioden.	1922	
3.	Tschechoslowakei	Brünn	Maschinenfabrik Storek	1 Dreiphasen-Ofen, 3 t Einsatz, Syst. „Heroult" (Remscheid). Elektrische Anlage: 1 Drehstrom-Transformator 750 kVA, 6000/110 Volt, 50 Perioden.	1923	
4.	Tschechoslowakei	Trzynietz	Berg- und Hüttenwerks-Gesellschaft	1 Dreiphasen-Ofen für 10 t Einsatz, System „Fiat", gebaut von der Berg- und Hüttenwerks-Gesellschaft nach den Entwürfen der „Demag". Elektr. Anlage: 1 Drehstrom-Transformator 2700 kVA, 6000—3000/200—180 Volt, 50 Perioden.		1925
5.	Tschechoslowakei	Kladno	Poldihütte	1 Dreiphasen-Ofen für 5 t, System „Fiat", gebaut von der Poldihütte nach den Entwürfen der „Demag", Elektr. Anlage: 1 Drehstrom-Transformator 1450 kVA, 5000/200—180 Volt, 25 Perioden.		1925

Die Gewerkschaft „Deutscher Kaiser" in Deutschland hat bereits im Jahre 1912 einen 25-Tonnen-Heroultofen aufgestellt, der damals der größte Elektrostahlofen war, 1913 wurde ein weiterer Ofen mit 35 Tonnen aufgestellt. Dieser Lichtbogenofen ist hinsichtlich seines Fassungsraumes erst Ende des Weltkrieges von den Amerikanern übertroffen worden. Der Ofen wird ebenfalls mit Martin- und Thomasflußeisen beschickt und dient zur Erzeugung von mittleren Stahlsorten aller Art, wie nahtlosen Röhren, Eisenbahnschienen und für Stahlformguß. Die benötigte elektrische Leistung beträgt etwa 3.200 kW. Der Ofen mußte wegen der großen Stromstärken mit besonderen Elektrodenführungen versehen werden.

Die gegenwärtig größten Elektrodenöfen sind in Amerika ausgeführt und dienen teils zum Schmelzen von Stahl, teils nur zum Fertigmachen von im Martinofen vorgefrischtem Material. Zwei Drei-Elektroden-Heroultöfen auf der Naval-Ordnance-Anlage in Charleston (W. Va.) haben je 40 Tonnen Fassung. Sie stehen mit zwei 75-Tonnen-Martinöfen in Verbindung. Ein 3300-kVh-Transformator liefert dreiphasigen Wechselstrom von 110 Volt und 60 Perioden. Der Ofen dient zum Fertigmachen von im Martinofen vorgefrischtem Stahl für Kanonen, Gewehre, Panzerplatten, Panzergeschossen und für hochwertige Schmiedearbeiten der Marineabteilung. Die elektrische Kraft für die elektrischen Öfen sowie den übrigen Teil des Werkes wird über zwei Hochspannungs-Fernleitungen von 66 kV und 44 kV geliefert, die vom Kraftwerk Virginia Power Co. in Cabin Creek, W.-Va., führen. Dieses Kraftwerk liegt im Herzen der bituminösen Kohlenfelder des großen Kanawhaflusses. Die Öfen arbeiten mit Drehstrom von 60 Perioden mit einer Betriebsspannung von 90 bis 110 Volt. Jeder Ofen hat einen 3000 kVA wassergekühlten Öltransformator, dessen Oberspannung 660 Volt beträgt. Bei der angegebenen Leistung wurde mit einem Leistungsfaktor von 0,90 gerechnet; im Betriebe soll er 0,85 bis 0,90 sein.

Ein Acht-Elektroden-Greaves-Etchells-Ofen für eine Fassung von 50 Tonnen mit zwei Transformatoren von insgesamt 6000 kVA, die dreiphasigen Wechselstrom mit 130 Volt Spannung und 60 Perioden liefern, befindet sich bei der Ford Motor Cy., Detroit. Infolge der hohen Transformatorenleistung ist der Ofen sowohl für das Fertigmachen vorgefrischten Materials, als auch für das Schmelzen von Stahl geeignet.

In Großbritannien war die Erzeugung von Elektrostahl während des Krieges in bemerkenswertem Maße gestiegen und die gesamte Leistungsfähigkeit der Elektroöfen war in Sheffield allein zuletzt 150.000 Tonnen im Jahr. Nach „Electrician" ist dort ein 15-Tonnen-Heroultofen, der größte Elektroofen in England, errichtet worden, dessen Bau zum Teil schon während des Krieges begonnen wurde. Er ist mit Transformatoren von zusammen 2400 kVA Leistung ausgerüstet, ist also kein Hochleistungsofen im neuzeitlichen Sinne, da für einen solchen bei 15 Tonnen Fassungsraum eine Transformatorenleistung von etwa 4000 kVA erforderlich wäre. Man glaubt in England, daß die Entwicklung eines neuen Verfahrens für die Herstellung von rostfreiem Eisen die hoffnungsvollste Aussicht auf eine neue Absatzmöglichkeit für die Erzeugnisse elektrischer Öfen bietet. Dieses Verfahren, welches sich auf der unmittelbaren Reduktion von Chromerz und Herstellung einer niedrig gekohlten Chromeisenlegierung in dem gleichen Ofen gründet, setzt den Preis des Metalles sehr herab, so daß es billiger zu stehen kommt als Messing. Es können daher eine große Zahl von Erzeugnissen jetzt zu einem billigeren Preise hergestellt werden als früher und ist daher kein Zweifel, daß innerhalb der nächsten Jahre eine wichtige neue Industrie erstehen wird, welche viele von den elektrischen Öfen beschäftigen wird, welche jetzt still liegen. Das Verfahren wird bereits von einigen der wichtigsten Stahlfirmen ausgeführt.

3. Der Elektro-Schmelzofen in anderen Industrien.

1. Aluminium-Erzeugung.

Das zur Darstellung von Aluminium nötige Aluminiumoxyd wird aus Bauxit gewonnen. Bauxit ist unreine Tonerde, die erst gereinigt werden muß, ehe sie der Elektrolyse unterworfen wird. Im Grunde beruht die heutige Darstellung des Aluminiums auf demselben Grundsatze der elektrolytischen Zersetzung von Aluminiumoxyd, das in einer Schmelze von Kryolith oder ähnlichen Flußmitteln aufgelöst wird. Das Bad wird durch die vom elektrischen Strom erzeugte Wärme schmelzflüssig erhalten. Als Gefäße dienen einfache schmiedeeiserne Kästen, die durch Winkeleisen abgesteift sind. Eine Bodenplatte aus Kohle dient als Kathode. Man kleidet den Boden mit Kohle aus, um zu verhindern, daß beim Einschmelzen durch lokale Überhitzung ein Schmelzen des Eisenkastens eintritt. Überdies darf das flüssige Aluminium nicht mit Eisen in Berührung kommen, da es sich mit diesem leicht legiert. Das Bad wird verschieden zusammengesetzt. Gebräuchlich ist ein Schmelze von 80 bis 90% Kryolith und 10 bis 12% Tonerde. Die Temperatur des Bades darf 1000 ° C nicht übersteigen; man hält sie zweckmäßig nur wenig über dem Aluminium-Schmelzpunkt. Der Ofen muß so groß sein, daß die flüssige Schmelze nicht bis zu den Eisenwänden dringt, diese sind vielmehr mit einer Schichte ersterer Schmelze überzogen und so vor dem Angriff der hohen Temperatur und vor chemischen Einflüssen geschützt. Die Stromkosten müssen mit Rücksicht auf die großen Leistungen, die in Frage kommen, sehr niedrig sein und bewegen sich in der Höhe von zirka 1 Schweizer Centimes. — Der Stromverbrauch beträgt im Mittel 33 kWh pro kg Aluminium.

2. Zink und Blei.

Zur Herstellung von Zink- und Bleimetall bedient man sich des umständlichen Destillationsverfahrens. Ein Gemisch von Erz und Kohle wird in tönernen Retorten erhitzt; dabei destilliert Zink herab. Wie schwierig sich die Zinkgewinnung gestaltet, zeigt der Unterschied im Preise von Zink im Erz gegen das gewonnene Metall. Mit Hilfe der Elektrothermie hat man das Destillationsverfahren bedeutend verbessern können. Es lassen sich ärmere Erze verarbeiten, weil weniger Metall in die Schlacke geht. Nach wie vor bleiben die örtlichen Verhältnisse (Kohlenpreise) dafür maßgebend, ob man elektrothermisch oder mit Brennstofferhitzung arbeitet.

Einen brauchbaren elektrischen Ofen hat Gustav de Laval, der Konstrukteur der ersten erfolgreichen Dampfturbine, gebaut. Es ist ein Lichtbogenofen mit indirekter Lichtbogenwirkung, der in einem starkwandigen Ofen mit gewölbter Decke auf die Beschickung (Abb. 341), einem Gemisch von Erz und Kohle, arbeitet, welche durch eine luftdicht schließenden Transportschnecke in den Ofen gebracht wird. Das Reaktionsgemisch schmilzt unter der Wärmeausstrahlung des Lichtbogens zu einer dünnen Flüssigkeit. Der Zinkdampf destilliert daraus und zieht durch einen Schacht am Deckengewölbe zu den Kondensationskammern; die Schlacke wird von Zeit zu Zeit abgestochen. Die Siedetemperatur von Zink liegt bei etwa 950° C. Die hohe Temperatur des Lichtbogens wird also nicht recht ausgenützt. Neuerdings hat man Zinköfen konstruiert, die mit direktem Widerstand arbeiten. In Nordamerika und anderen Ländern ist die elektrolytische, in Schweden jedoch mit Erfolg die elektrothermische Methode der Zinkgewinnung eingeführt worden. So hat die Elektrotermiska Aktiebolaget 1910 mit 5000 kW, 1915 mit 13.000 kW elektrothermisch Zink gewonnen. 1915 wurden 7150 Tonnen Blockzink und 8600 Tonnen raffiniertes Zink erzeugt. Das destillierte Metall enthält 99,95% Zink. Der Stromverbrauch schwankt zwischen 3,3 bis 4,6 kWh pro kg Zink und zirka 33 kWh pro kg Blei.

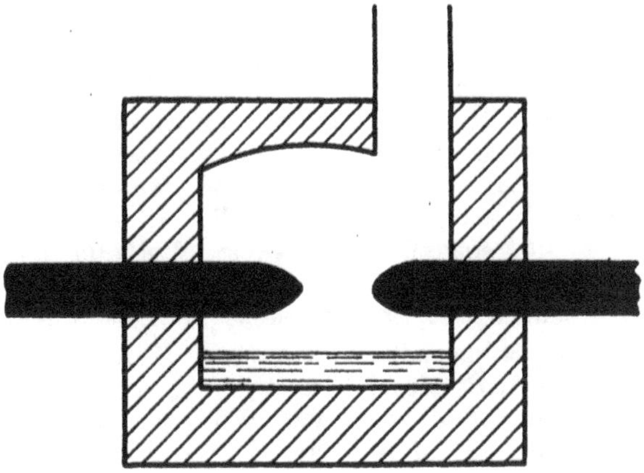

Abb. 341
Zink-Destillierofen

3. Phosphor.

Die Gewinnung erfolgt wie beim Zink durch Destillation. Es wird ein Gemisch von Phosphorsäure und Kohle, oder von Kalziumphosphat, Kieselsäure und Kohle der hohen Temperatur des Lichtbogens ausgesetzt, wobei der Phosphor destilliert. Wie bei jeder Destillation, muß auch hier der Raum auf eine Temperatur erhitzt werden, die über dem Verdampfungspunkt des erzeugten Stoffes liegt, wozu sich der indirekte Lichtbogen ganz vorzüglich eignet. — Die durch die Svenska Tändsticksaktiebolaget kontrollierte Aktiebolaget för Kemisk och Elektrokesmik am Trollhättau braucht für diesen Zweck 500 bis 600 kW. Der Stromverbrauch beträgt 12 kWh pro kg.

4. Wolfram.

Die Einführung des langgestreckten Wolframfadens in der Glühlampenindustrie hat große Umwälzungen hervorgerufen, ebenso wichtig ist die Verwendung des Wolframs für die Herstellung von Heizwiderständen. Das meiste Wolfram dient für Edelstähle, namentlich Schnelldreh- und Schnellarbeitsstähle, welche Wolfram-Karbide von außergewöhnlicher Härte enthalten. Auch andere Legierungen, wie das feste Partinium (Wolfram und Aluminium) für Autogestelle, Wolframbronzen für Munition und andere Zwecke, sind gesucht. Wegen seiner großen Widerstandsfähigkeit gegen Chemikalien ist Wolfram und seine Legierungen berufen, das seltener werdende Platin für viele Verwendungen zu ersetzen. Der Schmelzpunkt liegt bei ungefähr 3000° C.

Nun ist gerade Wolfram ein Metall, welches sich überhaupt nur mit Hilfe der Elektrothermie schmelzen läßt. Man gewinnt es aus der Reduktion von Wolframsäure mit Wasserstoff. Eine sehr sorgsam gereinigte Wolframsäure bildet das Ausgangsmaterial, das in kleinen Nickelschiffchen im Wasserstoff erhitzt wird. Diese werden an einem Ende eines unglasierten Porzellanrohres, das sich in einem elektrisch geheizten Röhrenofen befindet, eingeschoben; dabei schiebt jedes Schiffchen das vor ihm liegende vorwärts durch den weißglühenden Heizraum. Am anderen Ende

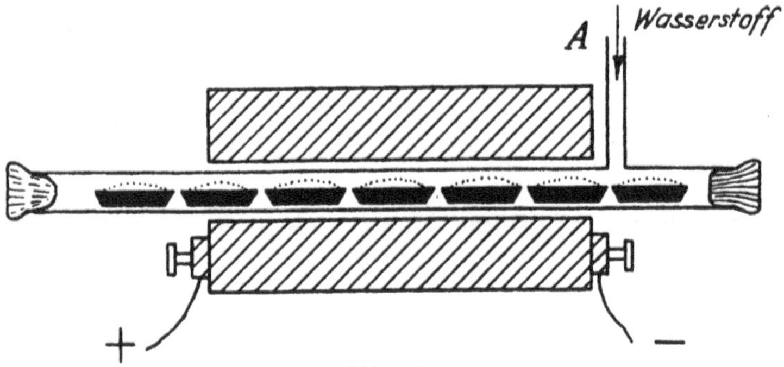

Abb. 342

des Rohres nimmt man die Schiffchen, die nun dichtes, schön kristallisiertes Wolframmetalll enthalten, heraus. Dabei wird beständig ein Wasserstoffstrom bei A, Abb. 342, in das Rohr geleitet. An der Einschubstelle ist das Rohr dicht verschlossen, während am Ausgangsende ein Asbestpfropfen lose eingeschoben ist, neben welchem der Wasserstoff austreten kann.

Das so bearbeitete Metall wird dann in hydraulischen Pressen unter Anwendung eines gewaltigen Druckes von zirka 5000 Atmosphären zu Stäben gepreßt. Diese Stäbe werden dann zur Verfestigung im Wasserstoffstrom in einem Röhrenofen zuerst auf Rotglut und dann höher erhitzt. Ein wirklich kompaktes Metall erhält man aber erst durch Sinten der Stäbe, wobei sie nahe zum Schmelzpunkte erhitzt werden. Diese hohe Temperatur gewinnt man durch d i r e k t e W i d e r s t a n d s e r h i t z u n g. Der Strom wird direkt durch den Stab geleitet. Man kann sich hierzu des

Wolframofens von Ruff bedienen. Ein viereckiger Kasten aus Gußeisen ist mit Graphitsteinen ausgefüttert (Abb. 343). Durch den Ofenmantel sind die wassergekühlten Kupferelektroden, das Zu- und Ableitungsrohr für Wasserstoff geführt. Durch zwei Fenster a) und b) kann man das Innere des Ofens beobachten. Die untere Elektrode ist mit dem Ofenmantel leitend verbunden, die obere beweglich durch den isoliert aufgesetzten Deckel geführt; sie hängt an einem Seil, das über Rollen gelegt ist und am anderen Ende ein Gegengewicht trägt. Durch einen Quecksilberverschluß ist der Ofen zwischen Deckel und oberer Elektrode in einfacher Weise gasdicht gemacht. Zwischen die Elektroden wird der ausgeglühte Wolframstab eingespannt. Dicke, massive Kupferblöcke dienen als Fassung. Der Ofen wird durch Aufschrauben der Vorderwand geschlossen, mit Wasserstoff gefüllt und dann mit starkem Strom beschickt. Die bewegliche obere Elektrode folgt der Wärmeausdehnung des Stabes. Der abgekühlte Stab ist ziemlich spröde; er wird durch Walzen und Hämmern bei erhöhter Temperatur weiter bearbeitet.

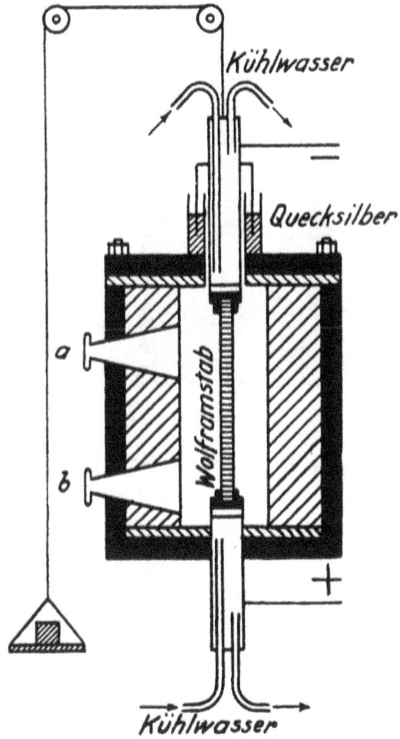

Abb. 343

5. Karbidindustrie.

Die Karbidindustrie ist für die Entwicklung der Elektroheizung von hervorragender Bedeutung. Die Elektroden und Heizstäbe sind vielfach Karbide, vor allem das wichtigste Silit oder Silundum, welches ein Siliziumkarbid darstellt (s. S. 14 usw.). Von besonderer Bedeutung für die Technik wurde auch das Kalziumkarbid. Die Grundform des direkten Lichtbogenofens kommt in dem Ofen von Wilson zum Ausdruck. Wilson wollte darin die Oxyde der Erd- und Alkalierdmetalle reduzieren, er erhielt jedoch dabei Karbide; das war der Anfang der Karbidindustrie (Abb. 344).

Der Ofen bestand aus einem Kohlentiegel, auf einer Platte stehend, den einen Pol bildend, und aus einer in den Tiegel hängenden Kohlenelektrode, die durch eine Schraubenspindel auf

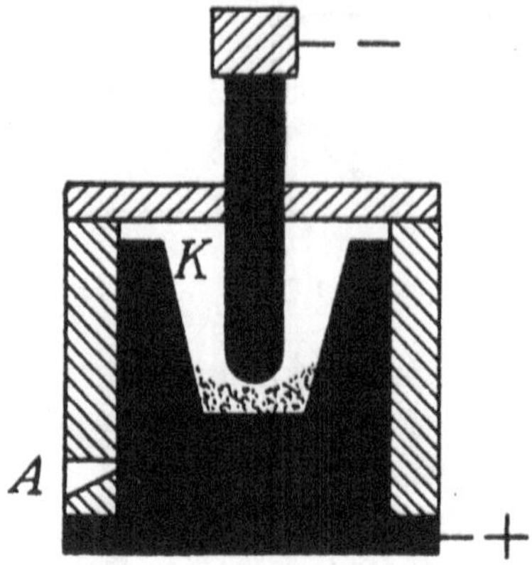

Abb. 344

und nieder bewegt werden konnte. Zwischen beiden wurde zu Beginn des Betriebes ein Lichtbogen gezogen, der durch die Beschickung, ein Gemisch von Kohle und Kalk, zugedeckt wurde. Nun arbeitete der Ofen mit direkter Widerstandsheizung, die als die für technische Zwecke geeignetste angesehen werden kann. Den Ofenmantel bildet ein Mauerwerk. Bei A sollte das fertige Karbid abgestochen werden. Da sich dies aber wegen der zähen Flüssigkeit und des hohen Schmelzpunktes des Karbid nicht bewerkstelligen ließ, arbeitete man nach dem Block-Verfahren. Man brachte auf das erschmolzene Karbid neue Beschickung und zog dabei die Elektrode höher hinauf, bis der Tiegel von Karbid erfüllt war. Nach dem Erkalten wurde dieser Block herausgeschlagen und die Stücke sortiert. Eine Verbesserung des Verfahrens bestand in einer fahrbaren Anordnung des Schmelztiegels, der aus Eisenblechkästen bestand, die mit feuerfesten Steinen ausgefüttert waren. Den Boden bildete eine mit der Stromzuführung verbundene Kohlenplatte.

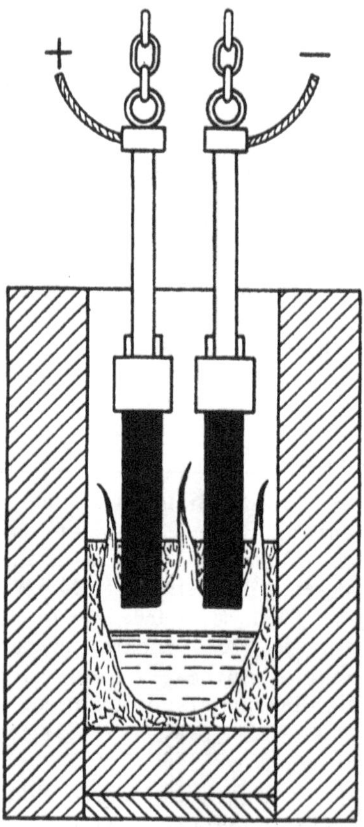

Abb. 345

Da beim Blockbetrieb im Verlaufe des Schmelzprozesses der Abstand der Elektroden von der Bodenplatte immer größer und dadurch der Widerstand des Ofens vermehrt wird, benützt man bei einer anderen Form von direkten Lichtbogenöfen zwei Elektroden. Durch eine wird der Strom zu-, durch die andere abgeleitet (Abb. 345). Zwischen jeder Elektrode bildet sich ein Lichtbogen aus. Die leitende Bodenplatte fällt bei dieser Anordnung fort.

Das Grundprinzip der modernen Karbidöfen hat sich gegenüber den älteren nicht wesentlich verändert. In der Anordnung der einzelnen Teile und der Arbeitsweise ist jedoch ein großer Fortschritt zu verzeichnen. Die Form der Öfen ist überaus einfach, aber dabei ins Riesenhafte gewachsen. Ein Ofen in Hofslund arbeitet mit 24.000 PS und liefert täglich 100 Tonnen Karbid.

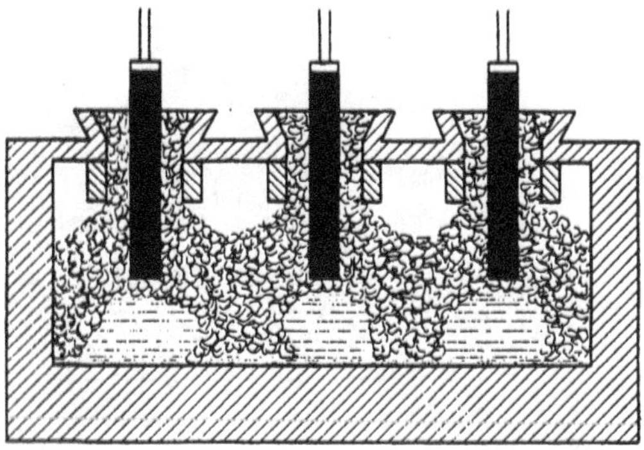

Abb. 346

Der Ofenschacht ist meist ein viereckiger oder ovaler Kasten aus Eisenblech oder gußeisernen Panzern und 1½ bis 2 m tief. In dem Schacht hängen die Elektrodenpakete. Am Boden jeder Elektrode bildet sich in der Beschickung ein Karbidsumpf. Die einzelnen Herde sind voneinander getrennt. Der Ofen muß soweit dimensioniert sein, daß die Schmelzzone bei maximaler Belastung in der Beschickung eingebettet bleibt. Dann sind die Ofenwände vor dem Einfluß der hohen Temperaturen geschützt und halten unbegrenzt lange. Bei geringer Belastung friert der Sumpf an der äußeren Begrenzung ein und wird kleiner, die Ofenwand dicker. Am Boden des Schachtes bildet sich eine Kohlenplatte, die beim Betrieb abbrennt und durch Karbid ersetzt wird. Einem Verschleiß sind nur die Elektroden unterworfen. Sie bestehen aus Paketen, die bis zu 16 Kohlenstäbe von quadratischem Querschnitt (250 × 250 × 1500 mm) enthalten. Die Elektrodenfassung wird aus wassergekühlten Gußbacken gebildet, die gegen den Elektrodenkopf gepreßt sind. Jede Elektrode bildet einen Herd für sich, die Sümpfe werden besonders abgestochen. Das Karbid fließt in Tiegel, die aus gußeisernen Platten bestehen und wird sofort in den Kühlraum gebracht.

Im allgemeinen verwendet man Drehstrom, der in drei Phasen den Elektroden zugeführt wird, während den Nulleiter der Ofenboden bildet (Abb. 346). Der Strom wird als Hochspannungsstrom von auswärts bezogen (Piesteritz bei Golpa mit 80.000 Volt). Die Spannung beträgt 50 bis 90 Volt für jede Elektrode, die Stromstärke bis 40.000 Ampere, der Quadratzentimeter ist mit 6 Ampere belastet, bei stärkerer Stromdichte erhitzen sie sich bis zur Rotglut und verschleißen sich rasch.

Als Ausbeute an Karbid sind nach den Wärmetönungen auf 1 kWh/Tag 11 kg zu erwarten, die Praxis errechnet etwa 6 kg, also in einem großen Ofen 60 bis 70 Tonnen Karbid täglich. Der Stromverbrauch beträgt 4 kWh pro Kilogramm Kalziumkarbid.

6. Graphit.

Zur Herstellung ungeschmolzener Karbide und von Graphit bedient man sich gleichfalls der direkten Widerstandsheizung.

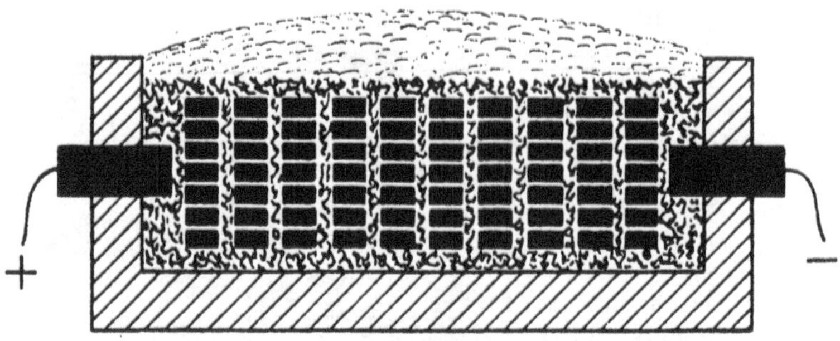

Abb. 347

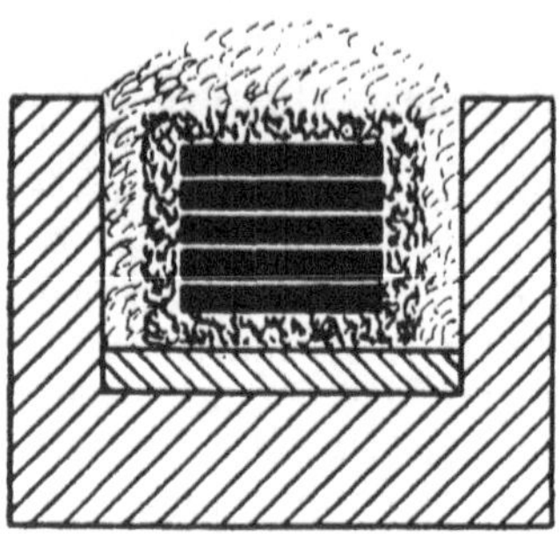

Abb. 348. Querschnitt

Hierher gehört der Karborundum-Ofen von Acheson. Graphit wird in ähnlichen Öfen bereitet. Der Strom fließt durch die im Ofen aufgeschichteten Stäbe usw. aus Kohle, die in Graphit, Abb. 347, 348, verwandelt werden soll. Kokklein stellt die leitende Verbindung zwischen den Elektroden und den Stäben her. Graphit ist bekanntlich die bei hohen Temperaturen stabile Form von Kohlenstoff. Die Umwandlung von amorpher Kohle (Anthrazit) in Graphit wird durch Gegenwart von Metalloxyden begünstigt. Die Höganös-Billesholms Aktiebolaget am Trollhättan hat seit 1916 einen Betrieb mit 850 kW. Der Stromverbrauch beträgt 7,8 bis 16 kWh pro kg.

7. Ferrolegierungen.

Ähnlich gebaute Öfen finden auch Verwendung bei der Darstellung von Roheisen und zur Erzeugung von Ferrolegierungen. Es ist bekannt, daß die Elemente: Mangan, Silizium, Titan, Chrom, Wolfram, Molybdän, Vanadium und Tantal ausschließlich in der Form von Eisenlegierungen erzeugt werden. Ein Hauptgrund liegt darin, daß sie hauptsächlich als Zusatz zum Eisen für verschiedene Zwecke dienen. Am meisten wird Ferro-Silizium mit 50 bis 90 % Silizium verwendet; es findet hauptsächlich mit 13 bis 15 % Siliziumgehalt Anwendung in der chemischen Industrie. In Schweden wurden im Jahre 1917 in zehn Betrieben nicht weniger als 45.000 kW gebraucht, mit welchen ein Ausstoß von 54.000 Tonnen im Jahr an Ferro-Silizium mit 50 % Silizium erfolgte. Hervorgehoben als Haupterzeuger seien die Elektrotermiska Aktiebolaget und die Aktiebolaget Ferrolegeringew in Trollhättan.

Der Stromverbrauch beträgt für:

Elektro-Gußeisen	2,5 kWh pro kg
Elektro-Stahl	1,0 kWh pro kg

Ferro-Mangan .	75% Mn .	. 3,5 kWh pro kg
Ferro-Silizium .	75% Si .	. 16,0 kWh pro kg
Ferro-Chrom .	6% Cr .	. 9,5 kWh pro kg
Ferro-Molybdän	75% Mo .	. 8,4 kWh pro kg
Ferro-Tungsten	75% W .	. 8,6 kWh pro kg
Silizium-Mangan	25/50% .	. 5,8 kWh pro kg

8. Stickstoff.

a) Der Lichtbogenprozeß. Die Elektrothermie mit ihren überaus hohen Temperaturen brachte die Möglichkeit vieler endothermer Reaktionen, d. h. bei der Bildung von neuen chemischen Verbindungen wird Wärme gebunden. Die reine Lichtbogenheizung wird daher zur Ausführung von Gasreaktionen herangezogen. Da bei der Niederspannung der Lichtbogen zwischen den Metallelektroden sehr kurz und deshalb wenig wirksam ist, so erzeugt man durch Hochspannung lange Flammenbögen (Hochspannungsflamme), die noch durch besondere Kunstgriffe vergrößert werden. Das wichtigste Problem, zu dessen Verwirklichung die Hochspannungsflamme verwendet wird, ist die Darstellung von Salpetersäure aus dem Stickstoff der Luft. Hierfür bestehen verschiedene elektrische Ofentypen.

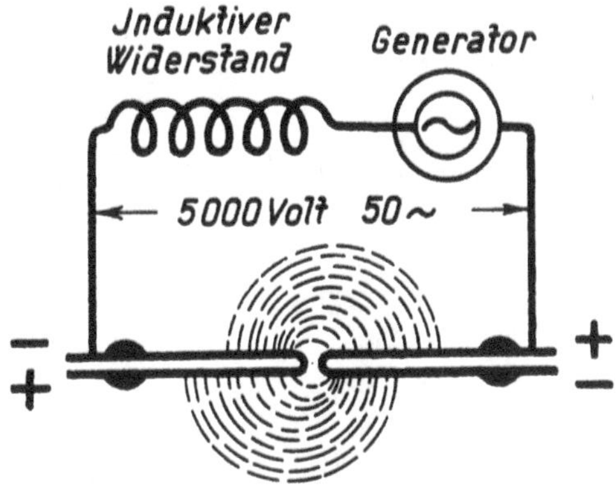

Abb. 349. Prinzip des Birkeland-Eyde-Ofens

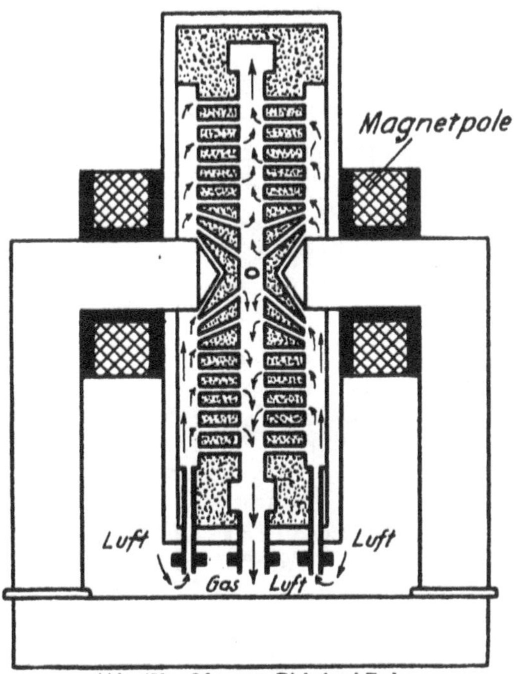

Abb. 350. Ofen von Birkeland-Eyde

Birkeland und Eyde zogen den Lichtbogen durch einen starken Magnet auseinander (Abb. 349 und 350), Schönherr (Badische Anilin- und Sodafabrik) verwendet einen wirbelförmigen

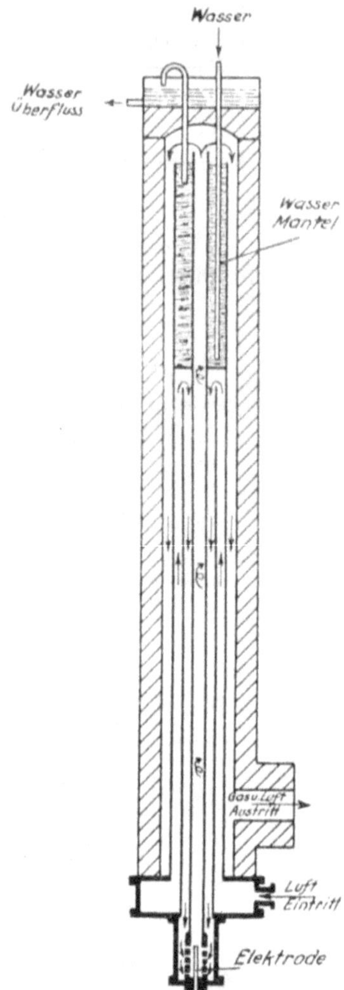

Abb. 351. Ofen von Schönherr

Gasstrom (Abb. 351), **P a u l i n g** verwendet die Form eines Hörnerblitzableiters (Abb. 352). Nach diesem Verfahren wird in der Anlage zu Patsch bei Innsbruck gearbeitet. Beim **M o s c i c k i**-Ofen wird die Flamme zwischen konzentrischen Elektroden unter Mitwirkung eines Magneten gebildet (Abb. 353). Das gleiche Prinzip wurde seinerzeit von **P e t e r s s o n** angewendet. Der **W i e l g o l a s k i**-Ofen basiert zum Teil auf dem Gedanken von Schönherr, zum Teil von Pauling. Zu erwähnen sind noch der **S i e b e r t s**-Ofen mit drei Elektroden und **H ä u s e r s** Explosions-Methode, welch letztere die hohe Temperatur allerdings nicht elektrisch, sondern durch Explosion eines Gemisches von Luft und Gas erzielen läßt. Bemerkenswerte Lichtbogenanlagen befinden sich in Tschornewitz, Deutschland, Bodio in der Schweiz, La Roche de Ramé in Frankreich, Rjukan in Norwegen. Energieerfordernis 7,3—8 kW Jahr pro metrische Tonne gebundenen Stickstoffs. Das Lichtbogenverfahren ist wegen seines großen Kraftbedarfs meist auf die Gewinnung von konzentrierter Salpetersäure und Natriumnitrit beschränkt.

b) Das **K a l k s t i c k s t o f f v e r f a h r e n**. Es gibt drei Gewinnungsmethoden, mittelst welcher Stickstoff aus Kalziumkarbid in großem Maßstab gewonnen wird:

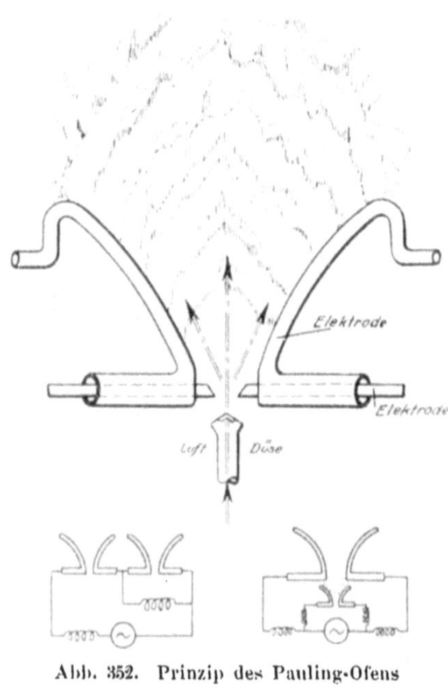

Abb. 352. Prinzip des Pauling-Ofens

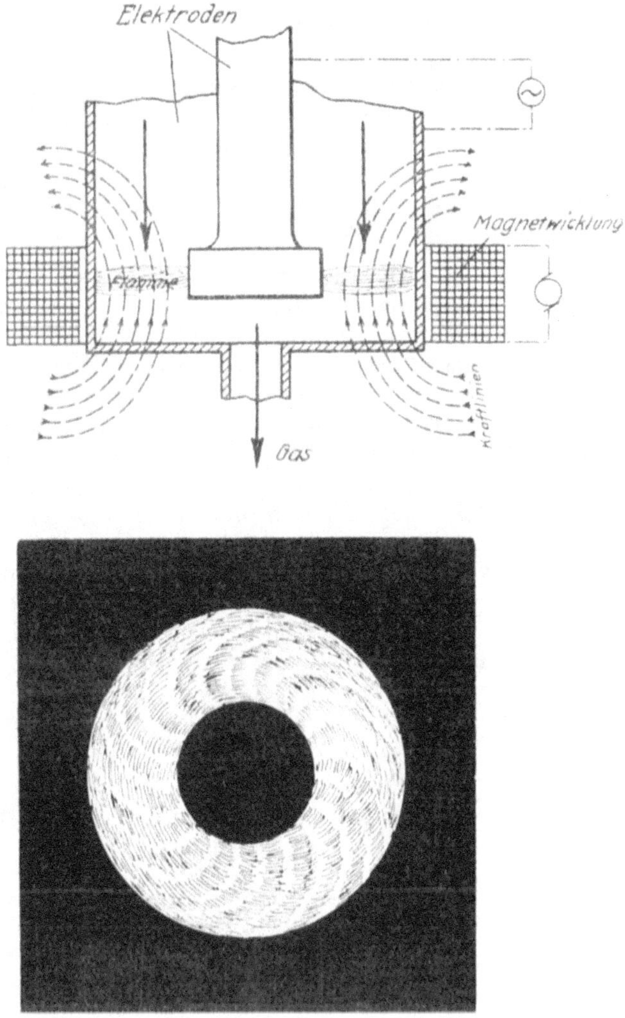

Abb. 353. Kowalki und Moscicki (Petersson)-Ofen

1. Die Frank-Caro-Methode, in Odda in Norwegen, Trostberg in Bayern, Piesteritz bei Wittenberg und Knapsack bei Köln in der Nähe von Braunkohlenfeldern, Waldshut in Baden und Chorzow in Oberschlesien. Ebenso haben auch Italien, Frankreich und die Vereinigten Staaten von Amerika teils neue Anlagen errichtet, teils die bestehenden Werke wesentlich erweitert;
2. die Carlson-Methode, speziell in Schweden;

3. die Methode von Polzenius, in einigen Betriebsstätten Deutschlands.

Der Kraftverbrauch beim Kalkstickstoffprozeß beträgt etwa 13.000 kWh pro Tonne gebundenen Stickstoff. Diese Zahl stellt etwa den fünften Teil des Energieverbrauches beim Lichtbogenverfahren dar und erklärt ohneweiters, weshalb das Kalkstickstoffverfahren in seiner Anwendung räumlich viel weniger begrenzt ist, als das Lichtbogenverfahren.

c) Das synthetische Ammoniakverfahren. Der Vollständigkeit halber sei angeführt, daß als das aussichtsreichste Verfahren zur Bindung des atmosphärischen Stickstoffes zurzeit meist das Haber-Bosch-Verfahren angesehen wird. Es beruht auf der Vereinigung von Stickstoff und Wasserstoff bei Temperaturen von 400° bis 500° C und einem Druck von mehreren hundert Atmosphären. Dieses Verfahren ist bisher im größten Maßstab in den beiden Anlagen der Badischen Anilin- und Sodafabrik in Oppau bei Ludwigshafen und in Leuna bei Meersburg in Betrieb gesetzt worden. Die auf dem gleichen Prinzip beruhenden, später ausgebildeten Verfahren von Claude, Casale und Fauser sind bisher nur in kleinen Verhältnissen in verschiedenen Ländern zur Anwendung gelangt. England hat ein großes, der Firma Brunner Mond & Co. gehörendes Werk und auch in Amerika ist in Syracuse im Staate New York eine ähnliche Ammoniakanlage auf Grund des etwas abgeänderten Haber-Verfahrens errichtet worden.

Entwicklung der Stickstoffindustrien in Tonnen an Stickstoff.

Verfahren	1900	1913	1917	1920	1923
Lichtbogen	5.000	14.000	35.000	30.000	36.000
Kalkstickstoff	5.000	34.000	230.000	130.000	140.000
Synthetisches Ammoniak .	—	7.000	110.000	295.000	320.000

4. Laboratoriumsofen.

Im Jahre 1800 veröffentlichte Volta die Erfindung seiner Säule, mit der man zum ersten Male beständig fließende elektrische Ströme erzeugen konnte. Humphry Davy hat durch seine Versuche das Programm der modernen Elektrochemie aufgestellt: er erfand die Elektrolyse und die Elektrometallurgie. In seinem Lichtbogen brannte eine Glut, die von unseren modernsten Elektroöfen nicht übertroffen wird, denn der Lichtbogen stellt das Extrem irdischer Temperatur dar. D a v y hat wohl bewußt den elektrischen Strom zur Erzeugung von Wäme benutzt, an eine Konstruktion elektrischer Öfen aber wagte er nicht zu denken. Der Strom der Voltasäule war zu kostbar, um wie ein Brennmaterial verwendet zu werden.

Der erste Forscher, der elektrische Öfen an sich verwendete, war D e p r e t z (1849). Dieser Gelehrte wollte extrem hohe Temperaturen erzeugen und benützte zum Hervorbringen der Hitze 185 Bunsenelemente, mit deren Hilfe es gelang, in einem Widerstandsofen feuerfeste Oxyde zu verdampfen. Dieser elektrische Widerstandsofen bestand aus einem 7 mm weiten und 23 mm langen Rohr aus Zuckerkohle, welches durch zwei Stöpsel aus Kohle geschlossen wurde (Abb. 354). Die zu erhitzende Masse wurde in das Innere des Ofens gebracht. D e p r e t z berichtet, daß es ihm auch gelang, Kohlenkugeln zu schmelzen. Auch einen Lichtbogenofen hat er konstruiert. Den Krater, der sich von selbst in der positiven Kohle bildet, wenn man einen Lichtbogen erzeugt, erweiterte er zu einem Tiegel (siehe Abb. 355) und hat damit den Urtyp des elektrischen Ofens geschaffen, der einige Jahrzehnte später in der Großindustrie ins Riesenhafte vergrößert worden war.

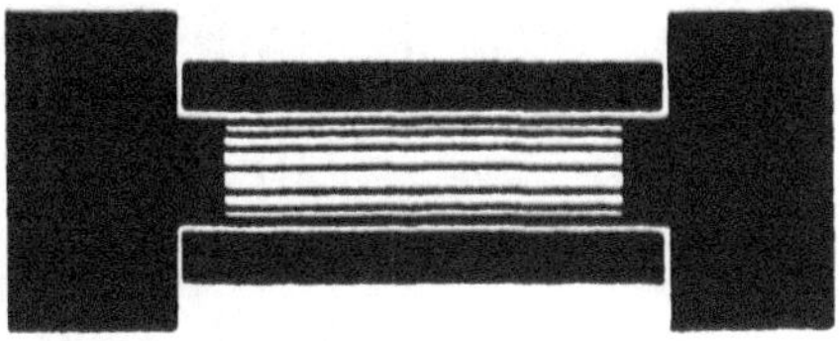

Abb. 354. Widerstandsofen von Depretz

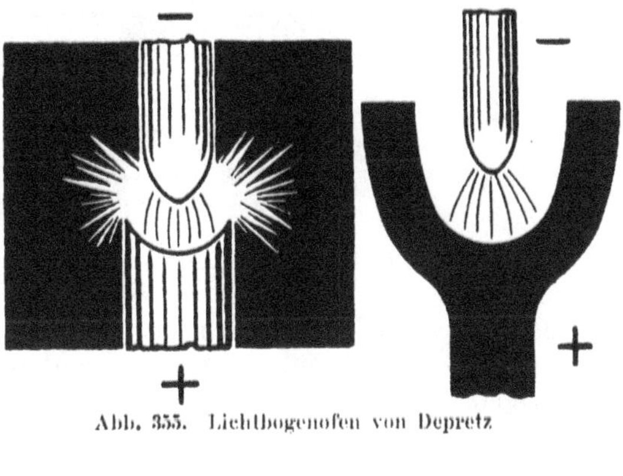

Abb. 355. Lichtbogenofen von Depretz

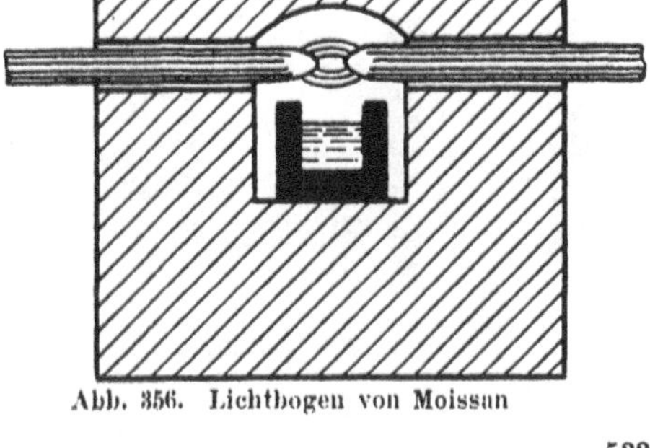

Abb. 356. Lichtbogen von Moissan

M o i s s a n konnte dank der von Werner S i e m e n s im Jahre 1867 erfundenen Dynamomaschine einen elektrischen Ofen im Jahre 1891 vorführen. Derselbe bestand aus einem Kalkblock, in welchem ein riesiger Lichtbogen brannte (Abb. 356). Durch Strahlung wird die Hitze auf die Stoffe übertragen, die sich in einem Kohlentiegel unterhalb des Lichtbogens befinden.

Trotzdem die Elektrothermie sich so gewaltig entwickelte, ist sie in den Grundformen merkwürdig konstant geblieben. So ist der moderne Vakuum-Ofen, der 1906 von Arsem (Abb. 357) im

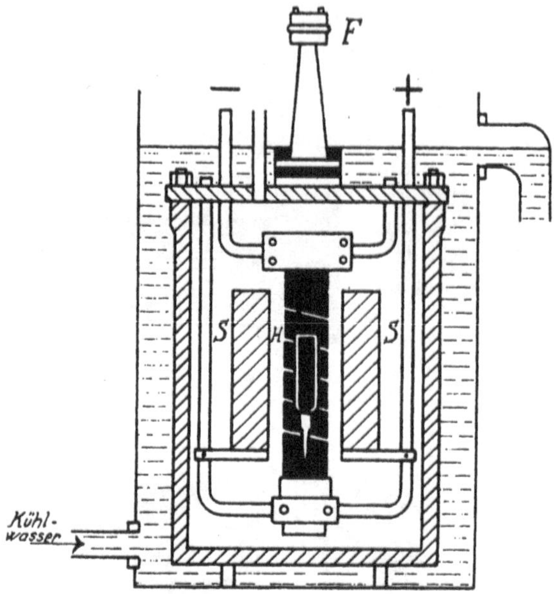

Abb. 357. Vakuumofen von Arsem

Laboratorium der General Electric Company konstruiert und verwendet wurde, nichts anderes, als die Verbesserung des Depretz-Röhrenapparates. Es konnten damit Temperaturen bis zu 3100° erzielt werden. Er eignet sich vorzüglich für Untersuchungen bei extrem hohen Temperaturen. Für manche exakte Untersuchungen ist der Vakuumofen von Ruff geeigneter. Außerdem sind noch zu erwähnen der Kryptol-Ofen, der von der Friedrich-Krupp-A.-G., Essen, 1909 gebaut wurde, der neben Forschungszwecken sich auch für das Kleingewerbe, dann Emaillierwerke, Glasbläsereien, hauptsächlich aber für Schmelzereien der Edelmetallindustrie eignet, der Morgan-Ofen der Morgan Crucible Cy. in London und der Helberger-Ofen (Abb. 358).

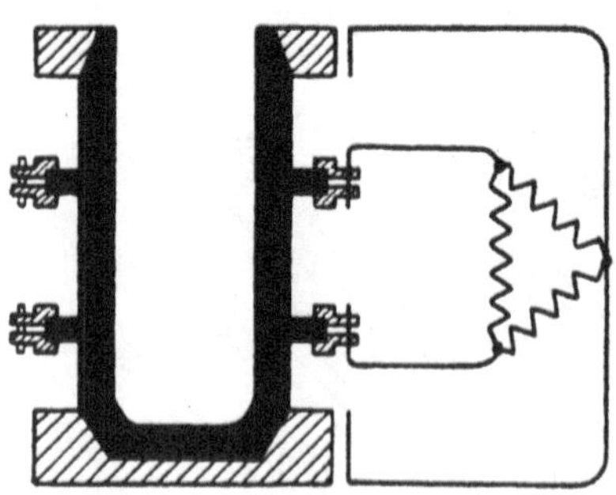

Abb. 358. Transformatorofen von Helberger

Diese Öfen sind reine Widerstandsöfen, bei welchen der Strom durch das umgebende Kryptol oder den Schmelztiegel selbst geleitet wird und von welchen letzterer Temperaturen bis zu 300° C erzeugen kann. In Amsterdam ist ein großes chemisches Laboratorium unter Professor Aten mit Elektrizität statt mit Gas eingerichtet und hat große Zufriedenheit gefunden.

5. Kathodenstrahlen-Ofen.

Im Widerstandsofen ist der Heizwiderstand ein fester oder flüssiger Körper, im Lichtbogenofen ein gasförmiger. Der Lichtbogen bildet den Übergang von der reinen Widerstanderhitzung zur Erhitzung durch Elektronen oder Kathodenstrahlen. In diesem Falle wird der Elektronenstrom nicht mehr geleitet, er geht durch den leeren Raum, geradlinig, wenn keine anderen Kräfte auf ihn einwirken als das elektrische Feld, das ihn erzeugt. Die Elektronen treten in den luftleeren Raum aus der Kathode aus und bewegen sich in der Richtung des elektrischen Feldes. Nur dann treten jedoch Elektronen aus der Kathode in den hoch evakuierten Raum, wenn man die Kathode stark erhitzt oder belichtet. Andernfalls müssen Gasmoleküle zur Luft-Ionen-Bildung vorhanden sein, die den Stromdurchtritt vermitteln und dadurch Bedingungen für die Entstehung von Kathodenstrahlen schaffen. Besonders leicht treten Elektronen aus der erhitzten Kathode aus, wenn diese mit einer dünnen Schicht eines Erdalkali-Oxydes (Wehnelt-Kathode) überzogen ist. Die Elektronen finden einen sehr geringen Widerstand im luftleeren Raum; sie geben fast die ganze kinetische Energie, die ihnen vom elektrischen Feld erteilt wurde, beim Anprall an die Anodenoberfläche ab und können dadurch die höchste Temperatur überhaupt erzeugen.

Der Heizung durch Kathodenstrahlen bediente sich Wartenberg bei der Bestimmung des Wolfram-Schmelzpunktes *) (Abb. 359). Die Kathode des von ihm benützten Apparates besteht aus einem Platinblechstreifen, der durch Bestreichen mit einer Lösung von Kalziumnitrat und darauffolgendem Ausglühen mit einer dünnen Haut von Kalziumoxyd überzogen ist. Durch einen kräftigen Wechselstrom, dessen Sekundärspule isoliert aufgestellt ist, wird die Kathode zur Weißglut erhitzt. Als Anode dient ein Stäbchen aus Wolframmetall, das in einen Zylinder von Zirkonoxyd gestellt ist. Das Stäbchen befindet sich in leitender Verbindung mit einem Platindraht, der mit dem positiven Pol der Stromquelle (220 Volt-Leitung) verbunden ist. Dieser Draht steckt in einem Glasrohr. Wird der negative Pol mit dem weißglühenden Platinblech verbunden und erzeugt in dem Glasgefäß ein sehr hohes Vakuum, so fließt ein starker Elektronenstrom von der Kathode zu der Spitze des Wolfram-Stäbchens, die aus dem Zirkonzylinder herausragt. Die aufprallenden Elektronen erhitzen in kurzer Zeit diese Spitze bis zum Schmelzpunkt des Wolframs, dessen Temperatur mit

*) Wartenberg, Bericht der Deutschen chem. Ges. 40, Seite 3287—3291.

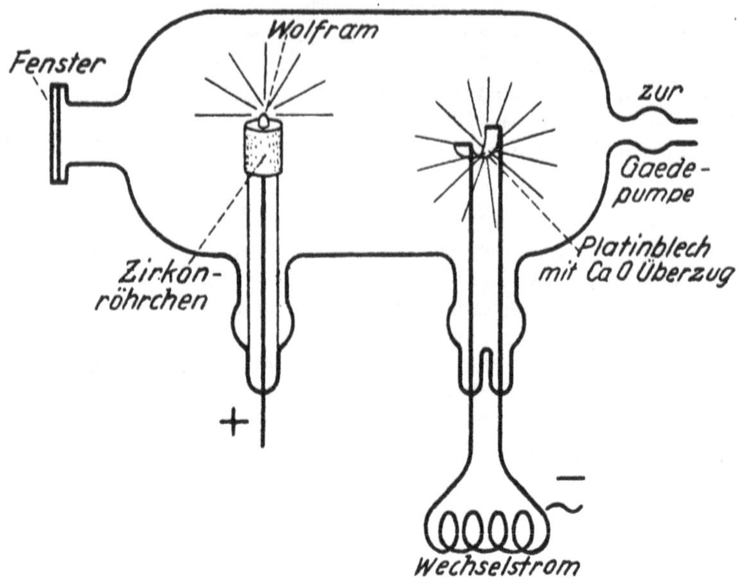

Abb. 359

Bestimmung des Wolframschmelzpunktes durch Wartenberg

einem optischen Pyrometer durch das Fenster beobachtet werden kann.

Bei größeren Substanzen wird ein tiegelförmiges Anodengefäß aus nicht leitendem Material benützt und die Kathode senkrecht darüber angeordnet. Dadurch nähert sich die Gestalt des Kathodenstrahlofens dem direkten Lichtbogenofen mit Tiegel und darüberhängender Elektrode. Wie dort, muß der Pol der Leitung durch den Tiegelboden mit der leitenden Beschickung verbunden sein.

6. Elektrisch beheizte Glühöfen.

a) Allgemeines.

Es ist bekannt, daß das Ausglühen der Metalle vor und zwischen den einzelnen Bearbeitungsstufen angewendet wird, um das Gefüge des Metalls für eine Formveränderung günstig zu beeinflussen, bezw. um eine gewünschte Bearbeitung überhaupt erst möglich zu machen. Eingehende Untersuchungen der geglühten Metalle und die Erfahrungen mit Glühöfen der verschiedensten Feuerungsarten (Kohle, Koks, Gas und Öl) zeigten unerwünschte Begleiterscheinungen und Unregelmäßigkeiten im Gefüge des Metalls. Man erkannte, daß bei der Fortentwicklung der Glühöfen danach zu streben ist, ein vollständiges Blankglühen unter weitestgehender Beherrschung der Wärmegrade zu erreichen. Unter vollständigem Blankglühen ist das Erhitzen der Metalle auf eine bestimmte Glühtemperatur (im allgemeinen etwa

850° C) zu verstehen, ohne daß die Metalloberfläche durch chemische Verbindungen aus der Flamme oder der umgebenden Luft angegriffen wird und Zunder bildet, daß sie also blank bleibt.

Da als Hauptfehlerquellen das uneinheitliche Gebilde der Flamme und die umgebende Luft erkannt wurden, mußte die Entwicklung unbedingt zur Verwendung der elektrischen Beheizung führen, bei der jede Einwirkung von Flammengasen wegfällt, und die auch die Möglichkeit bietet, unter Luftabschluß zu arbeiten. Die Verwendung von Glühtöpfen, in die das Glühgut gegen die Einwirkung der Flammengase eingeschlossen wird, stellt nur eine ungenügende Abhilfe dar. Die Töpfe arbeiten sehr unwirtschaftlich, da sie selbst etwa ebensoviel Wärme verbrauchen, wie die Glühgutmenge, die in ihnen untergebracht werden kann. Das Beizen des Glühgutes, das zur Beseitigung der Zunderbildung notwendig ist, kann beim Glühen in Töpfen nicht ganz vermieden werden, da ein genügender Luftabschluß hierbei nicht erreicht wird. Dies ist ein Mangel, der auch bei den ersten elektrischen Glühöfen noch nicht ganz vermieden wurde. Trotzdem führten sich diese durch ihre bedeutenden technischen und wirtschaftlichen Vorzüge schon seit etwa zehn Jahren in Amerika ein und werden dort ausgiebig benutzt und fortentwickelt, wie u. a. ein Beispiel der Verwendung von 14 Glühöfen zeigt, die eine Gesellschaft mit einem Gesamtanschlußwert von 2200 kW in Betrieb hat [1]).

Im besonderen sind die V o r t e i l e des Elektroglühofens folgende:

1. Der Betrieb ist einfach.
2. Die Glühkammer ist frei von Verbrennungsgasen, so daß keine starke Zunderung und kein Zerfressen der Gußstücke eintritt.
3. Die Arbeitsbedingungen an solchen Öfen sind sehr angenehm, da sie keine Hitze ausstrahlen, keine Verbrennungsgase ausströmen und keinen Rauch in der Werkstätte entwickeln; zudem ist kein Brennmaterial zu lagern, wodurch Raum und Kosten gespart werden.
4. Die Arbeitskosten sind ein Minimum.
5. Genaue, selbsttätige Temperaturregelung.
6. Die Erwärmung findet durch gleichmäßige Strahlung statt, im Gegensatz zu Wirbelströmungen und Stichflammen bei Gasöfen.
7. Gleichmäßige Wärmeverteilung und vollständige Durchdringung der Wärme durch die Glühstücke, ohne die Ecken und hervorspringenden Teile zu überhitzen.
8. Absolut genaue Einhaltung des richtigen Verhältnisses von Wärmeerzeugung zur Wärmeabsorption, daher höchster thermischer Nutzeffekt.

---

[1]) Iron Trade Review vom 16. April 1925, Band 76, Nr. 16. — C. L. Ipsen Transactions of the American Society for Steel Treading 1925, Heft 1, Seite 36—47.

9. Das Erzeugnis wird durch die mit großer Genauigkeit beliebig oft zu wiederholende gleiche Glühweise unbedingt gleichmäßig.
10. Ausschuß durch fehlerhafte Glühweise kann ganz vermieden werden, daher höhere Wirtschaftlichkeit, bezw. Ersparnis bei den Gesamtgestehungskosten und ein Erzeugnis höherer Qualität.
11. Das Auftreten von Glühspan ist sehr gering.
12. Die Behandlung im Elektroglühofen kann leicht vorhergehenden oder nachfolgenden Bearbeitungsvorgängen angepaßt werden.
13. Mangelhafte Bedienung ist auf•ein Minimum beschränkt.
14. Der Glühofen ist auch beweglich, daher größte Raumausnützung möglich.
15. Der Ofen wird durch Einlegen eines Schalters betriebsbereit.
16. Während bisher in größeren Hüttenwerken die Glüherei in der Regel zentral angeordnet war, können nun die wenig Platz beanspruchenden und an keine Feuerungsanlage gebundenen elektrischen Glühöfen unmittelbar in den einzelnen Werksabteilungen, wie Presse, Walzwerk, Zieherei usw. erbaut werden. Die hierdurch erzielten Ersparnisse für Transport sind nicht unerheblich.

Die Nachteile sind:

1. Die ersten Anschaffungskosten sind hoch.
2. Die Kosten der elektrischen Energie für die Kilowattstunde sind vielfach noch zu hoch.
3. Das Anwärmen (Anheizen) geht langsam vor sich.
4. Die Wärmeverluste sind bei unterbrochenem Betriebe beträchtlich.
5. Die Reparaturkosten sind hoch und tritt im Falle des Durchbrennens des Widerstandsmaterials eine namhafte Verzögerung im Betriebe ein.
6. Im Elektrizitätswerk werden durch intermittierenden Betrieb große, wenn auch länger andauernde Spitzenbelastungen bewirkt.

Im Vergleich der Brennstoffe und ihrer Kosten mit Bezug auf die Kosten des Enderzeugnisses, müssen letztere viel mehr in Betracht gezogen werden als die Brennstoffkosten allein. Zwei praktische Beispiele sollen dies erhärten.

In einem Betriebe bestehen gaserhitzte Glühöfen, welche einfach aus vier Mauern, einem Dach und einem Gasrohr, welches durch eine Maueröffnung in das Innere eingeführt worden war, bestanden. Das Gut, welches in diesem Ofen geglüht wurde, war nicht gleichmäßig durchglüht und zeigte außerdem so viele Glühspäne, daß es für Nickelplatten ungeeignet war. Dieser Ofen wurde durch einen elektrischen Glühofen ersetzt, welcher trotz der hohen Energiekosten die Kosten des Endproduktes durch besseres Glühen und geringere Arbeitskosten herabminderte. Für den Betriebseigentümer war die Überlegenheit des elektrischen über den mit Brennmaterial bedienten Glühofen gegeben.

In einem anderen Betriebe war ein elektrischer Glühofen installiert, aber der Ofen wurde nicht für den Gebrauch mit elektrischen Widerstandsbändern ausgerüstet. In diesem Falle waren die Kosten der elektrischen Energie pro Einheit des geglühten Materials neunmal so hoch wie bei der Ölfeuerung, welche später eingebaut wurde und ebenso gute Ergebnisse erzielte mit Bezug auf die Qualität des geglühten Materials, wie beim elektrischen Glühen. In diesem Falle wurde die Überlegenheit der Anwendung von Brennmaterial für das Glühen ebenso festgestellt, wie im ersten Falle die Überlegenheit des elektrischen Glühens.

Daraus geht hervor, daß nicht die Kosten des Brennstoffes allein für die Entscheidung der Ofenwahl maßgebend sein dürfen, sondern letzten Endes die vergleichsweisen Kosten der Einheit des fertigen Glüherzeugnisses.

In Amerika waren zu Beginn 1925 mehr als eine Million Kilowatt Leistung von elektrischen Wärmeapparaten an Elektrizitätswerke angeschlossen, außerdem über 250.000 kW von anderen Quellen bezogener Leistung, während der Verkauf von elektrischer Energie im gleichen Jahre aus solchen Installationen an die 50 Millionen Dollars (210 Millionen Mark = 357 Millionen Schilling) heranreichte. Ein Beispiel des beschleunigten Anwachsens des Verkaufes elektrischer Energie für Wärmezwecke geht aus dem Diagramm, Abb. 360, hervor, welches neun Werke von „East and Middle West“ umfaßt. Beim Ausbruch des Weltkrieges war die Zahl der total verkauften Strommenge 1.030 Millionen Kilowattstunden pro Jahr, die Wärmebelastung betrug nur 30 Millionen, also geringfügig gegenüber der abgegebenen Strommenge für Licht, Kraft oder Bahnen. Ende 1918 verkauften diese neun Gesellschaften 150 Millionen elektrische Wärme-Kilowattstunden; ein weiterer Zuwachs erfolgte 1922 und wird geschätzt pro 1926 auf über 500 Millionen kWh, oder praktisch gleich der Strommenge, welche 1918 für Licht verkauft wurde. Immerhin ist dieser Zweig der Elektrizitätswirtschaft für die Elektrizitätswerke vielleicht wichtiger als ihr Absatz für Bahnzwecke. Dieses rasche Vorwärtsdringen in diesem Elektrizitätswirtschaftszweige ist ein Mahnzeichen für

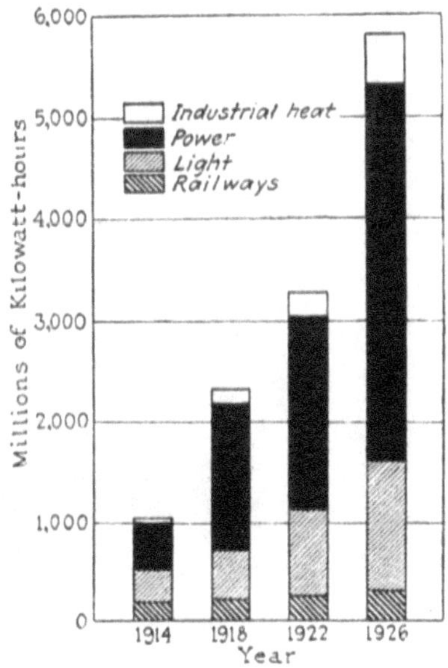

Abb. 360

jeden modern denkenden Elektrizitätswerksleiter, welches nicht übersehen werden kann.

Bevor einige Beispiele der letzten Fortschritte auf diesem Gebiete angeführt werden, sei einiges über die technischen Grundlagen der Glühöfen bemerkt. Ohne vollständige Erforschung der Tauglichkeit der Elektrizität, ob diese mit der durch Brennstoff erzeugten Wärme bei jeder industriellen Anwendung in wirksamen Wettstreit einzutreten in der Lage ist, können kostspielige Irrtümer gemacht werden, welche Fortschritt und Ergebnis vernichten, statt zu fördern. Alle Methoden von Wärmeerzeugung haben ihre Begrenzung. Derzeit findet der häufigste Wettbewerb zwischen elektrischer Erhitzung und Ölfeuerung statt. Grundsätzlich sollte jedes Wärmeproblem vom Standpunkte der Erzeugung und nicht der Ausrüstung angegangen werden, d. h. die Erhitzungseinrichtung sollte bei ihrem Mangel des Verfahrens angefaßt werden; aber es ist nicht zu versuchen, den Betrieb der Ausrüstung anzupassen. Gewisse allgemeine Vorteile der elektrischen Wärmeerzeugung sind die genaueste Kontrolle und Einhalten des Hitzegrades, die Abkürzung der Erzeugungsperioden bei stark abnehmendem Verlust von Material, Verminderung der Erzeugung von Ausschuß, Vervollkommnung der Qualität des Erzeugnisses, Herabsetzung der Betriebszeit und wachsende Bequemlichkeit für die Arbeiterschaft.

b) Technisches.

In Amerika [1]), welches uns im Bau und Betrieb von elektrischen Glühöfen weit voraus ist, sind es hauptsächlich drei Firmen, welche derartige Öfen in der Industrie mit Erfolg eingeführt haben, nämlich die George J. Hagan Co., Pittsburgh, die General Furnace Company, Philadelphia und die Bailey Furnace Co., Alliance. Maßgebend für die äußeren Formen des Ofens sind die durch die Fabrikationsbedingungen gegebenen Dimensionen des eigentlichen Glühraumes. In den meisten Fällen wird man mit parallelepipedischen Formen das Auslangen finden, wobei die Länge des Ofens überwiegt. Andererseits kann es aber auch vorkommen, daß die zu glühenden Stücke

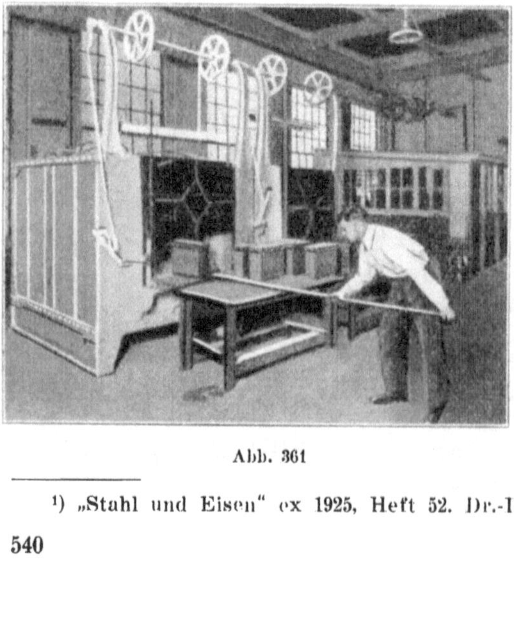

Abb. 361

[1]) „Stahl und Eisen" ex 1925, Heft 52. Dr.-Ing. Nathusius.

in zylindrische Einsatzgefäße eingelegt werden. In einem solchen Falle wird ein Rundofen resultieren.

Die Öfen bestehen aus einem metallischen Gehäuse, die Vorderwand meist aus Gußeisen, Seitenwand und Rücken aus Stahlplatten, die mittels Flanschen verstärkt sind. An den Außenflächen der Gehäuse sind zur Verringerung der Abkühlung hervorspringende Teile vermieden. Das ganze Gehäuse ist mit Aluminiumfarbe angestrichen, weil sich herausgestellt hat, daß hierbei die Strahlung auf ein Mindestmaß zurückgeführt wird. Die Öfen stehen auf gußeisernen Füßen (Abb. 361). Bei den kleineren Arten sind keine besonderen Fundamente erforderlich. Besonders sorgfältig sind die Türen erbaut, um die Glühkammer durchaus dicht halten zu können. Die Wände, an welchen die elektrischen Widerstände befestigt werden, sind bei mittleren Öfen aus besten

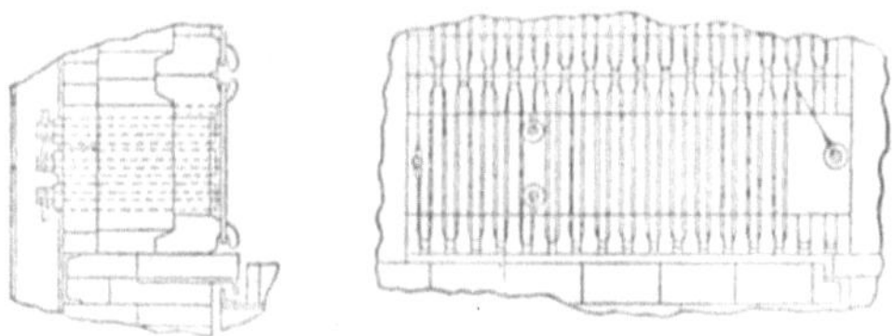

Abb. 362

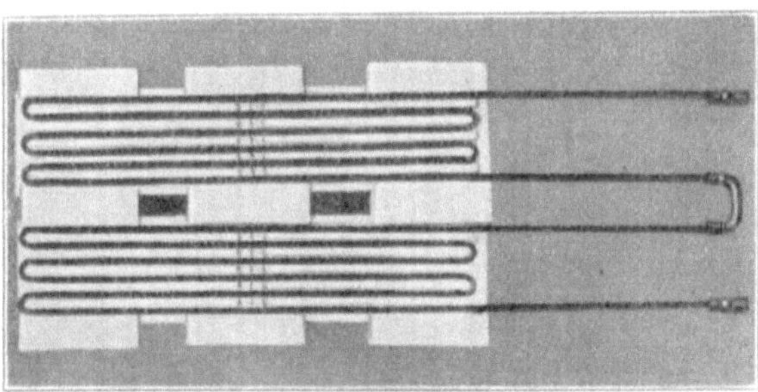

Abb. 363

Flintsteinen von etwa 230 mm Stärke mit einem besonderen hochfeuerfesten Mörtel hergestellt. Seitenwände, Rückwand, Herd und Gewölbe sind mit Isoliersteinen aus Infusorienerde hintermauert. Besondere Sorgfalt und hochwertigster Baustoff ist für das Ausmauern und die Isolierung der Türen angewendet.

Die elektrischen Widerstände, die als Heizelemente dienen, sind metallische Widerstände, die gegossen, gewalzt, oder gezogen und im Ofen beliebig angeordnet werden können. Das verwendete Material ist abhängig von der Ofentemperatur und von der Natur der Ofenatmosphäre. Für niedrige Temperaturen genügt Eisendraht oder Eisenbänder. Eisen entspricht dann besonders für eine Temperatur, nahe dem Schmelzpunkte des Eisens, wenn der Ofen evakuiert oder mit einem neutralen Gas, wie Wasserstoff, Helium oder Stickstoff gefüllt wird. Für Temperaturen von 650 bis 760° C

(1200 bis 1400 ° F) werden Legierungen von Nickel, Chrom und Eisen verwendet. Je höher die Temperatur, bei welcher der Widerstandskörper unter Luft sich im Betrieb befindet, umso weniger Eisen darf enthalten sein. Für Temperaturen der Widerstände von 980 bis 1040 ° C (1800 bis 1900 ° F) ist eine Legierung von 80% Nickel und 20% Chrom die allgemein angewendete. Das Widerstandsmaterial kann in Form von Bändern (Abb. 362) oder

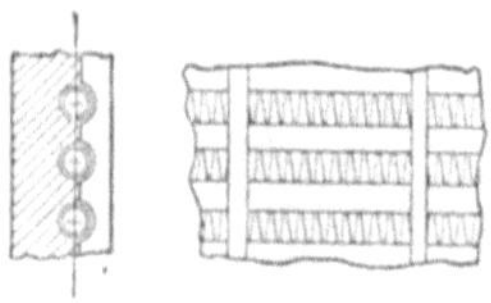

Abb. 364

Abb. 365

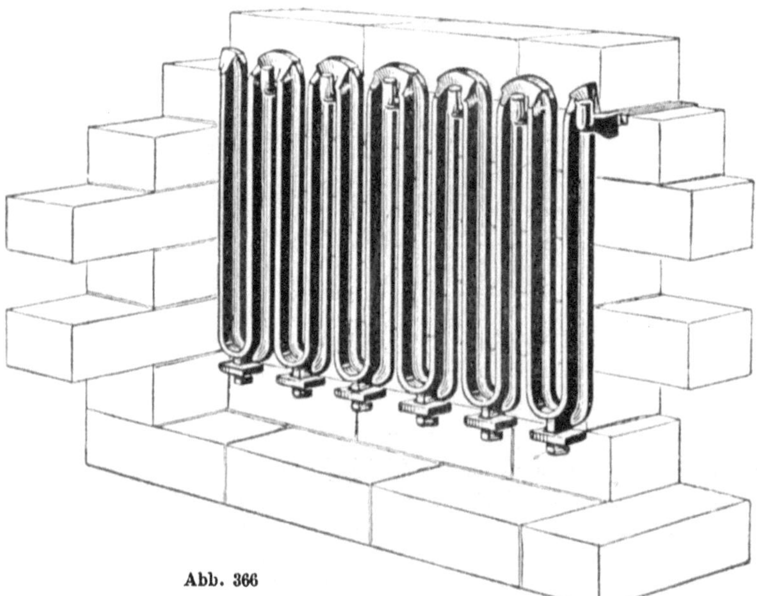

Abb. 366

in Gestalt von flachen Gittern oder runden Drähten (Abb. 363) oder als Spulendraht (Abb. 364), auch in Gitterform aus Guß (Abb. 365 und 366) auf der Seitenmauer angebracht, ausgeführt werden.

Abb. 367 zeigt Widerstandsbänder mit gerieften Unterstützungsträgern in einem Rahmen aus einer Legierung. Diese Bänder mit dem Rahmen können seitlich aus dem Ofen herausgezogen werden, so daß eine leichte und rasche Auswechselbarkeit

Abb. 367

mit dieser Konstruktion gegeben ist (Abb. 368). Mitunter ist zu beobachten, daß Teile der Charge durch Vibration oder Ausdehnung lose werden und seitlich gegen die Ofenwände anrollen,

Abb. 368

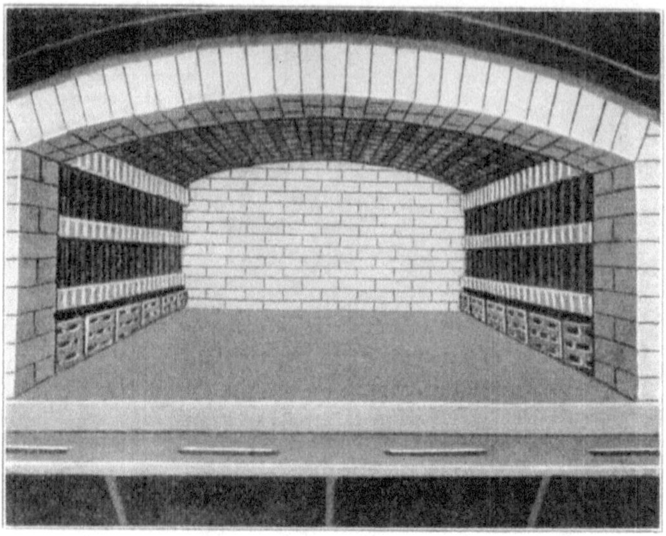

Abb. 369

wobei sie den Widerstand berühren und dadurch Kurzschluß herbeiführen können. Abb. 369 und 370 zeigen, in welcher Weise einer solchen mechanischen Beschädigung vorgebeugt werden kann.

Wenn auch der Boden beheizt werden muß, so ordnet man als Herdsohle eine Platte aus hochwertigem Legierungsmetall an,

Abb. 370

unter der die Widerstandsbänder angebracht sind (Abbildung 369).

Besonders wichtig und erst nach langjährigen Erfahrungen richtig erprobt, ist die Aufhängung, bezw. Anbringung der Widerstandsbänder. Hierbei handelt es sich nicht allein um den richtigen feuerfesten Baustoff von genügend guten mechanischen Eigenschaften, sondern mehr noch um die richtige Formgebung der Finger oder Knaggen, an denen die Widerstandsbänder aufgehängt sind, und der Führungssteine, die zwischen den einzelnen herunterhängenden Windungen derselben hervorragen. Die Aufhängesteine sind etwa 220 mm lang und so in die Seitenwände eingemauert, daß die Enden etwa 100 mm in den Ofen hineinragen.

Abb. 371

Zum sicheren Aufhängen (Abb. 371) der Widerstandsbänder an den Fingern der Aufhängesteine sind diese zur Aufnahme der Bänder vertieft. Es muß nun vermieden werden, daß diese Vertiefungen der Schleifenkurve des Widerstandsbandes folgen, so daß die untere Fläche der Bänder in den Vertiefungen etwa im oberen Halbkreis oder darüber hinaus aufliegen. Dann wirkt die Vertiefung wie eine Muffel, das Widerstandsband wird gerade an der am meisten beanspruchten Stelle überhitzt. Dadurch erhöht sich der elektrische Widerstand an der schon gefährdeten Stelle, und diese Umstände können schließlich zur Zerstörung des Bandes führen. Die die Widerstandsschleifen tragenden Finger müssen deshalb so geformt sein, daß die Bänder wie auf einer Messerschneide, möglichst nur auf einer Kante, aufliegen. Derselbe Grundsatz wird bei den zur Führung dienenden und zur Vermeidung von Kurzschlüssen durch Berührung der frei herunterhängenden Schenkel der Widerstandsbänder miteinander angebrachten hervorspringenden Knaufen aus feuerfestem Stoff befolgt. Diese Knaufe oder Knaggen bilden gleichzeitig einen gewissen Schutz gegen mechanische Beschädigung. Außerdem sind an den Seitenwänden über dem Herd Schutzplatten aus Legierungsmetall angebracht (Abb. 370).

Öfen mit drehbarem Herd sind ein vorzügliches Hilfsmittel für die Automobilindustrie. Bei dem gleichen Herdflächenraum sind hier die wirksamen Flächen der Seitenwände geringer als bei den anderen Öfen, und infolgedessen sind die Strahlungsverluste kleiner. Die Tür zum Einsetzen liegt neben der Tür zum Herausholen des fertigen Glühgutes; beide können daher von

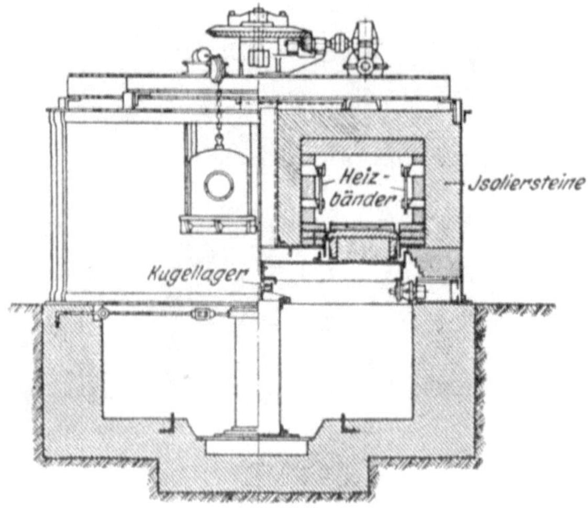

Abb. 372

einem Arbeiter bedient werden. Dieser Ofen ist sehr geeignet für die Wärmebehandlung von Serienstücken, wie sie bei der Automobilindustrie täglich geglüht werden müssen (siehe Abb. 372).

Bei einem solchen Ofen, der in der Automobilindustrie von „Dodge" in Detroit im Betriebe ist, wird jede 32. Minute das Glühgut eingesetzt und herausgeholt. Jede Batterie Glühkisten bleibt 13 Stunden und 20 Minuten im Ofen. Zwei solcher Öfen setzen im Monat 27.000 Glühkisten durch, die von nur zwei Mann je Schicht mittels der Elektrokarrengreifer ein- und ausgeladen werden.

Der Wagenofen ist mehr dazu geeignet, schweres Glühgut zu verarbeiten. Im Vergleich zu den anderen Öfen, wie z. B. mit drehbarem Herd, hat er einen viel schlechteren Wärmewirkungsgrad, weil der heiße Wagen aus dem Ofen herausgezogen werden muß, um entladen und neu beladen zu werden. Er wird hauptsächlich zum Glühen von Schmiedestücken oder Gußstücken verwendet.

Der Regenerativwagenofen kann demgegenüber eine größere Durchsatzmenge erzielen, jedoch muß bei ihm das Glühgut je Wagen in jedem Falle annähernd das gleiche sein. Es gibt solche mit drei oder mit sechs Kammern. Hierbei gibt das heiße Glühgut seine Wärme nach Beendigung des Glühvorganges an das kalte ab.

Bei Tunnelöfen oder Conveyeröfen oder solchen mit drehbarem Herd durchschreitet das Glühgut Stück für Stück die gleichen Temperaturverhältnisse. Die Heizelemente können natürlich genau abgestuft werden, indem man sie dichter zusammendrängt oder weiter auseinandergedrückt an den Seitenwänden der Glühkammer verteilt. Man bemißt sie auf Grund der an zahlreichen ausgeführten Anlagen gewonnenen praktischen Erfahrungen meist in einer Stärke von 2 bis 3 mm und einer Breite von etwa 40 mm und ferner so, daß sie an den Stellen, wo das größte Temperaturgefälle herrscht und die Aufnahmefähigkeit des Glühgutes für die Wärme am größten ist, die größte Hitze entwickeln, wie z. B. hinter den Einsatztüren.

Die Blank-Glühöfen der Siemens-Schuckert-Werke, Bauart Haereus-Rohn, bringen die Entwicklung dieser Öfen in Deutschland einen wesentlichen Schritt vorwärts, indem sie zum ersten Male die Frage einer einwandfreien Blank-Glühung lösen und gleichzeitig durch eine besondere Anordnung des Glühvorganges eine bisher nicht erreichte Güte des geglühten Werkstoffes erzielen.

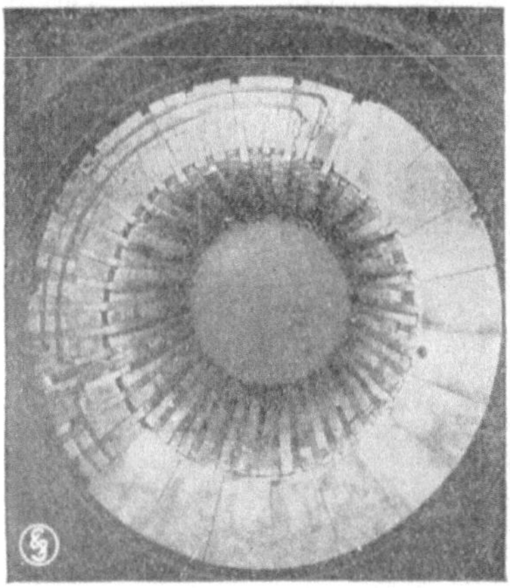

Abb. 373
Blick von oben in den Schacht

Abb. 374. Blankglüh-Muffelofen (zum Beschicken geöffnet)

Die Bilder zeigen die gebräuchlichsten Formen der Blank-Glühöfen: den Muffelofen, den Schachtofen und den Röhrenofen.

Der Ofenkörper des Muffelofens und des Schachtofens ist aus losen Chamottesteinen aufgebaut, die durch ein Eisengestell zusammengehalten werden. In entsprechende Aussparungen der inneren Ofenwand sind durchlaufende Eisenbänder als Heizelemente eingelegt, die in Abb. 373 zu erkennen sind. Beim Muffelofen wird über diesen Aufbau ein Ofenmantel herabgelassen, der in Abb. 374 aufgezogen ist. Beim Herunterlassen greift er in eine mit Öl gefüllte Rinne, um so einen luftdichten Abschluß herzustellen. Der Schachtofen (Abb. 375) trägt diese Rinne am oberen Rande seines zylinderförmigen Mantels. Der Muffelofen wird nach Heben des Mantels und der Herausnahme der vorderen losen Chamottesteine von vorn beschickt; bei dem meist größeren Schachtofen

Abb. 375. Blankglüh-Schachtofen

wird das Glühgut von oben eingesetzt. An mehreren Stellen des Ofenmantels sind Einführungsstutzen eingeschweißt. Einige tragen die Schaugläser und die Thermoelemente, die an verschiedenen Stellen des eingesetzten Gutes zur Beobachtung des Glühvorganges dienen. Durch weitere Stutzen ist die elektrische Leitung eingeführt. Endlich dienen die Stutzen der Durchführung einer Schutzgasleitung.

Die Schutzgasleitung ermöglicht es, in den geschlossenen Ofen zunächst ein schweres Gas (z. B. Kohlensäure) von unten einzuführen und damit die Luft im Glühraum zu verdrängen. Hierauf wird das eigentliche Schutzgas eingelassen, das das Glüh-

Abb. 376. Röhrenofen für ununterbrochenes Glühen

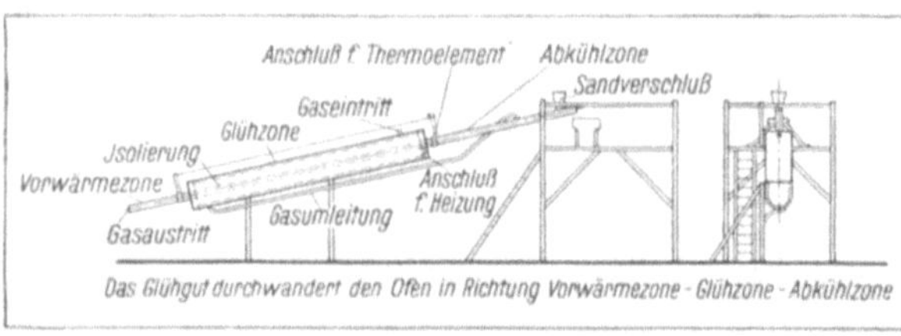

Abb. 377. Schnitt durch den Röhrenofen für ununterbrochenes Glühen

gut während des ganzen Glühvorganges umgibt und dadurch jede Verzunderung verhütet. Als Schutzgase kommen Stickstoff, Wasserstoff, Leuchtgas und anderes in Frage. Das wesentliche ist dabei, daß die gewählten Gase keinen Schwefel und keinen Sauerstoff enthalten dürfen. Da der Glühraum somit völlig sauerstoffrei ist, ist eine Explosion des Gases ausgeschlossen; ebenso ist einem Oxidieren der Heizbänder vorgebeugt, die daher eine äußerst lange Lebensdauer haben.

Beim Röhrenofen, der sich für das Glühen fortlaufender Stangen und Bänder eignet, wird an Gas und Zeit noch dadurch gespart, daß — wie aus Abb. 376 und 377 ersichtlich — vor und hinter der eigentlichen Glühkammer noch eine Vorkammer und eine gasdurchflossene Austragkammer angeordnet sind. In der letzteren findet das Erkalten unter Schutzgas statt. Es wird also ein ununterbrochener Blank-Glühvorgang erreicht, da während des Erkaltens des geglühten Gutes das vorgewärmte Gut inzwischen der Hauptkammer zugeführt wird.

Man kann bei verstärkter Bauart der Öfen auch ganz im luftleeren Raum arbeiten; es ist jedoch umständlicher, beim öfteren Aus- und Einbringen stets wieder ein einwandfreies Vakuum zu erhalten. Außerdem kann durch richtige Auswahl des Schutzgases noch ein weiterer Vorteil erzielt werden, indem man eine beabsichtigte reduzierende oder zementierende Einwirkung des Gases auf die Oberfläche des Metalles hervorruft.

BBC hat speziell für das Glühen von Eisen-, Kupfer-, Bronze- und Messingdrähten in Ringen eine eigene Ofentype entwickelt. Ein derartiger Ofen steht in einem Schweizer Metallwerk. Es handelt sich hier um einen Rundofen, in welchem ein die Drahtringe enthaltendes eisernes Gefäß eingesetzt wird. Will man das Beizen nach dem Glühen ersparen, dann wird durch dieses Einsatzgefäß Leuchtgas geleitet, welches den Draht vor Zunderung schützt, bezw. sogar reduzierend wirkt. Das „Unter-Gas-Halten" des Einsatzgefäßes muß auch nach erfolgter Glühung bis zum Erkalten fortgesetzt werden, da sonst das Einsatzgefäß beim Erkalten Luft ansaugt.

Für große Horizontalöfen kann, wie bei anders geheizten Öfen, der Ofen zur bequemen Beschickung und Entleerung mit ausfahrbarem Herd konstruiert werden. Kleinere Öfen, die häufig beschickt werden müssen, wie z. B. Emaillieröfen, erhalten Beschickungsvorrichtungen. Es ist natürlich auch ohne weiteres möglich, einen elektrischen Glühofen als Tiefofen unter der Hüttensohle versenkt auszubilden.

In der Schweizer Munitionsfabrik Altdorf hat BBC bereits vier Glühöfen zum Ausglühen der Metallhülsen aus Messing aufgestell. Der nutzbare Glühraum beträgt 1800×500×300 mm, die Glühleistung 150 kg Messinghülsen in 40 Minuten bei einer Glühtemperatur von 800° C. — Die Anschlußleistung pro Ofen ist 60 kW.

c) Elektrisches und Temperaturregelung.

Vor allem wird durch den Anschluß eines elektrischen Glühofens zufolge der rein Ohmschen Belastung durch den Heizwiderstand der Leistungsfaktor des stromliefernden Netzes verbessert.

Die Regulierung der zugeführten elektrischen Leistung bei einzelnen Fabrikaten (zum Beispiel S. S. W.) erfolgt durch verschiedene Schaltung (Parallel-, Serien- und gemischte Schaltung, auch teilweise Abschaltung) der einzelnen Widerstandselemente. Hierdurch kann von der Anordnung eines Reguliertransformators oder einer ähnlichen Einrichtung abgesehen werden, jedoch ist die auf diese Weise erreichbare Temperaturregulierung eine sehr grobe. Es sei auch bemerkt, daß S. S. W. sogenannte Silitstäbe verwendet, für die S. S. W. selbst eine Lebensdauer von 1000 Brennstunden angibt. Dies bedeutet bei einer achtstündigen Arbeitszeit eine zwei- bis dreimalige Auswechslung aller Stäbe pro Arbeitsjahr. BBC verwendet ein metallisches Widerstandsmaterial, welches, wie durch Messungen an dem ersten ausgeführten Glühofen nach einjähriger Betriebszeit nachgewiesen werden konnte, praktisch keine Veränderung erleidet. Die A. E. G. Union verwendet als Widerstand ebenfalls einen Spezialstahl in großen Randquerschnitten und reguliert mit einem Stufentransformator, dessen sekundäre Spannungen mit Rücksicht auf die großen Widerstandsquerschnitte verhältnismäßig niedrig sein müssen. BBC rüstet seine Öfen zur Erzielung einer feinstufigen Regulierung mit einem Induktionsregler (Drehtransformator) aus. — Mit Hilfe dieses Reglers kann die Netzspannung und damit auch die Leistungsaufnahme der Heizwiderstände, welche ja proportional der aufgedrückten Spannung ist, in beliebig kleine Stufen verkleinert oder vergrößert werden. Außer der verlustlosen Leistungsregulierung resultiert auch eine stetige Temperaturregulierung. Der Glühofen wird außerdem noch mit einem Pyrometer versehen, welches unter Zuhilfenahme einer kleinen Akkumulatorenbatterie ein Temperatur-Meßinstrument bedient. Ferner wirkt dieses Pyrometer mittelst eines Temperaturrelais auch auf eine Temperatursignallampe und auf die Nullspannungsauslösung des Ölschalters derart, daß der Ölschalter bei Überschreiten einer bestimmten Muffeltemperatur die weitere Leistungszufuhr abschaltet. Dasselbe trifft ein, wenn der Ventilator des Induktionsreglers stehen bleibt. Am Pyrometer befindet sich eine Temperatur-Verstellungsvorrichtung. Auf diese Weise läßt sich eine gewünschte Temperatur auf $+ 2^{\circ}$ C genau einregulieren. Eine weitere, noch genauere Temperaturregelung läßt sich mit Kathodenröhren erzielen. (Siehe Anhang II.) Die maximale Betriebstemperatur für Glühöfen beträgt vorläufig 1000° C. Versuche zur Erhöhung dieser Temperaturgrenze auf 1200° C sind im Gange. Bei Temperaturangaben in der Literatur muß stets darauf geachtet werden, ob es sich um die Temperatur des Widerstandsmaterials oder des Glühraumes handelt. Bei Glühraumtemperaturen von 1000° C ergeben sich ohne weiteres Widerstandstemperaturen von etwa 1200°, jedoch ist der Ofen deswegen noch nicht für 1200° Nutztemperatur verwendbar.

d) Anwendungsgebiet der Glühöfen.

Das Anwendungsgebiet ist ein äußerst weitreichendes; so werden z. B. alle Industrien, wo das zu behandelnde Material nach dem Fabrikationsprozeß innere Spannungen aufweist, Glühöfen zum Beseitigen dieser inneren Spannungen benötigen. Es wird ferner erinnert an das Walzen, Pressen und Ziehen, das so geschieht, daß das Material in mehreren Arbeitsgängen vom Rohprodukt zum Fertigerzeugnis umgewandelt wird.

Zwischen jedem Gang, manchmal erst auch nach einigen Gängen, welche in derselben Hitze erfolgen, muß das Zwischenprodukt im Glühofen wieder erwärmt werden. Einige der wichtigsten Anwendungsgebiete sind nachstehend aufgezählt:

1. Als Glühofen in metallverarbeitenden Industrien, bei welchen das zu bearbeitende Metall in Zwischenstufen der Fabrikation immer wieder erwärmt werden muß.
2. Als Glühofen in metallverarbeitenden Industrien zur Beseitigung innerer Spannungen eines Fertigproduktes.
3. Als Härteofen zum Erwärmen von Werkzeugen usw. mit nachfolgendem Härten in allen metallverarbeitenden Industrien, welche ihre Werkzeuge selbst instandhalten und naturgemäß in Werkzeugfabriken.
4. Als Anlaßofen, wenn es sich darum handelt, gehärtete Werkzeuge, Stahlfedern usw. neuerdings auf eine genau vorgeschriebene Temperatur zu erhitzen.
5. Als Laboratoriumsofen, z. B. für metallurgische Laboratorien, wo es sich auch meist darum handelt, genaue Temperatur zu erzielen.
6. Als Emaillierofen zum Emaillieren von Blechtöpfen usw.
7. Als Brennofen zum Brennen von keramischen Spezialmaterialien und zum Glasieren.

Speziell Punkt 1 und 3 schließen die größten Verwendungsgebiete in sich ein.

Bemerkenswerte Fortschritte sind in letzter Zeit am elektrischen Glühofen von Aluminium, Messing, Kupfer, Glas, Eisen und Stahl erzielt worden.

Aluminium. Bisher war es im allgemeinen üblich, ein größeres Paket von kaltgewalztem Aluminiumblech in einem Ofen bei 370° C und 24 Stunden zu glühen, doch war es schwer, ein einheitliches Erzeugnis zu erhalten. So waren oft die inneu und tiefer gelagerten Bleche hart, ungeachtet der Anstrengung, durch Verlängerung des Glühens eine bestimmte Glühgrenze zu erreichen. Durch Herabsetzung des Umfanges der Charge, durch den Gebrauch höherer Temperaturen und durch Installation einiger fortlaufender Ofentypen sind bessere Ergebnisse erzielt worden. Vollständiges Ausglühen war gesichert zu erreichen durch kurze Anwendung der Temperaturzone von 550 bis 500° C. Die Erfahrung hat ergeben, daß ein mittleres Gewicht von Aluminiumplatten in zehn Minuten bei dieser Temperatur weich wird, wobei die Temperatur in Stufen von 15 bis 5° C regelfähig ist. Für Paquet-Chargen ist eine Glühzeit von zwei bis fünf Stunden und eine Temperatur von 350 bis 500° erforderlich. Der elektrische Ofen erleichtert die Anwendung der fortdauernden Glühmethode; Platten der Gattung Nr. 19 sind befriedigend geglüht worden bei einer Temperatur von 400° C in dem kurzen Zeitraum von zehn Minuten, wenn die Bleche den Ofen einzeln passierten. In besonderen Fällen können mehrere Bleche aufgelegt werden. Mit der Dauerofenmethode und der kleinen Menge von Material im Ofen wird die Wärmeaufnahme zu jeder Zeit wesentlich erleichtert, während die Abwesenheit von durch den Brennstoff verursachten

Verunreinigungen einen großen Vorteil des elektrischen Ofens darstellt. Die Genauigkeit der automatischen Temperaturkontrolle ist ebenso wichtig und nützlich, sowohl beim Glühen von Aluminium, als auch bei einer anderen metallurgischen Verwendung des elektrischen Ofens. Das kontinuierliche Glühen von Aluminium-Platten zeigt sich so erfolgreich, daß der Elektroofen auch für das Glühen von Gußeisen aus diesem Material immer mehr herangezogen wrd.

In den bei Lösung dieser Fragen mitwirkenden Wärmekursen der General Electric Company wurde mitgeteilt, daß es geglückt war, die Glühkosten beim Gebrauch elektrischer Widerstandsöfen auf die Hälfte herabzusetzen. In einem ölgefeuerten Ofen ist es schwer, das Zundern und Runzeln von Messingblechen zu vermeiden, ebenso das Verbrennen der Kanten. Entsprechend den zu lokalisierenden Temperaturen sind für Feuerungsmaterial Muffelöfen erforderlich mit dem ihnen anhaftenden schlechten Wirkungsgrad und der nicht einheitlichen Hitzewirkung. Diese Mängel werden beim elektrischen Ofen ausgeschaltet. Die American Braß Company hat ihren Ausschuß durch elektrisches Glühen praktisch auf Null herabgemindert.

Nebst Glühöfen werden auch Messingrohr-Glühmaschinen, die in Deutschland von der Firma Hirsch, Kupfer- und Messingwerke-A.-G., Eberswalde, nach dem Patent von Snead Co., New Jersy, hergestellt und vertrieben werden, zum Glühen von Messingrohren verwendet (Abb. 378). Für das Glühen auf 600° C rechnet man praktisch mit einem Stromverbrauch von 100 kWh pro Tonne. Die Maschinen werden mit einer Leistung von 100, 200 und 300 kW gebaut.

Die Erwärmung dauert demgemäß nur wenige Minuten. Auf der Abb. 378 sieht man die beiden Spannköpfe, in die die Rohre eingespannt werden. Der linke Spannkopf bleibt während des Glühvorganges fest, läßt sich aber für verschiedene Rohrlängen beliebig einstellen. Der rechte Spannkopf ist dagegen auf einem leicht beweglichen Schlitten aufgebaut und verschiebt sich entsprechend der Wärmeausdehnung des Glühgutes. Aus der Längenzunahme des Rohres läßt sich die Temperatur des Glühgutes

Abb. 378

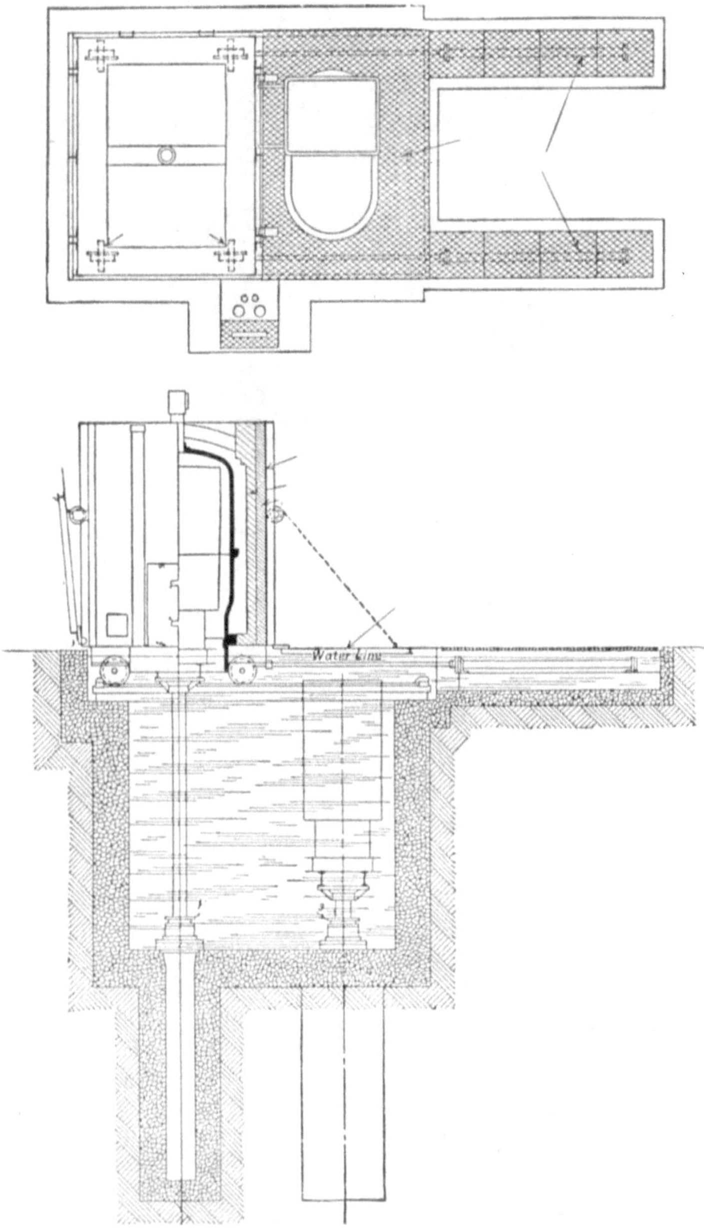

Abb. 379

beurteilen. Dies geschieht durch den am rechten Ende sichtbaren großen Zeiger.

Kupfer. Das Glühen von Kupfer wird gewöhnlich in einem Ofen unter Wasserabschluß vorgenommen. Der Prozeß heißt das „Blankglühen".

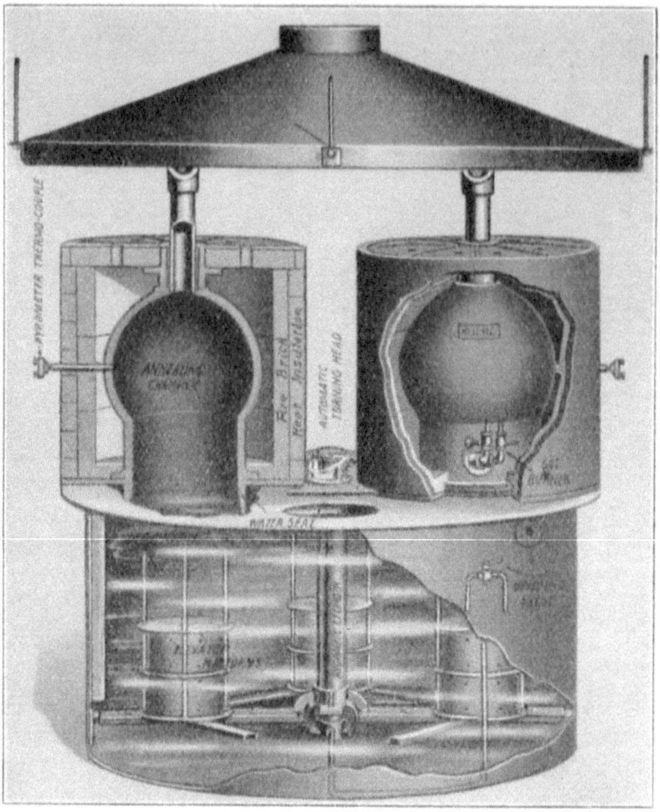

Abb. 380

Obgleich Wasserdampf eine oxydierende Atmosphäre liefert, wenn Stahl das zu glühende Material bildet, so stellt er doch eine neutrale, nicht oxydierende Atmosphäre für manche andere Metalle dar, z. B. Messing, Kupfer, Silber und ähnliche Metalle. Diese Tatsache wird in bedeutendem Umfang in der Praxis der industriellen Öfen ausgenützt. Es ist das Grundprinzip in Öfen der Muffel-Type, wo die Charge unter Wasser eingebracht wird und den Ofen wieder unter Wasser verläßt. Abb. 379 veranschaulicht diese Ofentype. Das Material wird auf einen Kolben gelegt, wird unter Wasser getaucht, unter die Muffel bewegt und dann gehoben. Der Boden der Muffel ist immer unter Wasser und sein Inneres ist immer mit Wasserdampf gefüllt. Der Wasserspiegel muß natürlich genügend unter der Erhitzungszone bleiben, um starke Wärmeverluste zu vermeiden. Ein Ofen kleiner Type ist durch Abb. 380 dargestellt. Der Mechanismus zum Senken der Charge unter Wasser, dann das Drehen, bis sie direkt unter die Muffel zu stehen kommt, sie in diese hineinzuheben, ist aus der Abb. 380 mit genügender Deutlichkeit zu ersehen.

Das gleiche Prinzip wird angewendet bei der Ofentype nach Abb. 381. Der Glühvorgang, bei welchem die Charge unter Wasser ein- und austritt, erfordert sehr reines Wasser, frei von Fett oder Verunreinigungen, wenn das Endprodukt einwandfrei werden soll.

Wenn es ein ölgefeuerter Ofen ist, muß eine Muffel verwendet werden, was schwere Einbußen in der Erzeugung nach sich zieht, wenn deren Ersatz notwendig ist. Genaue Temperaturkontrolle ist erforderlich und elektrisches Glühen kommt dem Erfordernis in diesem Punkte entgegen. Die General Electric Company hat durch Glühen von Kupferdrähten in einem elektrischen Ofen der

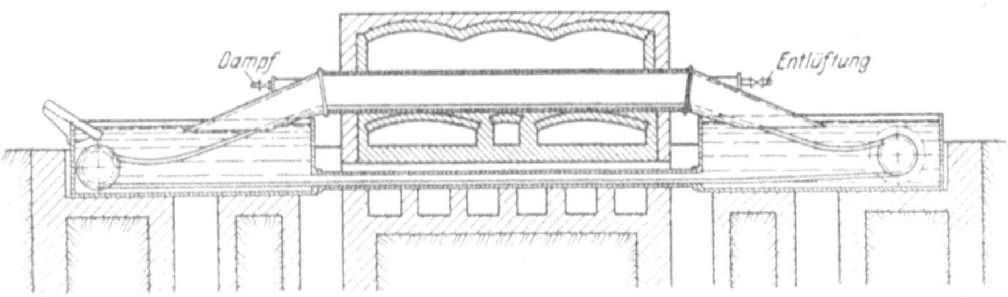

Abb. 381

Abb. 382

Elevatortype mit Wasserabschluß befriedigende Erfolge zu erzielen vermocht (Abb. 382). Ein Ofen ist 2,44 m (8 ft) lang, 0,91 m (3 ft) breit und 1,52 m (5 ft) hoch und hat eine Anschlußleistung von 550 kW. Die mittlere Charge beträgt 8000 lb (3628 kg) und das Glühen währt 45 bis 90 Minuten, die ungefähre Temperatur ist 426,6° C (800° F). Auf 1 kWh entfallen 9 bis 11,2 kg (20 bis 25 lb) oder zirka 100 kWh pro Tonne. In dem Glühprozeß wird Zusatzdampf verwendet.

Eine erfolgreich betriebene Anlage befindet sich bei der früher erwähnten French Manufacturing Company. Diese Gesellschaft hat feststellen können, daß in bemerkenswerten Fällen die Lebensdauer des Kupfers durch elektrisches Glühen verlängert wird, wobei gleichzeitig die Fähigkeit auftritt, scharfen Vibrationen zu widerstehen, deren Grund in der Abwesenheit von Kristallisation und Erhaltung des einheitlichen Gefüges gelegen ist.

Messing. Das Glühen von leichten Messingrohren in elektrischen Öfen macht sehr rasche Fortschritte und die Anzeichen laufen darauf hinaus, daß sie Brennmaterialöfen, ob Öl oder Holz, vollständig ersetzen werden, besonders in jenen Betrieben, wo drahtlose Rohre in kleinem Formate und geringen Wandstärken gezogen werden. Holzgefeuerte Muffelglühöfen sind in solchen Werken über ein Jahrhundert in Verwendung gestanden; wenn auch die Kosten der aus Holz gewonnenen Kalorien billiger waren, so begünstigt die Elektrizität den Erzeuger in vielen, wenn nicht in den meisten Fällen. Die überlegene Temperaturkontrolle und die Vervollkommnung der Betriebsbedingungen rechtfertigen die Einstellung von elektrischen Glühöfen. Beim Glühen von Messingrohren wird das Material gewöhnlich einer Temperatur von 537 bis 733° C (1000 bis 1350° F) ausgesetzt. Diese löst die Spannung in dem Metall aus, welche durch das Ziehen oder sonstiges Bearbeiten entstanden ist und welche auch die Ursache der Sprödigkeit bildet. Ist die Glühtemperatur zu niedrig, bleibt das Korngefüge zu klein und es resultiert daraus Sprödigkeit; ist die Temperatur umgekehrt zu hoch, wird das Gefüge übermäßig mit metallischen Lösungen und wenig Metall durchsetzt.

Bei der Chase Metal Werkes, Waterbury, Conn., wurden die holzgefeuerten Messing-Glühöfen durch elektrische ersetzt und die Kapazität des Ofens wurde vervielfacht. Die Betriebsbedingungen wurden vervollkommnet und das Hantieren mit Asche war beseitigt. Es wurde weiter festgestellt, daß die Investitionskosten innerhalb kürzester Zeit sich abzahlten.

Bei der French Manufacturing Company ebenfalls in Waterbury, ist ein elektrischer Ofen aufgestellt mit einer Heizkammer 16 ft (4,877 m) lang, 54 in. (1,37 m) breit und 18 in. (0,457 m) hoch bis zur Kämpferlinie des Gewölbes, isoliert mit 16 in. (0,406 m) starken Isolierziegeln. Die Heizkörper und Heizdrähte stammen von der Westinghouse-Gesellschaft; außerdem ist ein registrierendes Leeds & Northrup-Pyrometer vorhanden. Die Temperatur der Ofenkammern wird auf 1200 bis 1350° F (650 bis 733° C) gehalten. Ein registrierendes Pyrometer ist auch vorgesehen, um die Temperatur im Innern der Charge anzuzeigen und aufzuzeichnen; gewöhnlich wird die Charge herausgenommen, wenn die Temperatur 1000° F (537° C) erreicht hat. Der mittlere Stromverbrauch beträgt 110 kWh pro Tonne geglühtes Messing. Bei einem Kraftstrompreis von 2,33 Cents (9,8 Pf. = 16,7 g) pro kWh und einem Holzpreise von Dollar 8,— (33,6 Mk. = 57,22 S) pro Klafter (3,6 m³), sind die Stromkosten pro Tonne geglühtes Messing nur

7,5 Prozent höher als bei Holz, oder 2,50 Dollar pro Tag zu zwölf Stunden, in welcher Zeit zehn bis zwölf Chargen von 2000 bis 300 lb (900 bis 136 kg), jede für sich, ausgeglüht werden.

Als Ergebnis der Anwendung der Elektrizität in diesem Falle ist eine wesentliche Verbesserung der Betriebsbedingungen zu verzeichnen, ferner ist die Bildung von Ausschuß vermindert, schließlich ist ein Herabsinken des Betrages der Oxydation erreicht worden, wodurch die Ausziehzeit um 50 Prozent herabgesetzt werden konnte. Diese Umstände haben weiter den Säureverbrauch herabgemindert und sichern das nutzbare Verkaufsgewicht der Messingröhren nach dem Ziehen. Die Ersparnis von einem oder zwei Mann pro Zehnstundentag beim Glühen und Beizen und weiter eines Mannes pro Tag bei der Handhabung des Brennstoffes ist eine feststehende Tatsache. Dies allein wiegt schon die Mehrkosten der Elektrizität auf und jede Charge wird Glühbedingungen unterworfen, welche die besten Ergebnisse beim Rohrziehen erzielen lassen bei wirtschaftlicher, genauer und automatischer Kontrolle.

Glas. Beim Glasglühen ist das Verhältnis der Materialkosten zu den Kosten des Brennstoffes so groß, daß die Qualitätserzeugung und die Möglichkeit, die Ergebnisse zu vervielfältigen, von besonderer Bedeutung sind. Ungeeignete Hitze führt zu Bruch, verursacht durch die Zerbrechlichkeit des der Behandlung unterworfenen Materials. Beim Glühen ist es wesentlich, in geschlossener Linie den kritischen Punkt des Glases zu erreichen, aber nicht zu überschreiten. Das Vermögen, dies zu erreichen, fördert das elektrische Glühen und vermehrt die Erzeugung. Mit dem elektrischen Ofen kann zufolge der automatischen Temperaturkontrolle dieser Bedingung entsprochen und Ausschuß beinahe ganz beseitigt werden. Sowohl das Ausmaß der Erhitzung als auch der Abkühlung muß viel sorgsamer geregelt werden wie bei Metallen. Bei ungeeignetem Abkühlen oder bei Überhitzen entstehen Spannungen, welche die Ursache von Glasbruch einige Tage nach beendetem Glühprozeß bilden, wodurch Kosten erwachsen zufolge Vernichtung der Arbeit und wiederholter Anwendung des Glühprozesses.

Das elektrische Glühen von Glas hat nun großen Wert in der Glühlampen-Industrie, in der Erzeugung von Glaslinsen, Glasemail für Teile von Skalen *) (Abb. 383) und von Kristallglas für Uhren. In der letzten Form der Anwendung hat C. J. Hayes, Wärme-Ingenieur der Providenc, R. J., einen Ofen entworfen, welcher wirklich jeglichen Ausschuß beseitigt; derselbe wurde in einer Betriebsstätte aufgestellt, welche diese Art der Materialherstellung pflegt und welche beim Glühen mit Gasflamme bis zu 80 ° Verlust hatte (Abb. 384). Wenngleich dieser Verlust unzweifelhaft der Unerfahrenheit der Betriebsleitung zuzuschreiben war, so ist es immerhin bemerkenswert, daß dem elektrischen Glühofen so viel

*) El. World, Vol. 88, Nr. 3 ex 1926.

Vertrauen entgegengebracht wurde, daß die Bedingungen in solchem Ausmaße und mit sofortiger Vervollkommnung erfüllt würden. Der von Hayes errichtete Ofen ist von der Box-Type, mit einer Leistung von 10 kW und wird einphasig mit 280 V betrieben. Der Strompreis beträgt 2,5 Cents (10,5 Pf. = 18 g) pro

Abb. 383

kWh und das Temperaturerfordernis 482 bis 593° C (900 bis 1100° F). Die automatische Kontrolle erfolgt in Stufen von zirka 5° C (10° F) und der Arbeitsprozeß erfordert nur über 4 Stunden Energie von 24 Stunden des Arbeitsprozesses. Der Strom wird in den frühen Nachmittagsstunden eingeschaltet und bleibt eingeschaltet, bis der Glühprozeß beendet ist. Ausschuß bezüglich Farbenveränderung, welcher durch die Gasflamme verursacht worden war, ist in dem elektrischen Glühofen vollständig beseitigt.

Abb. 384

E i s e n u n d S t a h l. Bis vor 5 Jahren wurde das Glühen von Eisen und Stahl in mit Brennstoff gefeuerten Öfen vorgenommen und sind diese auch weiterhin noch in Verwendung. Doch hat die Forderung nach genauer und einheitlicher Wärmebehandlung der Metalle einschließlich verwandter Prozesse des Glühens den elektrischen Ofen mehr und mehr in den Wettstreit auf diesem Gebiete eintreten lassen. Ein wertvoller Gesichtspunkt der Verwendung des elektrischen Glühofens ist, daß für das Glühen Nachtenergie herangezogen werden kann; der Ofen wird am Abend eingeschaltet, mittels Zeitschalters zu einer bestimmten Morgenstunde automatisch ausgeschaltet und kann derselbe Ofen während der Tageszeit für andere Zwecke verwendet werden. Verglichen mit den Kosten für Brennmaterial, ist es betreffs des elektrischen Ofens sehr schwierig zu erklären, daß dessen Kosten gleich sind den nackten Kosten für Kohle, Koks, Öl oder Gas; aber die durchdringenden Vorteile des elektrischen Glühens gipfeln in einer Senkung der Gesamtkosten, wie einer gegebenen Qualität des Erzeugnisses. Herabminderung der Verluste durch Zunder, Entfernung der harten Flecken durch ungleiche Erhitzung, welche eine langsamere mechanische Bearbeitung nach sich zieht und Brüche verursacht, nicht zuletzt von Werkzeugen, und das Glühen mit Box-Öfen, begünstigen bei sorgfältiger Analyse der Bedingungen den elektrischen Ofen. Das durch das elektrische Glühen gesicherte einheitliche Gefüge hebt beständig das wachsende Interesse hierfür.

Der elektrische Ofen hat sich auch ganz besonders beim Glühen schwerer Gußstücke den Weg in die Praxis geebnet. Mit der sogenannten „car bottom oder Wagentype“, bei welcher das Glühgut auf einem Wagen in den Ofen eingeführt wird, ist die General Electric Company bei der Installation zahlreicher Glühöfen vorangegangen. Ein solcher Ofen ist in einem Eisenwerk aufgestellt, welcher Stücke mit einem ungefähren Gewichte von 50 Tonnen glüht. Bei diesen großen elektrischen Glühöfen wird mit einem Drittel der Temperaturänderung ausgekommen, wie bei den mit Brennstoff bedienten Öfen. Der bezeichnete Ofen ist 4,877 m (16 ft) breit, 8,534 m (28 ft) tief und 2,58 m (8,5 ft) innen hoch. Er ist mit 720 kW Leistung ausgestattet, welche von Widerstandsbändern aufgenommen wird. Die Gußstücke werden auf 537° C (1000° F) erhitzt. Die elektrische Leistung wird durch 12 bis 14 Stunden dem Elektrizitätswerk entnommen, wird dann ausgeschaltet, die Charge durch 36 Stunden abkühlen gelassen, worauf sie aus dem Ofen gefahren wird. Der Stromverbrauch beträgt zirka 190 kWh pro Tonne.

Ein anderer Ofen mit einer Leistung von 200 kW ist von der gleichen Type und dient zum Glühen von Gußstahl in einer Gießerei. Die mittlere Charge wiegt über 8 Tonnen, das Glühen erfolgt bei 871° C (1600° F). Eine andere Einrichtung umfaßt 14 elektrische Öfen der Elevatortype mit einer Leistung von 2200 kW, in welchen Silicium-Stahlplatten und Stempel geglüht werden.

In diesem Falle sind die Gesamtkosten des Glühens um über 50% ermäßigt worden. Beträchtliche Wärmemengen können erspart werden durch den Gebrauch eines Sandverschlusses in Verbindung mit dem Chargewagen. Einer der kleinsten Öfen in diesem Werke bringt 11 Glühperioden pro Woche heraus, jede zu 3,5 Tonnen, mit einer elektrischen Anschlußleistung von 130 kW und einem Stromverbrauch von 11 kWh pro 45,3 kg (100 Pfund) oder zirka 240 kWh pro Tonne.

Die Auto Machinery Co., Ltd., Coventry, hat mehrere elektrisch geheizte Härte- und Glühöfen aufgestellt, unter denen ein Glühofen für im Einsatz zu härtende Ventil-Nockenscheiben von Verbrennungsmotoren besonders bemerkenswert ist. Die Abmessungen der Heizkammer betragen 1000 × 610 × 305 mm. Die Ausmauerung der Heizkammer hat auf ihrer Innenseite Längsrillen, in denen die Heizkörper, die aus Spiralen aus Chromnickelstahl bestehen, mit leichter Spannung eingebettet sind, so daß sie sich während der Heizung frei ausdehnen und bei der Abkühlung frei zusammenziehen können. Auch die Steine der Ausmauerung sind derart ineinander geführt, daß sie sich frei ausdehnen können. Der Ofen kann vier mit Einsatzgut gefüllte Kästen, die ein Gesamtgewicht von 200 kg haben, aufnehmen. Zum Anheizen auf 900 ° C, das rund 2 Stunden dauert, braucht der Ofen 23 kW, während er nach dem Anheizen im Beharrungszustand nur einer elektrischen Leistung von 10 bis 12 kW bedarf.

Die A. E. G. hat für das Glühen von Automobilfedern Muffelöfen ausgeführt, mit einem Muffelraum von 550 mm Breite, 300 mm Höhe und 1800 mm Länge und für den stündlichen Durchsatz von zirka 300 kg. Die erforderliche Leistung beträgt 75 kVA. Die Leistungsregulierung erfolgt mit Spezialreguliertransformator.

In einer der konservativsten Automobilfabriken in Detroit sind durch 2½ Jahre zwei der größten Karbonisierungsöfen für das Glühfrischen oder Tempern von Autobestandteilen, die bisher gebaut wurden, in Betrieb. Die zwei Öfen, mit einer Anschlußleistung von 500 kW bei 220 Volt, sind von der rotierenden Herdtype von der George J. Hagan Company erbaut. Der Außendurchmesser beträgt 8,53 m (28 ft) bei einer maximalen Höhe über dem Flurboden von 5,33 m (17 ft 6 in.). Der rotierende Herdtisch weist einen Glühring mit einer Breite von 1,61 m (5 ft 4 in.), bei einem Außendurchmesser von 6,77 m (22 ft 2 in.) und 3,55 m (11 ft 8 in.) Innendurchmesser auf. Auf dem Herd querüber sind 27 Pfeiler aus legiertem Metall angebracht (Abb. 385), auf welche die Glühkisten gestellt werden.

Die Charge besteht aus rechtwinkeligen Glühkisten, jede zu 56,75 kg (125 lb) und wird in zwei Lagen über jeden Pfeiler gestellt, so daß neun Glühkisten auf einem Pfeiler stehen, fünf Kisten unmittelbar aufruhend und vier darüber stehend. Nachdem 27 aktive Pfeiler vorhanden sind, so ist es möglich, den Ofen mit einem Totalgewicht von 13,280 kg (29,250 lb) zu beladen. Der Herd wird durch einen 3-PS-Motor gedreht und ruht auf Kugeln,

Abb. 385

bezw. Rollen auf, um den Bewegungswiderstand auf ein Mindestmaß herabzumindern.

Die Temperaturkontrolle und Wärmeverteilung innerhalb des Ofens wird durch entsprechende Apparate und die Stromkreiseinteilung erzielt. Die Anschlußleistung von 500 kW ist in fünf Belastungskreise zu je 100 kW aufgeteilt. Drei Temperaturmeßstellen ermöglichen, drei bestimmte Temperaturen in drei Teilen des Ofens festzuhalten. Die erste Wärmestelle, am Anfang der Charge angebracht, ist mit 940 ° C (1725 ° F) bestimmt, 200 kW oder Ofenkapazität kontrollierend. Die zweite Stelle befindet sich in der Hälfte der Ofenarbeit, auf 926 ° C (1700 ° F) eingestellt und kontrolliert ebenfalls 200 kW. Die dritte Wärmestelle ist am Ende der Charge angebracht, mit 900 ° C (1650 ° F), welche Temperatur der Kohlungstemperatur entspricht und umfaßt 100 kW. Diese Verteilung genügt vollständig, um das Erzeugnis auf den richtigen Kohlungsgrad zu bringen und gleichzeitig dafür zu sorgen, daß die Kohlungstemperatur von 900 ° C (1650 ° F) nirgends überschritten wird.

Die elektrischen Heizelemente sind Nickelchrombänder (Nickel 80 Prozent, Chrom 20 Prozent), welche an beiden Innenwänden vertikal aufgehängt sind. Die Heizelemente haben eine verhältnismäßig geringe Wärmeabgabe pro Flächeneinheit und daher eine lange Lebensdauer. Da die Charge auf Pfeilern ruht, so kann die strahlende Wärme überall hingelangen, was eine gleichmäßige Kohlung erzielen läßt.

Mit der automatischen Temperaturkontrolle und automatischer Kontrolle der Bewegung des Herdes, verbunden mit der elektrisch betriebenen Handhabung des Materials, ist die Arbeit auf ein Minimum herabgesetzt. Das Material ist in kleinen Einheiten und in kürzeren Zeiten leichter und rascher zu handhaben, als in größeren Chargeneinheiten und in langen Intervallen, wie z. B. bei der Boxtype. Die Ersparnis an Lohnkosten ist einer der größten Vorteile des elektrischen Ofens im Wettkampfe mit den mit Brennstoff befeuerten Öfen.

Während eines Monates, während welcher Zeit der Ofen 24 Tage von 30 Tagen in Betrieb war, wurden 26,161 Kisten mit einem Gesamtgewichte von 1485 Tonnen (3.270,125 lb) eingebracht, bei einem Stromverbrauch von 329,567 kWh, oder 4,54 kg (10 lb) pro kWh, oder 222 kWh/t. Bei einem Strompreise von 1,334 Cent pro kWh kostete die Wärmeeinheit, die British Termal unit (Btu) = 0,252 Kcal (siehe Anhang III) pro Bruttopfund (lb) und per Netto-lb gekohltes Material weniger, verglichen mit Öl von 12,600 Kal/kg (144,000 Btu per Gallon) zu 6 Cent per Gallon (4,54 l) (5,50 M. oder 9,4 S pro 100 l) loko Ofen.

Unter Berücksichtigung aller mit dem elektrischen Ofen verbundenen Verhältnisse, in Vergleich zu der früheren Ölfeuerung gesetzt, hat das elektrische Glühen eine tägliche Ersparnis von 115 Dollar pro Tag gebracht. Während zwölf Monaten Betrieb wurden 11,786 Tonnen (26.191,625 lb) gekohlt, wobei die Ersparnisse hinreichten, um in einem Jahre die Ofenkosten hereinzubringen.

Die Milwaukee Service Pasts Company, Milwaukee, Wiscounsin, stellte einen elektrisch beheizten Glühofen auf, um die Schwierigkeiten mit der bisher üblichen Wärmebehandlung zu beseitigen. Das hauptsächlich zu behandelnde Material sind Auto-Motor-Kolbenbolzen, welche einem Härtungs- und Kohlungsprozeß unterworfen werden. Die Härtung erfolgt in einem 8-kW-Boxofen bei einer Temperatur von 815° C (1500° F) und die Kohlung in einem 80-kW-Ofen bei 900° C (1650° F). Beide Öfen wurden von der Hevi Duty Electric Company gebaut und mit automatischer Temperaturkontrolle ausgestattet. Der Kohlungsofen wird mit 14 Metalltöpfen, enthaltend 1200 Bolzen, beim Schichtwechsel am Abend beschickt und der Nachtwächter schaltet um 2 Uhr früh den Strom ein. Der Ofen und die Charge sind bis 3 Uhr früh auf die erforderliche Temperatur gebracht und die Charge wird um 7 Uhr beim Schichtbeginn herausgenommen, der Ofen neuerlich beschickt und die Glühperiode wiederholt sich. Die Tagesproduktion ist bis in den Nachmittag beendigt usw. Da der Nachtwächter den Ofen ein- und ausschaltet, so laufen keine weiteren Lohnkosten auf, außer durch das zweimalige Beschicken und Ausnehmen des Ofens pro Tag. Die Leistung des Härtungs- und Kohlenofens beträgt im Monatsmittel 70.000 Bolzen.

Aus nachstehender Tabelle ist eine typische Monatsproduktion des Härtungs- und Kohlungsofens zu ersehen:

Anzahl der zweimal wärmebehandelten Bolzen .	70.000	
Stromverbrauch in kWh	11.360	
Auf 1 kWh entfallen Bolzen	6,2	
Mittlerer Strompreis (12,2 Pf. = 20,7 g) per kWh .	2,9	Cts.
An Stromkosten entfallen auf einen Bolzen (2 Pf. = 3,4 g)	0,47	Cts.

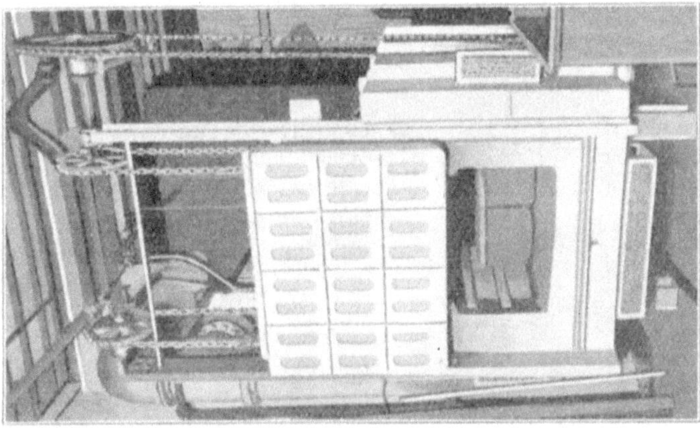

Abb. 386

Abb. 387

Als besondere Vorteile werden von der Betriebsfirma angeführt: Kein Ausschuß bei 55.000 wärmebehandelten Bolzen, größere

Einheitlichkeit der Härtungstiefe (3/64 Zoll = 1,17 mm), größere Härte und größere Festigkeit.

Die Scheerfestigkeit war von 63 auf 91 kg/cm² (44.000 auf 64.0002 lb.) gestiegen, wenn der Bolzen zwischen flachen Unterlagen belastet wurde; wenn der Bolzen an den Enden unterstützt und in der Mitte belastet wurde, zeigte sich bei den elektrisch wärmebehandelten Bolzen eine Tragfestigkeit von 20 gegenüber 11,4 kg/cm² (14.000 gegenüber 8000 lb.) von in Öfen mit Brennstoff behandelten Bolzen.

Abb. 386 zeigt einen elektrischen Kohlungsofen, in welchem 55.000 Bolzen ohne Ausschuß geglüht worden sind.

Glühöfen für H u f n ä g e l d r a h t, die durch Kohle oder Gas beheizt werden, haben im Betriebe der Powler & Union Hore Naie Co., Buffalo, häufig Ausschuß ergeben, weil eine gleichmäßige Beheizung der Öfen nicht zu erreichen war. Man stellte deshalb elektrische Glühöfen auf, die sich in vier Jahre langem Betrieb gut bewährt haben (Abb. 387 bis 390). Durch die gleichmäßige Glühung des Einsatzes ist der Prozentsatz an Anschluß auf eine sehr geringe Größe herabgedrückt worden, so daß man praktisch von Ausschuß überhaupt nicht mehr sprechen kann. Der Draht von 9,5 mm Stärke wird in Rollenform geglüht. Die Drahtrollen von je 113 kg werden auf einen Ofenwagen für ein Ladegewicht von etwa 3400 kg (etwa 30 Rollen) eingesetzt (Abb. 387). Die Förderketten für die Ofenwagen laufen parallel zueinander unterm Hüttenflur. Die eine Kette bedient die Kammer I, die andere

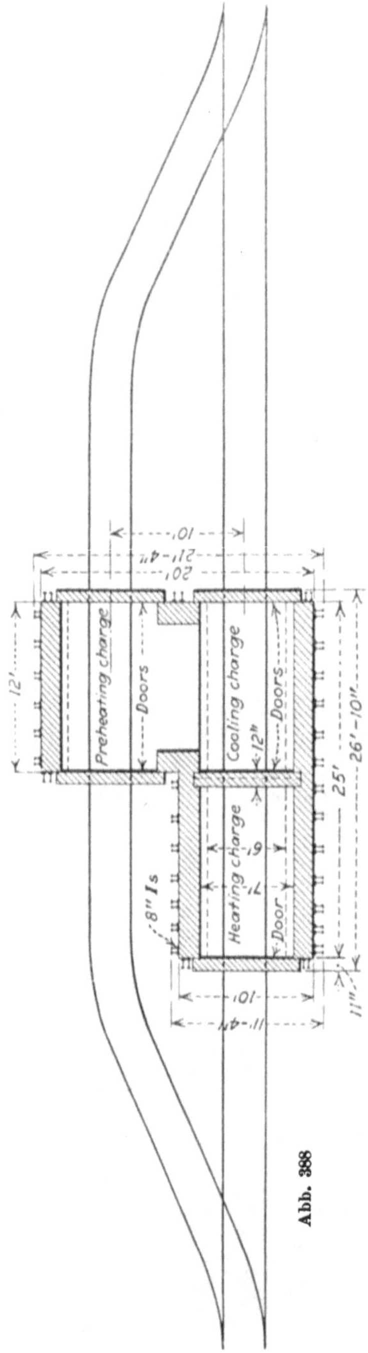

Abb. 388

die Kammern II und III (Abb. 388). Die Ofentüren, fünf an der Zahl, werden durch Druckluft betätigt. Die Steuerung der

Förderketten und der Türen erfolgt von einer Seite aus, damit der Umlauf der Wagen mit dem Glühgut rasch erfolgen kann.

Die elektrische Beheizung des Ofens, die selbsttätig geregelt wird, erfordert keine Bedienung, es sind deshalb entsprechend der Vorwärme-, Glüh- und Abkühldauer nur alle drei Stunden zwei Mann erforderlich, die in etwa 7 bis 10 Min. die Arbeiten

Abb. 389

Abb. 390

des Türöffnens und -schließens, Herausholens und Umstellens, sowie Be- und Entladens der Wagen erledigen.

Elektrisch beheizt wird von den drei vorhandenen Kammern nur die Glühkammer II, deren Temperatur auf etwa 650 bis 773 ° C gehalten wird, während Kammer I zum Vorwärmen, Kammer III zum Abkühlen dient. Die Elemente sind an ein Drehstromnetz von 440 Volt angeschlossen. Die Gesamtstromaufnahme beträgt

200 kW, der Stromverbrauch im Mittel 550 kWh je Einsatz von etwa 3225 Tonnen, d. h. 170 bis 186 kWh/t Einsatz. Bei fortlaufendem Betrieb, d. h. 24stündiger Arbeitszeit, soll der Stromverbrauch auf 115 kWh/t gesunken sein. Setzt man für die Erzeugung von 1 kWh in einem neuzeitlichen Kraftwerk 1 kg Kohle von 6000 bis 7000 WE, so ist der Stromaufwand gleichwertig 155 kg Kohle. Ein gut gebauter Glühofen mit Gasbeheizung würde etwa 120 bis 140 kg Kohle/t Einsatz erfordern.

Ein besonderer Vorteil des elektrisch geglühten Drahtes gegenüber dem auf andere Weise geglühten Drahte besteht darin, daß er hintereinander 12 bis 15 Kaltwalzungen unterworfen werden kann, ohne dazwischen nochmals erwärmt zu werden. Alle Rollen, gleichgültig, ob sie unmittelbar auf dem Wagen oder auf anderen liegen, haben gleichmäßige Hitze, eine Nacherhitzung der unteren Rollen oder eine Überhitzung der obenaufliegenden Rolle fällt fort. Die leichtere Bearbeitung des geglühten Drahtes übt einen günstigen Einfluß auf die Bearbeitungsmaschinen aus, und die Unterhaltungskosten derselben werden beträchtlich niedriger.

e) Wirtschaftliches.

Über die Wirtschaftlichkeit der Elektroglühöfen gegenüber den bisher verwendeten gas- oder ölbefeuerten Öfen ist noch folgendes zu sagen:

Selbstverständlich ist in allen Fällen die „Edelbeheizung" durch elektrischen Strom je Wärmeeinheit teuerer als die Brennstoffbeheizung. Man hat aber einen richtigen Vergleich über die Wirtschaftlichkeit erst dann, wenn man die günstige Beeinflussung der Gesamtgestehungskosten durch die elektrische Beheizung berücksichtigt, nämlich:

1. durch die Erhöhung der Güte des Enderzeugnisses;
2. durch Verminderung, wenn nicht Beseitigung des Ausschusses durch unrichtigen Glühvorgang;
3. durch Verringerung des Abbrandes;
4. durch etwaigen Fortfall der Glühkisten;
5. durch Verringerung der Ofenausbesserungskosten;
6. durch Verringerung des Raumbedarfes für die Glühofenanlage selbst;
6. durch Erhöhung der Erzeugung je Schicht und durch manche andere Vorteile, wie Fortfall der Belästigung in der Werkstatt durch Rauchgase und ausstrahlende Hitze usw., die man nicht auf Heller und Pfennig bewerten kann.

Nach amerikanischen Angaben betragen z. B. bei Stromkosten von 1 Ct. = 4,2 Pf./kWh die Stromkosten für das Glühen von Werkzeugen und Zahnrädern im Durchschnitt von elf Fällen nicht mehr als 0,86% der Gesamtgestehungskosten des Werkzeuges, bezw. Zahnrades.

Betriebsergebnisse mit verschiedenen Ofenbauarten.

Ofenbauart	Glühgut	Glühtemp. °C	Durchgesetzt. Glühgut i/kg je kWh
Muffelofen	Werkzeuge	790	4,5—5,2
Ofen mit drehbarem Herd	Automobilteile	790	4,8—5,8
Wagenofen	Gußstücke	900	2,7—4,1
Regenerativwagenofen	Drahtrollen	650	5,6—8,7
Conveyorofen	Zahnrdr. u. Ritzel	790	4
Regenerativwagenofen	Gesenke	790	6,9
Doppeltürenwagenofen	Transftr. Bleche	990	2,9
Ofen mit drehbarem Herd	Automobilteile	830	5,9
Muffelofen	Schreibmaschinenteile	900	2,8
Muffeloffen mit oberer und unterer Glühkammer	Emaill. Ware	910	4,1

Bei der Wolworth Co., Boston*), wurden zum Glühen von geschmiedeten Schraubenschlüsseln elektrische Öfen aufgestellt, die sich nach den angestellten Untersuchungen wirtschaftlicher als gas- und ölbefeuerte Öfen erwiesen. Die folgende Zusammenstellung zeigt einen Vergleich der Kosten der mit Öl und der elektrisch geheizten Öfen.

	Öl geheizt M/t:	Elektrisch geheizt M/t:
Brennstoff		
151 Liter zu 7,2 Pf.	11,—	
Pumpen, Zerstäuben und Behandeln des Öls, 151 Liter zu 2,8 Pf.	4,20	
480 kWh zu 5,25 Pf.		25,20
Bedienung	17,60	8,10
Brennstoffbehälter	3,36	
Instandhaltung	1,68	0,42
Zusätzliche Maschinenkosten	5,10	
Sandstrahlgebläse	1,68	
Abschreibung für Ersatzteillager	3,50	
Abschreibung der Ofenanlage	3,78	5,50
Zusammen . . .	52,—	39,22

Der Strombedarf der S. S. W.-Glühöfen beträgt einschließlich der Erwärmung des Ofens selbst etwa 280 bis 350 kWh für eine Tonne Glühgut. Bei ununterbrochenem Glühen (Röhrenofen) ermäßigt er sich noch auf 200 bis 230 kWh je Tonne. Es ist mit billigsten Strompreisen zu rechnen, da Nacht-, bezw. Sonntagsbelastung der Stromquelle in Frage kommt. Muffelöfen werden in Größen für 0,5 bis 10 Tonnen Glühgut hergestellt, was einem

*) Electrical World, 31. Juli 1926, S. 215.

Anschlußwerte von 35 bis 250 kW entspricht. Schachtöfen können bis zu 20 Tonnen und einem Anschlußwert von 400 kW geliefert werden.

In der Stahlindustrie besteht ein steigender Bedarf nach trockenem Anlassen empfindlicher Werkzeuge. Für diese Zwecke hat unter anderen die Gesellschaft für Elektro-Heizungstechnik

Abb. 391

Abb. 392

m. b. H., Wien, für ein Stahlwerk einen elektrisch beheizten Anlaßofen mit 1000 mm lichter Weite, 700 mm lichter Tiefe, und 1500 mm lichter Höhe für 13,5 kW Anschlußleistung bei 220 Volt Spannung ausgeführt (Abb. 391 und 392). Die einstellbare, selbsttätige Temperaturregelung erfolgt zwischen 200 bis 350° C. Hierfür dient ein Quecksilber-Fernthermometer mit Kapillarrohrleitung, welches eine von außen einzustellende Kontaktvorrichtung mit magnetischer Momentschaltung besitzt und hiedurch über ein Schütz den Heizstrom selbsttätig schaltet.

Der ganze Schrank ist äußerst gut wärmeisoliert. Die elektrische Heizung ist nach dem Gesichtspunkt einer vollständig gleichmäßigen Temperatur im ganzen Ofen untergebracht. Die an sich sehr robusten Heizelemente sind mechanisch vollständig geschützt. Das hervorstechende konstruktive Merkmal der elektrischen Heizung selbst ist, daß sich im Innern des Ofens nicht eine einzige Verbindungsstelle befindet.

Abb. 393

Abb. 393 zeigt ein elektrisch beheiztes Anlaßbad für 11 kW Anschlußleistung für 220 bis 400° C. Derartige Bäder werden auch als Zinnschmelzbäder in allen vorkommenden Größen, z. B. zum Verzinnen von Webkasten, Automobilkühlern, ferner als Pechschmelztröge für Pechbundrahmen gebaut.

f) Glühöfen für leicht schmelzbare Metalle.

Für das Schmelzen von Metallen mit verhältnismäßig niedrigem Schmelzpunkt, wie Blei, Zinn, Zink, Antimon, Letternmetall usw., eignet sich der Lichtbogen nicht besonders. Es ist naheliegend, für diesen Zweck Öfen nach dem Widerstandsprinzip zu konstruieren. B. B. C. hat jüngst einen auf diesem System beruhenden Schmelzofen herausgebracht. Er besteht aus einer in Chamottemauerwerk eingebetteten Schmelzwanne. Im Raum zwischen dieser Wanne und dem Mauerwerk sind ähnlich wie bei den Glühöfen hitzebeständige Widerstände eingebettet. Vorläufig wurde nur eine Normaltype für 250 kg Einsatzgewicht (Zinn) mit einem bis 2,5 kW nach abwärts regulierbaren Anschlußwert von zirka 10 kW entwickelt, jedoch können nach diesem Prinzipe Öfen jeder Größe gebaut werden. Die Regulierung erfolgt durch Serien- und Parallelschaltung einzelner Widerstandsgruppen in 4 Stufen.

g) Der elektrische Salzbadofen im Werkstättenbetriebe.

Allgemeines.

Im elektrischen Salzbadofen dient der Heizwiderstand, in diesem Falle die Salzschmelze, gleichzeitig auch als Wärmemittel, indem das Salzbad die in ihm durch den Stromdurchgang erzeugte Wärme unmittelbar auf das in ihm befindliche Glühgut, das von allen Seiten von dem geschmolzenen Salz umgeben wird, überträgt.

Wie aus Abb. 394, welche die grundsätzliche Wirkungsweise und Schaltung eines derartigen Ofens darstellt, hervorgeht, wird aber auch das Glühgut selbst von einem Teil des Stromes durchflossen, da es ja auch in dem sekundären Stromkreis liegt, wobei auch noch eine unmittelbare Widerstandserwärmung des Glühgutes stattfindet.

Der geringen Größe des Badwiderstandes entsprechend, wird ein Strom von geringerer Spannung, während des Betriebes im Mittel etwa 15 Volt, jedoch von verhältnismäßig großer Stärke — bei größeren Öfen bis zu mehreren 1000 Amperen — verwendet.

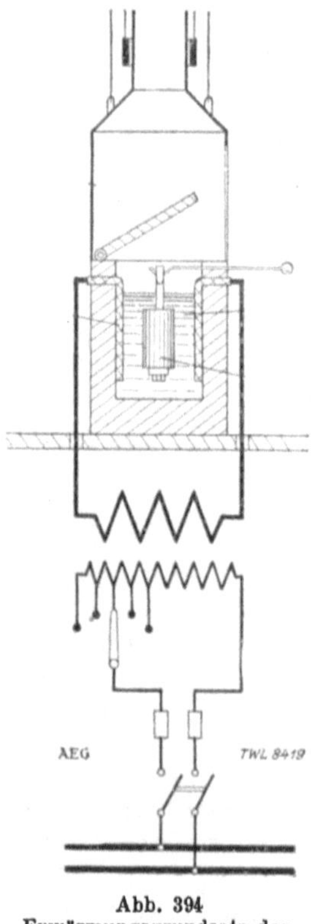

Abb. 394
Erwärmungsgrundsatz des elektr. Salzbadofens

Ähnlich wie bei der elektrischen Stumpfschweißmaschine wird daher die Netzspannung durch einen besonderen Transformator auf die niedrige Ofenspannung — zwischen den Elektroden — transformiert. Durch Zu- und Abschaltung von Wicklungen auf der Primärseite des Transformators mittels eines Regulierschalters wird das Übersetzungsverhältnis dieses Transformators und damit auch die dem Ofen zugeführte elektrische Energie in ihrer Menge verändert. Dieser Energiemenge ist jedoch die beim Stromdurchgang durch das Salzbad in diesem erzeugte Wärme proportional. Bei Änderung der ersteren ändert sich daher auch die letztere und damit auch die Temperatur des Bades. Diese Art der Regulierung gestattet daher eine außerordentlich genaue Temperatureinstellung, und zwar ohne daß dabei die Energie etwa in Vorschaltwiderständen vernichtet wird.

Auf der Eigenart dieses Erwärmungsgrundsatzes beruhen auch die weiteren Hauptvorzüge des elektrischen Salzbadofens, nämlich die schnelle und vor allem die gleichmäßige Erwärmung des Glühgutes, wodurch ein sicheres Arbeiten gewährleistet wird, so daß bei Verwendung des elektrischen Salzbadofens als Härteofen Härteausschuß so gut wie ausgeschlossen ist, da dieser in den weitaus meisten Fällen auf eine ungleichmäßige Erwärmung des Härtegutes zurückzuführen ist. Der elektrische Salzbadofen hat daher auch zuerst vorzugsweise dort Eingang gefunden, wo es auf eine möglichst gleichmäßige Erwärmung des Arbeitsgutes und auf eine möglichst genaue Einhaltung einer bestimmten Temperatur ankommt, d. h. in der Härtetechnik, und zwar wurde er hier bisher in erster Linie zum Härten von Werkzeugen verwendet.

Da der angewandte Erwärmungsgrundsatz — richtige Bemessung der Leistung des Reguliertransformators vorausgesetzt — es ohne weiteres gestattet, auch die höchsten in der Härtetechnik erforderlichen Temperaturen von etwa 1350 ° C einwandfrei zu erreichen, und infolge der großen Wärmeaufnahmefähigkeit des Salzbades auch beim Einbringen größerer Stücke beliebig lange auf gleicher Höhe zu halten, wurde der Ofen zuerst hauptsächlich zum Härten von Werkzeugen aus Schnellstahl verwendet, zumal bei anderen Härteeinrichtungen derartig hohe Temperaturen nur sehr schwer, jedenfalls nur unter Verwendung eines besonderen Gebläses, erreicht und eingehalten werden konnten.

Aber auch bei niedrigen Temperaturen von 750 bis 850 ° C, wie sie beim Härten von Kohlenstoffstahl gebraucht werden, wird der Ofen viel benutzt, und zwar sowohl zum Härten von Werkzeugen wie auch zum Härten von anderem Massengut. Hier treten seine Vorzüge hauptsächlich dann in Erscheinung, wenn große Mengen von Härtegut zu bewältigen sind, da alsdann die ebenfalls in dem Erwärmungsgrundsatz und in der großen Wärmeaufnahmefähigkeit des Salzbades begründete sehr große Leistungsfähigkeit des Ofens voll zur Geltung kommt. So wird der Ofen außer zum Härten von Werkzeugen, wie Fräsern, Bohrern, Scherenmessern, Matrizen, Drehstählen usw., aus Kohlenstoffstahl vielfach auch zur Massenhärtung von Spindeln für Spinnmaschinen, von Gesteinsbohrern, von Tisch- und Rasiermessern, Scherenblättern, von Federn der verschiedensten Art, von Bandstahl in fortlaufendem Betriebe und neuerdings auch bereits zur Oberflächenhärtung (Einsatzhärtung von Maschinteilen) verwendet. Auch zum Härten von Magneten, bei denen es ebenfalls auf äußerst gleichmäßige Erwärmung und genaueste

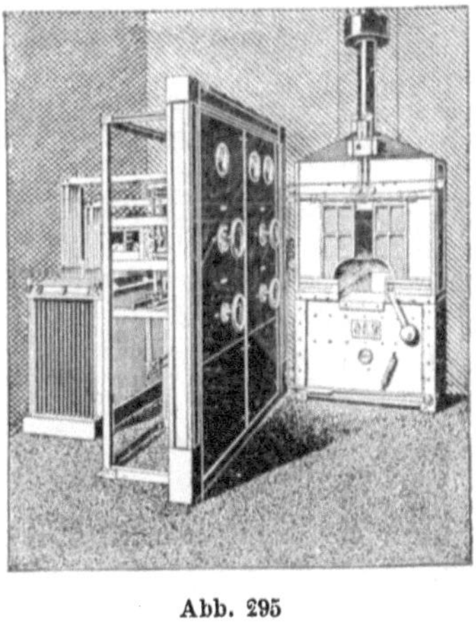

Abb. 295

Normalausführung einer elektr. Salzbadhärteanlage des AEG- Ofen-Transformator-Schalttafel

Einhaltung der Temperatur, sowie auf Bewältigung großer Mengen ankommt, hat sich der Salzbadofen aufs beste bewährt.

Obwohl der elektrische Salzbadofen auf Grund dieser allgemein anerkannten Vorzüge, zu denen auch die große Sauberkeit und die völlige Geräuschlosigkeit des Betriebes gehört, bereits in den Härtereien fast aller namhaften Großbetriebe und der meisten Werkzeugfabriken und Stahlwerke wie auch in vielen Werften, Eisenbahnwerkstätten, Automobil- und Fahrradfabriken anzutreffen ist, ist er in weiteren Kreisen doch noch verhältnismäßig wenig bekannt geworden. Dies dürfte hauptsächlich darauf zurückzuführen sein, daß härtetechnische Einrichtungen und Verfahren in vielen Betrieben auch heute noch, zum großen Nachteil der Technik, mehr oder weniger als Fabriksgeheimnis behandelt und infolgedessen bei allgemeinen Werkbesichtigungen nicht gern gezeigt werden.

Bauart und Betriebsweise.

Da diese Anlagen bisher noch keine ihrer Bedeutung für die Werkstattechnik entsprechende Würdigung gefunden haben, sollen die Bauart und die Betriebsweise der Anlagen der AEG. kurz geschildert werden:

Dem in Abb. 394 wiedergegebenen, diesen Anlagen zugrunde liegenden Grundsatz entsprechend, besteht eine solche nach Abb. 395 im wesentlichen aus einem, bezw. mehreren Öfen, einem Reguliertransformator und einer die erforderlichen Schalt-, Regulier- und Meßapparate aufnehmenden Schalttafel, sowie den die einzelnen Apparate miteinander verbindenden Kupferschienen. Durch eine Abzughaube wird der sich beim Verdampfen von Salz bildende Dunst abgeleitet. Außerdem dient diese Haube dazu, die von der Oberfläche des Bades ausgehende Wärmestrahlung wieder auf dieses zurückzuwerfen und so einer unzulässigen Abkühlung des Bades und einer Belästigung des Bedienungsmannes vorzubeugen.

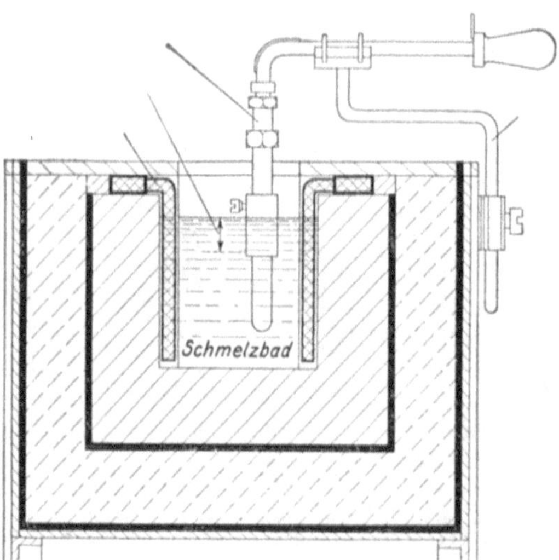

Abb. 396

Längsschnitt des elektr. Salzbadofens

Der Ofen selbst besteht nach Abb. 396 aus einem mit verschiedenen wärmeisolierenden Schichten aus Chamottesteinen und Asbest ausgekleideten eisernen Kasten, in dem durch die feuerbeständigen Steine ein kastenförmiger Behälter zur Aufnahme des Salzbades gebildet wird. An je zwei einander gegenüberliegenden Innenwänden dieses Behälters sind ein oder mehrere Elektrodenpaare angeordnet, die den elektrischen Strom in das Salzbad leiten. Diese aus dicken Eisenblechen bestehenden Elektroden sind durch starke Kupferschienen mit der Sekundärwicklung des Reguliertransformators verbunden. — Der Betrieb der Anlage kann, da ja die Umwandlung der Netzspannung und die Regelung der Stromstärke, bezw. der Badtemperatur, durch einen Transformator erfolgt, nur durch Wechselstrom geschehen. Da dieser jedoch heute wohl fast in allen größeren Betrieben, und zwar meist in Form von Drehstrom, zur Verfügung steht, macht der Anschluß der Anlage an diese Stromart keinerlei Schwierigkeiten. Bis zu 500 Volt kann der Anschluß unmittelbar, bei höheren Spannungen mittels eines Zwischentransformators erfolgen.

Die Badabmessungen der vier gangbarsten Öfen, die z. B. von der AEG. als Normaltypen ausgeführt werden, gehen aus nachstehender Zahlentafel hervor:

Ofen-größe	Badabmessungen in mm			Ungefähre Energieaufnahme in KW.	
	Länge	Breite	Tiefe	bei 850° C	bei 1300° C
II	150	150	170	4,5	12
III	200	200	270	8,5	22
IV	300	300	370	20	48
V	400	400	500	34	75

In der dritten Spalte dieser Tafel ist auch der Energieverbrauch der Öfen angegeben, und zwar für die beiden Höchsttemperaturen, die beim Härten in erster Linie in Betracht kommen, nämlich 850° C beim Härten von Kohlenstoffstahl und bei der Einsatzhärtung, und 1300° C beim Härten von Schnellstahl. Für den Fall, daß der Ofendeckel geschlossen werden kann, wie dies z. B. bei der Einsatzhärtung und bei manchen sich auf längere Zeit erstreckenden Vergütungsverfahren möglich ist, ist die Energieaufnahme des betreffenden Ofens entsprechend geringer.

Außer diesen Normalöfen werden jedoch für besondere Zwecke auch Öfen mit anderen Badabmessungen gebaut, so z. B. solche mit langer, trogförmiger Badform oder Öfen mit besonders großer Badtiefe.

Bei normalem Betriebe genügt es, die Transformatorleistung nur wenig über dem Leerlaufenergieverbrauch der betreffenden Öfen zu wählen. Bei angestrengtem Betriebe dagegen, bei dem eine bestimmte Tagesleistung an Härtegut erzielt werden soll, wie z. B. in Werkzeugfabriken, wo täglich eine größere Anzahl von

Fräsern von bestimmter Größe und Gewicht auf eine bestimmte Temperatur erwärmt werden muß, ist gewöhnlich die nächst höhere Transformatorgröße zu verwenden.

Zum Betriebe der Öfen werden je nach ihrem besonderen Verwendungszweck verschiedene Salze benutzt, deren Art und Mischungsverhältnis so zu wählen ist, daß sich bei der gebräuchlichsten Temperatur des betreffenden Ofens eine gut flüssige Schmelze gibt, ohne daß hierbei eine nennenswerte Verdampfung des betreffenden Salzes eintritt, d. h. der Schmelzpunkt des betreffenden Salzes oder Salzgemisches muß etwas unter, sein Verdampfungspunkt etwas über der üblichen Gebrauchstemperatur des betreffenden Ofens liegen. Beim Härten von Schnellstahl wird vorzugsweise Chlorbarium verwendet, für das Härten von Kohlenstoffstahl eignet sich ein Gemisch von Chlorbarium und Chlorkalium. Für das Anlassen von Werkzeugen und Maschinenteilen sowie zum Glühen verschiedener Metalle zwecks Vergütung kommen dagegen Sondermischungen von Salzen in Betracht. In kleineren Betrieben, in denen man sich mit nur einem Ofen nach Abb. 395 begnügen kann, der nach Bedarf sowohl zum Härten von Kohlenstoffstahl wie auch zur Erwärmung von Schnellstahl unter Umständen auch zur Oberflächenhärtung benutzt wird, ist das Salz nach der jeweilig zu behandelnden Stahlart zu wechseln, was jedoch bei kleineren Badabmessungen nur mit geringer Mühe verbunden ist.

Anwendungsgebiet.

Erfahrungsgemäß entwickelt sich eine Härteanlage (Abb. 395) meist in der Weise, daß zunächst nur ein Ofen, und zwar für den-

Abb. 397. AEG.-Glüh-x-Härteanlage mit zwei elektr. geheizten Salzbadöfen für Wechselbetrieb

jenigen Arbeitsvorgang beschafft wird, für den die vorhandenen Einrichtungen besonders unzulänglich sind. Hat man sich mit der Arbeitsweise des Ofens vertraut gemacht und die betriebs- und härtetechnischen Vorzüge des elektrischen Salzbadofens dabei schätzen gelernt, so wird die Anlage nach einer gewissen Zeit gewöhnlich durch Aufstellung eines zweiten Ofens erweitert, der zunächst mit dem ersten abwechselnd betrieben wird (Abb. 397). In größeren Werken geht man oft noch dazu über, auch zu diesem zweiten Ofen eine besondere elektrische Ausrüstung zu beschaffen, so daß man alsbald die beiden Öfen auch gleichzeitig betreiben kann. In diesem Falle wird der Ofen für 800 ° C außer zum Härten von Kohlenstoffstahl oft auch zum Vorwärmen der Werkzeuge aus Schnellstahl benutzt.

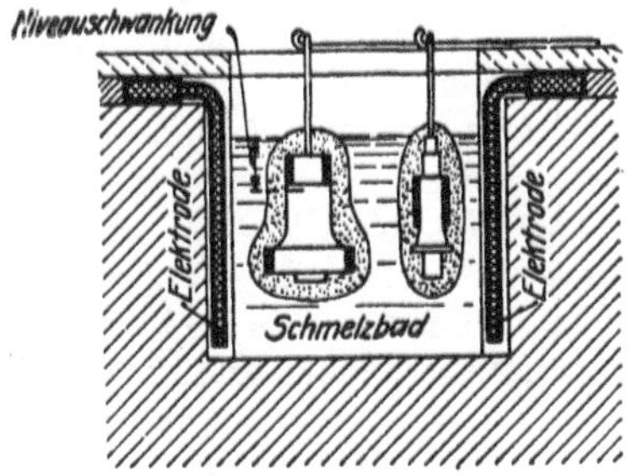

Abb. 298. Mit Kohlungspaste und Isolier- und Bindemittel zubereitetes Einsatzgut im elektr. Schmelzbad

Seit einiger Zeit wird der Salzbadofen auch zur Oberflächenhärtung verwendet. Dabei kann man nach zwei verschiedenen Verfahren arbeiten:

Das Pastenverfahren lehnt sich an das früher allgemein übliche Einsatzverfahren an, insofern als hierbei auch noch ein besonderes Einsatzpulver verwendet wird. Während bei dem alten Einsatzverfahren das Härte-, bezw. Kohlungsgut jedoch in dieses Pulver eingebettet wurde, und dieses zu diesem Zwecke in besondere eiserne Kästen, die Einsatzkästen, eingefüllt wurde, mit denen das Einsatzgut in bekannter Weise in den Glühofen eingebracht und dort meist viele Stunden lang der Glühtemperatur von etwa 1000 ° C ausgesetzt wurde, wird bei dem neuen Verfahren auf das Einsatzgut an dem zu härtenden Stellen das Kohlungsmittel in Form einer teigigen Paste aufgebracht, die alsdann mit einer Lehmpackung umkleidet und, sobald diese getrocknet, mit Wasserglas bestrichen wird. Im Gegensatz zu dem früher üblichen Verfahren werden die so vorbereitenden Stücke unmittelbar, d. h. ohne Verwendung besonderer Einsatzgefäße, in das Salzbad gebracht, von dem sie von allen Seiten umspült werden.

Wie bei der Verwendung des elektrischen Salzbadofens zur Werkzeughärtung, kommt auch bei diesem durch D. R. P. geschützten Einsatzverfahren vor allem die gute Wärmeleitfähigkeit der Erwärmung zur Geltung. Dementsprechend erfolgt auch die Erwärmung des Glühgutes auf Kohlentemperatur außerordentlich schnell und die Kohlenstoffaufnahme gleichmäßig und sicher. Ein weiterer, nicht unwesentlicher Vorteil dieses Verfahrens, gegenüber dem früheren, ist der gänzliche Fortfall besonderer Einsatzgefäße, wodurch sich bei deren hohem Preis und ihrer raschen Abnutzung bedeutende Ersparnisse erzielen lassen.

Gegenüber der Verwendung eines Kohlungsmittels in Pulverform bietet die Anwendung einer Paste noch den Vorteil, daß die zu zementierenden Stellen schärfer abgegrenzt werden können. Dieses Verfahren kommt daher hauptsächlich dort in Frage, wo es sich darum handelt, das Einsatzgut nur örtlich, d. h. an bestimmten Stellen, zu härten. Soll dagegen das Einsatzgut auf seiner ganzen Oberfläche zementiert werden, und handelt es sich dabei um größere Mengen von im einzelnen nicht allzu großen Stücken, wie solche z. B. bei der Massenfertigung von Rechen- und Schreibmaschinen, Registrierkassen oder auch bei Nähmaschinen und anderen aus vielen sich bewegenden Einzelteilen bestehenden Maschinen oder Apparaten in großer Anzahl zu zementieren sind, so wird man einem anderen Verfahren den Vorzug geben, nämlich dem mit unmittelbar kohlendem Salzbade. Bei diesem Verfahren dient das Salzbad nicht, wie bei den bisher erwähnten, nur als elektrischer Widerstand, also nur als Wärmeleitmittel, sondern gleichzeitig noch als Kohlungsmittel. Zu diesem Zweck wird ein kohenstoffhaltiges Salz, gegebenenfalls im Gemisch mit anderen Salzen verwendet, das bei einer bestimmten Temperatur von etwa 800° C seinen Kohlenstoff an das Eisen des Einsatzgutes abgibt. Für die meisten bei diesen Maschinen auf Abnutzung durch gleitende oder rollende Reibung beanspruchten Teile, wie Gleitbahnen, Gelenke, kleinere Zahnräder und Hebel der verschiedensten Art, genügt im allgemeinen eine Einsatztiefe von 1/10 mm, die je nach der Eigenart des verwendeten Materials in etwa 6—10 Min. erzielt wird, also in einer überraschend kurzen Zeit im Vergleich zu der Einsatzzeit von meist mehreren Stunden, die bei den bisher üblichen Verfahren mit Einsatzkästen und Lederkohle hierfür erforderlich war. Nach diesem Verfahren wird u. a. seit einiger Zeit bei der Firma C. P. Goerz, Friedenau, Deutschland, die sich bekanntlich außer mit der Herstellung optischer Instrumente auch mit der Anfertigung von schreibenden Additionsmaschinen befaßt, gearbeitet. Aber nicht allein in einer wesentlichen Abkürzung der Einsatzzeit liegt der Hauptvorzug des neuen Verfahrens, sondern weit mehr noch in der außerordentlich großen Genauigkeit, mit der man bei diesem arbeiten kann. Da bei diesem Verfahren die Tiefe der erzielten Einsatz- oder Kohlungsschicht bei gleichem Material der Einsatzzeit stets genau entspricht, so kann der Härter, sobald die für die jeweilig gewünschte Einsatztiefe erforderliche Einsatzdauer durch einen Versuch festgestellt worden ist, in einfacher Weise „nach Zeit", d. h. nach der Uhr, arbeiten. Durch diese Arbeitsweise hat man es nicht nur in der Hand, die mit Rücksicht auf die Abnutzung des betreffenden Stückes erforderliche Stärke der Kohlungsschicht bei den einzelnen Einsätzen sicher zu erreichen, sondern auch diese Kohlungstiefe andrerseits nicht zu überschreiten und stets noch einen ungekohlten, d. h. zähen Kern von genügender Stärke zu behalten. Hierdurch erhält das Einsatzgut bei großer Oberflächenhärtung gleichzeitig eine gewisse Elastizität, was namentlich dann sehr wichtig ist, wenn die betreffenden Maschinenteile die Kraft oder, wie z. B. die Typenhebel bei Schreibmaschinen, den Schlag federnd übertragen müssen.

Aber noch ein weiterer Vorteil wird durch das sichere Verbleiben eines zähen Kernes erreicht, nämlich der, daß sich jetzt auch dünnere Teile leicht nachrichten lassen, wenn diese sich beim Abschrecken etwa verzogen haben sollten. Dies war bei dem bisherigen Verfahren meist nicht mehr möglich, weil ja bei diesem die Stärke der erzielten Kohlungsschicht nicht in dem Maße der Erwärmungszeit entsprach, daß man mit genügender Sicherheit auf die Kohlungstiefe hätte schließen können, weil die Wärme stets erst die Wandung des Einsatzkastens und das Einsatzpulver durchdringen mußte, ganz abgesehen davon, daß die Stärke und Wärmeleitfähigkeit dieser beiden Schichten nicht immer dieselbe ist, so daß sich nie mit genügender Sicherheit feststellen ließ, wann die Erwärmung des Glühgutes oder die Kohlenstoffaufnahme eigentlich begann. Infolgedessen mußte man, um das erforderliche Mindestmaß der Kohlungstiefe wenigstens zu erreichen, das Härtegut meist unnötig lange im Einsatzkasten belassen, was jedoch bei dünneren Stücken stets zur Folge hatte, daß auch der Kern des Einsatzgutes mitgekohlt oder doch wenigstens durch die zu lange Einwirkung der hohen Temperatur ungünstig verändert, d. h. zu spröde wurde. Hierzu kommt noch, daß man bei dem früheren Verfahren, um das Wärmegefälle in dem Einsatzkasten und Kohlungspulver zu decken, in den Glühöfen meist eine höhere Temperatur erzeugen mußte, als die, die zur Kohlenstoffaufnahme durch das Eisen bereits genügt. Dies führt jedoch dazu, daß, nachdem der Einsatzkasten und das Pulver die Temperatur des Glühofens angenommen hat, auch das Glühgut selbst eine zu hohe Temperatur bekam, wodurch dessen Gefüge leicht zu grobkörnig und das Material spröde wurde. Aus diesem Grunde zog man es vor, Maschinenteile, die wie die Typenhebel eine gewisse Elastizität besitzen müssen, aus Qualitätsstahl herzustellen.

Nach Abb. 399 werden in der Schreibmaschinenfabrik der AEG., Deutsche Werke A.-G., seit langem täglich rund 10.000 Typenhebel für Schreibmaschinen nach diesem neuen Verfahren zementiert. Die Hebel, die in Sätzen von je etwa 160 Stück mittels einfacher Aufhängevorrichtungen in das elektrische Kohlungsbad eingehängt werden, verbleiben dort ähnlich wie die oben erwähnten Teile von Rechenmaschinen etwa 6 bis 8 Min., worauf sie mittels der Aufhängevorrichtung in besonderer Weise, die ein Verziehen der Hebel auch beim Abschrecken ausschließt, in das Abschreckbad gebracht werden. Bei einer mittleren Einsatzdauer von 8 Min. ergeben sich in 8 Arbeitsstunden obige 10.000 Stück.

Wirtschaftlichkeit.

Für die Frage der Wirtschaftlichkeit spielen bei derartigen Verfahren meist weniger die reinen Betriebskosten, die sich aus dem Verbrauch an Brennmaterial oder in vorliegendem Falle an

Abb. 399

Elektrische Salzbadhärteanlage mit direkt wirkendem Kohlungsbade zum Härten von Schreibmaschinentypenhebeln

elektrischer Energie ergeben, die Hauptrolle, als in weit höherem Maße die dabei erzielte Güteverbesserung oder die erhöhte Sicherheit des Arbeitsvorganges, da es sich bei dem in diesen Anlagen behandelten Material meist um so hochwertige Werkzeuge oder Maschinenteile handelt, daß die Kosten eines Arbeitsvorganges erst in zweiter Linie in Betracht kommen, wenn durch diesen eine Erhöhung der Arbeitsleistung oder eine Güteverbesserung erreicht, oder wenn, wie oben erwähnt, dadurch die Verwendung billigerer Rohstoffe ermöglicht wird, oder aber wenn dadurch eine Verringerung des Arbeitsausschusses erzielt wird. Dies ist namentlich dann auch ein sehr wichtiger, oft sogar ausschlaggebender Punkt, wenn der elektrische Salzbadofen zum Härten von hochwertigen Werkzeugen benutzt wird. Da die Material- und Herstellungskosten derartiger Werkzeuge außerordentlich hohe sind, bedeutet die Verringerung des Härteausschusses, der bei Verwendung minderwertiger Erwärmungseinrichtungen in vielen Betrieben auch heute noch oft ein erschreckend großer ist, einen so wichtigen Teil der Betriebskosten, daß er bei der Aufstellung vergleichender Betriebskostenberechnungen unbedingt berücksichtigt werden muß. Da sich dieser Einfluß jedoch zahlenmäßig schwer ausdrücken läßt, wird er bei der Beschaffung neuer Härteanlagen meist nicht genügend bewertet, und man läßt sich leider nur zu oft durch den hohen Preis einer vollwertigen Härteanlage von ihrem Ankauf abschrecken. Die durch Verringerung des Härteausschusses erzielten Ersparnisse sind bei einer guten Anlage jedoch oft so gewaltige, daß dadurch allein nicht nur das höhere Anlagekapital verzinst, sondern auch nach kurzer Zeit getilgt wird. Dies trifft auch auf die leider verhältnismäßig hohen Anschaffungskosten einer elektrischen Salzbadhärteanlage zu, da bei ihr, einwandfreies Material des Härtegutes vorausgesetzt, Härteausschuß überhaupt ausgeschlossen ist. Da auch die Lebensdauer der Anlagen groß ist — man kann diese ohne Bedenken zu 15 bis 20 Jahren annehmen, weil außer der inneren Ausmauerung des Ofens und den Elektroden kein Teil einem besonderen Verschleiß unterworfen ist —, wird auch der Tilgungssatz verhältnismäßig gering. Ebenso fallen die laufenden Unterhaltungskosten die sich auf die zeitweilige Erneuerung der Ausmauerung und der Elektroden beschränken, kaum ins Gewicht.

Voraussetzung für die Wirtschaftlichkeit einer elektrischen Salzbadhärteanlage ist natürlich, daß der Ofen, wie jede andere wertvolle Einrichtung oder Maschine, solange sie im Betrieb ist, auch möglichst voll ausgenutzt wird, und daß während längerer Betriebspausen der Ofendeckel geschlossen und der Regulierschalter so eingestellt wird, daß der Ofen nur eben noch so viel Strom erhält, daß ein Einfrieren des Bades verhindert wird.

Dadurch, daß sich seit einiger Zeit der elektrische Salzbadofen mit gutem Erfolg nach verschiedenen Verfahren auch zur Oberflächenhärtung verwenden läßt, ist eine Wirtschaftlichkeit dieser Anlagen auch in den Fällen gewährleistet, in denen nicht so große Mengen von Werkzeugen zu härten sind, daß die Anlagen hierdurch allein bereits voll ausgenutzt werden könnten. In derartigen Fällen wird gewöhnlich abwechselnd mit zwei Öfen gearbeitet, von denen der eine zum Härten von Werkzeugen dient, während der andere zur Oberflächenhärtung benutzt wird.

Falls ein Vergleich zwischen den sich bei einer elektrischen Salzbadhärteanlage ergebenden Betriebskosten und denjenigen eines mit Koks, Gas oder Öl beheizten Muffel- oder Plattenofens angestellt werden soll, so dürfen die Kosten hierbei natürlich nur auf die Gewichtseinheit des zu erwärmenden Härtegutes, das für beide Öfen vollkommen gleichartig sein muß, bezogen werden und nicht, wie dies leider hin und wieder noch irrtümlicherweise geschieht, auf die Zeiteinheit. In letzterem Falle würde sich nämlich, da die Erwärmung im elektrischen Salzbadofen etwa 4 bis 5 mal so schnell vor sich geht, als in einem mit Koks oder Gas geheizten Ofen, und da infolgedessen der elektrische Salzbadofen in der Zeiteinheit etwa das Fünffache eines gleich großen Ofens der vorgenannten Art zu leisten vermag, ein falsches Bild ergeben.

B e i s p i e l. Ein sachgemäßer Vergleich wurde vor kurzem in einer namhaften Werkzeug- und Werkzeugmaschinenfabrik angestellt, nämlich bei der Firma Hermann Pfauter, Chemnitz, die bereits seit vielen Jahren mit einer elektrischen Salzbadhärteanlage arbeitet und darin namentlich Fräser von anerkannter Güte in großen Mengen härtet und außerdem jedoch auch entsprechende Gasöfen besitzt. Der Ofen, der während der Beobachtung benutzt wurde, besaß eine Bad-Grund-, bezw. Oberfläche von 300 × 300 mm bei einer Badtiefe von 450 mm. Die Beobachtungen wurden während des normalen Betriebes angestellt, und zwar ohne daß den Härtern der Zweck dieser Beobachtungen bekannt gewesen wäre. Die Fräser, meist Abwälzfräser aus Schnellstahl, wurden sämtlich bis 1150° C erwärmt, und zwar wurden sie hierbei einzeln, d. h. nacheinander in das Salzbad eingehängt, nachdem sie vorher in einem gasgeheizten Muffelofen auf rund 600° C vorgewärmt worden waren, wie dies namentlich bei größeren Stücken aus Schnellstahl stets zu empfehlen und auch allgemein üblich ist.

Zur Erwärmung der Fräser von 600° C auf die vorerwähnten 1150° C waren je nach ihrer Größe etwa 1 bis 5 Minuten im elektrischen Salzbadofen erforderlich, und zwar wurden Fräser von rund 1 kg Gewicht in 1½, und solche von 12 kg Gewicht in etwa 4 Minuten auf diese Temperatur erwärmt. Während einer normalen Schicht von 8 Stunden werden 60 derartige Fräser von einem Gesamtgewicht von 207,5 kg, bei Einzelgewichten von 0,2 bis 18 kg, gehärtet.

Der mittlere Energieverbrauch betrug rund 42 kW. Für die elektrische Salzbadhärteanlage wurde die Betriebskostenberechnung nach folgendem Schema durchgeführt:

1. Stromkosten einschl. Kosten für das Anheizen;
2. Kosten für Betriebsmittel (Salze);
3. Unterhaltungskosten:
   a) Kosten für Neuausmauerungen;
   b) Kosten für Elektrodenersatz;
4. Löhne;
5. Verzinsung und Abschreibung des Anlagekapitals.

Hierzu kommen im vorliegenden Falle, d. h. beim Erwärmen von Schnellstahl, noch die Kosten für das Vorwärmen des Härtegutes auf etwa 600° C, das in einem Gasofen von 500 × 350 × 250 mm geschah. Bei der Vergleichsuntersuchung erfolgte die gesamte Erwärmung von Zimmertemperatur auf 1150° C im Gasofen, der ungefähr denselben Heizraum wie der elektrische Salzbadofen hat. In diesem Ofen konnte in achtstündiger Schicht ein Gesamtgewicht von nur 40 kg, d. i. etwa nur der fünfte Teil der Tageserzeugung des elektrischen Salzbadofens, erwärmt werden.

Die Berechnung erfolgte auch hier nach einem ähnlichen Schema wie oben. Aus der Vergleichsberechnung ergab sich, daß die Kosten für 1 kg Härtegut ungefähr nur halb so hoch waren als bei der Erwärmung im Gasofen. Falls dieselbe Gewichtsmenge wie oben im elektrischen Salzbadofen, nämlich 207 kg täglich, auch im

Gasofen erzeugt werden soll, so müßten statt des einen Gasofens ihrer fünf aufgestellt werden. Zu den angestellten Beobachtungen selbst sei noch folgendes bemerkt.

Während beim Einhängen kleinerer Stücke eine Änderung in der Stromaufnahme des Salzbadofens überhaupt nicht beobachtet wurde, stieg bei Einbringung größerer Fräser von rund 12 kg die Stromstärke vorübergehend um rund etwa 10 v. H., um jedoch bereits nach zwei Minuten ihren ursprünglichen Wert wieder anzunehmen, ein Beweis dafür, wie schnell der elektrische und thermische Gleichgewichtszustand des Ofens, bezw. Bades, durch neue Energieaufnahme wieder hergestellt wurde.

Eine Änderung der Temperatur des Salzbades, die durch zwei unabhängig von einander angebrachte Pyrometer nachgeprüft wurde, erfolgte jedoch auch bei den größeren Stücken nicht. Während der ganzen eigentlichen Arbeitszeit, von der Beendigung des Anheizens an gerechnet, war überhaupt nur eine viermalige Betätigung des Regulierschalters erforderlich. Auch diese gute Temperaturgleichmäßigkeit ist in erster Linie auf die große Wärmeaufnahmefähigkeit des Salzbades und des starken, dieses umgebenden Mauerwerkes, sowie auf die gute Regelbarkeit der Wärme-, bezw. der Energiezufuhr bei der angewandten elektrischen Erwärmungsart zurückzuführen.

Vorteil gegenüber dem Muffelofen.

Gegenübergestellt sei eine Rentabilitätsberechnung für einen Hänta-Muffelofen, der nach Abb. 400 in vier Größen erzeugt wird. Die Größe 0 ist für Werkzeugmacherei bestimmt und eignet sich besonders für das Härten von Reibahlen, Fräsern, Bohrern u. dgl.; die Größen 1—3 sind als Einsatz- oder Glühöfen zu verwenden und werden hauptsächlich für das Einsetzen von Maschinenteilen und zum Ausglühen von Materialstücken benützt.

Beispiel einer Rentabilitätsberechnung.

Anheizen.

Das Anheizen der Öfen auf rund 900° C bis 1000° C erfordert insgesamt

für Größe	0	1	2	3
etwa kWh	6—9	12—15	20—25	50—60
und dauert je nach Spannung und Alter der Stäbe Stunden	1—1½	1½—3	1½—3	1½—3

Die Stromkosten für das Anheizen betragen also, unter Zugrundelegung eines Strompreises von Mk. 0,10 je kWh, insgesamt

bei Größe	0	1	2	3
Mk.	0,60—0,90	1,20—1,50	2,00—2,50	5,00—6,00

Die Lebensdauer der Heizstäbe schwankt zwischen 1000 und 1500 Betriebsstunden. Die Amortisationskosten würden sich alo pro Betriebsstunde stellen

bei Größe	0	1	2	3
und Anzahl der Stäbe	12	12	12	12
sowie Preis je Stab Mk.	17,00	19,50	29,00	32,50

für Größe 0 auf

$\frac{12\times17{,}00}{1000}$ bis $\frac{12\times17{,}00}{1500}$ = 20,4 bis 13,6 Pfg., im Mittel auf 17 Pfg. pro St.

für Größe 1 (auf gleiche Weise berechnet) = 19 Pfg. pro Stunde
für Größe 2 (auf gleiche Weise berechnet) = 29 Pfg. pro Stunde
für Größe 3 (auf gleiche Weise berechnet) = 49 Pfg. pro Stunde

Die Amortisation des Ofens selbst sei mit 10% in Rechnung gestellt. Unter Zugrundelegung von 8 × 300 × 2400 Betriebsstunden pro Jahr und Anschaffungskosten

bei Größe	0	1	2	3
= Mk.	900,00	1100,00	1600,00	2500,00

ergeben sich nach der Formel

$$\frac{\text{Anschaffungskosten}}{10\times2400}$$

bei Größe	0	1	2	3
Mk. pro Stunde	0,0375	0,045	0,067	0,1

Die Gesamtbetriebskosten während der Anheizperiode betragen demnach:

für Größe 0	0,6 + 1 × (0,17 + 0,0375)	= rd. 0,81 Mk.
	bis 0,9 + 1,5 × (0,17 + 0,0375)	= rd. 1,21 Mk.
für Größe 1	1,2 + 1,5 × (0,19 + 0,045)	= rd. 1,55 Mk.
	bis 1,5 + 3 × (0,19 + 0,045)	= rd. 2,20 Mk.
für Größe 2	2,0 + 1,5 × (0,29 + 0,067)	= rd. 2,54 Mk.
	bis 2,5 + 3 × (0,29 + 0,067)	= rd. 3,57 Mk.
für Größe 3	5,0 + 1,5 × (0,49 + 0,1)	= rd. 6,04 Mk.
	bis 6,0 + 3 × (0,49 + 0,1)	= rd. 7,77 Mk.

Betrieb: Der Stromverbrauch während der Härteperiode beträgt im Durchschnitt

bei Größe	0	1	2	3
kW pro Stunde	1,3—1,7	2—2,4	3—3,5	8—9
daher Stromkosten pro Stunde Mk. (bei 10 Pf. kWh)	0,13—0,17	0,20—0,24	0,30—0,35	0,80—0,90

Unter Berücksichtigung der oben genannten Abschreibung ergeben sich die Kosten für die Betriebsstunde während der Härteperiode im Mittel

bei Größe	0	1	2	3
zu rd. pro Stunde	0,36	0,45	0,69	1,44

Für die Größen 1 d, 2 d, 3 d sind die angegebenen Werte gegenüber 1, 2 und 3 zu verdoppeln, denn diese Öfen entsprechen in ihren Abmessungen und in der elektrischen Ausrüstung den Größen 1—3, jedoch haben die Glühräume die doppelte Länge und infolgedessen auch die doppelte Anzahl der Heizstäbe wie die Größen 1—3.

Der verhältnismäßig hohe Stromverbrauch während der Anheizperiode läßt es zweckmäßig erscheinen, den Ofen dauernd in Betrieb zu halten, denselben also nach jeder Entleerung sofort wieder zu beschicken. Es ist aus Gründen der Wirtschaftlichkeit, wenn nicht genügend Arbeit vorliegt, zu empfehlen, die einzusetzenden Stücke aufzusammeln und nur wöchentlich einmal hintereinanderweg zu härten, eventl. in Tag- und Nachtschicht.

Die hohe Wärmeaufnahmefähigkeit in Verbindung mit der guten Wärmeleitfähigkeit der Salzschmelze und der dadurch bedingten Temperaturgleichmäßigkeit verleiht dem elektrischen Salzbadofen auch seine Überlegenheit über andere Ofensysteme, insbesondere über Muffelöfen, bei denen die Übertragung der Wärme von der Wandung des Ofens auf das Glühgut durch die Luft, d. h. durch einen schlechten Wärmeleiter, erfolgt. Bei durch Gas, Öl oder Koks beheizten Öfen muß, soweit hier eine geschlossene Muffel verwendet wird, die Wärme außerdem erst diese Muffelwandung durchdringen. Zur Deckung des hierdurch bedingten Temperaturgefälles muß außerhalb der Muffel eine entsprechend höhere Temperatur erzeugt werden, wodurch wiederum die Wärmeisolation erschwert, oder größere Ausstrahlungsverluste bedingt werden, während beim elektrischen Salzbadofen die Wärmeisolation sehr leicht ist, ja die Wärme innerhalb des Ofenraumes selbst, und zwar durch den Stromdurchgang durch das Salzbad, erzeugt wird. Durch Verwendung entsprechend starker Schamottewandungen mit Zwischenlagen aus Asbest oder Kieselgur läßt sich leicht erreichen, daß selbst bei den höheren Temperaturen von 1350 ° C die äußere Wandung des eisernen Ofengehäuses bedeutend unter der Handwärme bleibt. Auch die Belästigung des Härters durch strahlende Wärme von der Badoberfläche aus hält sich infolge der über dem Bade angeordneten Schutzhaube in mäßigen Grenzen. Während bei Öfen, bei denen die Erwärmung durch Heizgase erfolgt, höhere Temperaturen, wie sie z. B. beim Härten von Schnellstahl gebraucht werden (110 bis 1300 ° C), nur durch Verwendung besonderer Gebläse erzielt werden können, deren Betrieb überdies noch mit starkem Geräusch verbunden ist, werden beim elektrischen Salzbadofen selbst die höchsten Temperaturen vollkommen ruhig und geräuschlos erzeugt.

Ein weiterer allgemeiner Vorteil des elektrischen Salzbadofens gegenüber Muffelöfen ist noch der, daß Härtestücke, die nur auf eine gewisse Länge gehärtet werden sollen oder dürfen, wie z. B. Bohrer oder Drehstähle, im elektrischen Salzbadofen auch nur auf diese Länge erwärmt zu werden brauchen, indem sie nur auf die gewünschte Länge in das Salzbad eingehängt werden. Bei größeren Mengen Härtegut bedeutet das naturgemäß eine erhebliche Wärme-, bezw. Energieersparnis.

Auch der Umstand, daß derartiges stabförmiges Härtegut mit seiner Längsachse senkrecht in das Salzbad eingehängt werden kann, bedeutet einen großen Vorteil, da hierdurch einem Verziehen der Stücke vorgebeugt wird, während lange im Muffelofen in wagrechter Lage erwärmte Stücke sich stets durch ihr eigenes Gewicht zwischen den Auflagepunkten durchsenken werden. So werden z. B. in der Lokomotivfabrik der AEG. viele hunderte von langen Deckenankergewindebohrern aus dem elektrischen Salzbadofen gehärtet, ohne daß sie, trotz ihrer großen Länge, irgendwelchen Verzug aufweisen, was gerade bei diesen Bohrern sehr wichtig ist, weil die mit ihnen geschnittenen Gewinde für jeden beliebigen Deckenankerbolzen passen müssen.

Schließlich fällt auch der Umstand, daß die Erwärmung im elektrischen Salzbadofen um ein Vielfaches schneller erfolgt als in einem von außen geheizten Ofen, für die Wirtschaftlichkeit des ersteren sehr günstig ins Gewicht, da hierdurch auch die Ausstrahlungsverluste nur während einer entsprechend kurzen Zeit zu decken sind. Auch gegenüber den elektrischen Muffelöfen besitzt der Salzbadofen, abgesehen von seiner wesentlich größeren Wärmeaufnahmefähigkeit und der zunderfreien Erwärmung des Härtegutes, noch weitere bedeutende Vorteile. Gegenüber den mit Silitstäben als Heizwiderstände versehenen Muffelöfen bestehen die Vorteile vor allem in der größeren Haltbarkeit des elektrischen Salzbadeofens. Während dieser im wesentlichen aus starken widerstandsfähigen Schamottesteinen und Eisenplatten besteht, so daß er selbst bei der rauhesten Behandlung keinen zufälligen Zerstörungen ausgesetzt ist, bleiben Silitstäbe stets mehr oder weniger zerbrechlich. Die mit derartigen Öfen praktisch erreichbare Höchsttemperatur beträgt überdies nur 1000° C, so daß diese Öfen nicht zum Härten von Schnellstahl, sondern höchstens zur Vorwärmung dieser Stähle sowie vielleicht zum Härten von kohlenstoffhältigen kleineren Abmessungen benutzt werden können. Dasselbe gilt auch von denjenigen elektrischen Muffelöfen, bei denen als Heizwiderstände Drähte aus einem Sondermaterial verwendet werden.

Bei allen ohne Transformator unmittelbar an die Netzspannung angelegten Öfen ist im übrigen, selbst wenn die Heizwiderstände geschützt angeordnet werden, bei dem rauhen Betriebe eine Beschädigung dieser Schutzvorrichtung und Wände durch das schwere Härtegut oder die Bedienungswerkzeuge nie ganz ausgeschlossen, wodurch bei Bedienung der Öfen mit den Zangen und Haken aus Eisen stets die Gefahr besteht, daß der Härter in unmittelbare Berührung mit den Netzspannungen kommt. Nur bei dem neuen Transformatormuffel der AEG., bei dem besonders widerstandsfähige Heizelemente in der Sekundärwicklung des Transformators liegen, bezw. einen Teil von ihr bilden, ist diese Gefahr ausgeschlossen. Dieser Ofen bildet daher nicht nur als Vorwärmeofen eine wertvolle Ergänzung des elektrischen Salzbadofens, sondern er dürfte auch als Härteofen dort angebracht sein, wo es sich, wie in vielen kleineren Fabriksbetrieben, nur um die Erwärmung von Kohlenstoffstahl von nicht allzu großen Abmessungen oder geringeren Mengen handelt.

Gegenüber den durch Heizgase unmittelbar geheizten Muffelöfen hat er jedenfalls noch den Vorteil, daß die Erwärmung des Glühgutes in vollkommen ruhender Luft erfolgt. Der allgemeine Aufbau eines solchen Transformator-Muffelofens der AEG. ist aus Abb. 401 ersichtlich.

Im Vergleich zu dem durch Gas, Öl oder Koks von außen beheizten Salzbadofen, bei dem zur Aufnahme der Salzschmelze besondere Tiegel verwendet werden, besitzt der elektrische Salzbadofen ebenfalls den Vorzug der wesentlich größeren Haltbarkeit, weil die Tiegel durch die sie von außen treffenden Flammen der Heizgase bei dem gleichzeitigen Zutritt der Luft sehr schnell abgenutzt werden und verzundern, bezw. verbrennen. Durch den dadurch erforderlich werdenden häufigen Ersatz der teuren Graphit- oder Stahltiegel werden bei diesen Öfen die laufenden Betriebskosten sehr erhöht. Ferner muß auch bei diesen Öfen infolge des Temperaturabfalles in den Tiegelwandungen eine höhere Temperatur erzeugt werden als im Salzbade gebraucht wird. Auch hier sind höhere Temperaturen als 800 bis 1000° C praktisch nicht erzielbar.

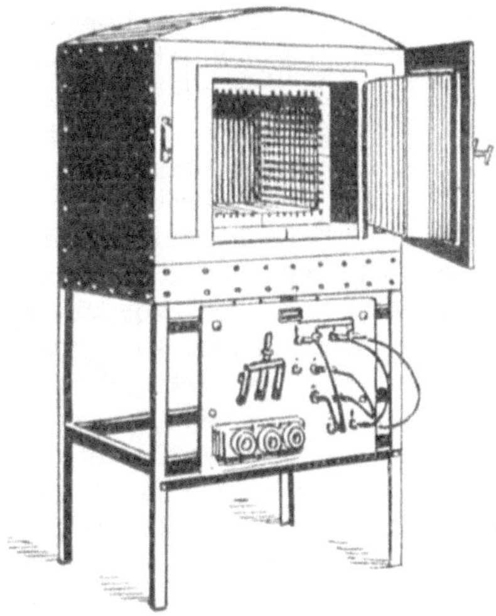

Abb. 400

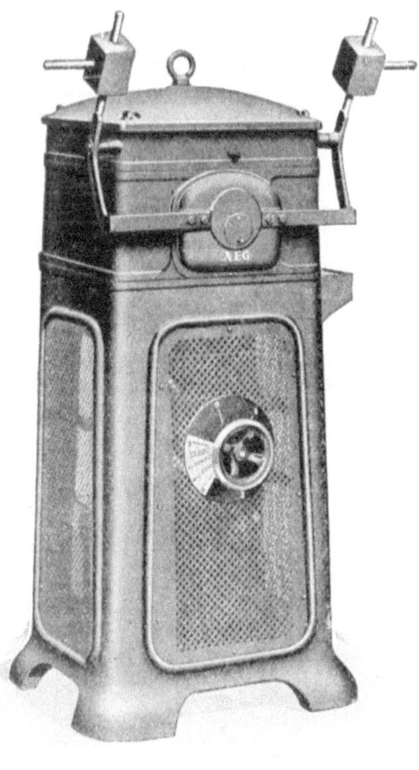

Abb. 401. AEG-Muffelofen

Wärmemessung und Temperaturregelung.

Bei dem bisherigen hauptsächlichen Anwendungsgebiet der elektrischen Salzbadöfen zum Härten von Werkzeugen erfolgte die Temperaturregelung meist von Hand, die Temperaturbeobachtung meist mittels eines der handelsüblichen Pyrometer, wofür in früheren Jahren fast ausschließlich thermo-elektrische Pyrometer mit besonderer Winkelarmatur benutzt wurden, die nach Abb. 396 in das Salzbad eingeführt wurden, während das zugehörige Galvanometer nach Abb. 397 an der Schalttafel angeordnet wurde.

Die übergroße Empfindlichkeit der thermoelektrischen Pyrometer gegen mechanische und chemische Einflüsse, sowie der hohe Preis und die Schwierigkeit der Beschaffung der Platinelemente führte während des Krieges zur Entwicklung eines verhältnismäßig einfachen und vor allem haltbaren Ersatzinstrumentes in Form des in Abb. 402 wiedergegebenen optisch-elektrischen Pyrometers. Dieses optisch-elektrische Pyrometer der AEG. ist für unmittelbaren Anschluß an ein Starkstromnetz eingerichtet. Es besteht im wesentlichen aus einem Sehrohr am unteren Ende, in dessen oberen Teil eine elektrische Glühlampe als Vergleichslampe untergebracht ist. Über das Innenrohr ist ein zweites inneres Rohr geschoben, auf das ein Regulierwiderstand bifilar gewickelt ist. Über das Widerstandsrohr ist ein äußeres Schutzrohr gezogen, das die Temperaturteilung trägt. Außerdem ist auf dem mit Einteilung versehenen Rohr ein Schieber angeordnet, der durch einen Schlitz mit einer Kontaktbürste auf den Kontakten des Widerstandes gleitet. Die drei Rohre sind durch Ringe isoliert verbunden. Durch den mittleren Kontakt des Stechers sind sämtliche Außenteile geerdet. Ein Handgriff dient zur bequemen Handhabung.

Das Instrument kann sowohl durch Gleich- wie auch durch Wechselstrom gespeist werden. Bei niedrigeren Spannungen wird das Pyrometer unmittelbar oder mittels eines Vorschaltwiderstandes an das betreffende Netz angeschlossen. Steht nur Wechselstrom oder Drehstrom von 380 bis 500 Volt zur Verfügung, so wird ein kleiner Transformator — Spannungswandler — vor das Pyrometer geschaltet.

Der Grundsatz des Pyrometers beruht darauf, daß die Glühfarbe des Glühfadens der Vergleichlampe mit der Glühfarbe des Gegenstandes, dessen Temperatur gemessen werden soll, in vorliegendem Fall z. B. des Salzbades, in Übereinstimmung gebracht

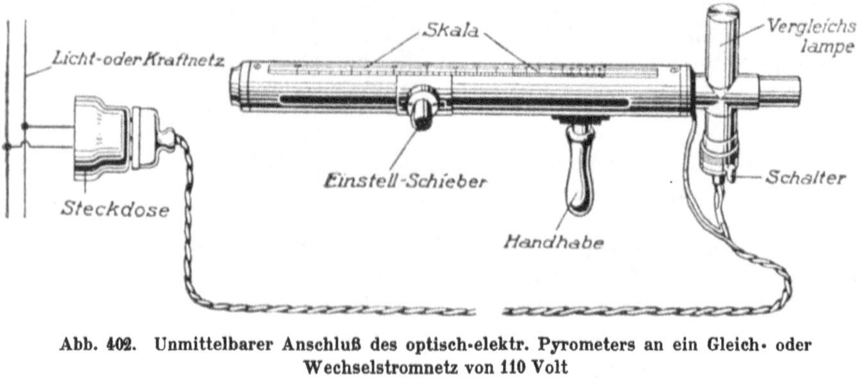

Abb. 402. Unmittelbarer Anschluß des optisch-elektr. Pyrometers an ein Gleich- oder Wechselstromnetz von 110 Volt

wird, was dadurch geschieht, daß die Größe des vorgeschalteten Widerstandes und damit die der Lampe zugeführte Spannung, bezw. Stromstärke, so lange verändert wird, bis die Glühfarbe des Glühfadens mit der Glühfarbe des Salzbades usw. übereinstimmt.

Die Handhabung des Instrumentes ist hiernach, wie Abbildung 403 an einem elektrischen Salzbadofen zeigt, äußerst einfach; man erfaßt mit der linken Hand den Handgriff und mit der rechten den Schieber, führt das Rohrende an das Auge und richtet das Pyrometer auf den zu prüfenden Gegenstand. Zunächst erscheint hierbei das Bild der Lampe im Gesichtsfelde entweder als heller oder dunkler Faden im Vergleich zu der dahinter liegenden Fläche, deren Temperatur bestimmt werden soll (Abb. 404). Durch Verschieben des Kontaktschiebers regelt man so lange den durch die Lampe fließenden Strom, bis die Lampenfäden im Gesichtsfeld zum Verschwinden gekommen sind, sobald dies erreicht ist, deckt sich

Abb. 403. Verwendung des optisch-elektr. Pyrometers an einem elektr. Salzbadhärteofen der AEG.

Abb. 404. Schaubild für die Einstellung des Glühfadens der Vergleichslampe

Zu Abb. 404:

a) Der Glühfaden der Vergleichslampe erscheint dunkler als das Objekt, dessen Temperatur bestimmt werden soll, d. h. es ist noch zu viel Widerstand der Lampe vorgeschaltet: der Einstellschieber ist weiter vom Auge zu entfernen.
b) Der Glühfaden ist unsichtbar, d. h. seine Helligkeit deckt sich mit der des Objektes: die Ablesung der Temperatur auf der Teilung kann erfolgen.
c) Der Glühfaden erscheint heller als das Objekt, d. h. es ist zu wenig Widerstand der Lampe vorgeschaltet: der Schieber ist dem Auge zu nähern.

die Glühfarbe des Kohlenfadens der Lampe mit der Glühfarbe des zu messenden Gegenstandes, und man liest auf der Teilung des Außenrohres die gemessene Temperatur in Celsiusgraden ab. Die Vorzüge des Instrumentes, das bei Temperaturen bis rund 1600° C benutzt werden kann, bestehen hauptsächlich in seiner einfachen Bauart bei geringem Gewicht, in der bequemen Handhabung und Einstellbarkeit bei großer Genauigkeit. Außerdem ist das Instrument unempfindlich gegenüber rauher Behandlung, leicht transportfähig und vielseitig verwendbar.

Selbst wenn die Genauigkeit dieses Instrumentes etwas geringer sein sollte, als die eines hauptsächlich für Laboratoriumsmessungen in Betracht kommenden Thermoelementes, so genügt es für die weitaus meisten Fälle im praktischen Fabrikbetriebe doch vollkommen. Es darf hierbei vor allem nicht übersehen werden, daß es meist weniger darauf ankommt, daß der Härter die Temperatur des Ofens oder in vorliegendem Falle des Bades an sich mit absoluter Genauigkeit kennt, als vielmehr darauf, daß er weiß, daß dieser oder jener Stahl gut hart wird, wenn er an seinem Pyrometer diese oder jene Temperatur abliest.

Auf eine selbsttätige Temperaturregelung kann im allgemeinen in Anbetracht der großen Temperaturgleichmäßgkeit des Salzbadofens verzichtet werden. Beim Härten von Härtegut das aus Material besteht, das infolge verschiedener chemischer Zusammensetzung auch verschieden hohe Temperaturen erfordert, würde eine selbsttätige Temperatureinstellung ohnehin nicht viel Zweck haben, da die Temperatur beim Einbringen von Werkzeugen aus einem anderen Material an und für sich von Hand neu eingestellt werden muß. Dasselbe ist der Fall bei besonders großen Stücken. Einen Zweck hätte dagegen eine selbsttätige Erhaltung der Gleichmäßigkeit der Temperatur nur dann, wenn die Öfen zum Härten von gleichartigem Metall bei ununterbrochener Beschickung verwendet werden, oder wenn Draht- oder Stahlbänder darin gehärtet werden, die laufend mittels entsprechender Leitrollen durch das Salzbad geleitet werden. Auch für diesen Zweck ist der elektrische Salzbadofen bereits wiederholt verwendet worden. Er erhält alsdann eine längliche trogartige Form.

Ebenso ist eine selbsttätige Temperaturerhaltung angebracht, wenn der Salzbadofen zum Glühen, z. B. zum Zwecke der Vergütung von Metallen, z. B. Duraluminium, benutzt wird, wobei das Glühgut stundenlang in dem Ofen bei gleicher Temperatur verbleibt. Da in diesem Falle der Deckel des Ofens geschlossen werden kann, verringert sich hierbei der Energieverbrauch des Ofens gegenüber den oben angegebenen Zahlen erheblich. Die Erhaltung einer gleichmäßigen Temperatur kann in solchen Fällen in einfacher Weise dadurch erfolgen, daß durch das Kontakt-Voltmeter eines Pyrometers mit Größt- und Kleinstkontakt unter Zwischenschaltung eines Relais der Regulierschalter des Reguliertransformators in dem einen oder anderen Sinne betätigt wird. Ist die durch die normale Abstufung des Reguliertransformators erzielte

Einstellbarkeit der Temperatur noch zu grobstufig, so kann durch Anordnung eines zweiten Regulierschalters in Verbindung mit einem kleinen Hilfstransformator oder durch andere ähnliche Einrichtungen die Spannung zwischen zwei Kontakten des Hauptschalters nochmals, und zwar fast beliebig fein abgestuft werden. In diesem Falle wird man sich meist damit begnügen, nur die feinstufige Regel selbsttätig zu betätigen, nachdem man durch die grobstufige die Gebrauchstemperatur zunächst nur ungefähr von Hand eingestellt hat.

Das Wichtigste in jedem Falle ist, daß der Härter zu der ihm zur Verfügung gestellten Anlage Vertrauen hat, und daß er mit ihr sicher und daher auch gern arbeitet. Volles Vertrauen aber kann er nur zu einer Einrichtung haben, die bereits über das Stadium der ersten Entwicklung hinaus ist, und die sich im praktischen Betriebe bewährt hat.

f) Trockenöfen.

1. Für Lack und Email.

Die derzeit ausgedehnte Anwendung der elektrisch erzeugten Wärme für die Trocknung von Lacken, Farben und anderen Schutzüberzügen verdient die größte Aufmerksamkeit der Fabrikanten und Elektrizitätswerke. Es ist sehr leicht, den Preis der Kilowattstunde zu bestimmen, welcher die gleichen Kosten ergibt wie die Trocknung mit Gas.

Angenommen, der Heizwert von Leuchtgas betrage bei 15° C und 760 Millimeter Luftdruck 4000 Kalorien, so steht bei einem Wirkungsgrad der Gasfeuerung von 75% eine Wärmemenge von $4000 \times 0{,}75 = 3000$ Kalorien zur Verfügung. Das Wärme-Äquivalent einer Kilowattstunde beträgt 860 Kalorien, bei 95% Wirkungsgrad zirka 817 Kalorien; es sind daher erforderlich $3000 : 817 = 3{,}7$ kWh elektrischer Energie, um den gleichen Wärme-Effekt zu erzielen, wie mit der 3000 Kalorien entsprechenden Gasmenge. Wenn 1 m^3 Gas zu 400 Kalorien etwa 0,30 S kostet, so stellt sich beim Nutzeffekt von 0,75 eine Gas-Kalorie auf 0,30 S : 3000 Kalorien = 0,01 g, bei Gleichheit der Preise von elektrischer und Gas-Kalorie darf daher die Kilowattstunde nur 0,01 g$\times$817 Kalorien (Äquivalent der Kilowattstunde bei 0,95 Wirkungsgrad) 8,17 g = 5,8 Gh kosten. Wenn das Gas, wiewohl es fünf- bis sechsmal teurer ist wie Kohle, in der Industrie Eingang gefunden hat, so wird auch die elektrische Energie gegenüber dem Gas sich durchsetzen, auch wenn deren Kosten gegenwärtig ein Vielfaches betragen, wenn mit ihrer Anwendung bestimmte Vorteile verbunden werden können.

Der Kernpunkt der ganzen Sache liegt darin, daß die Wärmeverbrauchskosten gering sind im Vergleiche zu den anderen für die Erzeugung des Produktes anfallenden Kosten. Die billigste Wärme-Erzeugung ist offenbar jene, welche die Totalkosten für ein befriedigendes Erzeugnis zu einem Minimum gestaltet.

Die Einführung und ständige Vermehrung der elektrischen Wärme-Anwendung für obige Zwecke durch die Ford Motor Company und andere große Autofirmen in Amerika ist bezeichnend, wobei weiters festgestellt werden kann, daß gerade jene gasbeheizte Öfen herstellenden Firmen elektrisch zu beheizende Lack- und Email-Trocknungsöfen in vermehrtem Ausmaße absetzen. Während der letzten Zeit sind in den Vereinigten Staaten Öfen mit einer Gesamtleistungsaufnahme von über 100.000 Kilowatt im Betriebe, namentlich in der Automobilindustrie.

Die mit elektrischer Heizung erzielbaren Vorteile sind folgende:

1. Große Raschheit in der Erzeugung.
2. Sehr hohe Qualität.
3. Absolute Sicherheit.
4. Geringe Erzeugungskosten.

Die elektrischen Trockenöfen sind von verhältnismäßig kleinem Umfange, können überall dort aufgestellt werden, wo Platz ist, damit der Installation der Leitungsanlagen jeder Raum beliebig zugänglich ist. Besonders beweglich ist die sogenannte, von der Westinghouse Electric & Mfg. Company East Pittsburg, Pa., hergestellte Box-Type.

Lackerzeuger haben sich mit der Tatsache abgefunden, daß bei gasgeheizten Öfen an der Rückseite des Ofens, ebenso an der Decke, eine größere Hitze vorhanden ist, wie an der Türseite, bezw. am Grunde des Ofens. Bei elektrischen Öfen ist es ein leichtes, Heizkörper in die Türe und am Boden einzulegen. Dadurch entsteht praktisch eine einheitliche Wärmestrahlungsfläche im ganzen Ofeninnern und wird die hohe Qualität und die Raschheit der Produktion bewirkt. Bei langen Ofentypen kann das Produkt auf einem Transportband durch den Ofen geführt werden. Bei dieser Fortführung sind verschiedene Kombinationen von Temperaturen möglich und geben dieselben wohl die besten Ergebnisse in der kürzesten Zeit. Die Beweglichkeit der Ofeneinheiten stempelt sie zu Idealen bei der Entscheidung und Aufstellung solcher Kombinationen.

Das Werkstück in einem elektrischen Ofen wird durch die strahlende Wärme des heißen Metalls und weniger zufolge der in den Heizelementen hervorgebrachten Stromwärme erhitzt. Mikroskopische Untersuchungen haben gezeigt, daß sowohl Qualität des Produktes und Raschheit der Produktion verbessert werden im Verhältnis, als die strahlende Wärme zunimmt, und ein Ofen, in welchem die durch Stromübertragung hervorgebrachte Wärme eliminiert werden könnte, würde ein Maximum an Qualität des zu trocknenden Materials und Geschwindigkeit des Trocknungsprozesses bewirken.

Bei einem elektrischen Ofen ist es auch möglich, eine vollkommene und gewissenhafte Kontrolle auszuüben, Kontrolle in dem Sinne, als sie zum Schutz von zwei verschiedenen Funktionen dienen soll: Abstufung und Begrenzung. Es ist eine automatische

Kontrolle des Maßes möglich, um welches die Temperatur gegen das Maximum zu wachsen soll, und es ist auch möglich, dieses Ausmaß sehr genau zu begrenzen, wenn das Maximum erreicht ist. Die erstere Art der Kontrolle wird angewendet, um ein gleichförmiges Produkt zu erhalten, die letztere ist von Wichtigkeit, wenn ein Maximum an Qualität und Geschwindigkeit des Prozesses gewünscht wird.

Die vollkommene Kontrolle beim elektrischen Ofen und die erreichbare Raschheit führen zu einer Herabsetzung der Kosten, bezogen auf die Einheit der Produktion, und zu einer Minderung der Verluste durch Ausschußmaterial; überdies sind elektrische Öfen, verbunden mit verschiedenen automatischen Methoden des zu behandelnden Materiales, in bester Weise geeignet, die Arbeitskosten herabzumindern.

Als die elektrischen Trocknungsöfen eingeführt worden waren, wurden sie begrüßt als Mittel, um Feuerzufälle auszuschalten, welche als charakteristisches Merkmal der Lack-Trocknung angesehen wurden. Anfängliche Feuerfälle in elektrischen Öfen konnten nach genauer Untersuchung und vorgenommenen Versuchen auf Ursachen zurückgeführt werden, die mit dem elektrischen Heizsystem nichts zu tun hatten. Es kann heute füglich behauptet werden, daß der elektrische Trockenofen feuersicher ist, insoweit der Betrieb in Frage kommt. Wenn dies das einzige Ergebnis der elektrischen Trocknung darstellt, so würde dies allein in manchen Fällen die Installation der elektrischen Trocknungseinrichtung rechtfertigen.

Anwendungsgebiet.

Nach einem von Collins in der emailliertechnischen Abteilung der amerikanischen Gesellschaft für Keramik gehaltenen Vortrage sind elektrisch geheizte Emaillieröfen die einzigen Öfen, in denen sich die Erhitzung so regeln läßt, daß man auch beim Emaillieren von Gegenständen mit komplizierten Formen eine gleichmäßige Temperatur in allen ihren Teilen und damit bei großer Leistungsfähigkeit und bequemem Arbeiten ein allen Anforderungen entsprechendes Ergebnis erzielt. Die Elektroöfen sind als Metallwiderstandsöfen gebaut und mit selbsttätiger Temperaturregelung versehen. Die Aufschmelzung der einzelnen Emailschichten erfolgt bei vorgeschriebenen Temperaturen, und zwar die der Grundschicht bei 980° C, die der darauffolgenden Schicht oder der unteren Deckschicht bei 954° C und der letzten, oberen Deckschicht bei 871° C.

Die Vorteile des Elektroofens sind gleichmäßige und vollkommene Schmelzung, lange Lebensdauer, geringer Stromverbrauch, leichte Anpassungsmöglichkeit für alle in Betracht kommenden Gegenstände, Vermeidung der Bildung schädlicher Verbrennungsgase, z. B. schwefelhaltiger, welche die Emailschicht ungünstig beeinflussen können, und nicht lästige Bedienung auch bei heißem Wetter. Collins berichtet über folgende Öfen:

Emaillieröfen für Zifferblätter von Uhren: Maße des Herdes 51 mm × 910 mm, Stromaufnahme 30 kW, Leistung 15 Zifferblätter je Minute. Ausschuß bei den früheren Öfen mit Kohlenheizung 40 bis 60 v. H., bei dem elektrisch geheizten 0 v. H. — Emaillieröfen für Badewannen: Abmessungen der Brennkammer 2,75 m Länge, 1,575 m Breite, 1,3 m Höhe. Stromaufnahme 200 kW, Leistung vier Wannen von 1,36 × 1,52 × 1,67 m mit umgebogenem Rand je Stunde bei einem Stromverbrauch von etwa 50 kWh bei einer Grund- und zwei Deckschichten. Ein Emaillierofen, den die St. Louis Braß Co. seit zwei Jahren in Betrieb hat, ist 3,05 m lang, 1,22 m breit und 0,61 m hoch, zeigte alle Vorteile des Elektroofens und zeichnete sich im Vergleich mit den früher benutzten ölbeheizten Öfen durch hohe Wirtschaftlichkeit aus. Dasselbe gilt

Abb. 405

auch von Elektroöfen zum Emaillieren leichter Haushaltungsgegenstände.

Abb. 405 zeigt einen von der AEG. ausgeführten Ofen zum Brennen von Emailgeschirr. Die Muffelabmessungen sind 2500 mm Länge, 1100 mm Breite und 700 mm Höhe; der Ofen ist für einen Durchsatz von 4000 kg in 24 Stunden vorgesehen. Die Glühtemperatur beträgt zirka 950° C und wurde der Reguliertransformator sehr reichlich für eine Leistung von 210 kVA bemessen, mit welcher Leistung jedoch ein bedeutend höherer Durchsatz als vorangeführt erzielt werden kann. Mit dem Transformator läßt sich eine genaue Einstellung der gewünschten Temperatur erzielen; so ist die Zahl der Regulierstufen 36.

An einem Beispiel werde die Ermittlung der Wärmemenge und des Stromverbrauches für einen Emaillack-Trockenofen gezeigt.

Beispiel: **Ermittlung der Wärmemenge eines Trockenofens für Emaillack.**

Die Wärme muß für folgende Zwecke erzeugt werden:

1. Erhöhung der Temperatur des Trockengutes.
2. „ „ „ der das Trockengut tragenden Teile.
3. „ „ „ der Ventilations- oder Frischluft.
4. Ersatz der Verluste, die von der äußeren Ofenoberfläche herrühren und als Strahlungsverluste bezeichnet werden.
5. In Fällen von unterbrochenen Betrieben, so bei der Dörrofentype oder halbbeständiger Conveyertype: Erhöhung der Temperatur des Ofenmauerwerks, der Rechen usw., nach jeder Abkühlungsperiode.

1. Erhöhung der Temperatur des Trockengutes.

Das Trockengut kann wohl mit der gewöhnlichen Werksraumtemperatur, d. i. zirka 15° C, angenommen werden. Nachdem das Material seine maximale Temperatur erreicht hat, nimmt es keine weitere Wärmemenge auf, ohne Berücksichtigung der Zeit, während welcher es auf jener Temperatur gehalten wird, und wofür eine bestimmte Wärmemenge je nach dem gegebenen Falle von vorneherein ermittelt wird. Das Gewicht des Trockengutes mal der Anzahl der Temperaturgrade als Differenz zwischen Anfangs- und Maximaltemperatur mal der spezifischen Wärme des Materials gibt die erforderliche Energie in Kalorien.

Gewicht des Trockengutes	700 kg
Anfangstemperatur	15° C
Endtemperatur	215° C
Trocknungszeit	1 Stunde
Spezifische Wärme des Eisens . . .	0,125

Dann sind erforderlich: 700 × (215—15) 0,125 = 17.500 Kal. Das Wärmeäquivalent einer Kilowattstunde beträgt 860 Kal. Daher 17.500 : 860 = **20,3 kWh.**

2. Erhöhung der Temperatur der das Trockengut tragenden Teile.

Das Transportband oder das Traggerüst wird oft mehr wirken wie das Trockengut selbst. Wenn die Tragteile in den Ofen eingebracht werden, gelten die ad. 1 angeführten Zahlen.

Gewicht des Conveyors oder Traggerüstes bei Einbringen in den Ofen	700 kg
Anfangstemperatur	15° C
Endtemperatur	215° C
Stromverbrauch wie ad. 1	**20,3 kWh**

3. Erhöhung der Frischluft.

Der Strombedarf zur Erwärmung der Frischluft wird abhängen von der Anfangs- und Endtemperatur und der Erneuerung pro Stunde. Die Endtemperatur ist gleich der Ofentemperatur bei erreichtem Maximum, mit welcher die Luft den Ofen verläßt.

Volumen des Ofenluftraumes . . .	56,634 m³
Erneuerung der Luft pro Stunde . .	10mal
Anfangstemperatur	15 ° C
Endtemperatur	215 ° C
Raummeter Luft bei 215 ° C per 1 kg bei 760 mm Quecksilberdruck . . .	1,429 m³
Spez.-Wärme der Luft bei 215 ° C und 760 mm Barometerstand . . .	0,245

$$\frac{56{,}634 \text{ m}^3 \times 10}{1{,}429} \times (215 - 15) \times 0{,}245 = 19.304 \text{ Kalorien oder}$$

$$19.304 : 860 = \mathbf{22{,}4 \text{ kWh.}}$$

4. Ergänzung der Strahlungsverluste.

Die durch die Ofenwände übertragene Wärme hängt von folgenden Faktoren ab: Von der Ofentemperatur im Ofeninnern, der Temperatur der den Ofen umgebenden Luft, Art der Isolation, Dicke der Isolierschicht, Aufwand von Metall in der Isolationsschichte.

Äußere Ofenfläche	139 m²
Dicke der Isolierschichte	10 cm = 4 Zoll
Wärmeleitungsfähigkeit oder Leitzahl in Kalorien, die pro Stunde, pro m² strahlender Fläche, pro Zoll (= 25 mm Dicke) der Isolation, bei 1 ° Temperatur-Unterschied der Innen- und Außenflächen	0,06
Ofentemperatur	215 ° C
Temp. der Außenfläche d. Isolierung	38 ° C
Metall-Querschnitt in der Isolierung	0,46 m²
Wärmeleitzahl von Eisen pro m² Fläche und 1 m Dicke	41 Kal.
Temp. der Außenfläche des Metalls	94 ° C

Wärmeverlust durch die Isolierung:

$$\frac{139 \times (215 - 15) \times 0{,}06}{0{,}10} = 16.680 \text{ Kal.}$$

Wärmeverlust durch das Metall:

$$\frac{139 \times (215 - 15) \times 0{,}06}{0{,}10} = 33.000 \text{ Kal.}$$

Daher der totale Strahlungsverlust:

$$16.680 + 33.000 = 49.680 \text{ Kal. oder } 49.680 : 860 = \mathbf{57{,}7 \text{ kWh.}}$$

Die Relativwerte der beiden Strahlungsverluste sind darin bemerkenswert, daß 0,46 m² Eisenfläche zweimal soviel Strahlungsverlust aufweisen, wie 139 m² Ofenfläche. Daraus folgt, daß das die Isolation durchsetzende, bezw. abschließende Eisen auf ein Minimum zu reduzieren ist und auch als Außenfläche eine Isolierschichte zu nehmen ist.

5. Erhöhung der Temperatur der Ofenmauern, Rechen usw.

Theoretisch kann die vom Ofen absorbierte Wärmemenge wohl berechnet werden, praktisch ist die Aufgabe nicht lösbar. Bei einheitlicher und homogener Isoliermasse ist die Temperaturkurve vom Innern des Ofens bis zur Außenfläche eine gerade Linie, d. h., wenn die Innentemperatur 215 ° C und die äußere Ofentemperatur 38 ° C beträgt, so ist im Mittelpunkt der Isolierschichte eine Temperatur von (215 + 38) : 2 = 126 ° C zu verzeichnen. Bei gegebener Ofentemperatur, gegebener Werksraumtemperatur und gegebener Isolierschichte wird die Temperatur ohne Rücksicht auf die Zeit eine gerade bleiben. Sobald der Strom ausgeschaltet wird, beginnt der Ofen abzukühlen; das Ausmaß hängt davon ab, ob die Türe offen ist oder nicht und ob eine Zugluft durchstreicht. Die Innenfläche des Ofens kühlt zunächst ab; die Ausdehnung und Tiefe der Abkühlung hängt von der Länge der Zeit ab, zu welcher die Stromzuführung abgeschaltet wurde. Diese Abkühlung muß nicht bis zur Mitte der Isolierung vorgedrungen sein, wenn die neue Stromeinschaltung für die nächste Trockenperiode schon wieder erfolgt. Die genaue Wärmemenge zu bestimmen, um die Verluste zu ersetzen, setzt die genaue Kenntnis der Temperatur an jedem Punkte der Isolierung vom Ofeninnern bis zur Außenoberfläche voraus.

Zu einem bestimmten Zeitpunkte und für eine gegebene Isolierung ist der Wärmeverlust bei hoher Temperatur größer wie bei niedriger. Bei einer bestimmten Ofentype mit 10 cm dicker Isolation und einer Betriebstemperatur von maximal 215 ° C beträgt der Wärmeverlust während der ersten 15 Minuten bei offener Tür ungefähr ¼ der vom Ofen aufgenommenen Wärmemenge und am Ende von 45 Minuten ungefähr ½ derselben. Am Ende von 4 bis 5 Stunden hat der Ofen praktisch die aufgespeicherte Wärme verloren.

Die gesamte, von der Isolierschichte des Ofens aufgenommene Wärmemenge, von der Werksraumtemperatur bis zur maximalen Betriebstemperatur wird in Kalorien ermittelt, indem das Gewicht der Isoliermasse mit der Temperaturdifferenz und der spezifischen Wärme multipliziert wird. Die Isolierung wird ungefähr 480 kg pro m³ wiegen bei einer spezifischen Wärme von 0,25. Die Innenhaut des Ofens besteht gewöhnlich aus Schwarzblech N 22 B. W. G., mit 0,71 mm und 5,7 kg pro m². Die hievon aufgenommene Wärmemenge muß in die für den Ofen erforderliche eingeschlossen werden.

Beispiel: Das folgende Beispiel soll das Problem des elektrischen Trockenofens weiter erläutern. Es sind ungefähr 4500 kg dünn ausgewalztes Blech zu emaillieren, und zwar pro Stunde, bei einer Maximaltemperatur von 215 ° C, bei einer Anfangstemperatur von 20 ° C und den Ofen bei zirka 150 ° C verlassend. Der Ofen ist von der Conveyor-Type, das Trockengut hängt an dem Transportband, taucht, während es am Bande läuft, automatisch in den Lack, wird trockengelegt und durch den ganzen Ofen bis zum Abnahmepunkt bewegt. Der Ofen hat die Form eines großen Zimmers, ist 16,4 m lang, 8,1 m breit und 2,6 m hoch, mit hochwertigem Isolationsmaterial von 10 cm Stärke versehen. Der Conveyor arbeitet mit einer Geschwindigkeit von 1,80 m pro Minute, hat ein Gewicht von 16,2 kg pro m, ergibt demnach ein Totalgewicht von 1944 kg pro Stunde. Das Transportband tritt in den Ofen mit einer Temperatur von 66 ° C ein und verläßt ihn bei 215 ° C; 347 m^3 Luft werden pro Stunde erneuert bei einer Wärmezufuhr für ein Temperaturgefälle von 193 ° C. Die Strahlungsfläche der Ofenmauern beträgt 400 m^2 bei einer Oberflächentemperatur von 38 ° C und einer Wärmeleitzahl von 0,06. Die Gesamtwärmemenge pro Stunde beträgt:

	Kal.	KWh.	Watt pro Einheit
Strahlung	56.846	66,1	165 pro m^2
Conveyorband	40.850	47,5	24,4 pro kg
Blattmetall zu emaillieren . .	72.584	84,4	18,8 pro kg
Frischluft	129.860	151,0	430 pro m^3
Total . .	300.140	349,0	13 kg emailliertes Material pro KWh.

2. Kaolintrocknung.

Bei der Kaolintrocknung muß die geschlämmte Kaolinerde, nachdem sie in gepreßte Formen übergeführt ist, getrocknet werden. Diese Trocknung erfolgt derzeit in Dampfkammern. Die Versuche elektrischer Trocknung haben erwiesen, daß sie unter bestimmten Bedingungen möglich ist. Die Stromkosten dürfen den Betrag von im Mittel 1,5 g nicht überschreiten und ferner muß das System der elektrischen Heizung so beschaffen sein, daß es der Dampftrocknung überlegen ist. Dies läßt sich nur durch eine Art Gebläseanordnung erreichen, bei welcher die Frischluft, durch einen Exhaustor angesaugt, durch ein stromdurchflossenes Heizgitter durchgetrieben und dabei auf die gewünschte Temperatur erwärmt wird. Diese erwärmte Trockenluft kommt zunächst mit dem am meisten Feuchtigkeit enthaltenden Material in Berührung, wird gegen das Ende des Kanals entsprechend abgekühlt, hat aber doch noch eine höhere Temperatur als die Außenfrischluft. Sie wird daher zweckmäßigerweise nicht ins Freie hinausgesaugt, sondern wieder durch das Heizgitter durchgeführt, wobei bei fortschreitendem Trocknungsprozeß die Endtemperatur immer höher wird, was sich in einer geringen Leistungsaufnahme des Heizgitters und dadurch erzielten Stromersparnis ausdrückt. Es kann daher bei größter Ökonomie ein Maximum an Leistung erzielt werden. Die Einrichtung ist ähnlich der Abb. 423 und 424.

Die Heizgitterleistung für eine Kaolinmenge von 7000 kg beträgt zirka 40 kW, die Trocknung dauert im Mittel 36 Stunden.

Die Vorteile der elektrischen Trocknung bestehen vorzugsweise darin, daß keinerlei Kohlenstaub in den ganzen Anlagen vorhanden ist; es entfallen daher auch die mit der Asche verbundenen Arbeiten und möglichen Verunreinigungen; es wird ferner der von der Dampftrocknung herrührende gewisse gelbe Schimmer an der Oberfläche des getrockneten Kaolins vermieden und außerdem kann die Trocknungsleistung gesteigert werden.

Nachdem bei Verwendung von Brennstoffen meist die billigste Staubkohle in Betracht kommt, so ergeben sich die Stromkosten aus der Beziehung zu den Kohlen- und den damit verbundenen Lohnkosten.

3. Salinenbetrieb.

In Österreich leidet die Salzgewinnung an den zu hohen Gestehungskosten. Zum Teil liegt der Grund in den veralteten Anlagen, zum Teil in den alten, dadurch bedingten Arbeitsmethoden. Unsere Salinenbetriebe liegen inmitten der Erzeugungsstätten der Elektrizitätswerke Stern & Hafferl. Nichts wäre naheliegender, als den elektrischen Strom für Beheizungszwecke der Salzwannen und die hierauffolgende Salzdarre zu verwenden. Dadurch würden bedeutende Personalkosten gespart werden können, da die Beheizung entfiele, es würde das Brennmaterial entfallen und der ganze Betrieb würde reinlicher und sauberer werden. Allerdings ist vor erfolgtem größerem Ausbau der Wasserkraft- oder Kohlenkraftanlagen nicht zu erwarten, daß genügend Strom zur Verfügung sein werde. Sicherlich wäre der Gedanke einer genauen Prüfung und Untersuchung wert.

g) Textilindustrie.

Ein besonderes Gebiet der elektrischen Wärmeverwertung umfassen schließlich die neuerdings von der Textilindustrie hergestellten, elektrisch beheizbaren Gewebe. Diese finden Verwendung zu Fliegeranzügen, Auto- und Bademänteln, Schuhen, Handschuhen, Reisedecken, ferner zu Wandbespannungen, Teppichen, Stoffen zum Beziehen von Liege- und Krankenstühlen, endlich zu Kompressen für therapeutische Zwecke. Das elektrische Heizgewebe kann z. B. so hergestellt werden, daß um einen gegen Zug widerstandsfähigen Textilfaden äußerst feine Drähte als Leiter für den Heizstrom schraubenförmig gewunden sind. Der so vorbereitete Faden wird dann mit anderen Textilfäden als Schuß oder als Kette zu einem

Gewebe vereinigt. Eine andere Ausführungsform besteht darin, daß der Heizdraht zwischen zwei Geweben in einen schlauchartigen Stoffkanal eingenäht wird, oder er wird auf einer Stoffunterlage durchgenäht. Elektrische Heizgewebe lassen sich auch ohne Zuhilfenahme von Textilfäden ausschließlich aus dünnen Metalldrähten herstellen; sie sind unter dem Namen „Metallheiztücher" bekannt und dienen in der Industrie zum Trocknen von Papier- und Stoffbahnen, Bändern usw.

h) Anwärmen von Radreifen.

Das elektrische Anwärmen der Radreifen von Eisenbahn- und Trambahnradsätzen bietet gegenüber den vielfach noch im Gebrauch stehenden Kohlen- und Gasheizungseinrichtungen folgende Vorteile:

1. Reinlichkeit und Einfachheit des Heizprozesses. Die Radreifen werden nicht durch Rauch oder Asche beschmutzt wie bei der Kohlenfeuerheizung; der elektrische Bandagenwärmer erfordert sozusagen keinen Unterhalt, kann leicht transportiert und bedient werden.
2. Gleichmäßige Durchwärmung der Radreifen.
3. Bestimmte Heizdauer für eine bestimmte Bandagengröße und gewünschte Endtemperatur; eine Überwachung der Einrichtung ist somit während des Vorganges nicht nötig.

Der sowohl von der Maschinenfabrik Örlikon und der S.-A. des Ateliers de Secheron („Secheron") in Genf gebaute elektrische Bandagenwärmer ist ein Spezial-Einphasentransformator, bei welchem der Radreifen (oder irgend ein Maschinenteil in Ringform — Zahnkränze, Schrumpfringe usw. —) die kurzgeschlossene, aus einer einzigen Windung bestehende Sekundärwicklung bildet,

Abb. 406

in welcher die von der Primärwicklung durch Induktionswirkung übertragene Energie vollständig in Wärme umgesetzt wird. Da sich die Nutzströme umgekehrt wie die Windungszahlen verhalten, bildet sich ein entsprechend großer Sekundärstrom aus, der in kurzer Zeit die gewünschte Temperaturerhöhung des Radreifens herbeiführt.

Abb. 407

Abb. 408

Die Konstruktion des Bandagenwärmers ist aus den Abb. 406 bis 408 ersichtlich. Es werden von Örlikon zwei Größen ausgeführt mit 30 kVA mittlerer Aufnahmeleistung für Radreifen bis zu 1200 mm Laufkreisdurchmesser und zirka 300 kg Gewicht und mit 60 kVA mittlerer Aufnahmeleistung für Radreifen bis zu 100 mm Durchmesser und 550 kg Gewicht.

Die Auflagefläche für den Reifen bildet eine kreisrunde, kräftige Platte aus Isolierstoff, welche auch die darunter im Transformatorgerüst eingebaute Primärwicklung gegen die strahlende Wärme der heißen Bandage schützt. Zum bequemen Aufbringen der Bandage kann das obere Joch von Hand über den einen Schenkel zurückgezogen werden (Abb. 407). Die Primärwicklung wird normalerweise von Anschlußspannungen von 100 bis 1000 Volt und Frequenzen von 15 bis 60 Perioden ausgeführt. In der Regel werden verschiedene Anzapfungen vorgesehen, welche eine gewisse Regelung der Heizdauer und möglichst zweckmäßige Anpassung des Apparates an die verschiedenen Bandagengrößen gestatten.

Der Anschluß an Einphasennetze erfolgt in einfachster Weise über einen Schalter und eine Sicherung.

Bei Dreiphasenstrom sind verschiedene Anschlußmöglichkeiten vorhanden, je nachdem die ungleiche Belastung der einzelnen Phasen zulässig, nur in einem gewissen Maße zulässig oder unzulässig ist. Bei Anschluß des Bandagenwärmers an zwei Phasen des Drehstromnetzes werden nur die in Betracht kommenden Phasen entsprechend belastet (Abb. 409). Eine bessere Verteilung der Belastung auf alle drei Phasen wird durch die Verwendung einer Spannungsteiler-Drosselspule erreicht. Der Spannungsteiler wird an zwei Phasen angeschlossen, während der Bandagenwärmer einerseits an eine Anzapfung des Spannungsteilers und andererseits an die dritte Phase angeschlossen wird (Abb. 410). Die Phase, an welcher der Transformator angeschlossen ist, ist doppelt belastet wie die beiden anderen Phasen. Eine möglichst gleichmäßige Belastung aller drei Phasen kann schließlich durch den gleichzeitigen Anschluß und Betrieb von zwei gleichen Bandagenwärmern in Scottschaltung erzielt werden (Abb. 411).

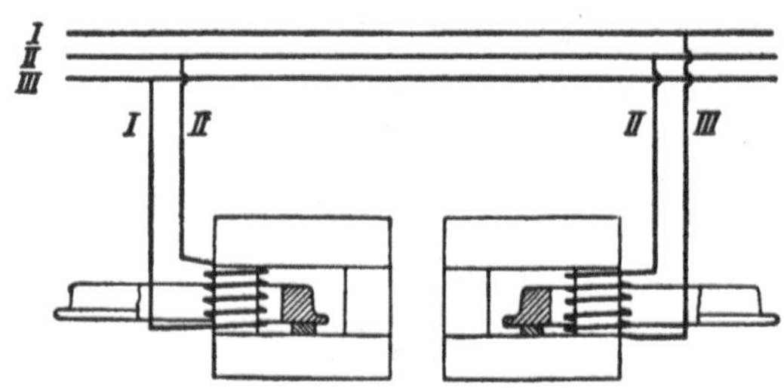
Abb. 409

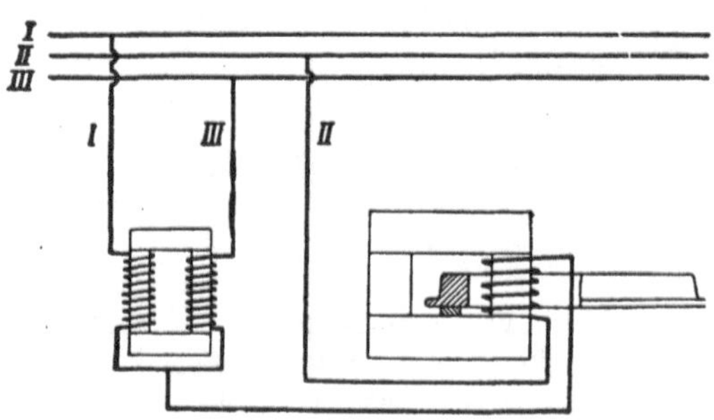
Abb. 410

Die Praxis hat ergeben, daß für einen Radreifen von ungefähr 900 mm Innendurchmesser eine Vergrößerung um 1½ bis 2 mm vollkommen ge-

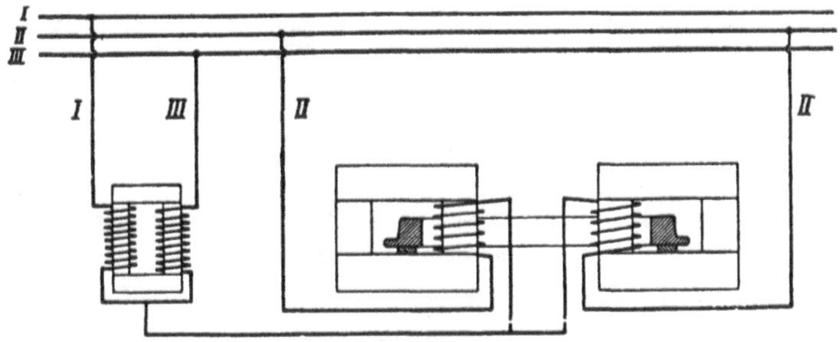

Abb. 411

nügt. Diese Vergrößerung entspricht einer Temperatur, welche noch keinerlei Einfluß auf die Beschaffenheit des Materials auszuüben vermag. Die erforderliche Vergrößerung des Durchmessers wird in 20 bis 30 Minuten erreicht. Aus nachstehenden Tabellen sind die Ergebnisse einiger Versuche zu ersehen.

1. Mittlere Leistung des Apparates 38 kVA, bei 100 Volt und 50 Perioden.

	Zeit	Amp.	Erforderliche Leistung	Temperatur des Radreifens in °C
Trambahnradbandage Durchmesser kalt 732,7 mm, " warm 735.2 mm, Vergrößerung des Durchmessers 2,5 mm nach 25 Minuten, Gewicht 157 kg, Anfangstemperatur 17° C, Einschaltzeit 2 Uhr 25.	7 h 15	318	18,5	17
	7 h 20	309	18,2	42
	7 h 25	298	17,9	83
	7 h 30	286	17,5	119,5
	7 h 35	277	17,1	159
	7 h 40	262	16,5	200

Der Stromverbrauch ergibt sich zu: Mittlere Leistung 17,6 kW × 0,416 h (25 Min.) = 7,32 kWh.

2. Leistung des Apparates 60 kVA, 250 Volt, 50 Perioden.

	Zeit	Amp.	Erforderliche Leistung	Temperatur des Radreifens in °C
Lokomotivradreifen: Durchmesser kalt 1689,96 mm, " warm 1691,90 mm Vergrößerung des Durchmessers 2,54 mm nach 20 Minuten, Gewicht 556 kg, Anfangstemperatur 17° C, Einschaltzeit 2 Uhr 25.	2 h 25	307	36.9	17
	2 h 30	302	36.5	39
	2 h 35	291	36,5	67
	2 h 40	290	36.5	94
	2 h 45	280	36,15	119

Der Stromverbrauch ergibt sich zu: Mittlere Leistung 36,4 kW × 0,33 h (20 Min.) = 12,00 kWh.

Der Leistungsfaktor (cos φ) beträgt bei einem kleineren Apparat zirka 0,65 bis 0,54, bei einem größeren 0,5 bis 0,44.

Für das Abziehen von Radreifen ist diese Vorrichtung nicht geeignet.

i) Elektrischer Tauchsieder zur Beheizung von Flüssigkeiten.

Elektrische Badwärmer werden in der metallverarbeitenden Industrie verwendet zum Beheizen von galvanischen Bädern oder von Säurebädern, je nach der Art der Fabrikation. Säurebäder haben nämlich den Nachteil, daß sie sehr langsam arbeiten und bei Elektroplattierung leicht abblätternde, nicht festhaltende Niederschläge erzeugen. Erfahrungsgemäß muß die Temperatur dieser Bäder mindestens 18 Grad betragen. Eine weitere Verwendungsmöglichkeit bietet sich für elektrische Badwärmer zum Anwärmen von Flüssigkeiten, für die eine ständige Heizung nicht vorhanden oder unwirtschaftlich ist. Als Beispiel sei das Anwärmen von Aquarien in zoologischen Gärten oder das gelegentliche Auftauen von Flüssigkeiten im Winter erwähnt.

Die Vorteile elektrischer Badwärmer gegenüber Gas-, Dampf- oder anderen Heizungen bestehen in der größeren Reinlichkeit, leichten Beweglichkeit, steten Betriebsbereitschaft und Vermeidung jeglicher Explosionsgefahr. Bei der Durchbildung des elektrischen Badwärmers „Protos" der Siemens - Elektrowärme - Gesellschaft wurde besonderer Wert auf eine praktische, einfache und stabile Ausführung gelegt. Er besteht aus vier Teilen: der Heizscheide, dem Heizelement, dem Kopf mit Anschlußstück und einer Klammer.

Die Heizscheiden werden verschieden ausgeführt, und zwar aus blankem Eisen für stark alkalische Bäder. Hierhin gehören: Entfettungsbäder, Entfettungslaugen, heiße alkalische Zinnbäder, zyankalische Zinkbäder, Oxydbäder; verbleit für zyankalische, beziehungsweise schwach alkalische und saure Bäder. Hierhin gehören: Nickelbäder, zyankalische Kupferbäder, Messing-, Tombak-, Zinn- und Silberbäder, und schließlich emailliert zur Erwärmung von Salzsäure, Salpeter- und Schwefelsäure und Mischungen von diesen Säuren, zur Beheizung von Aquarien usw.

Das Heizelement ist nach Abheben des Deckels am Kopf und nach Abklemmen der Zuleitungen leicht aus der Scheide herauszuziehen. Wicklung und Isolation sind aus bestem Material gefertigt. Ein Durchbrennen ist unmöglich, wenn der Strom erst nach Einbringen des Tauchsieders in die Badflüssigkeit eingeschaltet wird. Der Kopf des Badwärmers umschließt die Anschlußorgane des Heizelements und ist vollständig gegen ein Eindringen der Badflüssigkeit geschützt. Die Klammer gestattet ein Anbringen des Badwärmers an beliebige Gefäße.

Die Badwärmer werden für verschieden große Bäder in vier Größen und für vier verschiedene Anschlußwerte ausgeführt nach folgender Tabelle:

Modell	Leistungs-aufnahme in Watt	Abmessungen		Gewicht	
		a	b	netto in kg	brutto in kg
ETG 50	500	420	482	2,—	3,5
„ 75	750	620	682	2,5	4,—
„ 100	1000	770	832	3,—	4,5
„ 150	1500	1020	1082	4,—	5,5

Sie sind für Gleich- und Wechselstrom normaler Spannungen verwendbar und entsprechen in allen Teilen den VDE-Vorschriften.

Die Erwärmungsdauer eines Bades berechnet sich nach folgender Formel:

$$T = \frac{1 \,.\, \Delta T \,.\, s}{860 \,.\, kW \,.\, n}$$

Dabei bedeutet T = Zeit in Stunden,
1 = Inhalt des Bades in Litern,
ΔT = Temperaturerhöhung in Grad Celsius,
kW = Anschlußwert in Kilowatt,
η = Wirkungsgrad,
s = spezifisches Gewicht der Flüssigkeit.

Danach berechnet sich die Zeit für die Erwärmung eines 50-Liter-Wasserbades bei einer Temperaturerhöhung um 10% und einem Anschlußwert von 1000 Watt zu

$$T = \frac{50 \,.\, 10 \,.\, 1}{860 \,.\, 1 \,.\, 0{,}95}$$

= 0,612 Stunden = 37 Minuten.

Die Tauchsieder (Abb. 412) werden je nach dem Verwendungszweck in verschiedenen Größen ausgeführt. So wird z. B. Type 1 mit 350 Watt hauptsächlich im Haushalt zum Kochen kleiner Flüssigkeitsmengen verwendet.

Abb. 412

Type 2 hat eine Stromaufnahme von 650 Watt und wird ebenfalls im Haushalt verwendet.

Type 3 besitzt ein verlängertes Rohr und wird zum Erwärmen voller Kessel verwendet. Insbesondere eignet sich dieser Apparat auch für Industrien, Laboratorien, ferner zum Erwärmen, bezw. Dünnflüssigmachen von Öl.

Abb. 413

Der Tauchsieder kann in Kannen und Fässer mit gestocktem Öl eingeführt werden und beschleunigt durch Erwärmen das Auslaufen von sonst dickflüssigen Ölen. Deshalb wird er hauptsächlich in Garagen, Öllagern u. dgl. mit Vorteil verwendet, dies umsomehr, weil jede Feuersgefahr ausgeschlossen ist.

k) Elektrisch beheizter Asphalt-Behälter.

Die American Asphalt Roof Company hat in ihren in Kansas City gelegenen Anlagen festgestellt, daß es für sie Vorteile bietet, für das Halten der gleichen Temperatur und des dadurch bedingten Flüssigkeitsgrades der für die Imprägnierung des Dachpappenpapieres oder Filz verwendeten Asphaltmasse die elektrische Heizung in Gebrauch zu nehmen.

Der flüssige Asphalt wird in einen Behälter bei über 260° C (500° F) gepumpt und durch elektrische Erhitzung die Strahlungs- und die durch die Tränkung des Papieres entstehenden Wärmeverluste ersetzt, so daß eine konstante Temperatur während des ganzen Arbeitsvorganges eingehalten werden kann.

Die elektrische Ausrüstung besteht aus 54 kW Lufterhitzern der General Electric Company, welche in fünf 25,4 mm (10 in) weiten Rohren installiert und in den Boden der Tränkungsbehälter verlegt ist. Der Behälter ist 3,33 m (11 ft) lang, 1,40 m (4 ft 7 in) breit und 4.27 m (14 ft) tief. Leeds Northrup-Instrumente dienen zur Kontrolle der Masse, deren Temperatur auf konstant 226° C (440° F) gehalten wird. Die Ergebnisse während einer mittleren Tagesleistung von zehn Stunden sind aus nachstehender Tabelle ersichtlich:

Behandeltes Material	3280 kg	7227 lb 50 gage Filz
	854 kg	1094 lb 31 gage Filz
	2127 kg	4686 lb 50 gage Filz
	2214 kg	4876 lb 72 gage Filz
Total	8475 kg	18.693 lb

Tränkungsmasse	19,150 m³ = 4,218 gal
Elektrische Leistung	54 kW
Stromverbrauch	520 kWh
Getränktes Material pro kWh	163 kg = 35,9 lb
Auf 100 kg (202,4 lb) getränktes Material entfallen	6,13 kWh

Bei der Herstellung des Dachdeckungsmateriales ist es wesentlich, daß der Flüssigkeitsgrad der Tränkungsmasse während des ganzen Arbeitsvorganges der gleiche bleibt, da andernfalls das Papier oder der Filz verschiedene Grade von Tränkung erfahren würden, je nach der Temperatur. Durch die Anwendung der elektrischen Erhitzung und der automatischen Temperaturregelung war es erst möglich gewesen, einen gleichmäßig verlaufenden Tränkungsvorgang und damit die Herstellung eines einheitlichen Materials zu bewirken.

l) Lufterhitzung.

Die Industrie verlangt oft zu Trockenzwecken Preßluft hoher Temperatur, z. B. 400 bis 500 ° C. Bis heute wurde die Luft dadurch erwärmt, daß man sie durch lange eiserne Röhren drückte, die von außen her bis auf Rotglut erhitzt wurden. Dieser Anordnung haften augenscheinlich große Mängel an. Vor allem fällt die große Platzbeanspruchung einer solchen Anlage ins Gewicht. Weiter ist der Wirkungsgrad schlecht, da die Heizgase mit einer höheren Temperatur als die der erhitzten Luft abziehen müssen, d. h. mit 600 bis 700 ° C. Ein weiterer und wesentlicher Nachteil dieser Anordnung ist dann der große Verschleiß der eisernen Röhren. Es ist selbstverständlich, daß die Außentemperatur der Röhren beträchtlich höher als die Innenlufttemperatur sein muß. Da zudem noch die Röhrenoberfläche von Luft umspült ist, oxydieren die Röhren sehr stark. Durch diese Erfahrung belehrt, hat man den Versuch gemacht, die Luft auf elektrischem Wege zu erhitzen, und zwar mittels der bekannten Quarz-Glühstäbe.

Diese Stäbe können auf hohe Glühtemperaturen erhitzt werden, ohne daß sie Schaden leiden, was ermöglicht, in kleinem Raume eine große Leistung unterzubringen und folglich den Platzbedarf wesentlich zu verringern. Um die Oxydation der Heizkessel-Innenwand zu vermeiden, wird dieselbe mit dickem Schamottebelag ausgefüttert. Dieser wirkt aber auch als Wärmeisolation und als Wärmespeicher und bietet so indirekt für einen schwankenden Betrieb einen weiteren Vorteil.

Die Klemmen, welche nicht auf die hohe Temperatur erhitzt werden dürfen, liegen außerhalb des Schamotteeinbaues und werden von Frischluft bespült, sodaß eine Oxydation nicht stattfindet. Abb. 414 zeigt beispielsweise eine von Kummler & Matter, Aarau in der Schweiz, ausgeführte Anlage, die seit bald einem Jahr ununterbrochen Tag und Nacht in Betrieb steht. Deren Leistung beträgt 120 kW. Die Temperatur wird mittels eines Pyrometers gemessen. Die Temperatur wird automatisch konstant gehalten durch zweckmäßige Betätigung von Temperaturschaltern mittels Temperaturreglern. Eine Alarmvorrichtung mit aku-

Abb. 414

stischem Signal zeigt an, wenn die maximal zulässige Temperatur überschritten wird, worauf die Stromzufuhr auch von Hand ausgeschaltet werden kann.

Eine bemerkenswerte Anwendung von elektrischer Wärmebelastung durch Lufterhitzung ist kürzlich in der Betriebsstätte der Stamless Container Company Hartford, Corm., erfolgt. Daselbst werden Milchflaschen und ähnliche Erzeugnisse aus einem Papierbrei verfertigt, welcher, wenn er unter Druck erhitzt wird, mechanische Festigkeit erhält und dann besser in jene Form ge-

Abb. 415

bracht werden kann, welche gewünscht wird. Ehedem erfolgte diese Erwärmung durch Gas mit einem Kostenaufwand von über 220 Dollar pro Monat für Brennmaterial, aber die Rohre brannten so rasch aus, daß die Erzeugung sehr gehemmt war. Die Gesellschaft berichtet, daß dieser Zustand jeden zehnten Tag eintrat und zwei Tage erforderlich waren, um die Reparatur mit einem Kostenaufwand von 50 bis 100 Dollar zu bewirken. Das Gas kostete 90 Cents per 1000 Kubikfuß (0,135 Mk. = 0,23 S/m^3). Die Aufgabe wurde durch die American Metallurgical-Corporation, Boston, gelöst und ein elektrisch erhitzter Luftbehälter aufgestellt (Abb. 415). Die Luft wird auf 400° C (750° F) bei 31,7 at (70 lb) Druck erhitzt und dann in die Formmaschinen verteilt. Die Lufterwärmung unter Druck sichert die Erzeugungsfähigkeit und ist nur eine maximale Leistung von 30 kW erforderlich. Über 95 kWh pro Tag werden verbraucht und die Stromkosten bewegen sich zwischen 40 und 50 Dollar pro Monat. Der Behälter hat 560 mm (22 in) Innendurchmesser, ist 1520 mm (5 ft) lang, mit über 100 mm (4 in) Wärmeisolierung. Er wird normal um 16,30 Uhr abgeschaltet; Die Innenlufttemperatur fällt auf 149° C (300° F) während der Nacht und die Einschaltung zehn Minuten vor 7 Uhr genügt, um die Temperatur auf die volle Höhe zu bringen. Der Behälter ist mit einem automatischen Brown-Temperaturregler versehen und verbraucht normal Strom nur wähend eines Drittels des Betriebstages, da der Strom aus- und eingeschaltet wird, je nachdem die Temperatur steigt oder fällt. Ein Sicherheitsschalter ist ebenfalls vorgesehen. Diese Installation kostete zirka 2500 Dollar (13.000 Mk. = 22.100 S). Die Unterhaltungskosten sind vernachlässigbar.

m) Verwendung in der Öl-Industrie.

Die Anwendung der elektrisch entwickelten Wärme bei der Gewinnung eines Nebenproduktes aus den kalifornischen Ölquellen wird im Westen Amerikas als Eröffnung eines neuen Betätigungsfeldes für diese Art Wärmeentwicklung gehalten. Die Union-Oil-Company in Kalifornien hat in ihren Werksanlagen einen Kessel für Schmierfetterzeugung eingerichtet, bei welchem die Einhaltung einer bestimmten Temperatur durch elektrische Erhitzung gesichert wird. Die Mischung in dem Kessel besteht aus Mineralöl, kaustischer Soda und Stearinsäure, in einem bestimmten Verhältnis vermengt und in einem Mengenausmaß von zirka 680 l (150 gallons). Diese Füllung wird durch ungefähr acht Stunden bei 176° C (350° F) mittelst motorisch angetriebener Schaufeln durchgemischt. Vierzehn 3,8 kW Heizeinheiten sind in drei Zonen um den Boden des Kessels herum angeordnet, vier davon sind als äußere Widerstände angebracht und können aus- und eingeschaltet werden, um die Temperatur je nach der durch das zu erzeugende Schmierfett bedingten Änderung zu wechseln. Die Isolierung besteht aus zwei 12,5 mm dicken Platten, welche von einer 100 mm starken Isolierpulverschicht getrennt sind. Die für die Erzeugungsperiode gebrauchte Strommenge wird mittelst eines kWh-Zählers gemessen, während drei Kontroll- und ein Auslöseschalter die Wärme regulieren lassen. Die gesamte Ausrüstung ist von der General Electric Company geliefert worden. Daß die elektrische Erhitzung eine solche Aufmerksamkeit auf diesem Betätigungsfeld erzielt hat, ist darin zu suchen, daß ein neues Schmierfett, welches für bestimmte Zwecke erzeugt wird, die verhältnismäßig hohe Temperatur von 176° C erfordert, während Dampf für diese Temperatur in bequemer Weise nicht angewendet werden kann.

n) Verstärkung von Flammentemperaturen durch den elektrischen Lichtbogen.

Das als „pyroelektrisch" bezeichnete Verfahren besteht in einer kombinierten Anwendung des elektrischen Lichtbogens mit Gebläseflammen, die mit Gas, zerstäubten Flüssigkeiten oder staubförmigen festen Brennmaterialien gespeist werden. Dabei sind die Elektroden innerhalb entsprechender Düsen angebracht. Die apparative Kombination wird als „Pyroelektrode" bezeichnet. Dabei soll die rein thermische Feuerung den größten Teil der Wärme, etwa 80 bis 90 Prozent, liefern, während die zuzügliche elektrische Energie von 20 bis 10 Prozent lediglich dazu dienen soll, die Temperatur auf eine Höhe zu bringen, die man durch das Brennmaterial allein nicht erreichen kann. Außer dieser Temperatursteigerung erreicht man aber noch andere Vorteile. Man kann direkt hohe Netzspannungen und daher niedere Stromstärken verwenden, erspart also besondere Transformatoren gegenüber der Verwendung von elektrischen Öfen. Ein besonderer Vorteil liegt noch darin, daß man Temperaturen erreicht, die über den durch das Brennmaterial allein erzielbaren liegen und trotzdem unter der für viele Zwecke unnötig hohen Temperatur des elektrischen Lichtbogens bleiben. Endlich kann man diese kombinierte Flamme an Arbeitsstellen bringen, an welchen z. B. durch oxydierende Einflüsse und dadurch bedingten starken Elektrodenabbrand die direkte Verwendung des elektrischen Lichtbogens ausgeschlossen ist. Das äußere Bild der kombinierten Flamme ist so, als wenn ein gerader Strom von flüssigem Feuer (der Lichtbogen) in der matteren Glut der ihn umgebenden Verbrennungsflamme fließen würde.

Die Temperatur des Lichtbogens beträgt über 3600° C, während die höchsten Temperaturen, die man durch Verbrennung von Koks oder Öl erreicht, etwa 1800° C sind und im praktischen Betrieb selbst bei ausgiebiger Verwendung von Wärmespeichern kaum über 1700° C gehen. Durch die Veränderung des gegenseitigen Verhältnisses in den beiden Wärmequellen kann man die Temperatur in weitesten Grenzen regeln.

Wenn man z. B. 20 WE Lichtbogenenergie von 3627° C zu 89 WE Brennstoffenergie von 1677° C hinzufügt, so erhält man in der kombinierten Flamme 1893° C. Außerdem erreicht man eine starke Beschleunigung der Oxydation im Verbrennungsprozeß durch die Zündwirkung des elektrischen Lichtbogens. Man kann beobachten, daß sofort nach dem Einschalten des Lichtbogens die Brennstoffflamme auch über die Hälfte verkürzt wird.

Als Anwendung dieser kombinierten Heizart sind in Aussicht genommen:

a) Brennen und Sintern von stückigem Material ohne Schmelzen, z. B. Brennen von eisenarmem Portlandzement in Drehrohröfen.

b) Schmelzen von Messing, Bronze oder Gußeisen, ferner Schmelzen und Raffinieren von Stahl in horizontalen, drehbaren Zylinderöfen.

c) Keramische Öfen.

d) Reduktion von festen Rohmaterialien und Schmelzen des reduzierten Produktes in Schachtöfen mit darunterliegendem Herd, also hauptsächlich Reduktion von Erzen.

Ein Versuchsofen, welcher in Anniston, Ala, betrieben wurde, wird in ETZ. 1925, S. 1199, beschrieben. Der Elektrodenverbrauch ist gering. Es genügen Elektroden von wenigen Zoll Durchmesser. Die Elektroden werden, da der Vorschub nur ein langsamer ist, von Hand reguliert, doch ist natürlich auch automatische Regulierung möglich. Das Verfahren eignet sich besonders für Anschluß an Zentralen und für solche Verwendungsstellen, wo brennende natürliche oder Abfallgase zur Verfügung stehen. (G. T. Southgate, Chem. Metallurg. Eng., Bd. 31, Nr. 1.)

o) Das elektrische Schmelzen von Quarz nach dem Vakuum-Kompressionsverfahren.

Der geschmolzene Quarz hat vorzügliche optische und physikalische Eigenschaften. Die Aufgabe, Quarz wirtschaftlich glasklar und blasenfrei zu schmelzen, hat daher schon viele beschäftigt; es sind zahlreiche Verfahren bekanntgeworden, die zum Ziele führen sollten. Helberger hat mit seinen elektrischen Schmelzöfen Quarzschmelzversuche angestellt, die nach Beseitigung vieler Schwierigkeiten zum vollen Erfolge führten.

Die Schmelztemperatur des Quarzes liegt über 2000° C. In den Helberger Schmelzöfen ist diese Temperatur leicht zu erreichen. Schwieriger war die Tiegelfrage zu lösen. Bei Verwendung von reinen Kohle- oder Graphittiegeln färbt sich der Quarz. Sie mußten daher ausgeschaltet werden. Um geeignetes Tiegelmaterial zu finden, hat Helberger bekannte Metalloxyde und andere schwer schmelzbare Stoffe mit schmelzendem Quarz in Berührung gebracht. Viele solcher Stoffe bildeten mit dem Quarz Schmelzfluß, andere färbten ihn, z. B. Wolfram, wieder andere, wie Thoriumoxyd, schienen geeignet, wurden aber vom Kohletiegel angegriffen.

Lediglich ein Stoff wurde gefunden, der sich weder mit dem Quarz verband, noch durch den Tiegel beeinflussen ließ, nämlich Siliziumkarbid. Die Verwendung des Siliziumkarbides als Tiegelmaterial ist Gegenstand des D. R. P. Nr. 288.417 vom 10. Jänner 1914.

Bei der Verwendung solcher Siliziumkarbid-Tiegel gelang es, Quarz glasklar zu schmelzen, jedoch noch nicht blasenfrei. Durch die Überlegung, daß die Luftblasen in dem geschmolzenen Quarz bei der hohen Erstarrungstemperatur von fast 2000° C einen viel größeren Raum einnehmen, also bei gewöhnlicher Temperatur beinahe luftleer sind, kam Helberger der Gedanke, den Quarz in einem mit verdichteten Gasen angefüllten Raume erstarren zu lassen. Die Verdichtung sollte nicht allein dazu dienen, die Luftblasen zu verkleinern, sondern auch etwa sich aus Siliziumoxyd-Dämpfen bildende Blasen zu absorbieren, ferner aber, um die Luftblasenbildung von vornherein möglichst zu verhindern, erst diesen Schmelzraum luftleer zu pumpen. Dieses Verfahren wurde im Jahre 1911 zum Patent angemeldet und in Deutschland vom 10. Dezember 1913 ab patentiert.

Die beiden Patentansprüche haben folgenden Wortlaut:

„1. Verfahren zum Schmelzen von Quarz, dadurch gekennzeichnet, daß derselbe in einem Raum elektrisch geschmolzen wird, der so lange ausgepumpt wird, bis der Quarz flüssig ist, und der mit gepreßtem Gas gefüllt wird, sobald der Quarz geschmolzen ist und mit gepreßtem Gas gefüllt bleibt, bis der Quarz erstarrt ist. Dies zu dem Zweck, ein blasenfreies Schmelzgut zu erhalten.

2. Verfahren zum Schmelzen von Quarz nach Anspruch 1, bei dem der der Leere folgende Gasdruck so bemessen ist, daß er die eingeschlossenen Gasblasen zwingt, den Raum einzunehmen, den sie bei gewöhnlicher Temperatur eingenommen hätten. Dies zu dem Zweck, Innenspannungen in dem Schmelzgut zu vermeiden.“

Der neuerbaute elektrische Schmelzofen besteht in der Hauptsache aus einem Stufentransformator und dem Vakuum-Druckbehälter, der die Kontakte für den Tiegel in seinem Inneren aufnimmt. Der Behälter hat außerdem die nötigen Sicherheitsventile, Kühlung durch Wasser, das den Behälter während des Betriebes fortwährend mit einem dünnen Wassermantel umgibt, ferner ein Guckloch mit einer Quarzlinse und einen Druckmesser und Barometer für die Beobachtung der Luftleere.

Mittels einer umlaufenden Pumpe wird der Behälter luftleer gehalten, während der Druck durch Preßgase aus Stahlflaschen erzeugt wird. Schon die ersten Versuche zeitigten gute Ergebnisse. Innerhalb 20 Minuten konnten glasklare, blasenfreie Stücke bis 500 g und 12 cm Drm. geschmolzen werden. Die ersten glasklaren Stücke wurden Ende 1913 in diesem Ofen geschmolzen, wobei von Prof. Steinheil viele Anregungen gegeben worden sind. Leider enthielten diese Stücke teilweise Schlieren, es können aber nur schlierenfreie Stücke für optische Zwecke verwendet werden. Man sollte annehmen, daß in dem reinen Bergkristall die Entstehung solcher Schlieren ausgeschlossen sei, jedoch ist der Kristall nicht so rein, wie es scheint, sondern er enthält mikroskopisch kleine Wassertröpfchen und Kohlensäure, Kochsalz und kleinste Glasteilchen. Letztere beide genügen vollständig zur Schlierenbildung, während die Wassertröpfchen zur Blasenbildung Veranlassung geben.

Um optisch einwandfrei geschmolzenen Stoff zu erhalten, wäre es nötig, die zu schmelzenden Stücke vorher genau zu untersuchen und nur Stücke zu wählen, bei denen keinerlei Einschlüsse nachweisbar sind.

Auch wurde schon bei den Anfangsversuchen festgestellt, daß Bergkristalle verschiedener Herkunft ganz verschiedene, aber in ihrer Verschiedenheit gleichmäßige Ergebnisse zeitigten.

So verhielt sich der Gotthardquarz wesentlich anders als der Madagaskarquarz, ebenso Kristalle von Frankreich und von Brasilien. Um die geeignetsten Steine zu erhalten, wurden Proben aus allen in Betracht kommenden Ländern beschafft. Zum Schmelzen eignete sich am besten Quarzkristall aus Brasilien und vom Gotthard.

Dem eigentlichen Schmelzen muß die Zubereitung des Schmelzgutes und der Tiegel vorausgehen. Die vollständigen Kristalle werden in ihrer Urform eingesetzt. Wenn die Kristalle heiß werden, springen sie in kleine Teile, die explosionsartig an die Wände des Tiegels anprallen, wobei Tiegelteilchen abgerissen werden und in das Schmelzgut gelangen. Um diese Verunreinigungen zu vermeiden, erhitzt man besser die Kristalle erst in einem besonderen Tiegel auf rund 600° C. Die zersprungenen Teile werden dann ausgesucht und die besten Stücke in den Einsatztiegel gefüllt.

Diese Einsatztiegel wurden anfangs nach D.R.P. Nr. 288.417 ausgestattet, später wurde mit mehr Erfolg der Tiegel selbst siliziert, und zwar im gleichen Ofen dadurch, daß Abfallquarz darin geschmolzen wird. Je besser die Silizierung ist, umso besser wird das Schmelzgut. Der Einsatztiegel mit den Quarzstückchen wird unter dem glockenförmig zwischen den Kontakten befindlichen Heiztiegel eingesetzt. Der Heiztiegel ist ebenfalls innen siliziert.

Nach luftdichtem Verschließen des Ofens wird der Strom eingeschaltet und die Luftleere hergestellt. Durch Versuche ist genau ermittelt worden, wie lange und wie stark der elektrische Strom einwirken muß, um die Quarzkristalle zu schmelzen. Die Vakuumpumpe arbeitet während der ganzen Schmelzzeit, da sie nicht allein die Blasenbildung verhindern, sondern auch die sich bildenden Gase absaugen muß, denn die kleinste Unreinheit trübt den Quarz. Ist das Gut geschmolzen, so wird die Vakuumpumpe abgestellt, und das verdichtete Gas wird, ohne daß der elektrische Strom unterbrochen wird, eingelassen. Je höher der Druck, umso besser das Ergebnis. Gewöhnlich wurde mit 20 Atmosphären gearbeitet. Dann kann der elektrische Strom unterbrochen werden, jedoch muß die Erkaltung unter Druck stattfinden.

Die Stromverhältnisse sind so zu wählen, daß die einzelnen Kristalle gerade zusammenfließen. Eine zu geringe Hitze verhindert das Zusammenfließen, während eine zu hohe Temperatur das Erzeugnis blasig macht. Überhitzter Quarz verdampft nicht nur an der Oberfläche, es bilden sich vielmehr auch in seinem Innern Dampfblasen; diese können so überhand nehmen, daß eine schaumige Quarzmasse entsteht, die wie Bimsstein auf dem Wasser schwimmt.

Vielleicht wird dieses Erzeugnis noch einmal als überaus feuerfestes Wärmeisoliermittel eine Rolle spielen, wenn man dazu übergeht, die schaumige Quarzmasse fabrikmäßig im großen Umfange herzustellen. Über den Stromverbrauch geben 35 ausgeführte Schmelzungen zu je 500 g Aufschluß. Er betrug 884 kWh, also bei einer Schmelze 25 kWh und für 1 kg Quarzgut 50 kWh. Bei größeren Mengen ändert sich der Stromverbrauch in günstiger Weise; ein glasklar geschmolzener Quarz kann so nach obigem Verfahren wirtschaftlich hergestellt werden.

Die günstigen optischen Eigenschaften des glasklar geschmolzenen Quarzes sind in Fachkreisen längst bekannt; besonders hervorzuheben ist die nahezu vollständige Durchlässigkeit für alle Strahlen des Sonnenspektrums. Während das gewöhnliche Glas die heilkräftigen ultravioletten Strahlen absorbiert, werden diese von Quarzscheiben nicht aufgehalten und können ihre gesunden Wirkungen auch in geschlossenen Räumen zur Geltung bringen. In jedem Wohnraum und in jedem Sanatorium sollten die Fenster aus Quarzglas hergestellt werden. Auch in den Gewächshäusern dürfte die Anwendung von Quarzgläsern für das Wachstum der Pflanzen große Bedeutung besitzen. Ebenso üben große Linsen aus Quarzglas mit entsprechendem Filter, wie schon der Däne F i n s e n entdeckt hat, auf viele krankhafte Gebilde eine heilende Wirkung aus. Mit einer mit einem Silberfilter versehenen Quarzlinse in Verbindung mit einem leicht verstellbaren Ständer liegen praktische Versuche vor. Fettgeschwulste, die vom Arzt durch chirurgischen Eingriff beseitigt werden sollten, verschwanden innerhalb 10 Tagen bei einer täglichen Sonnenbestrahlung von rund ¼ Stunde. Diese Linsen werden mit einem Silberfilter, der die roten und ultraroten, also die sogenannten Wärmestrahlen nicht durchläßt, versehen.

Die Arbeiten an der wirtschaftlichen Ausnutzung dieses Verfahrens mußten infolge des Krieges und dessen Folgen sehr eingeschränkt werden. Während des Krieges war strengste Geheimhaltung aus naheliegenden Gründen geboten, in der Kriegsnachzeit stellen die Unternehmen, die für diese Sonderherstellung in Betracht kommen, ihre Betriebe mit den vorhandenen Maschinen um, für den immerhin kostspieligen Ausbau eines neuen Herstellungszweiges waren keine Mittel vorhanden. Es wäre zu hoffen, daß jetzt nach dem Ausbau der Wasserkräfte auch Quarzschmelzanlagen entstehen würden, damit dieses kostbare Gut nicht vom Ausland eingeführt zu werden braucht.

p) Die Verflüssigung des Kohlenstoffs.

Man gebraucht in der Technik die Bezeichnung „Verflüssigung der Kohle" für eine Anzahl von Prozessen, welche unter chemischer Veränderung des Ausgangsmateriales die Herstellung wertvoller flüssiger Produkte anstreben. Es soll jedoch nur die rein physikalische Erscheinung, der Schmelzvorgang, betrachtet werden, ein

Phänomen, welches gerade beim Kohlenstoff ein besonderes Interesse verdient.

Die Überführung einer Substanz aus dem festen in den flüssigen Zustand ist an die Erreichung einer bestimmten Temperatur gebunden. Der Einfluß des Druckes auf den Schmelzpunkt ist gering; so entspricht einer Steigerung des äußeren Druckes um eine Atmosphäre z. B. beim Wasser ein Sinken des Gefrierpunktes um 0,0076° C. Man hat aber bei Schmelzversuchen an Kohlenstoff gelegentlich sehr hohe Drucke angewendet; dies deshalb, weil der Sublimationsdruck des Kohlenstoffes in der Nähe des Schmelzpunktes, der jedenfalls über 3600° C liegt, bedeutend ist. Da nun der Sublimationspunkt eines Stoffes, ähnlich dem Siedepunkt, stark mit dem Druck variiert, ist man durch entsprechende Drucksteigerung in der Lage, das Temperaturintervall des flüssigen Zustandes zu erweitern. Auch darf man nicht vergessen, daß die Reaktionsfähigkeit des Kohlenstoffes bei den in Betracht kommenden hohen Temperaturen ungeheuer gesteigert ist, man daher hinsichtlich der Beschaffenheit der Atmosphäre zu gewissen Vorsichtsmaßregeln genötigt ist. Zur Erzeugung der erwähnten Temperaturen kommt einzig und allein die elektrische Erhitzung in Betracht, entweder als Widerstands- oder als Lichtbogenerhitzung, wobei im letzteren Falle die Erwärmung auf eine kleine Fläche sich konzentriert. Aus all dem ergibt sich bereits, daß bezüglich der Wahl der Versuchsbedingungen ein ziemlich weiter Spielraum offen bleibt.

Die ältesten Versuche über das Verhalten des Kohlenstoffes bei hohen Temperaturen stammen von Despretz um die Mitte des vorigen Jahrhunderts. Als ein Vorläufer des genannten Forschers wäre Jacquelain zu erwähnen, der die Beobachtung machte, daß Diamant in der Hitze erweicht und in den Zustand von Koks bezw. Graphit übergeht. Die Untersuchungen von Despretz sind bewundernswert. Er berichtet eigentlich schon alles, was die modernen Arbeiten auf diesem Gebiete zutage gefördert haben. Außerdem sind seine Beobachtungen von einer Objektivität, wie man sie heute selten findet.

Die Hitze wurde durch 100 bis 500 und 600 Paare einer Bunsenschen Batterie erzeugt. Der zu untersuchende Kohlenstaub bildete selbst einen Teil des Stromkreises; Despretz arbeitete also mit direkter Widerstandserhitzung. Zuerst berichtet er über die Biegung von Anthrazitstäbchen, bei verstärktem Einfluß des Stromes schien der Anthrazit zu schmelzen. Bei Versuchen im luftverdünnten Raum und Verwendung von Stäbchen aus Zuckerkohle verflüchtigte sich die Kohle und setzte sich an den Wandungen des Glases als schwarzes, kristallinisches Pulver ab. Weiter stellte Despretz fest, daß die Verflüchtigung nicht nur im luftleeren Raum, sondern auch in einem Gas erfolgt, wenngleich viel langsamer. Die hocherhitzte Kohle kann gebogen, zusammengeschweißt und geschmolzen werden, worauf durch Beobachtung schwarzer Tröpfchen an den erkalteten Stäben geschlossen wurde; die

Tröpfchen bestanden aus Graphit. Jede Art von Kohle wurde um so weicher, je längere Zeit sie der Hitze ausgesetzt war; als Endprodukt resultierte immer Graphit. Auch dieser verflüchtigte sich allmählich. Sogar Diamant verwandelte sich in Graphit und gab — wie jede Kohle— kleine geschmolzene Kügelchen. Despretz versuchte auch, den Schmelzpunkt des Kohlenstoffes dadurch zu erniedrigen, daß er der Kohle andere Stoffe einmengte oder sie damit imprägnierte. Als solche Stoffe benutzte er z. B. Si, Al, Mg, mußte jedoch konstatieren, daß diese „Verunreinigungen" verdampften, während die Kohle unverändert zurückblieb.

Später bemühte sich Moissan, die von Despretz gewonnenen Resultate zu widerlegen. Er arbeitete jedoch unter ganz anderen Versuchsbedingungen, wodurch Vergleiche usw. a priori unmöglich werden. Zur Verwendung gelangte direkte oder indirekte Lichtbogenerhitzung. Bei direkter Lichtbogenerhitzung beißt der Lichtbogen an einer relativ kleinen Stelle an. Es entsteht nur an der Oberfläche die höchste Temperatur, eine eventuelle Verflüssigung — Anzeichen für eine solche wurden beobachtet — kann nur sehr gering sein und wird außerdem durch Sublimation überdeckt. Bei indirekter Lichtbogenerhitzung erreicht man natürlich nie die Temperaturen wie im Lichtbogen selbst. Die Moissanschen Versuche dauerten nur kurze Zeit — mehrere Sekunden oder wenige Minuten —, eine gute Durchwärmung des Materials wird dadurch unmöglich. Eine besondere Wirkung versprach sich Moissan von außergewöhnlich hohen Stromdichten; er verwendete 1000 Amp. pro Quadratzentimeter und darüber. Beobachtungen von La Rosa haben jedoch ergeben, daß mit steigender Stromstärke eher eine Abnahme als eine Zunahme der Temperatur anzunehmen sei. Ähnlich berichtet Lummer, daß ihm die Kohlenstoffverflüssigung erst gelang, als herausgefunden worden war, daß bei normalem Druck nicht ungewöhnlich große, sondern ungewöhnlich kleine Stromstärken anzuwenden seien. So arbeiteten denn auch La Rosa und Lummer mit Stromdichten von 15 bis 20 Amp. pro Quadratzentimeter und darüber. Die negativen Resultate von Moissan, der die Verflüssigung des Kohlenstoffes nur bei hohen Drucken für möglich hielt, finden aus dem Gesagten ihre hinreichende Erklärung.

Im Jahre 1897 beobachtete Borchers das Krümmen von Kohlenstäben in der Hitze, außerdem eine Erscheinung, wie wenn die Stäbe durchschmolzen wären. Er glaubt jedoch nicht an einen Schmelzvorgang. Ähnlicher Ansicht sind auch Watts und Mendenhall, welche abgerundete Umrisse und Oberflächen als durch Kondensation entstanden annehmen. Sie bestimmten auch die Temperaturen, bei welchen eine Durchbiegung möglich ist, und fanden für Kohle 1800° C und für Graphit 2150° C. Analoge Versuche mit Hilfe des Holborn-Kurlbaumschen Pyrometers stellte Gmach-Pammer an und fand für Kohle etwa 1650° C und für Graphit etwa 2450° C. Durch Versuche mit verschiedenem Material konstatierte er, daß die Plastizität eine Eigenschaft des reinen Kohlenstoffes sei.

Im Verlauf von Versuchen Ruffs, die von einem ganz anderen Gesichtspunkt aus angestellt worden waren, fanden sich in einer Bombe — es wurde bis zu Drucken von 3000 Atmosphären gearbeitet — an Elektrodenenden harte, graphitische Schmelztropfen; einige solche lagen auch auf dem Grunde der Bombe.

Gleichfalls konnte Münch abfallende Tropfen von flüssigem Kohlenstoff auffangen. Bei seinen Versuchen muß man nur darüber erstaunen, daß sie überhaupt gelangen, er arbeitete nämlich an freier Luft. Nun beginnt aber Graphit unter solchen Umständen bei zirka 900° zu brennen.

Weitaus mehr Bedeutung ist deshalb den Versuchen von Ryschkewitsch beizumessen, der mit direkter Widerstandserhitzung gearbeitet hat. Durch eine geeignete Ofenkonstruktion sorgte er für außerordentlich gute Wärmeisolation und höchste Stromleistung. Nach Einschalten des Stromes stieg die Stromstärke rasch auf einen höchsten Wert, blieb dann konstant, um nach 7 bis 10 Min. — manchmal auch erst nach 15 Min. — pötzlich auf den Wert Null zu sinken. Die Stromunterbrechung fand darin ihre Erklärung, daß der Graphitstab durchgeschmolzen war, was man an dem erkalteten Stab an Tröpfchenbildung erkennen konnte. Die Versuchsergebnisse von Ryschkewitsch lassen sich wie folgt zusammenfassen: 1. Kohlenstoff kann unter gewöhnlichem Druck geschmolzen werden. 2. Es entsteht dabei reiner Graphit. 3. Der Sublimationspunkt des Kohlenstoffes ist bei gewöhnlichem Druck nicht weit vom Schmelzpunkt, wodurch die negativen Resultate anderer Forscher ihre Erklärung finden.

Sauerwald, der die Auslegungen von Ryschkewitsch anzweifelte, arbeitete hinsichtlich der Wärmeisolation unter so ungünstigen Umständen, daß ein Vergleich mit den vorerwähnten Versuchen direkt nicht gestattet erscheint.

In Fortsetzung der Lummerschen Arbeiten haben Thiel und Ritter die Vorgänge im Lichtbogen einer Beobachtung unterzogen. Sie neigen der Ansicht zu, daß dabei nur Sublimationserscheinungen eine Rolle spielen, erhoffen jedoch von noch ausständigen kinematographischen Aufnahmen eine Entscheidung.

Die größte Bedeutung zur Klärung der Frage nach der Verflüssigung des Kohlenstoffes muß man wohl den Versuchen von Ryschkewitsch beimessen, der alle Angaben von Despretz bestätigen konnte. Ryschkewitsch standen die verfeinerten Mittel der modernen Technik zur Verfügung, die ihm gestatteten, seine Arbeiten unter den günstigsten Umständen auszuführen.

Die Phänomene, welche wir im Lichtbogen beobachten, erscheinen — so interssant sie an und für sich sein mögen — wenig geeignet, um zur Lösung des Problems herangezogen zu werden.

Letzten Endes spitzt sich die Frage dahin zu, ob der Kohlenstoff unter normalem Druck geschmolzen werden kann, denn selbst die sonst ärgsten Skeptiker haben die Verflüssigung unter großen Drucken für möglich gehalten.

Wenngleich noch niemand den flüssigen Kohlenstoff „in vivo" gesehen hat, muß man doch die Verflüssigung unter normalem Druck durch die Versuche von Ryschkewitsch als bewiesen betrachten. Nach dem jeweiligen Stande der Wissenschaft soll man von allen Erklärungen die wahrscheinlichste als richtig hinnehmen.

q) Elektrisches Zementbrennen.

In Schweden sind Versuche zum Brennen von Zement durch elektrischen Strom vorgenommen worden, und zwar bei den der Stora Kopparbergs Aktiebolag gehörigen Anlagen bei Domnarvets Bruk. Da diese Versuche zur Zufriedenheit ausgefallen sind, wird jetzt bei der genannten Grube eine Fabrik für diesen Zweck errichtet. Außerdem sind ähnliche Versuche beim Trollhätta-Kraftwerk vorgenommen worden und ebenfalls zur vollsten Zufriedenheit ausgefallen. Die in Schweden benutzten Zementöfen mit elektrischem Betrieb haben einen zylindrischen Herd und eine oder mehrere Elektroden. Der Herd ist mit einem Graphitmantel ausgekleidet und wird mit flüssiger Hochofenschlacke gefüllt. Um eine günstige Stromverteilung zu erzielen, werden die Elektroden in die flüssige Schlacke eingetaucht. Die Temperatur des Schmelzbades ist zwischen Elektrode und Boden am höchsten und nimmt gegen die Oberfläche des Ofeninhaltes zu ab. Auf die Schlackenoberfläche wird Kalkstein gelegt, der auf dem Schmelzbade schwimmt und allmählich von diesem aufgenommen wird. Dieses Herstellverfahren erscheint besonders wirtschaftlich und erfordert etwa 400 bis 700 kWh für 1 Tonne Zement je nach der Art der Schlacke zur Zementerzeugung entsprechend höher. Die Schwierigkeit bei der Erzeugung von Elektrozement aus Kalk und Schlacke besteht hauptsächlich darin, daß in Lichtbogenöfen leicht Kalziumkarbid entsteht, das den Zement verschlechtert. Daher werden Widerstandsöfen zur Zementerzeugung vorzuziehen sein. In der Schweiz und in Deutschland sind wohl von einzelnen Stellen kleinere Vorversuche mit elektrischen Zementöfen gemacht worden, doch ist noch kein fabriksmäßiger Probebetrieb im Gange.

r) Auftauen von Gefrierfleisch.

Gefrierfleisch muß aufgetaut werden, bevor es aus den Kühlhäusern auf den Markt gebracht wird. Das Auftauen geschah bisher durch Aufhängung der Fleischstücke in Räumen mit natürlicher Temperatur, ein Prozeß, der im Sommer drei oder vier Tage, im Winter noch länger währt und es mit sich bringt, daß die äußeren Fleischschichten, welche naturgemäß schneller als die inneren auftauen, während des Auftauen der inneren Teile bereits dem Verderben ausgesetzt sind und zumindestens durch Saftverlust trocken und unschmackhaft werden. Es konnten daher für Gefrierfleisch nur niedrige Preise erzielt werden. A. U. Alcock in Melbourne (Australien) hat nun durch Verwendung des elektrischen Stromes zum Auftauprozeß die diesem bisher anhaftenden Nachteile beseitigt. Ein kleiner Transformator hängt an der Decke und trägt das ganze Fleischstück an einem Haken. Die Primärseite des Transformators kann an eine gewöhnliche Steckdose angeschlossen werden. Das sekundär abgehende Kabel steht mit drei Elektroden in Verbindung. Die erste besteht aus drei sechszinkigen Stahlgabeln und wird in das Hinterteil geschlagen. Die zweite, zweigabelige Elektrode sticht man in das Mittelteil und die dritte, eingabelige in das dünne Vorderteil. Die erste Elektrode ist an das eine Ende der Wicklung angeschlossen, die beiden anderen an entsprechende Wicklungspunkte, so daß ein Teilstrom vom Mittel- zum Hinterteil nur durch massiges Fleisch und ein zweiter Teilstrom durch die gesamte Länge des Fleischstückes auch durch dünne Fleischschichten fließt. Der zweite Teilstrom ist infolge des größeren Widerstandes kleiner. Auf diese Weise wird erreicht, daß alle Teile gleichmäßig auftauen. Bei den inneren Fleischschichten erfolgt der Prozeß im Gegensatz zur alten Methode eher rascher, als bei den äußeren, sie sind aber durch die noch gefrorenen äußeren Schichten gegen Verderben und Saftverlust geschützt. Die Verwendung von Wechselstrom schließt elektrolytische, die Benützung von bestem Stahl für die Elektroden chemische Einwirkungen aus. Der Leistungsverbrauch beläuft sich auf 3 kWh je Fleischstück, was gegenüber der erzielten höheren Preiswertigkeit des Fleisches nicht ins Gewicht fällt. Das Auftauen mittels Elektrizität ist überdies in einem Tag vollendet, so daß gegenüber dem alten Verfahren derselbe Raum drei- oder viermal besser ausgenützt werden kann.

s) Elektrische Beheizung von Arbeitsmaschinen, Geräten und Werkzeugen.

Wärmetechnische Richtlinien:

1. Die Wärmequelle ist so nahe wie möglich an die zu beheizenden Teile heranzubringen. Elektrische Vorgänge in dem Arbeitsstück sind selbst zur Wärmebildung auszunutzen, bei Erwärmung von Eisen durch Ausnutzung der Ummagnetisierung durch Wirbelströme.

2. Die beheizte Arbeitsmaschine soll derart gestaltet sein, daß ein Wärmeübergang von der Arbeitsstelle in die übrigen Teile der Maschine unterbunden wird.

3. Wärme-Aufspeicherung, z. B. in Schmelzöfen, Bügeleisen usw., muß so verlaufen, daß mit Unterbrechungen in der Wärmezufuhr auch die Wärmewirkung aufhört.

4. Feststellung der erforderlichen Temperatur und deren genaue Innehaltung.

5. Sorgfältige Verteilung der Wärme auf diejenigen Stellen, die zu erwärmen sind.

Bei den Arbeitsmaschinen spielen vor allem die elektrisch beheizten Trommeln eine wichtige Rolle. Beheizung von Kalandern in Papierfabriken, von Trockentrommeln in Färbereien, von Maschinen zur Herstellung von gummierten Briefumschlägen, Trocknen von Lichtpausen in großen technischen Büros, Plätt- und Bügelmaschinen (Abb. 416) in Waschanstalten, Hotels, Wäschefabriken und Krankenhäusern.

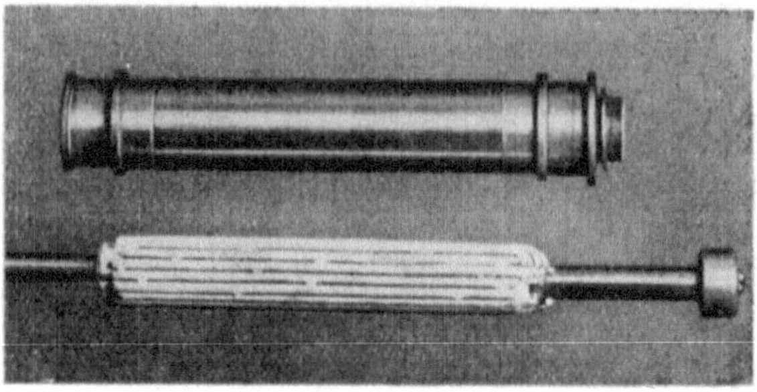

Abb. 416. Bügelwalze mit einer Glanzmaschine

Das Innere einer solchen elektrischen Heiztrommel besteht im wesentlichen aus einer größeren Anzahl von Heizdrahtspulen, die in Längsrichtung nahe am Trommelmantel angeordnet sind und diesen gleichmäßig beheizen. Die Stromzuführungsdrähte werden isoliert durch die hohle Welle zu Schleifringen geführt. Die Heizkörper werden mit der höchsten Energie-Aufnahme angeheizt, während zum Warmhalten auf geringe Energie-Aufnahme umgeschaltet wird.

Maschinen mit Preßplatten, Prägestempeln, bieten für die elektrische Heizung erhebliche Vorteile. Mit Hilfe entsprechend geformter elektrischer Heizelemente ist es möglich, beliebige Maschinenteile für den Arbeitsvorgang anzuwärmen. Elektrisch geheizte Preßteile finden ausgedehnte Anwendung bei Prägepressen, Stoffpressen, Lederpressen, Steinpressen, Preßmaschinen in Schallplattenfabriken, Buchdruckereien, Kartonagemaschinen usw. (Abb. 417).

Abb. 417. Prägeknopf aus einer kleinen Buchbinderpresse

Preßmaschinen der genannten Art können elektrisch geheizt werden durch Anordnung der Heizelemente in einer unter die Anhängeplatte, den Preßteil oder Prägekopf geschraubten Nutenplatte, oder aber durch Einlegen von Heizkörpern in die vorhandenen Bolzenlöcher des Prägekopfes. In die Bolzenlöcher werden entweder Glühstäbe aus Siliziumkarbid eingeführt, die allerdings den Nachteil eines höheren Energie-Aufwandes infolge der Erwärmung des ganzen Präge- und Preßkopfes aufweisen, oder aber die Bolzenlöcher werden zur fabriksmäßigen Herstellung von Schallplatten beheizt.

Kartonagefabriken. Der elektrische Heizwiderstand ist in der inneren Ummantelung des oberen Teiles untergebracht. Bei sogenannten Stempelpressen zum Einpressen von Zahlen, Zeichnungen, Ornamenten, die in der Schuhindustrie vielfach Eingang gefunden haben, ist der Heizkörper in Form einer Ringheizung an dem Stempel angebracht. Ähnliche Heizeinrichtungen haben auch die Stempelpressen der Zelluloidindustrie, in der Knöpfe, Kämme, Schmuckstücke usw. gepreßt werden. Das Verfahren bietet vollkommenen Schutz gegen Feuersgefahr.

Lötkolben. Von allen Elektrizitätsfirmen werden verschiedene Formen hergestellt. Abb. 418 stellt den leichten Postkolben dar. Verbrauch 140 Watt, Gewicht zirka 570 g; hauptsächlichstes Verwendungsgebiet: Post-, Telegraphen- und Telephonzentralen, Fabriken für die Herstellung von Telephonapparaten, Klappenschränken und Radioapparaten, Sicherungen, Drahtlötungen. Zur Durchführung schwerer Lötarbeiten, welche in Konservenfabriken, Abfüllräumen, eventuell Garagen, vorgenommen werden, eignet sich der Hochleitungskolben (Abb. 419) mit einem Momentverbrauch von zirka 280 Watt, bei einem Gewicht von zirka 900 g. Bei allen Lötkolben ist die Spitze aus Kupfer hergestellt, leicht auswechselbar und kann deshalb sehr leicht in jede dem Arbeitsvorgang entsprechende Form gebracht werden.

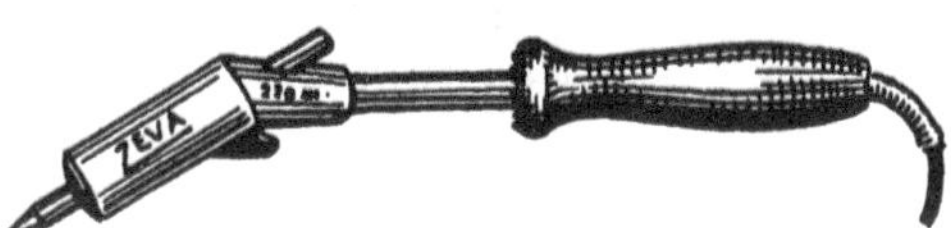

Abb. 418

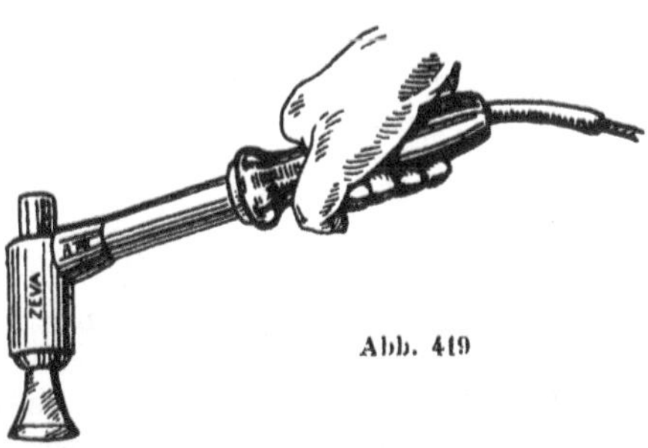

Abb. 419

Abb. 420

Ein Hochleistungskolben, bei dem die Achse der Lötspitze mit der des Lötkolbens selbst zusammenfällt, ist in Abb. 420 dargestellt. Der elektrische Lötstiel für Dach- und Dachrinnenreparaturen ist geeignet, den

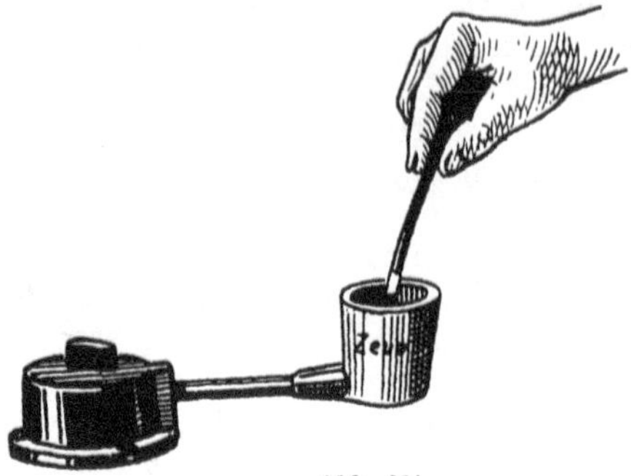

Abb. 421

Bleitopf des Bleigießers zu verdrängen. In Amsterdam ist der Bleitopf für die genannten Reparaturen seitens der Feuerwehr verboten worden.

Zinnschmelztiegel. Zum Verzinnen von Drahtenden, Kabelschuhen wird auch vielfach ein Schmelztiegel (Abb. 421) verwendet. Der Inhalt ist 45 cm^3, der Stromverbrauch 145 Watt, das Gewicht des Tiegels, einschließlich Schalter, beträgt 1200 g. Der Tiegel wird gewöhnlich auf die Werkbank aufgeschraubt.

Druckereibetrieb. Die Schmelztöpfe der Setzmaschinen, die vielfach noch mit Gas erwärmt werden, können auf elektrische Weise vorteilhafter bedient werden.

t) Elektrisches Sengen von Tuch mit Quarzilit-Glühstäben.

Zum Sengen von Tuch stellte Kummler & Matter einen speziellen Glühstabtyp her. Er besitzt eine Länge von 1100 mm und einen Durchmesser von zirka 18 mm. Die Anschlußenden sind zwecks sicherer Stromzuführung gut leitend und außerordentlich hart gemacht, so daß die Klemmen scharf angezogen werden können. Die zum Sengen erforderliche Glühstabtemperatur beträgt zirka 900 bis 1000° C, was einer Leistungsaufnahme von 6 bis 8 kW pro Stab entspricht, wie aus nachstehender Tabelle zu entnehmen ist.

Bei 3 kW ist die Glühstabtemperatur zirka 650° C
Bei 4 kW ist die Glühstabtemperatur zirka 750° C
Bei 6 kW ist die Glühstabtemperatur zirka 900° C
Bei 8 kW ist die Glühstabtemperatur zirka 1000° C
Bei 10 kW ist die Glühstabtemperatur zirka 1100° C

Die Glühstäbe können für alle Spannungen von 200 bis 500 Volt fabriziert werden.

Für eine komplette Senganordnung sind im allgemeinen 6 Glühstäbe notwendig. Damit kann man Tücher von 1 m Breite gleichzeitig auf beiden Seiten sengen. Die Glühstäbe werden zu je 3 links und rechts einer Vertikalebene auf schwenkbaren Bügeln aufmontiert. Das Tuch wird von oben nach unten zwischen den beiden Glühreihen durchgeführt, indem es die Glühstäbe berührt. Mittlere Tuchgeschwindigkeit zirka 1 m pro Sekunde. Nach dem Austritt aus dem Sengapparat muß es sofort durch Bespritzen mit Wasser gekühlt werden.

Tücher bis 2 m Breite können mit 6 Glühstäben nicht zugleich beidseitig gesengt werden. In diesem Falle ist die Führung des Tuches am einfachsten horizontal; es wird dann zweimal durch die Maschine geführt um beide Seiten zu sengen. Durch Einbau von 12 Glühstäben ist man zwar auch hier in der Lage, die ganze Sengung auf einmal zu erzielen.

Aus der Tatsache, daß die Glühstäbe in direkte Berührung mit dem Tuch gebracht werden, folgt ohne weiteres, daß glatte Gewebe am besten elektrisch gesengt werden. Unebene oder durchbrochene Gewebe, z. B. Stickereien, eignen sich weniger gut für die nach oben beschriebener Art vollzogene elektrische Sengung. Bei unebenen Geweben muß das Tuch in gewisser Distanz von den Glühstäben geführt werden, wodurch die Wirtschaftlichkeit vermindert wird.

Durchschnittlich hält ein Glühstab zirka 500.000 m gesengtes Tuch aus. Dieses Resultat ist als sehr günstig zu bezeichnen, da die Stäbe mechanisch und elektrisch außerordentlich beansprucht sind.

Wirtschaftlichkeit der elektrischen Sengung.

Annahme: Tuchbreite = 1 m: Sengung beidseitig. Erforderliche Zahl Glühstäbe 6, elektrische Leistung zirka 36 kW. Preis pro Glühstab = Fr. 50,— (38,2 Mk. = 65 S); Preis pro kWh = 7 Cts. (5,4 Pf. = 9,1 g).

Da die Haltbarkeit eines Aggregates von 6 Glühstäben (= Fr. 300.—) 500.000 m Tuch beträgt, so entfällt auf den Glühstabverschleiß pro m Tuch ein Betrag von $\frac{30.000}{500.000} = \frac{6}{100}$ Cts. Der Energieverbrauch pro m Tuch beträgt $\frac{1}{100}$ kWh; der Anteil auf die Stromkosten somit $\frac{7}{100}$ Cts.

Der totale Aufwand pro 1 m Tuch ist = **0,13 Cts. (0,1 Pf. = 0,17 g).**

Vorteile: 1. Vollständiges, einwandfreies Absengen. 2. Billige, saubere Bedienung. 3. Rasche Inbetriebsetzung, Heizung in 2 bis 3 Minuten auf voller Glut. 4. Einfache Reguliermöglichkeit. 5. Hohe Wirtschaftlichkeit.

u) Verschiedene Anwendungen.

Neben den bereits erwähnten Anwendungen findet die Elektrizität für Wärmezwecke noch Verwendung beim Schmelzen von Wachs, Harzen, Lack u. dgl., und zwar durch gewöhnliche Heizpatronen. Das gleiche gilt auch bei den elektrisch beheizten Schmelzkesseln in der Schokoladeindustrie und in der Gummiindustrie bei den Vulkanisiveinrichtungen.

In der keramischen Industrie, in Porzellan- und Glasfabriken bei der Beheizung der Öfen zur Vornahme von Brennproben, ferner für feinere Arbeiten, wie bei Brennen von Farben in Gläsern, Porzellan usw., werden die aus Chamotte u. dgl. bestehenden Ofenwänden häufig mit einer den Widerstandsleiter bildenden, schwer schmelzbaren Metallschicht belegt oder es wird durch Tränken der porösen feuerfesten Steine mit metallischen Lösungen auf chemischem Wege eine stromleitende Schicht hergestellt, die dann als Heizwiderstand dient.

11. Die Elektrizität in der Landwirtschaft.

a) Allgemeines.

Die Erkenntnis, daß die Elektrizität dazu berufen ist, der Landwirtschaft überragende Dienste zu leisten, hat in der Neuzeit bedeutende Fortschritte gemacht. Wer sich vor etwa 25 bis 30 Jahren mit der Einführung der Elektrizität auf dem Lande zu befassen hatte, der kann erzählen, welche außerordentlichen Schwierigkeiten damals nur der Einführung des elektrischen Lichtes entgegenstanden. Wohl gab es Gegenden mit mehr oder weniger der Neuerung zugänglichen Kreisen, aber die Verschiedenheit in der Auffassung machte sich oft von Gemeinde zu Gemeinde in überaus drastischer Weise geltend. Sehr häufig konnte man es erleben, daß sich der Landwirt nach vielen Vorträgen und persönlichen Besuchen, schließlich herbeiließ, die elektrische Beleuchtung in den Ökonomiegebäuden einrichten zu lassen, wo ihm die größere Feuersicherheit gegenüber den gefährlichen Laternen einleuchtete. Aber in den Wohnräumen blieb er gerne noch beim alten Petroleum. Gewiß gab es auch umgekehrte Verhältnisse, wo der etwas moderner angehauchte Landwirt vor allem die Bequemlichkeit und Reinlichkeit in seinen Wohnräumen schätzte, und die Beleuchtung der Ställe und Scheunen eher als Luxus betrachtete. Die Ausbreitung des elektrischen Lichtes auf dem Lande kam jeweilen erst recht in Fluß, wenn wieder eine Ortschaft die Neuerung eingeführt und sie sich einige Zeit zur Zufriedenheit der Bevölkerung bewährt hatte.

Damit nicht zufrieden, wollten aber die Elektrizitätswerke der Landwirtschaft auch die motorische Kraft und später die Wärmeanwendung dienstbar machen. Und da begannen die Schwierigkeiten aufs neue. Teils der hohen Anschaffungskosten wegen, teils aus Mangel an Vertrauen zu dieser Neuerung, kam der Elektromotor nur sehr langsam zur Einführung. Man kam daher auf den Gedanken, den Elektromotor auf einem Fahrgestell einzurichten, so daß mehrere Landwirte zusammen den fahrbaren Motor benützen könnten. Dies führte rasch zum gewollten Zweck: Wenn der eine sich des Motors bediente, wollte ihn der andere auch gerade haben, und so steigerte sich die Anwendungslust bei den einzelnen Landwirten, bis schließlich jeder einen Motor kaufte. Und als dann auch die Preise dank des größeren Bedarfes etwas zurückgingen und die Landwirte in der Anwendung des Motors immer geschickter wurden, nahm auch diese Elektroanwendung rascher zu. Im Kanton Luzern in der Schweiz waren z. B. im

Jahre 1910 etwa 50 Motoren in landwirtschaftlichen Betrieben aufgestellt und brauchten zusammen etwa 150 PS. Am Schlusse des Jahres 1925 waren es dagegen 2780, mit einem Bedarf von beinahe 9000 PS. In ähnlicher Weise haben sich wohl auch in anderen Kantonen die Motoren vermehrt. Die Wärmeanwendungen haben ebenfalls sehr stark zugenommen. In einem Versorgungsgebiete der Innerschweiz, welches im Jahre 1910 473 Wärmeapparate, vorwiegend Bügeleisen, aufwies mit einem Energiebedarf von 350 PS, waren es Ende 1925 15.000 Verbrauchskörper mit rund 21.000 PS.

Die elektrische Energie kann der Landwirtschaft hauptsächlich in zwei Richtungen dienen: Einmal durch Arbeitshilfe, indem sie zunächst andere Betriebsstoffe, Petroleum, Brennmaterialien und Arbeit von Menschen und Tieren ersetzt, und sodann durch Steigerung der Bodenproduktion, sowohl durch mechanische Bearbeitung, als auch durch Bewässerung, Befeuchtung der Luft und Bestrahlung von Pflanzen. Während das elektrische Licht auf dem Gutshofe für Hygiene, Feuersicherheit, rasche Dienstbereitschaft und genügende Helligkeit sorgt, lieferte der Elektromotor sowohl stationär als transportabel dem Landwirt die Antriebskraft für die mannigfaltigsten Arbeitsmaschinen. Und endlich liefert die Elektrizität die Wärme für Haushaltungen als Bügeleisen, für die Küchen als Kochherd mit den kleineren Kochapparaten und dem elektrischen Selbstkocher, Warmwasserspeicher, Obst-Sterilisierung und -trocknung, sowie für Brut- und Aufzuchtzwecke von Geflügel und jungen Tieren. Interesse finden außerdem Dampfkessel, Kühlschränke, kleine Öfen etc.

Wie steht es nun mit der tatsächlichen Aufnahme an elektrischer Energie und wie ist die zukünftige Aufnahmemöglichkeit abzuschätzen? Unter Berücksichtigung der technischen und wirtschaftlichen Verhältnisse ist es äußerst wertvoll, einen klaren Überblick über die ländliche Elektrizitätsversorgung zu gewinnen. Es stößt dies derzeit noch auf gewisse Schwierigkeiten, weil einer der wichtigsten Punkte der Statistik über Elektrizität vielfach nicht besteht, wenigstens nicht in Deutschland und Österreich. Dieses Versäumnis liegt zum Teil in der mangelnden Erkenntnis von der tatsächlichen Aufnahmefähigkeit an elektrischer Energie, teilweise aber auch in der Beanspruchung der Werke durch den ungeahnten Aufschwung des sonstigen Verbrauches in städtischen und industriellen Gebieten. Weiter befindet sich gerade die Landwirtschaft Deutschlands und Österreichs seit der Stabilisierung der Währung in einer trostlosen wirtschaftlichen Lage. Die Leistungen zur Beschaffung der notwendigen Einrichtungen und Stromverbraucher waren aus eigenen Mitteln nicht mehr möglich. Man muß ferner die Tatsache beachten, daß der Bauer mit der erfahrungsgemäß niedrigen Jahresbenützungsdauer seiner elektrischen Einrichtung und mit der damit namentlich in der Druschperiode unangenehmen Spitzenlaststeigerung der Werksanlagen häufig als recht unangenehmer und unbequemer Käufer angesehen wird. Dem verhältnismäßig geringen Landverbrauch wurde deshalb vielfach keine besondere Bedeutung beigemessen.

Die nachstehende Tabelle gibt einen Überblick über einige wirtschaftliche Zusammenstellungen *):

	Betreffen die Länder				
	Deutschland	Japan	England	Schweiz	Norwegen
Einwohnerzahl: Gesamtbevölkerung . . .	63,220.000	60,000.000	44,920.000	3,880.320	2,715.000
Landw. Bevölkerung: Zahl	20,000.000	—	—	1,000.000	1,900.000
in %	31%	—	—	26%	79%
Gesamtausdehnung: ha	47,203.400	38,850.000	24,404.000	4,129.493	32,379.300
Anbaufläche: (ohne Wälder) in ha . . .	28,000.000	—	18,700 000	2,276.745	226.000
in %	59%	16%	77%	55%	7%
Anzahl der landw. Betriebe:	5,000.000	—	—	250.000	—
Ausdehnung in ha: pro Betrieb im Mittel . .	5,6	0,5—1	—	9,—	—
Landw. Bevölkerungsdichte: pro ha	1,4	—	—	4	0,08
Gesamtproduktion: in Mill. kWh pro Jahr (1925)	11.400	—	3.900	1.740	1.500
Anteil der Landw.: in Mill. kWh	670	—	—	50	610
in %	9%	—	—	3%	40%
Verbrauch in kWh pro Jahr, pro Einw. im ges.	180	—	86,5	450	550
pro landw. Bewohner . . .	50	—	—	50	450 [1])

*) Siehe Berichte der Weltkraftkonferenz, Sondertagung, Basel 1926. Nr. 78, 8, 45, 55, 17, 42, 6, 35, 48.

Siehe auch: The Electrification of the Irish Free State. The Shannon Scheme by Siemens Schuckert.

Ferner Ausstellungsbericht für die Schweizer landwirtschaftliche Ausstellung von Bern 1925, vom Schweizer Bauernsekretariat, Brugg.

[1]) Wahrscheinlich viel Heiz- und Kochstrom, umgerechnet auf Licht und Motorenbetrieb gibt es zirka 60 kWh.

	Betreffen die Länder				
	Deutschland	Japan	England	Schweiz	Norwegen
Anbaufläche: ha	28,000.000	—	—	2,276.745	226.000
Landw. Bevölkerungszahl	20,000.000	—	—	1,000.000	1,060.000
Verbrauch in kWh total	670 Mill.	—	—	50 Mill.	610 Mill.
Verbrauch in kWh pro ha und Jahr . . .	24	—	23,5	18	210 [1])
Anschlußwert in kW, tot.	5,000.000	—	—	270.000 [1])	—
Anschlußwert in kW pro ha	0,18	—	—	0,12	0,87 [2])

[1]) Ungenauer Wert.
[2]) Diese Werte sind die Mittelwerte aus 391 Gutsbetrieben.

Besonders spezifiziert seien die Verhältnisse in der Schweiz angeführt:

Jährlicher Energiekonsum der schweizerischen landwirtschaftlichen Bevölkerung zirka 50 Millionen kWh = zirka 50 kWh pro Kopf (Maximum in Kanton Baselland 138 kWh pro Kopf) und die Gesamtausgabe der Konsumenten für diese Energie ist auf 16 Millionen Franken zu schätzen.

Diese 50 Millionen kWh stellen nur rund drei Prozent des gesamten schweizerischen Verbrauches an elektrischer Energie dar. Es ist aber zu berücksichtigen, daß in diesen drei Prozenten der Verbrauch der zugewandten Industrien (Kondensmilch, Schokolade u. dgl.) nicht inbegriffen ist.

Der landwirtschaftliche Gesamtverbrauch von 50 Millionen kWh im Jahre 1924 zerfällt nach Verwendungszweck in Konsum:

für Beleuchtung:

2,070.000 Lampen (1913: 700.000) mit 19,000.000 kWh (1913: 5 Millionen):
Im Mittel pro Kopf und Jahr landwirtschaftlicher Totalbevölkerung . . . . 19 kWh
Im Maximum pro Kopf und Jahr (Baselland) . . 63 kWh

Motoren:

50.000 (1913: 9000) mit 14,000.000 kWh (1913: 3 Millionen):
Im Mittel pro Kopf und Jahr landwirtschaftlicher Totalbevölkerung . . . . 14 kWh
Im Maximum pro Kopf und Jahr (Kanton Schaffhausen) . . . . 38 kWh

Bügeleisen:

100.000 Stück (1913: 16.000) mit 5,000.000 kWh (1913: 0,8 Millionen):
Im Mittel pro Kopf und Jahr landwirtschaftlicher Totalbevölkerung . . . . 5 kWh
Im Maximum pro Kopf und Jahr (Kanton Zürich) 8 kWh

Kochherde und Kochplatten:

4.200 Stück (1913: 350) mit 6,000.000 kWh (1913: 0,4 Millionen):
Im Mittel pro Kopf und Jahr landwirtschaftlicher Totalbevölkerung . . . . 6 kWh
Im Maximum pro Kopf und Jahr (Kanton Thurgau) 14 kWh

Andere Wärmeapparate:

6000 Stück (1913: 700) mit 6,000.000 kWh (1913: 0,3 Millionen):
Im Mittel pro Kopf und Jahr landwirtschaftlicher Totalbevölkerung . . . . 6 kWh
Im Maximum pro Kopf und Jahr (Kanton Thurgau) 13 kWh

Der gewaltige Fortschritt seit 1913 auf allen Gebieten ist in die Augen fallend.

In der Folge sind die gebräuchlichsten Wärmeanwendungen in der Landwirtschaft angeführt.

b) Wärmeanwendungen.

1. Bügeleisen. Es werden meist verwendet Eisen im Gewichte von 3 bis 3½ kg mit einer elektrischen Leistung von zirka 40 bis 450 Watt. Ihre weitere Beschreibung, sowie Angaben über die Wirtschaftlichkeit erübrigen sich.

2. Futterkessel. Seit zirka vier Jahren sind elektrisch geheizte Kippkochkessel in der Landwirtschaft hauptsächlich zur Zubereitung von Schweinefutter eingeführt worden. Mit Rücksicht auf die oft unreinen, feuchten Aufstellungsorte muß auch die elektrische Isolation von allerhöchster Zuverlässigkeit sein, trotzdem Gestell und Gehäuse selbstverständlich zu erden sind; denn bekanntlich sind die Erdleitungen auch der Beschädigung oder Zerstörung unterworfen und es sind beim heutigen Stande der Erdungsfragen in der Praxis Fälle, in denen die gewollte metallische Erdung schlechter ist als eine zufällige Erdung durch den menschlichen Körper, gerade bei den Futterkesseln durchaus nicht ausgeschlossen. Dem Gefahrenmoment ist somit bei diesem Objekt in der Fabrikation wie in der Installation die allergrößte Aufmerksamkeit zu schenken.

Weniger häfig gelangen auch Kessel aus verzinntem Kupferblech mit leichter Holzverschalung um die Isolation, wie auch sehr dickwandige Kübel aus Eichenholz, welches für sich allein hinreichend wärmeisolierend ist, zur Anwendung. Alle Konstruktionen sind ohne Ausnahme Kippkübel mit Stellvorrichtung zum Festhalten in geneigter Lage.

Mehrere der Konstruktionen sind durch die landwirtschaftliche Prüfstelle „Trieur“ *) mit nachstehendem Ergebnis untersucht worden:

Sieden von Kartoffeln.

Der Strom wurde voll eingeschaltet (1600 Watt) und abgeschaltet, sobald das Wasser zirka fünf Minuten gekocht hatte. Die im Wasser und im Kessel vorhandene und durch die Isolation zurückgehaltene Wärme genügt, um die Kartoffeln innerhalb einer weiteren Stunde weich zu kochen. Aus den 15 kontrollierten Versuchen ergibt sich für die obige Beschickung des Kessels eine mittlere Heizdauer von vier Stunden drei Minuten. Der mittlere Energieverbrauch wurde ermittelt zu 5,650 kWh. Die Qualität des Kochproduktes war immer gleichmäßig gut.

Kochen von Gerste und Mais.

Es wurden die ersten fünfzehnmal 11 kg Maismehl mit 35 Liter Wasser und die folgenden zwölfmal 10 kg Gerstenmehl mit 35 Liter Wasser gekocht. Hierbei wurde zuerst das Wasser zum Sieden gebracht, dann der Strom ausgeschaltet und das Gerstenmehl oder der Mais in das siedende Wasser eingerührt. Die im Wasser und im Kessel aufgespeicherte Wärme, welche von der Isolation zurückgehalten wird, genügt, um den Futterbrei vollständig weich zu kochen innerhalb einer weiteren Stunde. Auf diese Weise ist ein Anbrennen des Futterbreies ausgeschlossen.

Aus den 27 kontrollierten Versuchen ergab sich eine mittlere Heizdauer von zirka vier Stunden und ein mittlerer Energieverbrauch von 5,526 kWh.

Die Qualität des Kochproduktes war immer gut.

Allgemein rechnet man, daß in den vielen kleinen und mittleren Betrieben, die zirka 4 bis 20 Schweine halten, das Futter meist auf primitiven Feuerungsanlagen mit 10 bis 15 Prozent Wirkungsgrad zubereitet wird, während der elektrische Futterkessel zirka 70 Prozent Wirkungsgrad aufweist. Es erklärt dies, daß bei einer Schweinehaltung von vier bis fünf Stück pro Tier und Jahr das Futter mit rund 400 kWh Nachtenergie zubereitet werden kann, die zu rund 5 Rp. im Jahre 20 Fr. (26 S) kosten. Demgegenüber steht bei gleichen Verhältnissen nach Angaben von erfahrenen Landwirten ein Holzverbrauch von etwa 1 Klafter = 3 m³ pro Tier und Jahr nach der bisher üblichen Zubereitungsart, die auf durchschnittlich 60 bis 70 Fr. (78 bis 91 S) zu bewerten sind. Dazu kommt Sauberkeit, Arbeits- und Zeitersparnis bei der elektrischen Zubereitung.

---

*) Schweizerische Stiftung „Trieur“ für land-, milch- und forstwirtschaftliche Maschinen und Geräte, Sitz in Brugg.

Schließlich ist noch zu erwähnen, daß der Kessel auch anderen Zwecken dienen kann, wie z. B. zur Bereitung von großen Mengen heißen Wassers für verschiedene Zwecke, wie bei Erkrankung des Viehs etc., zum Kochen von Randen, zum Sterilisieren von Früchten und Most. Durch Einsetzen eines Steigrohres läßt er sich als Waschhafen verwenden.

Es unterliegt keinem Zweifel, daß es sich hier um ein für den Konsumenten wie für das Werk lohnendes Objekt handelt, das auch durch die allerdings wichtige Frage, ob gekochtes Futter oder Trockenfutter für die Schweine zuträglicher sei, kaum an Bedeutung verlieren dürfte, da in dieser Beziehung die Anschauung vorherrscht, daß für die Schweinemast gekochtes Futter vorzuziehen sei, während Trockenfütterung eher für die Zucht in Betracht komme.

3. Heißwasserspeicher (Boiler). Sie kommen im landwirtschaftlichen Haushalt und Betriebe vor in den meist gebräuchlichen Größen von 30, 50 und 75 Litern (Wandboiler). Größere Ausführungen mit 100, 150, 200 und mehr Litern Inhalt (Stehboiler) sind meist für Badeeinrichtungen, da und dort auch in der Landwirtschaft bereits im Gebrauch. Sie werden, soweit möglich, an bestehende Wasserversorgungen mit Hahn vor dem Speicher, also drucklos, angeschlossen. Bereitet der Aufstellungsort Schwierigkeiten, was bei größeren Speichern der Fall sein kann, so können sie auch als Druckboiler gebaut und angeschlossen werden, wobei je nach den Verhältnissen Druckreduzier-, Rückschlag- und Sicherheitsventile, oder besser ein Schwimmergefäß in der Zuleitung mit Expansionsleitung und Überlaufleitung anzubringen sind. In allen Fällen wird der Speicher so nahe als möglich an der Zapfstelle des heißen Wassers aufgestellt.

In Norwegen verwenden die Bauern vielfach ein gewöhnliches Faß, in welches ein Tauchsieder gesteckt wird, um sich heißes Wasser zu erzeugen. Diese mit geringsten Kosten herzustellende Vorrichtung hat zu einer weit verbreiteten Anwendung der Elektrizität für solche Wärmezwecke geführt.

4. Kochherde, Kochapparate und Selbstkocher. Die verwendeten Herde gleichen äußerlich den üblichen Gasherden. Speicherherde sind nicht im Gebrauch, sondern es werden ausschließlich Herde mit direkt beheizten, gußeisernen Kochplatten von meist 22, seltener 18 cm Durchmesser verwendet, und zwar in Zusammenstellungen von 2 bis 3 Kochplatten nebeneinander, ohne Backofen, also niedere Form, oder 3 bis 4 Kochplatten mit Brat- und Backofen, also hohe Form. Die Kochplatten (22 cm) haben Anschlußwerte von 1000, 1200, 1500, 1800 und bis 2000 Watt. Als Kochgeschirr werden meist Aluminiumpfannen mit 6 bis 8 mm starken, genau ebenen Böden verwendet. Der Brat- und Backofen wird mit separat regulierbarer Ober- und Unterhitze von zusammen 2 bis 2,5 kW Leistung ausgerüstet und ist in dieser Ausführung ungemein beliebt. Herde mit drei oder vier Kochplatten und Backofen weisen Anschlußwerte von 7, bezw. 8½ kW auf, doch

ist erfahrungsgemäß die wirkliche Höchstbelastung des Netzes nicht in erster Linie von der Herdgröße, sondern vielmehr von dem Personal, für das gekocht wird, abhängig. Durch sorgfältige Einzelbeobachtungen in einem ostschweizerischen Werk (E. K. Z.) hat sich bis heute ergeben, daß in einer für eine größere Anzahl von Kochanschlüssen allein gedachten Belastungskurve der Anteil an der dabei vorkommenden Höchstbelastung (zirka 12 Uhr) pro Kopf rund 300 Watt ausmacht. Diese Höchstbelastung wird aber zeitlich nicht zusammenfallen mit der sonst auftretenden Höchstbelastung eines Werkes; die Kochbelastung wird deshalb in der Gesamthöchstbelastung eines Werkes mit einem geringeren Anteil mitzählen. Es ist überdies zu erwarten, daß mit zunehmender Zahl der Kochanschlüsse dieser Anteil noch zurückgehen wird. Dabei ist aber nicht zu übersehen, daß in den Einzelzuleitungen wesentlich größere Momentanbelastungen vorkommen, was in weitverzweigten Netzen mit stark zerstreuten Anschlüssen, wie sie namentlich in der Landwirtschaft vorkommen, sich oft sehr nachteilig geltend macht.

Im Sinne einer Verteilung des Energiebezuges und Niederhaltung der Belastungsspitzen wirkt die Anwendung der elektrischen Selbstkocher. Es sind dies zylindrische, gegen Wärmeverluste gut isolierte Kessel mit einer Bodenheizung von zirka 100 Watt, in welche 2 bis 3 Kochpfannen übereinander hineingestellt werden können. Das Kochgut wird auf dem Herd auf hohe Temperatur vorgekocht und dann im gleichen Kochgeschirr in den Selbstkocher gestellt, wo es mit äußerst geringer Wärmezufuhr garkocht. Siedefleisch wird oft ohne Vorkochen am Abend in den Selbstkocher verbracht, wo es auf billigste Art über Nacht garkocht. Landwirte können ihr Mittagessen am frühen Morgen gleichzeitig mit dem Frühstück kochen und im vorgeheizten Selbstkocher mit aufs Feld nehmen oder zum Essen bereitstellen, ohne weitere Zeit mit der Überwachung des Kochens verlieren zu müssen. Die Verwendung dieses für Werk und Konsument rationellen Apparates hat sich leider, wahrscheinlich mangels genügender Aufklärung, teils auch wegen ungünstiger Vorurteile, noch nicht recht eingebürgert. — Was nun noch die kleineren Kochapparate belangt, so haben sich Einzelkochplatten, weil im allgemeinen zu wenig leistungsfähig, wenig eingeführt, dagegen finden für kleinere Kochportionen die direkt beheizten Einzelkochgeschirre verschiedener Form, sogenannte Schnellkocher, mit Vorteil Anwendung.

An Konsum für die elektrische Küche rechnet man erfahrungsgemäß bei einer Familie von 5 Personen etwa 1 kWh pro Person und Tag, bei kleineren Familien mehr, bis 1,5 kWh, bei größeren auch unter 1 kWh. Bei zweckmäßigen Tarifen, die allerdings leider noch nicht von allen Werken geführt sind, ergeben sich so Kosten von durchschnittlich 7 bis 10 Centimes pro Kopf und Tag. Das Kochen mit Elektrizität kommt in Vergleich zum Kochen mit Gas ungefähr gleich teuer zu stehen, wenn der mittlere kWh-Preis den 3,5. bis 4. Teil des Preises von 1 m^3 Gas beträgt.

Der Umstand, daß der Landwirt meist eigenes Holz verfeuert, wird allerdings in der Anschlußbewegung stets verzögernd wirken, aber dennoch findet diese Kochart auch in der Landwirtschaft Eingang.

5. Sterilisieren. Das Sterilisieren von Gemüse und Obst im Haushalt erfolgt meistens in Gläsern in bekannter Weise auf den Kochherden. Es sind aber auch spezielle elektrische Sterilisier-Apparate für Gläser in den Handel gekommen; sie bestehen aus einer mit schwacher elektrischer Heizung versehenen Aluminiumplatte, die auf einer wärmeisolierenden Korkunterlage ruht. Auf die Aluminiumplatte werden die Sterilisiergläser gestellt und über das Ganze eine Isolierhaube gestülpt. Der Betrieb erfolgt mit billigem Nachtstrom, für die Einhaltung der gewollten Temperatur sorgt ein kleiner Temperaturbegrenzungsschalter. Zum Sterilisieren von beispielsweise 5 Gläsern, zu je 1 bis 1½ Liter Inhalt, werden bei einem Anschlußwert von 150 Watt in 10 Nachtstunden 1,5 kWh verbraucht, die zu 5 Centimes pro kWh nur 7,5 Centimes kosten. Teils wegen etwas hoher Anschaffungskosten und wohl auch wegen der nicht in allen Teilen befriedigenden Ausführung hat jedoch dieser Apparat bis heute wenig Eingang gefunden.

6. Trocknungsapparate und Dörrapparate. Ein wichtiges Mittel zur Konservierung von landwirtschaftlichen Erzeugnissen aller Art ist die Trocknung, d. h. die Entziehung oder Verringerung des natürlichen Wassergehaltes. In Europa wird die Trocknung für Obst, Gemüse, Sämereien u. dgl. angewendet. Ferner werden Holz, Fische und Tierfelle getrocknet. Von tropischen und subtropischen Gewächsen kommen Tabak, Kaffee, Tee, Kakao, Kopra, Bananen, Pfeffer, Rosinen, Gewürznelken, Muskatnüsse, Zimt, Chinarinde, Pfirsiche, Feigen, Datteln und anderes mehr in Frage.

Die trocknenden Faktoren sind Luft und Wärme. Sie können auch durch natürliche Lufttrocknung in Anwendung gebracht werden. Dieser Vorgang ist jedoch vom Klima und dessen Schwankungen abhängig und wirkt langsam. Man ging daher schon frühzeitig zur künstlichen Trocknung über. Auch in neuzeitlichen Trocknungsanlagen wird die Luft noch häufig durch indirekte Heizung mit Dampf erwärmt und dem Trockengut durch natürlichen Zug oder mittelst Ventilatoren zugeführt. Hierzu ist ein Dampferzeuger notwendig, dessen Bedienung umständlich ist und ständige Beaufsichtigung erfordert. Einen großen Fortschritt stellt daher die Einführung der elektrischen Heizung der Trockenluft dar, weil dadurch eine absolut saubere, leicht kontrollierende und gut regelbare Erwärmung der Trockenluft erzielt wird. Allerdings muß billige elektrische Energie zur Verfügung stehen, da für die Entfernung von 1 kg Wasser aus dem Trockengut zirka 1,5 kWh erforderlich sind, andererseits sind elektrische Trocknungsanlagen sehr angenehme Stromverbraucher, da sie eine gleichmäßige, nicht induktive Belastung der Elektrizitätswerke ergeben und so zur Verbesserung des Leistungsfaktors beitragen. Außerdem kann unter Umständen billige Überschußenergie sowie Nachtstrom von Wasserkraftwerken sehr zweckmäßig verwendet werden. Es liegt also im eigenen Interesse der Elektrizitätswerke, die Ausbreitung der elektrischen Trocknung durch günstige Tarife zu fördern.

Eine solche elektrische Trockeneinrichtung besteht im wesentlichen aus dem Lufterhitzer, dem Trockenraum, der Luftumwälzeinrichtung und den Geräten zur Aufnahme des Trockengutes. Der Lufterhitzer besteht aus einem Kasten, in welchem die Heizkörper eingebaut sind. Diese sind in Gruppen unterteilt, so daß sich durch Zu- und Abschaltung von einzelnen Gruppen eine gute Regulierung der Heizwirkung erzielen läßt, wie sie bei vielen

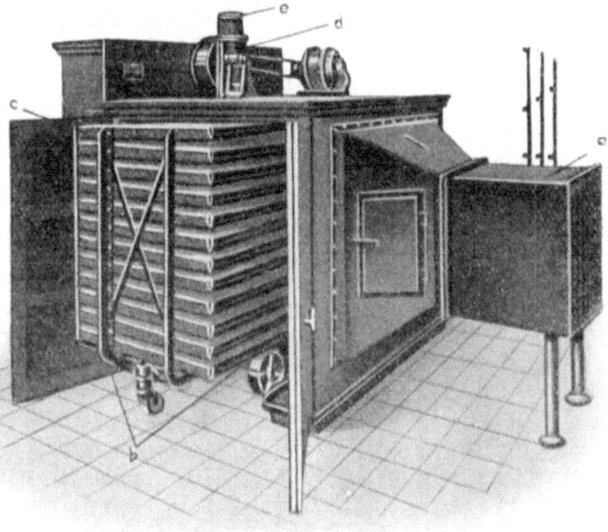

Abb. 422

Trocknungsvorgängen erforderlich ist. Falls eine zweistufige Regulierung genügt und wie gewöhnlich Drehstrom zur Verfügung steht, läßt sich durch Sterndreieckumschaltung der Heizelemente die Leistungsaufnahme etwa im Verhältnis von 1 : 2 ändern.

Um allen Anforderungen gerecht werden zu können, hat die A. E. G. seinerzeit in Verbindung mit der Trocknungsanlagen-Ges., Berlin, zwei Formen von elektrischen Trocknungsanlagen ausgebildet. Für kleinere Leistungen ist der Kleinkammertrockner am Platze, wie ihn Abb. 422 darstellt. Das Kammergehäuse besteht aus gespundeten doppelten Holzwänden, deren Zwischenräume mit Isoliermasse ausgefüllt sind. Nur für besonders hohe Trockentemperaturen ist Ausführung in Eisenblech zu empfehlen. Die Kammer kann auch aus Gips oder Zementdielen oder Ziegelsteinen

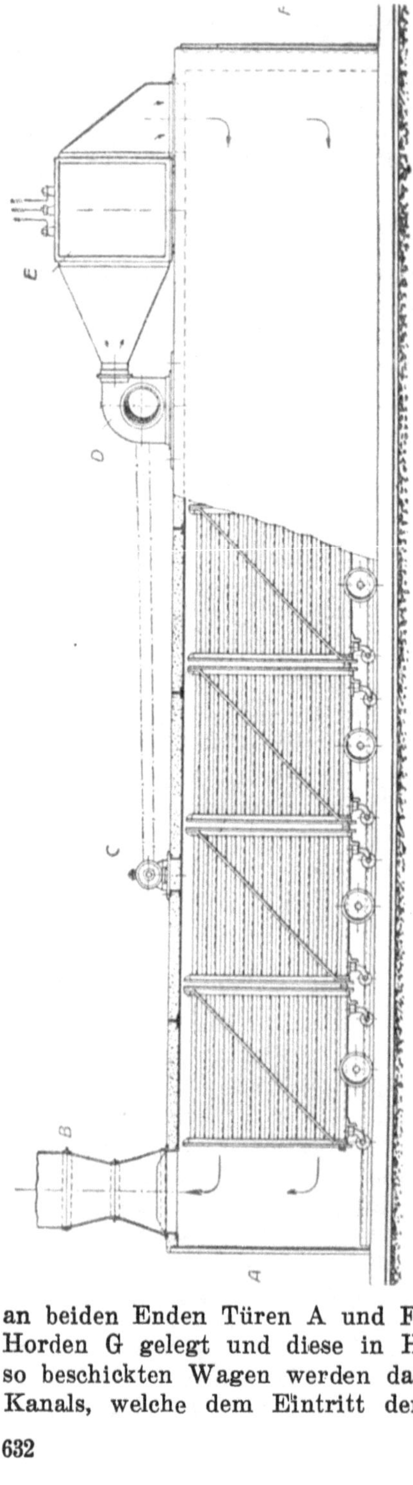

Abb. 423

ausgeführt werden. Das Trockengut wird auf Horden c ausgebreitet. Die Horden werden von einem Hordenwagen getragen, der auf Rollen b in die Kammer eingefahren wird, worauf deren ebenfalls doppelwandige Tür geschlossen wird. Hierauf wird der Ventilator d, der auf der Kammerdecke angeordnet ist und durch einen Motor von etwa 0,2 PS angetrieben wird, in Tätigkeit gesetzt. Dieser saugt die Frischluft durch den Lufterhitzer a in die Kammer. Die feuchte Luft verläßt die Kammer durch den Abzugsstutzen e. Zweckmäßigerweise wird ein zweiter Hordenwagen vorgesehen, der beschickt wird, während der erste Wagen sich in der Kammer befindet. Der Lufterhitzer hat eine Nennaufnahme von etwa 18 kW, so daß etwa 12 kg Wasser dem Trockengut pro Stunde entzogen werden könnten. Die benötigte Grundfläche beträgt nur 2,9 × 1,25 m, die Höhe etwa 2 m.

Für größere Trockenleistungen muß fortlaufender Betrieb der Anlage gefordert werden. Hierfür kommt der Kanaltrockner nach Abb. 423 und 424 in Frage. Bei diesem tritt an Stelle der Trockenkammer ein Kanal, dessen Länge sich nach der benötigten Trockenzeit richtet, und der an beiden Enden Türen A und F besitzt. Das Naßgut wird auf Horden G gelegt und diese in Hordenwagen eingeschoben. Die so beschickten Wagen werden dann an der Eingangseite A des Kanals, welche dem Eintritt der heißen Luft entgegengesetzt liegt, eingefahren und durchwandern, dem heißen Luftstrom entgegen, die ganze Länge des Kanals. Über der Ausgangsseite ist der Lufterhitzer E mit dem Ventilator D angeordnet, der durch den Motor C angetrieben wird. Am anderen Ende entweicht die feuchte Luft durch den Abluftstutzen B. Es kommt also hierbei der Grundsatz der Gegenstromtrocknung in Anwendung, der ganz allmähliche Wasserentziehung und Erzielung eines einwandfreien Trockengutes gewährleistet. Die Wagen, die im Dauerzustand stets den ganzen Kanal ausfüllen, werden in derartigen Zeitabständen in den Kanal eingeführt, daß bei der jedesmaligen Einfahrt eines frisch beschickten Wagens in den Kanal am Ausfahrtsende ein Wagen mit fertig getrocknetem Gut entnommen werden kann, so daß ein ununterbrochener Arbeitsgang gewährleistet ist. Die Wände des Kanals können ähnlich wie jene des Kleinkammertrockners ausgeführt werden. Zweckmäßig kann auch eine Längsseite des Kanals an eine bereits vorhandene Gebäudewand angebaut werden. Die Wagen selbst laufen auf Schienen. Zur Erleichterung des Transportes werden diese mit leichtem Gefälle gegen das Ausfahrtende verlegt.

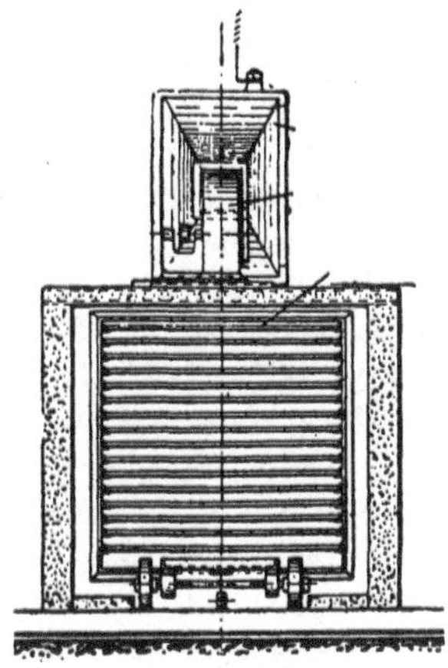

Abb. 424
Querschnitt der Trockenanlage

Als Beispiel sei die Ausrüstung eines Kanaltrockners beschrieben, der 5000 kg Rohbananen in 8 Stunden zu trocknen gestattet, wie er mehrfach und in noch größerem Maßstabe ausgeführt wurde (Abb. 423 und 424).

Der Kanal hat eine Länge von etwa 10 m und eine lichte Weite von 1150 × 1400 mm. Der elektrische Lufterhitzer nimmt 550 kW Drehstrom auf und ist dreifach regulierbar. Der Ventilator hat eine Leistungsaufnahme von etwa 6 PS. Zur Ausrüstung gehören acht Hordenwagen für je 30 Horden, von denen je sieben gleichzeitig im Kanal Platz haben.

In den Vereinigten Staaten wurden bisher die auszuführenden Südfrüchte, wie Melonen, Zitronen, Orangen, vor ihrer Verladung in Schiffe dadurch einem kurzzeitigen Trocknungsprozeß unterworfen, daß man sie eine Zeitlang in Räumen lagerte, die mittelst Gas- oder Petroleumflammen geheizt waren. Der Zweck war die Entziehung überflüssiger Feuchtigkeit, um die Früchte während des Überseetransportes vor Fäulnis zu schützen. Versuche mit elektrischer Heizung haben nun ergeben*), daß letztere nicht nur sauberer und besser regelbar, sondern auch billiger ist, so daß die Westinghouse Company eine derartige Anlage für die Wittier

*) El. World, Bd. 84, S. 464.

Select Fruit Growers' Association of California ausgeführt hat. Der Trocknungsprozeß findet in Räumen statt, die 7,5 m lang, 4,5 m breit und 3 m hoch sind. Der Strom wird nur eingeschaltet, wenn die Temperatur auf 24° C gesunken ist; die obere Temperaturgrenze beträgt 30° C. In den Trockenräumen bleiben die Früchte 3 bis 5 Tage lang; dieser Zeitraum genügt, um die Poren zu öffnen und die schädliche Feuchtigkeit herauszutreiben. Jeder Raum erhält einen Satz von vier Heizkörpern, deren Betrieb von Hand oder selbsttätig kontrolliert werden kann, so daß der Strom nur dann eingeschaltet wird, wenn neue Wärmezufuhr erforderlich ist. Gerade in dem letzteren Umstande erblickt man ein wichtiges Moment für die Rentabilität derartiger Anlagen.

Für die einzelnen Landwirte kommen hauptsächlich kleinere Dörrapparate in Frage, mit einer Dörrfläche von zirka 0,5 bis 1,2 m² und regulierbaren Energieaufnahmen von 400 bis 750 Watt. Mit diesen Apparaten kann man täglich, d. h. in zirka 10 bis 20 Stunden, etwa 6 bis 10 kg Grüngewicht Obst und Gemüse dörren. Fleischwaren brauchen längere Zeit (4 bis 5 Tage). Größere Apparate waren besonders zur Zeit der Lebensmittelknappheit häufig anzutreffen und stehen stellenweise, namentlich in Anstalten, auch heute noch in Gebrauch. Sie weisen teilweise sehr große Anschlußwerte auf und sind durch besondere Installationen bedient. Leider hat allerdings das Dörren im großen in letzter Zeit wirtschaftlich aus folgenden Gründen wenig befriedigt: Die Nachfrage nach Dörrprodukten (Gemüse und Obst) ist gering, weshalb nur niedrige Preise zu erzielen sind. Bei diesen schlechten Preisen fallen aber einerseits die Rüster- und Wärterlöhne zu stark ins Gewicht, andrerseits auch die Energiekosten. Da die Erfahrung ergeben hat, daß mit reinem Nachtstrombetrieb kaum auszukommen ist, muß auch Tagesenergie mitverwendet werden. Die durchschnittlichen Energiekosten steigen dadurch und wenn auch viele Werke zeitweise für sie selbst wenig befriedigende Sonderpreise von 3 bis 1 Cts. (4 bis 1,3 g) pro kWh Nachtenergie bewilligten, so vermochte das die Dörranstalten doch nicht lebensfähig zu erhalten. Die Mehrzahl derselben sind denn auch im Verlauf der letzten Jahre wieder eingegangen. Zweckmäßiger scheint das anfangs erwähnte Dörren im Einzelhaushalt zu sein, wo der stets betriebsbereite elektrische Dörrapparat nicht gewerbsmäßig arbeiten muß, sondern mehr mithilft, nicht sonst verwertbares Gemüse und Obst vor dem Zugrundegehen zu bewahren. Es wird dabei namentlich billige Nachtenergie verwendet und es werden nach Feststellungen der landwirtschaftlichen Versuchsanstalt in Wädenswil (1916/17) in der Schweiz folgende Ergebnisse erzielt:

Dörrgut	Dörrgewicht in % des Grüngewichtes	Für 1 kg fertig trockenes Dörrgut aufzuwendende Energie
Äpfel	15	10—12 kWh
Birnen	20	9,8—10 „
Kirschen	19	12 „
Bohnen	13	11 „

Je nach Bewertung der für das Rüsten nötigen Arbeit und nach dem verfügbaren Elektrizitätstarif läßt sich hieraus die Zweckmäßigkeit des elektrischen Dörrens im einzelnen Falle beurteilen.

7. B r u t a p p a r a t e. Diese werden sowohl als kombinierte Brut- und Aufzuchtapparate, wie auch mit getrennten Apparaten für Brut- und Aufzucht verwendet. Der Anschlußwert ist gering. Für Brutapparate beträgt er 40 Watt bei Apparaten für 30 bis 35 Eier und zirka 60 Watt bei solchen für 100 bis 125 Eier. Der Heizkörper ist inwendig am Deckel des Apparates so angebracht, daß sich überall eine gleichmäßige Wärme einstellt. Die notwendige Temperatur (39 bis 41° C) kann mit einem leicht einstellbaren Temperaturregler auf ¼ bis ½ Grad genau festgelegt werden. Jeder Apparat ist ferner mit einem Kontrollthermometer ausgerüstet. Kleine Unterbrechungen in der Energiezufuhr schaden dem Brutprozeß nicht. Nach Angaben eines Züchters sollen, trotz einer 38stündigen Stromunterbrechung, 95% Kücken geschlüpft sein.

Im Falle des kombinierten Brut- und Aufzuchtapparates dient der Brutraum nach dem Schlüpfen als Schlafraum, dessen Temperatur wieder nach Wunsch eingestellt werden kann. Bei getrenntem Aufzuchtapparat besteht dieser aus einem heizbaren Schlafraum und einem Scharraum. Die Apparate arbeiten sehr sicher, Störungen am Heizköper sind bei der geringen Belastung nahezu ausgeschlossen. Trotzdem haben sie noch verhältnismäßig wenig Verbreitung gefunden, weil der schweizerische Landwirt der Geflügelzucht im allgemeinen wenig Interesse entgegenbringt. Er wendet seine oft spärlichen Mittel ihm wichtiger scheinenden Einrichtungen zu. Auch größere Züchtereien, die des sicheren, einfachen und leistungsfähigen Betriebes wegen mit besonderem Vorteil elektrische Brutmaschinen verwenden, sind in der Schweiz noch selten. Passende, für diesen Zweck hinreichend billige Energietarife dürften bei den meisten Werken verfügbar sein. Es kann mit einem Durchschnittspreis von 15 Cts. (12 Pf. oder 20 g) per kWh gerechnet werden, so daß sich für eine Brut von 60 Eiern, wozu 25 kWh nötg sind, die Energiekosten auf Fr. 3,75 stellen. Eine brütende Henne versäumt aber vielleicht 20 bis 40 Eier zu legen im Werte von 4 bis 8 Fr., das macht bei 4 Hennen, die zusammen höchstens 60 Eier ausbrüten, Fr. 16,— bis 32,—. Die Anschaffungspreise samt Temperaturregler und Thermometer bewegen sich für die billigeren kombinierten Apparate um Fr. 150,— bis 210,—, für 30, bezw. 60 Eier. Man darf somit annehmen, daß sich der Apparat bezahlt macht. Auf dem Gebiete des elektrischen Brütens ist daher eine weitere Entwicklung zu gewärtigen, umsomehr, als sich auch die schweizerischen Geflügelzüchtervereinigungen seit längerer Zeit große Mühe um die Hebung der Geflügelzucht geben.

Es sei an dieser Stelle noch die künstliche B e l i c h t u n g des N a h r u n g s r a u m e s im Winter erwähnt. Die dadurch ermöglichte Ausdehnung der Nahrungsaufnahme auf den frühen Morgen und den späten Abend befördert nachgewiesenermaßen die Legetätigkeit. Man erzielt eine erhöhte Ausbeute an gut bezahlten Wintereiern. Ob so die Gesamteierproduktion einer Henne auch auf eine kürzere Zeit zusammengedrängt werden kann, oder ob die Hennen nach einer derart forzierten Legeperiode eher mit Vorteil zu schlachten sind, darüber scheinen nach der Fachpresse die Meinungen noch auseinanderzugehen. Das Verfahren wurde bisher in der Schweiz jedenfalls nur versuchsweise durchgeführt und es bleiben längere Erfahrungen abzuwarten.

8. Elektrodampfkessel. Elektrodampfkessel verschiedener Größe sind in Molkereien und Käsereien zu finden. Sie sind dort den individuellen Bedürfnissen angepaßt und meist mit Speicherung verbunden. Neben der Widerstandsheizung sind sowohl größte, wie auch kleine Kessel mit Elektrodenheizung im Gebrauch, letztere z. B. mit Leistungen von 2 bis 20 kW für Drehstrom-Niederspannung und 5 At. Überdruck, geeignet für Brennereien, Mostereien, Wäschereien, Heizanlagen u. dgl. Elektrodenheizung bedingt aber wegen des sehr verschiedenen und variablen Widerstandes des verwendeten Wassers einige Sorgfalt in der Regulierung. Eine Reihe größerer Anlagen in Molkereien und Käsereien sind durch die milchwirtschaftliche Beratungsstelle in Bern des Schweizerischen Bauernverbandes eingehend beschrieben und untersucht worden. Nachstehend seien einige Angaben auszugsweise wiedergegeben: Die 6 m³-Speicher-Kesselanlage einer Molkerei wird mit einer regulierbaren Leistung bis 70 kW bei 500 Volt Drehstrom bis auf 12 At. Betriebsdruck geheizt. Einschaltung zu gegebener Zeit wie Ausschaltung bei erreichter maximaler Kesseltemperatur erfolgen automatisch, durch Alarmklingel gesichert.

An diese Anlage sind angeschlossen im:

Kellergeschoß:	**Parterre:**	**1. Stock:**
1 Waschtrog,	1 Mischdüse,	2 Mischdüsen.
1 Spülbock,	2 Waschtröge,	
1 Vorwärmer,	2 Spülböcke,	
1 Pasteur,	2 Schweinefutterkasten.	
3 Heizöfen,		
1 große Käsewärme,		
1 kleine Käsewärme,		
1 Mischdüse.		

Vom ökonomischen Standpunkt aus stellen sich die Kosten etwa 20 Prozent höher (es wurden dort 2 Cts. pro kWh verrechnet) als mit einer modernen Kohlendampfanlage (Juli 1925). Durch Wegfall der Holz-, Kohlen- und Schlackenfuhren, der Kamin- und Kesselreinigung werden diese Mehrkosten zum Teil kompensiert. Das Betriebspersonal wird nicht durch die Feuerbedienung beansprucht, und es ist infolgedessen die Gefahr einer ungenügenden Feuerbedienung aufgehoben. Bei Betriebsbeginn am Morgen sind die Kessel aufgeheizt, so daß auch hier an Zeit gewonnen wird. Heute rechnen die landwirtschaftlichen Fachleute, daß die Preise für elektrische Energie für diese Zwecke in der Größenordnung von 1,5 Centimes pro kWh liegen sollten, wobei für diverse Ersparnisse und Annehmlichkeiten beim elektrischen Betrieb bereits ein Zuschlag eingerechnet ist. Berücksichtigt man, daß es sich dabei um niedergespannte Energie aus den allgemeinen Verteilnetzen handelt, so ist es verständlich, daß zurzeit die meisten Werke nicht in der Lage sind, neue derartige Anlagen anzuschließen, es sei denn, daß sich der Abnehmer für nur zeitweisen Energiebezug (inkonstante Energie, Abfallkraft) vorsieht, d. h. neben dem Elektrokessel noch eine hinreichend leistungsfähige Brennstoffeuerung einrichtet oder beibehält. Sollten sich die Konkurrenzverhältnisse für die Elektrizität wieder verbessern, so entstünde hier ein ansehnliches Absatzgebiet. Man rechnet, daß im Jahre 1920 in den schweizerischen Talkäsereien 350 Millionen Liter Milch zu Käse verarbeitet wurden, was bei elektrischem Betrieb zirka 35 Millionen kWh beanspruchen würde.

9. Molkerei. Die vollkommene Elektrifizierung der Molkereien muß angestrebt werden, soweit es wirtschaftlich möglich ist. Nicht nur die Arbeitsmaschinen sollen elektrisch angetrieben werden, sondern der gesamte Wärmebedarf soll mit elektrisch aufgeheizten Speichern gedeckt werden. Nach diesen Grundsätzen wurde die Stadtmolkerei Belgard in Deutschland vollkommen umgebaut *). Die Höchstleistung dieser Molkerei beträgt 7000 Liter Milch. Hiervon sind rund 5000 Liter Milch zuzüglich 1200 Liter angeliefertem Rahm direkt zu verarbeiten, während der Rest nur sterilisiert wird und als Stadtmilch zum Verkauf gelangt. Der Wärmebedarf ist vom Institut für Maschinenwesen der Preußischen Versuchs- und Forschungsanstalt in Kiel nach genauen Untersuchungen mit 500.000 kcal festgestellt.

Der Wärmespeicher selbst besteht aus einem äußeren Blechkasten mit zerlegbaren Seitenwänden, in dem eine Isoliermauer eingebaut ist, die wiederum einen Blechkasten umschließt, der die Speichermasse, die Heizeinrichtung und das Rohrsystem enthält. Im ganzen sind fünf Rohrsysteme in der Speichermasse angeordnet, von denen vier zur Entnahme von Heißwasser gekuppelt sind, während das fünfte für die Beheizung der Dauerwanne und zur Dampfentnahme für die Sterilisation bestimmt ist. Jedes Rohrsystem besteht aus einer Rohrlyra, in die oben durch ein gemeinsames Ventil Wasser geleitet wird, das in dem Rohrsystem nach unten gelangt und von dort aus durch die gemeinsame Ableitung in erhitztem Zustande nach einem Ausgleichsbehälter geleitet wird.

Die elektrischen Heizkörper sind in Form von sehr kompakten Chromnickelspiralen in Chamotte-Steinen eingebettet, die zwischen den Plattensystemen der Rohreinbauten eingesetzt sind. Der

---

*) Z. d. V. D. I., Nr. 45 aus 1926. Prof. Dr. Martiny: Stand und Aufgaben der Technik in der Milchwirtschaft. — Bericht Nr. 8 der Weltkraftkonferenz. Sondertagung, Basel 1926, S. 37.

Zwischenraum zwischen den Plattensystemen ist mit eisernen Entladerippen durchsetzt und der zwischen den Konstruktionsteilen verbleibende Raum wird mit trockenem Sand gefüllt. Die Heizeinrichtung besteht aus zwei Drehstromsystemen von 30 und 45 kW Leistung bei 380 Volt Drehstrom, von denen jedes in Sternschaltung arbeitet. Auch hier wird der Warmwasserspeicher des Nachts aufgeheizt, der dann am Vormittag neben der Erhitzung der Milch und des Rahmes die Lieferung des zur Verarbeitung der Milch nötigen Heißwassers übernimmt.

Die Erhitzung der Frischmilch, der der Rahm zugesetzt wird, erfolgt durch einen Doppelrohrerhitzer auf 63° C und die vorerhitzte Milch kommt dann in eine erstmalige ebenfalls auf 63° C vorgewärmte Dauerwanne, in der sie etwa ¾ Stunden verbleibt. Alsdann erfolgt die Zentrifugierung. Der Rahm wird ohne Hocherhitzung tief gekühlt (auf etwa 10° C), die Magermilch ebenfalls. Durch einen Doppelrohr-Wärmeaustauschapparat wird der größte Teil des benötigten heißen Spülwassers mit etwa 50° C bei der Kühlung der Magermilch gewonnen. Der Rest des erforderlichen heißen Spülwassers wird direkt vom Speicher entnommen. Der Jahresverbrauch dieser Molkerei wird etwa 150.000 kWh betragen. Der Anschluß der Molkereien ist nur dort möglich, wo billiger Nachtstrom zur Verfügung steht.

Würde z. B. der Wärmebedarf sämtlicher Molkereien Deutschlands durch Elektrowärme gedeckt, so ergäbe sich schätzungsweise ein Verbrauch von einer Milliarde kWh, der ebenfalls vollkommen in die Nacht gelegt werden könnte.

10. Besonderes Interesse beansprucht noch neben der Gesamt-Elektrifizierung der Molkereien und Käsereien die Separatheizung der Käsekeller. Eine geprüfte Anlage ergab folgende Ergebnisse*):

Anschlußwert 12 kW, Spannung 500 Volt Drehstrom, zwei Warmwasserspeicher zu je 700 Liter Inhalt.

Das Wasser wird nachts auf zirka 65° erwärmt und gibt diese Wärme durch Zirkulation in einem Röhrensystem bis zum Abend unter Abkühlung des Wassers auf zirka 40° ab. Die Raumtemperatur soll immer zirka 20° betragen. Ein Temperaturregler, der auf beliebige Temperaturen einstellbar ist, reguliert auf 1° genau auf konstante Temperatur. Über Mittag, zwischen 12 und 13½ Uhr, werden die Speicher wieder eingeschaltet.

Während zwei Wintermonaten, vom 5. Dezember bis 5. Februar, während welcher die tiefste Temperatur —10° C betrug, wurde ein Energieverbrauch von 7000 kWh Nachtstrom festgestellt.

Als Hauptvorteil macht der Käser geltend: absolut konstante Wärme, keine Wartung, und 1 bis 1½ Prozent weniger Gewichtsverluste infolge der feuchten Wärme. Die trockene Kohlenfeuerung hat sonst wertvolle Fettbestandteile aus dem Käse direkt

*) Dir. F. Ringwald, Luzern, Bulletin S. E. V. Nr. 5 aus 1925.

herausgetrieben. Gewinn durch die kleinere Gewichtsverminderung 800 bis 900 Fr. pro Jahr.

Die Heizung muß auch im Sommerhalbjahr in Betrieb gehalten werden, da die Wärme im Keller auch im Sommer auf 20⁰ gehalten werden muß.

11. Kühlanlagen. Solche Anlagen bestehen von großen Dimensionen, die namentlich in den großen Milchverwertungszentralen zu den unentbehrlichen Einrichtungen gehören, bis hinunter zum katalogmäßig im Handel befindlichen Kühlschrank, der neben dem Kompressorsystem auch nach dem Absorptionssystem (Pat. Mannesmann) also ohne Motor, sondern mit einem kleinen elektrischen Heizkörper, gebaut wird. Nachstehend seien die Hauptdaten zweier Kleinkühlschränke nach verschiedenem System mitgeteilt:

Im einen Falle wird — bei täglich zehn- bis zwölfstündigem Betrieb — ein gut isolierter Schrank mit den Innenmassen von zirka 60×76×40 cm (0,18 m^3) auf zirka 0 bis +5° C gekühlt und 1 bis 2 kg Eis erzeugt. Es können täglich zirka 20 kg Kühlgut eingeführt und kühl gehalten werden. Dazu werden 30 Liter Kühlwasser pro Stunde und elektrische Energie zum Betrieb eines kleinen Drehstrommotores von 0,15 kW Anschlußleistung benötigt; das macht pro 24 Stunden (mit zehn- bis zwölfstündigem eigentlichem Betrieb) 330 Liter Kühlwasser und zirka 1,6 kWh.

Im anderen Falle wird ein Kühlraum von 65×55×40 cm (0,14 m^3) auf zirka +4° C gekühlt und 1,5 bis 3 kg Eis erzeugt. Dafür wird ein Wasserverbrauch von zwölf Liter pro Stunde und die Speisung eines Heizkörpers von 0,8 kW Anschlußwert während zwei Stunden benötigt; das macht pro 24 Stunden 288 Liter Kühlwasser und 1,6 kWh.

Beide Systeme werden normalerweise auch in größeren Ausführungen hergestellt; sie sind vorzüglich konstruiert und sind deshalb auch ziemlich teuer (zirka 1000 bis mehrere 1000 Franken). Sie haben daher in kleineren Verhältnissen leider erst wenig Eingang gefunden, obwohl für Fleisch- und Milchaufbewahrung Verwendung vorhanden wäre.

12. Heißwasserbeize. Von Bedeutung scheint auch die elektrische Heißwasserbeize nach Dr. Tamm, Berlin-Dahlem, zu werden, die einen neuen Weg zur technischen Durchforschung des Heißwasserverfahrens darstellt. Krankheiten des Getreides, die durch Blüteninfektion übertragen werden — der Gersten- und Weizenflug, deren Verbreitung viel größer ist, als man gewöhnlich annimmt — werden durch das von Jensen, Dänemark, vorgeschlagene Heißwasserverfahren bekämpft. Mit den bisherigen Apparaten waren die Erfolge wechselnd, weil sowohl die Vorquellung des Saatgutes und die hierbei zu beobachtende Temperatur, als auch die Temperatur der nachfolgenden Hauptbehandlung peinlich genau innegehalten werden müssen. Das Saatgut muß vier Stunden lang im Wasser von 27° C vorgequollen und dann einer Temperatur von 50 bis 52° C zehn Minuten lang aus-

gesetzt werden. Hierauf müssen die erhitzten Körner sofort mit kaltem Wasser abgeschreckt werden. Es ist klar, daß sich bei einer derartig peinlich genauen Einstellung und Regulierung der Temperatur der Beizflüssigkeit größere technische Schwierigkeiten einer einfachen, aber doch absolut einwandfreien Durchführung dieses Verfahrens entgegenstellen. Daher sind auch die wechselnden Erfolge erklärlich. Sämtliche bisherigen Konstruktionen verwenden zur Erzeugung der benötigten Temperatur des Beizwassers direkte Feuerung oder Dampf. Benutzt man nun — und das war die Idee von Dr. Tamm — den elektrischen Strom als Wärmequelle, dann fallen alle Schwierigkeiten fort und die praktische Durchführung der Heißwasserbehandlung ist sicher wirksam zu gestalten, weil die Erwärmung der Beizflüssigkeit in ihren sämtlichen Schichten völlig gleichmäßig vor sich geht und weil die genaue Einstellung und feinere Regelung der benötigten Temperatur leicht und einfach ausgeführt werden kann. Dazu kommen die wirtschaftlichen Vorteile, an Wasser- und Wärmeaufwand sparen zu können. Als Stromart wird niedriggespannter Drehstrom, wie er von den Überlandwerken geliefert wird, verwendet. Der Phasenwechsel dieses Drehstromes reicht vollständig aus, um die Gefahren einer etwaigen Elektrolyse auszuscheiden. Um den Widerstand des Wassers herabzusetzen, wird eine 0,5prozentige Kochsalzlösung verwendet, bei der Keimbeschädigungen nicht festgestellt werden konnten. Bei diesem Verfahren ist es möglich, die erforderlichen Temperaturen so gleichmäßig zu halten, daß die Erfolge unbestritten sind. Der Apparat selbst ist erst im Ausbau begriffen, dürfte aber sicher Verbreitung finden.

13. Most-Serilisation. Ein sehr bedeutendes Interesse beansprucht die Konservierung des unvergorenen Obstsaftes, da es sich dabei in guten Obstjahren um die Erhaltung von rund 500 Wagenladungen Fruchtzucker als Nährwert handelt. Allerdings ist heute die Nachfrage nach unvergorenem Obstsaft noch gering, und es muß in erster Linie auf eine Änderung der Anschauungen und der Geschmacksrichtung hingearbeitet werden, wofür in der Jugend bereits gute Ansätze vorhanden sind. Technisch scheint die Aufgabe auf den ersten Blick leicht, handelt es sich doch nur darum, den frischen Fruchtsaft zwecks Abtötung und weiterer Abhaltung der Hefepilze auf eine Temperatur von 70 bis 80 ° C zu erwärmen und nachher unter Luftabschluß aufzubewahren. Im Kleinen läßt sich das mit Hilfe der Elektrizität ohne weiteres auf verschiedene Arten durchführen. Das zuverlässigste Verfahren ist die Erwärmung in Flaschen, worunter nicht nur Flaschen gewöhnlicher Größe, sondern auch Ballons von beispielsweise 25 Liter Inhalt zu verstehen sind. Dieses Verfahren kann unter Beobachtung gewisser Vorsichtsmaßregeln leicht in jedem Haushalt angewendet werden, wobei sich außer dem Kochherd für die Erhitzung auch der Futterkübel mit geeignetem Einsatz als billige Kochstelle verwenden läßt. Ein 25-Liter-Glasballon voll Most beansprucht in einem Futterkessel,

Größe 50 Liter, 0,15 kWh pro Liter zur Sterilisation. Diese Verfahren elektrischer Sterilisation haben sich aber nur im Kleinen bewährt.

Den Umständlichkeiten des Flaschenverfahrens suchte man zu begegnen durch Serilisation des Mostes in den Fässern. Hierzu wurden Tauchsieder von geeigneter Form, die durch das Spundloch der Fässer eingeführt werden können, gebaut und zum Preise von zirka 100 Fr. angeboten. Der Energieverbrauch ergab sich dabei pro Liter zu zirka 0,1 kWh. Nach vollzogener Aufheizung ist das Spundloch abzuschließen unter Einsetzung eines Luftfilters, wie sie in mannigfachen Ausführungen erhältlich sind. Diese Tauchsieder haben aber die in sie gesetzten Erwartungen nicht erfüllt; schwer vermeidbare Kondensationserscheinungen in ihrem Innern haben oft die elektrische Isolation beeinträchtigt, so daß ihre Anwendung, namentlich in Kellern, mit Gefahr verbunden war. Diesen Nachteil sucht eine andere Konstruktion zu vermeiden, die durch das Spundloch zwei Elektroden einführt und den Most selbst als Leiter benützt. Es sind damit eingehende Versuche angestellt worden; der Hauptnachteil ist aber der, daß die eisernen Faßreifen im praktischen Betrieb ein gefährliches Pontential annehmen können. Aus Messungen ergaben sich in konkreten Fällen bei einem Widerstand von 1650 Ohm zwischen Reifen und Erde Stromstärken von 0,04 und 0,075 A. Diesen Gefahren durch Erdung der Faßreifen zu begegnen, kann nicht als zuverlässig betrachtet werden. Derartigen Einrichtungen gegenüber ist somit größte Vorsicht am Platze.

Eine dritte Art des Sterilisierens im Faß besteht darin, daß der Most in einem am Fasse möglichst direkt angeschlossenen Durchlaufapparate mit Widerstandsheizung erwärmt und die Zirkulation so lange fortgesetzt wird, bis der Faßinhalt die nötige Temperatur erreicht. Ein Versuch mit einer solchen Einrichtung hat folgende Daten ergeben: Faßinhalt 100 Liter, Anfangstemperatur 10° C, Endtemperatur 73° C, Dauer der Heizung zweieinhalb Stunden, Anschlußwert 4 kWh, Energieverbrauch 9,8 kWh pro 100 Liter, Wirkungsgrad zirka 75 Prozent, Anschaffungskosten zirka 200 Fr. Dieser Apparat scheint sich im Betrieb befriedigend gehalten zu haben.

Allen diesen Faßverfahren haften aber noch gemeinsame Übelstände an. Ungenügend dichte Fässer und Eindringen von Gärungskeimen bei der wiederholten Drehung des Hahnes haben bisher verhältnismäßig häufig zu Mißerfolgen geführt.

Diesen Schwierigkeiten vorwiegend nicht elektrischer Natur gesellen sich noch Verhältnisse ungünstiger Art bei den Elektrizitätswerken hinzu, infolge kurzzeitiger gewaltiger Häufung der Belastungen, denen die Verteilnetze an den wenigsten Orten gewachsen wären. Ihre Verstärkung wäre aber mit Rücksicht auf die niedrigen Preise für Nachtenergie und auf die äußerst kurzen Gebrauchsdauern dieser hohen Belastungen niemals wirtschaftlich zu rechtfertigen. Eine Verlegung des Betriebes auf die Zeit der

Tageshelle dient im allgemeinen auch nicht, weil tagsüber das landwirtschaftliche Personal mit der Obsternte beschäftigt ist und zudem höhere Energietarife zur Anwendung kommen müßten.

Aus diesen Verhältnissen ist zu schließen, daß vorderhand zwar das Sterilisieren im Haushalt, besonders nach dem Flaschenverfahren, zu empfehlen ist innerhalb der Leistungsfähigkeit der vorhandenen elektrischen Anlagen und soweit nicht andere Feuerungseinrichtungen mit herangezogen werden können, daß aber für das Sterilisieren im Großen noch andere Wege begangen werden müssen. Als solcher sei erwähnt die Aufbewahrung des frischen Obstsaftes in Kühlkellern, wo die Gärungskeime sich nicht entwickeln. Es ist dann möglich, die eigentliche Sterilisation zum großen Teil auf die Zeit vor der Spedition zu verlegen, zum mindesten aber auf eine recht lange Zeitspanne zu verteilen. Inwieweit die Anwendung solcher Verfahren im Großen wirtschaftlich vorteilhaft ist, läßt sich schwer beurteilen, so lange der Entwicklung eines breiteren Marktes für unvergorenen Obstsaft noch die anfangs erwähnten Hindernisse im Wege stehen.

14. Die elektrische Futterkonservierung.

Allgemeines. Die Ökonomisierung der Weltwirtschaft, besonders in dem verarmten Europa, zwingt alle Völker, nicht nur in der Industrie, sondern auch in der Landwirtschaft jeden Zweig derselben zu einem Maximum an Leistungsfähigkeit bei einem Minimum an hiefür aufgewendeten Kosten auszugestalten. Ein Hilfsmittel hiezu bietet sich uns in der Elektro-Silage, d. h. Frischerhaltung von saftigem Futter.

Alle Ernten, vor allem an frischem Futter, Gras, Klee, Luzerne, Gemenge usw., leiden unter ungünstiger Witterung und verlieren nicht nur an Masse, sondern auch an Nährwerten in einem Umfange, wie es vielerorts nicht erkannt wird. Die Verluste der Ernte bestehen in Auswachsen, Verfaulen, Blattabfall, ferner in der Aufwendung von mehrfach wiederholten Arbeitsleistungen, z. B. Heuwenden. Gelingt es, die Ernte unabhängig von der Witterung einzubringen, dann wird ein richtiger Futteranbau zu einer ganz bedeutenden Hebung in der Erzeugung der erforderlichen Nährwerte führen. Allerdings wird sich an manchen Stellen die landwirtschaftliche Betriebsführung diesen neuen Forderungen anpassen müssen. Mit den Erfolgen wird auch der Viehstand zunehmen, damit auch reichlicher wieder Milch und Butter erzeugt werden können.

Durch den in den Vereinigten Staaten durchgeführten Silagebetrieb ist der amerikanische Landwirt in der Lage, Kraftfuttermittel und Molkereierzeugnisse auszuführen, deren Förderung durch die Benutzung von über 1 Million Futtertürme wesentlich begünstigt wird, d. h., es entfallen auf 100 Kühe 1 Futterturm; in Sachsen auf 2500 Kühe 1 Silo und in Österreich . . .?

Der Erfolg des Elektro-Silage-Futters wird durch folgenden Brief der Gutsverwaltung Reichstädt, Amt Dippoldiswalde, gekennzeichnet.

„Die Silage-Anlage besteht aus vier Behältern, je 90 m³ Inhalt. Drei dieser Behälter sind für elektrische Konservierung eingerichtet. Das zu konservierende Futter — Rotklee und Thimotheegras — wird durch Elevator der Häckselmaschine, die etwa 50 cm über Oberkante der Silos steht, zugeführt. Dort wird das Futter gehäckselt und durch das Schwungrad, an dem aus Winkeleisen kleine Schaufeln angebracht sind, in die Behälter geschleudert. Das Schwungrad macht etwa 200 Touren und schleudert das gehäckselte Futter mühelos 6 bis 8 Meter weit. Die Verteilung auf die verschiedenen Behälter erfolgt am besten dadurch, daß man das geschleuderte Futter durch mehr oder weniger schräg gestellte Brettafeln dirigiert.

Die elektrische Konservierung ist die einzig richtige, nachdem man sich mit dem Gärtner & Aurich'schen Verfahren mehrere Jahre vergeblich bemüht hat, und zwar aus folgenden Gründen:

Das Futter ist einwandfreies Süß-Preßfutter von angenehmem Geruch, das von allen Tieren, auch Pferden, sofort aufgenommen wird. Man ist vom Wetter gänzlich unabhängig. So kann z. B. während einer viertägigen Regenperiode unbeschadet Futter eingefahren und in die Silos gebracht werden. Das Futter wurde in keinem Falle vorgetrocknet, da sich solches Futter schlechter häckselt als ganz frisches."

Ein Gutsbesitzer nächst Worms hat dieses Jahr zirka 6000 q Frischfutter auf elektrischem Wege in Dauerfutter umgewandelt; eine sicherlich ganz respektable Leistung und gleichzeitig ein Beweis, daß das Verfahren befriedigt.

Die Zentralverwaltung der schweizerischen landwirtschaftlichen Versuchsanstalten äußert sich im landwirtschaftlichen Jahrbuch 1925 zu dieser Frage folgendermaßen:

„Die Konservierung von Rauhfutter in Silos. Die Ergebnisse aller seit 1917 bis 1924 in Liebefeld veranstalteten Versuche mit Silofuttern zusammenfassend, kann gesagt werden, daß sowohl die Süßgrünfutter-Bereitung, als die Konservierung von Mais nach dem amerikanischen Verfahren unter passenden Verhältnissen regelmäßig oder gelegentlich zur Herstellung von Dauerfutter in Betracht gezogen werden dürfen, daß aber anderseits bis heute mit keiner Silofutterbereitung eine Konserve erzielt wurde, bei deren Verwendung der Produzent einer absolut einwandfreien Qualitätsmilch einen derart weiten Spielraum in seinen Futteranordnungen besitzt, wie er ihm bei Verwendung einer Durchschnittsqualität der üblichen natürlichen und künstlichen Milchviehfutter zur Verfügung steht."

In bezug auf diese Frage äußert sich ferner Prof. Dr. Wiegner, Zürich, im folgenden Sinne:

„Es wird nicht bestritten, daß es möglich ist, mit Silofutter Milch gewinnen, die sich auch zur Käsebereitung eignet. Solche Versuche sind tatsächlich auch in der Schweiz ausgeführt worden. Bei der sehr großen Zahl von Versuchen aber, die im ganzen angestellt worden sind, hat sich ergeben, daß wirklich günstige Resultate nur bei allergrößter Sorgfalt erzielt werden, bei einer Sorgfalt, auf deren Einhaltung im praktischen Betrieb draußen nur in den allerseltensten Fällen gerechnet werden kann. Auch das Ablassen der schädlichen Buttersäure aus den Futterbehältern hilft nicht, da damit die Buttersäurebakterien nicht aus dem Futter verschwinden, überdies gehen dabei auch wertvolle Stoffe mit ab. Da nun die Infektion der Milch mit Buttersäurebakterien aus dem Futter meist durch Kostbestandteilchen erfolgt, diese zum Teil in der Milch sich auflösen und daher nicht ausfiltriert werden können, ist dem Kenner der Verhältnisse erklärlich, daß die Störungseinflüsse so zahlreich und so heimtückisch sind, daß in der Praxis sehr viele Mißerfolge, Käsereiprodukte zweiter und dritter Qualität, zu gewärtigen wären. Hier müßte vorerst eine für die Praxis zweckmäßige Entkeimungsmethode der Milch einsetzen, worüber die Untersuchungen aber noch im Gange sind. Nun beruht die Stellung des Schweizer Käsehandels im Weltmarkt nur auf der guten Qualität. Jede Gefährdung oder Verschlechterung der Qualität ist von wirtschaftlich schwerwiegendster Bedeutung und es kann somit zurzeit hauptsächlich aus diesem Grunde nicht zu einer vermehrten Anwendung des Futtersilierens geraten werden. Nebensächlicher Natur ist dabei zurzeit noch die Frage, ob bei der Silierung die Elektrizität mitzuwirken habe, umsomehr, als durch die bisherigen Versuche auf eine günstige Sonderwirkung der Elektrizität in praktischen Verhältnissen (Elektrosilo) nicht geschlossen werden konnte.

Neben dem Silieren sollte der Entwicklung eines technisch und wirtschaftlich befriedigenden Dörrens des Grünfutters alle Aufmerksamkeit geschenkt werden."

A. Nach dem Verfahren des Dipl. Landwirtes Schweizer.

a) Elektro-Futteranlagen.

Die Überlandwerke müssen die Errichtung von Elektro-Futteranlagen von folgenden Gesichtspunkten aus betrachten:

1. Welchen Einfluß üben diese neuartigen Anschlüsse in technischer Hinsicht auf bestehende Netze und Transformatorenstationen aus?
2. Sind Neuaufwendungen in bestehenden Netzen erforderlich?
3. Ist es erforderlich, bei noch auszubauenden Landesteilen bezüglich Bemessung von Leitungsnetzen von vornherein Rücksicht auf die kommende Entwicklung der Elektro-Silagen zu nehmen?

4. Ergibt sich ein wirtschaftlicher Vorteil für die Elektrizität liefernden Werke?

Zu 1. Über den Einfluß in technischer Hinsicht sind einige Aufklärungen erforderlich. Sind an einem größeren Ortsnetze bereits zahlreiche Motoren, teils von größeren Leistungen, angeschlossen, so ist die Abmessung des Transformators weniger mit Rücksicht auf die zahlreichen kleineren, z. B. 2—8 PS starken, als auf die größten Dreschmotoren zu bestimmen. Auf die Bemessung der Transformatorenleistung in vorwiegend ländlichen Orten ist schon wiederholt hingewiesen (siehe Mitteilungen der Vereinigung der Elektrizitätswerke Nr. 266, 1920). Große Dreschleistungen von 30, 40 und 50 PS, besonders wenn mehrere solche den übrigen Ortsbewohnern und den Überlandwerken selbst sehr unangenehme Sätze vorhanden sind, bestimmen ausschließlich die Größe des Transformators in rein ländlichen Bezirken. Kleinere Motoren und die Lichtanschlüsse üben auf die Bemessung von Transformatoren einen geringen Einfluß aus. Man muß sich daran erinnern, daß der landwirtschaftliche Betrieb ein sehr schlechter Abnehmer ist, hat er doch nur etwa 70 Benutzungsstunden für Kraft und etwa 300 bis 350 Stunden für Licht im Jahr (ein Jahr = 8760 Stunden) aufzuweisen, daher treffen so selten die gleichzeitigen Benutzungsstunden der Kraftanschlüsse zusammen, obgleich die Benutzung der landwirtschaftlichen Motoren an bestimmte Zeiten gebunden ist. Trotz dieser allgemein zutreffenden Ausführungen soll ein Fall aus der Praxis hier genauer behandelt werden, weil doch noch Bedenken dahingehend geäußert werden, daß bei Einführung von einzelnen Elektro-Silos die Transformatorenleistungen nicht ausreichen. Zur Zeit der Errichtung der Silo-Anlage war

der Gesamtanschluß des Ortes A	203	Kilowatt.
Hiervon entfallen auf Licht	25	„
Auf die Kraftanschlüsse	178	„

Die Kraftanschlüsse verteilen sich auf:

7 Kraftanlagen unter 4 PS mit zusammen	15 PS =	13	Kilowatt.
13 Kraftanlagen über 4—10 PS mit zusam.	112 PS =	102	„
3 Kraftanlagen über 10 PS mit zusammen	70 PS =	63	„

Die größten angeschlossenen Motoren hatten eine Leistung von 12,5 PS (Dreschmaschine), 17,5 PS (Mühle), 40 PS (Dreschsatz).

Der auf einer Maststation im Freien aufgestellte Transformator hat eine Leistung von 50 kVA. (15.000 : 380/220 Volt) und ist seit Oktober 1914 unverändert in diesem Ortsnetz in Betrieb, trotzdem eine Drei-Silo-Anlage seit Herbst 1921 hinzugekommen ist! Um dies recht zu verstehen, muß man zunächst auf den Konservierungsvorgang zurückkommen. Die Stromabnahme erfolgt langsam steigend, oft mit 1 bis 2 Ampère, bei gehäckselten, naßgeregneten oder verschneiten Rübenblättern, wohl auch mit 10 und mehr Ampère beginnend, bis nach einer Reihe von Stunden bei zunehmender Erwärmung des Futterstockes die Stromstärken erreicht werden, welche ein großer Motor besitzt. Ein Motor von 10 PS nimmt bei einer Netzspannung von 380 Volt (die neueren Drehstrom-Ortsnetze werden fast überall mit 380 Volt für Kraft- und mit 220 Volt Spannung für Lichtabgabe gebaut) 23 Ampère auf, ein Motor von 20 PS 45 Amp., von 30 PS 68 Amp., von 40 PS 90 Amp. Man vergleiche jetzt den Verlauf eines sogar recht ungünstigen Konservierungsprozesses, da es sich um die Konservierung von Rübenblättern 1. mit Köpfen und 2. bei einer Außentemperatur von 0 Grad und darunter handelt! Nach 5 Stunden ist die Stromstärke auf 22, nach 10 Stunden auf 32, nach 15 Stunden auf 40 und erst zum Schluß des hier 19 Stunden dauernden Verlaufes auf 48 Ampère gestiegen. Es ist daher jetzt zu verstehen, daß die kurzfristigen Belastungen durch Elektro-Silo-Anlagen in einem Jahre von 8760 Stunden nicht eine so große Rolle spielen, selbst wenn mehrere solche Futtertürme an einen Transformator angeschlossen werden!

Während bisher bei Drehstromanlagen ausschließlich das Dreibehältersystem angewendet wurde, wobei jeder Behälter an je eine Phase angeschlossen wird, haben neuerdings vorgenommene Versuche in der Praxis und Messungen von Herrn Prof. Dr. Karl Schmidt-Halle ergeben, daß man unbedenklich alle drei Phasen an die Deckel-Elektroden eines einzelnen Behälters anlegen kann. Hierbei ist zu beachten, daß die drei einphasig angeschlossenen Deckelabschnitte zur Vermeidung von Kurzschluß einen gegenseitigen Abstand je nach der eingelagerten Futterschichthöhe besitzen müssen. Hierdurch wird ermöglicht, daß alle drei Phasen in einem Behälter gleichzeitig arbeiten können, ohne daß Kurzschluß zu befürchten ist.

Für diese dreiphasige Konservierung ist eine Isolierung der Wandungen gegen den elektrischen Strom nicht mehr erforderlich, ebensowenig ist es notwendig, daß alle drei Behälter am gleichen Tage und zu gleicher Zeit gefüllt werden.

Jede vorhandene Silo-Anlage kann auf diese Weise mit den einfachsten Mitteln in eine Elektro-Futteranlage umgebaut werden. Die diesbezüglichen Versuche wurden im Laufe des Sommers 1923 in großem Umfang vorgenommen, ohne daß eine Änderung der bisherigen Konstruktion, bis auf geringe Einzelheiten, erforderlich war.

Über die Wahl der Transformatoren hinsichtlich Schaltung dienen folgende Hinweise. Ein Transformator, hochspannungsseitig in Dreieck, niederspannungsseitig in Stern geschaltet und mit einem Silo zwischen Außenleiter und Nulleiter belastet, wird ohneweiters die vorübergehende ungleiche Belastung der Phasen übernehmen. Dasselbe gilt für Transformatoren, die hochspannungsseitig in Stern, niederspannungsseitig in Doppelstern-Schaltung mit ausgeführtem Nulleiter gebaut sind. Die Ausführung der Transformatoren in Stern-Stern-Schaltung bringt dagegen einen großen Spannungsunterschied bei ungleicher Belastung hervor und ist deren Verwendung zu vermeiden.

Ganz anders liegen naturgemäß die allerdings weniger zahlreichen Fälle, wo bisher nur kleinere Transformatorenleistungen benötigt worden sind; das ist aber meist nur dort der Fall, wo eine kleinere Wirtschaft einzeln liegt und nur wenige kleine Motoren außer Licht angeschlossen sind. Hier wird die Verwendung eines Transformatorwagens zu empfehlen sein oder die Errichtung einer nicht beständigen Station. Da die Konservierungs-Perioden nicht mit den Dreschperioden zusammenfallen, so ist hier Gelegenheit zu einer günstigen Ausnutzung vorhandener Transformatorenwagen!

Für das Elektro-Siloverfahren nach Schweizer bedarf man im allgemeinen heute Transformatorenleistungen von 15/30 kVA.

Zu 2. Welche Neuaufwendungen in bestehenden Netzen werden bei allgemeiner Einführung von Elektro-Silo-Anlagen erforderlich?

Die unter dem ersten Absatz gemachten Ausführungen bedürfen bis zu einem gewissen Grade einer Ergänzung, wenn es sich um die für die Landwirtschaft notwendige allgemeine und endgültige Durchführung von Elektro-Silagen, etwa im Anschluß an ein bestehendes Ortsnetz, handelt. Die technischen Fragen liegen dann sowohl in der Erörterung der Transformatorenleistung, als auch in der Bemessung von Ortsnetzleitungen. Solange noch Anschlüsse für größere Motoren aus dem gleichen Leitungsnetz befriedigt werden können und nur einige Türme errichtet werden, werden diese Verhältnisse durchaus nicht immer zu Netzumbauten oder Netzverstärkungen führen. Man muß sich an das kurzfristige Auftreten der Höchstbelastungen in den Anlagen erinnern. Ein Silo wird, wie früher bereits angegeben, schichtenweise behandelt. Nehmen wir zunächst eine Drei-Silo-Anlage mit 4 Meter hohen Futtertürmen zu je 80 Kubikmeter Inhalt an, dann wird man — je nach der Futterart und der Witterung und der Ernte — z. B. in fünf Schichten, also in 5 Zeitabschnitten, je Silo konservieren. Die Dauer jedes Konservierungsvorganges schwankt zwischen 10 und 48 Stunden. **Wichtig ist, daß, wenn die Temperatur von 50° C erreicht wird, das Futter „gar" konserviert ist,** und ist dann die Stromzufuhr einzustellen, das Futter herauszunehmen. Kann der Gutsbetrieb es erreichen, so durch Stellung zahlreicher Gespanne, durch genügend große Häckselmaschine usw., daß alle drei Behälter gleichzeitig ohne Unterbrechung gefüllt werden, dann ist die ganze Silage-Arbeit in etwa 10 Tagen, einschließlich Pausen, beendet.

Diese Vorgänge müßten bei Beurteilung der hier angeschnittenen Fragen klargestellt werden. Es wächst während der Konservierungszeit jedesmal der Strombedarf bis zu einer Höhe von 40 bis 50 Ampère an, um dann nach der etwa 4- bis 7stündigen Pause für Häckselschneiden, Einbringen und Eintreten mit wenigen Ampère wieder zu beginnen. Es wird kaum vorkommen können, daß die Spitzen mehrerer Konservierungsvorgänge, die sich im Anschluß an ein und denselben Transformator abspielen, zeitlich zusammenfallen. Jeder Vorgang erfordert eine nicht im voraus berechenbare Zeit.

Verstärkung des Netzes oder der Zuleitungen zum Anschluß von Elektro-Silo-Anlagen wird demnach nicht erforderlich sein. Die Anlagen sind nur verhältnismäßig kurze Zeit, z. B. zweimal im Jahre je 10 bis 14 Tage, mit Unterbrechungen, in Benützung. Daher wird man von Fall zu Fall den Kapitalsaufwand für neue Leitungen mit dem Energieverlust in den Leitungen in Beziehung setzen.

Nur in einem Idealfall, d. h. bei der vollständigen Durchführung und Einführung von Elektro-Silos auf allen Wirtschaften eines Dorfes — bei kleinen Verhältnissen ist an den bereits an manchen Stellen vorgeschlagenen Gemeinschafts-Silo zu denken — werden wesentliche Verstärkungen der Anlagen der Überlandwerke notwendig, dann wird aber auch der volle Wert der Elektro-Silos in der Landwirtschaft erkannt und eine Verständigung über die Verteilung der Kosten zwischen Abnehmer und Elektrizitätslieferant leicht erzielbar sein.

Auch an dieser Stelle muß an die günstigere Ausnutzung der Transformatorwagen erinnert werden, die zur Unterstützung und Ergänzung von Transformatorstationen für kurze Benutzungszeiten sehr geeignet sind.

Zu 3. Ist es erforderlich, bei noch auszubauenden Landesteilen bezüglich Bemessung von Leitungsnetzen von vornherein Rücksicht auf die kommende Entwicklung der Elektro-Silagen zu nehmen?

Die Lösung der Frage ist nicht schwierig. Soweit es sich um ländliche Bezirke handelt, wird der geringste Querschnitt von 16 qmm (für Kupfer), der durch die Vorschriften des Verbandes deutscher Elektrotechniker festgelegt ist, für die Stichleitungen (Leitungen von der Hauptleitung bis an den Ortsnetztransformator) stets genügen. Für die Hauptleitungen selbst werden je nach der Höhe der benutzten Spannung 1. die Gesamtausdehnung der Strecken, insbesondere ihre Entfernung von den speisenden Kraftwerken, 2. der Charakter der Gegend und ihre Entwicklungsmöglichkeiten im Laufe eines Jahrzehntes oder eines noch längeren Zeitabschnittes, 3. die im neuen Versorgungsgebiete bereits vorhandenen Elektrizitätswerke — als Unternehmer — und ähnliche wie unter 1 bis 3 genannte Faktoren mehr ins Gewicht fallen, als die allerdings nicht zu unterschätzende, in bester Entwicklung begriffene Ausbreitung der Elektro-Silage.

Die Transformatorenstationen sind meist von so reichlichen Abmessungen, daß leicht eine Auswechslung eines zu kleinen gegen einen größeren oder die Hinzunahme eines zweiten Transformators zu jeder Zeit möglich ist.

Zu 4. Ergibt sich ein wirtschaftlicher Vorteil für die Elektrizität liefernden Werke?

Ohne Zweifel muß man diese Frage bejahen. Es handelt sich in erster Linie um eine günstigere Ausnutzung von Kraftwerken, Hochspannungs-, bezw. Speiseleitungen und Transformatoren. Das

Verhältnis der nutzbar abgegebenen Kilowattstunden zu den Verlusten kann für die in Frage kommenden Wochen um einen merklichen Prozentsatz verbessert werden. Dazu kommt, daß die Abnahme zum größten Teil in der Nacht erfolgt. Das sind große Vorteile, umsomehr, da die Elektro-Silos nicht empfindlich bei kurzen Stromunterbrechungen sind.

Auf der anderen Seite ist zu beachten, daß nur zweimal im Jahr, selten wohl öfter, bei einem Abnehmer siliert wird und dann in der verhältnismäßig kurzen Zeit von je 10 bis 14 Tagen.

Betrachtet man die jährliche Gesamtstromabnahme eines Abnehmers mit und ohne Elektro-Silo, dann ist allerdings der wirtschaftliche Unterschied zu ersehen.

Aus diesen Gründen sind verschiedene Überlandwerke den neuen Abnehmern mit Nachlässen bis 20% (in einzelnen Fällen, so bei reinem Nachtstrombezug, wohl noch mehr) entgegengekommen. Das ist unter den heutigen Verhältnissen außerordentlich viel, der beste und greifbarste Beweis, welches Interesse die Elektrizitätserzeuger der Einführung von Elektro-Silos entgegenbringen.

Zusammenfassung aller Gesichtspunkte. Als Ergebnis aus den vorliegenden Untersuchungen zeigt sich, daß bei Einführung der Elektrofutteranlagen die Elektrizitäts- und Überlandwerke meist sofort ohne wesentliche Aufwendungen in der Lage sind, den neuen Anschlüssen gerecht zu werden. Da, wie erwähnt, aber der landwirtschaftliche Betrieb gar nicht in der Lage ist, die Dreschperioden mit den Konservierungsperioden zusammenzulegen, so fällt die Gefahr des Zusammenfallens der verschiedenen Spitzenleistungen von vorneherein fort.

Weiterhin beschäftigt sich die Elektrofutter-Gesellschaft zur Zeit mit Neukonstruktionen von Elektrofutteranlagen, die für den Klein- und den Mittelbetrieb geeignet sind und bei verhältnismäßiger Billigkeit auch ein Gelingen des Elektrofutter-Verfahrens in gewöhnlichen Sauergruben aus beliebigen Baumaterialien ermöglichen. Durch eine besondere elektrische Apparatur wird der Konservierungsprozeß erheblich abgekürzt und der erforderliche Anschlußwert für die elektrischen Leistungen wesentlich herabgesetzt. — Auch mit diesem für den bäuerlichen Kleinbetrieb bestimmten Verfahren sind zur Zeit große Versuche im Gange, nachdem das Problem rein rechnerisch als gelöst betrachtet werden kann.

Wie aus den Abhandlungen des Prof. Dr. Scheunert hervorgeht, muß das Ziel jeder Konservierung darauf gerichtet sein, die erforderliche Temperatur von 50° C im Futterstock in kürzester Zeit zu erreichen, um die sogenannte obligate Konservierungsflora der erforderlichen Bakterienarten zur Entwicklung kommen zu lassen.

Ferner wird dahin gestrebt, ein Verfahren auszubilden, welches garantiert, in zehn Stunden eine Futtermenge elektrisch zu konservieren, die der täglichen Leistungsfähigkeit des jeweiligen

Gutsbetriebes entspricht. Hiedurch würde es außerdem ermöglicht werden, für die Konservierung des Futterstockes lediglich Nachtstrom zu verwenden, welcher von den meisten Zentralen und Elektrizitätswerken mit einem erheblichen Preisnachlaß geliefert wird. Die Rentabilität der elektrischen Futterkonservierung würde hiedurch naturgemäß erheblich gesteigert und auch dort ein Anschluß an Überlandzentralen usw. ermöglicht werden, wo dies bisher infolge Überlastung des Stromnetzes bei Tage nicht durchführbar war.

In den wenigen Jahren seit Einführung des Elektrofutter-Verfahrens in die landwirtschaftliche Praxis ist jedenfalls einwandfrei bewiesen worden, daß das Elektrofutter-Verfahren zur Zeit die vollkommenste und rentabelste Methode der saftigen Haltbarmachung von Grünfutter darstellt und in dieser Beziehung allen anderen bisher bekannten Konservierungsmethoden bei weitem überlegen ist. Die weitere Vervollkommnung dieses Verfahrens, so die Einführung der vorstehend angedeuteten, vor dem Abschluß stehenden Neukonstruktionen, wird eine der wichtigsten Aufgaben zur allgemeinen Einführung und zum Nutzen der Landwirtschaft bleiben.

α) Die elektrischen Einrichtungen.

Von Seiten des Elektrizitätswerkes wird in der Regel die Zuleitung bis zum Anschluß, bezw. Zähler, verlegt und vor dem Zähler die sogenannte Hausanschlußsicherung gesetzt. Die elektrische Anlage, die der Abnehmer sich herstellen läßt, besteht aus:

a) den Verbindungsleitungen vom Hausanschluß zur Schalttafel und zum Zähler, die mit 16 qmm (Kupfer) genügen dürfte;

b) den Verbindungsleitungen von der Schalttafel zu den einzelnen Steckdosen, die mit 10, bezw. 16 qmm (Kupfer) ausreichend bemessen werden;

c) den beweglichen, meist etwa 6 bis 8 m langen Leitungen (Kabeln) von den einzelnen Steckdosen für die Silos bis an die gemeinsame Klemme über den Deckelteilen, die in der Regel mit 10 qmm (Kupfer) genügen;

d) der Schalttafel mit Instrumenten, den verschiedenen Steckdosen (zur Konservierung) an den Silos;

e) den Verteilungsleitungen von der gemeinsamen Klemme zu den einzelnen Deckelteilen, die mit 6 qmm (Kupfer) genügen.

Außerdem wird der Nulleiter meist blank vom Hausanschluß an bis an die eisernen Bodenpole verlegt. Hiefür benutzt man gern, um Kosten zu ersparen, verzinktes Eisenseil von etwa 50 qmm Querschnitt. Die Bodenpole bestehen aus Eisenrahmen mit Eisenstabgitter. Die Schalttafel wird in der Regel fertig von der Lieferantin der Elektro-Silo-Anlage geliefert. Die erforderlichen einpoligen Steckdosen in eiserner Ausführung ersetzt man meistens durch zweipolige handelsübliche und schließt beide Pole zu einem Pol zusammen. Neuerdings wird eine Spezial-Steckdose in gußeiserner Ausführung mit drei Einzelsteckern verwandt.

Sind Transformatoren und Leitungsnetze ohne Nulleiter im Betrieb, dann wird der Bodenpol an eine gute, zuverlässige „Erde" gelegt.

An den Behälterwänden dürfen unter keinen Umständen Leitungen oder Steckdosen angebracht werden. Während der Montage sind die Monteure mit Nachdruck auf Schonung der Silowände und Oberkanten hinzuweisen.

Für die Montage der Leitungen bestehen keine besonderen Schwierigkeiten. In dem Dach über den Behältern oder im Gebälk der Gebäude lassen sich die Verteilungsleitungen auf Isolatoren zuverlässig verlegen.

Die zugeschnittenen Zinktafeln mit den zugehörigen Kupferdrähten, Schrauben usw., ferner die mehrteiligen eisernen Bodenpole (meist vierteilig) in Rostform liefert die bauausführende Firma. Die Zinkbleche werden so befestigt, daß sie von den Behälterwandungen etwa 20 Millimeter Abstand erhalten. Der Auftraggeber fertigt die Holzdeckel nach Zeichnung an und der Monteur besorgt die sachgemäße, gebrauchsfertige Herrichtung der Deckel, die Zusammensetzung der Bodenpole und den Anschluß aller Leitungen und Zubehörteile.

Besondere Sorgfalt ist auf die zuverlässige Verbindung der Drähte an der gemeinsamen Klemme zu legen. Hier verteilt sich der Strom auf die Zuleitungen zu den sechs bis acht zinkbeschlagenen Deckeln. Die Enden der Leitungen werden etwa in der Mitte der Deckel mit Flügelschrauben angeschlossen.

Seit einiger Zeit benutzt man zur Verbindung der Deckelpolleitungen Kabelverteilungsklemmen. Der Kern wird in einer Messingtrommel mit 6 Kerbschnitten ausgeführt, in welche die einzelnen Leitungen, die nach den Flügelmuttern laufen, eingeführt sind. Das Kabel, welches von der Steckdose kommt, wird in einer Patrone (Messinghülse) fest eingelötet, in die Messingtrommel eingeführt und verschraubt. Die 6 Einzelleitungen werden dann durch die Schrauben an die Messingpatrone gedrückt und geben somit den sicheren Kontakt.

Bei einer Anlage von mehreren Silos wird eine Verbindung aller Bodenpole durch die Behälterwände hindurch (die Löcher sind nachträglich gut zu verzementieren) an der Sohle hergestellt und hierzu meist Eisenseil (50 qmm stark) benutzt. Das Seil wird auch mehrfach durch den Rost hindurch gezogen und mehrfach am Rost gut verlötet.

In neuester Zeit geschieht die Verbindung der Bodenpole dadurch, daß die vier Einzelteile mit einem Kreuzstück verbunden werden und eine verzinkte Eisenschiene von diesem Kreuzstück aus dem Behälter führt. Alle aus dem Behälter herausgeführten Nulleiterschienen werden außen durch eine Sammelschiene verbunden.

Nicht unmittelbar zur Silo-Anlage gehört die Futterzerkleinerungsanlage-Häckselmaschine oder Reißwolf; an Stelle des letzteren genügt auch eine alte Stiftendreschmaschine, wenn die Leistung ausreicht. Hierfür wird stets elektrischer Antrieb schon vorhanden sein.

Die Aufstellung der Häckselmaschine erfordert keine starken elektrischen Zuleitungen, denn der Kraftbedarf der größten Maschinen geht kaum über 6 bis 8 PS. In der Regel wird man mit 3 bis 5 PS auskommen.

Es empfiehlt sich sehr, Zähler und Schalttafeln von vornherein in einem besonderen kleinen Schaltraum oder wenigstens Verschlag unterzubringen. Dadurch wird die Übersicht und die Kontrolle erleichtert.

Im übrigen sind die Verbands-Vorschriften für die Ausführung der elektrischen Leitungen zu berücksichtigen.

β) Konservierungs-Vorgang in technischer Hinsicht.

Nach Beendigung der Vorbereitung des Futters — Häckseln, Einbringen, bezw. Einblasen, dauerndes Festtreten während des Einbringens, gründliches Festtreten der letzten Futterlage der zu behandelnden Schicht, Auflegen und Anschluß der Deckel in vorgeschriebener Weise an die elektrische Stromleitung, Ablesen des Zählerstandes — werden zweckmäßigerweise die nicht benötigten Leute sofort anderweitig verwendet und der mit der Konservierung Beauftragte oder der Besitzer selbst schaltet ein. Sieht man auf den grundlegenden Schaltplan, so ist die Einschaltung deutlich verständlich. Die Reihenfolge bleibe immer dieselbe (um nicht eine Zwischenstufe zu vergessen): Anschluß der Leitungen am Deckel, Einstecken des Steckers, Einlegen des einpoligen Schalters, darauf Einlegen des dreipoligen Hauptschalters.

Die erste Einstellung des Stromzeigers wird mit großem Interesse erwartet. Hiermit ist manche Frage sofort beantwortet. Eine Besprechung der Strom- und Temperaturkurven wird die Gründe der mehr oder weniger hohen Stromstärken beim Beginn der Konservierung erklären. Mit der Notierung der Anfangsstromstärke und der Temperatur, die zunächst praktisch gleich der Außentemperatur sein wird, ist meist für die ersten Stunden keine weitere Beobachtung erforderlich.

Die Beobachtung der Temperatur ist einfach. Vorteilhaft ist die Verwendung von mehreren (2 bis 4) Thermometern gleichzeitig, um an verschiedenen Stellen eines Silos vergleichende Messungen vorzunehmen. Das Thermometer soll wenigstens 0.30 Meter, möglichst bis halbe Schichthöhe eingeführt werden. (Das Loch muß vermittels Eisenrohres, das aber nicht während der elektrischen Konservierung im Futterstock verbleiben darf, in die meist von Anfang an sehr dichte Masse geschlagen werden.)

Was ist aber zu tun, wenn der Stromzeiger (das Ampèremeter) nicht ausschlägt? Das kann vorkommen, wenn 1. die Verbindungen auf dem Wege zu den einzelnen Deckeln irgendwo unterbrochen sind, 2. das Instrument selbst nicht in Ordnung ist, was allerdings selten der Fall sein dürfte, 3. der Strom tatsächlich so gering am Anfang ist, daß eine Ablesung noch nicht möglich ist.

Man wird also die drei Möglichkeiten beachten müssen. Der letzte Fall ist hier näher zu behandeln. Zur Erklärung sei auf die Ausführungen über den elektrischen Widerstand der Pflanzen hingewiesen. Der Widerstand ist umso höher, je wasserärmer und je weniger verletzt die Pflanzen sind. Die nachfolgende Zusammenstellung bietet eine Übersicht über die hauptsächlichsten Futtermittel und ihren Wassergehalt.

γ) Futtermittelbeschaffenheit.

Die für die Silage besonders verwandten Futtermittel — jung, bezw. bei Beginn der Blüte — und ihr Wassergehalt in Prozenten:

1.	Rotklee	79—83
	Weißklee	80—82
	Luzerne	80—82
	Seradella	81—82
2.	Bohnen, Wicken u. dgl.	83—87
3.	Roggen-Wicken-Gemenge	84—86
4.	Grüner Mais	80—83
	Gras von Wiesen	75—78
	Gras von nassen Wiesen	80—82
5.	Futterrübenblätter	88—90
	Zuckerrübenblätter	82—85
6.	Kartoffelkraut	76—85
7.	Kartoffel	73—76
8.	Zuckerrüben	74—76
9.	Kartoffelpülpe	85—87
10.	Zuckerrübenschnitzel	92—93

Trockene Pflanzen wirken isolierend; z. B. wird eine Schicht trockenes Gras erst von einer Spannung von mehreren tausend Volt durchschlagen. Bei der üblichen Spannung von 220 Volt (oft auch nur 110 oder 120 Volt) bedeutet der Fall, daß ein Stromanzeiger nichts anzeigt, in der Regel die Tatsache, daß die Futterschicht den Strom nicht durchläßt. Die Leitfähigkeit des Futters muß, wie bereits mehrfach erwähnt, erhöht werden. Dies kann geschehen erstens durch Zerkleinern der Pflanzen, d. h. durch eine Verletzung der isolierenden Schutzhülle und die Freilegung der saftigen, elektrisch leitenden Zellenteile — oder zweitens durch Zugabe von Wasser.

Ein solcher Fehler — zu geringe Leitfähigkeit des Materials — ist von vornherein vermeidbar, denn jeder Besitzer kann das Material vorher selbst beurteilen. Der so gemachte Fehler ist umso unangenehmer, wenn, wie es sich an einer Stelle einmal vor zwei Jahren zugetragen hat, der Inspektor die Schichten (Riedgras)

2 bis 2,5 Meter hoch hat einfüllen lassen, ehe mit der elektrischen Konservierung begonnen wurde. Resultat war, daß ein Stromdurchgang erst nach einigen Tagen eintrat. Derartige Schichthöhen sind selbst bei wasserhaltigen Futtermitteln nicht zweckmäßig; als normale Schichthöhen gelten etwa 0,8, 1,0 bis 1,2 Meter, bei nassen Rübenblättern auch 1,5 Meter, obgleich mit diesen Zahlen keine bestimmten Regeln gegeben werden sollen.

Nun muß noch der entgegengesetzte Fall kurz besprochen werden, d. h. der Fall, wo das Futter ungewöhnlich naß eingebracht wurde, z. B. die letzten Rübenblätter, zerfahren, mit Schnee bedeckt, in Schneewasser und Regen eingefroren, also in einem Zustand, der das Futter völlig unbrauchbar für Verfütterung macht. **Durch die Elektro-Silage wird das Futter aber gerettet,** trotz plötzlich eingetretener Außentemperaturen bis zu —15 °! Es empfiehlt sich in schwersten Fällen, um den anhaftenden Schmutz nicht mit in den Silo zu füllen, das Futter vom Fuder nicht gleich in die Häckselmaschine zu geben (wie sonst immer gehandhabt), sondern zunächst abzuwerfen, so daß der gröbste Teil der Erde und Schnee vor dem Häckseln zurückbleibt. Im übrigen geht das Häckseln wie gewöhnlich vor sich. Auf dem Tisch vor der Häckselmaschine muß nur auf das Forträumen von Schnee und Schmutz geachtet werden. Trotzdem wird Schnee und Wasser in großer Menge mit den Blättern in die Silos wandern. Man kann von vornherein mit dem Einsetzen einer sehr hohen Stromstärke bei solchem Material rechnen. 15, 18, 20 Ampère sind dann nicht seltene Anfangsstromstärken. Diese zu erwartenden hohen Stromstärken am Anfang der Konservierung kann man um einen guten Teil herabsetzen, wenn man den elektrischen Widerstand des Futterstocks rechtzeitig erhöht. Hiezu gibt es mehrere Mittel, z. B.:

a) Verteilen von ungehäckselten, schneefreien, möglichst trockenen Blättern in mäßiger Schicht, d. h., etwa 15 bis 20 Körbe auf die ganze Fläche des Silos verteilt, dies mehrfach, z. B. bei 1,2 Meter Schichthöhe dreimal wiederholt:

b) Zwischenlagen von lang gehäckseltem Stroh; gegebenenfalls mehrfach wiederholt.

Eine Notwendigkeit zu solchen Maßnahmen besteht nur dann, wenn man das vorzeitige Ansteigen der Stromstärken verhindern muß, so, wenn die Temperatur nicht genügend anwächst.

Ein weiterer Kunstgriff ist auch die Abschaltung einiger Deckel wechselnd, z. B., wenn die Außenseiten der Silos ungeschützt Sturm und Frost ausgesetzt sind, die Innenteile jedoch schon eine gewisse Temperatur erreicht haben. Dann schaltet man die nach innen liegenden Deckelteile zeitweise ab, um so die außenliegenden Teile energisch zu erwärmen. Auf diesem Wege gleicht sich die Temperatur im Innern bald praktisch vollständig aus. Eine derartige Regulierhilfe schafft oft schon in wenigen Stunden den gewünschten Ausgleich. Im übrigen kommen solche Fälle selten vor.

Aus dem Vorliegenden geht hervor, daß es vor allem auf die Zusammensetzung des Futterstockes, der je nach Art der Pflanzen, der Art des Zerkleinerns, des Zustandes beim Einbringen (angewelkt, beregnet, taufrisch usw.), verschieden ist, auf die Temperatur und einzelne Umstände ankommt, in welcher Weise die Konservierung verläuft.

Außer den technischen Vorkommnissen bei der Konservierung, wie sie hier vorweg aus eigenen Erfahrungen geschildert wurden, sind aber noch die physikalischen und die besonderen pflanzenphysiologischen und bakteriologischen Vorgänge kennen zu lernen. Physikalisch ist der Vorgang einem Kochvorgang unter besonderen Einschränkungen zu vergleichen. Der Futterstock wird erwärmt; er selbst dient gleichzeitig als elektrischer Leiter, im Gegensatz etwa zum Inhalt eines Kochtopfes, der von außen her erwärmt wird. Aber die Eigenart ist zu beachten und erinnert an das Kochen von Gemüse in der Küche. Hierbei quellen mit der Erwärmung die Zellen auf, drücken oft den Deckel sichtbar hoch. um nach geraumer Zeit in sich zusammenzufallen und einen weit geringeren Raum als vorher einzunehmen. Etwas derartiges spielt sich auch im Silo ab. Die verschiedene Art der Wärmezufuhr dürfte keinen Ausschlag geben. Diese physikalischen Vorgänge scheinen mir auch nicht ohne Bedeutung bezüglich der Festigkeitsbeanspruchungen der Behälter zu sein.

Schicht auf Schicht wird konserviert. Jede einzelne fällt am Schluß der Konservierung zusammen, so daß ein Silo viel mehr aufnimmt, als zuerst angenommen wird; dies muß bei der Arbeitseinteilung berücksichtigt werden.

Nach jedem Abheben der Deckel sollte man mit sauberem Besen (besser mit Tuch) zur Erzielung eines guten Stromdurchgangs die metallbeschlagene Unterseite reinigen.

Während der Einschaltung und während der Konservierung darf das Innere eines Silos nicht betreten werden.

δ) Stromverbrauch und Stromkosten.

Der Stromverbrauch für eine Elektro-Silo-Anlage setzt sich zusammen aus dem Verbrauch für das Zerkleinern (Häckseln) und dem für die eigentliche Konservierung.

I. Der Energieverbrauch für Häckseln ist unbedeutend. Eigene Versuche mit einer Wratislavia-Häckselmaschine von Kemna-Breslau, angetrieben von einem schon vorhandenen, fahrbaren Motor (6 bis 7 PS), ergaben folgende Resultate:

a) 960 Zentner ziemlich stark getrocknete Nachmahd ergaben einen Verbrauch, nach Zählerstand genau beobachtet, von rund 55,3 Kilowattstunden. Somit verbrauchten 100 Zentner Häcksel 5,7 Kilowattstunden.

b) 240 Zentner grüner Roggen gehäckselt, verbrauchten 19,1 Kilowattstunden, somit 100 Zentner Häcksel 7,9 Kilowattstunden.

c) 750 Zentner Nachmahd gehäckselt, verbrauchten 55,5 Kilowattstunden, somit 100 Zentner Häcksel 7,3 Kilowattstunden.
d) 35 Zentner Rübenblätter mit Köpfen gehäckselt, verbrauchten 1,1 Kilowattstunden, somit 100 Zentner Häcksel 3,12 Kilowattstunden.
e) 1800 Zentner Rübenblätter mit Köpfen gehäckselt, verbrauchten 49 Kilowattstunden, somit 100 Zentner Häcksel 2,72 Kilowattstunden.

Aus diesen Zahlen ergibt sich: Der Stromverbrauch schwankt nach Art der Maschine, des zu häckselnden Futters, des Zustandes dieses Futters, des Einlegens, aber praktisch nicht bedeutend.

II. Der Stromverbrauch für die Konservierung ist abhängig von der Außentemperatur, dem zu konservierenden Futter, der Art des Häckselns, dem Feuchtigkeitsgrad des Futters usw. Der ordnungsgemäße Zustand der Silos auf Undurchlässigkeit gegen Wasser, Luft und Strom ist hierbei zu beobachten.

Der Stromverbrauch wird gemessen durch einen Zähler. Das Elektrizitätswerk oder Überlandwerk setzt einen Drehstromzähler für ungleich belastete Phasen. Dies ist notwendig, da der Verbrauch aller drei Phasen nicht annähernd in der Praxis übereinstimmt; auch wird der Landwirt häufig mit einem Behälter zu konservieren anfangen, um sich die Verfügung über weitere vorhandene Silos freizuhalten. Manche Besitzer wollen auch die mit beginnendem Winter anfallende Rübenblätterernte in einem besonderen Behälter konservieren und aufbewahren, um die Futterrationen im folgenden Winter und Frühjahr rechtzeitig zu übersehen.

Wer sich mit diesen Fragen des Stromverbrauches eingehender beschäftigen will, dem ist zu empfehlen, vor jedem Silo einen besonderen Zähler anbringen zu lassen, um die ganzen Konservierungsvorgänge auch gleichzeitig mit dem Stromverbrauch verfolgen zu können. Eine bildliche Darstellung in einem bestimmten Maßstabe herzustellen, ist jedem Besitzer bei der Konservierung zu empfehlen. Eine der ersten Anlagen, die errichtet wurden, 120 Kubikmeter Inhalt, steht auf dem Versuchsgut Oberholz bei Leipzig. Konserviert wurde Roggen-Wicken-Gemenge, und zwar Ende Mai. Der Roggen war verblüht — also schon für die Silage recht spät —, die Wicke stand zum Teil noch in Blüte, zum Teil schon in Samenreife, der Roggen war schon strohig. Eine richtige Silage hätte früher beginnen müssen; in einem normalen Wirtschaftsbetriebe wäre dies auch vermieden worden, doch gerade diese schwierigen Verhältnisse reizten zum Versuch. Der Strom setzte mit 3 bis 4 Ampère ein und stieg in ununterbrochenem Betriebe stetig an; **die erforderliche Temperatur von 50 ° C** wurde nach 30 Stunden erreicht. Was man hierbei erkannte, war, daß sich der so wenig Feuchtigkeit enthaltende Futterstock nicht so gründlich setzte, wie man es sonst beim Konservieren von wasserhaltigen Futterpflanzen beobachtet. Das Setzen aber ist eine Erscheinung, die beweist, daß die enthaltene Luft völlig vertrieben ist! — Die Lehre, die aus einem solchen Versuch gezogen wurde, war folgende: Ist das Futter strohig, trocken, — kurz gesagt, fehlt dem Futter der natürliche, reichliche Wassergehalt —, dann kann man durch ganz wenig beigegebenes Wasser das fehlende ersetzen! — Die Wasserbeigabe erfolgt in solchen Fällen durch Wasserzugaben, in dem Silo verteilt, während des Füllens. Die Menge hängt von dem mehr oder weniger trockenen Zustand des Futters ab. ¼ bis ½ Eimer Wasser auf den Kubikmeter Inhalt können bei strohigem oder angetrocknetem Futter nicht schaden. Die Erfahrung gibt auch hier den Ausschlag.

Die drei Stromlinien zeigen keinen gleichmäßigen Verlauf. Vollständig gleiche Stromlinien wird man nirgends finden; das ist auch ziemlich bedeutungslos. Das starke Abweichen der Stromlinien beweist, daß das Material nicht genügend gleichmäßig eingestampft ist. Das ist ein großer Mangel an Sorgfalt. Jeder Besitzer muß energisch darauf halten, daß dies Einstampfen während des Einfüllens und nach dem Einfüllen bis zum Stromdurchgang ununterbrochen so gründlich wie möglich erfolgt. **Die Masse soll so wenig Luft wie möglich behalten.** Je sorgfältiger eingestampft, umso besser und gleichmäßiger erfolgt der Stromdurchgang und die Erwärmung, umso wertvoller wird die Konserve!

Trotz der erwähnten ungünstigen Voraussetzungen ergab sich ein als normal zu bezeichnender Energieverbrauch von 1,16 Kilowattstunden auf den Zentner Ausgangsmaterial.

Der Vergleich solcher Schaubilder ist immer sehr lehrreich. Entsprechend dem zu konservierenden ungünstigen Material, gefrorene Rübenblätter mit Köpfen, setzte der Strom höher ein als in den vorigen Versuchen, hier mit 10 Ampère. Die Temperatur folgt allmählich. Bei etwa 51° C ist der höchste Punkt erreicht. In der 19. Stunde war mit Erreichung der Temperatur von 51° C der Konservierungs-Prozeß beendet. Die Stromstärke erreichte knapp 50 Ampère.

Das Material war gut vorbereitet, der Futterstock gründlich eingetreten, so daß die Stromlinien in den zwei Behältern (von drei vorhandenen), die gleichzeitig konserviert wurden, annähernd gleichartig verliefen.

Bei Beginn war eine Schichthöhe von etwa 0,4 Meter vorhanden, und zwar waren Futterrübenblätter und -köpfe — ungehäckselt — in nassem Zustand eingefüllt worden. Nach dem Einschalten zeigt sich nur ein geringer Ausschlag. Zunächst versuchte man, durch Zerkleinern mit Spaten die Oberfläche leitender zu machen, was jedoch bei der herrschenden Kälte wenig nützte. Wieder eingeschaltet, las man 2,5 Ampère ab; dann überließ man den Silo die Nacht durch sich selbst. Die Innentemperatur konnte sich unter solchen Umständen naturgemäß auch nur wenig erhöhen. Dann entschloß man sich doch dazu, das eingebrachte Futter vollständig mit Spaten zu zerhacken, da die Häckselmaschine nicht zur Stelle war. Abends um 6 Uhr schaltete man erneut ein und jetzt zeigten die Stromzeiger 26 Ampère. Die Konservierung verlief nunmehr in der Nacht bis folgenden Tag 10 Uhr früh recht zufriedenstellend, insbesondere, als man zum Schluß durch abwechselnde Benutzung einzelner Deckel mit der Stromstärke regulierte, bis die Temperatur von 50 ° C erreicht war.

Aus solchen Bildern von normalen und anormalen Konservierungsvorgängen lassen sich leicht die notwendigen Lehren ziehen.

Hier soll noch eine Reihe von Stromverbrauchs-Ergebnissen zusammengestellt werden.

Stromverbrauch bei verschiedenen Konservierungen.

Monat	Futterart	Menge in Zentnern	Schichthöhe eingetreten	Gesamtverbrauch an Kilowattstunden	Verbrauch an Kilowattstunden auf 1 Zentner Ausgangsmaterial
Anfang Juni	grüner Roggen	240	—	233	1,—
Mitte September	Nachmahd . .	750	—	711	0,95
Mitte September	Nachmahd . .	300	1,— m	215	0,72
Mitte September	Nachmahd . .	360	1,10 m	286	0,8
Ende September	Nachmahd . .	320	1,— m	244	0,77
Ende November	Rübenblätter .	202	0,7 m	230	1,15

Aus dieser Zusammenstellung erkennt man die bekannte „Faustformel“ für Elektro-Silage: „Für 1 Zentner Frischfutter 1 Kilowattstunde, bei Kälte und bei Rübenblättern etwa 1¼ bis 1½ Kilowattstunden.“

Danach ist leicht die Kostenübersicht gegeben.

Von Seiten verschiedener Überlandwerke ist man auch bereits den Besitzern von Elektro-Silo-Anlagen entgegengekommen und hat Nachlässe bewilligt, da ein Teil des Verbrauches stets in der Nacht liegt. Bei dieser Tatsache werden sich auch andere Überlandwerke nicht mehr ablehnend verhalten können, sondern der wichtigen Frage der Silage durch Nachlaß auf den Nachtstrompreis Beachtung entgegenbringen.

Die Angaben von Stromkosten nach Papierkronen haben wenig Wert. Nur durch Gegenüberstellung anderer Preise mit gleichem Stichtage kann man zu brauchbaren Urteilen gelangen. Dazu wäre es notwendig, ein Vergleichsbild zu schaffen, welches die wichtigsten Materialien: Eisen, Kohlen, Ziegelsteine, Bauholz u. dgl., Futter- und Lebensmittel und den Kilowattstundenpreis für Kraftentnahme enthält. Hierbei ist allerdings zugegeben, daß die Elektrizitätswerke, teils in vollständiger Verkennung ihrer volkswirtschaftlichen Aufgaben, teils durch Partei-Einfluß, zu lange mit zeitgemäßen Preisen zurückgehalten haben und so heute unangenehme Erörterungen auslösen, wo das Publikum sich an

„zeitgemäße" Preise auf allen anderen Gebieten schon früher gewöhnen mußte.

B) Mittels Futterkocher, System Ing. Vietze

Die bisher angestellten wissenschaftlichen und praktischen Forschungen auf dem Gebiete der Grünfutterkonservierung haben ergeben, daß das Konservierungsprinzip, mit Wärme das Futter haltbar zu machen, richtig ist. Es liegt nur nahe, daß die Wärme, welche die Pflanzen selbst in der nützlichen Zeit nicht zu erzeugen imstande sind, von außen als künstliche Wärme zugesetzt wird.

Es ist den Bemühungen der Land-Elektrizitäts-Ges. m. b. H., Halle (Saale), gelungen, einen einfachen Apparat, Futterkocher genannt, zu konstruieren, mit dessen Hilfe es möglich ist, beliebige Zusatzwärmemengen der Pflanzenmasse im Futtersilo zuzuführen.

Das Wesen der Erwärmung durch Futterkocher besteht darin, daß eine größere Anzahl von Heizkörpern in das Futter eingebracht werden, wodurch das Futter an vielen Stellen zugleich und damit auch gleichmäßig erwärmt wird. Die Oberfläche der Futterkocher ist durch Schneckengänge stark vergrößert, wodurch der Futterkocher zu einem gutwirkenden Heizkörper wird. Die Schneckengänge der Futterkocher ermöglichen zugleich ein leichtes Einschrauben in die Futtermasse und unterbinden die Entstehung von senkrechten Kanälen an dem Heizkörper, durch welche Wärmeverluste eintreten könnten.

Ferner ist bei dem Süßgrünfutterverfahren das gute Gelingen sehr abhängig von dem Wassergehalt der eingelegten Futtermasse. Die von der Pflanzenmasse selbst erzeugte Wärme genügt meist nicht, um sehr wasserreiches Futter in nützlicher Zeit auf die Konservierungstemperatur zu bringen. Hier hilft der Futterkocher durch die in den Futterstock eingebrachte Zusatzwärme, welche die fehlende, natürliche Erwärmung ergänzt. Durch die Anwendung der Futterkocher wird die Süßfutterbereitung zu einem praktischen Konservierungsverfahren.

Der Futterkocher läßt sich auch sonst nutzbringend verwerten, wo es darauf ankommt, vorübergehend Wärme zu erzeugen, z. B. zum Heizen von Mutterschweinebuchten und Krankenställen, zum Schutz von eingelagerten Früchten in Mieten und Kellern vor plötzlich auftretendem Frost, sowie zum Anwärmen von Tränkewasser, zum Getreidetrocknen usw.

α) Die Beschaffenheit des Apparates.

Der Futterkocher (Abb. 425) ist als Stab ausgebildet. Seine Länge beträgt 1,75 m, das Gewicht einschließlich beweglicher Verbindungsleitungen und Stecker 7 kg.

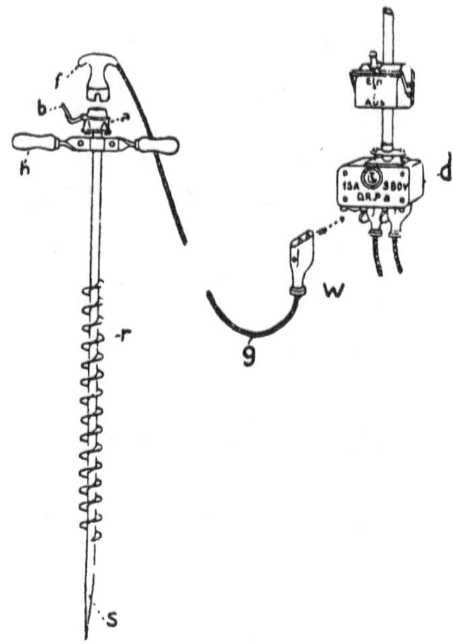

Abb. 425

Die elektrische Heizvorrichtung an dem Kocher kann für jede der gebräuchlichen Verteilungsnetzspannungen ausgeführt werden. Ebenso ist jede Stromart verwendbar. Es ist bei der Bestellung der Kocher notwendig, die Stromart, sowie die Netzspannung zwischen Phase und Phase oder Phase und Null anzugeben. Bei dem in der Landwirtschaft meist vorhandenen Dreh-

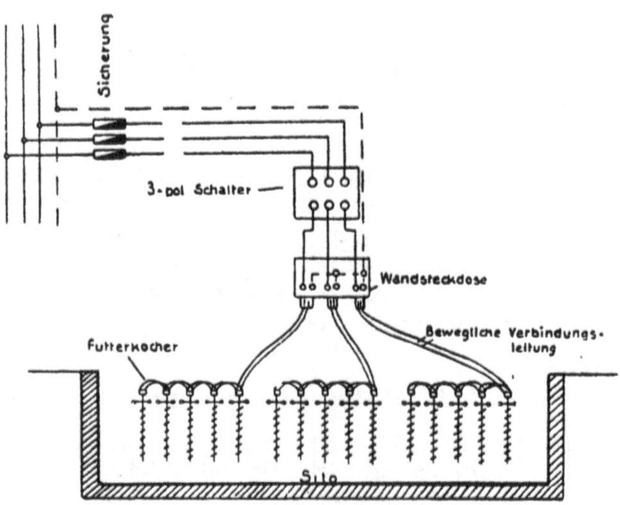

Abb. 426

strom werden alle drei Phasen des Netzes gleichmäßig belastet und in einem Silo benutzt, wie das in dem Schaltbild (Abb. 426) zur Darstellung kommt.

Der Futterkocher nimmt dauernd gleichmäßig 400 Watt auf. Man rechnet 1 Futterkocher auf 0,75 bis 1 qm Silogrundfläche.

Der Futterkocher wird betriebsfertig für die bestellte Stromart und Spannung geliefert, mit den dazugehörigen Steckkontakten, den frei beweglichen Verbindungsleitungen und einer Spezialsteckdose für jede Anlage.

β) Das Futterkochverfahren.

Die Verwendung der Futterkocher zur Futterkonservierung in der landwirtschaftlichen Praxis ist sehr einfach. Das Grünfutter kommt frisch, ohne jede Vorbehandlung, also ungehäckselt, in die Behälter. Die Apparate werden sofort nach der Einlagerung des Futters im Silo in die Futtermasse eingeschraubt und durch die fliegenden Leitungen mit dem Stromnetz verbunden. Sobald die Konservierungstemperatur von 50° C im Futter erreicht ist, werden die Kocher entfernt und das Futter festgetreten. Es kann nun wieder frisches Futter aufgebracht und von neuem konserviert werden. Zur Fertigkonservierung einer Futterschicht sind je nach Futterart und herrschender Außentemperatur und je nach der Anzahl der verwendeten Futterkocher 10 bis 20 Stunden nötig. Der Stromverbrauch beträgt nach den Erfahrungen 0,5 bis 1 Kilowattstunde je Zentner fertigkonservierten Futters.

γ) Die Einrichtung einer Konservierungsanlage für die Konservierung mit den elektrischen Futterkochern.

Die Konservierung von Futter mit diesen Kochern kann in Erdgruben, alten, schon vorhandenen Sauermieten, sowie auch in den modernen Silos erfolgen. Das Futterkochverfahren ist nicht an eine bestimmte Ausführung der Silos gebunden. Ebenso kann jedes beliebige Baumaterial zum Bau der Anlagen genommen werden.

Sollen schon bestehende Sauergruben verwendet werden, so ist zweckmäßig ein guter Innenputz anzubringen, und man sollte, wenn irgend möglich, für Saftabfluß sorgen und die Anlage überdachen. Ebenso ist bei vorhandenen Hochsilos die innere Wandfläche glatt zu putzen und ebenfalls ein Saftabfluß anzubringen.

Bei Neuanlagen ist, abgesehen von der durch den Baufachmann zu gewährleistenden Stand- und Druckfestigkeit der Anlagen, das Hauptgewicht auf eine möglichst zweckmäßige Lage derselben im Gutshofe zu legen. Die Anlage soll möglichst nahe dem Stall errichtet werden, um das Futter aus dem Silo leicht verfüttern zu können. Ebenso muß auch auf eine gute Einfüllungsmöglichkeit geachtet werden. Man nutze dazu vor allem die vorhandenen Terrainverhältnisse aus. Sofern Grundwasserstand und

Abb. 427

der vorzusehende Saftabfluß aus dem Silo es erlauben, kann die Anlage bis zu zwei Meter in den Boden hineingebaut werden.

In der vorstehenden Abb. 427, die die Art der Einfüllung zeigt, ist eine moderne größere Silo-Anlage dargestellt. Die Futterentnahme erfolgt auf der anderen Seite direkt am Viehstall.

Dieselbe Anlage mit aufgeschnittener Silowand ist in Abb. 428 zu sehen. Die Futterkocher sind in das Futter eingeschraubt.

Neben der Wahl einer günstigen Lage der Silos ist bei der Neueinrichtung die Größe und die Anzahl der Behälter eine sehr

Abb. 428

wichtige Frage. Es ist zwar schwierig, darüber allgemeine Anleitung zu geben, da die praktischen Verhältnisse außerordentlich verschiedenartig sind. Unter der Voraussetzung, daß etwa zwei Drittel des Winterfutterbedarfes im Silo aufgespeichert werden sollen, braucht man für diese Futtermenge 6 cbm Siloraum für jedes Stück Großvieh. Bei der Feststellung der Anlagegröße aus der Großviehstückzahl werden zweckmäßig noch 25% zugeschlagen, da sich das Futter sehr stark setzt. 1 cbm fertig konserviertes Futter wiegt etwa 15 Zentner. Die Silage-Ration für ein Stück Großvieh beträgt normalerweise 25 kg im Tag. Selbstverständlich kann nach Bedarf die Ration größer oder kleiner angesetzt werden.

Nachdem man den Gesamtbedarf an Siloraum ermittelt hat, entsteht die Frage, ob ein großer oder mehrere kleine Behälter zu bauen sind. Im allgemeinen ist man von großen Einzel-Silos abgekommen und empfiehlt den Bau mehrerer kleinerer Silos. Die Grundfläche der einzelnen Silos ist nur so groß zu wählen, daß bei der Verfütterung täglich eine Futterschicht von mindestens 10 cm Höhe von der ganzen Stockoberfläche weggenommen wird. Zur leichten Futterentnahme ist es zweckmäßig, genügend Öffnungen in der Silowand auszusparen. Wichtig zur Erzielung einer guten Konserve ist nach den Erfahrungen die Anbringung einer Silo-Entwässerung. Aus saftigem Pflanzenmaterial fließt nach erreichter Konservierung Saft ab. Dieser sammelt sich am Boden des Silos, dringt von hier wieder in die unteren Futterstockschichten ein und verdirbt diese. Kann sich aber der Saft in einem Hohlraum am Boden sammeln und wird er von hier aus dem Silo entfernt, so treten die Schädigungen an den untersten Futterstockschichten nicht auf. Die Entwässerung kann auf verschiedene Weise ausgeführt werden. Es ist vor allem eine Luftzirkulation durch die Ablauföffnung in der Silowand zu vermeiden, was am besten durch einen Ausbau des Abflusses als Siphon geschieht.

Alle modernen Konservierungsanlagen sollten überdacht sein. Regen, Schnee und Frost verursachen besonders zur Zeit der Verfütterung eine Qualitätsverminderung der Konserve. Bei Neuanlagen beachte man, daß die Bedachung etwa 2 m über dem oberen Silorand liegt, damit auch bei vollem Silo die Futterkocher noch in die Futtermasse eingebracht werden können. In vielen Betrieben besteht die Möglichkeit, die Silo-Anlagen in schon vorhandenen Gebäuden unterzubringen, so daß die Unkosten für die Überdachung der Anlagen gespart werden können.

Da eine wirklich praktische Anordnung der Silos im Betriebe viel beiträgt zur Erreichung aller Vorteile des Futterkonservierens, und da es sich um örtlich feste Bauwerke handelt, so ist es sehr zu empfehlen, bei der Projektierung einer Neuanlage den Rat von Fachleuten in Anspruch zu nehmen. Man wende sich entweder an schon bestehende Baufirmen, wie z. B.:

Süßpreßfutter-Behälter, G. m. b. H., Dresden-A., Struvestraße;
Gärtner & Aurich, Dresden-A., Bismarckplatz;
Industrie für Landwirtschaft, G. m. b. H., München, und andere.

Zur Schaffung der elektrischen Einrichtung für die Konservierung mit dem Futterkocher dienen folgende Angaben:

Man bestelle bei der Land-Elektrizitäts-Ges. m. b. H. in Halle die nötige Anzahl Futterkocher für die vorgesehene Anlage unter Angabe der Stromart und der Stromspannung zwischen Phase und Phase oder Phase und Null. Die Anzahl Kocher für eine bestimmte Konservierungsanlage ergibt sich aus der Grundfläche des einzelnen Silos. Für eine gleichmäßige, rasche Konservierung ist auf 0,75 bis 1 qm Silogrundfläche je ein Futterkocher anzuschaffen. Für einen normalen Silo von 10 qm Grundfläche wären demnach 13—10 Futterkocher nötig. Es ist dabei zu beachten, daß dieser Satz von Kochern beliebig in jedem anderen Silo verwendet werden kann. Die Futterkocher werden gebrauchsfertig geliefert mit den nötigen Steckern und den Verbindungsleitungen. Ebenso wird eine Spezialverteilungsdose für jede Anlage mitgeliefert. Die Zuleitung bis zu dieser Spezialdose muß in der vorgeschriebenen Art mit Sicherungen und einem Endschalter vom Bauherrn besorgt werden. Die für die Zuleitung in Betracht kommenden elektrischen Verhältnisse ergeben sich aus der Angabe, daß ein Futterkocher 400 Watt aufnimmt.

Eine Zusammenfassung der über den Futterkocher mitgeteilten Angaben läßt für den Landwirt folgende Vorteile erkennen:

1. Die Futterkonservierung mit den elektrischen Futterkochern macht unabhängig von der Witterung, dem Reifestadium der Pflanzen, vom Wassergehalt des Futters und von der noch ungeklärten Beeinflussung des Futterstockes durch allerlei äußere Momente. Dadurch wird die ganze Konservierung praktisch bedeutend erleichtert und die Erzielung einer süßen Konserve sichergestellt.
2. Bei der Einrichtung einer Konservierungsanlage zur Anwendung der Futterkocher ist man nicht an ein bestimmtes Baumaterial und an besondere Baukonstruktionen gebunden.
3. Es ist möglich, mit den schon vorhandenen elektrischen Einrichtungen eines Gutes die künstliche Konservierung von Grünfutter sich zunutze zu machen.
4. Es werden mit den Futterkochern alle 3 Phasen des Drehstromnetzes dauernd gleichmäßig belastet und in einem Silo zur Konservierung benutzt.
5. Die laufenden Betriebskosten sind beim Futterkochverfahren niedrig.
6. Der Futterkocher ist als Heizkörper auch sonst noch in vielen Fällen im landwirtschaftlichen Betriebe zu gebrauchen.

Eine Futterkocheranlage ist an das Überlandwerk Ing. Pichler, Waitz in Steiermark, angeschlossen und arbeitet zur vollen Zufriedenheit.

Im übrigen ist Ing. Vietze daran, das Verfahren abzuändern und es noch einfacher zu gestalten.

C) Mittels Einblasen von elektrisch erwärmter Luft.

Das neue Futtersilierverfahren der Landelektrizität geht von der Auffassung aus, daß die Erfolge der bisherigen sogenannten elektrischen Futterkonservierung mit Durchleitung der Elektrizität durch das Futter nicht dem Einfluß des Sromes auf die Bakterienwelt, sondern vielmehr der durch die Elektrizität herbeigeführten Erwärmung des Futters auf 50° C zuzuschreiben sind. Demnach muß ein Verfahren zu gleichen Zielen führen, bei welchem die künstliche Erwärmung des Futters auch ohne Durchleitung des Stromes durch das Futter herbeigeführt werden kann. Dies wird tatsächlich erreicht bei dem neuen Futtersilierverfahren der Landelektrizität, indem durch das Futter elektrisch erwärmte Luft hindurchgeblasen wird und so die Erwärmung des Futters auf 50° C erfolgt.

In der Abb. 429 ist das Schema für das Futtersilierverfahren dargestellt. B bezeichnet einen völlig luft- und wasserdichten einfachen Behälter. Etwa 25 cm über dem Fußboden ist ein Rost R aus Holzlatten angebracht, auf dem das Futter aufliegt. Aus der Abbildung geht hervor, daß der Boden sich schräg nach rechts senkt und dort in eine kommunizierende Abflußröhre ausläuft. Dieses Rohr mündet in einen Senkschacht, der direkt neben der Grube hergestellt ist. Die überschüssige Flüssigkeit im Futter,

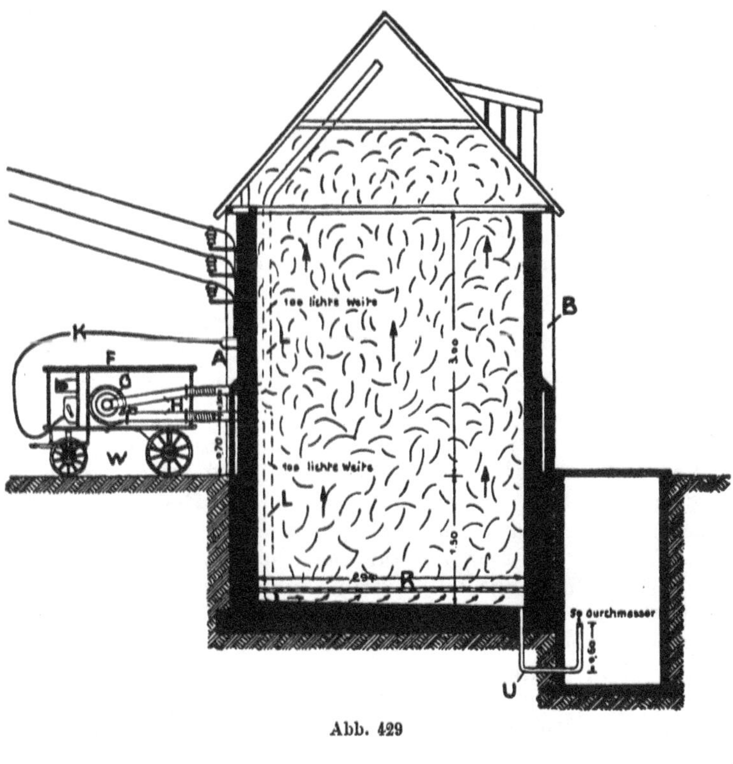

Abb. 429

das Regenwasser und auch das überschüssige Vegetationswasser kann durch den Rost und durch das Abflußrohr in den Senkschacht ablaufen, ohne daß Luft von außen zum Futter gelangt, weil die kommunizierende Röhre dauernd voll Wasser steht.

Die wichtigste Einrichtung bei dem neuen Futtersilierverfahren besteht nun in einem Apparat, der mit „Futtersilierer" bezeichnet wird und der zur Erzeugung von warmer Luft dient. Es ist schließlich nichts anderes als wie ein großer Fönapparat. Der Silierer *F* besteht aus einem elektrisch angetriebenen Gebläse *G* und einer elektrischen Heizröhre *H*. Er kann mittels Kabel *K* und Wandanschluß *A* an die elektrische Installationsanlage angeschlossen werden und wird für jede Gebrauchsspannung und Stromart, Gleichstrom oder Drehstrom, hergestellt. Die Leistung der Futtersilierer ist mit Rücksicht auf die normale Leistungsfähigkeit der Ortstransformatoren von Überlandzentralen zunächst auf 7 kW beschränkt und kann innerhalb dieser Leistung noch durch Sterndreieckschaltung reguliert werden. Die erwärmte Luft wird durch eine Rohrleitung *L* aus dem Futtersilierer in den Siloraum, und zwar unter den Rost *R*, geleitet. Die warme Luft streicht dann durch den Rost und durch das ganze Futter hindurch und erwärmt dasselbe nach den gemachten Erfahrungen so gleichmäßig, daß der Temperaturunterschied von der Wand bis zur Mitte nicht mehr als 1 bis 2° C beträgt. Es mag zunächst überraschen, daß die Luft durch das fest zusammengepreßte Futter überhaupt durchgeht; die Erfahrungen hat aber gezeigt, daß diese Durchleitung der Luft einwandfrei erfolgt, was wohl darauf zurückzuführen ist, daß die in die Silos eingebrachten grünen, frischen Pflanzen, trotz dichter Lagerung, immer noch große Lufträume bieten, durch welche die Luft hindurchdringen kann.

Neuerdings wird die Luft nicht nur in den Behälter hineingeblasen, sondern auch gleichzeitig aus dem Raum über dem Futterstock abgesaugt, wodurch natürlich ein besserer Wirkungsgrad des Futtersilierers erzielt wird, weil die angesaugte Luft schon vorgewärmt ist. Das Ansaugen bietet aber noch den hohen Vorteil, daß nicht frische sauerstoffreiche Luft dem Futter zugeführt wird, sondern schon verbrauchte Luft, so daß der Bakterientätigkeit auch nach dieser Richtung hin eine gewisse Grenze gesetzt wird.

Der Arbeitsvorgang bei der Silierung mit dem Futtersilierverfahren ist nun folgender: Das Futter wird bei beliebiger Witterung ungehäckselt oder gehäckselt in den Behälter eingefüllt. Der Zustand des zur Silage verwandten Futters soll frisch und einwandfrei sein; es mag hierfür das Einweckverfahren im Haushalt als Vorbild hingestellt werden. Während der Füllung des Silos wird das Futter von 1 bis 2 Leuten so fest wie möglich zusammengetreten. Ein Behälter kann an einem Tage gleich bis über den Rand vollgefüllt werden. Der Futtersilierer wird dann zweckmäßig abends eingeschaltet und über Nacht in Betrieb gelassen. Hat die Futterwärme eine Temperatur von 50° C erreicht, was unter normalen Verhältnissen in 6 bis 24 Stunden der Fall ist, so ist die Silierung als beendet anzusehen. Der Futtersilierer wird alsdann ausgeschaltet und es werden die Öffnungen im Ansaug- und Einblasrohr luftdicht verschlossen. Der Behälter kann in den nächsten Tagen aufgefüllt werden, was sich zur besseren Raumausnutzung deshalb erforderlich macht, weil das Futter während der Silierung und bald nach derselben auf zwei Drittel oder sogar bis zur Hälfte seines Volumens zusammensackt.

Der Stromverbrauch ist vom Einschalten bis zum Ausschalten des Futtersilierers gleichbleibend. Er beträgt unter normalen Verhältnisssen etwa 0,5 bis 0,7 kWh je Zentner Futter. Wenn die Erwärmung des Futters auf 50 ° C in einer Nacht nicht erreicht wird, so kann dieselbe am Abend des folgenden Tages fortgesetzt werden, während man den Betrieb des Silierers am Tage mit Rücksicht auf den höheren Strompreis im allgemeinen ausschaltet.

Nach Beendigung der Silierung wird das Futter von ein paar Leuten noch einmal festgetreten. Schließlich wird dann die Futteroberfläche durch eine mindestens 50 cm starke Schicht aus Lehmerdboden gewissenhaft abgedeckt. Die Erddecke auf dem Futter muß luftdicht hergestellt und besonders in den ersten Tagen nach der Silierung, in welchen das Futter fortgesetzt nachsackt, sorgfältig auf Rißbildung nachkontrolliert und ausgebessert werden. Durch Luftzutritt von oben kann das ganze Silagefutter genau so verderben, wie die Einwecksubstanz in einem undicht gewordenen Einweckglas. Das abgeflossene Fruchtwasser muß von Zeit zu Zeit aus der Senkgrube ausgepumpt werden. Das einsilierte Futter bleibt in dem vorbeschriebenen Zustand solange unberührt liegen, bis es zur Verfütterung kommen soll. Bei der Entnahme des konservierten Futters aus dem Silo muß möglichst alle paar Tage eine Futterschicht von mindestens 10 cm abgenommen werden, damit keine Schimmelbildung an der Futteroberfläche eintreten kann.

Die natürlichen Kriterien für ein gelungenes Süßfutter sind folgende: Das Futter muß eine olivgrüne, ins bräunliche gehende Färbung haben. Die Struktur der grünen Pflanzen und Blättchen muß erhalten geblieben sein und schließlich muß der Geruch aromatisch und etwa dem von frisch gebackenem Brot ähnlich sein.

Es ist falsch, dem Landwirt empfehlen zu wollen, daß er sein Heu durch siliertes Futter bezw. die Heuwerbung durch saftige Futterkonservierung ersetzen soll. Der Rat, welchen man heute der Landwirtschaft in bezug auf die Futterkonservierung erteilen muß, könnte auf folgende Formel gebracht werden:

„Macht gutes Heu, so viel ihr könnt, wenn das Wetter es erlaubt, und siliert saftiges Grünfutter ein, so viel ihr könnt, wenn sich kein Heu machen läßt!"

Ferner sollte dem Landwirt empfohlen werden, für wenig wertvolles Futter, wie Rübenblätter, Gruben, Mieten oder hohe Futtertürme zu verwenden, dagegen für wertvolles, eiweißhaltiges

Futter, wie Gemenge, Luzerne, Gras, Klee, Mais u. dgl., ein Konservierungsverfahren mit künstlichem Wärmezusatz, so z. B. das Futtersilierverfahren der Landelektrizität, anzuwenden.

15. Seidenkultur. In Japan geschieht das Ausbrüten der Seidenwurmeier ebenfalls durch elektrische Bruteinrichtungen, wobei folgende Ergebnisse bisher festgestellt werden konnten:

1. Die Elektrizität ist reinlicher und gesünder.
2. Sie spart Arbeit.
3. Die Seidenwürmer wachsen stärker.
4. Die Kokons gestalten sich ergiebiger und es hat sich gezeigt, daß elektrisch ausgebrütete Seidenwürmer einen Tag früher Kokons herstellen als bei Holzkohle ausgebrütete.
5. Die Ausgabe für elektrische Heizung ist angemessen.

16. Teekulturen. In der Teeproduktion spielt die Elektrizität als Wärmequelle nunmehr ebenfalls eine bedeutende Rolle, hauptsächlich beim Dampfen, Waschen und Trocknen des Tees, wobei festgestellt wird, daß die Lualität bedeutend verbessert werden kann, die Produktionskosten sinken und die Massenerzeugung möglich wird.

Anhang.

1. Grundsätzliches über die Tätigkeit der Werbe-Abteilung.

1.

Auf Grund der Wohnungsbögen beim Steueramt kann die Häuseranzahl in den einzelnen Straßen und die Größe der Wohnungen in den bestehenden Häusern ermittelt, in ein Verzeichnis und einen Stadtplan eingetragen werden.

2.

Aus der Kartothek im technischen Büro kann betreffs der auf diese Weise ermittelten Häuser festgestellt werden, ob sie bereits angeschlossen sind oder nicht. Dies ist in den ad 1. angelegten Behelfen zu vermerken, so daß ein Übersichtsplan über die angeschlossenen Häuser geschaffen wird, aus welchem ersichtlich ist

a) wie viele Häuser in den einzelnen Straßen angeschlossen sind;
b) welche Wohnungen in denselben angeschlossen sind;
c) welche elektrischen Einrichtungen in den einzelnen Wohnungen bereits bestehen, bezw. anzuschließen die Möglichkeit vorhanden ist.

3.

Es ist weiters festzustellen, ob in den bereits angeschlossenen Häusern überall Steigleitungen bis in das oberste Stockwerk vorhanden sind und welchen Querschnitt dieselben aufweisen, da bei Auskünften an eine Partei, welche z. B. einen elektrischen Ofen angeschlossen haben will, der Querschnitt der Steigleitung beachtet werden muß. In einem solchen Falle werden zweckmäßigerweise die Steigleitungen entweder verstärkt oder neu hergestellt, und zwar auf Kosten des Elektrizitätswerkes. Bei der Übernahme dieser Kosten ist darauf Bedacht zu nehmen, welche elektrischen Einrichtungen bereits bestehen und was noch angeschlossen werden soll. Ist in einem Hause gar nichts angeschlossen, so können die Kosten der Steigleitung dann übernommen werden, wenn eine gewisse Anzahl von Verbrauchsapparaten, bezw. Lampen anzuschließen garantiert wird. Hierüber sind Richtlinien hinauszugeben.

4.

Weiters ist ein Verzeichnis anzulegen, enthaltend die einzelnen Geschäftszweige, Gewerbe und Industrien, z. B. Bäcker,

Tischler, Spengler, Tapezierer, Schneider, Schuster, Schlosser, Schmiede usw., die aus dem Handels- und Gewerbe-Adreßbuch entnommen werden können, unter Anführung der Straßenbezeichnung und Hausnummern. Im besonderen ist die Gruppe der Zahnärzte, Ärzte, Advokaten, ferner das Gast-, Kaffeehaus- und Hotelgewerbe und Wäschereien zu vermerken.

Ein Vergleich mit der Kartothek der technischen oder der Stromverrechnungs-Abteilung ergibt, ob die betreffenden Gewerbe ihre Objekte bereits angeschlossen haben oder nicht. Aus diesen Zusammenstellungen, geordnet nach den einzelnen Gewerbebetrieben, geht hervor, welche elektrischen Einrichtungen bei den einzelnen Betrieben bereits bestehen und welche Einrichtungen in den einzelnen Fällen noch zu empfehlen sind, wobei zugestanden werden kann, daß Apparate ein oder zwei Tage zur Probe zur Verfügung gestellt werden.

5.

Außer den gewerblichen Betrieben sind auch die Industrien auf bestehende elektrische Einrichtungen zu prüfen und die Einführung von dem betreffenden Fache entsprechenden elektrischen Einrichtungen anzuregen oder zu empfehlen. Der Industrie ist je nach dem Wirtschaftszweige die lichttechnische und wärmewirtschaftliche Anwendung des elektrischen Stromes klarzulegen und anzuregen, Leimkocher, Schweißmaschinen, Lötkolben, motorische Antriebe, Warmwasserspeicher, Metallschmelzöfen, Lack-, Email- und andere Trocknungsöfen, Nietwärmer u. dgl. einzustellen.

Die industrielle Beleuchtung kann als ein Produktionsmittel, welches ebenso wie automatische Werkzeugmaschinen die Betriebs-Ökonomie steigern hilft und die Produktion vermehrt, empfohlen werden.

6.

Den Konsumenten sind alle für den Haushalt bestimmten und je nach der wirtschaftlichen Lage des Konsumenten anwendbaren Apparate anzupreisen, wie kleine, mittlere, große Warmwasserspeicher für Küchenzwecke, oder Badeöfen, Kochplatten, elektrische Herde, Bügeleisen usw.

7.

An die Industrien sind Rundschreiben hinauszugeben, in welchen auf die praktisch erprobte Erhöhung der Leistungsfähigkeit des Arbeiters durch erhöhte und verbesserte Beleuchtung und dadurch vermehrte Produktion, und auf die Unfalls-Statistiken hingewiesen wird.

Weiters sind Rundschreiben an die größeren Geschäftsinhaber mit Schaufenster-Beleuchtung, Kaffeehäuser, Gastwirtschaften hinauszugeben, in welchen der Wert der Beleuchtung für die vermehrte Anziehung des Publikums und der dadurch vermehrten Anzahl der Käufer betont wird. Ferner ist das Kaffeehaus-, Gastwirtschafts- und Hotel-Gewerbe auf die bestehenden Heiz-

und Wärme-, Koch- und Reinigungs-Apparate, Kühlschränke und Ventilatoren, Näh- und Küchenmaschinen aufmerksam zu machen.

Insbesondere sind die Hotels auf die elektrischen Beheizungsmöglichkeiten der Zimmer aufmerksam zu machen. Die Heizung kann etwa von 9 bis 16 Uhr und von 20 bis 7 Uhr bei ermäßigten und in der Zwischenzeit bei normalen Strompreisen vorgenommen werden.

Ebenso ist für eine entsprechende Reklame in allen möglichen Formen, wie Reklametafeln, beleuchtete Schilder für Geschäfte, Hotels, Gast- und Kaffeehäuser, Polizeiwachstuben, Apotheken, Vergnügungsstätten aller Art, Straßennamentafeln an besonders frequentierten Plätzen, Bahnhofvorplätzen u. dgl., Dach-Reklame, beleuchtete laufende Buchstaben mit verschiedenen Zweckangaben usw., Propaganda zu machen.

8.

In dem Großteil der in Betracht kommenden Geschäfte und Industrien sind Lichtmessungen vorzunehmen und ist festzustellen, wie schlecht die vorhandene Beleuchtung ist. Die Aufnahmen und Messungen erfolgen mit dem Luxmeter und werden in eine Tabelle eingetragen (dabei ist zu berücksichtigen, ob das Geschäft an einer hellen oder dunklen Straße gelegen ist), in welche dann auch die Beleuchtungsstärken, wie sie sein sollen, und die darnach ermittelte Lampenleistung einzutragen sind. Diese auf Grund von Berechnungen ermittelten Beleuchtungsanlagen herstellen zu lassen, soll den Geschäftsleuten empfohlen werden. Es kann dabei der Vorgang eingehalten werden, daß die Beleuchtungskörper gratis aufmontiert werden, um sie den betreffenden Konsumenten vorzuführen, die sie dann käuflich erwerben oder wieder abtragen lassen können.

9.

Weiters sollen Schaufenster-Konkurrenzen im Einvernehmen mit der Handels- und Gewerbekammer und dem Handelsgremium ausgeschrieben werden, wobei Preise ausgesetzt werden, so daß die allfällig auf Kosten der Geschäftsinhaber durchgeführten Neuinstallationen den Preisträgern zum Teil ersetzt werden. Zweck dieses Vorgehens ist die Einführung einer besseren Beleuchtung und dadurch ein Mehrverbrauch an Licht, d. h. eine größere Einnahme für das Elektrizitätswerk.

10.

Die elektrische Straßenbeleuchtung ist mit allen Mitteln anzustreben und auszubauen.

11.

In die Vermehrung des Stromabsatzes ist auch die Elektrisierung von mit Dampf betriebenen Lokal- und Kleinbahnen einzubeziehen.

Durch entsprechende Preisstellung kann auch die Elektrisierung der Autobusbetriebe, namentlich für Bäckereien, Großwäschereien, beim Fleischhauergewerbe, Speditionsbetriebe, bei Zeitungen und bei der Post gefördert werden.

12.

An der ganzen Aktion, sowohl für die Verbreitung der elektrischen Beleuchtung als auch der elektrischen Wärmeverwertung, sind verschiedene Körperschaften zu interessieren, und zwar: Industriellenverband, Handels- und Gewerbekammer, Arbeiterkammer, Handelsgremium, Gewerbeverein, Gewerbeinspektorat, Landwirtschaftskammern, Genossenschaften usw. Dies kann erfolgen durch Vorträge und vergleichende Druckschriften mit Abbildungen unter kurzer Anführung von Beispielen über Ersparnisse in der Wärmewirtschaft oder Verbesserung und Erhöhung der Leistung durch bessere Beleuchtung, größere Anziehung von Käufern und dadurch erzielter vergrößerter Absatz in den einzelnen Geschäften.

13.

An frequentierten Straßen ist die in einem Schaufenster bisher falsch angewendete Beleuchtung, vielfach auch hauptsächlich die Gehsteigbeleuchtung, und darauf die richtige Beleuchtung nach den hinausgegebenen Grundsätzen in automatischer Weise den Passanten vorzuführen, wodurch sich das Unternehmen die Einrichtung eines Lichtsaales oder Beleuchtungspropaganda-Zimmers für den Anfang ersparen kann. Unbedingt notwendig ist jedoch die Vorführung von falschen und richtigen Beleuchtungsbildern bei den vorgenannten Körperschaften.

14.

Um die besonderen Vorteile der Anwendung der Elektrizität im gesamten Wirtschaftsleben schon in der Jugend zu wecken, ist eine Verbindung mit den Volks-, Bürger- und gewerblichen Mittel- und Hochschulen anzubahnen und dortselbst das wichtigste über diesen Gegenstand an Hand von praktischen Beispielen vorzuführen; in Volksschulen bei Kindern ab dem 10. Lebensjahre.

An höheren Mädchenschulen kann für die Haushaltsklasse eine vollständige elektrische Kücheneinrichtung gratis zur Verfügung gestellt werden. In dieser Klasse wird die Benützung der elektrischen Haushaltungsgegenstände als Teil des Unterrichtes gelehrt. Es wird Unterricht erteilt im elektrischen Kochen, im richtigen Gebrauch der elektrischen Waschmaschine, des Staubsaugers, Milchkochers usw. sowie im richtigen Gebrauche der zahlreichen kleineren elektrischen Gebrauchsgegenstände des Haushaltes. Einzufügen ist das Zählerablesen. Die Klasse muß nach jeder Mahlzeit, die auf dem elektrischen Herde zubereitet wurde, und nach Gebrauch eines jeden anderen elektrischen Apparates Zählerablesungen vornehmen, um sofort feststellen zu können, wie hoch die

Kosten für Waschen, Bügeln, Staubreinigen, Nähen usw. sich belaufen. — Ein Verkaufsangestellter des Elektrizitätswerkes kann der Lehrerin bei den Arbeiten im Anfang behilflich sein.

Weiter ist eine Verbindung mit der Lokalpresse durch gelegentliche Aufsätze populärer Art mit Hinweis auf bestehende Schauobjekte herzustellen.

Ferner ist das eigene Personal, und zwar die Angestellten, insbesondere jedoch jenes Personal, welches Gelegenheit hat, mit dem Publikum in Berührung zu kommen, aufzuklären über Wesen und Zweck der Propaganda-Tätigkeit, Durchführung von praktischen Vorgängen, Erklärung von Bildern und Ausführung von Beispielen. Dies betrifft ganz besonders das Montage- und Installationspersonal. Den gleichen Zwecken soll auch die Reklame in ihren verschiedensten Formen dienen.

15.

Um die Werbetätigkeit in weitere Gebiete zu tragen, empfiehlt es sich, in größeren Orten Wanderversammlungen zu veranstalten, bei welchen das Wesen der Elektrizitätsverwertung, sowohl für Licht und Wärme, als auch für Kraft, erläutert wird und an Beispielen vorgeführt werden kann. Für Vorführungen dieser Art eignet sich zweckmäßigst ein Wanderkasten, auch Lichtkasten genannt, oder Lichtkoffer, ferner ein Koffer, mittelst welchem man Bügeleisen, Kochplatten oder -töpfe u. dgl. vorführen kann. Im besonderen dürfte es sich empfehlen, Futterkessel, ferner die kleinen Box-Backöfen vorzuführen, nachdem speziell für größere Guts- und Bauernhöfe in der Landwirtschaft mit viel Personal ein solcher Ofen sehr zweckdienlich und ökonomisch ausgewertet werden kann.

16.

Die ganze Werbetätigkeit wird jedoch nicht viel Erfolg aufweisen können, wenn nicht gleichzeitig eine besondere Tarifpolitik befolgt wird, deren Ziel darin bestehen muß, einen möglichst großen Konsum ohne Erhöhung des Maximums zu erreichen.

Diese Tariffragen sollten einheitlich unter Führung des Verbandes der Elektrizitätswerke zu regeln versucht werden.

17.

Es ist beim Elektrizitätswerke eine Auskunftsstelle zu schaffen, die derart besetzt sein soll, daß das betreffende Organ Auskünfte erteilen kann, und zwar über die Größe der Apparate, wenn ihm die näheren Gebrauchsumstände angegeben werden, über den Wert derselben, ob nach Einsichtnahme in die vorhandenen technischen Betriebsbehelfe der Anschluß sofort oder erst in späterer Zeit möglich ist, ob bestimmte Vorarbeiten hierfür durchzuführen sind, ob bestimmte begehrte Apparate anzuschließen überhaupt empfehlenswert erscheint usw. Dieses Organ soll auch über Preise und Kosten annähernde und unverbindliche Ziffern mitteilen können und muß überhaupt die ständige Verbindung zwischen der betriebstechnischen und Installations-Abteilung aufrecht erhalten.

18.

Die Konsumenten sind weiters durch einen Akquisiteur zu besuchen und denselben Bügeleisen, Kochapparate, Staubsauger, Bohner, Kochplatten, bezw. -töpfe, Warmwasserapparate usw. anzubieten.

Der Akquisitions-Beamte wird mit einem geringen Fixum bezahlt und erhält Provisionen für hereingebrachte Aufträge, und zwar:

für das gebrachte Kilowatt Kraft . . . . S 5,—
für das gebrachte Watt Licht . . . . . S —,03.

Die Beträge werden ausgezahlt, wenn die Anlage installiert ist.

19.

Zum Schluß ist eine genaue Statistik nach dem Vorbild der Vereinigung der Elektrizitätswerke aufzustellen mit entsprechend individuellen Abänderungen.

2. Temperaturregelung elektrischer Öfen mit den Hilfsmitteln der technischen Elektronik *).

In neuerer Zeit erlangt das Kathodenrohr eine erhöhte Bedeutung in der Starkstromtechnik. Die trägheitslose Relaiswirkung wird dazu benutzt, um die Drehzahl elektrischer Antriebmaschinen oder die Spannung der Generatoren konstant zu halten. Die prinzipielle Wirkungsweise solcher Anordnungen ist des Näheren in der Patentschrift „Deutsches Reich" Nr. 367.964 aus 1915 und Nr. 412.286 aus 1916 von Weuste u. Overbeck, G. m. b. H., und Dr. Ing. F. Meyer ausgeführt **).

Im folgenden wird gezeigt, in welcher Weise sich Kathodenröhren dazu verwenden lassen, die Temperatur elektrischer Öfen konstant zu halten. Diese Temperatur-Regulierungsmethode läßt sich auch auf gasgeheizte Öfen anwenden ***).

Einige Begriffe seien hier erläutert, die man in den Charakteristiken der Röhren findet und die zur Beurteilung einer Röhrenleistung erforderlich sind.

S ä t t i g u n g s s t r o m. Bekanntlich werden durch Heizung des Glühfadens die sogenannten Elektronen, welche in kaltem Zustand mit den Atomen des Metalls verbunden sind, frei und abgeschleudert. Unter dem Einfluß des elektrischen Feldes zwischen

*) Elektrotechnik und Maschinenbau, Ing. Taeger, Heft 24 ex 1925.
**) E. u. M., 1922, S. 325, 350.
***) Hippel, Dr. A. Die Elektronenröhre in der Meßtechnik 1924, Jena (Zahlreiche Literaturangaben).

Kathode und Anode gelangen diese Elektronen an die Anode, wodurch der Stromkreis geschlossen wird. Je stärker der Glühfaden geheizt wird, um je mehr die Anodenspannung erhöht, desto mehr Elektronen bewegen sich in einer Sekunde von der Kathode zur Anode. Dieser Elektronenstrom läßt sich jedoch nur bis zu einem gewissen Höchstwert steigern und diese höchst erreichbare Aussendung von Elektronen pro Sekunde nennen wir Sättigungsstrom oder maximale Emission. Bei Vorhandensein dieses Sättigungsstromes gehen alle Elektronen, die von dem Glühfaden abgeschleudert werden, zu der Anode über. Eine weitere Steigerung der Anodenspannung würde dann keine Vermehrung der Emission herbeiführen, sondern nur eine beschleunigte Anziehung der Elektronen an die Anode und dadurch infolge des verstärkten Aufprallens eine stärkere Erwärmung des Anodenbleches. Die Stärke des Sättigungsstromes einer Röhre ist von wesentlichem Einfluß auf die durch die Röhre vermittelte Lautstärke. Und zwar steigt diese mit dem Anwachsen des Sättigungsstromes, weshalb man zur Endverstärkung, besonders für Lautsprecher, meist Röhren mit verhältnismäßig hohem Sättigungsstrom verwendet. Allerdings haben solche Röhren auch einen höheren Stromverbrauch.

D u r c h g r i f f. Unter Durchgriff versteht man das Durchgreifen des von der Anodenspannung erzeugten elektrischen Feldes durch das zwischen Kathode und Anode befindliche Gitter. Je enger die Drahtwindungen dieses Gitters sind, desto kleiner ist der Durchgriff. Röhren mit niedrigem Durchgriff bei großer Steilheit eignen sich besonders zur Hochfrequenzverstärkung.

S t e i l h e i t. Unter Steilheit versteht man das Verhältnis der Zunahme des Anodenstromes zur Zunahme der Gitterspannung. Je größer die Steilheit ist, desto empfindlicher ist die Röhre. Ebenso nimmt unter der Voraussetzung hoher Emission auch die Lautstärke mit dem Anwachsen der Steilheit zu.

Wenn auf die hauptsächlichsten Röhrentypen näher eingegangen wird, so gibt es zunächst N o r m a l r ö h r e n. Sie besitzen als Kathode einen widerstandsfähigen Wolframfaden und sind daher meist gegen Überhitzung verhältnismäßig unempfindlich, was diesen Röhren eine lange Lebensdauer verbürgt. Leider ist der Spannungsbedarf und der Stromverbrauch solcher Röhren den Sparröhren gegenüber verhältnismäßig hoch. Sie erfordern meist eine Heizspannung von drei bis vier Volt und haben durchschnittlich einen Stromverbrauch von 0,5 Ampere. Die Emission dieser Röhren ist meist nicht sehr hoch, was natürlich auch einer geringeren Lautstärke entspricht.

Der hohe Stromverbrauch und Spannungsbedarf der Wolframdrahtröhren führte zum Bau der sogenannten S p a r r ö h r e n, der Oxydfaden- und Thoriumfadenröhren. Die Oxydkathoden der erstgenannten Röhren bestehen aus Kerndrähten, die mit einer Schicht von Oxyden unedler Metalle umgeben sind; bei den Thoriumfadenröhren besteht die Thoriumkathode aus einem mit einer Thoriumschicht bedeckten Wolframfaden. Die Thoriumschicht wird durch Reduktion von Thoroxyd, das bei der Herstellung des Wolframfadens diesem beigemischt wird, gewonnen. Der Stromverbrauch wie auch die erforderliche Heizspannung der genannten Röhren ist den Wolframdrahtröhren gegenüber sehr gering, so daß deren Betrieb sogar mit Heiztrockenelementen durchgeführt werden kann. Ein weiterer Vorzug der Sparröhren liegt in ihrer bedeutend höheren Emission.

Der Leistungsunterschied zwischen den Oxydfadenröhren und den Thoriumröhren besteht darin, daß die Thoriumröhren einen besonders geringen Heizstromverbrauch aufweisen, während die Oxydfadenröhren bei einem etwas höheren Heizstromverbrauch gegenüber den Thoriumröhren den Vorzug einer geringeren Heizspannung haben.

Ein gewisser Nachteil der Sparröhren ist der Umstand, daß ihre Heizflächen gegen Überheizung bedeutend empfindlicher sind als Wolframdrahtfäden. Während eine Wolframdrahtröhre erst nach Durchbrennen des Fadens unbrauchbar ist, ist dies bei Sparröhren schon der Fall, sobald die Emissionsschicht verdampft ist. Bei Thoriumröhren ist allerdings eine nachträgliche Regeneration durch Heizung des Fadens ohne Anlegung der Anodenspannung möglich. Um ein Verdampfen der Emissionsschicht vor deren normalem Verbrauch zu vermeiden, dürfen die von den Herstellerfirmen für ihre Lampen angegebenen Heizdaten sowie auch die angegebene Anodenspannung auf keinen Fall überschritten werden. Auf jeden Fall darf der Faden der Röhren nur rötlich bis dunkelgelb glühen, niemals aber weißlich.

Die dritte Gattung von Röhren bilden die sogenannten Endverstärkerröhren. Sie werden meist in Mehrröhrenapparaten als letzte Röhre verwendet und dienen besonders zum Anschluß von Lautsprechern. Ihrer Bestimmung gemäß ist bei ihnen der Sättigungsstrom ziemlich hoch. Schließlich seien noch die neuerdings vielfach verwendeten Doppelgitter- oder Raumladungsgitterröhren erwähnt. Diese sind mit einem zweiten Gitter ausgestattet, welches folgendem Zweck dient. Bekanntlich bildet sich um den glühenden Kathodenofen eine Elktronenwolke, die wir mit Raumladung bezeichnen. Durch diese Raumladung wird, wenn sie sehr dicht ist, die Feldstärke der von der Anode kommenden Kraftlinien in der Nähe des glühenden Kathodenfadens herabgemindert, wodurch weniger Elektronen emittiert werden können als es bei gleicher Temperatur des Glühfadens ohne Raumladung möglich wäre. Das Raumladungsgitter, welches sich zwischen dem gewöhnlichen Gitter und dem Kathodendraht befindet, hat nun die Aufgabe, die Raumladung zu zerstreuen, zu welchem Zweck man gegen den Glühfaden ein positives Potential erteilt. Dadurch ist es möglich, mit sehr geringer Anodenspannung zu arbeiten.

Natürlich spielt auch der rein mechanische Aufbau einer Röhre eine nicht zu unterschätzende Rolle für deren Leistungsfähigkeit.

Bei der Temperaturregelung dient als Steuersonde eine Anzahl in Reihe geschalteter Thermoelemente, die die Gitter der Röhren beeinflussen (Abb. 430). Der Thermospannung entgegen wirkt die Batterie E_1; dadurch wird erreicht, daß mit wechselnder Temperatur zwar die Spannung e der Thermobatterie steigt, die resultierende Spannung an den Gittern der Röhren dagegen sinkt. Diesem Sinken der Gitterspannung folgt zwangsläufig ein Abnehmen des Anodenstroms, der die Hilfs-Heizwicklung durchfließt, damit wird

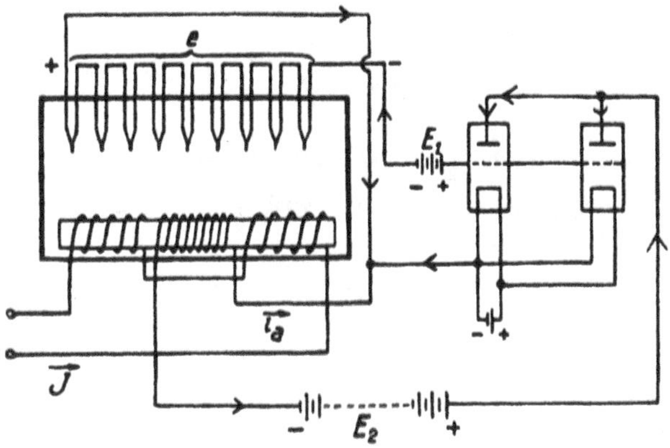

Abb. 430

Prinzipielles Schaltbild eines Elektroofens mit Temperaturregelung mittels Glühkathodenröhren

aber die Gesamt-Heizleistung vermindert und die Temperatur wird sinken; sinkt sie zu weit, so wird durch den umgekehrten Vorgang wieder eine Temperaturerhöhung bewirkt. Es sind also zwei Heizwicklungen vorhanden, die Hauptwicklung, die vom Strom I durchflossen wird und den ohmschen Widerstand R besitzt und die vom Anodenstrom i_a durchflossene Hilfswicklung mit dem Widerstand r und der Induktivität L. Bezeichnet man noch mit S, D und Ri die Steilheit, den Durchgriff und den inneren Widerstand der Röhren, so ergibt sich unter Vernachlässigung des ohmschen Widerstandes der Heizwicklung gegen den Röhrenwiderstand die Spannungsbilanz

$$L \frac{d i_a}{d t} = R_i \, . \, i_a \quad . \; . \; . \; . \; . \; . \; . \; . \; . \; . \; . \quad (1).$$

Nach B a r k h a u s e n läßt sich der Anodenstrom berechnen aus

$$i_a = S\,(e_g + D\,E_2'),$$

wobei e_g wirksame Gitterspannung, E_2' wirksame Spannung zwischen Anode und Kathode eines Rohres ist. Nach dem Früheren ist nun $e_g = E_1 - e$ und $E_2' = E_2 - r \, . \, i_a$, wenn E_2 die Batteriespannung im Anodenkreis. Für ein Rohr gilt also

$$i_a = S\,[E_1 - e + D\,(E_2 - r \, . \, i_a)],$$

für z Röhren dagegen

$$z \, . \, i_a = z \, . \, S\,[E_1 - e + D\,(E_2 - r \, . \, z \, . \, i_a)].$$

Diese Beziehung in Gl. (1) eingesetzt, liefert

$$L\cdot\frac{di_a}{dt} = R_i\cdot S\,[E_1 - e + D\,(E_2 - z\cdot r\cdot i_a)],$$

$$L\frac{di_a}{dt} + R_i\cdot S\cdot D\cdot z\cdot r\cdot i_a = R_i\cdot S\cdot(E_1 - e) + R_i\cdot S\cdot D\,E_2.$$

Da nun $R_i\cdot S\cdot D = 1$ ergibt sich weiter:

$$L\frac{di_a}{dt} + z\cdot r\cdot i_a = E_2 + \frac{E_1 - e}{D}$$

oder nochmals differenziert

$$L\frac{d^2 i_a}{dt^2} + z\cdot r\cdot\frac{di_a}{dt} = -\frac{1}{D}\cdot\frac{de}{dt} \quad \ldots\ldots\ldots \quad (2).$$

Eine Beziehung zwischen $\frac{de}{dt}$ und i_a, durch welche (2) zu einer homogenen Differentialgleichung zweiter Ordnung wird, ergibt sich durch die wärmedynamische Differentialgleichung

$$Q = c\frac{dT}{dt} + w\,(T - \Theta) \quad \ldots\ldots\ldots \quad (3).$$

Hierin bedeuten: T die Temperatur des Heizgutes, Θ die der den Ofen umgebenden Luft, c die Wärmekapazität der gesamten Anordnung (Ofen nebst Inhalt), w die von der Oberfläche pro 1° C Übertemperatur abgegebene Wärmemenge und t wieder die Zeit.

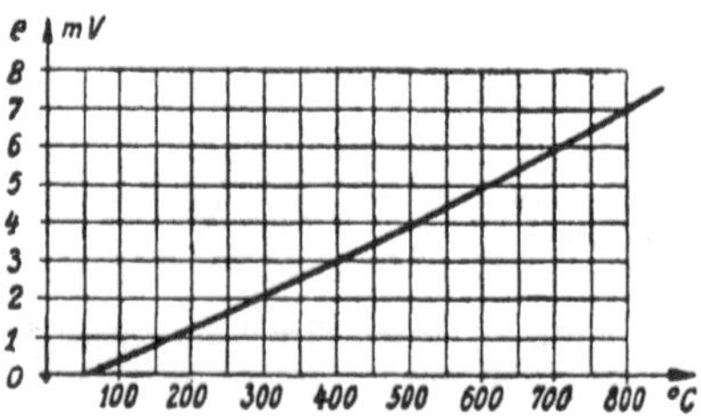

Abb. 431

Abhängigkeit der EMK von der Temperatur eines Platin-Rhodium-Thermoelementes

Unter Annahme eines linearen Zusammenhanges zwischen Temperatur und elektromotorischer Kraft beim Thermoelement (Abb. 431) ist nun

$$\frac{de}{de} = n\cdot k\cdot\frac{dT}{dt} \quad \ldots\ldots\ldots \quad (4),$$

wobei k eine Konstante und n die Anzahl der hintereinander geschalteten Thermoelemente ist.

Die gesamte, dem Heizgut zugeführte Wärmeenergie beträgt:

$$N = 0{,}239\,(I^2\cdot R + z\cdot{}^2\cdot i_a{}^2 r + 2\,z\cdot i_a\cdot I\cdot\sqrt{R\cdot r}),$$

da der in der Hilfswicklung fließende Strom ia klein ist gegen l, kann $z^2\cdot ia^2\cdot r$ gegen die anderen Summanden vernachlässigt werden, also

$$N = 0{,}239\,(I^2\cdot R + 2\cdot z\cdot i_a\cdot I\cdot\sqrt{R\cdot r}).$$

$$T = \frac{0{,}239}{w}\,I^2\cdot R\cdot t + \frac{0{,}478}{w}\cdot z\cdot I\cdot\sqrt{R\cdot r}$$

Andererseits ist aber unter Berücksichtigung von (3)

$$N = \frac{dQ}{dt} = c\,\frac{d^2T}{dt^2} + w\,\frac{dT}{dt} = 0{,}239\,(I^2 R + 2\,z\cdot i_a\cdot I\cdot\sqrt{R\cdot r}).$$

Zur Vereinfachung des Problems wird das Glied $c \frac{d^2 T}{d t^2}$, welches den Leistungsanteil darstellt, welcher verbraucht wird, um dem Heizgut die verlangte Endtemperatur zu geben, vernachlässigt. Man erhält daher nun die Beziehung

$$\frac{d T}{d t} = \frac{0{,}239}{w} \left(I^2 R + 2 . z . i_a . I . \sqrt{R . r}\right) \quad . \; . \; . \; . \; . \; . \quad (5).$$

Durch Vereinigung der Gleichungen (4) und (5) ergibt sich nun der gesuchte Zusammenhang zwischen

$$\frac{d e}{d t} \text{ und } i_a \; \frac{d e}{d t} = \frac{n . K}{w} . 0{,}239 \left(I^2 R + 2 . z . i_a . I . \sqrt{R . r}\right).$$

Setzt man diese Gl. in Gl. (2) ein, so erhält man die Differentialgleichung 2. Ordnung für i_a

$$\frac{d^2 i_a}{d t^2} + \frac{z . r}{L} . \frac{d i_a}{d t} + \frac{2 . z n . K . 0{,}239 . I . \sqrt{R . r}}{D . L . w} i_a = -0{,}239 . \frac{n . K . I^2 R}{D . L . w} \quad . \; (6).$$

deren allgemeines Integral lautet

$$i_a = C . e^{\beta t} - \frac{I}{2 z} . \sqrt{\frac{R}{r}}.$$

β ergibt sich in bekannter Weise aus der Gleichung

$$\beta^2 + \frac{z . r}{L} . \beta + 0{,}239 \; \frac{2 n . K . z . I . \sqrt{R . r}}{D . L . w} = 0.$$

Zur Vereinfachung setzt man

$$\omega_0{}^2 = 0{,}478 \frac{n . K . z . I . \sqrt{R . r}}{D . L . w},$$

dann ergibt sich aus

$$\beta^2 + \frac{z . r}{L} . \beta + \omega_0{}^2 = 0$$

$$\left.\begin{aligned} \beta &= - \frac{z . r}{2 . L} \pm j . \sqrt{\omega_0{}^2 - \frac{z^2 r^2}{4 L^2}} \\ \beta &= - \pm j \omega \end{aligned}\right\} \quad . \; . \; . \; . \; . \; . \; . \quad (7),$$

sodaß sich für i_a ergibt:

$$i_a = C^1 e^{-\alpha t + j \omega t} + C^2 \cdot e^{-\alpha t - j \omega t} - \frac{I}{2 z} . \sqrt{\frac{R}{r}},$$

$$i_a = e^{-\alpha t} \left(C^1 . \sin \omega t + C^2 . \cos \omega t\right) - \frac{I}{2 z} . \sqrt{\frac{R}{r}} \quad . \; . \; . \; . \quad (8\,a).$$

Die Temperatur ergibt sich durch Integration der Gl. (5)

$$T = \frac{0{,}239}{w} . I^2 . R . t + \frac{0{,}487}{w} . z . I . \sqrt{R . r} . \int i_u . d t + C_3$$

die Auswertung des Integrals ergibt

$$\frac{C^2 (\omega . \sin \omega t - \alpha . \cos \omega t) - C_1 (\omega . \cos \omega t + \alpha . \sin \omega t)}{\alpha^2 + \omega^2} . e^{-\alpha t}.$$

Zur Bestimmung der Integrationskonstanten C_1, C_2 und C_3 dienen die Anfangsbedingungen

$$1. \; T = T_0, \; 2. \; i_a = i_{a,o}, \; 3. \frac{d i_a}{d t} = 0 \text{ zur Zeit } t = 0.$$

Die Bedingung (2) in Gl. (8a) eingeführt liefert

$$C_2 = i_{a,0} + \frac{I}{2z} \cdot \sqrt{\frac{R}{r}} \quad \ldots \ldots \ldots \quad (9a).$$

Durch nochmaliges Differenzieren der Gl. (8*a*) nach *t* erhält man

$$\frac{di_a}{dt} = e^{-at}\left[\cos \omega t\,(\omega C_1 - \alpha C_2) - \sin \omega t\,(\omega C_2 + \alpha C_1)\right],$$

hierin Bedingung (3) eingeführt ergibt

$$\omega C_1 - \alpha C_2 = 0,\ C_1 = \frac{\alpha}{\omega} C_2 = \frac{\alpha}{\omega}\left(i_{a,0} + \frac{I}{2z} \cdot \sqrt{\frac{R}{r}}\right) \quad \ldots \quad (9b).$$

Es folgt nun für i_a

$$i_a = \frac{1}{\omega} \cdot e^{-at}\left(i_{a,0} + \frac{I}{2z} \cdot \sqrt{\frac{R}{r}}\right)(\alpha \cdot \sin \omega t + \omega \cdot \cos \omega t) - \frac{I}{2z} \cdot \sqrt{\frac{R}{r}}.$$

Zur Vereinfachung führe man ein

$$tg\,\psi = \frac{\alpha}{\omega} = \frac{z \cdot r}{2 \cdot L \sqrt{\omega_0{}^2 - \frac{z^2 r^2}{4 L^2}}} \quad \ldots \ldots \quad (10).$$

für i_a ergibt sich dann

$$i_a = e^{-at}\left(i_{a,0} + \frac{I}{2z} \cdot \sqrt{\frac{R}{r}}\right) \cdot \frac{\omega_0}{\omega} \cdot \cos(\omega t - \psi) - \frac{I}{2z} \cdot \sqrt{\frac{R}{r}} \quad . \quad (8b).$$

Für die Temperatur ergibt sich unter Benutzung der Bedingung (1)

$$T = e^{-at}\,\frac{0{,}239 \cdot I}{\omega \cdot \omega} \cdot \sin(\omega t - 2\varphi) \times \left(2z \cdot \sqrt{R \cdot r} \cdot i_{a,0} + I \cdot R\right) + T_0 \quad (11a).$$

Im Falle einer vernachlässigbar kleinen Dämpfung ($\alpha \approx 0$) würde sein $\operatorname{tg}\psi = 0$, das heißt $\psi = 0$, $\omega = \omega_0$ und

$$i_a = \left(i_{a,0} + \frac{I}{2z} \cdot \sqrt{\frac{R}{r}}\right) \cdot \cos \omega t - \frac{I}{2z} \cdot \sqrt{\frac{R}{r}} =$$

$$= i_{a,0} \cdot \cos \omega t - \frac{I}{2z} \cdot \sqrt{\frac{R}{r}}\,(1 - \cos \omega t) \quad \ldots \ldots \quad (8c)$$

und

$$T = \frac{0{,}239}{\omega \cdot \omega} \cdot \left(2 \cdot z\,\sqrt{R \cdot r} \cdot i_{a,0} + I \cdot R\right) \times \sin \omega t + T^0 \quad . \; . \quad (11b).$$

Aus diesen beiden Gleichungen ist zu ersehen, daß beim Fehlen jeglicher Dämpfung Temperatur und Anodenstrom ständig um einen festen Wert pendeln, es ist also dafür zu sorgen, daß durch dämpfende Einflüsse Pendelungen so schnell wie möglich abklingen.

Für den Maximalwert der Temperatur ergibt sich schließlich

$$T_{\max} = T_0 + \sqrt{\frac{0{,}478 \cdot I\sqrt{R \cdot r} \cdot D\,L}{n \cdot K \cdot z \cdot w}}\left(z \cdot i_{a,0} + \frac{I}{2} \cdot \sqrt{\frac{R}{r}}\right),$$

woraus durch Umstellung und darauffolgende Quadrierung die Beziehung entsteht

$$\frac{1}{2}(T_{\max} - T_0)^2 \cdot \frac{n \cdot Kz \cdot w}{D \cdot L \cdot I \cdot \sqrt{\frac{R}{r}}} = 0{,}239\left(\frac{I^2}{4} \cdot R + z^2 \cdot i_{a,0}{}^2 \cdot r + z \cdot I \cdot i_{a,0} \cdot \sqrt{R \cdot r}\right),$$

die den Zusammenhang zwischen elektrischer Energie und erzeugter Wärmemenge erkennen läßt.

Bestimmung der Rohrzahl.

Aus der oben gefundenen Gleichung

$$z \cdot i_{a,o} = z \cdot S\left[E_1 - e_0 + D\left(E_2 - r \cdot z \cdot i_{a,o}\right)\right]$$

folgt

$$i_{a,o} = \frac{1}{D} \cdot \frac{E_1 - e_0 + D\,E_2}{z \cdot r + R_i} \quad \ldots \ldots \ldots \quad (12).$$

Für die entwickelte Gesamtwärmemenge ergibt sich

$$Q_0 = 0{,}239\left(I^2 R + 2 \cdot I \cdot z \cdot i_{a,o} \cdot \sqrt{R \cdot r}\right) \cdot t,$$

hierin wird Gl. (12) eingesetzt:

$$Q_0 = 0{,}239\left(I_2 \cdot R + 2\,I \cdot \frac{z}{D} \cdot \frac{E^1 - e_0 + D\,E_2}{z \cdot r + R_i} \times \sqrt{R \cdot r}\right) \cdot t \quad . \quad (13).$$

Ändert sich nun die Temperatur um $+\Delta T$, so ändert sich die *EMK* der Thermoelemente um $\Delta e = n \cdot K \cdot \Delta T$, die Spannung an den Gittern dagegen wegen der Gegenwirkung der Batteriespannung E_1 um $-\Delta e = -n \cdot K \Delta T$, der Anodenstrom daher um

$$z \cdot \Delta i_a = -\frac{z}{D} \cdot \frac{n \cdot K \cdot T_0}{z \cdot r + R_i} \cdot \frac{\Delta T}{T_0} \quad \ldots \ldots \quad (12a).$$

Nach eingetretener Temperaturänderung ist daher der Gesamtstrom

$$z \cdot i_a = z\left(i_{a,o} + \Delta i_a\right) = \frac{z}{D\,(z\,r + R\,)}\left(E_1 - e_0 + D\,E_2 - n \cdot K \cdot \Delta T\right).$$

Entsprechend ist nun

$$Q \times Q_0 + \Delta Q = 0{,}239 \cdot I \cdot \sqrt{R} \times t\left(I \cdot \sqrt{R} + 2\,\frac{z}{D} \times \right.$$

$$\left. \times \frac{E_1 - e_0 + D\,E_2 - n \cdot K \cdot \Delta T}{z \cdot r + R_i} \cdot \sqrt{r}\right) \quad \ldots \ldots \quad (14).$$

Durch Subtraktion der Gl. (13) von (14) erhält man

$$\Delta R = -\frac{0{,}478 \cdot I\,z \cdot n \cdot K \cdot \sqrt{R \cdot r}\,t}{D\,(z \cdot r + R_i)} \cdot \Delta t.$$

Dividiert man diese Gl. noch durch (13), so wird

$$\frac{\Delta Q}{Q_0} = -\frac{2 \cdot z\,n \cdot K \cdot T_0}{I \cdot D\,(z \cdot r + R_i) \cdot \sqrt{\frac{R}{r}} \times 2\,z\,(E_2 - e_0 + D\,E_2)} \cdot \frac{\Delta T_0}{T_0} \quad . \quad (15)$$

Nun muß stets sein

$$\frac{\Delta Q}{Q_0} \geqq -\frac{\Delta T}{T_c},$$

also

$$\frac{2\,z \cdot n \cdot K \cdot T_0}{I \cdot D\,(z \cdot r + R_i) \cdot \sqrt{\frac{R}{r}} + 2\,z\,(E_1 - e_0 + D E_2)} \geqq 1.$$

Daraus ergibt sich nun die Bedingung für z

$$z \geqq \frac{I}{S\left(2\,n \cdot K \cdot T_0 - 2\left\{E_1 - e_0 + D\,E_2\right\} - I \cdot D\sqrt{R \cdot r}\right)} \cdot \sqrt{\frac{R}{r}} \quad (16a)$$

Nach früherem ist nun

$$E_1 - e_0 + D E_2 = i_{a,o} \cdot D (z r + R i),$$

woraus bei kleinem r

$$E_1 - e_0 + D E_2 \approx D \cdot R i \cdot i_{a,o} = \frac{i_{a,o}}{S}$$

Dann wird angenähert

$$z \geqq \frac{I}{S(2 n K T_0 - I \cdot D, \sqrt{R \cdot r}) - 2 i_{a,o}} \cdot \sqrt{\frac{R}{r}} \quad \ldots \quad (16b)$$

Für überschlägige Rechnungen genügt es, z zu bestimmen aus

$$z \geqq \frac{I}{2 (S n K T_0 - i_{a,o})} \cdot \sqrt{\frac{R}{r}} \quad \ldots \ldots \quad (16c).$$

Aus den Gl. (16) geht hervor, daß es zur Erzielung einer möglichst geringen Rohrzahl erforderlich ist, einen Röhrentyp zu verwenden, der bei niedrigem Anodenstrom eine recht große Steilheit aufweist, außerdem muß das Verhältnis $\frac{R}{r}$ möglichst klein gewählt werden.

Bei Öfen für niedrige Temperatur wird es sehr schwierig sein, mit einer annehmbaren Rohrzahl auszukommen, denn die Zahl der Thermoelemente läßt sich nicht beliebig vergrößern. Im folgenden werden daher noch kurz die Resultate angegeben, die sich bei der Durchrechnung der bei der Kaskadenschaltung auftretenden Verhältnisse ergeben. Bei dieser Schaltung werden z parallel geschaltete Röhren von einem Steuerrohr beeinflußt, in dessen Anodenkreis ein Widerstand ρ liegt. Die bisher erhaltenen Ergebnisse ändern sich nur wenig, für die Kreisfrequenz ergibt sich

$$\omega_0'^2 = \frac{1}{D'} \frac{\rho}{\rho + R_i} \cdot \omega_0^2 \quad \ldots \ldots \quad (17),$$

wobei D' der Durchgriff der Röhren im Regelkreis. Für die Rohrzahl z ergibt die Durchrechnung die drei Gleichungen:

$$z \geqq \frac{I}{S'\left[\frac{2 n. K. T_0}{D\left(1+\frac{R_i}{\rho}\right)} - 2\left(E_1' + D' E_2' - \frac{\frac{e_0}{D} + E_2}{1+\frac{R_i}{\rho}}\right) - I. D'. \sqrt{R. r}\right]} \cdot \sqrt{\frac{R.}{r}} \quad (18a).$$

Entsprechend der Gl. (16 c) ergibt sich dann die angenäherte Bedingung

$$z \geqq \frac{I}{S'\left[\frac{2 n K. T_0}{D\left(1+\frac{R_i}{\rho}\right)} - I D. \sqrt{R. r}\right] - 2 i_{a,o}'} \cdot \sqrt{\frac{R}{r}} \quad \ldots \quad (18b)$$

bezw. für rohe Berechnungen

$$z \geqq \frac{1}{2} \cdot \frac{I}{\frac{S' n. K. T_0}{D\left(1+\frac{R_i}{\rho}\right)} - i_{a,o}'} \times \sqrt{\frac{R}{r}} \quad \ldots \quad (18c)$$

Ein Vergleich dieser letzten Beziehung mit der entsprechenden Gl. (16 *c*) zeigt die Heraufsetzung der Steuerspannung bei Anwendung der Kaskadenschaltung. Der erzielte Vorteil ist dabei umso größer, je kleiner der Durchgriff des verwendeten Steuerrohres ist, weiterhin ist es günstig, den Widerstand ρ recht groß (mindestens $= R$) zu wählen.

Ein Beispiel aus der Praxis soll zum Schluß zeigen, wie die vorstehenden Gleichungen anzuwenden sind.

In einem elektrischen Glühofen soll dieTemperatur des Heizgutes auf ständig 600° C gehalten werden, der Stromverbrauch beträgt 5 A bei 55 V, der Widerstand der Heizwicklung ist mithin $R = 11\,\Omega$. Kontrolliert wird die Konstanz der Temperatur durch 1200 in Reihe geschaltete Platin-Rhodiumelemente, deren Konstante $K = 8{,}06 \,.\, 10^{-6}$ V/° C ist. Der Widerstand der Hilfswicklung ist 1000 Ω. Als Steuerrohr wird ein 20 W-Senderrohr verwendet (Telefunken Type RS 57) mit den Konstanten

$$S = 0{,}8 \,.\, 10^{-3}\ \text{A/V},\quad D = 0{,}032,\quad R_i = 39.000\ \Omega,\quad E_2 = 950\ \text{V},\quad e_0 = 26\ \text{V}.$$

Für den eigentlichen Regelkreis wird ein kleinerer Röhrentyp mit folgenden Daten verwendet (Empfangs- bezw. Verstärker-Rohr)

$$S' = 0{,}1275 \,.\, 10^{-3}\ \text{A/V},\quad D' = 0{,}0782,\quad R_i' = 100.000\ \Omega,$$
$$E_2' = 60\ \text{V},\quad e_0' = 9{,}4\ \text{V};$$

der gerade Teil der Charakteristik erstreckt sich von $i_1' = 0{,}3 \,.\, 10^{-3}$ bis $i_2 = 1{,}8.10^{-3}$ A

Mit $\rho = 2\,R_i = 78\,000\ \Omega$ wird

$$i_{a_0,} = \frac{1}{D} \cdot \frac{e_0 + DE_2}{3R_i} = \frac{1}{0{,}032} \cdot \frac{26 + 30{,}4}{117} \cdot 10^{-3} = 15{,}06 \,.\, 10^{-3}\ \text{A}$$

und

$$E_1' = e_0' + \rho \,.\, i_{a,o} = 9{,}4 + 78\,000 \,.\, 15{,}06 \,.\, 10^{-3} = 1204{,}4\ \text{V}.$$

Diese Spannung entnimmt man am bequemsten einer Anzahl in Reihe geschalteter Anodenbatterien genügender Konstanz, der letzten davon schaltet man ein Potentiometer parallel, mit dem auf einfache Weise die verlangte Spannung eingestellt werden kann.

Die erforderliche Rohrzahl ergibt sich aus Gl. (18 *a*), für I ist aber ein etwas geringerer Wert als 5 A einzusetzen, weil bereits durch den Anodenstrom, der die Hilfswicklung durchfließt, eine Wärmeentwicklung stattfindet, die durch Verminderung des Stromes im Heizkreis kompensiert werden muß, es soll $I_{\text{vorl.}} = 4{,}5$ A angenommen werden, dann ergibt sich

$$z \geqq \frac{4{,}5 \,.\, \sqrt{\dfrac{11}{1000}}}{0{,}1275 \,.\, 10^{-3} \left[\dfrac{2 \,.\, 1200 \,.\, 8{,}06 \,.\, 10^{-6} \,.\, 600}{0{,}032 \,,\, 1{,}5} - 2\left(1204{,}4 + 0{,}0782 \,.\, 60 - \dfrac{\dfrac{26}{0{,}032} + 950}{1{,}5}\right) - 4{,}5 \,.\, 0{,}0782 \,.\, \sqrt{11\,000}\right]}$$

$$z \geqq 25.$$

Mit diesem Wert ergibt sich

$$i_{a,0}' = \frac{1}{0{,}0782} \cdot \frac{1204{,}4 + 4{,}7 - \dfrac{1}{0{,}032} \cdot \dfrac{26 + 30{,}5}{1{,}5}}{100\,000 + 25\,000} =$$
$$= 1{,}433 \,.\, 10^{-3}\ \text{A und}$$
$$z \,.\, i_{a,0}' = 25 \,.\, 1{,}433 \,.\, 10^{-3} = 35{,}75 \,.\, 10^{-3}\ \text{A}$$

Die Kontrolle dafür, daß der Wert für $I_{\text{vorl.}} = 4{,}5$ A angenähert richtig war, liefert folgende Rechnung.

Ohne Hilfswicklung mit $I = 5$ A wäre

$Q = 0{,}239 \,.\, I^2 \,.\, R \,,\, t \,. = 0{,}239 \,.\, 25 \,.\, 11 \,.\, t = 65\,5\; t.$

Derselbe Wert muß sich auch ergeben aus

$Q' = 0{,}239\, (I_{\text{verl.}} \,.\, \sqrt{R} + z \,.\, i_{a\,0}{}' \,.\, \sqrt{r}\,)^2 \,.\, t,$

$Q' = 0{,}239\, (4{,}5 \;.\; 3{,}314 \;+ 35{,}75 \,.\, 10^{-3} \,.\, 31{,}6)^2 \,.\, t = 62{,}7 \,.\, t.$

Schließlich ergibt sich noch der Regelbereich, das heißt der Unterschied der höchsten und niedrigsten Temperatur, welcher noch durch die Anordnung ausgeglichen werden kann, aus

$$\pm z \,.\, \Delta\, i_a{}' \leqq z \,.\, \frac{i_2{}' - i_1{}'}{2},$$

woraus unter Verwendung der Gl. (12 *a*)

$$z \,.\, \frac{i_2{}' - i_1{}'}{2} \geqq \pm \frac{z}{D \,.\, D'} \,.\, \frac{n \,.\, K \,.\, T_0}{(z \,.\, r + R_i{}') \left(1 + \frac{R_i}{\rho}\right)} \,.\, \frac{\Delta\, T}{T_0},$$

also

$$\frac{\Delta\, T}{T_0} \leqq (i_2{}' - i_1{}') \,.\, D \,.\, \frac{D' \,.\, z \,.\, r + \frac{1}{S'}}{2\, n \,.\, K \,.\, T_0} \,.\, \left(1 + \frac{R_i}{\rho}\right) (19).$$

Im vorliegenden Falle ergibt sich

$$\frac{\Delta\, T}{T_0} \leqq (1{,}8 - 0{,}3) \,.\, 10^{-3} \,.\, 0{,}032 \times$$

$$\times \frac{0{,}0782 \,.\, 25 \,.\, 1000 + \frac{10^3}{0{,}1275} \;.\; 1{,}5,}{2400 \,.\, 8{,}06 \,.\, 10^{-6} \,.\, 600}$$

$$\frac{\Delta\, T}{T_0} \leqq 0{,}0583 = 5{,}83 \text{ vH entsprechend } 35{,}8^0 \text{ C.}$$

Durch Anwendung der Kaskadenschaltung wird der Regelbereich bedeutend eingeengt; durch Division der Gl. (19) durch den Ausdruck $D\left(1 + \frac{R_i}{\rho}\right)$ würde man den Wert für $\frac{\Delta\, T}{T_0}$ erhalten für den Fall, daß die Thermoelemente direkt, also ohne Zwischenschaltung einer weiteren Röhre, die Gitter der Lampen des Regelkreises beeinflussen. Ganz allgemein kann man sagen, daß sich die Schwierigkeiten gegenüber der Konstanthaltung von Drehzahlen oder Spannungen elektrischer Maschinen bedeutend vermehrt haben, was seine Ursache darin hat, daß Temperatur und Strom im quadratischen Verhältnis zueinander stehen. Rein formelmäßig bringen dies die Gl. (18) zum Ausdruck; während in den entsprechenden Gleichungen bei den Untersuchungen über die Regelung elektrischer Maschinen am Schluß das Verhältnis der Windungszahlen von Haupt- und Hilfswicklung stand, erscheint jetzt an dieser Stelle die Wurzel aus dem Verhältnis der Widerstände der Haupt- und Hilfs-Heizwicklung.

Selbstverständlich ist die Anwendung der vorstehend beschriebenen Regelvorrichtung nicht nur auf elektrisch geheizte Öfen beschränkt, auch auf andere Art geheizte Öfen für alle Zwecke der Technik lassen sich auf diese Weise regulieren; wenn auch über diese Anwendungsmöglichkeit noch kein Versuchsmaterial vorhanden ist, so ist doch sicher anzunehmen, daß sich die beschriebene Methode beispielsweise auf Gasöfen ebenso gut anwenden läßt wie auf elektrische.

3. Umrechnungstabellen mit Erläuterungen.

Im folgenden seien einige Punkte angeführt, die bei Umrechnungen häufig Fehler verursachen. Die handliche Zahlentafel 1 (s. nächste Seite), enthält die wichtigsten Beziehungen für den Wärmetechniker und macht das Umrechnen ganz einfach.

1. Temperatur.

In England und Amerika herrscht heute noch das Fahrenheit-Thermometer. Die Umrechnung der Fahrenheitablesung in Celsiusgrade ist gegeben durch

$$5/9\,(^\circ F - 32) = {}^\circ C \tag{1}$$

Handelt es sich um Erwärmung, Abkühlung, Überhitzung, also allgemein um Temperaturunterschiede in °F, so gilt natürlich nur

$$5/9\,(^\circ F_1 - {}^\circ F_2) = {}^\circ C \tag{2}$$

Bei überhitztem Dampf nennt man meist die Gesamttemperatur des Heißdampfes, man spricht also von Überhitzung auf z. B. 400° C. Engländer und besonders Amerikaner geben vielfach den Unterschied zwischen Satt- und Heißdampftemperatur, also die Überhitzung um t° F an.

Die Gesamttemperatur ist aber nach (1), der Temperaturunterschied nach (2) umzurechnen.

2. Wärmeeinheiten.

Unser Maß dafür ist kcal. Die englische B. t. u. (British thermal unit) ist die Wärmemenge, die 1 engl. Pfund (lb) (0,4536 kg) Wasser um 1° F (5/9° C) erwärmt; also

$$1 \text{ Btu} = 0{,}4536 \cdot 5/9 = 0{,}252 \text{ kcal} = 0{,}294 \text{ kWh} \tag{3}$$
$$1 \text{ kWh} = 860 \text{ kcal}/252 = 3{,}40 \text{ Btu}$$

3. Wärmeinhalt.

Entsprechend der spezifischen deutschen Einheit kcal/kg haben Engländer und Amerikaner die Btu/lb als spezifische Einheit für Heizwerte von Brennstoffen, Wärmeinhalte von Flüssigkeiten und Dämpfen usw.; es ist

$$1 \text{ Btu/lb} = \frac{0{,}4536 \cdot 5/9}{0{,}4536} = 0{,}556 \text{ kcal/kg} \tag{4}$$

Besonders in diesen beiden Beziehungen macht man häufig Fehler; auch unsere Taschenbücher bringen darüber ungenügende Angaben.

4. Dampfdruck.

Für unsere Einheit 1 at = 1 kg/cm² hat England und Amerika das engl. Pfund auf 1 Quadratzoll (lb/sqin); es ist

$$1 \text{ lb/sqin} = \frac{0{,}4536}{2\,5402} = 0{,}0703 \text{ kg/cm}^2 \tag{5}$$

was eine einfache Kopfumrechnung ermöglicht, wenn man 100 lb/sqin = 7 at setzt.

Umrechnungswerte		Umrechnungswerte		Zoll
1 Zoll	2,54 cm	1 cm	0,394 Zoll	1/8
1 Quad.-Zoll	6,45 cm²	1 cm²	0,155 Quad.-Zoll	1/8
1 Kub.-Zoll	16,386 cm³	1 cm³	0,061 Kub.-Zoll	3/4
1 Fuß = 12 Zoll	0,3048 m	1 m	3,28 Fuß	1/2
1 Quad.-Fuß	0 0929 m²	1 m²	10,75 Quad.-Fuß	5/8
1 Kub.-Fuß	0,0283 m³	1 m³	35,32 Kub.-Fuß	3/4
1 Yard = 3 Fuß	0,9144 m	—	—	7/8
1 Fathom = 2 Yard	1,8288 m	—	—	1
1 Quad.-Yard	0,8361 m²	—	—	1 1/8
1 Kub.-Yard	0,7645 m³	—	—	1 1/4
1 Landmeile (5000 Fuß)	1524 m	1 km	0,656 Landmeile	1 3/8
1 Seemeile = 1 Knot.	1853 m	1 km	0,540 Seemeile	1 1/2
1 Reg. ton = 100 cbFß.	2,832 m³	1 m³	0,353 Reg. ton	2
1 imp. gallon	4,5435 l	1 l	0,220 imp. gall.	3
1 USAgal (naß)	3,785 l	—	—	—
1 barrel = 36 gall.	1,635 hl	1 hl	0,612 barrel	4
1 Pfund	0,1536 kg	1 kg	2,204 lb	5
1 Schiffston = 2000 Pfd.	907,2 kg	—	—	6
1 long ton = 2240 Pfd.	1016,0 kg	—	—	7
1 HP = 550 Fuß Pfd/s	76,05 mkg/s	1 PS	0,986 HP	8
1 lb/Quad. Zoll	0,0703 kgcm²	1 kg/cm²	14,223 lbs/Zoll²	9
1 Btu	0,252 kcal	1 kcal	3,968 Btu	10
1 Btu/lb	0,556 kcal/kg	1 kcal/kg	1,800 Btu/lb	11

lb	kg	BTU/lb	kcal/kg	°F	°C	°F	°C	°F	°C
1	0,454	1	0,556	50	10,0	260	126,7	480	248,9
1 1/2	0,680	2	1,111	60	15,6	270	132,2	500	260,0
2	0,907	3	1,667	70	21,1	280	137,8	520	271,1
2 1/2	1,134	4	2,222	80	26,7	290	143,3	540	282,2
3	1,361	5	2,778	90	32,2	300	148,9	560	293,3
3 1/2	1,588	6	3,333	100	37,8	310	154,4	580	304,4
4	1,814	7	3,889	110	43,3	320	160,0	600	315,6
4 1/2	2,041	8	4,444	120	48,9	330	165,6	620	326,7
5	2,268	9	5,000	130	54,4	340	171,1	640	337,8
5 1/2	2,495	10	5,556	140	60,0	350	176,7	660	348,9
6	2,722	11	6,111	150	65,6	360	182,2	680	360,0
6 1/2	2,948	12	6,667	160	71,1	370	187,8	700	371,1
7	3,175	13	7,222	170	76,7	380	193,3	720	382,2
7 1/2	3,402	14	7,778	180	82,2	390	198,9	740	393,3
8	3,629	15	8,333	190	87,8	400	204,4	760	404,4
8 1/2	3,856	16	8,889	200	93,3	410	210,0	780	415,5
9	4,082	17	9,444	210	98,9	420	215,6	800	426,6
9 1/2	4.309	18	10,000	220	104,4	430	221,1	820	437,8
10	4,536	19	10,556	230	110,0	440	226,7	840	448.9
100	45,36	—	—	240	115,6	450	232,2	860	460,0
2000	907,2	—	—	250	121,1	460	237,8	880	471,1
2240	1016,0	—	—	±1°F=±0.56°C		±2°F=±1,11°C		±5°F=±2,78°C	

Deutsche Maße.

cm	Fuß	cm	Quad.-Fuß	m²	Kub.-Fuß	m³	Heizflächenbelastung			
							vH rating	kg/m²	vH rating	kg/m²h
0,3175	1	30,48	1	0,093	1	0,0283				
0,6350	2	60,96	1½	0.139	1½	0,0425				
0,9525	3	91,44	2	0,186	2	0.0566	100	16.86	300	50,58
1,2700	4	121,92	2½	0,232	2½	0,0708	110	18.55	310	52,27
1,5875	5	152,40	3	0,279	3	0,0849	120	20,23	320	53,95
1,9050	6	182,80	3½	0,325	3½	0.0991	130	21,92	330	55,64
2,2225	7	213,36	4	0,372	4	0,1133	140	23.60	340	57,32
2,540	8	243,84	4½	0,418	4½	0,1274	150	25.29	350	59,01
2,857	9	274,32	5	0,464	5	0,1416	160	26,98	360	60,70
3,157	10	304,8	5½	0,511	5½	0,1557	170	28,66	370	62,38
3.492	11	335,3	6	0,557	6	0,1699	180	30,35	380	64,07
3,810	12	365,8	6½	0,604	6½	0,1840	190	32,03	390	65,75
5,080	13	396,2	7	0,650	7	0,1982	200	33,72	400	67,44
7,62	14	426,7	7½	0,697	7½	0,2124	210	35,41	420	70,81
—	—	—	—	—	—	—	—	—	10	1,686
10,16	15	457,2	8	0,743	8	0,2265	220	37,09	440	74,18
12,70	16	487,7	8½	0,790	8½	0.2407	230	38,78	460	77,56
15.24	17	518,2	9	0,836	9	0,2548	240	40.46	480	80,93
17,78	18	548,6	9½	0,882	9½	0,2690	250	42,15	500	84,30
20,32	19	579,1	10	9,929	10	0,2832	260	43,84	6	1,012
22,86	20	609,6	—	—	—	—	270	45,52	7	1,180
25,40	100	30,48 m	—	—	—	—	280	47,21	8	1,349
27,94	—	—	—	—	—	—	290	48,89	9	1,517

lb/Zoll²	kg/cm²	lb/Zoll²	kg/cm²	Barometerstand Zoll	Barometerstand mm	vH Luftleere bezogen auf 30" = 762 mm
20	1,406	64	4,500	30	762,0	100
22	1,547	66	4,640	29,7	754,4	99
24	1,687	68	4,781	29½	749 3	98,3
26	1,828	70	4,922	29,4	746.8	98
28	1,969	72	5,062	29,1	739,1	97
30	2,109	74	5.203	29	736,6	96,7
32	2,250	76	5,344	28,8	731,5	96
34	2,391	78	5,484	28½	723,9	95
36	2,531	80	5,625	28,2	716,3	94
38	2,676	82	5,765	28	711.2	93,3
40	2,812	84	5,906	27,9	708,7	93
42	2,953	86	6,047	27,6	701,0	92
44	3,094	88	6,187	27½	698,5	91,7
46	3,234	90	6,328	27,3	693,4	91
48	3,375	92	6,469	27	685,8	90
50	3,516	94	6,609	26,7	678,2	89
52	3,656	96	6.750	26½	673,1	88,3
54	3.797	98	6,890	26,4	670,6	88
56	3,937	100	7.031	26,1	662,9	87
58	4,078	110	7,734	26	660.3	86,7
60	4,219	120	8,437			
62	4,359	150	10,55			

B = Barometerstand, b = Kondens.-Druck: vH Luftleere $= 100\,\frac{B-b}{B}$

Überdruck wird als gauge pressure (Manometerdruck) bezeichnet und meist in lb/sq. in. g. geschrieben, zum Unterschied von absolute pressure in lb/sq. in. abs.

5. Normaldampf.

Um Verdampfzahlen vergleichbar zu machen, rechnet man auf Normaldampf um und versteht darunter Sattdampf von 100° C aus Wasser von 0° C, wobei also dem Wasser 100 + 539 = 639 kcal/kg zugeführt worden sind. Führt man durch Verfeuerung von B kg/h Brennstoff D kg/h Wasser von t^0 C in Satt- oder Heißdampf vom Wärmeinhalt i kcal/kg über, so ist die

$$\text{deutsche Rohverdampfzahl } \varepsilon_{roh} = D/B \tag{6}$$

$$\text{deutsche Normalverdampfzahl } \varepsilon_{639} = D/B \cdot \frac{i - t^0}{639} \tag{7}$$

Engländer und Amerikaner gehen nicht von Wasser von 0° C, sondern von Wasser von 100° C (212° F) aus, rechnen also zur Verwandlung von Wasser von 100° C in Sattdampf von 100° C (from and at 212° F) nur mit einer Zufuhr von 539 kcal/kg; also ist die

$$\text{engl. Rohverdampfzahl } \varepsilon'_{roh} = D/B \tag{8}$$

$$\text{engl. Normalverdampfzahl } \varepsilon'_{normal} = D/B \cdot \frac{i - t^0}{539} \tag{9}$$

6. Heizwert.

Dieser wird in BTU/lb gemessen. Vielfach wird neben dem Heizwert der trockenen Kohle (dry calorific value) auch der der verfeuerten Kohle (calorific value of coal as fired), also der untere Heizwert, angegeben. Entsprechend werden manchmal auch Kesselwirkungsgrade und Wärmebilanzen doppelt angegeben.

7. Kesselwirkungsgrad.

Der Kesselwirkungsgrad ist in allen Fällen das Verhältnis der vom Kesselinhalt zwischen Zulauftemperatur des Speisewassers und Dampftemperatur aufgenommenen Wärme zur gleich zeitig aufgewendeten Kohlenwärme.

8. Kesselpferdestärke.

Amerikanische Angaben über Kesselgrößen werden oft in B. H. P. (boiler horse power) ausgedrückt. Man versteht unter der Einheit BHP eine Kesselheizfläche von 10 Quadratfuß (0,929 m²); ein amerikanischer Kessel von 1000 BHP ist also ein solcher von 10.000 Quadratfuß = 929 m² Heizfläche

$$1 \text{ BHP} = 0.929 \text{ m}^2 \tag{10}$$

9. Heizflächenbelastung.

Unser Maß ist das auf 1 m² Heizfläche stündlich verdampfte Wassergewicht, also kg/m²h, und soweit hier überhaupt von Norm gesprochen werden kann, bewegt sie sich heute zwischen 20 bis 25 kg/m²h.

Der Amerikaner hat ein Normalmaß dafür eingeführt, nämlich 34,5 lbs/h für 1 BHP. Das sind 15,65 kg/h für 0,929 m^2 oder 16,86 kg/m^2h. Diese Normalbelastung bezeichnet man als 100 v. H. „rating"; die Belastung beträgt meist ein Vielfaches davon, 150, 200 v. H. rating usw.; man versteht darunter Dampfleistungen von $1{,}5 \times 16{,}86$, $2{,}0 \times 16{,}86$ kg/m^2h usw.

Dieses Grundmaß von 34,5 lbs/l Dampfleistung auf 10 Quadratfuß Heizfläche beruht auf einem Beschluß der amerikanischen Ingenieurvereine gelegentlich der Ausstellung in Philadelphia 1876. Damals wurde diejenige Kesselgröße als Einheit festgesetzt, welche die zur Erzeugung einer indizierten amerikanischen Pferdestärke (1,014 PS) in einer damaligen mittleren Dampfmaschine erforderliche Sattdampfmenge von 34,5 lbs/h dauernd erzeugen kann. Dazu brauchte man damals 10 Quadratfuß Heizfläche.

10. Gewichte und Raummaße.

In englischen Aufsätzen rechnet man z. B. bei Angaben über Gewichte von Feuerkohlen meist mit 1 long ton = 2240 engl. Pfd. = 1016 kg. Amerikaner rechnen vielfach mit 1 short ton (1 Schiffston) = 2000 engl. Pfd. = 907 kg. In manchen Fällen ist es zweifelhaft, welche Art gemeint ist. Gelegentlich stört auch, daß das englische Maß register ton = 100 cbfuß = 2,832 m^3 ein Raummaß ist.

Oft bleibt bei Angaben der Fördermenge von Pumpen zweifelhaft, ob imperial gallon = 4,544 l oder U. S. A. gallon = 3,785 l gemeint sind. Im allgemeinen scheint die amerik. Gallone seltener verwendet zu werden.

4. Historische Entwicklung der mechanischen Wärmetheorie.

Aristoteles, 420 v. Chr., bemerkt, daß aus der Bewegung, infolge der damit verbundenen Reibung, Wärme hervorgeht.

John Loke, 1632—1704: „Die Wärme ist eine sehr rasche Bewegung der unsichtbaren Teilchen der Körper. Was in unserer Empfindung Wärme ist, ist also in der Körperwelt nichts als Bewegung."

Papin, Newkomen, James Watt, erwecken durch ihre bahnbrechenden Erfolge mit der Dampfmaschine das Interesse an Verbrennungsprozessen als den Quellen der Wärme.

Stahl, 1660 bis 1734, begründet die Phlogiston-Theorie, nach welcher die Verbrennung in der Entweichung einer in dem brennbaren Körper angenommenen Materie, Phlogiston genannt, besteht.

Rumford, 1801, zeigte, daß durch gegenseitige Reibung von Körpern unbegrenzte Wärmemengen erzeugt werden können und entzieht damit der Wärmestofftheorie den Boden (Kanonenrohrversuch).

Sadi Carnot, 1824, kommt zu der Erkenntnis, daß die Arbeitsleistung einer Wärmekraftmaschine an den Übergang der Wärme von einem warmen zu einem kalten Körper gebunden ist. So geht z. B. bei der Dampfmaschine die Arbeitssubstanz (erhitzter Dampf) von dem wärmeren Kessel zu dem kälteren Kondensator über.

Robert Mayer, 1842, schließt durch physiologische Beobachtungen auf eine unveränderte Größenbeziehung zwischen Wärme und Arbeit und berechnet erstmals das mechanische Wärmeäquivalent.

James Prescotte Joule, 1842, zeigt experimentell, daß die Beziehung zwischen Wärme und Arbeit unabhängig von der Art des Prozesses ist und führt die ersten exakten Messungen des mechanischen Wärmeäquivalentes durch.

R. Clausius, 1850, begründet auf dem Prinzip der Äquivalenz von Wärme und Arbeit (I. Hauptsatz) und dem Carnots-Prinzip der beschränkten Verwandelbarkeit von Wärme in Arbeit (II. Hauptsatz) die mechanische Wärmelehre (Thermodynamik).

Literaturverzeichnis.

Zu 1. Allgemeines.

Gerbel, Irrtum und Wahrheit über Wasserkraft und Kohle, 1925.

Zu 2. Wirtschaftliches über elektrische Wärmeverwertung.

Benischke, Die wissenschaftlichen Grundlagen der Elektrotechnik.
Daneel, Dr. H., Elektrochemie und ihre physikalisch-chemischen Grundlagen, 1924.
Gröber, H., Die Grundgesetze der Wärmeleitung und des Wärmeüberganges, 1921.
Krauß, F., Die Grundgesetze der Wärmeleitung und ihre Anwendung auf plattenförmige Körper, 1917.
Schüle, W., Leitfaden der technischen Wärmemechanik, Berlin, 1925.
Thomälen, Elektrotechnik.

Zu 3 bis 8. Wärmeverwertung für Kochzwecke usw.

Anthes, M., Elektrisches Kochen und Heizen. 1922.
Borchers, W., Die elektrischen Öfen. Erzeugung von Wärme aus elektrischer Energie und Bau elektrischer Öfen. 4. Aufl. 1923.
Dettmar, G., Beseitigung der Kohlennot. Unter besonderer Berücksichtigung der Elektrotechnik. 1920.
Heepke, W., Handbuch der elektrischen Raumheizung. 1923.
Hoppe, F., Elektrisches Kochen und Heizen.
Hottinger, und Imhof, Elektrische Raumheizung, Zürich, 1924.
Meyen, F. A., Die Elektrizität im Haushalt und Gewerbe. Aus der Praxis für die Praxis. 1922.
Franck und Opacki, Das elektrische Heizen und Kochen, Wien, 1919.
Schulz, W., Winke für die Installation elektrischer Koch- und Heizapparate. 1918.
Trott, K., Elektrisches Kochen und Heizen. 1922.
Vogel, W., Das Kochen mit Gas und Elektrizität im Haushalte. Eine Mitteilung von Versuchen über die Kosten der Gasküche und elektrischen Küche in der bürgerlichen Haushaltung. 1913.
Zipp, H., Alles elektrisch. Ein Wegweiser für Haus und Gewerbe. 1912.
Wernecke, Elektrizität im Haushalt.
Bütikofer, E., Die Elektrizität im Haushalt.
Bericht über den XI. Kongreß für Heizung und Lüftung, Berlin, 1924.

Zu 10. Wärmeverwertung in der Industrie.

A. Zeitschriften. (Siehe Zeitschriften für den Elektroschmelz- und Glühofen.)

B. Bücher und Berichte.

Achenbach, F. W. und S. J. Lavroff, Elektrisches und autogenes Schweißen und Schneiden von Metallen. 1925.
Atkins, E. Arthur, Electric arc and oxy-acetylene Welding. 1923.
Carpmael, H., Electric and Welding Appliance. 1921.
Eckermann, W., Die Anwendung der autogenen und der elektrischen Schweißung beim Bau und bei der Ausbesserung von Dampfkesseln und Dampffässern. 1925.

Fodor, Etienne de, Die elektrische Schweißung und Lötung. 1892.
Frimaudeau, S., La soudure électrique à l' arc métallique. 1926.
Fritz, J. C., Leitfaden für Elektroschweißer.
Geiger, C., Handbuch der Eisen- und Stahlgießerei. 1924.
Heyn, E., Die Theorie der Eisenkohlenstoff-Legierungen. 1924.
Höhn, E., Über die Festigkeit elektrisch geschweißter Hohlkörper. 1924.
Holslag, C. J., Arc Welding Handboock. 1924.
Horn, A., Die Eisenblechschmelzung. Berlin. 1926.
Horner, H. A., Spot and Welding. 1920.
Lebrun, W., La soudure électrique à l' arc. 1919. Théorie et pratique.
Host, W., Technische Schwingungslehre, § 124, Berlin. 1922.
Marquand, H. S., Electric Welding. Ldt. London.
Meller, Karl, Elektrische Lichtbogenschweißung. 1925.
Nesse, H., Wissenschaftliche Betrachtung der elektrischen Lichtbogenschweißung. 1922.
Owens, James, Fundamentals of Welding gas, arc and thermit. 1923. Cleveland, Ohio.
Breuß-Berndt-Cochius, Die praktische Nutzanwendung der Prüfung des Eisens durch Ätzverfahren und mit Hilfe des Mikroskopes. 1921.
Sauer, Julius, Elektrotechnische Schweißeinrichtungen. 1919.
Schimpke, Paul, Die neueren Schweißverfahren. 1922.
Seifert, P., Die elektrischen Schweißverfahren. 1925.
The Welding Encyklopedia. New York. 1924.
Varinois, M., La soudre électrique. 1923.
Viall, E., Electric Welding, New York. 1922.
Wanamaker und Pennington, Electric Arc Welding. 1921.
Wundram, O., Die elektrische Lichtbogenschweißung, ihre Hilfsmittel und ihre Anwendung. 1925.
Schweißtechnik. 1926. Vorträge und Erörterungen des V. D. Ingenieure auf der 65. Hauptversammlung in Hamburg.
Zwanglose Mitteilungen des Fachausschusses für Schweißtechnik im Vereine Deutscher Ingenieure.

Literaturnachweis für den Elektroschmelz- und Glühofen.

A. Zeitschriften.

a) Deutsche Zeitschriften.

Autogene Metallbearbeitung, Düsseldorf.
Zentralblatt für Hütten- und Walzwerke, Düsseldorf.
Der elektrische Betrieb, München.
Elektrotechnische Zeitschrift, Berlin.
Elektro-Journal, Berlin.
Gießerei-Zeitung, Berlin.
Gilberts Annalen, Berlin.
Maschinenbau, Berlin.
Helios, Berlin.
Schiffbau, Berlin.
Schmelzschweißung, Hamburg.
Siemens Zeitschrift, Berlin.
Stahl und Eisen, Düsseldorf.
Die Wärme, Berlin.
Die Werkstattechnik, Berlin.
Zeitschrift des Vereines Deutscher Ingenieure, Berlin.
Zeitschrift für angewandte Chemie, Berlin.
AEG.-Mitteilungen.

b) Amerikanische Zeitschriften.

Association Iron and Steel Elect. Engineer.
Chemical and Metallurgical Engineering (C. and M. E.).

Electrical World, New York.
Engineering and Mining Journal, New York (E. and M. J.).
The Foundry, Cleveland, Ohio.
General Electric Review, Schenectady, New York (G. E. R.).
Industrial Management, New York.
Iron Age (I. A.).
Iron and Steel Institute, Carnegie Scool.
Iron Trade Review, Cleveland, Ohio (I. T. R.).
Journal of the Institution of Electrical Engineers (J. I. E. E.).
Machinery, New York.
Metal Industry.
Power, New York.
Proceedings of the Engineers, Society of Western, Pennsylvania.
Transactions American Electro-Chemical Society (T. A. E. S.).
Transactions American Institute of Electrical Engineers (T. A. I. E. E.)
Transactions American Society for Steel Treating.
The welding Engineer, New York.
Statistik: In Census of Manufacturers.

c) Englische Zeitschriften.

American Maschinist, London.
Eleytrical Review, London.
Electrician, London.
Engineering, London.
Journal of the Iron and Steel Institute, London.

d) Französische Zeitschriften.

Le Génie Civil, Paris.
Journal du Four Electric (J. F. E.).
Revue de Metallurgie, Paris.
Revue Générale Electricité, Paris.

e) Österreichische Zeitschriften.

Elektrotechnik und Maschinenbau, Wien.

f) Schweizerische Zeitschriften.

Bulletin des Schweizer Elektrotechnischen Vereines.
BBC.-Mitteilungen.

B. Amerikanische Literatur.

1907. Wright, J., Electric Furnaces and their Industrial Application, 1907. Norman W. Henley, Pub. Co., New York, p. 257—264.
1908. Kershaw, J. B., Electro-metallurgy. D. Van Nostrand Co., New York, chapter 4, p. 32—45.
1914. Stamfield, A., The Electric Furnace. Mc Graw-Hill Co., New York, chapter 3, p. 39—54; see also 1923 edition.
1919. Booth, C. H., Booth Electric Roasting Furnace. (In Chemical and Metallurgical Engineering, v. 21, p. 636—638.)
— — Dufresne, A. G., Electrical furnaces fo Heat Treatment of Steel. Electrician, v. 83, p. 375—377.
1918. Scott, W. S., Electric Furnace for Forging-Steel. Iron Age, v. 101, p. 1676—1677.
1920. Aodieks, L., The Power Problem in Copper Refinery, in C. and M. E., v. 23, p. 275—278.
— — Economical Electric Furnace Operation through Preheating Charge, in E. R., v. 76, p. 145—146.
— — Electric Power Used in Production of Zinc, in E. R. v. 77, p. 486.

Collins, E. F., Metallic Resistor Electric Furnace for Heat Treating Operations, G. E. R., v. 23, p. 433—441.
Grier, C. D., Abundant Power Favours Electro-metallurgical Industries in Washington, in Iron Tr. Rev., v. 66, p. 1755—1757.
Hanley, H. R., Production of Electrolytic Cadmium, in C. and M. E., v. 23, p. 1251—1264.
Hess, H. L., The electric Arc Melting Furnace and the Central Station Electric Company, T. A. E. S., v. 37, p. 413—430.
Keeny, R. M., The present Status of the Electric Furnace in the American Metal Industry, C. and M. E., v. 23, p. 980—984.
— — Use of Electricity in Metallurgical Process, Elect. Journal, v. 17, p. 206—212.
Statistics on Power Consumption in Smelting and Refining, in Census of Manufacturers, v. 10, p. 849—857.
Statistics on Power Consumption in Brass, Bronze and Copper Industry, in Census of Manufacturers, v. 10, p. 840—848.
Statistics on Power Consumption Making Ferro-Alloys, in C. of M., v. 10, p. 324—326.
Laist, F., and others, Electrolytic Zinc, Plant of the Anaconda Copper Mining Company at Great Falls, Montana Trans., A. I. M. E., v. LXIV, p. 699—763.
West, Clarence Jay., The Electric Furnace as Applied to Metallurgy, T. and A. E. S., v. 38, p. 365—456.

1921. Laist, F., Electrolysis and Retort Smelting for Zinc, C. and M. E., v. 25, p. 754—755.
Little, G. M., Builds Electrical Forging Furnaces, T. T. R., v. 69, p. 1689—1692.
Pring, J. N., The Electric Furnace, Longmans, Green and Co., London, chapter 23.
Symposium on Non-Ferrous Electro-Metallurgy, C. and M. E., v. 25, p. 687—689.

1922. Collins, E. F., Electrical Heat, Its Generation, Propagation and Application to Industrial Processes. T. A. E. S., v. 42, p. 113—146.
Ipsen, C. L., Cost of Heat-Treated Parts Reduced to a Minimum by Electric Furnace. Elec. World, v. 79, p. 1125—1126.
Stolz, G. E., Steel Rolled for Less on Electric Mills than With Steam Drive, El. World, v. 80, p. 6—10.
Wood, Harold F., Determination of Heat Treating Costs. Amer. Soc. for Steel Treating, v. 2, p. 710—717.
Yardly, J. L. M., Some Applications of Electrical Equipment in Metallurgy of Nickel, E. and M. J., v. 114, p. 810—812.

1923. Breedlov, L. B., Power Plant Problems of Steel Mills, I. A., v. 112, p. 1027—1033.
Brooke, Frank W., Methods of Handling Materials in the Electric Furnace and the Best Type of Furnace to Use. T. A. E. S., v. 43, p. 149—159.
Collins, E. F., Some observations on Furnaces and Fuels, Including the Electric Furnace for Heat Treating, Trans. Am. Soc. for Steel Treating, v. 4, 709—726.
Ipsen, C. L., Selection of Electric Furnace for Steel Treating Trans. Am. Soc. for Steel Treating, v. 3, p. 720—728.
M. G., Mc Millian and Copper, W. R., A. Treatise on Electro-Metallurgy, Chas. Griffin and Co., Ltd., London, chapter 18, p. 253—361.
The Mineral Industry, Mc Graw Hill Book Company, New York.
Trinks, W., Industrial Furnaces, v. XLVI, Vol. I. John Wiley and Sons, Inc., New York, Chapmann and Hall, Ltd., London.

1924. White, A. E., The Use of Electric Furnaces in Heat Treatment. Trans. Am. E. S.

1925. Trinks, W., Industrial Furnaces, Vol. II. J. Wiley and Sons, New York, Chapman and Hall, Ltd., London.

C. Bücher.

Strecker, Jahrbuch der Elektrotechnik, Jahrgang 1924, S. 150—155 und 167—176, Berlin, 1926.
Askenasy, Einführung in die technische Elektrochemie, Braunschweig, 1910.
Aschaff, L., Form und Endziele allgemeiner Versorgung mit Elektrizität, 1917.
Birrenbach, Die Stromversorgung der Großindustrie, 1913.
Borchers, Elektrometallurgie, Leipzig, 1903.
Borchers, Die elektrischen Öfen, Halle, 1907.
Borchers, Die elektrischen Öfen, München, 1923.
Borchers, Zinn, Wismut, Antimon.
Coutagne, M., La fabrication des ferro-alliages, Paris.
Engelhardt, N., Monographie über angewandte Elektrochemie, Halle.
Escard, Les fours electriques.
Großmann, Stickstoffindustrie und Weltwirtschaft, Stuttgart, 1926.
Jüptner, H. v., Die Reduktion der Eisenerze in elektrischen Öfen. Leipzig, 1924.
Jüptner, H. v., Das Eisenhüttenwesen, Leipzig.
Ledebur, Handbuch der Eisenhüttenkunde, 6 Aufl., Leipzig.
Meyer, O., Elektrische Öfen, Geschichte des Elektro-Eisens, 1914.
Neumann, Elektrometallurgie des Eisens, Halle 1907.
Parcoset, El., L'électrification industrielle et rurale de France, Paris.
Rick und Conrad, Die Herstellung von hochprozentigem Ferrosilizium im elektrischen Ofen, München, 1909.
Pring, The electric furnace.
Rodenhauser und J. Schoenawa, Elektrische Öfen in der Eisenindustrie, Leipzig.
Russ, E. Fr., Der Elektro-Metallofen, 1922.
Russ, E. Fr., Der Elektro-Stahlofen, 1924.
Wedding, Das Eisenhüttenwesen, Berlin.

Zu 10 p. Die Verflüssigung des Kohlenstoffes.

Despretz, Compt. rend. **28**, 755 (1849); **29**, 48, 709 (1849); **30**, 367 (1850).
Jacquelain, Compt, rend. **24**, 1050 (1846).
Moissan, Le four éléctrique. Deutsch von Zettel. Berlin 1896.
La Rosa, Ann. d. Phys. **29**, 249 (1909); **30**, 369 (1909); **34**, 95 (1911).
Lummer, Verflüssigung der Kohle und Herstellung der Sonnentemperatur, Sammlung Vieweg, Braunschweig, 1914.
Borchers, Z. f. Elektroch. **3**, 393 (1897).
Watts und Mendenhall, Ann. d. Phys. **35**, 783 (1911).
Gmachl-Pammer, M. **41**, 467 (1920).
Ruff, Z. f. anorg. Ch. **99**, 73 (1917).
Münch, Z. f. Elektroch. **27**, 367 (1921).
Ryschkewitsch, Z. f. Elektroch. **27**, 57 (1921); **27**, 445 (1921).
Sauerwald, Z. f. Elektroch. **28**, 183 (1922).
Thiel und Ritter, Z. f. anorg. Ch. **132**, 153 (1923).
Bergius, Z. d. D. I., **42**, **43** (1925).

Zu 11. Wärmeverwertung in der Landwirtschaft.

Küchler, Ludwig F., Die zeitgemäße Grünfutterkonservierung, München, 1926. (Mit sehr ausführlicher Literaturangabe.)
Osten, Hermann, Elektrofutter. 1923.

Zu Anhang 2.

Hippel, Dr. A., v., Die Elektronenöfen in der Meßtechnik, Jena, 1924. (Mit zahlreicher Literaturangabe.)
Hort, W., Technische Schwingungslehre, § 125. Berlin, 1922.
Nesper, Der Radio-Amateur, „Broadcasting". Berlin, 1924.

Druckfehlerberichtigung.

Seite 109: Formel 23 muß heißen:

$$a \times \frac{\delta^2 T}{\delta s^2} = \frac{\delta T}{\delta t}$$

Im Rechnungsbeispiel unten:

$$v_e = -\frac{50}{900} \cdot \frac{1}{273 + 10} \cdot 400$$

Formel unten letzte Zeile:

$$t = \frac{\gamma c}{\lambda} \left(\frac{s}{2} + \frac{T_1}{\frac{\delta T}{\delta s}} \right) S$$

Seite 110: Im Beispiel muß es heißen:

$$t = \frac{900}{50} \cdot \left(\frac{0{,}025}{2} + \frac{273 + 10}{400} \right) \cdot 0{,}025$$

Formel 22 muß heißen:

$$a \frac{\delta^2 T}{\delta s^2} = \frac{\delta T}{\delta t}$$

Seite 161: Abb. 64. Es muß heißen: Kochplatt**e**

Seite 237: 7. Zeile von unten muß es heißen: Radi**o**phor

Seite 252: 8. Zeile: Der Satz „Abb. 130 .... bis Wattaufnahme" **entfällt.**

Seite 293: 6. Zeile muß heißen: über Schütze**n**

Seite 483: 7. Zeile fehlt φ bei cos.

Seite 504: Bei Punkt 2. muß es heißen vo**m** Baur statt von.

www.ingramcontent.com/pod-product-compliance
Lightning Source LLC
LaVergne TN
LVHW092121300926
849161LV00002B/191